한 번에 핵심만 담은

컴퓨터 활용능력

1급 실기

엑셀

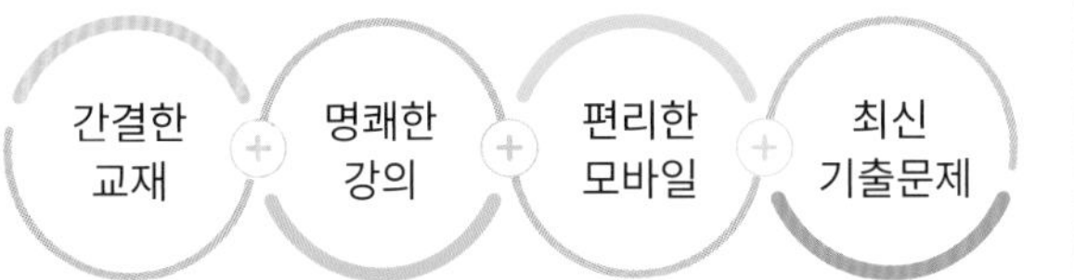

최신 출제 기준 완벽 대비

EBS 자체 제작 모의고사

컴퓨터활용능력

EBS 가 만들면 다릅니다!

얇고 핵심만
담은 갓성비
교재

명쾌한 풀이,
무한 반복 학습이 가능한
동영상 강의

실전처럼 풀어 보는
기출문제, 모의고사,
실습 파일

언제 어디서나 강의와
교재를 한 번에 만나는
모바일 앱

EBS 컴퓨터활용능력 1급 실기 | 엑셀

초판 1쇄 발행 2023년 11월 22일
펴낸이 EBS(한국교육방송공사), 신면철 **신고번호** 제2017-000193호 **주소** (10393) 경기도 고양시 일산동구 한류월드로 281
대표전화 1588-1580 **홈페이지** https://www.ebs.co.kr **검수** 한정희 **표지내지 디자인 편집** 디자인이음

한 번에 핵심만 담은

컴퓨터 활용 능력

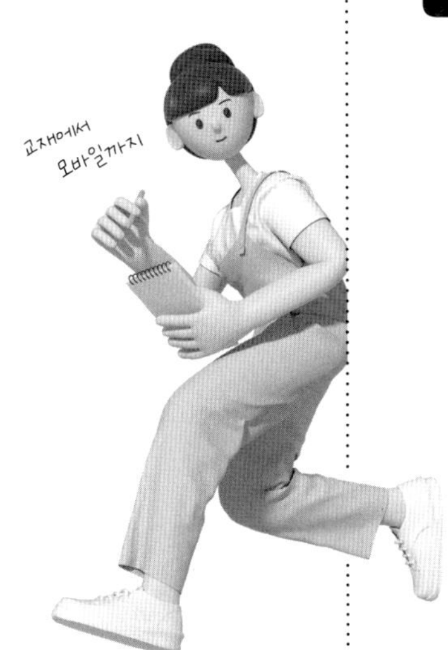

1급 실기

엑셀

이 책의 구성

기본 작업 01 고급 필터

1 개념 학습

1) 고급 필터 기초 이론

2) 절대 참조

한.번.에. 이론

단원별로 정리된 컴퓨터활용능력 실기 작업 유형을 학습합니다. 먼저 작업별로 시험 정보와 개념을 파악하고 '출제 유형 이해', '실전 문제 마스터'를 단계별로 따라 하며 조작 방법을 익힙니다.
여러 유형의 문제를 익히며 컴퓨터활용능력 실기 마스터로 거듭납니다.

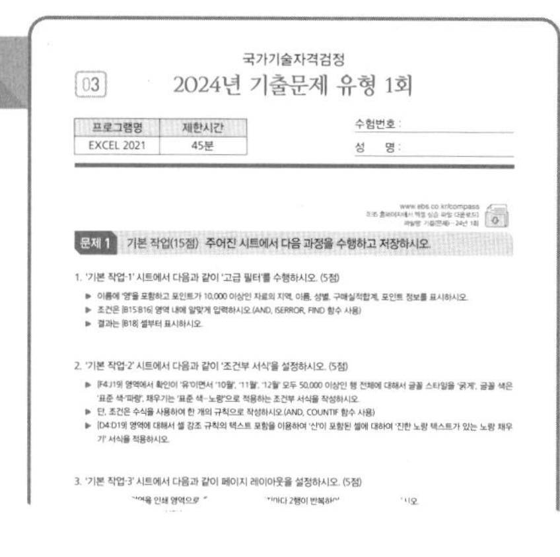

국가기술자격검정

03 2024년 기출문제 유형 1회

프로그램명	제한시간
EXCEL 2021	45분

수험번호 :
성 명 :

문제 1 기본 작업(15점) 주어진 시트에서 다음 과정을 수행하고 저장하시오.

한.번.더. 최신 기출문제 4회

컴퓨터활용능력 기출문제와 비슷한 유형의 문제를 풀어 봅니다. 실제 시험에 임하는 자세로 실습 파일을 이용해 문제를 풀어 본 다음, 정답을 참고해 결과가 나오는 과정을 파악합니다.

3

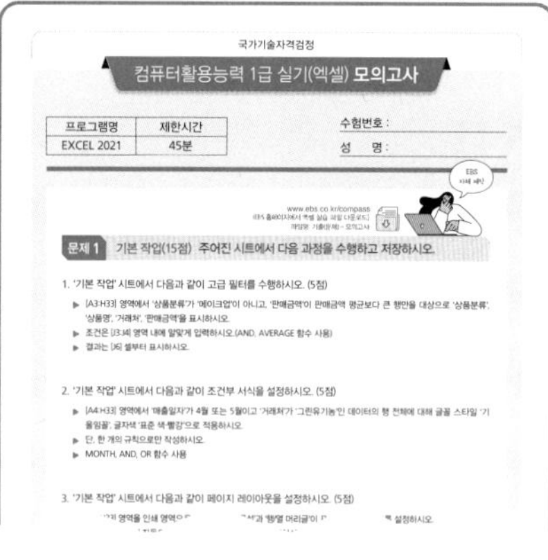

국가기술자격검정

컴퓨터활용능력 1급 실기(엑셀) 모의고사

프로그램명	제한시간
EXCEL 2021	45분

수험번호 :
성 명 :

문제 1 기본 작업(15점) 주어진 시트에서 다음 과정을 수행하고 저장하시오.

한.번.만. 모의고사

EBS에서 컴퓨터활용능력 출제 경향을 분석해 제작한 모의고사로 실제 시험을 대비합니다.

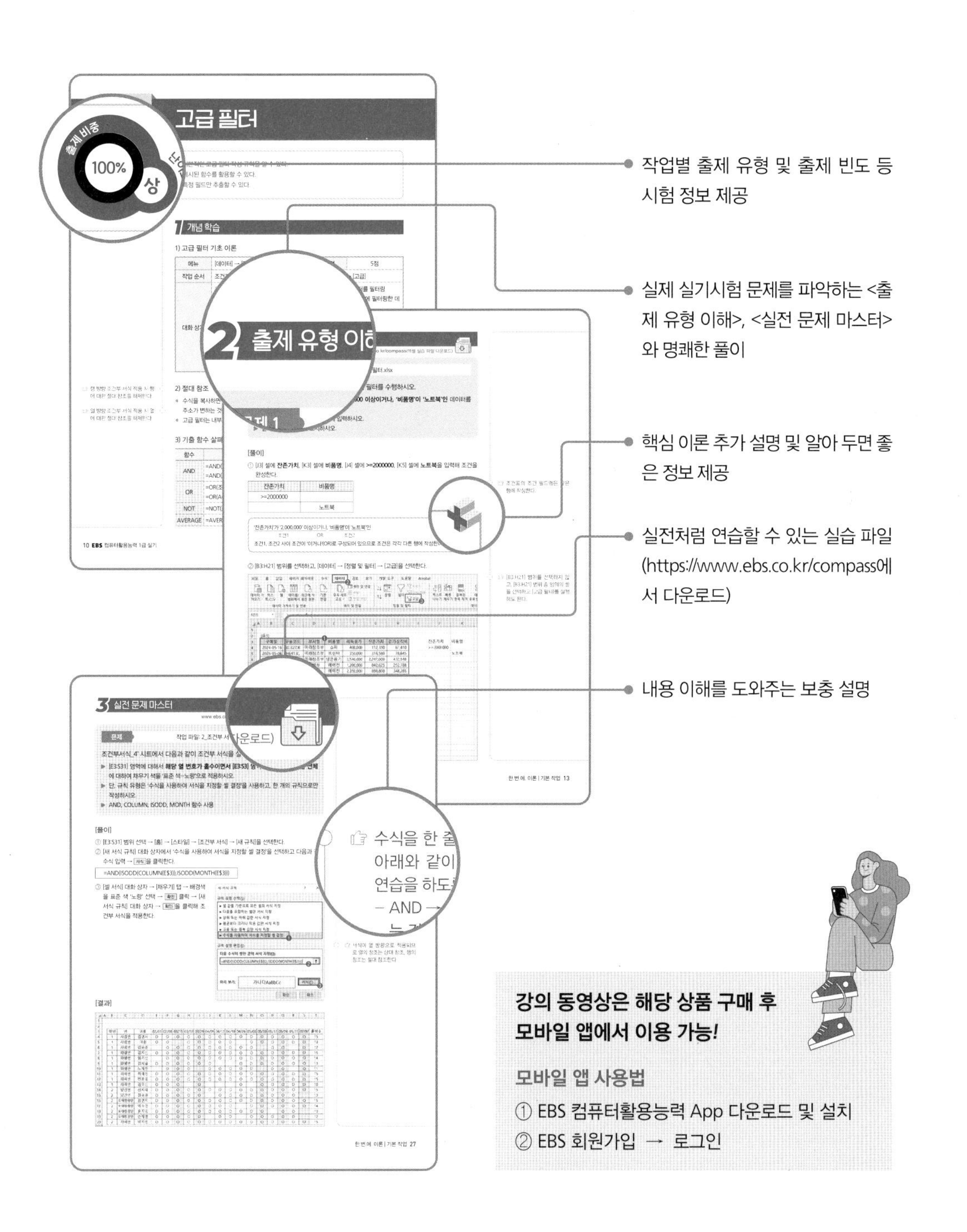

- 작업별 출제 유형 및 출제 빈도 등 시험 정보 제공
- 실제 실기시험 문제를 파악하는 <출제 유형 이해>, <실전 문제 마스터>와 명쾌한 풀이
- 핵심 이론 추가 설명 및 알아 두면 좋은 정보 제공
- 실전처럼 연습할 수 있는 실습 파일 (https://www.ebs.co.kr/compass에서 다운로드)
- 내용 이해를 도와주는 보충 설명

강의 동영상은 해당 상품 구매 후 모바일 앱에서 이용 가능!

모바일 앱 사용법

① EBS 컴퓨터활용능력 App 다운로드 및 설치

② EBS 회원가입 → 로그인

컴퓨터활용능력, 어떻게 준비할까요?

시험 접수에서 자격증 발급까지

시험 출제 정보

		출제 형태	시험 시간
1급	필기	객관식 60문항	60분
	실기	컴퓨터 작업형 10문항 이내	90분 (과목별 45분)
2급	필기	객관식 40문항	40분
	실기	컴퓨터 작업형 5문항 이내	40분

검정 수수료

필기	실기
19,000원	22,500원

※1급·2급 응시료 동일
※인터넷 접수 수수료 1,200원 별도

나는 컴활 첫 도전! 필기 응시부터!

1 시험 접수

개설일부터 시험일 4일 전까지 접수 가능

홈페이지 접수
대한상공회의소 자격평가사업단
(https://license.korcham.net)
※ 본인 확인용 **사진 파일** 준비!

모바일 접수
코참패스(Korcham Pass)

상공회의소 방문 접수
접수 절차는 인터넷 접수와 동일
(수수료 면제)

나는 필기 합격! 이제 실기 준비!

2 시험 당일

신분증·수험표
준비물 잊지 말기!

수험표는 시험 당일까지
출력 가능하고 모바일 앱으로도
확인 가능(단, 신분증 별도 지참)

시험 시작 **10분 전**까지
시험장 **도착**

시험은 상공회의소에서 제공하는
컴퓨터로 응시

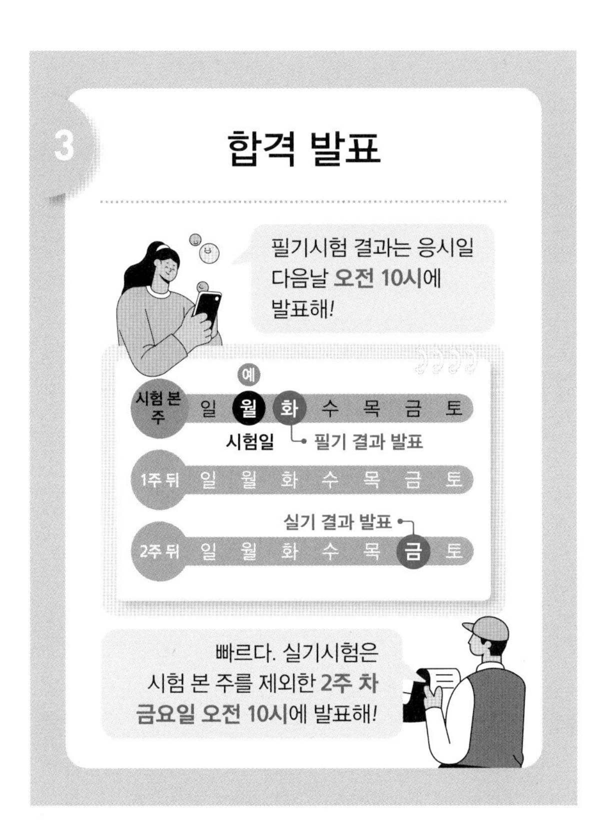

등급	시험 방법	시험 과목	합격 기준
1급	필기	컴퓨터 일반	과목당 40점 이상, 평균 60점 이상
		스프레드시트 일반	
		데이터베이스 일반	
	실기	스프레드시트 실무	과목 모두 70점 이상
		데이터베이스 실무	
2급	필기	컴퓨터 일반	과목당 40점 이상, 평균 60점 이상
		스프레드시트 일반	
	실기	스프레드시트 실무	70점 이상

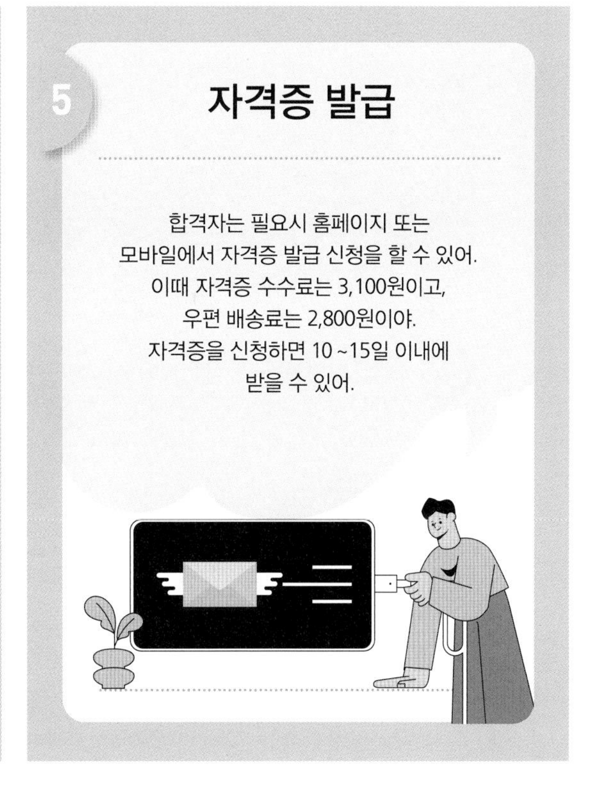

Q1 컴퓨터활용능력 1급 필기시험에 합격했는데, 합격 유효 기간이 궁금해요?

컴퓨터활용능력 1급 필기 합격자는 합격일 기준 2년간 실기시험에 응시할 수 있습니다.

Q2 컴퓨터활용능력 1급 실기시험 응시 버전이 궁금해요?

2024년부터 실기 프로그램은 MS Office LTSC Professional Plus 2021로 진행됩니다. MS Office 2019, MS Office 365로도 시험 준비를 할 수 있습니다. 하지만 실제 시험 응시는 MS Office 2021로 치루며, 일부 메뉴 위치나 기능의 차이가 있어서 버전 차이에 관한 부분은 고려하셔야 합니다.

Q3 필기 시험장과 실기 시험장을 다르게 선택해도 되나요?

필기시험 합격 후 실기시험 접수는 국내 모든 시험장에서 할 수 있습니다.

Q4 실기시험 합격자 발표 전 중복 접수가 가능한가요?

시험 응시 후 불합격했다고 생각된다면 합격자 발표 전에 추가 접수가 가능합니다.

Q5 컴퓨터활용능력 1급 필기시험에 합격했지만 1급 실기시험이 너무 어려워서 2급 실기시험을 보고 싶은데 가능할까요?

컴퓨터활용능력 1급 필기 합격자의 경우 합격 유효 기간 2년 동안 1급과 2급 실기시험을 모두 응시할 수 있습니다.

Q6 시험을 하루 여러 번 접수할 수 있나요?

같은 급수의 경우 하루 1회만 응시할 수 있습니다. 다른 급수의 경우는 같은 날 시간을 달리하여 시험에 접수할 수 있습니다.

차 례

이 책의 구성 2
컴퓨터활용능력, 어떻게 준비할까요? 4
컴퓨터활용능력 Q&A 6
차례 7
컴활, 알아 두면 좋은 TIPS! 7

한.번.에. 이론

기본 작업
01 고급 필터 10
02 조건부 서식 19
03 페이지 레이아웃 28
04 시트 보호와 통합 문서 보호 37

계산 작업
01 수식 입력과 참조 44
02 문자열 함수 47
03 날짜와 시간 함수 50
04 통계 함수 54
05 찾기와 참조 함수 58
06 논리와 정보 함수 65
07 수학과 삼각 함수 69
08 데이터베이스 함수 76
09 배열 수식 81
10 사용자 정의 함수 88

분석 작업
01 피벗 테이블 98
02 데이터 유효성 검사 119
03 중복된 항목 제거 124
04 자동 필터 127
05 부분합 132
06 데이터 통합 138
07 데이터 표 141
08 목표값 찾기, 시나리오 145
09 텍스트 나누기 152

기타 작업
01 매크로 158
02 차트 168
03 프로시저 180

한.번.더. 최신 기출문제

01 2024년 상공회의소 샘플 A형 196
02 2024년 상공회의소 샘플 B형 212
03 2024년 기출문제 유형 1회 223
04 2024년 기출문제 유형 2회 237

한.번.만. 모의고사 249

컴퓨터활용능력 자격증 취득 장점

일부 공무원 시험 및 300여개 공공기관, 민간기관에서 승진 및 취업 시 가산점을 받을 수 있고, 엑셀의 기본적인 활용을 익혀 효율적으로 업무를 처리할 수 있도록 도움을 줍니다.

EBS 컴퓨터활용능력의 강점

- 컴퓨터 공부에 두려움이 많은 분들, 비전공자분들도 어렵지 않게 풀 수 있도록 깔끔하고 꼼꼼한 개념 정리와 최신 기출문제 풀이 함께 진행
- 학습 중 궁금한 사항은 강사가 직접 Q&A 피드백 진행
- 시간·장소에 구애받지 않는 학습 환경 속에서 집중력 향상

효율적인 실기 학습법

- 개념을 확실하게 이해해야 기출문제를 풀 때도 시험의 패턴이 잘 보이고 더욱 효율적인 시험 준비가 가능합니다.
- 아는 문제부터 풀어 보고 모르는 문제는 체크한 후 마지막에 풉니다. 주어진 시간 내에 풀 수 있도록 연습하는 것이 중요합니다.
- 기출문제를 풀 때 타이머를 맞춰 놓고 실전처럼 시험 시간(2급 40분, 1급 과목별 45분) 내에 푸는 연습을 반복하면 실제 시험장에서 조급함 없이 시간 관리를 할 수 있습니다.
- 강의 후 반드시 당일 복습해 조작법을 손에 익히도록 합니다.
- 틀린 문제는 오답 정리로 확실하게 짚고 넘어가도록 합니다.

이론에서 실전까지
기초에서 심화까지
교재에서 모바일까지

한 번에 **만**나는 컴퓨터활용능력 수험서

EBS 컴퓨터활용능력 **1급 실기**

한.번.에. 이론

기본 작업

시험 출제 정보

- 출제 문항 수: 3문제
- 출제 배점: 15점
- 고급 필터, 조건부 서식, 시트 및 통합 문서 보호 기능이 주로 출제된다.

<table>
<tr><th colspan="2">세부 기능</th><th>출제 경향/출제 함수</th></tr>
<tr><td rowspan="2">1</td><td rowspan="2">고급 필터</td><td>제시된 함수를 이용한 고급 필터 조건식 작성 및 결과 도출</td></tr>
<tr><td>AND, ISBLANK, NOT, OR, MEDIAN 등</td></tr>
<tr><td rowspan="2">2</td><td rowspan="2">조건부 서식</td><td>제시된 함수를 이용한 조건부 서식 적용</td></tr>
<tr><td>COLUMN, ISODD, MONTH, ROW, MOD, WEEKDAY 등</td></tr>
<tr><td>3</td><td>페이지 레이아웃</td><td>제시된 조건에 따라 페이지 레이아웃 설정 및 페이지 번호 삽입</td></tr>
<tr><td>4</td><td>시트 보호와
통합 문서 보호</td><td>제시된 조건에 맞는 시트, 통합 문서 보호 적용</td></tr>
</table>

기본 작업 01

고급 필터

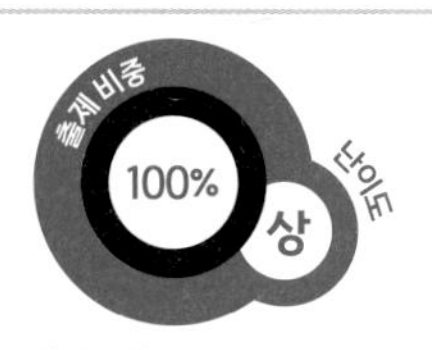

- 기본적인 고급 필터 작성 규칙을 알 수 있다.
- 제시된 함수를 활용할 수 있다.
- 특정 필드만 추출할 수 있다.

1 개념 학습

1) 고급 필터 기초 이론

메뉴	[데이터] → [정렬 및 필터] → [고급]	배점	5점
작업 순서	조건표 입력 → 데이터 선택 → [데이터] → [정렬 및 필터] → [고급]		
대화 상자	고급 필터 ? × 결과 ❶ ◉ 현재 위치에 필터(F) ❷ ○ 다른 장소에 복사(O) ❸ 목록 범위(L): ❹ 조건 범위(C): ❺ 복사 위치(T): ❻ □ 동일한 레코드는 하나만(R) 확인 취소	❶ 현재 위치에 필터: 원본 데이터를 필터링 ❷ 다른 장소에 복사: 다른 셀 위치에 필터링한 데이터를 추출 ❸ 목록 범위: 원본 데이터 범위 선택 ❹ 조건 범위: 작성한 조건표 범위 선택 ❺ 복사 위치: 특정 열(항목) 추출 시 별도로 복사한 항목 범위 선택 ❻ 동일한 레코드는 하나만: 필터링된 데이터에 중복 레코드 제거	

2) 절대 참조

- 수식을 복사하면 참조 주소가 행/열 방향으로 증가하는데, 이렇게 수식이나 함수에서 참조한 셀 주소가 변하는 것을 금지하는 기능이다.
- 고급 필터는 내부적으로 선택 범위 첫 번째 행부터 한 행씩 조건 검사를 진행한다.

☞ 행 방향 조건부 서식 적용 시 행에 대한 절대 참조를 해제한다.

☞ 열 방향 조건부 서식 적용 시 열에 대한 절대 참조를 해제한다.

3) 기출 함수 살펴보기

함수	함수식	기능
AND	=AND(조건1, 조건2, …) =AND(A="수학, B<40)	A가 수학이면서 B가 30 미만이면 TRUE, 아니면 FALSE를 구한다.(두 조건 중 둘 다 만족 → TRUE)
OR	=OR(조건1, 조건2, …) =OR(A="수학), B<40)	A가 수학이거나 B가 30 미만이면 TRUE, 아니면 FALSE를 구한다.(두 조건 중 1개만 만족 → TRUE)
NOT	=NOT(조건)	조건이 참이면 거짓으로, 거짓이면 참으로 전환한다.
AVERAGE	=AVERAGE(범위)	범위의 수치만을 대상으로 한 산술 평균을 계산한다.

MIN	=MIN(최솟값)	범위에서 가장 작은 값을 구한다.
MAX	=MAX(최댓값)	범위에서 가장 큰 값을 구한다.
MEDIAN	=MEDIAN(범위)	범위에서 중간값을 구한다.
RANK.EQ	=RANK.EQ(순위 구하려는 값, 대상 범위, 정렬)	숫자 목록에서 지정한 수의 순위를 구한다. 공동 순위가 있는 경우, 1위가 2명이면 그 다음 순위는 3위가 된다.
LEFT	=LEFT(문자열, 추출할 문자 수)	문자열의 왼쪽부터 문자 수만큼 추출한다.
RIGHT	=RIGHT(문자열, 추출할 문자 수)	문자열을 오른쪽부터 문자 수만큼 추출한다.
MID	=MID(문자열, 추출할 문자의 시작 위치, 추출할 문자 수)	문자열의 추출할 문자 시작 위치부터 추출할 글자 수만큼 추출한다.
ISBLANK	=ISBLANK(데이터)	셀이 공백이면 TRUE, 그렇지 않으면 FALSE를 구한다.
DAYS360	=DAYS360(시작일, 종료일)	1년을 360일로 간주해 두 날짜 사이의 날짜를 구한다.
LARGE	=LARGE(범위, 인수)	범위에서 K번째 큰 값을 구한다.
SMALL	=SMALL(범위, 인수)	범위에서 K번째 작은 값을 구한다.

4) 비교 연산자

>=	이상(크거나 같다)	>=90: 90 이상(90~부터) >=2026-12-25: 2026년 12월 25일 이후(~25일부터)
<=	이하(작거나 같다)	<=60: 60 이하(~60까지) <=2026-12-25: 2026년 12월 25일 이전(~25일까지)
>	초과(크다)	>100: 100보다 크다.(101~부터)
<	미만(작다)	<100: 100보다 작다.(~99까지)
<>	다른(같지 않다)	<>남자: 남자가 아닌

고급 필터 조건표 작성하기

① AND 조건: ~이면서, ~이고, ~하면서, 그리고

☞ 조건이 모두 만족하는 항목만 필터링한다.

- 조건을 같은 행에 입력한다.

예) '성별'이 '남성'**이면서** '주문수량'이 40 미만

성별	주문수량
남성	<40

예) '주문수량'이 40 이상**이면서** 80 미만

주문수량	주문수량
>=40	<80

② OR 조건: ~이거나, ~ 또는, ~하거나

- 조건을 다른 행에 입력한다.

'성별'이 '남성'**이거나** '주문수량'이 40 미만

성별	주문수량
남성	
	<40

'성명'이 '김'씨**이거나** '박'씨

성명
김*
박*

③ AND, OR 혼합 조건: A이면서 B이거나 C인 값

- AND 조건은 같은 행에, OR 조건은 다른 행에 조건을 입력한다.

('성별'이 '남성'**이면서**, '주문수량'이 40 미만)**이거나**, '성명'이 '김'씨인 값

성별	주문수량	성명
남성	<40	
		김*

④ AND 조건에서 구간 조건

> 나이가 20 이상 30 미만 나이가 "20대인 값"으로 표현할 수 있다.

- 같은 항목 이름을 각각 다른 열에 입력하고 조건을 작성한다.

'성별'이 '남성'**이면서** '나이'가 20 이상**이면서** 30 미만인 값

성별	나이	나이
남성	>=20	<30

⑤ 조건에 함수를 사용하는 고급 필터

> 수식을 사용한 조건표 작성 시 필드명은 공백이나 원본 데이터에 존재하지 않는 임의의 필드명을 사용할 수 있다.

- 수식이 포함되는 경우 가상의 필드가 존재한다고 가정한 상태로 엑셀에서 처리하므로 조건표의 필드명은 원본 데이터 필드에 존재하는 필드명을 사용하면 안 된다.
- 예) '성명'의 첫 번째 글자가 '이'로 시작하지 않고 각 '주문금액'이 전체 주문금액의 평균 미만인 데이터를 검색(LEFT, AVERAGE 함수 사용)

'성명' 열에서 첫 글자가 '이'가 아닌 값	'주문' 열에서 전체 평균 미만인 값
첫 글자	주문평균
=LEFT(성명,1)<>"이"	=AVERAGE(평균)>비교 셀

⑥ 특정 범위의 평균, 합계, 최댓값, 최솟값 등의 연산

> =LEFT(성명,1)<>"이" → 성명의 첫 글자가 '이'가 아니면

> =AVERAGE($B$3:$B$9)>비교 셀 → [B3:B9] 셀의 평균이 비교 셀보다 크면

- 고급 필터는 범위의 첫 행부터 아래 방향으로 조건을 비교하므로 특정 열(평균, 합계, 최댓값, 최솟값 등)의 연산 범위는 절대 참조한다.

첫 글자	주문평균
=LEFT(A1,1)<>"이"	=AVERAGE($B$3:$B$9)>비교 셀

⑦ 제시된 열(필드)만 출력하는 경우

- 문제에서 제시된 일부 열을 복사 위치에 직접 입력하거나 복사하고, 고급 필터 대화 상자의 복사 위치로 설정한다.

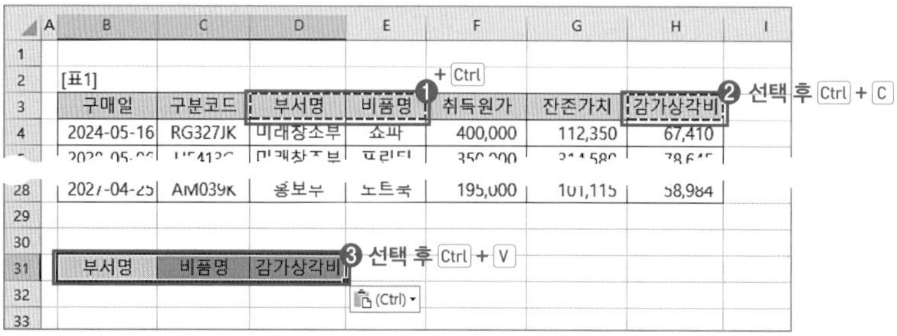

	A	B	C	D	E	F	G	H
1								
2		[표1]						
3		구매일	구분코드	부서명	비품명	취득원가	잔존가치	감가상각비
4		2024-05-16	RG327JK	미래창조부	쇼파	400,000	112,350	67,410
28		2027-04-25	AM039K	홍보부	노트북	195,000	101,115	58,984
29								
30								
31		부서명	비품명	감가상각비				

❶ + Ctrl ❷ 선택 후 Ctrl + C ❸ 선택 후 Ctrl + V

2 출제 유형 이해

www.ebs.co.kr/compass(엑셀 실습 파일 다운로드)

문제 1 작업 파일: 1_고급필터.xlsx

'고급필터_이해' 시트에서 다음과 같이 고급 필터를 수행하시오.

▶ [B3:H21] 영역에서 **'잔존가치'가 2,000,000 이상이거나, '비품명'이 '노트북'인** 데이터를 표시하시오.

▶ 조건은 [J3:K5] 영역 내에 알맞게 입력하시오.

▶ 결과는 [B24] 셀부터 표시하시오.

[풀이]

① [J3] 셀에 **잔존가치**, [K3] 셀에 **비품명**, [J4] 셀에 **>=2000000**, [K5] 셀에 **노트북**을 입력해 조건을 완성한다.

잔존가치	비품명
>=2000000	
	노트북

'잔존가치'가 '2,000,000' 이상이거나, '비품명'이 '노트북'인

조건1 OR 조건2

조건1, 조건2 사이 조건이 '이거나'(OR)로 구성되어 있으므로 조건은 각각 다른 행에 작성한다.

☞ 조건표의 조건 필드명은 같은 행에 작성한다.

② [B3:H21] 범위를 선택하고, [데이터] → [정렬 및 필터] → [고급]을 선택한다.

☞ [B3:H21] 범위를 선택하지 않고, [B3:H21] 범위 중 임의의 셀을 선택하고 [고급 필터]를 실행해도 된다.

구매일	구분코드	부서명	비품명	취득원가	잔존가치	감가상각비
2024-05-16	RG327JK	미래창조부	쇼파	400,000	112,350	67,410
2028-05-06	HE413C	미래창조부	프린터	350,000	314,580	78,645
2025-04-30	AMQ809N	미래창조부	냉온풍기	3,540,000	2,247,000	432,548
2027-05-07	AA767N	개발부	에어컨	1,200,000	842,625	252,788
2024-05-11	PR548C	인사부	에어컨	2,350,000	898,800	348,285
2027-04-11	KZ625K	홍보부	책상	250,000	168,525	56,175
2027-05-06	VX614K	총무부	노트북	250,000	202,230	39,323
2028-04-06	PJ286C	미래창조부	컴퓨터	780,000	730,275	146,055
2028-05-11	AV938C	홍보부	복합기	1,100,000	1,067,325	168,525
2025-05-12	NY840C	미래창조부	복합기	1,950,000	1,123,500	266,831
2025-05-16	YB656K	개발부	테이블	600,000	337,050	84,263
2024-05-04	ZP593K	개발부	노트북	210,000	56,175	35,952
2028-04-12	AX625N	홍보부	전기히터	32,000	22,470	13,482
2024-05-14	AA469K	총무부	쇼파	1,000,000	337,050	157,290
2024-04-13	AG583C	미래창조부	프린터	560,000	56,175	114,597
2025-05-18	VB656N	총무부	전기히터	25,000	5,618	5,618
2028-04-04	BV474K	홍보부	책상	300,000	280,875	56,175
2027-04-25	AM039K	홍보부	노트북	195,000	101,115	58,984

③ [고급 필터] 대화 상자에서 조건 범위 입력 창을 선택하고 [J3:K5] 범위를 지정한다.

④ '다른 장소에 복사'를 선택한 후 복사 위치 입력 창을 선택하고 [B24] 셀을 지정한 후 확인을 클릭한다.

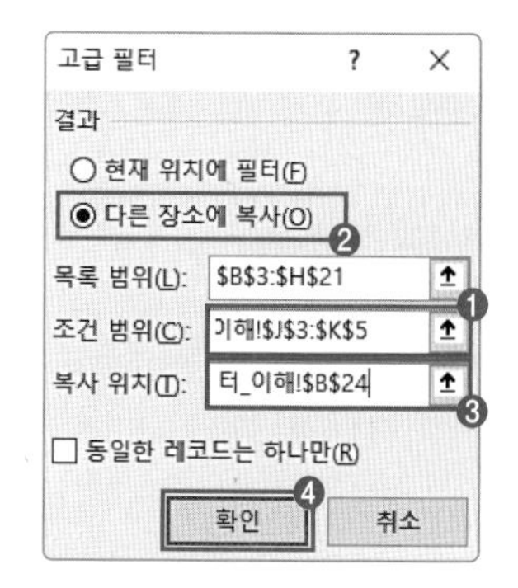

[결과]

조건에 맞게 결과가 도출되었는지 확인한다.

구매일	구분코드	부서명	비품명	취득원가	잔존가치	감가상각비
2025-04-30	AMQ809N	미래창조부	냉온풍기	3,540,000	2,247,000	432,548
2027-05-06	VX614K	총무부	노트북	250,000	202,230	39,323
2024-05-04	ZP593K	개발부	노트북	210,000	56,175	35,952
2027-04-25	AM039K	홍보부	노트북	195,000	101,115	58,984

문제 2 작업 파일: 1_고급필터.xlsx

'고급필터_이해' 시트에서 다음과 같이 고급 필터를 수행하시오.

- [B3:H21] 영역에서 **'구분코드'가 'A'로 시작하고 '취득원가'가 1,000,000원 이상**인 데이터의 **'부서명', '비품명', '감가상각비'** 열을 순서대로 표시하시오.
- 조건은 [J7:K8] 영역 내에 알맞게 입력하시오.
- 결과는 [B31] 셀부터 표시하시오.

[풀이]

① [J7:K8] 범위에 다음과 같이 조건을 입력한다.

구분코드	취득원가
A*	>=1000000

'구분코드'가 'A'로 시작하고 '취득원가'가 1,000,000원 이상
조건1 AND 조건2
조건1과 조건2의 관계는 '하고(AND)'로 구성되어 있어, 조건을 같은 행에 작성한다.

② 결과에 표시할 열을 복사하기 위해 [D3:E3] 범위 선택 → Ctrl을 누르고 → [H3] 셀 선택 → Ctrl + C를 눌러 복사 → [B31] 셀 선택 → Ctrl + V를 눌러 결과에 표시할 '부서명', '비품명', '감가상각비'를 붙여 넣는다.

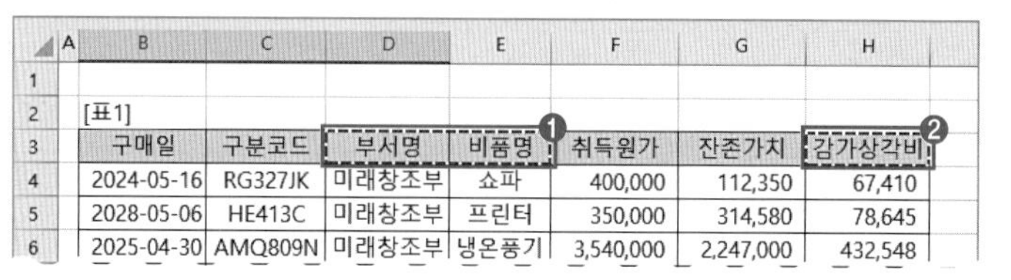

	A	B	C	D	E	F	G	H
1								
2		[표1]						
3		구매일	구분코드	부서명	비품명	취득원가	잔존가치	감가상각비
4		2024-05-16	RG327JK	미래창조부	쇼파	400,000	112,350	67,410
5		2028-05-06	HE413C	미래창조부	프린터	350,000	314,580	78,645
6		2025-04-30	AMQ809N	미래창조부	냉온풍기	3,540,000	2,247,000	432,548

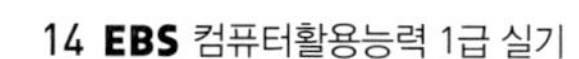

27	2024-05-04	ZP593K	개발부	노트북	210,000	56,175	35,952
28	2027-04-25	AM039K	홍보부	노트북	195,000	101,115	58,984
29							
30							
31	부서명	비품명	감가상각비				
32							

③ [B3:H21] 범위를 선택하거나 [B3:H21] 범위에서 임의의 위치를 선택하고, [데이터] → [정렬 및 필터] → [고급]을 선택한다.

	B	C	D	E	F	G	H	I	J	K
2	[표1]									
3	구매일	구분코드	부서명	비품명	취득원가	잔존가치	감가상각비		잔존가치	비품명
4	2024-05-16	RG327JK	미래창조부	쇼파	400,000	112,350	67,410		>=2000000	
5	2028-05-06	HE413C	미래창조부	프린터	350,000	314,580	78,645			노트북
6	2025-04-30	AMQ809N	미래창조부	냉온풍기	3,540,000	2,247,000	432,548			
7	2027-05-07	AA767N	개발부	에어컨	1,200,000	842,625	252,788			
8	2024-05-11	PR548C	인사부	에어컨	2,350,000	898,800	348,285			
9	2027-04-11	KZ625K	홍보부	책상	250,000	168,525	56,175			
10	2027-05-06	VX614K	총무부	노트북	250,000	202,230	39,323			
11	2028-04-06	PJ286C	미래창조부	컴퓨터	780,000	730,275	146,055			
12	2028-05-11	AV938C	홍보부	복합기	1,100,000	1,067,325	168,525			
13	2025-05-12	NY840C	미래창조부	복합기	1,950,000	1,123,500	266,831			
14	2025-05-16	YB656K	개발부	테이블	600,000	337,050	84,263			
15	2024-05-04	ZP593K	개발부	노트북	210,000	56,175	35,952			
16	2028-04-12	AX625N	홍보부	전기히터	32,000	22,470	13,482			
17	2024-05-14	AA469K	총무부	쇼파	1,000,000	337,050	157,290			
18	2024-04-13	AG583C	미래창조부	프린터	560,000	56,175	114,597			
19	2025-05-18	VB656N	총무부	전기히터	25,000	5,618	5,618			
20	2028-04-04	BV474K	홍보부	책상	300,000	280,875	56,175			
21	2027-04-25	AM039K	홍보부	노트북	195,000	101,115	58,984			

④ [고급 필터] 대화 상자에서 다음과 같이 설정하고, [확인]을 클릭하여 고급 필터 결과를 [B31:D31]에 출력한다.

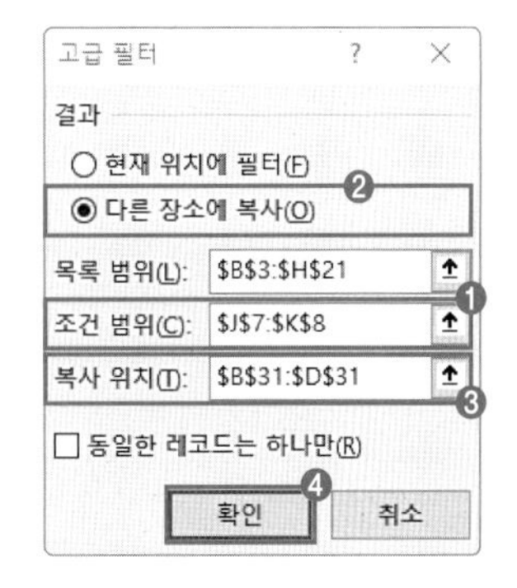

☞ 같은 시트에 앞서 고급 필터를 적용한 이력이 대화 상자에 표시된다.

☞ 조건 범위, 복사 위치에 입력된 셀 범위를 지우고 새로 범위를 지정한다.

[결과]

	B	C	D
31	부서명	비품명	감가상각비
32	미래창조부	냉온풍기	432,548
33	개발부	에어컨	252,788
34	홍보부	복합기	168,525
35	총무부	쇼파	157,290

☞ 조건에 맞게 결과가 표시되었는지 확인한다.

3 실전 문제 마스터

www.ebs.co.kr/compass(엑셀 실습 파일 다운로드)

문제 1 작업 파일: 1_고급필터.xlsx

'고급 필터 1' 시트에서 다음과 같이 고급 필터를 수행하시오.

- [B3:T31] 영역에서 **'반'이 '사랑반'이면서, '6/2'일이 빈 셀인** 행에 대하여 **'학년', '반', '이름'** 열을 순서대로 표시하시오.
- 조건은 [V3:V4] 영역에 입력하시오. (ISBLANK, AND 함수 사용)
- 결과는 [X3] 셀부터 표시하시오.

[풀이]

☞ 조건에 사용되는 문자열은 ""로 묶는다.

① [V3:V4] 범위에 다음과 같이 조건을 입력한다.

조건
=AND(C4="사랑반",ISBLANK(R4))

'반'이 '사랑반'이면서, '6/2'일이 빈 셀인

조건1 AND 조건2

- 조건1, 조건2가 이면서(AND) 조건이다.
- AND 함수 구조
  =AND(조건1, 조건2)
  =AND(C4="사랑반",ISBLANK(R4))

☞ – AND: 이면서, 이고
– OR: 이거나, 또는, 이나
– ISBLANK(R4): [R4] 셀이 공백이면 TRUE를 출력한다.

② '학년', '반', '이름' 열을 [X3] 셀에 복사하여 붙여 넣는다.

③ 다음과 같이 [고급 필터] 대화 상자를 완성하고 결과를 출력한다.

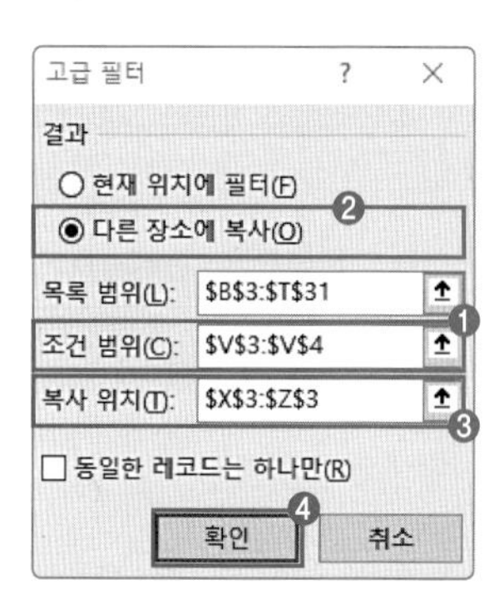

☞ 조건표의 필드명은 원본 표에 없는 필드명을 사용하거나, 공백을 사용한다.
EBS 컴퓨터활용능력 1급 실기는 '조건'으로 필드명을 작성한다. 만약 원본 표에 '조건' 필드가 이미 존재한다면 조건표의 필드명으로 '조건'을 사용할 수 없다.

[결과]

	X	Y	Z	AA	AB	AC	AD	AE	AF	AG
3	학년	반	이름							
4	1	사랑반	김유준							
5										
6										

문제 2　　작업 파일: 1_고급필터.xlsx

'고급 필터_2' 시트에서 다음과 같이 고급 필터를 수행하시오.

▶ [B3:T31] 영역에서 **'출석수'가 출석수의 중간값보다 작거나 '6/9'일이 빈 셀인 행에 대하여 '학년', '반', '이름', '6/9', '출석수'** 열을 순서대로 표시하시오.
▶ 조건은 [V3:V4] 영역에 입력하시오.(ISBLANK, OR, MEDIAN 함수 사용)
▶ 결과는 [X3] 셀부터 표시하시오.

[풀이]

① [V3:V4] 범위에 다음과 같이 조건을 입력한다.

조건
=OR(MEDIAN($T$4:$T$31)>T4,ISBLANK(S4))

☞ 절대 참조 단축키: F4

☞ 조건식을 다음과 같이 작성해도 된다.
=OR(T4<MEDIAN($T$4:$T$31),ISBLANK(S4))

고급 필터 조건식 절대 참조

- 통계 함수(AVERAGE, SUM, MAX, MIN, MEDIAN 등)가 고급 필터 함수에 사용될 때 계산 범위에 절대 참조를 설정한다.
- 예를 들어 위 식의 ISBLANK(S4)를 살펴보면, 함수 인수로 데이터 첫 셀 [S4]를 선택하였다. 고급 필터 기능의 내부 처리 과정에서 필터링할 범위에서 [S4] 셀부터 1행씩 셀 주소를 증가시키면서 고급 필터 조건이 만족하는지 확인하는 절차를 거치게 된다.
- 통계 함수에서 일부 범위의 결과를 조건 대상으로 사용할 경우 MEDIAN(T4:T31)과 같이 절대 참조를 적용하지 않으면 첫 번째 셀의 경우 [T4:T31] 범위의 중간값을 계산하여 두 번째 셀의 경우 MEDIAN(T5:T32) 범위의 중간값을 계산하게 된다.

☞ 고급 필터에서 일부 범위의 통계 함수 결과를 비교 기준으로 삼을 경우 꼭 절대 참조한다.

② '학년', '반', '이름', '6/9', '출석수' 열을 복사하여 [X3] 셀에 붙여 넣는다.

	A	B	C	D	S	T	X	Y	Z	AA	AB
1											
2											
3		학년	반	이름	6/9	출석수	학년	반	이름	6/9	출석수
4		1	사랑반	김영서	O	15					
5		1	사랑반	이환	O	13					
6		1	사랑반	김유준	O	12					
7		1	화평반	김지환	O	15					
8		1	화평반	원가은	O	14					

③ [고급 필터] 대화 상자를 다음과 같이 설정하고 확인을 클릭해 고급 필터 결과를 [X3] 셀부터 출력한다.

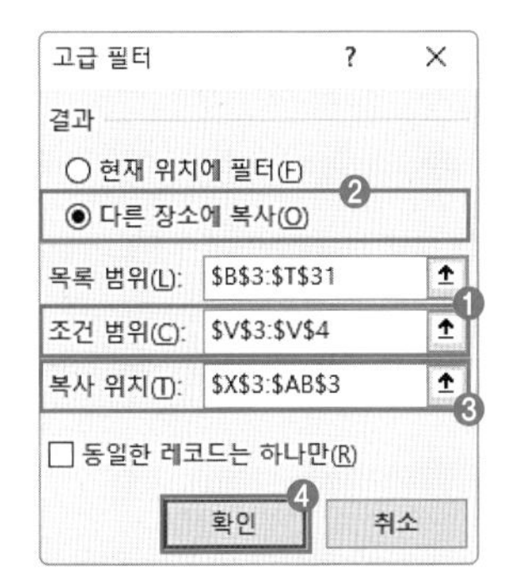

[결과]

	W	X	Y	Z	AA	AB	AC	AD	AE	AF	AG
2											
3		학년	반	이름	6/9	출석수					
4		1	사랑반	이환	O	13					
5		1	사랑반	김유준	O	12					
6		1	화평반	김서찬	O	13					
7		1	화평반	노재현	O	11					
8		1	희락반	김우인	O	10					
9		2	양선반	정승우		13					
10		2	오래참음반	윤지강		13					
11		2	오래참음반	손채영		12					
12		2	자비반	이지훈	O	12					
13		2	자비반	이선녕	O	9					
14		2	충성반	노석진	O	13					
15		2	충성반	권한지	O	13					
16		2	충성반	최경주	O	10					
17											

문제 3 작업 파일: 1_고급필터.xlsx

'고급 필터_3' 시트에서 다음과 같이 고급 필터를 수행하시오.

▶ [B2:G43] 영역에서 **'작업사항'이 공백이 아니면서 '작업사항'이 '품절도서'가 아니면서 입력일자가 2월인** 행에 대하여 **'입력일자', '신청자이름', '서명', '저자', '작업사항'** 열을 순서대로 표시하시오.

▶ 조건은 [I2:I3] 영역에 입력하시오.(AND, ISBLANK, NOT, MONTH 함수 사용)

▶ 결과는 [I7] 셀부터 표시하시오.

[풀이]

NOT 함수는 결과인 논리값을 반대로 전환한다. ISBLANK 함수에서 공백을 찾으면 TRUE가 출력되고, NOT(TRUE) → FALSE가 출력된다.

① [I2:I3] 범위에 다음과 같이 조건을 입력한다.

조건
=AND(NOT(ISBLANK(G3)),G3<>"품절도서",MONTH(E3)=2)

조건식을 작성할 때 함수 마법사를 사용하면 오류를 줄일 수 있다.

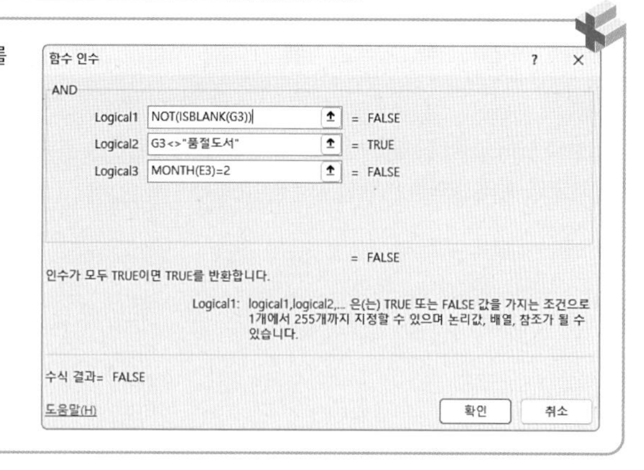

② '입력일자', '신청자이름', '서명', '저자', '작업사항' 열을 [I7] 셀에 순서대로 원본 표에서 복사해 붙여 넣는다.

	H	I	J	K	L	M
6						
7		입력일자	신청자이름	서명	저자	작업사항
8						

③ [고급 필터] 대화 상자를 다음과 같이 설정하고, [확인]을 클릭해 고급 필터 결과를 [I7:M7] 범위부터 출력한다.

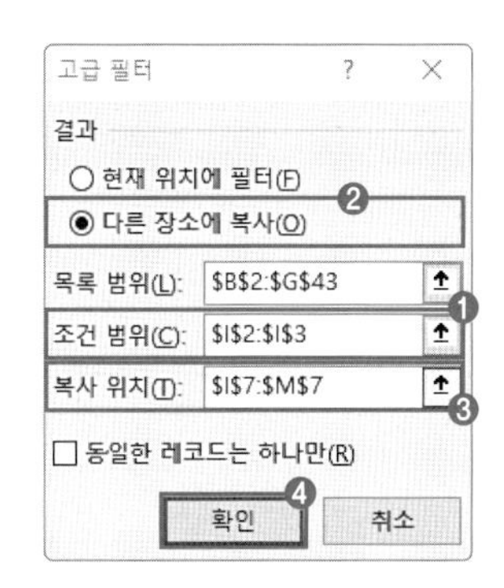

[결과]

	H	I	J	K	L	M
6						
7		입력일자	신청자이름	서명	저자	작업사항
8		2023-02-01	조*현	값싼 음식의 실제 가격	마이클 캐롤런	입고예정
9		2023-02-04	정*식	새 하늘과 새 땅	리처드 미들턴	입고예정
10		2023-02-09	김*연	라플라스의 마녀	히가시노게이고	우선신청도서
11		2023-02-23	김*례	Duck and Goose, Goose Needs a Hug	Tad Hills	3월입고예정
12		2023-02-25	이*숙	Extra Yarn	Mac Barnett	3월말입고예정
13		2023-02-26	서*원	The Unfinished Angel	Creech, Sharon	3월말입고예정
14						

조건부 서식

기본 작업 02

- 조건부 서식의 기본 기능을 사용할 수 있다.
- 조건부 서식에서 수식을 사용해 조건을 작성할 수 있다.

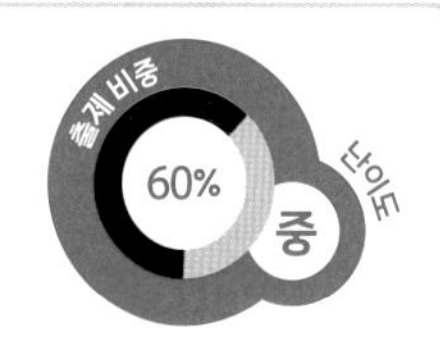

1 개념 학습

1) 조건부 서식 기초 이론

메뉴	[홈] → [스타일] → [조건부 서식] → [새 규칙]	배점	5점
작업 순서	데이터 선택 → [홈] → [스타일] → [조건부 서식] → [새 규칙] → '수식을 사용하여 서식을 지정할 셀 선택' → 다음 수식이 참인 값의 서식 지정 입력 창에 함수식 입력		

대화 상자	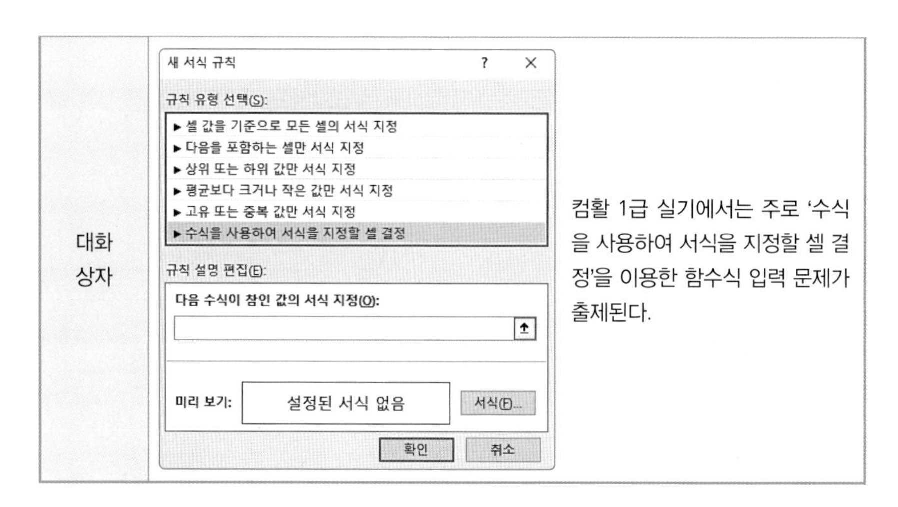	컴활 1급 실기에서는 주로 '수식을 사용하여 서식을 지정할 셀 결정'을 이용한 함수식 입력 문제가 출제된다.

☞ 고급 필터 기출 함수에서 언급한 함수는 제외하였다. 고급 필터 함수도 조건부 서식에 출제된다.

2) 기출 함수 살펴보기

함수	함수식	기능
ISODD	=IF(ISODD(A1), "남자", "여자")	[A1] 셀의 값이 값이 홀수면 '남자', 그렇지 않으면 '여자'를 구한다.
ISEVEN	=IF(ISEVEN(A1), "여자", "남자")	[A1] 셀의 값이 짝수면 '여자', 그렇지 않으면 '남자'를 구한다.
MOD	=MOD(인수, 나누어 줄 값)	인수를 나누어 나머지를 구한다.
LEN	=LEN(문자열)	문자열 길이를 정수로 구한다.
ROW	=ROW(셀)	셀의 행을 구한다.
COLUMN	=COLUMN(셀)	셀의 열 번호를 구한다.
MONTH	=MONTH(날짜)	월을 출력한다.
VALUE	=VALUE(수치형 문자)	수치형 문자 데이터를 숫자로 변경한다.
COUNTIF	=COUNTIF(조건 범위, 조건)	범위에서 조건에 맞는 셀의 개수를 계산한다.
WEEKDAY	=WEEKDAY(날짜, Return_Type)	날짜의 요일을 나타내는 1에서 7까지의 수를 구한다. Return_Type – 1 또는 생략: 일요일(1)~토요일(7) – 2: 월요일(1)~일요일(7) – 3: 월요일(0)~일요일(6)

☞ WEEKDAY 함수의 Return Type 인수

인수	설명
1	일요일(1)~토요일(7)
2	월요일(1)~일요일(7)
3	월요일(0)~일요일(6)

3) 조건부 서식의 삭제

조건부 서식이 적용된 범위 선택 → [홈] → [스타일] → [조건부 서식] → [규칙 지우기] → [선택한 셀의 규칙 지우기]를 선택한다.

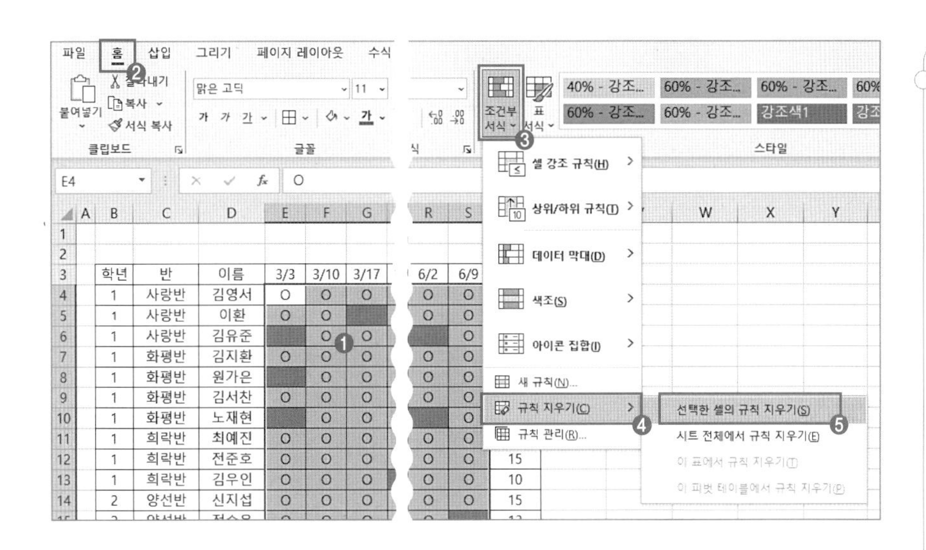

☞ [시트 전체에서 규칙 지우기]를 사용할 때는 별도로 범위 선택 없이 사용한다.

2 출제 유형 이해

www.ebs.co.kr/compass(엑셀 실습 파일 다운로드)

문제 1 작업 파일: 2_조건부서식.xlsx

'조건부서식_1' 시트에서 다음과 같이 조건부 서식을 설정하시오.

- [E4:S24] 영역에서 **빈 셀에 대해서 채우기 색 '표준 색-연한 녹색'**을 적용하시오.
- 규칙 유형은 '다음을 포함하는 셀만 서식 지정'으로 선택하시오.

[풀이]

① [E4:S24] 범위 선택 → [홈] → [스타일] → [조건부 서식] → [새 규칙]을 선택한다.

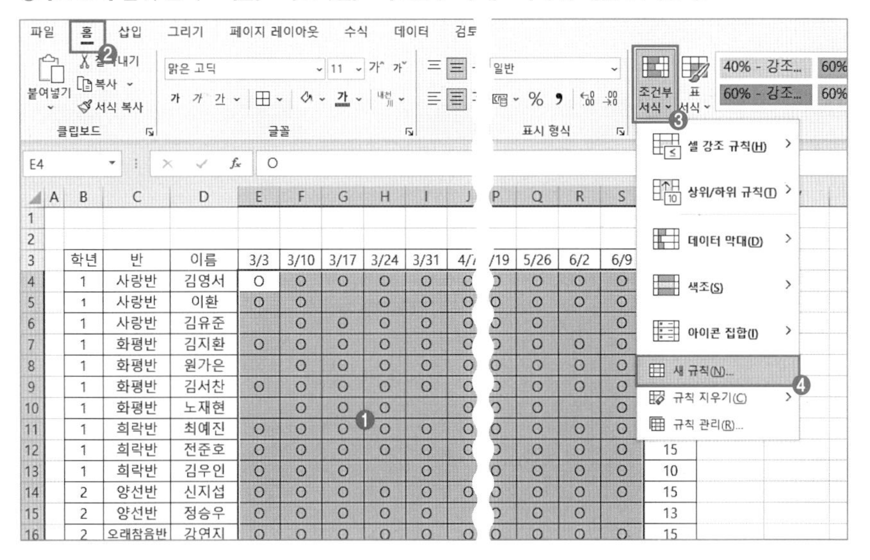

② [새 서식 규칙] 대화 상자 → '다음을 포함하는 셀만 서식 지정' 선택 → 다음을 포함하는 셀만 서식 지정에서 '빈 셀'을 선택 → 서식 을 클릭한다.

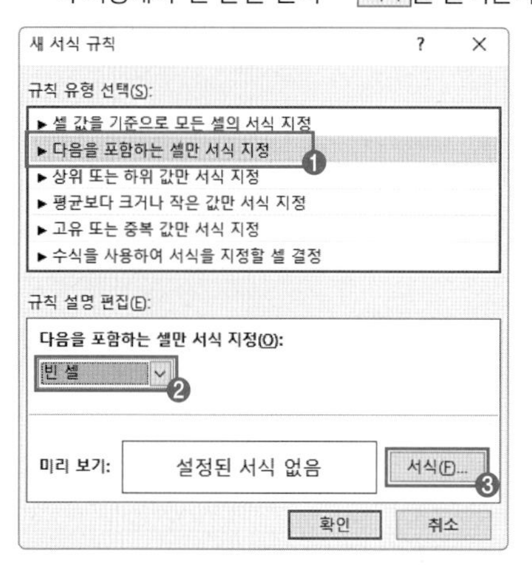

배경색 맨 아래 줄이 표준 색이다. [셀 서식] 대화 상자에서는 배경색에 색 이름이 표시되지 않으므로, 리본 메뉴의 색상 표(글꼴 색, 채우기 색)에서 색 위에 마우스를 잠깐 멈추면 색상 이름이 표시된다.
표준 색의 위치는 미리 학습해 두도록 한다.

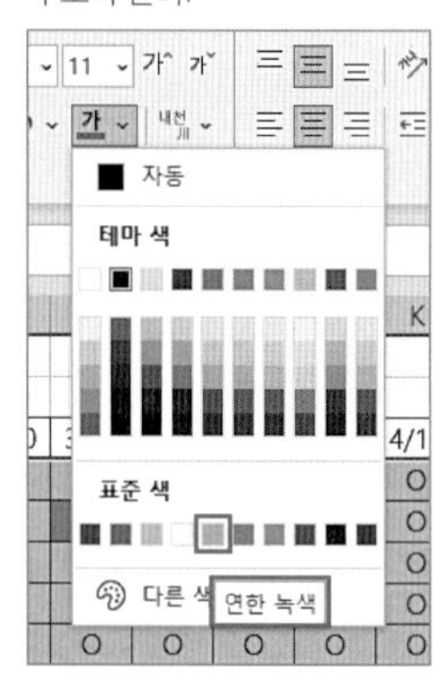

③ [셀 서식] 대화 상자 → [채우기] 탭 → 배경색에서 표준 색 '연한 녹색' 선택 → 확인 을 클릭한다.

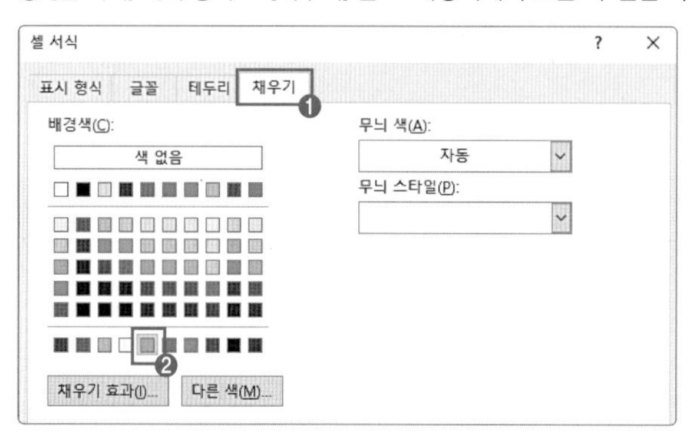

④ [새 서식 규칙] 대화 상자로 돌아와 확인 을 클릭하여 조건부 서식을 적용한다.

[결과]

	학년	반	이름	3/3	3/10	3/17	3/24	3/31	4/7	4/14	4/21	4/28	5/5	5/12	5/19	5/26	6/2	6/9	출석수
4	1	사랑반	김영서	O	O	O	O	O	O	O	O	O	O	O	O	O	O	O	15
5	1	사랑반	이환	O	O		O	O	O	O	O		O	O	O	O	O	O	13
6	1	사랑반	김유준		O	O	O	O	O	O	O	O	O		O	O		O	12
7	1	화평반	김지환	O	O	O	O	O	O	O	O	O	O	O	O	O	O	O	15
8	1	화평반	원가은		O	O	O	O	O	O	O	O	O	O	O	O	O	O	14
9	1	화평반	김서찬	O	O	O	O	O	O			O	O	O	O	O	O	O	13
10	1	화평반	노재현		O	O	O		O	O	O	O	O		O	O		O	11
11	1	희락반	최예진	O	O	O	O	O	O	O	O	O	O	O	O	O	O	O	15
12	1	희락반	전준호	O	O	O	O	O	O	O	O	O	O	O	O	O	O	O	15
13	1	희락반	김우인	O	O	O		O				O		O	O	O	O	O	10
14	2	양선반	신지섭	O	O	O	O	O	O	O	O	O	O	O	O	O	O	O	15
15	2	양선반	정승우	O	O	O	O	O		O	O	O	O	O	O	O	O		13
16	2	오래참음반	강연지	O	O	O	O	O	O	O	O	O	O	O	O	O	O	O	15
17	2	오래참음반	박소연	O	O	O	O	O	O	O	O		O	O	O	O	O	O	14
18	2	오래참음반	윤지강	O	O	O	O	O	O	O	O	O	O	O		O	O		13
19	2	오래참음반	손채영	O	O	O	O	O		O	O		O	O	O	O	O		12
20	2	자비반	박지민	O	O	O	O	O	O	O	O	O	O	O	O	O	O	O	15
21	2	자비반	김하람	O	O	O	O	O	O	O	O	O	O	O	O	O	O	O	15
22	2	자비반	김하영	O		O	O	O	O	O	O	O	O	O	O	O	O	O	14
23	2	자비반	이지훈	O	O		O			O	O	O	O	O	O	O	O	O	12
24	2	자비반	이선녕		O	O		O		O				O	O	O	O	O	9

문제 2 작업 파일: 2_조건부서식.xlsx

'조건부서식_2 시트에서 다음과 같이 조건부 서식을 설정하시오.

▶ [T4:T24] 영역에 조건부 서식을 적용하시오.

▶ 규칙 유형은 '셀 값을 기준으로 모든 셀의 서식 지정'으로 선택하고, 서식 스타일 '3방향 화살표(컬러)'로 설정하고, **백분율 70 이상이면 '녹색 위쪽 화살표', 백분율 40 이상이면 '노란색 위쪽 사선 화살표', 나머지는 '빨강색 아래쪽 화살표'**로 설정하시오.

[풀이]

① [T4:T24] 범위 선택 → [홈] → [스타일] → [조건부 서식] → [새 규칙]을 선택한다.

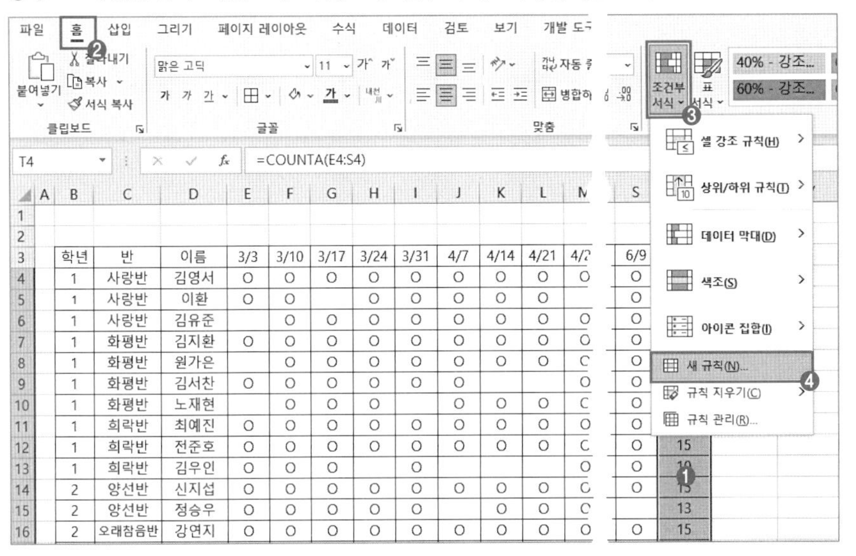

② [새 서식 규칙] 대화 상자에서 '셀 값을 기준으로 모든 셀의 서식 지정'을 선택하고 서식 스타일을 '아이콘 집합'으로 선택 → 아이콘 스타일을 '3방향 화살표(컬러)' → 첫 번째 값 항목은 **70**, 두 번째 값 항목은 **40**을 입력 → 두 번째 노란색 화살표 콤보 상자 → '노란색 위쪽 사선 화살표' 선택 → [확인]을 클릭해 조건부 서식을 적용한다.

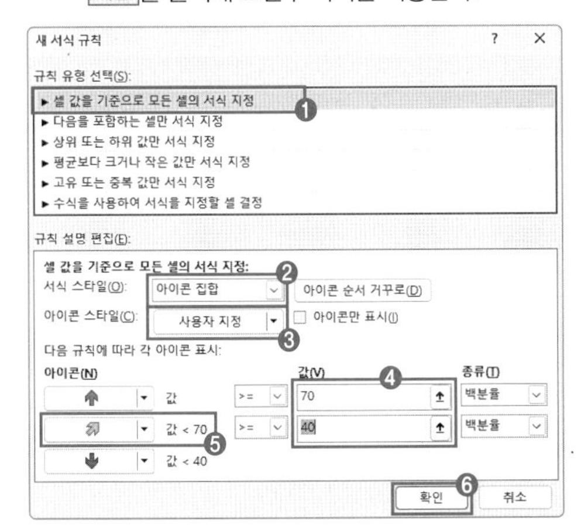

[결과]

학년	반	이름	3/3	3/10	3/17	3/24	3/31	4/7	4/14	4/21	4/28	5/5	5/12	5/19	5/26	6/2	6/9	출석수
1	사랑반	김영서	O	O	O	O	O	O	O	O	O	O	O	O	O	O	O	15
1	사랑반	이환	O	O		O	O	O	O	O		O	O	O	O	O	O	13
1	사랑반	김유준		O	O	O	O	O	O	O	O	O		O	O		O	12
1	화평반	김지환	O	O	O	O	O	O	O	O	O	O	O	O	O	O	O	15
1	화평반	원가은		O	O	O	O	O	O	O	O	O	O	O	O	O	O	14
1	화평반	김서찬	O	O	O	O	O	O			O	O	O	O	O	O	O	13
1	화평반	노재현		O	O	O		O	O	O	O	O		O	O		O	11
1	희락반	최예진	O	O	O	O	O	O	O	O	O	O	O	O	O	O	O	15
1	희락반	전준호	O	O	O	O	O	O	O	O	O	O	O	O	O	O	O	15
1	희락반	김우인	O	O	O		O				O		O	O	O	O	O	10
2	양선반	신지섭	O	O	O	O	O	O	O	O	O	O	O	O	O	O	O	15
2	양선반	정승우	O	O	O	O	O		O	O	O	O	O	O	O	O		13
2	오래참음반	강연지	O	O	O	O	O	O	O	O	O	O	O	O	O	O	O	15
2	오래참음반	박소연	O	O	O	O	O	O	O	O		O	O	O	O	O	O	14
2	오래참음반	윤지강	O	O	O	O	O	O	O	O	O	O	O		O	O		13
2	오래참음반	손채영	O	O	O	O	O		O	O		O	O	O	O	O		12
2	자비반	박지민	O	O	O	O	O	O	O	O	O	O	O	O	O	O	O	15
2	자비반	김하람	O	O	O	O	O	O	O	O	O	O	O	O	O	O	O	15
2	자비반	김하영	O		O	O	O	O	O	O	O	O	O	O	O	O	O	14
2	자비반	이지훈	O	O		O			O	O	O	O	O	O	O	O	O	12
2	자비반	이선녕		O	O		O		O				O	O	O	O	O	9

문제 3 작업 파일: 2_조건부 서식.xlsx

'조건부서식_3' 시트에서 다음과 같이 조건부 서식을 설정하시오.

- [B3:G30] 영역에서 **다섯 번째 행마다** 글꼴 스타일 '기울임꼴', 채우기 색 '표준 색–노랑'을 적용하시오.
- 단, 규칙 유형은 '수식을 사용하여 서식을 지정할 셀 결정'을 사용하고, 한 개의 규칙으로만 작성하시오.
- **ROW, MOD** 함수 사용

[풀이]

☞ 조건부 서식이 적용될 범위만 선택한다. 2행과 같은 항목 이름은 조건부 서식 범위가 아니므로 꼭 제외하고 선택한다.

① [B3:G30] 범위 선택 → [홈] → [스타일] → [조건부 서식] → [새 규칙]을 선택한다.

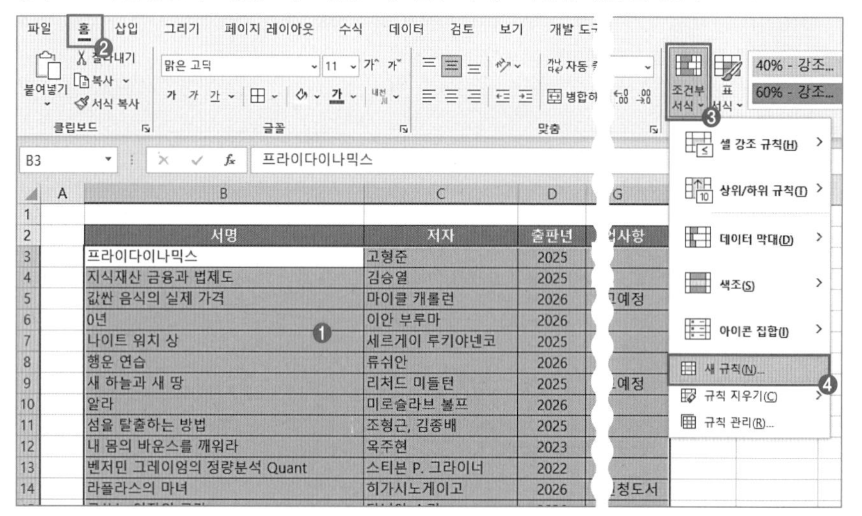

② [새 서식 규칙] 대화 상자에서 '수식을 사용하여 서식을 지정할 셀 결정'을 선택하고 다음과 같이 수식 입력 → 서식 을 클릭한다.

=MOD(ROW($B3)-2,5)= 0

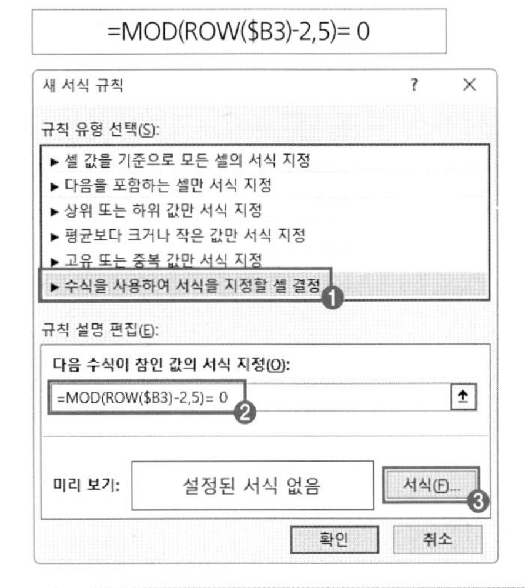

- ROW 함수를 이용해 [B3] 셀의 행 값을 계산하면 3이 출력된다.
- MOD(ROW($B3)-2,5)=0
  3-2=1 ÷ 5 → 나머지 1=0
  → FALSE
  4-2=2 ÷ 5 → 나머지 2=0
  → FALSE
  5-2=3 ÷ 5 → 나머지 3=0
  → FALSE
  6-2=4 ÷ 5 → 나머지 4=0
  → FALSE
  7-2=5 ÷ 5 → 나머지 0=0
  → TRUE → 서식 적용

위와 같이 5의 배수만 계산하여 적용하면 다섯 번째 조건부 서식을 적용할 수 있다.

조건부 서식의 '참조'

- 조건부 서식은 고급 필터와 같이 내부적으로 시작 행, 시작 열부터 한 행, 한 열씩 값을 비교하면서 서식을 적용한다.
- MOD(ROW($B3)-2,5)에서 [$B3] 셀처럼 혼합 참조를 사용하는 이유이기도 하다.
- 만약 열의 절대 참조를 적용하지 않으면 열 방향으로도 한 열씩 조건을 검색하게 되므로 행/열 방향으로 모두 조건을 검색하게 된다.
- 위 문제에서는 행 방향으로 조건을 검색하므로 [$B3] 셀처럼 열에만 절대 참조한다.
- 만약 열 방향으로 조건을 검색한다면 [B$3] 셀처럼 행에만 절대 참조한다.

③ [셀 서식] 대화 상자 → [글꼴] 탭 → 글꼴 스타일을 '기울임꼴' → [채우기] 탭 → 배경색을 표준 색 '노랑'으로 선택 → 확인 클릭 → [새 서식 규칙] 대화 상자 → 확인 을 클릭해 조건부 서식을 적용한다.

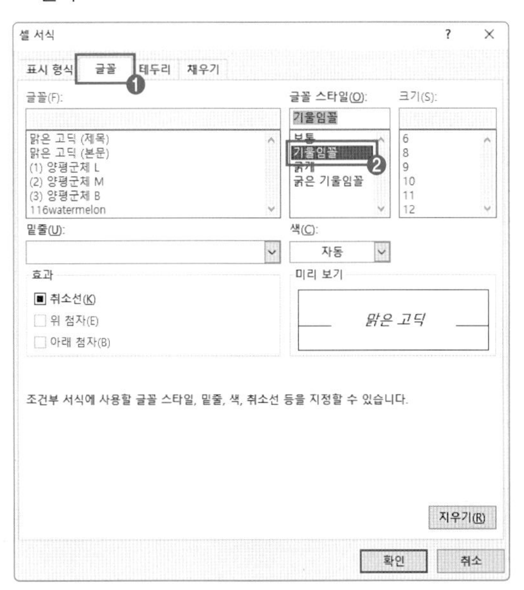

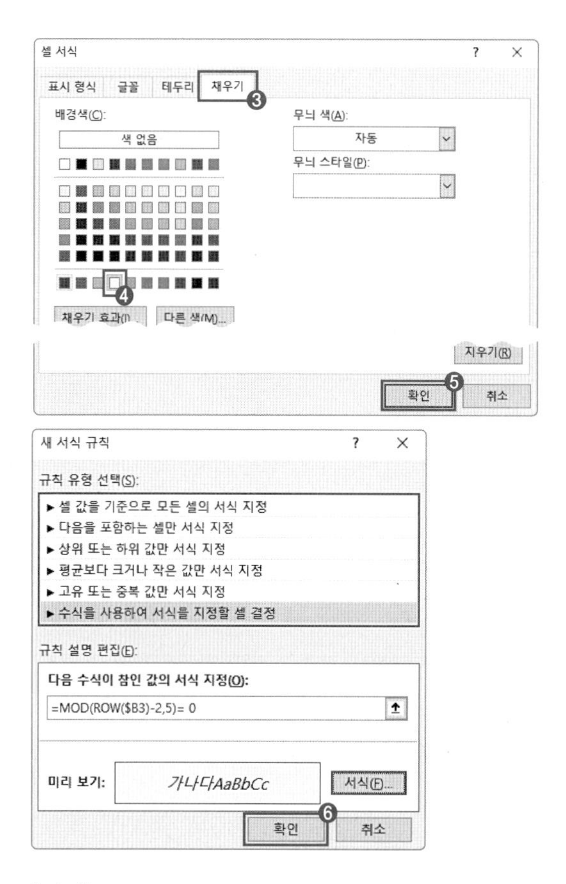

[결과]

	A	B	C	D	E	F	G
1							
2		서명	저자	출판년	입력일자	신청자이름	작업사항
3		프라이다이나믹스	고형준	2025	2026-01-29	김*영	
4		지식재산 금융과 법제도	김승열	2025	2026-01-29	김*영	
5		값싼 음식의 실제 가격	마이클 캐롤런	2026	2026-01-31	조*현	입고예정
6		0년	이안 부루마	2026	2026-01-31	조*현	
7		*나이트 워치 상*	*세르게이 루키야넨코*	*2025*	*2026-01-31*	*정*지*	
8		행운 연습	류쉬안	2026	2026-02-01	박*정	
9		새 하늘과 새 땅	리처드 미들턴	2025	2026-02-03	정*식	입고예정
10		알라	미로슬라브 볼프	2026	2026-02-03	정*울	
11		섬을 탈출하는 방법	조형근, 김종배	2025	2026-02-03	박*철	
12		*내 몸의 바운스를 깨워라*	*옥주현*	*2023*	*2026-02-05*	*김*하*	
13		벤저민 그레이엄의 정량분석 Quant	스티븐 P. 그라이너	2022	2026-02-06	민*준	
14		라플라스의 마녀	히가시노게이고	2026	2026-02-08	김*연	우선신청도서
15		글쓰는 여자의 공간	타니아 슐리	2026	2026-02-08	조*혜	
16		돼지 루퍼스, 학교에 가다	킴 그리스웰	2024	2026-02-09	이*경	
17		*삐꼼 아저씨네 동물원*	*케빈 월드론*	*2025*	*2026-02-09*	*주*민*	
18		부동산의 보이지 않는 진실	이재범 외1	2026	2026-02-10	민*준	
19		영재들의 비밀습관 하브루타	장성애	2026	2026-02-13	정*정	
20		Why? 소프트웨어와 코딩	조영선	2025	2026-02-14	변*우	
21		나는 단순하게 살기로 했다	사사키 후미오	2025	2026-02-14	김*선	우선신청도서
22		*나는 누구인가 - 인문학 최고의 공부*	*강신주, 고미숙 외5*	*2024*	*2026-02-14*	*송*자*	
23		음의 방정식	미야베 미유키	2026	2026-02-16	이*아	
24		인성이 실력이다	조벽	2026	2026-02-17	고*원	
25		학교를 개선하는 교사	마이클 풀란	2023	2026-02-20	한*원	
26		혁신교육에 대한 교육학적 성찰	한국교육연구네트워크	2024	2026-02-20	한*원	
27		*부시파일럿, 나는 길이 없는 곳으로 간다*	*오현호*	*2026*	*2026-02-20*	*최*설*	
28		ENJOY 홋카이도(2015-2016)	정태관,박용준,민보영	2025	2026-02-21	이*아	
29		우리 아이 유치원 에이스 만들기	에이미	2026	2026-02-21	조*혜	
30		Duck and Goose, Goose Needs a Hug	Tad Hills	2022	2026-02-22	김*레	3월입고예정

3 실전 문제 마스터

www.ebs.co.kr/compass(엑셀 실습 파일 다운로드)

문제 작업 파일: 2_조건부 서식.xlsx

조건부서식_4' 시트에서 다음과 같이 조건부 서식을 설정하시오.

- [E3:S20] 영역에 대해서 **해당 열 번호가 홀수이면서 [E3:S3] 영역의 월이 홀수인 열 전체**에 대하여 채우기 색을 '표준 색-노랑'으로 적용하시오.
- 단, 규칙 유형은 '수식을 사용하여 서식을 지정할 셀 결정'을 사용하고, 한 개의 규칙으로만 작성하시오.
- AND, COLUMN, ISODD, MONTH 함수 사용

[풀이]

① [E3:S20] 범위 선택 → [홈] → [스타일] → [조건부 서식] → [새 규칙]을 선택한다.

② [새 서식 규칙] 대화 상자에서 '수식을 사용하여 서식을 지정할 셀 결정'을 선택하고 다음과 같이 수식 입력 → [서식]을 클릭한다.

```
=AND(ISODD(COLUMN(E$3)),ISODD(MONTH(E$3)))
```

③ [셀 서식] 대화 상자 → [채우기] 탭 → 배경색을 표준 색 '노랑' 선택 → [확인] 클릭 → [새 서식 규칙] 대화 상자 → [확인]을 클릭해 조건부 서식을 적용한다.

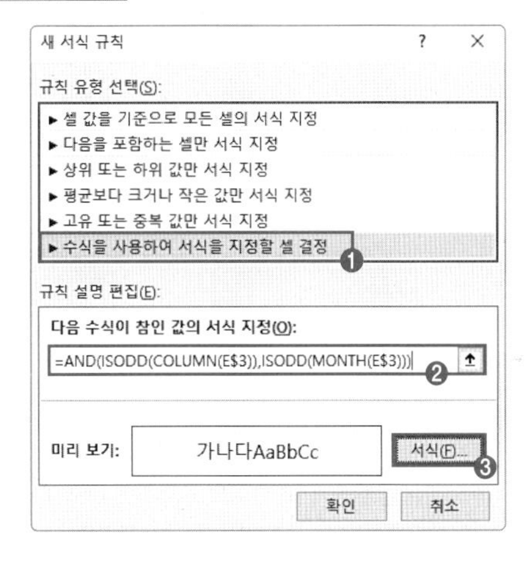

수식을 한 줄 전체로 보지 말고 아래와 같이 나누어 분석하는 연습을 하도록 한다.
- AND → 두 조건 모두 만족하는 경우만 서식 적용
- (ISODD(COLUMN(E$3)), → 첫 번째 조건: [E3] 셀의 번호가 홀수이면
- ISODD(MONTH(E$3))) → 두 번째 조건: [E3] 셀의 날짜 중 월이 홀수이면

서식이 열 방향으로 적용되므로 열의 참조는 상대 참조, 행의 참조는 절대 참조한다.

[결과]

	A	B	C	D	E	F	G	H	I	J	K	L	M	N	O	P	Q	R	S	T
1																				
2																				
3		학년	반	이름	02/01	02/08	03/15	03/22	03/29	04/05	04/12	04/19	04/26	05/03	05/10	05/17	05/24	05/31	07/07	출석수
4		1	사랑반	김영서	O	O	O	O	O	O	O	O	O	O	O	O	O	O	O	15
5		1	사랑반	이환	O	O		O	O	O	O	O		O	O	O	O	O	O	13
6		1	사랑반	김유준		O	O	O	O	O	O	O	O	O		O	O		O	12
7		1	화평반	김지신	O	O	O	O	O	O	O	O	O	O	O	O	O	O	O	15
8		1	화평반	원가선		O	O	O	O	O	O	O	O	O	O	O	O	O	O	14
9		1	화평반	김서율	O	O	O	O	O	O			O	O	O	O	O	O	O	13
10		1	화평반	노재현		O	O	O		O	O	O	O	O		O	O		O	11
11		1	희락반	최예진	O	O	O	O	O	O	O	O	O	O	O	O	O	O	O	15
12		1	희락반	전준호	O	O	O	O	O	O	O	O	O	O	O	O	O	O	O	15
13		1	희락반	김우신	O	O	O		O				O		O	O	O	O	O	10
14		2	양선반	신지채	O	O	O	O	O	O	O	O	O	O	O	O	O	O	O	15
15		2	양선반	정승원	O	O	O	O	O		O	O	O	O	O	O	O	O		13
16		2	오래참음반	강연지	O	O	O	O	O	O	O	O	O	O	O	O	O	O	O	15
17		2	오래참음반	박소연	O	O	O	O	O	O	O	O		O	O	O	O	O	O	14
18		2	오래참음반	윤지강	O	O	O	O	O	O	O	O	O	O	O		O	O		13
19		2	오래참음반	손채영	O	O	O	O	O		O	O		O	O	O	O	O		12
20		2	자비반	박지민	O	O	O	O	O	O	O	O	O	O	O	O	O	O	O	15

기본 작업

03

페이지 레이아웃

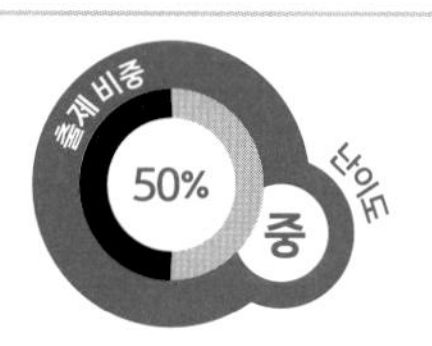

- 페이지 레이아웃의 기본 기능을 사용할 수 있다.
- [페이지 설정] 대화 상자의 모든 기능을 사용할 수 있다.
- 페이지 번호를 삽입할 수 있다.

1 개념 학습

[페이지 레이아웃 기초 이론]

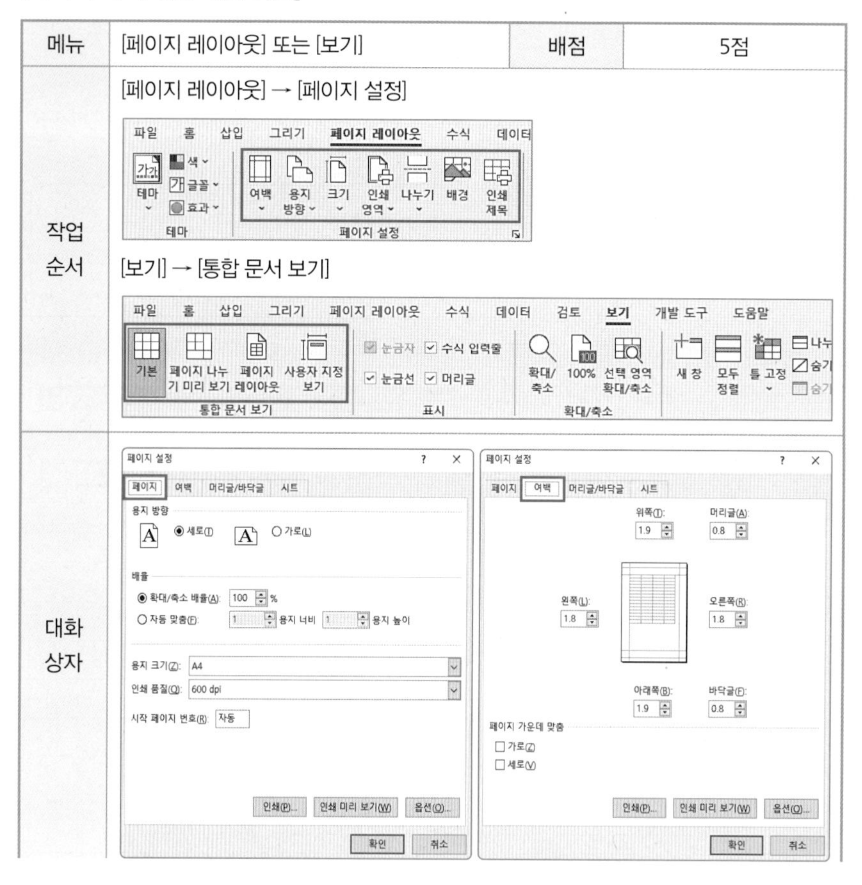

메뉴	[페이지 레이아웃] 또는 [보기]	배점	5점
작업 순서	[페이지 레이아웃] → [페이지 설정] [보기] → [통합 문서 보기]		
대화 상자			

대화 상자	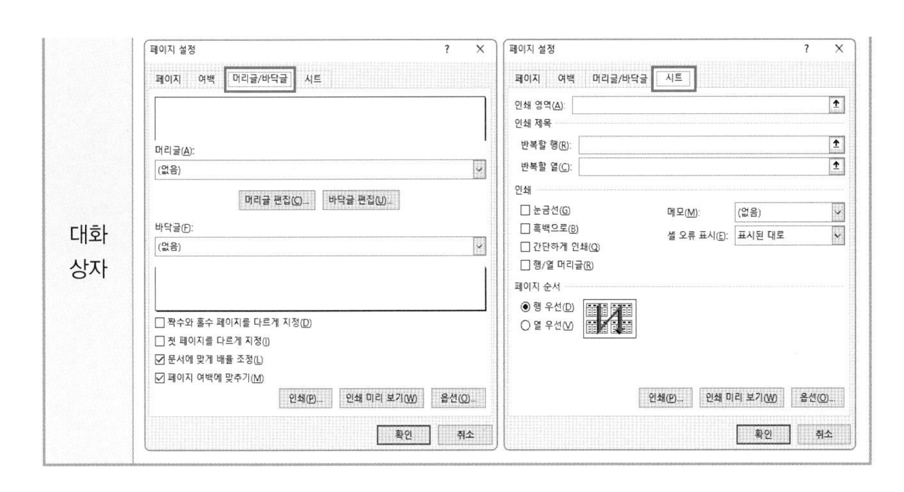

2 출제 유형 이해

www.ebs.co.kr/compass(엑셀 실습 파일 다운로드)

문제 1 작업 파일: 3_페이지 레이아웃.xlsx

'레이아웃_1' 시트에서 다음과 같이 페이지 레이아웃을 설정하시오.

- 인쇄될 내용이 페이지의 가운데에 인쇄되도록 페이지 가운데 맞춤을 설정하시오.
- 매 페이지 하단의 가운데 구역에는 페이지 번호가 [표시 예]와 같이 표시되도록 바닥글을 설정하시오. [표시 예: 현재 페이지 번호 1, 전체 페이지 번호 3 → 1/3]
- [B2:G42] 영역을 인쇄 영역으로 설정하고, 2행이 매 페이지마다 반복하여 인쇄되도록 인쇄 제목을 설정하시오.
- [37] 행부터 다음 페이지에 출력되도록 설정하시오.

[풀이]

① [페이지 레이아웃] → [페이지 설정] → [페이지 설정 ]을 선택한다.

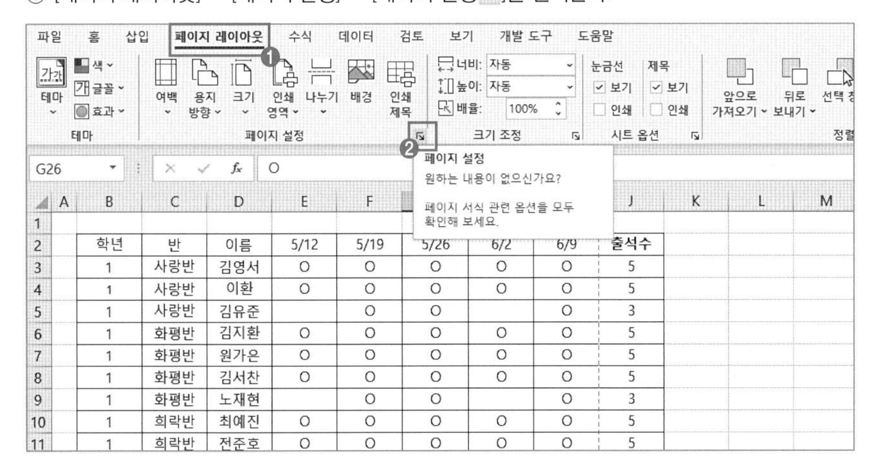

☞ '페이지 가운데 맞춤' – '가로' 워크시트에 입력된 데이터의 전체 너비를 고려하여 좌우 여백을 동일하게 하여 가운데 표시한다.

② [페이지 설정] 대화 상자 → [여백] 탭 → 페이지 가운데 맞춤 '가로'를 체크한다.

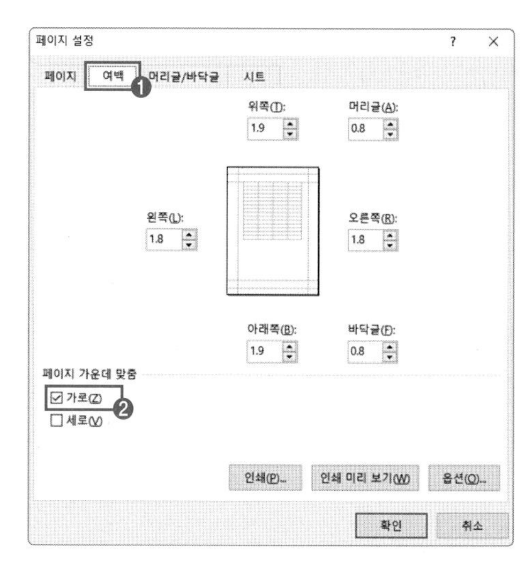

③ [머리글/바닥글] 탭 → 바닥글 편집을 클릭한다.

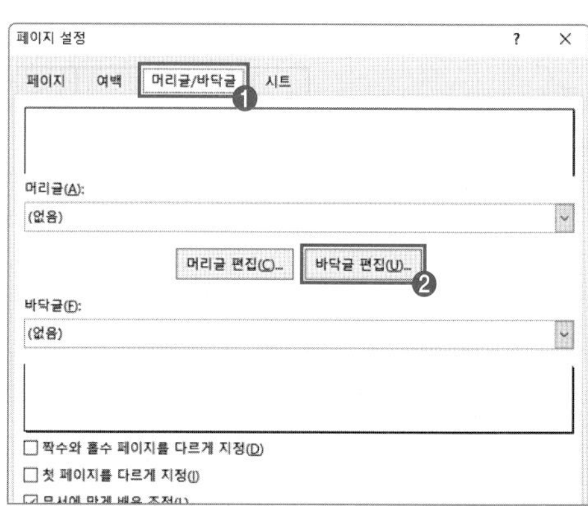

☞ 바닥글(F):
1/?
1/1

바닥글 가운데 구역에 페이지 번호가 삽입된다.

④ [가운데 구역]을 선택 → '페이지 번호 삽입' 클릭 → /를 입력 → '전체 페이지 수 삽입' 클릭 → 확인을 클릭한다.

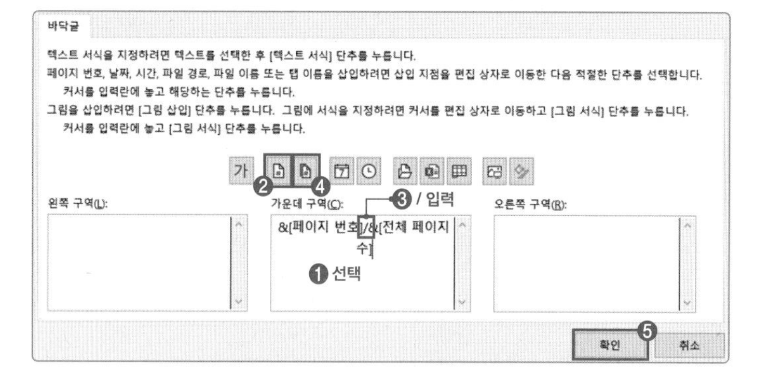

☞ [2] 행 머리글을 선택하면 [$2:$2]로 범위가 변경된다.

⑤ [시트] 탭 선택 → 인쇄 영역을 선택하고 워크시트에서 [B2:G42] 범위 지정 → 반복할 행을 선택 → 워크시트에서 [2] 행 머리글 선택 → 확인을 클릭한다.

⑥ [37] 행 머리글을 선택 → [페이지 레이아웃] → [페이지 설정] → [나누기] → [페이지 나누기 삽입]을 선택한다.

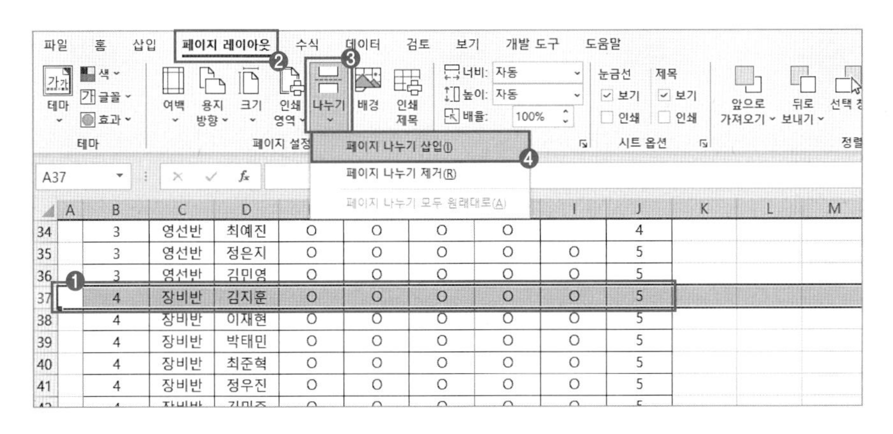

[37] 행에 페이지 나누기가 삽입된다.

F	G	H	I	J	K
O	O	O		4	
O	O	O	O	5	
O	O	O	O	5	
O	O	O	O	5	
O	O	O	O	5	

⑦ [인쇄 미리 보기 및 인쇄]를 클릭해 작업 결과를 확인한다.

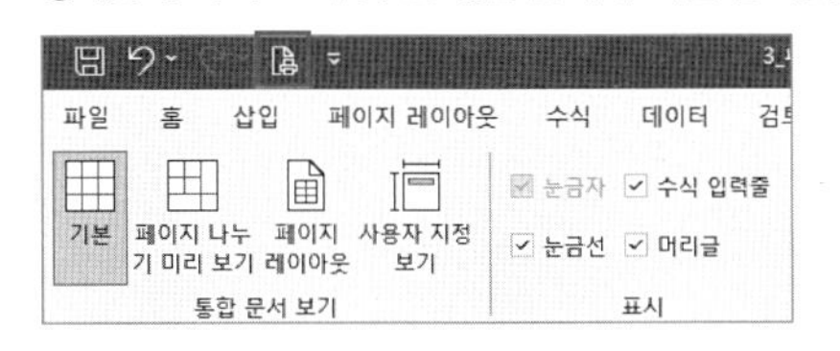

빠른 실행 도구 모음에 [인쇄 미리 보기 및 인쇄] 추가하기

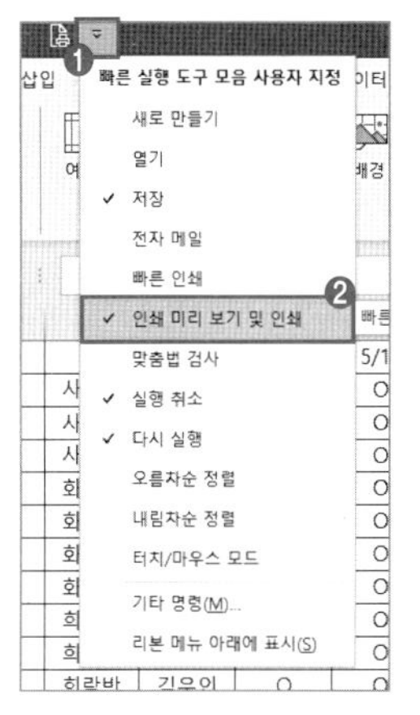

[결과]

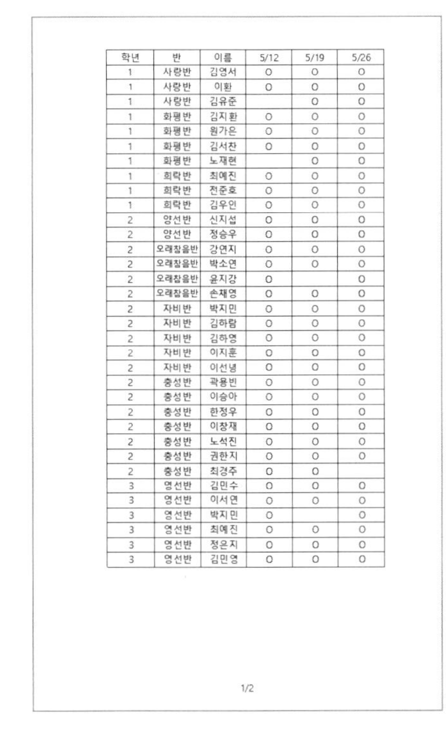

학년	반	이름	5/12	5/19	5/26
1	사랑반	김영서	O	O	O
1	사랑반	이환	O	O	O
1	사랑반	김유준		O	O
1	화평반	김지환	O	O	O
1	화평반	원가은	O	O	O
1	화평반	김서찬	O	O	O
1	화평반	노재현		O	O
1	희락반	최예진	O	O	O
1	희락반	전준호	O	O	O
1	희락반	김우인	O	O	O
2	양선반	신지섭	O	O	O
2	양선반	정승우	O	O	O
2	오래참음반	강연지	O	O	O
2	오래참음반	박소연	O	O	O
2	오래참음반	윤지강	O		O
2	오래참음반	손채영	O	O	O
2	자비반	박지민	O	O	O
2	자비반	김하람	O	O	O
2	자비반	김하영	O	O	O
2	자비반	이지훈	O	O	O
2	자비반	이선녕	O	O	O
2	충성반	곽용빈	O	O	O
2	충성반	이승아	O	O	O
2	충성반	한정우	O	O	O
2	충성반	이창재	O	O	O
2	충성반	노석진	O	O	O
2	충성반	권한지	O	O	O
2	충성반	최경주	O	O	
3	영선반	김민수	O	O	O
3	영선반	이서연	O	O	O
3	영선반	박지민	O		O
3	영선반	최예진	O	O	O
3	영선반	정은지	O	O	O
3	영선반	김민영	O	O	O

1/2

학년	반	이름	5/12	5/19	5/26
4	장비반	김지훈	O	O	O
4	장비반	이재현	O	O	O
4	장비반	박태민	O	O	O
4	장비반	최준혁	O	O	O
4	장비반	정우진	O	O	O
4	장비반	김민준	O	O	O

2/2

문제 2 작업 파일: 3_페이지 레이아웃.xlsx

'레이아웃_2' 시트에서 다음과 같이 페이지 레이아웃을 설정하시오.

- 인쇄 용지가 **가로로** 인쇄되도록 용지 방향을 설정하시오.
- **2행이 매 페이지마다 반복**하여 인쇄되도록 인쇄 제목을 설정하고, **데이터 영역 전체를 인쇄 영역**으로 지정하시오.
- **홀수 페이지 하단의 가운데 구역**에는 현재 페이지 번호가 [표시 예]와 같이 표시되도록 바닥글을 설정하시오. [표시 예: 현재 페이지 번호 1 → 1쪽]
- **[B16:I35] 영역이 2페이지, [B36:I50] 영역이 3페이지**에 인쇄되도록 페이지 나누기를 삽입하시오.

[풀이]

① [페이지 레이아웃] → [페이지 설정] → [페이지 설정 ⧉]을 선택한다.

☞ 페이지가 '가로'로 출력된다.

② [페이지 설정] 대화 상자 → [페이지] 탭 → 용지 방향을 '가로'로 선택한다.

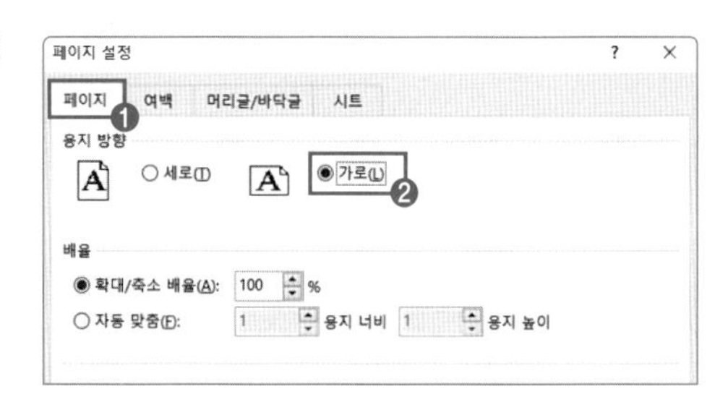

☞ 인쇄 영역: [B2:I50]
반복할 행: [2] 행

③ [시트] 탭 → 반복할 행을 선택 → 워크시트의 [2] 행 머리글 클릭 → 인쇄 영역은 워크시트에서 [B2:I50] 범위를 지정한다.

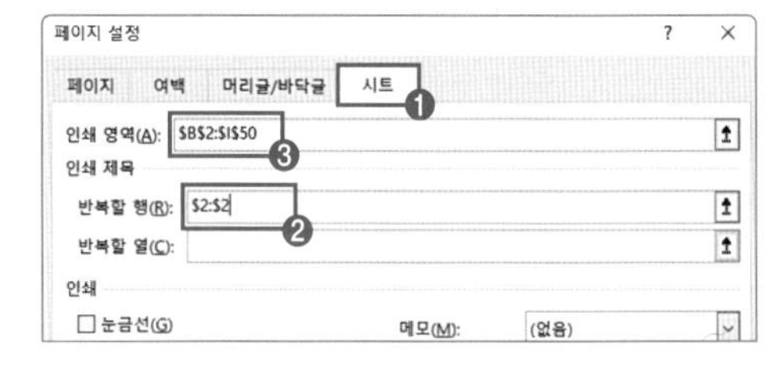

④ [머리글/바닥글] 탭 → '짝수와 홀수 페이지를 다르게 지정'을 체크 → [바닥글 편집]을 클릭한다.

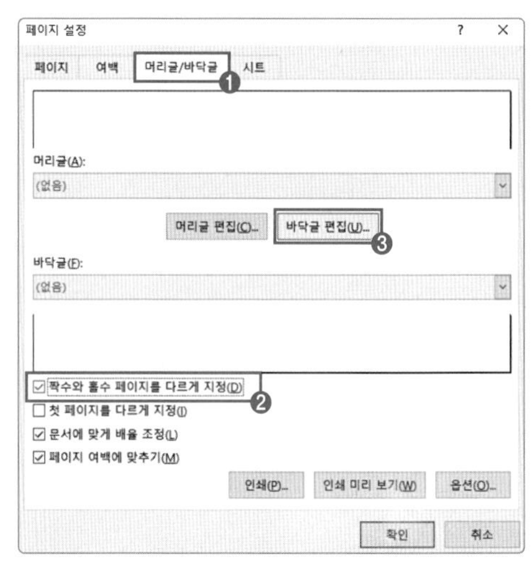

⑤ [홀수 페이지 바닥글] 탭에서 가운데 구역 선택 → '페이지 번호 삽입' 클릭 → **쪽**을 입력 → 확인을 클릭한다.

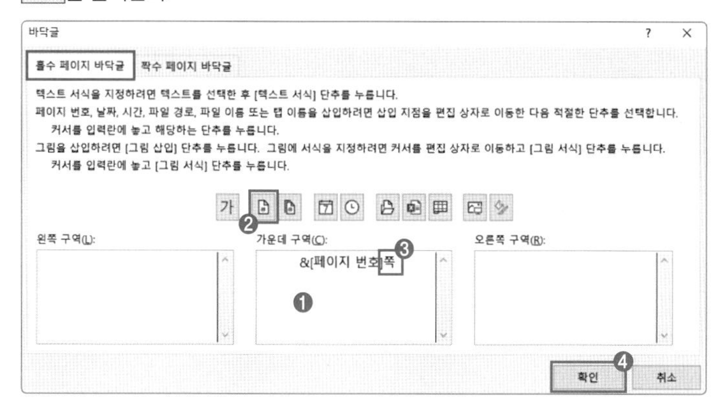

> '짝수와 홀수 페이지를 다르게 지정'에 체크하면 홀수 페이지 머리글/바닥글 영역이 별도로 구분되어 표시된다.

⑥ [페이지 설정] 대화 상자에서 바닥글 영역의 페이지 번호를 확인한 후 확인을 클릭한다.

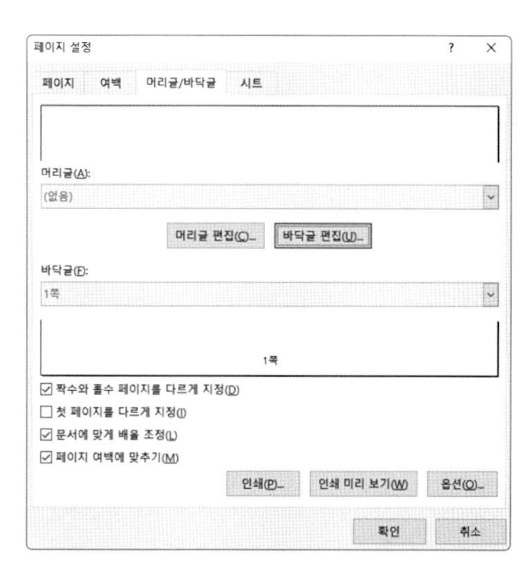

⑦ [B16] 셀 선택 → [페이지 레이아웃] → [페이지 설정] → [나누기] → [페이지 나누기 삽입]을 선택한다.

> [16] 행부터 새로운 페이지로 나누어진다.

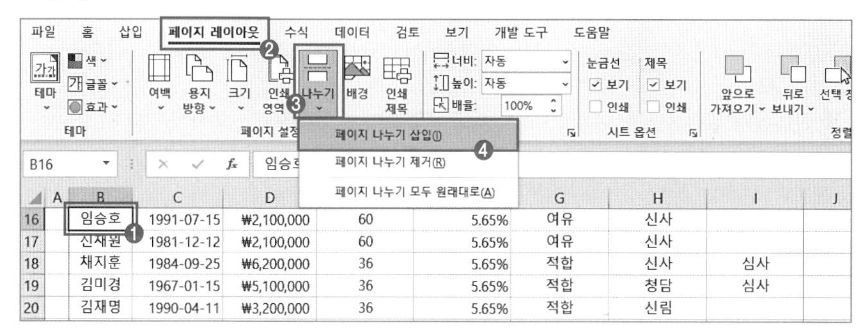

⑧ [B36] 셀 선택 → [페이지 레이아웃] → [페이지 설정] → [나누기] → [페이지 나누기 삽입]을 선택한다.

> [36] 행부터 새로운 페이지로 나누어진다.

⑨ [인쇄 미리 보기 및 인쇄]를 클릭해 작업 결과를 확인한다.

[결과]

성명	생년월일	대출금액	개월단위기간	연이율	가계부담기준	지점코드	담보제공여부
채성민	1985-07-20	₩6,200,000	36	5.65%	적합	신사	심사
김수미	1969-06-14	₩5,100,000	36	5.65%	적합	청담	심사
김민재	1990-02-06	₩3,200,000	36	5.65%	적합	신림	
이민석	1974-12-08	₩4,200,000	36	5.65%	적합	종암	
강현준	1973-12-29	₩9,800,000	36	5.65%	부담	신림	필수
김우진	1991-09-07	₩2,100,000	36	5.65%	여유	신사	
박민지	1990-12-02	₩2,400,000	36	5.65%	적합	신림	
윤준영	1991-12-16	₩2,900,000	36	5.65%	적합	신사	
김지영	1970-02-12	₩19,900,000	36	5.65%	부담	신사	필수
최현환	1977-08-03	₩2,100,000	36	5.65%	여유	종암	
배민서	1966-10-20	₩2,100,000	36	5.65%	여유	종암	
유현수	1978-10-30	₩2,900,000	36	5.65%	적합	청담	
김성민	1988-07-08	₩1,600,000	36	5.65%	여유	청담	
명민환	1982-10-26	₩2,100,000	36	5.65%	여유	청담	
강서아	1963-04-08	₩7,900,000	36	5.65%	부담	종암	심사

3쪽

3 실전 문제 마스터

www.ebs.co.kr/compass(엑셀 실습 파일 다운로드)

문제 작업 파일: 3_페이지 레이아웃.xlsx

'레이아웃_3' 시트에서 다음과 같이 페이지 레이아웃을 설정하시오.

- 인쇄될 내용이 **페이지의 한가운데**에 인쇄되도록 페이지 가운데 맞춤을 설정하시오.
- 페이지 **여백을 위쪽 2.5, 아래쪽 2.5, 왼쪽 1, 오른쪽 1**로 변경하시오.
- 매 페이지 하단의 가운데 구역에는 페이지 번호가 [표시 예]와 같이 표시되도록 바닥글을 설정하시오. [표시 예: 현재 페이지 번호 1, 전체 페이지 번호 3 → 1/3]
- **[B2:G40] 영역을 인쇄 영역**으로 설정하고, **2행이 매 페이지마다 반복**하여 인쇄되도록 인쇄 제목을 설정하시오.
- 인쇄 시 눈금선과 행/열 머리글이 표시되도록 하시오.

[풀이]

① [페이지 레이아웃] → [페이지 설정] → [페이지 설정 ⊡]을 선택한다.
② [여백] 탭 → 페이지 가운데 맞춤 '가로', '세로'를 체크 → 여백을 그림과 같이 설정한다.

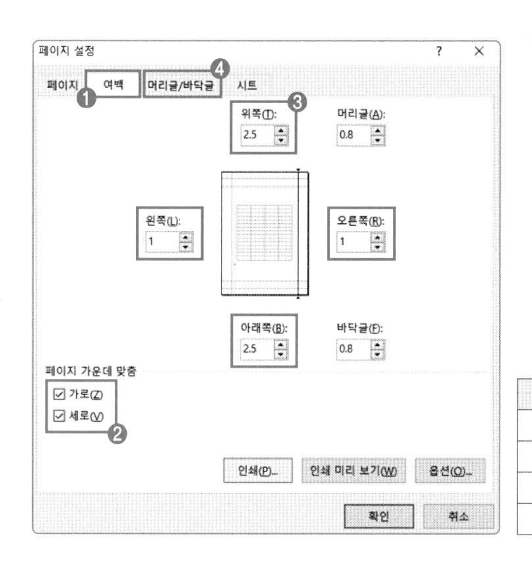

항목	여백
위쪽	2.5
왼쪽	1
오른쪽	1
아래쪽	2.5

> ☞ '위쪽' 여백 변경 후 Tab를 누르면 다음 여백으로 이동한다.

③ [머리글/바닥글] 탭 → 바닥글 편집을 클릭한다. [바닥글] 대화 상자 → [가운데 구역] 선택 → '페이지 번호 삽입 ' 클릭 → / 입력 → '전체 페이지 수 삽입 ' 클릭 → 확인을 클릭한다.

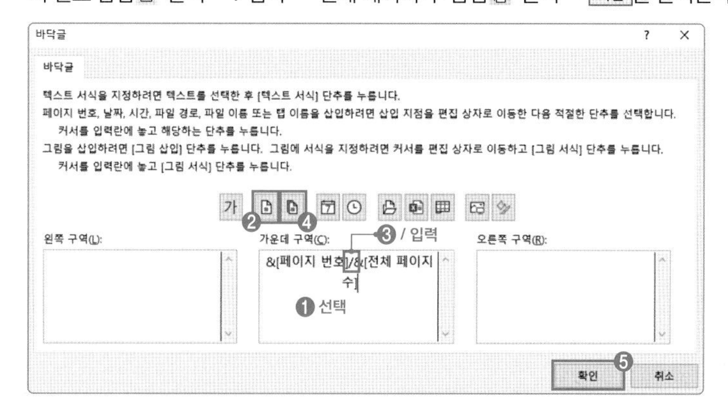

④ [시트] 탭 → 인쇄 영역을 선택 → 워크시트에서 [B2:G40] 범위 지정 → 인쇄 제목에서 반복할 행 선택 → 워크시트에서 [2] 행 머리글 지정 → '눈금선'과 '행/열 머리글'을 체크 → [인쇄 미리 보기]를 클릭한다.

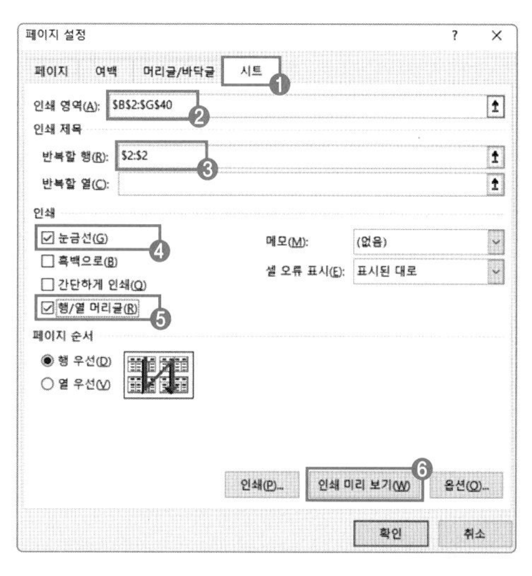

> ☞ [인쇄 미리 보기]가 실행된다. 앞서 학습한 방식대로 [페이지 설정] 대화 상자를 닫고 [빠른 실행 도구 모음]의 [인쇄 미리 보기 및 인쇄]를 사용해도 된다.

[결과]

	B	C	D	E
2	서명	저자	출판년	입력일자
3	프라이다이나믹스	고형준	2027	2026-07-02
4	지식재산 금융과 법제도	김승열	2027	2026-07-02
5	값싼 음식의 실제 가격	마이클 캐롤런	2028	2026-07-04
6	0년	이안 부루마	2028	2026-07-04
7	나이트 워치 상	세르게이 루키야넨코	2027	2026-07-04
8	행운 연습	류쉬안	2028	2026-07-05
9	새 하늘과 새 땅	리처드 미들턴	2027	2026-07-07
10	알라	미로슬라브 볼프	2028	2026-07-07
11	섬을 탈출하는 방법	조형근, 김종배	2027	2026-07-07
12	내 몸의 바운스를 깨워라	옥주현	2025	2026-07-09
13	벤저민 그레이엄의 정량분석 Quant	스티븐 P. 그라이너	2024	2026-07-10
14	라플라스의 마녀	히가시노게이고	2028	2026-07-12
15	글쓰는 여자의 공간	타니아 슐리	2028	2026-07-12
16	돼지 루퍼스, 학교에 가다	킴 그리스웰	2026	2026-07-13
17	빼꼼 아저씨네 동물원	케빈 월드론	2027	2026-07-13
18	부동산의 보이지 않는 진실	이재범 외1	2028	2026-07-14
19	영재들의 비밀습관 하브루타	장성애	2028	2026-07-17
20	Why? 소프트웨어와 코딩	조영선	2027	2026-07-18
21	나는 단순하게 살기로 했다	사사키 후미오	2027	2026-07-18
22	나는 누구인가 - 인문학 최고의 공부	강신주, 고미숙 외5	2026	2026-07-18
23	음의 방정식	미야베 미유키	2028	2026-07-20
24	인성이 실력이다	조벽	2028	2026-07-21
25	학교를 개선하는 교사	마이클 풀란	2025	2026-07-24
26	혁신교육에 대한 교육학적 성찰	한국교육연구네트워크	2026	2026-07-24
27	부시파일럿, 나는 길이 없는 곳으로 간다	오현호	2028	2026-07-24
28	ENJOY 홋카이도(2015-2016)	정태관,박용준,민보영	2027	2026-07-25
29	우리 아이 유치원 에이스 만들기	에이미	2028	2026-07-25
30	Duck and Goose, Goose Needs a Hug	Tad Hills	2024	2026-07-26
31	Duck & Goose : Find a Pumpkin	Tad Hills	2021	2026-07-26
32	스웨덴 엄마의 말하기 수업	페트라 크란츠 린드그렌	2027	2026-07-27
33	잠자고 싶은 토끼	칼 요한 포센 엘린	2027	2026-07-27
34	뭐? 나랑 너랑 닮았다고!?	고미 타로	2027	2026-07-27
35	2030년에는 투명망토가 나올까	얀 파울 스취턴	2027	2026-07-27
36	조금만 기다려봐	케빈 행크스	2028	2026-07-27
37	프랑스 여자는 늙지 않는다	미리유 길리아노	2028	2026-07-27
38	자본에 관한 불편한 진실	정철진	2024	2026-07-27
39	당나귀와 다이아몬드	D&B	2023	2026-07-27
40	아바타 나영일	박상재	2025	2026-07-28

1/2

시트 보호와 통합 문서 보호

기본 작업 04

- 시트 보호 옵션을 이해하고 활용할 수 있다.
- 통합 문서 보호를 활용할 수 있다.

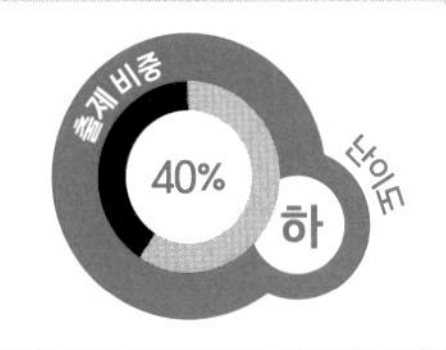

1 개념 학습

1) 시트 보호와 통합 문서 보호 기초 이론

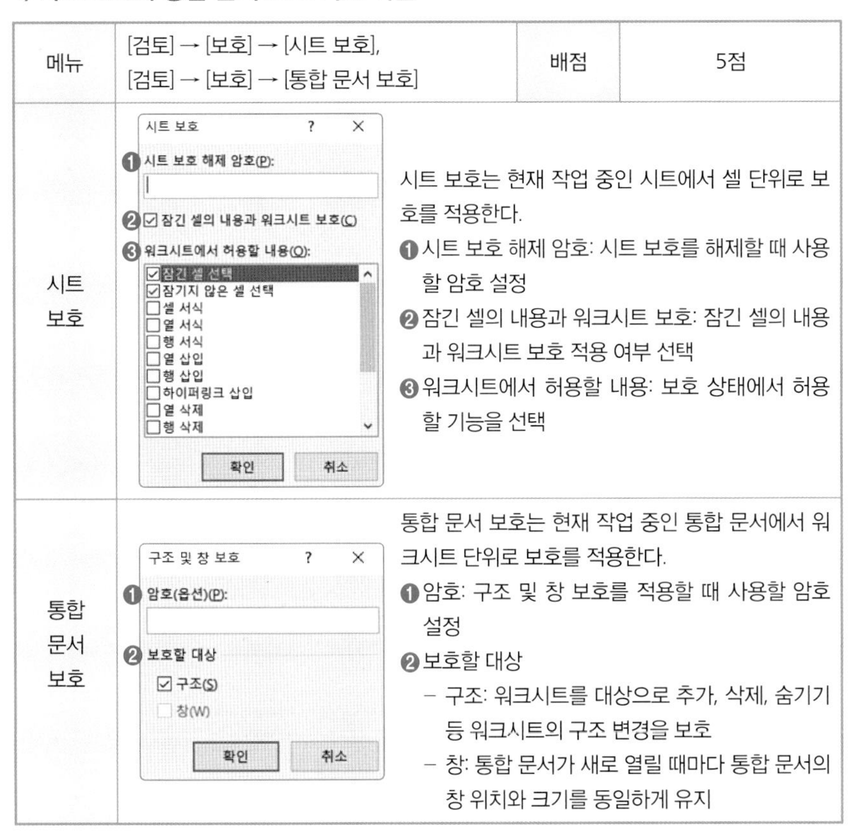

메뉴	[검토] → [보호] → [시트 보호], [검토] → [보호] → [통합 문서 보호]	배점	5점
시트 보호	시트 보호는 현재 작업 중인 시트에서 셀 단위로 보호를 적용한다. ❶ 시트 보호 해제 암호: 시트 보호를 해제할 때 사용할 암호 설정 ❷ 잠긴 셀의 내용과 워크시트 보호: 잠긴 셀의 내용과 워크시트 보호 적용 여부 선택 ❸ 워크시트에서 허용할 내용: 보호 상태에서 허용할 기능을 선택		
통합 문서 보호	통합 문서 보호는 현재 작업 중인 통합 문서에서 워크시트 단위로 보호를 적용한다. ❶ 암호: 구조 및 창 보호를 적용할 때 사용할 암호 설정 ❷ 보호할 대상 – 구조: 워크시트를 대상으로 추가, 삭제, 숨기기 등 워크시트의 구조 변경을 보호 – 창: 통합 문서가 새로 열릴 때마다 통합 문서의 창 위치와 크기를 동일하게 유지		

2) 시트 보호와 통합 문서 보호 해제하기

시트 보호와 통합 문서 보호가 적용된 상태에서 보호를 해제할 때는 다음과 같이 클릭해 해제할 수 있다.

– [검토] → [보호] → [시트 보호 해제]

– [검토] → [보호] → [통합 문서 보호]

2 출제 유형 이해

www.ebs.co.kr/compass(엑셀 실습 파일 다운로드)

문제 작업 파일: 4_시트보호및통합문서보호1.xlsx

'시트보호_1' 시트에서 다음과 같이 시트 보호와 통합 문서 보기를 설정하시오.

▶ **[E3:M30] 영역에 셀 잠금과 수식 숨기기**를 적용한 후 **잠긴 셀의 내용과 워크시트를 보호**하시오.

▶ 잠긴 셀의 선택과 잠기지 않은 셀, 셀 서식의 선택은 허용하시오.

▶ 통합 문서가 열릴 때마다 통합 **문서 창의 위치와 크기를 동일하게 유지하도록** 보호하시오.

▶ 단, 시트 보호와 통합 문서 보호 모두 암호는 지정하지 마시오.

▶ **페이지 나누기 미리 보기로 표시하고, [B2:I17] 영역만 1페이지로 인쇄되도록** 페이지 나누기 구분선을 조정하시오.

[풀이]

① [E3:M30] 범위 선택 → Ctrl + 1 → [셀 서식] 대화 상자 → [보호] 탭 → '잠금', '숨김' 체크 → 확인을 클릭한다.

[E3:M30] 범위에 '잠긴 셀 선택', '잠기지 않은 셀 선택', '셀 서식'만 허용하고 선택을 제외한 나머지 기능을 사용할 수 없도록 시트가 보호된다.

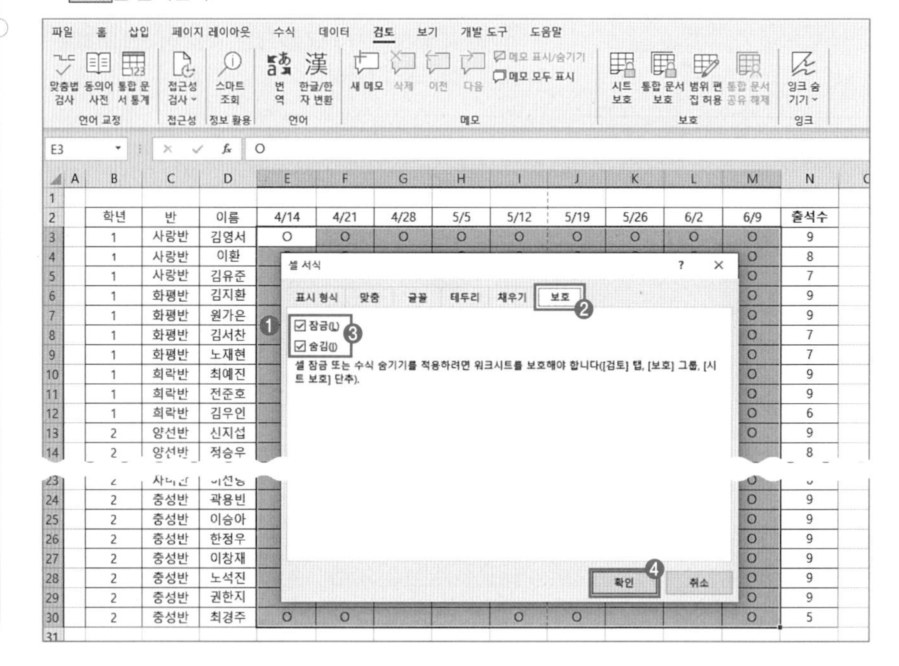

② [검토] → [보호] → [시트 보호] 선택 → [시트 보호] 대화 상자 → '잠긴 셀 선택', '잠기지 않는 셀 선택', '셀 서식' 체크 → 확인을 클릭한다.

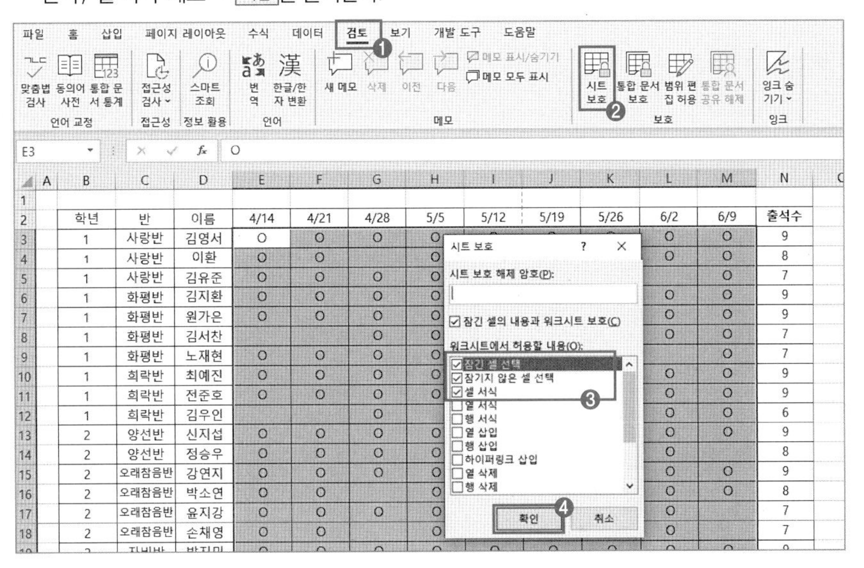

③ [검토] → [보호] → [통합 문서 보호] 선택 → [구조 및 창 보호] 대화 상자 → '구조' 체크 → 확인을 클릭한다.

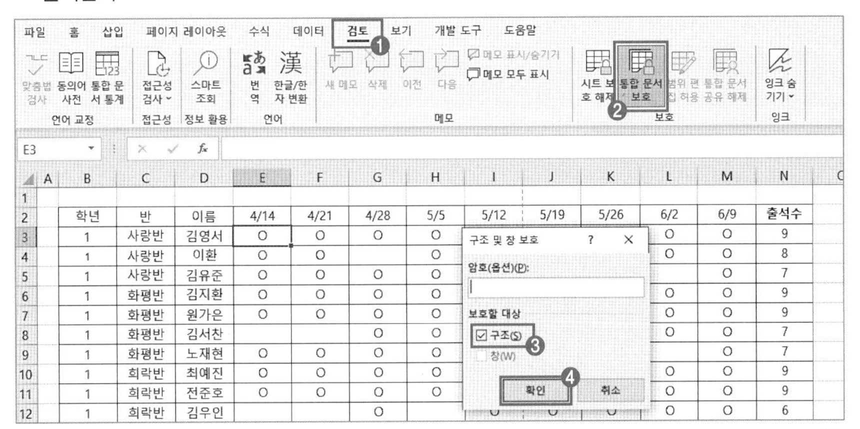

통합 문서 보호 확인하기

통합 문서가 보호된 상태에서는 임의의 시트에서 마우스 오른쪽을 클릭했을 때 [삽입], [삭제], [이름 바꾸기], [이동/복사], [탭 색], [숨기기], [숨기기 취소] 메뉴가 비활성화되어 사용할 수 없다.

[셀 서식] 대화 상자 → [보호] 탭 → '숨김'을 체크하고 시트 보호를 적용하면 그림과 같이 해당 범위의 임의의 셀을 선택하고 수식 입력줄을 확인하면 내용이 숨겨진 것을 확인할 수 있다.

'잠금' 옵션은 해당 셀 범위의 내용을 수정할 수 없도록 설정한다. 해당 범위에서 임의의 셀을 선택하고 수정, 삭제, 입력하면 다음과 같은 경고 메시지 대화 상자가 표시된다.

워크시트의 편집이 보호되어 워크시트의 이동, 삭제, 추가가 불가능해진다.
Excel 2016 버전부터 '창' 보호는 더 이상 지원하지 않는다.

④ [보기] → [통합 문서 보기] → [페이지 나누기 미리 보기] 선택 → 맨 아래 페이지 나누기 구분선을 [I17] 셀까지 드래그해 인쇄 영역을 조정한다.

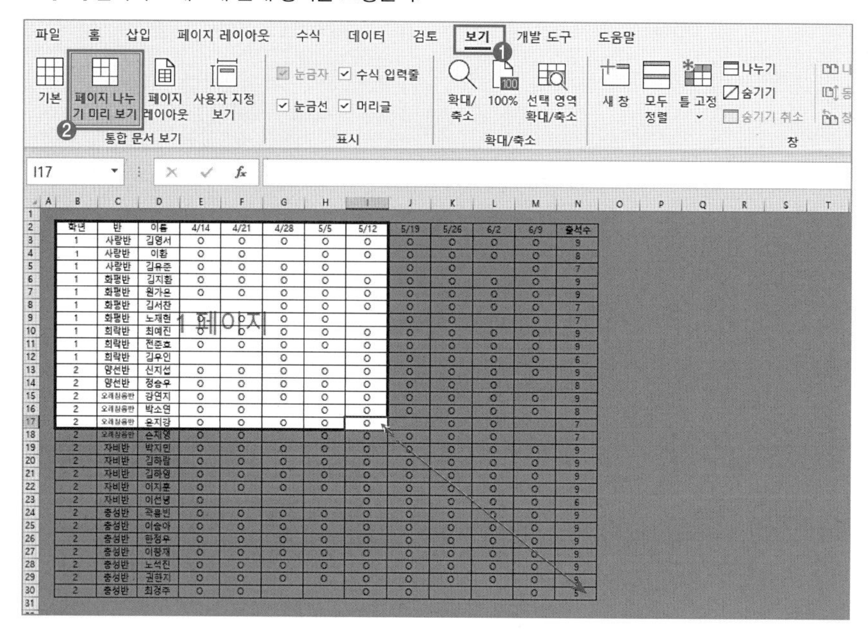

3 실전 문제 마스터

www.ebs.co.kr/compass(엑셀 실습 파일 다운로드)

문제 작업 파일: 4_시트보호및통합문서보호2.xlsx

'시트보호_2' 시트에서 다음과 같이 시트 보호를 설정하시오.

- [J6:J10], [J17:J21] 영역에 **셀 잠금과 수식 숨기기를 적용**한 후 [C6:C10], [C17:C21] 영역을 범위 **편집 허용 영역**으로 설정하고, 잠긴 셀의 내용과 워크시트를 보호하시오.
- **범위 제목은 '매매'로 설정하고 암호는 설정하지 마시오.**
- 잠긴 셀의 선택과 잠기지 않은 셀의 선택은 허용하시오.
- 단, 범위 편집 허용, 시트 보호 암호는 지정하지 마시오.

[풀이]

선택 영역만 잠금과 수식 숨기기가 적용된다.

① [J6:J10] 범위 선택 → Ctrl을 누른 채 [J17:J21] 범위 선택 → Ctrl + 1 → [셀 서식] 대화 상자 → [보호] 탭 → '잠금', '숨김' 체크 → 확인을 클릭한다.

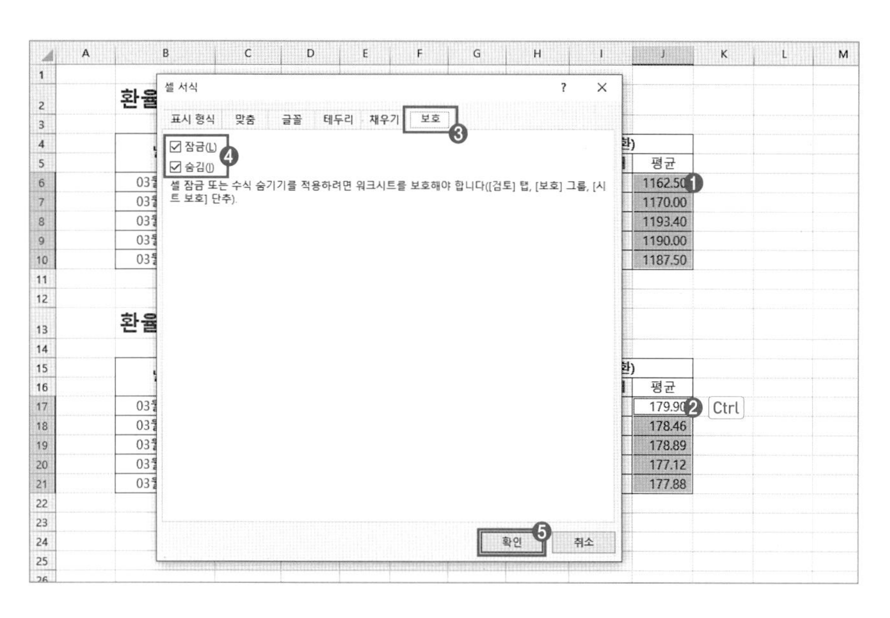

② [C6:C10] 범위 선택 → Ctrl을 누른 채 [C17:C21] 범위 선택 → [검토] → [보호] → [범위 편집 허용] 선택 → [범위 편집 허용] 대화 상자 → 새로 만들기를 클릭한다.

[범위 편집 허용]에 추가된 영역은 시트 보호를 하더라도 편집할 수 있다.

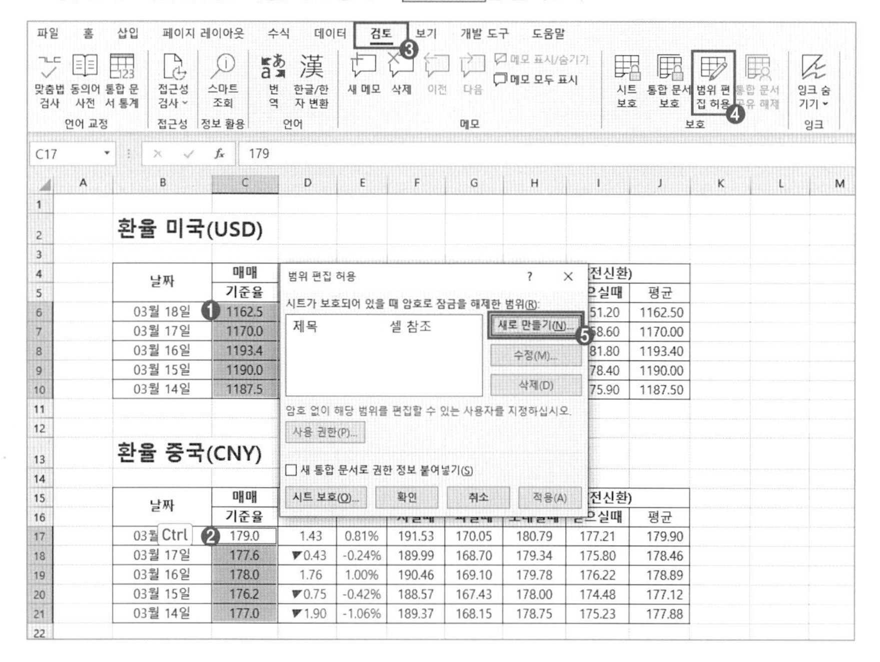

③ [새 범위] 대화 상자 → 제목은 **매매**로 입력 → 확인을 클릭한다.

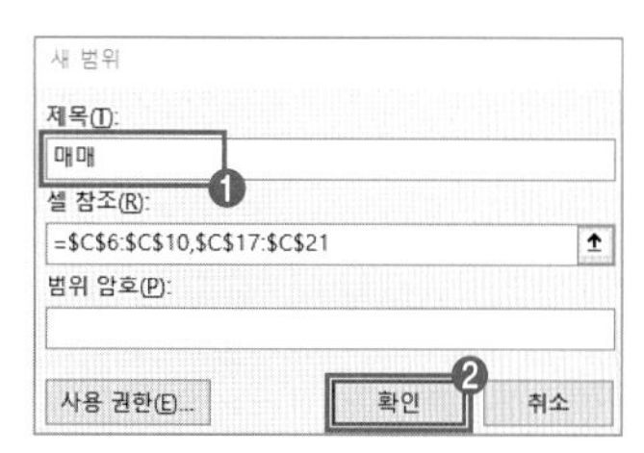

④ [범위 편집 허용] 대화 상자 → 시트 보호를 클릭한다.

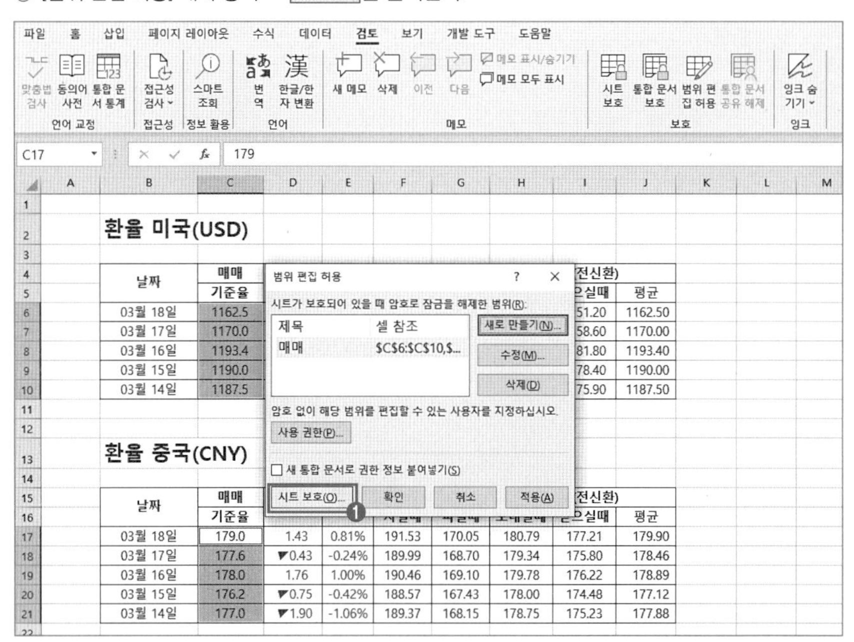

⑤ [시트 보호] 대화 상자에서 '잠긴 셀의 선택'과 '잠기지 않은 셀의 선택'이 체크되어 있는지 확인한 후 확인을 클릭한다.

한.번.에. 이론

계산 작업

시험 출제 정보

- 출제 문항 수: 5문제
- 출제 배점: 30점

세부 기능		출제 경향
1	논리 함수 등 다양한 함수 혼합	다양한 함수를 활용하여 출제
2	찾기와 참조 함수 등 다양한 함수 혼합	
3	배열 수식 응용 1	2문제 필수 출제
4	배열 수식 응용 2	
5	사용자 정의 함수	1문제 필수 출제

계산 작업 01

수식 입력과 참조

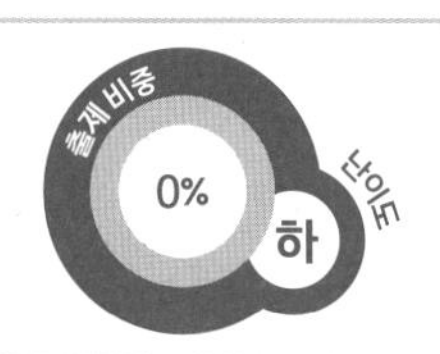

- 셀에 기본 수식을 입력할 수 있다.
- 셀에 함수를 입력할 때 수식 입력줄을 활용할 수 있다.
- 상대 참조와 절대 참조를 구분하고 F4를 눌러 참조를 전환할 수 있다.

1 개념 학습

1) 기본 수식 및 함수 입력

☞ 셀에 수식을 입력할 때는 수식 앞에 =을 입력한다.
예) =A1 + B1

① [E3] 셀 선택 → = 입력 → [C3] 셀 선택 → + 입력 → [D3] 셀을 선택한 후 Enter를 누른다.

D3 | =C3+D3

사원명	영업실습	어학	합계	최종점수(상대)	최종점수(절대)	순위
김덕우	98	83	=C3+D3			
남효수	88	99				
정지용	45	77				
탁호영	76	58				
구연아	90	34				
김미나	73	84				

가산율	1.02

☞ 채우기 핸들을 이용하면 쉽고 간단하게 수식을 복사할 수 있다.

② [E3] 셀에서 채우기 핸들을 드래그하여 [E8] 셀까지 수식을 복사한다.

E3 | =C3+D3

사원명	영업실습	어학	합계	최종점수(상대
김덕우	98	83	181	
남효수	88	99		
정지용	45	77		
탁호영	76	58		
구연아	90	34		
김미나	73	84		

가산율	1.02

➡

E3 | =C3+D3

사원명	영업실습	어학	합계	최종점수(상대
김덕우	98	83	181	184.6
남효수	88	99	187	
정지용	45	77	122	
탁호영	76	58	134	
구연아	90	34	124	
김미나	73	84	157	

가산율	1.02

2) 참조 출제 유형

① 상대 참조와 절대 참조(전환키: F4)

- ②, ③의 예제를 통해 상대 참조와 절대 참조를 비교해 차이를 이해할 수 있다.
- 수식을 복사하면 참조하는 셀 주소가 변한다.
- ②, ③의 예제에서 가산율 [C10] 셀은 절대 참조해야 하는데 상대 참조한 상태에서 수식을 복사하면 가산율 [C10] 셀의 주소가 변해 원하는 결과를 얻을 수 없다.
- 특정 셀을 고정하려면 절대 참조한다.

② 상대 참조

[F3] 셀 선택 → **=E3*C10** 입력 → Enter → 채우기 핸들을 이용하여 [F8] 셀까지 수식을 복사한다.

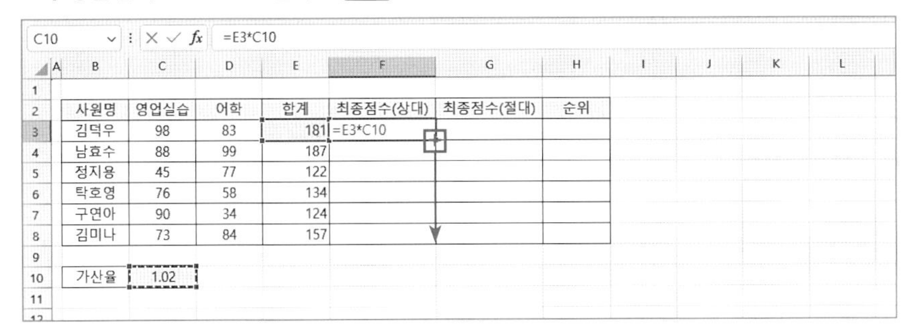

C10 =E3*C10

사원명	영업실습	어학	합계	최종점수(상대)	최종점수(절대)	순위
김덕우	98	83	181	=E3*C10		
남효수	88	99	187			
정지용	45	77	122			
탁호영	76	58	134			
구연아	90	34	124			
김미나	73	84	157			

가산율	1.02

> 결과 셀을 더블클릭하면 가산율 셀 범위가 변한 것을 알 수 있다.
> 참조가 어렵다면 우선 임의의 참조를 적용한 뒤 결과를 더블클릭하여 참조를 확인하고 수정해 나가도록 한다.

SUM =E5*C12

사원명	영업실습	어학	합계	최종점수(상대)	최종
김덕우	98	83	181	184.62	
남효수	88	99	187	0	
정지용	45	77	122	=E5*C12	
탁호영	76	58	134	0	
구연아	90	34	124	0	
김미나	73	84	157	0	

가산율	1.02

③ 절대 참조

[G3] 셀 선택 → **=** 입력 → [E3] 셀 선택 → ***** 입력 → [C10] 셀 선택 → F4를 눌러 절대 참조 → Enter → 채우기 핸들을 이용하여 [G8] 셀까지 수식을 복사한다.

C10 =E3*$C$10

사원명	영업실습	어학	합계	최종점수(상대)	최종점수(절대)
김덕우	98	83	181	184.62	=E3*$C$10
남효수	88	99	187	0	
정지용	45	77	122	0	
탁호영	76	58	134	0	
구연아	90	34	124	0	
김미나	73	84	157	0	

가산율	1.02

=E3*$C$10

합계	최종점수(상대)	최종점수(절대)
181	184.62	184.62
187	0	190.74
122	0	124.44
134	0	136.68
124	0	126.48
157	0	160.14

> 수식을 채우기하면 셀 주소가 채우는 방향에 따라 변한다.
> - 행 방향(아래쪽):
>   A1 → A2 → A3 …
> - 열 방향(오른쪽):
>   A1 → B1 → C1 …
>
> • [$A1]
> - 열 방향 채우기:
>   A1 → A1 → A1 …
> - 행 방향 채우기:
>   A1 → A2 → A3 …
>
> • [A$1]
> - 열 방향 채우기:
>   A1 → B1 → C1 …
> - 행 방향 채우기 :
>   A1 → A1 → A1 …

상대 참조 → 절대 참조 → 혼합 참조 전환

F4를 누를 때마다 다음과 같이 참조가 변경된다.

[A1] → [$A$1] → [A$1] → [$A1]

3) 함수 마법사 사용하기

① [H3] 셀 선택 → **=RAN** 입력 → 방향키를 눌러 'RANK.EQ' 선택 → Tab을 눌러 함수 입력을 완성한다.

SUM =RAN

사원명	영업실습	어학	합계	최종점수(상대)	최종점수(절대)	순위
김덕우	98	83	181	184.62	184.62	=RAN
남효수	88	99	187	0	190.74	
정지용	45	77	122	0	124.44	
탁호영	76	58	134	0	136.68	
구연아	90	34	124	0	126.48	
김미나	73	84	157	0	160.14	

가산율	1.02

② [함수 삽입 fx]을 클릭한다.

SUM | fx | =RANK.EQ(

함수 삽입

	A	B	C	D	E	F	G	H
1								
2		사원명	영업실습	어학	합계	최종점수(상대)	최종점수(절대)	순위
3		김덕우	98	83	181	184.62	184.62	=RANK.EQ(
4		남효수	88	99	187	0	190.74	RANK.EQ(number, ref, [order])
5		정지용	45	77	122	0	124.44	
6		탁호영	76	58	134	0	136.68	
7		구연아	90	34	124	0	126.48	
8		김미나	73	84	157	0	160.14	
9								
10		가산율	1.02					
11								

③ Number 인수는 [G3] 셀 선택 → Ref 인수는 [G3:G8] 드래그 → F4를 눌러 절대 참조 → 확인을 클릭한다.

- Number: 참조 범위 중 순위를 구할 셀
- Ref: 순위를 구할 참조 범위
- Order: 정렬 기준으로 생략 또는 0은 내림차순(큰 값이 1등), 1은 오름차순(작은 값이 1등)

예) 3학년 2반(Ref) 중에서 13번 학생의(Number) 순위를 구한다. 단, 가장 높은 점수의 학생(Order)이 1등이 된다.

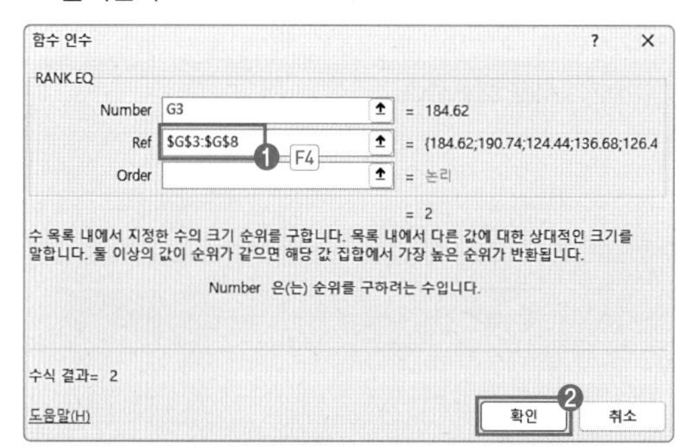

④ [H3] 셀의 결과값 확인 → [H8] 셀까지 수식을 복사한다.

[결과]

	A	B	C	D	E	F	G	H
1								
2		사원명	영업실습	어학	합계	최종점수(상대)	최종점수(절대)	순위
3		김덕우	98	83	181	184.62	184.62	2
4		남효수	88	99	187	0	190.74	1
5		정지용	45	77	122	0	124.44	6
6		탁호영	76	58	134	0	136.68	4
7		구연아	90	34	124	0	126.48	5
8		김미나	73	84	157	0	160.14	3
9								
10		가산율	1.02					
11								

계산 작업 02

문자열 함수

- 문자열 함수를 활용하여 문자열 내 특정 글자를 추출할 수 있다.
- 문자열 함수를 다른 함수와 혼합하여 활용할 수 있다.
- 문자열 함수를 활용하여 다양한 문자열 연산을 수행할 수 있다.

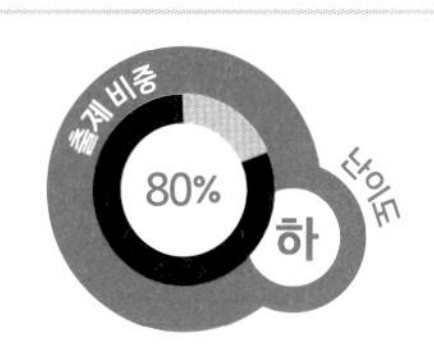

1 개념 학습

함수	설명
=LEFT(문자열, 추출할 문자 수)	문자열의 왼쪽부터 문자 수만큼 추출한다.
=RIGHT(문자열, 추출할 문자 수)	문자열을 오른쪽부터 문자 수만큼 추출한다.
=MID(문자열, 추출할 문자의 시작 위치, 추출할 문자 수)	문자열의 추출할 문자 시작 위치부터 추출할 문자 수만큼 추출한다.
=LOWER(영문자)	영문자를 소문자로 변경한다.
=UPPER(영문자)	영문자를 대문자로 변경한다.
=PROPER(영문자)	영문자 첫 글자를 대문자로 변경한다.
=SUBSTITUTE(문자열, 교체할 문자, 새 문자, [Instance_num])	문자열에서 교체할 문자를 새 문자로 대체한다. Instance_num: 몇 번째 교체할 문자를 바꿀 것인지 지정(문자열에 교체할 문자열이 여러 번 존재하는 경우)
=LEN(문자열)	문자열 길이를 정수로 구한다.
=REPT(문자열, 반복 횟수)	문자열을 반복 횟수만큼 표시한다.
=REPLACE(일부분을 바꾸려는 문자열, 바꾸기 시작할 문자 위치, 바꾸려는 글자 수, 대체할 새 문자)	대체할 새 문자로 바꾸기 시작할 문자 위치부터 바꾸려는 글자 수만큼 대체한다.
=TRIM(문자열)	문자 사이의 공백은 한 칸 남기고 문자열 앞뒤의 공백은 모두 제거한다.
=VALUE(수치형 문자)	수치형 문자 데이터를 숫자로 변경한다.
=TEXT(숫자 값, 형식)	수에 지정한 서식 적용 후 문자형으로 변환한다.
=TYPE(인수)	데이터 형식을 고유 숫자 코드로 표시한다.
=FIND(찾는 문자, 찾을 문장, 시작 문자 번호)	문자열에서 찾는 문자의 위치를 표시한다.
=CONCAT(문자열, 문자열, …)	문자열을 연결한다.
=FIXED(수, 소수점 자릿수, COMMA 여부)	수를 고정 소수점 형식의 문자로 변환한다.

2 출제 유형 이해

www.ebs.co.kr/compass(엑셀 실습 파일 다운로드) 

문제 작업 파일: 01_문자열 함수.xlsx

'유형_1' 시트 [표1]의 보험자를 이용하여 [E3:E10] 영역에 피보험자를 계산하여 표시하시오.

▶ 보험자의 가운데 글자를 '*'로 변경하고 뒤에 '가족'을 표시하시오.
▶ [표시 예: 보험자가 홍두깨 → 홍*깨 가족]
▶ CONCAT, MID, SUBSTITUTE 함수 사용

[풀이]

함수 구조	=CONCAT(문자열, 문자열, …)
	=SUBSTITUTE(문자열, 교체할 문자, 새 문자)
	=MID(문자열, 추출할 문자의 시작 위치, 추출할 문자 수)
함수식	=CONCAT(SUBSTITUTE(B3,MID(B3,2,1),"*")," ","가족")

- [E3] 셀에 함수식을 입력한 후 [E10] 셀까지 수식을 복사한다.

① MID(B3,2,1): [B3] 셀의 두 번째 글자 '두'를 인출한다.
② SUBSTITUTE(B3,**MID(B3**,2,1),"*"): ①번에서 인출한 **'두'**를 '*'로 치환한다.

[결과]

	A	B	C	D	E
1		[표1]			
2		보험자	관계	수납금액	피보험자
3		신면철	부	122,000	신*철 가족
4		이면준	피고인용	152,520	이*준 가족
5		홍면주	딸	554,200	홍*주 가족
6		강면정	배우자	311,400	강*정 가족
7		유슬기	아들	214,000	유*기 가족
8		유준기	모	135,500	유*기 가족
9		하영주	피고인용	228,000	하*주 가족
10		한영준	피고인용	391,480	한*준 가족
11					(Ctrl) ▾

3 실전 문제 마스터

www.ebs.co.kr/compass(엑셀 실습 파일 다운로드) 

문제 1 작업 파일: 01_문자열함수.xlsx

'마스터_1' 시트 [표1]의 코드와 강의연도를 이용하여 [E3:E10] 영역에 강의코드를 계산하여 표시하시오.

▶ 강의코드는 코드 중간에 강의연도 뒤 두 글자와 코드의 글자 수를 삽입하여 표시하시오.
▶ 코드가 "S001", 강의연도가 '2025'일 경우: S-25-001
▶ RIGHT, REPLACE, LEN 함수와 & 연산자 사용

[풀이]

함수 구조	=REPLACE(일부분을 바꾸려는 문자열, 바꾸기 시작할 문자 위치, 바꾸려는 글자 수, 대체할 새 문자)
	=RIGHT(문자열, 추출할 문자 수)
	=LEN(문자열)
함수식	=REPLACE(B3,2,0,"-"&RIGHT(C3,2)&"-")&"("&LEN(B3)&")"

- [E3] 셀에 함수식을 입력한 후 [E10] 셀까지 수식을 복사한다.

① "-"&RIGHT(C3,2)&"-": [C3] 셀의 오른쪽부터 두 글자 25를 인출한다. 25 앞뒤에 '-'을 연결한다.
→ 결과: -25-

② REPLACE(B3,2,0,**"-25-"**): 두 번째 글자 0 위치에 -25-를 추가한다.
→ 결과: S-**25**-001

③ **S-25-001**&"("&LEN(B3)&")": ②번 결과 S-25-00 뒤에 [B3] 셀의 문자열 길이를 계산하여 '(' ')'로 묶어 연결한다.
→ 결과: S-25-001**(5)**

[결과]

	A	B	C	D	E
1		[표1]			
2		코드	강의연도	강사	강의코드
3		S001	2025	신회장	S-25-001(4)
4		S002	2025	강회장	S-25-002(4)
5		S003	2025	홍회장	S-25-003(4)
6		S004	2025	박회장	S-25-004(4)
7		S005	2025	김회장	S-25-005(4)
8		S006	2025	정사장	S-25-006(4)
9		S0007	2025	신사장	S-25-0007(5)
10		S008	2025	황사장	S-25-008(4)
11					

☞ - 괄호는 문자열이므로 ""로 묶고 & 연산자로 연결한다.
- 순수하게 숫자 값이 아닌 모든 자료는 문자열로 인식한다.

☞ REPLACE 함수 3번째 인수 값을 0으로 입력한 이유는 해당 위치에 -25-를 추가하기 위해서이다. 만약 3번째 인수 값을 1로 입력하면 001 중 첫번째 0이 -25-로 치환되므로 치환 결과가 S-25-01로 출력된다.

문제 2 작업 파일: 01_문자열함수.xlsx

'마스터_2' 시트 [표1]의 숙박일수를 이용하여 [E3:E10] 영역에 여행일정을 표시하시오.

▶ 숙박일수에 1을 더해 몇 박/며칠로 표시
▶ [표시 예: 숙박일수가 2박인 경우 → 2박/3일]
▶ CONCAT, TRIM, LEFT 함수 사용

[풀이]

함수 구조	=CONCAT(문자열, 문자열, …)
	=TRIM(문자열)
	=LEFT(문자열, 추출할 문자 수)
함수식	=CONCAT(**TRIM(D3),"/",LEFT(TRIM(D3),1)+1,"일")**

- [E3] 셀에 함수식을 입력한 후 [E10] 셀까지 수식을 복사한다.

① TRIM(D3): [D3] 셀의 '5박' 앞뒤 공백을 제거한다. → 결과: 5박

☞ CONCAT 함수는 함수 마법사를 사용하면 수식을 쉽게 완성할 수 있다.

② LEFT(TRIM(D3),1)+1: ①번에서 도출된 '5박'에서 첫 번째 글자를 출력하고, 출력값에 +1을 계산한다. → 결과: 6

③ CONCAT(**TRIM(D3)**,"/",**LEFT(TRIM(D3),1)+1**,"일"): CONCAT("5박", "/", "6" , "일"), '5박', '/', '6', '일'을 연결하여 출력한다. → 결과: **5박/6일**

[결과]

	A	B	C	D	E	F	G
1		[표1]					
2		예약자	결제여부	숙박일수	여행일정	결제일	여행지
3		홍두깨	완료	5박	5박/6일	2025-03-29	일본
4		이면준	예정	2박	2박/3일	-	괌
5		홍면주	완료	5박	5박/6일	2025-03-10	파키스탄
6		강면정	완료	2박	2박/3일	2025-04-05	인도
7		유슬신	완료	6박	6박/7일	2025-03-19	호주
8		유준면	예정	9박	9박/10일	-	미국
9		하영철	완료	4박	4박/5일	2025-04-02	이스라엘
10		한영준	완료	6박	6박/7일	2025-04-09	이란
11							

계산 작업 03

날짜와 시간 함수

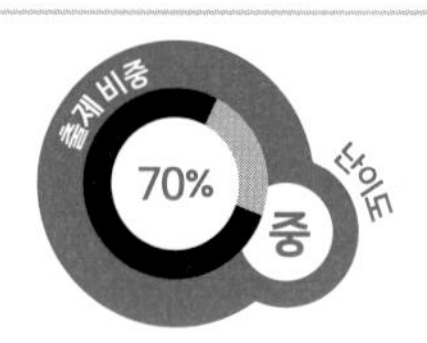

- 날짜와 시간 함수를 활용하여 날짜와 시간 데이터를 구분하여 추출할 수 있다.
- 추출한 데이터를 다른 함수의 인수로 사용할 수 있다.
- 다양한 날짜 계산 함수의 기능을 구분하고 활용할 수 있다.

1 개념 학습

함수	설명
=NOW()	현재 날짜와 시간을 표시한다.
=TODAY()	현재 날짜를 표시한다.
=DATE(년, 월, 일)	인수를 날짜 형식으로 변환한다.
=TIME(시, 분, 초)	인수를 시간 형식으로 변환한다.
=HOUR(시간)	시간을 출력한다.
=MINUTE(시간)	분을 출력한다.
=SECOND(시간)	초를 출력한다.
=YEAR(날짜)	년을 출력한다.

=MONTH(날짜)	월을 출력한다.
=DAY(날짜)	일을 출력한다.
=EDATE(시작일, 개월 수)	시작일 이전/이후 개월 수의 날짜 일련번호를 구한다.
=DAYS360(시작일, 종료일)	1년을 360일로 간주해 두 날짜 사이의 날짜를 구한다.
=WEEKDAY(날짜, Return_Type)	날짜의 요일을 나타내는 1에서 7까지의 수를 구한다. Return_Type – 1 또는 생략: 일요일(1)~토요일(7) – 2: 월요일(1)~일요일(7) – 3: 월요일(0)~일요일(6)
=WORKDAY(시작일, 종료일, 휴일)	시작 날짜로부터 지정된 작업 일수(주말, 휴일 제외한 평일)의 이전 또는 이후에 해당하는 날짜를 구한다.
=NETWORKDAYS(시작일, 종료일)	두 날짜 사이의 전체 작업 일수를 계산한다.
=DATEVALUE(날짜)	문자형 날짜의 고유 인수를 계산한다.
=EOMONTH(시작일, 간격)	지정일의 간격 이전/이후 달의 마지막 날의 일련번호를 계산한다.
=WEEKNUM(날짜, Return_Type)	날짜가 해당 연도의 몇 번째 주인지 나타내는 숫자를 구한다. Return_Type – 1: 1월 1일을 포함하는 주가 1주 – 2: 첫 번째 목요일을 포함하는 주가 1주

☞ 날짜의 고유 인수는 1900년 1월 1일이 정수 1이다. 1900년 1월 2일은 정수 2가 된다.

2 출제 유형 이해

www.ebs.co.kr/compass(엑셀 실습 파일 다운로드)

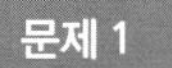
문제 1 작업 파일: 02_날짜시간함수.xlsx

'유형_1' 시트 [표1]에서 수강기간이 7일이라고 가정할 때 [E3:E10] 영역에 수강 시작일을 구하시오.

▶ 2025-3-20일은 휴일
▶ WORKDAY, DATE 함수 사용

☞ DATE 함수가 지시 사항에 없을 때 =WORKDAY(F3,-7,"2025-3-20")

☞ 2025-3-19의 7일 전

2025-03-19(수)	제외
2025-03-18(화)	-1
2025-03-17(월)	-2
2025-03-16(일)	휴일
2025-03-15(토)	휴일
2025-03-14(금)	-3
2025-03-13(목)	-4
2025-03-12(수)	-5
2025-03-11(화)	-6
2025-03-10(월)	-7

[풀이]

함수 구조	=WORKDAY(시작일, 종료일, 휴일)
	=EDATE(시작일, 개월 수)
함수식	=WORKDAY(F3,-7,DATE(2025,3,20))

- [E3] 셀에 함수식을 입력한 후 [E10] 셀까지 수식을 복사한다.

① DATE(2025,3,20): 2025, 3, 20, 세 정수를 입력받아 날짜 형식으로 변환한다.
→ 결과: 2025년 3월 20일

② WORKDAY(F3,-7,2025-03-20): [F3] 셀에서 7일 전을 계산하되 2025-3-20은 휴일이므로 일수에서 제외한다. → 결과: 2025-3-10(시작일은 날짜 수에서 제외한다.)

[결과]

	A	B	C	D	E	F	G
1		[표1]					
2		성명	학과	과목	수강시작일	수강마감일	
3		신면철	세무회계	회계	2025-03-10	2025-03-19	
4		이면준	세무회계	컴활	2025-03-12	2025-03-23	
5		홍면주	비서학과	워드	2025-03-04	2025-03-13	
6		강면정	정보통신	워드	2025-03-19	2025-03-30	
7		유슬신	전자계산	세무	2025-03-13	2025-03-25	
8		유준선	정보통신	컴활	2025-03-11	2025-03-20	
9		하영율	정보통신	DB	2025-03-12	2025-03-22	
10		한영준	통계학	컴활	2025-03-12	2025-03-24	
11							

문제 2 작업 파일: 02_날짜시간함수.xlsx

'유형_2' 시트 [표1]의 구분, 이벤트날짜, 기준일[E1]을 이용하여 [E3:E10] 영역에 이벤트주차를 표시하시오.

▶ 이벤트주차는 구분과 이번달주차를 연결하여 표시
▶ 이번달주차는 1년 중 이벤트날짜의 주차에서 기준일의 주차를 뺀 값으로 계산
[표시 예: 회원-1주차]
▶ 월요일부터 주가 시작하도록 계산
▶ CONCAT, WEEKNUM 함수 사용

[풀이]

함수 구조	=CONCAT(문자열, 문자열, …)
	=WEEKNUM(날짜, Return_Type)
함수식	=CONCAT(B3,"-",**WEEKNUM(D3,2)-WEEKNUM($E$1,2)**,"주차")

● [E3] 셀에 함수식을 입력한 후 [E10] 셀까지 수식을 복사한다.
① WEEKNUM(D3,2)-WEEKNUM($E$1,2): 2025-02-04은 2025년의 6번째 주이다. 2025-01-30은 2025년의 5번째 주이다. → 결과: 1
② CONCAT(B3,"-",**"1"**,"주차") → 결과: 회원-1주차

☞ =WEEKNUM 함수의 return_type
– return_type은 1월 1일의 요일을 기준으로 첫 번째 주 산정 방식을 결정한다.
– return_type 종류
타입1: 1월 1일을 포함하는 주가 1주
타입2: 첫 번째 목요일을 포함하는 주가 1주

[결과]

	A	B	C	D	E
1		[표1]		기준일 :	2025-01-30
2		구분	대상	이벤트날짜	이벤트주차
3		회원	어르신	2025-02-04 화	회원-1주차
4		회원	청소년	2025-02-23 일	회원-3주차
5		비회원	학부모	2025-02-05 수	비회원-1주차
6		회원	학부모	2025-02-21 금	회원-3주차
7		회원	직장인	2025-02-13 목	회원-2주차
8		비회원	학부모	2025-02-02 일	비회원-0주차
9		회원	어르신	2025-02-20 목	회원-3주차
10		비회원	어린이	2025-02-22 토	비회원-3주차
11					

3 실전 문제 마스터

www.ebs.co.kr/compass(엑셀 실습 파일 다운로드) 

문제 1 작업 파일: 02_날짜시간함수.xlsx

'마스터_1' 시트 [표1]의 판매일과 [표2]의 공휴일을 이용하여 [E3:E10] 영역에 수선일을 계산하여 표시하시오.

- ▶ 수선일은 판매일에서 주말과 공휴일을 제외한 3일 후의 날로 계산
- ▶ 공휴일은 [표2]를 이용
- ▶ TEXT, WORKDAY 함수 사용
- ▶ [표시 예: 판매일이 2025-01-13(월) → 수선일은 2025년 01월 16일(목)]

[풀이]

함수 구조	=TEXT(숫자 값, 형식)
	=WORKDAY(시작일, 종료일, 휴일)
함수식	=TEXT(**WORKDAY(D3,3,$C$16:$C$25),"yyyy년 mm월 dd일(aaa)"**)

- [E3] 셀에 함수식을 입력한 후 [E11] 셀까지 수식을 복사한다.

① WORKDAY(D3,3,$C$16:$C$25): [D3] 셀을 기준으로 3일 후를 계산한다. $C$16:$C$25: 휴일 범위는 계산에서 제외한다. → 결과: 2025-1-16

② TEXT(**"2025-1-16"**,"yyyy년 mm월 dd일(aaa)"): 2025-1-16을 yyyy년 mm월 dd일(aaa)형식으로 출력한다. → 결과: 2025년 01월 16일(목)

[결과]

	A	B	C	D	E
1		[표1]			
2		판매점	종류	판매일	수선일
3		A지점	청바지	2025-01-13(월)	2025년 01월 16일(목)
4		A지점	면바지	2025-01-21(화)	2025년 01월 28일(화)
5		A지점	기지바지	2025-01-30(목)	2025년 02월 04일(화)
6		A지점	반바지	2025-03-09(일)	2025년 03월 12일(수)
7		A지점	치마	2025-03-20(목)	2025년 03월 25일(화)
8		B지점	칠부바지	2025-03-27(목)	2025년 04월 01일(화)
9		B지점	미니스커트	2025-04-18(금)	2025년 04월 23일(수)
10		B지점	교복상	2025-04-28(월)	2025년 05월 01일(목)
11		B지점	교복하	2025-05-14(수)	2025년 05월 19일(월)
12					

- 표시 형식 aaa는 요일을 한 글자로 표시한다.(목)
- aaaa는 요일을 세 글자로 표시한다.(목요일)

문제 2 작업 파일: 02_날짜시간함수.xlsx

'마스터_2' 시트 [표1]의 검침일을 이용하여 [E3:E11] 영역에 사용기간을 계산하여 표시하시오.

- ▶ 사용기간은 검침일의 한 달 전 다음 날에서 검침일까지로 계산
- ▶ [표시 예: 검침일이 04-26이면 사용기간은 03/27~04/26으로 표시]
- ▶ EDATE, TEXT 함수와 & 연산자 사용

[풀이]

함수 구조	=TEXT(숫자 값, 형식)
	=EDATE(시작일, 개월 수)
함수식	=TEXT(EDATE(D3,-1)+1,"mm/dd")&"~"&TEXT(D3,"mm/dd")

- [E3] 셀에 함수식을 입력한 후 [E11] 셀까지 수식을 복사한다.

① EDATE(D3,-1)+1: [D3] 셀의 날짜에서 한 달 전 날짜의 일련번호를 구하고 +1한다.
→ 결과: 45742(2025-03-26) + 1 = 45743 → 2025-03-27

② TEXT(**"2025-03-27"**,"mm/dd") → 결과: 03/27

③ TEXT(D3,"mm/dd"): [D3] 셀의 날짜를 mm/dd 형식으로 표현한다. → 결과: 04/26

④ **03/27**&"~"&**04/26** → 결과: 03/27~04/26

EDATE 함수는 지정한 날짜 전이나 후의 개월 수를 나타내는 날짜의 일련번호를 구한다. 결과가 날짜가 아닌 일련번호로 출력되므로 표시 형식에서 날짜 형식으로 변경한다. 날짜 일련번호 1은 1900년 1월 1일이다.

[결과]

	A	B	C	D	E	F
1		[표1]				
2		고객번호	사용량	검침일	사용기간	업종
3		AB-300-198	230	2025-04-26	03/27~04/26	일반용
4		AB-100-210	82	2025-05-11	04/12~05/11	가정용
5		AB-300-120	350	2025-04-26	03/27~04/26	일반용
6		AB-100-321	121	2025-05-11	04/12~05/11	가정용
7		AB-400-125	240	2025-05-06	04/07~05/06	욕탕용
8		AB-300-328	195	2025-04-26	03/27~04/26	일반용
9		AB-200-241	158	2025-05-01	04/02~05/01	상업용
10		AB-200-122	225	2025-05-01	04/02~05/01	상업용
11		AB-100-326	71	2025-05-11	04/12~05/11	가정용
12						

계산 작업 04

통계 함수

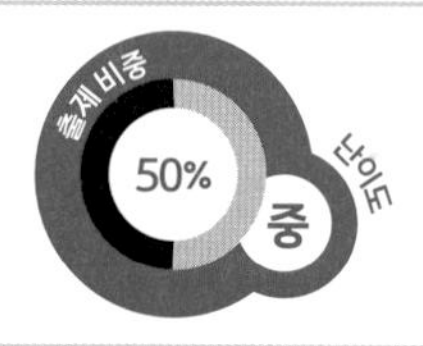

- 통계 함수를 활용하여 제시된 조건에 맞는 수치의 통계를 계산할 수 있다.
- 통계 함수의 결과를 다른 함수의 인수로 혼합하여 사용할 수 있다.
- 통계 함수를 활용하여 조건의 평균, 합계, 개수 등을 계산할 수 있다.

1 개념 학습

함수	설명
=AVERAGE(범위)	범위의 수치만 대상으로 한 산술 평균을 구한다.
=AVERAGEA(범위)	범위의 산술 평균을 구한다. (문자, FALSE는 0, TRUE는 1로 간주)

=AVERAGEIF(조건 범위, 조건, 평균 범위)	범위에서 값이 조건인 행의 평균을 구한다.
=AVERAGEIFS(평균 범위, 조건1 범위, 조건1, 조건2 범위, 조건2, …)	주어진 조건에 따라 지정되는 셀의 산술 평균을 구한다. AND(이면서, 구간) 조건 연산 처리만 가능하다.
=RANK.EQ(순위 구하려는 값, 대상 범위, 정렬)	숫자 목록에서 지정한 수의 순위를 구한다. 공동 순위가 있는 경우, 1위가 2명이면 그다음 순위는 3위가 된다.
=RANK.AVG(순위 구하려는 값, 대상 범위, 정렬)	공동 순위가 있는 경우, 순위의 구간 평균값을 구한다. 1등이 2명이면 1.5등, 2등이 2명이면 2.5등이 된다. – 정렬: 0이면 내림차순, 0이 아니면 오름차순 순위를 구한다.
=COUNT(범위) =COUNTA(범위) =COUNTBLANK(범위)	범위 내의 수치가 입력된 셀의 개수를 구한다. 범위 내의 비어있지 않은 셀의 개수를 구한다. 범위 내의 비어있는 셀의 개수를 구한다.
=COUNTIF(조건 범위, 조건)	범위에서 조건에 맞는 셀의 개수를 구한다.
=COUNTIFS(조건 범위1, 조건1, 조건 범위2, 조건2)	여러 조건 범위에서 조건에 맞는 셀의 개수를 구한다.
=MAX(범위)	범위에서 가장 큰 값을 구한다.
=MIN(범위)	범위에서 가장 작은 값을 구한다.
=SMALL(범위, 인수)	범위에서 K번째 작은 값을 구한다.
=LARGE(범위, 인수)	범위에서 K번째 큰 값을 구한다.
=MODE(범위)	범위에서 최빈수(자주 발생하는) 수를 구한다.
=MEDIAN(범위)	범위에서 중간값을 구한다.
=STDEV(범위)	범위의 표준 편차를 구한다.
=FREQUENCY(범위, 구간 값)	범위의 구간 값에 해당하는 도수 분포를 구한다.
=PERCENTILE(범위, 백분위 값)	범위에서 0~1까지 범위의 백분위수를 구한다.

2 출제 유형 이해

www.ebs.co.kr/compass(엑셀 실습 파일 다운로드)

문제 1 작업 파일: 03_통계함수.xlsx

'유형_1' 시트 [표1]에서 사고보험금을 기준으로 순위를 구하여 [E3:E10] 영역에 1~3위는 '보험료인상', 나머지는 공백으로 인상여부에 표시하시오.

▶ 사고보험금이 가장 많은 고객이 1위

▶ IF와 RANK.EQ 함수 사용

[풀이]

함수 구조	=IF(조건, 참의 결과값, 거짓의 결과값) =RANK.EQ(순위 구하려는 값, 대상 범위, 정렬)

☞ 4위 이상의 순위는 공백("")이 출력된다.

☞ – RANK.EQ: 순위가 동률이면 같은 순위를 표시한다. (1, 2, 2, 4, 5)
– RANK.AVG: 순위가 동률이면 같은 순위의 구간 평균을 표시한다. (1, 2.5, 2.5, 4, 5)

함수식	=IF(RANK.EQ(D3,$D$3:$D$10)<=3,"보험료인상","")

- [E3] 셀에 함수식을 입력한 후 [E10] 셀까지 수식을 복사한다.

① RANK.EQ(D3,$D$3:$D$10)<=3: [D3] 셀의 값을 [D3:D10] 범위에서 순위를 구하고 3 이하인지 비교한다. → 결과: 1<=3 → TRUE

② IF(**TRUE**,"보험료인상",""): 조건이 TRUE이므로 '보험료인상'을 출력한다.

[결과]

	A	B	C	D	E
1		[표1]			
2		고객코드	가입년도	사고보험금	인상여부
3		K-1542	2023년	4,502,000	보험료인상
4		P-2943	2022년	2,802,000	
5		M-3847	2020년	380,200	
6		G-1795	2019년	2,682,000	
7		F-2847	2019년	3,250,200	
8		A-3912	2022년	4,250,200	보험료인상
9		S-2741	2025년	4,000,200	보험료인상
10		F-2347	2025년	1,010,000	
11					

문제 2 작업 파일: 03_통계함수.xlsx

'유형_2' 시트 [표1]에서 4월, 5월, 6월 점수가 모두 70점 이상인 경우, 세 과목 중 가장 점수가 높은 과목을 비고[E3:E10] 영역에 표시하고 그 앞에 '우수-'를 붙이고, 그 외는 세 과목 중 가장 높은 점수만 표시하시오.

▶ IF, COUNTIF, MAX 함수, & 연산자 사용

[풀이]

함수 구조	=IF(조건, 참의 결과값, 거짓의 결과값)
	=COUNTIF(조건 범위, 조건)
	=MAX(범위)
함수식	=IF(COUNTIF(F3:H3,">=70")=3,"우수-"&MAX(F3:H3),MAX(F3:H3))

☞ – COUNTIF 함수의 조건 인수에 비교 연산자, 문자열은 ""로 묶는다.
– COUNTIF 부류의 함수는 가능한 함수 마법사를 활용하도록 한다.

- [E3] 셀에 함수식을 입력한 후 [E10] 셀까지 수식을 복사한다.

① COUNTIF(F3:H3,">=70")=3: [F3:H3] 범위에서 70 이상인 셀의 개수를 계산하고 3과 같은지 비교한다. → 결과: 3 → TRUE

② IF(**TRUE**,"우수-"&MAX(F3:H3),MAX(F3:H3)): 조건이 TRUE이므로 "우수-"&MAX(F3:H3)을 출력한다. → 결과: 우수-82

[결과]

	A	B	C	D	E	F	G	H
1		[표1]						
2		부서명	이름	직위	비고	4월	5월	6월
3		감사과	홍두깨	사원	우수-82	82	77	70
4		감사과	이면준	대리	84	83	84	68
5		감사과	홍면주	사원	우수-91	82	89	91
6		기획실	강면정	대리	우수-85	78	85	82
7		기획실	황성신	대리	79	68	77	79
8		인사과	유영채	대리	77	72	67	77
9		기획실	하영원	대리	우수-91	78	91	82
10		기획실	박선영	사원	92	69	70	92
11								

3 실전 문제 마스터

www.ebs.co.kr/compass(엑셀 실습 파일 다운로드) 

문제 1 작업 파일: 03_통계함수.xlsx

'마스터_1' 시트 [표1]의 보험종류, 월불입액을 이용하여 보험종류별 월불입액의 총액을 도식화해 결과를 [E3:E7] 영역에 계산하시오.

- 도식화는 '★' 기호를 이용하여 '★' 하나는 100,000에 해당함.
- 예를 들어 보험종류 '건강'의 월불입액 합계는 347,000이므로 '★★★'을 표시한다.
- SUMIF, REPT 함수 사용

[풀이]

함수 구조	=REPT(문자열, 반복 횟수)
	=SUMIF(조건 범위, 조건, 합계 범위)
함수식	=REPT("★",**SUMIF($D$11:$D$25,D3,$E$11:$E$25)/100000**)

- [E3] 셀에 함수식을 입력한 후 [E7] 셀까지 수식을 복사한다.

① SUMIF($D$11:$D$25,D3,$E$11:$E$25)/100000: 지역명[D11:D25]에서 보험종류[D3]에 해당하는 월불입액[E11:E25] 합계를 계산한다. → 결과: =561,000/100,000 → 5.61

② REPT("★",**5.61**) → 결과: '★'를 5번 반복 출력한다.

[결과]

	A	B	C	D	E	F
1				[표1]		
2				보험종류	★ = 100,000	
3				건강	★★★★★	
4				변액	★★★★	
5				상해	★★★	
6				저축	★★	
7				연금	★	
8						

문제 2 작업 파일: 03_통계함수.xlsx

'마스터_2' 시트 [표1]의 교강사 등급과 업무를 이용하여 [표2]의 [E3:E6] 영역에 교강사활동별 인원수를 구하시오.

- RIGHT, LEFT, LEN, COUNTIFS 함수 사용

[풀이]

함수 구조	=COUNTIFS(조건 범위1, 조건1, 조건 범위2, 조건2)
	=LEFT(문자열, 추출할 문자 수) / =RIGHT(문자열, 추출할 문자 수)
	=LEN(문자열)
함수식	=COUNTIFS($B$10:$B$17,**LEFT(D3,4)**,$D$10:$D$17,**RIGHT(D3,LEN(D3)-4)**)

- [E3] 셀에 함수식을 입력한 후 [E7] 셀까지 수식을 복사한다.

① LEFT(D3,4): [D3] 셀의 왼쪽 4글자를 도출한다. → 결과: 우수교원

② RIGHT(D3,LEN(D3)-4): [D3] 셀의 글자 수 − 4를 계산하고, 오른쪽에서 글자 수만큼 인출한다.
→ 결과: LEN(D3)-4 → 9 − 4 = 5 / RIGHT(D3,5): '교육정보부'

③ COUNTIFS($B$10:$B$17,**"우수교원"**,$D$10:$D$17,**"교육정보부"**): [B10:B17] 범위에서 '우수교원'이면서 '교육정보부'인 셀 개수를 계산한다. → 결과: 2

[결과]

	A	B	C	D	E	F
1				[표2]		
2				교강사활동	인원(명)	
3				우수교원교육정보부	2	
4				우수교원교무부	1	
5				일반교원교무부	2	
6				일반교원교육정보부	3	
7						

계산 작업

05 찾기와 참조 함수

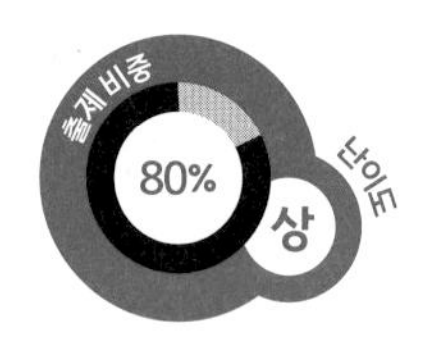

- 찾기와 참조 함수의 개별 특성을 알고 적절한 함수를 선택하여 사용할 수 있다.
- 찾기와 참조 함수를 활용하여 원하는 값을 찾을 수 있다.
- 찾기와 참조 함수의 결과를 다른 함수에 혼합하여 사용하거나, 다른 함수 결과를 찾기와 참조 함수에 혼합하여 사용할 수 있다.

1 개념 학습

함수	설명
=VLOOKUP(찾는 값, 찾을 범위, 가져올 열)	셀의 값과 같은 값을 범위에서 찾아 가져올 열의 값을 구한다.
=HLOOKUP(찾을 값, 찾을 범위, 가져올 행)	셀의 값과 같은 값을 범위에서 찾아 가져올 행의 값을 구한다.
=LOOKUP(찾을 값, 범위, 가져올 범위)	찾을 값을 범위에서 찾아 그 순서에 대응하는 가져올 범위의 셀 값을 구한다.(행 방향/열 방향 모두 가능)
=CHOOSE(인덱스, 텍스트1, 텍스트2, 텍스트3, …)	인덱스 값에 해당하는 텍스트를 출력한다. 예) 인덱스: 2 → 텍스트2

=INDEX(범위, 행, 열)	범위에서 행과 열에 해당하는 값을 구한다.
=MATCH(찾을 값, 찾을 범위, Match_type)	셀 값을 범위에서 찾고 찾은 셀의 행/열을 구한다. Match_Type – -1: 찾을 값보다 크거나 같은 값 중 가장 작은 값 표시 (내림차순으로 정렬된 경우) – 0: 찾을 값을 정확히 일치하는 값 표시(정렬과 무관) – 1: 찾을 값보다 작거나 같은 값 중 가장 큰 값 표시 (오름차순으로 정렬된 경우)
=OFFSET(기준 셀, 행, 열, 높이, 너비)	기준 셀에서 행, 열 또는 높이, 너비만큼 떨어진 셀의 행 번호를 구한다.
=ROW(셀)	셀의 행 번호를 구한다.
=ROWS(범위)	범위의 행 수를 구한다.
=COLUMN(셀)	셀의 열 번호를 구한다.
=COLUMNS(범위)	범위의 열 수를 구한다.

2 출제 유형 이해

www.ebs.co.kr/compass(엑셀 실습 파일 다운로드)

문제 1 작업 파일: 04_찾기참조함수.xlsx

'유형_1'시트에서 [표1-1]과 <표1-2>, <표1-3>을 참조하여 운임을 계산하시오.

▶ 운임은 '중량 × 단위요금'과 '용적 × 단위요금' 중에서 큰 값임.
▶ 중량 단위요금: [표1-2] 참조
▶ 용적 단위요금: [표1-3] 참조
▶ VLOOKUP, MAX 함수 사용

[풀이]

함수 구조	=MAX(범위) =VLOOKUP(찾는 값, 찾을 범위, 가져올 열)
함수식	=MAX(C3*VLOOKUP(C3,$G$3:$H$6,2,TRUE),D3*VLOOKUP(D3,$J$3:$K$6,2,TRUE))

● [E3] 셀에 함수식을 입력한 후 [E10] 셀까지 수식을 복사한다.

① C3*VLOOKUP(C3,$G$3:$H$6,2,TRUE): [C3] 셀 값 25를 [G3:H6] 범위의 첫 번째 열에서 찾아 두 번째 열의 값을 가져온다. → 결과: 10 → [C3] * 10 = 250

② D3*VLOOKUP(D3,$J$3:$K$6,2,TRUE): [D3] 셀 값 80을 [J3:J6] 범위의 첫 번째 열에서 구간 값을 찾아 두 번째 열의 값을 가져온다. → 결과: 5 → [D3] * 5 = 400

③ MAX(**250,400**) → 결과: 400

VLOOKUP(찾을 값, 찾을 범위, 가져올 열, Range_lookup)
- TRUE: 오류 허용 O (구간 값을 허용한다.)
- FALSE: 오류 허용 X (정확한 값을 찾는다.)
- 자동 채우기가 필요한 경우 찾을 범위는 항상 절대 참조 한다.

[결과]

	A	B	C	D	E
1		[표1]			단위: 만
2		고객사	중량(KG)	용적	운임
3		처리프로스	25	80	400
4		영주실업	26	65	325
5		경애예폭시	120	45	1,080
6		채원상사	56	77	504
7		고려종합	23	39	230
8		EBS	44	108	440
9		선율종합산업	35	120	480
10		은정종합산업	100	250	900
11					

문제 2 작업 파일: 04_찾기참조함수.xlsx

'유형_2' 시트 [표1]의 코드와 [표2]를 이용하여 구분-성별[D4:D39]을 표시하시오.

- ▶ 구분과 성별은 [표2]를 참조
- ▶ 구분과 성별 사이에 '-' 기호를 추가하여 표시 [표시 예: 기본형-여자]
- ▶ CONCAT, HLOOKUP 함수 사용

[풀이]

함수 구조	=CONCAT(문자열 ,문자열, …) =HLOOKUP(찾을 값, 찾을 범위, 가져올 행)
함수식	=CONCAT(HLOOKUP(C3,$C$14:$F$16,2,FALSE),"-",HLOOKUP(C3,$C$14:$F$16,3,FALSE))

- [E3] 셀에 함수식을 입력한 후 [E10] 셀까지 수식을 복사한다.

① HLOOKUP(C3,$C$14:$F$16,2,FALSE): [C3] 셀 값을 [C14:F16] 범위의 첫 번째 행에서 정확히 일치하는 값을 찾아 두 번째 행을 가져온다. → 결과: 기본형

② HLOOKUP(C3,$C$14:$F$16,3,FALSE)): [C3] 셀 값을 [C14:F16] 범위의 첫 번째 행에서 정확히 일치하는 값을 찾아 세 번째 행을 가져온다. → 결과: 남자

③ CONCAT(**"기본형"**,"-",**"남자"**) → 결과: 기본형-남자

[결과]

	A	B	C	D	E	F
1		[표1]				
2		가입나이	코드	가입기간	구분-성별	미납기간
3		35 세	LJHC	5	기본형-남자	3
4		41 세	SSY	3	기본형-여자	0
5		60 세	LJH	15	추가보장-남자	0
6		29 세	SCW	15	추가보장-여자	0
7		42 세	SCW	5	추가보장-여자	1
8		56 세	SCW	10	추가보장-여자	0
9		25 세	LJH	14	추가보장-남자	1
10		10 세	SCW	5	추가보장-여자	1
11						

문제 3 작업 파일: 04_찾기참조함수.xlsx

'유형_3' 시트 [표1]의 가입나이, 코드, [표2]을 이용하여 가입금액[E4:E39]을 표시하시오.

▶ 가입금액은 코드와 가입나이로 [표3]을 참조
▶ INDEX, MATCH 함수 사용

[풀이]

함수 구조	=INDEX(범위, 행, 열)
	=MATCH(찾을 값, 찾을 범위, Match_type)
함수식	=INDEX($C$15:$J$18,MATCH(C3,$B$15:$B$18,0),MATCH(B3,$C$13:$J$13,1))

- [E3] 셀에 함수식을 입력한 후 [E10] 셀까지 수식을 복사한다.

① MATCH(C3,$B$15:$B$18,0): [C3] 셀 값을 [B15:B18] 범위에서 정확히 찾아 행 번호를 출력한다. → 결과: 1

② MATCH(B3,$C$13:$J$13,1): [B3] 셀 값을 [C13:J13] 범위에서 정확히 찾아 열 번호를 출력한다. → 결과: 3

③ INDEX($C$15:$J$18,**1,3**): [C15:J18] 범위에서 1행, 3열의 값을 가져온다. → 결과: 30,664

Match-Type
- -1: 찾을 값보다 크거나 같은 값 중 가장 작은 값(내림차순 정렬된 경우)
- 0: 찾을 값과 정확히 일치하는 값 표시(정렬과 무관)
- 1: 찾을 값보다 작거나 같은 값 중 가장 큰 값 표시(오름차순 정렬된 경우)

[결과]

	A	B	C	D	E
1		[표1]			
2		가입나이	코드	가입기간	가입금액
3		24 세	LJHC	12	30,664
4		41 세	SSY	5	52,268
5		50 세	LJH	20	104,535
6		29 세	SCW	15	32,987
7		42 세	SCW	5	65,973
8		7 세	SCW	10	30,199
9		45 세	LJH	14	55,752
10		16 세	SCW	5	29,967
11					

3 실전 문제 마스터

www.ebs.co.kr/compass(엑셀 실습 파일 다운로드)

문제 1 작업 파일: 04_찾기참조함수.xlsx

'마스터_1' 시트 [표1]의 회원코드와 [표2]를 이용하여 직업과 지역을 계산하여 표시하시오.

▶ 직업은 회원코드의 앞 두 글자와 [표2]를 이용하여 계산
▶ 지역은 회원코드의 뒤 세 글자를 4로 나눈 나머지가 0이면 '동부', 1이면 '서부', 2이면 '남부', 3이면 '북부'로 표시 [표시 예: 자영업(동부)]
▶ VLOOKUP, CHOOSE, MOD, RIGHT, LEFT 함수 사용

- CHOOSE(2,"동부","서부","남부","북부") → 서부
- CHOOSE(3,"동부","서부","남부","북부") → 남부
- CHOOSE(4,"동부","서부","남부","북부") → 북부

[풀이]

함수 구조	=CHOOSE(인덱스, 텍스트1, 텍스트2, 텍스트3, …)
	=VLOOKUP(찾는 값, 찾을 범위, 가져올 열)
	=MOD(인수, 나누어 줄 값)
함수식	=VLOOKUP(LEFT(B3,2),$B$14:$C$18,2,FALSE)&"("&CHOOSE(MOD(RIGHT(B3,3),4)+1,"동부","서부","남부","북부")&")"

- [E3] 셀에 함수식을 입력한 후 [E10] 셀까지 수식을 복사한다.

① VLOOKUP(LEFT(B3,2),$B$14:$C$18,2,FALSE): [B2] 셀의 왼쪽 두 글자를 [B14:C18] 범위의 첫 번째 열에서 정확하게 찾아 두 번째 열을 가져온다. → 결과: 자영업

② MOD(RIGHT(B3,3),4)+1: [B3] 셀의 오른쪽 세 글자를 4로 나눈 나머지를 계산하고 +1한다. → 결과: (140 / 4) + 1 → (0) + 1 → 1

③ CHOOSE(1,"동부","서부","남부","북부"): 첫 번째 인덱스에 해당하는 텍스트("동부")를 출력한다. → 결과: 동부

④ "자영업" & "(" & "동부" & ")" → 결과: 자영업(동부)

[결과]

	A	B	C	D	E	F
1		[표1]				
2		회원코드	성명	주민등록번호	직업	구매건수
3		JA140	이찬진	760604-2******	자영업(동부)	21
4		JB571	채경찬	921126-2******	회사원(북부)	25
5		JD367	임종례	800727-2******	공무원(북부)	12
6		JC664	정종수	950610-2******	의사(동부)	12
7		JC509	강동희	980208-2******	의사(서부)	31
8		JC590	김숙자	981229-1******	의사(남부)	17
9		JA649	홍민국	930822-2******	자영업(서부)	23
10		JB583	배진찬	770120-1******	회사원(북부)	19
11						

문제 2 작업 파일: 04_찾기참조함수.xlsx

'마스터_2' 시트 [표1]의 성명과 [표2]를 이용하여 부양공제[D4:D42]를 표시하시오.

▶ 성명이 [표2]의 목록에 있으면 '예'로, 없으면 '아니오'로 표시

▶ IF, ISERROR, MATCH 함수 사용

[풀이]

함수 구조	=IF(조건, 참의 결과값, 거짓의 결과값)
	=ISERROR(검사하려는 값)
	=MATCH(찾을 값, 찾을 범위, Match_type)
함수식	=IF(ISERROR(MATCH(B3,$B$14:$B$17,0)),"아니오","예")

- [E3] 셀에 함수식을 입력한 후 [E10] 셀까지 수식을 복사한다.

① ISERROR(MATCH(B3,$B$14:$B$17,0)): [B3] 셀의 값을 [B14:B17] 범위에서 정확하게 찾아 행 번호를 출력한다. '김가인'은 찾을 범위의 2번째 행에 있다. → 결과: 2 → ISERROR(2): 오류가 아니므로 FALSE / ISERROR(#N/A): 찾는 값이 없어 오류가 발생했으므로 TRUE)

② IF(**FALSE**,"아니오","예") → 결과: 예

[결과]

	A	B	C	D	E	F
1		[표1]				
2		성명	관계	소득공제	부양공제	소득공제내용
3		김가인	모	일반의료비	예	간소화자료
4		임윤아	모	신용카드	아니오	대중교통
5		임윤아	모	신용카드	아니오	대중교통
6		김가인	모	현금영수증	예	일반사용분
7		주호백	모	신용카드	예	일반사용분
8		강희영	모	신용카드	예	일반사용분
9		강희영	모	신용카드	예	전통시장
10		김가인	모	일반의료비	예	간소화자료
11						

문제 3 작업 파일: 04_찾기참조함수.xlsx

'마스터_3' 시트 [표1]의 법인명과 [표2]를 이용하여 사업자번호[E3:E10]를 표시하시오.

▶ 사업자번호는 [표2]를 참조하여 구하고 사업자번호의 다섯 번째부터 두 글자를 '○●' 기호로 바꾸어 표시 [표시 예: 123-45-6789 → 123-○●-6791]

▶ 단, 오류 발생 시 빈칸으로 표시하시오.

▶ IFERROR, REPLACE, VLOOKUP 함수 사용

[풀이]

함수 구조	=IFERROR(값, 반환 값)
	=REPLACE(일부분을 바꾸려는 문자열, 바꾸기 시작할 문자 위치, 바꾸려는 글자 수, 대체할 새 문자)
	=VLOOKUP(찾는 값, 찾을 범위, 가져올 열)
함수식	=IFERROR(REPLACE(VLOOKUP(F3,$D$14:$E$19,2,FALSE),5,2,"○●"),"")

- [E3] 셀에 함수식을 입력한 후 [E10] 셀까지 수식을 복사한다.

① VLOOKUP(F3,$D$14:$E$19,2,FALSE): [F3] 셀 값을 [D14:E19] 범위의 첫 번째 열에서 정확하게 찾아 두 번째 열 값을 가져온다. → 결과: 123-45-6793

② REPLACE(**123-45-6793,5,2,**"○●"): '123-45-6793'에서 다섯 번째부터 두 글자를 '○●'로 치환한다. → 결과: '123-○●-6793'

③ IFERROR(123-○●-6793,""): ②번 결과가 오류이면 공백("")을 출력하고 오류가 없으면 '123-○●-6793'을 출력한다. → 결과: 123-○●-6793(오류일 때 → 결과: 공백(""))

=VLOOKUP(F6,$D$14:$E$19,2,FALSE) → #N/A 오류
=IFERROR(#N/A ,"") → 공백 출력

[결과]

	A	B	C	D	E	F
1		[표1]				
2		성명	관계	소득공제	사업자번호	법인명
3		김가인	모	일반의료비	123-○●-6793	혁신의원
4		강소정	모	신용카드	123-○●-6789	한국대학교
5		임윤아	모	신용카드	123-○●-6791	EBS카드
6		김가인	모	현금영수증		
7		주호백	모	신용카드	123-○●-6792	알파고카드
8		주인철	모	신용카드	123-○●-6790	미래카드
9		주인철	모	신용카드	123-○●-6791	EBS카드
10		김가인	모	일반의료비	123-○●-6794	중앙병원
11						

문제 4 작업 파일: 04_찾기참조함수.xlsx

'마스터_4' 시트 [표1]의 대출금액, 개월단위기간, 연이율을 이용하여 월별대출상환금을 구한 후 [표2]의 가계부담기준표에서 월별대출상환금에 대한 가계부담기준을 찾아 [E3:E9] 영역에 표시하시오.

▶ VLOOKUP, PMT 함수 사용

[풀이]

함수 구조	=VLOOKUP(찾는 값, 찾을 범위, 가져올 열)
	=PMT(이율, 지급 기간, 현재 가치, 미래 가치, 상환 주기)
함수식	=VLOOKUP(**PMT(D3/12,C3,-B3)**,$B$13:$C$15,2)

- [E3] 셀에 함수식을 입력한 후 [E9] 셀까지 수식을 복사한다.

① PMT(D3/12,C3,-B3): 연이율[D3]을 12로 나누어 월 이율로 계산한다. 기간은 개월단위기간[C3]을 선택한다. PMT 함수의 결과는 음수로 출력되는데, 결과를 양수로 출력하려면 현재가치를 음수로 입력한다. → 결과: 846,936.9876

② VLOOKUP(**846,936.9876**,$B$13:$C$15,2): 846,936.9876 값을 [B13:C15] 범위에서 근사값을 찾는다. 월별대출상환금 50만 원 행에서 2번째 열 값을 가져온다.

PMT(연이율/12, 기간(월), 대출금액)

- 연이율: 두 번째 인수의 기준이 월 단위이므로, 연이율이 제시되면 12로 나누어 월 이율로 변경한다.
- 기간(월): 기간은 월 단위로 입력한다.
- 대출금액: 현재 가치를 입력한다. 현재 10,000,000원을 대출받았으므로 [B3] 셀을 선택한다. PMT 함수의 결과는 내가 월별로 지불해야 하는 금액이므로 음수로 표시되는데 결과를 양수로 표시하려면 -(음수)로 입력한다.

찾기와 참조 함수의 Range_lookup

① TRUE: 오류를 허용한다.

표에서 월별대출 상환금을 찾는다고 가정한다.

월별대출상환금	가계부담기준
0원	여유
200,000원	적합
500,000원	부담

- 찾을 월별대출 상환금이 210,000원이 계산되었다면 '적합'이 출력된다.
- 찾을 월별대출 상환금이 290,000원이 계산되었다면 '적합'이 출력된다.
- 찾을 월별대출 상환금이 960,000원이 계산되었다면 '부담'이 출력된다.

② FALSE: 정확한 값을 찾는다.

[결과]

	A	B	C	D	E	F	G
1		[표1]					
2		대출금액	개월단위기간	연이율	가계부담기준	성명	생년월일
3		10,000,000	12	3%	부담	공신천	1984-08-08
4		2,400,000	12	3%	적합	유채영	1962-11-24
5		15,000,000	12	3%	부담	홍원기	1981-08-22
6		1,500,000	12	3%	여유	강면정	1966-12-17
7		2,000,000	12	3%	여유	유영신	1989-09-17
8		2,000,000	12	3%	여유	유진선	1980-02-15
9		6,000,000	12	3%	부담	하영율	1982-11-29
10							

논리와 정보 함수

계산 작업 06

- 논리와 정보 함수를 활용하여 다른 함수와 혼합한 분기 문을 작성할 수 있다.
- 논리 함수의 결과인 TRUE, FALSE의 개념을 이해할 수 있다.
- 오류값을 인식하여 텍스트를 출력하는 정보 함수에 활용할 수 있다.
- 정보 함수에서 오류를 인식한 결과를 IF 함수에 반환하여 결과를 출력할 수 있다.

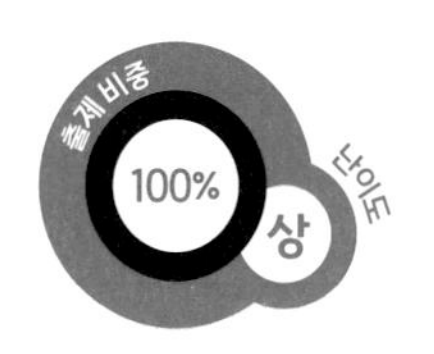

1 개념 학습

함수	설명
=AND(조건1, 조건2, …) =AND(A="수학, B<40)	A가 수학이면서 B가 30 미만이면 TRUE, 아니면 FALSE를 구한다. (두 조건 중 둘 다 만족 → TRUE)
=OR(조건1, 조건2, …) =OR(A="수학), B<40)	A가 수학이거나 B가 30 미만이면 TRUE, 아니면 FALSE를 구한다. (두 조건 중 1개만 만족 → TRUE)
=IF(조건1, 결과1, IF(조건2, 결과2, 결과3)) =IF(점수>=90, "수", IF(점수>=80, "우", "미"))	90 이상이면 '수', 80 이상이면 '우', 그 외에는 '미'를 구한다.
=FALSE()	조건이 만족하지 않을 경우, 정수로 표현하면 0이다.
=TRUE()	조건이 만족할 경우, 정수로 표현하면 1이다.
=IF(ISEVEN(A1), "여자", "남자")	[A1] 셀의 값이 짝수면 '여자', 그렇지 않으면 '남자'를 구한다.
=IF(ISODD(A1), "남자", "여자")	[A1] 셀의 값이 홀수면 '남자', 그렇지 않으면 '여자'를 구한다.
=IFERROR(값, 반환 값)	값에 오류가 있으면, 반환 값을 출력한다.
=ISBLANK(데이터)	셀이 공백이면 TRUE, 그렇지 않으면 FALSE를 구한다.
=ISNUMBER(데이터)	셀이 숫자이면 TRUE, 그렇지 않으면 FALSE를 구한다.
=ISERROR(검사하려는 값)	셀의 값이 임의의 오류값(#N/A, #VALUE!, #REF!, #DIV/0!, #NUM!, #NAME?, #NULL!)을 참조하는 경우 TRUE를 구한다.
=ISERR(검사하려는 값)	값이 #N/A를 제외한 오류값을 참조하는 경우 TRUE를 구한다.

2 출제 유형 이해

www.ebs.co.kr/compass(엑셀 실습 파일 다운로드) 

문제 1 작업 파일: 05_논리정보함수.xlsx

'유형_1' 시트 [표1]의 게임번호[B3:B10]와 매출액[D3:D10]을 이용하여 이익금[E3:E10]을 구하시오.

▶ 게임번호가 문자인 경우: 이익금 = 매출액 × 4%
게임번호가 숫자인 경우: 이익금 = 매출액 × 12%

▶ IF, ISERROR, VALUE 함수 사용

[풀이]

함수 구조	=IF(조건, 참의 결과값, 거짓의 결과값)
	=ISERROR(검사하려는 값)
	=VALUE(수치형 문자)
함수식	=IF(**ISERROR(VALUE(B3))**,D3*4%,D3*12%)

● [E3] 셀에 함수식을 입력한 후 [E9] 셀까지 수식을 복사한다.

① VALUE(B3): [B3] 셀의 값을 숫자로 변경한다. '1 → 1, 베타 → #VALUE! 오류 발생, 셀에 0으로 시작하는 데이터 입력 시 '(작은따옴표)를 앞에 붙여 입력하면 숫자가 문자형으로 변환된다. '001'처럼 코드 앞에 00을 붙일 때 사람은 숫자로 보지만 엑셀에서는 문자열로 인식한다. 이 문제는 숫자형 문자를 숫자 형식으로 가늠하여 결과를 도출한다.

② ISERROR(1): [B3] 셀에 오류가 있는지 확인한다. → 결과: 오류가 없으므로 FALSE

③ IF(ISERROR(VALUE(B3)),D4*4%,D4*12%): IF(**FALSE**,D3*4%,D4*12%) → D4*12%를 계산

☞ =IF(ISERROR(VALUE(B3)),D5*4%,D5*12%)
– ISERROR(VALUE(1) → TRUE (1은 숫자)
– ISERROR(VALUE(베타) → FALSE('베타'는 숫자가 아니다.) D5*4% 결과가 출력된다.

☞ – ISERROR 함수가 인식하는 오류: #N/A, #VALUE!, #REF!, #DIV/0!, #NUM!, #NAME?, #NULL!, #SPILL!
– ISERR 함수는 위 오류 중 #N/A는 인식을 못한다.

[결과]

	A	B	C	D	E
1		[표1]			
2		게임번호	게임명	매출액	이익금
3		1	당구	12,860,000	1,543,200
4		8	디아블로4	31,065,000	3,727,800
5		베타	발로란트	213,540	8,542
6		20	FIFA4	25,135,000	3,016,200
7		26	서든	21,098,000	2,531,760
8		불량	크래지	122,400	4,896
9		5	오버워치2	31,833,000	3,819,960
10		오픈베타	LOL	215,900	8,636
11					

문제 2 작업 파일: 05_논리정보함수.xlsx

'유형_2' 시트 [표1]의 판매수량과 [표1-1]할인율을 이용하여 최종 판매금액[G4:G13]을 표시하시오.

▶ 판매금액은 판매수량 * 가격 * 할인율로 계산한다.

▶ 단, 할인율을 적용할 수 없는 경우, 0% 출력

▶ IF, IFERROR, HLOOKUP 함수 사용

[풀이]

함수 구조	=IFERROR(값, 반환 값)
	=HLOOKUP(찾을 값, 찾을 범위, 가져올 행)
함수식	=C4*D4*(1-IF(IFERROR(HLOOKUP(C4,$C$16:$E$17,2),0)=0,0,HLOOKUP(C4,$C$16:$E$17,2)))

- [G4] 셀에 함수식을 입력한 후 [G13] 셀까지 수식을 복사한다.

① HLOOKUP(C4,$C$16:$E$17,2): [C4] 셀의 판매수량을 [C16:E17] 범위의 첫 번째 행에서 유사하게 일치하는 값을 찾아 두 번째 행 값을 가져온다. 480은 구간 시작에서 벗어나므로 #N/A 오류가 도출된다.

② IFERROR(**#N/A**,0): ①번에서 오류가 발생하면 0을 출력, 오류가 없으면 ①번 결과를 출력한다.

③ IF(0)=**0**: ①번에 오류가 있으면 0을 출력하고, 오류가 없으면 할인율을 가져온다.

④ 찾는 값이 없을 때: C4*D4*(1-**0**) / 찾는 값이 있을 때: C5*D5*(1-**0.05**)

⑤ 1에서 할인율을 빼는 이유: 예를 들어 할인율 10%를 적용한 최종 판매금액을 계산할 때 (1-0.1) * 1000 = (0.9) * 1000 = 900이다. 즉, 이 문제는 할인금액이 아닌 최종 판매금액을 계산한다.

☞ 구간 값을 가져올 때 첫 번째 열 값부터 구간이 시작된다.

1000	2000	3000
1000 ~ 1999	2000 ~ 2999	3000 ~

[결과]

	A	B	C	D	E	F	G
1							
2		[표1]					
3		제품코드	판매수량	가격	생산지	다원명	판매금액
4		B01D-23035	480	400	광주	고려다원	192,000
5		B02D-12035	1,955	650	광주	고려다원	1,270,750
6		B02D-52035	2,013	150	광주	고려다원	301,950
7		H01A-31003	2,063	300	제주	고려다원	618,900
8		H01A-33003	1,955	280	제주	고려다원	547,400
9		H02A-13003	1,969	500	제주	고려다원	984,500
10		H02A-51003	4,009	210	제주	고려다원	841,890
11		K03B-51205	1,983	300	보성	한국제다	594,900
12		L02B-33505	500	250	보성	한국제다	125,000
13		M03F-51205	2,050	250	하동	명전다원	512,500

3 실전 문제 마스터

www.ebs.co.kr/compass(엑셀 실습 파일 다운로드)

문제 1 작업 파일: 05_논리정보함수.xlsx

'마스터_1' 시트 [표1]의 주문량, 재고량, 반품량을 이용하여 [E3:E10] 영역에 비고를 계산하여 표시하시오.

▶ 반품량이 공백이고 주문량이 8,000 이상, 재고량이 1,000 이하이면 '베스트셀러'를 표시하고, 그렇지 않으면 공백을 표시하시오.

▶ IF, OR, AND, ISBLANK, ISERROR 중 알맞은 함수를 선택하여 사용

[풀이]

함수 구조	=IF(조건, 참의 결과값, 거짓의 결과값)
	=AND(조건1, 조건2, …)
	=ISBLANK(데이터)

다른 정답
=IF(AND(ISBLANK(D3),B3>=8000,C3<=1000),"베스트셀러","")
반품량이 없은 경우 값을 찾기 위해 ISBLANK 함수를 사용한다.

함수식	=IF(AND(**ISBLANK(D3)=TRUE**,B3>=8000,C3<=1000),"베스트셀러","")

- [E3] 셀에 함수식을 입력한 후 [E10] 셀까지 수식을 복사한다.

① ISBLANK(D3)=TRUE: [D3] 셀이 공백이면 TRUE를 출력한다.

② AND(**TRUE**,B4>=8000,C4<=1000): 조건이 모두 참이면 TRUE, [B4] 셀이 8000 미만이므로 FALSE → 결과: FALSE

③ IF(**FALSE**,"베스트셀러",""): 공백("")을 출력한다.

[결과]

	A	B	C	D	E	F	G
1		[표1]					
2		주문량	재고량	반품량	비고	코드	출판사
3		5,580	3,955			EXF94MA	익스터디
4		8,550	5,830	156		KDA95MA	EBS
5		10,258	990		베스트셀러	KDA97AJ	용두사
6		25,000	25		베스트셀러	KIA98AA	EBS
7		3,586	1,568			EKK20WE	키즈강사
8		9,550	451		베스트셀러	EEE208A	하영희사
9		4,580	1,010	58		DUF85MA	닷드영사
10		7,680	5,114	152		EKK35WE	보리사
11							

문제 2 작업 파일: 05_논리정보함수.xlsx

'마스터_2' 시트 [표1]의 업무코드와 [표2]를 이용하여 부서명[E3:E10]을 계산하시오.

▶ [표2]의 코드는 업무코드의 가장 오른쪽 숫자를 의미하며, 표에 없는 코드는 '코드오류'라는 문자열을 표시하시오.

▶ IFERROR, VLOOKUP, RIGHT 함수 모두 사용

▶ [표2]의 코드는 숫자 데이터이며, 함수를 사용하지 않고 데이터의 유형을 변환해야 함.

[풀이]

*1: VALUE 함수와 같은 기능을 한다.
문자열 함수 결과 중 숫자형 문자는 시각적으로 숫자 같아도 컴퓨터는 문자로 인식한다.
이렇게 문자열 함수에서 출력된 숫자형 문자를 숫자 형식으로 변환하는 역할을 한다.

함수 구조	=IFERROR(값, 반환 값)
	=VLOOKUP(찾는 값, 찾을 범위, 가져올 열)
	=RIGHT(문자열, 추출할 문자 수)
함수식	=IFERROR(**VLOOKUP(RIGHT(D3,1)*1,$B$14:$E$18,4,0)**,"코드오류")

- [E3] 셀에 함수식을 입력한 후 [E10] 셀까지 수식을 복사한다.

① RIGHT(D3,1)*1: [D3] 셀의 오른쪽 한 글자를 도출하고 *1한다. → 결과: 7

② VLOOKUP(**7**,$B$14:$E$18,4,0): [B14:E18] 범위의 첫 번째 열에서 7을 찾아 네 번째 열 값을 가져온다. → 결과: #N/A 오류 발생(찾는 값 존재 하지 않음.)

③ IFERROR(**#N/A**,"코드오류") → 결과: 코드오류

[결과]

	A	B	C	D	E	F
1		[표1]				
2		성명	직위	업무코드	부서명	승진시험
3		조예슬	책임	17	코드오류	88
4		두꺼비	파트너	12	생산기술팀	70
5		김감사	프로	35	마케팅팀	94
6		이품질	프로	43	품질관리	90
7		문혜정	파트너	37	코드오류	87
8		박지훈	팀장	53	품질관리	82
9		방이준	팀장	22	생산기술팀	92
10		명준수	파트너	25	마케팅팀	95

계산 작업 07

수학과 삼각 함수

- 수학과 삼각 함수를 활용하여 다양한 연산을 할 수 있다.
- 수학과 삼각 함수를 다른 함수와 혼합하여 사용할 수 있다.
- 올림, 내림, 반올림하여 인수를 자릿수만큼 남기는 함수를 구분할 수 있다.

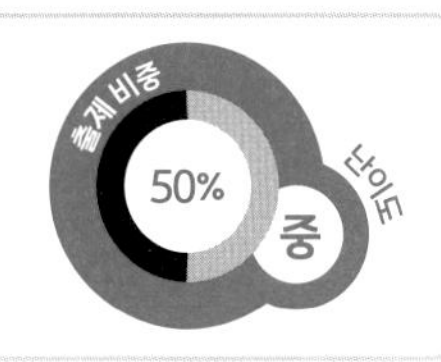

1 개념 학습

함수	설명
=SUM(인수1,인수2, …)	인수의 합계를 구한다.
=SUMIF(조건 범위, 조건, 합계 범위)	조건 범위 내의 조건에 해당하는 셀의 합계를 구한다.
=SUMIFS(합계 범위, 조건1 범위, 조건1, 조건2 범위, 조건)	여러 조건을 모두 만족하는 합계를 계산한다.
=ROUND(인수, 자릿수) =ROUNDUP(인수, 자릿수) =ROUNDDOWN(인수, 자릿수)	인수를 자릿수만큼 남기고 반올림한다. 인수를 자릿수만큼 남기고 올림한다. 인수를 자릿수만큼 남기고 내림한다. (인수가 음수이면 정수부를 반올림, 올림, 내림한다.)
=TRUNC(인수, 자리 버림)	인수만큼 자리를 남기고 버림한다.
=INT(인수)	인수의 가장 작은 정수를 구한다.
=MOD(인수, 나누어 줄 값)	인수를 나누어 나머지를 구한다.
=ABS(인수)	인수의 절대값을 구한다.
=SQRT(인수)	인수의 양의 제곱근을 구한다.
=POWER(인수)	인수의 거듭제곱을 구한다.
=PRODUCT(인수1, 인수2)	인수1, 인수2의 곱을 구한다.
=QUOTIENT(인수, 나누어 줄 값)	인수를 나누어 몫을 구한다.
=SUMPRODUCT(배열1, 배열2)	두 배열의 모든 구성 요소를 곱한 뒤 그 결과의 합한 값을 구한다.

2 출제 유형 이해

www.ebs.co.kr/compass(엑셀 실습 파일 다운로드) 

문제 1 작업 파일: 06_수학삼각.xlsx

'유형_1' 시트 [표1]의 임대시작일[E3:E14], 임대종료일[F3:F14]을 이용하여 임대개월[G4:G14]을 구하시오.

▶ [표시 예: 6 → 06월]

▶ TEXT, DAYS360, QUOTIENT 함수 사용

▶ 1개월을 30일로 간주

[풀이]

DAYS360 함수는 1년을 365일이 아니라 360일로 산정한다. 그런 이유로 회계 관련 업무에 사용된다.
한 해(1년)가 넘어가는 기간을 연산할 때 상식적인 계산과 다른 결과가 나올 수 있다.

함수 구조	=TEXT(숫자 값, 형식)
	=QUOTIENT(인수, 나누어 줄 값)
	=DAYS360(시작일, 종료일)
함수식	=TEXT(QUOTIENT(DAYS360(C3,D3),30),"00월")

● [E3] 셀에 함수식을 입력한 후 [E10] 셀까지 수식을 복사한다.

① DAYS360(C3,D3): 임대시작일[C3]부터 임대종료일[D3]까지의 경과일을 계산한다.
→ 결과: **180**

② QUOTIENT(**180**,30): 180/30의 몫을 계산한다. → 결과: **6**

③ TEXT(**6**,"00월"): '6'을 '06'월 형식의 문자로 출력한다.

[결과]

	A	B	C	D	E
1		[표1]			
2		건물번호	임대시작일	임대종료일	임대개월수
3		BD-004	2023-09-26	2024-03-28	06월
4		BD-002	2021-11-24	2024-11-24	36월
5		BD-015	2024-02-03	2025-02-03	12월
6		BD-003	2022-08-04	2025-08-04	36월
7		BD-002	2024-09-27	2025-09-27	12월
8		BD-004	2024-09-29	2025-09-29	12월
9		BD-015	2023-04-04	2026-04-04	36월
10		BD-010	2026-06-16	2027-06-16	12월
11					

문제 2 작업 파일: 06_수학삼각.xlsx

'유형_2' 시트 [표1]의 학과, 중간고사, 기말고사를 이용하여 [표2] 영역에 학과별 중간고사, 기말고사의 평균을 계산하시오.

▶ 산출된 평균은 소수 둘째 자리에서 올림하여 소수 첫째 자리까지 표시
[표시 예: 81.1828 → 81.2]

▶ AVERAGEIF와 ROUNDUP 함수 사용

[풀이]

함수 구조	=ROUNDUP(인수, 자릿수)
	=AVERAGEIF(조건 범위, 조건, 평균 범위)
함수식	=ROUNDUP(AVERAGEIF($C$9:$C$17,$D3,E$9:E$17),1)

- [E3] 셀에 함수식을 입력한 후 [F5] 셀까지 수식을 복사한다.

① AVERAGEIF($C$9:$C$17,$D3,E$9:E$17): [C9:C17] 범위에서 [D3] 셀을 조건으로 하는 [E9:E17] 범위의 평균을 계산한다. → 결과: **70**

② ROUNDUP(**70**,1): ①의 결과를 소수 둘째 자리에서 올림한다. → 결과: 7(조건 평균 결과가 6.712라면 결과는 6.8이 된다.)

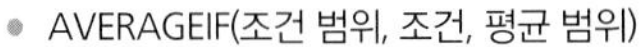

- AVERAGEIF(조건 범위, 조건, 평균 범위)

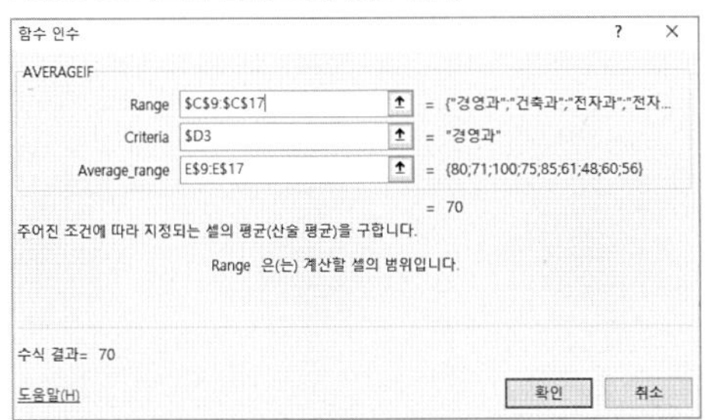

- 조건 셀 혼합 참조

AVERAGEIF($C$9:$C$17,**$D3**,E$9:E$17)

– 조건은 [D3:D5]에 고정되어 있다. 행 방향 채우기(세로, 아래 방향)에서는 문제가 되지 않지만, 열 방향 채우기(가로, 오른쪽)에서는 조건 범위가 [E3:E5] 범위로 변경된다. 그래서 열에만 절대 참조한다.

– 참조 적용이 헷갈리면 우선 채우기 한 뒤, 결과 셀을 더블클릭하여 참조 위치를 확인해 본다. 아래 그림은 [D3] 셀에 열 방향 절대 참조를 해제하고 채우기 한 상태의 참조 범위를 확인한 것이다.

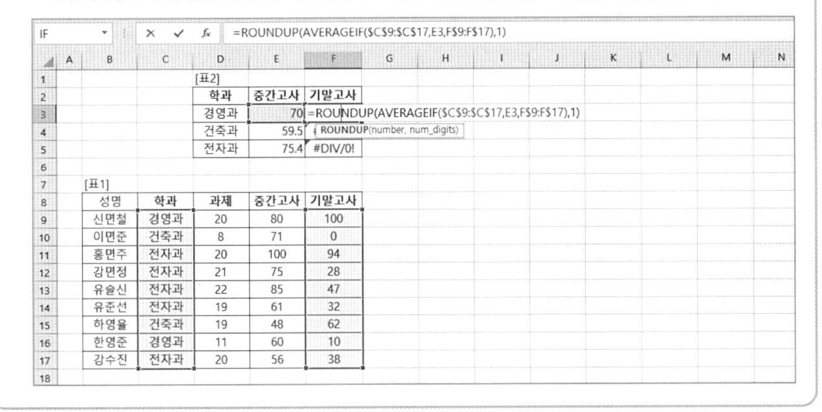

IF =ROUNDUP(AVERAGEIF($C$9:$C$17,E3,F$9:F$17),1)

[표2]

학과	중간고사	기말고사
경영과	70	=ROUNDUP(AVERAGEIF($C$9:$C$17,E3,F$9:F$17),1)
건축과	59.5	
전자과	75.4	#DIV/0!

[표1]

성명	학과	과제	중간고사	기말고사
신면철	경영과	20	80	100
이면준	건축과	8	71	0
홍면주	전자과	20	100	94
강면정	전자과	21	75	28
유술신	전자과	22	85	47
유준선	전자과	19	61	32
하영율	건축과	19	48	62
한영준	경영과	11	60	10
강수진	전자과	20	56	38

조건 범위가 [E3] 셀로 이동한 것을 확인할 수 있다.

[결과]

[표2]

학과	중간고사	기말고사
경영과	70	55
건축과	59.5	31
전자과	75.4	47.8

문제 3 작업 파일: 06_수학삼각.xlsx

'유형_3' 시트 [표1]의 구분, 브랜드명, 판매량을 이용하여 [표2]의 [C3:F6], [E29:H32] 영역에 구분별 브랜드별, 판매량의 합계를 계산하여 표시하시오.

▶ SUMIFS 함수 사용

☞ 시험에서 함수 마법사 사용이 가능한가?

→ 실기시험에서 함수 마법사 사용이 가능하다. 하지만 복잡한 배열 수식 문제는 더 복잡해질 수 있으므로 배열 수식이나 중첩 함수에서는 인수가 잘 배치되었는지 등 확인용으로만 사용한다.

[풀이]

함수 구조	=SUMIFS(합계 범위, 조건1 범위, 조건1, 조건2 범위, 조건)
함수식	=SUMIFS($F$10:$F$18,$C$10:$C$18,$B3,$D$10:$D$18,C$2)

● [C3] 셀에 함수식을 입력한 후 [F6] 셀까지 수식을 복사한다.

SUMIFS 류의 다수 조건 함수는 함수 마법사를 활용하면 쉽게 적용할 수 있다.

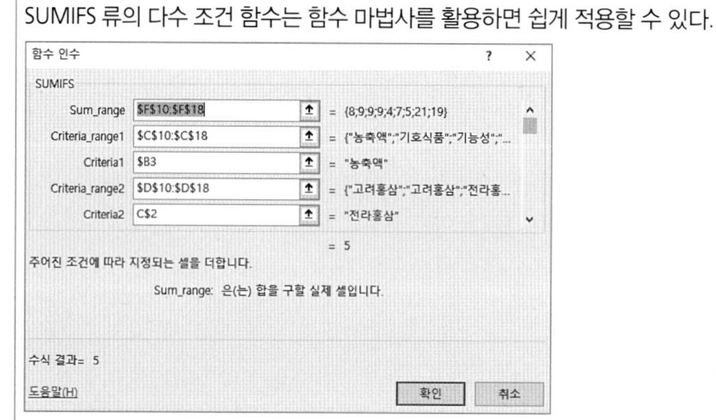

– 첫 번째 조건 [B3] 셀의 경우 열 방향 채우기에서 셀 주소를 고정해야 하므로 열 방향 절대 참조만([$B3]) 적용한다.

– 두 번째 조건 [C2] 셀의 경우 행 방향 채우기에서 셀 주소를 고정해야 하므로 행 방향 절대 참조만([C$2]) 적용한다.

[결과]

	A	B	C	D	E	F
1		[표2]				
2		구분	전라홍삼	홍삼나라	홍삼세계	고려홍삼
3		농축액	5	7	4	8
4		기능성	9	0	0	9
5		키즈/청소년	0	0	21	0
6		기호식품	0	19	0	9
7						

3 실전 문제 마스터

www.ebs.co.kr/compass(엑셀 실습 파일 다운로드)

문제 1 작업 파일: 06_수학삼각.xlsx

'마스터_1' 시트 [표1]의 종료시간(분)을 이용해서 환산값을 계산하여 표시하시오.

▶ 종료시간(분)에서 시간이 120 미만이면 시간만 표시하고 120 이상이면 시간과 분을 표시하시오.
[표시 예: 105분 → 1시간, 128분 → 2시간 8분, 60분 미만 → 0시간]

▶ IF, MOD, ROUNDUP, TEXT 함수 사용

[풀이]

함수 구조	=IF(조건, 참의 결과값, 거짓의 결과값)
	=TEXT(숫자 값, 형식)
	=MOD(인수, 나누어 줄 값)
	=ROUNDUP(인수, 자릿수)
함수식	=IF(D3<120,TEXT(ROUNDUP(D3/60,0)-1,"0시간"),TEXT(ROUNDUP(D3/60,0)-1,"0시간")&TEXT(MOD(D3,60),"00분"))

- [E3] 셀에 함수식을 입력한 후 [E10] 셀까지 수식을 복사한다.

① TEXT(ROUNDUP(D3/60,0)-1,"0시간"): [D3] 셀 값이 120 미만이면 105/60 값을 올림해 정수로 출력하고 -1한다. → 결과: ROUNDUP(1.75,0) → (2 - 1) → 1

② TEXT(ROUNDUP(D3/60,0)-1,"0시간")&TEXT(MOD(D3,60),"00분"):
- [D3] 셀 값이 120 이상이면 128/60 값을 올림해 정수로 출력하고 -1한다.
  → 결과: ROUNDUP(2.1333,0) → (3 - 1) → 2
- 128/60의 나머지를 구하고 00분으로 출력한다. → 결과: 128/60 → 8 → 08분

③ IF(D3<120, **"1시간"**, **"1시간 08분"**) → [D3] 셀이 120 미만이면 1시간, 아니면 1시간 08분

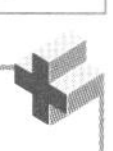

- ROUND류 함수에서 소수 자릿수 표현
  =ROUND(23.456,2) → 23.46
  =ROUNDUP(23.456,1) → 24
  =ROUNDDOWN(23.45659,4) → 23.4565
- 정수 표현
  =ROUND(45523.456,0) → 45523
- 정수부 올림 표현
  =ROUND(45523.456,-4) → 50000
  =ROUNDUP(45523.456,-3) → 46000
  =ROUNDDOWN(45523.456,-2) → 45500

[결과]

	A	B	C	D	E
1		[표1]			
2		성명	번호	종료시간(분)	환산값
3		신면철	1	105	**1시간**
4		이면준	2	128	**2시간08분**
5		홍면주	3	102	**1시간**
6		강면정	4	99	**1시간**
7		유슬신	5	64	**1시간**
8		유준선	6	148	**2시간28분**
9		하영율	7	78	**1시간**
10		한영준	8	115	**1시간**
11					

문제 2 작업 파일: 06_수학삼각.xlsx

'마스터_2' 시트 [표2]의 개인별 평균점수를 계산하시오.

▶ '평균점수'는 '연습1', '연습2', '연습3', '연습4'의 성적에 가중치를 곱한 값들의 합으로 계산하시오.
▶ 가중치는 [표1] 영역을 참조하시오.
▶ '평균점수'는 소수점 이하 첫째 자리에서 올림 [표시 예: 80.1 → 81]
▶ ROUNDUP, SUMPRODUCT 함수 사용

[풀이]

함수 구조	=ROUNDUP(인수, 자릿수)
	=SUMPRODUCT(배열1, 배열2)
함수식	=ROUNDUP(SUMPRODUCT($C$3:$F$3,D7:G7),0)

● [H7] 셀에 함수식을 입력한 후 [H16] 셀까지 수식을 복사한다.

SUMPRODUCT($C$3:$F$3,D7:G7):

– [C3:F3]과 [D7:G7] 배열의 각 인수를 곱하고 그 결과를 합한다.

[C3:F3]	10%	20%	30%	40%
[D7:G7]	x 85	x 60	x 85	x 85
곱	8.5	12	25.5	34
합	8.5 + 12 + 25.5 + 34 = 80			

– [C3:F3] 범위는 자동 채우기 할 때 셀 참조 주소를 고정해야 하므로 절대 참조한다.

[결과]

	A	B	C	D	E	F	G	H
1		[표1]						
2		구분	연습1	연습2	연습3	연습4		
3		가중치	10%	20%	30%	40%		
4								
5		[표2]						
6		이름	직위	연습1	연습2	연습3	연습4	평균점수
7		김홍석	사원	85	60	85	85	**80**
8		이면준	사원	90	93	71	90	**85**
9		홍면주	과장	75	80	71	60	**69**
10		강면정	과장	85	82	63	90	**80**
11		유슬신	대리	89	79	91	93	**90**
12		유준선	팀장	90	90	82	72	**81**
13		하영율	팀장	85	91	95	95	**94**
14		신영준	팀장	88	77	60	73	**72**
15		채서라	대리	85	95	96	71	**85**
16		원용주	대리	89	93	71	71	**78**
17								

문제 3 작업 파일: 06_수학삼각.xlsx

'마스터_3' 시트 [표1]의 시험, 과제, 결석, 지각에 대한 총점을 계산하시오.

- ▶ 총점 = 시험 × 70% + 과제 × 20% + 출석점수
- ▶ 출석점수 = 10 - 결석 일수
- ▶ 결석 일수 = 결석 + 지각(지각이 3이면 결석을 1로 계산하고 지각이 7이면 결석을 2로 계산)
  ※ 단, 출석점수가 0 미만이면 출석점수를 0으로 처리하시오.
- ▶ SUM, IF, INT 함수 사용

[풀이]

함수 구조	=SUM(범위)
	=IF(조건, 참의 결과값, 거짓의 결과값)
	=INT(인수)
함수식	=SUM(E3*70%,F3*20%,IF(10-(G3+INT(H3/3))<0,0,10-(G3+INT(H3/3))))

- [I3] 셀에 함수식을 입력하고 [I10] 셀까지 수식을 복사한다.

① 지각을 계산하기 위해 [H3] 셀 값을 3으로 나누어 가장 작은 정수를 구하고 사칙 연산 한 뒤 조건에 따라 참일 때, 그 외 상황을 구분하여 출력한다.
- IF(10-(G3+INT(H3/3))<0
- INT(3/3) → 3/3 계산 후 가장 작은 정수를 구한다. → 결과: 1
- (10-(1+**1**)) < 0 → (10-2) < 0 → 8 < 0 → 결과: FALSE
- 계산 결과가 0 미만이 아니면 → 결과: TRUE

② 10-(1+INT(3/3)) → 10-(1+1)) → 10-2 → 결과: 8

③ SUM(E3*70%,F3*20%,**8**): SUM(56.7,19,8) → 결과: 83.7

☞ [G3], [H3] 셀을 대상으로 계산한 결과가 0 미만이면 0을 출력하고 그렇지 않으면 계산 결과를 출력한다.

[결과]

	A	B	C	D	E	F	G	H	I
1		[표1]							
2		번호	대학	학과	시험	과제	결석	지각	총점
3		1	공과	조선	81	95	1	3	**83.7**
4		2	문과	철학	94	92	2	8	**90.2**
5		3	공과	도시	0	72	2	15	**17.4**
6		4	예술	조형	91	53	2	7	**80.3**
7		5	문과	사학	78	72	0	12	**75.0**
8		6	예술	디자인	71	75	6	1	**68.7**
9		7	공과	산업	59	69	0	10	**62.1**
10		7	이과	화학	80	55	5	5	**71.0**
11									

계산 작업

08 데이터베이스 함수

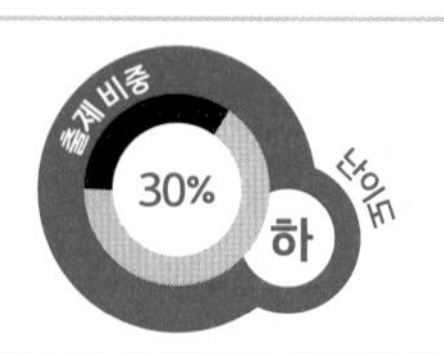

- 데이터베이스 함수의 조건표 작성 규칙을 이해하고 조건표를 작성할 수 있다.
- 데이터베이스 함수와 다른 함수를 혼합하여 다양한 계산식을 작성할 수 있다.

1 개념 학습

1) 함수

함수	설명
=DSUM(데이터 범위, 계산 필드, 조건 범위)	범위에서 조건에 부합하는필드의 합계를 계산한다.
=DCOUNTA(데이터 범위, 계산 필드, 조건 범위)	범위에서 조건에 부합하는 필드의 셀 개수를 계산한다.
=DAVERAGE(데이터 범위, 계산 필드, 조건 범위)	범위에서 조건에 부합하는 필드의 평균을 계산한다.
=DMAX(데이터 범위, 계산 필드, 조건 범위)	범위에서 조건에 부합하는 필드의 최댓값을 계산한다.
=DMIN(데이터 범위, 계산 필드, 조건 범위)	범위에서 조건에 부합하는 필드의 최솟값을 계산한다.
=DGET(데이터 범위, 가져올 필드, 조건 범위)	범위에서 조건에 부합하는 필드의 값을 구한다.

2) AND 조건과 OR 조건 작성

☞ 고급 필터의 조건 작성 방법과 동일하다.

AND 조건

'그리고'. '이면서', '이고' 조건을 작성할 때 조건은 한 행에 입력한다.

예) 계열이 '자연'이면서 국어가 80 이상인~

계열	국어
자연	>=80

OR 조건

'또는', '이거나' 조건을 작성할 때 조건은 다른 행에 입력한다.

예) 국어 점수가 90 이상이거나 계열이 '자연'인~

국어	계열
	자연
>=90	

3) AND, OR 혼합 조건

AND 조건은 같은 행에 OR 조건은 다른 행에 구분하여 입력한다.
예) 국어 점수가 90 이상이거나 계열이 '자연'이면서 국어 점수가 80 이상인~

국어	계열	국어
	자연	>=80
>=90		

☞ 함수에서 조건 분석은 행 단위로 진행된다.
❶ 조건 필드명
❷ 계열이 '자연'이면서 국어가 '80' 이상
❸ ❷이거나 국어가 '>=90' 이상

4) 만능 문자 사용과 부정(<>) 조건 사용

만능 문자	부정(<>) 조건
만능 문자(*,?)를 사용할 수 있다. 예) 식품 필드에서 '추'로 끝나거나, '리'를 포함하는 문자열	<> 비교 연산자를 사용할 수 있다. 예) 품목이 '시금치'가 아닌 항목~

식품
*추
리

품목
<>시금치

5) 조건을 함수식으로 사용

조건으로 함수식을 사용할 수 있다.
단, 조건 필드명은 원본 표의 필드와 중복되지 않도록 임의 필드명을 적거나 생략하도록 한다.
예) 대출번호 필드에서 왼쪽 첫 문자가 "K"인~(조건 필드명이 '대출번호'라고 가정할 때)

조건
=LEFT(A3,1)="K"

또는

=LEFT(A3,1)="K"

2 출제 유형 이해

www.ebs.co.kr/compass(엑셀 실습 파일 다운로드)

문제 1 작업 파일: 07_데이터베이스함수.xlsx

'유형_1' 시트에서 [표1]을 참조하여 아래에 지시된 조건에 맞는 매장명을 구하여 [F13] 셀에 표시하시오.

▶ 조건: '매장구분'이 '직영점'이고 단가가 200,000 이상인 매장명을 찾으시오.
▶ 조건은 [B12:C13] 영역 내에 알맞게 입력하시오.
▶ DGET 함수 사용

[풀이]

함수 구조	=DGET(데이터 범위, 가져올 필드, 조건 범위)
함수식	=DGET(B2:F10,B2,B12:C13)

조건표	매장구분	단가
	직영점	>=200000

☞ 함수를 1개만 사용하는 경우 함수 마법사를 사용하면 쉽게 계산할 수 있다.

① [B12:C13] 범위에 조건표를 입력한다.

② [F13] 셀 선택 → **=DGET(** 입력 → [함수 삽입]을 클릭 → Database 인수는 표 범위[B2:F10] → Field 인수는 조건에 맞는 목록에서 가져올 필드 레이블(또는 필드 번호)[B2] → Criteria 인수는 조건 범위[B12:C13] → [확인]을 클릭한다.

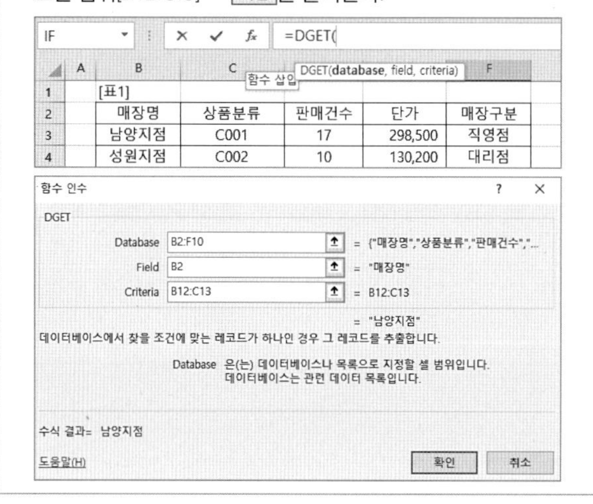

[결과]

	A	B	C	D	E	F
1		[표1]				
2		매장명	상품분류	판매건수	단가	매장구분
3		남양지점	C001	17	298,500	직영점
4		성원지점	C002	10	130,200	대리점
5		가디지점	B001	24	170,000	대리점
6		전기지점	B002	25	126,500	직영점
7		포스지점	A001	24	257,000	대리점
8		강북지점	A002	8	140,000	대리점
9		은평지점	C003	100	168,000	직영점
10		중랑지점	C004	150	95,060	직영점
11						
12		매장구분	단가			매장명
13		직영점	>=200000			남양지점

문제 2 작업 파일: 07_데이터베이스함수.xlsx

'유형_2' 시트 [표1]을 참조하여 '부서명'이 '기획실'인 사람 중 이해판단 점수가 가장 높은 사람의 번호를 [I3] 셀에 표시하시오.

▶ MATCH, DMAX 함수 사용

[풀이]

함수 구조	=MATCH(찾을 값, 찾을 범위, Match_type)
	=DMAX(데이터 범위, 계산 필드, 조건 범위)

함수식	=MATCH(DMAX(B2:F13,E2,H2:H3),E3:E13,0)
조건표	부서명 기획실

① [H2:H3] 범위에 조건표를 입력한다.
② [I3] 셀을 선택하고 함수식을 입력한다.
③ DMAX(B2:F13,E2,H2:H3): [B2:F13] 범위에서 [H2:H3] 조건의 '이해판단' 열의 최댓값을 계산한다. → 결과: 85
④ MATCH(**85**,E3:E13,0): [E3:E13] 범위에서 85의 위치 값을 출력한다. → 결과: 5

[결과]

	A	B	C	D	E	F	G	H	I
1		[표1]						[표2]	
2		번호	이름	부서명	이해판단	성실책임		부서명	번호
3		1	이나영	기획실	56	77		기획실	5
4		2	방극준	기획실	70	78			
5		3	이원섭	기술부	62	70			
6		4	정태은	기술부	90	78			
7		5	최재석	기획실	85	82			
8		6	최준기	관리부	68	78			
9		7	이원형	관리부	78	82			
10		8	홍지원	인사부	78	76			
11		9	정은숙	기술부	82	78			
12		10	김지영	기획실	78	69			
13		11	박영훈	기획실	79	82			
14									

3 실전 문제 마스터

www.ebs.co.kr/compass(엑셀 실습 파일 다운로드)

문제 1 작업 파일: 07_데이터베이스함수.xlsx

'마스터_1' 시트 [표1]에서 기말고사가 중간고사보다 점수가 높고, 등급이 'A'인 인원수만큼 '♡'로 [E10] 셀에 표시하시오.

▶ 조건은 [D9:D10] 영역에 표시하시오.
▶ DCOUNTA, REPT, AND 함수 사용

[풀이]

함수 구조	=REPT(문자열, 반복 횟수)
	=DCOUNTA(데이터 범위, 계산 필드, 조건 범위)
함수식	=REPT("♡",**DCOUNTA(B2:G7,B2,D9:D10)**)
조건표	조건 =AND(D3>E3,F3="A")

① [D9:D10] 범위에 조건표를 입력한다.: [D3] 셀이 [E3] 셀보다 크면서, [F3] 셀이 'A'인 값을 비교한다.
② [E10] 셀을 선택하고 함수식을 입력한다.

③ DCOUNTA(B2:G7,B2,D9:D10): [B2:G7] 범위에서 [D9:D10] 조건에 해당하는 학번의 개수를 계산한다. → 결과: 2
④ REPT("♡",2)): '♡'를 두 번 출력한다.

[결과]

	A	B	C	D	E	F	G
1		[표1]					
2		학번	이름	기말고사	중간고사	등급	비고
3		A123	신면철	80	79	A	합격
4		A456	강면철	78	56	B	
5		A895	홍면철	45	67	A	합격
6		B134	캑면철	80	67	C	
7		B458	헉면철	55	54	A	
8							
9				조건	기말고사가 중간고사보다 점수가 높고, 등급이 'A'인		
10				TRUE	♡♡		
11							

문제 2 작업 파일: 07_데이터베이스함수.xlsx

'마스터_2' 시트 [표1]을 참조하여 이름[B4]에 따른 연락처[C4], 기말[D4]을 산출하여 표시하시오.

▶ 이름[B4]은 유효성 검사의 목록 값이 지정되어 있다.
▶ DSTEDEV, DGET, DPRODUCT 중 알맞은 함수를 선택하여 사용

[풀이]

☞ 자동 채우기로 가져와야 할 열을 처리할 수 없어서 이 문제는 함수를 두 번 입력해야 한다. 이 문제는 조건표가 이미 입력된 형태로 출제되었다.

함수 구조	=DGET(데이터 범위, 가져올 필드, 조건 범위)
함수식	=DGET(B7:I16,I7,B3:B4) =DGET(B7:I16,H7,B3:B4)
조건표	이름 이면준

① [C4] 셀에 **=DGET(B7:I16,I7,B3:B4)**를 함수 마법사를 이용하여 입력한다.
: [B7:I16] 범위에서 [B3:B4] 조건에 해당하는 '연락처' 열의 값을 가져온다. → 결과: (02)5000-1112
② [D4] 셀에 **=DGET(B7:I16,H7,B3:B4)**를 함수 마법사를 이용하여 입력한다.
: [B7:I16] 범위에서 [B3:B4] 조건에 해당하는 '기말' 열의 값을 가져온다. → 결과: 30

[결과]

	A	B	C	D
1		[표2]		
2		이름별 연락처와 기말 점수		
3		이름	연락처	기말
4		이면준	(02)5000-1112	30
5				

배열 수식

- 배열 수식의 기본 구조를 알 수 있고, 배열 수식 조건식별로 괄호()를 묶을 수 있다.
- 제시된 문제를 분석하여 배열 수식의 조건식을 구성할 수 있다.
- 배열 수식을 완성하고 F9를 이용하여 배열의 조건 결과를 미리 보고 조건을 분석할 수 있다.

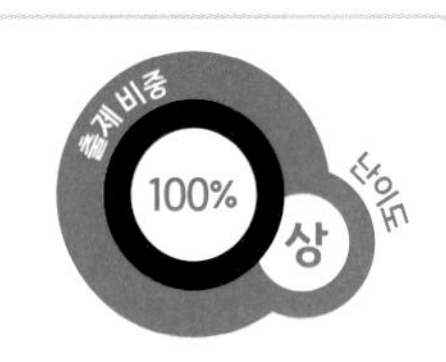

1 개념 학습

1) 배열 수식의 기본 구조

연산	함수	조건수	패턴
개수	SUM	1	=SUM((조건)*1)
		2	=SUM((조건1)*(조건2))
	SUM, IF	1	=SUM(IF(조건, 1))
		2	=SUM(IF((조건1)*(조건2), 1))
	COUNT, IF	1	=COUNT(IF(조건, 1, ""))
		2	=COUNT(IF((조건1)*(조건2), 1, ""))
합계	SUM	1	=SUM((조건)*합계 범위)
		2	=SUM((조건1)*(조건2)*범위)
	SUM, IF	1	=SUM(IF(조건, 합계 범위))
		2	=SUM(IF((조건1)*(조건2), 합계 범위))
		3	=SUM(IF((조건1)*(조건2)*(조건3), 합계 범위))
평균	AVERAGE, IF	1	=AVERAGE(IF(조건, 평균 범위))
		2	=AVERAGE(IF((조건1)*(조건2), 평균 범위))
최댓값	MAX	1	=MAX((조건)*최댓값 범위)
		2	=MAX((조건1)*(조건2)*최댓값 범위)
	MAX, IF	1	=MAX(IF(조건, 최댓값 범위))
		2	=MAX(IF((조건1)*(조건2), 최댓값 범위))
N번째 큰 값	LARGE	2	=LARGE((조건1)*(조건2)*계산 범위, K)
	LARGE, IF	2	=LARGE(IF((조건1)*(조건2), 계산 범위), K)
% 기준	PERCENTILE	2	=PERCENTILE((조건1)*(조건2), K) K(인수)는 백분율로 입력

☞ True, False 등의 논리값은 SUM 함수가 인식하지 못한다. 하지만 논리값에 연산을 적용하면 논리값이 수치값으로 변환된다.
예) – False×1=0
– True×1=1
– False×0=0
– True×0=0

가장 큰 값 찾기	INDEX, MATCH	=INDEX(범위, MATCH(찾을 값, 찾을 범위, 0))
	INDEX, MATCH, MAX	=INDEX(범위, MATCH(MAX(조건*범위), (조건*범위), 0))

(배열 범위1 = 비교 셀1)*(배열 범위2 = 비교 셀2)
- 수식 입력 후 Enter를 누른다.
- 배열 수식을 입력한 후 연산 가능한 배열 조건, 식 세트를 마우스로 블록 설정하고 F9를 누르면 배열 연산의 내부 결과를 미리 볼 수 있다.

MS Office 2021 버전부터 동적 배열 수식을 지원하여 Ctrl + Shift + Enter를 누르지 않고 Enter만 눌러도 된다.

2) 배열 수식 출제 유형

① 배열이란?
- 셀: 하나의 값(예 [A1]), 배열: 다수 값 나열(예 [A1:A10])
- 다수의 나열된 값을 하나의 식으로 조건 연산을 수행하는 것이 배열 수식이다.

② 배열 수식 작성 규칙
배열 조건은 연산자 우선순위 오류를 방지하기 위해 논리적 조건 단위를 ( )로 묶는다.

2 출제 유형 이해

www.ebs.co.kr/compass(엑셀 실습 파일 다운로드) 

문제 1 작업 파일: 08_배열수식.xlsx

'유형_1' 시트 [표1]의 과목, 구분, 받은점수를 이용하여 [표2]의 영역에 과목과 구분별 받은점수의 합계를 계산하여 [I3:K4] 영역에 표시하시오.

▶ IF, SUM 함수를 적용한 배열 수식 사용

[풀이]

과목[I2]은 수식을 복사할 때 행 방향으로 셀 참조가 고정되어야 하므로 행 절대 참조를 적용한다.[I$2]
구분[H3]은 자동 채우기 시 열 방향으로 셀 참조가 고정되어야 하므로 열 절대 참조를 적용한다.[$I2]

참조를 이해하기 어렵다면 자동 채우기한 후 결과 셀을 더블 클릭하여 참조를 확인한다.

패턴	=SUM(IF((조건1)*(조건2), 합계 범위))
함수식	=SUM(IF(($D$3:$D$18=$H3)*($C$3:$C$18=I$2),$F$3:$F$18))

- [I2] 셀에 함수식을 입력한 후 [K4] 셀까지 수식을 복사한다.

조건식 작성 순서
=IF(
=IF((**$D$3:$D$18=$H3**)
=IF(($D$3:$D$18=$H3) *
=IF(($D$3:$D$18=$H3) * (**$C$3:$C$18=I$2**)
=IF(($D$3:$D$18=$H3) * ($C$3:$C$18=I$2),**$F$3:$F$18**)

① IF(($D$3:$D$18=$H3)*($C$3:$C$18=I$2),$F$3:$F$18):

	조건1 * 조건2	합계 범위	
IF(	($D$3:$D$18=$H3)*($C$3:$C$18=I$2),	$F$3:$F$18	)

- 구분[D3:D18] 범위에서 지필[H3]이면서, 과목[C3:C18] 범위에서 국어[I2]인 행을 찾는다. 위 두 조건을 만족하는 행의 받은점수[F3:F18] 배열 값을 구하고 합계를 계산한다.
  → 결과: 100(지필이면서 국어)

② SUM({100;FALSE;FALSE;FALSE;FALSE;FALSE;FALSE;FALSE;FALSE;FALSE;FALSE;FALSE;FALSE;FALSE;FALSE;FALSE}): 논리값 FALSE는 0과 같다.(TRUE는 1)

배열 계산 결과 미리 보기

- 배열 수식을 입력하고 수식 입력줄 → IF 함수 범위를 드래그 → F9를 누르면 배열 연산 결과를 미리 볼 수 있다.

IF	× ✓ fx	=SUM(IF(($D$3:$D$18=$H3)*($C$3:$C$18=I$2),$F$3:$F$18))

IF	× ✓ fx	=SUM({100;FALSE;FALSE;FALSE;FALSE;FALSE;FALSE;FALSE;FALSE;FALSE;FALSE;FALSE;FALSE;FALSE;FALSE;FALSE})

- '지필'이면서 '국어'인 조건을 만족하는 값은 배열의 첫 번째 값(100)만 존재하는 것을 알 수 있다.
- 배열 계산 결과 미리 보기 해제는 Esc를 누른다.

[결과]

	A	B	C	D	E	F	G	H	I	J	K
1		[표1]						[표2]			
2		이름	과목	구분	항목	받은점수		구분	국어	과학	사회
3		이석적	국어	지필	중간고사	100		지필	100	164	168
4		이석적	과학	수행	실험	64		수행	292	320	332
5		이석적	사회	수행	발표	76					
6		이석적	국어	수행	포트폴리오	92					
7		이석적	사회	지필	중간고사	96					
8		윤밀줄	과학	지필	기말고사	84					
9		윤밀줄	과학	수행	실험	100					
10		윤밀줄	사회	수행	발표	96					
11		강지영	과학	수행	실험	64					
12		강지영	사회	수행	포트폴리오	88					
13		심죽설	국어	수행	발표	100					
14		심죽설	과학	지필	중간고사	80					
15		심죽설	사회	수행	포트폴리오	72					
16		심죽설	과학	수행	실험	92					
17		심죽설	사회	지필	기말고사	72					
18		심죽설	국어	수행	포트폴리오	100					
19											

문제 2 작업 파일: 08_배열수식.xlsx

'유형_2' 시트 [표1]의 소득공제, 소득공제내용, 금액을 이용하여 소득공제별, 소득공제내용별 금액의 합계를 [표2]의 [I3:K4] 영역에 계산하시오.

▶ 합계는 천 원 단위로 표시 [표시 예: 0 → 0, 1,321,420 → 1,321]
▶ IF, SUM, TEXT 함수를 이용한 배열 수식

[풀이]

패턴	=SUM(IF((조건1)*(조건2), 합계 범위))
함수식	=TEXT(SUM(IF(($D$3:$D$30=$H3)*($E$3:$E$30=I$2),$F$3:$F$30)),"#,##0,")

- [I3] 셀에 함수식을 입력하고 [K4] 셀까지 수식을 복사한다.

① SUM(IF(($D$3:$D$30=$H3)*($E$3:$E$30=I$2),$F$3:$F$30))

		조건1*조건2	합계 범위		
SUM(	IF(	($D$3:$D$30=$H3)*($E$3:$E$30=I$2)	$F$3:$F$30	)	)

– 소득공제[D3:D30]가 신용카드[H3]이면서, 소득공제내용[E3:E30]이 일반사용분[I2]인 금액[F3:F30]의 배열 값을 구하고 앞서 계산된 행 값의 합계를 계산한다.

② TEXT(**27417110**,"#,##0,") → 결과: **27,417**

– 함수 분석표에 함수를 하나씩 추가해 가며 식의 구조를 이해하도록 한다.
– #,##0, 서식코드 뒤에 ","를 붙이면 천 단위 절삭된다.

[결과]

G	H	I	J	K	L
	[표2]			(단위: 천원)	
	소득공제	일반사용분	대중교통	전통시장	
	신용카드	27,417	59	68	
	직불카드	378	189	0	

문제 3 작업 파일: 08_배열수식.xlsx

'유형_3' 시트 [표1]에서 전공이 '사회학과', '미디어커뮤니케이션학과'의 학년별 최대 장학금과 최소장학금의 차이를 [표2]의 [I3:J5] 영역에 계산하시오.

▶ IF, LARGE, SMALL 함수를 이용한 배열 수식

[풀이]

패턴	=LARGE(IF((조건1)*(조건2), 계산 범위), K)
함수식	=LARGE(**IF(($D$3:$D$30=I$2)*($C$3:$C$30=$H3),$E$3:$E$30)**,1)-SMALL(**IF(($D$3:$D$30=I$2)*($C$3:$C$30=$H3),$E$3:$E$30)**,1)

- [I3] 셀에 함수식을 입력하고 [J5] 셀까지 수식을 복사한다.

① LARGE(IF(($D$3:$D$30=I$2)*($C$3:$C$30=$H3),$E$3:$E$30),1)
- 전공[D3:D30]이 '사회학과'[I2]이면서, [C3:C30]이 '1학년'인 배열 값을 계산한다.
- {FALSE;FALSE;FALSE;FALSE;2117840;FALSE;FALSE;1288400;1107190;2360600;FALSE;FALSE;FALSE;FALSE;FALSE;FALSE;FALSE;FALSE;FALSE;FALSE;FALSE;FALSE;FALSE;FALSE;FALSE;FALSE;FALSE} 결과에서 가장 큰 값을 찾는다. → 결과: 2,360,600

② SMALL(IF(($D$3:$D$30=I$2)*($C$3:$C$30=$H3),$E$3:$E$30),1): 위 결과에서 가장 작은 값을 찾는다. → 결과: 1,107,190

③ LARGE(2360600 - 1107190) → 결과: 1,253,410

☞ 다른 답
=LARGE(IF(($D$3:$D$30=$I$2)*($C$3:$C$30=H3),$F$3:$F$30),1)-SMALL(IF(($D$3:$D$30=$I$2)*($C$3:$C$30=H3),$F$3:$F$30),1)

[결과]

G	H	I	J
	[표2]		
	학년	사회학과	미디어커뮤니케이션학과
	1	1,253,410	3,011,000
	2	3,595,300	712,886
	3	1,489,655	2,105,504

3 실전 문제 마스터

www.ebs.co.kr/compass(엑셀 실습 파일 다운로드)

문제 1 작업 파일: 08_배열수식.xlsx

'마스터_1' 시트 [표1]의 가입나이와 [표2]의 나이를 이용하여 나이대별 가입자수를 [표2]의 [I3:I9] 영역에 표시하시오.

▶ 가입자수가 0보다 큰 경우 계산된 값을 두 자리 숫자로 뒤에 '명'을 추가하여 표시하고, 그 외는 '미가입'으로 표시 [표시 예: 0 → 미가입, 7 → 07명]

▶ FREQUENCY, TEXT 함수를 이용한 배열 수식

[풀이]

함수 구조	=TEXT(숫자 값, 형식) =FREQUENCY(범위, 구간 값)
함수식	=TEXT(FREQUENCY($B$3:$B$15,$H$3:$H$8),"[>0]00명;미가입")

① 결과 범위 [I3:I9] 범위를 선택하고 **=TEXT(FREQUENCY($B$3:$B$15,$H$3:$H$8),"[>0]00명;미가입")**을 입력한 후 Enter를 누른다.

② FREQUENCY($B$3:$B$15,$H$3:$H$8): 가입나이[B3:B15] 배열에서 나이[H3:H9] 배열의 도수 분포를 계산한다. [G3:H9] 범위의 '세'는 [셀 서식]의 사용자 지정 형식에서 설정한 문자열이다. 함수에서는 '세'를 인식하지 않는다.

③ TEXT(2,"[>0]00명;미가입"): 0 초과이면(양수이면) 00명으로 표시하고 0 이하이면 "미가입"을 출력한다. → 결과: 02명

- FREQUENCY(Data_array, Bins_array)
  - Data_array: 도수 분포를 계산하기 위한 데이터 배열
  - Bins_array: 도수 분포를 계산하기 위한 분류 구간 배열

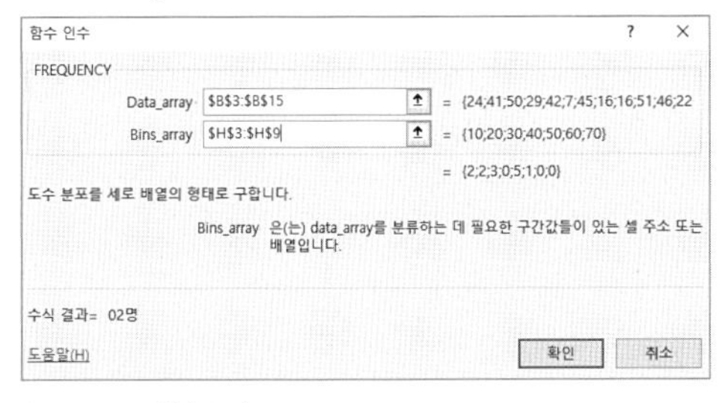

- Bins_array 인식 구간

Bins_array	인식 구간
10	~10
20	~20
30	~30

[결과]

G	H	I
[표4] 나이대별 가입자수		
나이		가입자수
1세 ~	10세	02명
11세 ~	20세	02명
21세 ~	30세	03명
31세 ~	40세	미가입
41세 ~	50세	05명
51세 ~	60세	01명
61세 ~	70세	미가입

- MS Office 2021 버전부터 지원하는 동적 배열을 사용하여 수식 입력 후 Enter만 입력할 경우 Bins_array 인수 범위를 [H3:H8]까지 1행 적게 선택한다.
- TEXT(숫자 값, 형식): 형식을 ';'로 구분하여 지정할 수 있다.

1. 결과 범위[K3:K9]를 선택한다.
2. 수식을 입력한다.
3. Ctrl + Shift + Shift를 사용해도 된다.

문제 2 작업 파일: 08_배열수식.xlsx

'마스터_2' 시트 [표1]의 가입나이, 코드, 가입기간을 이용하여 코드별 나이별 평균 가입기간을 [표2]의 [I4:M7] 영역에 계산하시오.

- ▶ 단, 오류 발생 시 공백으로 표시
- ▶ AVERAGE, IF, IFERROR 함수를 이용한 배열 수식

[풀이]

패턴	=AVERAGE(IF((조건1)*(조건2)*(조건3), 평균 범위))
함수식	=IFERROR(AVERAGE(**IF(($C$3:$C$25=$H4)*($B$3:$B$25>=I$2)*($B$3:$B$25<I$3),$F$3:$F$25))**,"")

- [I4] 셀에 함수식을 입력하고 [M7] 셀까지 수식을 복사한다.

① IF(($C$3:$C$25=$H4)*($B$3:$B$25>=I$2)*($B$3:$B$25<I$3),$F$3:$F$25)):

	조건1*조건2*조건3	합계 범위	
IF(	($C$3:$C$25=$H4)*($B$3:$B$25>=I$2)*($B$3:$B$25<I$3)	$F$3:$F$25	))

– 코드[C3:C25]가 코드[H4]와 같으면서, 가입나이[B3:B25]가 [I2] 이상이면서, 가입나이[B3:B25]가 [I3] 미만인 배열 값의 평균을 계산한다.

② AVERAGE(IF(($C$3:$C$25=$H4)*($B$3:$B$25>=I$2)*($B$3:$B$25<I$3),$F$3:$F$25))

– AVERAGE({FALSE;FALSE;FALSE;FALSE;FALSE;FALSE;FALSE;FALSE;FALSE;FALSE;FALSE;FALSE;7;FALSE;FALSE;FALSE;FALSE;FALSE;FALSE;FALSE;FALSE;FALSE}) → 결과: **7**

③ IFERROR(**7** ,""): 결과에 오류가 있으면 공백("")을 출력한다. 오류가 없으면 ②번 결과 7을 출력한다.

AVERAGE 함수는 논리값을 인식 못해 평균 범위에 포함되지 않는다.

이 문제는 나이의 시작 값부터 종료 값까지의 구간 값을 구한다. 열 수식에서 *는 AND 연산과 같은 역할을 한다.

MS Office 2021 버전부터 동적 배열 기능이 적용되어 Ctrl + Shift + Enter를 사용하지 않고 Enter만 사용해도 된다. 이 경우 결과 수식에 배열 수식을 표시하는 { }가 표시되지 않는다.

[결과]

	A	B	C	D	E	F	G	H	I	J	K	L	M
1		[표1]						[표2]					
2		가입나이	코드	구분-성별	가입금액	가입기간		코드	0세 이상	20세 이상	30세 이상	40세 이상	60세 이상
3		24 세	BM	기본형-남자	13,200	5			20세 미만	30세 미만	40세 미만	60세 미만	80세 미만
4		41 세	BW	기본형-여자	22,500	3		BM	7.00	14.50	6.00	8.00	
5		50 세	SM	추가보장-남자	45,000	15		BW	21.00	21.00	20.00	3.00	23.00
6		29 세	SW	추가보장-여자	14,200	15		SM	17.00	11.00	21.00	14.50	
7		42 세	SW	추가보장-여자	28,400	5		SW	7.67	15.00		5.00	7.00
8		7 세	SW	추가보장-여자	13,000	10							

문제 3 작업 파일: 08_배열수식.xlsx

'마스터_3' 시트 [표1]의 소득공제, 소득공제내용, 금액을 이용하여 소득공제와 소득공제내용별 금액의 합계를 [표2]의 [H3:J5] 영역에 계산하시오.

- ▶ 합계는 천원 단위로 표시 [표시 예: 0 → 0, 1,321,420 → 1,321]
- ▶ IF, SUM, TEXT 함수를 이용한 배열 수식

[풀이]

패턴	=SUM(IF((조건1)*(조건2), 합계 범위)
함수식	=TEXT(SUM(**IF(($B$3:$B$20=$G3)*($C$3:$C$20=H$2),($E$3:$E$20),0)**),"#,##0,")

- [H3] 셀에 함수식을 입력하고 [J5] 셀까지 수식을 복사한다.

① SUM(IF(($C$3:$C$20=$H23)*($D$3:$D$20=I$2),($F$3:$F$20),0))
  - 소득공제내용[C3:C20]이 [H2] 셀과 같으면서, 법인명[D3:D20]이 [H2] 셀과 같은 배열 값의 합계를 계산한다.
  - SUM{0;0;0;0;536790;1738200;0;0;0;0;0;0;0;0;0;0;0;0} → 결과: 2274990

② TEXT(**2274990**,"#,##0,"): 값을 천 단위 절삭 + 천 단위 구분 기호를 적용한다. → 결과: 2,275

> ☞ 천 단위 절삭 대상 값은 반올림 된다.

[결과]

F	G	H	I	J
	[표2]			(단위: 천원)
	소득공제	일반사용분	대중교통	전통시장
	신용카드	2,275	59	24
	직불카드	0	46	0
	현금영수증	379	0	0

문제 4 작업 파일: 08_배열수식.xlsx

'마스터_4' 시트 [표1]의 강사, 과목, 수강인원을 이용하여 [표2]의 영역에 과목별 수강인원과 순위별 강사의 이름을 계산하여 [K3:M5] 영역에 표시하시오.

▶ [표2]의 순위는 수강인원이 많은 순으로 지정됨.
▶ INDEX, MATCH, LARGE 함수를 이용한 배열 수식을 사용

[풀이]

패턴	=INDEX(범위, MATCH(LARGE((조건*범위), (조건*범위), K), 열))
함수식	=INDEX($B$3:$H$14,MATCH(**LARGE((K$2=$E$3:$E$14)*($G$3:$G$14),$J3)**,$G$3:$G$14,0),2)

- [K3] 셀에 함수식을 입력하고 [M5] 셀까지 수식을 복사한다.

① LARGE((K$2=$E$3:$E$14)*($G$3:$G$14),$J3): 과목[E3:E14]이 국어[K2]인 수강인원[G3:G14] 중 순위[J3]에 해당하는 수강인원을 계산한다.

② MATCH(**350**,$G$3:$G$14,0): 수강인원[G3:G14] 범위에서 350이 위치한 위치 값을 도출한다. → 결과: 9

③ INDEX($B$3:$H$14,**9**,2): [B3:H14] 범위에서 9행 2열 값을 가져온다. → 결과: 홍길동

[결과]

I	J	K	L	M	N
	[표2]				
	순위	국어	영어	수학	
	1	홍길동	하영원	용상준	
	2	홍면주	신현경	이면준	
	3	유영채	강미라	황성신	

계산 작업 10

사용자 정의 함수

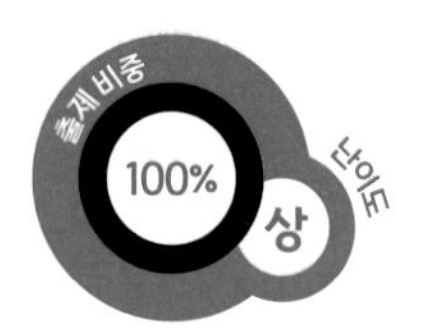

- 사용자 정의 함수 작성을 위한 VBA 모듈을 추가할 수 있다.
- 사용자 정의 폼을 실행하면서 행 원본을 설정하고, 기본값을 표시할 수 있다.
- VBA에서 If 문, Select Case 문의 작성 구조를 이해하고 직접 식을 작성할 수 있다.
- VBA 코드를 활용하여 다양한 정보를 출력하는 메시지 상자를 표시할 수 있다.

1 개념 학습

1) 사용자 정의 함수 작성

① Alt + F11을 눌러 Microsoft Visual Basic for Application을 실행한다.

② 왼쪽 프로젝트 탐색기 빈 곳에서 마우스 오른쪽을 클릭해 [삽입] → [모듈]을 선택한다.

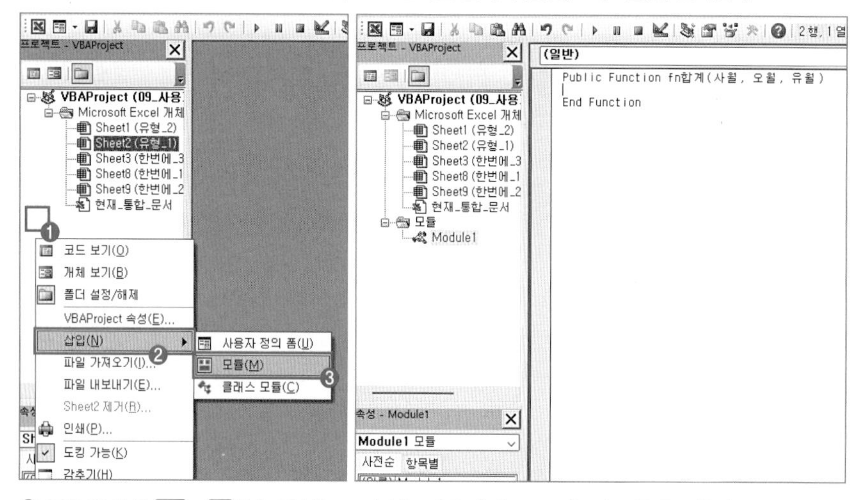

③ 코드 작성 후 Alt + Q를 눌러 Microsoft Visual Basic for Application을 종료한다.

④ 정의한 함수를 셀에 적용한다.

2) 사용자 정의 함수 구조

Public Function fn함수명(인수1, 인수2, 인수3)
실행 코드
End Function

3) 대표적인 명령어

① If ~ Else

예) 합계는 5월의 값이 80 이상이면 4월, 5월, 6월의 값을 모두 더하여 계산하고, 80 미만이면 각 월의 합계에서 90%만 적용

```
Public Function fn합계(사월, 오월, 유월)
 If 오월 >= 80 Then
    fn합계 = 사월 + 오월 + 유월
 Else
    fn합계 = (사월 + 오월 + 유월) * 0.9
 End If
End Function
```

② If ~ Elseif ~ Else

예) 점수가 90 이상이면 '합격', 80 이상이면 '예비', 그 외 '불합격'

```
Public Function fn결과(점수)
 If 점수 >=90 then
     fn결과 = "합격"
 ElseIf 점수 >=80 then
     fn결과 = "예비"
 Else
     fn결과 = "불합격"
 End If
End Function
```

③ 이중 분기 문

예) 소득공제가 '일반의료비'인 경우에 관계가 '본인' 또는 '자' 또는 '처'이면 금액의 80%를, 아니면 금액의 50%를 계산하여 표시, 소득공제가 '일반의료비'가 아닌 경우에는 0으로 표시

```
Public Function fn의료비(관계, 소득공제, 금액)
If 소득공제 = "일반의료비" Then
          If 관계 = "본인" Or 관계 = "자" Or 관계 = "처" Then
              fn의료비 = 금액 * 0.8
          Else
              fn의료비 = 금액 * 0.5
          End If
Else
      fn의료비 = 0
End If
End Function
```

④ Select Case

예1) 대여일이 2일 이하면 옵션비용은 5,000, 4일 이하이면 9,000, 6일 이하이면 13,000, 그 외에는 17,000으로 구분하여 출력한다.

예2) 구분코드가 A11이면 '수학', A22면 '영문', C11이면 '사학'으로 구분하여 출력한다.

> ☞ 숫자 값을 조건으로 사용할 때 Case is 문을 사용한다.

예 1) 숫자 값 분기 | Case **is**	예 2) 문자열 분기 | Case **=**

Public Function fn옵션비용(대여일)
  Select Case 대여일
   Case is <=2
    fn옵션비용 = 5000
   Case is <=4
    fn옵션비용 = 9000
   Case is <=6
    fn옵션비용 = 13000
   Case Else
    fn옵션비용 = 17000
   End Select
End Function
	Public Function fn학과(구분코드)
	  Select Case 구분코드
	   Case = A11
	    fn학과 = "수학"
	   Case = A22
	    fn학과 = "영문"
	   Case = C11
	    fn학과 = "사학"
	   End Select
	End Function

2 출제 유형 이해

www.ebs.co.kr/compass(엑셀 실습 파일 다운로드) 

문제 1 작업 파일: 09_사용자정의함수.xlsm

'유형_1' 시트 [표1]의 [E3:E15] 영역에 4월, 5월, 6월의 판매 내역에 대한 합계를 계산하는 사용자 정의 함수 'fn합계'를 작성하여 계산을 수행하시오.

- ▶ fn합계는 4월, 5월, 6월을 인수로 받아 합계를 계산하여 되돌려 줌.
- ▶ 합계는 5월의 값이 80 이상이면 4월, 5월, 6월의 값을 모두 더하여 계산하고, 80 미만이면 각 월의 합계에서 90%만 적용함.
- ▶ fn합계 함수를 이용하여 [E3:E15] 영역에 계산하시오.
- ▶ If ~ Else 문 사용

```
Public Function fn합계(사월, 오월, 유월)

End Function
```

[풀이]

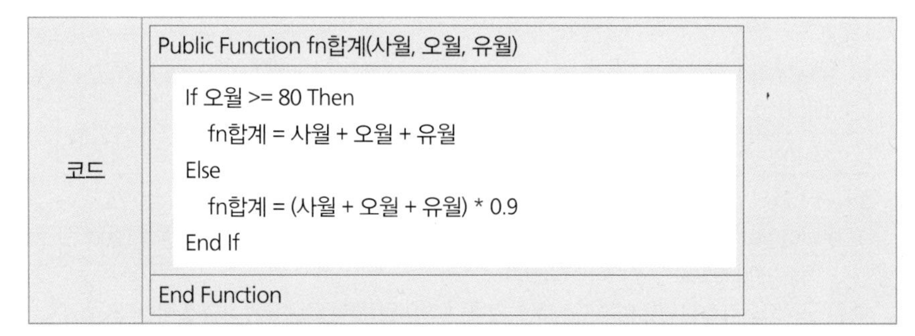

코드	Public Function fn합계(사월, 오월, 유월)
	  If 오월 >= 80 Then
	   fn합계 = 사월 + 오월 + 유월
	  Else
	   fn합계 = (사월 + 오월 + 유월) * 0.9
	  End If
	End Function

① Alt + F11을 눌러 Microsoft Visual Basic for Application을 실행한다.
② 왼쪽 프로젝트 탐색기 빈 곳에서 마우스 오른쪽을 클릭해 [삽입] → [모듈]을 선택한다.
③ Public Function fn합계(사월, 오월, 유월)을 입력한다.
  – 공용 사용자 함수 'fn합계'를 정의하고 'fn합계' 함수의 인수는 '사월', '오월', '유월'로 구성된다.
  – 입력 후 Enter를 누르면 아래쪽에 'End Function'이 자동으로 입력된다.
④ If 오월 >= 80 Then: '오월'이 80 이상인지 조건을 비교한다.
⑤ fn합계 = 사월 + 오월 + 유월: 'fn합계'에 사월 + 오월 + 유월 연산 결과를 입력한다.
⑥ Else: 오월이 80 이상이 아니면
⑦ fn합계 = (사월 + 오월 + 유월) * 0.9: 오월이 80 이상이 아니면 (사월 + 오월 + 유월) * 0.9 연산 결과를 'fn합계'에 입력한다.
⑧ End If: If 문을 종료한다.
⑨ End Function: Public Function을 종료한다.
⑩ 코드 작성 후 Alt + Q를 눌러 Microsoft Visual Basic for Application을 종료한 후 Excel로 돌아온다.
⑪ [E3] 셀 선택 → **=fn합계(**를 입력 → [함수 삽입 fx] 선택 → 각 인수에 알맞은 셀 선택 → 확인을 클릭한다.

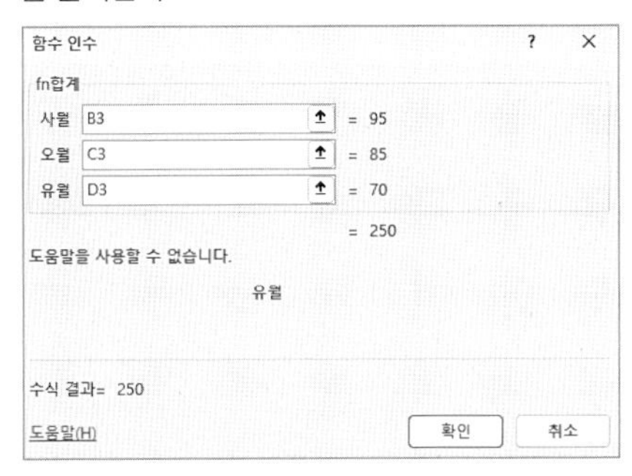

⑫ [E3] 셀에서 [E15] 셀까지 수식을 복사한다.

[결과]

	A	B	C	D	E
1		[표1]			
2		4월	5월	6월	합계
3		95	85	70	250
4		25	65	37	114.3
5		35	58	57	135
6		50	37	41	115.2
7		73	82	96	251
8		12	21	52	76.5
9		36	31	48	103.5
10		80	15	56	135.9
11		85	90	87	262
12		37	52	50	125.1
13		51	37	60	133.2
14		23	56	50	116.1
15		45	54	78	159.3
16					

문제 2 작업 파일: 09_사용자정의함수.xlsm

'유형_2' 시트에서 사용자 정의함수 'fn등급'을 작성하여 [표1]의 등급을 계산하시오.

- 'fn등급'은 승진시험을 인수로 받아 등급을 계산하여 되돌려 줌.
- 승진시험이 90 ~ 100이면 'A', 80 ~ 89이면 'B', 70 ~ 79이면 'C', 그 외는 'D'로 계산함.
- Select ~ Case 명령문 사용

```
Public Function fn등급(승진시험)

End Function
```

[풀이]

코드

```
Public Function fn등급(승진시험)
    Select Case 승진시험
        Case Is >= 90
            fn등급 = "A"
        Case Is >= 80
            fn등급 = "B"
        Case Is >= 70
            fn등급 = "C"
        Case Else
            fn등급 = "D"
    End Select
End Function
```

① Alt + F11을 눌러 Microsoft Visual Basic for Application을 실행한다.
② 왼쪽 프로젝트 탐색기 빈 곳에서 마우스 오른쪽을 클릭해 [삽입] → [모듈]을 선택한다.
③ Public Function fn등급(승진시험)을 입력한다.
   – 공용 사용자 함수 'fn등급'을 정의하고 'fn등급' 함수의 인수는 '승진시험'으로 구성된다.
   – 입력한 후 Enter를 누르면 아래쪽에 'End Function'이 자동으로 입력된다.
④ 아래와 같이 코드를 입력한다.

Select Case 승진시험	승진시험 케이스 할당
Case Is >= 90	승진시험이 90점 이상이면
fn등급 = "A"	fn등급에 'A'를 입력한다.
Case Is >= 80	승진시험이 80점 이상이면
fn등급 = "B"	fn등급에 'B'를 입력한다.
Case Is >= 70	승진시험이 70점 이상이면
fn등급 = "C"	fn등급에 'C'를 입력한다.
Case Else	승진시험이 위 케이스에 해당하지 않을 때
fn등급 = "D"	fn등급에 'D'를 입력한다.
End Select	Select 문을 종료한다.

⑤ Alt + Q를 눌러 워크시트로 되돌아 온 후 [E3]셀 선택 **=fn등급(** 입력 → [D3]셀 선택 → Enter → [E3] 셀 채우기 핸들을 이용하여 [E15] 셀까지 수식을 복사한다.

[결과]

	A	B	C	D	E
1		[표1]			
2		A고과	B고과	승진시험	등급
3		87	74	88	B
4		65	68	70	C
5		87	87	94	A
6		64	67	90	A
7		94	80	87	B
8		61	83	82	B
9		95	77	92	A
10		95	80	80	B
11		82	78	77	C
12		86	89	86	B
13		90	91	82	B
14		88	80	88	B
15		93	90	92	A
16					

3 실전 문제 마스터

www.ebs.co.kr/compass(엑셀 실습 파일 다운로드) 

문제 1 작업 파일: 09_사용자정의함수.xlsm

'마스터_1' 시트에서 비고(E3:E12)를 계산하는 사용자 정의 함수 fn값을 작성하시오.

▶ fn값=(2025매출-2024매출)/2024매출이며 소수 첫째 자리에서 반올림하여 표시 (식으로 표시) [표시 예: 23.2%]

```
Public Function fn값(매출2024, 매출2025)

End function
```

[풀이]

코드	Public Function fn값(매출2024, 매출2025) fn값 = Format((매출2025 - 매출2024) / 매출2024, "0.0%") End Function
함수	Format(값, "표시 형식 문자")

① Alt + F11을 눌러 Microsoft Visual Basic for Application을 실행한다.
② 왼쪽 프로젝트 탐색기 빈 곳에서 마우스 오른쪽을 클릭해 [삽입] → [모듈]을 선택한다.
③ Public Function fn값(매출2024, 매출2025)를 입력한다.
– '매출2024', '매출2025'로 구성된 사용자 정의 함수 'fn값'을 정의한다.
– 입력 후 Enter를 누르면 아래쪽에 'End Function'이 자동으로 입력된다.
④ 코드를 입력한다.
⑤ Alt + Q를 눌러 워크시트로 되돌아온 후 [E3]셀 선택 **=fn합계(B3,C3,D3)** 입력 → Enter → [E15] 셀까지 수식을 복사한다.

☞ 사용자 정의 함수의 인수는 숫자 '2024매출'처럼 숫자로 시작할 수 없어서, '매출2024'처럼 인수명을 변경하여 작성하도록 한다. 인수명은 계산에 영향을 주지 않고 함수 도움말, 함수 마법사의 인수명으로 사용된다.

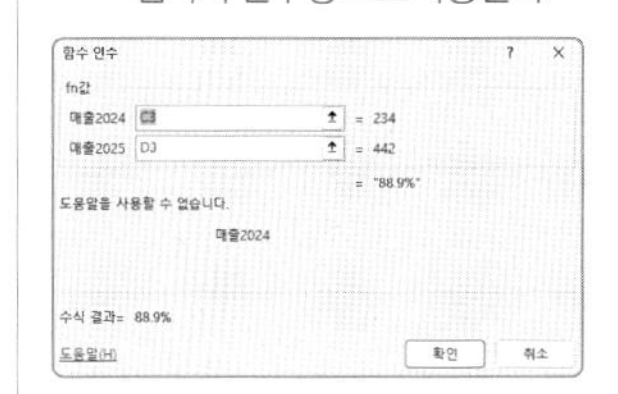

☞ (매출2025 - 매출2024) / 매출2024 계산 결과를 백분율-소수 첫째 자리까지 표시한다.

[결과]

	A	B	C	D	E
1					
2		[표2]			
3		구분코드	2024매출	2025매출	비고
4		2	234	442	88.9%
5		2	342	353	3.2%
6		0	234	33	-85.9%
7		1	463	22	-95.2%
8		0	254	11	-95.7%
9		1	333	443	33.0%
10		0	444	253	-43.0%
11		2	333	352	5.7%
12		1	222	478	115.3%
13		0	111	378	240.5%
14					

문제 2 작업 파일: 09_사용자정의함수.xlsm

'마스터_2' 시트에서 사용자 정의 함수 'fn가입상태'를 작성하여 [표1]의 가입상태[E3:E15]를 표시하시오.

- ▶ 'fn가입상태'는 가입기간, 미납기간을 인수로 받아 값을 되돌려 줌.
- ▶ 미납기간이 가입기간 이상이면 '해지예상', 미납기간이 가입기간 미만인 경우 중에서 미납기간이 0이면 '정상', 미납기간이 2 초과이면 '휴면보험', 그 외는 미납기간과 '개월 미납'을 연결하여 표시 [표시 예: 1개월 미납]
- ▶ If 문, & 연산자 사용

```
Public Function fn가입상태(가입기간, 미납기간)

End Function
```

[풀이]

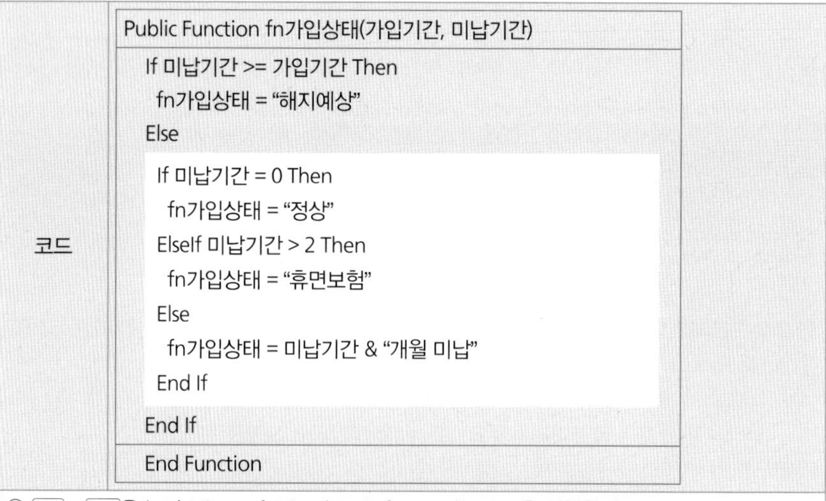

코드	Public Function fn가입상태(가입기간, 미납기간)
	If 미납기간 >= 가입기간 Then
	fn가입상태 = "해지예상"
	Else
	If 미납기간 = 0 Then
	fn가입상태 = "정상"
	ElseIf 미납기간 > 2 Then
	fn가입상태 = "휴면보험"
	Else
	fn가입상태 = 미납기간 & "개월 미납"
	End If
	End If
	End Function

```
Public Function fn가입상태(가입기간, 미납기간)
  If 미납기간 >= 가입기간 Then
    fn가입상태 = "해지예상"
  Else
    If 미납기간 = 0 Then
      fn가입상태 = "정상"
    ElseIf 미납기간 > 2 Then
      fn가입상태 = "휴면보험"
    Else
      fn가입상태 = 미납기간 & "개월 미납"
    End If
  End If
End Function
```

① Alt + F11을 눌러 Microsoft Visual Basic for Application을 실행한다.

② 왼쪽 프로젝트 탐색기 빈 곳에서 마우스 오른쪽을 클릭해 [삽입] → [모듈]을 선택한다.

③ Public Function fn가입상태(가입기간, 미납기간)을 입력한다.

- 공용 사용자 함수 'fn가입상태'를 정의하고 'fn가입상태' 함수의 인수는 '가입기간', '미납기간'으로 구성된다.
- 입력 후 Enter를 누르면 아래쪽에 'End Function'이 자동으로 입력된다.

④ 아래와 같이 코드를 입력한다.

코드	설명
Public Function fn가입상태(가입기간, 미납기간)	fn가입상태 함수를 정의한다.
If 미납기간 >= 가입기간 Then	'미납기간'이 '가입기간' 이상이면
fn가입상태 = "해지예상"	fn가입상태에 '해지예상'을 입력한다.
Else	그렇지 않으면
If 미납기간 = 0 Then	미납기간이 0이면
fn가입상태 = "정상"	fn가입상태에 '정상'을 입력하고
ElseIf 미납기간 > 2 Then	미납기간이 2 초과이면
fn가입상태 = "휴면보험"	'fn가입상태'에 '휴면보험'을 입력한다.
Else	그 외에(음수이면)
fn가입상태 = 미납기간 & "개월 미납"	fn가입상태에 미납기간 & "개월 미납"을 입력한다.
End If	내부 if 문 종료
End If	외부 if 문 종료
End Function	Public Function 종료

⑤ Alt + Q를 눌러 워크시트로 되돌아온 후 [E3] 셀 선택 **=fn가입상태(C3,D3)**를 입력하고 Enter → [E15] 셀까지 수식을 복사한다.

[결과]

	A	B	C	D	E
1		[표1]			
2		가입나이	가입기간	미납기간	가입상태
3		24 세	5	3	휴면보험
4		41 세	3	0	정상
5		16 세	6	1	1개월 미납
6		51 세	8	0	정상
7		46 세	8	2	2개월 미납
8		22 세	21	0	정상
9		6 세	7	0	정상
10		22 세	21	2	2개월 미납
11		21 세	20	0	정상
12		26 세	4	1	1개월 미납
13		59 세	2	1	1개월 미납
14		43 세	5	2	2개월 미납
15		53 세	21	2	2개월 미납
16					

문제 3 작업 파일: 09_사용자정의함수.xlsm

'마스터_3' 시트에서 사용자 정의 함수 'fn비고'를 작성하여 [표1]의 [E3:E15] 영역에 비고를 계산하여 표시하시오.

▶ 'fn비고'는 구분코드를 인수로 받아 비고를 계산하는 함수이다.

▶ 비고는 구분코드의 마지막 글자가 'K'이면 '가구', 그 외는 '전자제품'으로 표시하시오.

▶ Select 문 사용

```
Public Function fn비고(구분코드)

End Function
```

[풀이]

<table>
<tr><td>코드</td><td>Public Function fn비고(구분코드)
Select Case Right(구분코드, 1)
Case "K"
fn비고 = "가구"
Case Else
fn비고 = "전자제품"
End Select
End Function</td></tr>
</table>

① Alt + F11을 눌러 Microsoft Visual Basic for Application을 실행한다.
② 왼쪽 프로젝트 탐색기 빈 곳에서 마우스 오른쪽을 클릭해 [삽입] → [모듈]을 선택한다.
③ Public Function fn비고(구분코드)를 입력한다.
④ 아래와 같이 코드를 입력한다.

Public Function fn비고(구분코드)	구분코드 인수를 갖는 fn비고 함수 정의
Select Case Right(구분코드, 1)	구분코드 오른쪽 한 글자를 케이스로 할당
Case "K"	구분코드 오른쪽 한 글자가 'K'이면
fn비고 = "가구"	fn비고에 '가구'를 입력한다.
Case Else	그 외에는
fn비고 = "전자제품"	fn비고에 '전자제품'을 입력한다.
End Select	Select 문 종료
End Function	Public Function 종료

⑤ Alt + Q를 눌러 워크시트로 되돌아온 후 [E3]셀 선택 **=fn비고(B3)** 입력 → Enter → [E15] 셀까지 수식을 복사한다.

공용 사용자 함수 'fn비고'를 정의하고 'fn비고' 함수의 인수는 '구분코드'로 구성된다. 입력 후 Enter를 누르면 아래쪽에 'End Function'이 자동으로 입력된다.

[결과]

	A	B	C	D	E
1		[표1]			
2		구분코드	잔존가치	감가상각비	비고
3		A4583C	50,000	102,000	전자제품
4		B4163C	1,000,000	235,000	전자제품
5		C5988N	800,000	310,000	전자제품
6		D2625K	150,000	50,000	가구
7		E0187K	2,300,000	233,333	가구
8		A4809N	2,000,000	385,000	전자제품
9		B9774N	750,000	225,000	전자제품
10		E8614K	180,000	35,000	가구
11		A1286C	650,000	130,000	전자제품
12		D5938C	950,000	150,000	전자제품
13		E0990N	5,000	5,000	전자제품
14		D5474K	250,000	50,000	가구
15		B6485K	900,000	300,000	가구
16					

분석 작업

시험 출제 정보

- 출제 문항 수: 2문제
- 출제 배점: 20점
- 피벗 테이블 1문제, 나머지 데이터 분석 작업에서 1문제가 출제된다.
- 피벗 테이블을 제외한 나머지 분석 작업의 경우 혼합해서 1문제로 2가지 작업을 요구하기도 한다.
- 부분 점수가 제공되지 않으니 신중하게 작업하도록 한다.

세부 기능			출제 경향
1	피벗 테이블		반드시 출제되며 작업 절차를 잘못해도 오답 처리될 수 있으니 확실히 정리하도록 한다.
2	데이터 분석	유효성 검사	지정된 범위에 입력 데이터의 제한을 적용할 수 있다.
3		중복된 항목 제거	대량의 자료 중에 중복된 항목을 찾아 제거하는 기능이다.
4		자동 필터	자료를 특정 항목을 기준으로 필터링하는 기능이다.
5		부분합	데이터 분석 기능 중 출제 빈도가 가장 높다. 지시된 그룹을 기준으로 하는 통계 계산을 하는 기능이다.
6		데이터 통합	같은 패턴의 다수 데이터를 하나의 표로 합치는 기능이다.
7		데이터 표	2차원 목표 예측 값을 계산할 수 있다.
8		목표값 찾기/시나리오	– 목표값 찾기: 1개 목표값을 찾을 수 있다. – 시나리오: 다수의 예측 값을 다양한 시나리오로 처리하여 분석할 수 있다.
9		텍스트 나누기	특정 패턴으로 구분된 자료를 각 열로 구분하여 분할하는 기능이다.

분석 작업 01

피벗 테이블

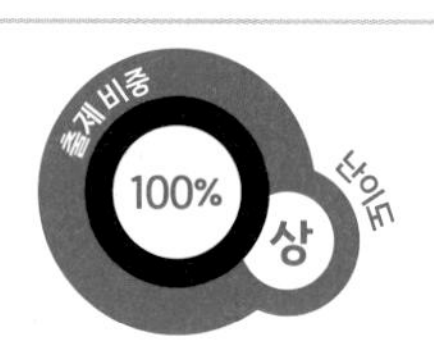

- Access, CSV, Excel 파일 등의 외부 데이터를 가져와 피벗 테이블을 작성할 수 있다.
- 워크시트에 입력된 데이터를 이용하여 피벗 테이블을 작성할 수 있다.

☞ 지시 사항에 없거나 지시한 것과 다르게 작업하면 0점 처리되므로 지시 사항을 꼼꼼하게 읽고 작업한다.

1 개념 학습

1) 원본 데이터별 작업 순서

메뉴	[삽입] → [표] → [피벗 테이블]	배점	10점
작업 순서	① 시트에 데이터가 제시된 경우 데이터 선택 → [삽입] → [표] → [피벗 테이블] ② Access 파일을 외부 데이터로 가져오는 경우 [데이터] → [데이터 가져오기 및 변환] → [데이터 가져오기] → [기타 원본에서] → [Microsoft Query에서] → 'Ms Access Database' → 파일 선택 ③ CSV 파일을 외부 데이터로 가져오는 경우 [삽입] → [표] → [피벗 테이블] → '외부 데이터 원본 사용' → '데이터 모델에 이 데이터 추가' → [연결 선택] → [더 찾아보기] → 파일 선택 → [텍스트 마법사] ④ Excel 파일을 외부 데이터로 가져오는 경우 [삽입] → [표] → [피벗 테이블] → '외부 데이터 원본 사용' → [연결 선택] → [더 찾아보기] → 파일 선택 → [시트 선택] → 확인 → [열기] → [기존 워크시트]: [위치]		

2) 피벗 테이블의 구조

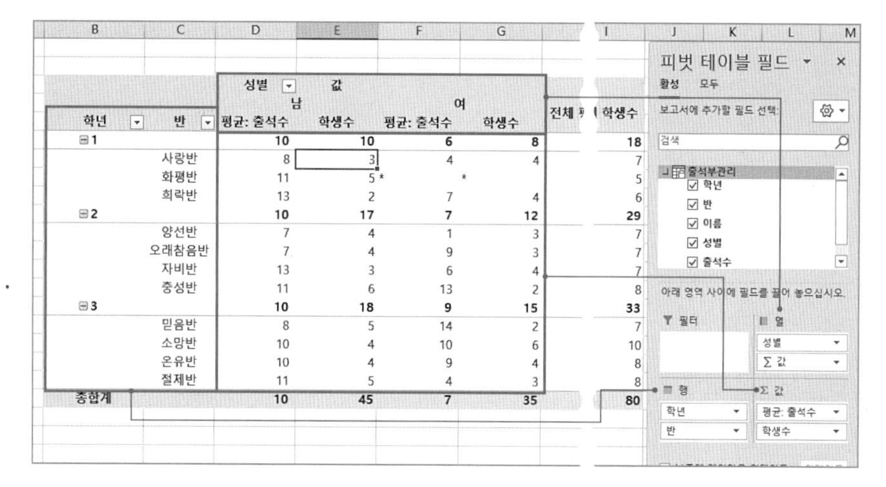

학년	반	남 평균: 출석수	남 학생수	여 평균: 출석수	여 학생수	전체 학생수
⊟1		10	10	6	8	18
	사랑반	8	3	4	4	7
	화평반	11	5			5
	희락반	13	2	7	4	6
⊟2		10	17	7	12	29
	양선반	7	4	1	3	7
	오래참음반	7	4	9	3	7
	자비반	13	3	6	4	7
	충성반	11	6	13	2	8
⊟3		10	18	9	15	33
	믿음반	8	5	14	2	7
	소망반	10	4	10	6	10
	온유반	10	4	9	4	8
	절제반	11	5	4	3	8
총합계		10	45	7	35	80

3) 피벗 테이블 관련 메뉴

- [디자인]

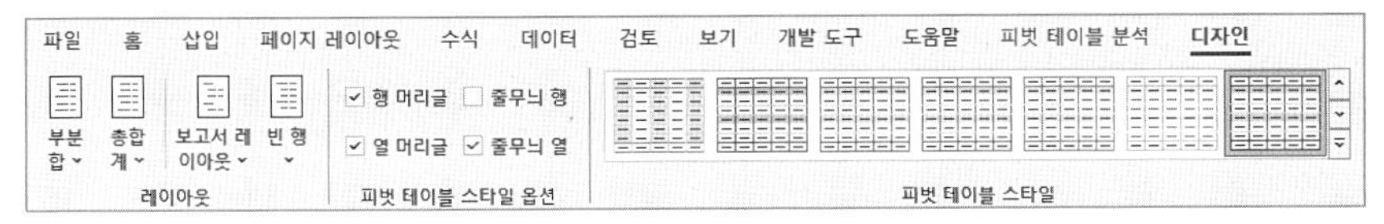

- [피벗 테이블 분석]

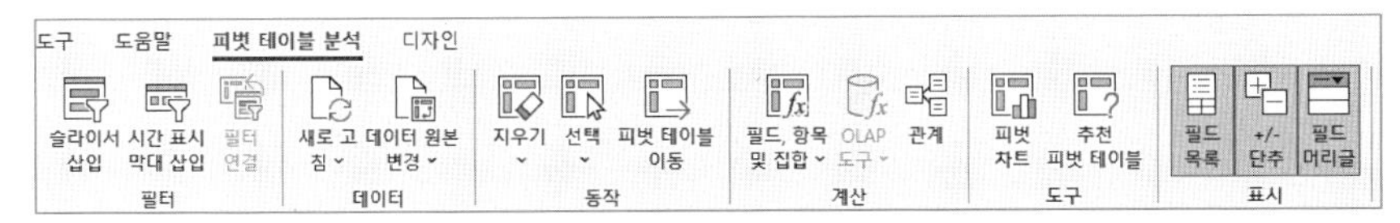

2 출제 유형 이해

www.ebs.co.kr/compass(엑셀 실습 파일 다운로드)

문제 1 작업 파일: 3_1_피벗테이블_xlsx

'피벗_1' 시트에서 다음의 지시 사항에 따라 피벗 테이블 보고서를 작성하시오.

- **외부 데이터 원본으로 <출석부관리.csv>**의 데이터를 사용하시오.
  - 원본 데이터는 구분 기호 쉼표(,)로 분리되어 있으며, 내 데이터에 머리글을 표시하시오.
  - **'학년', '반', '성별', '이름', '출석수' 열만** 가져와 데이터 모델에 이 데이터를 추가하시오.
- 피벗 테이블 보고서의 레이아웃과 위치는 <그림>을 참조하여 설정하고, 보고서 레이아웃을 **개요 형식**으로 표시하시오.
- '출석수' 필드는 표시 형식을 값 필드 설정의 **셀 서식에서 '숫자' 범주를 이용하여 소수 자릿수를 0**으로 설정하시오.
- '이름' 필드는 개수로 계산한 후 사용자 지정 이름을 '학생수'로 변경하시오.
- 그룹 상단에 **모든 부분합이 표시**되도록 설정하시오.
- **빈 셀은 '*'로 표시**하고, **레이블이 있는 셀은 병합하고 가운데 맞춤**되도록 설정하시오.

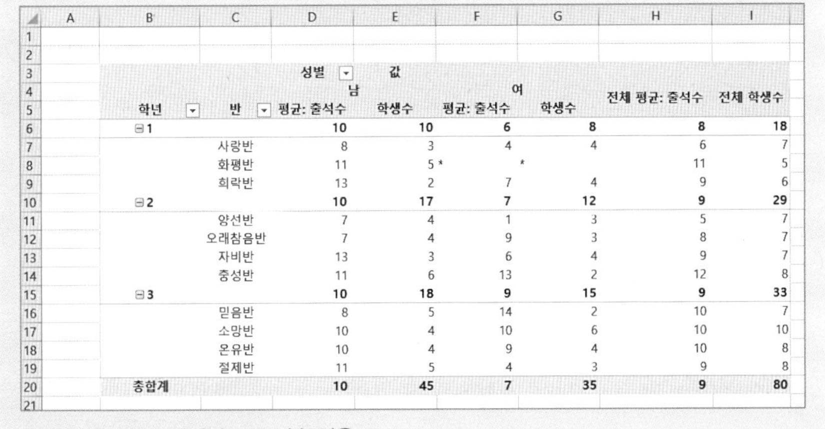

	A	B	C	D	E	F	G	H	I
1									
2									
3				성별	값				
4				남		여		전체 평균: 출석수	전체 학생수
5		학년	반	평균: 출석수	학생수	평균: 출석수	학생수		
6		⊟1		**10**	**10**	**6**	**8**	**8**	**18**
7			사랑반	8	3	4	4	6	7
8			화평반	11	5	*	*	11	5
9			희락반	13	2	7	4	9	6
10		⊟2		**10**	**17**	**7**	**12**	**9**	**29**
11			양선반	7	4	1	3	5	7
12			오래참음반	7	4	9	3	8	7
13			자비반	13	3	6	4	9	7
14			충성반	11	6	13	2	12	8
15		⊟3		**10**	**18**	**9**	**15**	**9**	**33**
16			믿음반	8	5	14	2	10	7
17			소망반	10	4	10	6	10	10
18			온유반	10	4	9	4	10	8
19			절제반	11	5	4	3	9	8
20		**총합계**		**10**	**45**	**7**	**35**	**9**	**80**
21									

※ 작업 완성된 그림이며 부분 점수 없음.

☞ CSV 파일을 원본으로 피벗 테이블을 만들 때 '데이터 모델에 이 데이터 추가'를 체크하지 않으면 마지막 단계에서 오류가 발생하고 피벗 테이블을 만들 수 없다.

[풀이]

① [삽입] → [표] → [피벗 테이블] → [피벗 테이블 만들기] 대화 상자 → '데이터 모델에 이 데이터 추가' 체크 → '외부 데이터 원본 사용' 선택 → 연결 선택을 클릭한다.

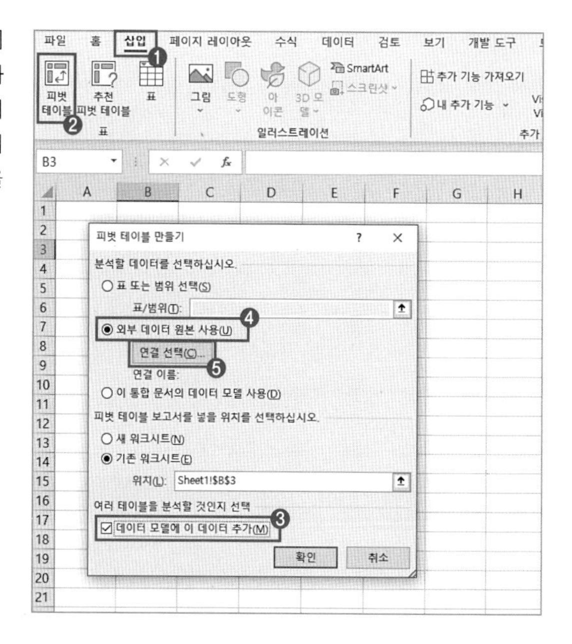

② [기존 연결] 대화 상자 → 더 찾아보기 → 'C:₩엑셀실습파일₩3과목_분석작업₩01_피벗테이블₩출석부관리.csv' 선택 → 열기를 클릭한다.

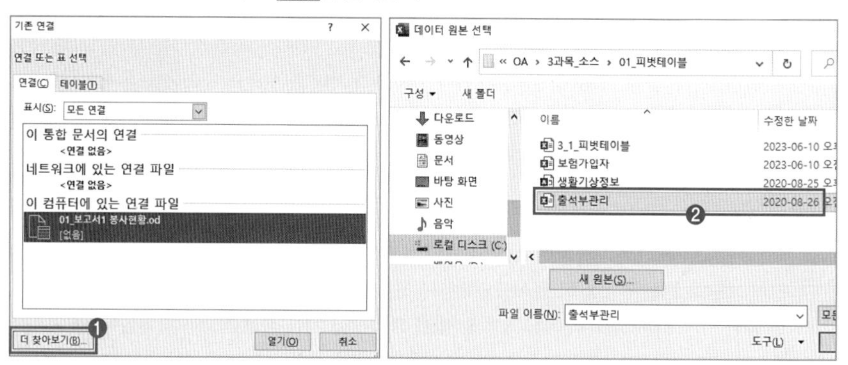

③ [텍스트 마법사 – 3단계 중 1단계] 대화 상자 → '구분 기호로 분리됨' 선택 → '내 데이터에 머리글 표시' 체크 → 다음을 클릭한다.

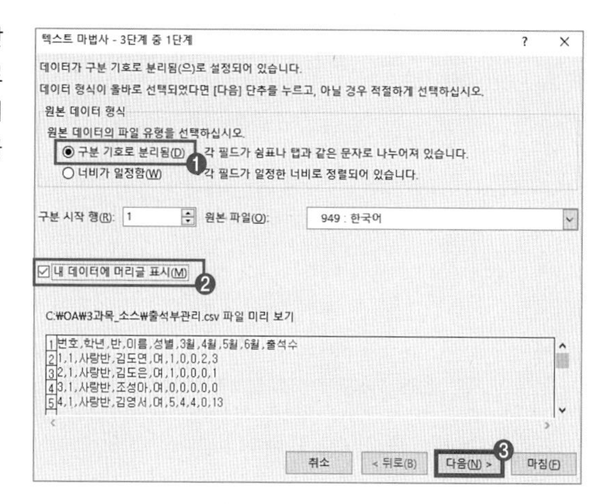

④ [텍스트 마법사 – 3단계 중 2단계] 대화 상자 → '쉼표' 체크 → 다음을 클릭 → [텍스트 마법사 – 3단계 중 3단계] 대화 상자 → '번호', '3월', '4월', '5월', '6월'을 각각 선택하고 '열 가져오지 않음(건너뜀)' 선택 → 마침을 클릭한다.

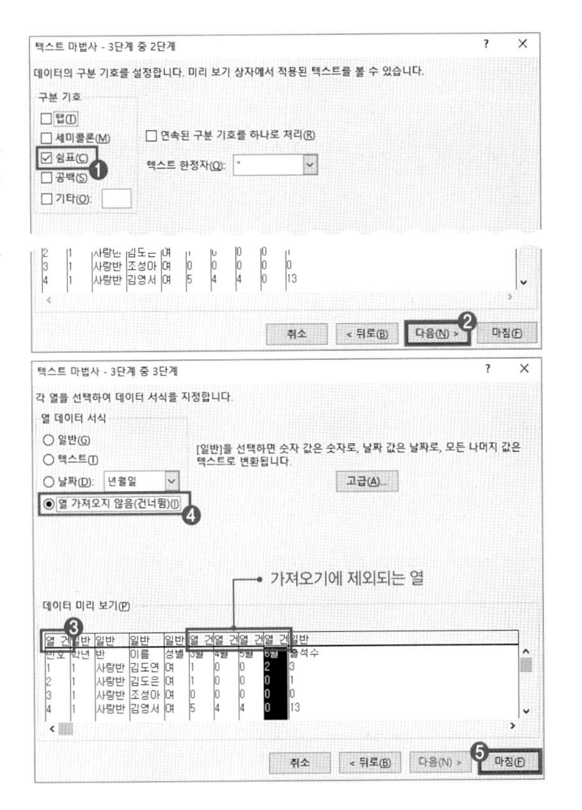

⑤ [피벗 테이블 만들기] 대화 상자 → '기존 워크시트' 선택 → 위치를 선택하고 [B3] 셀 지정 → 확인을 클릭한다.

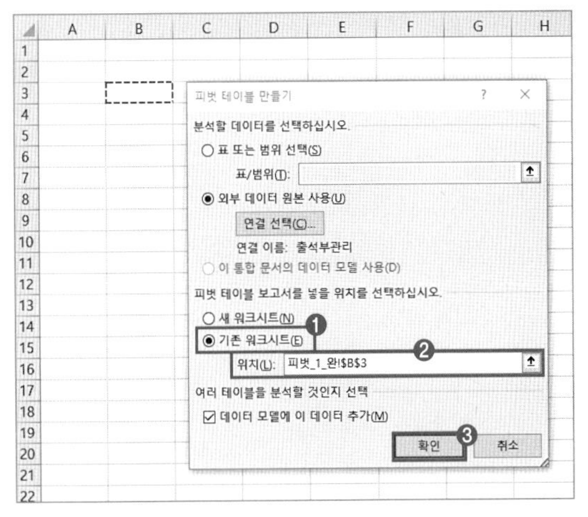

⑥ 워크시트에서 추가된 피벗 테이블 영역을 선택하고 다음과 같이 필드를 배치한다.

필터	열
	성별 Σ값
행	**Σ값**
학년 반	합계: 출석수 이름

열 영역의 'Σ 값'은 필드를 추가하면 자동으로 생성된다.

⑦ [피벗 테이블 필드] 창에서 값 영역의 '합계: 출석수' 필드 선택 → [값 필드 설정] 선택 → [값 필드 설정] 대화 상자 → 계산 유형 '평균' 선택 → 확인 을 클릭한다.

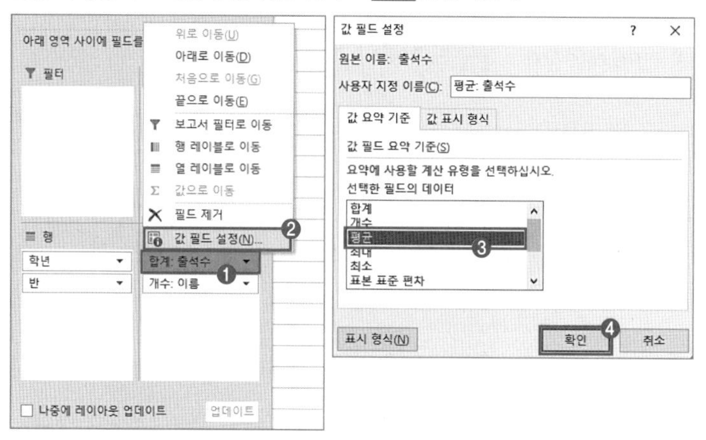

⑧ [디자인] → [레이아웃] → [보고서 레이아웃] → [개요 형식으로 표시]를 선택한다.

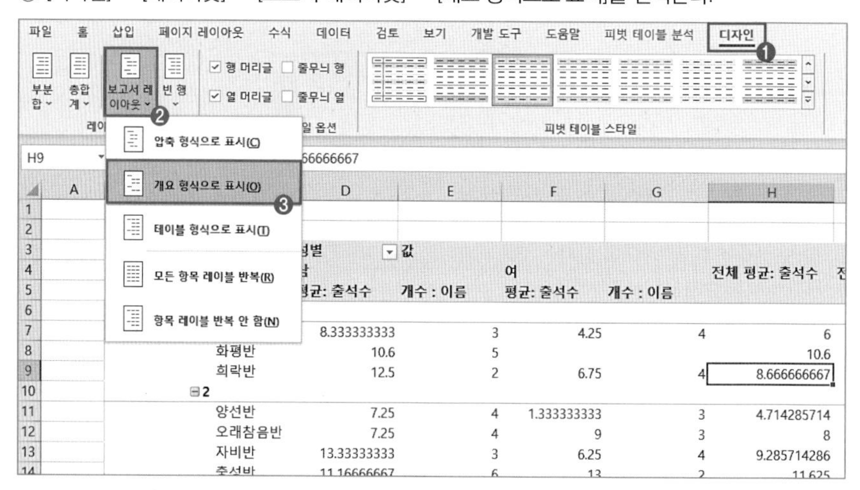

⑨ [피벗 테이블 필드] 창에서 값 영역의 '평균: 출석수' 필드 선택 → [값 필드 설정] → [값 필드 설정] 대화 상자 → 표시 형식 을 클릭한다.

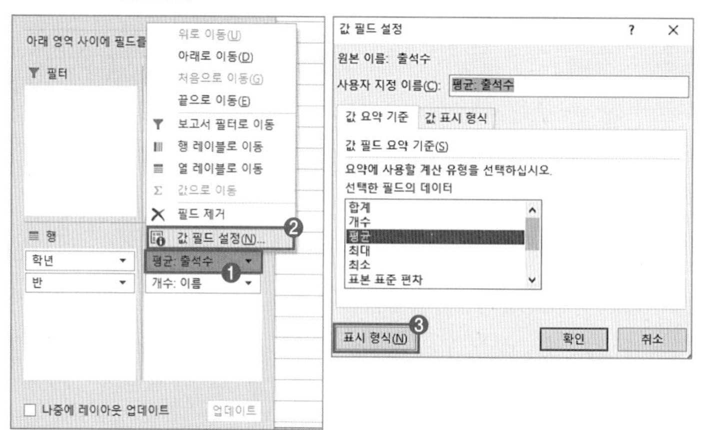

⑩ [셀 서식] 대화 상자 → '숫자' 범주 → 소수 자릿수 **0**을 입력 → 확인 을 클릭한다.

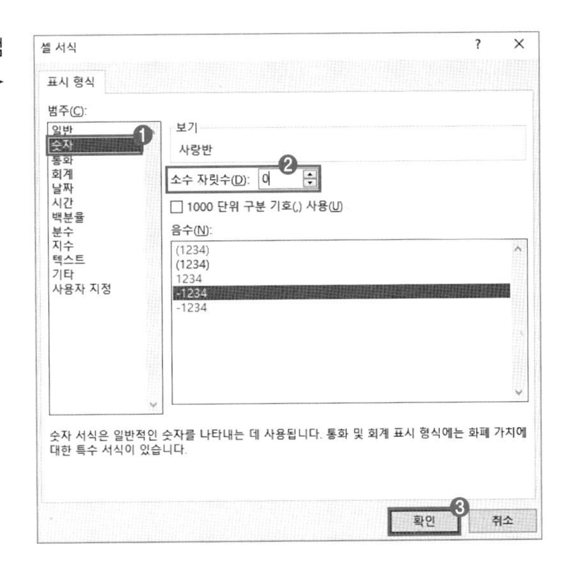

⑪ [피벗 테이블 필드] 창에서 값 영역의 '개수: 이름'을 선택 → [값 필드 설정] → [값 필드 설정] 대화 상자 → 사용자 지정 이름을 **학생수**로 변경 → 확인 을 클릭한다.

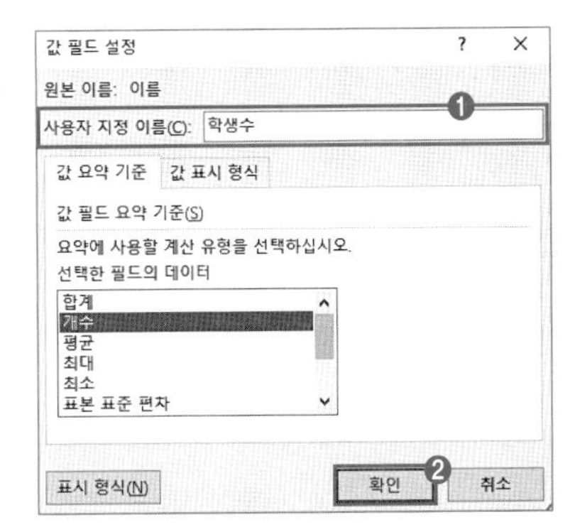

⑫ [디자인] → [레이아웃] → [부분합] → [그룹 상단에 모든 부분합 표시]를 선택한다.

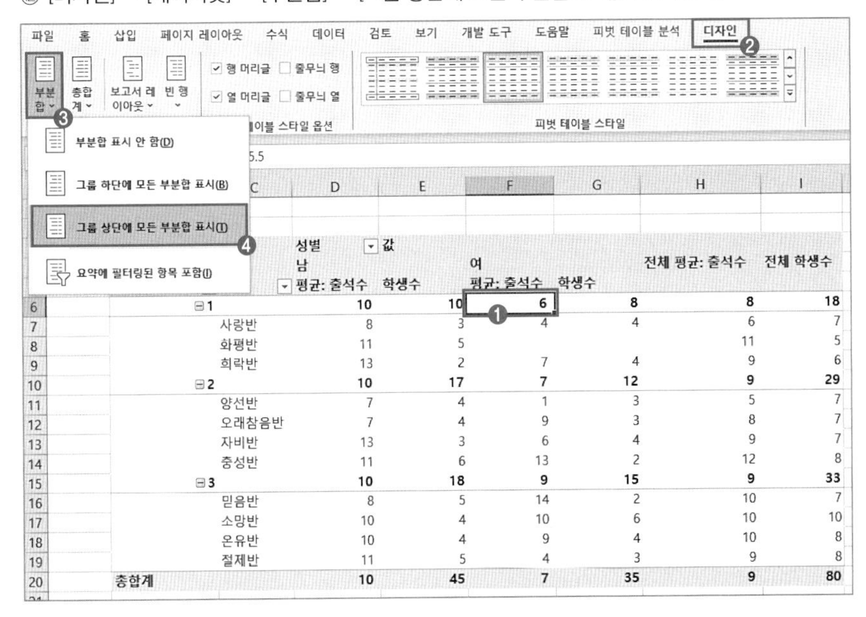

⑬ 피벗 테이블 임의의 영역에서 마우스 오른쪽을 클릭 → [피벗 테이블 옵션] 선택 → [피벗 테이블 옵션] 대화 상자 → '레이블이 있는 셀 병합 및 가운데 맞춤' 체크 → 빈 셀 표시 입력 창에 *를 입력 → [확인]을 클릭한다.

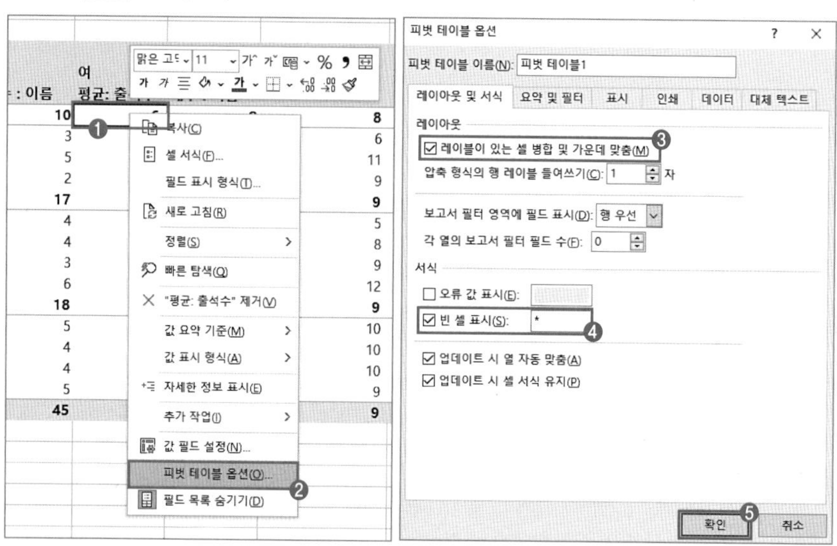

'레이블이 있는 셀 병합 및 가운데 맞춤'이 적용되고, 빈 셀이 '*'로 채워진다.

[결과]

	A	B	C	D	E	F	G	H	I
1									
2									
3				성별	값				
4					남		여		
5		학년	반	평균: 출석수	학생수	평균: 출석수	학생수	전체 평균: 출석수	전체 학생수
6		⊟1		**10**	**10**	**6**	**8**	**8**	**18**
7			사랑반	8	3	4	4	6	7
8			화평반	11	5	*	*	11	5
9			희락반	13	2	7	4	9	6
10		⊟2		**10**	**17**	**7**	**12**	**9**	**29**
11			양선반	7	4	1	3	5	7
12			오래참음반	7	4	9	3	8	7
13			자비반	13	3	6	4	9	7
14			충성반	11	6	13	2	12	8
15		⊟3		**10**	**18**	**9**	**15**	**9**	**33**
16			믿음반	8	5	14	2	10	7
17			소망반	10	4	10	6	10	10
18			온유반	10	4	9	4	10	8
19			절제반	11	5	4	3	9	8
20		총합계		**10**	**45**	**7**	**35**	**9**	**80**
21									
22									

문제 2 3_1_피벗테이블_xlsx

'유형_2' 시트에서 다음 그림과 같이 피벗 테이블을 작성하시오.

▶ 외부 데이터 가져오기를 이용하여 <게임매장.accdb>의 <게임매장정보> 테이블에서 판매일자, 게임명, 단가, 매출액, 이익금 열만 이용하시오.

▶ **부가세는 이익금 /100으로 계산**하고 일의 자리에서 반올림한 값으로 표시하시오. (ROUND 함수 사용)

- **표준 편차는 매출액, 이익금 열**을 이용하여 표시하시오.(STDEV 함수 사용)
- 피벗 테이블 스타일을 **'연한 파랑, 피벗 스타일 밝게 9'**로 설정하고 그 외 설정은 <그림>을 참고하여 작성하시오.
- '이익금', '부가세', '표준편차' 필드의 표시 형식은 값 필드 설정의 **셀 서식에서 '숫자' 범주를 이용하여 천 단위 구분 기호와 소수 첫째 자리까지** 표시하시오.

	A	B	C	D	E	F
1						
2						
3		행 레이블	개수 : 게임명	합계 : 이익금	합계 : 부가세	합계 : 표준편차
4		⊟1사분기	15	545,100.0	5,451.0	385,443.9
5		0-99999	5	137,200.0	1,372.0	97,015.1
6		100000-199999	5	78,300.0	783.0	55,366.5
7		200000-299999	4	254,600.0	2,546.0	180,029.4
8		300000-399999	1	75,000.0	750.0	53,033.0
9		⊟2사분기	1	7,200.0	72.0	5,091.2
10		100000-199999	1	7,200.0	72.0	5,091.2
11		⊟3사분기	10	266,700.0	2,667.0	188,585.4
12		0-99999	5	97,000.0	970.0	68,589.4
13		100000-199999	2	63,200.0	632.0	44,689.1
14		200000-299999	2	87,000.0	870.0	61,518.3
15		600000-699999	1	19,500.0	195.0	13,788.6
16		⊟4사분기	12	389,150.0	3,892.0	275,170.6
17		0-99999	5	135,450.0	1,355.0	95,777.6
18		100000-199999	4	82,700.0	827.0	58,477.7
19		200000-299999	1	75,000.0	750.0	53,033.0
20		300000-399999	1	80,000.0	800.0	56,568.5
21		400000-499999	1	16,000.0	160.0	11,313.7
22		총합계	38	1,208,150.0	12,082.0	854,291.1
23						

[풀이]

① [데이터] → [데이터 가져오기 및 변환] → [데이터 가져오기] → [기타 원본에서] → [Microsoft Query에서] → [데이터 원본 선택] 대화 상자 → [데이터베이스] 탭 → 'MS Access Database' 선택 → [확인]을 클릭한다.

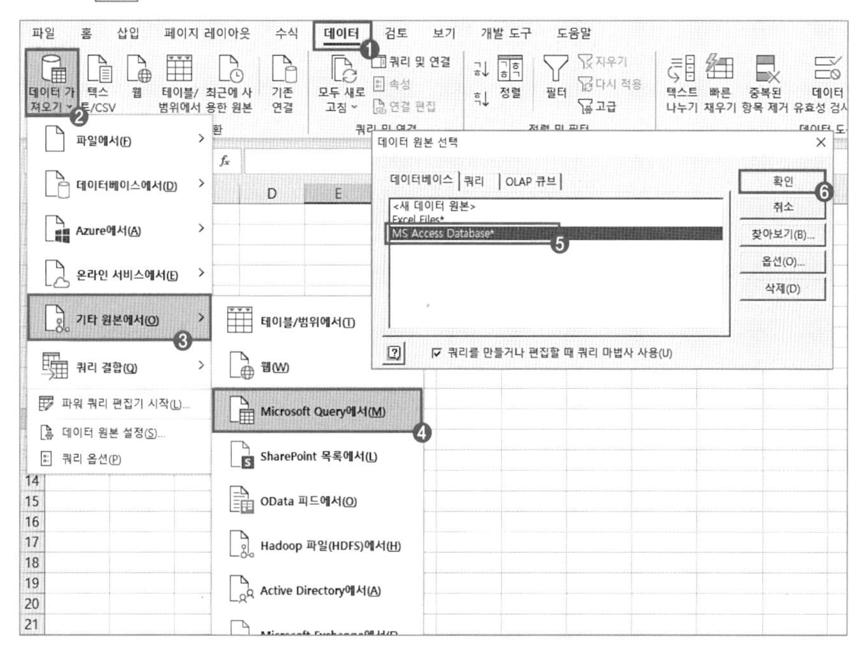

☞ 파일 목록이 표시되지 않으면 파일 형식을 'Access 데이터베이스'로 변경한다.
원본은 ';'로 구분한다.

② [데이터베이스 선택] 대화 상자 → 'C:₩엑셀실습파일₩3과목_분석작업₩01_피벗테이블₩게임매장.accdb' 선택 → 확인을 클릭한다.

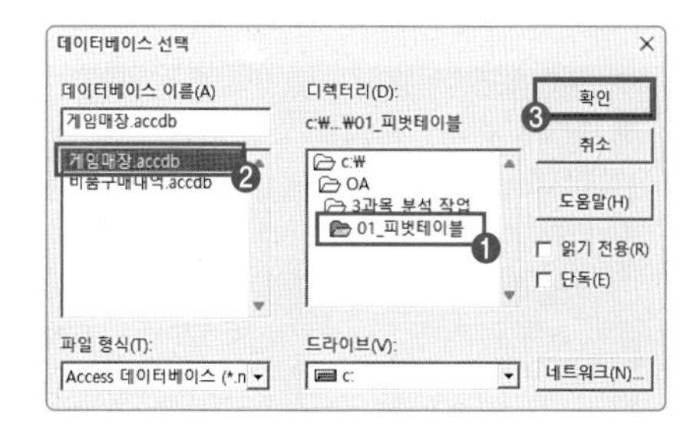

③ [쿼리 마법사 – 열 선택] 대화 상자 → '게임매장정보' 테이블 더블클릭 → '판매일자', '게임명', '단가', '매출액', '이익금'을 순서대로 더블클릭해 쿼리에 포함된 열에 추가 → 다음 클릭 → [쿼리 마법사 – 데이터 필터] 대화 상자 → 다음을 클릭한다.

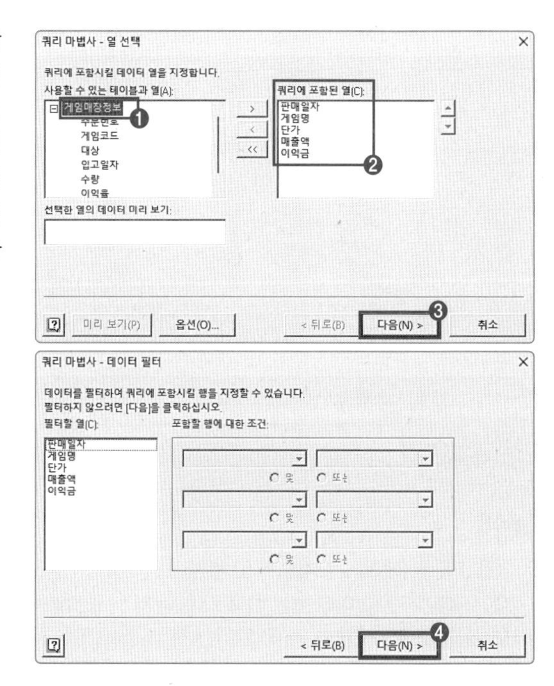

④ [쿼리 마법사 – 정렬 순서] 대화 상자 → 다음 클릭 → [쿼리 마법사 – 마침] 대화 상자 → 마침을 클릭한다.

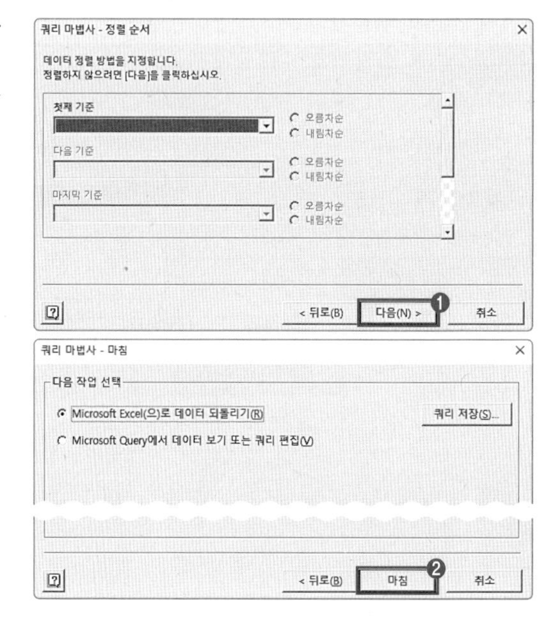

⑤ [데이터 가져오기] 대화 상자 → '피벗 테이블 보고서' 선택 → '기존 워크시트'에서 [B3] 셀 선택 → 확인 을 클릭한다.

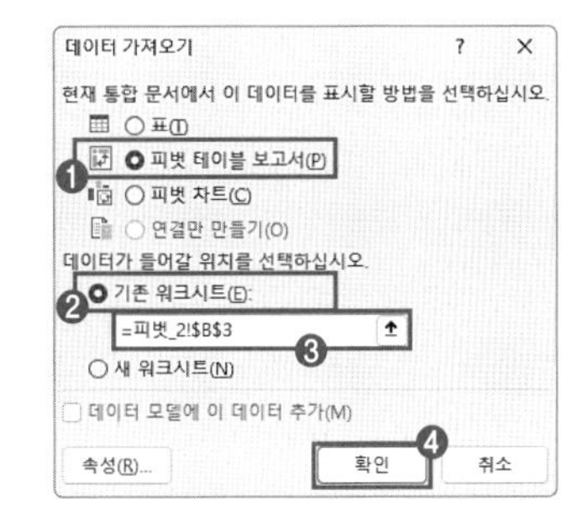

⑥ [피벗 테이블 분석] → [계산] → [필드, 항목 및 집합] → [계산 필드]를 선택한다.

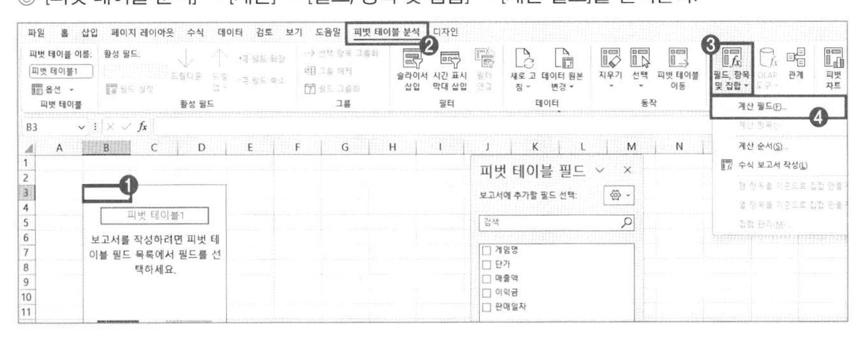

⑦ 이름을 **부가세**로 입력 → 수식을 **=ROUND(이익금/100,0)**으로 입력 → 추가 클릭 → 이름을 **표준편차**로 입력 → 수식을 **=STDEV(매출액,이익금)**으로 입력 → 추가 를 클릭 → 확인 을 클릭한다.

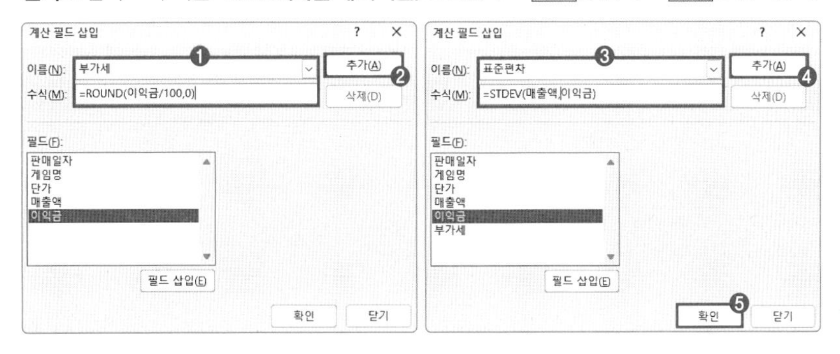

수식을 작성할 때 아래쪽 필드 항목에서 필드명을 더블클릭하면 수식에 필드명이 자동으로 완성 된다.

계산 필드 수식 수정하기

'이름'에서 → 수정할 계산 필드 선택 → 수식을 변경한 후 → 수정 을 클릭한다.

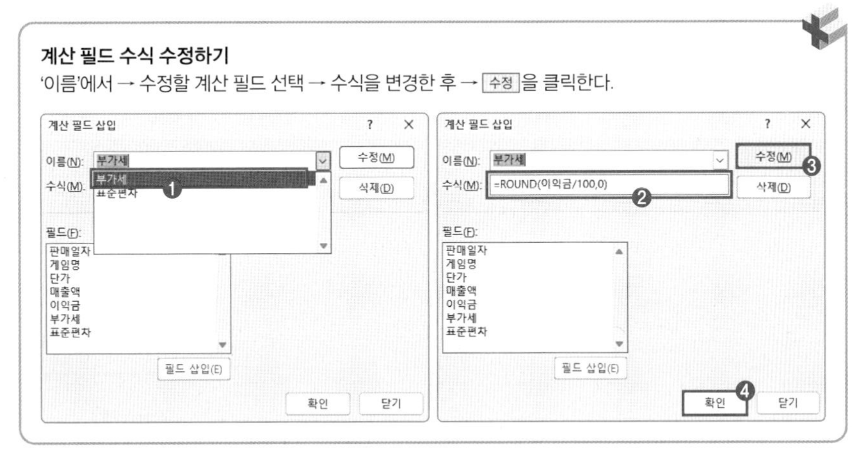

⑧ [디자인] → [피벗 테이블 스타일] → [자세히(▾)] 클릭 → '연한 파랑, 피벗 스타일 밝게 9'를 선택한다.

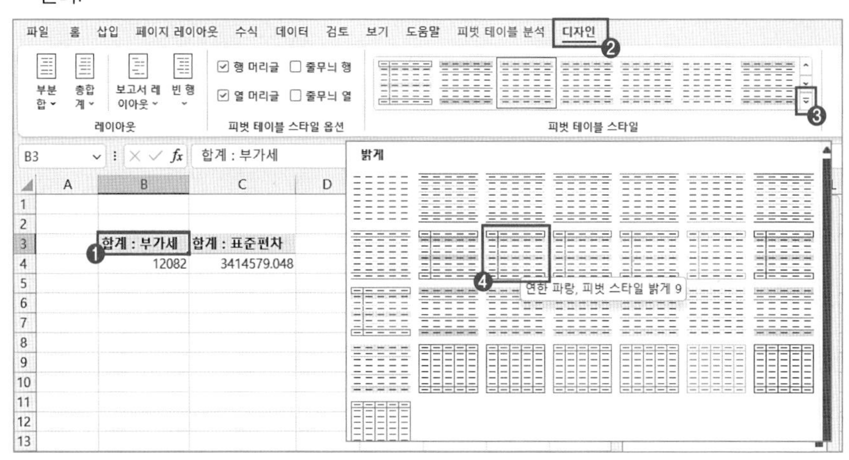

⑨ 행 영역에 '판매일자', '매출액' 필드 드래그 → 값 영역에 '게임명', '이익금' 필드 드래그 → [B4] 셀에서 마우스 오른쪽을 클릭 → [그룹]을 선택한다.

열 영역의 Σ 값은 자동으로 생성된다.

판매일자를 추가하면 '년', '분기', '개월' 그룹이 자동 생성된다. 자동 생성된 그룹 중에 분기만 표시하기 위해 그룹을 편집한다.

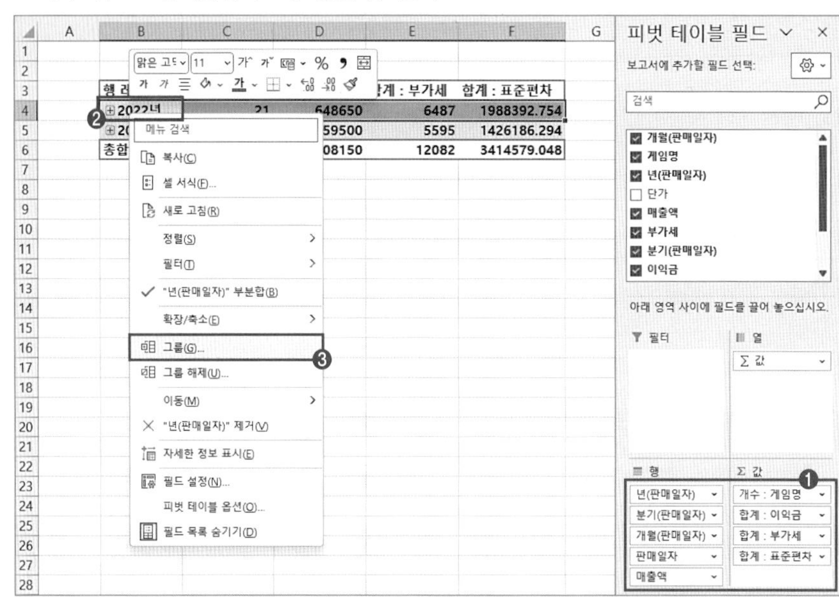

⑩ [그룹화] 대화 상자 → '월', '연'을 각각 클릭하여 선택 해제 → 확인을 클릭한다.

⑪ [B5] 셀 선택 → 마우스 오른쪽을 클릭 → [그룹] 선택 → [그룹화] 대화 상자 → 시작은 **0** 입력 → 끝은 **699999** 입력 → 단위는 **100000** 입력 → 확인 을 클릭한다.

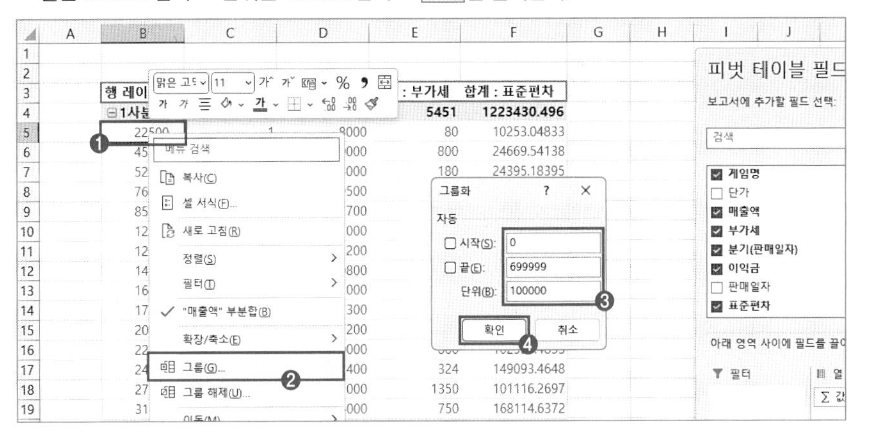

☞ 그룹 단위는 문제의 결과 그림을 보고 결정한다.
제일 작은 값은 0, 가장 큰 값은 699999인 것을 분석하여 작성한다.
단위는 두 번째, 세 번째 그룹의 시작 값이 100000, 200000인 것을 분석하여 작성한다.

⑫ '합계 : 표준편차' 선택 → [값 필드 설정]을 선택한다.

⊟2사분기	1	7200	72	5091.168825
100000-199999	1	7200	72	5091.168825
⊟3사분기	10	266700	2667	188585.3785
0-99999	5	97000	970	68589.35778
100000-199999	2	63200	632	44689.14857
200000-299999	2	87000	870	61518.28996
600000-699999	1	19500	195	13788.58223
⊟4사분기	12	389150	3892	275170.6039
0-99999	5	135450	1355	95777.61351
100000-199999	4	82700	827	58477.7308
200000-299999	1	75000	750	53033.00859
300000-399999	1	80000	800	56568.54249
400000-499999	1	16000	160	11313.7085
총합계	38	1208150	12082	854291.0577

아래 영역 사이에 필드를 끌어 놓으십시오.
필터
위로 이동(U)
아래로 이동(D)
처음으로 이동(G)
끝으로 이동(E)
보고서 필터로 이동
행 레이블로 이동
열 레이블로 이동
값으로 이동
필드 제거
값 필드 설정(N)...
행
분기(판매일자)
매출액
합계 : 표준편차
나중에 레이아웃 업데... 업데이트

⑬ [값 필드 설정] 대화 상자 → 표시 형식 → '숫자' 범주 선택 → 소수 자릿수는 **1** 입력 → '1000 단위 구분 기호(,) 사용' 체크 → 확인 을 클릭한다.
같은 방법으로 '이익금', '부가세' 필드도 표시 형식을 설정한다.

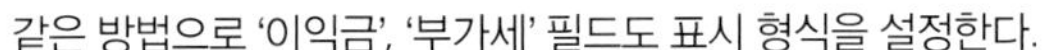

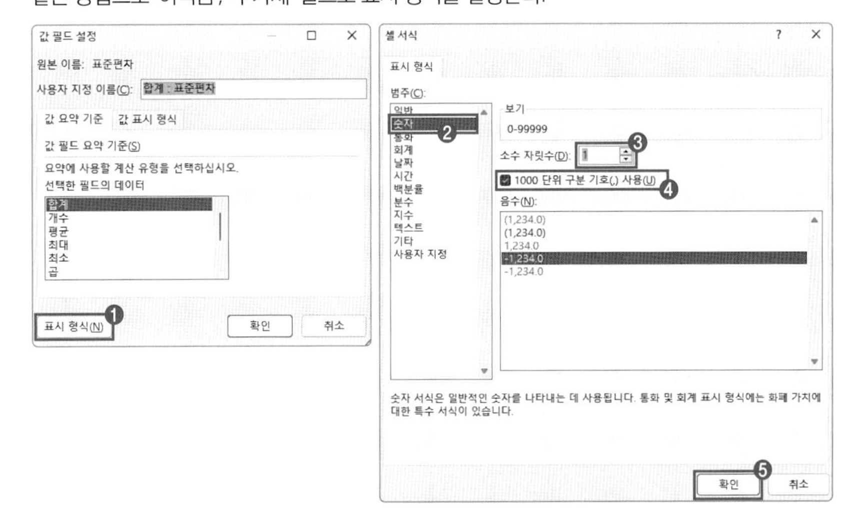

☞ '합계 : 표준 편차' 필드의 표시 형식이 소수 자릿수 1, 1000 단위 구분 기호로 변경된다.

[결과]

행 레이블	개수 : 게임명	합계 : 이익금	합계 : 부가세	합계 : 표준편차
⊟1사분기	15	545,100.0	5,451.0	385,443.9
0-99999	5	137,200.0	1,372.0	97,015.1
100000-199999	5	78,300.0	783.0	55,366.5
200000-299999	4	254,600.0	2,546.0	180,029.4
300000-399999	1	75,000.0	750.0	53,033.0
⊟2사분기	1	7,200.0	72.0	5,091.2
100000-199999	1	7,200.0	72.0	5,091.2
⊟3사분기	10	266,700.0	2,667.0	188,585.4
0-99999	5	97,000.0	970.0	68,589.4
100000-199999	2	63,200.0	632.0	44,689.1
200000-299999	2	87,000.0	870.0	61,518.3
600000-699999	1	19,500.0	195.0	13,788.6
⊟4사분기	12	389,150.0	3,892.0	275,170.6
0-99999	5	135,450.0	1,355.0	95,777.6
100000-199999	4	82,700.0	827.0	58,477.7
200000-299999	1	75,000.0	750.0	53,033.0
300000-399999	1	80,000.0	800.0	56,568.5
400000-499999	1	16,000.0	160.0	11,313.7
총합계	38	1,208,150.0	12,082.0	854,291.1

3 실전 문제 마스터

www.ebs.co.kr/compass(엑셀 실습 파일 다운로드) 

문제 1 3_1_피벗테이블_xlsx

'피벗_3' 시트에서 다음의 지시 사항에 따라 피벗 테이블 보고서를 작성하시오.

- [A1:E81] 영역을 이용하고, 피벗 테이블 보고서의 레이아웃과 위치는 <그림>을 참조하여 설정한 후, **보고서 레이아웃을 테이블 형식**으로 표시하시오.
- **'출석수' 필드는 표시 형식을 값 필드 설정의 셀 서식에서 '숫자' 범주**를 이용하여 <그림>과 같이 지정하시오.
- **'이름' 필드는 개수로 계산한 후 '학생수'로 이름을 변경**하시오.
- **빈 셀은 공백**으로 표시하시오.
- 1학년 학생의 데이터를 제외하고, 필드 머리글을 표시하지 마시오.
- **열 머리글, 줄무늬 행, 줄무늬 열**에 피벗 테이블 스타일 '파랑, 피벗 스타일 보통 2'로 설정하시오.

		남		여		전체 평균 : 출석수	전체 학생수
		평균 : 출석수	학생수	평균 : 출석수	학생수		
⊟2	양선반	7.75	4	0.67	3	4.71	7
	오래참음반	6.75	4	9.67	3	8.00	7
	자비반	14.00	3	6.00	4	9.43	7
	충성반	11.17	6	14.00	2	11.88	8
2 요약		9.82	17	6.92	12	8.62	29
⊟3	믿음반	7.60	5	14.50	2	9.57	7
	소망반	9.75	4	9.50	6	9.60	10
	온유반	10.50	4	8.25	4	9.38	8
	절제반	11.80	5	4.33	3	9.00	8
3 요약		9.89	18	8.80	15	9.39	33
총합계		9.86	35	7.96	27	9.03	62

※ 작업 완성된 그림이며 부분 점수 없음.

[풀이]

① [A1:E81] 범위 선택 → [삽입] → [표] → [피벗 테이블] → [피벗 테이블 만들기] 대화 상자 → '기존 워크시트'에서 [G2] 셀 선택 → 확인 을 클릭한다.

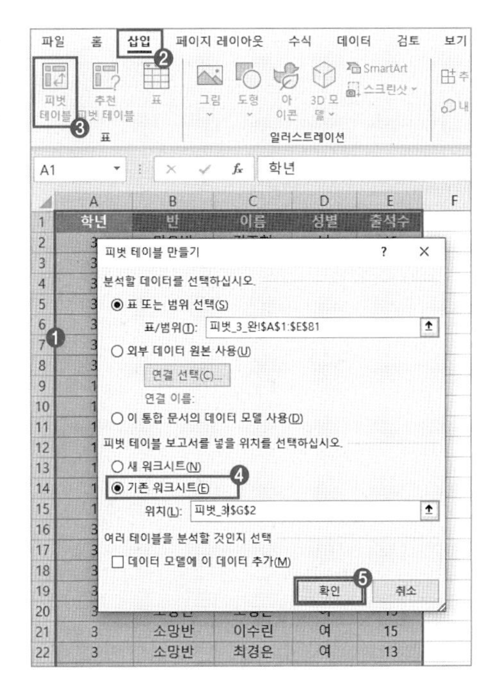

[G2] 셀에 피벗 테이블이 추가된다.

데이터 전체 선택 바로 가기 키: 데이터 범위에서의 임의의 셀 선택 → Ctrl + * 를 누른다.

② [피벗 테이블 필드] 창 → 열 영역에 '성별', 행 영역에 '학년', '반', 값 영역에 '출석수', '이름' 필드 추가 → [디자인] → [레이아웃] → [보고서 레이아웃] → [테이블 형식으로 표시]를 선택한다.

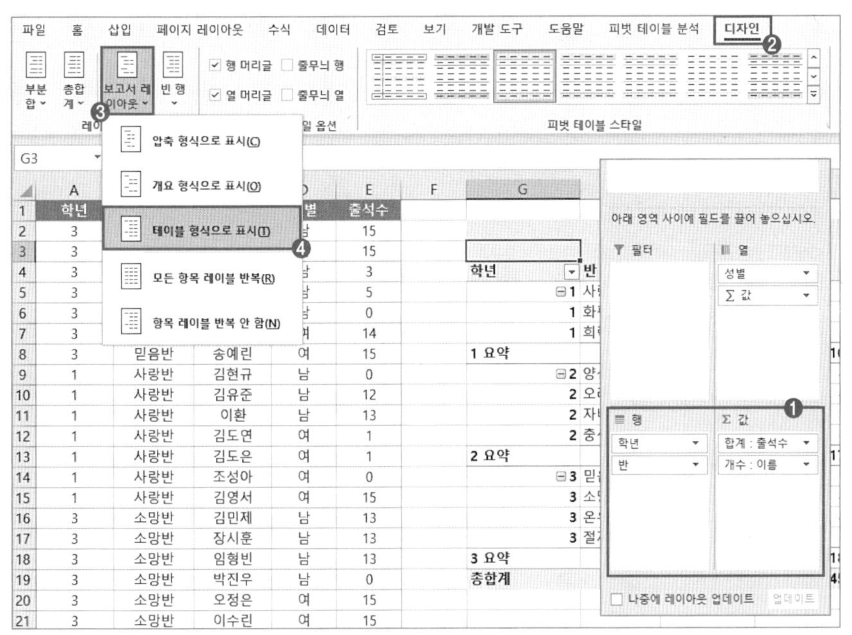

③ [피벗 테이블 필드] 창 → Σ값 영역에서 '합계 : 출석수' 선택 → [값 필드 설정] → [값 필드 설정] 대화 상자 → 계산 유형 '평균' 선택 → 표시 형식 클릭 → [셀 서식] 대화 상자 → '숫자' 범주 → 소수 자릿수 2 입력 → 확인 을 클릭한다.

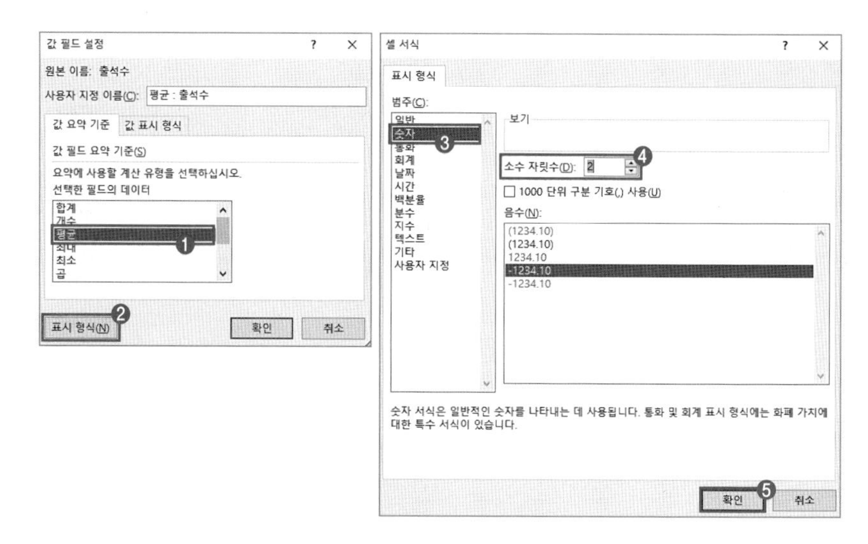

④ 피벗 테이블의 [J4] 셀에서 마우스 오른쪽을 클릭 → [값 필드 설정] → [값 필드 설정] 대화 상자 → 사용자 지정 이름을 **학생수**로 입력 → 확인 을 클릭한다.

☞ '개수 : 이름' 필드 이름이 '학생수'로 변경된다.

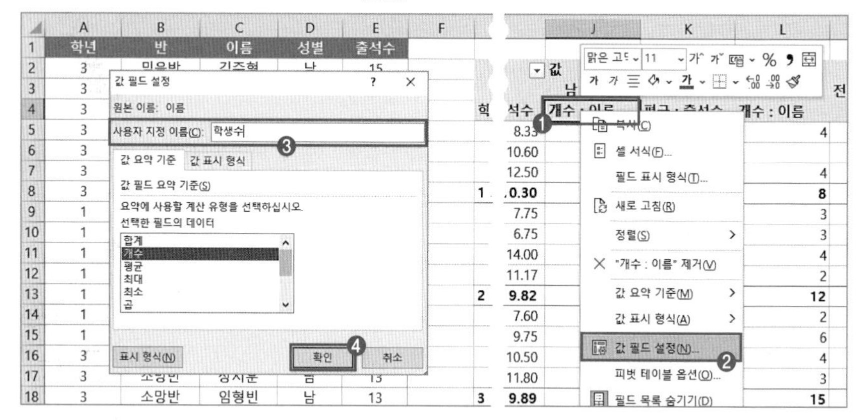

⑤ 피벗 테이블에서 임의의 셀 선택 → 마우스 오른쪽을 클릭 → [피벗 테이블 옵션] → [피벗 테이블 옵션] 대화 상자 → 빈 셀 표시가 공백임을 확인한 후 → 확인 을 클릭한다.

☞ 피벗 테이블의 빈 셀은 공백으로 표시된다.
기본값이 빈 셀이므로 변화는 없다.

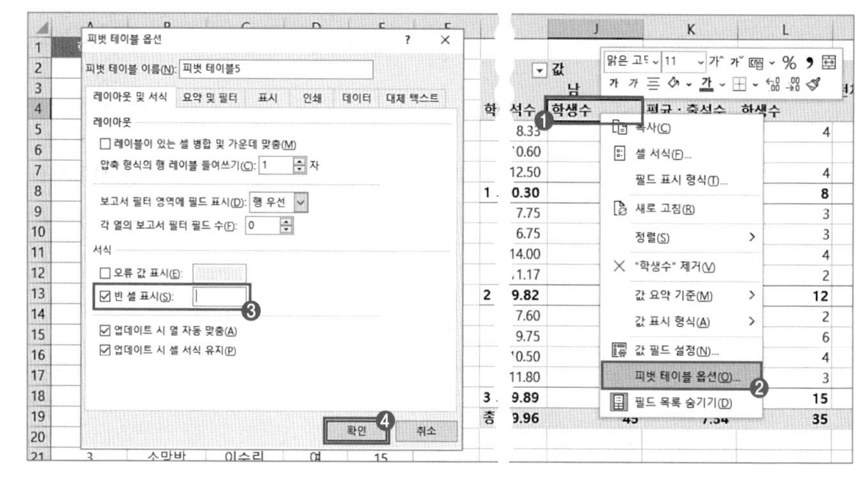

⑥ [학년] 필드의 화살표(▾) 클릭 → '1' 체크 해제 → [확인]을 클릭한다.

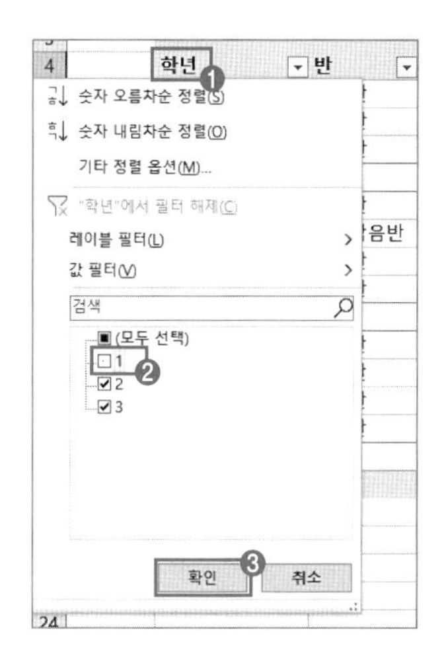

☞ 피벗 테이블에서 '1학년' 항목이 필터링되어 숨겨진다.

⑦ [피벗 테이블 분석] → [표시] → [필드 머리글]을 선택한다.

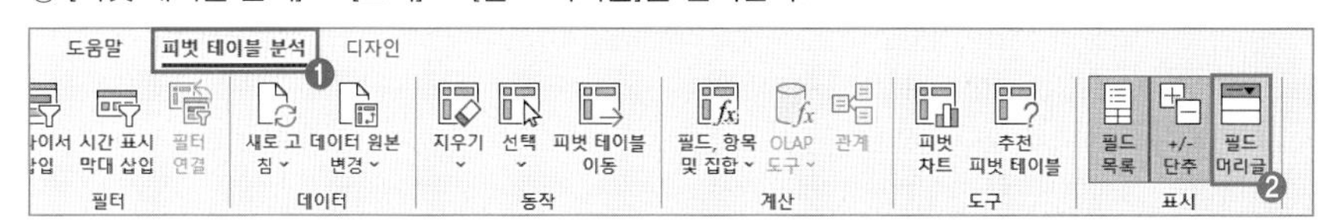

⑧ [디자인] → [피벗 테이블 스타일 옵션] → '열 머리글', '줄무늬 행', '줄무늬 열'을 체크 → [피벗 테이블 스타일]의 자세히(▾)를 클릭 → '파랑, 피벗 스타일 보통 2'를 선택한다.

[결과]

G	H	I	J	K	L	M	N
		남		여		전체 평균 : 출석수	전체 학생수
		평균 : 출석수	학생수	평균 : 출석수	학생수		
⊟2	양선반	7.75	4	0.67	3	4.71	7
	오래참음반	6.75	4	9.67	3	8.00	7
	자비반	14.00	3	6.00	4	9.43	7
	충성반	11.17	6	14.00	2	11.88	8
2 요약		9.82	17	6.92	12	8.62	29
⊟3	믿음반	7.60	5	14.50	2	9.57	7
	소망반	9.75	4	9.50	6	9.60	10
	온유반	10.50	4	8.25	4	9.38	8
	절제반	11.80	5	4.33	3	9.00	8
3 요약		9.89	18	8.80	15	9.39	33
총합계		9.86	35	7.96	27	9.03	62

문제 2 작업 파일: 3_1_피벗테이블_xlsx

'피벗_4' 시트에서 다음 그림과 같이 피벗 테이블을 작성하시오.

- ▶ **<보험가입자.xlsx>의 <지급액> 시트를 이용**하고, 피벗 테이블 보고서의 레이아웃과 위치는 <그림>을 참조하여 설정하시오.
- ▶ 보고서 **레이아웃을 개요 형식으로 표시**하고, **행의 총합계는 표시되지 않도록** 설정하시오.
- ▶ 합계: 차액은 (지급금액-미지급액)으로 계산하고 백의 자리에서 올림한 값을 표시 (ROUNDUP 함수 사용)
- ▶ 피벗 테이블의 수치가 **양수이면 천 단위 구분 기호와 함께 정수로 표시하고, 음수이면** '@', 0이면 '*'로 셀 서식 사용자 지정 표시 형식으로 설정하시오.
- ▶ 관계 필드는 '딸', '배우자', '아들', '피고인용' 필드만 표시하고 텍스트 기준 내림차순 정렬하시오.
- ▶ '레이블이 있는 셀 병합 및 가운데 맞춤'을 설정하고, **빈 셀은 '공백' 문자를 표시**하시오.
- ▶ 보고서 필터를 이용하여 **'김정아', '민채린'을 항목에서 제외**하시오.
- ▶ 피벗 테이블 스타일은 **'연한 파랑, 피벗 스타일 밝게 13'**, 피벗 테이블 스타일 옵션은 **'행 머리글', '열 머리글', '줄무늬 열'**을 설정하시오.
- ▶ 관계가 딸이면서 구분이 종합병원인 자료만 <그림>과 같이 별도의 시트에 자동 생성한 후, 시트명을 '종합병원-딸'로 지정하고, '피벗_4' 시트의 오른쪽에 위치시키시오.

	A	B	C	D	E	F	G
1		보험자	(다중 항목)				
2							
3				관계			
4		구분	값	피고인용	아들	배우자	딸
5		병원					
6			합계 : 지급금액	7,802	1,350	8,275	공백
7			평균 : 미지급액	245	*	1,200	공백
8			합계 : 차액	7,400	1,400	7,100	*
9		약제					
10			합계 : 지급금액	1,638	4,803	4,488	0
11			평균 : 미지급액	1,930	2,100	1,070	*
12			합계 : 차액	@	2,800	3,500	100
13		의원					
14			합계 : 지급금액	4,726	0	0	2,827
15			평균 : 미지급액	*	*	*	*
16			합계 : 차액	4,800	100	100	2,900
17		종합병원					
18			합계 : 지급금액	공백	8,124	2,975	263
19			평균 : 미지급액	공백	515	*	1,250
20			합계 : 차액	*	7,100	3,000	@
21		전체 합계 : 지급금액		14,166	14,277	15,738	3,090
22		전체 평균 : 미지급액		605	626	568	625
23		전체 합계 : 차액		11,800	11,200	13,500	600
24							

	A	B	C	D	E	F	G	H
1	보험자	관계	구분	지급금액	미지급액			
2	박은주	딸	종합병원	7526	2500			
3	구영호	딸	종합병원	-7263	0			
4								

※ 작업 완성된 그림이며 부분 점수 없음.

[풀이]

① [B3] 셀 선택 → [데이터] → [데이터 가져오기 및 변환] → [데이터 가져오기] → [파일에서] → [통합 문서에서] → [데이터 가져오기] 대화 상자 → 'C:₩엑셀실습파일₩3과목_분석작업₩01_피벗테이블₩보험가입자.xlsx' 선택 → [가져오기]를 클릭한다.

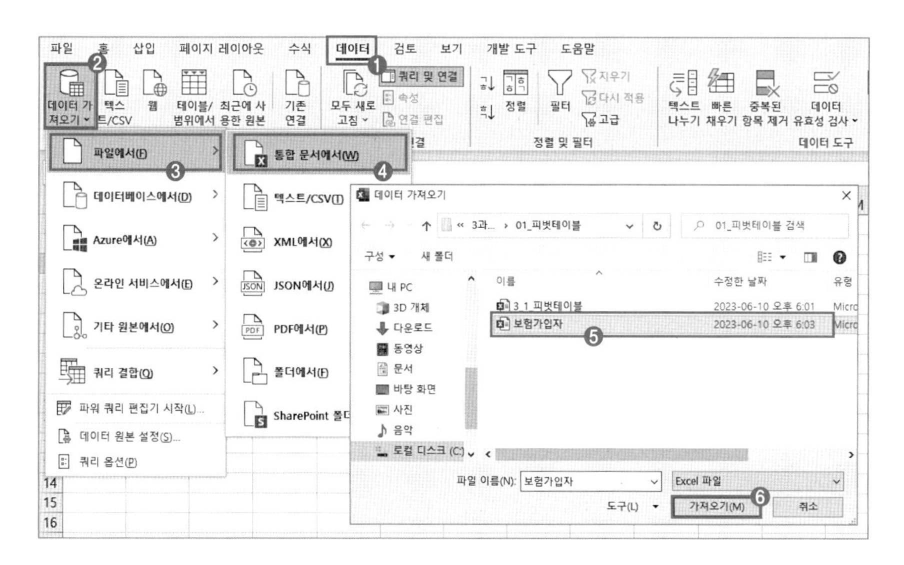

② [탐색 창] → '지급액' 시트 선택 → [로드 ▾] → [다음으로 로드]를 클릭한다.

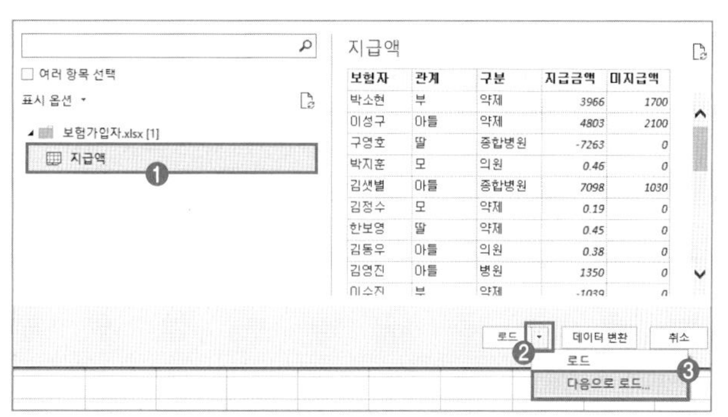

③ [데이터 가져오기] 대화 상자 → '피벗 테이블 보고서' → '기존 워크시트'에서 [B3]셀 선택 → 확인을 클릭한다.

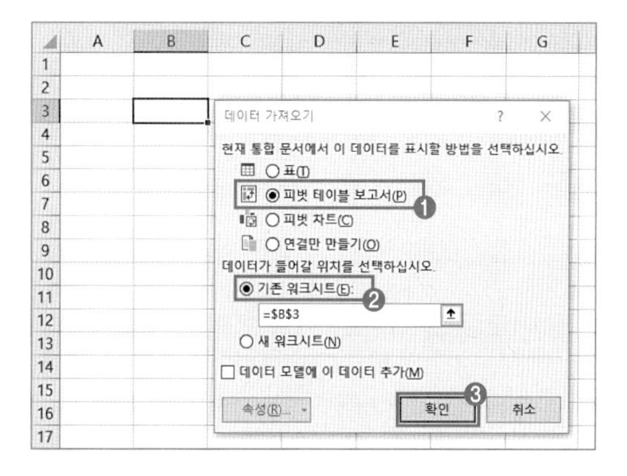

☞ 피벗 테이블이 [B3] 셀부터 삽입된다.
'데이터 모델에 이 데이터 추가'를 선택하면 계산 필드를 추가할 수 없으므로 주의하도록 한다.

④ 워크시트에서 추가된 피벗 테이블 영역을 선택하고 다음과 같이 필드를 배치한다.

필터	열
보험자	관계
행	값
구분 Σ값	합계 : 지급금액 평균 : 미지급금액

⑤ [디자인] → [레이아웃] → [보고서 레이아웃] → [개요 형식으로 표시]를 선택한다.

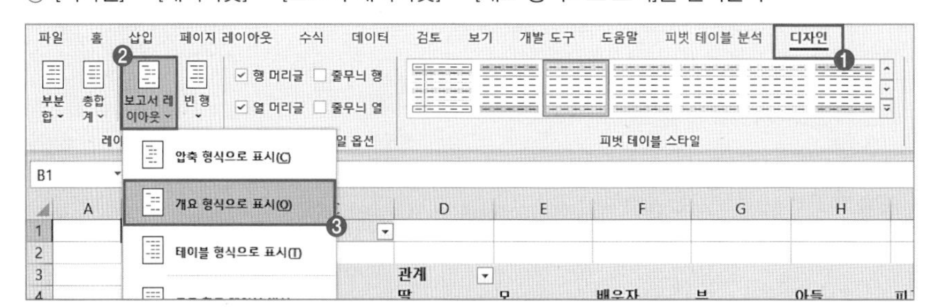

⑥ [디자인] → [레이아웃] → [총합계] → [열의 총합계만 설정]을 선택한다.

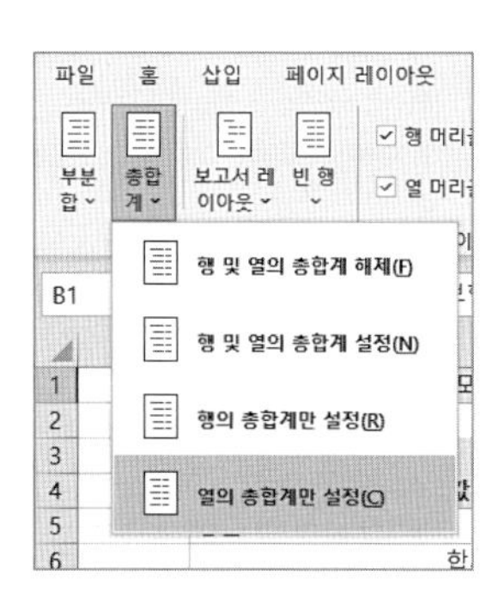

⑦ [피벗 테이블 분석] → [계산] → [필드, 항목 및 집합] → [계산 필드]를 선택한다.

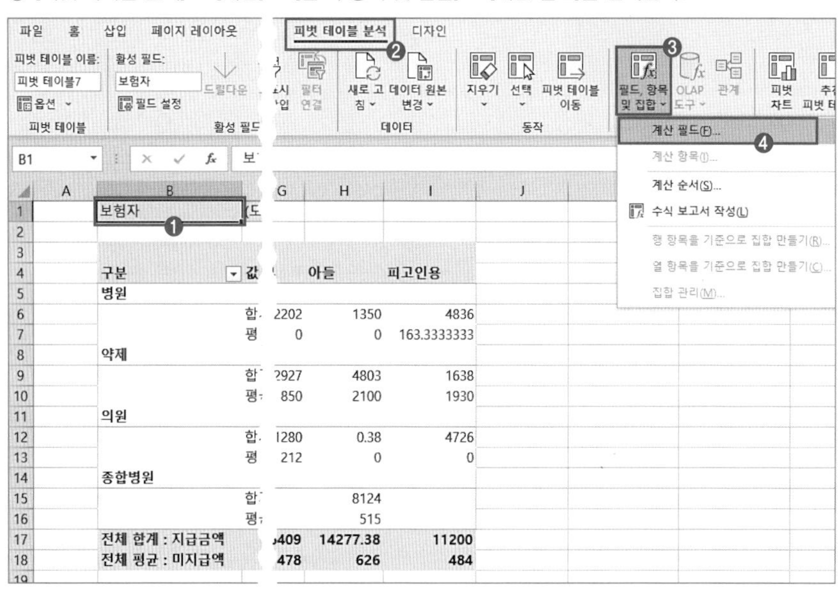

⑧ [계산 필드 삽입] 대화 상자 → 이름을 **차액**으로 입력 → 수식 **=ROUNDUP(지급금액-미지급액,-2)** 입력 → 추가 클릭 → 확인을 클릭한다.

☞ 지급금액-미지급액의 계산 결과를 정수 십의 자리에서 올림한 차액 필드가 추가된다.

⑨ 피벗 테이블 데이터 중 숫자 데이터 [D5:G23] 범위 선택 → Ctrl + 1 → [셀 서식] 대화 상자 → '사용자 지정' 범주 → 형식 입력 창에 **#,##0;"@";"*"** 입력 → 확인 을 클릭한다.

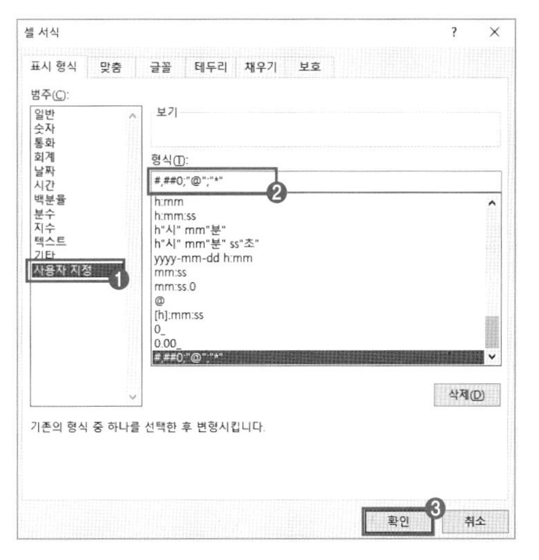

사용자 지정 표시 형식 구조
양수 ; 음수 ; 0
천 단위 구분 기호: #,##0

⑩ [D3] 셀의 [관계] 필드의 화살표(▼) 클릭 → [텍스트 내림차순 정렬] 선택 → '부', '모' 필드 체크 해제 → 확인 을 클릭한다.

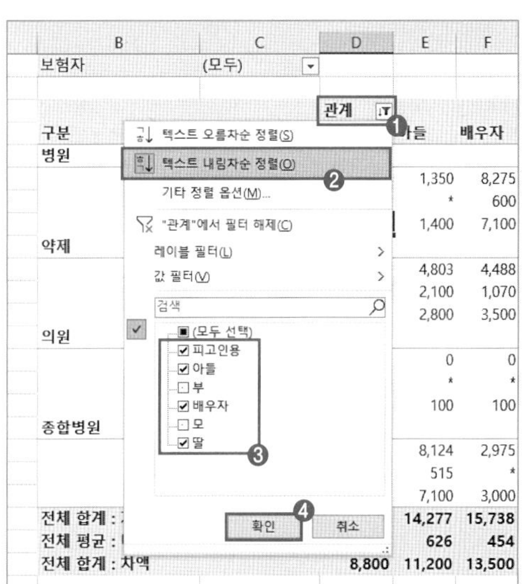

관계 중 부, 모 필드가 피벗 테이블에서 제외된다.

⑪ 피벗 테이블 임의의 위치에서 마우스 오른쪽을 클릭 → [피벗 테이블 옵션] 대화 상자 → '레이블이 있는 셀 병합 및 가운데 맞춤' 체크 → 빈 셀 표시 입력 창에 **공백** 입력 → 확인 을 클릭한다.

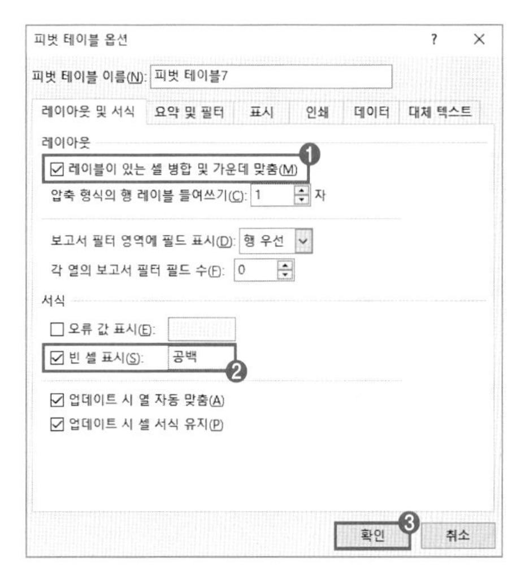

⑫ [보고서] 필터의 화살표(▾) 클릭 → '여러 항목 선택' 체크 → '김정아', '민채린' 체크 해제 → 확인 을 클릭한다.

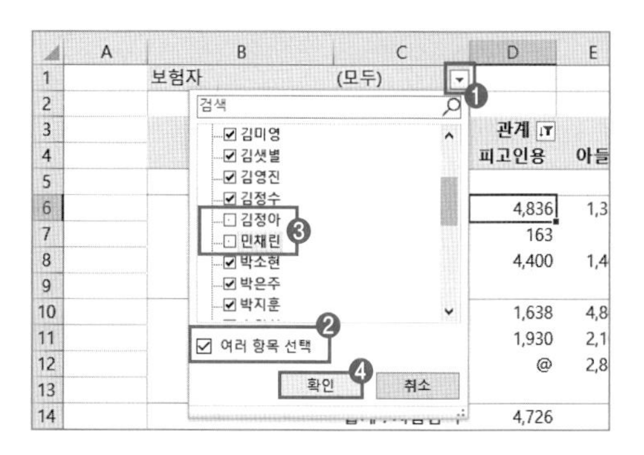

⑬ [디자인] → [피벗 테이블 스타일 옵션] → '행 머리글', '열 머리글', '줄무늬 열' 체크 → [피벗 테이블 스타일]의 자세히(▾)를 클릭 → '연한 파랑, 피벗 스타일 밝게 13'을 선택한다.

⑭ [G18] 셀을 더블클릭한다. 종합병원 딸의 레코드가 필터 된 시트가 생성된다. → 새로 생성된 시트 이름을 더블클릭 → **종합병원_딸**을 입력 → '종합병원_딸' 시트를 드래그해 '피벗_4' 시트 오른쪽으로 이동한다.

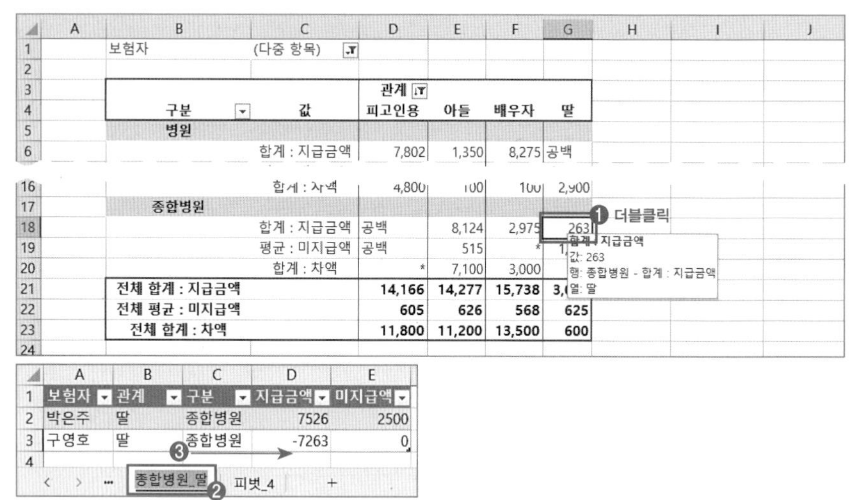

☞ 시트 이름을 더블클릭하면 이름 변경 모드로 전환되고 Enter 를 누르면 이름이 변경된다.

[결과]

	A	B	C	D	E	F	G
1		보험자	(다중 항목)				
2							
3				관계			
4		구분	값	피고인용	아들	배우자	딸
5		병원					
6			합계 : 지급금액	7,802	1,350	8,275	공백
7			평균 : 미지급액	245	*	1,200	공백
8			합계 : 차액	7,400	1,400	7,100	*
9		약제					
10			합계 : 지급금액	1,638	4,803	4,488	0
11			평균 : 미지급액	1,930	2,100	1,070	*
12			합계 : 차액	@	2,800	3,500	100
13		의원					
14			합계 : 지급금액	4,726	0	0	2,827
15			평균 : 미지급액	*	*	*	*
16			합계 : 차액	4,800	100	100	2,900
17		종합병원					
18			합계 : 지급금액	공백	8,124	2,975	263

19	평균 : 미지급액	공백	515	*	1,250
20	합계 : 차액	*	7,100	3,000	@
21	**전체 합계 : 지급금액**	**14,166**	**14,277**	**15,738**	**3,090**
22	**전체 평균 : 미지급액**	**605**	**626**	**568**	**625**
23	**전체 합계 : 차액**	**11,800**	**11,200**	**13,500**	**600**
24					

	A	B	C	D	E	F	G	H
1	보험자	관계	구분	지급금액	미지급액			
2	박은주	딸	종합병원	7526	2500			
3	구영호	딸	종합병원	-7263	0			
4								

피벗_3_완 | 피벗_4 | 종합병원_딸 | 피벗_4_완

준비

분석 작업 02

데이터 유효성 검사

- 유효성 검사 규칙을 이용하여 특정 범위에 입력 데이터만 입력할 수 있다.
- 유효성 검사 규칙을 이용하여 잘못된 데이터 입력 시 메시지 창을 표시할 수 있다.

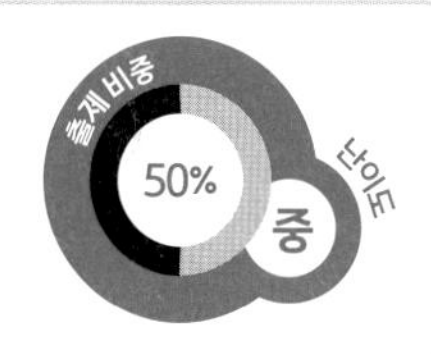

1 개념 학습

1) 데이터 유효성 검사 기초 이론

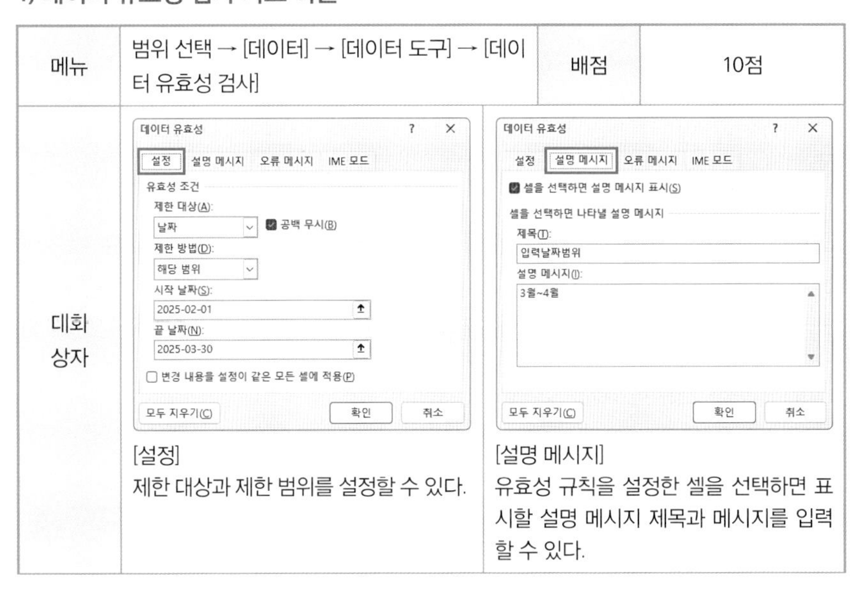

메뉴	범위 선택 → [데이터] → [데이터 도구] → [데이터 유효성 검사]	배점	10점
대화 상자	[설정] 제한 대상과 제한 범위를 설정할 수 있다.	[설명 메시지] 유효성 규칙을 설정한 셀을 선택하면 표시할 설명 메시지 제목과 메시지를 입력할 수 있다.	

IME(Input Method Editor) 모드
IME를 설정하면 해당 셀에 입력 방식을 미리 설정할 수 있다. 예를 들어 한글만 입력해야 하는 셀, 영문만 입력해야 하는 셀에서 [한/영] 키를 누르지 않고 자동 전환시킬 수 있다.

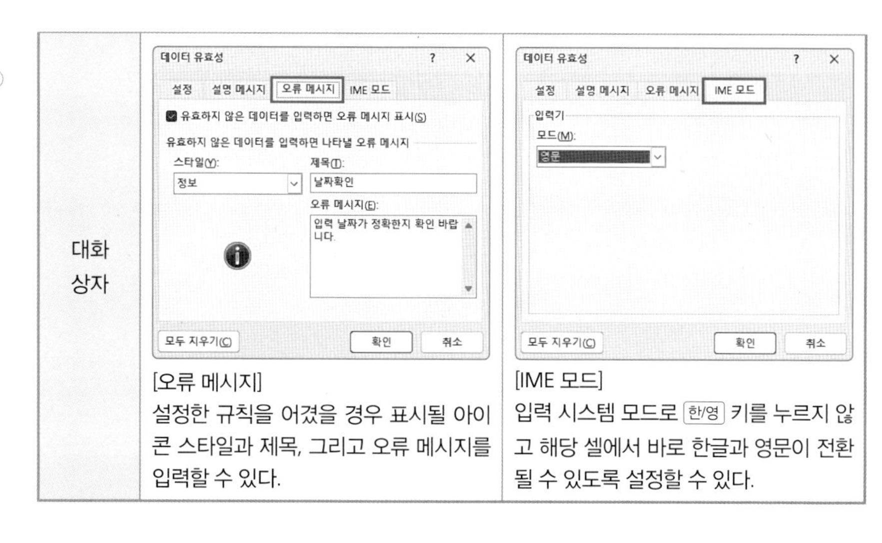

대화 상자	[오류 메시지] 설정한 규칙을 어겼을 경우 표시될 아이콘 스타일과 제목, 그리고 오류 메시지를 입력할 수 있다.	[IME 모드] 입력 시스템 모드로 [한/영] 키를 누르지 않고 해당 셀에서 바로 한글과 영문이 전환될 수 있도록 설정할 수 있다.

2) 유효성 검사 규칙 지우기

[데이터 유효성] 대화 상자를 실행하고 [모두 지우기]를 클릭한다.

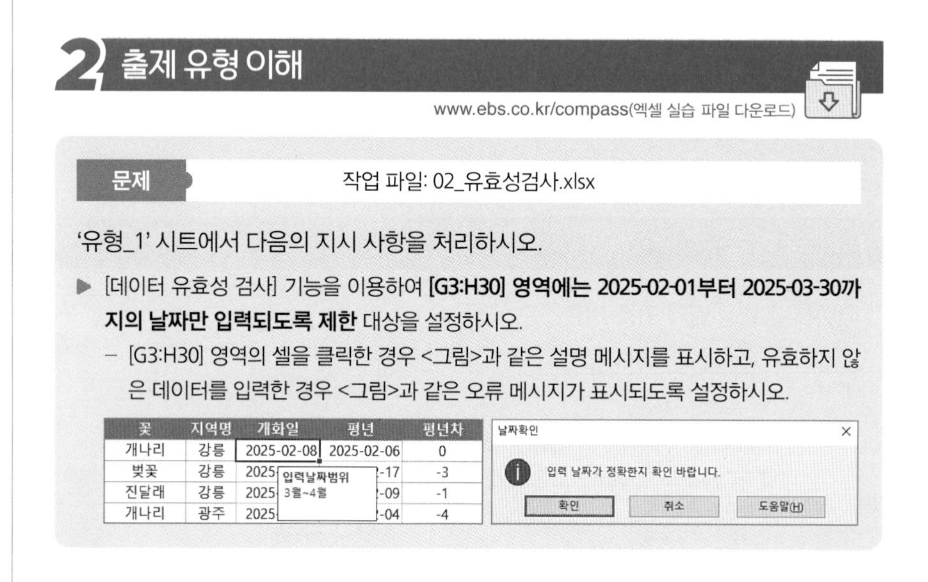

2 출제 유형 이해

www.ebs.co.kr/compass(엑셀 실습 파일 다운로드)

문제 작업 파일: 02_유효성검사.xlsx

'유형_1' 시트에서 다음의 지시 사항을 처리하시오.

▶ [데이터 유효성 검사] 기능을 이용하여 **[G3:H30] 영역에는 2025-02-01부터 2025-03-30까지의 날짜만 입력되도록 제한** 대상을 설정하시오.
- [G3:H30] 영역의 셀을 클릭한 경우 <그림>과 같은 설명 메시지를 표시하고, 유효하지 않은 데이터를 입력한 경우 <그림>과 같은 오류 메시지가 표시되도록 설정하시오.

꽃	지역명	개화일	평년	평년차
개나리	강릉	2025-02-08	2025-02-06	0
벚꽃	강릉	2025	-17	-3
진달래	강릉	2025	-09	-1
개나리	광주	2025	-04	-4

[풀이]

① [G3:H30] 범위 선택 → [데이터] → [데이터 도구] → [데이터 유효성 검사] → [데이터 유효성 검사] → [데이터 유효성] 대화 상자 → 제한 대상은 '날짜' → 제한 방법은 '해당 범위' → 시작 날짜는 **2025-02-01**, 끝 날짜는 **2025-03-30**을 입력한다.

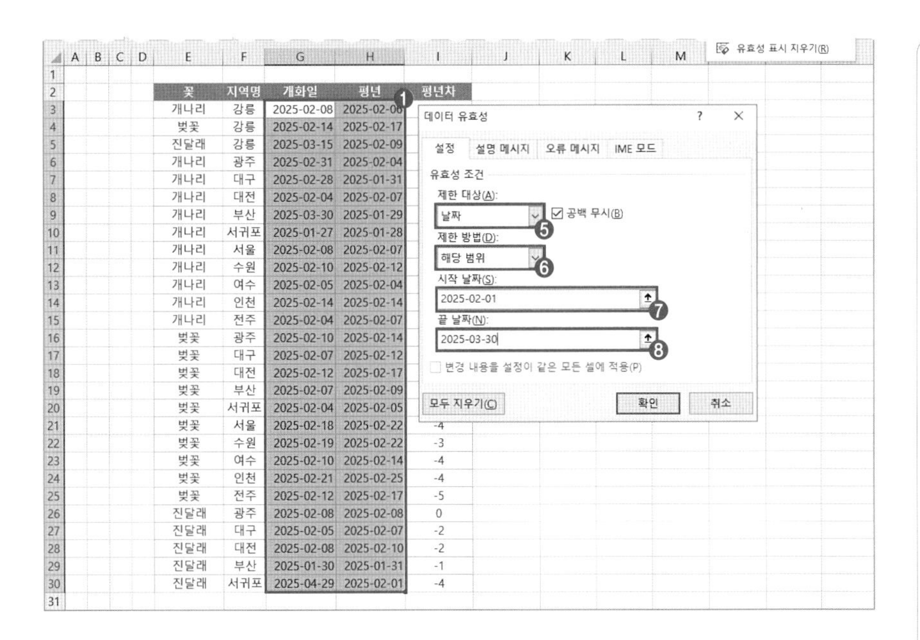

② [설명 메시지] 탭 → '셀을 선택하면 설명 메시지 표시' 체크 → 제목은 **입력날짜범위** 입력 → 설명 메시지는 **3월~4월** 입력 → [오류 메시지] 탭 → '유효하지 않은 데이터를 입력하면 오류 메시지 표시' 체크 → 스타일은 '정보' 선택 → 제목은 **날짜확인** 입력 → 오류 메시지는 **입력 날짜가 정확한지 확인 바랍니다.** 입력 → [확인]을 클릭한다.

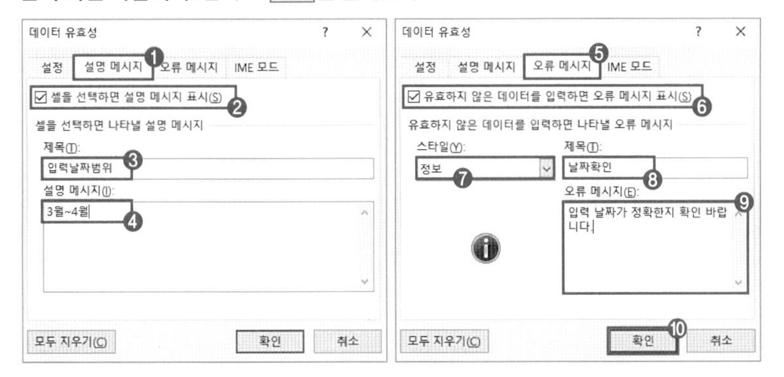

☞ 유효성 검사 규칙이 적용되었다.

☞ 기존 입력된 유효성 검사 규칙 범위를 벗어나는 데이터에는 영향을 주지 않는다.

[결과]

① [G3:H30] 범위에서 임의의 위치를 선택하면 그림과 같은 메시지가 표시된다.

② [G3:H30] 범위에 유효성 검사 규칙에 벗어나는 날짜로 수정하면 오류 메시지가 표시된다.

3 실전 문제 마스터

www.ebs.co.kr/compass(엑셀 실습 파일 다운로드) 

문제 작업 파일: 02_유효성검사.xlsx

'유효성_1' 시트에서 대하여 다음의 지시 사항을 처리하시오.

▶ [데이터 유효성 검사] 기능을 이용하여 **[L4:L13] 영역에는 두 번째 글자 이후에 반드시 '@'가 포함된 이메일주소가 입력되도록 제한** 대상을 설정하시오.(SEARCH 함수 사용)
- [L4:L13] 영역의 셀을 선택한 경우 <그림>과 같은 설명 메시지를 표시하고, 유효하지 않은 데이터를 입력한 경우 <그림>과 같은 오류 메시지가 표시되도록 설정하시오.
- 기본 입력 모드가 '영문'이 되도록 설정하시오.

▶ [E4:E13] 영역의 부서명은 영업부, 창조부, 기획부 목록만 입력될 수 있도록 설정하시오.

▶ **[G4:G13] 영역의 값은 4.5로 나누었을 때 몫이 86 이하가 입력**되도록 설정하시오.(QUOTIENT 함수 사용)

▶ [K4:K13] 영역의 값은 **13의 배수만 입력**되도록 설정하시오.(MOD 함수 사용)

▶ [H4:J13] 영역의 **1차, 2차, 3차 합계가 100%가 되도록** 하시오.(SUM 함수 사용)

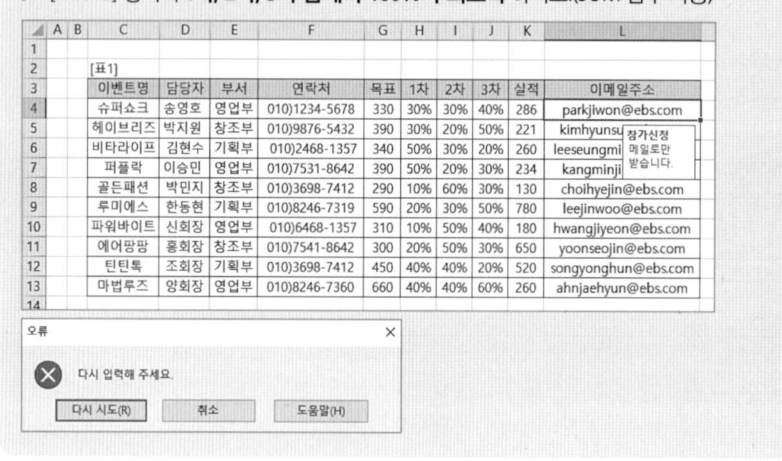

[표1]

이벤트명	담당자	부서	연락처	목표	1차	2차	3차	실적	이메일주소
슈퍼쇼크	송영호	영업부	010)1234-5678	330	30%	30%	40%	286	parkjiwon@ebs.com
헤이브리즈	박지원	창조부	010)9876-5432	390	30%	20%	50%	221	kimhyunsu
비타라이프	김현수	기획부	010)2468-1357	340	50%	30%	20%	260	leeseungmi
퍼플락	이승민	영업부	010)7531-8642	390	50%	20%	30%	234	kangminji
골든패션	박민지	창조부	010)3698-7412	290	10%	60%	30%	130	choihyejin@ebs.com
루미에스	한동현	기획부	010)8246-7319	590	20%	30%	50%	780	leejinwoo@ebs.com
파워바이트	신회장	영업부	010)6468-1357	310	10%	50%	40%	180	hwangjiyeon@ebs.com
에어팡팡	홍회장	창조부	010)7541-8642	300	20%	50%	30%	650	yoonseojin@ebs.com
틴틴톡	조회장	기획부	010)3698-7412	450	40%	40%	20%	520	songyonghun@ebs.com
마법루즈	양회장	영업부	010)8246-7360	660	40%	40%	60%	260	ahnjaehyun@ebs.com

[풀이]

① [L4:L13] 범위 선택 → [데이터] → [데이터 도구] → [데이터 유효성 검사] → [데이터 유효성 검사]를 선택한다.

② [설정] 탭 → 제한 대상은 '사용자 지정' 선택 → 수식은 **=SEARCH("@",L4)>=2** 입력 → [설명 메시지] 탭 → 제목은 **참가신청** 입력 → 설명 메시지는 **메일로만 받습니다.**를 입력한다.

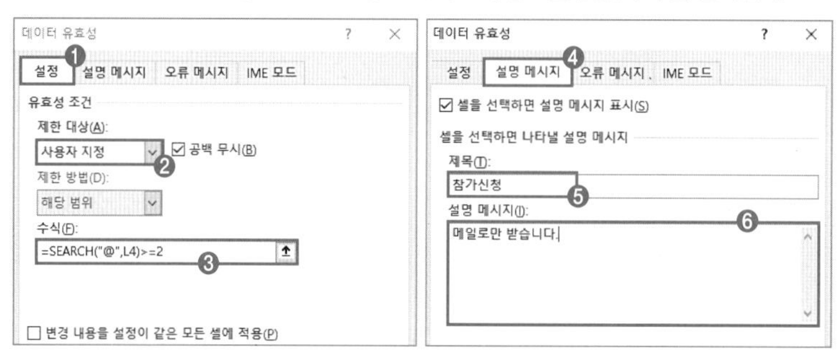

SEARCH(찾는 문자, 셀) 셀에 입력된 데이터 중 찾는 문자의 위치를 정수로 출력한다.
=SEARCH("나", 가나다라) → 2
=SEARCH("@",L4)>=2: 이메일 중에 @의 위치가 두 번째 글자 이후에 배치하도록 제한한다.

③ [오류 메시지] 탭 → 스타일은 '중지'를 선택 → 제목은 **오류**로 입력 → 오류 메시지는 **다시 입력해 주세요.** → [IME 모드] 탭 → 입력기 모드를 '영문'으로 선택 → 확인 을 클릭한다.

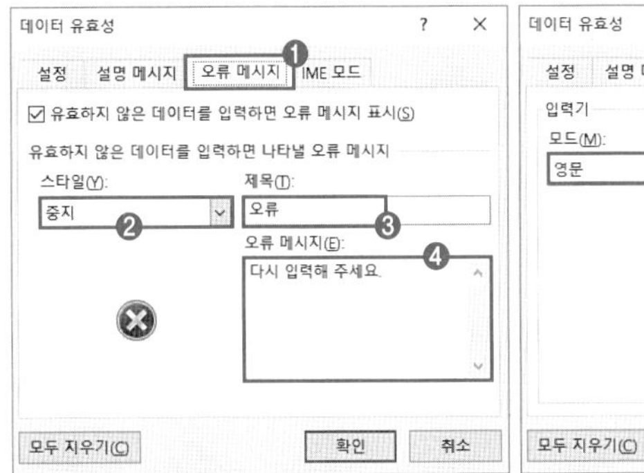

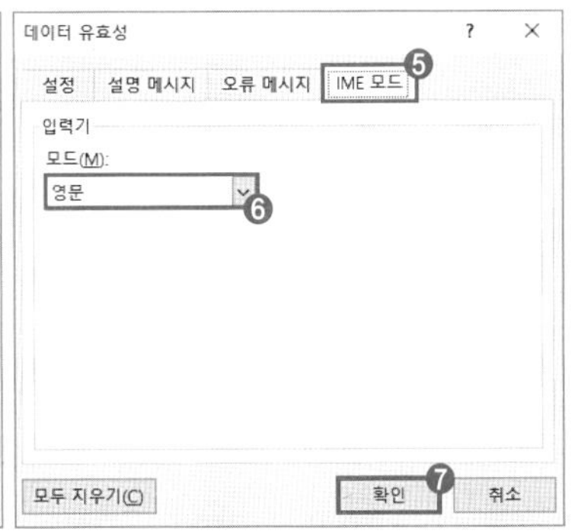

④ [E4:E13] 범위 선택 → [데이터] → [데이터 도구] → [데이터 유효성 검사] → [데이터 유효성 검사]를 선택한다.

⑤ [설정] 탭 → 제한 대상은 '목록' → 원본은 **영업부, 창조부, 기획부**를 입력 → 확인 을 클릭한다.

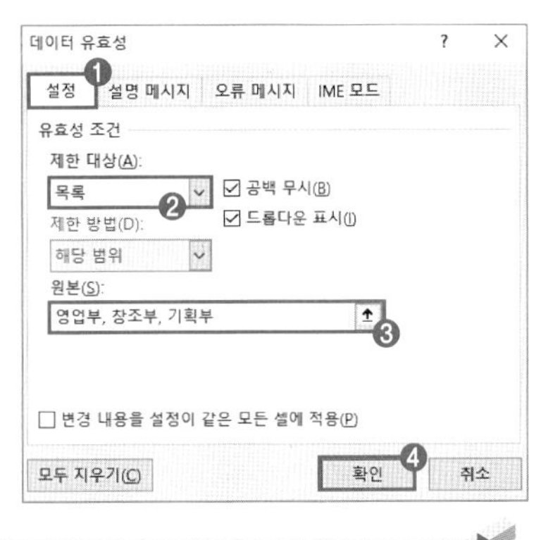

☞ 제한 대상 원본은 ", "로 구분하여 입력한다.

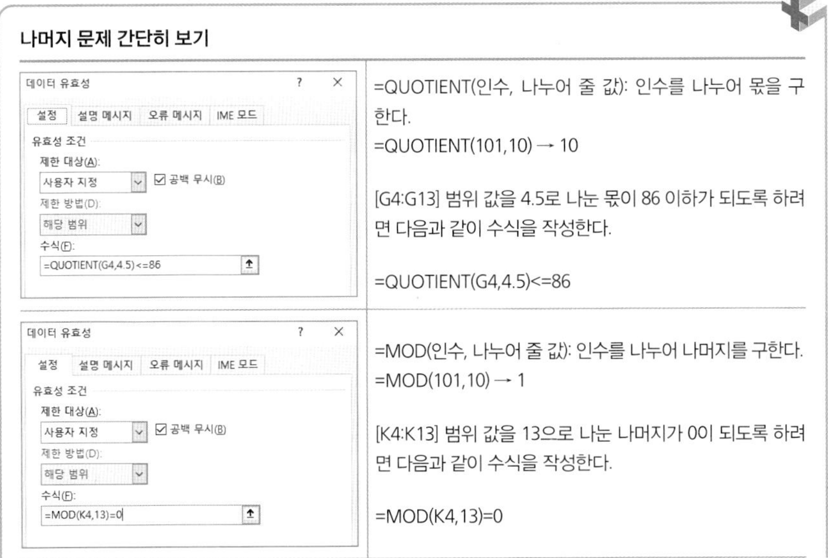

나머지 문제 간단히 보기

데이터 유효성 – 설정 / 제한 대상(A): 사용자 지정 / 공백 무시(B) / 수식(F): =QUOTIENT(G4,4.5)<=86	=QUOTIENT(인수, 나누어 줄 값): 인수를 나누어 몫을 구한다. =QUOTIENT(101,10) → 10 [G4:G13] 범위 값을 4.5로 나눈 몫이 86 이하가 되도록 하려면 다음과 같이 수식을 작성한다. =QUOTIENT(G4,4.5)<=86
데이터 유효성 – 설정 / 제한 대상(A): 사용자 지정 / 공백 무시(B) / 수식(F): =MOD(K4,13)=0	=MOD(인수, 나누어 줄 값): 인수를 나누어 나머지를 구한다. =MOD(101,10) → 1 [K4:K13] 범위 값을 13으로 나눈 나머지가 0이 되도록 하려면 다음과 같이 수식을 작성한다. =MOD(K4,13)=0

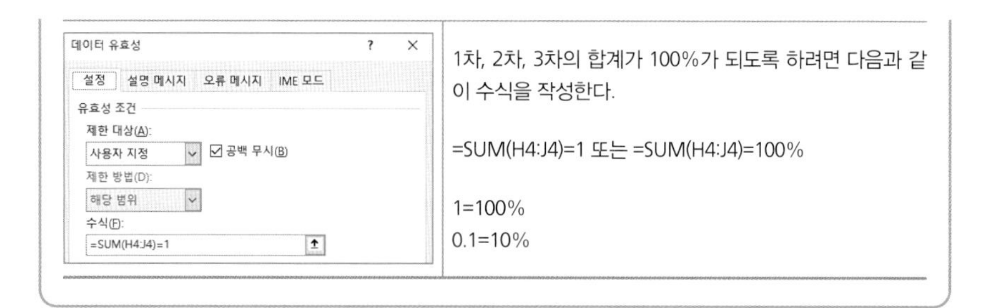

1차, 2차, 3차의 합계가 100%가 되도록 하려면 다음과 같이 수식을 작성한다.

=SUM(H4:J4)=1 또는 =SUM(H4:J4)=100%

1=100%
0.1=10%

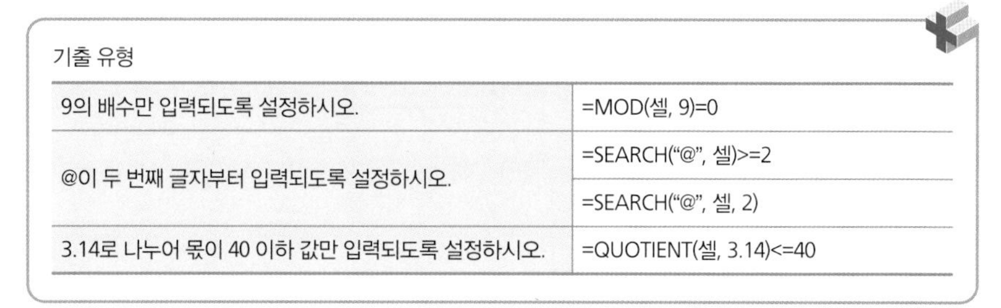

기출 유형

9의 배수만 입력되도록 설정하시오.	=MOD(셀, 9)=0
@이 두 번째 글자부터 입력되도록 설정하시오.	=SEARCH("@", 셀)>=2
	=SEARCH("@", 셀, 2)
3.14로 나누어 몫이 40 이하 값만 입력되도록 설정하시오.	=QUOTIENT(셀, 3.14)<=40

분석 작업 03

중복된 항목 제거

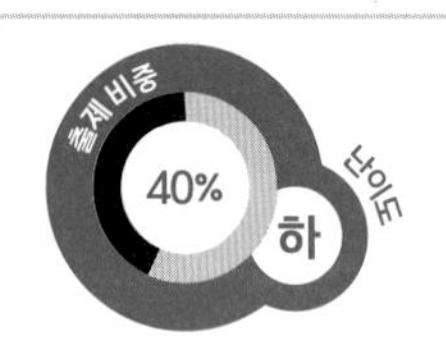

- 제시된 데이터에 중복된 항목을 제거할 수 있다.

1 개념 학습

[중복된 항목 제거 기초 이론]

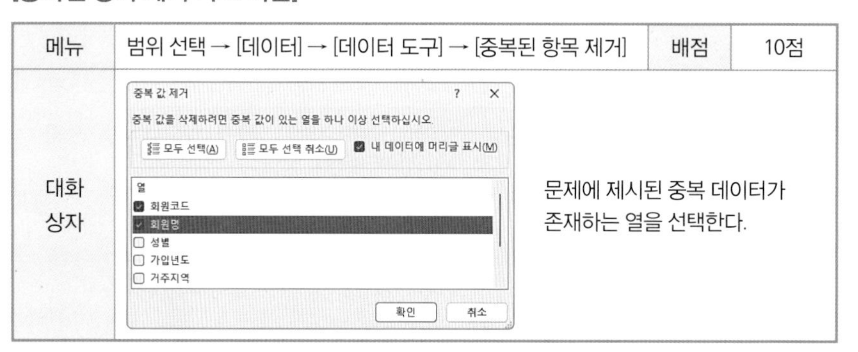

메뉴	범위 선택 → [데이터] → [데이터 도구] → [중복된 항목 제거]	배점	10점
대화 상자	문제에 제시된 중복 데이터가 존재하는 열을 선택한다.		

2 출제 유형 이해

www.ebs.co.kr/compass(엑셀 실습 파일 다운로드) 

문제 작업 파일: 03_중복된 항목 제거.xlsx

'중복_1' 시트에서 다음의 지시 사항을 처리하시오.

▶ 데이터 도구를 이용하여 [B3:I18] 범위에서 **'회원코드', '회원명' 열을 기준으로 중복된 값이 입력된 셀을 포함**하는 행을 삭제하시오.

[풀이]

① [B3:I18] 범위 선택 → [데이터] → [데이터 도구] → [중복된 항목 제거] → [중복 값 제거] 대화 상자 → 모두 선택 취소 → '회원코드', '회원명' 체크 → 확인 을 클릭한다.

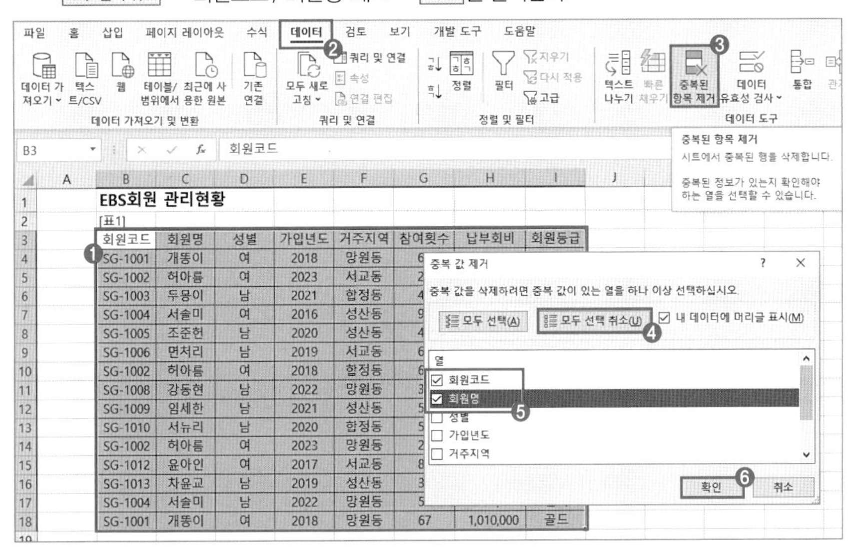

[중복 값 제거] 대화 상자가 실행되면 모든 열이 선택되어 있다. 모두 선택 취소를 클릭해 선택을 해제한 후 문제에서 지시된 열만 선택한다.

② 중복된 항목의 개수, 유지되는 항목의 개수를 표시하는 메시지 대화 상자가 그림과 같이 표시된다.

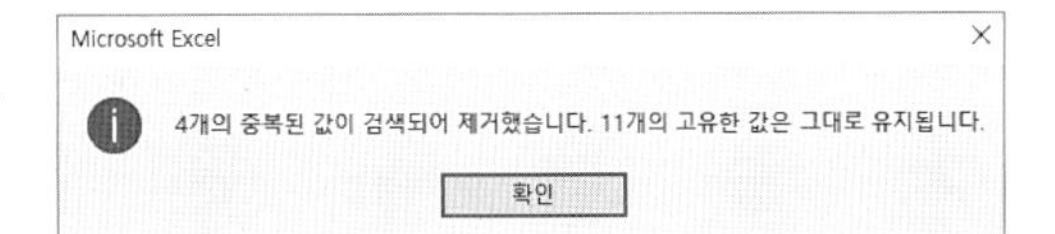

확인을 클릭하면 중복된 항목이 제거되고 고유한 값은 그대로 유지된다.

3 실전 문제 마스터

www.ebs.co.kr/compass(엑셀 실습 파일 다운로드) 

문제 작업 파일: 03_중복된 항목 제거.xlsx

'중복_2' 시트에서 다음의 지시 사항을 처리하시오.

▶ 데이터 도구를 이용하여 [표1]에서 **'성명', '성별', '생년월일' 열을 기준으로 중복된 값**이 입력된 셀을 포함하는 행을 삭제하시오.

[풀이]

① [B2:G27] 범위 선택 → [데이터] → [데이터 도구] → [중복된 항목 제거] → [중복 값 제거] 대화 상자 → 모두 선택 취소 → '성명', '성별', '생년월일' 체크 → 확인 을 클릭한다.

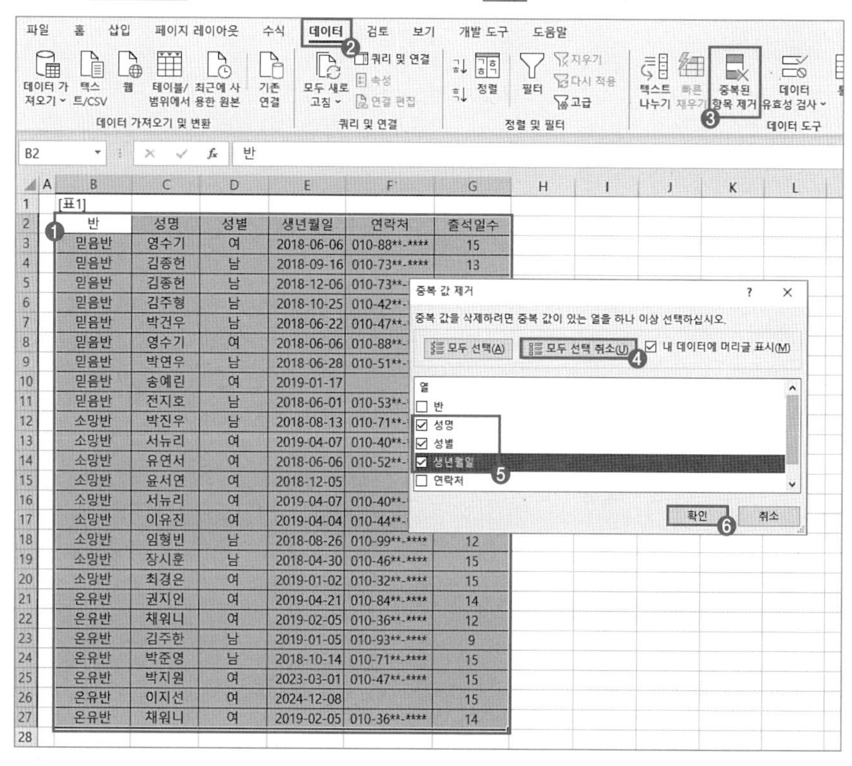

② 중복된 항목의 개수, 유지되는 항목의 개수를 표시하는 메시지 대화 상자가 그림과 같이 표시된다.

자동 필터

다른 데이터 분석 문제와 혼합하여 출제되는 것을 알 수 있다.

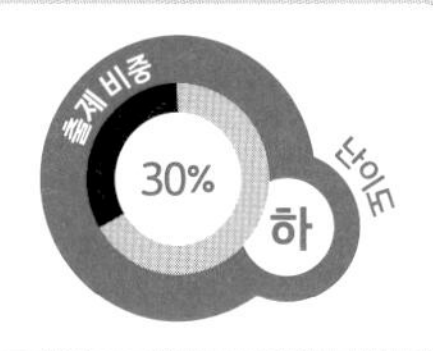

1 개념 학습

1) 자동 필터 기초 이론

메뉴	범위 선택 → [데이터] → [정렬 및 필터] → [필터]	배점	10점(2문제, 부분 점수 없음)
자동 필터 종류	텍스트 필터	숫자 필터	
	날짜 필터	색 기준 필터	

2) 자동 필터 해제하기

자동 필터가 적용된 영역의 임의의 셀 선택 → [데이터] → [정렬 및 필터] → [필터]를 선택한다.

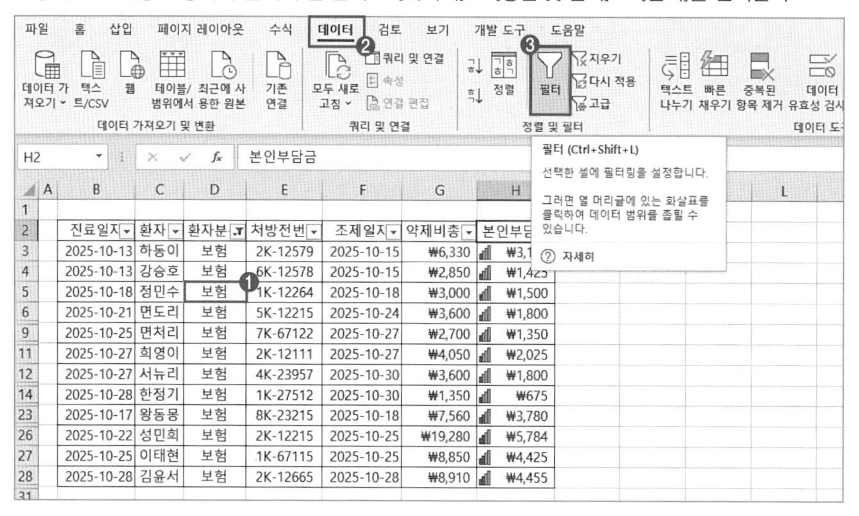

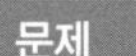

2 출제 유형 이해

www.ebs.co.kr/compass(엑셀 실습 파일 다운로드)

문제 작업 파일: 04_자동필터.xlsx

'자동필터_1' 시트에서 다음과 같은 기능을 수행하는 자동 필터를 적용하시오.

▶ 자동 필터 기능을 이용하여 [B2:I47] 영역에 대하여 **'8월', '9월', '10월', '11월'의 점수가 모두 3 이상인 데이터를 표시하고, '학점평균'을 기준으로 '내림차순' 정렬**하시오.

[풀이]

① 임의의 셀 선택 → [데이터] → [정렬 및 필터] → [필터]를 선택한다.

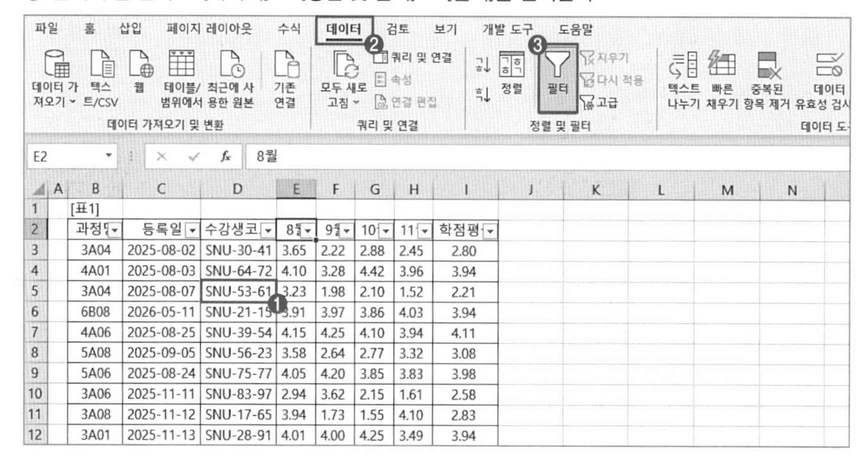

② [E2] 셀의 화살표(▾) 클릭 → [숫자 필터] → [크거나 같음]을 선택한다.

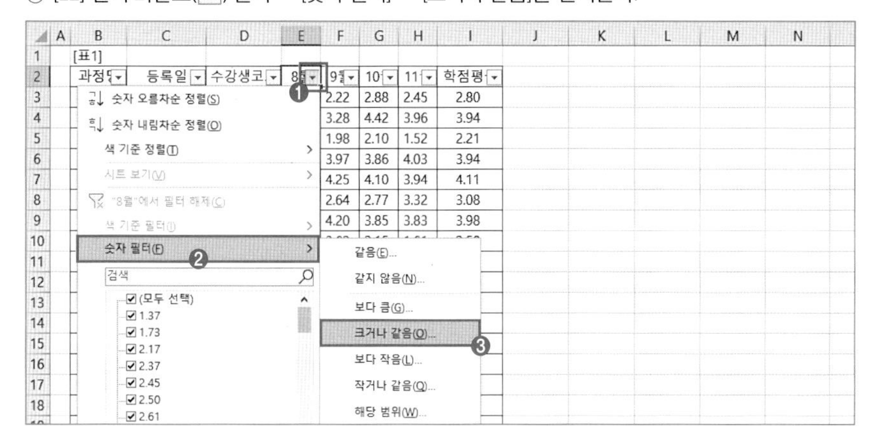

③ [사용자 지정 자동 필터] 대화상자 → **3**을 입력 → 확인을 클릭한다. 나머지 '9월', '10월', '11월' 열도 같은 방법으로 필터를 적용한다.

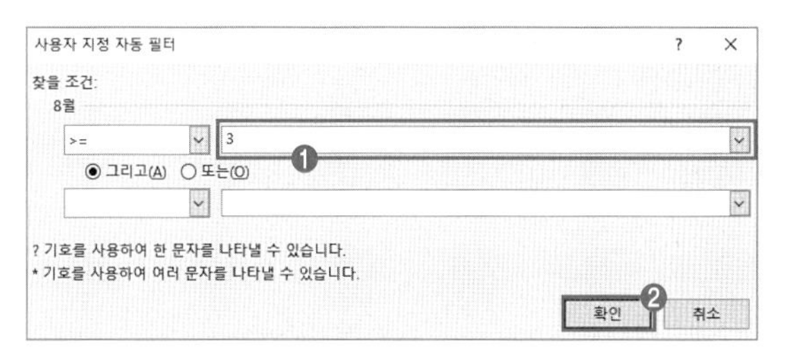

☞ '8월', '9월', '10월', '11월' 학점이 3 이상인 내역만 조회된다.

④ [I2] 셀의 화살표(▾) 클릭 → [숫자 내림차순 정렬]을 선택한다.

[결과]

	A	B	C	D	E	F	G	H	I
1		[표1]							
2		과정	등록일	수강생코	8	9	10	11	학점평
4		4A06	2027-06-08	SNU-19-64	4.32	4.2	4.15	4.05	4.18
6		3A01	2025-12-24	SNU-92-16	4.46	4.12	3.67	4.38	4.16
7		3A01	2027-11-19	SNU-57-76	4.23	4.16	4.3	3.85	4.14
9		4A06	2025-08-25	SNU-39-54	4.15	4.25	4.10	3.94	4.11
12		4A03	2026-08-10	SNU-38-32	4.04	3.94	3.95	4.19	4.03
16		5A02	2025-11-02	SNU-06-78	4.19	3.97	3.92	3.97	4.01
19		4A01	2026-03-18	SNU-48-60	4.20	4.08	3.29	4.41	4.00
20		5A06	2025-08-24	SNU-75-77	4.05	4.20	3.85	3.83	3.98
22		6B02	2026-09-07	SNU-59-46	3.92	3.74	4.30	3.90	3.97
26		6B08	2027-05-29	SNU-52-97	3.87	4.02	3.93	4.01	3.96
30		6B08	2026-05-11	SNU-21-15	3.91	3.97	3.86	4.03	3.94
39		4A01	2025-08-03	SNU-64-72	4.10	3.28	4.42	3.96	3.94
41		3A01	2025-11-13	SNU-28-91	4.01	4.00	4.25	3.49	3.94
42		5A06	2027-08-09	SNU-36-59	3.96	4.1	3.79	3.88	3.93
44		4A01	2027-03-25	SNU-91-13	4.07	3.15	4.4	3.81	3.86
47		3A07	2026-06-17	SNU-71-94	3.94	3.77	4.07	3.58	3.84
48									

3 실전 문제 마스터

www.ebs.co.kr/compass(엑셀 실습 파일 다운로드) 

문제 작업 파일: 04_자동필터.xlsx

'자동필터_2' 시트에서 다음의 지시 사항을 처리하시오.

▶ 자동 필터 기능을 이용하여 **'본인부담금'의 셀 아이콘을 기준으로 정렬하고 '채워진 막대가 하나인 미터 기호'를 위에 표시**하시오.

▶ **'환자분류'가 '보험'인 데이터만**을 표시하시오.

▶ 사용자 지정 필터의 결과 데이터를 [B33] 셀부터 복사하여 붙여 넣으시오.

[풀이]

① [H2] 셀 선택 → [데이터] → [정렬 및 필터] → [필터] 선택 → [H2] 셀의 화살표(▼) 클릭 → [색 기준 정렬] → [사용자 지정 정렬]을 선택한다.

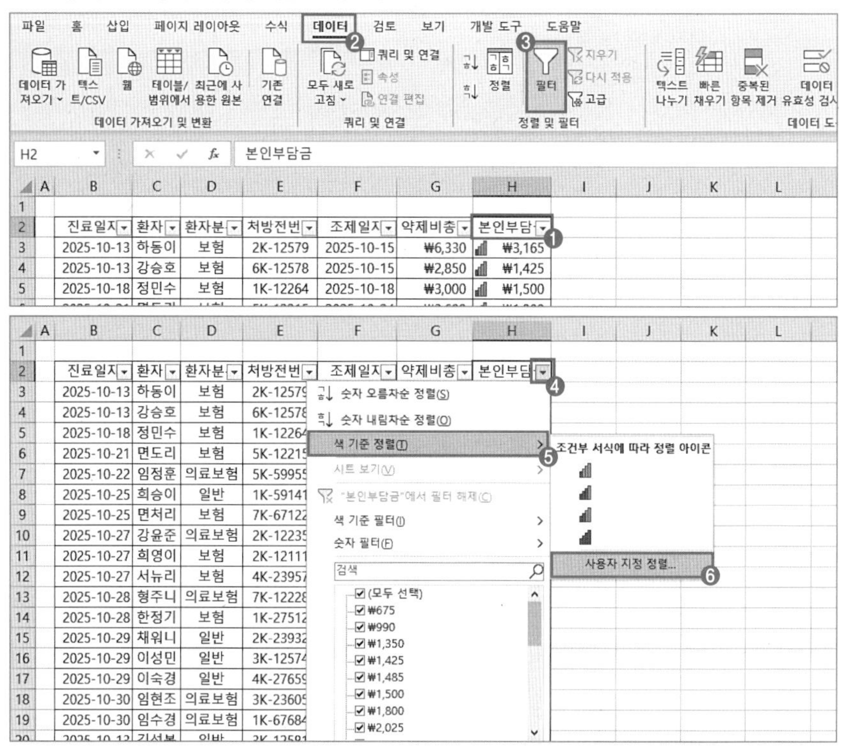

② [정렬] 대화 상자 → 정렬 기준은 '본인부담금' → 정렬 기준은 '조건부 서식 아이콘' → 정렬은 '채워진 막대가 하나인 미터 기호( )' → '위에 표시' 선택 → 확인 을 클릭한다.

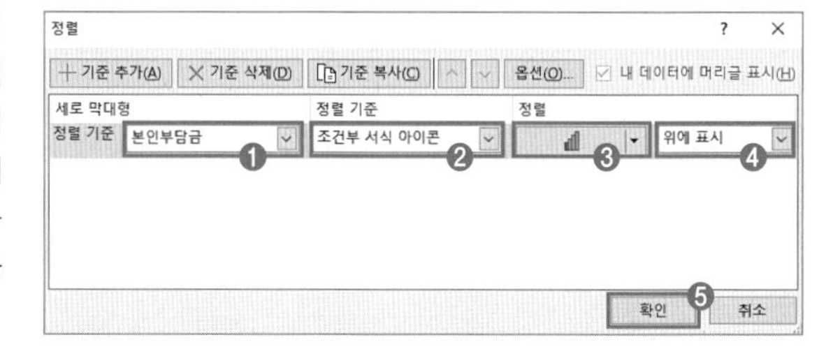

☞ '채워진 막대가 하나인 미터 기호'가 맨 위에 위치하도록 정렬이 변경된다.
'채워진 막대가 하나인 미터 기호' 옵션은 채워진 개수 순으로 정렬되지 않고, 선택한 한 가지 아이콘을 위에, 아래쪽에 위치하도록 정렬만 가능하다.

③ [D2] 셀 화살표(▾) 클릭 → '보험' 체크 → [확인]을 클릭한다.

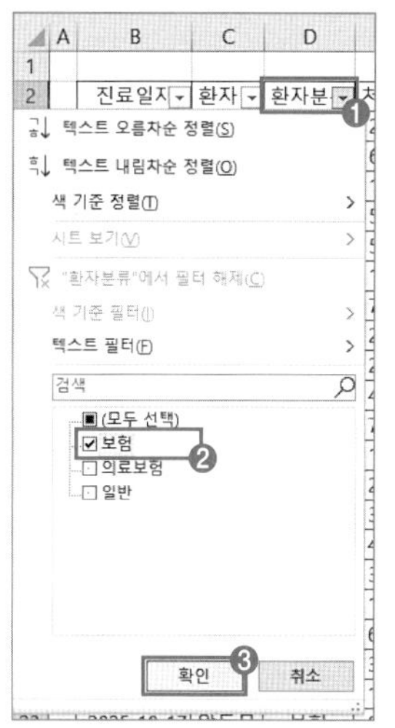

④ 자동 필터 결과 [B2:H28] 범위 선택 → [Ctrl] + [C] → [B33] 셀 선택 → [Ctrl] + [V]를 누른다.

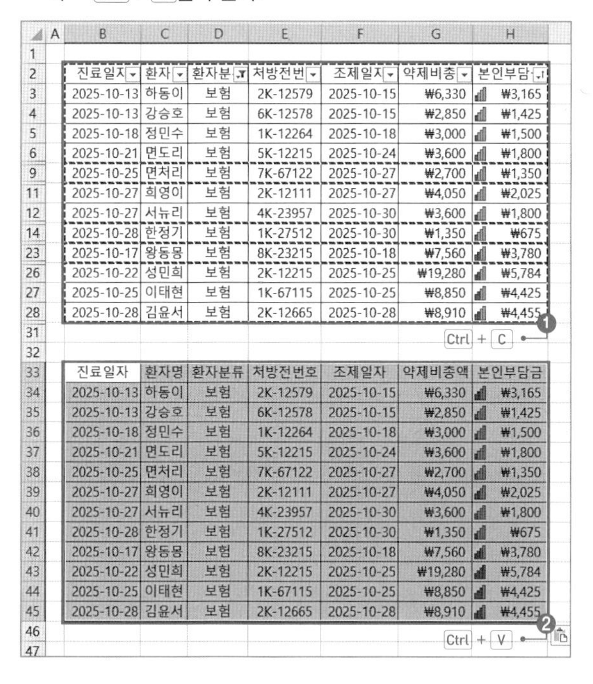

	A	B	C	D	E	F	G	H
1								
2		진료일자	환자	환자분	처방전번	조제일자	약제비총	본인부담
3		2025-10-13	하동이	보험	2K-12579	2025-10-15	₩6,330	₩3,165
4		2025-10-13	강승호	보험	6K-12578	2025-10-15	₩2,850	₩1,425
5		2025-10-18	정민수	보험	1K-12264	2025-10-18	₩3,000	₩1,500
6		2025-10-21	면도리	보험	5K-12215	2025-10-24	₩3,600	₩1,800
9		2025-10-25	면처리	보험	7K-67122	2025-10-27	₩2,700	₩1,350
11		2025-10-27	희영이	보험	2K-12111	2025-10-27	₩4,050	₩2,025
12		2025-10-27	서뉴리	보험	4K-23957	2025-10-30	₩3,600	₩1,800
14		2025-10-28	한정기	보험	1K-27512	2025-10-30	₩1,350	₩675
23		2025-10-17	왕동몽	보험	8K-23215	2025-10-18	₩7,560	₩3,780
26		2025-10-22	성민희	보험	2K-12215	2025-10-25	₩19,280	₩5,784
27		2025-10-25	이태현	보험	1K-67115	2025-10-25	₩8,850	₩4,425
28		2025-10-28	김윤서	보험	2K-12665	2025-10-28	₩8,910	₩4,455
31								
32								
33		진료일자	환자명	환자분류	처방전번호	조제일자	약제비총액	본인부담금
34		2025-10-13	하동이	보험	2K-12579	2025-10-15	₩6,330	₩3,165
35		2025-10-13	강승호	보험	6K-12578	2025-10-15	₩2,850	₩1,425
36		2025-10-18	정민수	보험	1K-12264	2025-10-18	₩3,000	₩1,500
37		2025-10-21	면도리	보험	5K-12215	2025-10-24	₩3,600	₩1,800
38		2025-10-25	면처리	보험	7K-67122	2025-10-27	₩2,700	₩1,350
39		2025-10-27	희영이	보험	2K-12111	2025-10-27	₩4,050	₩2,025
40		2025-10-27	서뉴리	보험	4K-23957	2025-10-30	₩3,600	₩1,800
41		2025-10-28	한정기	보험	1K-27512	2025-10-30	₩1,350	₩675
42		2025-10-17	왕동몽	보험	8K-23215	2025-10-18	₩7,560	₩3,780
43		2025-10-22	성민희	보험	2K-12215	2025-10-25	₩19,280	₩5,784
44		2025-10-25	이태현	보험	1K-67115	2025-10-25	₩8,850	₩4,425
45		2025-10-28	김윤서	보험	2K-12665	2025-10-28	₩8,910	₩4,455
46								
47								

☞ 자동 필터 결과만 [B33] 셀부터 붙여넣기 된다.

☞ 자동 필터를 적용할 임의의 셀을 선택하고 [필터] 도구를 클릭해도 된다.

[결과]

	A	B	C	D	E	F	G	H
1								
2		진료일자	환자	환자분	처방전번	조제일자	약제비총	본인부담
3		2025-10-13	하동이	보험	2K-12579	2025-10-15	₩6,330	₩3,165
4		2025-10-13	강승호	보험	6K-12578	2025-10-15	₩2,850	₩1,425
5		2025-10-18	정민수	보험	1K-12264	2025-10-18	₩3,000	₩1,500
6		2025-10-21	면도리	보험	5K-12215	2025-10-24	₩3,600	₩1,800
9		2025-10-25	면처리	보험	7K-67122	2025-10-27	₩2,700	₩1,350
11		2025-10-27	희영이	보험	2K-12111	2025-10-27	₩4,050	₩2,025
12		2025-10-27	서뉴리	보험	4K-23957	2025-10-30	₩3,600	₩1,800
14		2025-10-28	한정기	보험	1K-27512	2025-10-30	₩1,350	₩675
23		2025-10-17	왕동몽	보험	8K-23215	2025-10-18	₩7,560	₩3,780
26		2025-10-22	성민희	보험	2K-12215	2025-10-25	₩19,280	₩5,784
27		2025-10-25	이태현	보험	1K-67115	2025-10-25	₩8,850	₩4,425
28		2025-10-28	김윤서	보험	2K-12665	2025-10-28	₩8,910	₩4,455
31								
32								
33		진료일자	환자명	환자분류	처방전번호	조제일자	약제비총액	본인부담금
34		2025-10-13	하동이	보험	2K-12579	2025-10-15	₩6,330	₩3,165
35		2025-10-13	강승호	보험	6K-12578	2025-10-15	₩2,850	₩1,425
36		2025-10-18	정민수	보험	1K-12264	2025-10-18	₩3,000	₩1,500
37		2025-10-21	면도리	보험	5K-12215	2025-10-24	₩3,600	₩1,800
38		2025-10-25	면처리	보험	7K-67122	2025-10-27	₩2,700	₩1,350
39		2025-10-27	희영이	보험	2K-12111	2025-10-27	₩4,050	₩2,025
40		2025-10-27	서뉴리	보험	4K-23957	2025-10-30	₩3,600	₩1,800
41		2025-10-28	한정기	보험	1K-27512	2025-10-30	₩1,350	₩675
42		2025-10-17	왕동몽	보험	8K-23215	2025-10-18	₩7,560	₩3,780
43		2025-10-22	성민희	보험	2K-12215	2025-10-25	₩19,280	₩5,784
44		2025-10-25	이태현	보험	1K-67115	2025-10-25	₩8,850	₩4,425
45		2025-10-28	김윤서	보험	2K-12665	2025-10-28	₩8,910	₩4,455

☞ 원본 데이터의 자동 필터를 해제해도 하단에 붙여넣기 한 데이터에는 변화가 발생하지 않는다.

분석 작업 05

부분합

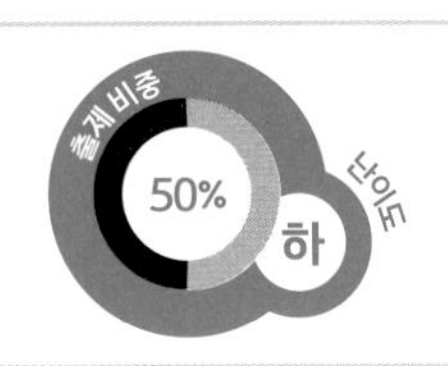

부분합 작업 전 그룹 기준으로 정렬을 선행할 수 있다.

1 개념 학습

1) 부분합 기초 이론

부분합 기능을 활용하여 다수의 그룹별 통계를 계산하고 요약할 수 있다.

부분합은 그룹화할 항목으로 먼저 정렬되어야 한다. 정렬 기준이 그룹화할 항목이 된다.

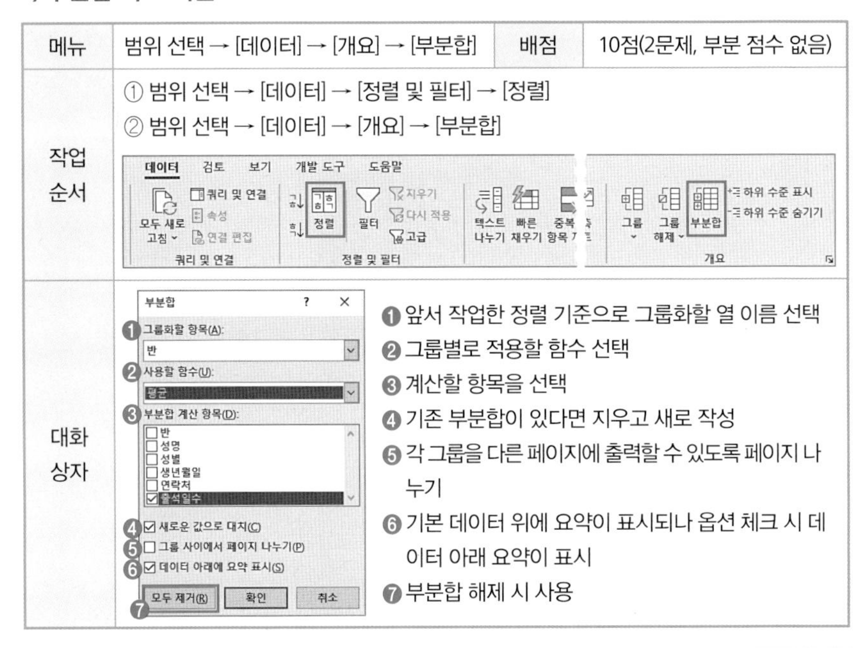

메뉴	범위 선택 → [데이터] → [개요] → [부분합]	배점	10점(2문제, 부분 점수 없음)
작업 순서	① 범위 선택 → [데이터] → [정렬 및 필터] → [정렬] ② 범위 선택 → [데이터] → [개요] → [부분합]		
대화 상자	❶ 앞서 작업한 정렬 기준으로 그룹화할 열 이름 선택 ❷ 그룹별로 적용할 함수 선택 ❸ 계산할 항목을 선택 ❹ 기존 부분합이 있다면 지우고 새로 작성 ❺ 각 그룹을 다른 페이지에 출력할 수 있도록 페이지 나누기 ❻ 기본 데이터 위에 요약이 표시되나 옵션 체크 시 데이터 아래 요약이 표시 ❼ 부분합 해제 시 사용		

2) 부분합 해제하기

[부분합] 대화 상자를 실행하고 [모두 제거] 클릭 → [확인]을 클릭한다.

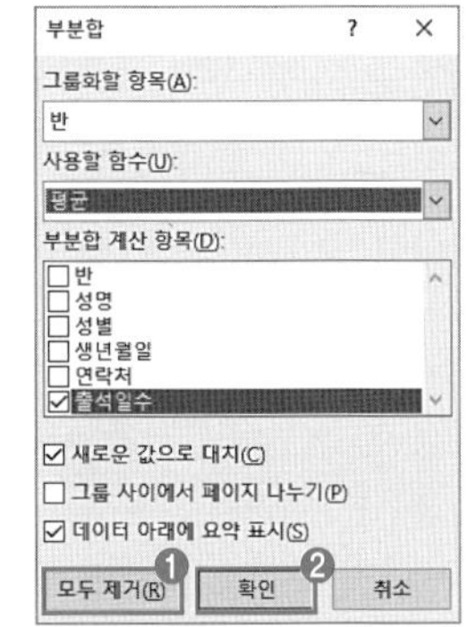

2 출제 유형 이해

www.ebs.co.kr/compass(엑셀 실습 파일 다운로드)

문제 작업 파일: 05_부분합.xlsx

'부분합_1' 시트에서 다음의 지시 사항을 처리하시오.

- ▶ [부분합] 기능을 이용하여 [표1]에서 '반'별 '출석일수'의 평균을 계산한 후 '성별'별 '성명'의 개수를 계산하시오.
- ▶ 반을 기준으로 오름차순으로 정렬하고, 반이 동일한 경우 성별을 기준으로 내림차순 정렬하시오.
- ▶ 평균과 개수는 위에 명시된 순서대로 처리하시오.
- ▶ 출석일수 열의 표시 형식을 셀 서식 숫자 범주의 소수 자릿수 1자리로 표시하시오.

[풀이]

① [B2:G27] 범위 선택 → [데이터] → [정렬 및 필터] → [정렬] 선택 → [정렬] 대화 상자 → 정렬 기준은 '반', 정렬은 '오름차순' → 기준 추가 클릭 → 다음 기준은 '성별' → 정렬은 '내림차순' → 확인 을 클릭한다.

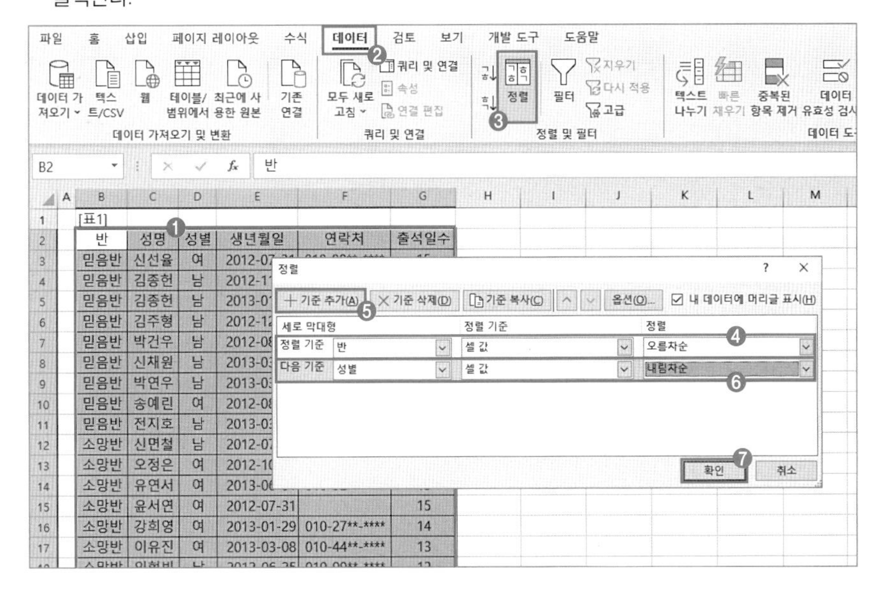

☞ '반'별 오름차순으로 정렬하고, 반이 같은 경우 '성별'을 기준으로 내림차순 정렬이 실행된다. 범위 선택을 하지 않고, 데이터 범위 내 임의의 셀을 선택하고 [정렬]을 선택해도 된다.

② 범위가 선택된 상태에서 → [데이터] → [개요] → [부분합]을 선택한다. [부분합] 대화 상자 → 그룹화할 항목은 '반' → 사용할 함수는 '평균' → 부분합 계산 항목은 '출석일수' 체크 → 확인 을 클릭한다.

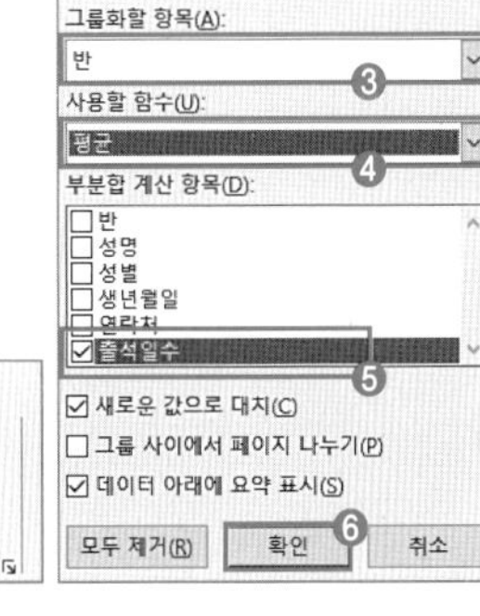

☞ 첫 번째 정렬 기준이 그룹화할 항목이 된다.

③ 범위가 선택된 상태에서 → [데이터] → [개요] → [부분합] 선택 → 사용할 함수는 '개수' → 부분합 계산 항목은 '성명' → '새로운 값으로 대치' 체크 해제 → 확인 을 클릭한다.

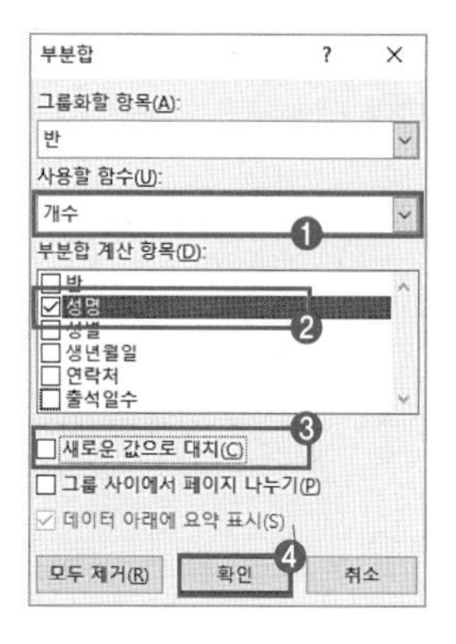

☞ 반별 '성명'과 '개수'의 평균을 구하는 부분합이 앞 부분합 작업 아래 추가된다.
부분합 표시 순서는 윈도우 버전, 윈도우 언어(영문판, 한글판)에 따라 달라질 수 있다.
부분합 결과를 확인해 보면 [B]열의 열 너비가 좁아 데이터가 다른 열을 침범한 것을 확인할 수 있다. 열 머리글 [B:G] 선택 → 열 경계에서 더블클릭해 열 너비를 자동 맞춤한다.

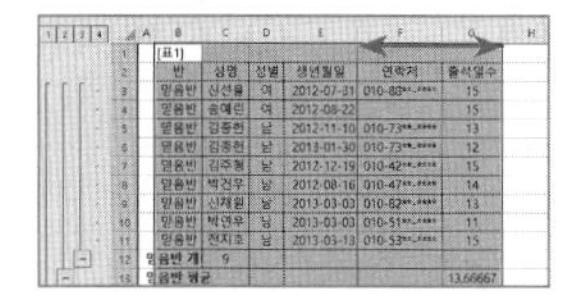

④ [G3:G35] 범위 선택 → Ctrl + 1 → [셀 서식] 대화 상자 → '숫자' 범주 → 소수 자릿수 **1** 입력 → 확인 을 클릭한다.

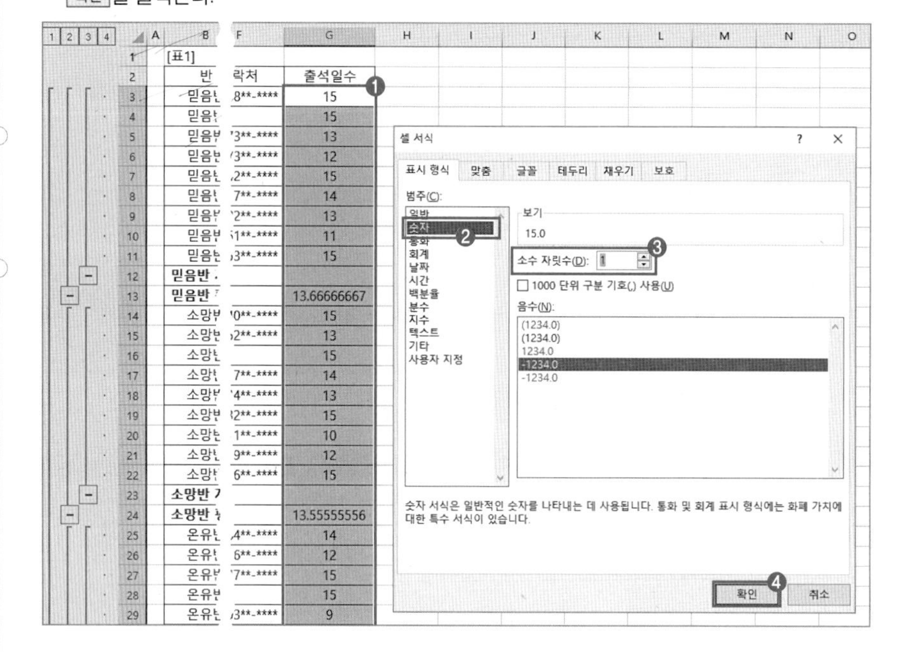

☞ 선택한 열의 너비가 입력된 데이터의 가장 긴 데이터에 맞춰 자동 맞춤한다.

☞ [G3:G35] 범위의 표시 형식이 소수 첫째 자리까지 표시된다.

[결과]

	B	C	D	E	F	G
1	[표1]					
2	반	성명	성별	생년월일	연락처	출석일수
3	믿음반	신선율	여	2012-07-31	010-88**-****	15.0
4	믿음반	송예린	여	2012-08-22		15.0
5	믿음반	김종현	남	2012-11-10	010-73**-****	13.0
6	믿음반	김종현	남	2013-01-30	010-73**-****	12.0
7	믿음반	김주형	남	2012-12-19	010-42**-****	15.0
8	믿음반	박건우	남	2012-08-16	010-47**-****	14.0
9	믿음반	신채원	남	2013-03-03	010-82**-****	13.0
10	믿음반	박연우	남	2013-03-03	010-51**-****	11.0
11	믿음반	전지호	남	2013-03-13	010-53**-****	15.0
12	**믿음반 개수**	9				
13	**믿음반 평균**					13.7
14	소망반	오정은	여	2012-10-07	010-40**-****	15.0
15	소망반	유연서	여	2013-06-01	010-52**-****	13.0
16	소망반	윤서연	여	2012-07-31		15.0
17	소망반	강희영	여	2013-01-29	010-27**-****	14.0
18	소망반	이유진	여	2013-03-08	010-44**-****	13.0

19	소망반	박수준	여	2012-10-20	010-32**-****	15.0
20	소망반	신면철	남	2012-07-26	010-71**-****	10.0
21	소망반	임형빈	남	2012-06-25	010-99**-****	12.0
22	소망반	장시훈	남	2013-05-29	010-46**-****	15.0
23	**소망반 개수**	9				
24	**소망반 평균**					13.6
25	온유반	권지인	여	2012-06-24	010-84**-****	14.0
26	온유반	고구리	여	2013-02-26	010-36**-****	12.0
27	온유반	너구리	여	2013-03-01	010-47**-****	15.0
28	온유반	선석원	여	2012-12-08		15.0
29	온유반	이은정	남	2013-06-15	010-93**-****	9.0
30	온유반	박준영	남	2013-04-01	010-71**-****	15.0
31	온유반	맹명이	남	2013-02-16	010-62**-****	14.0
32	**온유반 개수**	7				
33	**온유반 평균**					13.4
34	**전체 개수**	25				
35	**전체 평균**					13.6
36						

3 실전 문제 마스터

www.ebs.co.kr/compass(엑셀 실습 파일 다운로드) 

문제 1 작업 파일: 05_부분합.xlsx

'부분합_2' 시트에서 다음과 같은 기능을 수행하시오.

- [부분합] 기능을 이용하여 [B2:F35] 영역에 대하여 **'지역명'을 첫째 기준으로 오름차순, '지역명'이 동일할 경우 '개화일'을 기준으로 내림차순 정렬**하시오.
- **'지역명'별로 '개화일', '평년', '평년차'의 합계와 평균**을 계산하시오.
- 합계와 평균은 위에 명시된 순서대로 처리하시오.
- 데이터 위에 요약을 표시하시오.

[풀이]

① [B2:F35] 범위 선택 → [데이터] → [정렬 및 필터] → [정렬] 선택 → [정렬] 대화 상자 → 정렬 기준은 '지역명', 정렬은 '오름차순' → [기준 추가] 클릭 → 다음 기준은 '개화일' → 정렬은 '내림차순' → [확인]을 클릭한다.

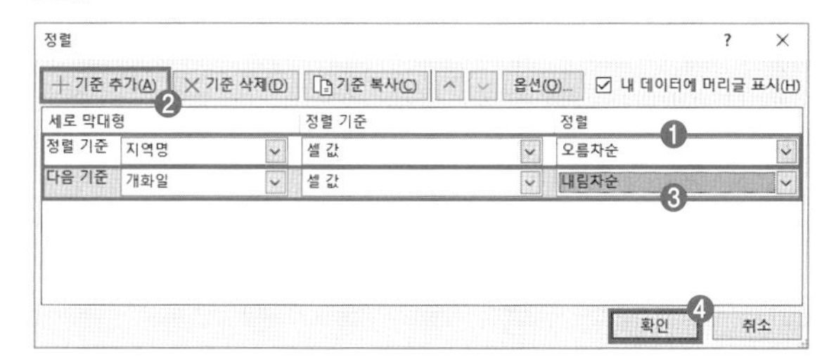

② 범위가 선택된 상태에서 → [데이터] → [개요] → [부분합] → [부분합] 대화 상자 → 그룹화할 항목은 '지역명' → 사용할 함수는 '합계' → 부분합 계산 항목은 '개화일', '평년', '평년차' → '새로운 값으로 대치' 체크 해제 → '데이터 아래에 요약 표시' 체크 해제 → [확인]을 클릭한다.

③ 범위가 선택된 상태에서 → [데이터] → [개요] → [부분합] → [부분합] 대화 상자 → 그룹화할 항목이 '지역명' 확인 → 사용할 함수는 '평균' → 확인 을 클릭한다.

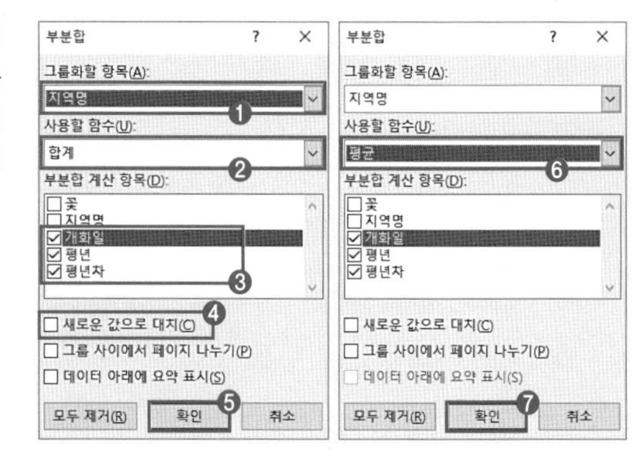

[결과]

	A	B	C	D	E	F
1						
2		꽃	지역명	개화일	평년	평년차
3			전체 평균	3월 26일	3월 28일	-2.0
4			총합계	11월 22일	1월 28일	-67.0
5			강릉 평균	3월 28일	3월 29일	-1.3
6			강릉 요약	9월 23일	9월 27일	-4.0
7		벚꽃	강릉	4월 2일	4월 5일	-3.0
8		진달래	강릉	3월 27일	3월 28일	-1.0
9		개나리	강릉	3월 25일	3월 25일	0.0
10			광주 평균	3월 25일	3월 27일	-2.7
11			광주 요약	9월 13일	9월 21일	-8.0
12		벚꽃	광주	3월 29일	4월 2일	-4.0
13		진달래	광주	3월 27일	3월 27일	0.0
14		개나리	광주	3월 19일	3월 23일	-4.0
15			대구 평균	3월 22일	3월 25일	-3.3
16			대구 요약	9월 4일	9월 14일	-10.0
32		벚꽃	서귀포	3월 23일	3월 24일	-1.0
33		진달래	서귀포	3월 16일	3월 20일	-4.0
34		개나리	서귀포	3월 15일	3월 16일	-1.0
35			서울 평균	3월 30일	4월 1일	-1.7
36			서울 요약	9월 29일	10월 4일	-5.0

부분합_1 | 부분합_1_완 | 부분합_2 | 부분합_2_완 | 부분합_3 | 부분합_3

문제 2 작업 파일: 05_부분합.xlsx

'부분합_3' 시트에 대하여 다음의 지시 사항을 처리하시오.

▶ [부분합] 기능을 이용하여 [B3:I20] 영역의 **'품목'별로 '단가', '판매량'의 합계와 평균을 계산**하는 부분합을 작성하시오.

▶ **'품목'을 기준으로 오름차순으로 정렬하고, 품목이 동일한 경우에는 '농사방법'의 글꼴 색 RGB(112, 173, 71)이 위에 표시되도록 정렬**하시오.

▶ **그룹 사이에서 페이지 나누기**를 적용하시오.

▶ 합계와 평균은 위에 명시된 순서대로 처리하시오.

[풀이]

① [B3:I20] 범위 선택 → [데이터] → [정렬 및 필터] → [정렬] 선택 → [정렬] 대화 상자 → 정렬 기준은 '품목', 정렬은 '오름차순' → 기준 추가 클릭 → 다음 기준은 '농사방법' → 정렬 기준은 '글꼴 색'

→ 정렬은 'RGB(112, 173, 71)', '위에 표시' → 확인 을 클릭한다.

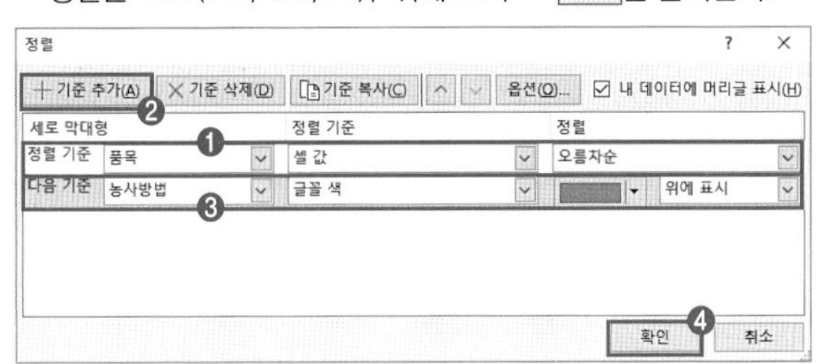

② 범위가 선택된 상태에서 → [데이터] → [개요] → [부분합] → [부분합] 대화 상자 → 그룹화할 항목은 '품목' → 사용할 함수는 '합계' → 부분합 계산 항목은 '단가', '판매량' 체크 → '새로운 값으로 대치' 체크 해제 → '그룹 사이에서 페이지 나누기', '데이터 아래에 요약 표시' 체크 → 확인 을 클릭한다.

③ 범위가 선택된 상태에서 → [데이터] → [개요] → [부분합] → [부분합] 대화 상자 → 사용할 함수는 '평균' → 확인 을 클릭한다.

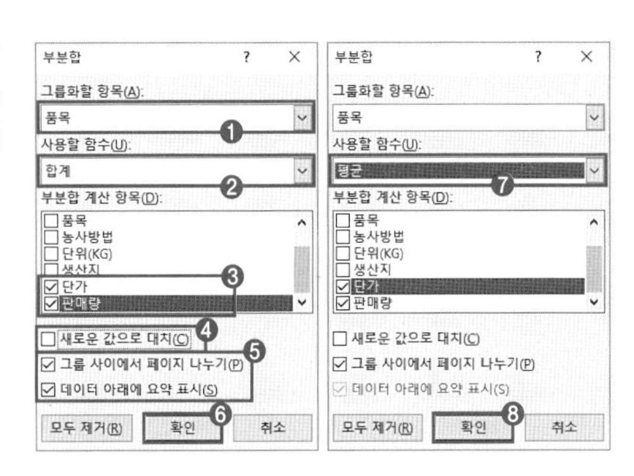

범위가 선택된 상태에서 부분합을 다시 실행하면 같은 영역에 부분합을 추가할 수 있다.

[결과]

	B	C	D	E	F	G	H	I
1								
2	제품별 농사방법							
3	제품코드	제품명	품목	농사방법	단위(KG)	생산지	단가	판매량
4	G232C3	현미	곡식	무농약	3	경기이천	13,500	5
5	J453C9	찰보리	곡식	유기농	1	전라부안	12,000	3
6	J512C3	찰흑미	곡식	일반	3	전라진도	11,900	28
7	J678C8	발아현미	곡식	일반	5	전라진도	23,500	7
8			곡식 평균				15,225	10.75
9			곡식 요약				60,900	43
10	J559F1	친환경 나주 배	과일	무농약	5	전라나주	33,000	7
11	J215F2	나주 신고배	과일	일반	20	전라나주	59,000	7
12	J512F9	친환경봉지단감	과일	저농약	5	전라영암	15,900	4
13	J540F4	장수사과	과일	일반	10	전라장수	60,000	3
14	K221F3	명품사과	과일	저농약	5	경상안동	32,000	2
15	K323F4	성주참외	과일	저농약	3	경상성주	21,500	13
16			과일 평균				36,900	6
17			과일 요약				221,400	36
18	J374V4	땅끝해남양파	채소	유기농	5	전라해남	14,300	19
19	J542V2	상추(1kg)	채소	무농약	1	전라익산	12,500	8
20	J647V4	해남딸기	채소	무농약	1	전라해남	21,000	15
21	J803V3	호박고구마	채소	유기농	15	전라해남	32,500	9
22	G332V4	햇 흙당근	채소	일반	5	경기광주	6,500	12
23	J256V2	무안황토양파	채소	일반	5	전라무안	8,000	6
24	K325V9	창녕양파	채소	일반	10	경상창녕	15,900	20
25			채소 평균				15,814	12.71428571
26			채소 요약				110,700	89
27			전체 평균				23,118	9.882352941
28			총합계				393,000	168

[인쇄 미리 보기 및 인쇄]를 선택하면 그룹별 분할 인쇄가 되는 것을 확인할 수 있다.

분석 작업 06

데이터 통합

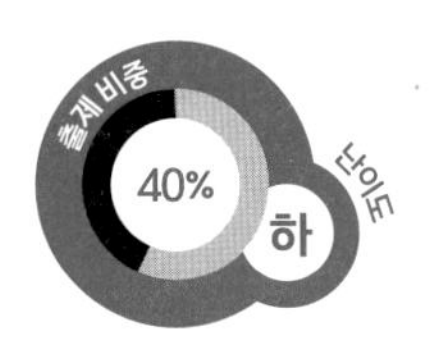

- 여러 표에 나눠진 데이터를 하나의 표에 통합할 수 있다.
- 결과 표의 첫 번째 열에 해당하는 데이터를 각각의 표 선택 범위의 첫 번째 열로 선택할 수 있다.
- 데이터 통합은 결과 범위 선택부터 시작한다는 것을 알 수 있다.

1 개념 학습

[데이터 통합 기초 이론]

메뉴	[데이터] → [데이터 도구] → [통합]	배점	10점(2문제, 부분 점수 없음)
작업 순서	결과표 범위 선택 → [데이터] → [데이터 도구] → [통합]		
대화 상자	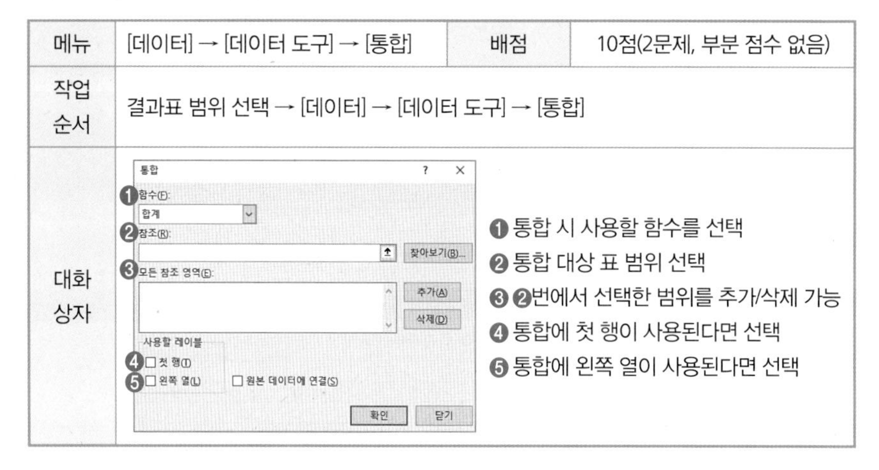 ❶ 통합 시 사용할 함수를 선택 ❷ 통합 대상 표 범위 선택 ❸ ❷번에서 선택한 범위를 추가/삭제 가능 ❹ 통합에 첫 행이 사용된다면 선택 ❺ 통합에 왼쪽 열이 사용된다면 선택		

2 출제 유형 이해

www.ebs.co.kr/compass(엑셀 실습 파일 다운로드)

문제 작업 파일: 06_데이터 통합.xlsx

'통합_1' 시트에서 다음 지시 사항에 따라 데이터 분석 작업을 수행하시오.

▶ 데이터 통합 기능을 이용하여 **[표1], [표2], [표3], [표4]에 대해 과목별 점수의 합계**를 [B4:C7] 영역에 계산하시오.

[풀이]

① 결과 범위 [B4:C7] 범위 선택 → [데이터] → [데이터 도구] → [통합]을 선택한다.

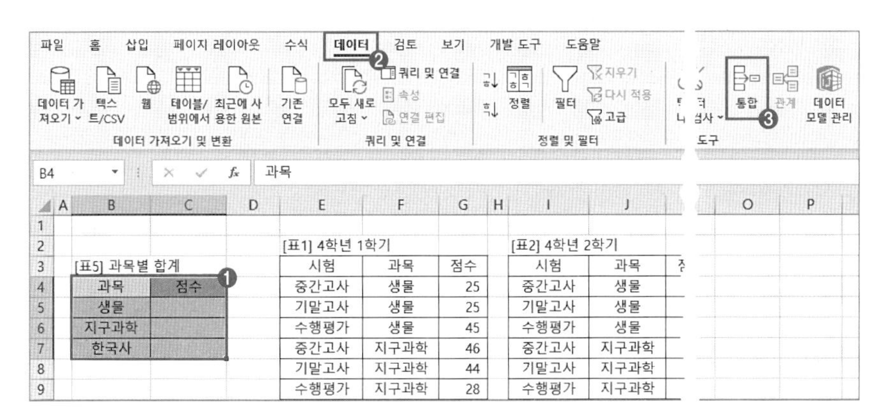

☞ 데이터 통합은 먼저 결과 범위를 선택하고 시작한다.

② [통합] 대화 상자 → 함수는 '합계' → 참조는 [F3:G12] 범위 선택 → 추가 클릭 → [J3:K12] 범위 선택 → 추가 클릭 → [F15:G24] 범위 선택 → 추가 클릭 → 이어서 같은 방식으로 나머지 범위도 '과목' 열부터 선택하여 추가한다.

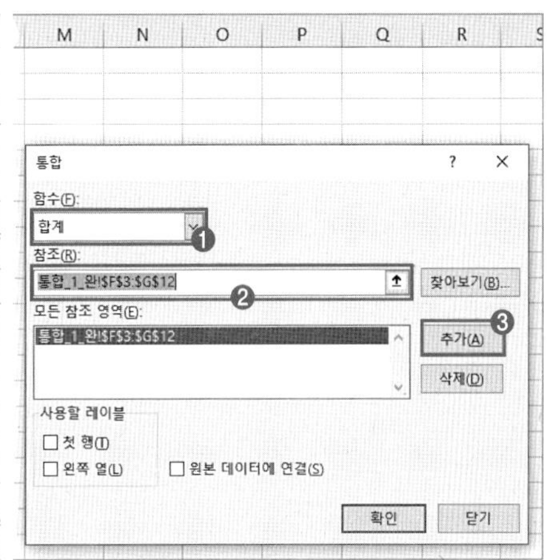

③ 사용할 레이블에서 '첫 행'과 '왼쪽 열'을 체크 → 확인 을 클릭한다.

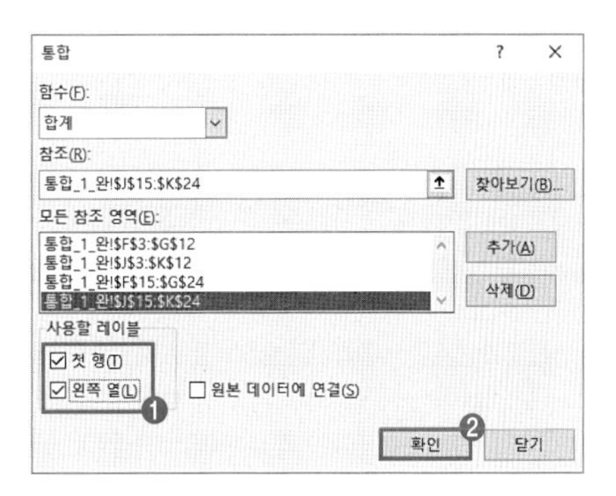

[결과]

[표5] 과목별 합계

과목	점수
생물	404
지구과학	429
한국사	442

3 실전 문제 마스터

www.ebs.co.kr/compass(엑셀 실습 파일 다운로드)

문제 작업 파일: 06_데이터 통합.xlsx

'통합_2' 시트에서 다음 지시 사항에 따라 데이터 분석 작업을 수행하시오.

▶ 데이터 통합 기능을 이용하여 **[A3:I20], [A23:I33], [A36:I40] 영역에 대해 단과대학별 모집정원, 평균, 물리, 한국사, 생물의 평균을** [L4:P9] 영역에 계산하시오.

[풀이]

① 결과 범위 [K3:P9] 범위 선택 → [데이터] → [데이터 도구] → [통합] 선택 → [통합] 대화 상자 → 함수는 '평균'을 선택한다.

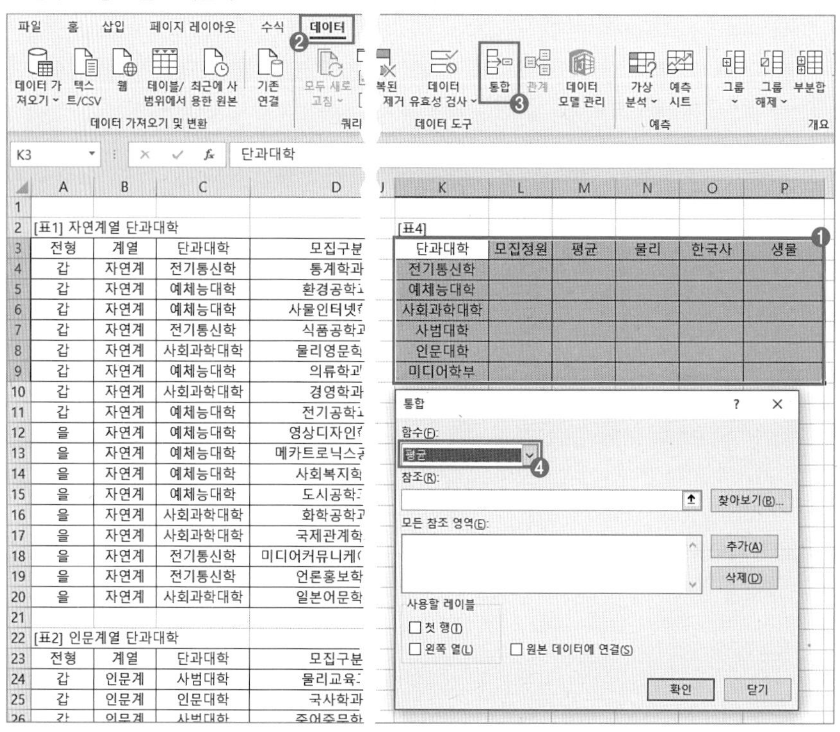

② 참조를 선택 → [표1]의 [C3:I20] 범위 선택 → 추가 클릭 → [표2]의 [C23:I33] 범위 선택 → 추가 클릭 → [표3]의 [C36:I40] 범위 선택 → 추가 클릭 → 사용할 레이블에서 '첫 행', '왼쪽 열' 체크 → 확인을 클릭한다.

☞ 사용할 레이블에서 '첫행', '왼쪽 열'을 선택하지 않으면 결과 표의 행, 열 머리글이 삭제된다.

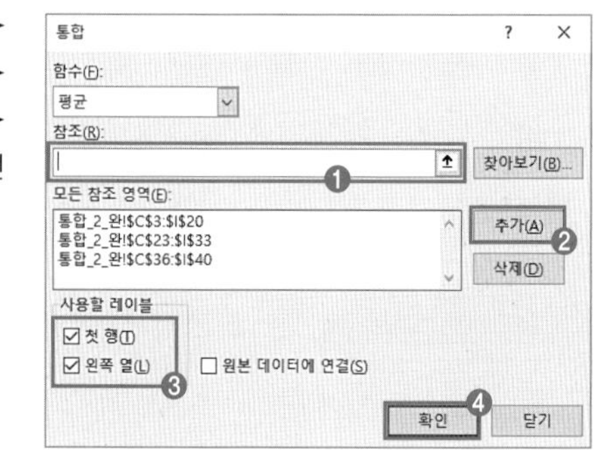

[결과]

K	L	M	N	O	P
[표4]					
단과대학	모집정원	평균	물리	한국사	생물
전기통신학	21	84	85	81	88
예체능대학	21	82	82	81	83
사회과학대학	20	84	81	87	85
사범대학	26	84	74	92	87
인문대학	22	79	78	80	80
미디어학부	25	76	80	74	73

분석 작업 07

데이터 표

- 데이터 표를 이용하여 행, 열 방향의 예측 값을 계산할 수 있다.
- 데이터 표 대화 상자의 행 입력 셀과 열 입력 셀을 구분할 수 있다.
- 원본 표의 수식은 결과표의 첫 번째 셀에 복사하거나 '='으로 연결할 수 있다.

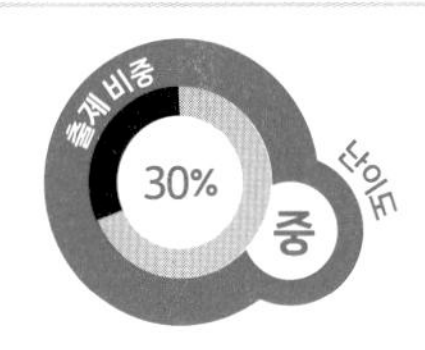

1 개념 학습

[데이터 표 기초 이론]

메뉴	[데이터] → [예측] → [가상 분석] → [데이터 표]	배점	10점(2문제, 부분 점수 없음)
작업 순서	① [G4] 셀의 수식을 [B9] 셀로 복사한다. ② 수식 셀이 첫 셀이 되도록 결과 범위 선택한다. ③ [데이터 표]를 실행한다.		
대화 상자	❶ 데이터 테이블 ? × ❷ 행 입력 셀(R): ❸ 열 입력 셀(C): 확인 취소	❶ 데이터 테이블: 수식 복사 ❷ 행 입력 셀: 채워질 방향이 행인 값 선택 ❸ 열 입력 셀: 채워질 방향이 열인 값 선택	

2 출제 유형 이해

www.ebs.co.kr/compass(엑셀 실습 파일 다운로드)

문제 작업 파일: 07_데이터표.xlsx

'표_1' 시트에서 다음의 지시 사항을 처리하시오.

▶ [표1]의 '전체 강의 수' [C6] 셀은 '학생수', '담당교수별 학생 비율', '추가 수강생'을 이용하여 계산한 것이다. [데이터 표] 기능을 이용하여 **[표2]의 [C9:H14] 영역에 '학생수'와 '담당교수별 학생 비율'에 따른 '전체 강의 수'**를 계산하시오.

[풀이]

① [C9] 셀 선택 → = 입력 → [C6] 셀을 선택해 [C6] 셀의 함수식을 [C9] 셀에 연결한다.

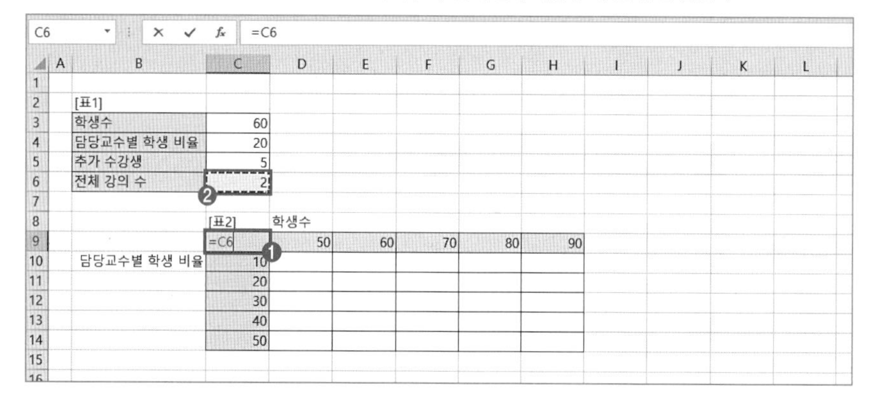

② [C9:H14] 범위 선택 → [데이터] → [예측] → [가상 분석] → [데이터 표]를 선택한다.

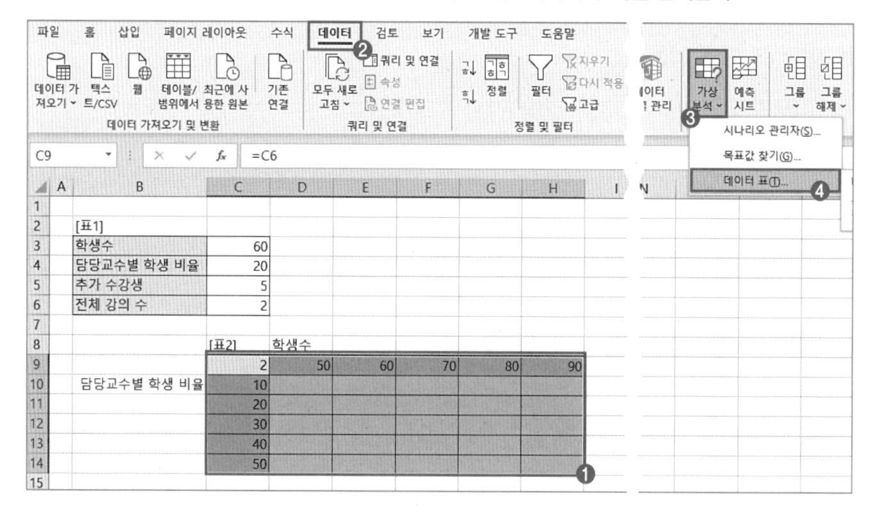

③ [데이터 테이블] 대화 상자 → 행 입력 셀은 [C3] 셀 지정 → 열 입력 셀은 [C4] 셀 지정 → 확인 을 클릭한다.

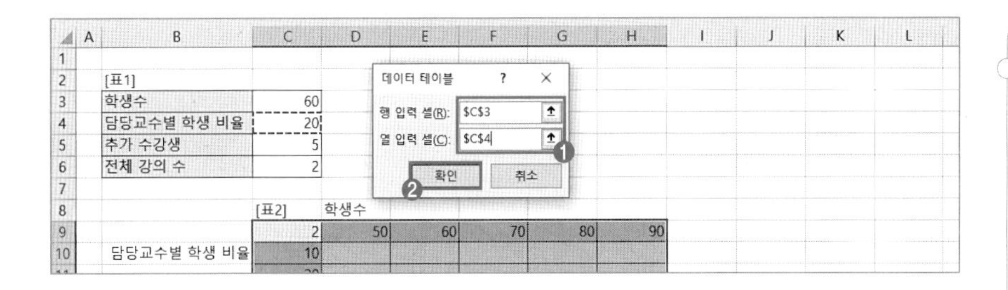

> 👉 **행 입력 셀과 열 입력 셀 구분하기**
> - 학생수는 행 방향으로 입력되어 있다.
> - 담당교수별 학생 비율은 열 방향으로 입력되어 있다.

[결과]

	A	B	C	D	E	F	G	H
1								
2		[표1]						
3		학생수	60					
4		담당교수별 학생 비율	20					
5		추가 수강생	5					
6		전체 강의 수	2					
7								
8			[표2]	학생수				
9			2	50	60	70	80	90
10		담당교수별 학생 비율	10	3	4	5	5	6
11			20	2	2	3	3	4
12			30	1	2	2	2	3
13			40	1	1	2	2	2
14			50	1	1	1	1	2

3 실전 문제 마스터

www.ebs.co.kr/compass(엑셀 실습 파일 다운로드)

문제 작업 파일: 07_데이터표.xlsx

'표_2' 시트에서 다음의 지시 사항을 처리하시오.

- ▶ '10월 영업이익' 표는 판매가[C3], 판매량[C4], 생산원가[C6], 임대료[C7], 인건비[C8]를 이용하여 영업이익[C9]을 계산한 것이다.
- ▶ [데이터 표] 기능을 이용하여 **판매가와 판매량의 변동에 따른 영업이익의 변화**를 [F5:J12] 영역에 계산하시오.

[풀이]

① [C9] 셀 선택 → 수식 입력줄에서 수식 선택 → Ctrl + C (복사) → Esc → [F5] 셀 더블클릭 → Ctrl + V (붙여넣기) → Enter 를 누른다.

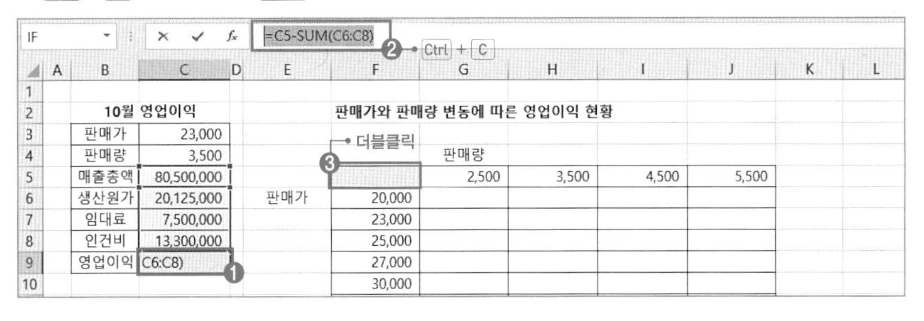

<출제 유형 이해> 문제에서는 수식을 연결하였고, <실전 문제 마스터> 문제에서는 수식을 복사하였다. 데이터 표에서 수식을 연결하는 방법은 2가지 모두 사용할 수 있다.

	A	B	C	D	E	F	G	H	I	J	K	L
1												
2		10월 영업이익				판매가와 판매량 변동에 따른 영업이익 현황						
3		판매가	23,000									
4		판매량	3,500				판매량					
5		매출총액	80,500,000			=C5-SUM(C6:C8)		3,500	4,500	5,500		
6		생산원가	20,125,000		판매가	20,000						
7		임대료	7,500,000			23,000						
8		인건비	13,300,000			25,000						
9		영업이익	39,575,000			27,000						
10						30,000						
11						32,000						
12						35,000						
13												
14												

Ctrl + V ④

② [F5:J12] 범위 선택 → [데이터] → [예측] → [가상 분석] → [데이터 표] → [데이터 테이블] 대화 상자 → 행 입력 셀은 [C4] 셀 지정 → 열 입력 셀은 [C3] 셀 지정 → 확인 을 클릭한다.

– 판매량: 5행
– 판매가: F열

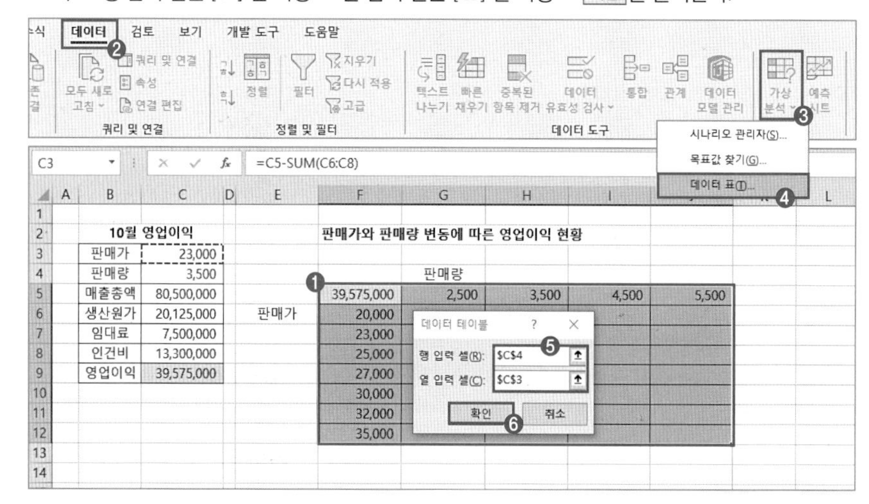

[결과]

	A	B	C	D	E	F	G	H	I	J
1										
2		10월 영업이익				판매가와 판매량 변동에 따른 영업이익 현황				
3		판매가	23,000							
4		판매량	3,500				판매량			
5		매출총액	80,500,000			39,575,000	2,500	3,500	4,500	5,500
6		생산원가	20,125,000		판매가	20,000	16,700,000	31,700,000	46,700,000	61,700,000
7		임대료	7,500,000			23,000	22,325,000	39,575,000	56,825,000	74,075,000
8		인건비	13,300,000			25,000	26,075,000	44,825,000	63,575,000	82,325,000
9		영업이익	39,575,000			27,000	29,825,000	50,075,000	70,325,000	90,575,000
10						30,000	35,450,000	57,950,000	80,450,000	102,950,000
11						32,000	39,200,000	63,200,000	87,200,000	111,200,000
12						35,000	44825000	71075000	97325000	123575000
13										

목표값 찾기, 시나리오

분석 작업 08

- 목표값 찾기를 통해 1개의 예측 값을 구할 수 있다.
- 시나리오 기능을 통해 여러 개의 예측 값을 구할 수 있다.
- 시나리오 관리자 대화 상자의 기능을 활용할 수 있다.

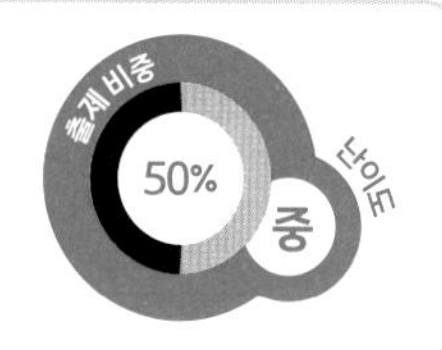

1 개념 학습

[목표값 찾기, 시나리오 기초 이론]

메뉴	[데이터] → [예측] → [가상 분석] → [목표값 찾기] / [시나리오 관리자]	배점	10점(2문제, 부분 점수 없음)
목표값 대화 상자	❶ [목표값 찾기] 실행 ❷ [F5] 결과 셀 선택 ❸ [목표값 찾기] 대화 상자에서 찾는 값 입력 ❹ 값을 바꿀 셀 [D4] 선택		
시나리오 작업 순서	변경 셀 선택 → [시나리오 관리자] 실행 ❶ 추가 클릭 → ❷ 시나리오 이름 입력 → ❸ 확인 클릭 → ❹ 변경 값 입력 → ❺ 확인 클릭 → 시나리오 모두 추가 ❻ 요약 클릭 → ❼ 표시 클릭 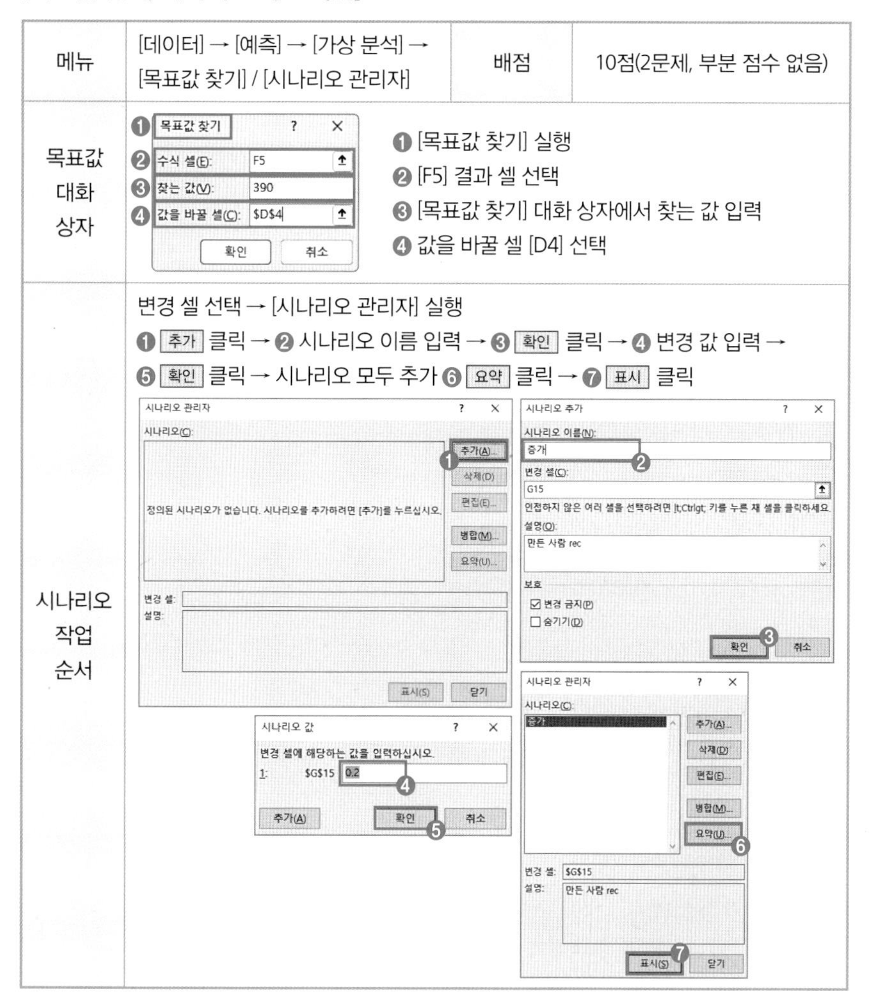		

2 출제 유형 이해

www.ebs.co.kr/compass(엑셀 실습 파일 다운로드) 

문제 1 작업 파일: 08_목표값 시나리오.xlsx

'목표_1' 시트에서 다음과 같은 기능을 수행하시오.

▶ [목표값 찾기] 기능을 이용하여 [표1]에서 **총점의 표준점수[F5]가 390이 되려면 수학의 원점수[D5]가 얼마가 되어야** 하는지 계산하시오.

[풀이]

① [F5] 셀 선택 → [데이터] → [예측] → [가상 분석] → [목표값 찾기]를 선택한다.

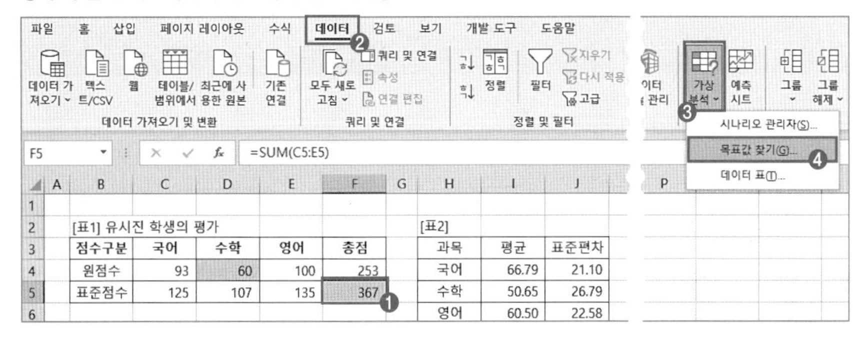

	A	B	C	D	E	F	G	H	I	J
1										
2		[표1] 유시진 학생의 평가						[표2]		
3		점수구분	국어	수학	영어	총점		과목	평균	표준편차
4		원점수	93	60	100	253		국어	66.79	21.10
5		표준점수	125	107	135	367		수학	50.65	26.79
6								영어	60.50	22.58

② [목표값 찾기] 대화 상자 → 찾는 값 입력 창에 **390** 입력 → 값을 바꿀 셀은 [D4] 셀 지정 → [확인]을 클릭한다.

	A	B	C	D	E	F	G	H	I	J	K	L	M	N
1														
2		[표1] 유시진 학생의 평가						[표2]						
3		점수구분	국어	수학	영어	총점		과목	평균	표준편차				
4		원점수	93	60	100	253		국어	66.79	21.10				
5		표준점수	125	107	135	367		수학	50.65	26.79				
6								영어	60.50	22.58				

목표값 찾기 ? ×
수식 셀(E): F5
찾는 값(V): 390
값을 바꿀 셀(C): $D$4
확인 취소

③ [확인]을 클릭해 결과를 적용한다.

목표값 찾기 결과가 워크시트에 적용된다.

	A	B	C	D	E	F	G	H	I	J	K	L	M	N
1														
2		[표1] 유시진 학생의 평가						[표2]						
3		점수구분	국어	수학	영어	총점		과목	평균	표준편차				
4		원점수	93	91	100	284		국어	66.79	21.10				
5		표준점수	125	130	135	390		수학	50.65	26.79				
6								영어	60.50	22.58				

목표값 찾기 상태 ? ×
셀 F5에 대한 값 찾기
답을 찾았습니다.
목표값: 390
현재값: 390
단계(S) 일시 중지(P)
확인 취소

[결과]

[표1] 유시진 학생의 평가

점수구분	국어	수학	영어	총점
원점수	93	91	100	284
표준점수	125	130	135	390

[표2]

과목	평균	표준편차
국어	66.79	21.10
수학	50.65	26.79
영어	60.50	22.58

문제 2 작업 파일: 08_목표값 시나리오.xlsx

'시나리오_1' 시트에서 다음과 같은 기능을 수행하시오.

① '동계스키캠프 참가명단' 표에서 **할인율[G19]이 다음과 같이 변동되는 경우 총비용 합계 [G17]의 변동 시나리오를 작성하시오.**

▶ 셀 이름 정의: **[G17] 셀은 '총비용합계', [G19] 셀은 '할인율'**로 정의하시오.

▶ 시나리오1: 시나리오 이름은 '평일할인', 할인율 30%로 설정하시오.

▶ 시나리오2: 시나리오 이름은 '휴일할인', 할인율 10%로 설정하시오.

▶ 시나리오 요약 시트는 '시나리오_1' 시트의 바로 앞에 위치시키시오.

※ 시나리오 요약 보고서 작성 시 정답과 일치하여야 하며, 오자로 인한 부분 점수는 인정하지 않음.

[풀이]

① [G17] 셀 선택 → 이름 상자에 **총비용합계**를 입력 → Enter → [G19] 셀 선택 → 이름 상자에 **할인율**을 입력 → Enter를 누른다.

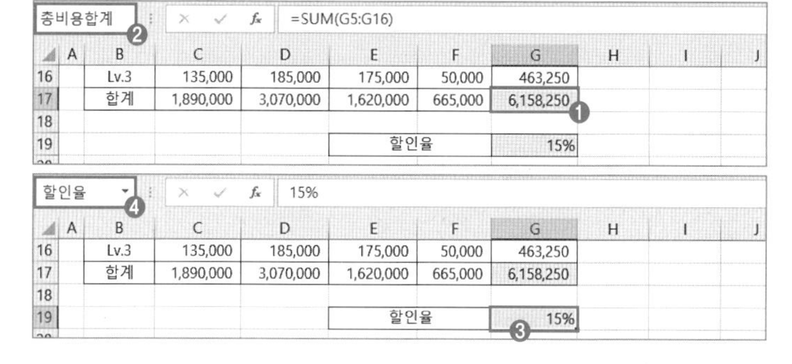

☞ 셀에 이름을 설정하면 함수나 수식에서도 셀 주소 대신 설정한 이름으로 사용할 수 있다.

이름 정의 수정하기

[수식] → [정의된 이름] → [이름 관리자] → [이름 관리자] 대화 상자

– 편집: 정의된 이름 수정

– 삭제: 정의된 이름 삭제

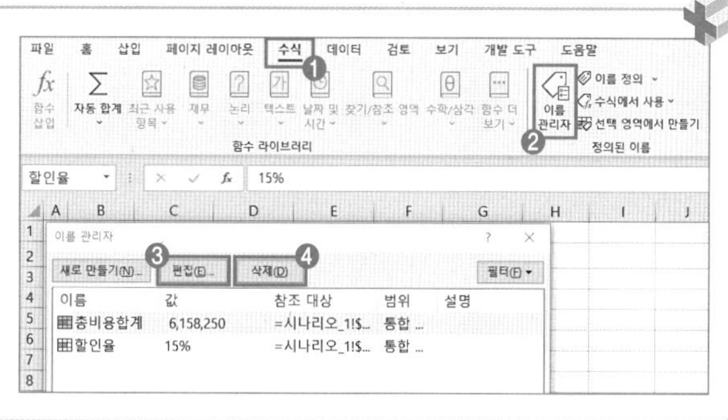

② [G19] 셀 선택 → [데이터] → [예측] → [가상 분석] → [시나리오 관리자] → [시나리오 관리자] 대화 상자 → 추가를 클릭한다.

☞ 예측할 셀을 먼저 선택하고 [시나리오 관리자]를 실행한다.

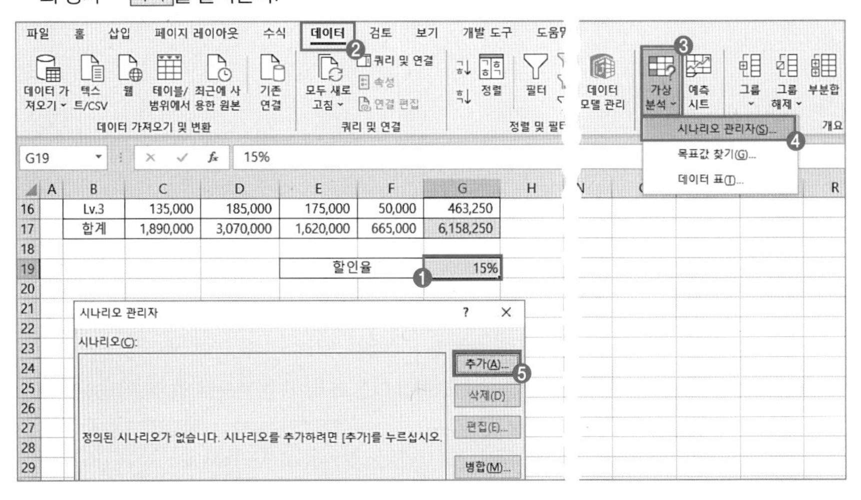

③ [시나리오 추가] 대화 상자 → 시나리오 이름은 **평일할인**으로 입력 → 변경 셀은 [G19] 셀인지 확인 → 확인 클릭 → [시나리오 값] 대화 상자 → 할인율은 **0.3** 입력 → 추가를 클릭한다.

☞ 0.3 = 30%
30%를 입력해도 된다.

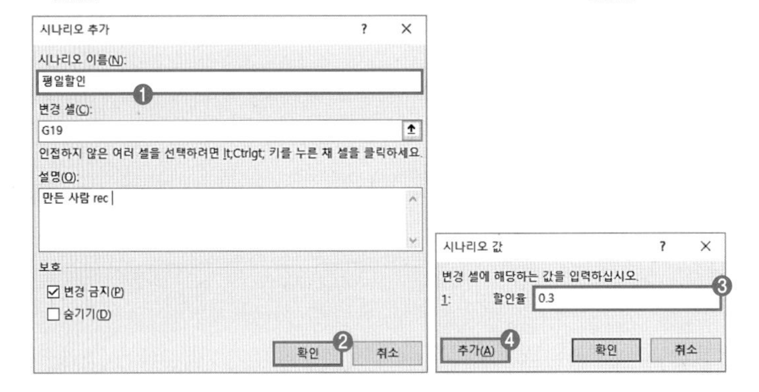

④ [시나리오 추가] 대화 상자 → 시나리오 이름은 **휴일할인**으로 입력 → 변경 셀은 [G19] 셀인지 확인 → 확인 클릭 → [시나리오 값] 대화 상자 → 할인율은 **0.1** 입력 → 확인을 클릭한다.

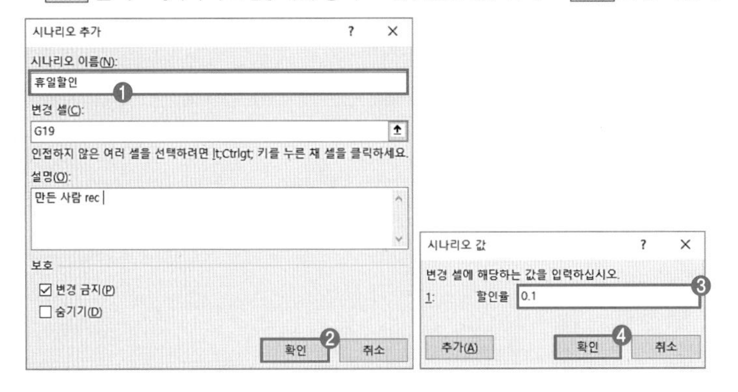

⑤ [시나리오 관리자] 대화 상자 → 요약 클릭 → [시나리오 요약] 대화 상자 → 결과 셀은 [G17] 지정 → 확인을 클릭한다.

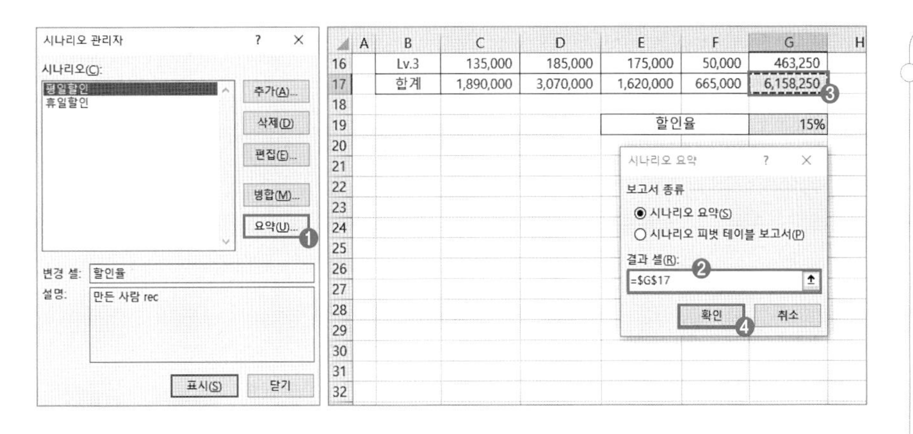

[결과]

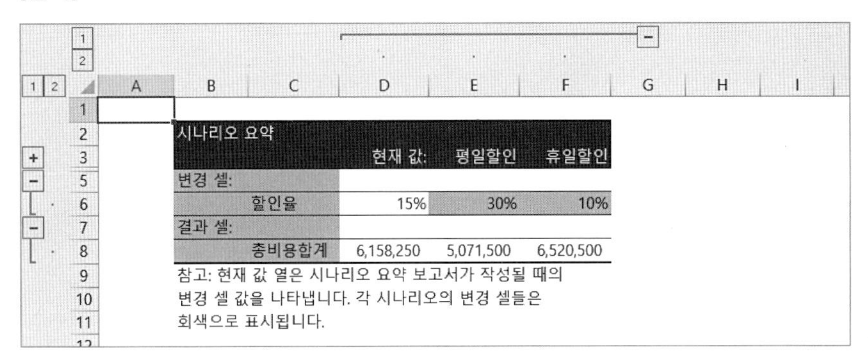

	A	B	C	D	E	F
2		시나리오 요약				
3				현재 값:	평일할인	휴일할인
5		변경 셀:				
6			할인율	15%	30%	10%
7		결과 셀:				
8			총비용합계	6,158,250	5,071,500	6,520,500
9		참고: 현재 값 열은 시나리오 요약 보고서가 작성될 때의				
10		변경 셀 값을 나타냅니다. 각 시나리오의 변경 셀들은				
11		회색으로 표시됩니다.				

> 시나리오 요약 보고서 시트가 '시나리오_1' 시트 앞에 추가된다.

실전 문제 마스터

www.ebs.co.kr/compass(엑셀 실습 파일 다운로드)

문제 1 작업 파일: 08_목표값 시나리오.xlsx

'목표_2' 시트에서 다음과 같은 기능을 수행하시오.

▶ 목표값 찾기 기능을 이용하여 **평점[C11]이 4가 되려면 기말[C9] 점수가 얼마**가 되어야 하는지 계산하시오.

[풀이]

① [C11] 셀 선택 → [데이터] → [예측] → [가상 분석] → [목표값 찾기]를 선택한다.
② [목표값 찾기] 대화 상자 → 찾는 값은 **4** 입력 → 값을 바꿀 셀은 [C9] 셀 지정 → 확인을 클릭한다.

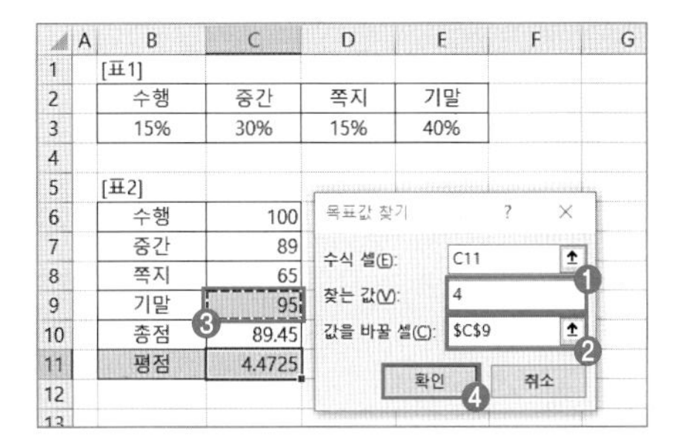

☞ 취소를 클릭하면 목표값 실행 이전으로 되돌아간다.

③ 확인을 클릭해 결과를 적용한다.

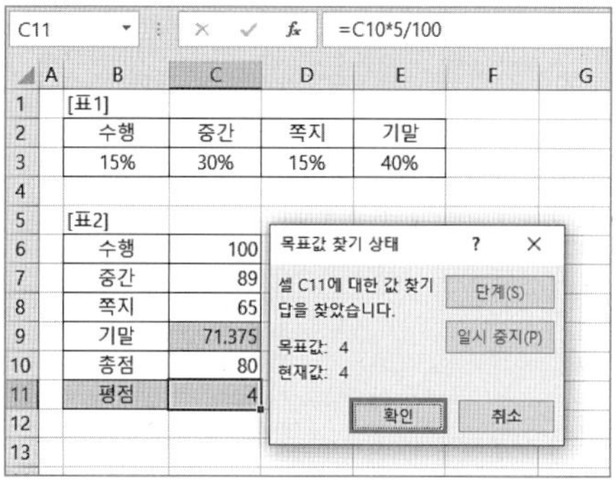

	A	B	C	D	E	F	G
1		[표1]					
2		수행	중간	쪽지	기말		
3		15%	30%	15%	40%		
4							
5		[표2]					
6		수행	100				
7		중간	89				
8		쪽지	65				
9		기말	71.375				
10		총점	80				
11		평점	4				
12							
13							

C11 =C10*5/100

목표값 찾기 상태 ? ×
셀 C11에 대한 값 찾기 답을 찾았습니다.
목표값: 4
현재값: 4
단계(S) 일시 중지(P) 확인 취소

[결과]

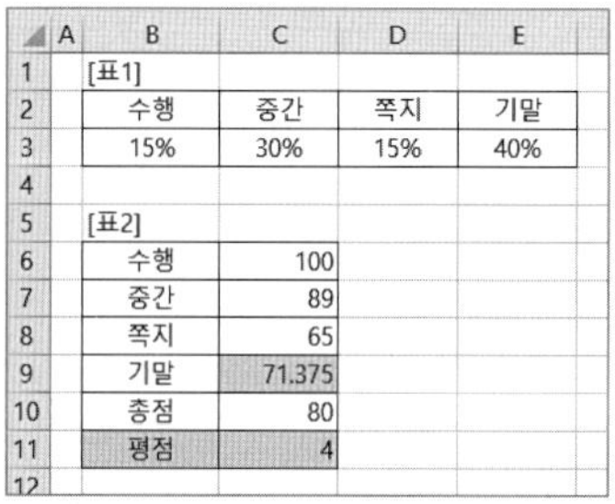

	A	B	C	D	E
1		[표1]			
2		수행	중간	쪽지	기말
3		15%	30%	15%	40%
4					
5		[표2]			
6		수행	100		
7		중간	89		
8		쪽지	65		
9		기말	71.375		
10		총점	80		
11		평점	4		
12					

문제 2 작업 파일: 08_목표값 시나리오.xlsx

'시나리오_2'에 대하여 다음의 지시 사항을 처리하시오.

▶ '12월 부품 판매 현황' 표에서 **판매가격[C5]과 판매수량[C6]이 다음과 같이 변동하는 경우, 순이익[F7]의 변동 시나리오**를 작성하시오.
▶ 셀 이름 정의: **[C5] 셀은 '판매가격', [C6] 셀은 '판매수량', [F7] 셀은 '순이익'**으로 정의하시오.
▶ 시나리오1: 시나리오 이름은 '증가', 판매가격은 100,000, 판매수량은 350으로 설정하시오.
▶ 시나리오2: 시나리오 이름은 '감소', 판매가격은 70,000, 판매수량은 200으로 설정하시오.
▶ 위 시나리오에 의한 '시나리오 요약' 보고서는 '시나리오_2' 시트 바로 뒤에 위치시키시오.

※시나리오 요약 보고서 작성 시 정답과 일치하여야 하며, 오자로 인한 부분 점수는 인정하지 않음.

[풀이]

① [C5] 셀 선택 → 이름 상자에 **판매가격** 입력 → [C6] 셀 선택 → 이름 상자에 **판매수량** 입력 → [F7] 셀 선택 → 이름 상자에 **순이익** 입력 → [C5:C6] 범위 선택 → [데이터] → [예측] → [가상 분석] → [시나리오 관리자] → [시나리오 관리자] 대화 상자 → 추가를 클릭한다.

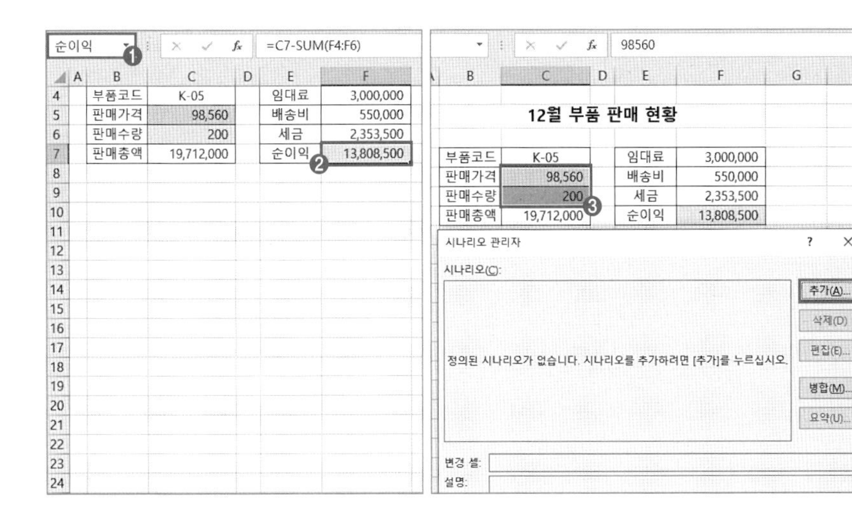

☞ [C5] 셀 선택 → 이름 상자에 판매가격을 입력 → Enter를 눌러 이름을 정의한다.
같은 방법으로 [C6] 셀에 판매수량, [F7] 셀에 순이익으로 이름을 정의한다.

② [시나리오 추가] 대화 상자 → 시나리오 이름은 **증가**로 입력 → 변경 셀은 [C5:C6] 범위인지 확인 → 확인 클릭 → [시나리오 값] 대화 상자 → 판매가격은 **100000** 입력, 판매수량은 **350** 입력 → 추가를 클릭한다.

☞ 시나리오가 여러 개이면 [시나리오 값] 대화 상자에서 추가를 클릭해 연속해서 시나리오를 작성할 수 있지만 확인을 클릭해도 [시나리오 관리자] 대화 상자에서 추가를 선택해 시나리오를 계속 추가할 수 있다.

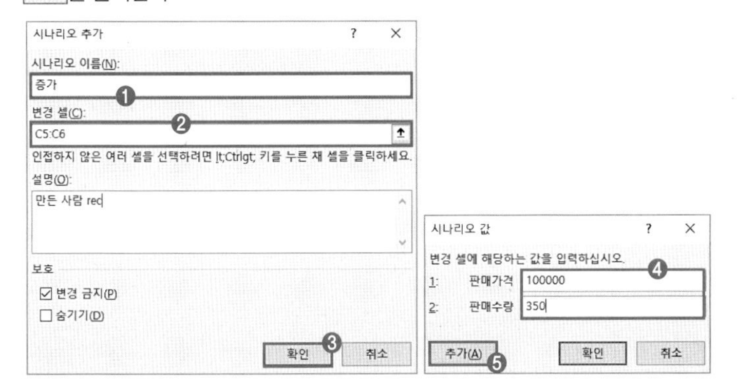

③ [시나리오 추가] 대화 상자 → 시나리오 이름은 **감소**로 입력 → 변경 셀은 [C5:C6] 범위인지 확인 → 확인 클릭 → [시나리오 값] 대화 상자 → 판매가격은 **70000** 입력, 판매수량은 **200** 입력 → 확인을 클릭한다.

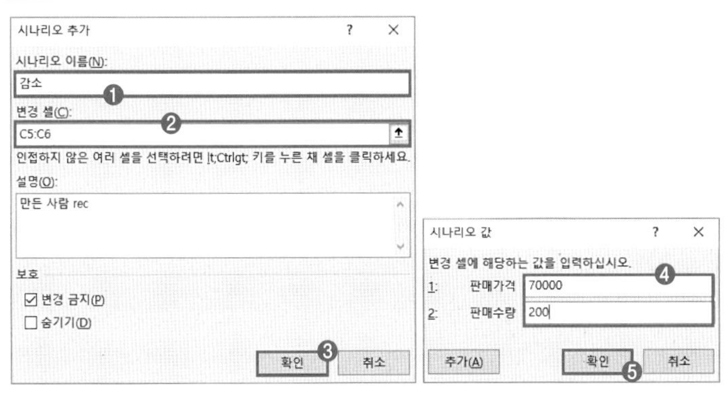

④ [시나리오 관리자] 대화 상자 → 요약 클릭 → [시나리오 요약] 대화 상자 → 결과 셀은 [F7] 셀 지정 → 확인을 클릭한다.

☞ 시나리오 요약 보고서 시트가 '시나리오_2' 시트 앞에 추가된다.

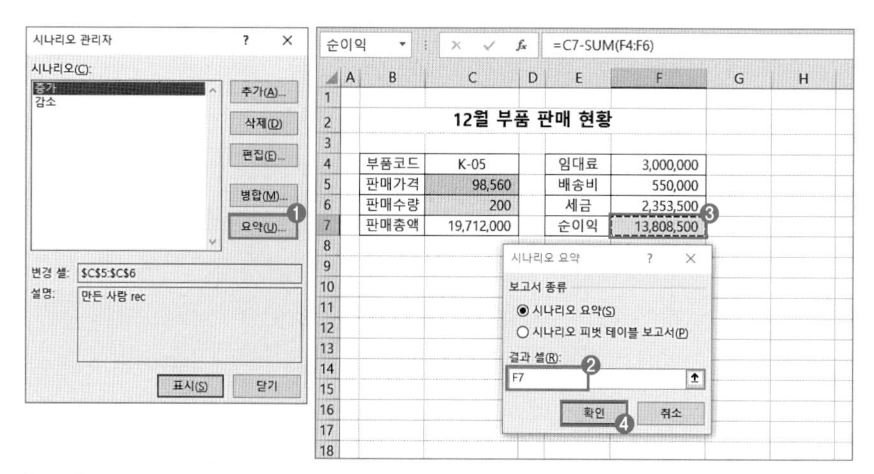

[결과]

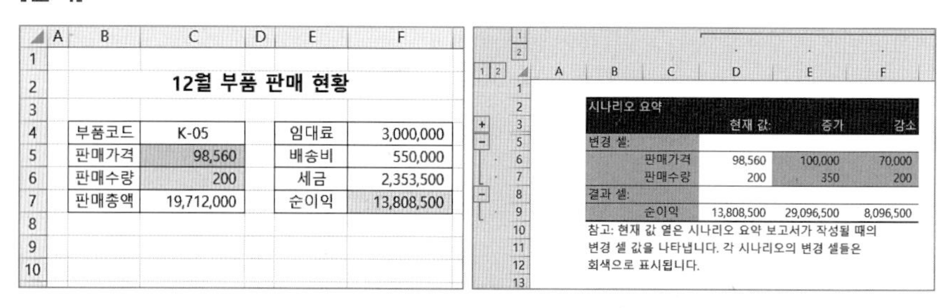

분석 작업 09

텍스트 나누기

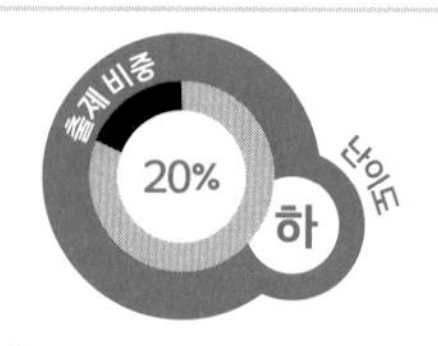

- 텍스트 나누기 마법사를 사용할 수 있다.
- 다양한 구분 기호를 이용하여 텍스트 나누기를 할 수 있다.
- 너비가 일정한 경우 텍스트 나누기를 할 수 있다.

1 개념 학습

[텍스트 나누기 기초 이론]

메뉴	[데이터] → [데이터 도구] → [텍스트 나누기]	배점	10점(2문제, 부분 점수 없음)

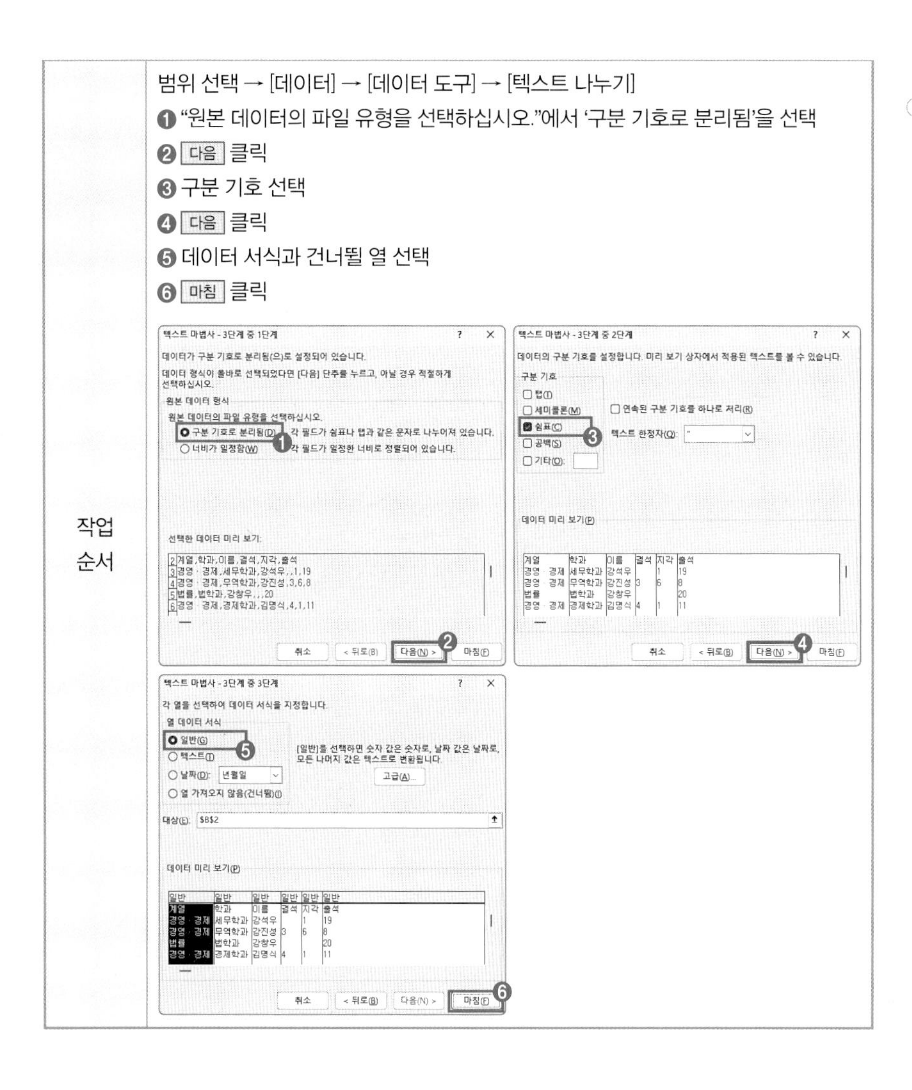

작업 순서	범위 선택 → [데이터] → [데이터 도구] → [텍스트 나누기] ❶ "원본 데이터의 파일 유형을 선택하십시오."에서 '구분 기호로 분리됨'을 선택 ❷ 다음 클릭 ❸ 구분 기호 선택 ❹ 다음 클릭 ❺ 데이터 서식과 건너뛸 열 선택 ❻ 마침 클릭

- [너비가 일정함]
  너비가 일정한 텍스트를 나누기 할 수 있다.
- [열 가져오지 않음]
  선택한 데이터 미리 보기에서 제외할 열을 선택하고 '열 가져오지 않음(건너뜀)'을 선택하면 텍스트 나누기 결과에서 해당 열은 제외된다.

2 출제 유형 이해

www.ebs.co.kr/compass(엑셀 실습 파일 다운로드)

문제 작업 파일: 09_텍스트 나누기.xlsx

'텍스트나누기_1' 시트에서 다음의 지시 사항을 처리하시오.

① [B] 열에 입력된 데이터를 텍스트 나누기하시오.

▶ **데이터는 쉼표(,)로 구분**되어 있음.

▶ 열 너비는 조정하지 않음.

[풀이]

① [B2:B31] 범위 선택 → [데이터] → [데이터 도구] → [텍스트 나누기]를 선택한다.

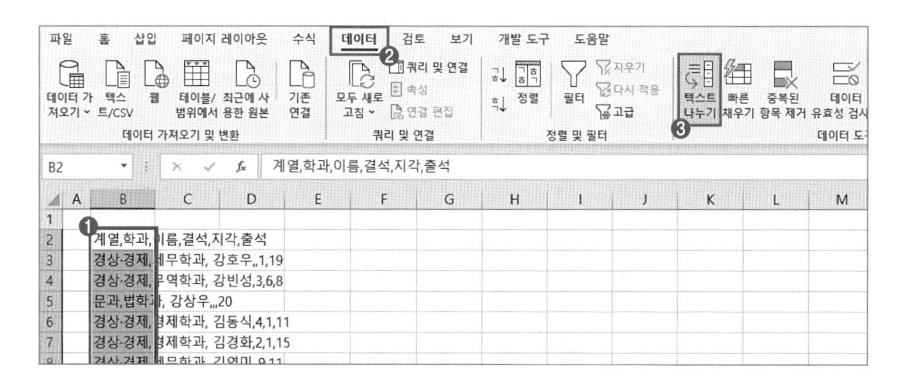

② [텍스트 마법사 – 3단계 중 1단계] 대화 상자 → '구분 기호로 분리됨' 선택 → 다음 클릭 → [텍스트 마법사 – 3단계 중 2단계] 대화 상자 → '쉼표' 체크 → 다음 클릭 → [텍스트 마법사 – 3단계 중 3단계] 대화 상자 → 마침을 클릭한다.

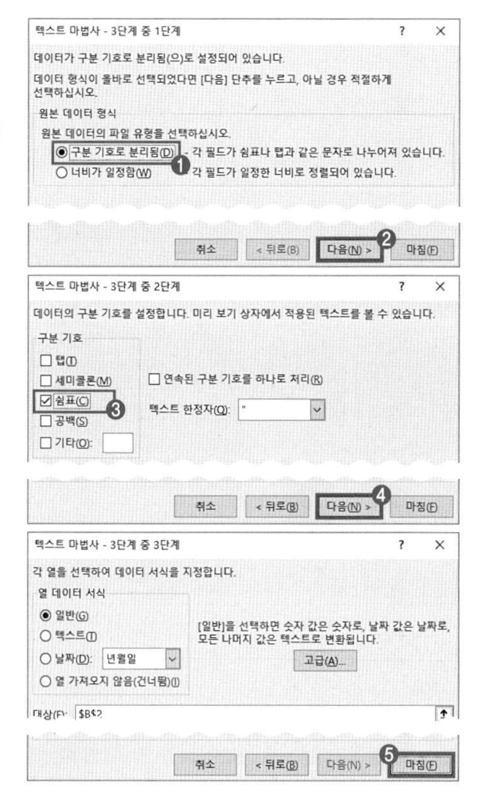

[결과]

	A	B	C	D	E	F	G	H
1								
2		계열	학과	이름	결석	지각	출석	
3		경영·경제	세무학과	강석우		1	19	
4		경영·경제	무역학과	강진성	3	6	8	
5		법률	법학과	강창우			20	
6		경영·경제	경제학과	김명식	4	1	11	
7		경영·경제	경제학과	김석화	2	1	15	
8		경영·경제	세무학과	김신미		9	11	
9		경영·경제	경제학과	김영숙			20	
10		사회과학	정치외교학	김철호		2	18	
11		경영·경제	무역학과	김현국		4	16	
12		경영·경제	회계학과	김혜진	2	4	12	
13		경영·경제	경영학과	박도근		2	18	
14		경영·경제	회계학과	박명인			20	
15		사회과학	방송학과	박수정	1		18	
16		법률	법학과	박신아	1		18	

3 실전 문제 마스터

www.ebs.co.kr/compass(엑셀 실습 파일 다운로드) 

문제 작업 파일: 09_텍스트 나누기.xlsx

'텍스트나누기_2' 시트에서 다음의 지시 사항을 처리하시오.

① [B] 열에 입력된 데이터를 텍스트 나누기하시오.

▶ 데이터 구분 기호는 수험생의 판단에 따라 작업하시오.

▶ '기관코드' 열은 가져오기에서 제외하시오.

▶ 열 너비는 조정하지 않음.

[풀이]

① [B2:B32] 범위 선택 → [데이터] → [데이터 도구] → [텍스트 나누기] 선택 → [텍스트 마법사 – 3단계 중 1단계] 대화 상자 → '구분 기호로 분리됨'을 선택 → 다음 을 클릭한다.

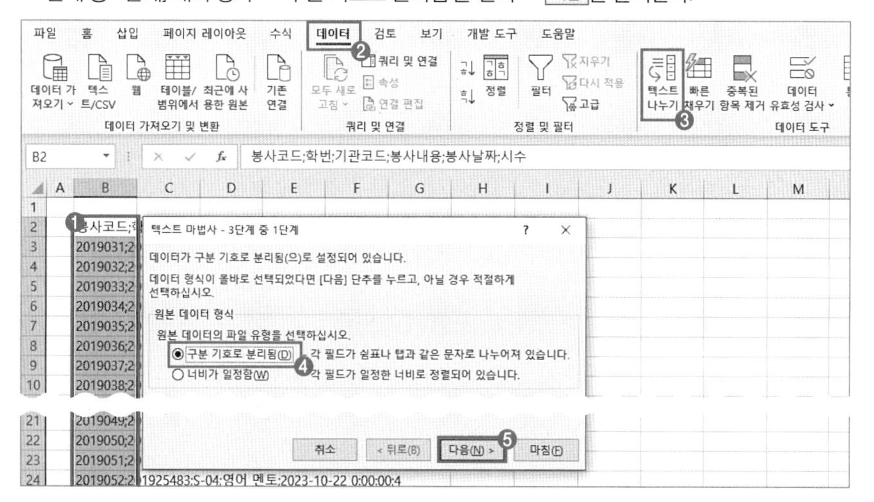

② [텍스트 마법사 – 3단계 중 2단계] 대화 상자 → 구분 기호는 '세미콜론' 체크 → 다음 클릭 → [텍스트 마법사 – 3단계 중 3단계] 대화 상자 → '기관코드' 열 선택 → '열 가져오지 않음(건너뜀)' 선택 → 마침 을 클릭한다.

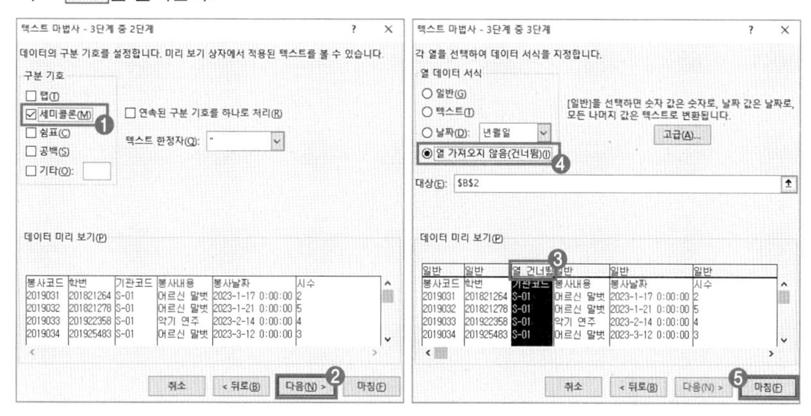

[결과]

	A	B	C	D	E	F
1						
2		봉사코드	학번	봉사내용	봉사날짜	시수
3		2019031	201821264	어르신 말벗	2023-01-17 0:00	2
4		2019032	201821278	어르신 말벗	2023-01-21 0:00	5
5		2019033	201922358	악기 연주	2023-02-14 0:00	4
6		2019034	201925483	어르신 말벗	2023-03-12 0:00	3
7		2019035	201727854	빨래도우미	2023-03-13 0:00	5
8		2019036	201829452	어르신 말벗	2023-03-19 0:00	4
9		2019037	201721098	악기 연주	2023-04-09 0:00	2
10		2019038	201921587	급식도우미	2023-04-16 0:00	3
11		2019039	201922358	스마트폰 활용	2023-04-17 0:00	4
12		2019040	201821278	청소도우미	2023-05-14 0:00	3
13		2019041	201821278	악기 연주	2023-05-21 0:00	2
14		2019042	201821264	급식도우미	2023-05-22 0:00	5
15		2019043	201727854	스마트폰 활용	2023-06-11 0:00	4
16		2019044	201829452	청소도우미	2023-06-18 0:00	3
17		2019045	201829452	목욕도우미	2023-06-25 0:00	2
18		2019046	201921587	스마트폰 활용	2023-07-09 0:00	5
19		2019047	201721651	빨래도우미	2023-07-16 0:00	4
20		2019048	201822553	스마트폰 활용	2023-07-17 0:00	3
21		2019049	201922358	악기 연주	2023-08-13 0:00	4
22		2019050	201821278	급식도우미	2023-09-10 0:00	3
23		2019051	201922358	영어 멘토	2023-10-15 0:00	2
24		2019052	201925483	영어 멘토	2023-10-22 0:00	4
25		2019053	201821264	수학 멘토	2023-10-29 0:00	3
26		2019054	201829452	수학 멘토	2023-11-12 0:00	5
27		2019055	201721098	영어 멘토	2023-12-20 0:00	4
28		2019056	201921587	수학 멘토	2023-12-10 0:00	3
29		2019057	201821278	수학 멘토	2023-12-17 0:00	2
30		2019058	201922358	영어 멘토	2023-12-18 0:00	4
31		2019059	201725685	영어 멘토	2023-12-24 0:00	3
32		2019060	201829452	수학 멘토	2023-12-25 0:00	2
33						

기타 작업

시험 출제 정보

- 출제 문항 수: 3문제
- 출제 배점: 35점, 세부 문제 부분 점수가 있다.
- 기타 작업은 기능별 세부 점수가 있다.
- 프로시저의 경우 3개 문제에 각 5점씩 배당이 되는데 이 중 10점을 목표로 준비하면 부담 없이 학습 진행이 가능할 것이다.

세부 기능			출제 경향
1	매크로	10점/ 2문제	– 사용자 지정 표시 형식 적용 매크로 – 사용자 지정 표시 형식 해제 매크로
2	차트	10점/ 5문제	– 차트 데이터 원본 변경 – 차트 종류 변경 – 축 수정 – 제목 연결 – 레이블, 추세선 등 표시 – 차트 영역 수정
3	프로시저	15점/ 3문제	– 폼 열고 초기화 하기 – 폼에 셀 값을 가져오기 또는 셀 값을 폼으로 가져오기 – 폼 닫고 메시지 박스 표시하기

기타 작업

01 매크로

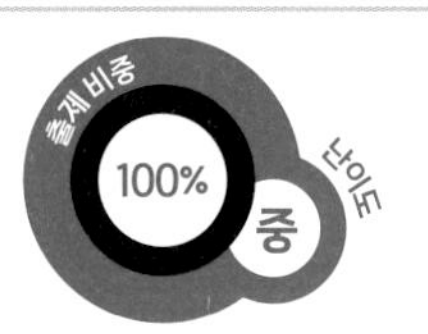

- 문제 지시 사항에 따라 매크로를 기록하고 실행할 수 있다.
- 매크로를 활용하여 사용자 지정 서식을 적용하고 해제할 수 있다.
- 매크로를 활용하여 제시된 분석 작업을 자동화할 수 있다.

1 개념 학습

1) 매크로 기초 이론

메뉴	[개발 도구] → [코드] → [매크로 기록]	배점	10점, 각 5점
작업 순서	[개발 도구] → [코드] → [매크로 기록] → 지시 사항 수행 → [기록 중지]		
개발 도구 활성	[파일] → [옵션] → [리본 사용자 지정] → '개발 도구' 체크 → 확인 클릭		
매크로 보안 설정	[파일] → [옵션] → [보안 센터] → [보안 센터] 대화 상자 → [매크로 설정] → '모든 매크로 포함' → 확인 클릭		

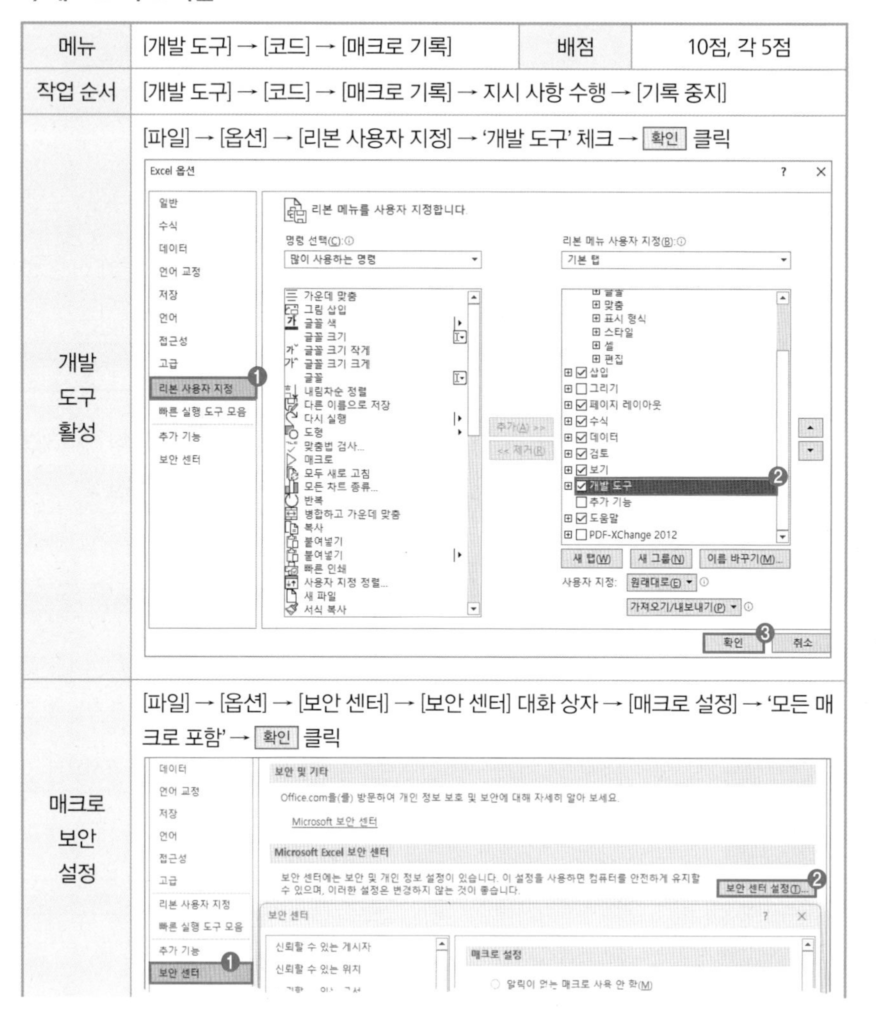

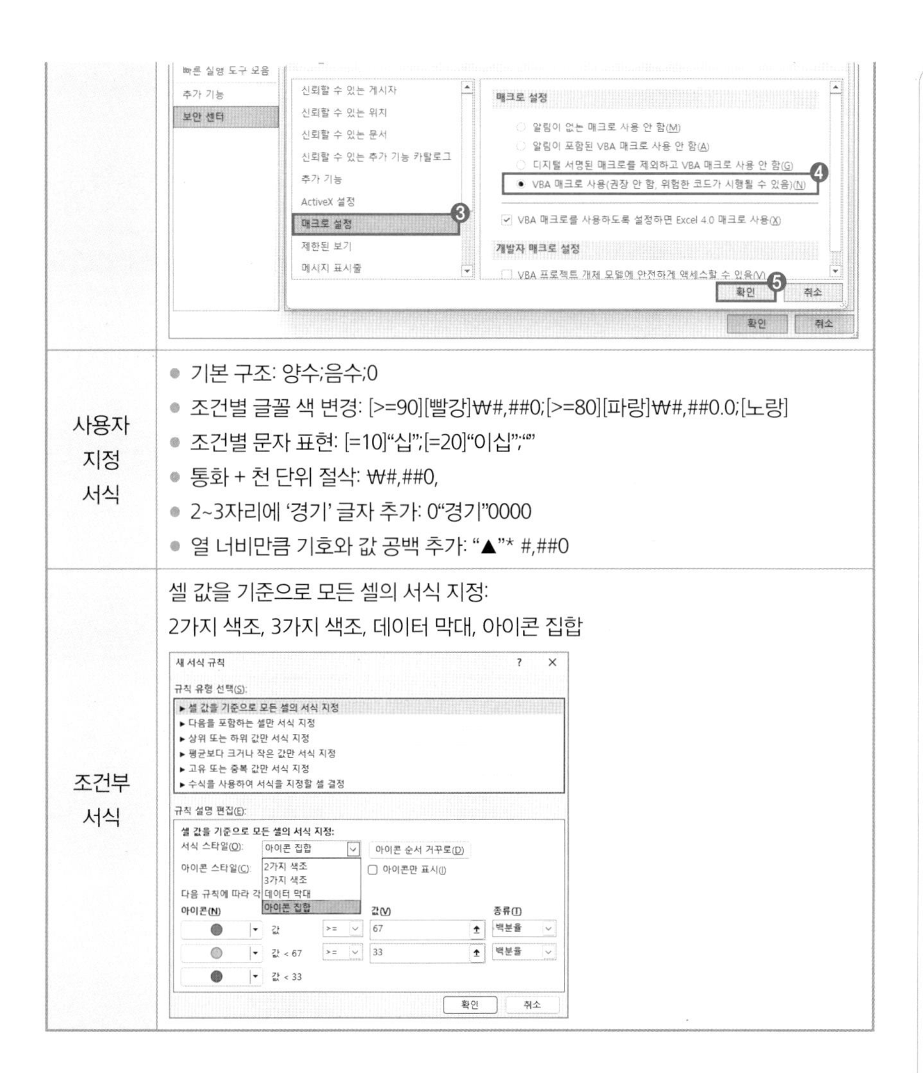

사용자 지정 서식	● 기본 구조: 양수;음수;0 ● 조건별 글꼴 색 변경: [>=90][빨강]₩#,##0;[>=80][파랑]₩#,##0.0;[노랑] ● 조건별 문자 표현: [=10]"십";[=20]"이십";"" ● 통화 + 천 단위 절삭: ₩#,##0, ● 2~3자리에 '경기' 글자 추가: 0"경기"0000 ● 열 너비만큼 기호와 값 공백 추가: "▲"* #,##0
조건부 서식	셀 값을 기준으로 모든 셀의 서식 지정: 2가지 색조, 3가지 색조, 데이터 막대, 아이콘 집합

2) 숫자 사용자 지정 서식 코드

코드	설명	표시 형식	입력	결과
G/표준	기본 서식을 적용	G/표준	1234567	1234567
0	숫자 1자리를 표시(필수)	0,000.0	1234	1,234.0
#	숫자 1자리를 표시(0이면 생략)	#,###.#	1234	1,234.
?	숫자 1자리 여백	0.??	1234567	1234567.
@	텍스트 서식	@	1234567	1234567
.	소수점 적용	0.00	1234567	1234567.00
,	천 단위 구분 기호 천 단위 절삭	#,##0 #,##0,	1234567 1234567	1,234,567 1,235
%	백분율 표시	0.##%	0.125	12.5%
/	분수 표시	# #/#	3 1/2	3 1/2

*	이후 문자열을 셀 너비만큼 반복	*@0.00	123	@@@@123.00
_	이후에 나오는 문자 너비만큼 공백을 유지	_@0.00_@	123	123.00
[ ]	조건식 사용	[>90][빨강]#,##0	123	123

3) 날짜 사용자 지정 서식 코드

표시 형식	입력값	표시값	표시 형식	입력값	표시값
yy	2026-01-05	26	h	5:05	5
yyyy	2026-01-05	2026	hh	5:05	05
m	2026-01-05	1	h:m	5:05	5:5
mm	2026-01-05	01	h:mm	5:05	5:05
mmm	2026-01-05	Jan	s	5:05:04	4
mmmm	2026-01-05	January	ss	5:05:04	04
mmmmm	2026-01-05	J	h:m AM/PM	17:30	5:30 PM
d	2026-01-05	5	h:m am/pm	17:30	5:30 pm
dd	2026-01-05	05	h:m A/P	5:30	5:30 A
ddd	2026-01-05	Mon	h:m a/p	5:30	5:30 a
dddd	2026-01-05	Monday	[$-ko-KR]AM/PM hh:mm	5:30	오전 5:30
aaa	2026-01-05	월			
aaaa	2026-01-05	월요일			

4) 조건이 포함된 사용자 지정 서식

- 조건이 포함된 사용자 정의 서식
  - 4개의 구역으로 구성되며 각 구역은 세미콜론(;)으로 구분한다.
  - 조건이 없을 때는 양수, 음수, 0, 텍스트순으로 표시 형식이 지정되지만, 조건이 있을 때는 조건이 지정된 순으로 표시 형식을 나타낸다.
  - 조건이나 글꼴색의 지정은 대괄호([ ]) 안에 입력한다.
- 기본 구조

양수	음수	0	문자
#,###;	[빨강](#,###);	0.00;	@"님"

색을 사용할 경우 각 색을 대괄호([ ])로 묶어 표현한다.

예제 1 [>=500]"달성!!"G/표준 ; [<300]"주의!!"G/표준 ; "노력!!"G/표준

답

조건	셀 값	결과
500 이상	510	달성!!510
300 미만	250	주의!!250
300~499	400	노력!!400

예제 2	셀의 값이 200 이상이면 '빨강', 200 미만 100 이상이면 '파랑', 100 미만이면 색을 지정하지 않고, 천 단위 구분 기호와 소수 이하 첫째 자리까지 표시하기 위한 사용자 지정 서식은?
답	[빨강][>=200]#,##0.0;[파랑][>=100]#,##0.0;#,##0.0

예제 3	양수와 음수 모두 앞에 ₩ 기호를 표시하고 천 단위마다 콤마 표시. 소수 첫째 자리까지만 표시하고, 소수 첫째 자리에 값이 없을 때는 0이 표시되도록 한다.(단, 소수 둘째 자리에서 반올림) 0은 숫자 0 대신 - 기호로 표시, 음수는 빨강색으로 표시
답	₩#,##0.0;[빨강] ₩#,##0.0;-

2 출제 유형 이해

www.ebs.co.kr/compass(엑셀 실습 파일 다운로드) 

문제 작업 파일: 매크로_1.xlsm

'매크로_1' 시트에서 다음과 같은 기능을 수행하는 매크로를 현재 통합 문서에 작성하시오.

1. [E6:L33] 영역에 대하여 사용자 지정 표시 형식을 설정하는 **'서식적용'** 매크로를 생성하시오.
   - ▶ 셀 값이 **1과 같은 경우 영문자 대문자 "O"로 표시, 셀 값이 0과 같은 경우 영문자 대문자 "X"**로 표시
   - ▶ [개발 도구]–[삽입]–[양식 컨트롤]의 '단추'를 동일 시트의 [B2:C3] 영역에 생성한 후 텍스트를 **'서식적용'**으로 입력하고, 단추를 클릭하면 **'서식적용'** 매크로가 실행되도록 설정하시오.

[풀이]

① 임의의 셀([A5]) 선택 → [개발 도구] → [코드] → [매크로 기록] → [매크로 기록] 대화 상자 → 매크로 이름은 **서식적용** 입력 → 매크로 저장 위치는 '현재 통합 문서' 선택 → 확인을 클릭한다.

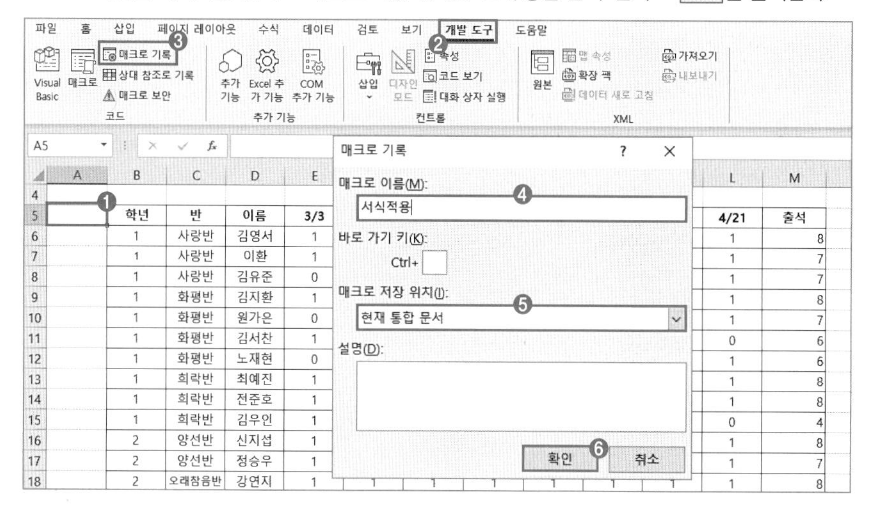

☞ [매크로 기록]이 [매크로 중지]로 바뀌면서 매크로 기록이 시작된다. 이 시점부터의 작업은 '서식적용' 매크로에 적용된다.

☞ 선택 범위의 값이 1 → O, 0 → X로 변경되고 '서식적용' 매크로 기록이 중지된다.

② [E6:L33] 범위 선택 → Ctrl + 1 → [셀 서식] 대화 상자 → '사용자 지정' 범주 → 형식 입력 창에 **[=1]"O";[=0]"X"** 입력 → 확인 클릭 → 임의의 셀 선택 → [기록 중지]를 선택한다.

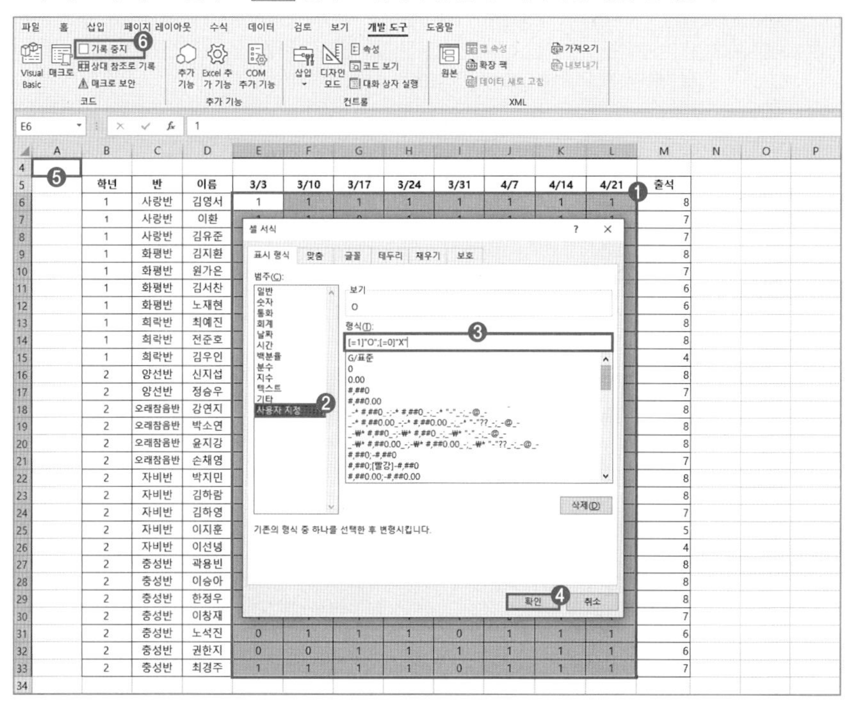

☞ '서식적용' 단추 텍스트 수정
단추에서 마우스 오른쪽 클릭 → [텍스트 편집]

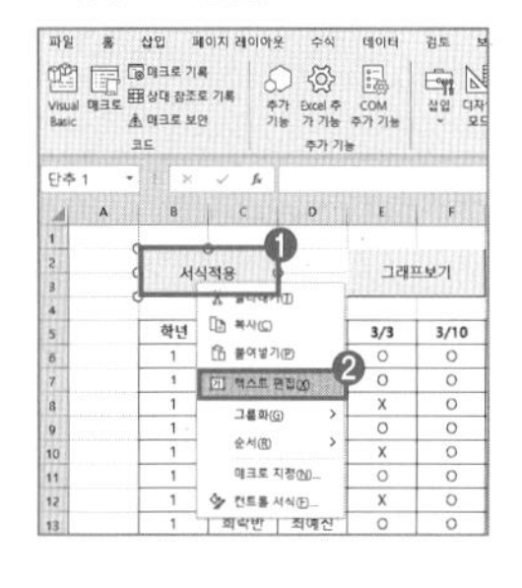

☞ '서식적용' 단추 삭제
단추 → 마우스 오른쪽 클릭 → [잘라내기]

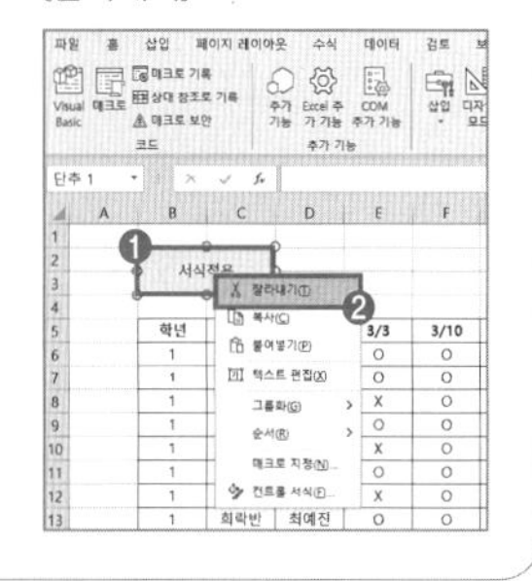

③ [개발 도구] → [컨트롤] → [삽입] → [단추(양식 컨트롤)] → Alt를 누른 채 [B2:C3] 범위에 드래그해 삽입 → [매크로 지정] 대화 상자 → '서식적용' 매크로 선택 → 확인을 클릭한다.

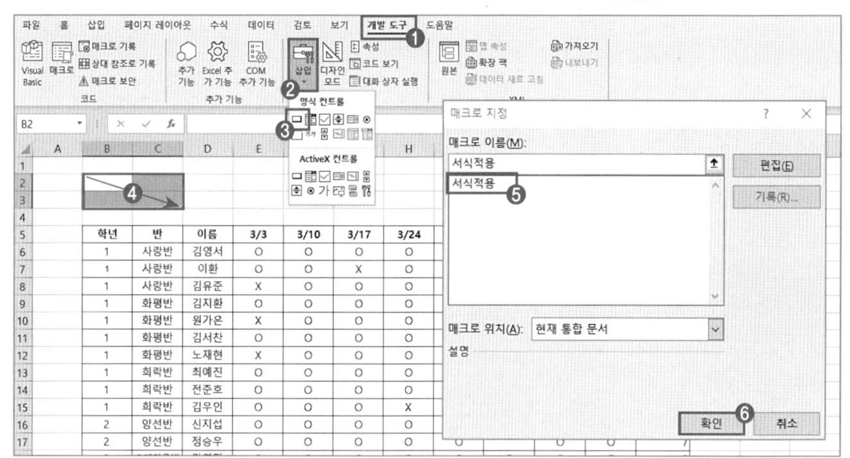

④ 삽입된 단추를 선택 → **서식적용**을 입력한다.

서식적용

학년	반	이름	3/3	3/10	3/17	3/24	3/31	4/7	4/14	4/21	출석
1	사랑반	김영서	O	O	O	O	O	O	O	O	8
1	사랑반	이환	O	O	X	O	O	O	O	O	7
1	사랑반	김유준	X	O	O	O	O	O	O	O	7

2. [M6:M33] 영역에 대하여 조건부 서식을 적용하는 **'조건부서식'** 매크로를 생성하시오.
 ▶ 규칙 유형은 '셀 값을 기준으로 모든 셀의 서식 지정'으로 선택하고, 서식 스타일 **'데이터 막대', 최솟값은 백분위수 20, 최댓값은 백분위수 80으로 설정**하시오.
 ▶ 막대 모양은 채우기를 **'그라데이션 채우기'**, 색을 **'표준 색-노랑'**으로 설정하시오.
 ▶ [개발 도구]-[삽입]-[양식 컨트롤]의 **'단추'를 동일 시트의 [E2:F3]** 영역에 생성한 후 텍스트를 **'조건부서식'**으로 입력하고, 단추를 클릭하면 **'조건부서식'** 매크로가 실행되도록 설정하시오.

① 임의의 셀 선택 → [개발 도구] → [코드] → [매크로 기록] → [매크로 기록] 대화 상자 → 매크로 이름은 **조건부서식**을 입력 → 매크로 저장 위치는 '현재 통합 문서' 선택 → 확인을 클릭한다.

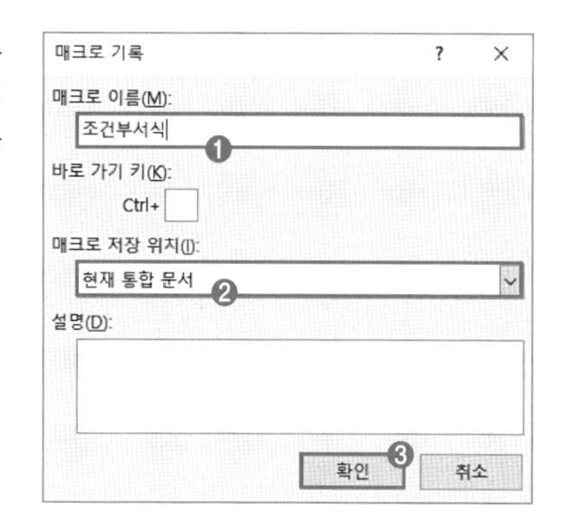

② [M6:M33] 범위 선택 → [홈] → [스타일] → [조건부 서식] → [새 규칙] → [새 서식 규칙] 대화 상자 → '셀 값을 기준으로 모든 셀의 서식 지정' 선택 → 서식 스타일은 '데이터 막대' → 최솟값, 최댓값 종류는 '백분율' → 최솟값은 **20**, 최댓값은 **80** 입력 → 채우기는 '그라데이션 채우기' → 색은 표준 색 '노랑' 선택 → 확인을 클릭한다.

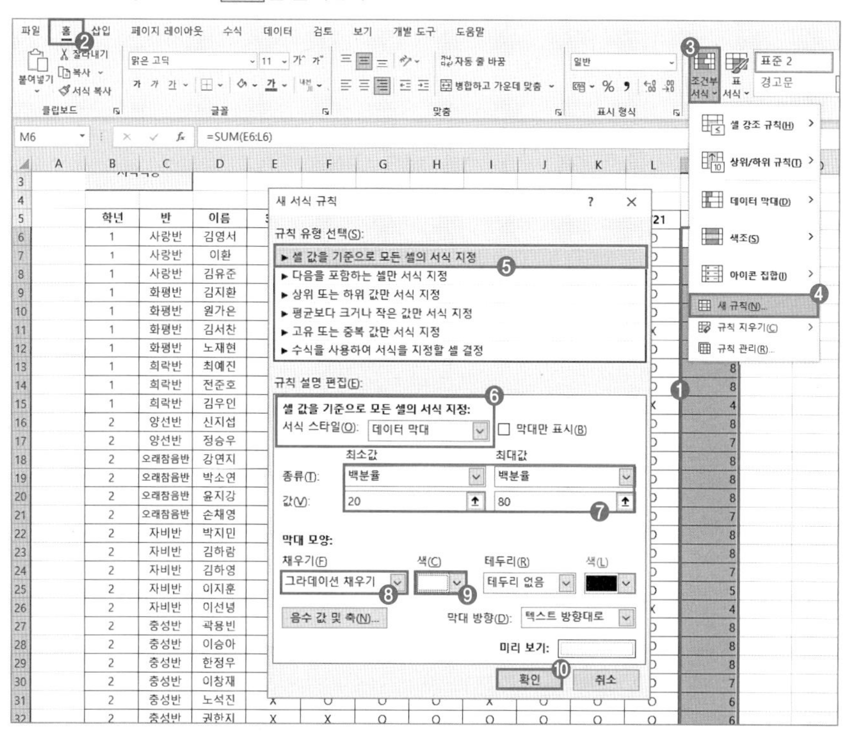

③ 임의의 셀을 선택해 [M6:M33] 범위 선택 해제 → [기록 중지]를 선택한다.

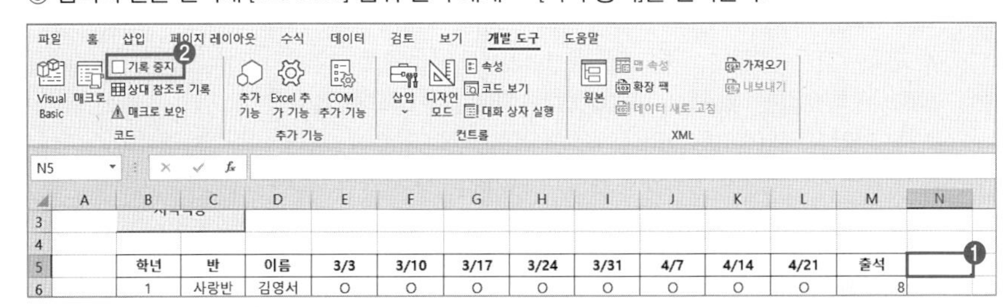

④ [개발 도구] → [컨트롤] → [삽입] → [단추(양식 컨트롤)] → Alt 를 누른 채 [E2:F3] 범위에 드래그해 삽입 → [매크로 지정] 대화 상자 → '조건부서식' 매크로 선택 → 확인 을 클릭한다.

⑤ 삽입된 단추를 선택 → **조건부서식**을 입력한다.

☞ 조건부 서식 매크로가 단추에 연결된다.

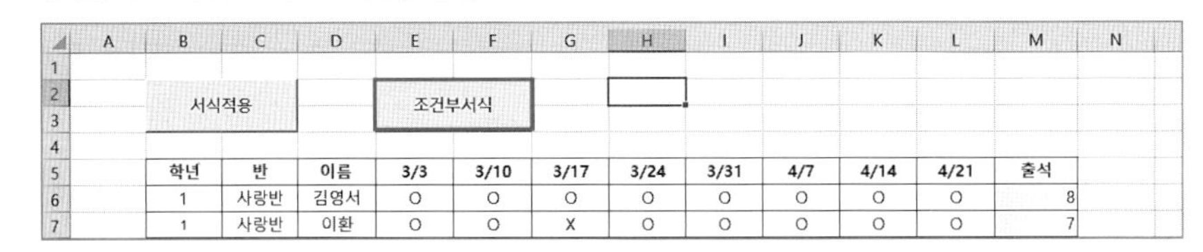

☞ **매크로 삭제**
[개발 도구] → [코드] → [매크로] → [매크로] 대화 상자 → 삭제할 매크로 선택 → 삭제 를 클릭한다.

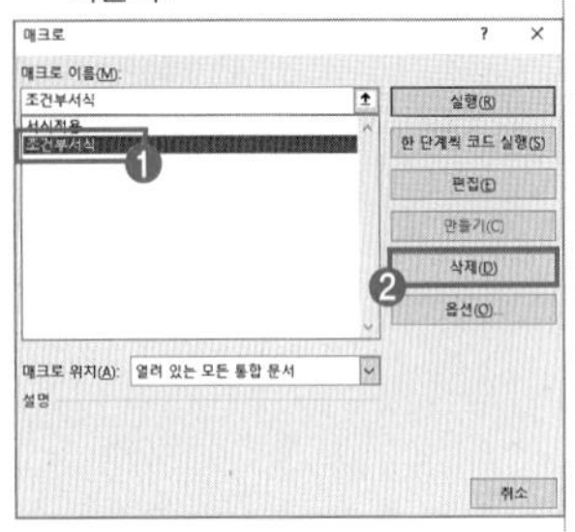

3. [B5:M33] 영역에 대하여 다음과 같은 자동 필터를 설정하는 **'필터적용'** 매크로를 생성하시오.

▶ 학년이 1학년인 내역만 표시하시오.

▶ [삽입]–[도형]의 **'사각형'**을 동일 시트의 [H2:I3] 영역에 생성한 후 텍스트를 '필터적용'으로 입력하고, 단추를 클릭하면 **'필터적용'** 매크로가 실행되도록 설정하시오.

① 임의의 셀 선택 → [개발 도구] → [코드] → [매크로 기록] → [매크로 기록] 대화 상자 → 매크로 이름은 **필터적용**을 입력 → 매크로 저장 위치는 '현재 통합 문서' 선택 → 확인 을 클릭한다.

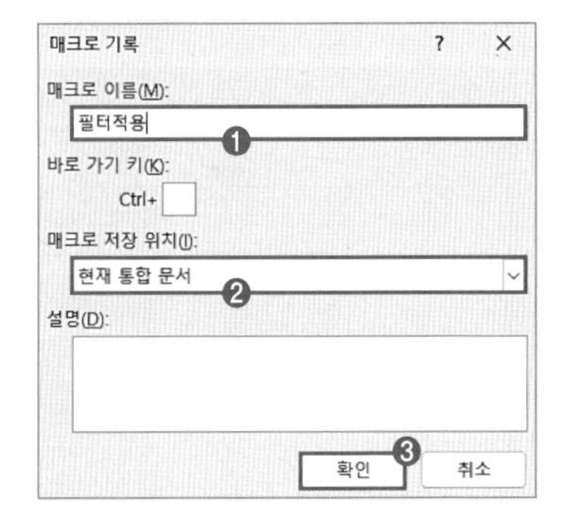

② [B5:M33] 범위에서 임의의 셀 선택 → [데이터] → [정렬 및 필터] → [필터] → [B5] 셀에서 화살표 클릭 → '(모두 선택)' 체크 해제 → '1'을 체크 → 확인 을 클릭한다.

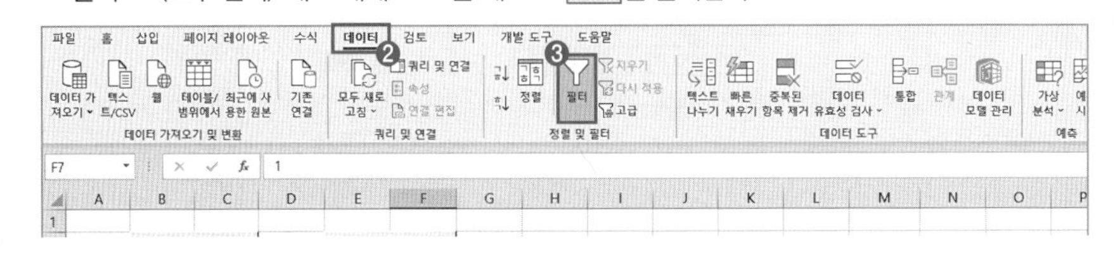

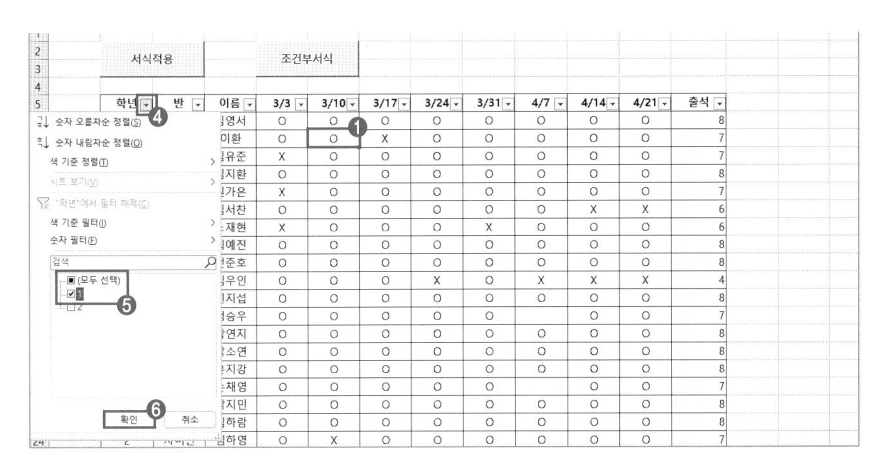

③ 임의의 셀을 선택 → [개발 도구] → [코드] → [기록 중지]를 선택한다.

④ [삽입] → [일러스트레이션] → [도형] → '직사각형' 선택 → Alt를 누른 채 [H2:I3] 범위에 드래그해 직사각형 삽입 → 직사각형 도형을 선택 → **필터적용**을 입력한다.

⑤ 직사각형 도형에서 → 마우스 오른쪽을 클릭 → [매크로 지정] → [매크로 지정] 대화 상자 → '필터적용' 매크로 선택 → 확인 을 클릭하여 매크로를 연결한다.

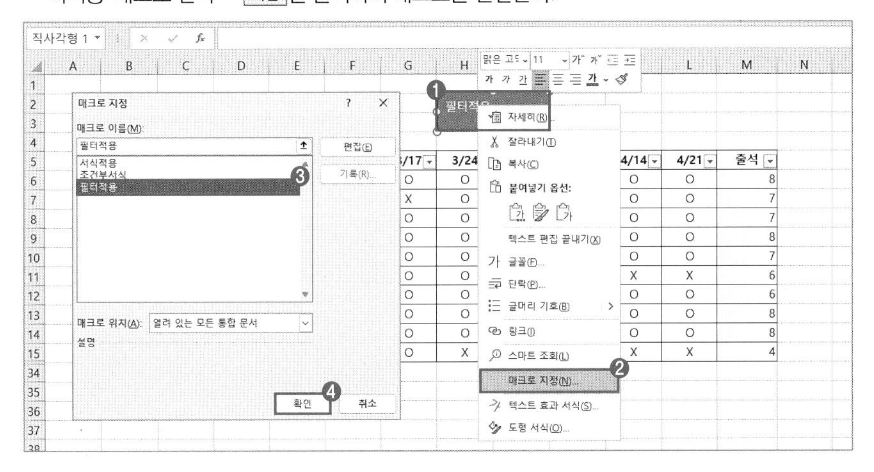

3 실전 문제 마스터

www.ebs.co.kr/compass(엑셀 실습 파일 다운로드)

문제 작업 파일: 01_매크로_2.xlsm

'매크로_2' 시트에서 다음과 같은 기능을 수행하는 매크로를 현재 통합 문서에 작성하시오.

1. [F7:F30] 영역에 대하여 사용자 지정 표시 형식을 설정하는 '서식적용' 매크로를 생성하시오.
   - ▶ **양수일 때 파랑색으로 '▲' 기호, 소수점 이하 첫째 자리까지 표시, 음수일 때 빨강색으로 '▽' 기호 소수점 이하 첫째 자리까지 표시, 0일 때 검정색 '●' 기호만 표시**

▶ [개발 도구]–[삽입]–[양식 컨트롤]의 **'단추'**를 동일 시트의 [B2:C3] 영역에 생성한 후 텍스트를 **'서식적용'**으로 입력하고, 단추를 클릭하면 **'서식적용'** 매크로가 실행되도록 설정하시오.

[풀이]

① 임의의 셀 선택 → [개발 도구] → [코드] → [매크로 기록] → [매크로 기록] 대화 상자 → 매크로 이름은 **서식적용** 입력 → 매크로 저장 위치는 '현재 통합 문서' 선택 → 확인을 클릭한다.

② [F7:F30] 범위 선택 → Ctrl + 1 → [셀 서식] 대화 상자 → '사용자 지정' 범주 → 형식 입력 창에 **[파랑]"▲"0.0;[빨강]"▽"0.0;[검정]"●"** 입력 → 확인 클릭 → 임의의 셀 선택 → [기록 중지]를 선택한다.

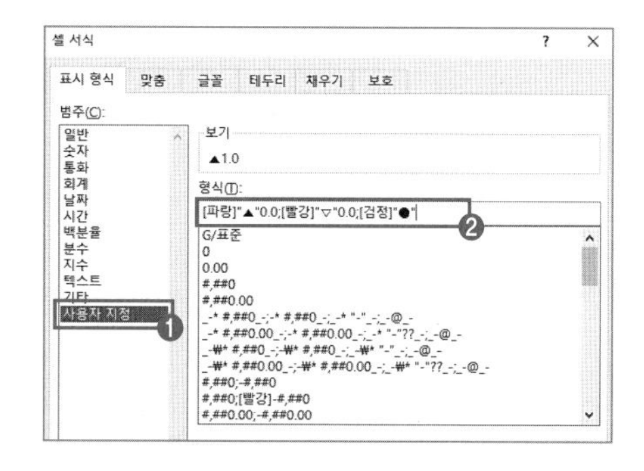

③ [개발 도구] → [컨트롤] → [삽입] → [단추(양식 컨트롤) ▭] → Alt를 누른 채 [B2:C3] 범위에 드래그해 삽입 → [매크로 지정] 대화 상자 → '서식적용' 선택 → 확인을 클릭한다.
④ 단추에서 마우스 오른쪽을 클릭 → 단추 편집 상태에서 **서식적용**을 입력한다.

2. [D7:E30] 영역에 대하여 사용자 지정 표시 형식을 설정하는 **'요일'** 매크로를 생성하시오.
▶ [D7:E30] 영역에 대하여 날짜 형식을 2025-07-06(일) 형식으로 표시
▶ [개발 도구]–[삽입]–[양식 컨트롤]의 **'단추'**를 동일 시트의 [E2:E3] 영역에 생성한 후 텍스트를 **'요일'**로 입력하고, 단추를 클릭하면 **'요일'** 매크로가 실행되도록 설정하시오.

① 임의의 셀 선택 → [개발 도구] → [코드] → [매크로 기록] → [매크로 기록] 대화 상자 → 매크로 이름은 **요일**을 입력 → 매크로 저장 위치는 '현재 통합 문서' 선택 → 확인을 클릭한다.

② [D7:E30] 범위 선택 → Ctrl + 1 → [셀 서식] 대화 상자 → '사용자 지정' 범주 → 형식 입력 창에 **yyyy-mm-dd(aaa)** 입력 → 확인 클릭 → 임의의 셀 선택 → [기록 중지]를 선택한다.

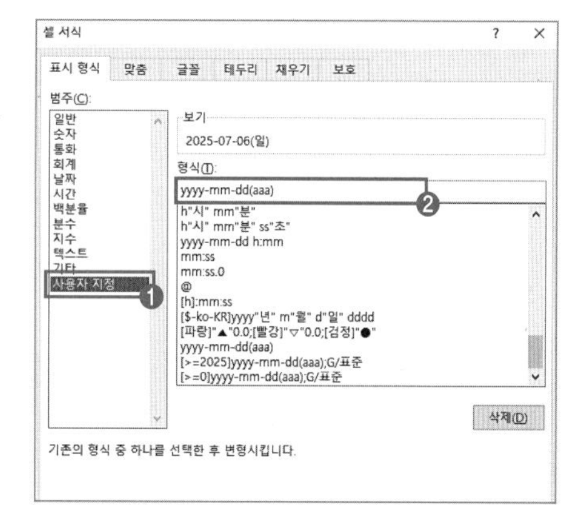

③ [개발 도구] → [컨트롤] → [삽입] → [단추(양식 컨트롤) ▭] Alt를 누른 채 → [E2:E3] 범위에 드래그해 삽입 → [매크로 지정] 대화 상자 → '요일' 매크로 선택 → 확인을 클릭한다.
④ 삽입된 단추를 선택 → **요일**을 입력한다.

3. [F7:F39] 영역에 대하여 표시 형식을 '일반'으로 적용하는 **'서식해제'** 매크로를 생성하시오.
▶ [개발 도구]-[삽입]-[양식 컨트롤]의 **'단추'**를 동일 시트의 [G2:H3] 영역에 생성한 후 텍스트를 '서식해제'로 입력하고, 단추를 클릭하면 **'서식해제'** 매크로가 실행되도록 설정하시오.

① 임의의 셀 선택 → [개발 도구] → [코드] → [매크로 기록] → [매크로 기록] 대화 상자 → 매크로 이름은 **서식해제**를 입력 → 매크로 저장 위치는 '현재 통합 문서' 선택 → 확인을 클릭한다.

② [F7:F30] 범위 선택 → Ctrl + 1 → [셀 서식] 대화 상자 → '일반' 범주 선택 → 확인 클릭 → 임의의 셀 선택 → [기록 중지]를 선택한다.

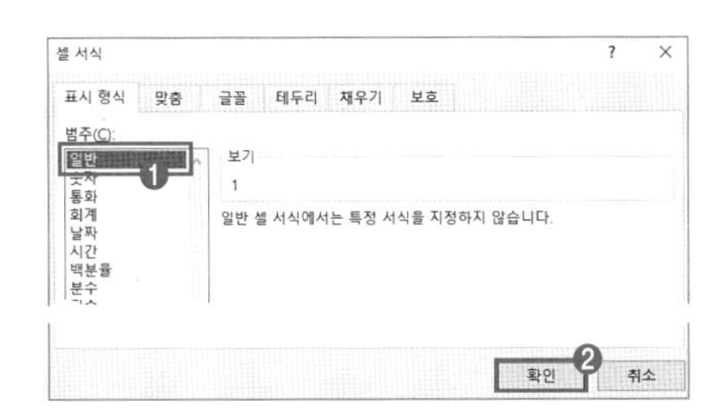

③ [개발 도구] → [컨트롤] → [삽입] → [단추(양식 컨트롤) ▭] → Alt를 누른 채 [G2:H3] 범위에 드래그해 삽입 → [매크로 지정] 대화 상자 → '서식해제' 매크로 선택 → 확인을 클릭한다.
④ 삽입된 단추를 선택 → **서식해제**를 입력한다.

[결과]

	A	B	C	D	E	F	G	H	I	J	K
1											
2		서식적용			요일		서식해제				
3											
4											
5											
6		꽃	지역명	개화일	평년	평년차	면적(ha)				
7		벚꽃	강릉	2025-07-06(일)	2025-07-05(토)	1	250.22				
8		진달래	강릉	2025-06-30(월)	2025-07-01(화)	-1	250.33				
9		개나리	강릉	2025-06-28(토)	2025-06-28(토)	0	350.22				
10		벚꽃	광주	2025-07-02(수)	2025-07-06(일)	-4					
11		진달래	광주	2025-06-30(월)	2025-06-30(월)	0	100.00				
12		개나리	광주	2025-06-22(일)	2025-06-26(목)	-4	50.00				
13		벚꽃	대구	2025-06-29(일)	2025-07-04(금)	-5	95.00				
14		진달래	대구	2025-06-27(금)	2025-06-29(일)	-2	60.00				
15		개나리	대구	2025-06-19(목)	2025-06-22(일)	-3	70.00				
16		벚꽃	대전	2025-07-04(금)	2025-07-09(수)	0	500.56				
17		진달래	대전	2025-06-30(월)	2025-07-02(수)	-2	320.67				
18		개나리	대전	2025-06-26(목)	2025-06-24(화)	2	120.00				
19		벚꽃	부산	2025-06-29(일)	2025-07-01(화)	-2	252.00				
20		진달래	부산	2025-06-21(토)	2025-06-22(일)	-1	325.67				
21		개나리	부산	2025-06-19(목)	2025-06-20(금)	-1	251.00				
22		벚꽃	서귀포	2025-06-26(목)	2025-06-27(금)	-1					
23		진달래	서귀포	2025-06-19(목)	2025-06-23(월)	-4	36.00				
24		개나리	서귀포	2025-06-18(수)	2025-06-17(화)	1	25.00				
25		벚꽃	서울	2025-07-10(목)	2025-07-14(월)	-4					
26		개나리	서울	2025-06-30(월)	2025-06-29(일)	1	65.00				
27		진달래	인천	2025-07-08(화)	2025-07-08(화)	0	12.00				
28		개나리	인천	2025-07-06(일)	2025-07-06(일)	0	25.00				
29		벚꽃	전주	2025-07-04(금)	2025-07-09(수)	-5	26.00				
30		진달래	전주	2025-07-01(화)	2025-07-03(목)	-2	120.00				

기타 작업 02

차트

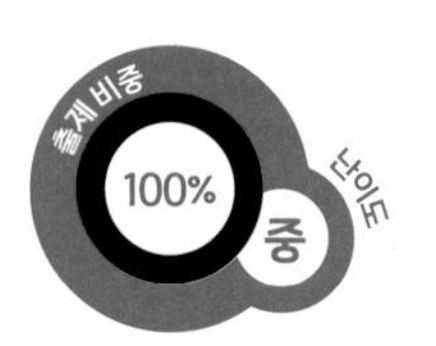

- 차트 원본 데이터를 수정할 수 있다.
- 차트 제목을 셀 값과 연결할 수 있다.
- 차트 축을 편집하고, 데이터 레이블을 표시할 수 있다.
- 차트의 세부 기능을 활용할 수 있다.

1 개념 학습

[차트 기초 이론]

메뉴	차트 선택 → [차트 디자인], [서식]	배점	10점, 각 2점
작업 순서	차트 요소를 선택하여 지시 사항에 맞게 수정한다.		
데이터 원본 선택 대화 상자	데이터 원본 선택 차트 데이터 범위(D): 데이터 범위가 너무 복잡해서 표시할 수 없습니다. 새 범위를 선택하면 계열 패널의 모든 계열이 바뀝니다. 행/열 전환(W) 범례 항목(계열)(S): 추가(A) 편집(E) 제거(R) — 1, 2, 3, 4 가로(항목) 축 레이블(C): 편집(T) — 2020, 2022, 2024, 2026 숨겨진 셀/빈 셀(H) 확인 취소		

2 출제 유형 이해

www.ebs.co.kr/compass(엑셀 실습 파일 다운로드)

문제 작업 파일: 01_차트.xlsx

'차트_1' 시트에서 다음의 지시 사항에 따라 차트를 수정하시오.

※ 차트는 반드시 문제에서 제공한 차트를 사용하여야 하며, 신규로 차트 작성 시 0점 처리됨.

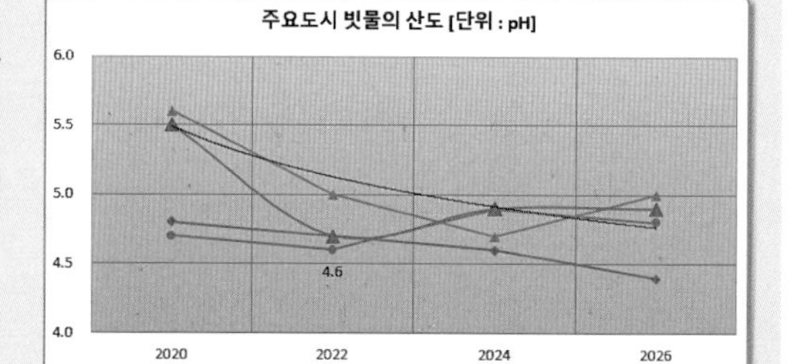

1. 데이터 원본 선택은 '서울', '대전', '대구', '부산' 계열이 <그림>과 같이 표시되도록 범례 항목(계열)의 **계열 이름을 수정**하시오.

① 차트 영역에서 마우스 오른쪽을 클릭 → [데이터 선택]을 선택한다.

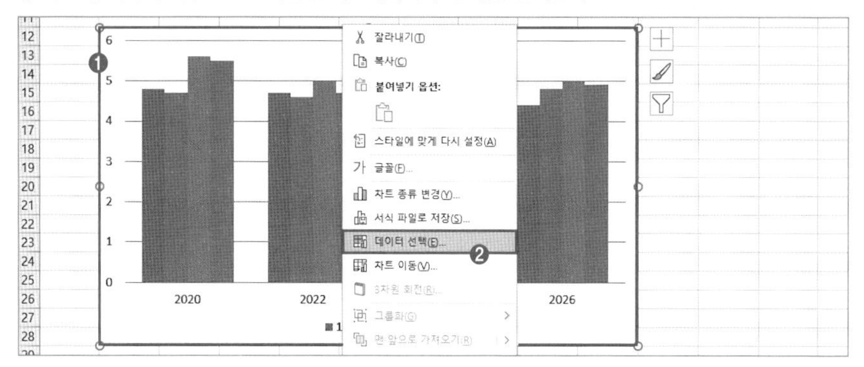

② [데이터 원본 선택] 대화 상자 → 범례 항목(계열)의 편집 클릭 → [계열 편집] 대화 상자 → 계열 이름은 **서울**을 입력 → 확인 을 클릭한다.

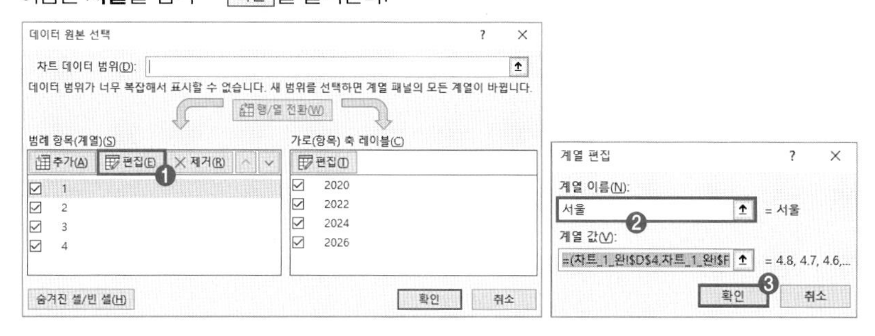

③ 나머지 계열도 같은 방식으로 모두 편집한다.

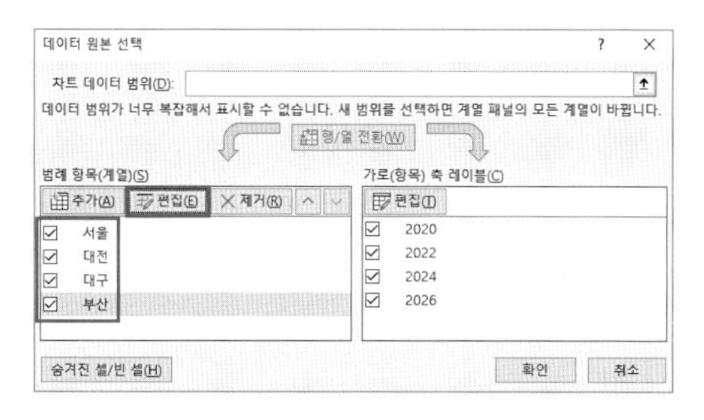

"데이터 원본 선택은 '서울', '대전', '대구', '부산' 계열이 <그림>과 같이 표시되도록 범례 항목(계열)의 계열 이름을 수정하시오." 지시 사항에서 1, 2, 3, 4 계열의 이름을 유추한다.

2. 차트 제목을 추가하여 [B2] 셀과 연동하고, 차트 영역의 글꼴 크기를 '11pt'로 설정하시오.

① 차트 영역 선택 → [차트 요소 ⊞] → '차트 제목'을 체크한다.

차트 위쪽에 차트 제목이 추가된다.

② 차트 제목 선택 → 수식 입력줄에서 =을 입력한 후 [B2] 셀을 선택하고 Enter를 누른다.

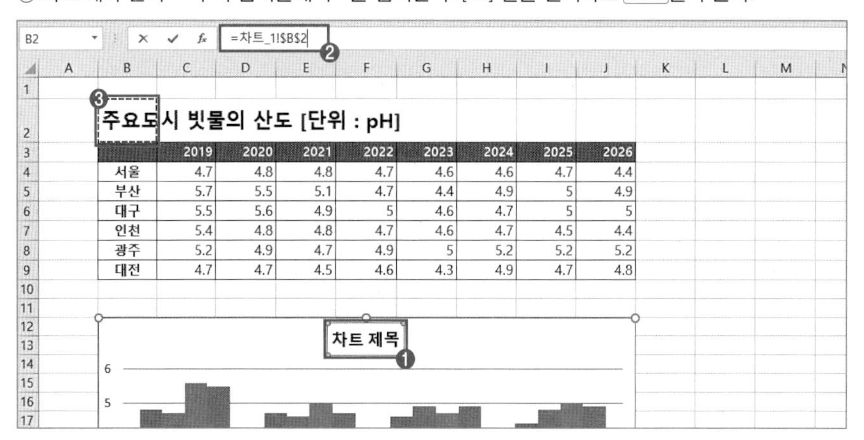

	2019	2020	2021	2022	2023	2024	2025	2026
서울	4.7	4.8	4.8	4.7	4.6	4.6	4.7	4.4
부산	5.7	5.5	5.1	4.7	4.4	4.9	5	4.9
대구	5.5	5.6	4.9	5	4.6	4.7	5	5
인천	5.4	4.8	4.8	4.7	4.6	4.7	4.5	4.4
광주	5.2	4.9	4.7	4.9	5	5.2	5.2	5.2
대전	4.7	4.7	4.5	4.6	4.3	4.9	4.7	4.8

③ 차트 영역을 선택 → [홈] → [글꼴] → [글꼴 크기]를 '11'로 변경한다.

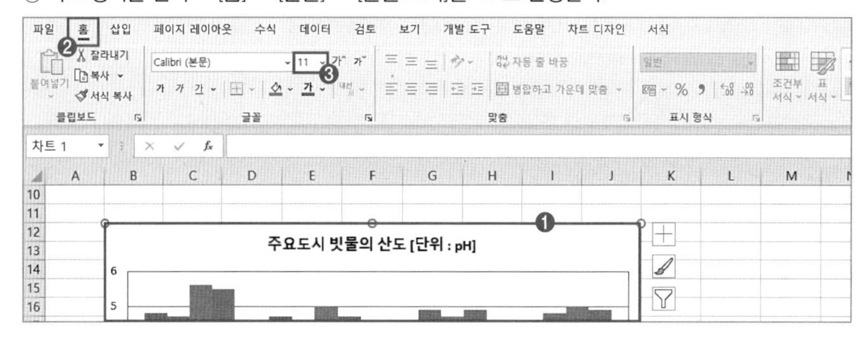

3. 차트 종류를 '표식이 있는 꺾은선형'으로 변경하고, 그림 영역에 '미세 효과 – 회색, 강조 3' 도형 스타일을 적용하시오.

① 차트 영역에서 마우스 오른쪽을 클릭 → [차트 종류 변경] → [차트 종류 변경] 대화 상자 → '꺾은선형' – '표식이 있는 꺾은선형' 선택 → 확인을 클릭한다.

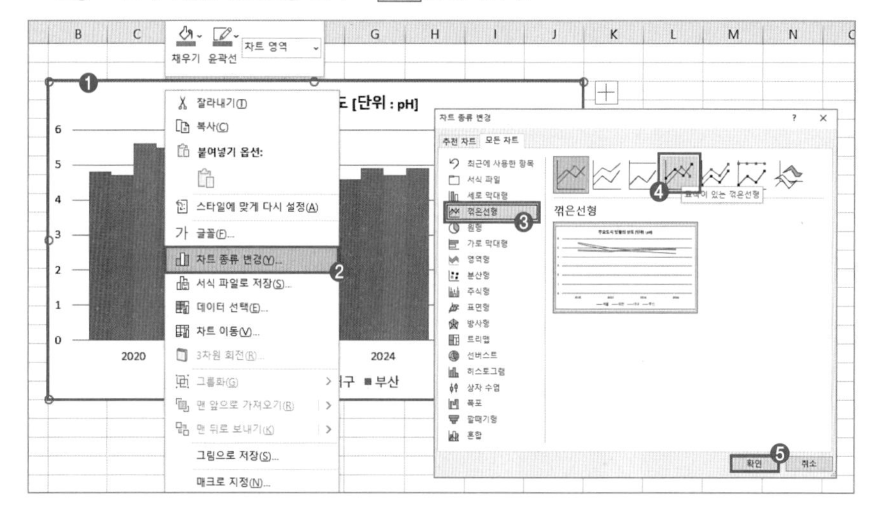

② 그림 영역 선택 → [서식] → [도형 스타일] → [자세히] → '미세 효과 – 회색, 강조 3'을 적용한다.

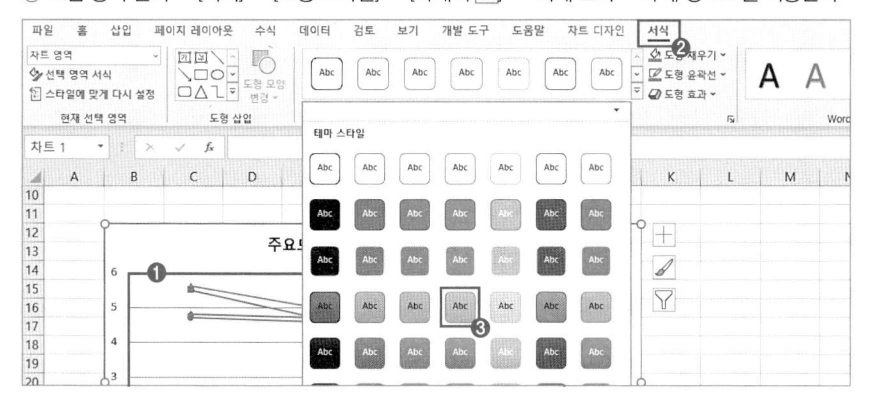

4. 세로 (값) 축의 **최솟값은 4**, **최댓값은 6**, **기본 단위는 0.5**로 설정하고, 기본 **주 세로 눈금선**을 표시하시오.

① 세로 (값) 축 더블클릭 → [축 서식] 창 → '축 옵션 ' → '축 옵션' 펼침 클릭 → 최솟값 **4.0**, 최댓값 **6.0** 입력 → '표시 형식' 펼침 클릭 → 범주 '숫자', 소수 자릿수 **1**을 입력 → [차트 요소] → [눈금선] → '기본 주 세로'를 선택한다.

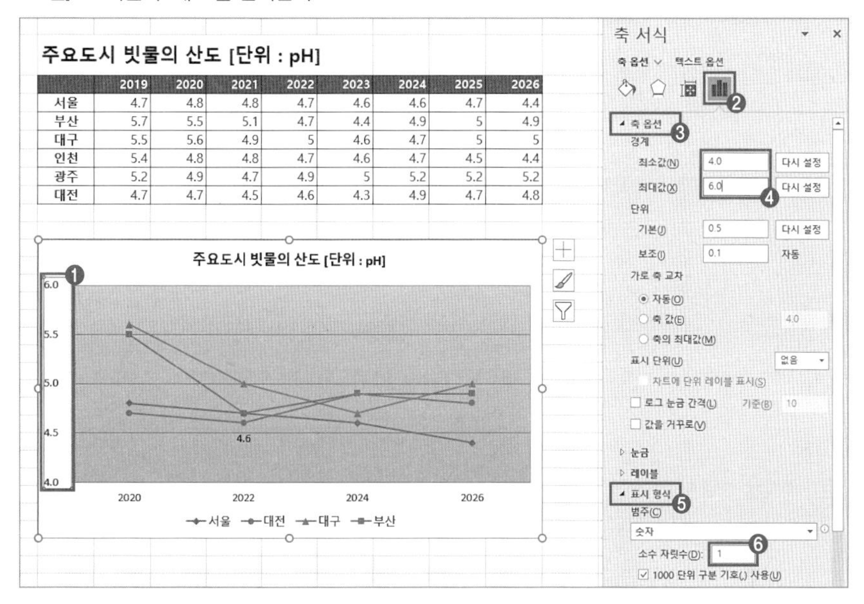

주요도시 빗물의 산도 [단위 : pH]

	2019	2020	2021	2022	2023	2024	2025	2026
서울	4.7	4.8	4.8	4.7	4.6	4.6	4.7	4.4
부산	5.7	5.5	5.1	4.7	4.4	4.9	5	4.9
대구	5.5	5.6	4.9	5	4.6	4.7	5	5
인천	5.4	4.8	4.8	4.7	4.6	4.7	4.5	4.4
광주	5.2	4.9	4.7	4.9	5	5.2	5.2	5.2
대전	4.7	4.7	4.5	4.6	4.3	4.9	4.7	4.8

② 가로 (항목) 축에서 마우스 오른쪽을 클릭 → [주 눈금선 추가]를 선택한다.

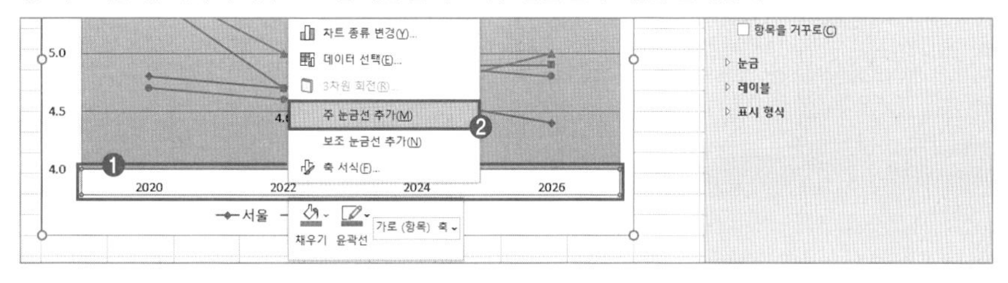

5. 차트 영역의 테두리 스타일은 **'둥근 모서리'**, 그림자는 **'오프셋: 오른쪽 아래'**로 설정하고 '대구' 계열에 로그 형태 **추세선**을 추가하시오.

① 차트 영역 선택 → [차트 영역 서식] 창 → '채우기 및 선 ' → '테두리' 펼침 클릭 → '둥근 모서리'를 체크한다.

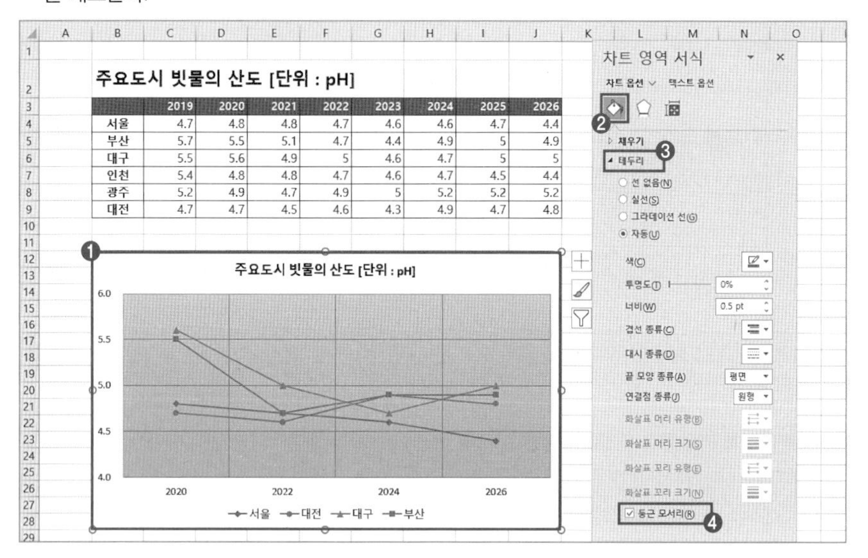

주요도시 빗물의 산도 [단위 : pH]

	2019	2020	2021	2022	2023	2024	2025	2026
서울	4.7	4.8	4.8	4.7	4.6	4.6	4.7	4.4
부산	5.7	5.5	5.1	4.7	4.4	4.9	5	4.9
대구	5.5	5.6	4.9	5	4.6	4.7	5	5
인천	5.4	4.8	4.8	4.7	4.6	4.7	4.5	4.4
광주	5.2	4.9	4.7	4.9	5	5.2	5.2	5.2
대전	4.7	4.7	4.5	4.6	4.3	4.9	4.7	4.8

② '효과 ' → '그림자' 펼침 클릭 → 미리 설정을 '오프셋: 오른쪽 아래'를 선택한다.

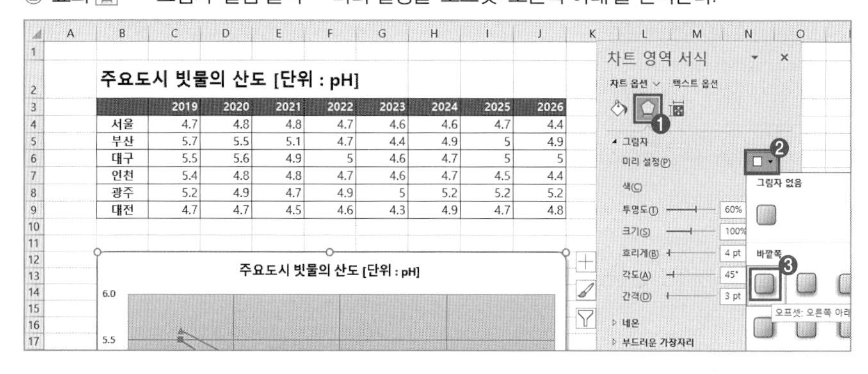

③ 대구 계열 선택 → 마우스 오른쪽을 클릭 → [추세선 추가] → [추세선 서식] 창 → '추세선 옵션' 펼침 클릭 → '로그'를 선택한다.

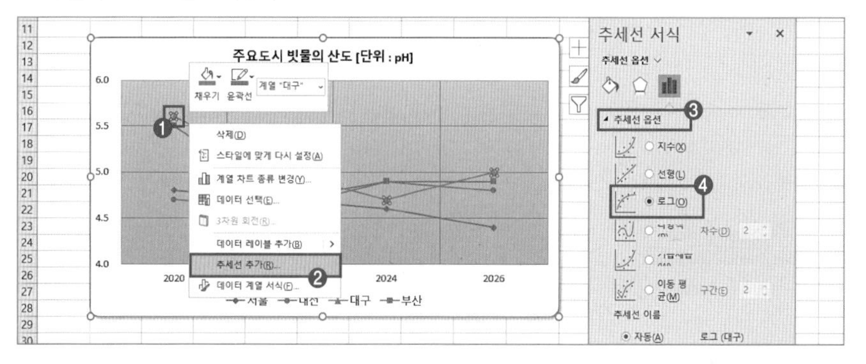

6. '대전' 계열의 2022년 항목에 '데이터 레이블'을 추가하고, 레이블의 위치를 '아래쪽'에 배치하시오.

① 대전 계열 선택 → 시차를 두고 '2022' 요소 선택 → 마우스 오른쪽을 클릭 → [데이터 레이블 추가] → 추가된 데이터 레이블 선택 → [데이터 레이블 서식] 창 → '레이블 옵션' 펼침 클릭 → 레이블 위치 '아래쪽'을 선택한다.

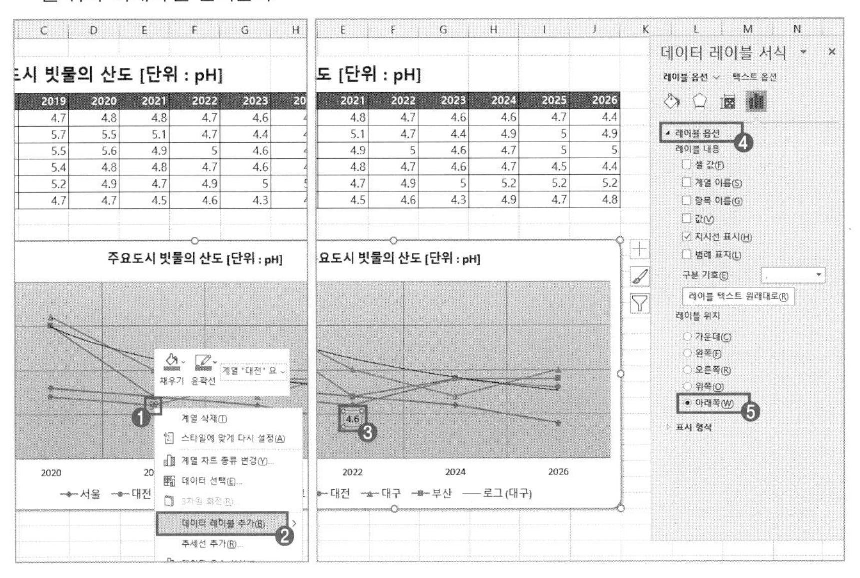

7. '부산' 계열의 표식 종류를 '▲' 형식으로 변경하고 크기를 '10', 테두리 색 '빨강'으로 설정한 후 선 스타일을 '완만한 선'으로 설정하시오.

① '부산' 계열 꺾은선 선택 → [데이터 계열 서식] 창 → [채우기 및 선] → '표식' 선택 → '표식 옵션' → '기본 제공' 선택 → 형식에서 '▲' 선택 → 크기 10 입력 → '테두리' 펼침 클릭 → 색을 표준색 '빨강'으로 선택한다.

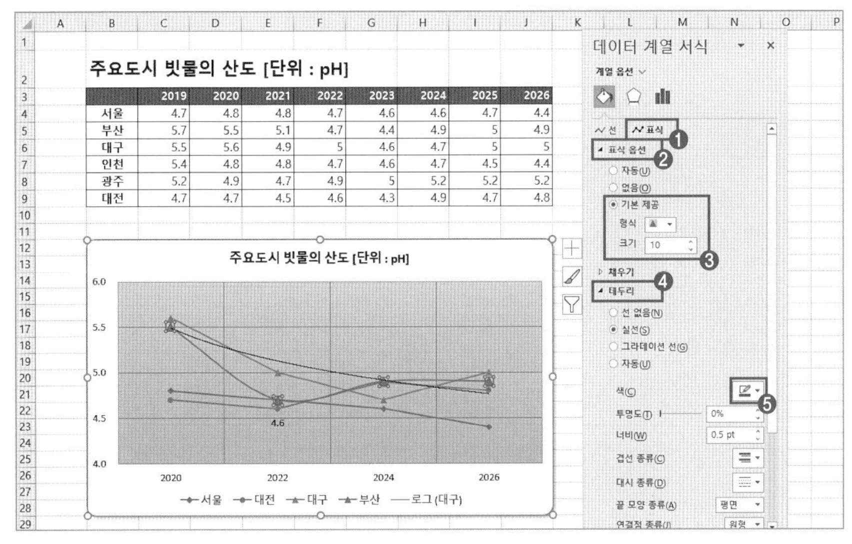

② [데이터 계열 서식] 창 → '선' 펼치기 클릭 → '완만한 선'을 체크한다.

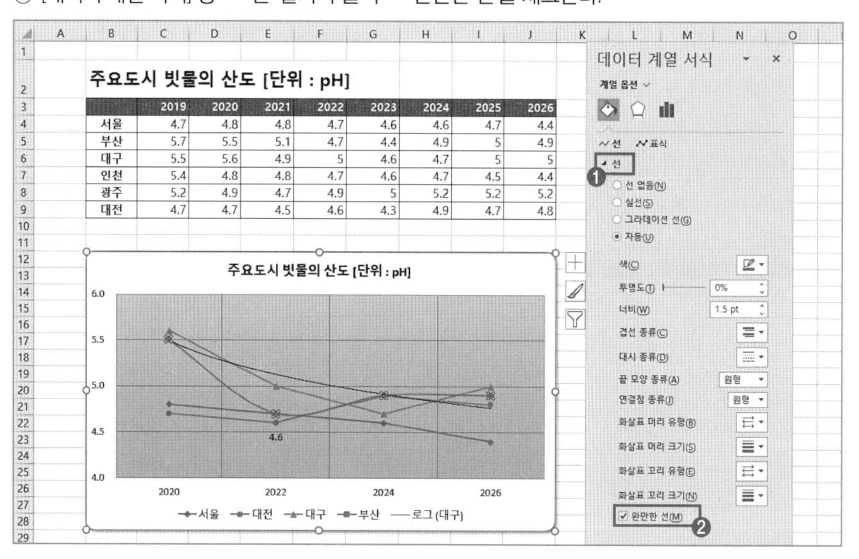

주요도시 빗물의 산도 [단위 : pH]

	2019	2020	2021	2022	2023	2024	2025	2026
서울	4.7	4.8	4.8	4.7	4.6	4.6	4.7	4.4
부산	5.7	5.5	5.1	4.7	4.4	4.9	5	4.9
대구	5.5	5.6	4.9	5	4.6	4.7	5	5
인천	5.4	4.8	4.8	4.7	4.6	4.7	4.5	4.4
광주	5.2	4.9	4.7	4.9	5	5.2	5.2	5.2
대전	4.7	4.7	4.5	4.6	4.3	4.9	4.7	4.8

[결과]

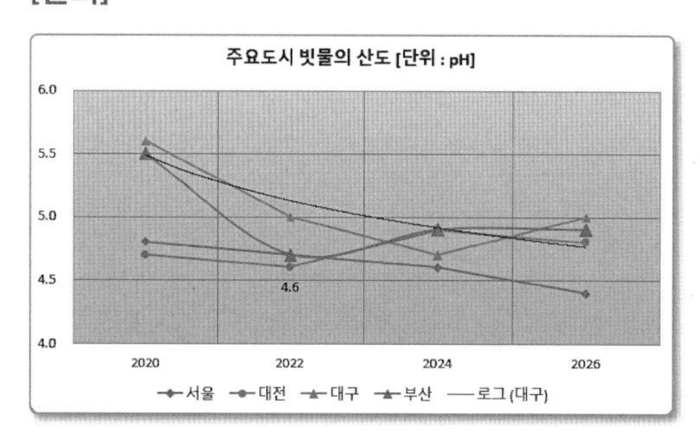

3 실전 문제 마스터

www.ebs.co.kr/compass(엑셀 실습 파일 다운로드)

문제 작업 파일: 01_차트.xlsx

'차트_2 시트에서 다음의 지시 사항에 따라 차트를 수정하시오.

※ 차트는 반드시 문제에서 제공한 차트를 사용하여야 하며, 신규로 차트 작성 시 0점 처리됨.

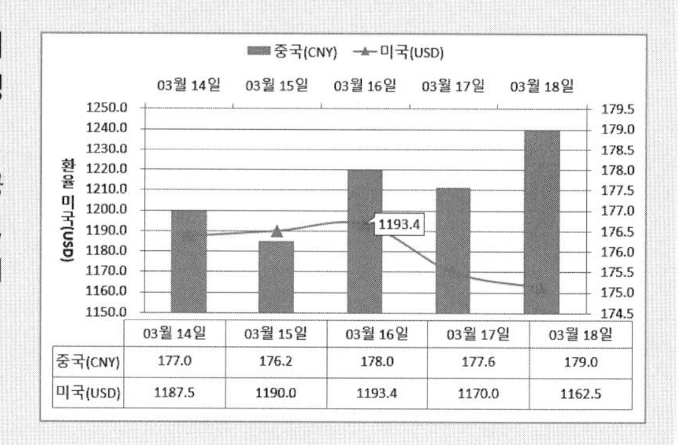

	03월 14일	03월 15일	03월 16일	03월 17일	03월 18일
중국(CNY)	177.0	176.2	178.0	177.6	179.0
미국(USD)	1187.5	1190.0	1193.4	1170.0	1162.5

1. [C17:C21] 영역을 '중국(CNY)' 계열로 추가한 후 '보조 축'으로 지정하시오.(단, 계열 추가 시 가로(항목) 축 레이블의 범위는 [B17:B21] 영역으로 설정하고, '묶은 세로 막대형'으로 변경하시오.)

① 그림 영역에서 마우스 오른쪽을 클릭 → [데이터 선택] → [데이터 원본 선택] 대화 상자 → 범례 항목(계열)의 추가를 클릭한다.

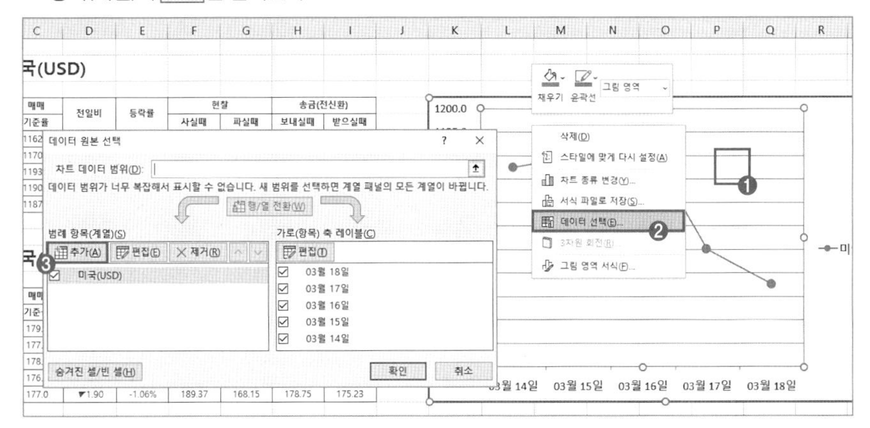

② [계열 편집] 대화 상자 → 계열 이름은 **중국(CNY)** 입력 → 계열 값은 [C17:C21] 범위 지정 → 확인 클릭 → 가로 (항목) 축 레이블의 편집 클릭 → [축 레이블] 대화 상자 → 축 레이블 범위를 [B17:B21] 범위 지정 → 확인 클릭 → [데이터 원본 선택] 대화 상자에서 확인을 클릭한다.

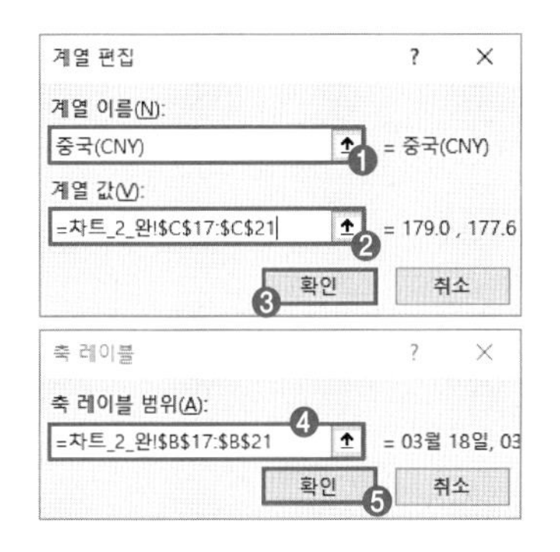

③ 중국(CNY) 계열 선택 → 마우스 오른쪽을 클릭 → [계열 차트 종류 변경] → [차트 종류 변경] 대화 상자 → 중국(CNY)의 차트 종류를 '묶은 세로 막대형' 선택 → '보조 축'을 체크 → 확인을 클릭한다.

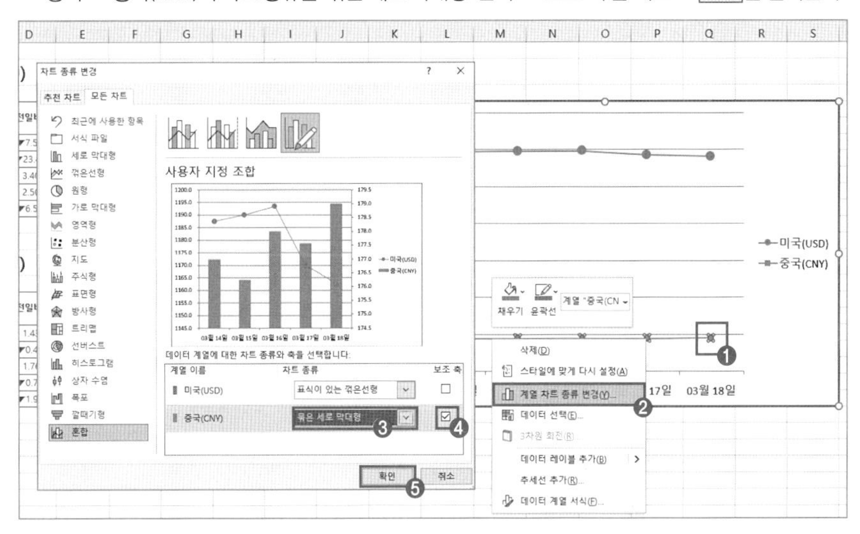

2. 기본 세로 축의 제목을 추가하여 [B2] 셀과 연동하고, 텍스트 상자의 텍스트 방향을 '세로'로 설정하시오.

① [차트 요소 ⊞] → '축 제목 ▶' 선택 → '기본 세로'를 체크한다.

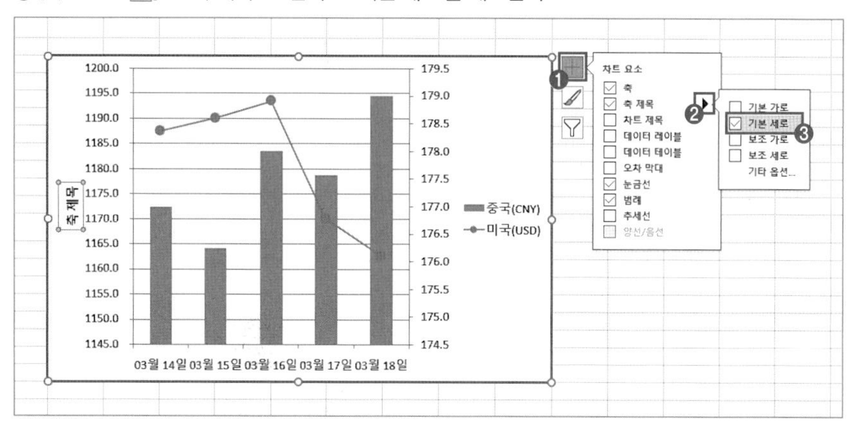

② 추가된 축 제목 선택 → 수식 입력줄에 =을 입력한 후 [B2] 셀을 선택하고 Enter를 누른다.

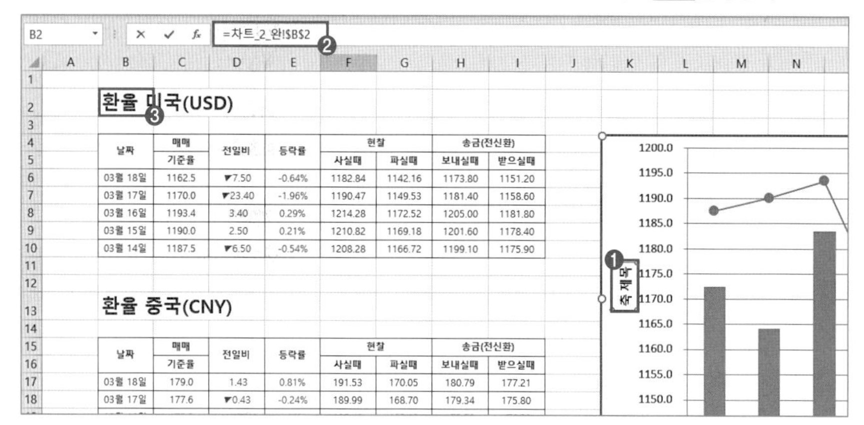

③ 축 제목을 더블클릭 → [축 제목 서식] 창 → '텍스트 옵션(▤)' → '텍스트 상자' 펼침 클릭 → 텍스트 방향 '세로'를 선택한다.

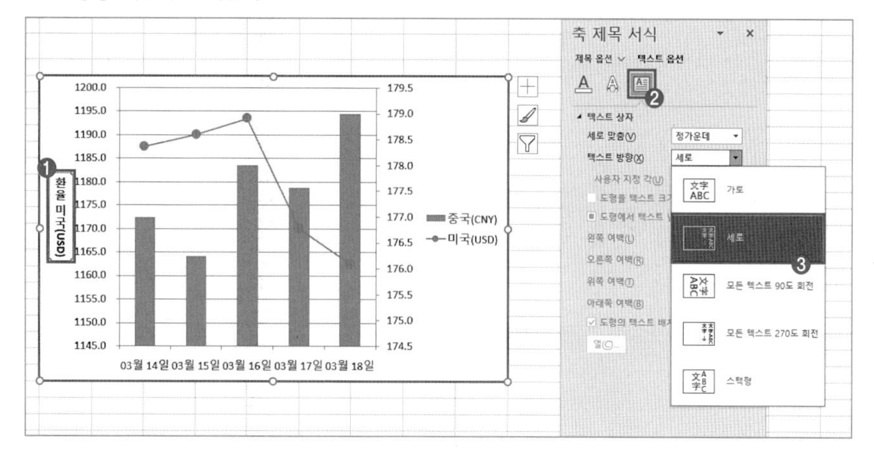

3. 세로 (값) 축의 최솟값은 1150, 최댓값은 1250, 주 단위는 10, 가로 축 교차를 축의 최댓값으로 설정하시오.

① 세로 (값) 축 선택 → [축 서식] 창 → '축 옵션 ' → 경계 최솟값은 **1150** 입력 → 최댓값은 **1250** 입력 → 단위 기본은 **10** 입력 → 가로 축 교차는 '축의 최댓값'을 선택한다.

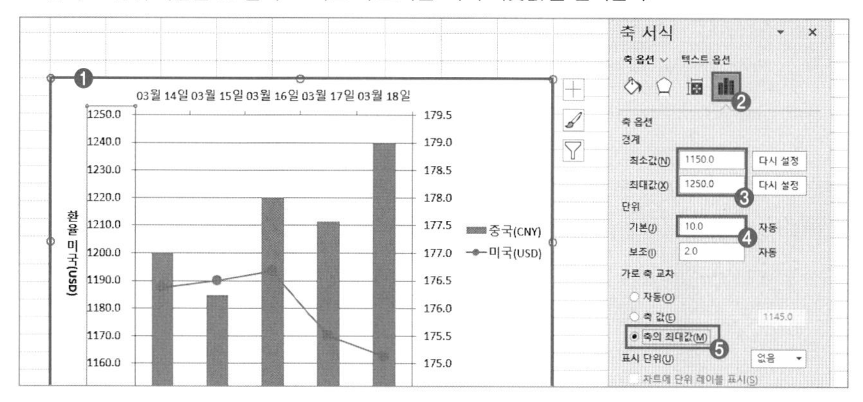

4. 미국(USD) 계열의 선을 '완만한 선'으로 설정하고, 표식 옵션의 형식을 '▲'으로 변경하시오.

① 미국(USD) 계열 선택 → [데이터 계열 서식] 창 → '채우기 및 선 ' → '완만한 선'을 체크한다.

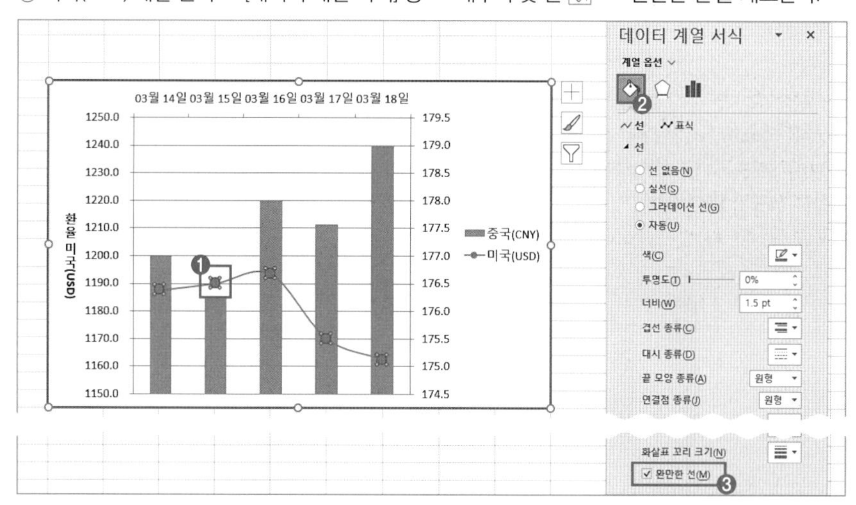

② [데이터 계열 서식] 창 → '채우기 및 선 ' → '표식' 선택 → '표시 옵션' → 형식 '▲'를 선택한다.

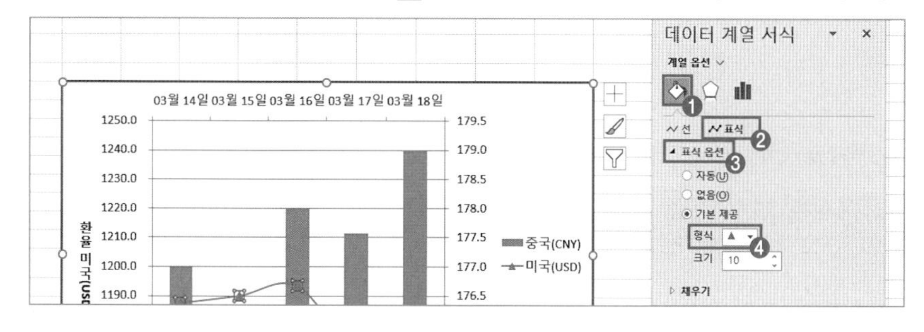

5. 미국(USD) 계열의 '03월 16일' 요소에만 데이터 레이블 '값'을 표시하고, 데이터 레이블의 도형을 '말풍선: 사각형'으로 변경하시오.

① 미국(USD) 계열 선택 → 시차를 두고 '03월 16일' 요소 선택 → 마우스 오른쪽을 클릭 → [데이터 레이블 추가]를 선택한다.

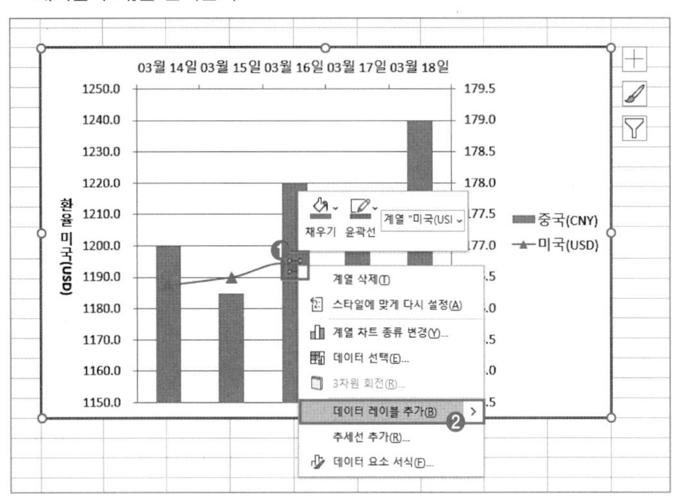

> ☞ 데이터 레이블 삭제하기
> 데이터 레이블 선택 한 후 Delete

② 데이터 레이블 선택 → 마우스 오른쪽을 클릭 → [데이터 레이블 도형 변경] → '말풍선: 사각형'을 선택한다.

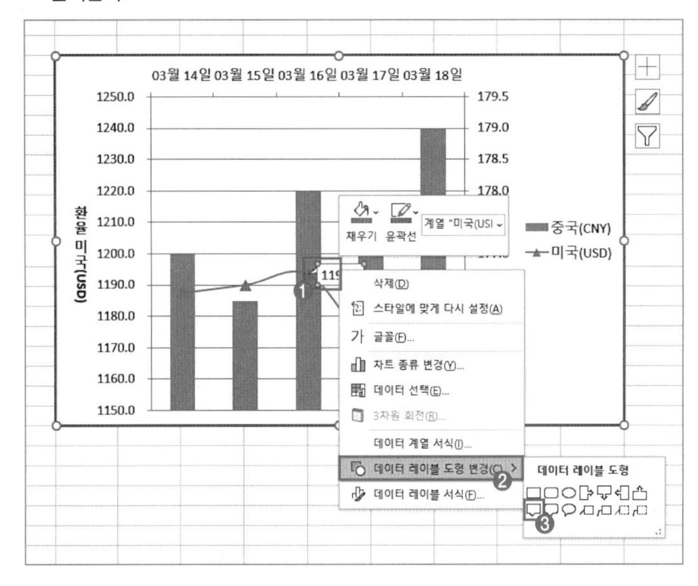

6. 범례 표지 없는 '데이터 테이블'을 추가하고, 범례는 범례 서식을 이용하여 '위쪽'에 표시하시오.

① [차트 요소 ⊞] → '데이터 테이블 ▶' 선택 → '범례 표지 없음'을 선택한다.

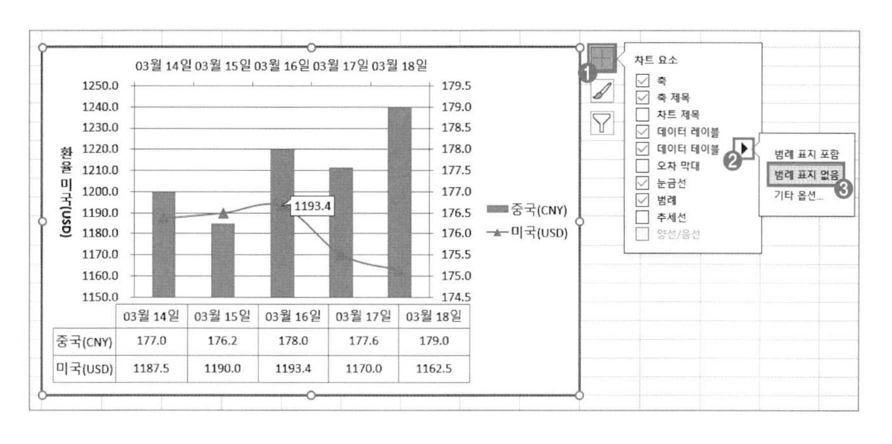

	03월 14일	03월 15일	03월 16일	03월 17일	03월 18일
중국(CNY)	177.0	176.2	178.0	177.6	179.0
미국(USD)	1187.5	1190.0	1193.4	1170.0	1162.5

☞ 범례 표지 포함

범례 표지

② 범례 선택 → [차트 요소 ⊞] → '범례 ▶' 선택 → '위쪽'을 선택한다.

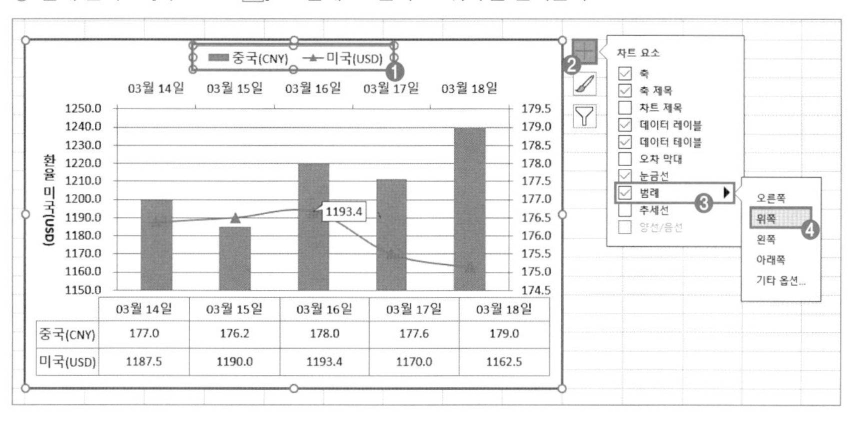

	03월 14일	03월 15일	03월 16일	03월 17일	03월 18일
중국(CNY)	177.0	176.2	178.0	177.6	179.0
미국(USD)	1187.5	1190.0	1193.4	1170.0	1162.5

[결과]

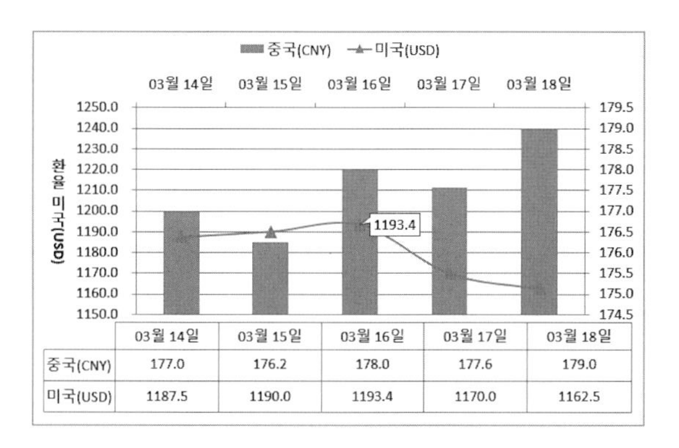

	03월 14일	03월 15일	03월 16일	03월 17일	03월 18일
중국(CNY)	177.0	176.2	178.0	177.6	179.0
미국(USD)	1187.5	1190.0	1193.4	1170.0	1162.5

3차원 원형 차트 회전하기

차트 영역에서 → 마우스 오른쪽을 클릭 → [3차원 회전] → [차트 영역 서식] 창 → '3차원 회전' → X 회전, Y 회전, 원근감 값을 변경한다.

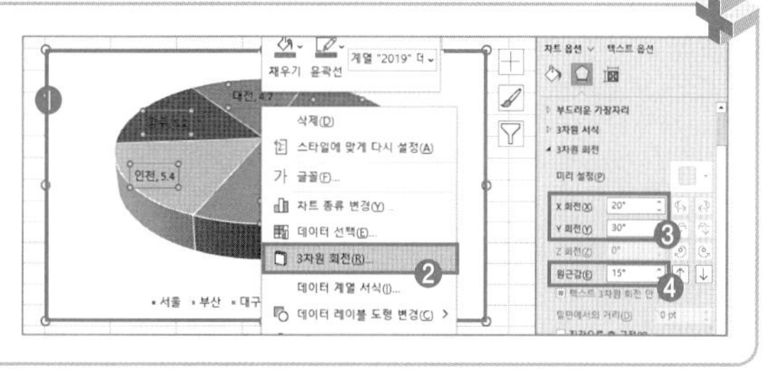

기타 작업 03

프로시저

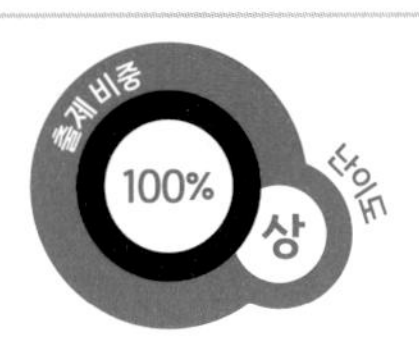

- 폼을 열고 폼을 초기화 할 수 있다.
- 폼에 셀 값을 가져오거나 셀 값을 폼으로 가져올 수 있다.
- 폼을 닫고 메시지 박스를 표시할 수 있다.

1 개념 학습

1) 폼 열기

'열기' 단추를 클릭하면 그림과 같은 메시지 박스를 표시하고 <판매상품등록> 폼을 여시오.

```
Private Sub cmb열기_Click()
    MsgBox Now, vbOKOnly
    판매상품등록.Show
End Sub
```

2) 행 원본 가져오기(RowSource)

폼이 실행되면 'cmb목록'에 [B2:B6], 'lst품목'에 [B2:B6] 영역의 값을 가져오시오.
'lst품목'의 열 개수를 2로 설정하시오.(ColumnCount)

```
private Sub UserForm_Initialize()
    cmb목록.RowSource = "B2:B6"
    lst품목.RowSource = "B2:B6"
    lst품목.ColumnCount = 2
End Sub
```

3) 콤보 상자에 항목 추가하기(AddItem)

폼이 실행되면 'cmb구분' 콤보 상자에 '일반누수', '지하누수'가 표시되도록 하시오.

```
Private Sub UserForm_Initialize()
    cmb구분.AddItem "일반누수"
    cmb구분.AddItem "지하누수"
End Sub
```

4) 콤보 상자에 3일 이전 날짜부터 항목 추가하기(For~Next, AddItem)

```
For 날짜 = 0 To 3
    cmb등록일.AddItem Date – 날짜
Next 날짜
```

5) 특정 컨트롤에 포커스 이동하기와 탭 정지 설정하기

폼이 초기화 되면 'txt원아명' 컨트롤로 포커스가 옮겨가도록 프로시저를 작성하시오.

'cmb등록일' 컨트롤에 탭이 정지되지 않도록 설정하시오.

```
Private Sub UserForm_Initialize()
    txt원아명.SetFocus
    cmb등록일.TabStop = False
End Sub
```

6) 폼이 열렸을 때 컨트롤 초기값 설정하기
폼이 열리면 Txt 성명 컨트롤을 초기화 하시오.
'List부서' 두 번째 항목, 'Txt성명'은 공백, 'Cmb동아리' 첫 번째 항목, 'opt남' 옵션 단추가 선택되도록 하시오.

```
List부서.ListIndex = 1
Txt성명 = Null
'Txt성명 = ""
Cmb동아리.ListIndex = 0
opt남.Value = True
```

☞ "" 또는 Null 모두 사용이 가능하다.

7) 검색 행 계산하기(ListIndex)
'검색' 단추를 클릭하면 'cmb제품ID'의 목록을 이용하여 시트 내 검색할 행을 계산하시오. 단 시트의 검색할 데이터의 첫 행은 5행에 있다.

```
Private Sub Cmb검색_Click()
    행 = cmb제품ID.listIndex + 5
End Sub
```

☞ ListIndex는 첫 번째 값이 0부터 시작한다.
0 + 5 = 5

8) 삽입할 행 계산하기(CurrentRegion.Rows.Count)
'cmd입력'을 클릭하면 폼에 입력된 데이터가 [표1]에 입력되어 있는 마지막 행 다음에 연속하여 추가 입력되도록 하시오.

```
Private Sub cmd입력_Click()
    행 = [B2].Row + [B2].CurrentRegion.Rows.Count
End Sub
```

9) 셀 값 컨트롤로 가져오기
'cmb검색'을 클릭하면 워크시트의 [표1]에서 해당 데이터를 찾아 각각의 컨트롤에 표시하시오.

```
Private Sub cmd검색_Click()
    행 = cmb제품코드.ListIndex + 4
    txt분류 = Cells(행, 3)
    txt제조사 = Cells(행, 4)
    txt중량 = Cells(행, 5)
    txt연식 = Cells(행, 6)
    End If
End Sub
```

10) 컨트롤 값 셀에 입력하기
폼에 입력된 'txt신고자', 'cmb구분', 'txt누수위치', 'txt연락처' 컨트롤의 값을 [표1]에 입력된 마지막 행 다음에 추가 입력되도록 하시오.
'cmb구분'은 2개 열로 구성되어 있으며 각 항목을 입력하시오.(Column 속성)

```
Private Sub cmd입력_Click()
    행 = [B2].Row + [B2].CurrentRegion.Rows.Count
    Cells(행, 2) = txt신고자
    Cells(행, 3) = cmb구분.Column(0)
    Cells(행, 4) = txt누수위치
    Cells(행, 5) = cmb구분.Column(1)
    Cells(행, 6) = txt연락처
End Sub
```

11) 목록 상자 선택 행 셀에 입력하기
'List부서' 목록 상자에서 선택한 행의 열 값을 셀에 입력하시오.
'List부서' 목록 상자는 3개의 열로 구성되어 있음.

Column=(0)
콤보 상자 첫 번째 열을 가리킨다. 첫 열 번호는 0부터 시작한다.

List(행, 열)

```
첫 번째 방법
  행 = [B4].Row + [B4].CurrentRegion.Rows.Count
  l행 = List부서.ListIndex
  Cells(행, 2) = List부서.List(l행, 0)
  Cells(행, 3) = List부서.List(l행, 1)
  Cells(행, 4) = List부서.List(l행, 2)
```

```
두 번째 방법
  행 = [B4].Row + [B4].CurrentRegion.Rows.Count
  Cells(행, 2) = List부서.List(List부서.ListIndex, 0)
  Cells(행, 3) = List부서.List(List부서.ListIndex, 1)
  Cells(행, 4) = List부서.List(List부서.ListIndex, 2)
```

12) 입력 값이 없는 경우 메시지 대화 상자 표시하기
'Txt출근일수', 'lst지각', 'cmb동아리' 컨트롤에 값이 입력되지 않거나 선택 값이 없는 경우 그림과 같은 메시지 대화 상자가 표시되도록 하시오.

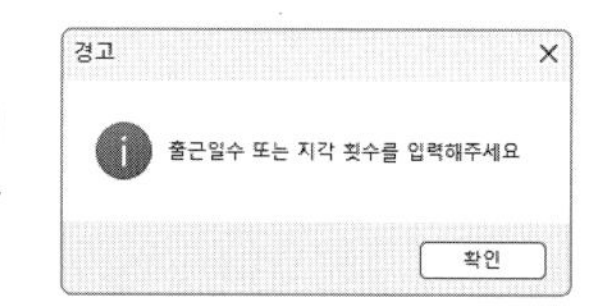

If IsNull(Txt출근일수) = True Or lst지각.ListIndex=-1 Or cmb동아리 = "" Then

"" / IsNull / ListIndex = -1 병용 가능

```
Private Sub Cmd입력_Click()

If Txt출근일수 = "" Or IsNull(lst지각)=True Or cmb동아리.listIndex = -1 Then
    MsgBox "출근일수 또는 지각 횟수를 입력해주세요", vbInformation, "경고"
Else

행 = [B4].Row + [B4].CurrentRegion.Rows.Count
Cells(행, 5) = Txt성명
Cells(행, 6) = cmb동아리.Column(0)

End If
End Sub
```

13) 셀에 값 입력 형식 변경하기
'Txt영문이름'은 소문자 입력 시 모두 대문자로 변경하여 입력, 'Txt출근일수', 'Txt지각'은 수치 형태 등록일은 yy-mm-dd 형식, 'txt판매일자' 날짜 형식, 'txt판매시간'은 시간 형식으로 셀에 입력하시오.

```
Cells(행, 7) = UCase(Txt영문이름)
Cells(행, 7) = Format(Txt영문이름,">&&&&&")
Cells(행, 8) = Txt출근일수.Value
Cells(행, 9) = Val(Txt지각)
Cells(행, 11) = Format(cmb등록일, "yy-mm-dd")
Cells(행, 12) = Cdate(txt판매일자) // 12-10처럼 '-'으로 구분 입력
Cells(행, 13) = Cdate(txt판매시간) // 11:39처럼 ':'으로 구분 입력
```

14) 옵션 버튼 선택 입력하기
'opt유'가 선택되면 '유'를 입력하고 'opt무'가 선택되면 셀에 '무'를 입력하시오.

```
If opt유.Value = True Then
    Cells(행, 4) = "유"
Else
    Cells(행, 4) = "무"
End If
```

If opt유 = True Then

15) 체크 박스 다중 선택 입력하기(Caption 속성 이용)
'chk오전', 'chk오후', 'chk다과' 체크 박스에서 각 항목을 선택하면 해당 옵션을 모두 연결하여 표시하시오.
'오전'과 '다과'를 체크하면 '오전다과'로 표시

```
If chk오전.Value = True Then
    Cells(행, 9) = chk오전.Caption
End If

If chk오후.Value = True Then
    Cells(행, 9) = Cells(행, 9) & chk오후.Caption
End If

If chk다과.Value = True Then
    Cells(행, 9) = Cells(행, 9) & chk다과.Caption
End If
```

16) 입력되는 순서대로 번호 입력하기

```
행 = [B3].Row + [B3].CurrentRegion.Rows.Count
Cells(행, 2) = 행 - 4
```

17) 폼 종료 및 숨기기
'cmd종료'를 클릭하면 폼이 종료되도록 하시오.(단, 현재 날짜와 시간을 표시하고 메시지 박스가 표시되도록 하시오.)
폼이 종료되도록 하시오. = 메모리에서 제거하시오.

```
Private Sub cmd종료_Click()
    MsgBox Now, vbOKOnly, "등록화면을 종료합니다."
    Unload Me
End Sub
```

- CDate 함수는 임의의 유효한 날짜 및 시간을 표시한다.
- &는 추후 액세스의 입력 마스크의 모든 문자를 입력할 수 있는 기호이다.

'//' 기호는 코드 실행에 영향을 주지 않는 주석을 작성할 때 사용한다.
본문의 '//'는 해당 코드의 부연 설명이다.

If chk오전 = True Then

☞ Hide는 메모리에 남아 있으면서 화면에서만 사라진다.

'cmd종료'를 클릭하면 폼이 화면에서 사라지도록 하시오.(단, 현재 날짜와 시간을 표시하고 메시지 박스가 표시되도록 하시오.)

```
Private Sub Cmd종료_Click()
    MsgBox Now, vbOKOnly, "등록화면을 종료합니다."
    근태관리폼.Hide
End Sub
```

18) 메시지 박스 표시하기

메시지 박스를 표시하시오.

☞ MsgBox "표시 내용", 버튼 종류, "타이틀"

```
MsgBox Date & "폼을 종료합니다.", vbOKOnly, "회원관리를 종료합니다."
```

19) 메시지 박스 버튼별 분기하기

'cmd닫기'를 클릭하면 메시지 박스가 표시되도록 하고 '예'를 누르면 폼이 종료되고 '아니오'를 누르면 폼 종료를 취소하도록 하시오.

☞ If MsgBox(Time, vbYesNo, "원아 조회를 마칠까요?") = vbYes Then

```
Private Sub cmd닫기_Click()

a = MsgBox(Time, vbYesNo, "원아 조회를 마칠까요?")

If a = vbYes Then
Unload Me
Else
End If

End Sub
```

20) 폼 종료하면서 글꼴 변경하기

'cmd닫기'를 클릭하면 <원아조회> 폼이 종료되고 [C1] 셀의 글꼴 스타일이 [굵게]로 지정되도록 하시오.

```
Private Sub cmd닫기_Click()
    Unload Me
    [C1].Font.Bold = True
End Sub
```

21) Font 이벤트

☞ – Color.Index
Black(1),White(2),Red(3),Green(4),Blue(5),Yellow(6),Magenta(7),Cyan(8)
– Font.Color
VbRed, VbBlue, VbGreen

```
Private Sub cmd닫기_Click()
    Unload Me
    [C1].Font.Bold = True
    [C1].Font.Italic = True
    [C1].Font.Underline = True
    [C1].Font.Size = 18
    [C1].Font.ColorIndex = 5
    [C1].Font.Name = "굴림체"
End Sub
```

22) 폼 종료하면서 특정 행/열 높이 변경하기

'종료' 단추를 클릭하면 <근태관리> 폼이 화면에서 사라지면서 [A1] 셀의 높이 30, 너비 5가 되도록 프로시저를 작성하시오.

```
Private Sub Cmd종료_Click()

근태관리폼.Hide
Range("A1").RowHeight = 30
Range("A1").ColumnWidth = 5

End Sub
```

23) 폼 종료하면서 특정 시트로 이동하고 셀 선택하기

```
Private Sub Cmd종료_Click()

Unload Me
Sheets("기타작업-1").Select
Range("B1").Select

End Sub
```

2 출제 유형 이해

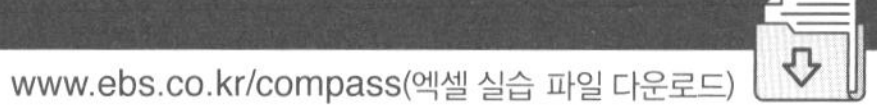

문제 작업 파일: 03_프로시저_1.xlsx

'프로시저_1' 시트에서 다음과 같은 작업을 수행하도록 프로시저를 작성하시오.

팡팡요금관리

구분/기본요금

아 동 명

보호자동반 유 무

입 장 시 간 입력 예) 13:00

퇴 장 시 간 입력 예) 13:00

등 록 시 간 23년 07월 07일 15시 15분

등록 종료

등록화면을종료할까요?

2023-07-07 오후 3:23:19

예(Y) 아니요(N)

1. '팡팡요금관리' 단추를 클릭하면 <팡팡요금관리> 폼이 나타나도록 설정하시오.

① [개발 도구] → [컨트롤] → [디자인 모드] 선택 → '팡팡요금관리' 단추를 더블클릭한다.

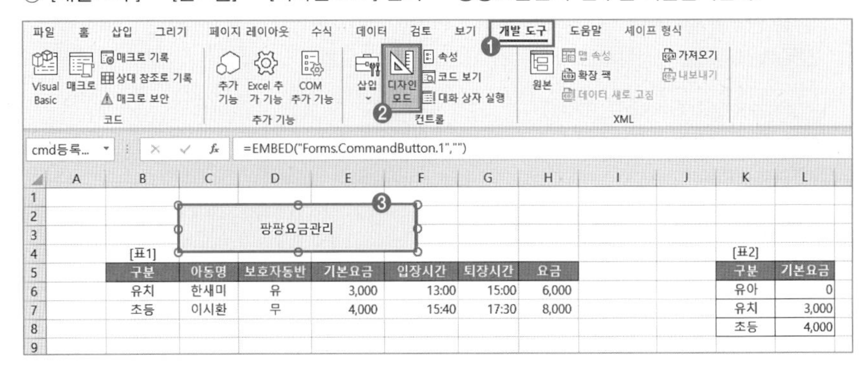

② cmd등록작업_Click() 프로시저 블록 안에 다음과 같이 코드를 입력한다.

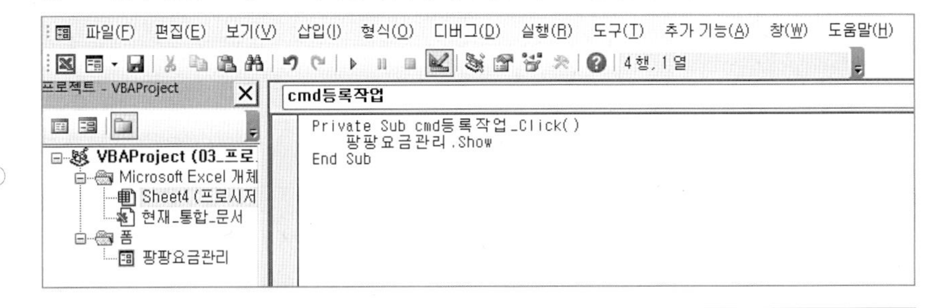

☞ VBA 프로시저 편집기가 실행되면서 다음과 같은 'cmd등록작업_Click()' 프로시저 블록이 생성된다.

☞ 컨트롤을 더블클릭하면 다음과 같이 프로시저 블록이 생성된다.

Private Sub cmd등록작업_Click() 팡팡요금관리.Show End Sub	cmd등록작업을 클릭하면 '팡팡요금관리' 폼을 화면에 표시하고, cmd등록작업_Click() 종료

2. 폼이 초기화(Initialize) 되면 구분/기본요금(cmb구분) 목록에는 [K6:L8] 영역의 값이 표시되고, 보호자동반은 유(opt유)가 초기값으로 선택되도록 프로시저를 작성하시오.
   ▶ TXT날짜에는 현재 날짜와 시간이 다음 예처럼 나오도록 하시오.
   예) 26년 3월 15일 15시 20분

① 프로젝트 탐색기 → '팡팡요금관리' 폼 더블클릭 → 개체가 없는 빈 폼 바탕을 더블클릭한다.

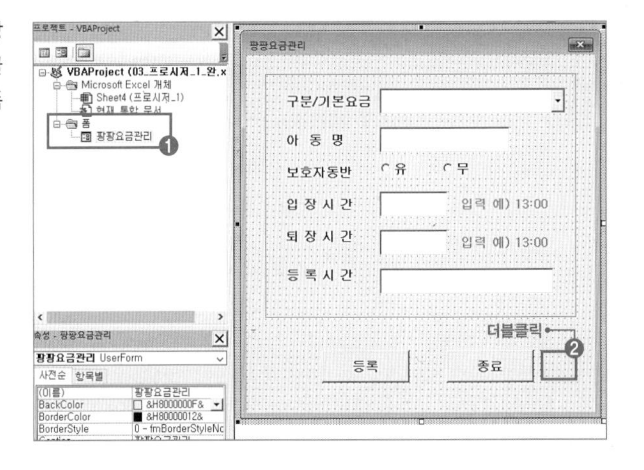

② 개체 목록에서 'UserForm'을 선택한 후 프로시저 목록에서 'Initialize'로 변경한다.

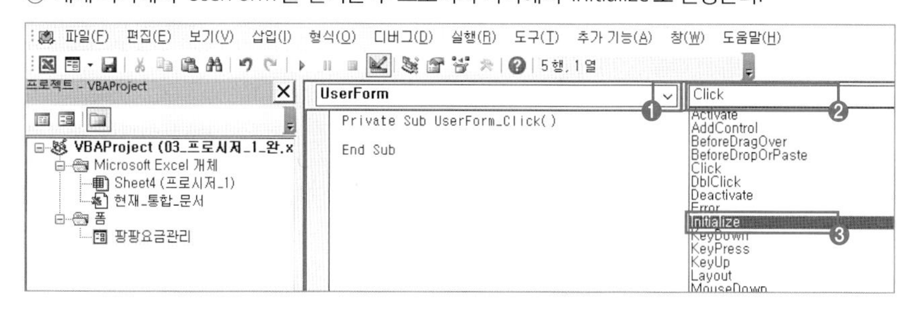

불필요한 프로시저 블록은 그냥 두어도 되지만 코드의 가독성을 높이기 위해 삭제한다.

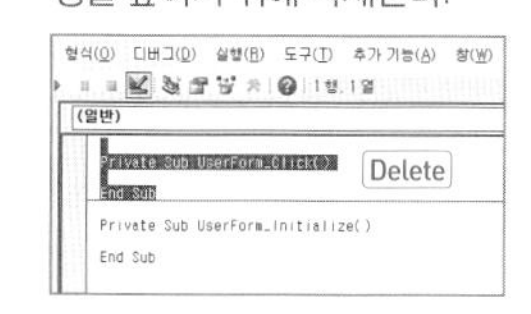

③ 'Private Sub UserForm_Initialize()' 프로시저 블록 안에 다음과 같이 코드를 입력한다.

```
Private Sub UserForm_Initialize()
    cmb구분.RowSource = "K6:L8"
    opt유.Value = True
    txt시간 = Format(Now, "yy년 m월 d일 hh시 nn분")
End Sub
```

- 콤보 상자 컨트롤 행 원본 구성하기

컨트롤이름	구분자	행원본	대입	원본 위치
cmb구분	.	RowSource	=	"K6:L8"

- 옵션 버튼 선택으로 표시하기

컨트롤이름	구분자	값	대입	구분
opt유	.	Value	=	True/False

구분 – True: 선택
– False: 해제

- 컨트롤에 값 대입하기(입력, 연결)
  - 'txt날짜' 컨트롤에 오늘 날짜를 입력한다.
  - '=' 오른쪽 값을 왼쪽 컨트롤에 대입한다.

컨트롤이름	대입	대입 값(입력 값)
txt시간	=	Format(Now, "yy년 mm월 d일 hh시 nn분")

Now() 함수: 일자 + 시간
Date() 함수: 일자
Time() 함수: 시간

- Format 문으로 날짜 시간 형식 지정하기

Format(값, 표시 형식)
Format(Now, "yy년 m월 d일 hh시 nn분")

VBA에서는 월(m)과 구분하기 위해 'm'이 아닌 'n'을 사용한다.

3. '팡팡요금관리' 폼의 '등록'(cmd등록) 단추를 클릭하면 폼에 입력된 데이터가 [표1]에 입력되어 있는 마지막 행 다음에 연속하여 추가되도록 프로시저를 작성하시오.

▶ 구분과 기본요금에는 구분/기본요금(cmb구분)에서 선택한 값으로 각각 표시

▶ 보호자동반에는 **opt유가 선택되면 '유', opt무가 선택되면 '무'**로 표시

▶ If ~ Else 문, Hour 함수 사용

VBA 프로시저 편집기가 실행되면서 다음과 같은 'cmd등록작업_Click()' 프로시저 블록이 생성된다.

```
Private Sub cmd등록_Click()

End Sub
```

① 프로젝트 탐색기 → '팡팡요금관리' 폼 더블클릭 → 'cmd등록' 컨트롤을 더블클릭한다.

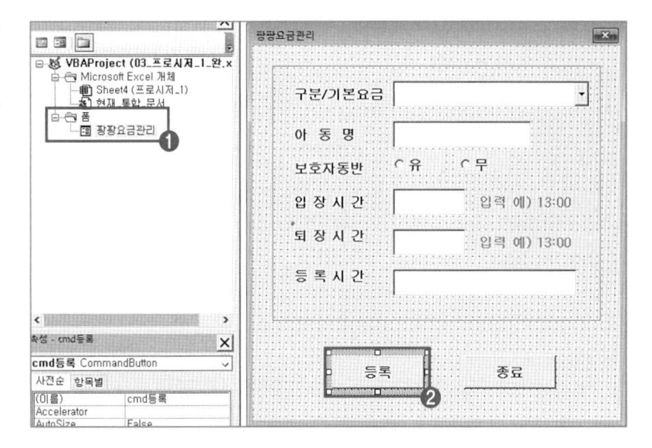

② 'Private Sub cmd등록_Click()' 프로시저 블록 안에 다음과 같은 코드를 입력한다.

```
Private Sub cmd등록_Click()
    행 = [B4].Row + [B4].CurrentRegion.Rows.Count
End Sub
```

입력 행 값 계산하기

- 입력 행 위치는 데이터가 입력되면서 위치가 변경된다.
- 행이라는 변수를 입력 시점에 확인하여 다음의 빈 행을 계산한다.

변수	대입	[B4] 셀 행 값	+	[B4] 셀이 속한 범위		행		개수
행	=	[B4].Row	+	[B4].CurrentRegion	.	Rows	.	Count

- 표의 위치는 [B5] 셀부터 시작하지만 인접한 [B4] 셀의 [표1]도 이 표의 범위에 포함된다.
- 만약 [B3] 셀에 [표1]이 입력되어 있으면 [B3] 셀은 표 범위에 속하지 않는다.

- [B4] 셀을 기준으로 값이 입력된 범위의 행 개수를 계산한다.
- 현재 7행까지 데이터가 입력되어 있다고 가정하면 다음 입력 대기 행은 8행이 된다.
- 프로시저 코드를 분석해 보면 다음과 같이 8행이 계산된다.

행	=	[B4].Row	+	[B4].CurrentRegion	.	Rows	.	Count
8	=	4	+	4				

③ 다음과 같이 코드를 입력한다.

```
Cells(행, 2) = cmb구분.List(cmb구분.ListIndex, 0)
Cells(행, 3) = txt아동명.Value

If opt유.Value = True Then
    Cells(행, 4) = "유"
Else
    Cells(행, 4) = "무"
End If

Cells(행, 5) = cmb구분.List(cmb구분.ListIndex, 1)
Cells(행, 6) = txt입장시간.Value
Cells(행, 7) = txt퇴장시간.Value
```

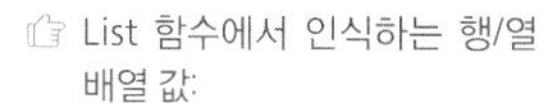

콤보 상자에서 선택한 값 위치 찾기

콤보 상자명		목록		(목록 번호,0)
cmb구분	.	List	.	(cmb구분.ListIndex,0)

- cmb구분.List(행, 열)
  - 'cmb구분' 콤보 상자에서 행/열 값을 계산
  - 예) 초등부 기본요금을 표현하면: cmb구분.List(1, 2)
- cmb구분.ListIndex
  - 'cmb구분' 콤보 상자에서 선택한 행 번호
- 'cmb구분'에서 3번째 행을 선택했을 때 Cells(행, 2)에 입력되는 값
  - cmb구분.List(2, 0): 'cmb구분'의 3행 2열의 값(List의 첫 번째 값은 0이다.)

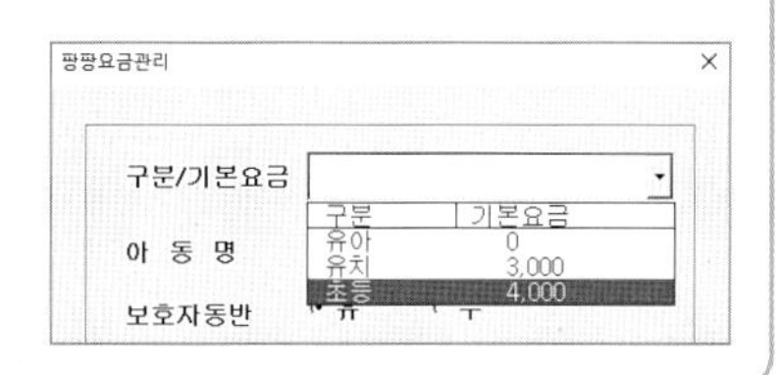

List 함수에서 인식하는 행/열 배열 값:
List 함수의 첫 번째 값은 0부터 시작한다.

열 번호		
0	1	행 번호
유아	0	0
유치	3,000	1
초등	4,000	2

셀에 값 입력하기

셀 주소(행,열)	대입	입력할 값
Cells(행, 3)	=	txt아동명.Value

절대 주소라고 가정할 때
- Cells(2,6) = 2행 6열 = [F6]
- A열(1) ~ F열(6): A열의 열 번호는 1이다.

If opt유.Value = True Then	'opt유' 옵션 단추가 체크되면
Cells(행, 4) = "유"	Cells(행, 4)에 '유' 입력
Else	그렇지 않다면('유'가 해제 되어 있다면)
Cells(행, 4) = "무"	Cells(행, 4)에 '무' 입력
End If	If 문 종료

- 행 값을 변수로 사용할 때
  - 입력 행은 표에 입력된 데이터 행 수만큼 변하므로 현재 [7] 행까지 입력되었다고 가정하면 다음 입력 행은 [8] 행이 된다.
  - Cells(행,6) = 8행 6열 = [F8]에 txt입장시간의 값이 입력된다.
- Value
  - 텍스트 상자에 입력된 고유의 형식을 유지하면서 셀에 입력한다.
  - 텍스트 상자 값이 숫자이면 숫자, 날짜이면 날짜가 형식에 맞게 입력된다.

④ 다음과 같이 코드를 입력한다.

▶ 요금 = (퇴장시간의 시간 - 입장시간의 시간) x 기본요금

```
    Cells(행, 8) = (Hour(Cells(행, 7)) – Hour(Cells(행, 6))) * Cells(행, 5)
End Sub
```

Hour(Cells(행, 7): 앞서 입력 행, [7] 열의 값에서 시간을 가져온다.

⑤ 다음과 같이 코드를 입력한다.

▶ 입력이 완료되면 폼의 모든 컨트롤을 초기화하시오.

```
cmb구분 = ""
txt아동명 = ""
opt유.Value = True
txt입장시간 = ""
txt퇴장시간 = ""
```

- 콤보 상자, 텍스트 상자 초기화하기
  - cmb구분 = ""
  - txt아동명 = ""
- 옵션 단추 선택 상태로 초기화하기
  - opt유.Value = True

4. 종료(cmd종료) 단추를 클릭하면 185쪽 문제 <그림>과 같은 메시지 박스를 표시한 후 '예'를 클릭하면 폼을 종료하는 프로시저를 작성하시오.
▶ 시스템의 현재 날짜와 시간 표시
▶ '아니오'를 누르면 메시지 박스를 닫으시오.

① 프로젝트 탐색기에서 → '팡팡요금관리' 폼 더블클릭 → '종료' 단추를 더블클릭한다.

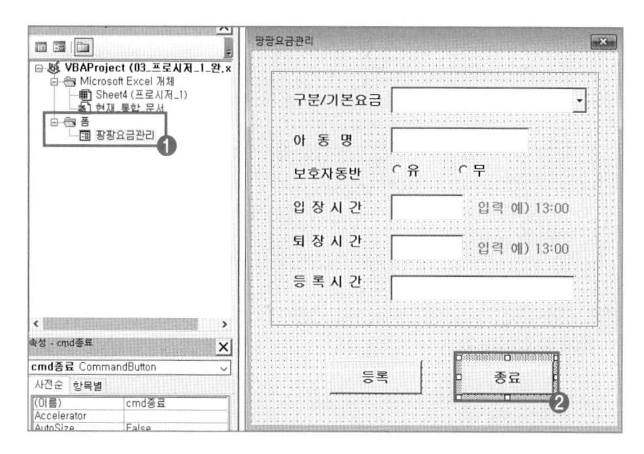

② 다음과 같이 코드를 입력한다.

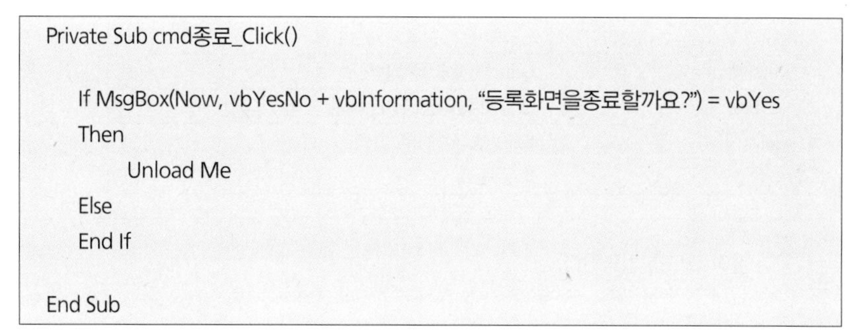

```
Private Sub cmd종료_Click()

    If MsgBox(Now, vbYesNo + vbInformation, "등록화면을종료할까요?") = vbYes
    Then
            Unload Me
    Else
    End If

End Sub
```

☞ • 폼 종료하기(메모리에서 제거하기)
Unload Me

• 폼 화면에서 숨기기(메모리에는 남아 있지만 화면에서 사라짐)
팡팡요금관리.Hide
위에 2가지 코드를 구분해서 정리한다.

☞ MsgBox 버튼 종류

vbOKOnly	확인
vbYesNo	예/아니오
vbYesNoCancel	예/아니오/취소

• cmb구분.List(행, 열)

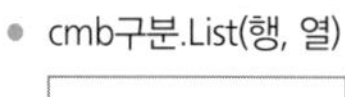

• MsgBox 기본 구조

명령어	Prompt		버튼 종류+아이콘		Title
MsgBox	"표시 문자"	,	vbOKOnly+vbInformation	,	"제목표시줄"

• 이번 문제 MsgBox 식
If MsgBox(Now, vbYesNo + vbInformation, "등록화면을종료할까요?") = vbYes Then
메시지 박스에서 버튼별 분기가 필요할 경우 If 문을 사용하며 인수를 받기 위해 Msgbox의 인수는 () 묶는다.

③ Alt + Q 를 눌러 VBA 편집 창을 종료하고 Excel 워크시트로 돌아온다.

3 실전 문제 마스터

www.ebs.co.kr/compass(엑셀 실습 파일 다운로드)

문제 작업 파일: 프로시저_02.xlsx

'기타작업_2' 파일에서 다음과 같은 작업을 수행하도록 프로시저를 작성하시오.

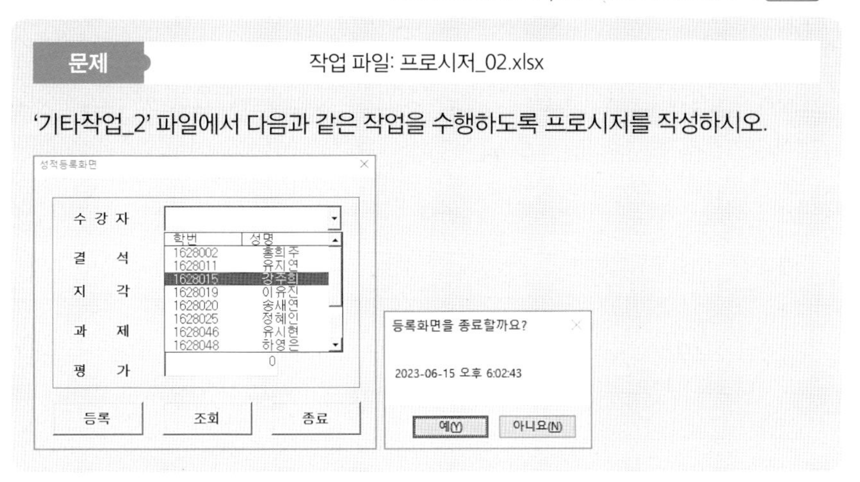

1. '성적입력' 단추를 클릭하면 <성적등록화면> 폼이 나타나도록 설정하고, 폼이 초기화(Initialize) 되면 수강자(cmb수강자)에는 [기타작업_2!B4:C15] 영역의 값이 표시되도록 설정하시오. 단 수강자(cmb수강자)의 3번째 항목이 기본값으로 선택되도록 하시오.

① [개발 도구] → [컨트롤] → [디자인 모드] 선택 → '성적입력' 단추를 더블클릭하고, 다음과 같이 코드를 입력한다.

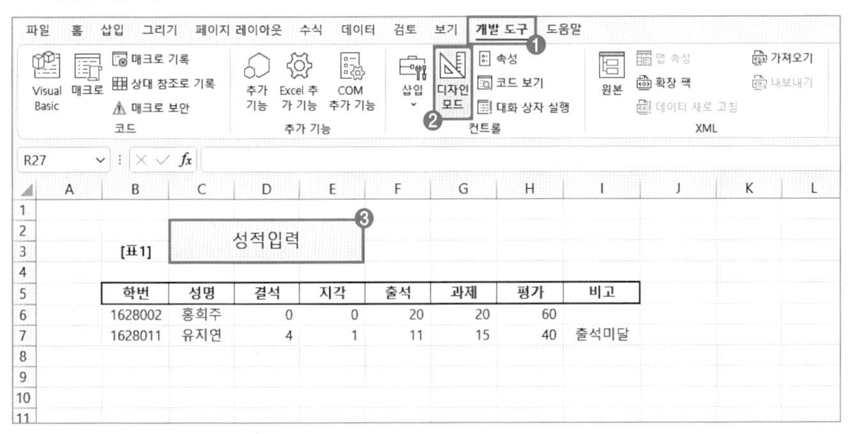


```
Private Sub cmd등록_Click()
  성적등록화면.Show
End Sub
```

개체 이벤트 자동 완성
- '개체명'까지 입력하면 사용할 수 있는 이벤트 목록이 표시된다.
- '방향키로 선택하고 Tab을 누르면 모든 이벤트 명령어를 입력하지 않고 완성할 수 있다.

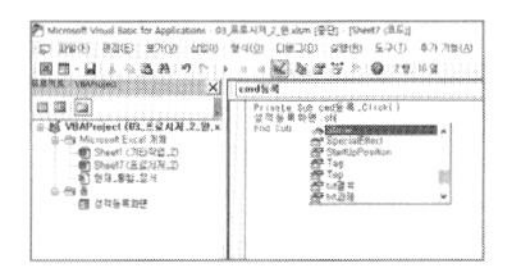

- 프로시저 편집 창이 실행되고, 프로시저 블록이 생성되면 'UserForm_Click()' 블록을 삭제한다.

```
Private Sub UserForm_
Click()
End Sub
```

- 'UserForm'의 이벤트를 'Initialize'로 변경하면 다음 프로시저 블록이 생성된다.

```
Private Sub UserForm_
Initialize()
End Sub
```

ListIndex의 첫 번째 값은 0부터 시작한다.
0, 1, 2, 3, 4, …

콤보 상자 기본 선택 값(3번째 값) 설정하기
cmb수강자.ListIndex = 2

프로시저 편집 창이 실행되고, cmd등록_Click() 프로시저 블록이 생성된다.
Private Sub cmd등록_Click()
End Sub

행 = [b5].Row + [b5].CurrentRegion.Rows.Count
8 = 5 + 3

② 프로젝트 탐색기 → '성적등록화면' 폼 더블클릭 → 개체가 없는 빈 폼 바탕을 더블클릭하고 개체 목록에서 'UserForm'을 선택한 후 프로시저 목록에서 'Initialize'로 변경한다.

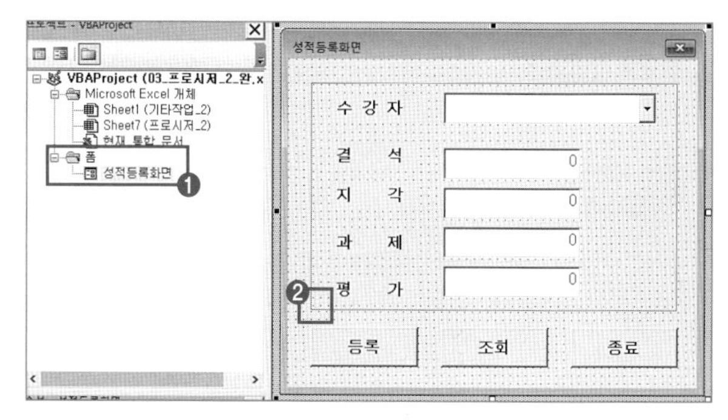

③ 다음과 같이 코드를 입력한다.

```
Private Sub UserForm_Initialize()
  cmb수강자.RowSource = "'기타작업_2'!B4:C15"
  cmb수강자.ListIndex = 2
End Sub
```

다른 워크시트에서 콤보 상자 행 원본 가져오기 – 주소 표현식

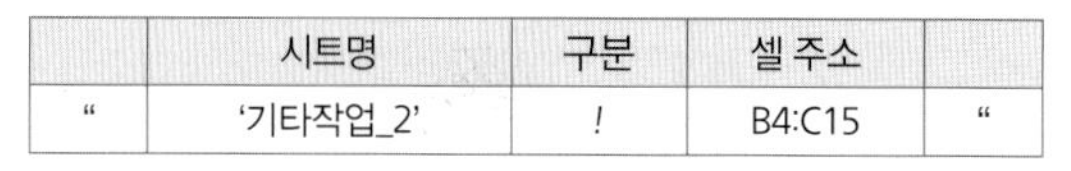

	시트명	구분	셀 주소	
"	'기타작업_2'	!	B4:C15	"

2. '성적등록화면' 폼의 '등록'(cmd등록) 단추를 클릭하면 폼에 입력된 데이터가 [표1]에 입력되어 있는 마지막 행 다음에 연속하여 추가되도록 프로시저를 작성하시오.
- ▶ '학번'과 '성명'에는 선택된 수강자(cmb수강자)에 해당하는 학번과 성명을 각각 표시
- ▶ '출석'은 '20 - (결석 * 2 + 지각 * 1)'로 계산
- ▶ '비고'는 '출석'이 12보다 작으면 '출석미달'로 표시
- ▶ If 문 사용

① 프로젝트 탐색기 → '성적등록화면' 폼 더블클릭 → '등록' 단추를 더블클릭한다.

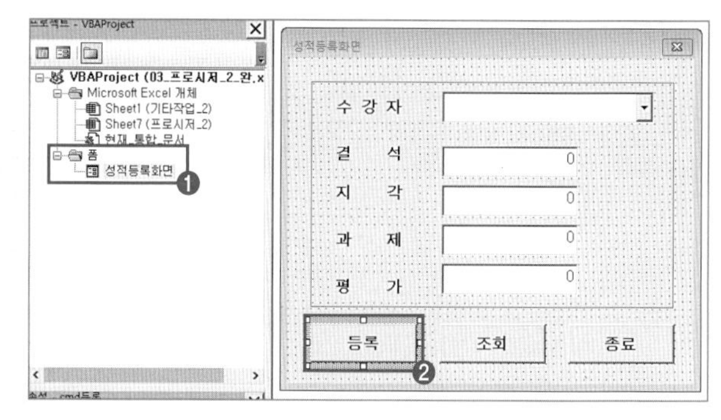

② 'cmd등록_Click()' 프로시저 블록 안에 다음과 같이 코드를 입력한다.

```
Private Sub cmd등록_Click()
    행 = [b5].Row + [b5].CurrentRegion.Rows.Count
```

```
        Cells(행, 2) = cmb수강자.Column(0)
        Cells(행, 3) = cmb수강자.Column(1)
        Cells(행, 4) = txt결석.Value
        Cells(행, 5) = txt지각.Value
        Cells(행, 6) = 20 - (txt결석 * 2 + txt지각 * 1)
        Cells(행, 7) = txt과제.Value
        Cells(행, 8) = txt평가.Value

        If Cells(행, 6) < 12 Then
            Cells(행, 9) = "출석미달"
        Else
            Cells(행, 9) = ""
        End If

End Sub
```

☞ 셀에 공백 입력하기
Cells(행, 9) = ""

3. 종료(cmd종료) 단추를 클릭하면 <그림>과 같은 같은 메시지 박스를 표시한 후 '예'를 클릭하면 폼을 종료하는 프로시저를 작성하시오.
   ▶ 시스템의 현재 날짜와 시간 그리고 '등록화면을 종료할까요?' 텍스트를 함께 표시하시오.
   ▶ 폼이 종료되면, [B3] 셀의 글꼴을 굵게 변경하고, '아니오'를 클릭하면 cmb수강자 컨트롤로 포커스가 이동하도록 하시오.

① 프로젝트 탐색기 → '성적등록화면' 폼 더블클릭 → '종료' 단추를 더블클릭한다.

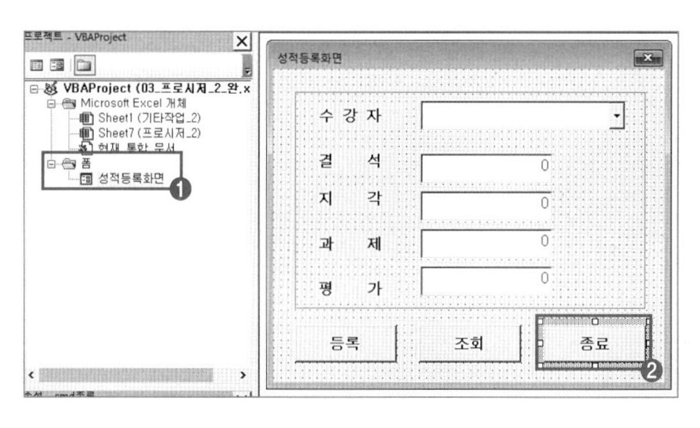

☞ 프로시저 편집 창이 실행되고, 'cmd종료_Click()' 프로시저 블록이 생성된다.

```
Private Sub cmd종료_Click()
End Sub
```

② 'cmd종료_Click()' 프로시저 블록 안에 다음과 같이 코드를 입력한다.

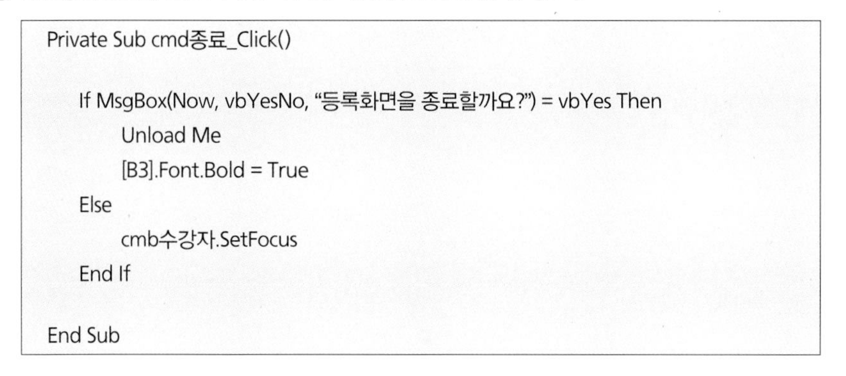

```
Private Sub cmd종료_Click()

    If MsgBox(Now, vbYesNo, "등록화면을 종료할까요?") = vbYes Then
        Unload Me
        [B3].Font.Bold = True
    Else
        cmb수강자.SetFocus
    End If

End Sub
```

☞ 현재 워크시트 특정 셀([B3]) 글꼴 굵게 변경
[B3].Font.Bold = True

☞ 특정 컨트롤(cmb수강자)에 포커스(마우스 커서) 이동하기
cmb수강자.SetFocus

– vbyes: '예'를 눌렀을 때
– vbno: '아니오'를 눌렀을 때

메시지 박스 단추별 이벤트 분기하기(If 문 사용)

메시지 박스의 단추별로 분기할 때에는 MsgBox 인수를 ( )로 묶고 다음과 같이 표현한다.
(일반 메시지 상자와 인수 순서는 동일하다.)

```
If MsgBox(Now, vbYesNo, "등록화면을 종료할까요?") = vbYes Then
```

4. 조회(cmd조회) 단추를 클릭하면 워크시트에 입력된 마지막 행 값을 조회하는 프로시저를 작성하시오.

프로시저 편집 창이 실행되고, 'cmd조회_Click() 프로시저 블록이 생성된다.
Private Sub cmd조회_Click()
End Sub

① 프로젝트 탐색기 → '성적등록화면' 폼 더블클릭 → '조회' 단추를 더블클릭한다.

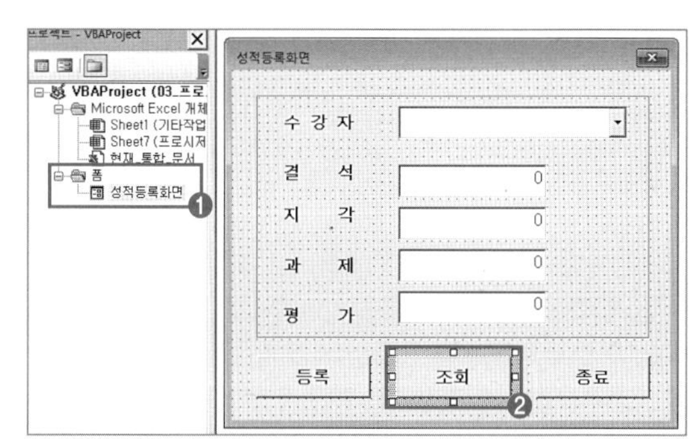

프로시저 편집 창이 실행되고, 'cmd조회_Click() 프로시저 블록이 생성된다.

```
Private Sub cmd조회_
Click()

End Sub
```

② 'cmd조회_Click() 프로시저 블록 안에 다음과 같이 코드를 입력한다.

```
Private Sub cmd조회_Click()
  행 = [b5].Row + [b5].CurrentRegion.Rows.Count - 1
  txt결석.Value = Cells(행, 4)
  txt지각.Value = Cells(행, 5)
  txt과제.Value = Cells(행, 7)
End Sub
```

① 행 = [b5].Row + [b5].CurrentRegion.Rows.Count - 1
  – 마지막 행을 계산한다.
  – [B5]셀의 행(5) + 현재 입력된 범위의 행 수 – 1
② txt결석.Value = Cells(행, 4)
  – 마지막 행 4열의 값을 'txt결석' 텍스트 상자에 입력한다.

셀과 텍스트 상자의 위치를 바꾸면 셀 값을 텍스트 상자로 가져올 수 있다.

셀에 입력된 데이터 폼으로 가져오기
'='을 기준으로 오른쪽 값이 왼쪽으로 입력(대입)된다.

컨트롤 이름	대입	셀 주소
txt결석.Value	=	Cells(행, 4)

③ Alt + Q를 눌러 VBA 편집 창을 종료하고 Excel 워크시트로 돌아온다.

한.번.더. 최신 기출문제

기출문제

01 2024년 상공회의소 샘플 A형

02 2024년 상공회의소 샘플 B형

03 2024년 기출문제 유형 1회

04 2024년 기출문제 유형 2회

한.번.만. 모의고사

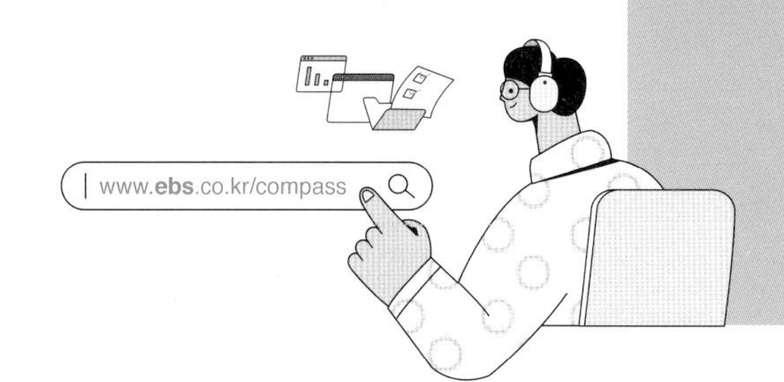

국가기술자격검정

01 2024년 상공회의소 샘플 A형

프로그램명	제한시간
EXCEL 2021	45분

수험번호 :

성　　명 :

1급	A형

<유 의 사 항>

- 인적 사항 누락 및 잘못 작성으로 인한 불이익은 수험자 책임으로 합니다.
- 화면에 암호 입력 창이 나타나면 아래의 암호를 입력하여야 합니다.
  - ○ **암호: 8155%2**
- 작성된 답안은 주어진 경로 및 파일명을 변경하지 마시고 그대로 저장해야 합니다.
  이를 준수하지 않으면 실격 처리됩니다.
  답안 파일명의 예: C:\OA\수험번호8자리.xlsm
- **외부 데이터 위치: C:\OA\파일명**
- 별도의 지시 사항이 없는 경우, 다음과 같이 처리 시 실격 처리됩니다.
  - ○ 제시된 시트 및 개체의 순서나 이름을 임의로 변경한 경우
  - ○ 제시된 시트 및 개체를 임의로 추가 또는 삭제한 경우
  - ○ 외부 데이터를 시험 시작 전에 열어본 경우
- 답안은 반드시 문제에서 지시 또는 요구한 셀에 입력하여야 하며 다음과 같이 처리 시 채점 대상에서 제외됩니다.
  - ○ 제시된 함수가 있을 경우 제시된 함수만을 사용하여야 하며 그 외 함수 사용 시 채점 대상에서 제외
  - ○ 수험자가 임의로 지시하지 않은 셀의 이동, 수정, 삭제, 변경 등으로 인해 셀의 위치 및 내용이 변경된 경우 해당 작업에 영향을 미치는 관련 문제 모두 채점 대상에서 제외
  - ○ 도형 및 차트의 개체가 중첩되어 있거나 동일한 계산 결과 시트가 복수로 존재할 경우 해당 개체나 시트는 채점 대상에서 제외
- 수식 작성 시 제시된 문제 파일의 데이터는 변경 가능한(가변적) 데이터임을 감안하여 문제 풀이를 하시오.
- 별도의 지시 사항이 없는 경우, 주어진 각 시트 및 개체의 설정값 또는 기본 설정값(Default)으로 처리하시오.
- 저장 시간은 별도로 주어지지 않으므로 제한된 시간 내에 저장을 완료해야 하며, 제한 시간 내에 저장이 되지 않은 경우에는 실격 처리됩니다.
- 출제된 문제의 용어는 MS Office LTSC Professional Plus 2021 버전으로 작성되어 있습니다.

문제 1 기본 작업(15점) 주어진 시트에서 다음 과정을 수행하고 저장하시오.

1. '기본 작업-1' 시트에서 다음과 같이 고급 필터를 수행하시오. (5점)

▶ [B3:T31] 영역에서 '출석수'가 출석수의 중간값보다 작거나 '6/9'일이 빈 셀인 행에 대하여 '학년', '반', '이름', '6/9', '출석수' 열을 순서대로 표시하시오.

▶ 조건은 [V3:V4] 영역에 입력하시오.(ISBLANK, OR, MEDIAN 함수 사용)

▶ 결과는 [X3] 셀부터 표시하시오.

2. '기본 작업-1' 시트에서 다음과 같이 조건부 서식을 설정하시오. (5점)

▶ [E3:S31] 영역에 대해서 해당 열 번호가 홀수이면서 [E3:S3] 영역의 월이 홀수인 열 전체에 대하여 채우기 색을 '표준 색–노랑'으로 적용하시오.

▶ 단, 규칙 유형은 '수식을 사용하여 서식을 지정할 셀 결정'을 사용하고, 한 개의 규칙으로만 작성하시오.

▶ AND, COLUMN, ISODD, MONTH 함수 사용

3. '기본 작업-2' 시트에서 다음과 같이 시트 보호와 통합 문서 보기를 설정하시오. (5점)

▶ [E4:T31] 영역에 셀 잠금과 수식 숨기기를 적용한 후 잠긴 셀의 내용과 워크시트를 보호하시오.

▶ 잠긴 셀의 선택과 잠기지 않은 셀의 선택은 허용하고, 시트 보호 해제 암호는 지정하지 마시오.

▶ '기본 작업-2' 시트를 페이지 나누기 보기로 표시하고, [B3:T31] 영역만 1페이지로 인쇄되도록 페이지 나누기 구분선을 조정하시오.

문제 2 계산 작업(30점) '계산 작업' 시트에서 다음 과정을 수행하고 저장하시오.

1. [표1]의 코드와 [표2]를 이용하여 구분-성별[D4:D39]을 표시하시오. (6점)

▶ 구분과 성별은 [표2]를 참조

▶ 구분과 성별 사이에 '-' 기호를 추가하여 표시 [표시 예: 기본형-여자]

▶ CONCAT, VLOOKUP 함수 사용

2. [표1]의 가입나이, 코드 그리고 [표3]을 이용하여 가입금액[E4:E39]을 표시하시오. (6점)

▶ 가입금액은 코드와 가입나이로 [표3]을 참조

▶ INDEX, MATCH 함수 사용

3. [표1]의 가입나이와 [표4]의 나이를 이용하여 나이대별 가입자수를 [표4]의 [M21:M27] 영역에 표시하시오. (6점)

▶ 가입자수가 0보다 큰 경우 계산된 값을 두 자리 숫자로 뒤에 '명'을 추가하여 표시하고, 그 외는 '미가입'으로 표시
[표시 예: 0 → 미가입, 7 → 07명]

▶ FREQUENCY, TEXT 함수를 이용한 배열 수식

4. [표1]의 가입나이, 코드, 가입기간을 이용하여 코드별 나이별 평균 가입기간을 [표5]의 [P22:T25] 영역에 계산하시오. (6점)

▶ 단, 오류 발생 시 공백으로 표시

▶ AVERAGE, IF, IFERROR 함수를 이용한 배열 수식

5. 사용자 정의 함수 'fn가입상태'를 작성하여 [표1]의 가입상태[H4:H39]를 표시하시오. (6점)

▶ 'fn가입상태'는 가입기간, 미납기간을 인수로 받아 값을 되돌려줌.

▶ 미납기간이 가입기간 이상이면 '해지예상', 미납기간이 가입기간 미만인 경우 중에서 미납기간이 0이면 '정상', 미납기간이 2 초과이면 '휴면보험', 그 외는 미납기간과 '개월 미납'을 연결하여 표시 [표시 예: 1개월 미납]

▶ If 문, & 연산자 사용

```
Public Function fn가입상태(가입기간, 미납기간)
End Function
```

문제 3 분석 작업(20점) 주어진 시트에서 다음 과정을 수행하고 저장하시오.

1. '분석 작업-1' 시트에서 다음의 지시 사항에 따라 피벗 테이블 보고서를 작성하시오. (10점)

▶ 외부 데이터 원본으로 <출석부관리.csv>의 데이터를 사용하시오.

– 원본 데이터는 구분 기호 쉼표(,)로 분리되어 있으며, 내 데이터에 머리글을 표시하시오.

– '학년', '반', '이름', '성별', '출석수' 열만 가져와 데이터 모델에 이 데이터를 추가하시오.

▶ 피벗 테이블 보고서의 레이아웃과 위치는 <그림>을 참조하여 설정하고, 보고서 레이아웃을 개요 형식으로 표시하시오.

▶ '출석수' 필드는 표시 형식을 값 필드 설정의 셀 서식에서 '숫자' 범주를 이용하여 소수 자릿수를 0으로 설정하시오.

▶ '이름' 필드는 개수로 계산한 후 사용자 지정 이름을 '학생수'로 변경하시오.

▶ 빈 셀은 '*'로 표시하고, 레이블이 있는 셀은 병합하고 가운데 맞춤되도록 설정하시오.

	A	B	C	D	E	F	G	H
1								
2								
3			성별 ▾	값				
4			남		여		전체 평균: 출석수	전체 학생수
5	학년 ▾	반 ▾	평균: 출석수	학생수	평균: 출석수	학생수		
6	⊟1		**10**	**10**	**6**	**8**	**8**	**18**
7		사랑반	8	3	4	4	6	7
8		화평반	11	5	*	*	11	5
9		희락반	13	2	7	4	9	6
10	⊟2		**10**	**17**	**7**	**12**	**9**	**29**
11		양선반	7	4	1	3	5	7
12		오래참음반	7	4	9	3	8	7
13		자비반	13	3	6	4	9	7
14		충성반	11	6	13	2	12	8
15	⊟3		**10**	**18**	**9**	**15**	**9**	**33**
16		믿음반	8	5	14	2	10	7
17		소망반	10	4	10	6	10	10
18		온유반	10	4	9	4	10	8
19		절제반	11	5	4	3	9	8
20	**총합계**		**10**	**45**	**7**	**35**	**9**	**80**

※ 작업 완성된 그림이며 부분 점수 없음.

2. '분석 작업-2' 시트에 대하여 다음의 지시 사항을 처리하시오. (10점)

▶ 데이터 도구를 이용하여 [표1]에서 '성명', '성별', '생년월일' 열을 기준으로 중복된 값이 입력된 셀을 포함하는 행을 삭제하시오.

▶ [부분합] 기능을 이용하여 [표1]에서 '반'별 '출석일수'의 평균을 계산한 후 '성별'별 '성명'의 개수를 계산하시오.
- 반을 기준으로 오름차순으로 정렬하고, 반이 동일한 경우 성별을 기준으로 오름차순 정렬하시오.
- 평균과 개수는 위에 명시된 순서대로 처리하시오.

문제 4 기타 작업(35점) 주어진 시트에서 다음 과정을 수행하고 저장하시오.

1. '기타 작업-1' 시트에서 다음의 지시 사항에 따라 차트를 수정하시오. (각 2점)

※ 차트는 반드시 문제에서 제공한 차트를 사용하여야 하며, 신규로 차트 작성 시 0점 처리 됨.

① [C17:C21] 영역을 '중국(CNY)' 계열로 추가한 후 보조축으로 지정하시오.(단, 계열 추가 시 가로 (항목) 축 레이블의 범위는 [B17:B21] 영역으로 설정)

② 세로 (값) 축의 제목을 추가하여 [B2] 셀과 연동하고, 텍스트 상자의 텍스트 방향을 '세로'로 설정하시오.

③ 세로 (값) 축의 최솟값은 1150, 최댓값은 1250, 기본 단위는 10으로 설정하고, 범례는 범례 서식을 이용하여 '위쪽'에 표시하시오.

④ '미국(USD)' 계열의 선을 '완만한 선'으로 설정하고, 표식 옵션의 형식을 '▲'으로 변경하시오.

⑤ '미국(USD)' 계열의 '03월 16일' 요소에만 데이터 레이블 '값'을 표시하고, 데이터 레이블의 위치를 '아래쪽'으로 지정하시오.

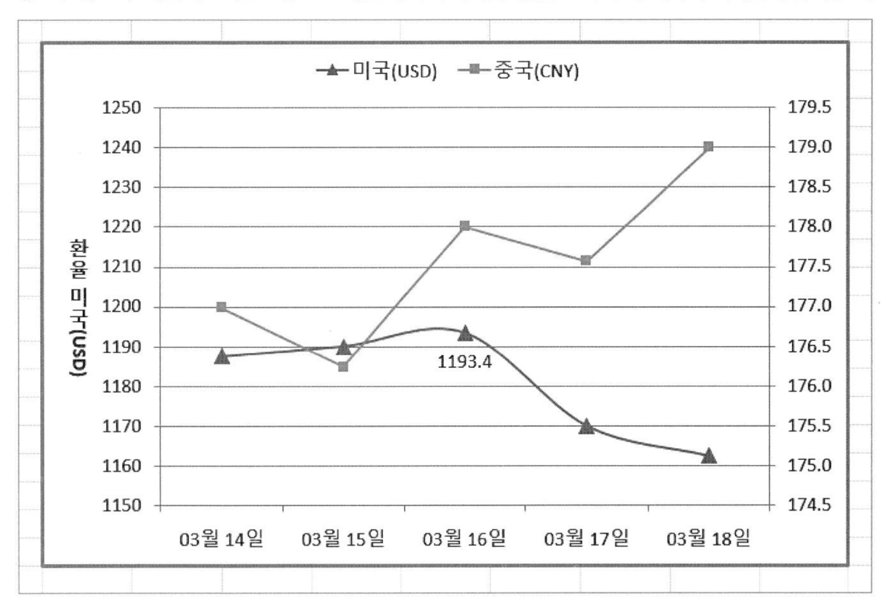

2. '기타 작업-2' 시트에서 다음과 같은 기능을 수행하는 매크로를 현재 통합 문서에 작성하시오. (각 5점)

① [E6:L33] 영역에 대하여 사용자 지정 표시 형식을 설정하는 '서식적용' 매크로를 생성하시오.

▶ 셀 값이 1과 같은 경우 영문자 대문자 "O"로 표시, 셀 값이 0과 같은 경우 영문자 대문자 "X"로 표시

▶ [개발 도구]-[삽입]-[양식 컨트롤]의 '단추'를 동일 시트의 [B2:C3] 영역에 생성한 후 텍스트를 '서식적용'으로 입력하고, 단추를 클릭하면 '서식적용' 매크로가 실행되도록 설정하시오.

② [M6:M33] 영역에 대하여 조건부 서식을 적용하는 '그래프보기' 매크로를 생성하시오.

- ▶ 규칙 유형은 '셀 값을 기준으로 모든 셀의 서식 지정'으로 선택하고, 서식 스타일 '데이터 막대', 최솟값은 백분위수 20, 최댓값은 백분위수 80으로 설정하시오.
- ▶ 막대 모양은 채우기를 '그라데이션 채우기', 색을 '표준 색-노랑'으로 설정하시오.
- ▶ [개발 도구]-[삽입]-[양식 컨트롤]의 '단추'를 동일 시트의 [E2:F3] 영역에 생성한 후 텍스트를 '그래프보기'로 입력하고, 단추를 클릭하면 '그래프보기' 매크로가 실행되도록 설정하시오.

3. '기타 작업-3' 시트에서 다음과 같은 작업을 수행하도록 프로시저를 작성하시오. (각 5점)

① '팡팡요금관리' 단추를 클릭하면 <팡팡요금관리> 폼이 나타나도록 설정하고, 폼이 초기화(Initialize) 되면 구분/기본요금(cmb구분) 목록에는 [M6:N8] 영역의 값이 표시되고, 보호자동반은 유(opt유)가 초기값으로 선택되도록 프로시저를 작성하시오.

② '팡팡요금관리' 폼의 등록(cmd등록) 단추를 클릭하면 폼에 입력된 데이터가 [표1]에 입력되어 있는 마지막 행 다음에 연속하여 추가되도록 프로시저를 작성하시오.

- ▶ 구분과 기본요금에는 구분/기본요금(cmb구분)에서 선택된 값으로 각각 표시
- ▶ 보호자동반에는 opt유가 선택되면 '유', opt무가 선택되면 '무'로 표시
- ▶ 요금 = (퇴장시간의 시간 - 입장시간의 시간) × 기본요금
- ▶ If ~ Else 문, Hour 함수 사용

③ 종료(cmd종료) 단추를 클릭하면 <그림>과 같은 메시지 박스를 표시한 후 폼을 종료하는 프로시저를 작성하시오.

- ▶ 시스템의 현재 날짜와 시간 표시

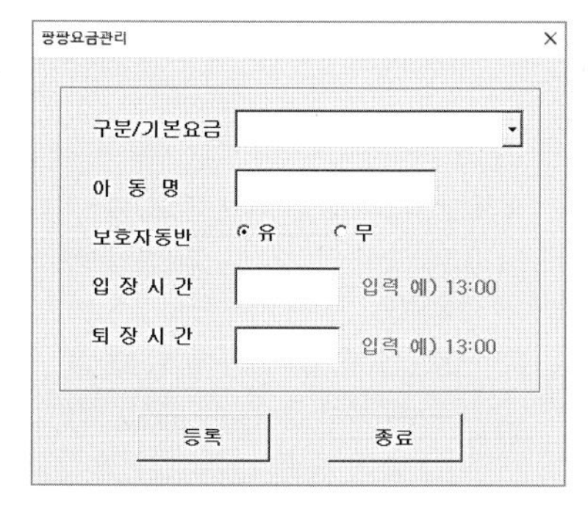

문제 1 기본 작업(15점)

1. '기본 작업-1' 고급 필터 정답

조건
FALSE

학년	반	이름	6/9	출석수
1	사랑반	이환	O	13
1	사랑반	김유준	O	12
1	화평반	김서찬	O	13
1	화평반	노재현	O	11
1	희락반	김우인	O	10
2	양선반	정승우		13
2	오래참음반	윤지강		13
2	오래참음반	손채영		12
2	자비반	이지훈	O	12
2	자비반	이선녕	O	9
2	충성반	노석진	O	13
2	충성반	권한지	O	13
2	충성반	최경주	O	10

① [V3] 셀에 조건 입력 → [V4] 셀에 **=OR($T4<MEDIAN($T$4:$T$31),ISBLANK($S4))**를 입력한다.

② [X3:AB3] 범위에 학년, 반, 이름, 6/9, 출석수 열을 복사해 [B3:T3] 범위에 붙여 넣는다.

③ [B3:T31] 범위 선택 → [데이터] 탭 → [정렬 및 필터] → [고급] → 조건 범위는 [V3:V4] → '다른 장소에 복사' 선택 → 복사 위치는 [X3:AB3] 범위 지정 → 확인 을 클릭한다.

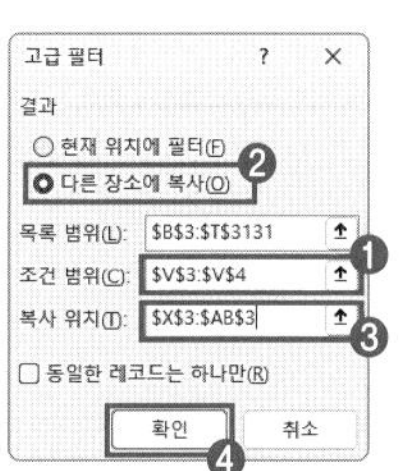

- $T4<MEDIAN($T$4:$T$31): [T4] 셀 값이 [T4:T31] 범위의 중간값 미만이거나
  - [T4] 셀부터 한 셀씩 비교하면서([T4], [T5] ··· [T31]) 필터링한다.
  - [T4:T31] 범위에서 중간값의 경우 절대 참조를 적용해 고급 필터 내부 연산 과정 중에 참조 범위가 변하지 않도록 한다.
- ISBLANK($S4): [S4] 셀 값에 공백이 있으면

2. '기본 작업-1' 조건부 서식 정답

학년	반	이름	3/3	3/10	3/17	3/24	3/31	4/7	4/14	4/21	4/28	5/5	5/12	5/19	5/26	6/2	6/9	출석수
1	사랑반	김영서	O	O	O	O	O	O	O	O	O	O	O	O	O	O	O	15
1	사랑반	이환	O	O		O	O	O	O	O		O	O	O	O	O	O	13
1	사랑반	김유준		O	O	O	O	O	O	O	O	O		O	O		O	12
1	화평반	김지환	O	O	O	O	O	O	O	O	O	O	O	O	O	O	O	15
1	화평반	원가은		O	O	O	O	O	O	O	O	O	O	O	O	O	O	14
1	화평반	김서찬	O	O	O	O	O	O			O	O	O	O	O	O	O	13
1	화평반	노재현		O	O	O		O	O	O	O	O		O	O		O	11
1	희락반	최예진	O	O	O	O	O	O	O	O	O	O	O	O	O	O	O	15
1	희락반	전준호	O	O	O	O	O	O	O	O	O	O	O	O	O	O	O	15
1	희락반	김우인	O	O	O		O				O		O	O	O	O	O	10
2	양선반	신지섭	O	O	O	O	O	O	O	O	O	O	O	O	O	O	O	15
2	양선반	정승우	O	O	O	O	O		O	O	O	O	O	O	O	O		13
2	오래참음반	강연지	O	O	O	O	O	O	O	O	O	O	O	O	O	O	O	15
2	오래참음반	박소연	O	O	O	O	O	O	O	O		O	O	O	O	O	O	14
2	오래참음반	윤지강	O	O	O	O	O	O	O	O	O	O	O		O	O		13
2	오래참음반	손채영	O	O	O	O	O		O	O		O	O	O	O	O		12
2	자비반	박지민	O	O	O	O	O	O	O	O	O	O	O	O	O	O	O	15
2	자비반	김하람	O	O	O	O	O	O	O	O	O	O	O	O	O	O	O	15
2	자비반	김하영	O		O	O	O	O	O	O	O	O	O	O	O	O	O	14
2	자비반	이지훈	O	O		O			O	O	O	O	O	O	O	O	O	12
2	자비반	이선녕		O	O		O		O				O	O	O	O	O	9
2	충성반	곽용빈	O	O	O	O	O	O	O	O	O	O	O	O	O	O	O	15
2	충성반	이승아	O	O	O	O	O	O	O	O	O	O	O	O	O	O	O	15
2	충성반	한정우	O	O	O	O	O	O	O	O	O	O	O	O	O	O	O	15
2	충성반	이창재	O	O	O	O	O		O	O	O	O	O	O	O	O	O	14
2	충성반	노석진		O	O	O		O	O	O	O	O	O	O	O	O	O	13
2	충성반	권한지			O	O	O	O	O	O	O	O	O	O	O	O	O	13
2	충성반	최경주	O	O	O	O		O	O	O			O	O			O	10

① [E3:S31] 범위 선택 → [홈] 탭 → [스타일] → [조건부 서식] → [새 규칙]을 클릭한다.

② [새 서식 규칙] 대화 상자에서 '수식을 사용하여 서식을 지정할 셀 결정' 선택 → 다음 수식이 참인 값의 서식 지정 입력 창에 **=AND(ISODD(COLUMN(E$3)),ISODD(MONTH(E$3)))**을 입력한다.

③ 서식 → [셀 서식] 대화 상자 → [채우기] 탭 → 배경색을 표준색 '노랑'을 선택 → 확인 → 확인 을 클릭한다.

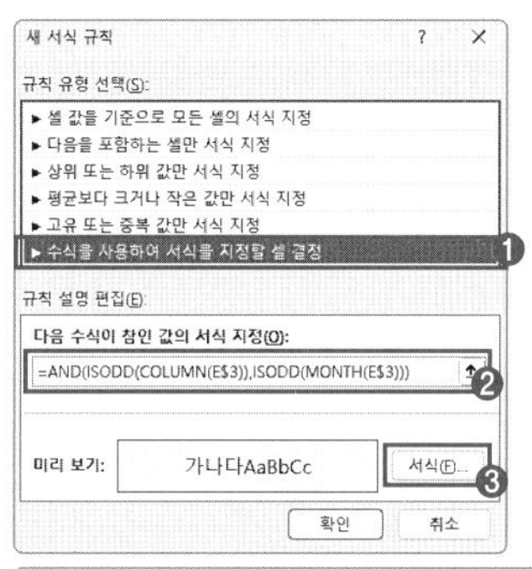

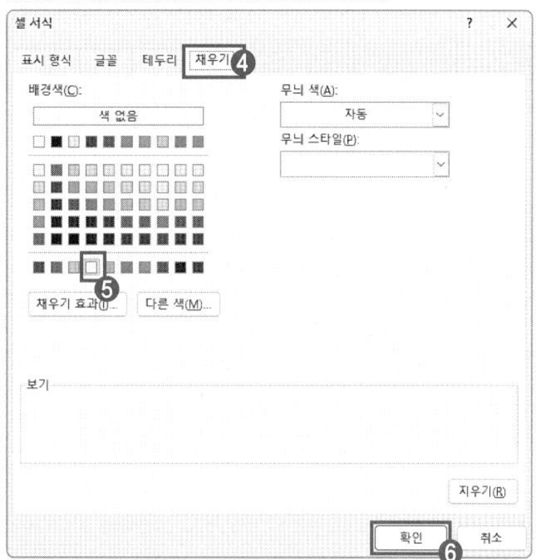

- ISODD(COLUMN(E$3)): [E3] 셀의 열 번호가 홀수이면서
  - 이 문제는 조건부 서식의 조건 검색 방향이 열 방향이다. 즉 열 방향 참조는 상대 참조로 변경해야 한다.(만약 조건 검색 방향이 행 방향이면 행의 참조를 절대 참조로 변경한다.)
- ISODD(MONTH(E$3)): [E3] 셀의 날짜 중 월이 홀수이면

3. '기본 작업-2' 시트 보호와 통합 문서 보기 정답

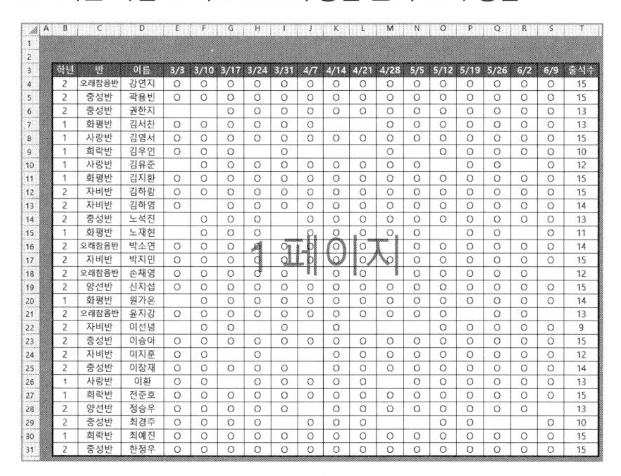

학년	반	이름	3/3	3/10	3/17	3/24	3/31	4/7	4/14	4/21	4/28	5/5	5/12	5/19	5/26	6/2	6/9	출석수
2	오래참음반	강연지	O	O	O	O	O	O	O	O	O	O	O	O	O	O	O	15
2	충성반	곽용빈	O	O	O	O	O	O	O	O	O	O	O	O	O	O	O	15
2	충성반	권한지			O	O	O	O	O	O	O	O	O	O	O	O	O	13
1	화평반	김서찬	O	O	O	O	O	O			O	O	O	O	O	O	O	13
1	사랑반	김영서	O	O	O	O	O	O	O	O	O	O	O	O	O	O	O	15
1	희락반	김우인	O	O	O		O				O		O	O	O	O	O	10
1	사랑반	김유준		O	O	O	O	O	O	O	O	O		O	O		O	12
1	화평반	김지환	O	O	O	O	O	O	O	O	O	O	O	O	O	O	O	15
2	자비반	김하람	O	O	O	O	O	O	O	O	O	O	O	O	O	O	O	15
2	자비반	김하영	O		O	O	O	O	O	O	O	O	O	O	O	O	O	14
2	충성반	노석진		O	O	O		O	O	O	O	O	O	O	O	O	O	13
1	화평반	노재현		O	O	O		O	O	O	O	O		O	O		O	11
2	오래참음반	박소연	O	O	O	O	O	O	O	O		O	O	O	O	O	O	14
2	자비반	박지민	O	O	O	O	O	O	O	O	O	O	O	O	O	O	O	15
2	오래참음반	손채영	O	O	O	O	O		O	O		O	O	O	O	O		12
2	양선반	신지섭	O	O	O	O	O	O	O	O	O	O	O	O	O	O	O	15
1	화평반	원가은		O	O	O	O	O	O	O	O	O	O	O	O	O	O	14
2	오래참음반	윤지강	O	O	O	O	O	O	O	O	O	O	O		O	O		13
2	자비반	이선녕		O	O		O		O				O	O	O	O	O	9
2	충성반	이승아	O	O	O	O	O	O	O	O	O	O	O	O	O	O	O	15
2	자비반	이지훈	O	O		O			O	O	O	O	O	O	O	O	O	12
2	충성반	이창재	O	O	O	O	O		O	O	O	O	O	O	O	O	O	14
1	사랑반	이환	O	O		O	O	O	O	O		O	O	O	O	O	O	13
1	희락반	전준호	O	O	O	O	O	O	O	O	O	O	O	O	O	O	O	15
2	양선반	정승우	O	O	O	O	O		O	O	O	O	O	O	O	O		13
2	충성반	최경주	O	O	O	O		O	O	O			O	O			O	10
1	희락반	최예진	O	O	O	O	O	O	O	O	O	O	O	O	O	O	O	15
2	충성반	한정우	O	O	O	O	O	O	O	O	O	O	O	O	O	O	O	15

① [E4:T31] 범위 선택 → Ctrl + 1 → [셀 서식] 대화 상자 → [보호] 탭 → '잠금', '숨김' 체크 → 확인 을 클릭한다.

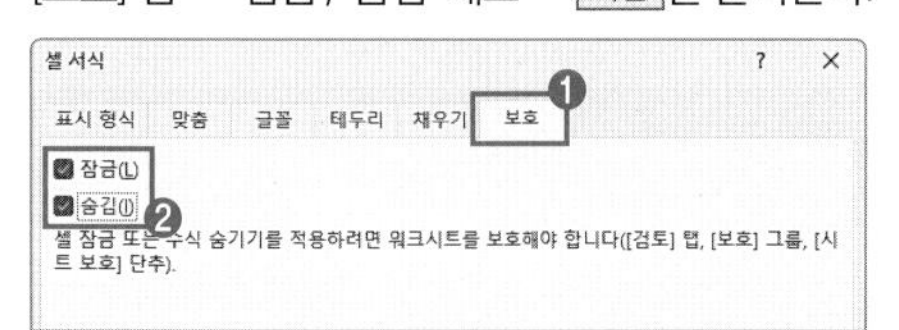

② [검토] → [보호] → [시트 보호]를 선택 → '잠긴 셀 선택', '잠금 해제된 셀 선택'이 체크되었는지 확인 후 확인 을 클릭한다.

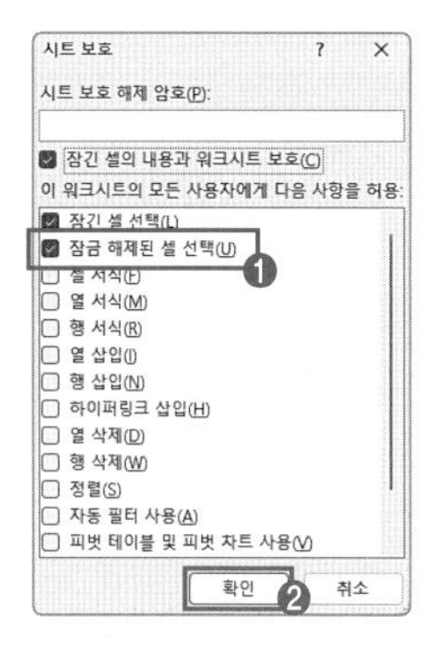

③ [보기] → [통합 문서 보기] → [페이지 나누기 미리 보기] 선택 → [M:N] 열 경계의 페이지 나누기 구분선을 [T] 열까지 드래그한다.

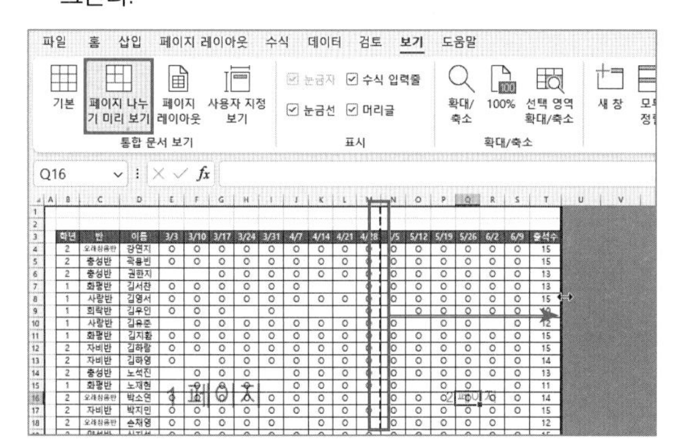

문제 2 계산 작업(30점)

<계산 작업 정답>

[표1]

가입나이	코드	구분-성별	가입금액	가입기간	미납기간	가입상태
24 세	BM	기본형-남자	13,200	5	3	휴면보험
41 세	BW	기본형-여자	22,500	3	0	정상
50 세	SM	추가보장-남자	45,000	15	0	정상
29 세	SW	추가보장-여자	14,200	15	0	정상
42 세	SW	추가보장-여자	28,400	5	1	1개월 미납
7 세	SW	추가보장-여자	13,000	10	0	정상
45 세	SM	추가보장-남자	24,000	14	1	1개월 미납
16 세	SW	추가보장-여자	12,900	5	1	1개월 미납
16 세	BM	기본형-남자	12,800	6	1	1개월 미납
51 세	BM	기본형-남자	33,000	8	0	정상
46 세	BM	기본형-남자	19,800	8	2	2개월 미납
22 세	BM	기본형-남자	13,200	21	0	정상
6 세	BM	기본형-남자	12,800	7	0	정상
22 세	BW	기본형-여자	13,500	21	2	2개월 미납
21 세	SM	추가보장-남자	13,700	20	0	정상
13 세	SW	추가보장-여자	12,900	8	0	정상
29 세	BM	기본형-남자	13,200	24	0	정상
61 세	BW	기본형-여자	32,200	23	1	1개월 미납
12 세	BW	기본형-여자	12,600	20	2	2개월 미납
64 세	SW	추가보장-여자	43,900	7	0	정상
29 세	BM	기본형-남자	13,200	17	2	2개월 미납
17 세	BW	기본형-여자	12,600	21	2	2개월 미납
29 세	SM	추가보장-남자	13,700	2	2	해지예상
26 세	SM	추가보장-남자	13,700	4	1	1개월 미납
59 세	SM	추가보장-남자	45,000	2	1	1개월 미납
43 세	BW	기본형-여자	22,500	5	2	2개월 미납
53 세	SM	추가보장-남자	45,000	21	2	2개월 미납
29 세	SW	추가보장-여자	14,200	18	1	1개월 미납

[표2]

코드	구분	성별
BM	기본형	남자
SM	추가보장	남자
BW	기본형	여자
SW	추가보장	여자

[표3] 코드별 가입나이별 가입금액

	0세 이상	10세 이상	20세 이상	30세 이상	40세 이상	50세 이상	60세 이상	70세 이상
	10세 미만	20세 미만	30세 미만	40세 미만	50세 미만	60세 미만	70세 미만	
BM	12,800	12,800	13,200	14,800	19,800	33,000	58,300	89,500
SM	13,100	13,100	13,700	16,100	24,000	45,000	85,500	134,800
BW	12,700	12,600	13,500	16,700	22,500	26,500	32,200	43,100
SW	13,000	12,900	14,200	19,100	28,400	34,900	43,900	60,700

[표4] 나이대별 가입자수

나이		가입자수
1세 ~	10세	03명
11세 ~	20세	06명
21세 ~	30세	12명
31세 ~	40세	미가입
41세 ~	50세	07명
51세 ~	60세	05명
61세 ~	70세	03명

[표5] 코드별 나이별 평균 가입기간

코드	0세 이상	20세 이상	30세 이상	40세 이상	60세 이상
	20세 미만	30세 미만	40세 미만	60세 미만	80세 미만
BM	7.33	16.75		8.00	
BW	20.50	21.00		5.00	23.00
SM	9.00	8.67		13.00	
SW	7.67	16.50		12.33	13.50

1. 정답

[D4] 셀 선택 → **=CONCAT(VLOOKUP(C4,$K$5:$M$8,2,FALSE),"-",VLOOKUP(C4,$K$5:$M$8,3,FALSE))** 입력 → [D39] 셀까지 수식을 복사한다.

① VLOOKUP(C4,$K$5:$M$8,2,FALSE)
- [C4] 셀의 값을 [표2]의 [K5:K8] 범위에서 찾아 두 번째 열에 있는 '구분'을 가져온다.
- 정확하게 일치하는 값을 찾기 위해 Range_lookup 인수에 FALSE를 입력한다.

- FALSE 대신 0을 입력해도 된다.

② VLOOKUP(C4,$K$5:$M$8,3,FALSE)
- [C4] 셀의 값을 [표2]의 [K5:K8] 범위에서 찾아 세 번째 열에 있는 '성별'을 가져온다.
- 정확하게 일치하는 값을 찾기 위해 Range_lookup 인수에 FALSE를 입력한다.

③ CONCAT(VLOOKUP(C4,$K$5:$M$8,2,FALSE),"-",VLOOKUP(C4,$K$5:$M$8,3,FALSE))
- '구분', '-', '성별'을 연결한다.

2. 정답

[E4] 셀 선택 → **=INDEX($L$13:$S$16,MATCH(C4,$K$13:$K$16,0),MATCH(B4,$L$11:$S$11,1))** 입력 → [E39] 셀까지 수식을 복사한다.

① MATCH(C4,$K$13:$K$16,0)
- [C4] 셀 값을 [K13:K16] 범위에서 찾아 상대 위치 값을 출력한다. → 결과: 1
- Match_type 인수에 0을 입력하여 정확한 값을 찾는다.

② MATCH(B4,$L$11:$S$11,1)
- [B4] 셀 값을 [L11:S11] 범위에서 찾아 상대 위치 값을 출력한다. → 결과: 3
- 찾을 값의 범위가 오름차순 정렬되어 있으므로 Match_type 인수에 1을 입력한다.

③ =INDEX($L$13:$S$16,1,3)
- [L13:S16] 범위에서 1행, 3열 값을 가져온다. → 결과: 13,200

3. 정답

[M21:M27] 범위 선택 → **=TEXT(FREQUENCY($B$4:$B$39,$L$21:$L$26),"[>0]00명;미가입")** 입력 → Enter를 누른다.

① FREQUENCY($B$4:$B$39,$L$21:$L$26)
- [B4:B39] 범위에서 [L21:L27] 범위의 구간 값에 대한 빈도수를 출력한다.
- FREQUENCY 함수는 결과 범위를 미리 선택하고 함수식을 입력해야 한다.
- Bins_array 범위

구간	범위
10	0~10
20	11~20
30	21~30
40	31~40
50	41~50

② =TEXT(3,"[>0]00명;미가입")
- 구간 값의 빈도수가 양수이면 00명 형태로 출력하고, 0 이하이면 '미가입'을 출력한다.

4. 정답

[P22] 셀 선택 → **=IFERROR(AVERAGE(IF(($C$4:$C$39=$O22)*($B$4:$B$39>=P$20)*($B$4:$B$39<P$21),$F$4:$F$39)),"")** 입력 → [T25] 셀까지 수식을 복사한다.

① IF(($C$4:$C$39=$O22)*($B$4:$B$39>=P$20)*($B$4:$B$39<P$21),$F$4:$F$39))

② ($C$4:$C$39=$O22)*: [C4:C39] 범위의 값이 [O22] 셀의 '코드'와 같으면서
- [O22]의 '코드'는 열 방향으로 수식을 복사할 때 참조 주소가 변하면 안 되므로 열에 절대 참조를 설정한다.

③ ($B$4:$B$39>=P$20)*: [B4:B39] 범위의 값이 [P22] 셀의 '나이' 이상이면서
- [P22]의 '나이'는 행 방향으로 수식을 복사할 때 참조 주소가 변하면 안 되므로 행에 절대 참조를 설정한다.

④ ($B$4:$B$39<P$21): [B4:B39] 범위의 값이 [P21] 셀의 '나이' 미만이면
- [P21] 셀의 '나이'는 행 방향으로 수식을 복사할 때 참조 주소가 변하면 안 되므로 행에 절대 참조를 설정한다.

5. 정답

① Alt + F11 → Microsoft Visual Basic for Application → 프로젝트 탐색기 빈 곳에서 마우스 오른쪽 클릭 → [삽입] → [모듈]을 선택한다.

② 코드 편집 창에 다음과 같이 코드를 입력한다.

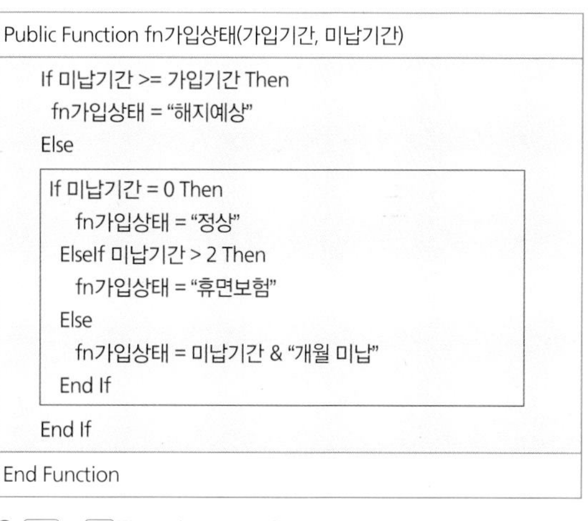

```
Public Function fn가입상태(가입기간, 미납기간)
    If 미납기간 >= 가입기간 Then
      fn가입상태 = "해지예상"
    Else
      If 미납기간 = 0 Then
         fn가입상태 = "정상"
      ElseIf 미납기간 > 2 Then
         fn가입상태 = "휴면보험"
      Else
         fn가입상태 = 미납기간 & "개월 미납"
      End If
    End If
End Function
```

③ Alt + Q를 눌러 Microsoft Visual Basic for Application을 종료한다.

④ [H4] 셀 → **=fn가입상태(F4,G4)** 입력 → [H39] 셀까지 수식을 복사한다.

문제 3 분석 작업(20점)

1. '분석 작업-1' 피벗 테이블 보고서 정답

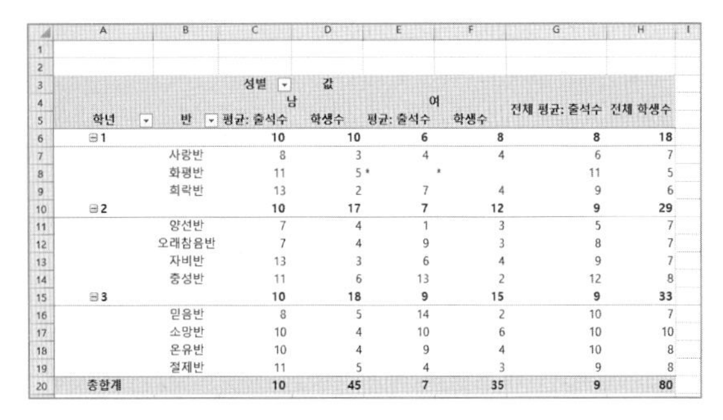

학년	반	남 평균: 출석수	남 학생수	여 평균: 출석수	여 학생수	전체 평균: 출석수	전체 학생수
⊟1		10	10	6	8	8	18
	사랑반	8	3	4	4	6	7
	화평반	11	5 *	*		11	5
	희락반	13	2	7	4	9	6
⊟2		10	17	7	12	9	29
	양선반	7	4	1	3	5	7
	오래참음반	7	4	9	3	8	7
	자비반	13	3	6	4	9	7
	충성반	11	6	13	2	12	8
⊟3		10	18	9	15	9	33
	믿음반	8	5	14	2	10	7
	소망반	10	4	10	6	10	10
	온유반	10	4	9	4	10	8
	절제반	11	5	4	3	9	8
총합계		10	45	7	35	9	80

① [A3] 셀 선택 → [삽입] → [표] → [피벗 테이블]을 선택한다.

② [피벗 테이블 만들기] 대화 상자 → 연결 선택 → [기존 연결] 대화 상자 → 더 찾아보기를 클릭한다.

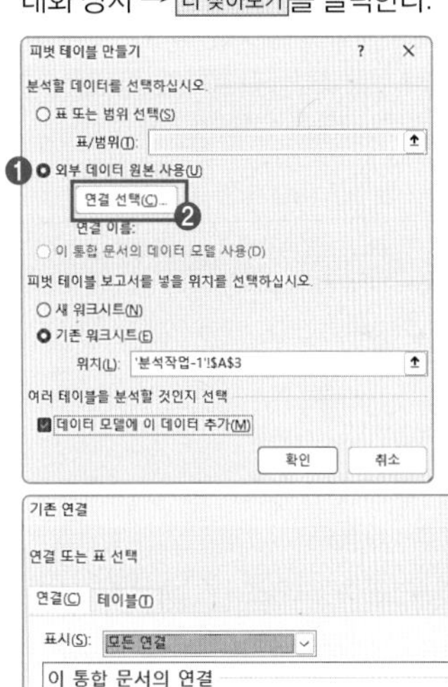

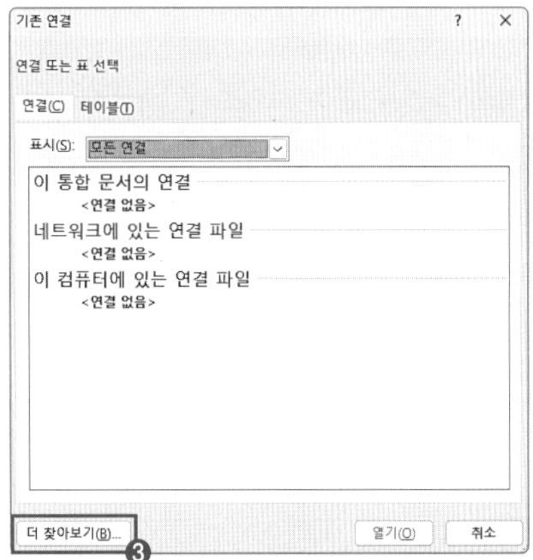

③ [데이터 원본 선택] 대화 상자에서 'C:₩엑셀실습파일₩기출_샘플A형₩출석부관리.csv'를 선택 → 열기를 클릭한다.

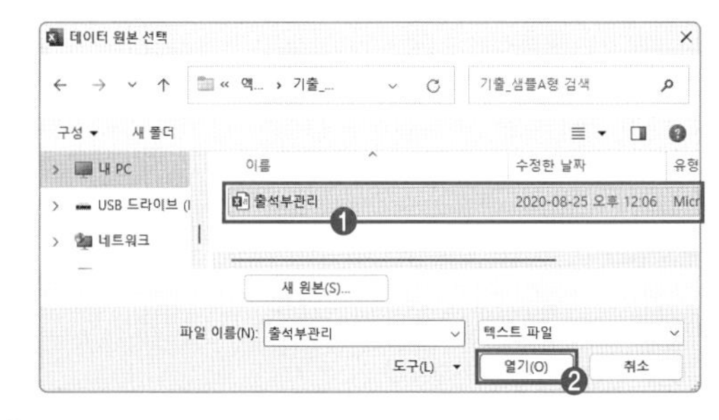

④ [텍스트 마법사 – 3단계 중 1단계] → '구분 기호로 분리됨' 선택 → '내 데이터에 머리글 표시' 체크 → 다음을 클릭한다.

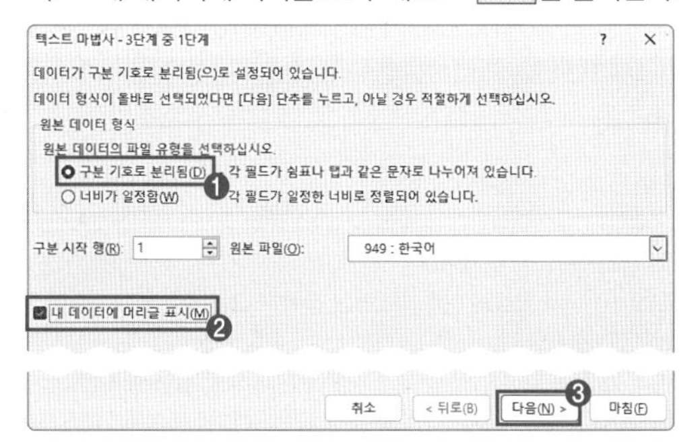

⑤ [텍스트 마법사 – 3단계 중 2단계] → 구분 기호는 '쉼표' 체크 → 다음을 클릭한다.

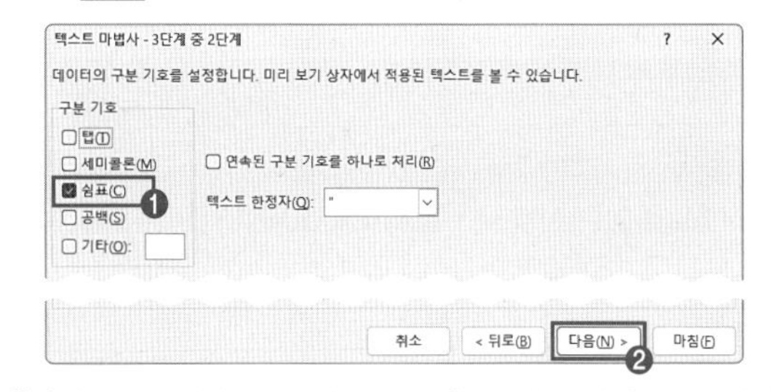

⑥ [텍스트 마법사 – 3단계 중 3단계] → '번호' 선택 → '열 가져오지 않음' 선택 → '3월' 선택 → Shift → '6월' 선택 → '열 가져오지 않음(건너뜀)'을 선택 → 마침을 클릭한다.

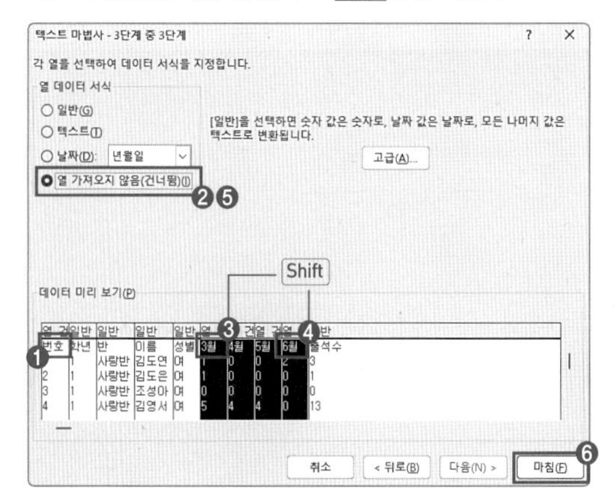

⑦ [외부 원본의 피벗 테이블] 대화 상자 → '데이터 모델에 이 데이터 추가' 체크 → 확인을 클릭한다.

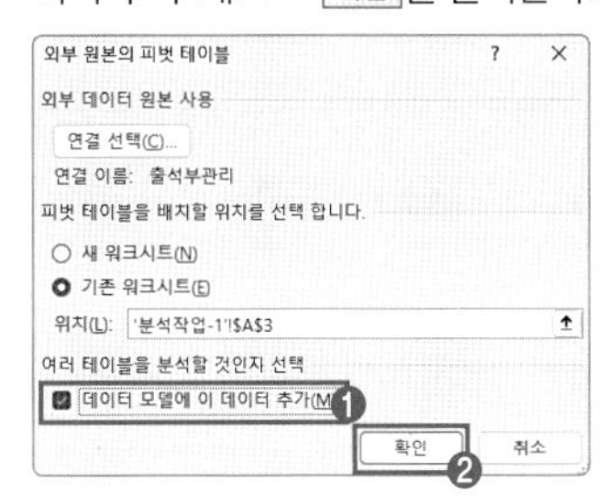

⑧ [피벗 테이블 필드] 창 → 행 영역에 '학년', '반' 추가 → 열 영역에 '성별' 추가 → 값 영역에 '출석수', '이름' 추가 → [디자인] → [레이아웃] → [보고서 레이아웃] → [개요 형식으로 표시]를 선택한다.

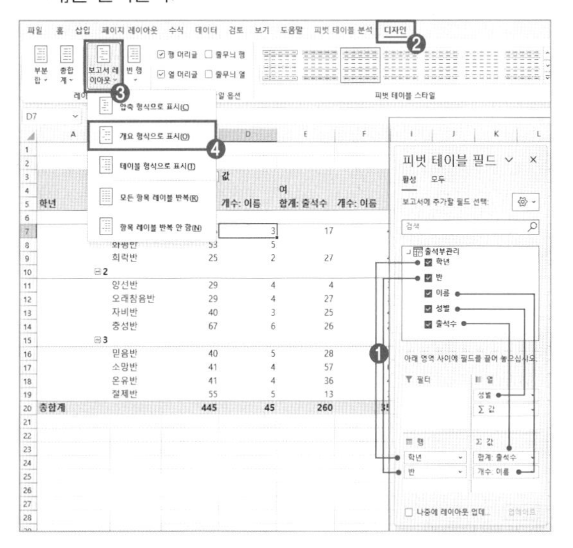

⑨ [피벗 테이블 필드] 창의 값 영역에서 '합계: 출석수' 선택 → [값 필드 설정] → [값 필드 설정] 대화 상자 → 값 필드 요약 기준에서 '평균'을 선택 → 표시 형식을 클릭한다.

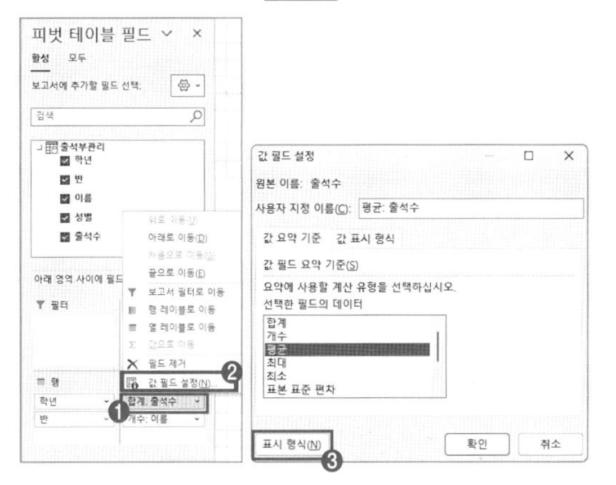

⑩ [셀 서식] 대화 상자 → '숫자' 범주 선택 → 소수 자릿수는 **0** → 확인 → 확인을 클릭한다.

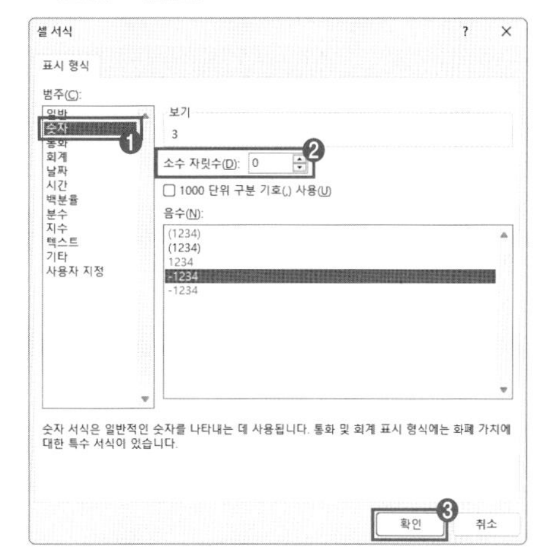

⑪ '개수: 이름' 선택 → [값 필드 설정] 대화 상자 → 사용자 지정 이름을 **학생수**로 수정해서 입력 → 확인을 클릭한다.

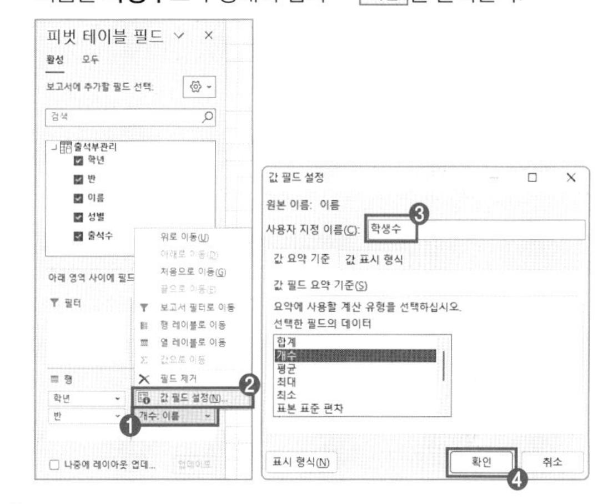

⑫ 피벗 테이블에서 임의의 셀 선택 → 마우스 오른쪽 클릭 → [피벗 테이블 옵션] → [피벗 테이블 옵션] 대화 상자 → [레이아웃 및 서식] 탭 → '레이블이 있는 셀 병합 및 가운데 맞춤' 체크 → 빈 셀 표시 입력 창에 *를 입력 → 확인을 클릭한다.

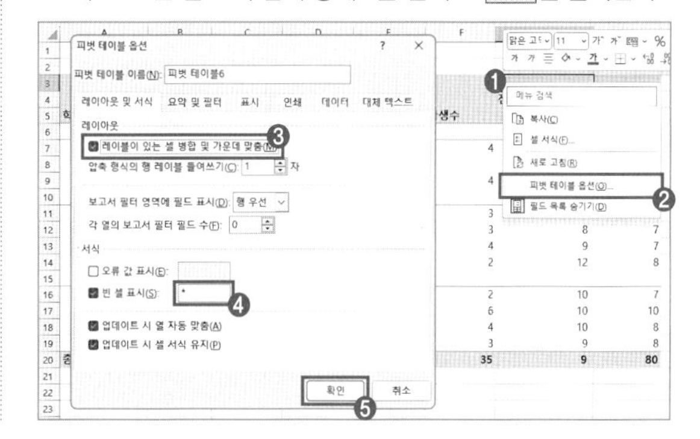

2. '분석 작업-2' 정답

	C	D	E	F	G	H
1	[표1]					
2	반	성명	성별	생년월일	연락처	출석일수
3	믿음반	김종헌	남	2007-05-21	010-73**-****	13
4	믿음반	김종헌	남	2007-08-10	010-73**-****	12
5	믿음반	김주형	남	2007-06-29	010-42**-****	15
6	믿음반	박건우	남	2007-02-24	010-47**-****	14
7	믿음반	박연우	남	2007-09-11	010-82**-****	13
8	믿음반	전지호	남	2007-09-21	010-53**-****	15
9		6	남 개수			
10	믿음반	김서영	여	2007-02-08	010-88**-****	15
11	믿음반	송예린	여	2007-03-02		15
12		2	여 개수			
13	믿음반 평균					14
14	소망반	박진우	남	2007-02-03	010-71**-****	10
15	소망반	임형빈	남	2007-01-03	010-99**-****	12
16	소망반	장시훈	남	2007-12-07	010-46**-****	15
17		3	남 개수			
18	소망반	오정은	여	2007-04-17	010-40**-****	15
19	소망반	유연서	여	2007-12-10	010-52**-****	13
20	소망반	윤서연	여	2007-02-08		15
21	소망반	이수린	여	2007-08-09	010-27**-****	14
22	소망반	이유진	여	2007-09-16	010-44**-****	13
23	소망반	최경은	여	2007-04-30	010-32**-****	15
24		6	여 개수			
25	소망반 평균					13.55555556
26	온유반	김주한	남	2007-12-24	010-93**-****	9
27	온유반	박준영	남	2007-10-10	010-71**-****	15
28	온유반	차숙원	남	2007-08-27	010-62**-****	14
29		3	남 개수			
30	온유반	권지인	여	2007-01-02	010-84**-****	14
31	온유반	김시연	여	2007-09-06	010-36**-****	12
32	온유반	박지원	여	2007-09-09	010-47**-****	15
33	온유반	이지선	여	2007-06-18		15
34		4	여 개수			
35	온유반 평균					13.42857143
36		24	전체 개수			
37	전체 평균					13.66666667

① [표1]에서 임의의 셀 선택 → [데이터] → [데이터 도구] → [중복된 항목 제거]를 선택한다.

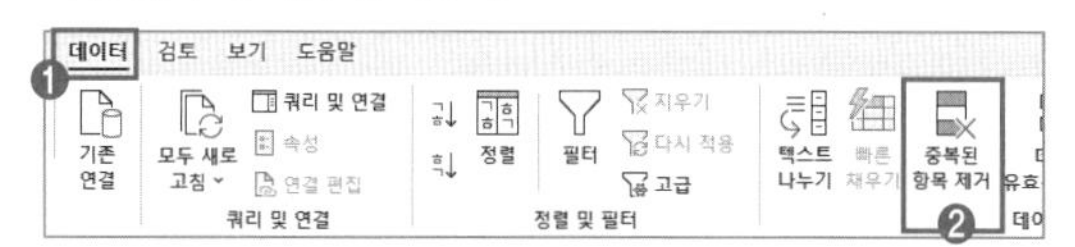

② [중복 값 제거] 대화 상자 → 모두 선택 취소 → '성명', '성별', '생년월일' 체크 → 확인 → 메시지 박스 → 확인 을 클릭한다.

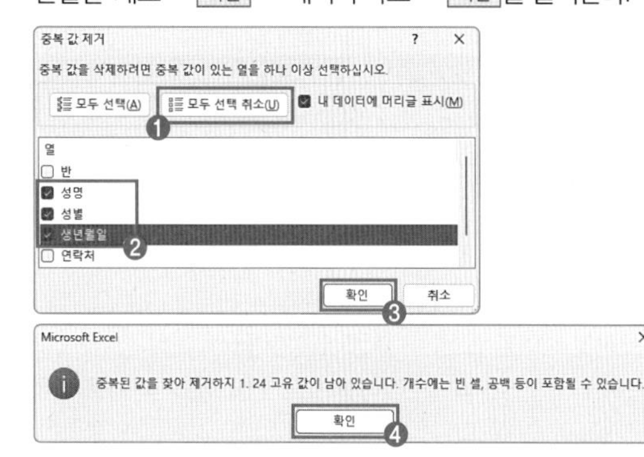

③ [표1]에서 임의의 셀 선택 → [데이터] → [정렬 및 필터] → [정렬] → [정렬] 대화 상자 → 정렬 기준 '반', '오름차순' → 기준 추가 → 다음 기준 '성별', '오름차순' 선택 → 확인 을 클릭한다.

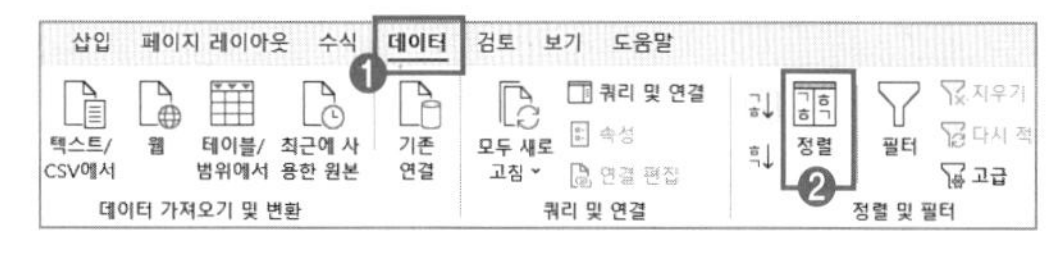

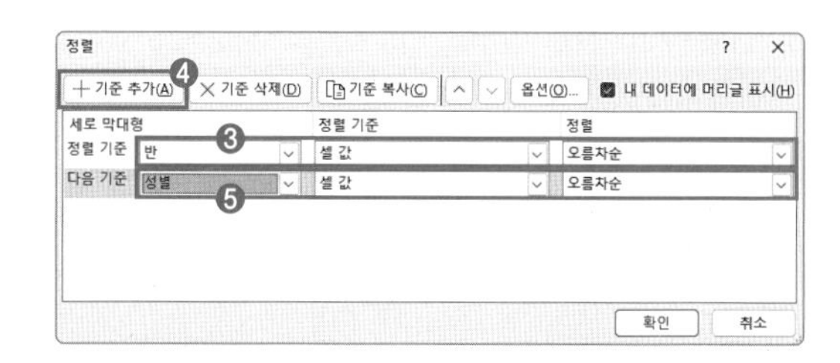

④ [표1]에서 임의의 셀 선택 → [데이터] → [개요] → [부분합] → [부분합] 대화 상자 → 그룹화할 항목 '반' → 사용할 함수 '평균' → 부분합 계산 항목 '출석일수' 체크 → 확인 을 클릭한다.

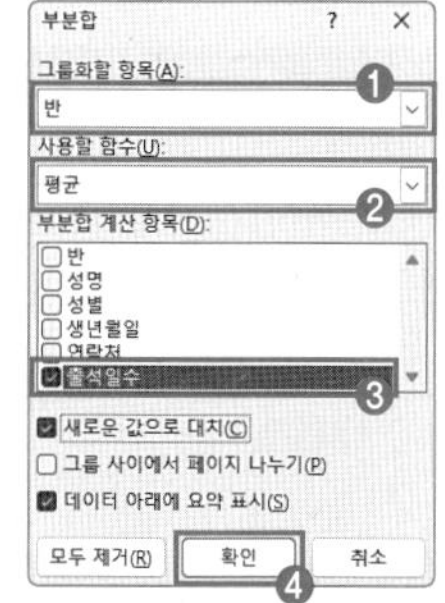

⑤ 다시 [부분합] → [부분합] 대화 상자 → 그룹화할 항목 '성별' → 사용할 함수 '개수' → 부분합 계산 항목 '출석일수' 체크 해제 → '성명' 체크 → '새로운 값으로 대치' 체크 → 확인 을 클릭한다.

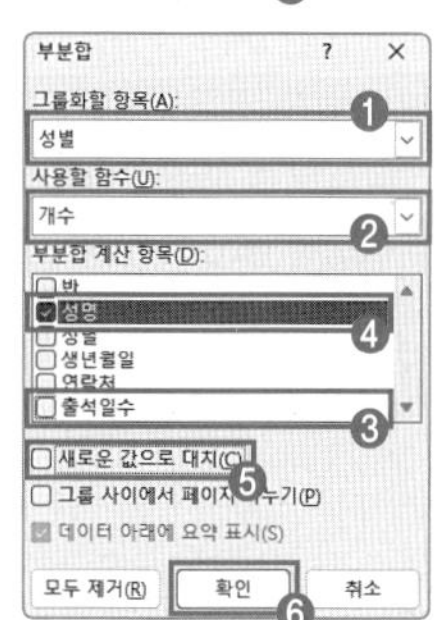

문제 4 기타 작업(35점)

1. '기타 작업-1' 차트 정답

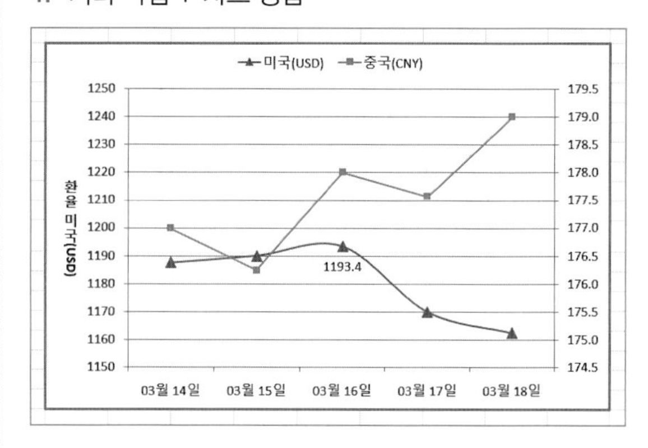

① 그림 영역에서 마우스 오른쪽 클릭 → [데이터 선택] → [데이

터 원본 선택] 대화 상자 → 범례 항목(계열)에서 [추가]를 클릭한다.

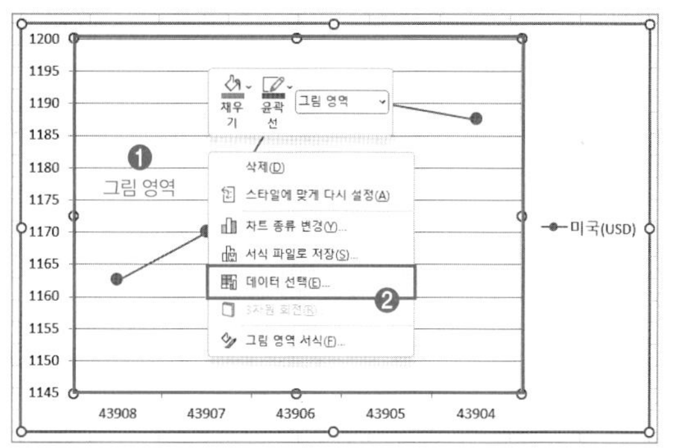

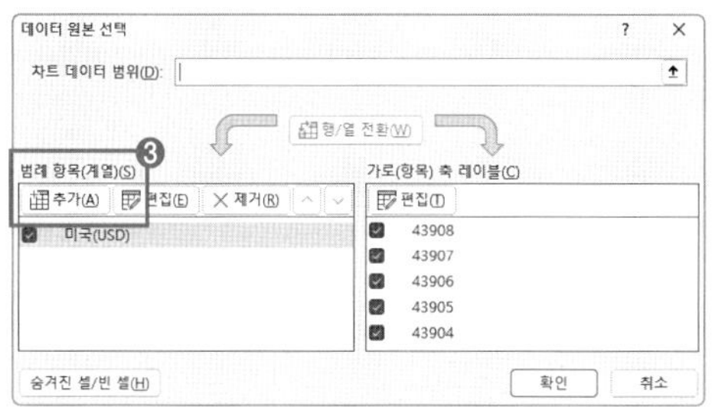

② [계열 편집] 대화 상자 → 계열 이름은 **중국(CNY)** 입력 → 계열 값은 [C17:C21] 범위 선택 → [확인] → [데이터 원본 선택] 대화 상자 → 가로 (항목) 축 레이블에서 [편집]을 클릭한다.

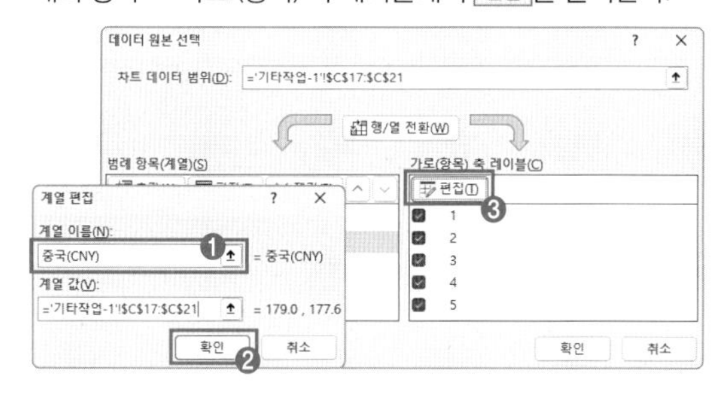

③ [축 레이블] 대화 상자 → 축 레이블 범위는 [B17:B21] 범위 선택 → [확인] → [데이터 원본 선택] 대화 상자 → [확인]을 클릭한다.

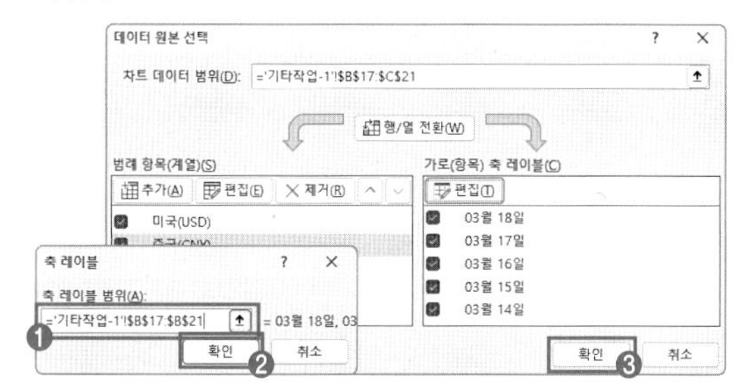

④ 차트 계열 중 하나를 선택 → 마우스 오른쪽 클릭 → [계열 차트 종류 변경] → [차트 종류 변경] 대화 상자 → 중국(CNY) 계열에서 '보조 축' 체크 → [확인]을 클릭한다.

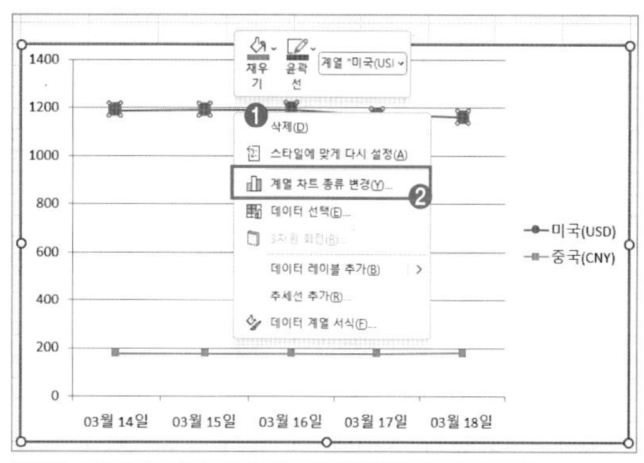

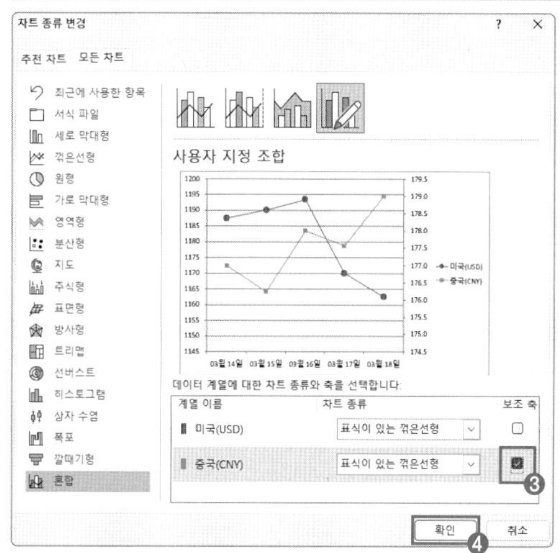

⑤ 차트 영역 선택 → [차트 요소 [+]] → '축 제목 ▶' → '기본 세로'를 체크한다.

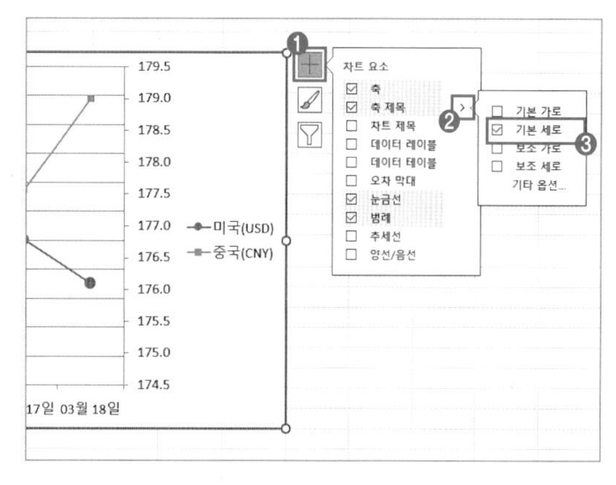

⑥ '세로 (값) 축' 제목 선택 → 수식 입력줄에서 =을 입력 → [B2] 셀 선택 → [Enter]를 누른다.

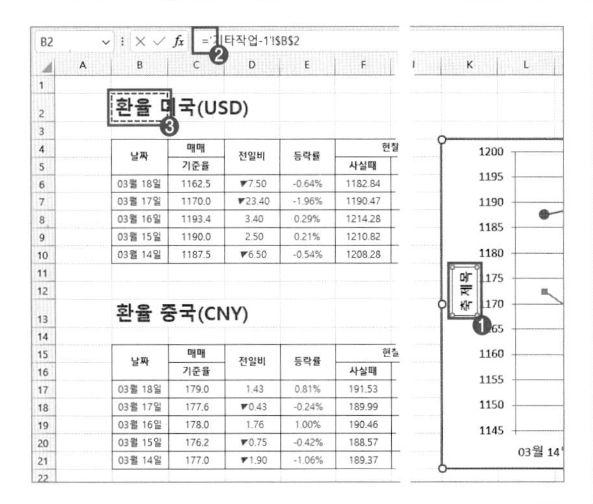

⑦ '축 제목' 더블클릭 → [축 제목 서식] 창 → '크기 및 속성 ' → '맞춤' → 텍스트 방향을 '세로'를 선택한다.

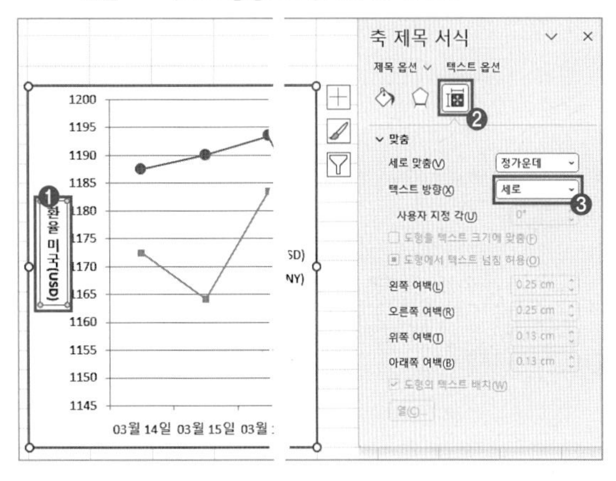

⑧ 기본 세로 축 선택 → [축 서식] 창 → '축 옵션 ' → 경계 최솟값 1150, 최댓값 1250, 기본 10을 입력한다.

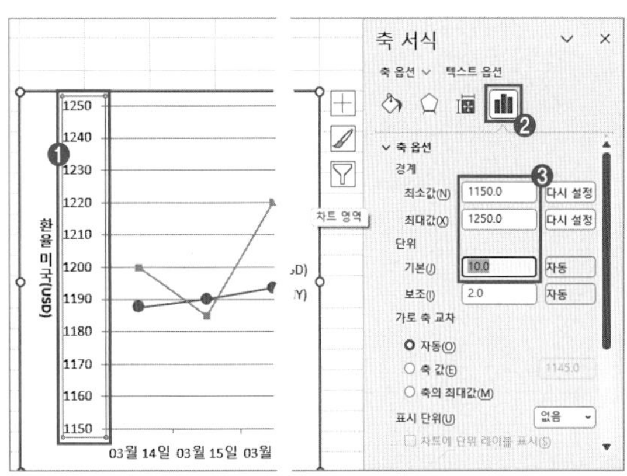

⑨ 범례 선택 → [범례 서식] 창 → '축 옵션 ' → 범례 위치는 '위쪽'을 선택한다.

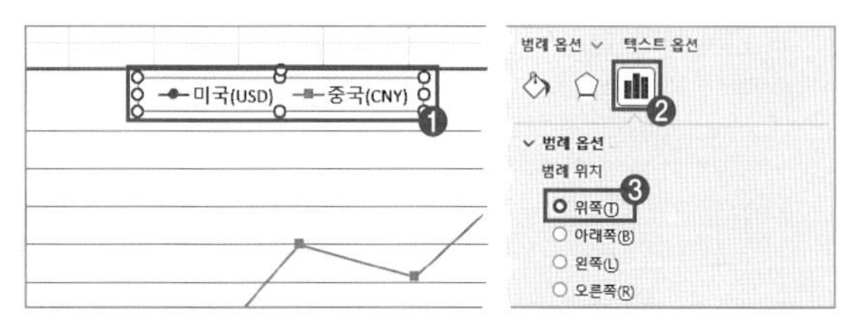

⑩ 미국(USD) 계열 선택 → [데이터 계열 서식] 창 → '채우기 및 선 ' → '선' → '완만한 선'을 체크한다.

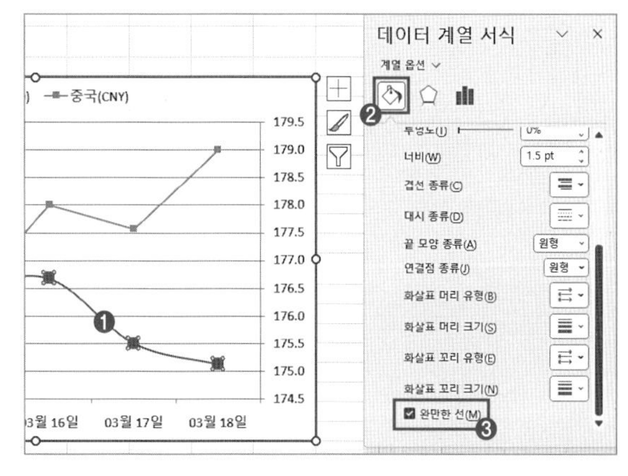

⑪ [데이터 계열 서식] 창 → '표식' → 표식 옵션에서 '기본 제공' 선택 → 형식을 '▲'으로 선택한다.

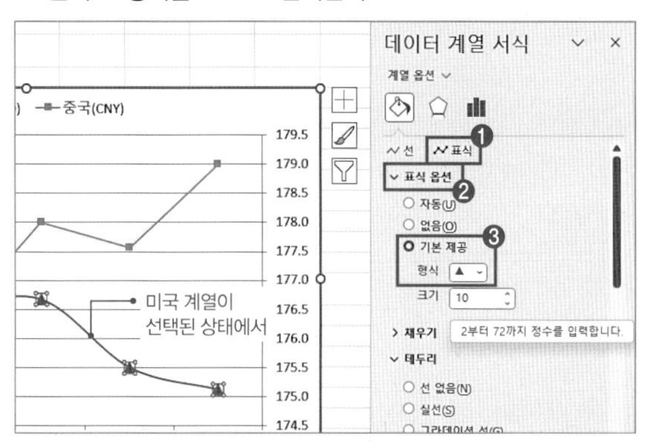

⑫ 미국(USD) 계열 선택 → 시차를 두고 '03월 16일' 표식 선택 → 마우스 오른쪽 클릭 → [데이터 레이블 추가]를 선택한다.

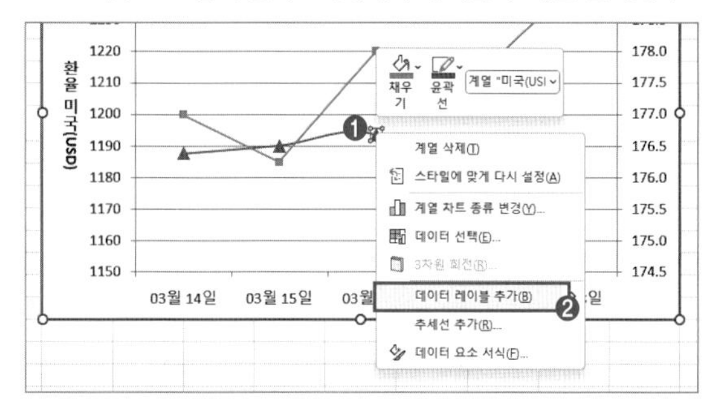

⑬ 레이블 선택 → [데이터 레이블 서식] 창 → '레이블 옵션 [아이콘]' → 레이블 위치는 '아래쪽'을 선택한다.

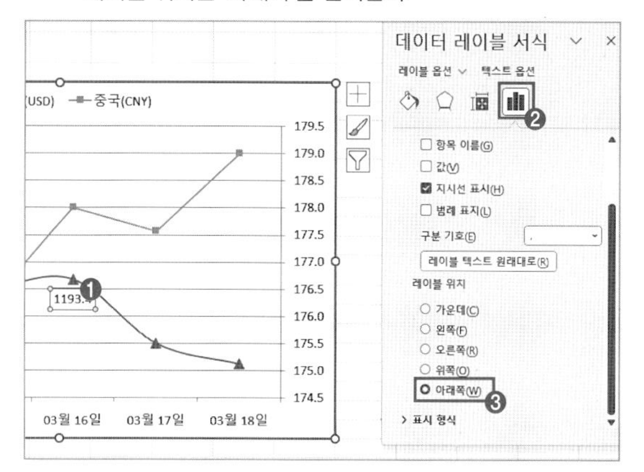

2. '기타 작업-2' 매크로 정답

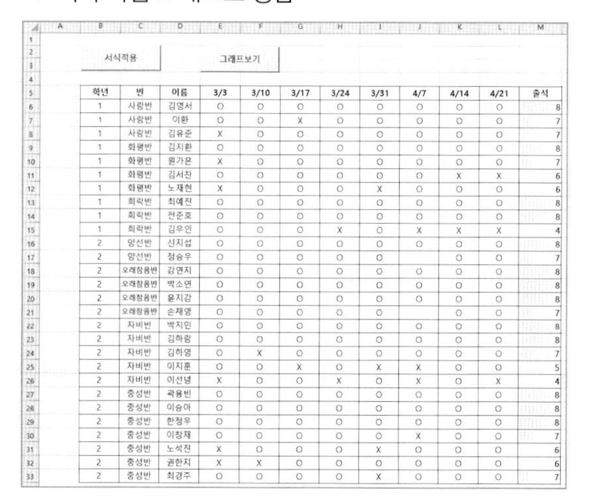

① 서식적용 매크로

1) [개발 도구] → [코드] → [매크로 기록]을 선택한다.

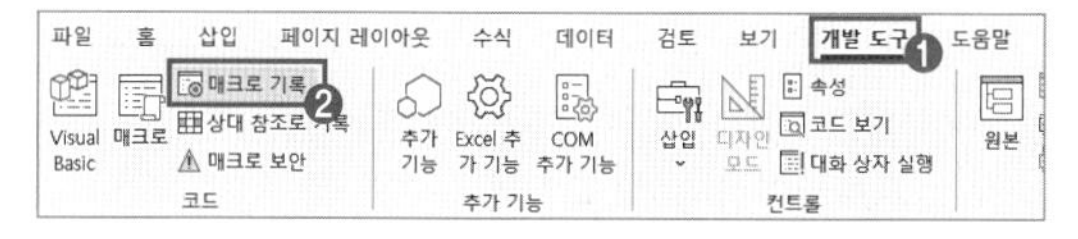

2) [매크로 기록] 대화 상자 → 매크로 이름은 **서식적용** 입력 → 확인 → [E6:L33] 범위 선택 → Ctrl + 1 → [셀 서식] 대화 상자 → '사용자 지정' 범주 선택 → 형식 입력 창에 **[=1]"O";[=0]"X"** 입력 → 확인 을 클릭한다.

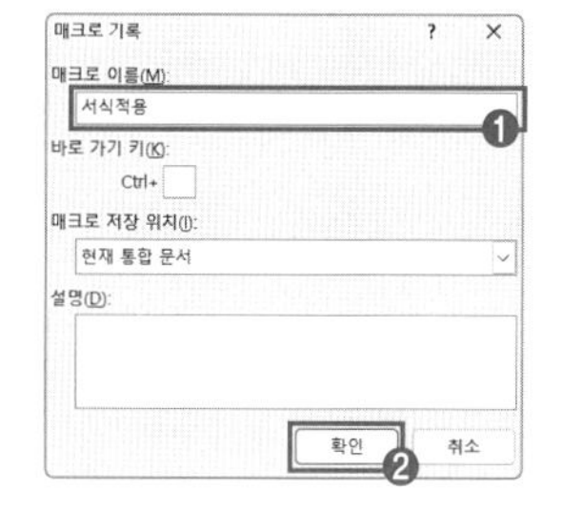

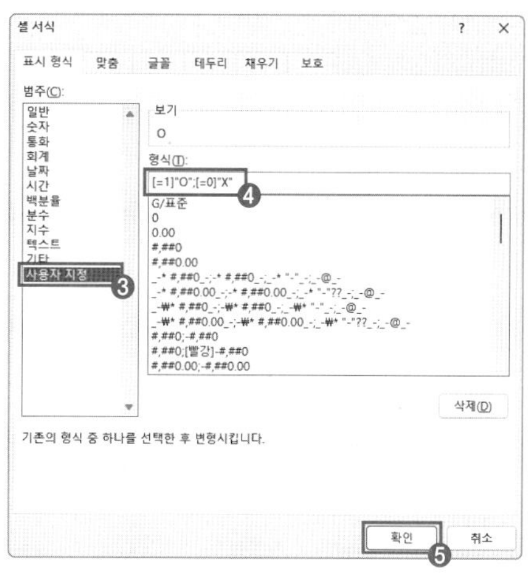

3) [개발 도구] → [코드] → [기록 중지]를 선택한다.

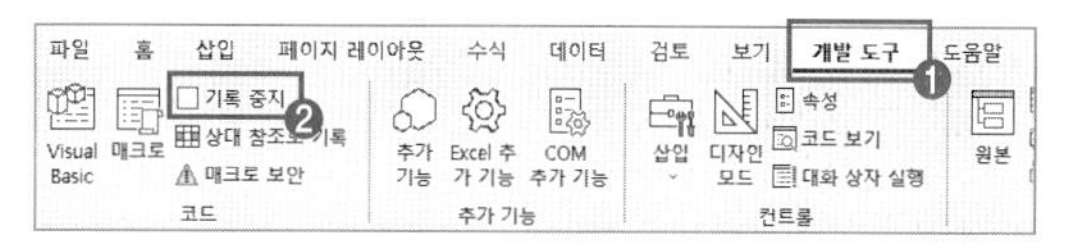

4) [개발 도구] → [컨트롤] → [삽입] → [단추(양식 컨트롤) [아이콘]] 선택 → [B2:C3] 범위에 Alt 를 누른 채 드래그해 삽입 → [매크로 지정] 대화 상자 → '서식적용' 선택 → 확인 을 클릭해 '서식적용' 매크로를 단추에 연결한다.

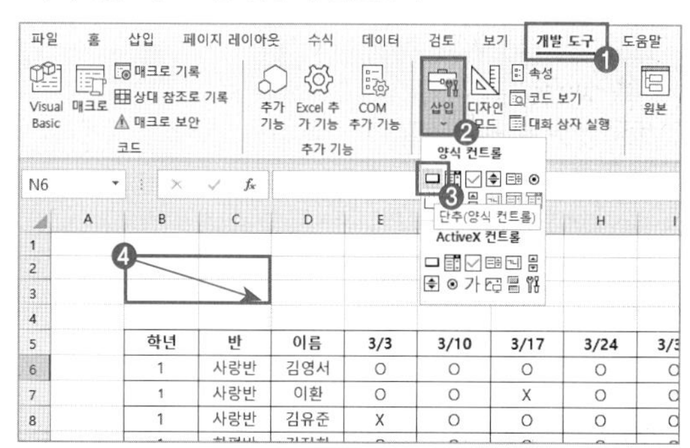

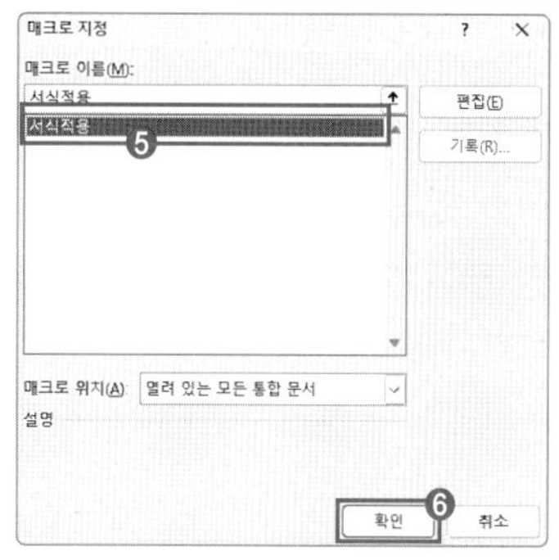

5) 삽입한 단추를 선택 → **서식적용**을 입력한다.

② 그래프보기 매크로

1) [개발 도구] → [코드] → [매크로 기록] → [매크로 기록] 대화 상자 → 매크로 이름은 **그래프보기** 입력 → 확인 을 클릭한다.

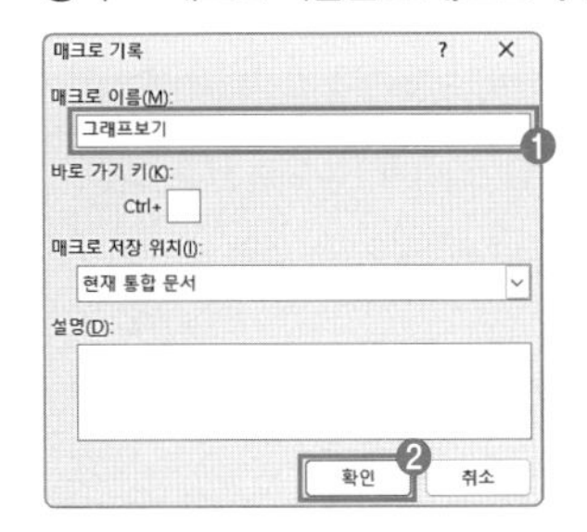

2) [M6:M33] 범위 선택 → [홈] → [스타일] → [조건부 서식] → [새 규칙]을 선택한다.

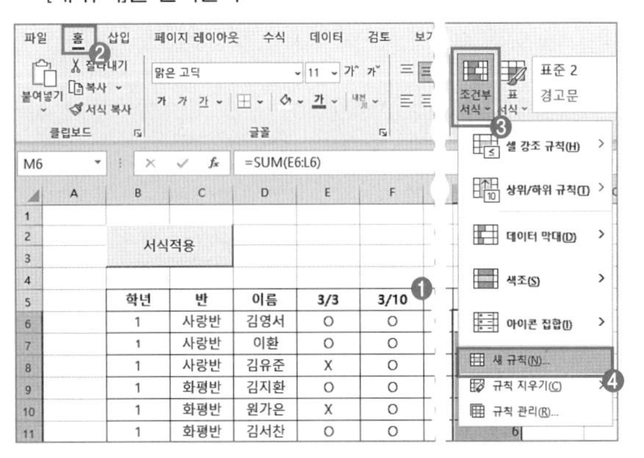

3) [새 서식 규칙] 대화 상자 → '셀 값을 기준으로 모든 셀의 서식 지정' 선택 → 서식 스타일은 '데이터 막대' → 최솟값 종류는 '백분율', 값은 **20** 입력 → 최댓값 종류는 '백분율', 값은 **80** 입력 → 막대 모양 채우기는 '그라데이션 채우기' → 색은 표준 색 '노랑' → 확인 을 클릭한다.

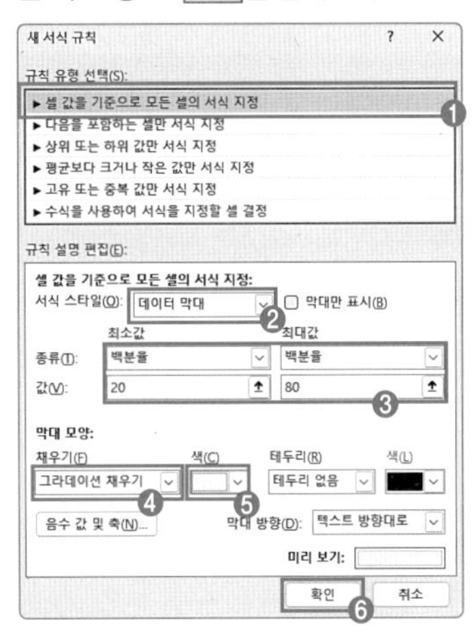

4) [개발 도구] → [코드] → [기록 중지]를 선택한다.

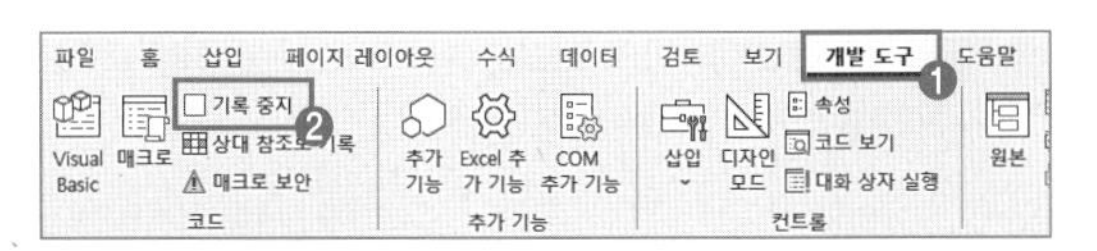

5) [개발 도구] → [컨트롤] → [삽입] → [양식 컨트롤] → [단추(양식 컨트롤)] 선택 → [E2:F3] 범위에 Alt 를 누른 채 드래그해 삽입 → [매크로 지정] 대화 상자 → '그래프보기' 선택 → 확인 을 클릭한다.

6) 삽입한 단추를 선택 → **그래프보기**를 입력한다.

3. '기타 작업-3' 프로시저 정답

① 정답

1) [개발 도구] → [컨트롤] → [디자인 모드] 선택 → '팡팡요금관리' 단추를 더블클릭한다.

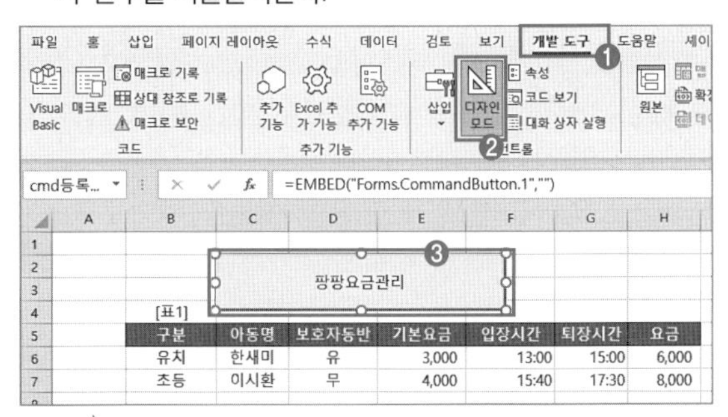

2) Microsoft Visual Basic for Application → 코드 편집 창에 **팡팡요금관리.Show**를 입력한다.

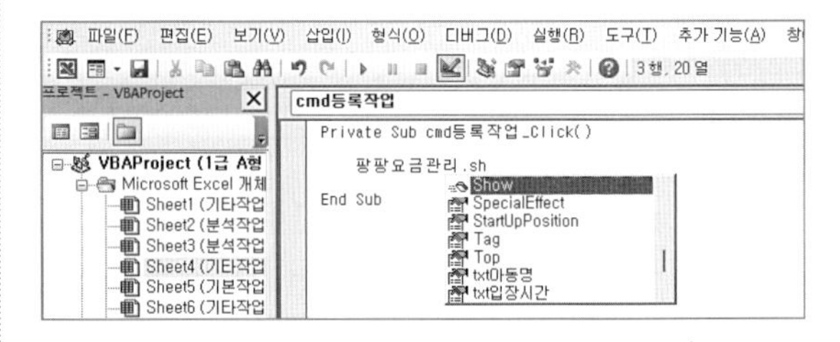

3) 프로젝트 탐색기 → '팡팡요금관리' 폼 더블클릭 → 개체가 없는 빈 폼 바탕을 더블클릭한다.

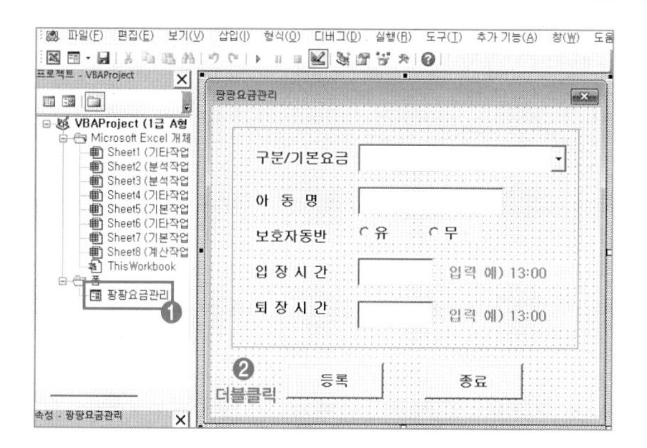

4) 프로시저는 'Initialize' 선택 → Initialize 코드 외 불필요한 코드는 삭제한다.

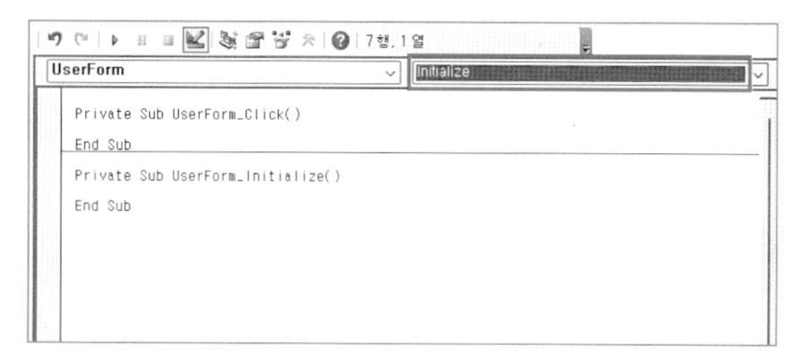

5) 코드 편집 창에 다음과 같이 코드를 입력한다.

```
cmb구분.RowSource = "M6:N8"
Opt유.Value = True
```

② 정답

1) 프로젝트 탐색기 → '팡팡요금관리' 폼 더블클릭 → 'cmd등록' 컨트롤을 더블클릭한다.
2) Private Sub cmd등록_Click() 프로시저 블록 안에 다음과 같이 코드를 입력한다.

```
Private Sub cmd등록_Click()
❶ 행 = [B4].Row + [B4].CurrentRegion.Rows.Count
❷ Cells(행, 2) = cmb구분.List(cmb구분.ListIndex, 0)
❸ Cells(행, 3) = txt아동명.Value
```

❶ [B4] 셀의 행의 값(4) + [B4] 셀을 기준으로 값이 입력된 행의 개수를 계산
❷ 'cmb구분' 콤보 상자에서 선택한 첫 번째 열의 값을 입력 행의 2열([B] 열)에 입력한다.
- List(행, 열)
- cmb구분.ListIndex: 'cmb구분' 목록에서 선택한 값(List, ListIndex의 첫 번째 값은 0이다.)
❸ 'txt아동명'에 입력된 문자열을 입력 행의 3번째 열([C] 열)에 입력한다.

```
If Opt유.Value Then
  Cells(행, 4) = "유"
Else
  Cells(행, 4) = "무"
End If
```

'Opt유' 옵션 단추가 선택되면 입력 행의 4열([D] 열)에 '유'를 입력하고, 그렇지 않으면 '무'를 입력한다.

```
❶ Cells(행, 5) = cmb구분.List(cmb구분.ListIndex, 1)
❷ Cells(행, 6) = txt입장시간.Value
  Cells(행, 7) = txt퇴장시간.Value
❸ Cells(행, 8) = (Hour(Cells(행, 7)) - Hour(Cells(행, 6))) * Cells(행, 5)
End Sub
```

❶ 'cmb구분' 콤보 상자에서 선택한 두 번째 열의 값을 입력 행의 5열([E] 열)에 입력한다.
❷ 'txt입장시간', 'txt퇴장시간'에 입력된 문자열을 입력 행의 6, 7번째 열([F], [G] 열)에 입력한다.
❸ 입력 행의 7번째 열에 입력 행의 6번째 열 * 입력 행의 5번째 열을 연산한 결과를 입력 행의 8번째 열([H] 열)에 입력한다.

③ 정답

1) 프로젝트 탐색기 → '팡팡요금관리' 폼 더블클릭 → 'cmd종료' 컨트롤을 더블클릭한다.
2) Private Sub cmd종료_Click() 프로시저 블록에 다음과 같이 코드를 입력한다.

```
Private Sub cmd종료_Click()
❶ MsgBox Now, vbOKOnly, "등록화면을 종료합니다."
❷ Unload Me
End Sub
```

❶ 현재 날짜와 시간을 표시하고, '확인' 단추만 표시하며, 타이틀에는 '등록화면을 종료합니다.'를 표시하는 메시지 박스를 화면에 출력한다.
❷ 현재 객체를 메모리에서 제거한다.(폼을 닫는다.)

3) Alt + Q를 눌러 VBA 편집 창을 종료하고 Excel 워크시트로 돌아온다.

국가기술자격검정

02 2024년 상공회의소 샘플 B형

프로그램명	제한시간
EXCEL 2021	45분

수험번호 :

성 명 :

www.ebs.co.kr/compass
(EBS 홈페이지에서 엑셀 실습 파일 다운로드)
파일명: 기출(문제) – 24년 B형

문제 1 기본 작업(15점) 주어진 시트에서 다음 과정을 수행하고 저장하시오.

1. '기본 작업-1' 시트에서 다음과 같이 고급 필터를 수행하시오. (5점)

▶ [B2:G43] 영역에서 '작업사항'이 공백이 아니면서 '작업사항'이 '품절도서'가 아닌 행에 대하여 '입력일자', '신청자이름', '서명', '저자', '작업사항' 열을 순서대로 표시하시오.

▶ 조건은 [I2:I3] 영역에 입력하시오.(AND, ISBLANK, NOT 함수 사용)

▶ 결과는 [I7] 셀부터 표시하시오.

2. '기본 작업-1' 시트에서 다음과 같이 조건부 서식을 설정하시오. (5점)

▶ [B3:G43] 영역에서 다섯 번째 행마다 글꼴 스타일 '기울임꼴', 채우기 색 '표준 색–노랑'을 적용하시오.

▶ 단, 규칙 유형은 '수식을 사용하여 서식을 지정할 셀 결정'을 사용하고, 한 개의 규칙으로만 작성하시오.

▶ ROW, MOD 함수 사용

3. '기본 작업-2' 시트에서 다음과 같이 페이지 레이아웃을 설정하시오. (5점)

▶ 인쇄될 내용이 페이지의 정 가운데에 인쇄되도록 페이지 가운데 맞춤을 설정하시오.

▶ 매 페이지 하단의 가운데 구역에는 페이지 번호가 [표시 예]와 같이 표시되도록 바닥글을 설정하시오.
[표시 예: 현재 페이지 번호 1, 전체 페이지 번호 3 → 1/3]

▶ [B2:D42] 영역을 인쇄 영역으로 설정하고, 2행이 매 페이지마다 반복하여 인쇄되도록 인쇄 제목을 설정하시오.

문제 2 계산 작업(30점) '계산 작업' 시트에서 다음 과정을 수행하고 저장하시오.

1. [표1]의 성명과 [표2]를 이용하여 부양공제[D4:D42]를 표시하시오. (6점)

▶ 성명이 [표2]의 목록에 있으면 '예'로, 없으면 '아니오'로 표시
▶ IF, ISERROR, MATCH 함수 사용

2. [표1]의 법인명과 [표3]을 이용하여 사업자번호[H4:H42]를 표시하시오. (6점)

▶ 사업자번호는 [표3]을 참조하여 구하고 사업자번호의 5번째부터 두 자리 문자를 '○●' 기호로 바꾸어 표시
[표시 예: 123-45-6789 → 123-○●-6791]
▶ 단, 오류 발생 시 빈칸으로 표시하시오.
▶ IFERROR, REPLACE, VLOOKUP 함수 사용

3. [표1]의 소득공제, 소득공제내용, 금액을 이용하여 소득공제별 소득공제내용별 금액의 합계를 [표4]의 [N14:P16] 영역에 계산하시오. (6점)

▶ 합계는 천 원 단위로 표시 [표시 예: 0 → 0, 1,321,420 → 1,321]
▶ IF, SUM, TEXT 함수를 이용한 배열 수식

4. [표1]에서 소득공제가 '일반의료비'인 관계별 최대 금액과 최소 금액의 차이를 [표5]의 [N21:N24] 영역에 계산하시오. (6점)

▶ IF, LARGE, SMALL 함수를 이용한 배열 수식

5. 사용자 정의 함수 'fn의료비보조'를 작성하여 [표1]의 의료비보조[J4:J42]를 표시하시오. (6점)

▶ 'fn의료비보조'는 관계, 소득공제, 금액을 인수로 받아 값을 되돌려줌.
▶ 소득공제가 '일반의료비'인 경우에는 관계가 '본인' 또는 '자' 또는 '처'이면 금액의 80%를, 아니면 금액의 50%를 계산하여 표시, 소득공제가 '일반의료비'가 아닌 경우에는 0으로 표시
▶ If ~ Else 문 사용

```
Public Function fn의료비보조(관계, 소득공제, 금액)
End Function
```

문제 3 분석 작업(20점) 주어진 시트에서 다음 과정을 수행하고 저장하시오.

1. '분석 작업-1' 시트에서 다음의 지시 사항에 따라 피벗 테이블 보고서를 작성하시오. (10점)

▶ 외부 데이터 가져오기 기능을 이용하여 <생활기상정보.accdb>에서 <기상자료> 테이블의 '기상', '지역', '1월', '2월', '3월', '4월', '5월', '12월' 열을 이용하시오.

▶ 피벗 테이블 보고서의 레이아웃과 위치는 <그림>을 참조하여 설정하고, 보고서 레이아웃을 테이블 형식으로 표시하시오.

▶ '12월' + '1월' + '2월'로 계산하는 '겨울기상' 계산 필드와 '3월' + '4월' + '5월'로 계산하는 '봄기상' 계산 필드를 추가하시오.

▶ 행의 총합계는 표시되지 않도록 설정하시오.

▶ 피벗 테이블 스타일은 '밝은 회색, 피벗 스타일 밝게 15', 피벗 테이블 스타일 옵션은 '행 머리글', '열 머리글', '줄무늬 열'을 설정하시오.

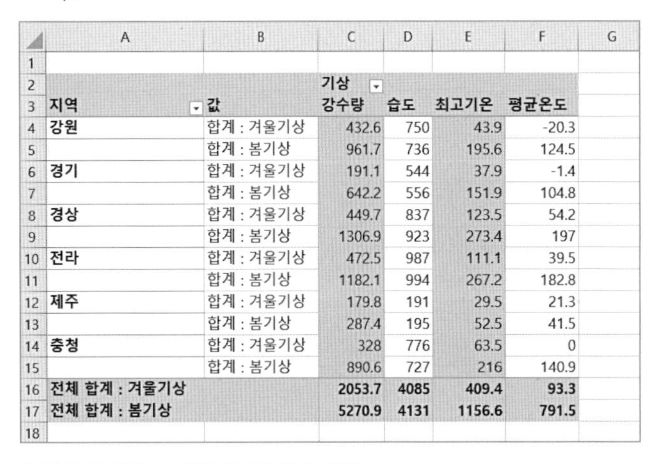

	A	B	C	D	E	F	G
1							
2			기상				
3	지역	값	강수량	습도	최고기온	평균온도	
4	강원	합계 : 겨울기상	432.6	750	43.9	-20.3	
5		합계 : 봄기상	961.7	736	195.6	124.5	
6	경기	합계 : 겨울기상	191.1	544	37.9	-1.4	
7		합계 : 봄기상	642.2	556	151.9	104.8	
8	경상	합계 : 겨울기상	449.7	837	123.5	54.2	
9		합계 : 봄기상	1306.9	923	273.4	197	
10	전라	합계 : 겨울기상	472.5	987	111.1	39.5	
11		합계 : 봄기상	1182.1	994	267.2	182.8	
12	제주	합계 : 겨울기상	179.8	191	29.5	21.3	
13		합계 : 봄기상	287.4	195	52.5	41.5	
14	충청	합계 : 겨울기상	328	776	63.5	0	
15		합계 : 봄기상	890.6	727	216	140.9	
16	전체 합계 : 겨울기상		2053.7	4085	409.4	93.3	
17	전체 합계 : 봄기상		5270.9	4131	1156.6	791.5	
18							

※ 작업 완성된 그림이며 부분 점수 없음.

2. '분석 작업-2' 시트에 대하여 다음의 지시 사항을 처리하시오. (10점)

▶ [데이터 유효성 검사] 기능을 이용하여 [D3:E35] 영역에는 2020-03-01부터 2020-04-30까지의 날짜만 입력되도록 제한 대상을 설정하시오.

– [D3:E35] 영역의 셀을 클릭한 경우 <그림>과 같은 설명 메시지를 표시하고, 유효하지 않은 데이터를 입력한 경우 <그림>과 같은 오류 메시지가 표시되도록 설정하시오.

▶ [필터] 기능을 이용하여 '개화일'이 2020-03-01 이전 또는 2020-04-30 이후인 경우의 데이터 행만 표시되도록 날짜 필터를 설정하시오.

문제 4 기타 작업(35점) 주어진 시트에서 다음 과정을 수행하고 저장하시오.

1. '기타 작업-1' 시트에서 다음의 지시 사항에 따라 차트를 수정하시오. (각 2점)

※ 차트는 반드시 문제에서 제공한 차트를 사용하여야 하며, 신규로 차트 작성 시 0점 처리 됨.

① 데이터 원본 선택은 '서울', '대전', '대구', '부산' 계열이 <그림>과 같이 표시되도록 범례 항목(계열)의 계열 이름을 수정하시오.

② 차트 제목을 추가하여 [B2] 셀과 연동하고, 차트 영역의 글꼴 크기를 '13pt'로 설정하시오.

③ 차트 종류를 '표식이 있는 꺾은선형'으로 변경하고, 그림 영역에 '미세 효과 – 회색, 강조 3' 도형 스타일을 적용하시오.

④ 세로 (값) 축의 최솟값은 4, 최댓값은 6으로 설정하고, 기본 주 세로 눈금선을 표시하시오.

⑤ 차트 영역의 테두리 스타일은 '둥근 모서리', 그림자는 '안쪽 가운데'로 설정하시오.

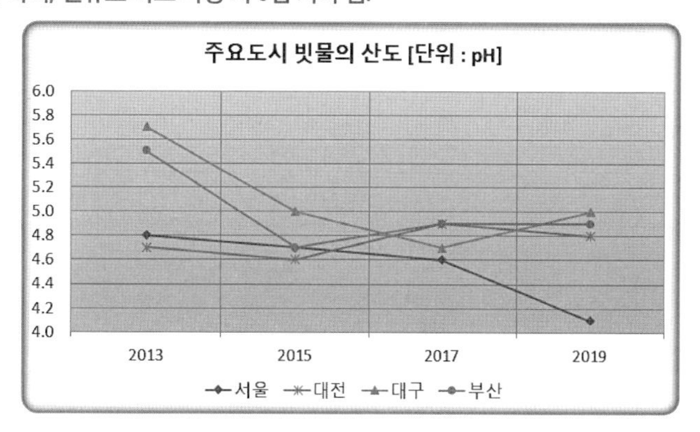

2. '기타 작업-2' 시트에서 다음과 같은 기능을 수행하는 매크로를 현재 통합 문서에 작성하시오. (각 5점)

① [F7:F39] 영역에 대하여 사용자 지정 표시 형식을 설정하는 '서식적용' 매크로를 생성하시오.

▶ 양수일 때 파랑색으로 기호 없이 소수점 이하 첫째 자리까지 표시, 음수일 때 빨강색으로 기호 없이 소수점 이하 첫째 자리까지 표시, 0일 때 검정색으로 "●" 기호만 표시

▶ [개발 도구]–[삽입]–[양식 컨트롤]의 '단추'를 동일 시트의 [B2:C3] 영역에 생성한 후 텍스트를 '서식적용'으로 입력하고, 단추를 클릭하면 '서식적용' 매크로가 실행되도록 설정하시오.

② [F7:F39] 영역에 대하여 표시 형식을 '일반'으로 적용하는 '서식해제' 매크로를 생성하시오.

▶ [개발 도구]–[삽입]–[양식 컨트롤]의 '단추'를 동일 시트의 [E2:F3] 영역에 생성한 후 텍스트를 '서식해제'로 입력하고, 단추를 클릭하면 '서식해제' 매크로가 실행되도록 설정하시오.

※ 셀 포인터의 위치와 관계없이 매크로가 실행되어야 정답으로 인정됨.

3. '기타 작업-3' 시트에서 다음과 같은 작업을 수행하도록 프로시저를 작성하시오. (각 5점)

① '성적입력' 단추를 클릭하면 <성적등록화면> 폼이 나타나도록 설정하고, 폼이 초기화(Initialize) 되면 수강자(cmb수강자)에는 [O6:P17] 영역의 값이 표시되도록 설정하시오.

② '성적등록화면' 폼의 '등록'(cmd등록) 단추를 클릭하면 폼에 입력된 데이터가 [표1]에 입력되어 있는 마지막 행 다음에 연속하여 추가되도록 프로시저를 작성하시오.

▶ '학번'과 '성명'에는 선택된 수강자(cmb수강자)에 해당하는 학번과 성명을 각각 표시

▶ '출석'은 '20 - (결석 * 2 + 지각 * 1)'로 계산

▶ '비고'는 '출석'이 12보다 작으면 '출석미달'로 표시

▶ If 문 사용

③ 종료(cmd종료) 단추를 클릭하면 <그림>과 같은 메시지 박스를 표시한 후 폼을 종료하는 프로시저를 작성하시오.

▶ 시스템의 현재 시간과 "평가를 종료합니다." 텍스트를 함께 표시

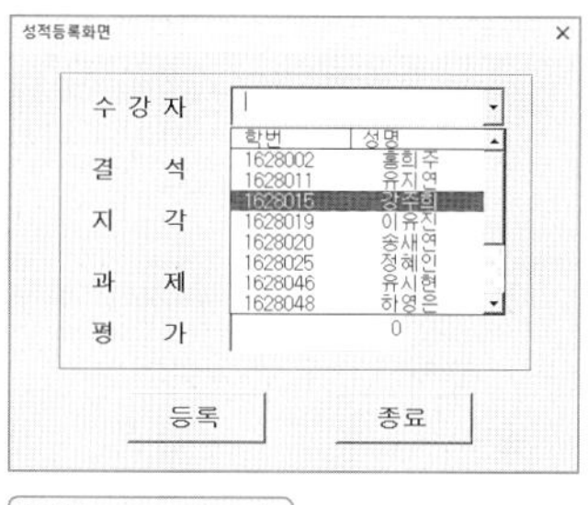

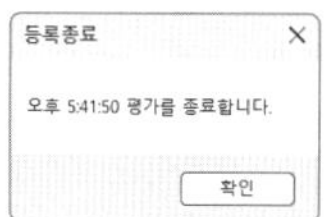

02 2024년 상공회의소 샘플 B형 **정답 및 해설**

문제 1 기본 작업(15점)

1. '기본 작업-1' 정답

I	J	K	L	M
조건				
FALSE				
입력일자	신청자이름	서명	저자	작업사항
2016-02-03	조*현	값싼 음식의 실제 가격	마이클 캐롤런	입고예정
2016-02-06	정*식	새 하늘과 새 땅	리처드 미들턴	입고예정
2016-02-11	김*연	라플라스의 마녀	히가시노게이고	우선신청도서
2016-02-17	김*선	나는 단순하게 살기로 했다	사사키 후미오	우선신청도서
2016-02-25	김*레	Duck and Goose, Goose Needs a Hug	Tad Hills	3월입고예정
2016-02-25	김*레	Duck & Goose : Find a Pumpkin	Tad Hills	3월입고예정
2016-02-27	이*숙	Extra Yarn	Mac Barnett	3월말입고예정
2016-02-28	서*원	The Unfinished Angel	Creech, Sharon	3월말입고예정

① [I2:I3] 범위에 **조건** 입력 → [E2:F2] 범위 선택 → Ctrl + C → [I7] 셀 선택 → Ctrl + V → [B2:C2] 범위 선택 → Ctrl → [G2] 셀 선택 → Ctrl + C → [K7] 셀 선택 → Ctrl + V를 눌러 고급 필터에서 출력할 열 이름을 원본 표에서 복사해 붙여넣는다.

=AND(NOT(ISBLANK($G3)), $G3<>"품절도서")

I	J	K	L
조건			
=AND(NOT(ISBLANK($G3)), $G3<>"품절도서")			

② [B2:G43] 범위에서 임의의 셀 선택 → [데이터] → [정렬 및 필터] → [고급] 선택 → [고급 필터] 대화 상자 → 목록 범위는 [$B$2:$G$43] → 조건 범위는 [$I$2:$I$3] → '다른 장소에 복사' 선택 → 복사 위치는 [$I$7:$M$7] 선택 → 확인을 클릭한다.

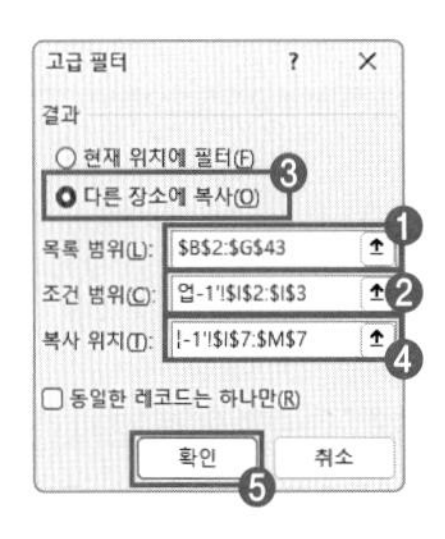

2. '기본 작업-1' 정답

	A	B	C	D	E	F	G
1							
2		서명	저자	출판년	입력일자	신청자이름	작업사항
3		프라이다이나믹스	고형준	2015	2016-02-01	김*영	
4		지식재산 금융과 법제도	김승열	2015	2016-02-01	김*영	
5		값싼 음식의 실제 가격	마이클 캐롤런	2016	2016-02-03	조*현	입고예정
6		0년	이안 부루마	2016	2016-02-03	조*현	
7		*나이트 워치 상*	*세르게이 루키야넨코*	*2015*	*2016-02-03*	*정*지*	
8		행운 연습	류쉬안	2016	2016-02-04	박*정	
9		새 하늘과 새 땅	리처드 미들턴	2015	2016-02-06	정*식	입고예정
10		알라	미로슬라브 볼프	2016	2016-02-06	정*울	
11		섬을 탈출하는 방법	조형근, 김종배	2015	2016-02-06	박*철	
12		*내 몸의 바운스를 깨워라*	*우주현*	*2013*	*2016-02-08*	*김*화*	
13		벤저민 그레이엄의 정량분석 Quant	스티븐 P. 그라이너	2012	2016-02-09	민*준	
14		라플라스의 마녀	히가시노게이고	2016	2016-02-11	김*연	우선신청도서
15		글쓰는 여자의 공간	타니아 슐리	2016	2016-02-11	조*혜	
16		돼지 루퍼스, 학교에 가다	킴 그리스웰	2014	2016-02-12	이*경	
17		*헤꼼 아저씨네 동물원*	*케빈 월드론*	*2015*	*2016-02-12*	*주*민*	
18		부동산의 보이지 않는 진실	이재범 외1	2016	2016-02-13	민*준	
19		영재들의 비밀습관 하브루타	장성애	2016	2016-02-16	정*정	
20		Why? 소프트웨어와 코딩	조영선	2015	2016-02-17	변*우	

① [B3:G43] 범위 선택 → [홈] → [스타일] → [조건부 서식] → [새 규칙] → [새 서식 규칙] 대화 상자 → '수식을 사용하여 서식을 지정할 셀 결정' 선택 → 다음 수식이 참인 값의 서식 지정 입력 창에 **=MOD(ROW($B3)-2,5)=0** 입력 → 서식 → [채우기] 탭 → 표준 색 '노랑'을 선택 → 확인을 클릭한다.

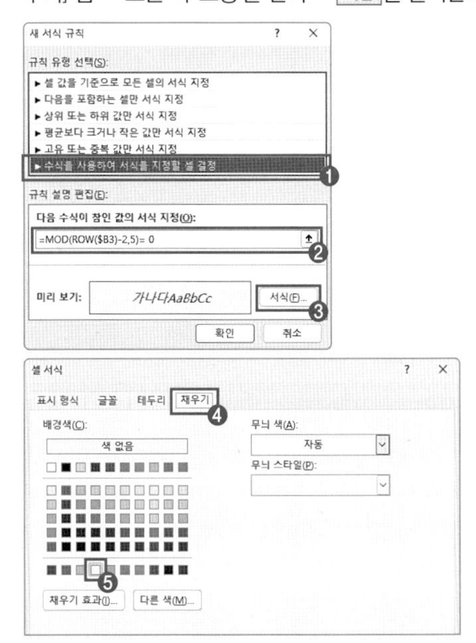

3. '기본 작업-2' 정답

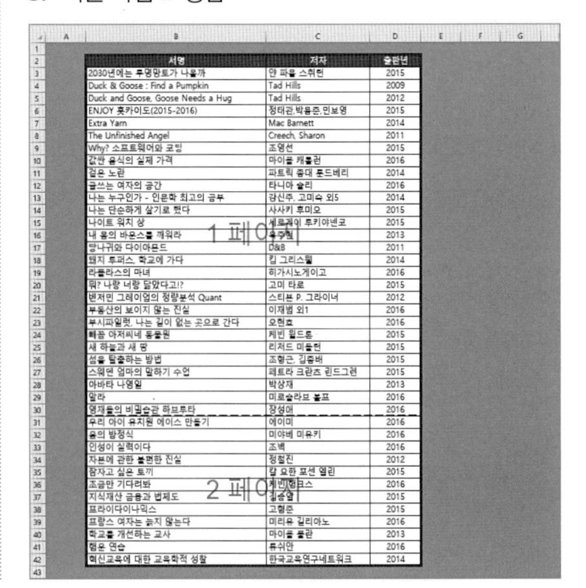

	A	B	C	D
1				
2		서명	저자	출판년
3		2030년에는 투명망토가 나올까	얀 파울 스취턴	2015
4		Duck & Goose : Find a Pumpkin	Tad Hills	2009
5		Duck and Goose, Goose Needs a Hug	Tad Hills	2012
6		ENJOY 홋카이도(2015-2016)	정태관,박용준,민보영	2015
7		Extra Yarn	Mac Barnett	2014
8		The Unfinished Angel	Creech, Sharon	2011
9		Why? 소프트웨어와 코딩	조영선	2015
10		값싼 음식의 실제 가격	마이클 캐롤런	2016
11		검은 노란	파트릭 종대 룬드베리	2014
12		글쓰는 여자의 공간	타니아 슐리	2016
13		나는 누구인가 - 인문학 최고의 공부	강신주, 고미숙 외5	2014
14		나는 단순하게 살기로 했다	사사키 후미오	2015
15		나이트 워치 상	세르게이 루키야넨코	2015
16		내 몸의 바운스를 깨워라	우주현	2013
17		당나귀와 다이아몬드	D&B	2011
18		돼지 루퍼스, 학교에 가다	킴 그리스웰	2014
19		라플라스의 마녀	히가시노게이고	2016
20		뭐? 나랑 너랑 닮았다고!?	고미 타로	2015
21		벤저민 그레이엄의 정량분석 Quant	스티븐 P. 그라이너	2012
22		부동산의 보이지 않는 진실	이재범 외1	2016
23		부시파일럿, 나는 길이 없는 곳으로 간다	오현호	2016
24		헤꼼 아저씨네 동물원	케빈 월드론	2015
25		새 하늘과 새 땅	리처드 미들턴	2015
26		섬을 탈출하는 방법	조형근, 김종배	2015
27		스웨덴 엄마의 말하기 수업	페트라 크란츠 린드그렌	2015
28		아바타 나영일	박상재	2013
29		알라	미로슬라브 볼프	2016
30		영재들의 비밀습관 하브루타	장성애	2016
31		우리 아이 유치원 에이스 만들기	에이미	2016
32		융의 방정식	미야베 미유키	2016
33		인성이 실력이다	조벽	2016
34		자본에 관한 불편한 진실	정철진	2012
35		잠자고 싶은 토끼	칼 요한 포셴 엘린	2015
36		조금만 기다려봐	케빈 헹크스	2016
37		지식재산 금융과 법제도	김승열	2015
38		프라이다이나믹스	고형준	2015
39		프랑스 여자는 늙지 않는다	미리유 길리아노	2016
40		학교를 개선하는 교사	마이클 풀란	2013
41		행운 연습	류쉬안	2016
42		혁신교육에 대한 교육학적 성찰	한국교육연구네트워크	2014
43				

① [페이지 레이아웃] → [페이지 설정(⧉)]을 선택한다.

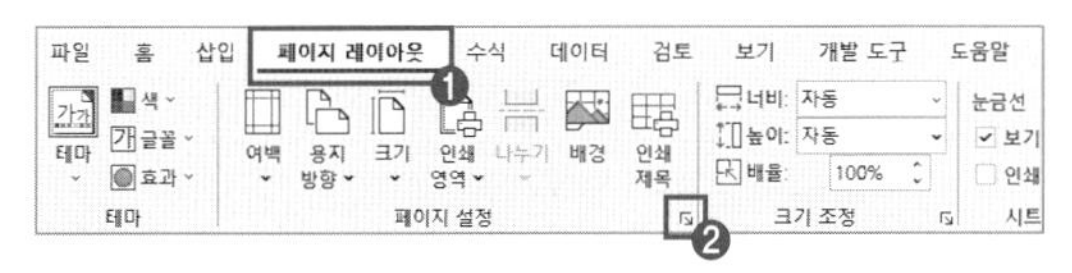

② [페이지 설정] 대화 상자 → [여백] 탭 → 페이지 가운데 맞춤에서 '가로', '세로'를 체크한다.

③ [머리글/바닥글] 탭 → [바닥글 편집] 클릭 → [바닥글] 대화 상자 → 가운데 구역 선택 → '페이지 번호 삽입(🗎)'을 클릭 → / 입력 → '전체 페이지 수 삽입(🗎)'을 클릭 → [확인]을 클릭한다.

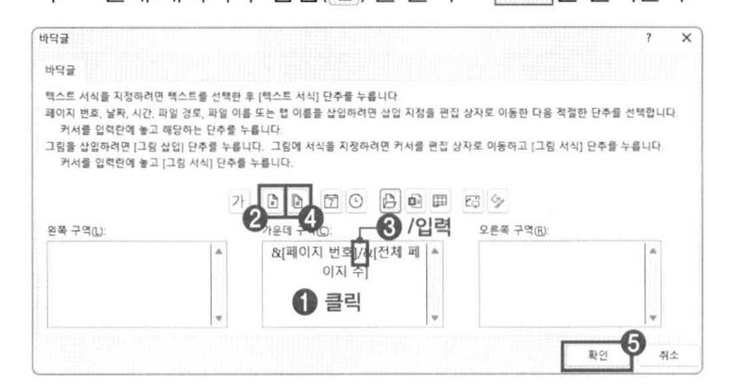

④ [시트] 탭 → 인쇄 영역 [B2:D42] 범위 선택 → 반복할 행 [2] 행 머리글 선택 → [확인]을 클릭한다.

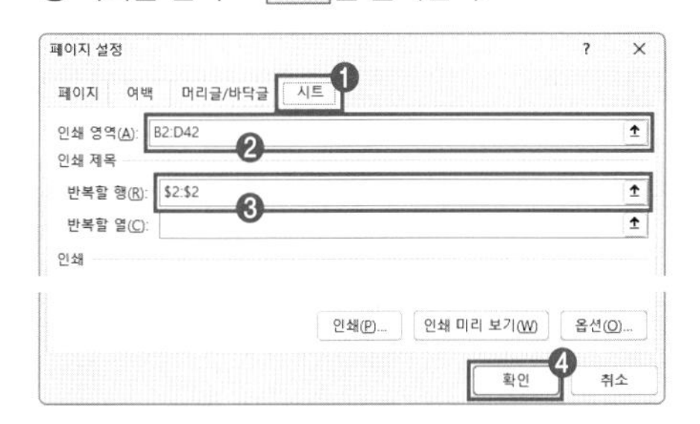

문제 2 계산 작업(30점)

	A	B	C	D	E	F	G	H	I	J
1										
2		[표1]								
3		성명	관계	부양공제	소득공제	소득공제내용	법인명	사업자번호	금액	의료비보조
4		김가인	모	예	일반의료비	간소화자료	사랑의원	123-○●-6793	612,700	306,350
5		김가인	모	예	신용카드	대중교통	상공카드	123-○●-6791	13,000	0
6		김가인	모	예	신용카드	대중교통	상공카드	123-○●-6791	46,000	0
7		김가인	모	예	현금영수증	일반사용분			3,000	0
8		김가인	모	예	신용카드	일반사용분	상공카드	123-○●-6791	536,790	0
9		김가인	모	예	신용카드	일반사용분	상공카드	123-○●-6791	1,738,200	0
10		김가인	모	예	신용카드	전통시장	상공카드	123-○●-6791	23,520	0
11		김가인	모	예	일반의료비	간소화자료	중앙병원	123-○●-6794	58,600	29,300
12		김가인	모	예	일반의료비	간소화자료	중앙병원	123-○●-6794	117,840	58,920
13		임윤아	처	아니오	지정기부금	법인	사단법인		220,000	0
14		임윤아	처	아니오	일반의료비	간소화자료	사랑의원	123-○●-6793	44,700	35,760
15		임윤아	처	아니오	일반의료비	간소화자료	사랑의원	123-○●-6793	88,400	70,720
16		임윤아	처	아니오	일반의료비	간소화자료	중앙병원	123-○●-6794	107,190	85,752
17		주인철	부	예	일반의료비	간소화자료	중앙병원	123-○●-6794	360,600	180,300
18		주인철	부	예	현금영수증	일반사용분			145,000	0
19		주인철	부	예	현금영수증	일반사용분			231,000	0
20		주인철	부	예	일반의료비	간소화자료	중앙병원	123-○●-6794	50,620	25,310
21		주인해	자	예	직불카드	대중교통	알파고카드	123-○●-6792	46,360	0
22		주인해	자	예	직불카드	대중교통	알파고카드	123-○●-6792	143,040	0
23		주인해	자	예	직불카드	일반사용분	알파고카드	123-○●-6792	138,660	0
24		주인해	자	예	직불카드	일반사용분	알파고카드	123-○●-6792	239,250	0
25		주인해	자	예	직불카드	전통시장	알파고카드	123-○●-6792	4,000	0
26		주인해	자	예	일반의료비	간소화자료	중앙병원	123-○●-6794	81,970	65,576
27		주호백	본인	예	신용카드	대중교통	미래카드	123-○●-6790	15,000	0

[표2]

성명	관계
주인철	부
김가인	모
주호백	본인
주인해	자

[표3]

법인명	사업자번호
한국대학교	123-45-6789
미래카드	123-45-6790
상공카드	123-45-6791
알파고카드	123-45-6792
사랑의원	123-45-6793
중앙병원	123-45-6794

[표4] (단위: 천원)

소득공제	일반사용분	대중교통	전통시장
신용카드	29,692	399	92
직불카드	378	189	4
현금영수증	654	0	0

[표5]

관계	일반의료비
본인	44,000
부	309,980
모	554,100
자	0

1. 정답

[D4] 셀 선택 → **=IF(ISERROR(MATCH(B4,$M$4:$M$7,0)),“아니오”,“예”)** 입력 → [D42] 셀까지 수식을 복사한다.

① MATCH(B4,$M$4:$M$7,0): [B4] 셀 값을 [M4:M7] 범위에서 정확하게 일치하는 위치 값을 찾는다. → 2
② ISERROR(2): ①번 결과에 일치하는 값이 없으면 오류를 반환한다.
– ISERROR(2) 일치하는 값이 있으므로 → FALSE 반환
③ =IF(FALSE,“아니오”,“예”): [B4] 셀 값이 [M4:M7] 범위에 있으면 '예'를 출력하고, 없으면 '아니오'를 표시한다.

2. 정답

[H4] 셀 선택 → **=IFERROR(REPLACE(VLOOKUP(G4,$P$4:$Q$9,2,FALSE),5,2,“○●”),“”)** 입력 → [H42] 셀까지 수식을 복사한다.

① VLOOKUP(G4,$P$4:$Q$9,2,FALSE): [G4] 셀 값을 [P4:Q9] 범위에서 찾아서 두 번째 열 값을 정확하게 가져온다. → 123-45-6793
② REPLACE(123-45-6793,5,2,“○●”): 123-45-6793에서 다섯 번째부터 두 글자를 '○●'로 치환한다. → 123-○●-6793
③ IFERROR(123-○●-6793,“”): ①에서 찾는 값이 없으면 공백(“”)을 출력한다.

3. 정답

[N14] 셀 선택 → **=TEXT(SUM(IF(($E$4:$E$42=$M14)*($F$4:$F$42=N$13),($I$4:$I$42),0)),“#,##0,”)** 입력 → [P16] 셀까지 수식을 복사한다.

① IF(($E$4:$E$42=$M14)*($F$4:$F$42=N$13),($I$4:$I$42),0):
– [E4:E42] 범위 값이 [M14] 셀과 같으면서 [F4:F41] 범위 값이 [N13] 셀과 같으면 [I4:I42] 범위에 해당 행 값을 출력하고, 아니면 0을 출력한다.
– 수식을 복사할 경우 [M14] 셀의 경우 M열은 고정되어야 하고, [N13] 셀의 경우 13행으로 고정되어야 한다. → {0;0;0;0;536790;1738200;0;0;0;0;0;0;0;0;0;0;0;0;0;0;0;0;0;0;0;0;0;0;0;0;1925602;2638488;10725504;12127516;0;0;0;0}

② SUM({0;0;0;0;536790;1738200;0;0;0;0;0;0;0;0;0;0;0;0;0;0;0;0;0;0;0;0;0;0;0;0;1925602;2638488;10725504;12127516;0;0;0;0}): ①의 조건에 만족하는 배열 값만 합한다. → 29692100
③ =TEXT(29692100,"#,##0,"): ②의 결과를 천 단위 구분 기호와 천 단위 절삭을 적용하여 출력한다. → 29,692

4. 정답

[N21] 셀 선택 → **=LARGE(IF(($C$4:$C$42=$M21)*($E$4:$E$42=$N$20),$I$4:$I$42),1)-SMALL(IF(($C$4:$C$42=$M21)*($E$4:$E$42=$N$20),$I$4:$I$42),1)** 입력 → [N24] 셀까지 수식을 복사한다.

① LARGE(IF(($C$4:$C$42=$M21)*($E$4:$E$42=$N$20),$I$4:$I$42),1),1)
- [C4:C42] 범위의 값이 [M21] 셀과 같으면서 [E4:E42] 범위의 값이 [N20] 셀과 같으면 [I4:I42] 배열 값을 출력한다.
- {FALSE;59400;103400}
- 위 결과 배열 값에서 가장 큰 값을 출력한다. → 103400

② SMALL(IF(($C$4:$C$42=$M21)*($E$4:$E$42=$N$20),$I$4:$I$42),1)
- [C4:C42] 범위의 값이 [M21] 셀과 같으면서 [E4:E42] 범위의 값이 [N20] 셀과 같으면 [I4:I42] 배열 값을 출력한다.
- {FALSE;59400;103400}
- 위 결과 배열 값에서 가장 작은 값을 출력한다. → 59400

③ LARGE(IF(($C$4:$C$42=$M21)*($E$4:$E$42=$N$20),$I$4:$I$42),1),1)
- 103400 - 59400 = 44,000

5. 정답

① Alt + F11 → Microsoft Visual Basic for Application → 프로젝트 탐색기 빈 곳에서 마우스 오른쪽 클릭 → [삽입] → [모듈]을 선택한다.

② 코드 편집 창에 다음과 같이 코드를 입력한다.

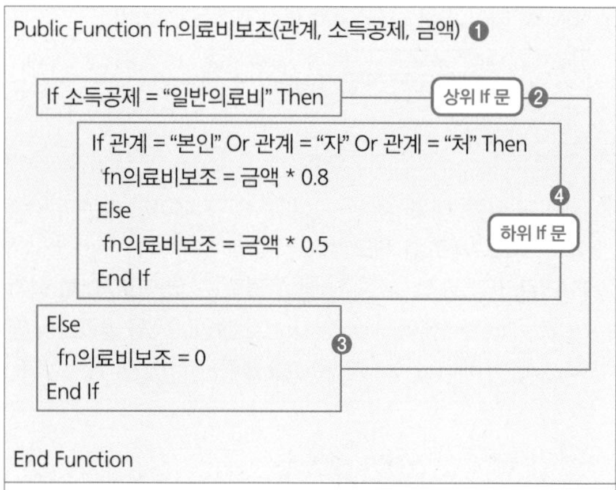

```
Public Function fn의료비보조(관계, 소득공제, 금액) ❶

If 소득공제 = "일반의료비" Then                         상위 If 문 ❷
    If 관계 = "본인" Or 관계 = "자" Or 관계 = "처" Then
        fn의료비보조 = 금액 * 0.8
    Else                                              ❹ 하위 If 문
        fn의료비보조 = 금액 * 0.5
    End If
Else
    fn의료비보조 = 0                                   ❸
End If

End Function
```

❶ 관계, 소득공제, 금액 인수를 갖는 fn의료비보조 사용자 정의 함수를 정의한다.
❷ If 문 블록이 2개인 구조를 중첩 If 문이라고 한다. 중첩 If 문에서는 상위 If 문의 조건이 만족할 때 하위 If 문이 실행된다. 즉 하위 If 문의 조건은 상위 If 문을 만족하는 값 중에서 다시 조건을 판단하여 결과를 나누어 계산한다.
❸ 소득공제가 '일반의료비'이면 '하위 If 문'을 실행하고, 그렇지 않으면 'fn의료비보조' 변수에 0을 입력한다.
❹ 하위 If 문
- 관계가 '본인', '자', '처'이면 'fn의료비보조' 변수에 금액 *0.8 결과를 입력한다.
- 관계가 '본인', '자', '처'가 아니면 'fn의료비보조' 변수에 금액 * 0.5 결과를 입력한다.
- 프로시저 작성 시 %는 만능 문자로 인식하므로 실수로 표현한다.

③ Alt + Q → [J4] 셀 → **=fn의료비보조(C4,E4,I4)** 입력 → [J42] 셀까지 수식을 복사한다.

문제 3 분석 작업(20점)

1. '분석 작업-1' 피벗 테이블 보고서 정답

	A	B	C	D	E	F
1						
2			기상			
3	지역	값	강수량	습도	최고기온	평균온도
4	강원	합계 : 겨울기상	432.6	750	43.9	-20.3
5		합계 : 봄기상	961.7	736	195.6	124.5
6	경기	합계 : 겨울기상	191.1	544	37.9	-1.4
7		합계 : 봄기상	642.2	556	151.9	104.8
8	경상	합계 : 겨울기상	449.7	837	123.5	54.2
9		합계 : 봄기상	1306.9	923	273.4	197
10	전라	합계 : 겨울기상	472.5	987	111.1	39.5
11		합계 : 봄기상	1182.1	994	267.2	182.8
12	제주	합계 : 겨울기상	179.8	191	29.5	21.3
13		합계 : 봄기상	287.4	195	52.5	41.5
14	충청	합계 : 겨울기상	328	776	63.5	0
15		합계 : 봄기상	890.6	727	216	140.9
16	전체 합계 : 겨울기상		2053.7	4085	409.4	93.3
17	전체 합계 : 봄기상		5270.9	4131	1156.6	791.5

① [데이터] → [데이터 가져오기 및 변환] → [데이터 가져오기] → [기타 원본에서] → [Microsoft Query] 선택 → [데이터 원본] 대화 상자 → 'MS Acceess Database' 선택 → 확인을 클릭한다.

② [데이터베이스 선택] 대화 상자 → 'C:₩엑셀실습파일₩기출_샘플B형₩생활기상정보.accdb' 선택 → 확인 → [쿼리 마법사 - 열 선택] → '기상자료' 테이블 더블클릭 → '기상', '지역', '1월', '2월', '3월', '4월', '5월', '12월' 열을 더블클릭하여 쿼리에 포함된 열에 추가 → 다음 → 다음 → 다음 → 마침을 클릭한다.

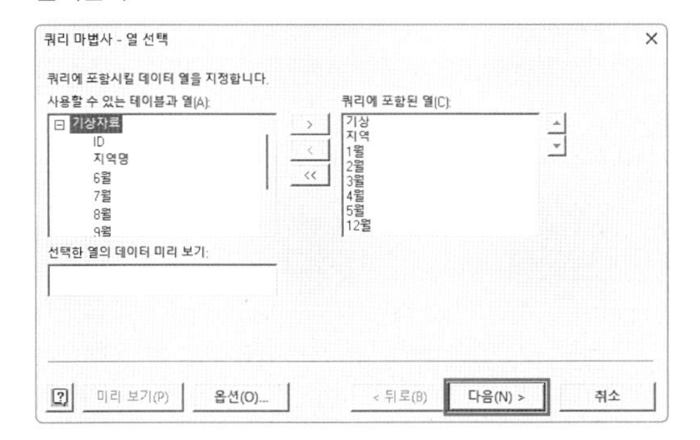

③ [데이터 가져오기] 대화 상자 → '피벗 테이블 보고서' 선택 → '기존 워크시트' → [A2] 셀 선택 → 확인을 클릭한다.

④ [디자인] → [레이아웃] → [보고서 레이아웃] → [테이블 형식으로 표시]를 선택한다.

⑤ [피벗 테이블 분석] → [계산] → [필드 항목 및 집합] → [계산 필드] → [계산 필드 삽입] 대화 상자 → 이름 입력 창에 **겨울기상**을 입력 → 수식은 **='12월' +'1월' +'2월'** 입력 → 추가 클릭 → 이름 입력 창에 **봄기상**을 입력 → 수식은 **='3월' +'4월' +'5월'** 입력 → 추가 → 확인을 클릭한다.

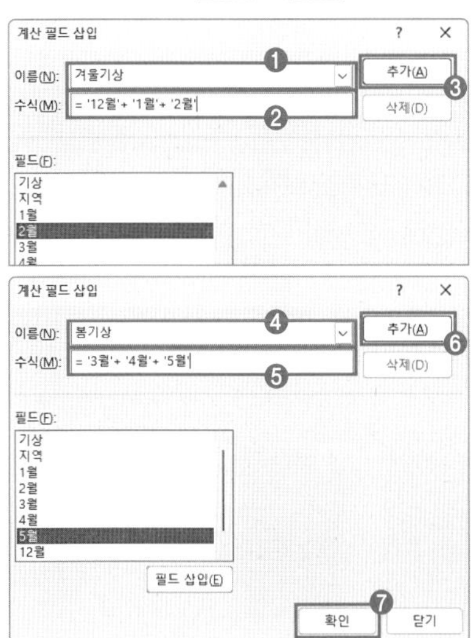

⑥ [디자인] → [레이아웃] → [총 합계] → [열의 총합계만 설정]을 선택한다.

⑦ [피벗 테이블 필드] 창 → 열 영역에 '기상'을 추가 → 행 영역에 '지역'을 추가 → 열 영역의 'Σ 값'을 행 영역으로 이동한다.

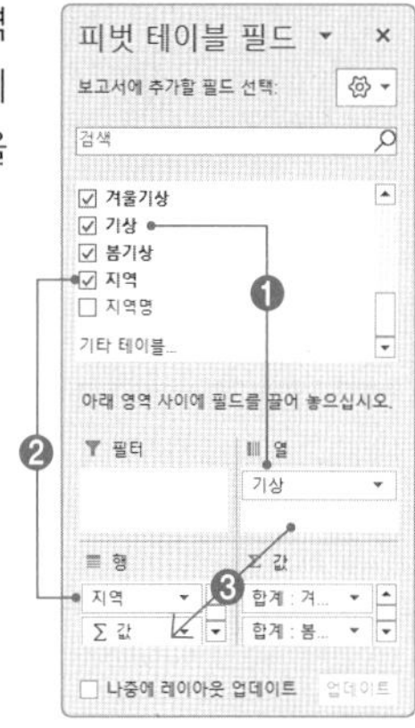

⑧ [디자인] → [피벗 테이블 스타일] → '밝은 회색, 피벗 스타일 밝게 15'를 선택 → [피벗 테이블 스타일 옵션] → '행 머리글', '열 머리글', '줄무늬 열'을 체크한다.

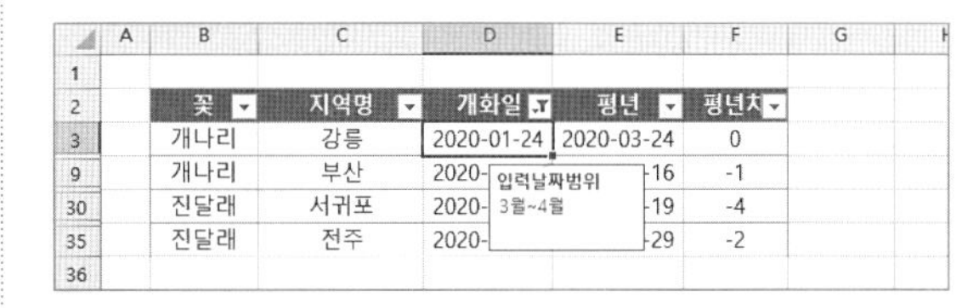

2. '분석 작업-2' 정답

	A	B	C	D	E	F	G
1							
2		꽃	지역명	개화일	평년	평년차	
3		개나리	강릉	2020-01-24	2020-03-24	0	
9		개나리	부산	2020-	-16	-1	
30		진달래	서귀포	2020-	-19	-4	
35		진달래	전주	2020-	-29	-2	
36							

(설명 메시지: 입력날짜범위 / 3월~4월)

① [D3:E35] 범위 선택 → [데이터] → [데이터 도구] → [데이터 유효성 검사]를 선택한다.

② [데이터 유효성] 대화 상자 → [설정] 탭 → 제한 대상은 '날짜' → 제한 방법은 '해당 범위' → 시작 날짜는 **2020-03-01** 입력 → 끝 날짜는 **2020-04-30** 입력 → [설명 메시지] 탭 → '셀을 선택하면 설명 메시지 표시' 체크 확인 → 제목은 **입력날짜범위** 입력 → 설명 메시지는 **3월~4월** 입력 → [오류 메시지] 탭 → 스타일은 '중지' 선택 → 제목은 **날짜확인** 입력→ 오류 메시지는 **입력 날짜가 정확한지 확인 바랍니다.** 입력 → 확인을 클릭한다.

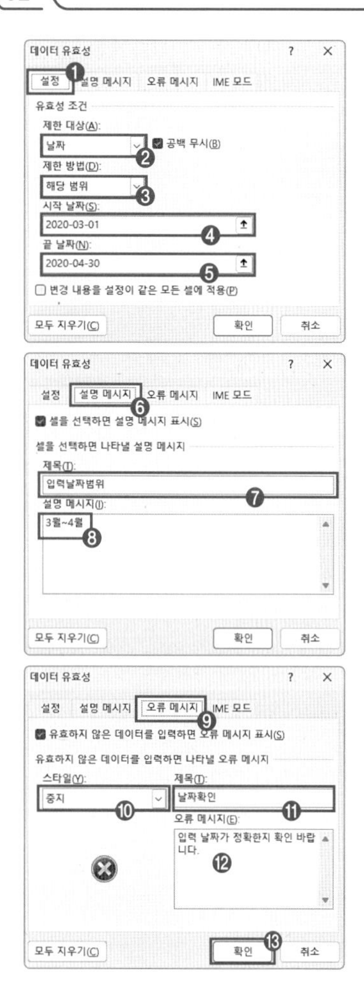

③ [데이터] → [정렬 및 필터] → [필터] 선택 → [D2] 셀의 화살표 [▼] 클릭 → [날짜 필터] → [사용자 지정 필터] → [사용자 지정 자동 필터] 대화 상자 → '이전' → **2020-03-01** 입력 → '또는' 선택 → '이후' → **2020-04-30** 입력 → [확인]을 클릭한다.

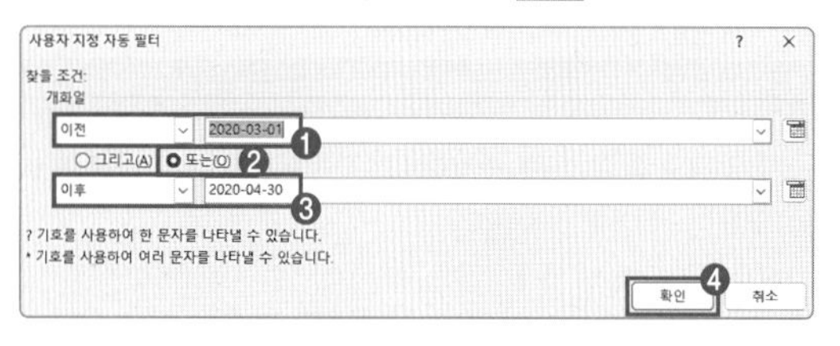

문제 4 기타 작업(35점)

1. '기타 작업-1' 차트 정답

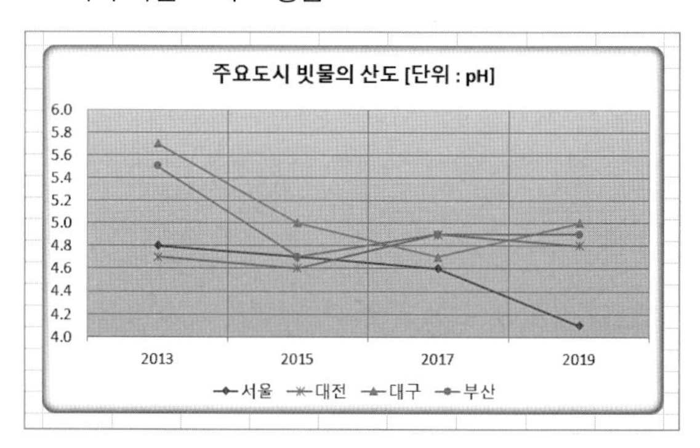

① 차트 영역에서 마우스 오른쪽 클릭 → [데이터 선택] → [데이터 원본 선택] 대화 상자 → 범례 항목(계열)에서 '1'을 선택 → [편집] → [계열 편집] 대화 상자 → 계열 이름은 **서울**을 입력 → [확인] → 나머지 범례 항목 → 서울, 대전, 대구, 부산 순서대로(문제와 차트 완성 이미지의 순서를 보고 알 수 있다.) 같은 방식으로 변경 → [확인]을 클릭한다.

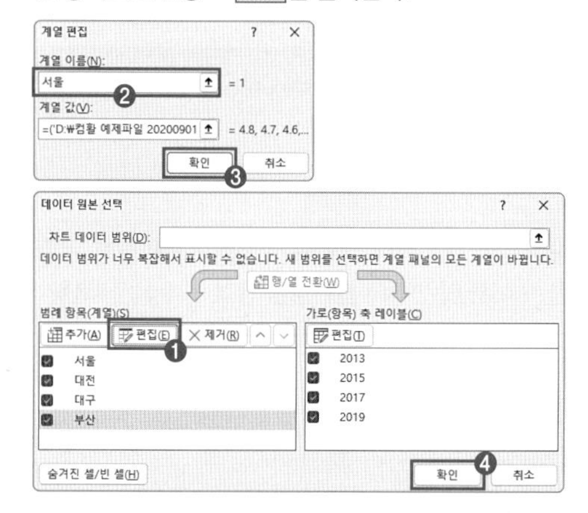

② [차트 요소 [+]] → '차트 제목' 체크 → 차트 제목이 선택된 상태에서 수식 입력줄에 **=**을 입력 → [B2] 셀을 선택한 후 [Enter] → [홈] → [글꼴] → [글꼴 크기] **13**을 입력한 후 [Enter]를 누른다.

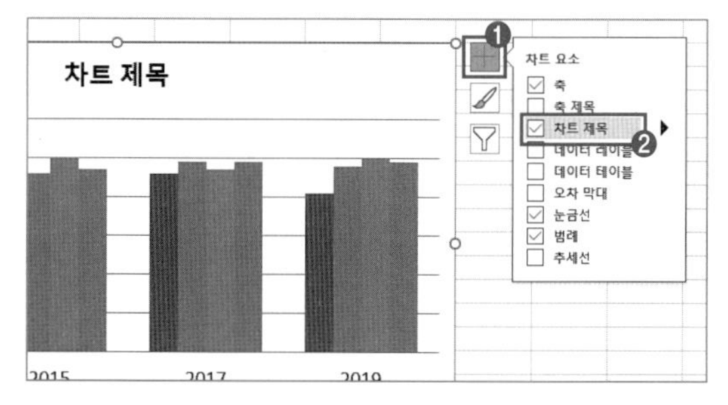

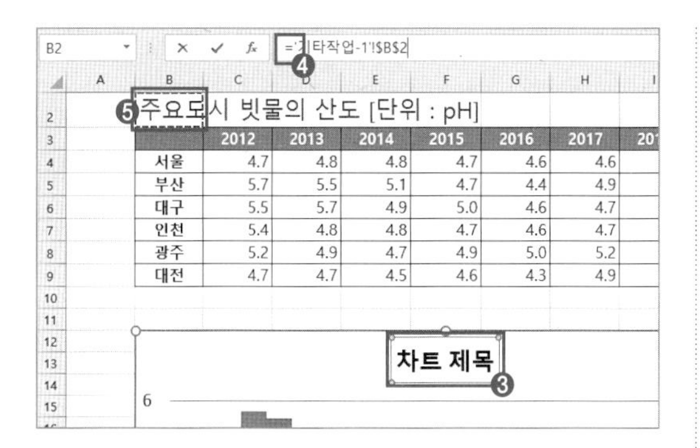

주요도시 빗물의 산도 [단위 : pH]

	2012	2013	2014	2015	2016	2017
서울	4.7	4.8	4.8	4.7	4.6	4.6
부산	5.7	5.5	5.1	4.7	4.4	4.9
대구	5.5	5.7	4.9	5.0	4.6	4.7
인천	5.4	4.8	4.8	4.7	4.6	4.7
광주	5.2	4.9	4.7	4.9	5.0	5.2
대전	4.7	4.7	4.5	4.6	4.3	4.9

③ 차트 영역에서 마우스 오른쪽 클릭 → [차트 종류 변경] → [차트 종류 변경] 대화 상자 → [모든 차트] 탭 → '꺾은선형' 선택 → '표식이 있는 꺾은선형' 선택 → 확인을 클릭한다.

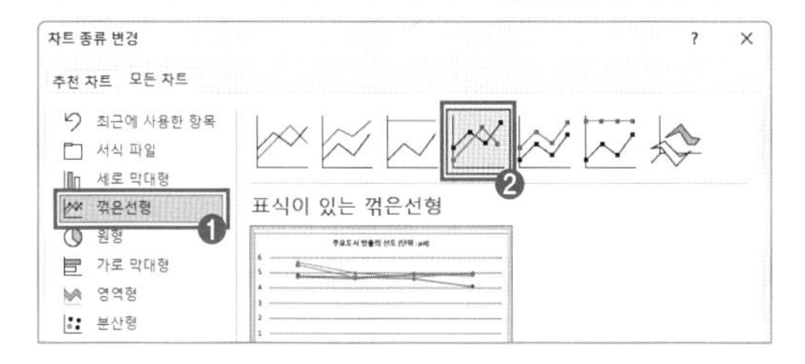

④ 차트 그림 영역 선택 → 서식 → [도형 스타일] → '미세 효과 – 회색, 강조 3'을 선택한다.

⑤ 세로 (값) 축을 더블클릭 → [축 서식] 창 → '축 옵션 ' → 경계 최솟값은 **4**, 최댓값은 **6**, 기본은 **0.2**를 입력 → '눈금' → 주 눈금은 '바깥쪽'을 선택 → '표시 형식' → 범주는 '숫자' → 소수 자릿수는 **1**을 입력 → [차트 요소] 도구 → 눈금선 → '기본 주 세로'를 선택한다.

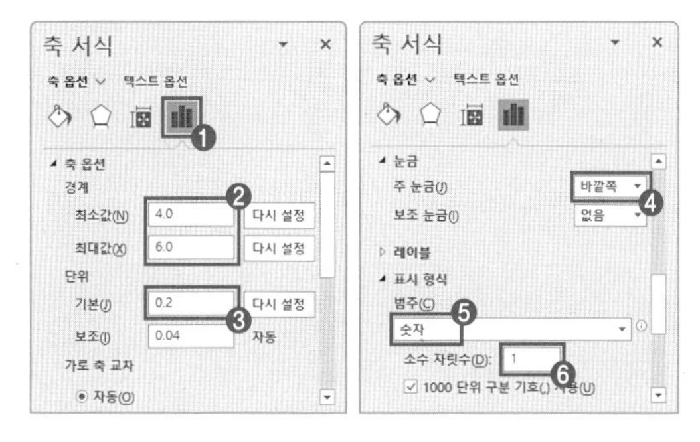

⑥ 차트 영역 선택 → [차트 영역 서식] 창 → '채우기 및 선 ' → '테두리' → '둥근 모서리' 체크 → '효과 ' → '그림자' → 미리 설정에서 '안쪽: 가운데'를 선택한다.

2. '기타 작업-2' 매크로 정답

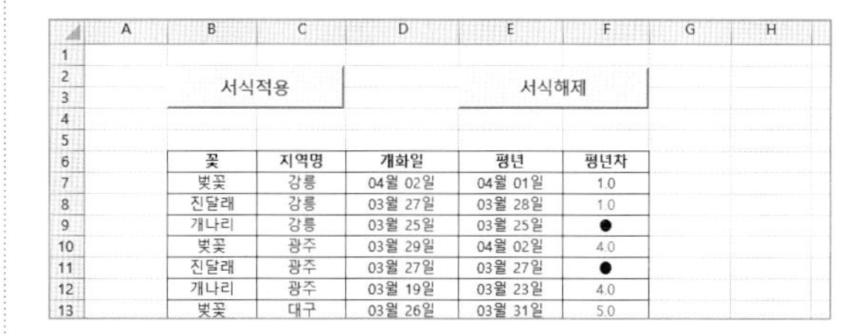

꽃	지역명	개화일	평년	평년차
벚꽃	강릉	04월 02일	04월 01일	1.0
진달래	강릉	03월 27일	03월 28일	1.0
개나리	강릉	03월 25일	03월 25일	●
벚꽃	광주	03월 29일	04월 02일	4.0
진달래	광주	03월 27일	03월 27일	●
개나리	광주	03월 19일	03월 23일	4.0
벚꽃	대구	03월 26일	03월 31일	5.0

① [개발 도구] → [코드] → [매크로 기록] 선택 → [매크로 기록] 대화 상자 → 매크로 이름은 **서식적용**을 입력 → 매크로 저장 위치는 '현재 통합 문서' → 확인을 클릭한다.

② [F7:F39] 범위 선택 → Ctrl + 1 → [셀 서식] 대화 상자 → 범주는 '사용자 지정' 선택 → 형식 입력 창에 **[파랑]0.0;[빨강]0.0;[검정]"●"** 입력 → 확인을 클릭한다.

③ 임의의 셀을 선택해 범위 선택 해제 → [개발 도구] → [코드] → [기록 중지]를 선택한다.

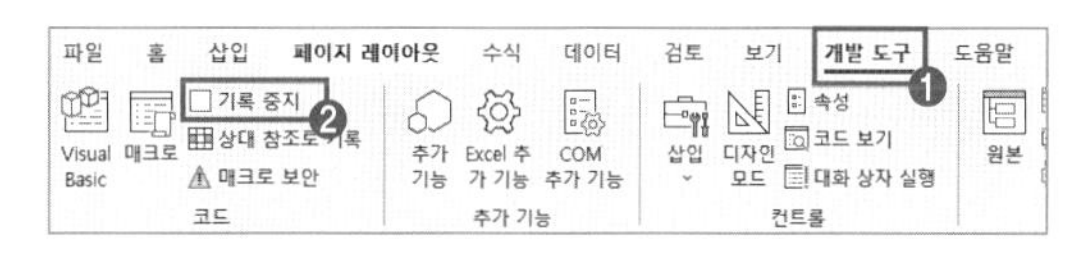

④ [개발 도구] → [컨트롤] → [삽입] → [단추(양식 컨트롤)] Alt를 누른 채 [B2:C3] 범위에 드래그해 삽입 → [매크로 지정] 대화 상자 → '서식적용' 매크로 선택 → 확인을 클릭한다.

⑤ 삽입한 단추를 선택 → **서식적용**을 입력한다.
⑥ [개발 도구] → [코드] → [매크로 기록] 선택 → [매크로 기록] 대화 상자 → 매크로 이름은 **서식해제**를 입력 → 매크로 저장 위치는 '현재 통합 문서' → [확인]을 클릭한다.
⑦ [F7:F39] 범위 선택 → [Ctrl] + [1] → [셀 서식] 대화 상자 → 범주는 '일반'으로 선택 → [확인]을 클릭한다.
⑧ 임의의 셀을 선택하여 범위 선택 해제 → [개발 도구] → [코드] → [기록 중지]를 선택한다.
⑨ [개발 도구] → [컨트롤] → [삽입] → [단추(양식 컨트롤)] → [E2:F3] 범위에 드래그해 삽입 → [매크로 지정] 대화 상자 → '서식해제' 매크로 선택 → [확인]을 클릭한다.
⑩ 삽입한 단추를 선택 → **서식해제**를 입력한다.

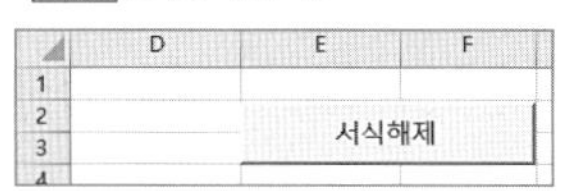

3. '기타 작업-3' 프로시저 정답

① 정답

1) [개발 도구] → [컨트롤] → [디자인 모드] 선택 → '성적입력' 단추 더블클릭 → Microsoft Visual Basic for Application → 코드 편집 창에 **성적등록화면.Show**를 입력한다.

```
Private Sub cmd등록_Click()
  성적등록화면.Show
End Sub
```

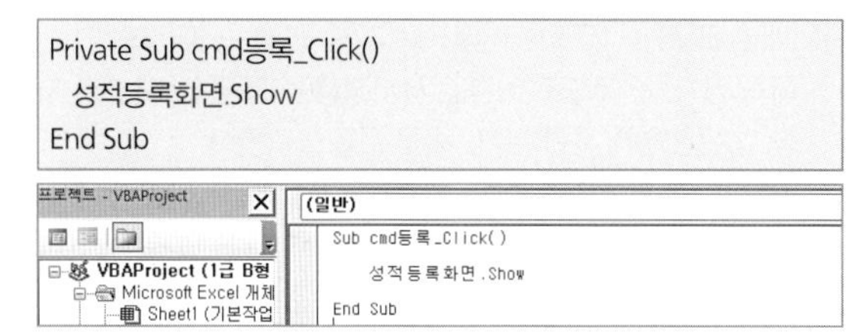

2) 프로젝트 탐색기 → '성적등록화면' 폼 더블클릭 → 개체가 없는 빈 폼 바탕을 더블클릭 → 프로시저는 'Initialize' 선택 → UserForm_Initialize() 프로시저 블록에 다음과 같이 코드를 입력한다.

```
Private Sub UserForm_Initialize()
  cmb수강자.RowSource = "O6:P17"
End Sub
```

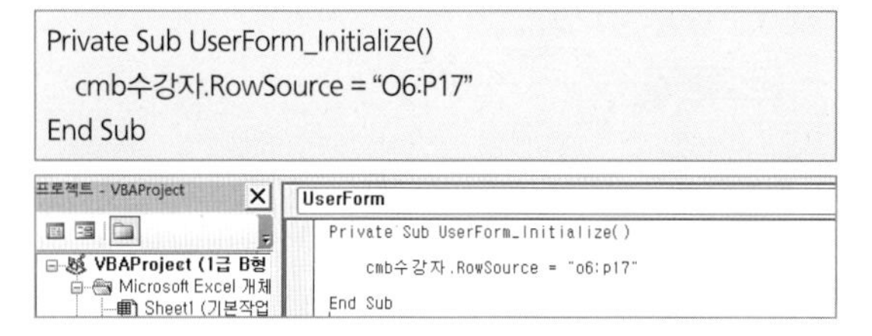

② 정답

1) 프로젝트 탐색기 → '성적등록화면' 폼 더블클릭 → 'cmd등록' 단추를 더블클릭한다.
2) cmd등록_Click() 블록 안에 다음과 같이 코드를 입력한다.

```
Private Sub cmd등록_Click()
❶ 행 = [B4].Row + [B4].CurrentRegion.Rows.Count
❷ Cells(행, 2) = cmb수강자.List(cmb수강자.ListIndex, 0)
❸ Cells(행, 3) = cmb수강자.List(cmb수강자.ListIndex, 1)
   Cells(행, 4) = txt결석.Value
   Cells(행, 5) = txt지각.Value
   Cells(행, 6) = 20 - (txt결석 * 2 + txt지각 * 1)
❹ Cells(행, 7) = Val(txt과제)
   Cells(행, 8) = Val(txt평가)
❺ If Cells(행, 6) < 12 Then
     Cells(행, 9) = "출석미달"
   Else
     Cells(행, 9) = ""
   End If
End Sub
```

❶ [B4].Row: [표1]의 시작 행 [B4] 셀의 행의 값 출력 → 4
– [B4].CurrentRegion.Rows.Count: [B4] 셀을 기준으로 현재 채워진 행의 개수를 계산한다. → 4
– 4 + 4 = 8: 현재 마지막 행의 값 8을 구한다.
❷ 'cmb수강자' 콤보 상자에서 선택한 첫 번째 열의 값을 Cells(행, 2)에 입력한다.
cmb수강자.List(cmb수강자.선택한 행, 열)
cmb수강자.List(cmb수강자.ListIndex, 0)
❸ 'cmb수강자' 콤보 상자에서 선택한 두 번째 열의 값을 Cells(행, 3)에 입력한다.
❹ 'txt과제' 컨트롤에 입력한 데이터를 수치형으로 변환해 Cells(행, 7)에 입력한다.
'txt평가' 컨트롤에 입력한 데이터를 수치형으로 변환해 Cells(행, 8)에 입력한다.
❺ Cells(행, 6)에 입력한 값이 12 미만이면 Cells(행, 9)에 '출석미달'을 입력하고, 그렇지 않으면 공백("")을 입력한다.

③ 정답

1) 프로젝트 탐색기 → '성적등록화면' 폼 더블클릭 → 'cmd종료' 단추를 더블클릭한다.
2) cmd종료_Click() 블록 안에 다음과 같이 코드를 입력한다.

```
Private Sub cmd종료_Click()
❶ MsgBox Time & "평가를 종료합니다.", vbOKOnly, "등록종료"
❷ Unload Me
End Sub
```

❶ 다음과 같은 메시지 상자를 출력하고 '성적등록화면' 폼을 종료한다.(메모리에서 제거한다.)
❷ 현재 객체를 메모리에서 제거한다.(폼을 닫는다.)

3) [Alt] + [Q]를 눌러 VBA 편집 창을 종료하고 Excel 워크시트로 돌아온다.

국가기술자격검정

03 2024년 기출문제 유형 1회

프로그램명	제한시간
EXCEL 2021	45분

수험번호 :

성　　명 :

www.ebs.co.kr/compass
(EBS 홈페이지에서 엑셀 실습 파일 다운로드)
파일명: 기출(문제) – 24년 1회

문제 1 기본 작업(15점) 주어진 시트에서 다음 과정을 수행하고 저장하시오.

1. '기본 작업-1' 시트에서 다음과 같이 '고급 필터'를 수행하시오. (5점)

- 이름에 '영'을 포함하고 포인트가 10,000 이상인 자료의 지역, 이름, 성별, 구매실적합계, 포인트 정보를 표시하시오.
- 조건은 [B15:B16] 영역 내에 알맞게 입력하시오.(AND, ISERROR, FIND 함수 사용)
- 결과는 [B18] 셀부터 표시하시오.

2. '기본 작업-2' 시트에서 다음과 같이 '조건부 서식'을 설정하시오. (5점)

- [F4:J19] 영역에서 확인이 '유'이면서 '10월', '11월', '12월' 모두 50,000 이상인 행 전체에 대해서 글꼴 스타일을 '굵게', 글꼴 색은 '표준 색-'파랑', 채우기는 '표준 색–노랑'으로 적용하는 조건부 서식을 작성하시오.
- 단, 조건은 수식을 사용하여 한 개의 규칙으로 작성하시오.(AND, COUNTIF 함수 사용)
- [D4:D19] 영역에 대해서 셀 강조 규칙의 텍스트 포함을 이용하여 '신'이 포함된 셀에 대하여 '진한 노랑 텍스트가 있는 노랑 채우기' 서식을 적용하시오.

3. '기본 작업-3' 시트에서 다음과 같이 페이지 레이아웃을 설정하시오. (5점)

- [B28:L93] 영역을 인쇄 영역으로 추가 설정하고 페이지마다 2행이 반복하여 인쇄되도록 설정하시오.
- 용지 방향을 '가로'로 설정하고, 눈금선이 인쇄되도록 설정하시오.
- 짝수 페이지 오른쪽 머리글에 페이지 번호와 현재 시스템의 날짜를 [표시 예]와 같이 표시되도록 머리글을 설정하시오.
  [표시 예: 2페이지 - 오늘 날짜: 2025-02-17]
- 페이지가 가운데 인쇄되도록 가로 가운데 맞춤, 세로 가운데 맞춤을 설정하시오.

문제 2 계산 작업(30점) '계산 작업' 시트에서 다음 과정을 수행하고 저장하시오.

1. [표1]의 총합계 [E4:E12]를 [표1-1]의 대출기간별 이율을 이용하여 계산하시오. (6점)

▶ 총합계는 금액 * 대출기간별 이율로 계산한다.
▶ 대출기간별 이율은 대출기간(월)과 카드구분을 이용해서 [표1-1]과 비교하여 계산한다.
▶ HLOOKUP, MATCH 함수 사용

2. [표2]의 데이터베이스 점수[L4:L17]가 데이터베이스 평균 점수 이상이면 '△'을 표시하고 평균 점수 미만일 경우 공백을 표시하시오. (6점)

▶ 평균 점수 이상이면서 순위가 5위 이내이면, 평가[M4:M19]에 1위 '★★★★★', 2위 '★★★★', 3위 '★★★', 4위 '★★', 5위 '★'로 표시하시오.
▶ AVERAGE, IF, RANK.EQ, CHOOSE 함수 사용

3. [표2] 시험성적을 이용해서 점수구간별 각 과목의 점수대별 빈도수를 [표2-2] 영역에 계산하여 표시하시오. (6점)

▶ IF, FREQUENCY 함수 사용
▶ 단, 빈도수가 0이면 '★'을 표시

4. [표4]의 과목명과 수험번호를 이용해서 [표4-1]의 [C32:F34] 영역에 최댓값을 계산하여 표시하시오. (6점)

▶ [표4]의 수험번호에서 앞의 1글자를 추출한 것이 [표4-1]의 구분 기호임.
▶ 점수가 100점 이하인 자료에서 구분기호별, 과목별 최댓값을 계산하여 표시
▶ IF, MAXA, LEFT 함수를 이용한 배열 수식

5. [표3]에서 사용자 정의 함수 'fn자동차세'를 작성한 후, 'fn자동차세'를 이용하여 [표3]의 [R14:R17] 영역에 자동차세를 계산하시오. (6점)

▶ 'fn자동차세'는 배기량을 인수로 받아 자동차세를 판정하여 되돌려줌.
▶ 자동차세 = 배기량 ×배기량에 따른 과세표준
▶ 배기량에 따른 과세표준은 배기량이 1000~2000 사이 '100', 2000 초과 3000 이하는 '200', 3000 초과는 '300'으로 계산
▶ Select Case 명령어를 사용

```
Public Function fn자동차세(배기량)

End Function
```

6. [표5]의 종료시간(분)을 이용해서 [D38:D47] 영역에 환산 값을 계산하여 표시하시오.

▶ 종료 소요 시간(분)의 시간은 120 미만이면 시간만 표시하고 120 이상이면 시간과 분을 표시하시오.
[표시 예: 105분 → 1시간, 128분 → 2시간 8분, 60분 미만 → 0시간]
▶ IF, MOD, ROUNDUP, TEXT 함수 사용

7. [표6]의 코드번호를 이용해서 [표6-1][J21:J24] 영역에 알맞은 도서제목을 표시하시오.

▶ 도서번호의 오른쪽 두 글자가 코드번호가 됨.
▶ RIGHT, HLOOKUP, VLOOKUP, LOOKUP 함수 중 적절한 것을 사용

8. [표9-1]과 [표9-2]를 참조하여 제품번호별 제품명과 4월, 5월, 6월의 합을 [표9]의 [C51:C53] 영역에 표시하시오.

▶ [표9]의 제품명은 [표10]의 제품번호의 마지막 문자에 따라 [표9-1]을 참고하여 구하고, 결과는 제품명-합계로 표시하시오.
▶ [표시 예: IPHERAL-377 (제품번호가 A001인 경우), 제품명은 대문자로 표시하시오.]
▶ SUM, HLOOKUP, VALUE, RIGHT, CONCAT, UPPER 함수를 이용한 배열 수식

9. [표12-1]의 판매일, 상품명, 판매금액을 이용하여 [표12]의 상품명별, 분기별 판매금액의 합계를 [C60:F64] 영역에 계산하시오.

▶ 십의 자리에서 내림하여 백의 자리까지 표시
▶ 결과가 0일 경우 공백으로 표시
▶ IF, ROUNDDOWN, SUM, MONTH 함수를 이용한 배열 수식

10. [표10]의 점수[L36:L46]와 [표10-1]의 학과별 점수비율[J31:L31]을 반영하여 합계[M36:M46]를 계산하시오.

▶ SUMPRODUCT, OFFSET, MATCH 함수 사용

문제 3 분석 작업(20점) 주어진 시트에서 다음 과정을 수행하고 저장하시오.

1. '분석 작업-1' 시트에서 피벗 테이블 보고서를 작성하시오. (10점)

▶ 피벗 테이블 삽입의 '외부 데이터 원본 사용'에서 외부 데이터 가져오기 기능을 이용하여 <지출.accdb>에서 <지출합계> 테이블을 이용하시오.
▶ 피벗 테이블 보고서의 레이아웃은 테이블 형식으로 지정하고 나머지는 <그림>을 참조하여 작성하시오.
▶ 실적 – 목표를 계산하는 '차이' 계산 필드를 추가하시오.

▶ 피벗 테이블 스타일은 '하늘색, 피벗 스타일 밝게 27', 피벗 테이블 옵션은 '행 머리글', '열 머리글', '줄무늬 열'을 설정하시오.

▶ 빈 셀은 '*'로 표시하고, 레이블이 있는 셀은 병합하고 가운데 맞춤이 되도록 설정하시오.

▶ '목표', '실적', '차이' 필드는 표시 형식을 값 필드 설정의 셀 서식에서 '사용자 지정' 범주를 이용하여 천 단위 절삭하여 표시하고 양수는 파랑색, 음수는 빨강색 서식으로 설정하시오. [표시 예: 1000000 → 1,000원, 0 → 검정색, 0원]

▶ '소속' 필드를 '홀수팀', '짝수팀'별로 그룹을 설정하고, 보고서 필터를 이용하여 '정규직'만 표시하시오.

▶ '제작연도' 필드는 <그림>을 참고하여 수정하시오.

▶ 행의 총합계와 열의 총합계는 해제하고, 부분합은 표시 안 함으로 설정하시오.

▶ 작성된 피벗 테이블에서 '서울4팀' 자료만을 대상으로 별도 시트로 작성하고 시트 이름은 '서울4팀'으로 하여 '분석 작업-1' 시트 왼쪽에 배치하시오.

	A	B	C	D	E	F	G	H	I
1									
2		채용형태	정규직						
3									
4				제작연도	값				
5					2025년			2026년	
6		소속2	소속	평균 : 목표	합계 : 실적	합계 : 차이	평균 : 목표	합계 : 실적	합계 : 차이
7		홀수팀	대구1팀	*	*	0원	212,000	225,000	13,000
8			서울3팀	150,000	140,000	10,000	*	*	0원
9			인천1팀	140,000	190,000	50,000	*	*	0원
10		짝수팀	과천4팀	*	*	0원	130,000	130,000	0원
11			서울2팀	180,000	340,000	160,000	150,000	130,000	20,000
12			서울4팀	*	*	0원	110,000	120,000	10,000
13									

	A	B	C	D	E	F	G	H	I	J	K
1	ID	소속	채용형태	목표	실적	직접경비	간접경비	경비합계	제작년도		
2	12	서울4팀	정규직	110000000	120000000	7891000	4000000	11891000	2026.03		
3											

2. '분석 작업-2' 시트에 대하여 다음의 지시 사항을 처리하시오. (10점)

▶ 데이터 도구를 이용하여 [표1]에서 '사번', '성명', '성별' 열을 기준으로 중복된 값이 입력된 셀을 포함하는 행을 삭제하시오.

▶ 조건부 서식을 이용하여 [F3:G30] 영역은 성적이 800 이상이면, '금색 별(★)', 700 이상이면 '금색 별 반쪽(☆)', 나머지는 '은색 별(☆)'이 숫자 앞에 표시되도록 설정하시오.
 – 서식 스타일은 '아이콘 집합', 아이콘 스타일은 '별 3개'로 하시오.

▶ [정렬] 기능을 이용하여 2025년 성적이 만별이 맨 위에 표시되도록 설정하시오.

문제 4 기타 작업(35점) 주어진 시트에서 다음 과정을 수행하고 저장하시오.

1. '기타 작업-1' 시트에서 다음의 지시 사항에 따라 그림과 같이 표시되도록 차트를 수정하시오. (10점)

※ 차트는 반드시 문제에서 제공한 차트를 사용하여야 하며, 신규로 차트 작성 시 0점 처리됨.

① '어학' 계열의 데이터가 <그림>과 같이 표시되도록 데이터 범위를 추가하시오.

② 차트의 각 제목은 <그림>과 같이 설정하고, 차트 제목의 글꼴 크기는 '14'로 설정하시오.

③ 소양 계열의 사무 요소에 대해서만 데이터 레이블을 '값'으로 지정하시오.

④ <그림>과 같이 범례 표지와 함께 데이터 표를 추가하고, 범례를 표시하지 마시오.

⑤ 세로 (값) 축의 기본 단위를 '60', 최댓값을 '180'으로 설정하시오.

⑥ 차트의 값 축을 소수 1자리를 포함한 백분율(%) 서식으로 변경하시오. [표시 예: 1.8%]

⑦ 차트의 세로축 제목을 추가하고 축 이름을 그림과 같이 설정하시오.

⑧ 차트 옆면의 채우기는 '채우기 없음'으로 설정하고 세로 (값) 축의 이름을 <그림>과 같이 설정하시오.

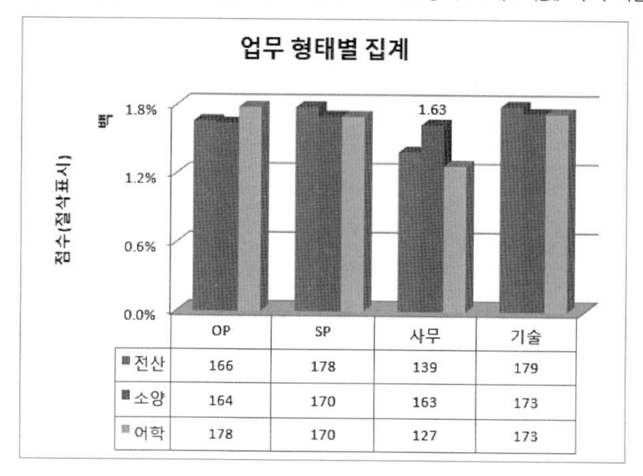

2. '기타 작업-2' 시트에서 다음과 같은 기능을 수행하는 매크로를 현재 통합 문서에 작성하시오. (각 5점)

① [D4:I28] 영역에 대하여 사용자 지정 표시 형식을 설정하는 '서식적용' 매크로를 생성하시오.

▶ 셀 값이 1이면 녹색으로 '○', 0이면 빨강색으로 '→'로 표시한 후 셀 너비만큼 공백으로 채우고 숫자를 뒤에 표시하시오. [표시 예: 1인 경우 → | ○ (1) |, 0인 경우 → | → (0) |]

▶ [개발 도구]-[삽입]-[양식 컨트롤]의 '단추'를 동일 시트의 [K3:L4] 영역에 생성한 후 텍스트를 '서식적용'으로 입력하고, 단추를 클릭하면 '서식적용' 매크로가 실행되도록 설정하시오.

② [I4:I28] 영역에 대하여 조건부 서식을 적용하는 '신호등보기' 매크로를 생성하시오.

▶ 규칙 유형은 '셀 값을 기준으로 모든 셀의 서식 지정'으로 선택하고, 서식 스타일 '아이콘 집합', 아이콘 스타일 '4색 신호등'과 '빨간색 십자형 기호'로 설정하시오.

▶ 백분율이 80 이상이면 '녹색 원', 백분율이 50 이상이면 '노란색 원', 25 이상이면 '빨강색 원', 나머지는 '빨간색 십자형 기호'로 설정하시오.

▶ [개발 도구]-[삽입]-[양식 컨트롤]의 '단추'를 동일 시트의 [K6:L7] 영역에 생성한 후 텍스트를 '신호등보기'로 입력하고, 단추를 클릭하면 '신호등보기' 매크로가 실행되도록 설정하시오.

3. '기타 작업-3' 시트에서 다음과 같은 작업을 수행하고 저장하시오. (각 5점)

① '근태관리' 단추를 클릭하면 오늘 날짜와 시간을 표시한 창이 나타난 후, '확인'을 누르면 사용자 정의 폼 <근태관리폼>이 나타나도록 하시오.

▶ 폼이 열리면 'List부서' 목록 상자에 참조표의 'K5:M8'의 내용이 목록에 표시되도록 하고 두 번째 항목이 기본적으로 선택되도록 하시오.(ColumCount, ListIndex 사용)

▶ 등록일을 나타내는 콤보 상자(cmb등록일)에는 시스템의 현재 날짜부터 7일 전까지를 목록에 표시하고 기본값으로 현재 날짜가 표시되도록 설정하시오.

▶ 폼이 열릴 때 'Txt성명'에 포커스가 이동하도록 하고, 'cmb등록일' 컨트롤에 탭이 정지되지 않도록 설정하시오.

② 각 항목을 입력하고 입력 버튼을 클릭하면 폼에 입력된 데이터가 [표1]에 입력된 마지막 행 다음에 연속하여 추가 입력되도록 작성하시오. 입력 후 폼의 각 입력 상자는 초기화 되도록 하시오.

▶ 평점은 (출근일수*10) - (지각*5)로 계산하며 Round 함수를 이용해서 정수로 나타내시오.

▶ 'Txt출근일수'가 입력되지 않으면 '출근일수를 입력해주세요'라는 메시지 박스를 표시하시오.

▶ 'Txt지각일수'가 입력되지 않으면 '지각일수를 입력해주세요'라는 메시지 박스를 표시하시오.

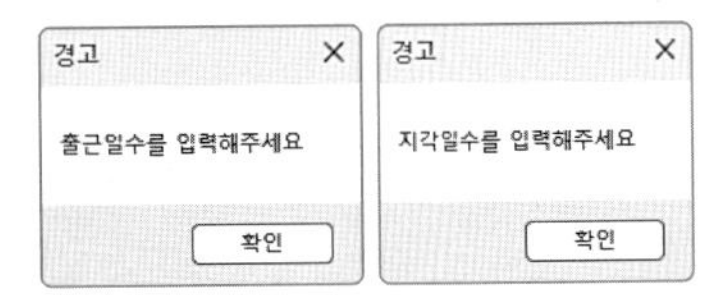

③ '종료' 버튼을 클릭하면 <근태관리폼>이 화면에서 사라지면서 [A1] 셀의 높이가 '30', 너비 '5'가 되도록 프로시저를 작성하시오.

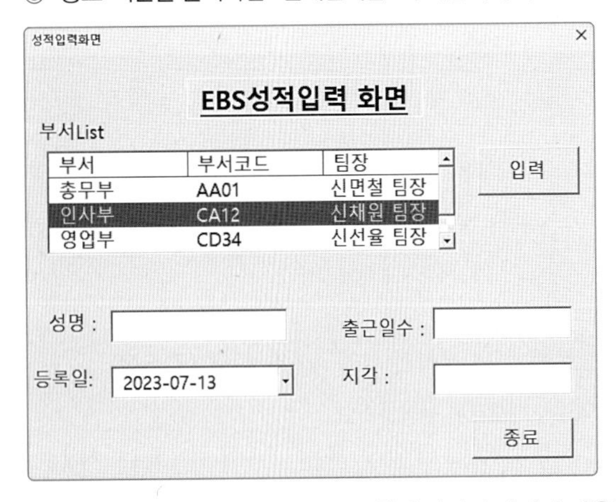

※ 데이터를 추가하거나 삭제하여도 항상 마지막 데이터 다음에 입력되어야 함.

문제 1 기본 작업(15점)

1. '기본 작업-1' 정답

	B	C	D	E	F
14					
15	조건				
16	FALSE				
17					
18	지역	이름	성별	구매실적합계	포인트
19	강북	고영정	여	411,020	27,000
20	강북	이정영	여	283,200	13,000
21					

① [B15:B16] 범위에 **조건**, **=AND(ISERROR(FIND("영",C3))=FALSE,I3>=10000)** 입력 → 결과를 표시할 필드에 '지역', '이름', '성별', '구매실적합계', '포인트' 필드를 복사하여 [B18:F18] 범위에 붙여넣기 → [B2:I13] 범위에서 임의의 셀 선택 → [데이터] → [정렬 및 필터] → [고급]을 선택한다.

	B	C	D	E	F	G	H	I
13	강북	박정진	남	7,000	8,700	10,250	25,950	1,000
14								
15	조건							
16	=AND(ISERROR(FIND("영",C3))=FALSE,I3>=10000)							
17								
18	지역	이름	성별	구매실적합계	포인트			
19								

① FIND("영",C3)=FALSE: [C3] 셀에 '영'을 포함한 문자열이 없으면 #VALUE 오류를 출력한다.
② ISERROR(#VALUE)=FALSE: ①에서 오류가 발생하면('영'이 없으면) TRUE를 출력하고 FALSE와 비교한다. → 결과: TRUE=FALSE → FALSE

② [고급 필터] 대화 상자 → '다른 장소에 복사' 선택 → 조건 범위는 [B15:B16] 선택 → 복사 위치는 [B18:F18] 범위 선택 → 확인 을 클릭한다.

2. '기본 작업-2' 정답

	B	C	D	E	F	G	H	I	J
1									
2	인사고과								
3	부서명	사번	이름	직위	입사일자	10월	11월	12월	확인
4	총무부	201204	정태은	사원	2023-02-25	52000	82000	47000	무
5	총무부	201209	윤여송	대리	2023-01-28	35000	83000	84000	유
6	기획실	201101	전웅섭	사원	2023-02-25	54000	82000	89000	유
7	기획실	201105	이나영	대리	2021-08-27	59000	78000	85000	유
8	기획실	201109	홍지원	사원	2025-08-27	65000	76000	84000	무
9	기획실	201111	신선율	대리	2021-12-14	39000	45000	49000	무
10	기획실	201112	김순영	대리	2023-01-28	75000	85000	82000	유
11	기획실	201114	정민우	대리	2024-06-26	36000	68000	39000	무
12	기획실	201116	신채원	대리	2021-08-27	15000	72000	47000	무
13	기획실	201118	신면철	대리	2021-08-09	65000	78000	19000	무
14	기획실	201121	이지혜	사원	2026-03-27	45000	69000	17000	무
15	기획실	201122	김조한	사원	2025-06-26	49000	82000	48000	유
16	기획실	201123	강수지	대리	2021-05-09	65000	70000	39000	무
17	기획실	201125	김경화	대리	2021-01-28	78000	91000	92000	유
18	기획실	201130	김유식	사원	2023-01-28	92000	82000	90000	유
19	기획실	201135	곽성일	대리	2023-06-26	76000	68000	65000	무
20									
21									

① [F4:J19] 범위 선택 → [홈] → [스타일] → [조건부 서식] → [새 규칙] → [새 서식 규칙] 대화 상자 → '수식을 사용하여 서식을 지정할 셀 결정' 선택 → 다음 수식이 참인 값의 서식 지정 입력 창에 **=AND($J4="유",COUNTIF($G4:$I4,">=50000"))** 입력 → 서식 클릭 → [셀 서식] 대화 상자 → [글꼴] 탭 → 색은 표준 색 '파랑'을 선택 → [채우기] 탭 → 표준 색 '노랑' 선택 → 확인 을 클릭한다.

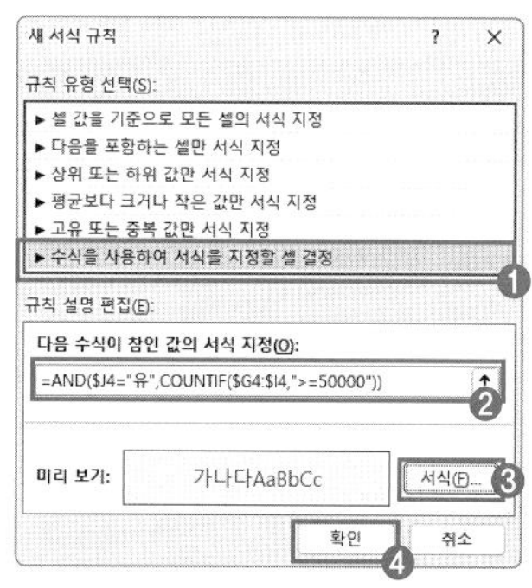

② [D4:D19] 범위 선택 → [홈] → [스타일] → [조건부 서식] → [셀 강조 규칙] → [텍스트 포함] → 다음을 포함하는 셀만 서식 지정에 **신**을 입력 → 적용할 서식을 '진한 노랑 텍스트가 있는 노랑 채우기'로 선택 → 확인 을 클릭한다.

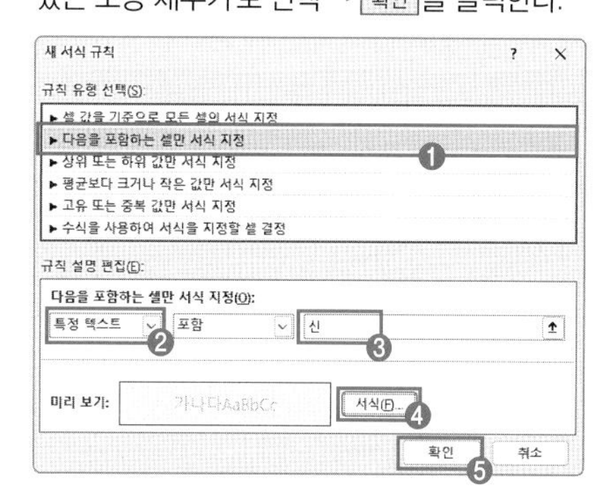

3. '기본 작업-3' 정답

2페이지-오늘날짜 : 2023-07-14

학번	성명	나이	성별	분반	학과	중간	기말	평소	과제	비고
202427052	면처리	20	여	5	보건학과	25	0	60	62	
202427054	강동현	20	여	7	보건학과	99	100	89	100	
202427055	쿡세한	19	여	8	보건학과	47	36	55	68	
202427056	서뉴리	20	여	1	보건학과	65	55	72	82	
202427057	윤아인	20	여	2	보건학과	88	100	63	72	
202427058	차윤교	20	여	3	보건학과	96	100	83	93	
202427059	칸철민	20	여	4	보건학과	92	100	69	84	
202427061	칸미란	20	여	6	보건학과	21	0	0	70	
202505001	신현천	19	남	2	자동차	37	100	68	57	
202505002	쿡형섭	19	여	3	자동차	22	100	74	80	
202505005	칸형중	20	여	6	생명공학	13	100	78	75	
202505006	권혜리	19	남	7	간호학	12	31	40	0	
202505009	발혜정	19	남	2	자동차	32	0	24	8	
202505012	조혜진	22	남	5	간호학	38	61	74	4	
202505014	진혜진	28	여	7	경영과	60	72	82	79	
202505015	안희선	20	여	8	생명공학	86	100	100	90	
202505017	발경수	19	여	2	간호학	38	51	82	16	o
202505022	칸경희	19	여	7	생명공학	88	100	100	92	
202505023	칸민	18	여	8	간호학	12	60	96	83	

① [페이지 레이아웃] → '페이지 설정 ⧉' → [페이지 설정] 대화 상자 → [시트] 탭 → 인쇄 영역 → , 입력 → [B29:L93] 영역 추가 → 반복할 행은 [2] 행 머리글 선택 → '눈금선' 체크 → 확인을 클릭한다.

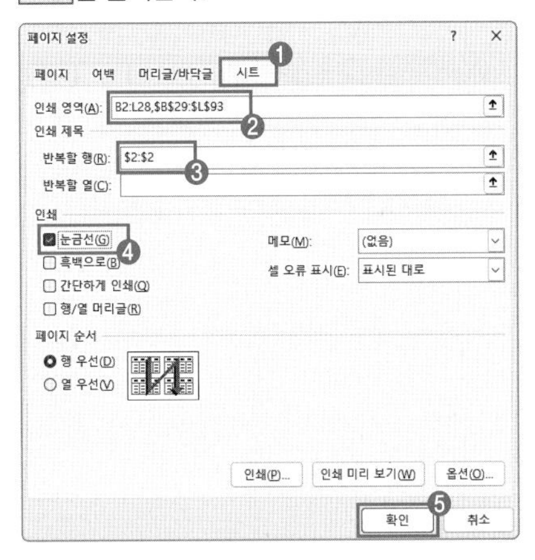

② [페이지] 탭 → 용지 방향은 '가로' → [여백] 탭 → 페이지 가운데 맞춤은 '가로', '세로'를 체크한다.

③ [머리글/바닥글] 탭 → '짝수와 홀수 페이지를 다르게 지정' → 머리글 편집 → [머리글] 대화 상자 → [짝수 페이지 머리글] 탭 → 오른쪽 구역에 **&[페이지 번호]페이지-오늘날짜: &[날짜]** 입력(날짜 📅, 페이지 번호 📄 아이콘 사용) → 확인을 클릭한다.

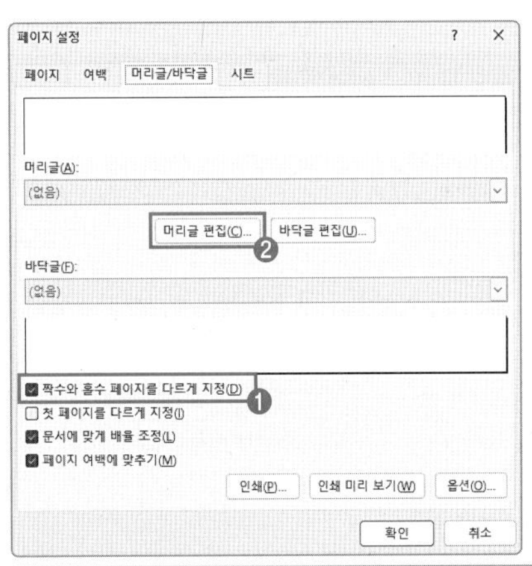

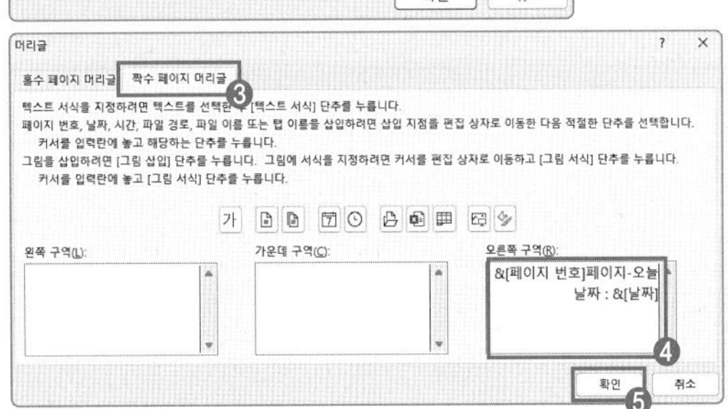

문제 2 계산 작업(30점)

[표1]

금액	카드구분	대출기간(월)	총합계
₩100,000	한국카드	3	₩3,000
₩200,000	BC카드	6	₩14,000
₩300,000	한국카드	9	₩27,000
₩250,000	BC카드	12	₩32,500
₩150,000	한국카드	3	₩4,500
₩350,000	가진카드	6	₩24,500
₩120,000	국민카드	9	₩12,000
₩230,000	한국카드	24	₩27,600
₩560,000	한국카드	48	₩67,200

[표2] 시험성적

	웹디자인	정보처리	데이터베이스	평가
안수영	81	47	89	★★★★
정미숙	38	60	75	
김정희	51	67	42	
최완석	44	76	80	△
김선덕	46	83	96	★★★★★
박종명	33	89	78	△
주영현	53	43	77	△
이혜영	39	88	85	★★★
조애경	81	60	80	△
김경희	20	69	72	
정미숙	51	60	83	★★
조안나	97	27	83	★★
최연순	25	85	49	
정영하	64	27	73	

[표3] 차종별 자동차세

차종코드	배기량	년식	자동차세
G001	800	2007	₩0
S002	1500	2005	₩150,000
M003	2200	2006	₩440,000
L004	3500	2004	₩1,050,000

[표2-2] 점수대별 빈도

점수구간		웹디자인	정보처리	데이터베이스
0점 ~	60 점대	10	10	10
61 점~	70 점대	1	1	1
71 점~	80 점대	★	★	★
81 점~	90 점대	2	2	2
91 점~	100 점대	1	1	1

[표4-1]

구분기호	DB구축	계산작업	기본작업	분석작업
A	98	90	98	90
B	98	91	94	81
C	100	99	98	94

1. 정답

[E4] 셀 선택 → **=B4*HLOOKUP(D4,$C$15:$G$17,MATCH(C4,$B$16:$B$17,-1)+1,1)** 입력 → [E12] 셀까지 수식을 복사한다.

① MATCH(C4,$B$16:$B$17,-1)+1
- 카드구분 [C4] 셀 값을 [B16:B17] 영역에서 찾아 값의 위치를 출력한다. → 결과: 1
- Match_type: 찾을 범위 값이 내림차순으로 정렬되어 있으므로 -1을 입력한다.

- HLOOKUP 함수로 찾을 [C4] 셀보다 MATCH 함수로 찾을 카드 종류가 1행 아래 있으므로 찾은 위치 값에 1을 더한다.

② =HLOOKUP(D4,$C$15:$G$17,2,1)*B4
- [D4] 셀 값을 [C15:G17] 범위에서 찾아 두 번째 행 값을 가져온다. → 결과: 3%
- =3%*B4 → 3%*100000=3000

2. 정답

[M4] 셀 선택 → **=IF(L4>=AVERAGE($L$4:$L$17),IF(RANK.EQ(L4,$L$4:$L$17,0)<=5,CHOOSE(RANK.EQ(L4,$L$4: $L$17,0),"★★★★★","★★★★","★★★","★★","★"), "△"),"")** 입력 → [M17] 셀까지 수식을 복사한다.

(ⓐ: =IF(L4>=AVERAGE($L$4:$L$17), ⓑ: IF(RANK.EQ(L4,$L$4:$L$17,0)<=5, ⓒ: CHOOSE(RANK.EQ(L4,$L$4: $L$17,0),"★★★★★","★★★★","★★★","★★","★"))

① 데이터베이스 점수[L4]가 데이터베이스 평균 이상이면 ⓑ번 블록을 실행하고 아니면 공백("")을 출력한다.
② 데이터베이스 점수가 평균 이상이면서 5위 이내이면 ⓒ번 블록을 실행하고 아니면 '△' 출력한다.
③ ①과 ② 조건 외 값은, 5위 이내의 순위를 구해 CHOOSE 함수 인덱스 값으로 사용하여 순위에 해당하는 만큼 ★을 출력한다.: [M4] 셀의 순위가 2이므로 CHOOSE(2,"★★★★★","★★★★","★★★","★★","★") → "★★★★" 출력된다.

3. 정답

[Q4] 셀 선택 → **=IF(FREQUENCY(J$4:J$17,$P$4:$P$7)=0,"★",FREQUENCY(J$4:J$17,$P$4:$P$7))** 입력 → [Q4:Q8] 범위 선택 → [S8] 셀까지 수식을 복사한다.

점수대별 빈도수가 0이면 '★' 출력하고 0이 아니면 빈도수를 계산한다.

4. 정답

[C32] 셀 선택 → **=MAXA(IF((LEFT($B$21:$B$28,1)=$B32)*(D$21:D$28<=100),D$21:D$28))** 입력 → [F34] 셀까지 수식을 복사한다.

[B21:B28] 범위의 첫 번째 글자가 [B32] 셀과 같으면서 [D21:D28] 범위 값이 100 이하이면 [D21:D28] 영역의 배열 값을 구한다.
- MAXA(98;80;FALSE;FALSE;FALSE;FALSE;FALSE;FALSE) → 98
- MAXA 함수는 논리값, 텍스트를 포함하여 최댓값을 구한다.
- FALSE는 0, TRUE는 1

5. 정답

① Alt + F11 → Microsoft Visual Basic for Application → 프로젝트 탐색기 빈 곳에서 마우스 오른쪽 클릭 → [삽입] → [모듈]을 선택한다.
② 코드 편집 창에 다음과 같이 코드를 입력한다.

```
Public Function fn자동차세(배기량)
  Select Case 배기량              Select Case 문 숫자 범위 표현
    Case 1000 To 2000             Select Case 판단변수
     fn자동차세 = 배기량 * 100     Case A To B
    Case 2001 To 3000               실행1
     fn자동차세 = 배기량 * 200     Case C To B
    Case Is > 3000                  실행2
     fn자동차세 = 배기량 * 300
    Case Else
     fn자동차세 = 배기량 * 0
  End Select
End Function
```

③ Alt + Q를 눌러 Microsoft Visual Basic for Application을 종료한다.
④ [R14] 셀 선택 **=fn자동차세(P14)** 입력 → Enter → [R17] 셀까지 수식을 복사한다.

6. 정답

한.번.더.
계산 작업 정답

	A	B	C	D	E	F	G
35							
36		[표5]					
37		번호	종료시간(분)	환산값	이름	학과	
38		1	105	1시간	정태진	비서학과	
39		2	128	2시간 8분	윤영장	컴퓨터학과	
40		3	102	1시간	전웅섭	사회복지학과	
41		4	99	1시간	영장미	사회복지학과	
42		5	64	1시간	정민우	컴퓨터학과	
43		6	148	2시간 28분	장주연	컴퓨터학과	
44		7	78	1시간	정익종	비서학과	
45		8	115	1시간	김은미	비서학과	
46		9	125	2시간 5분	조병학	사회복지학과	
47		10	119	1시간	김수영	컴퓨터학과	

[D38] 셀 선택 → **=IF(C38<120,TEXT(ROUNDUP(C38/60,0)-1,"#시간"),TEXT(ROUNDUP(C38/60,0)-1,"#시간") &" "&MOD(C38,60)&"분")** 입력 → [D47] 셀까지 수식을 복사한다.

① TEXT(ROUNDUP(C38/60,0)-1,"#시간")
- [C38] 셀 값을 60으로 나눈 값을 정수로 올림 하고 1을 뺀 결과를 "#시간" 형식으로 출력한다.
- 120분 미만은 1시간이므로 105/60 = 1.75 → ROUNDUP(1.75,0) → 2 − 1 → 1
- ROUNDDOWN 함수가 제시되었다면 1은 생략한다.

② MOD(C38,60)&"분")
- [C38] 셀을 60으로 나누고 나머지를 계산한다. MOD(105,60) → 45

③ [C38] 셀 값이 120 미만이면 1시간 출력, 아니면 1시간 &" "& 45분을 실행한다. [C38] 셀 결과: 1시간

7. 정답

	H	I	J	K	L	M	N	O
18								
19		[표6-1]						
20		도서번호	도서제목					
21		D-01	회사통 엑셀					
22		D-27	기본서					
23		D-02	사무자동화					
24		A-11	절대족보					

[J21] 셀 선택 → **=LOOKUP(RIGHT(I21,2)*1,$J$28:$M$28,$J$27:$M$27)** 입력 → [J24] 셀까지 수식을 복사한다.

> ① [I21] 셀의 오른쪽 두 글자를 인출하고 *1 연산을 수행하여 정수로 변환한다.: 어떤 값에 1을 곱하면 그 값의 크기는 달라지지 않는다. 엑셀에서는 VALUE 함수와 같은 기능을 수행할 수 있다.
> ② [J28:M28] 범위에서 ① 값을 찾아서 [J27:M27] 범위에 해당 열의 값을 가져온다.
> – LOOKUP(찾을 값, 찾을 범위, 가져올 범위) → 결과: '회사통 엑셀'

8. 정답

	A	B	C
49		[표9]	
50		제품번호	제품명-합
51		A001	PERIPHERAL-352
52		A003	SSD-377
53		A005	CPU-301

[C51] 셀 선택 → **=CONCAT(UPPER(HLOOKUP(VALUE(RIGHT(B51,1)),$J$50:$L$52,3)),"-",SUM(($I$56:$I$64=B51)*$K$56:$M$64))** 입력 → [D53] 셀까지 수식을 복사한다.

> ① UPPER(HLOOKUP(VALUE(RIGHT(B51,1)),$J$50:$L$52,3)): [B51] 셀 오른쪽 한 글자를 숫자 형으로 변환 후 [J50:L52] 범위에서 찾아 범위 내 3번째 행의 값을 대문자로 출력한다. → PERIPHERAL
> ② SUM(($I$56:$I$64=B51)*$K$56:$M$64)): 제품번호[I56:I64]별 4월, 5월, 6월 실적[K56:M64]의 합계를 계산한다.
> ③ CONCAT(PERIPHERAL"-",352): 결과를 연결해 출력한다.

9. 정답

	B	C	D	E	F	G
55						
56	[표12]					
57	분기	1/4분기	2/4분기	3/4분기	4/4분기	
58	판매월	1월	4월	7월	10월	
59		3월	6월	9월	12월	
60	핫베드	₩1,900	₩2,600	₩1,500		
61	스텝모터	₩2,300			₩1,000	
62	라스베리	₩1,000	₩1,000	₩1,800	₩2,800	
63	리드스크류	₩900	₩1,200		₩2,500	
64	A4788	₩1,900	₩1,400			
65						

[C60] 셀 선택 → **=IF(ROUNDDOWN(SUM(($C$68:$C$85=$B60)*(MONTH($B$68:$B$85)>=C$58)*(MONTH($B$68:$B$85)<=C$59)*$D$68:$D$85),-2)=0,"",ROUNDDOWN(SUM(($C$68:$C$85=$B60)*(MONTH($B$68:$B$85)>=C$58)*(MONTH($B$68:$B$85)<=C$59)*$D$68:$D$85),-2))** 입력 → [F64] 셀까지 수식을 복사한다.
(ⓐ: ROUNDDOWN(SUM(...),-2)=0 부분, ⓑ: 두 번째 ROUNDDOWN(...) 부분)

> ① ⓐ가 0이면 공백을 출력하고 아니면 ⓑ를 출력한다.
> ② SUM(($C$68:$C$85=$B60)*(MONTH($B$68:$B$85)>=C$58)*(MONTH($B$68:$B$85)<=C$59)*$D$68:$D$85): [C68:C85] 범위와 [B60] 셀이 같으면서 [B68:B85] 범위의 월이 [C58] 셀 이상이고, [B68:B85] 범위의 월이 [C59] 셀 이하인 [D68:D85] 범위의 합계를 계산하여 십의 자리에서 버림 한다.
> ③ ⓐ와 ⓑ의 계산 결과는 동일하다. ⓐ가 0이 아니면 합계를 출력한다.

10. 정답

	H	I	J	K	L	M	N	O
34		[표10]						
35		학과	학번	이름	점수	합계		
36		비서학과	201204	정태진	25	5		
37		컴퓨터학과	201209	윤영장	52	15.6		
38		사회복지학과	201101	전응섭	35	15.75		
39		사회복지학과	201105	영장미	19	8.55		
40		컴퓨터학과	201114	정민우	68	20.4		
41		컴퓨터학과	201116	장주연	92	27.6		
42		비서학과	201118	정익종	29	5.8		
43		비서학과	201121	김은미	55	11		
44		사회복지학과	201122	조병학	82	36.9		
45		컴퓨터학과	201130	김수영	21	6.3		
46		비서학과	201135	곽수일	68	13.6		
47								

[M36] 셀 선택 → **=SUMPRODUCT(OFFSET($I$31,1,MATCH(I36,$J$31:$L$31,0)),L36)** 입력 → [M46] 셀까지 수식을 복사한다.

> ① MATCH(I36,$J$31:$L$31,0)): [I36] 셀을 [J31:L31] 범위에서 정확하게 찾아 해당 범위 내 위치 값을 출력한다. → 1
> ② OFFSET($I$31,1,1)): [I31] 셀을 기준으로 1행 1열 떨어진 참조 영역을 계산한다. → 20
> ③ SUMPRODUCT(20,L36): 20% * 25 = 5

문제 3 분석 작업(20점)

1. '분석 작업-1' 피벗 테이블 보고서 정답

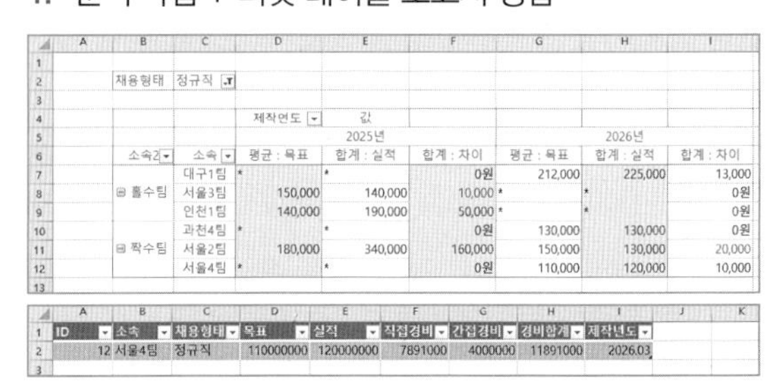

① [B4] 셀 선택 → [삽입] → [표] → [피벗 테이블] → '외부 데이터 원본 사용' 선택 → 연결 선택 → 더 찾아보기 → 'C:₩엑셀실습파일₩기출1회.accdb' 선택 → 열기 → 확인을 클릭한다.

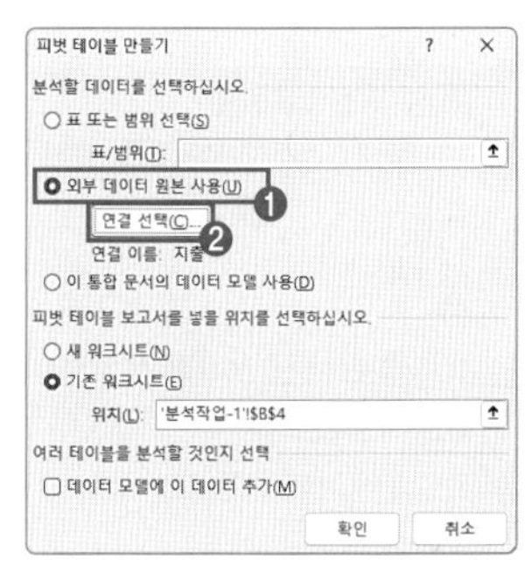

② [피벗 테이블 분석] → [계산] → [필드, 항목 및 집합] → [계산 필드] → [계산 필드] 대화 상자 → 이름은 **차이** 입력 → 수식은 **=실적 - 목표**를 입력 → [확인]을 클릭한다.

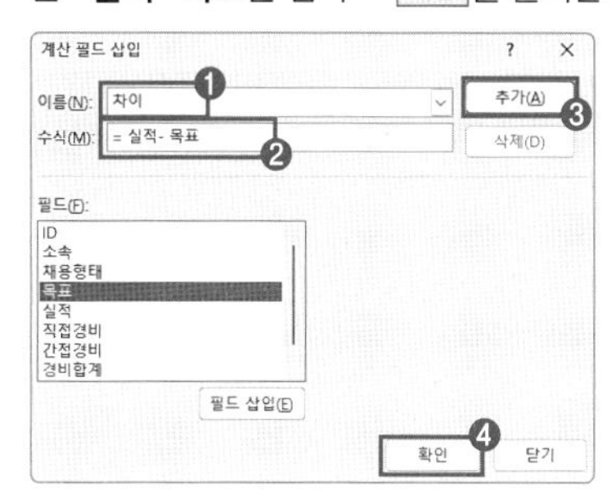

- 문제에서 '외부 데이터 원본 사용'을 제시했으므로 [데이터 가져오기]에서 작업하지 않는다.
- '데이터 모델에 이 데이터 추가'를 선택하면 계산 필드를 추가할 수 없으므로 꼭 체크 해제한다.

③ 임의의 피벗 테이블 범위 선택 → [디자인] → [레이아웃] → [보고서 레이아웃] → [테이블 형식으로]를 선택한다.

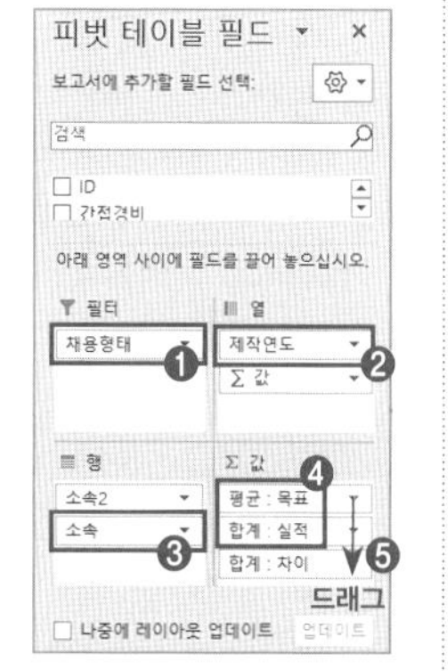

④ [피벗 테이블 필드] 창 → 필터 영역에 '채용형태' 필드 추가 → 열 영역에 '제작연도' 필드 추가 → 행 영역에 '소속' 필드 추가 → 값 영역에 '목표', '실적' 추가 → '차이' 필드를 맨 아래로 순서 변경 → 값 영역에서 '합계: 목표' 필드 선택 → [값 필드 설정] → 선택한 필드의 데이터에서 '평균'을 선택 → [확인]을 클릭한다.

⑤ [디자인] → [피벗 테이블 스타일] → '하늘색, 피벗 스타일 밝게 27' 선택 → '행 머리글', '열 머리글', '줄무늬 열'을 체크한다.

⑥ 피벗 테이블 영역에서 마우스 오른쪽 클릭 → [피벗 테이블 옵션] → [피벗 테이블 옵션] 대화 상자 → '레이블이 있는 셀 병합 및 가운데 맞춤' 체크 → 빈 셀 표시 입력 창에 *를 입력 → [확인]을 클릭한다.

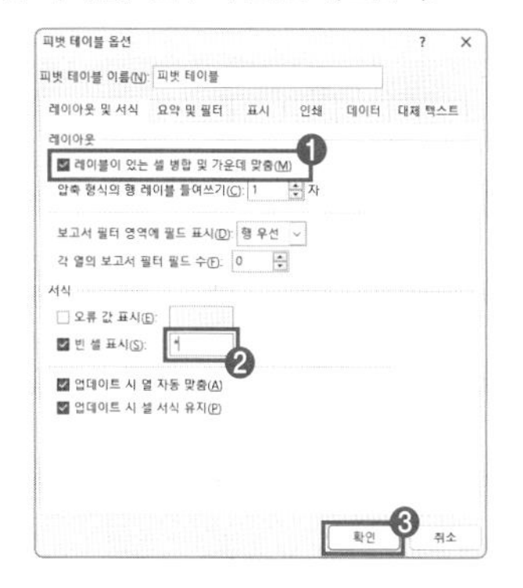

⑦ 값 영역에서 '평균: 목표' 필드 선택 → [값 필드 설정] → [표시 형식] 클릭 → 범주 '사용자 지정' 선택 → 형식 입력 창에 **[파랑]#,##0,;[빨강]#,##0,;0"원"** 입력 → [확인]을 클릭해 나머지 실적과 차이 필드에도 각각 적용한다.

사용자 지정 서식 기호 구분: 양수 ; 음수 ; 0
천 단위 절삭(서식 기호 마지막에, 개수마다 천 단위씩 절삭) → #,##0,

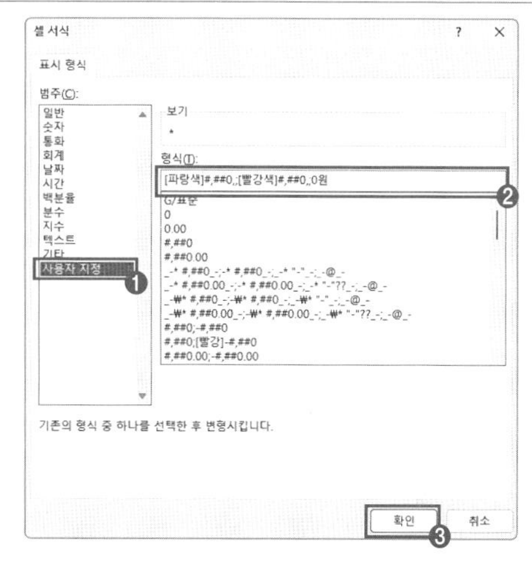

⑧ 소속 필드에서 '과천1팀' 선택 → [Ctrl]을 누르고 → 나머지 홀수 팀 선택 → 마우스 오른쪽 클릭 → [그룹] 선택 → 나머지 짝수 팀도 같은 방식으로 그룹 설정 → [B7] 셀 선택 → 수식 입력줄에 **홀수팀**을 입력한 후 [Enter] → [B13] 셀도 같은 방식으로 그룹 이름을 **짝수팀**으로 이름을 변경한다.

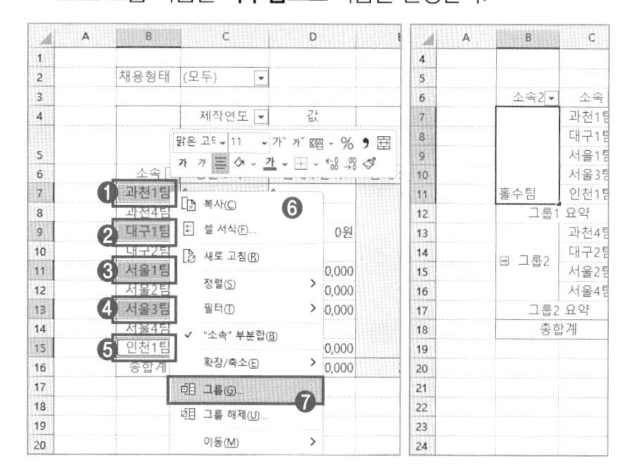

⑨ [D5] 셀 선택 → 수식 입력줄에 **2025년**을 입력한 후 [Enter] → [G5] 셀 선택 → **2026년** 입력 → [Enter] → [C2] 셀에서 화살표 [▼] 클릭 → '정규직'을 선택한다.

⑩ [디자인] → [레이아웃] → [총합계] → [행 및 열의 총합계 해제] 선택 → [부분합] → [부분합 표시 안 함]을 선택한다.

⑪ 2026년 서울4팀 범위의 임의의 셀을 더블클릭 → 시트 이름을 **서울4팀**으로 입력한다.

2. '분석 작업-2' 정답

	A	B	C	D	E	F	G	H	I
1		[표1]							
2		사번	성명	성별	부서	2024년 성적	2025년 성적	기본급	
3		110728052	혹태은	여	경리팀	500	490	900,000	
4		100712049	윤여송	남	기획팀	520	950	850,000	
5		120712024	전웅섭	여	마케팅팀	600	600	790,000	
6		110712024	이나영	여	자재팀	750	990	950,000	
7		100506154	홍지원	남	기획팀	800	800	1,200,000	
8		120712053	신선율	여	기획전략실	670	890	850,000	
9		110706056	황순영	여	자재팀	620	620	750,000	
10		100506154	혹민우	남	경리팀	490	490	920,000	
11		120728027	신채원	여	경리팀	520	850	850,000	
12		100728052	신면철	여	기획전략실	590	670	750,000	
13		120506154	이지혜	남	기획전략실	850	620	920,000	
14		120506154	황조한	여	자재팀	490	700	1,000,000	
15		100728014	강수지	여	기획전략실	650	520	850,000	
16		100712053	황경화	여	기획팀	690	590	790,000	
17		110712056	황유식	여	마케팅팀	670	850	750,000	
18		110506154	곽성일	여	기획전략실	520	490	950,000	
19		120506154	이호아	여	자재팀	620	769	850,000	
20		120728052	서진희	여	경리팀	490	600	790,000	
21		120728052	장우연	여	기획팀	460	750	950,000	
22		110728014	혹민우	남	마케팅팀	750	800	1,200,000	
23		120712058	황승현	남	자재팀	720	987	850,000	
24		120606028	황민혜	여	경리팀	850	500	750,000	
25		110506154	혹찬우	남	기획팀	620	800	920,000	
26		120712024	황미분	여	마케팅팀	600	600	790,000	
27		110706056	황은혹	여	자재팀	620	620	750,000	

① [표1] 범위에서 임의의 셀 선택 → [데이터] → [데이터 도구] → [중복된 항목 제거] → [중복 값 제거] 대화 상자 → 모두 선택 취소 → '사번', '성명', '성별' 체크 → 확인 을 클릭한다.

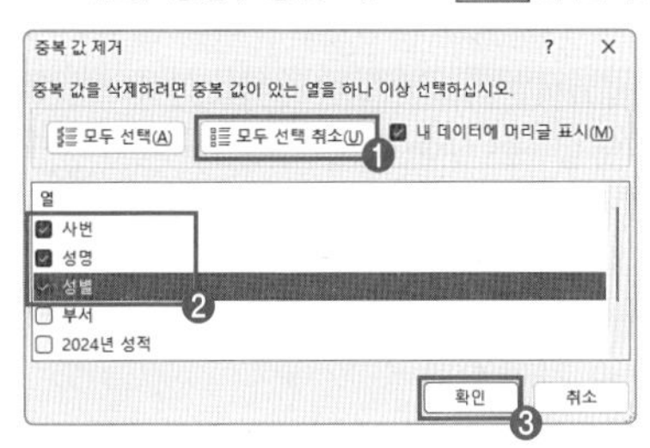

② [F3:G27] 범위 선택 → [홈] → [스타일] → [조건부 서식] → [새 규칙] → [새 서식 규칙] 대화 상자 → '셀 값을 기준으로 모든 셀의 서식 지정' 선택 → 서식 스타일은 '아이콘 집합' → 아이콘 스타일은 '별 3개' → 종류는 '숫자' → 값은 **>=800, >=700**을 입력 → 확인 을 클릭한다.

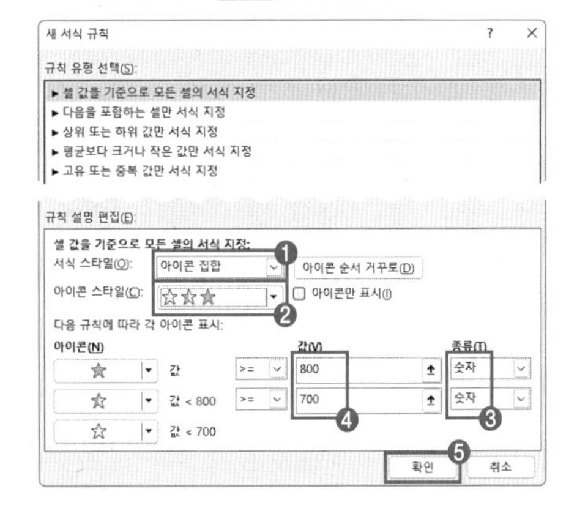

문제 4 기타 작업(35점)

1. '기타 작업-1' 차트 정답

① 차트 영역 선택 → 마우스 오른쪽 클릭 → [데이터 선택] → 범례 항목(계열)에서 추가 → [계열 편집] 대화 상자 → 계열 이름 입력 창 선택 → [G2] 선택 → 계열 값 입력 창 선택 → [G3:G6] 선택 → 확인 → 확인 을 클릭한다.

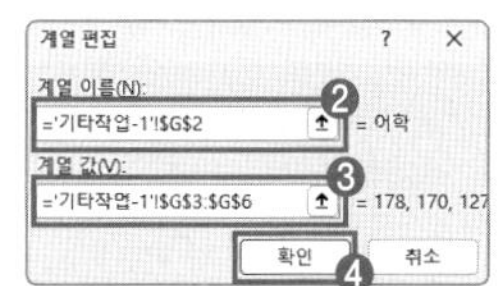

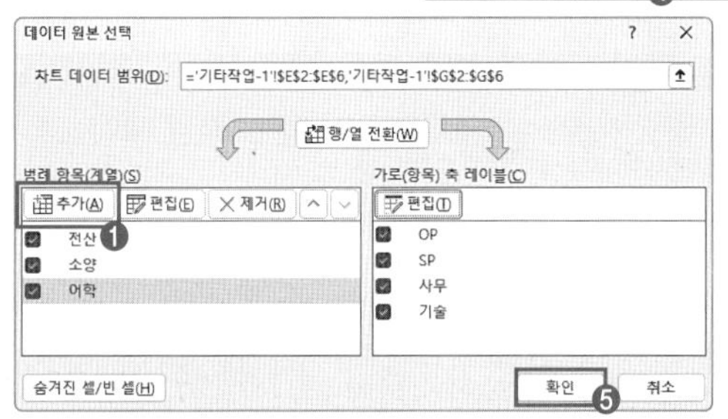

② 차트 선택 → [차트 요소 ⊞] 클릭 → '차트 제목' 체크 → '차트 제목' 선택 → **업무 형태별 집계** 입력 → [홈] → [글꼴] → [글꼴 크기] **14**를 입력한다.

③ 소양 계열의 '사무' 요소 선택 → 마우스 오른쪽 클릭 → [데이터 레이블 추가]를 선택한다.

④ 차트 선택 → [차트 요소 ⊞] 클릭 → '데이터 테이블 ▶' → '범례 표지 포함'을 선택 → [차트 요소 ⊞] 클릭 → '범례' 체크를 해제한다.

⑤ 세로 (값) 축 더블클릭 → [축 서식] 창 → '축 옵션 📊' → 최솟값은 **0**, 최댓값은 **180**, 기본은 **60**을 입력 → 표시 단위는 '백' → 세로 스크롤을 내려서 → '표시 형식' → '사용자 지정' 범주 → 서식 코드 입력 창에 **0.0"%"**를 입력 → 추가 를 클릭한다.

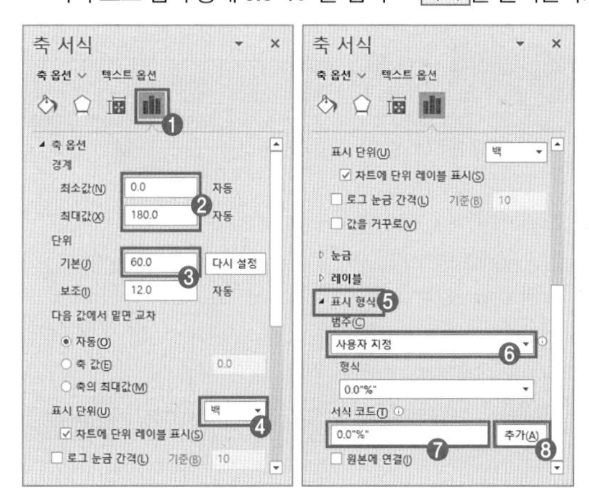

⑥ 차트 영역 선택 → [차트 요소 ⊞] → '축 제목 ▶' → '기본 세로' 선택 → 기본 세로축의 이름을 **'점수(절삭표시)'**로 입력한다.

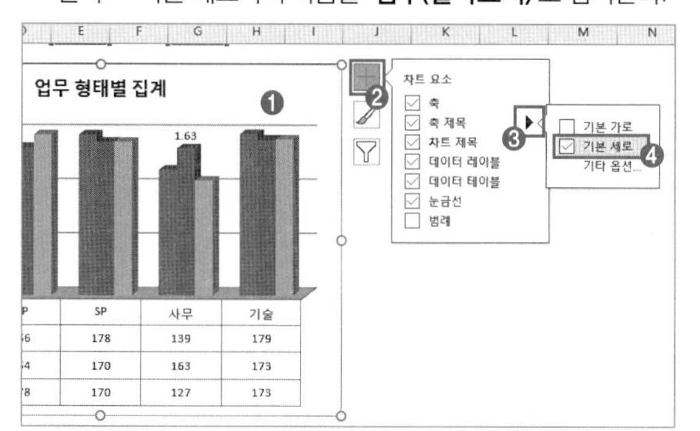

⑦ '차트 옆면' 선택 → [옆면 서식] 창 → '채우기 및 선 ◇' → '채우기' → '채우기 없음'을 선택한다.

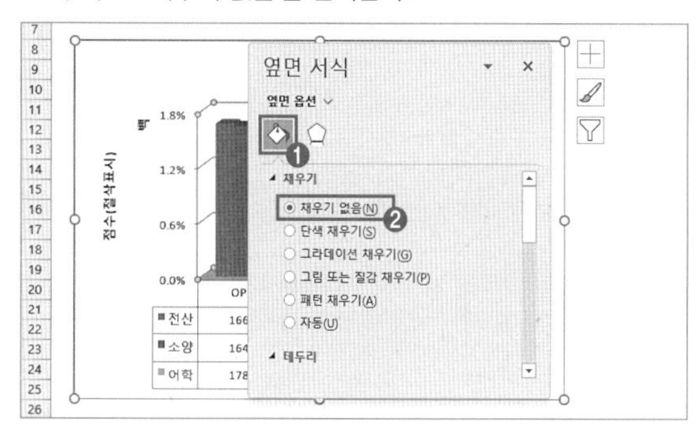

옆면 선택이 어렵거나 정확히 선택하려면 [서식]에서 선택할 수 있다.
'차트 영역' 선택 → [서식] → [현재 선택 영역] → '옆면' 선택

2. '기타 작업-2' 매크로 정답

[표1]봉사참석

학년	이름	5/2	5/9	5/16	5/23	5/30	점수
1	영수기			→ (0)			4
1	칸종헌			→ (0)			4
1	칸종헌	→ (0)	→ (0)				3
1	칸주형						5
1	발건우	→ (0)					4
1	발연우		→ (0)	→ (0)			3

서식적용

신호등보기

① 표 밖의 임의의 셀을 선택 → [개발 도구] → [코드] → [매크로 기록] → [매크로 기록] 대화 상자 → 매크로 이름은 **서식적용**으로 입력 → 매크로 저장 위치는 '현재 통합 문서' 선택 → 확인 → [D4:H28] 범위 선택 → Ctrl + 1 → '사용자 지정' 범주 선택 → 형식 입력 창에 **[녹색][=1]"○"* (0);[빨강][=0]"→"* (0)**을 입력 → 확인 → [개발 도구] → [코드] → [기록 중지]를 선택한다.

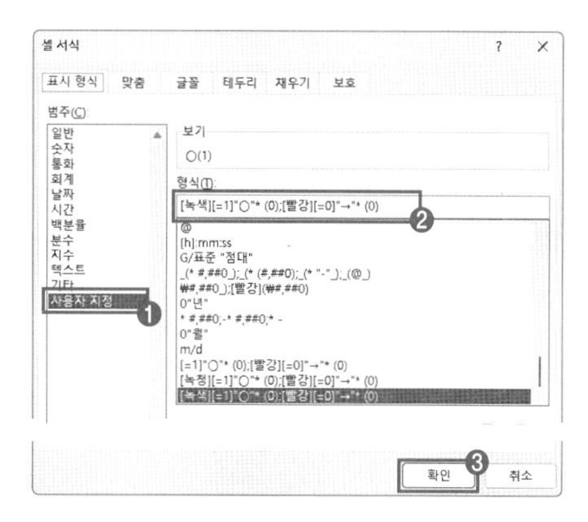

② [개발 도구] → [컨트롤] → [삽입] → [단추(양식 컨트롤) ▭] → [K3:L4] 범위에 Alt를 누른 채 드래그해 삽입 → '서식적용' 매크로 선택 → 확인 → 단추 이름을 **서식적용**으로 입력한다.

③ 표 밖의 임의의 셀을 선택 → [개발 도구] → [코드] → [매크로 기록] → [매크로 기록] 대화 상자 → 매크로 이름은 **신호등보기**로 입력 → 매크로 저장 위치는 '현재 통합 문서' 선택 → 확인 → [I4:I28] 범위 선택 → [홈] → [스타일] → [조건부 서식] → [새 규칙] → [새 서식 규칙] 대화 상자 → '셀 값을 기준으로 모든 셀의 서식 지정' → 서식 스타일은 '아이콘 집합' 선택 → 아이콘 스타일은 '4색 신호등' → 아이콘 중 네 번째 아이콘을 '빨간색 십자형 기호'로 변경 → 종류는 '백분율' 선택 → 값을 순서대로 **80, 50, 25**를 입력 → 확인 → [개발 도구] → [코드] → [기록 중지]를 선택한다.

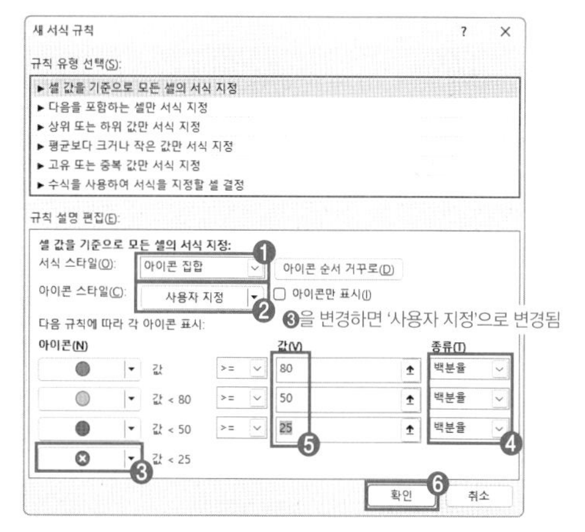

④ [개발 도구] → [컨트롤] → [삽입] → [단추(양식 컨트롤) ▭] → [K6:L7] 범위에 Alt를 누른 채 드래그해 삽입 → '신호등보기' 매크로 선택 → 단추 이름을 **신호등보기**로 입력한다.

3. '기타 작업-3' 프로시저 정답

① 정답

1) [개발 도구] → [컨트롤] → [디자인 모드] 선택 → '근태관리'

단추 더블클릭 → 'Cmd근태관리_Click()' 프로시저 블록 안에 다음과 같이 입력한다.

```
Private Sub Cmd근태관리_Click()
    MsgBox Now(), vbOKOnly
    근태관리폼.Show
End Sub
```

2) 프로젝트 탐색기 → '근태관리폼'을 더블클릭 → 개체가 없는 빈 폼 바탕을 더블클릭 → 프로시저는 'Initialize' 선택 → Private Sub UserForm_Initialize() 프로시저 블록에 다음과 같이 코드를 입력한다.

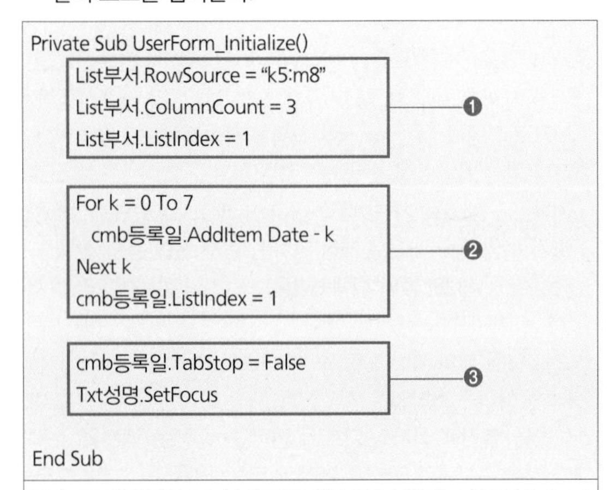

```
Private Sub UserForm_Initialize()
    List부서.RowSource = "k5:m8"
    List부서.ColumnCount = 3          ❶
    List부서.ListIndex = 1

    For k = 0 To 7
      cmb등록일.AddItem Date - k      ❷
    Next k
    cmb등록일.ListIndex = 1

    cmb등록일.TabStop = False         ❸
    Txt성명.SetFocus
End Sub
```

❶ [K5:M8] 범위를 'List부서'의 행 원본으로 설정하고 열 개수는 3, 기본 선택은 2번째 목록이다.
❷ k 변수는 0~7까지 수열을 생성하여 오늘 날짜부터 7일간 날짜를 계산하여 'cmb등록일' 행 원본으로 설정한다. 'cmb등록일' 기본 선택은 2번째 항목이다.
❸ 'cmb등록일'은 탭 정지를 해제하고, 'Txt성명'에 기본 포커스가 이동하도록 설정한다.

② 정답

1) 프로젝트 탐색기 → '근태관리폼' 더블클릭 → 'cmd입력' 단추 더블클릭 → 'Cmd입력_Click()' 프로시저 블록에 다음과 같이 코드를 입력한다.

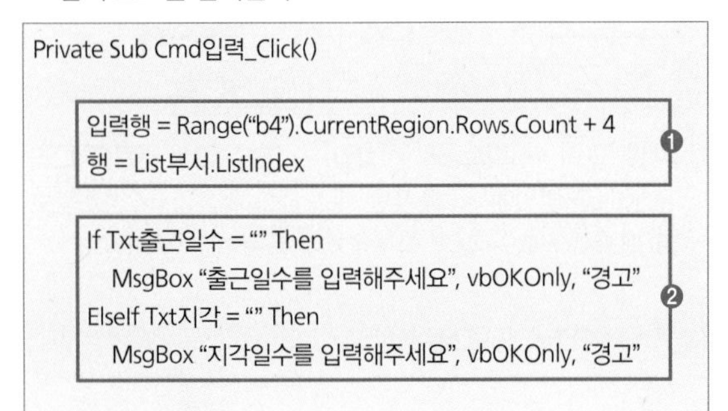

```
Private Sub Cmd입력_Click()

    입력행 = Range("b4").CurrentRegion.Rows.Count + 4      ❶
    행 = List부서.ListIndex

    If Txt출근일수 = "" Then
      MsgBox "출근일수를 입력해주세요", vbOKOnly, "경고"
    ElseIf Txt지각 = "" Then                                ❷
      MsgBox "지각일수를 입력해주세요", vbOKOnly, "경고"
```

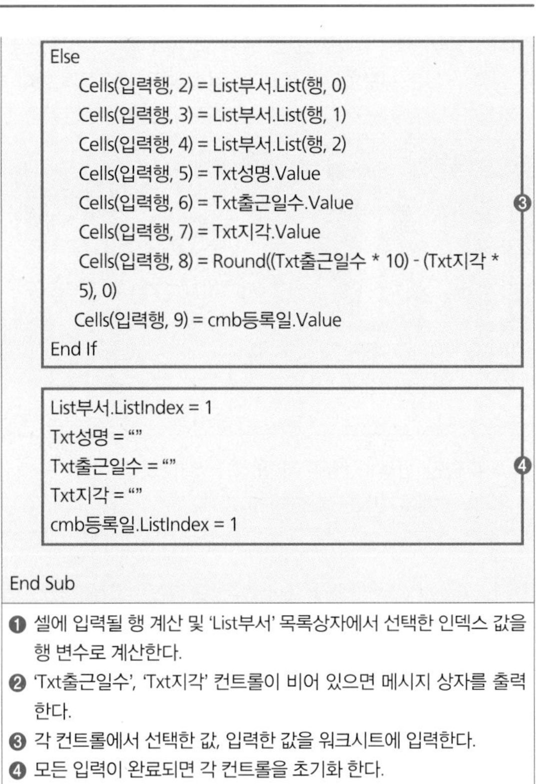

```
    Else
      Cells(입력행, 2) = List부서.List(행, 0)
      Cells(입력행, 3) = List부서.List(행, 1)
      Cells(입력행, 4) = List부서.List(행, 2)
      Cells(입력행, 5) = Txt성명.Value
      Cells(입력행, 6) = Txt출근일수.Value                    ❸
      Cells(입력행, 7) = Txt지각.Value
      Cells(입력행, 8) = Round((Txt출근일수 * 10) - (Txt지각 *
      5), 0)
     Cells(입력행, 9) = cmb등록일.Value
    End If

    List부서.ListIndex = 1
    Txt성명 = ""
    Txt출근일수 = ""                                          ❹
    Txt지각 = ""
    cmb등록일.ListIndex = 1
End Sub
```

❶ 셀에 입력될 행 계산 및 'List부서' 목록상자에서 선택한 인덱스 값을 행 변수로 계산한다.
❷ 'Txt출근일수', 'Txt지각' 컨트롤이 비어 있으면 메시지 상자를 출력한다.
❸ 각 컨트롤에서 선택한 값, 입력한 값을 워크시트에 입력한다.
❹ 모든 입력이 완료되면 각 컨트롤을 초기화 한다.

③ 정답

1) '프로젝트 탐색기' → '근태관리폼' 더블클릭 → 'cmd종료' 단추 더블클릭 → 'Cmd종료_Click()' 프로시저 블록에 다음과 같이 코드를 입력한다.

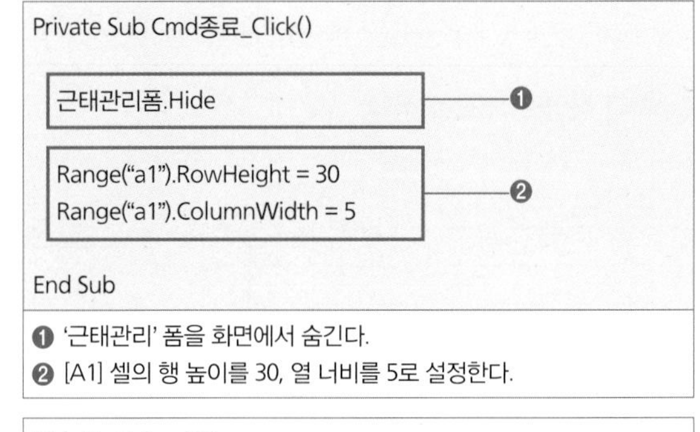

```
Private Sub Cmd종료_Click()

    근태관리폼.Hide                            ❶

    Range("a1").RowHeight = 30                 ❷
    Range("a1").ColumnWidth = 5

End Sub
```

❶ '근태관리' 폼을 화면에서 숨긴다.
❷ [A1] 셀의 행 높이를 30, 열 너비를 5로 설정한다.

Hide Vs Unload Me
① Hide: 메모리에 남아 있는 채로 화면에서 사라진다.
② Unload Me: 메모리에서 삭제되며 폼이 종료된다.

2) Alt + Q를 눌러 VBA 편집 창을 종료하고 Excel 워크시트로 돌아온다.

국가기술자격검정

04 2024년 기출문제 유형 2회

프로그램명	제한시간
EXCEL 2021	45분

수험번호 :

성 명 :

문제 1 기본 작업(15점) 주어진 시트에서 다음 과정을 수행하고 저장하시오.

1. '기본 작업-1' 시트에서 다음과 같이 고급 필터를 수행하시오. (5점)

▶ [B2:H26] 영역에서 실적1이 하위(작은 값) 3위 안에 들어가는 자료이거나 제품코드의 왼쪽부터 세 글자가 100~199 사이의 자료를 표시하시오.

▶ 조건은 [J2:J3] 영역 내에 알맞게 입력하시오.(AND, OR, LEFT, SMALL 함수 사용)

▶ 결과는 [B29] 셀부터 '성명', '제품코드', '지점명' 열만 표시하시오.

2. '기본 작업-1' 시트의 [B2:H26] 영역에 대해 다음과 같이 조건부 서식을 설정하시오. (5점)

▶ 제품코드의 두 번째 글자가 4 이상이거나 행별 실적1, 실적2, 실적3의 최댓값과 최솟값의 차이가 40 이상인 자료의 행 전체에 대해서 '굵은 기울임꼴', 글꼴 색은 '파랑', 배경색은 '노랑'을 적용하는 조건부 서식을 작성하시오.(MID, VALUE, MAX, MIN 함수 사용)

▶ 단, 조건은 하나의 수식으로 작성하시오.

3. '기본 작업-2' 시트에서 다음과 같이 시트 보호와 통합 문서 보기를 설정하시오. (5점)

▶ [B2:G26], [B29:C32] 영역에 셀 잠금과 수식 숨기기를 적용한 후 잠긴 셀의 내용과 워크시트를 보호하시오.

▶ 차트를 편집할 수 없도록 '잠금'을 적용하시오.

▶ 잠긴 셀의 선택과 잠기지 않은 셀의 선택, 정렬은 허용하고, 시트 보호 해제 암호는 지정하지 마시오.

▶ '기본 작업-2' 시트를 페이지 나누기 보기로 표시하고, 28행부터 2페이지로 인쇄되도록 페이지 나누기 구분선을 조정하시오.

문제 2 계산 작업(30점) '계산 작업' 시트에서 다음 과정을 수행하고 저장하시오.

1. [표1]의 코드를 이용해서 [표1-1]의 [I11:J14] 영역에 8월과 9월의 점수가 85점 이상인 구분코드별 개수를 표시하시오. (6점)

▶ 구분코드는 [표1]의 학번에서 두 번째 글자를 이용

▶ COUNTIFS 함수, & 연산자, 만능 문자(?,*) 사용

▶ 개수 뒤에 '개'를 붙여 표시 [표시 예: 2개]

2. [표1]의 학번을 이용해서 시작 값과 끝값 사이의 개수를 [표1-2] [J18:J21] 영역에 계산하시오. (6점)

- ▶ 학번 열 뒤의 세 글자를 이용하여 시작 값, 끝값의 범주에 활용하시오.
- ▶ COUNT, IF, RIGHT 함수를 이용한 배열 수식
- ▶ 개수 뒤에 '개'를 표시 [표시 예: 10 → 10개]

3. [표3]의 동아리[N4:N14]별, 이름[M4:M14]에 '영'이 포함된 인원수를 [표3-1] [R4:R6] 영역에 계산하시오. (6점)

- ▶ SUM, IF, ISERROR, FIND 함수를 이용한 배열 수식

4. [표4]의 계약면적(㎡)을 평형으로 환산하는 사용자 정의 함수 'fn평형환산'을 작성하여 [G25:G35] 영역에 계산을 수행하시오. (6점)

- ▶ 'fn평형환산'은 계약면적을 인수로 받아 값을 되돌려줌.
- ▶ 평형은 계약면적을 3.3으로 나누어 표시
- ▶ 단, 일의 자리에서 반올림

```
Public Functionfn fn평형환산(계약면적)

End Function
```

5. [표4]의 임대시작일[E25:E35], 임대종료일[F25:F35]을 이용하여 임대개월[H25:H35]을 구하시오. (6점)

- ▶ TEXT, DAYS360, QUOTIENT 함수 사용
- ▶ 1개월을 30일로 간주
- ▶ [표시 예: 6 → 06개월]

6. [표6-1]의 수수료율과 한도액을 이용하여 계산한 중개수수료와 한도액 중 작은 것을 [표4]의 중개수수료[I25:I35] 영역에 표시하시오.

- ▶ 중개수수료는 임대가격 * 임대수수료율이며, 임대수수료율은 [표6-1]을 참조
- ▶ 중개수수료와 한도액을 비교하여 적은 쪽의 값을 중계수수료로 표시
- ▶ 한도액 중 '한도없음'은 임대가격 * 0.3%로 표시
- ▶ IFERROR, MIN, VLOOKUP 함수 사용

7. [표7]의 [O25:O35] 영역에서 점수에 따른 평가를 계산하여 표시하시오.

- ▶ 점수는 [표7-1]의 [L18:O21] 영역을 이용하여 [표7]의 각 항목과 [표7-1] 비율을 곱한 합으로 계산
- ▶ 점수에 따른 평가는 [표7-1]의 [L21:O21] 영역을 이용하며, 영역에 없는 점수는 평가를 공백으로 처리
- ▶ SUMPRODUCT, HLOOKUP, IFERROR 함수를 모두 사용한 배열 수식

8. [표8]에서 대출금액, 대출기간(월), 연이율과 [표8-1]의 [L53:L57] 영역을 참조하여 월 대출상환금에 따르는 상환능력[O40:O50]을 계산하시오.

▶ 월 대출상환금은 대출금액, 대출기간(월), 연이율을 이용하여 계산하고, 월초에 납부하는 것을 기준으로 한다.
▶ VLOOKUP, PMT 함수 사용

9. [표9]의 검침일[E48:E60]을 이용하여 사용기간을 아래 조건에 맞게 계산하여 표시하시오.

▶ 사용기간은 검침일의 한 달 전 다음 날에서 검침일까지로 계산
▶ [표시 예: 검침일 03-05 → 사용기간 02/06~03/05]
▶ EDATE, TEXT, CONCAT 함수 사용

10. [표10]의 주문량, 재고를 이용하여 재고현황[D65:D78]을 표시하시오.

▶ 채고현황[D65:D78] 영역에 주문량/재고를 10%로 나눈 몫을 '♠'로 표시
▶ [표시 예: 재고/주문량을 10%로 나눈 몫이 4 → ♠♠♠♠♤♤♤♤♤♤, 7 → ♠♠♠♠♠♠♠♤♤♤]
▶ 오류 발생 시 '재고부족'으로 표시
▶ IFERROR, REPT, QUOTIENT 함수, & 연산자 사용

문제 3 분석 작업(20점) 주어진 시트에서 다음 과정을 수행하고 저장하시오.

1. '분석 작업-1' 시트에서 다음 그림과 같이 피벗 테이블을 작성하시오. (10점)

▶ 외부 데이터 가져오기 기능을 이용하여 <판매현황.accdb>의 <승진대상> 테이블에서 '부서', '직위', '1차고과', '2차고과', '승진시험', '입사일' 열만 이용하시오.
▶ '1차고과', '2차고과', '승진시험'의 합계를 표시하는 '총합계' 계산 필드를 설정하시오.
▶ 피벗 테이블 보고서의 레이아웃은 개요 형식으로 표시하고, 위치는 <그림>과 같이 표시되도록 설정하시오.
▶ 입사일은 <그림>을 참조하여 연도별로 그룹화하고, 필드 설정을 이용하여 필드 이름을 '입사연도별'로 수정하시오.
▶ 값 영역의 총합계 필드는 표시 형식을 값 필드 설정의 셀 서식에서 '사용자 지정 서식' 범주를 이용하여 양수와 음수이면 천 단위 구분 기호를 표시하고, 0이면 '*' 기호를 표시하도록 사용자 지정 표시 형식을 설정하시오.
▶ 피벗 테이블 스타일은 '하늘색, 피벗 스타일 밝게 20'으로 설정하고 부서 필드는 '기술지원부', '총무부'만, 직위 필드는 '주임', '책임', '파트너'만 표시하시오.
▶ 그룹 상단에 부분합을 표시하시오.

	A	B	C	D	E	F	G	H
1								
2								
3		합계 : 총합계		입사연도별				
4		부서	직위	2022년	2023년	2024년	2025년	총합계
5		⊟기술지원부		2,159	1,133	*	668	3,960
6			책임	*	1,133	*	*	1,133
7			파트너	2,159	*	*	668	2,827
8		⊟총무부		*	3,254	1,118	*	4,373
9			주임	*	*	1,118	*	1,118
10			파트너	*	3,254	*	*	3,254
11		총합계		2,159	4,387	1,118	668	8,333

※ 작업이 완성된 그림이며 부분 점수 없음.

2. '분석 작업-2' 시트에 대하여 다음의 지시 사항을 처리하시오. (10점)

▶ 데이터 도구를 이용하여 [표1]의 [B3:B20] 영역을 텍스트 나누기를 실행하여 나타내시오.
  – 데이터는 쉼표(,)로 구분되어 있음.

▶ [데이터 유효성 검사] 기능을 이용하여 [E3:E20] 영역에는 10의 배수만 입력되도록 제한 대상을 설정하시오.(MOD 함수 사용)
  – [E3:E20] 영역의 셀을 클릭하면 <그림>과 같은 설명 메시지를 표시하고, 유효하지 않은 데이터를 입력하면 <그림>과 같은 오류 메시지가 표시되도록 설정하시오.

[표1] 품목별 판매현황

품목코드	품목이름	입고가	출고량	출고가	거래금액	이익금액	평가
M152	마우스	₩ 35,000	500	₩ 42,000	₩ 21,000,000	₩ 3,500,000	A급
S251	스캐너	₩ 325,000	47	₩ 390,000	₩ 18,330,000	₩ 3,055,000	A급
S521	스캐너	₩ 670,000	[illegible]	[illegible]00	₩ 27,336,[illegible]	[illegible]	[illegible]
P012	프린터	₩ 585,000	[illegible]	[illegible]00	₩ 35,100,[illegible]	[illegible]	[illegible]
P259	프린터	₩ 375,000	[illegible]	[illegible]00	₩ 23,400,[illegible]	[illegible]	[illegible]
S251	스캐너	₩ 325,000	30	₩ 390,000	₩ 11,700,[illegible]	[illegible]	[illegible]
S532	스캐너	₩ 240,000	30	₩ 288,000	₩ 8,640,[illegible]	[illegible]	[illegible]
P012	프린터	₩ 259,000	25	₩ 310,800	₩ 7,770,[illegible]	[illegible]	[illegible]
P012	프린터	₩ 585,000	20	₩ 702,000	₩ 14,040,000	₩ 2,340,000	B급
P125	프린터	₩ 199,000	35	₩ 238,800	₩ 8,358,000	₩ 1,393,000	B급
P125	프린터	₩ 199,000	30	₩ 238,800	₩ 7,164,000	₩ 1,194,000	B급
P125	프린터	₩ 199,000	50	₩ 238,800	₩ 11,940,000	₩ 1,990,000	B급
M152	마우스	₩ 35,000	105	₩ 42,000	₩ 4,410,000	₩ 735,000	C급

10의 배수 입력
10의 배수를
입력하세요.

10의 배수 입력
10의 배수만 입력하세요.
다시 시도(R) 취소 도움말(H)

▶ 데이터 도구의 통합 기능을 이용하여 [표1]의 품목코드에서 첫 번째 글자(M, S, P)를 기준으로 분류하여 [표2]의 [B23:E26] 영역에 각 항목의 합계를 계산하시오.

문제 4 기타 작업(35점) 주어진 시트에서 다음 과정을 수행하고 저장하시오.

1. '기타 작업-1' 시트에서 다음의 지시 사항에 따라 차트를 수정하시오. (10점)

※ 차트는 반드시 문제에서 제공한 차트를 사용하여야 하며, 신규로 차트 작성 시 0점 처리됨.

① '판매액' 데이터 계열의 차트 종류를 '묶은 세로 막대형'으로 변경한 후 보조 축으로 지정하시오.
② 차트 제목을 추가하고, [B1] 셀을 참조하도록 하시오. 차트 제목의 도형 스타일을 '보통 효과 – 빨강, 강조 2'로 지정하시오.
③ 보조 축의 기본 단위를 200000으로 지정하고, 단위 레이블을 <그림>과 같이 표시하시오.
④ 차트 영역의 테두리 스타일은 둥근 모서리, 그림자는 '안쪽 가운데', 그림자 색은 '흰색, 배경 1, 35%, 더 어둡게'로 설정하시오.
⑤ 세로 (값) 축을 100,000을 기준으로 위쪽 아래쪽으로 나누시오.(가로 축 교차)
⑥ '가격' 데이터 계열의 가장 큰 값에 <그림>과 같이 레이블을 지정하시오.
⑦ '판매액' 계열의 시트에서 제공된 클립아트를 사용해 <그림>과 같이 채우시오.
⑧ 'JB03-0052' 항목을 차트에서 삭제하시오.
⑨ '가격' 계열의 선을 '완만한 선'으로 설정한 후, 표식 옵션의 형식을 '▲'으로 변경하고, 크기를 '11'로 변경하시오.

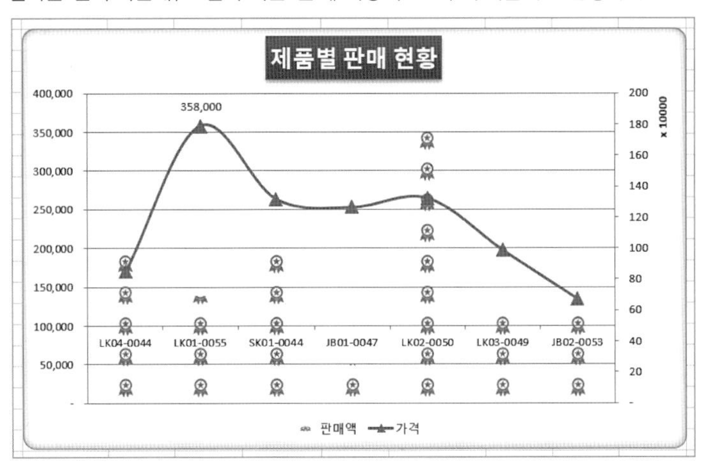

2. '기타 작업-2' 시트에서 다음과 같은 기능을 수행하는 매크로를 현재 통합 문서에 작성하시오. (각 5점)

① [H8:H37] 영역에 대하여 사용자 지정 표시 형식을 설정하는 '서식적용' 매크로를 생성하시오.

- ▶ 셀 값이 -1이면 '은행이체'로 표시하고, 1이면 '카드납부'로 표시하고, 그 외에 미지정은 빨강색으로 표시하시오.
- ▶ [개발 도구]–[삽입]–[양식 컨트롤]의 '단추'를 동일 시트의 [B2:C4] 영역에 생성한 후 텍스트를 '서식적용'으로 입력하고, 단추를 클릭하면 '서식적용' 매크로가 실행되도록 설정하시오.

② [E8:E37] 영역에 대하여 조건부 서식을 적용하는 '색조' 매크로를 생성하시오.

- ▶ 규칙 유형은 '셀 값을 기준으로 모든 셀의 서식 지정'으로 선택하고, 서식 스타일은 '3가지 색조', 최솟값은 '표준 색–빨강', 중간값은 '표준 색–노랑', 최댓값은 '표준 색–연한 녹색'으로 설정하시오.
- ▶ [도형]에서 기본 도형 '웃는 얼굴'을 동일 시트의 [E2:F4] 영역에 생성한 후 텍스트를 '색조'로 입력하고, 단추를 클릭하면 '색조' 매크로가 실행되도록 설정하시오. 텍스트 맞춤은 가로, 세로 가운데 맞춤으로 설정하시오.

3. '기타 작업-3' 시트에서 다음과 같은 작업을 수행하고 저장하시오. (10점)

① <제품검색> 버튼을 클릭하면 <제품검색> 폼이 나타나고, 폼이 초기화되면 '제품ID(cmb제품ID)' 콤보 상자의 목록에 '기타 작업-1' 시트의 [L4:L17] 영역의 값이 설정되도록 프로시저를 작성하시오.

- ▶ 'TXT날짜'에는 현재 날짜와 시간이 다음 [표시 예]와 같이 표시하시오.
  [표시 예: 2024년 12월 31일 15시 30분 10초]

② <제품검색> 폼의 '제품ID(cmb제품ID)' 콤보 상자에서 조회할 '제품ID'를 선택하고 '검색(cmd검색)' 버튼을 클릭하면 워크시트의 [표1]에서 해당 데이터를 찾아 폼에 표시하는 프로시저를 작성하시오.

- ▶ ListIndex 속성 사용
- ▶ 가격은 Format 함수를 사용하여 <그림>과 같이 표시되도록 설정하시오.
- ▶ 재고금액은 가격 * 재고로 계산하고 만 자리에서 반올림한 뒤 <그림>과 같이 Format 함수를 사용하여 표시되도록 설정하시오.
  [표시 예: ₩33,657,900 → ₩33,700,000]

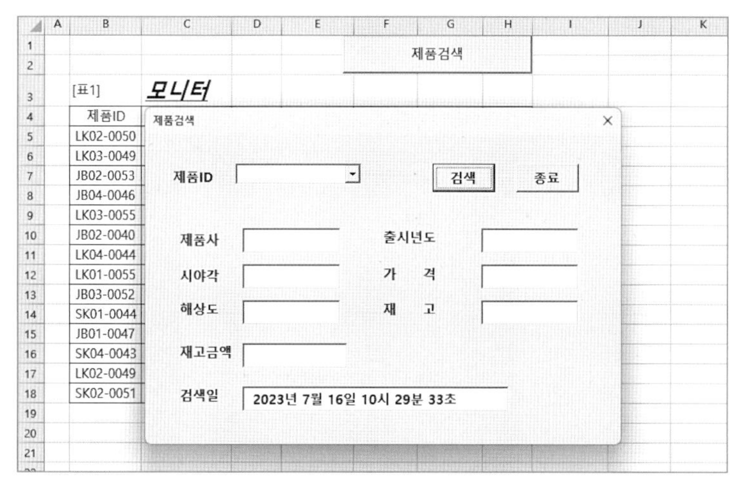

③ '종료(cmd종료)' 버튼을 클릭하면 <그림>과 같은 메시지 박스를 표시한 후 폼을 종료하는 프로시저를 작성하시오.

- ▶ 현재 날짜와 시간 표시
- ▶ [C3] 셀에 '모니터'를 입력하고, 글꼴 '굵게', '기울임꼴', '밑줄', 글꼴 크기 '18'로 변경

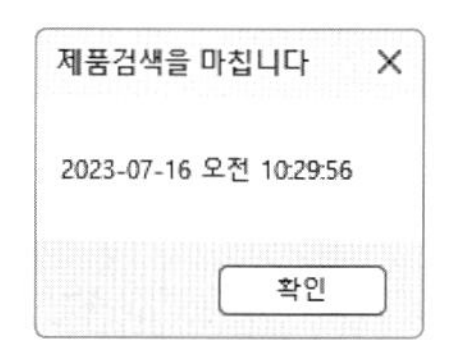

문제 1 기본 작업(15점)

1. '기본 작업-1' 정답

	I	J	K	L	M	N	O	P	Q
1									
2		조건							
3		TRUE							
4									
5		성명	제품코드	지점명					
6		신선율	111GA	서울					
7		신채원	201AA	충청					
8		최지현	111AD	강원					
9		오철호	151DD	영남					
10		국덕근	151DD	호남					
11		사공철	301CX	호남					
12		선주영	141AC	호남					
13									

① [J2:J3] 영역에 **조건, =OR(F3<=SMALL($F$3:$F$26,3),AND(LEFT(C3,3)>="110",LEFT(C3,3)<="200"))**을 입력한다.

② [J5:L5] 범위에 '성명', '제품코드', '지점명'을 복사해 붙여 넣는다.

③ [B2:H26] 범위에서 임의의 셀 선택 → [데이터] → [정렬 및 필터] → [고급] 선택 → [고급 필터] 대화 상자 → '다른 장소에 복사' 선택 → 조건 범위는 [J2:J3] 선택 → 복사 위치는 [J5:L5] 범위 선택 → 확인을 클릭한다.

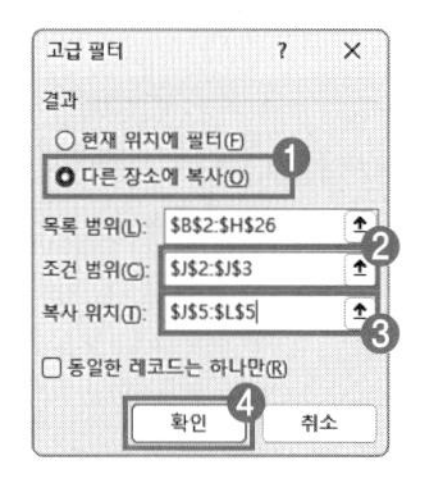

2. '기본 작업-1' 정답

	A	B	C	D	E	F	G	H	I
1									
2		성명	제품코드	지점명	보험종류	실적1	실적2	실적3	
3		신선율	111GA	서울	건강	65	87	50	
4		신채원	201AA	충청	상해	80	90	98	
5		*민순례*	*301DA*	*호남*	*저축*	*100*	*99*	*40*	
6		최지현	111AD	강원	건강	120	91	94	
7		*장길수*	*011AC*	*호남*	*연금*	*135*	*81*	*89*	
8		*오철호*	*151DD*	*영남*	*상해*	*90*	*99*	*98*	
9		한부희	201AD	강원	저축	87	89	98	
10		임기식	101DD	서울	저축	98	86	87	
11		최민준	301CX	서울	상해	87	80	90	
12		구구열	101AA	호남	건강	90	98	64	

① [B3:H26] 범위 선택 → [홈] → [스타일] → [조건부 서식] → [새 규칙] → [새 서식 규칙] 대화 상자 → '수식을 사용하여 서식을 지정할 셀 결정' 선택 → 다음 수식이 참인 값의 서식 지정 입력 창에 **=OR(VALUE(MID($C3,2,1))>=4,MAX($F3:$H3)-MIN($F3:$H3)>=40)** 입력 → 서식 클릭 → [셀 서식] 대화 상자 → [글꼴] 탭 → 글꼴 스타일은 '굵은 기울임꼴' → 색은표준 색 '파랑' → [채우기] 탭 → 배경색은 표준 색 '노랑' → 확인 → 확인을 클릭한다.

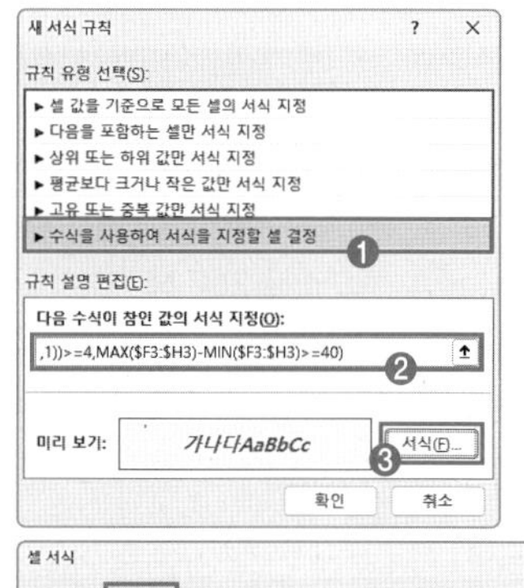

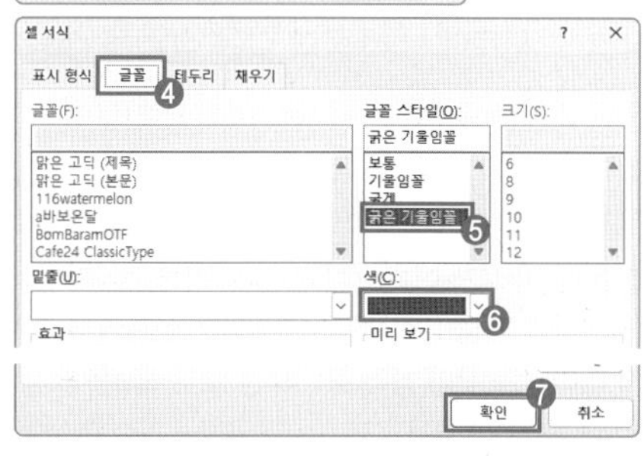

- [C3]셀의 두 번째 글자를 숫자 형으로 변환한 값이 4 이상이거나, [F3:H3]의 최댓값과 최솟값의 차이가 40 이상인 조건에 만족하는 행에 조건부 서식이 적용된다.
- 행 방향으로 조건부 서식이 적용되므로 행 참조는 상대 참조로 변경한다.

3. '기본 작업-2' 정답

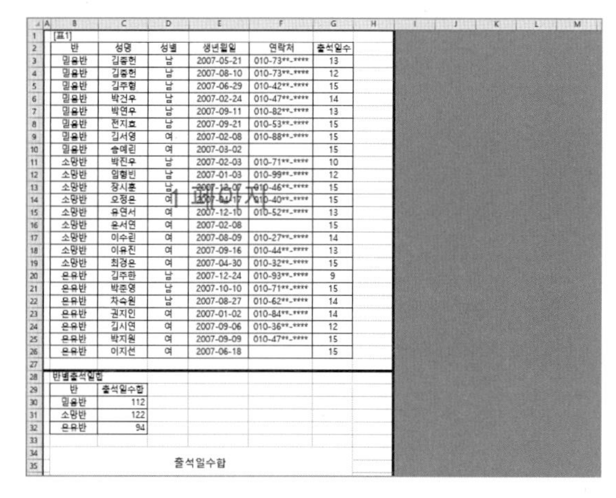

[표1]

반	성명	성별	생년월일	연락처	출석일수
밀음반	김중헌	남	2007-05-21	010-73**-****	13
밀음반	김중헌	남	2007-08-10	010-73**-****	12
밀음반	김주형	남	2007-06-29	010-42**-****	15
밀음반	박건우	남	2007-02-24	010-47**-****	14
밀음반	박연우	남	2007-09-11	010-82**-****	13
밀음반	전지효	남	2007-09-21	010-53**-****	15
밀음반	김서영	여	2007-02-08	010-88**-****	15
밀음반	송예린	여	2007-03-02		15
소망반	박진우	남	2007-02-03	010-71**-****	10
소망반	임형빈	남	2007-01-03	010-99**-****	12
소망반	장시훈	남	[illegible]	010-46**-****	15
소망반	오정은	여	[illegible]	010-40**-****	15
소망반	유연서	여	2007-12-10	010-52**-****	13
소망반	윤서연	여	2007-02-08		15
소망반	이수린	여	2007-08-09	010-27**-****	14
소망반	이유진	여	2007-09-16	010-44**-****	13
소망반	최경은	여	2007-04-30	010-32**-****	15
은유반	김주한	남	2007-12-24	010-93**-****	9
은유반	박준영	남	2007-10-10	010-71**-****	15
은유반	차승원	남	2007-08-27	010-62**-****	14
은유반	권지인	여	2007-01-02	010-84**-****	14
은유반	김시연	여	2007-09-06	010-36**-****	12
은유반	박지원	여	2007-09-09	010-47**-****	15
은유반	이지선	여	2007-06-18		15

반별출석일합

반	출석일수합
밀음반	112
소망반	122
은유반	94

출석일수합

① [B2:G26] 범위 선택 → Ctrl을 누른 채 [B29:C32] 범위 선택 → Ctrl + 1 → [셀 서식] 대화 상자 → [보호] 탭 → '잠금', '숨김' 체크 → 확인을 클릭한다.

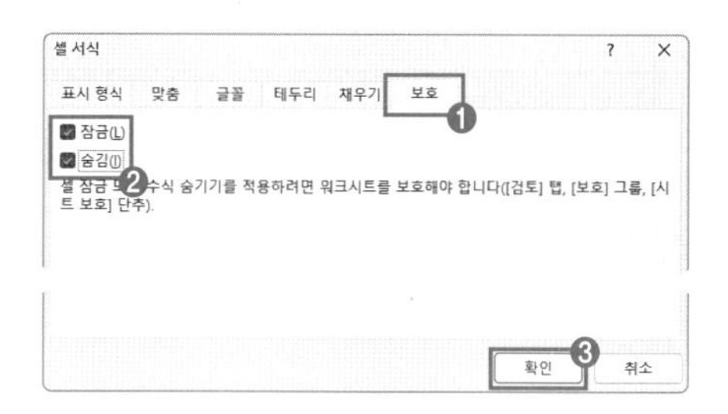

② 차트 선택 → 마우스 오른쪽 클릭 → [차트 영역 서식] → '크기 및 속성 ' → '속성' → '잠금'을 체크한다.

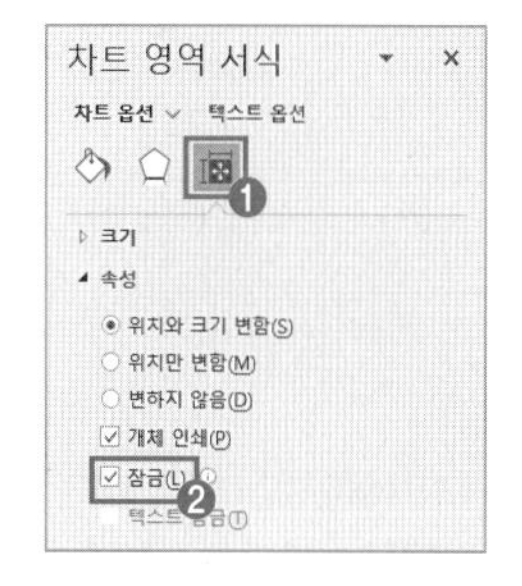

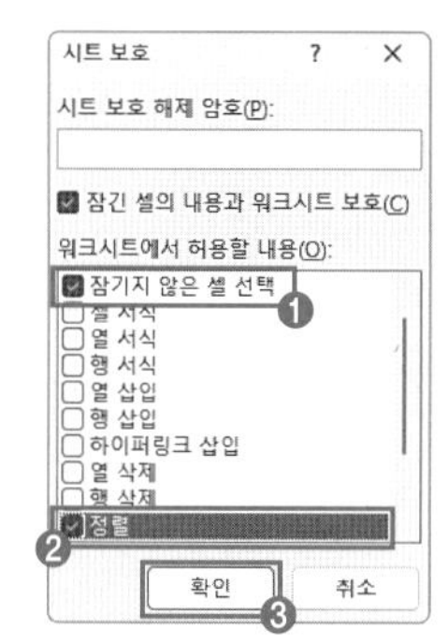

③ [검토] → [보호] → [시트 보호] → '잠긴 셀 선택', '잠기지 않은 셀 선택', '정렬' 체크 → 확인을 클릭한다.

④ [보기] → [통합 문서 보기] → [페이지 나누기 미리 보기] → '페이지 구분선'을 28행까지 드래그한다.

문제 2 계산 작업(30점)

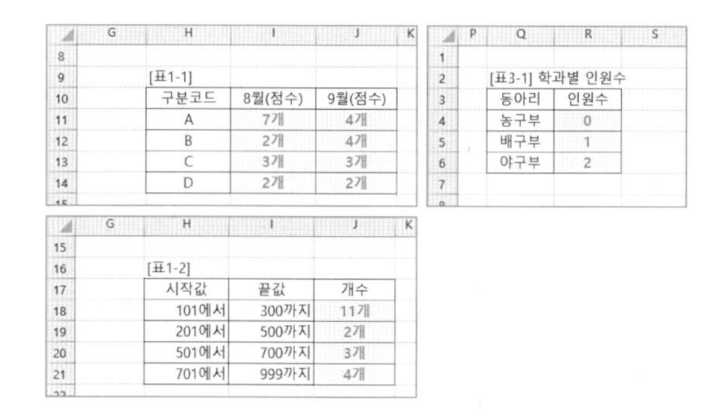

[표1-1]

구분코드	8월(점수)	9월(점수)
A	7개	4개
B	2개	4개
C	3개	3개
D	2개	2개

[표3-1] 학과별 인원수

동아리	인원수
농구부	0
배구부	1
야구부	2

[표1-2]

시작값	끝값	개수
101에서	300까지	11개
201에서	500까지	2개
501에서	700까지	3개
701에서	999까지	4개

1. 정답

[I11] 셀 선택 → 함수 마법사를 활용하여 **=COUNTIFS($B$4:$B$21,"?" & $H11 & "*",C$4:C$21,">=85")& "개"** 입력 → [J14] 셀까지 수식을 복사한다.

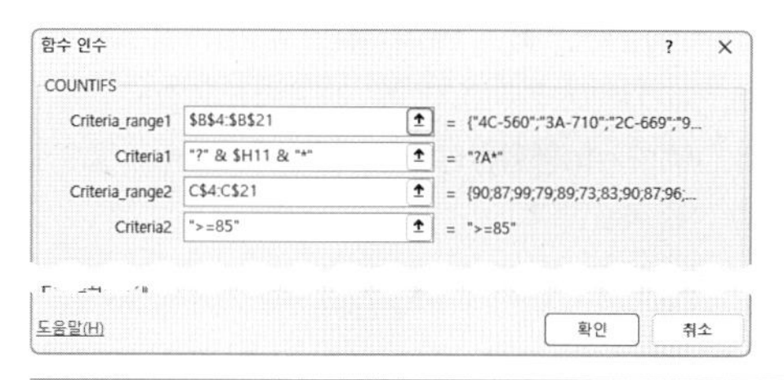

"?" & $H11 & "*" → ?A*
- SUMIF류 함수(SUMIF(S), COUNTIF(S), AVERAGEIF(S) 함수의 조건에 비교 연산 및 문자열을 직접 입력할 때 ""로 묶는다.
- 셀을 참조하는 경우 ""로 묶지 않는다.
- 이번 문제처럼 셀의 값 중 일부 문자열을 조건으로 받는(만능 문자를 사용하는)경우 &, ""로 묶어 작성한다.

2. 정답

[J18] 셀 선택 → **=COUNT(IF((RIGHT($B$4:$B$21,3)*1>=H18)*(RIGHT($B$4:$B$21,3)*1<=I18),1)) & "개"** 입력 → [J21] 셀까지 수식을 복사한다.

① (RIGHT($B$4:$B$21,3)*1>=H18)*(RIGHT($B$4:$B$21,3)*1<=I18): [B4:B21] 셀의 오른쪽 세 글자를 추출한 후 *1 연산을 적용해 수치 변환한 값이 [H18] 이상이면서 [I18] 이하이면 1을 출력한다.
② COUNT({FALSE;FALSE;FALSE;1;1;FALSE;1;1;1;FALSE;1;1;1;1;FALSE;1;FALSE}) & "개"
- COUNT 함수로 1의 개수를 구하고 '개'를 붙인다.
- COUNT 함수에서 논리값은 인식하지 못한다.

3. 정답

[R4] 셀 선택 → **=SUM((Q4=$N$4:$N$14)*(IF(ISERROR(FIND("영",$M$4:$M$14)),0,1)))** 입력 → [R6] 셀까지 수식을 복사한다.

IF(ISERROR(FIND("영",$M$4:$M$14)),0,1)
- FIND("영",$M$4:$M$14): '영'이 포함된 문자열이 있으면 '영'의 위치값이, 없으면 #VALUE를 출력한다.
- ISERROR(#VALUE): FIND 함수 결과가 오류이므로 TRUE를 출력한다.
- IF(TRUE,0,1): 0을 출력한다.
- 문자열에 '영'이 포함되어 있으면 1, 없으면 0을 출력한다.

4. 정답

① Alt + F11 → Microsoft Visual Basic for Application → 프로젝트 탐색기 빈 곳에서 마우스 오른쪽 클릭 → [삽입] → [모듈] 선택 → 다음과 같이 코드를 입력한다.

```
Public Function fn평형환산(계약면적)
  fn평형환산 = WorksheetFunction.Round(계약면적 / 3.3, -1)
End Function
```

VBA에서는 ROUND 함수를 지원하지 않아 WorksheetFunction 속성을 사용한다.

② Alt + Q를 눌러 Microsoft Visual Basic for Application을 종료한다.

③ [G25] 셀 선택 → **=fn평형환산(D25)** 입력 → Enter → [G35] 셀까지 수식을 복사한다.

5. 정답

[H25] 셀 선택 → **=TEXT(QUOTIENT(DAYS360(E25,F25),30), "00개월")** 입력 → [H35] 셀까지 수식을 복사한다.

① 임대시작일[E25]에서 임대종료일[F25] 사이의 경과일을 계산하고 30으로 나누어 몫을 구한다. → 6
② 결과를 "00개월" 형식으로 출력한다. → 06개월

6. 정답

한.번.더.
계산 작업 정답

	B	C	D	E	F	G	H	I
23	[표4]							
24	건물번호	임대가격	계약면적(㎡)	임대시작일	임대종료일	평형환산	임대개월수	중개수수료
25	BD-004	25,000,000	39.8	2023-08-17	2024-02-17	10	06개월	125,000
26	BD-002	80,000,000	107.6	2021-10-15	2024-10-15	30	36개월	300,000
27	BD-015	30,000,000	134	2023-12-25	2024-12-25	40	12개월	150,000
28	BD-003	25,000,000	84.5	2022-06-25	2025-06-25	30	36개월	125,000
29	BD-002	10,000,000	101	2024-08-18	2025-08-18	30	12개월	50,000
30	BD-004	116,000,000	101	2024-08-20	2025-08-20	30	12개월	348,000
31	BD-015	25,000,000	167	2023-02-23	2026-02-23	50	36개월	125,000
32	BD-010	30,000,000	120.8	2024-03-15	2026-03-15	40	24개월	150,000
33	BD-004	40,000,000	101	2024-08-16	2025-05-16	30	09개월	200,000
34	BD-004	45,000,000	110.9	2023-08-16	2026-08-16	30	36개월	200,000
35	BD-002	65,000,000	117.5	2025-08-16	2026-08-16	40	12개월	260,000

[I25] 셀 선택 → **=IFERROR(MIN(VLOOKUP(C25,$B$41:$E$43,3,1)*C25,VLOOKUP(C25,$B$41:$E$43,4,1)),C25*0.3%)** 입력 → [I35] 셀까지 수식을 복사한다.

① VLOOKUP(C25,$B$41:$E$43,3,1)*C25: [C25] 셀 값을 [B41:E43] 범위에서 근삿값으로 찾아 세 번째 열의 값을 가져와 [C25] 셀과 곱한다.
② VLOOKUP(C25,$B$41:$E$43,4,1)): [C25] 셀 값을 [B41:E43] 범위에서 근삿값으로 찾아 네 번째 열의 값을 가져온다.
③ MIN(①,②):- ①,② 두 값 중 작은 값을 출력한다.
④ [표6-1]에 찾는 값이 없으면 [C25]*0.3% 계산 결과를 출력한다.

7. 정답

	K	L	M	N	O
22					
23		[표8]			
24		평점환산	어학테스트	면접	평가
25		93.56	95	92	우등-7%
26		94	88	90	우등-10%
27		93.33	92	95	우등-7%
28		81.11	87	82	
29		97.33	78	92	우등-15%
30		93.33	70	91	
31		72.89	98	80	우등-15%
32		84.11	80	92	
33		81.11	85	90	우등-15%
34		97.1	90	90	우등-10%
35		72.89	89	90	

[O25] 셀 선택 → **=IFERROR(HLOOKUP(SUMPRODUCT($M$19:$O$19,L25:N25),$M$20:$O$21,2) ,"")** 입력 → [O35] 셀까지 수식을 복사한다.

① SUMPRODUCT($M$19:$O$19,L25:N25): [M19:O19] 배열과 [L25:N25] 배열의 각 요소를 곱해 합계를 구한다. → 93.668
② HLOOKUP(93.668,$M$20:$O$21,2): ①결과를 [M20:O21] 범위에서 찾아 두 번째 행 값을 가져온다.
→ 우동-7% (②에서 찾는 값이 없으면 공백("")을 출력한다.)

8. 정답

	K	L	M	N	O
37					
38	[표8]				
39		대출금액	대출기간(월)	연이율	상환 능력
40		₩150,000	24	7%	
41		₩600,000	12	8%	적정
42		₩750,000	24	7%	적정
43		₩250,000	24	7%	
44		₩7,000,000	30	6%	가계 부담
45		₩550,000	12	8%	적정
46		₩500,000	30	6%	
47		₩850,000	24	6%	적정
48		₩670,000	24	7%	
49		₩4,500,000	36	7%	가계 부담
50		₩300,000	18	8%	

[O40] 셀 선택 → **=VLOOKUP(PMT(N40/12,M40,-L40,,1), $L$54:$M$57,2,1)** 입력 → [O50] 셀까지 수식을 복사한다.

① PMT(N40/12,M40,-L40,,1): PMT(이율(월), 기간(월), 현재가치, 미래가치, 상환주기)
– 상환주기: 1-주기 초, 0-주기 말 → 결과: 6676.93806
② =VLOOKUP(6676.93806,$L$54:$M$57,2,1): ①결과를 [L54:M57] 범위에서 근삿값으로 찾아 두 번째 열의 값을 가져온다.
→ 결과: 공백("")

9. 정답

	A	B	C	D	E	F
46		[표9]				
47		고객번호	업종	사용량	검침일	사용기간
48		1-300-198	공업용	230	2027-03-02	02/03~03/02
49		1-100-210	가정용	82	2027-03-17	02/18~03/17
50		1-300-120	공업용	350	2027-03-02	02/03~03/02
51		1-100-321	가정용	121	2027-03-17	02/18~03/17
52		1-400-125	욕탕용	240	2027-03-12	02/13~03/12
53		1-300-328	공업용	195	2027-03-02	02/03~03/02
54		1-200-241	상업용	158	2027-03-07	02/08~03/07
55		1-200-122	상업용	225	2027-03-07	02/08~03/07
56		1-100-326	가정용	71	2027-03-17	02/18~03/17
57		1-200-154	상업용	310	2027-03-07	02/08~03/07
58		1-400-111	욕탕용	395	2027-03-12	02/13~03/12
59		1-200-227	상업용	125	2027-03-07	02/08~03/07
60		1-100-174	가정용	97	2027-03-17	02/18~03/17

[F48] 셀 선택 → **=CONCAT(TEXT(EDATE(E48,-1)+1,"mm/dd"),"~",TEXT(E48,"mm/dd"))** 입력 → [F60] 셀까지 수식을 복사한다.

① TEXT(EDATE(E48,-1)+1,"mm/dd")
– [E48] 셀 검침일의 1개월 전 일련번호를 출력한다.
→ 46420(2027-02-02)
– mm/dd 형식으로 일련번호를 출력한다.
② TEXT(E48,"mm/dd"): 검침일[E48]을 mm/dd 형식으로 출력한다.

10. 정답

	A	B	C	D
63		[표10]		
64		주문량	재고	재고현황
65		12	20	♠♠♠♠♠♤♤♤♤♤
66		4	10	♠♠♠♠♤♤♤♤♤♤
67		17	15	재고부족
68		5	12	♠♠♠♠♤♤♤♤♤♤
69		12	10	재고부족
70		13	15	♠♠♠♠♠♠♠♠♤♤
71		20	12	재고부족
72		10	14	♠♠♠♠♠♠♠♤♤♤
73		6	15	♠♠♠♠♤♤♤♤♤♤
74		5	12	♠♠♠♠♤♤♤♤♤♤
75		7	6	재고부족
76		7	12	♠♠♠♠♠♤♤♤♤♤
77		20	25	♠♠♠♠♠♠♠♠♤♤
78		25	15	재고부족

[D65] 셀 선택 → **=IFERROR(REPT("♠",QUOTIENT(B65/C65,10%))&REPT("♤",10-QUOTIENT(B65/C65,10%)),"재고부족")** 입력 → [D78] 셀까지 수식을 복사한다.

> ① REPT("♠",QUOTIENT(B65/C65,10%)): 주문량[B65]/재고[C65]를 계산한 결과에 10%로 나눈 몫을 계산한다. → 5
> – REPT("♠",5) → ♠♠♠♠♠
> ② REPT("♤",10-QUOTIENT(B65/C65,10%)): REPT("♤",10-5) → ♤♤♤♤♤
> ③ ♠♠♠♠♠&♤♤♤♤♤: 재고가 주문량보다 적으면 '재고부족'을 출력한다.

문제 3 분석 작업(20점)

1. '분석 작업-1' 정답

	A	B	C	D	E	F	G	H
1								
2								
3		합계 : 총합계		입사연도별				
4		부서	직위	2022년	2023년	2024년	2025년	총합계
5		⊟기술지원부		2,159	1,133	*	668	3,960
6			책임	*	1,133	*	*	1,133
7			파트너	2,159	*	*	668	2,827
8		⊟총무부		*	3,254	1,118	*	4,373
9			주임	*	*	1,118	*	1,118
10			파트너	*	3,254	*	*	3,254
11		총합계		2,159	4,387	1,118	668	8,333

① [데이터] → [데이터 가져오기 및 변환] → [데이터 가져오기] → [기타 원본에서] → [Microsoft Query에서] → [데이터 원본 선택] 대화 상자 → 'MS Access Database' 선택 → [확인] → 'C:₩엑셀실습파일₩기출2회.accdb' 선택 → [확인] → [쿼리 마법사 – 열 선택] 대화 상자 → 사용할 수 있는 테이블과 열에서 '승진 대상' 테이블 더블클릭 → '부서', '직위', '1차고과', '2차고과', '승진시험', '입사일'을 더블클릭해서 쿼리에 포함된 열에 추가 → [다음] → [다음] → [다음] → [마침] → [데이터 가져오기] → '피벗 테이블 보고서' 선택 → 기존 워크시트 입력창 선택 → [B3] 셀 선택 → [확인]을 클릭한다.

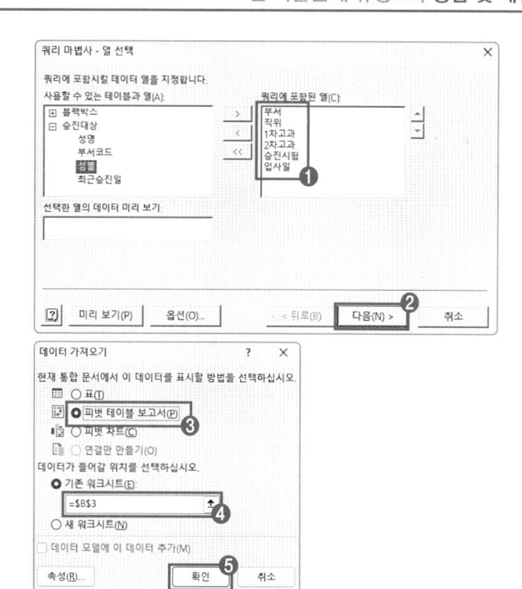

② [피벗 테이블 분석] → [계산] → [필드, 항목 및 집합] → [계산 필드] → [계산 필드 삽입] 대화 상자 → 이름은 **총합계**를 입력 → 수식은 **= '1차고과'+ '2차고과'+ 승진시험**을 입력 → [추가], [확인]을 클릭한다.

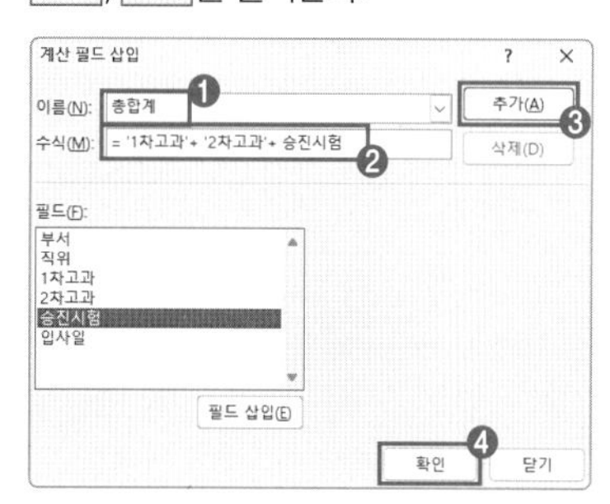

③ [디자인] → [레이아웃] → [보고서 레이아웃] → [개요 형식으로 표시] 선택 → [피벗 테이블 필드] 창 → 열 영역에 '입사일' 필드 추가 → 행 영역에 '부서', '직위' 필드 추가 → 값 영역에 '총합계' 필드 추가 → [F3] 셀에서 마우스 오른쪽 클릭 → [그룹] 선택 → [그룹화] 대화 상자 → 나머지 단위는 선택을 해제한 후 '연' 단위만 선택 → [확인]을 클릭한다.

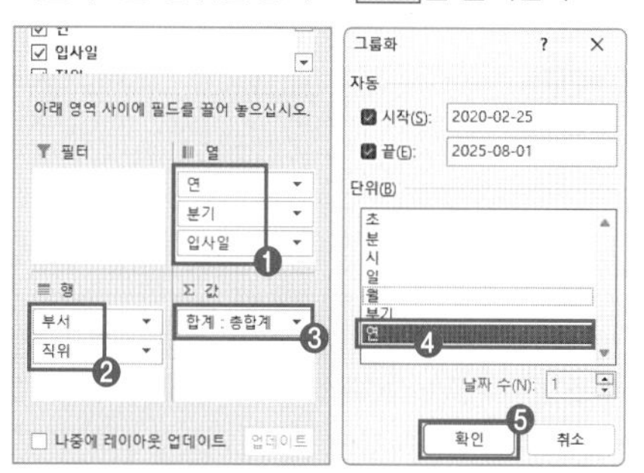

④ [D3] 셀 선택 → 마우스 오른쪽 클릭 → [필드 설정] → [필드 설정] 대화 상자 → 사용자 지정 이름 입력 창에 **입사연도별** 입력 → 확인 을 클릭한다.

⑤ [J4] 셀에서 마우스 오른쪽 클릭 → [필드 표시 형식] → [셀 서식] 대화 상자 → 범주 '사용자 지정' 선택 → 형식 입력 창에 **#,##0;#,##0;"*"** 입력 → 확인 을 클릭한다.

> [피벗 테이블 필드] 창 → 값 영역에서 '합계 : 총합계' 필드 선택 → [값 필드 설정] → [표시 형식]에서 변경이 가능하다.

⑥ [디자인] → [피벗 테이블 스타일] → '하늘색, 피벗 스타일 밝게 20' 선택 → [B4] 셀에서 화살표 ▼ 클릭 → '기술지원부', '총무부'만 체크 → [C4] 셀에서 화살표 ▼ 클릭 → '주임', '책임', '파트너'만 체크 → 확인 을 클릭한다.

⑦ [디자인] → [레이아웃] → [부분합] → [그룹 상단에 모든 부분합 표시]를 선택한다.

2. '분석 작업-2' 정답

	A	B	C	D	E	F	G	H	I
16		M210	마우스	₩ 25,000	30	₩ 30,000	₩ 900,000	₩ 150,000	C급
17		M210	마우스	₩ 25,000	95	₩ 30,000	₩ 2,850,000	₩ 475,000	C급
18		M526	마우스	₩ 15,000	250	₩ 18,000	₩ 4,500,000	₩ 750,000	C급
19		P012	프린터	₩ 259,000	10의 배수 입력 10의 배수를 입력하세요.	00	₩ 3,108,000	₩ 518,000	C급
20		P125	프린터	₩ 199,000		00	₩ 4,776,000	₩ 796,000	C급
21									
22		[표2] 품목별 이익금액							
23		품목코드	입고가	출고가	이익금액				
24		M*	₩ 135,000	₩ 162,000	₩ 5,610,000				
25		S*	₩ 1,560,000	₩ 1,872,000	₩ 10,995,000				
26		P*	₩ 2,859,000	₩ 3,430,800	₩ 14,011,000				
27									
28									
29									

① [B3:B20] 범위 선택 → [데이터] → [데이터 도구] → [텍스트 나누기] → [텍스트 마법사 - 3단계 중 1단계] 대화 상자 → '구분 기호로 분리됨' → 다음 → [텍스트 마법사 - 3단계 중 2단계] 대화 상자 → '세미콜론' 체크 → 다음 → [텍스트 마법사 - 3단계 중 3단계] 대화 상자 → 마침 을 클릭한다.

② [E3:E20] 범위 선택 → [데이터 도구] → [데이터 유효성 검사] → [데이터 유효성] 대화 상자 → 제한 대상은 '사용자 지정' → 수식 입력줄에 **=MOD(E3,10)=0**을 입력한다.

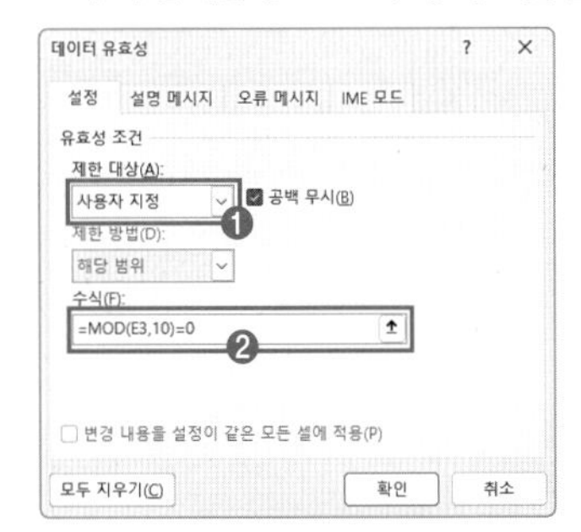

③ [설명 메시지] 탭 → 제목에 **10의 배수 입력**을 입력 → 설명 메시지에 **10의 배수를 입력하세요.** 입력 → [오류 메시지] 탭 → 스타일은 '중지' → 제목에 **10의 배수 입력**을 입력 → 오류 메시지에 **10의 배수만 입력하세요.**를 입력 → 확인 을 클릭한다.

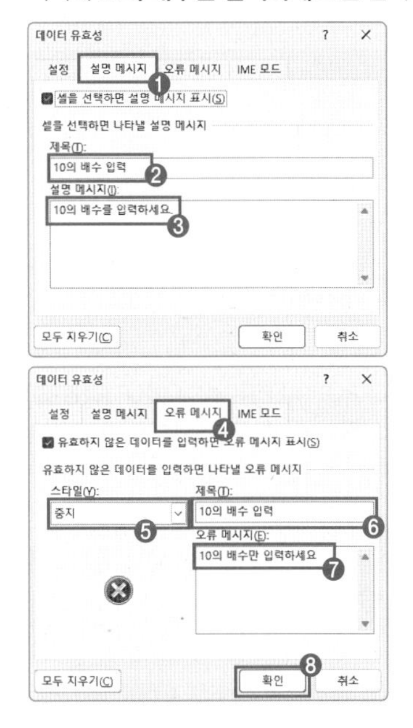

④ [B24:B26] 범위에 **M***, **S***, **P***를 입력한다.

⑤ [B23:E26] 범위 선택 → [데이터] → [데이터 도구] → [통합] → [통합] 대화 상자 → 함수는 '합계' → 참조 입력 창 선택 → [B2:I20] 범위 선택 → 추가 → 사용할 레이블에서 '첫 행', '왼쪽 열'을 체크 → 확인 을 클릭한다.

문제 4 기타 작업(35점)

1. '기타 작업-1' 차트 정답

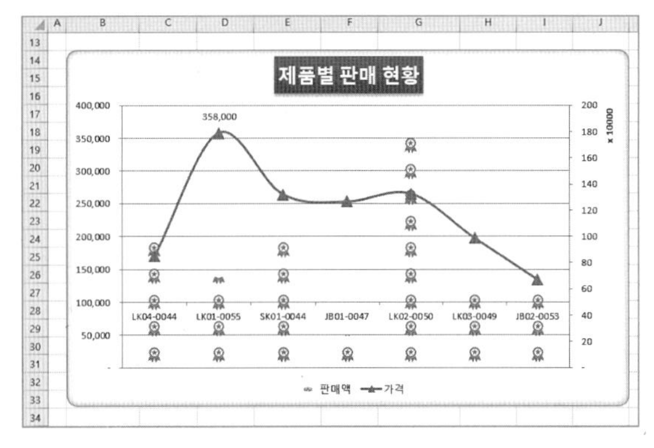

① 판매액 계열 선택 → 마우스 오른쪽 클릭 → [계열 차트 종류

변경] → [차트 종류 변경] 대화 상자 → 판매액의 차트 종류를 '묶은 세로 막대형' 선택 → '보조 축' 체크 → 확인을 클릭한다.

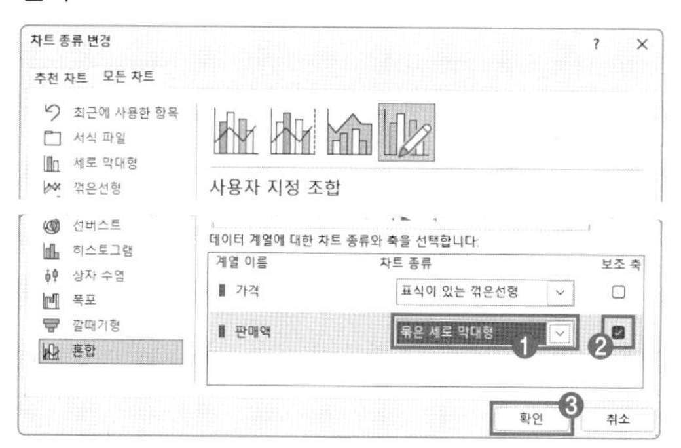

② [차트 요소 ➕] 클릭 → '차트 제목' 체크 → 차트 제목 선택 → 수식 입력줄에서 =을 입력 → [B1] 셀을 선택한 후 Enter → 서식 → [도형 스타일] → '보통 효과 – 빨강, 강조 2'를 선택한다.

③ 보조 세로 (값) 축 더블클릭 → [축 서식] 창 → [축 옵션] → 기본에 **200000**을 입력 → 표시 단위에서 '10000'을 선택한다.

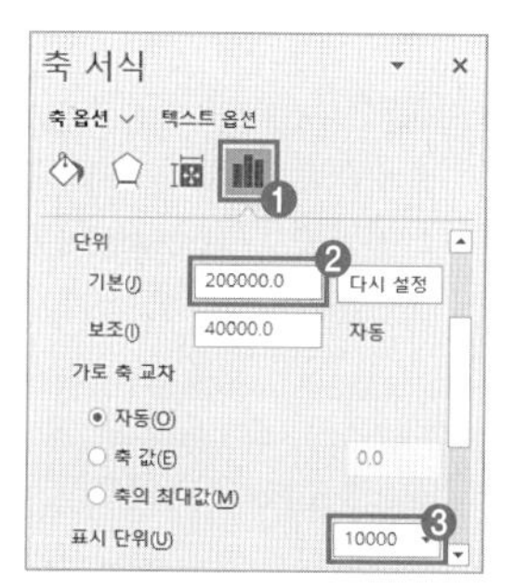

④ 차트 영역 선택 → '채우기 및 선 ◇' → '테두리' →'둥근 모서리'를 체크 → '효과 ⬠' → '그림자' → 미리 설정에서 '안쪽: 가운데' 선택 → 색은 '흰색, 배경 1, 35%, 더 어둡게'를 선택한다.

⑤ 세로 (값) 축 선택 → [축 서식] 창 → '축 옵션 ▮▮' → 가로 축 교차는 '축 값' → **100000**을 입력한다.

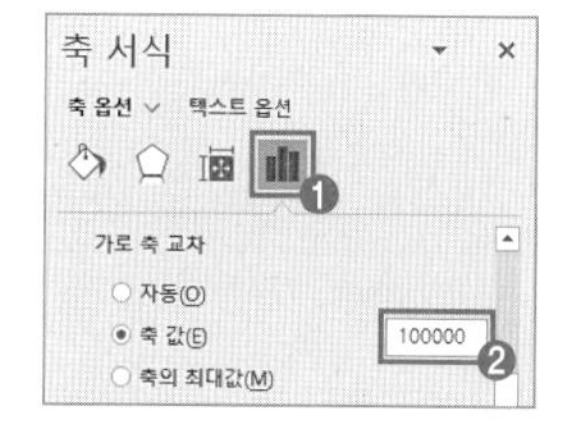

⑥ 가격 계열의 LK01-0055 요소 선택 → 마우스 오른쪽 클릭 → [데이터 레이블 추가] → 추가된 데이터 레이블 선택 → [데이터 레이블 서식] 창 → '레이블 옵션 ▮▮' → 레이블 위치를 '위쪽'을 선택한다.

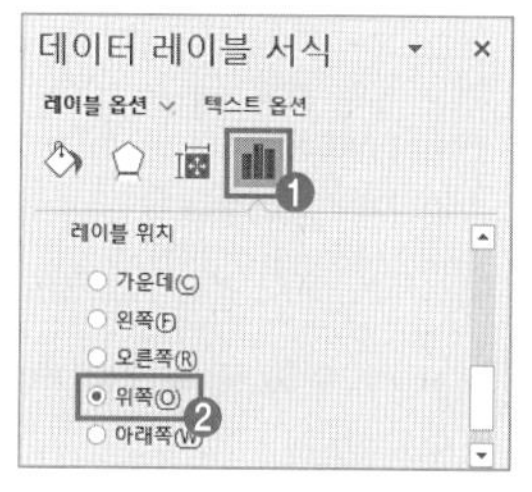

⑦ 워크시트에서 클립아트 선택 → Ctrl + C를 눌러 복사 → 판매액 계열 중 하나를 선택 → Ctrl + V를 눌러 붙여넣기 → [데이터 계열 서식] 창 → '채우기 및 선 ◇' → '채우기' → 그림 원본은 '쌓기'를 선택한다.

⑧ '차트 영역' 선택 → 마우스 오른쪽 클릭 → [데이터 선택] → [데이터 원본 선택] 대화 상자 → 행/열 전환 → 'JB03-0052' 선택 → [제거] → [행/열 전환] → 확인을 선택한다.

⑨ 가격 계열 선택 → [데이터 계열 서식] 창 → '채우기 및 선 ◇' → '완만한 선' 체크 → '표식' → '표식 옵션' → '기본 제공' 선택 → 형식을 '▲'으로 선택 → 크기는 **11**을 입력한다.

2. '기타 작업-2' 매크로 정답

서식적용　　색조

가입나이	코드	구분-성별	가입금액	가입기간	미납기간	결제
24	BM	기본형-남자	13,200	5	3	은행이체
41	BW	기본형-여자	22,500	3	0	카드납부
50	SM	추가보장-남자	45,000	15	0	미지정
29	SW	추가보장-여자	14,200	15	0	은행이체
42	SW	추가보장-여자	28,400	5	1	카드납부
7	SW	추가보장-여자	13,000	10	0	미지정
45	SM	추가보장-남자	24,000	14	1	카드납부
16	SW	추가보장-여자	12,900	5	1	은행이체
16	BM	기본형-남자	12,800	6	1	카드납부
51	BM	기본형-남자	33,000	8	0	미지정
46	BM	기본형-남자	19,800	8	2	미지정
22	BM	기본형-남자	13,200	21	0	은행이체
6	BM	기본형-남자	12,800	7	0	카드납부
22	BW	기본형-여자	13,500	21	2	은행이체
21	SM	추가보장-남자	13,700	20	0	카드납부
13	SW	추가보장-여자	12,900	8	0	은행이체
29	BM	기본형-남자	13,200	24	0	은행이체
61	BW	기본형-여자	32,200	23	1	카드납부
12	BW	기본형-여자	12,600	20	2	은행이체
64	SW	추가보장-여자	43,900	7	0	카드납부

① 표 밖의 임의의 셀을 선택 → [개발 도구] → [코드] → [매크로 기록] → [매크로 기록] 대화 상자 → 매크로 이름은 **서식적용**으로 입력 → 매크로 저장 위치는 '현재 통합 문서' 선택 → 확인을 클릭한다.

② [H8:H37] 범위 선택 → Ctrl + 1 → [셀 서식] 대화 상자 → '사용자 지정' 범주 선택 → 형식 입력 창에 **[=-1]"은행이체";[=1]"카드납부";[빨강]"미지정"** 입력 → 확인 → [개발 도구] → [코드] → [기록 중지]를 선택한다.

③ [개발 도구] → [컨트롤] → [삽입] → [단추(양식 컨트롤) ▭] → [B2:C4] 범위에 Alt를 누른 채 드래그해 삽입 → [매크로 지정] 대화 상자 → '서식적용' 매크로 선택 → 확인 → 단추 이름을 **서식적용**으로 입력한다.

④ 표 밖의 임의의 셀을 선택 → [개발 도구] → [코드] → [매크로 기록] → [매크로 기록] 대화 상자 → 매크로 이름은 **색조**로 입력 → 매크로로 저장 위치는 '현재 통합 문서' 선택 → 확인을 클릭한다.

⑤ [E8:E37] 범위 선택 → [홈] → [스타일] → [조건부 서식] → [새 규칙] → '셀 값을 기준으로 모든 셀의 서식 지정' 선택 → 서식 스타일은 '3가지 색조' 선택 → 최솟값 색을 표준 색 '빨강' → 중간값 색을 표준 색 '노랑' → 최댓값 색을 '연한 녹색' → 확인 → [개발 도구] → [코드] → [기록 중지]를 선택한다.

⑥ [삽입] → [일러스트레이션] → [도형] → 기본 도형에서 '웃는 얼굴' 선택 → Alt를 누른 채 [E2:F4] 범위에 드래그해 삽입 → '웃는 얼굴' 도형 선택 → 마우스 오른쪽 클릭 → [텍스트 편집] → **색조**를 입력 → '웃는 얼굴' 도형 선택 → 마우스 오른쪽 클릭 → [매크로 지정] → '색조' 선택 → 확인 → '웃는 얼굴' 도형 선택 → [홈] → [맞춤] → 세로, 가로 [가운데 맞춤]을 선택한다.

3. '기타 작업-3' 프로시저 정답

① 정답

1) [개발 도구] → [컨트롤] → [디자인 모드] 선택 → '제품검색' 단추 더블클릭 → Microsoft Visual Basic for Application → 코드 편집 창에 다음과 같이 코드를 입력한다.

```
Private Sub cmd제품검색_Click()
    제품검색폼.Show
End Sub
```

2) 프로젝트 탐색기 → '제품검색폼' 더블클릭 → 개체가 없는 빈 폼 바탕을 더블클릭 → 프로시저는 'Initialize' 선택 → Private Sub UserForm_Initialize() 프로시저 블록에 다음과 같이 코드를 입력한다.

```
Private Sub UserForm_Initialize()
    cmb제품ID.RowSource = "'기타작업-1'!I4:I17"
    txt날짜 = Format(Now, "yyyy년 m월 d일 hh시 nn분 ss초")
End Sub
```

현재 시트가 아닌 다른 시트에서 행 원본을 가져올 때는 "'시트명'!셀 범위" 형식으로 입력한다.

② 정답

1) 프로젝트 탐색기 → '제품검색폼' 더블클릭 → 'cmd검색' 단추를 더블클릭한다.

2) 'cmd검색_Click()' 프로시저 블록 안에 다음과 같이 코드를 입력한다.

```
Private Sub cmd검색_Click()

    참조행 = cmb제품ID.ListIndex + 5 ❶

    txt제품사 = Cells(참조행, 3)
    txt시야각 = Cells(참조행, 4)
    txt해상도 = Cells(참조행, 5)
    txt출시연도 = Cells(참조행, 6)
    txt가격 = Format(Cells(참조행, 7), "₩₩#,###원")
    txt재고 = Cells(참조행, 8)
    txt재고금액 = Format(WorksheetFunction.Round(Cells(참조행,
    7) * Cells(참조행, 8), -5), "₩₩#,###원")    ❷

End Sub
```

❶ 'cmb제품ID' 목록 상자에서 선택한 인덱스 + 5(+5는 검색할 [표1]의 첫 번째 '제품ID'의 행 위치이다.)
– 목록 상자의 첫 번째 값을 선택하면 → 0 + 5 = 5행

❷ VBA에서는 ROUND 함수를 내장하고 있지 않아 Excel의 함수를 사용하기 위해 'WorksheetFunction' 속성을 사용한다.

③ 정답

1) 프로젝트 탐색기 → '제품검색폼' 더블클릭 → 'cmd종료' 단추 더블클릭 → 'cmd종료_Click()' 프로시저 블록에 다음과 같이 코드를 입력한다.

```
Private Sub cmd종료_Click()

    MsgBox Now, vbOKOnly, "제품검색을 마칩니다"
    Unload Me
    Range("c3") = "모니터"
    [c3].Font.Bold = True
    [c3].Font.Italic = True
    [c3].Font.Underline = True
    Range("c3").Font.Size = 18

End Sub
```

셀에 문자열 입력, 속성을 변경하는 방법
– 아래 두 가지 형식으로 설정할 수 있다.

```
Range("c3").Font.Size = 18
[c3].Font.Size = 18
```

– 나머지 속성

```
Font.Size: 글꼴 크기
Font.Bold: 굵게
Font.Italic: 기울임꼴체
Font.Underline: 밑줄
```

2) Alt + Q를 눌러 Microsoft Visual Basic for Application을 종료한다.

국가기술자격검정

컴퓨터활용능력 1급 실기(엑셀) 모의고사

프로그램명	제한시간
EXCEL 2021	45분

수험번호 :

성　　명 :

www.ebs.co.kr/compass
(EBS 홈페이지에서 엑셀 실습 파일 다운로드)
파일명: 기출(문제) – 모의고사

문제 1 기본 작업(15점) 주어진 시트에서 다음 과정을 수행하고 저장하시오.

1. '기본 작업' 시트에서 다음과 같이 고급 필터를 수행하시오. (5점)

▶ [A3:H33] 영역에서 '상품분류'가 '메이크업'이 아니고, '판매금액'이 판매금액 평균보다 큰 행만을 대상으로 '상품분류', '상품명', '거래처', '판매금액'을 표시하시오.

▶ 조건은 [J3:J4] 영역 내에 알맞게 입력하시오.(AND, AVERAGE 함수 사용)

▶ 결과는 [J6] 셀부터 표시하시오.

2. '기본 작업' 시트에서 다음과 같이 조건부 서식을 설정하시오. (5점)

▶ [A4:H33] 영역에서 '매출일자'가 4월 또는 5월이고 '거래처'가 '그린유기농'인 데이터의 행 전체에 대해 글꼴 스타일 '기울임꼴', 글자색 '표준 색-빨강'으로 적용하시오.

▶ 단, 한 개의 규칙으로만 작성하시오.

▶ MONTH, AND, OR 함수 사용

3. '기본 작업' 시트에서 다음과 같이 페이지 레이아웃을 설정하시오. (5점)

▶ [A3:H33] 영역을 인쇄 영역으로 설정하고, '눈금선'과 '행/열 머리글'이 표시되어 인쇄되도록 설정하시오.

▶ 페이지의 내용이 자동으로 확대/축소되어 인쇄되도록 설정하시오.

▶ 매 페이지 하단의 가운데 구역에는 현재 날짜가 표시되도록 바닥글을 설정하시오.

문제 2 계산 작업(30점) '계산 작업' 시트에서 다음 과정을 수행하고 저장하시오.

1. [표1]의 상품명, 수량과 [표2]를 이용하여 [H5:H34] 영역에 판매액을 표시하시오. (6점)
   - 판매액=수량*단가 (단, 수량이 20 이상이면 판매액=수량*단가*(1-할인율)로 계산)
   - 단가와 할인율은 [표1]의 상품명을 이용하여 [표2]에서 찾아 계산
   - 판매액은 일의 자리에서 반올림하여 십의 자리까지 표시
   - VLOOKUP, IF, ROUND 함수 사용

2. [표2]의 단가를 이용하여 [N5:N12] 영역에 단가의 순위를 계산하여 표시하시오. (6점)
   - 단가가 전체 평균 단가 이상인 경우만 표시
   - IF, AVERAGE, RANK.EQ 함수 사용
     [표시 예: 3 → 3위]

3. [표1]의 거래처, 결제방법, 판매액을 이용하여 [표3]의 [Q5:R9] 영역에 거래처별 결제방법별 판매액의 합계를 계산하여 표시하시오. (6점)
   - SUM, IF 함수를 이용한 배열 수식

4. [표1]의 판매일자를 이용하여 [표4]의 [L17:L19] 영역에 판매비율을 계산하여 표시하시오. (6점)
   - FREQUENCY, MONTH, COUNT 함수를 이용한 배열 수식

5. 사용자 정의 함수 'fn배송비'를 작성하여 [표1]의 [D5:D34] 영역에 배송비를 계산하여 표시하시오. (6점)
   - 'fn배송비'는 구분코드와 판매액을 인수로 받아 계산한다.
   - 배송비는 구분코드 맨 첫 글자가 'N'이고 판매액이 20만원 이상이면 0, 'A'이고 판매액이 7만원 이상이면 0, 'P'이고 판매액이 10만원 이상이면 0, 그 외에 나머지는 모두 3000으로 계산하시오.
   - If 문 사용

```
Public Function fn배송비(구분코드, 판매액)

End Function
```

문제 3 분석 작업(20점) 주어진 시트에서 다음 과정을 수행하고 저장하시오.

1. '분석 작업-1' 시트에서 다음의 지시 사항에 따라 피벗 테이블 보고서를 작성하시오. (10점)

▶ 외부 데이터 가져오기 기능을 이용하여 <동물진료정보.accdb>에서 '진료정보' 테이블의 '진료번호', '일자', '의사명', '진료비' 열을 이용하시오.

▶ 피벗 테이블 보고서의 레이아웃과 위치는 아래 그림을 참조하여 설정하고, 보고서 레이아웃은 개요 형식으로 표시하시오.

▶ '진료비' 필드는 값 필드 설정의 셀 서식에서 '숫자' 범주를 이용하여 천 단위 구분 기호(,)로 표시하고, '의사명' 필드는 내림차순 정렬하여 표시하시오.

▶ 행의 총합계는 표시되지 않도록 설정하시오.

▶ 피벗 테이블 스타일은 '연한 주황, 피벗 스타일 밝게 17'로 설정하시오.

	A	B	C	D	E	F	G
1							
2							
3		의사명	값				
4		한여름		노연우		고민재	
5	월	합계 : 진료비	개수 : 진료번호	합계 : 진료비	개수 : 진료번호	합계 : 진료비	개수 : 진료번호
6	4월	240,000	2	83,000	2	315,000	3
7	6월	1,124,000	6	1,078,000	8	969,000	5
8	8월	306,000	4			130,000	2
9	총합계	1,670,000	12	1,161,000	10	1,414,000	10
10							

※ 작업 완성된 그림이며 부분 점수 없음.

2. '분석 작업-2' 시트에 대하여 다음의 지시 사항을 처리하시오. (10점)

▶ [데이터 유효성 검사] 도구를 이용하여 직급[C4:C21] 영역에 '사원', '주임', '대리'가 목록으로 표시되도록 지정하시오.
- 직급[C4:C21] 영역에 유효하지 않은 데이터를 입력한 경우 <그림>과 같은 오류 메시지가 표시되도록 설정하시오.

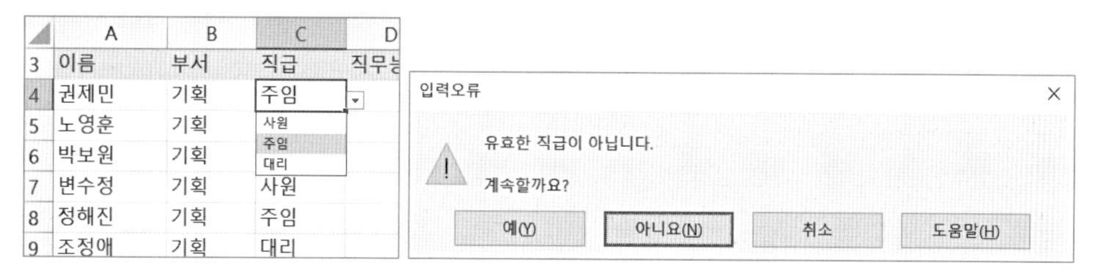

▶ [부분합] 기능을 이용하여 [표1]에서 '부서'별 '평점'의 평균을 계산한 후 '부서'의 인원수를 계산하시오.
- '부서'를 기준으로 오름차순 정렬하시오.
- 평균과 인원수는 문제에서 제시된 순서대로 처리하시오.

문제 4 기타 작업(35점) 주어진 시트에서 다음 과정을 수행하고 저장하시오.

1. '기타 작업-1' 시트에서 다음의 지시 사항에 따라 차트를 수정하시오. (각 2점)

※ 차트는 반드시 문제에서 제공한 차트를 사용하여야 하며, 신규로 차트 작성 시 0점 처리됨.

① '렌탈건수' 계열의 차트 종류를 '표식이 있는 꺾은선형'으로 변경한 후 보조 축으로 지정하시오.
② 차트 제목을 추가한 후 [B2] 셀과 연동하여 표시하고, 글꼴은 '굴림', 글꼴 스타일 '굵게'로 설정하시오.
③ '렌탈총액 계열의 '뷰티리프팅기' 요소만 데이터 레이블을 <그림>과 같이 설정하시오.
④ 계열 겹치기 0%, 간격 너비 50%로 설정하시오.
⑤ 차트 영역의 테두리 스타일을 '둥근 모서리', 그림자를 '안쪽 가운데'로 설정하시오.

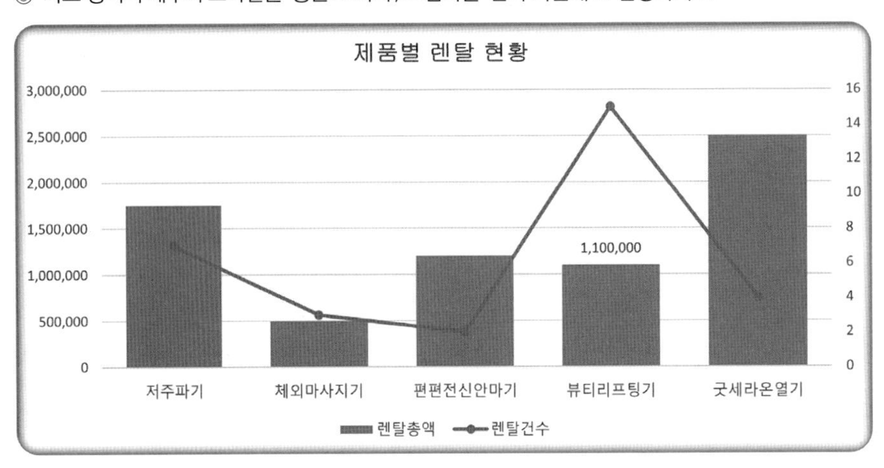

2. '기타 작업-2' 시트에서 다음과 같은 기능을 수행하는 매크로를 현재 통합 문서에 작성하시오. (각 5점)

① [B5:E13] 영역에 대하여 사용자 지정 표시 형식을 설정하는 '서식적용' 매크로를 생성하시오.
- 물가상승률 값이 양수이면 빨강색, 음수이면 파란색으로 소수 첫째 자리까지 표시하고, 0이면 '-'로 표시하시오.
  [표시 예: 연도별 물가상승률이 1 → 1.0, -0.9 → 0.9, 0 → -]
- [개발 도구] → [삽입] → [양식 컨트롤] → '단추'를 동일 시트의 [H4:H5] 영역에 생성한 후 텍스트를 '서식적용'으로 입력하고 해당 단추를 클릭하면 '서식적용' 매크로가 실행되도록 설정하시오.

② [B5:E13] 영역에 표시 형식을 '일반'으로 설정하는 '서식해제' 매크로를 생성하시오.
- [개발 도구] → [삽입] → [양식 컨트롤] → '단추'를 동일 시트의 [H7:H8] 영역에 생성한 후 텍스트를 '서식해제'로 입력하고 해당 단추를 클릭하면 '서식해제' 매크로가 실행되도록 설정하시오.

※ 셀 포인터의 위치에 관계없이 매크로가 실행되어야 정답으로 인정됨.

3. '기타 작업-3' 시트에서 다음과 같은 작업을 수행하도록 프로시저를 작성하시오. (각 5점)

① '입력' 단추를 클릭하면 <동호회등록> 폼이 나타나도록 설정하고, 폼이 초기화(Initialize) 되면 '동호회'(cmb동호회) 목록에는 [F5:F9] 영역의 값이 표시되도록 프로시저를 작성하시오.

② '동호회등록' 폼의 '등록'(cmd등록) 단추를 클릭하면 폼에 입력된 데이터가 [표1]에 입력되어 있는 마지막 행 다음에 연속하여 추가되도록 프로시저를 작성하시오.

- ▶ 구분에는 '정회원'(opt정회원)을 선택하면 '정회원', '준회원'(opt준회원)을 선택하면 '준회원'을 입력하시오.
- ▶ If 문 사용

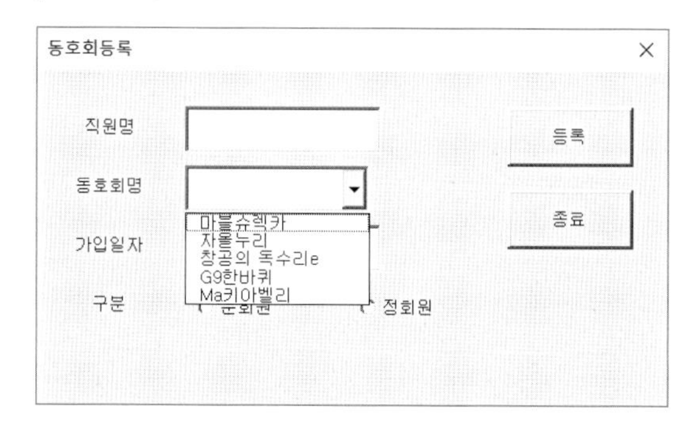

③ '종료'(cmd종료) 단추를 클릭하면 '동호회등록' 폼이 종료되고, [D4] 셀에 '영업부'가 입력되고, 글꼴이 '굴림체'로 지정되는 프로시저를 작성하시오.

정답 및 풀이

문제 1 기본 작업(15점)

1. '기본 작업' 정답

	J	K	L	M
3	조건			
4	FALSE			
5				
6	상품분류	상품명	거래처	판매금액
7	유기농식품	옥수수차	그린유기농	325,500
8	스낵류	생포테이토	프렌트마트25	400,000
9	유기농식품	대추스프	새싹유기농	352,500

① [J3] 셀에 **조건** [J4] 셀에 **=AND(C4<>"메이크업",H4>AVERAGE($H$4:$H$33))**을 입력하고 Enter를 누른다.

	J
2	
3	조건
4	=AND(C4<>"메이크업",H4>AVERAGE($H$4:$H$33))

함수식 설명

1. **C4<>"메이크업"** 상품명[D4]이 '메이크업'이 아니고 **H4>AVERAGE($H$4:$H$33)** 판매금액[H4]이 판매금액[$H$4:$H$33]의 평균보다 큰지 조건을 비교한다.
2. 두 조건이 모두 FALSE이므로 **AND** 함수의 결과는 FALSE가 된다.

② [C3:E3]을 선택한 후 Ctrl을 누른 채 [H3] 셀을 선택하고 복사한 후 [J6] 셀에 붙여넣기 한다.

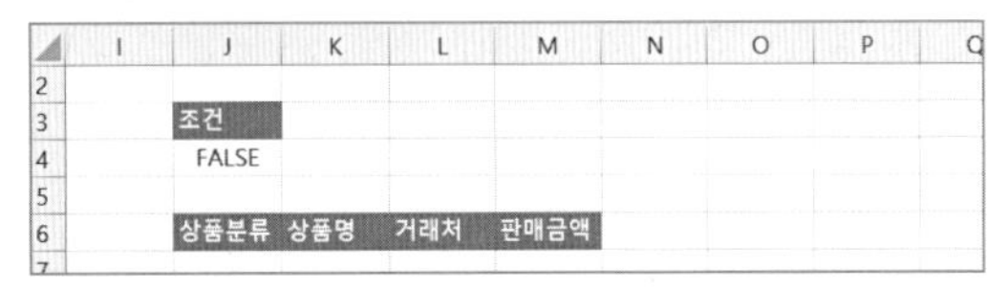

	J	K	L	M
2				
3	조건			
4	FALSE			
5				
6	상품분류	상품명	거래처	판매금액

③ 데이터 영역에서 임의의 셀을 선택한 후 [데이터] → [정렬 및 필터] → [고급]을 선택한다. [고급 필터] 대화 상자에서 조건 범위를 [$J$3:$J$4]로 지정한 후 '다른 장소에 복사'를 선택하고 복사 위치에 [$J$6:$M$6]을 지정한 후 확인을 클릭한다.

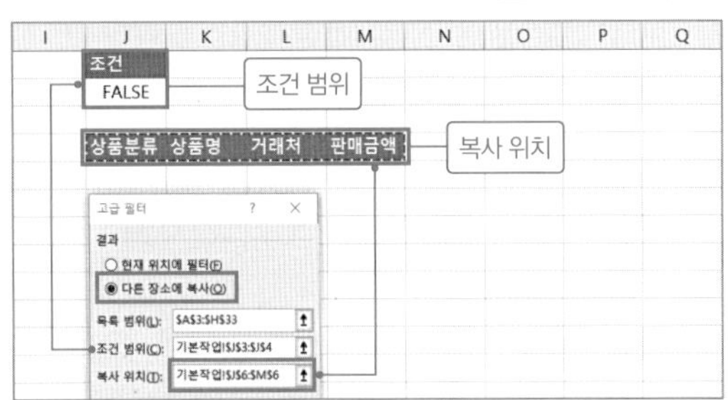

2. '기본 작업' 정답

<정답>

	A	B	C	D	E	F	G	H
1								
2								
3	매출일자	판매자	상품분류	상품명	거래처	수량	단가	판매금액
4	2023-06-20	김민채	유기농식품	옥수수차	day365마트	55	3500	192,500
5	*2023-04-26*	*김민채*	*유기농식품*	*옥수수차*	*그린유기농*	*93*	*3500*	*325,500*
6	*2023-05-30*	*김민채*	*유기농식품*	*옥수수차*	*그린유기농*	*50*	*3500*	*175,000*
7	2023-05-22	김민채	유기농식품	옥수수차	day365마트	85	3500	297,500
8	2023-04-30	최수현	유기농식품	옥수수차	새싹유기농	84	3500	294,000
9	2023-06-08	김민채	유기농식품	옥수수차	day365마트	81	3500	283,500
10	2023-06-11	최수현	유기농식품	옥수수차	77마트	78	3500	273,000
11	2023-05-13	최수현	유기농식품	옥수수차	77마트	68	3500	238,000
12	2023-06-03	최수현	유기농식품	옥수수차	새싹유기농	58	3500	203,000
13	2023-04-08	옥수지	스낵류	생포테이토	프렌트마트25	160	2500	400,000
14	2023-06-17	옥수지	스낵류	생포테이토	day365마트	13	2500	32,500
15	*2023-04-25*	*옥수지*	*스낵류*	*생포테이토*	*그린유기농*	*12*	*2500*	*30,000*
16	2023-06-02	조안진	스낵류	생포테이토	77마트	5	2500	12,500
17	2023-06-01	장하원	메이크업	오렌지핑크밤	새싹유기농	50	30000	1,500,000
18	2023-06-07	장하원	메이크업	보들클렌징오일	새싹유기농	45	10000	450,000
19	2023-06-29	장하원	메이크업	오렌지핑크밤	새싹유기농	14	37000	518,000
20	2023-04-05	장하원	메이크업	생얼쿠션	새싹유기농	20	40000	800,000
21	2023-06-17	장하원	메이크업	생얼쿠션	새싹유기농	19	40000	760,000
22	2023-04-30	장하원	메이크업	보들클렌징오일	프렌트마트25	25	10000	250,000
23	2023-05-31	장하원	메이크업	보들클렌징오일	새싹유기농	23	10000	230,000
24	2023-06-19	장하원	메이크업	생얼쿠션	새싹유기농	15	40000	600,000
25	2023-04-21	장하원	메이크업	보들클렌징오일	새싹유기농	20	10000	200,000
26	2023-05-04	조안진	스낵류	맘마계란칩	77마트	29	2800	81,200
27	2023-06-10	옥수지	스낵류	맘마계란칩	프렌트마트25	27	2800	75,600
28	2023-04-20	조안진	스낵류	맘마계란칩	77마트	26	2800	72,800
29	2023-06-25	옥수지	스낵류	오후의 간식(통밀)	그린유기농	14	1800	25,200
30	2023-06-12	조안진	스낵류	맘마계란칩	77마트	23	2800	64,400
31	2023-04-30	김민채	유기농식품	대추스프	새싹유기농	75	4700	352,500
32	2023-06-18	김민채	유기농식품	대추스프	그린유기농	54	4700	253,800
33	2023-05-11	최수현	유기농식품	옥수수차	77마트	50	3500	175,000

① [A4:H33]을 선택한 후 [홈] → [스타일] → [조건부 서식] → [새 규칙]을 선택한다. [새 서식 규칙] 대화 상자에서 '수식을 사용하여 서식을 지정할 셀 결정'을 선택한 후 **=AND(OR(MONTH($A4)=4,MONTH($A4)=5),$E4="그린유기농")**을 입력하고 서식을 클릭한다.

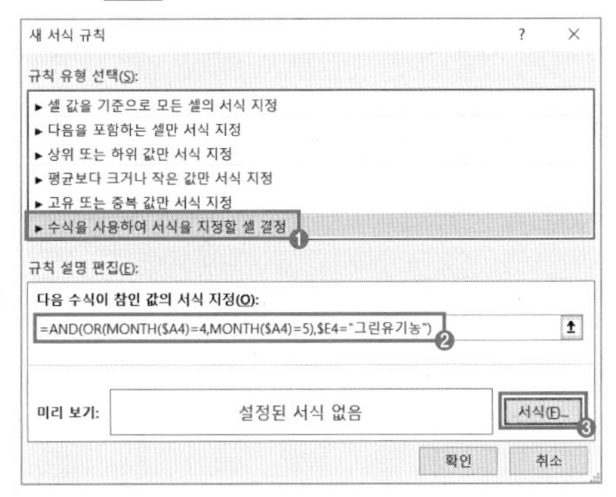

함수식 설명

1. **OR(MONTH($A4)=4,MONTH($A4)=5)** MONTH 함수로 매출일자[A4]에서 추출한 월이 4 또는 5인지 비교한다. 조건 중 하나라도 참이면 TRUE를 반환한다.
2. OR 함수의 결과가 참이고 거래처[E4]가 '그린유기농'

이면 AND 함수의 결과는 TRUE이므로 해당 레코드에 서식을 적용한다.

② [셀 서식] 대화 상자의 [글꼴] 탭에서 글꼴 스타일 '기울임꼴', 색은 표준 색 '빨강'을 선택한 후 [확인]을 클릭한다. 다시 한번 [확인]을 클릭해 [새 서식 규칙] 대화 상자를 닫는다.

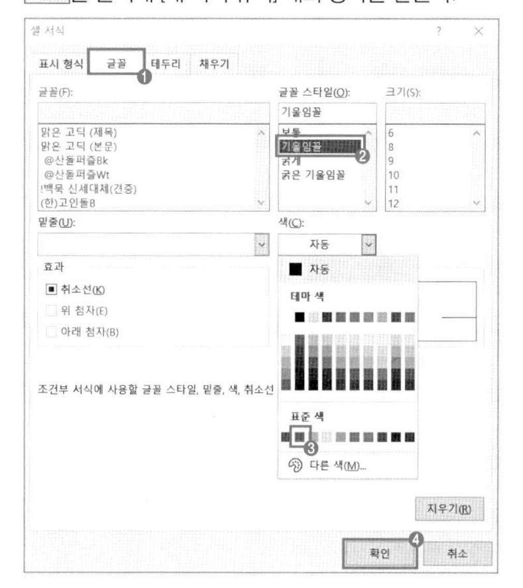

3. '기본 작업' 정답

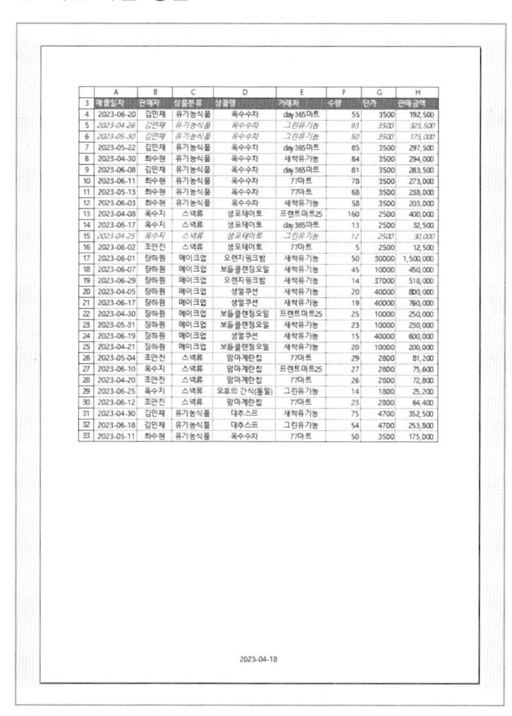

	A	B	C	D	E	F	G	H
3	매출일자	판매자	상품분류	상품명	거래처	수량	단가	판매금액
4	2023-06-20	김민채	유기농식품	옥수수차	day365마트	55	3500	192,500
5	*2023-04-26*	*김민채*	*유기농식품*	*옥수수차*	*그린유기농*	*93*	*3500*	*325,500*
6	*2023-05-30*	*김민채*	*유기농식품*	*옥수수차*	*그린유기농*	*50*	*3500*	*175,000*
7	2023-05-22	김민채	유기농식품	옥수수차	day365마트	85	3500	297,500
8	2023-04-30	최수현	유기농식품	옥수수차	새싹유기농	84	3500	294,000
9	2023-06-08	김민채	유기농식품	옥수수차	day365마트	81	3500	283,500
10	2023-06-11	최수현	유기농식품	옥수수차	77마트	78	3500	273,000
11	2023-05-13	최수현	유기농식품	옥수수차	77마트	68	3500	238,000
12	2023-06-03	최수현	유기농식품	옥수수차	새싹유기농	58	3500	203,000
13	2023-04-08	옥수지	스낵류	생포테이토	프렌트마트25	160	2500	400,000
14	2023-06-17	옥수지	스낵류	생포테이토	day365마트	13	2500	32,500
15	*2023-04-25*	*옥수지*	*스낵류*	*생포테이토*	*그린유기농*	*12*	*2500*	*30,000*
16	2023-06-02	조안진	스낵류	생포테이토	77마트	5	2500	12,500
17	2023-06-01	장하원	메이크업	오렌지핑크밤	새싹유기농	50	30000	1,500,000
18	2023-06-07	장하원	메이크업	보들클렌징오일	새싹유기농	45	10000	450,000
19	2023-06-29	장하원	메이크업	오렌지핑크밤	새싹유기농	14	37000	518,000
20	2023-04-05	장하원	메이크업	생얼쿠션	새싹유기농	20	40000	800,000
21	2023-06-17	장하원	메이크업	생얼쿠션	새싹유기농	19	40000	760,000
22	2023-04-30	장하원	메이크업	보들클렌징오일	프렌트마트25	25	10000	250,000
23	2023-05-31	장하원	메이크업	보들클렌징오일	새싹유기농	23	10000	230,000
24	2023-06-19	장하원	메이크업	생얼쿠션	새싹유기농	15	40000	600,000
25	2023-04-21	장하원	메이크업	보들클렌징오일	새싹유기농	20	10000	200,000
26	2023-05-04	조안진	스낵류	맘마계란칩	77마트	29	2800	81,200
27	2023-06-10	옥수지	스낵류	맘마계란칩	프렌트마트25	27	2800	75,600
28	2023-04-20	조안진	스낵류	맘마계란칩	77마트	26	2800	72,800
29	2023-06-25	옥수지	스낵류	오후의 간식(통밀)	그린유기농	14	1800	25,200
30	2023-06-12	조안진	스낵류	맘마계란칩	77마트	23	2800	64,400
31	2023-04-30	김민채	유기농식품	대추스프	새싹유기농	75	4700	352,500
32	2023-06-18	김민채	유기농식품	대추스프	그린유기농	54	4700	253,800
33	2023-05-11	최수현	유기농식품	옥수수차	77마트	50	3500	175,000

2023-04-18

① [페이지 레이아웃] → [페이지 설정 ⧉]을 선택한다. [페이지 설정] 대화 상자에서 [시트] 탭을 선택한 후 인쇄 영역을 [A3:H33]으로 지정하고 '눈금선', '행/열 머리글'에 체크한다.

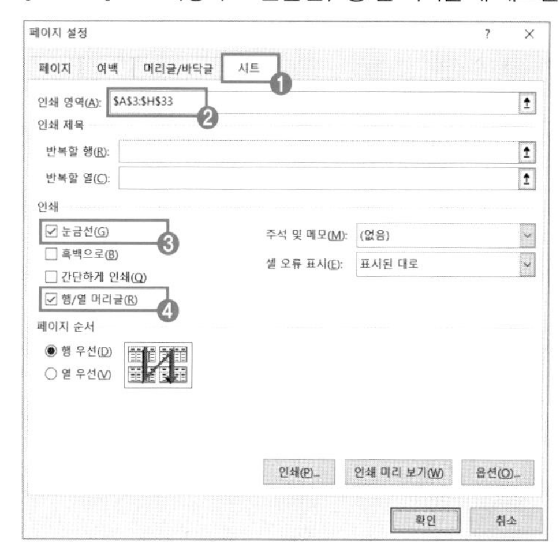

② [페이지] 탭을 선택하고 배율 '자동 맞춤'을 선택한다.

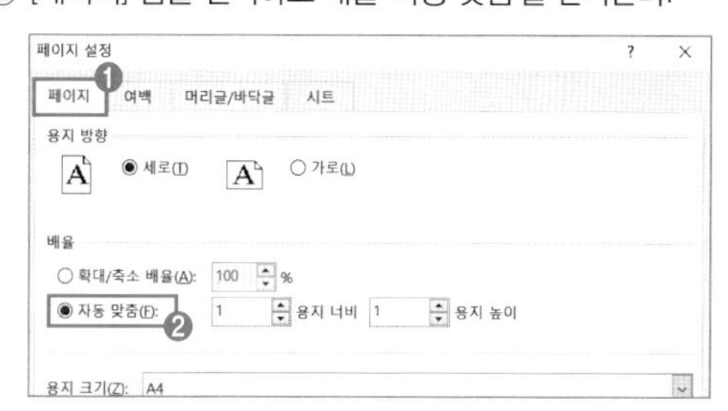

③ [머리글/바닥글] 탭을 선택한 후 [바닥글 편집]을 클릭한다. [바닥글] 대화 상자에서 가운데 구역을 선택한 후 [날짜 삽입]을 클릭하고 [확인], 다시 한번 [확인]을 클릭해 [페이지 설정] 대화 상자를 닫는다.

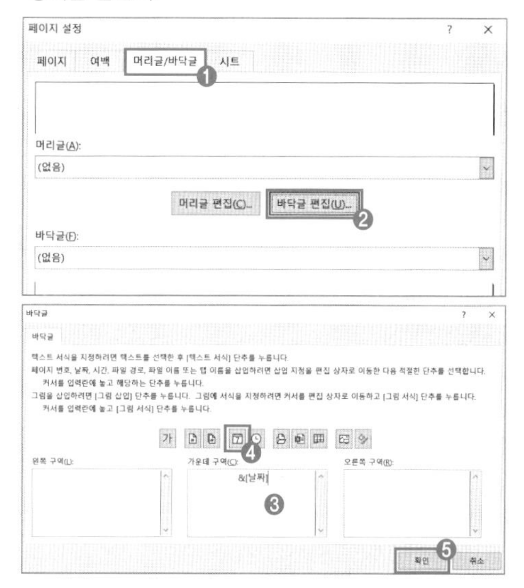

문제 2 계산 작업(30점)

<계산 작업 정답>

[표1] 판매목록

판매일자	판매자	구분코드	배송비	상품명	거래처	수량	판매액	결제방법
2023-06-20	김민채	N001	-	옥수수차	day365마트	96	209,760	현금
2023-04-26	김민채	N001	-	옥수수차	그린유기농	93	203,210	현금
2023-05-30	김민채	N001	-	옥수수차	그린유기농	92	201,020	카드
2023-05-22	김민채	N001	3,000	옥수수차	day365마트	85	185,730	카드
2023-04-30	최수현	N001	3,000	옥수수차	새싹유기농	84	183,540	카드
2023-04-18	김민채	N001	3,000	옥수수차	day365마트	81	176,990	포인트
2023-05-11	최수현	N001	3,000	옥수수차	77마트	78	170,430	현금
2023-05-13	최수현	N001	3,000	옥수수차	77마트	68	148,580	포인트
2023-06-03	최수현	N001	3,000	옥수수차	새싹유기농	58	126,730	현금
2023-04-08	옥수지	A001	3,000	생포테이토	프렌트마트25	13	32,500	현금
2023-04-17	옥수지	A001	3,000	생포테이토	day365마트	13	32,500	포인트
2023-04-25	옥수지	A001	3,000	생포테이토	그린유기농	12	30,000	현금
2023-06-02	조안진	A001	3,000	생포테이토	77마트	5	12,500	현금
2023-04-15	장하원	P001	-	잠보커피	새싹유기농	50	125,550	카드
2023-06-07	장하원	P003	-	햇살두유라떼	새싹유기농	45	141,750	카드
2023-05-29	장하원	P001	3,000	잠보커피	새싹유기농	14	37,800	카드
2023-04-05	장하원	P002	3,000	쑬트라떼	새싹유기농	20	54,000	카드
2023-06-17	장하원	P002	3,000	쑬트라떼	새싹유기농	19	57,000	카드
2023-04-30	장하원	P003	3,000	햇살두유라떼	프렌트마트25	25	78,750	현금
2023-05-31	장하원	P003	3,000	햇살두유라떼	새싹유기농	23	72,450	카드
2023-06-19	장하원	P002	3,000	쑬트라떼	새싹유기농	15	45,000	카드
2023-04-21	장하원	P003	3,000	햇살두유라떼	새싹유기농	20	63,000	현금
2023-05-04	조안진	A002	-	맘마계란칩	77마트	29	75,520	카드
2023-06-10	옥수지	A002	-	맘마계란칩	프렌트마트25	27	70,310	포인트
2023-04-20	조안진	A002	3,000	맘마계란칩	77마트	26	67,700	현금
2023-04-25	옥수지	A003	3,000	오후의 간식(통밀)	그린유기농	14	25,200	현금
2023-06-12	조안진	A002	3,000	맘마계란칩	77마트	23	59,890	카드
2023-04-30	김민채	N002	-	대추스프	새싹유기농	64	270,720	현금
2023-06-18	김민채	N002	-	대추스프	그린유기농	54	228,420	카드
2023-05-11	최수현	N001	3,000	옥수수차	77마트	50	109,250	카드

[표2] 상품별 단가와 할인율

상품명	단가	할인율	순위
옥수수차	2300	5%	
생포테이토	2500	5%	
잠보커피	2700	7%	
햇살두유라떼	3500	10%	2위
쑬트라떼	3000	10%	3위
맘마계란칩	2800	7%	
오후의 간식(통밀)	1800	5%	
대추스프	4700	10%	1위

[표3] 거래처별 결제정보

거래처	현금	카드
77마트	250,630	244,660
day365마트	209,760	185,730
그린유기농	258,410	429,440
새싹유기농	460,450	717,090
프렌트마트25	111,250	-

[표4] 월별 판매비율

판매 월	판매비율
4월	43.3%
5월	26.7%
6월	30.0%

1. 정답

[H5] 셀에 **=ROUND(IF(G5>=20,G5*VLOOKUP(E5,$K$5:$M$12,2,0)*(1-VLOOKUP(E5,$K$5:$M$12,3,0)),G5*VLOOKUP(E5,$K$5:$M$12,2,0)),-1)**을 입력한 후 [H34] 셀까지 수식을 복사한다.

① **G5>=20** 수량[G5]이 20 이상인지 비교한다.

② **G5*VLOOKUP(E5,$K$5:$M$12,2,0)*(1-VLOOKUP(E5,$K$5:$M$12,3,0))** ①의 조건이 참이면 수량[G5]에 VLOOKUP 함수로 찾은 단가와 (1-할인율)을 곱해 판매액을 구한다.

③ **VLOOKUP(E5,$K$5:$M$12,2,0)** 상품명[E5]을 [표2] 상별품별 단가와 할인율 표[$K$5:$M$12]의 첫 열에서 정확하게 일치하는 값을 검색해 두 번째 열에 있는 단가를 구한다.

④ **1-VLOOKUP(E5,$K$5:$M$12,3,0)** 상품명[E5]을 [표2] 상품별 단가와 할인율 표[$K$5:MS12]의 첫 열에서 정확하게 일치하는 값을 검색해 세 번째 열에 있는 할인율을 구한 후 1을 뺀다.

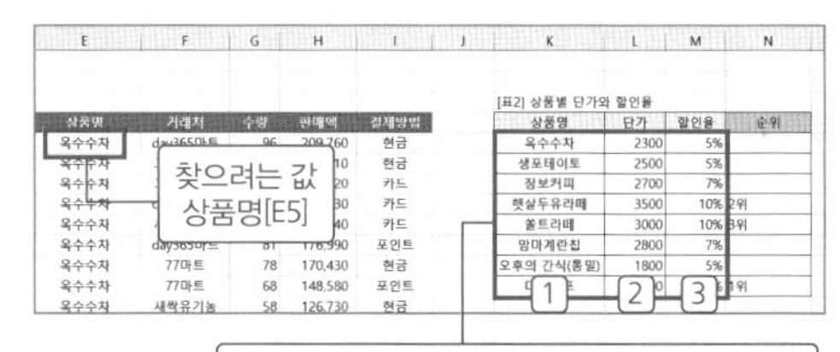

⑤ 조건이 거짓이면 수량[G5]에 VLOOKUP 함수로 찾은 단가를 곱해 판매액을 구한다.

⑥ IF 함수로 구한 판매액을 ROUND 함수를 사용해 1의 자리에서 반올림한 후 십의 자리까지 표시한다.

2. 정답

[N5] 셀에 **=IF(L5>=AVERAGE($L$5:$L$12),RANK.EQ(L5,$L$5:$L$12)&"위","")**을 입력한 후 [N12] 셀까지 수식을 복사한다.

① **L5>=AVERAGE($L$5:$L$12)** 단가[L5]가 단가 전체[$L$5:$L$12] 평균 이상인지 비교한다.

② **RANK.EQ(L5,$L$5:$L$12)&"위"** ①의 조건이 참이면 단가가 큰 값이 1위인 순위를 구한 후 &를 사용해 '위'를 연결해 표시한다.

③ ①의 조건이 거짓이면 공백을 표시한다.

3. 정답

[Q5] 셀에 **=SUM(IF(($F$5:$F$34=$P5)*($I$5:$I$34=Q$4),$H$5:$H$34))**를 입력한 후 [R9] 셀까지 수식을 복사한다.

① **($F$5:$F$34=$P5)** 거래처[$F$5:$F$34] 영역에서 77마트[P5]이면 TRUE를 반환한다.

② **($I$5:$I$34=Q$4)** 결제방법[I5:I34] 영역에서 현금[Q4]이면 TRUE를 반환한다.

③ **IF(($F$5:$F$34=$P5)*($I$5:$I$34=Q$4),$H$5:$H$34)** 두 조건이 모두 참(TRUE)이면 해당 행의 판매액[$H$5: $H$34]을 반환한다. 비교연산자보다 곱하기 연산자가 연산 우선순위이므로 조건을 각각 괄호 속에 작성한다.

④ IF 함수 결과를 SUM 함수로 누적하면 판매액의 합계가 된다.

[혼합 참조 이해]

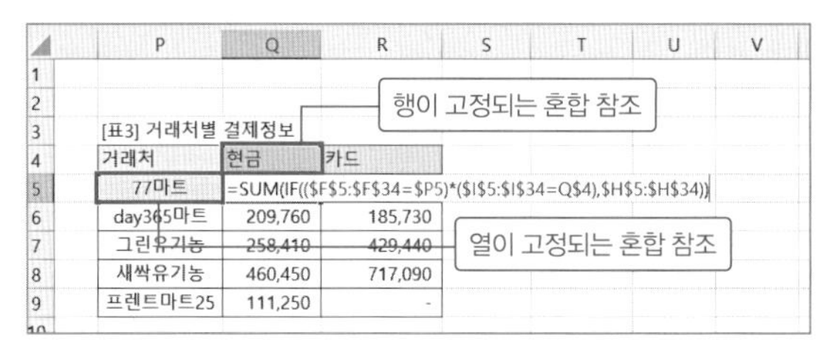

- 수식을 오른쪽으로 복사하면 77마트[$P5]의 열 머리글은 고정되어야 하고 수식을 아래쪽으로 복사하면 77마트[$P5]의 행 머리글은 변해 day365마트에서 프렌트마트25[$P6:$P9]를 참조해야 한다. 그러므로 열이 고정되는 혼합 참조 방식을 사용한다.
- 수식을 오른쪽으로 복사하면 현금[Q$4]의 열 머리글은 변해 카드[R$4]를 참조해야 하고 수식을 아래쪽으로 복사하면 현금[Q$4]의 행 머리글은 고정해야 한다. 그러므로 두 셀은 행이 고정되는 혼합 참조 방식을 사용한다.

4. 정답

[L17:L19] 영역을 선택한 후 **=FREQUENCY(MONTH(A5:A34),K17:K19)/COUNT(A5:A34)**를 입력한다.

① **FREQUENCY(MONTH(A5:A34),K17:K19)** REQUENCY 함수는 판매일자[A5:A34] 영역에서 추출한 월과 판매월[$K$17:$K$19] 영역을 인수로 받아 판매월의 빈도수를 구한다.

② **COUNT(A5:A34)** 해당 빈도수가 전체 데이터 개수에서 차지하는 비율을 계산해야 하므로 COUNT 함수로 판매일자[A5:A34] 영역의 개수를 구한다.

③ 빈도수를 COUNT 함수로 구한 전체 데이터 개수로 나누어 판매비율을 구한다.

5. 정답

① [개발 도구] → [코드] → [Visual Basic]을 선택한 후 VBE 창으로 전환한다. [삽입] → [모듈]을 선택한 후 모듈 창에 코드를 입력한다.

```
(일반)
Public Function fn배송비(구분코드, 판매액)
If Left(구분코드, 1) = "N" And 판매액 >= 200000 Then
    fn배송비 = 0
ElseIf Left(구분코드, 1) = "A" And 판매액 >= 70000 Then
    fn배송비 = 0
ElseIf Left(구분코드, 1) = "P" And 판매액 >= 100000 Then
    fn배송비 = 0
Else
    fn배송비 = 3000
End If
End Function
```

❶ fn배송비 함수는 구분코드, 판매액 인수를 입력 받아 사용자 정의 함수 작성을 시작한다.
❷ 구분코드 왼쪽부터 추출한 한 글자가 'N'이고 판매액이 200000 이상이면
❸ fn배송비는 0을 반환한다.
❹ 구분코드 왼쪽부터 추출한 한 글자가 'A'이고 판매액이 70000 이상이면
❺ fn배송비는 0을 반환한다.
❻ 구분코드 왼쪽부터 추출한 한 글자가 'P'이고 판매액이 100000 이상이면
❼ fn배송비는 0을 반환한다.
❽ ❷, ❹, ❻의 조건에 해당하지 않으면 fn배송비는 3000을 반환한다.
❾ If 문을 종료한다.
❿ 사용자 정의 함수를 종료한다.

② Alt + Q를 눌러 VBE 창을 종료한 후 엑셀 창으로 돌아와서 [D5] 셀에 =fn배송비(C5,H5)를 입력하고 [D34] 셀까지 수식을 복사한다.

문제 3 분석 작업(20점)

1. '분석 작업-1' 정답

① [데이터] → [데이터 가져오기 및 변환] → [기타 원본에서] → [Microsoft Query에서]를 선택한다.

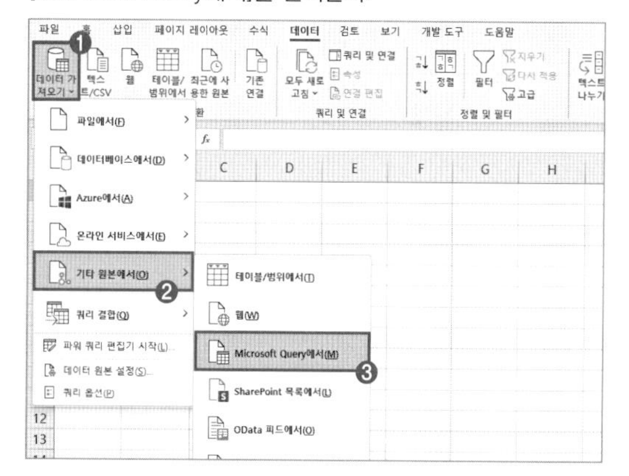

② [데이터 원본 선택] 대화 상자에서 'MS Access Database'를 더블클릭한다.

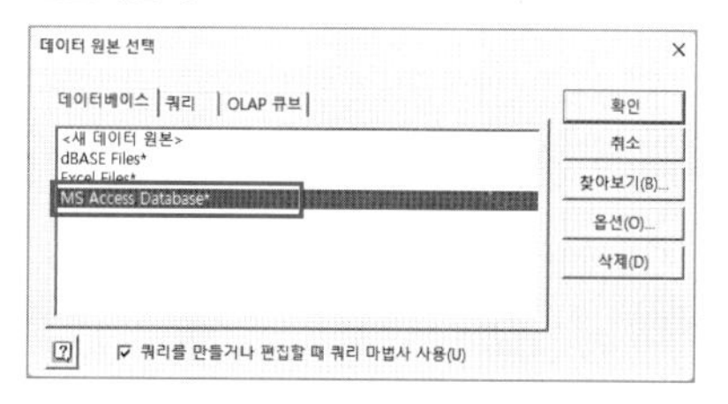

③ [데이터베이스 선택] 대화 상자에서 'C:₩엑셀실습파일₩모의고사₩동물진료정보.accdb'를 선택한 후 확인을 클릭한다.

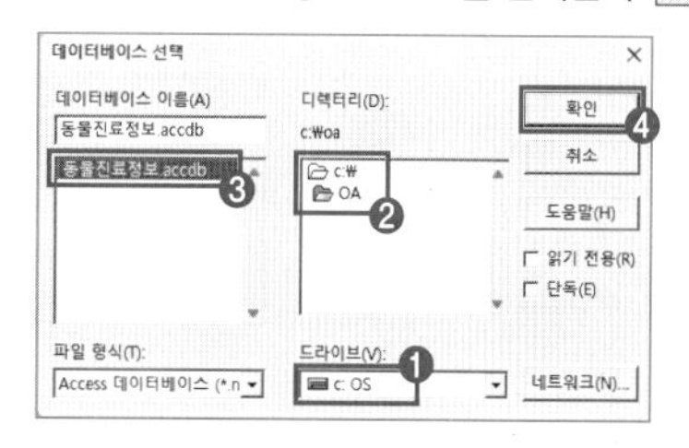

④ [쿼리 마법사 – 열 선택] 대화 상자에서 '진료정보' 테이블을 더블클릭한 후 '진료번호', '일자', '의사명', '진료비'를 더블클릭해 쿼리에 포함된 열에 추가한 후 [다음]을 클릭한다.

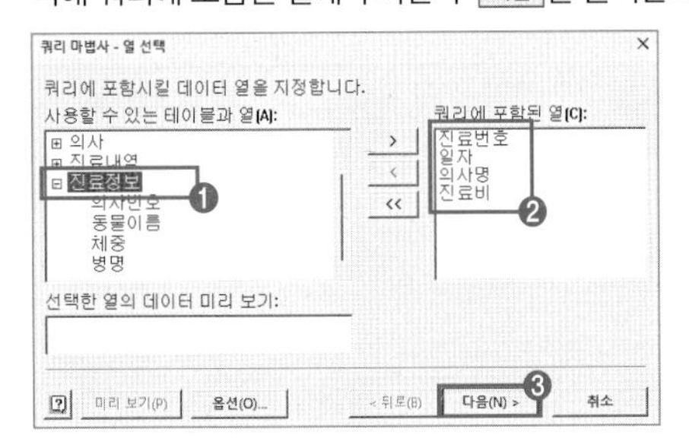

⑤ [쿼리 마법사 – 데이터 필터]와 [쿼리 마법사 – 정렬 순서] 대화 상자에서는 설정할 것이 없어 [다음]을 클릭한다.

⑥ [쿼리 마법사 – 마침] 대화 상자에서 'Microsoft Excel (으)로 데이터 되돌리기'가 선택된 상태에서 [마침]을 클릭한다.

⑦ [데이터 가져오기] 대화 상자에서 '피벗 테이블 보고서'를 선택한 후 '기존 워크시트'에 [A3] 셀을 지정하고 [확인]을 클릭한다.

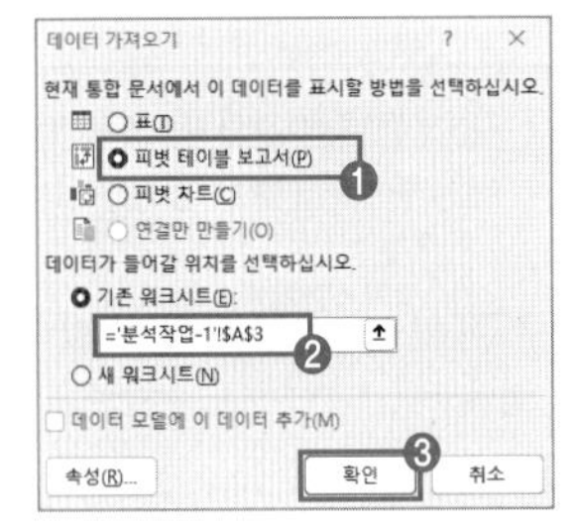

⑧ 완성된 그림을 참고해 [피벗 테이블 필드] 창에서 필드를 배치한다. 일자 필드에 체크를 해제한다.

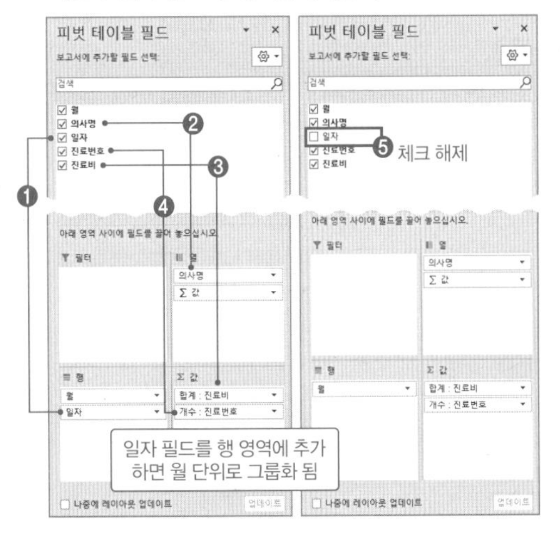

⑨ [디자인] → [레이아웃] → [보고서 레이아웃] → [개요 형식으로 표시]를 선택한다.

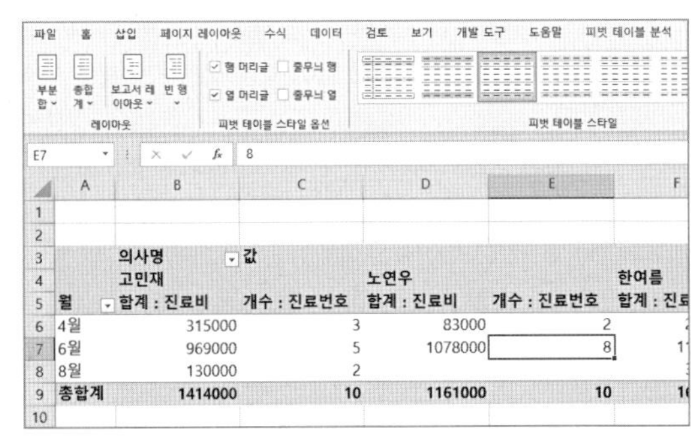

⑩ [피벗 테이블 필드] 창에서 '합계: 진료비'를 선택한 후 [값 필드 설정]을 선택한다. [값 필드 설정] 대화 상자에서 [표시 형식]을 클릭한다.

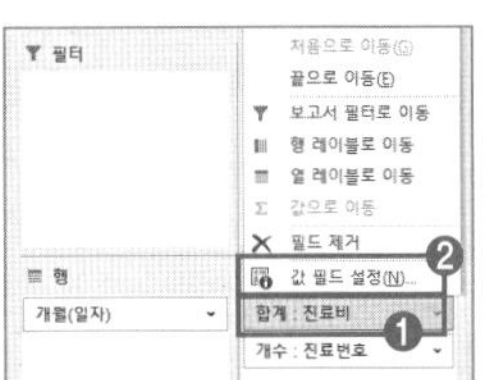

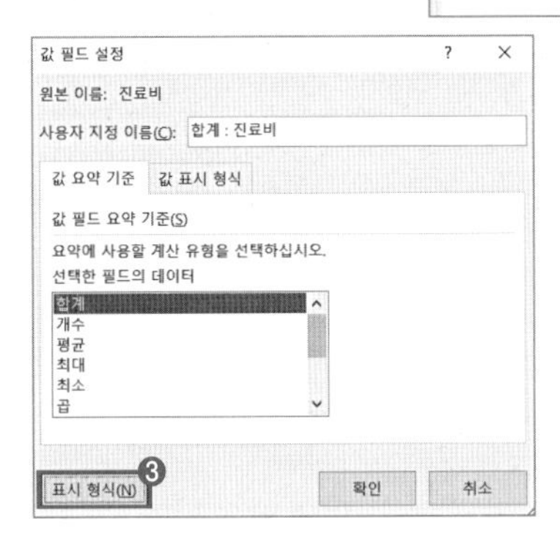

⑪ [셀 서식] 대화 상자에서 '숫자' 범주를 선택한 후 '1000 단위 구분 기호(,) 사용'에 체크하고 [확인]을 클릭한다. 다시 한 번 [확인]을 클릭해 [값 필드 설정] 대화 상자를 닫는다.

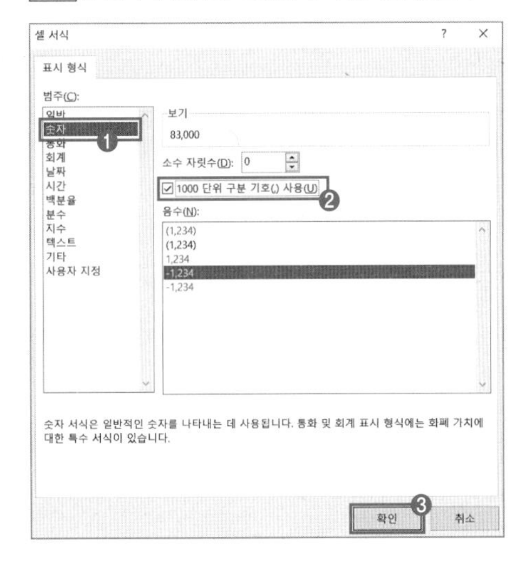

⑫ '의사명' 필드의 필터 단추를 클릭해 [텍스트 내림차순 정렬]을 선택한다.

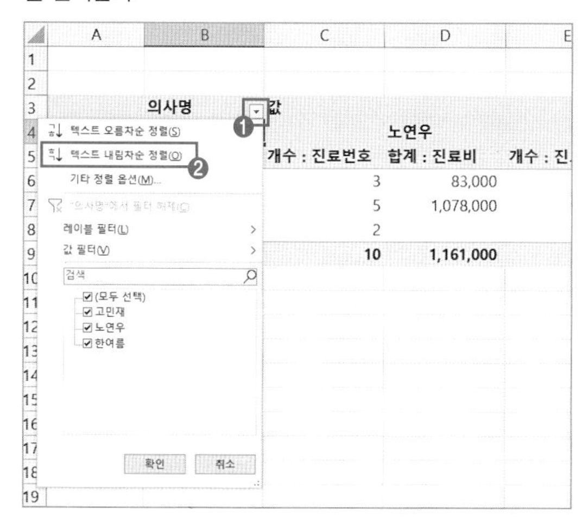

⑬ [피벗 테이블 분석] → [피벗 테이블] → [옵션]을 선택한 후 [피벗 테이블 옵션] 대화 상자에서 [요약 및 필터] 탭을 선택하고 '행 총합계 표시'에 체크를 해제한 후 [확인]을 클릭한다.

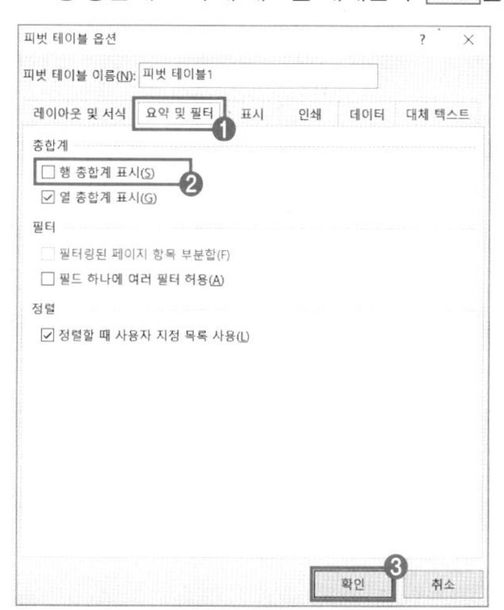

⑭ [디자인] → [피벗 테이블 스타일]의 [자세히]를 클릭해 '연한 주황, 피벗 스타일 밝게 17'을 선택한다.

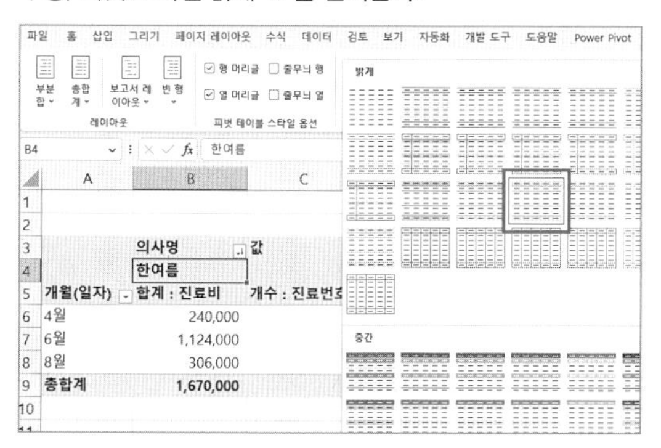

2. '분석 작업-2' 정답

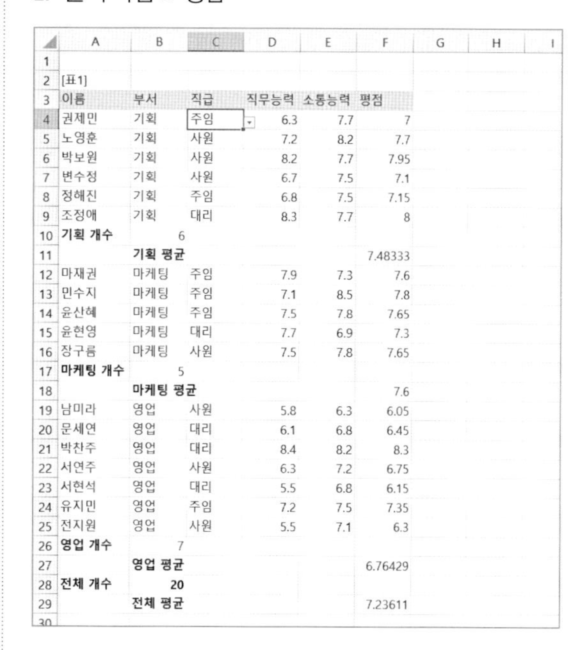

	A	B	C	D	E	F
1						
2	[표1]					
3	이름	부서	직급	직무능력	소통능력	평점
4	권제민	기획	주임	6.3	7.7	7
5	노영훈	기획	사원	7.2	8.2	7.7
6	박보원	기획	사원	8.2	7.7	7.95
7	변수정	기획	사원	6.7	7.5	7.1
8	정혜진	기획	주임	6.8	7.5	7.15
9	조정애	기획	대리	8.3	7.7	8
10	**기획 개수**	6				
11		**기획 평균**				7.48333
12	마재권	마케팅	주임	7.9	7.3	7.6
13	민수지	마케팅	주임	7.1	8.5	7.8
14	윤산혜	마케팅	주임	7.5	7.8	7.65
15	윤현영	마케팅	대리	7.7	6.9	7.3
16	장구름	마케팅	사원	7.5	7.8	7.65
17	**마케팅 개수**	5				
18		**마케팅 평균**				7.6
19	남미라	영업	사원	5.8	6.3	6.05
20	문세연	영업	대리	6.1	6.8	6.45
21	박찬주	영업	대리	8.4	8.2	8.3
22	서연주	영업	사원	6.3	7.2	6.75
23	서현석	영업	대리	5.5	6.8	6.15
24	유지민	영업	주임	7.2	7.5	7.35
25	전지원	영업	사원	5.5	7.1	6.3
26	**영업 개수**	7				
27		**영업 평균**				6.76429
28	**전체 개수**	**20**				
29		**전체 평균**				7.23611

데이터 유효성 검사

① [C4:C21] 영역을 선택한 후 [데이터] → [데이터 도구] → [데이터 유효성 검사]를 선택한다. [설정] 탭에서 제한 대상을 '목록'으로 선택한 후 원본에 **사원**, **주임**, **대리**를 입력한다.

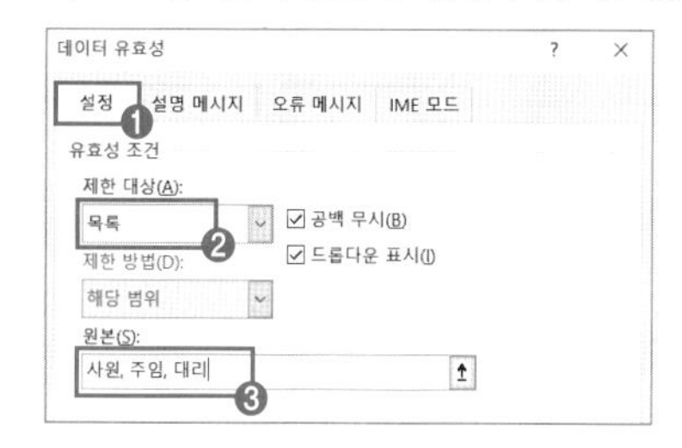

② [오류 메시지] 탭을 선택한 후 스타일 '경고'를 선택하고 제목은 **입력 오류**, 오류 메시지는 **유효한 직급이 아닙니다.**를 입력한 후 [확인]을 클릭한다.

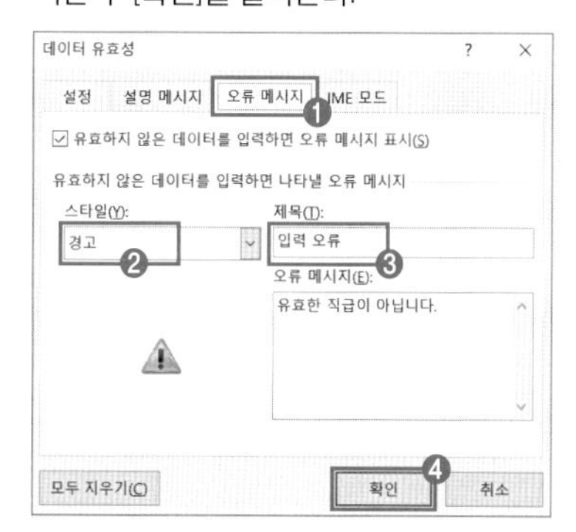

부분합

① [B3] 셀을 선택한 후 [데이터] → [정렬 및 필터] → [텍스트 오름차순 정렬]을 선택한다.

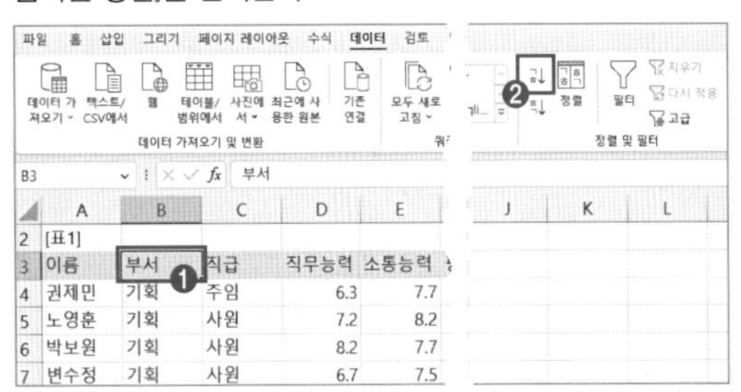

② [데이터] → [개요] → [부분합]을 선택한다. 그룹화할 항목은 '부서', 사용할 함수는 '평균', 부분합 계산 항목은 '평점'이 체크된 상태에서 [확인]을 클릭한다.

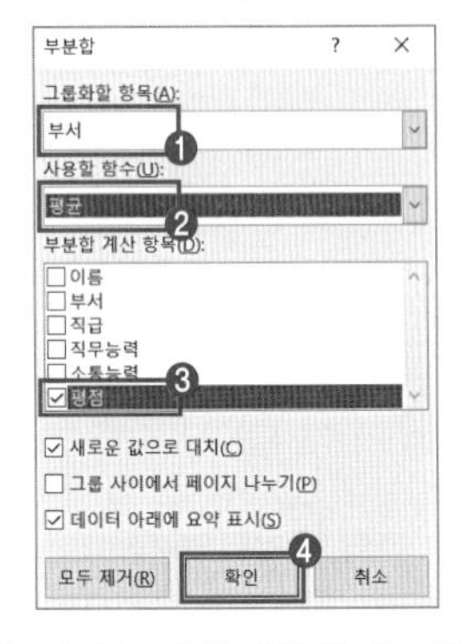

③ 다시 [부분합] 대화 상자를 실행해 사용할 함수를 '개수'로 변경한 후, 부분합 계산 항목에서 '평점'을 체크 해제하고 '부서'에 체크한다. 그리고 '새로운 값으로 대치'를 체크 해제한 후 [확인]을 클릭한다.

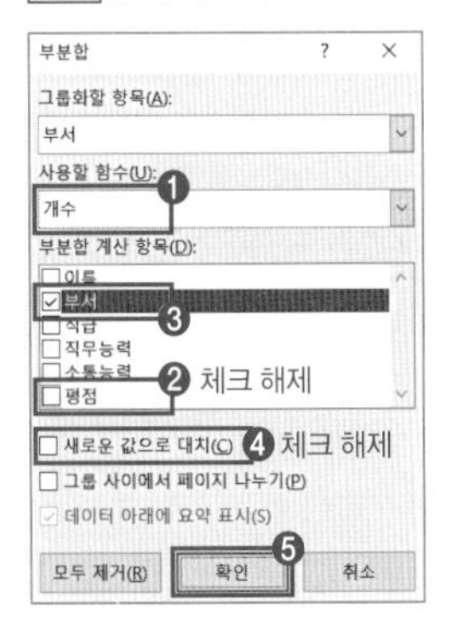

문제 4 기타 작업(35점)

1. '기타 작업-1' 차트 정답

① 렌탈총액 계열을 선택한 후(렌탈건수 계열과 렌탈총액 계열의 값 차이가 커 렌탈건수 계열을 선택하기 힘들므로 렌탈총액 계열을 선택함) 마우스 오른쪽을 클릭하고 [계열 차트 종류 변경]을 선택한다. [차트 종류 변경] 대화 상자에서 렌탈건수 계열의 차트 종류를 '표식이 있는 꺾은선형'으로 변경한 후 '보조 축'에 체크하고 [확인]을 클릭한다.

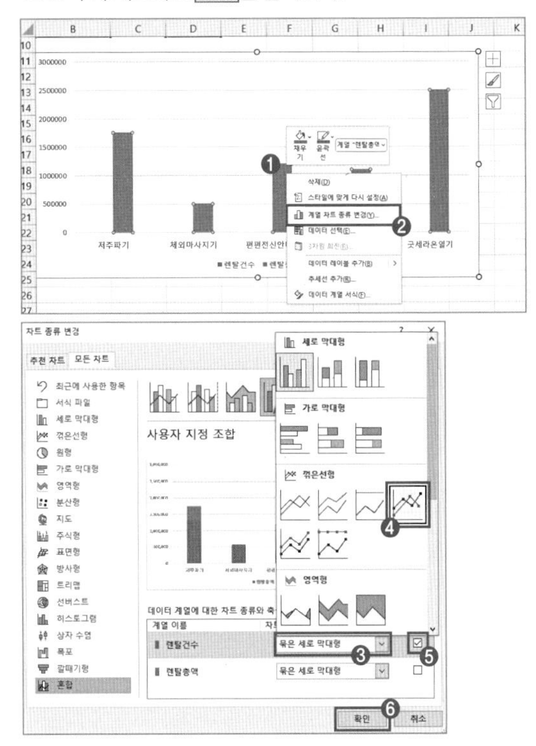

② [차트 요소 ⊞] → '차트 제목'에 체크한다. 추가된 차트 제목이 선택된 상태에서 수식 입력줄에 =을 입력한 후 [B2] 셀을 선택하고 [Enter]를 누른다. [홈] → [글꼴] → '굴림', [굵게]를 선택한다.

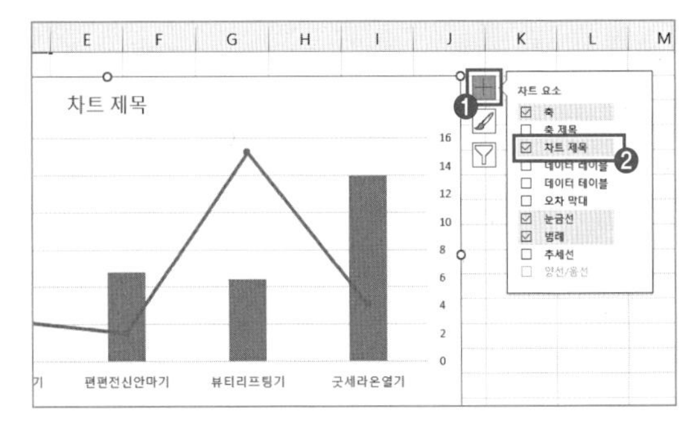

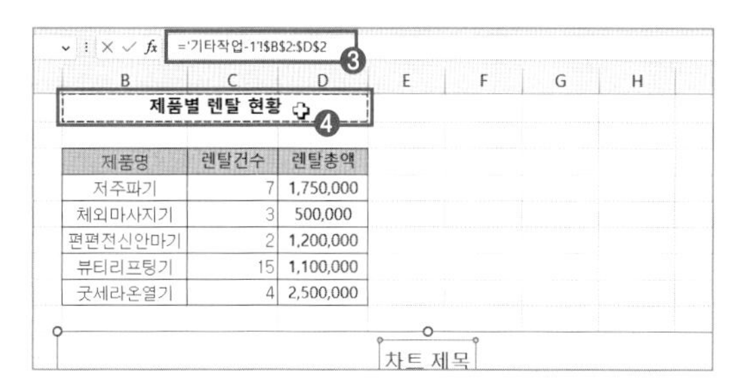

제품명	렌탈건수	렌탈총액
저주파기	7	1,750,000
체외마사지기	3	500,000
편편전신안마기	2	1,200,000
뷰티리프팅기	15	1,100,000
굿세라온열기	4	2,500,000

③ 렌탈총액 계열을 선택한 후 뷰티리프팅기 요소만 다시 선택하고 [차트 요소 ⊞] → '데이터 레이블'에 체크한다.

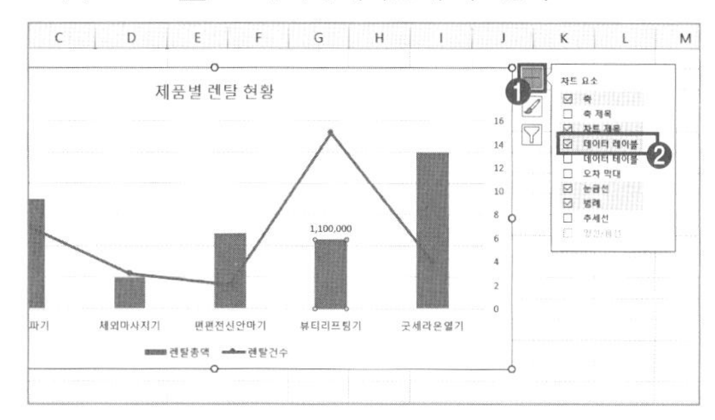

④ 렌탈총액 계열을 선택한 후 마우스 오른쪽을 클릭해 [데이터 계열 서식]을 선택한다. 계열 겹치기 0%, 간격 너비 **50**을 입력하고 Enter를 누른다.

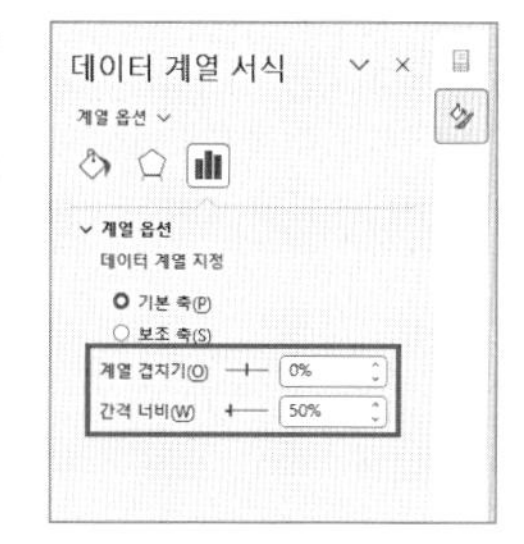

⑤ 차트 영역을 선택한 후 [차트 영역 서식] 창에서 '테두리' → '둥근 모서리'에 체크한다. 그리고 '효과' → '그림자' → 미리 설정에서 '안쪽: 가운데'를 선택한다.

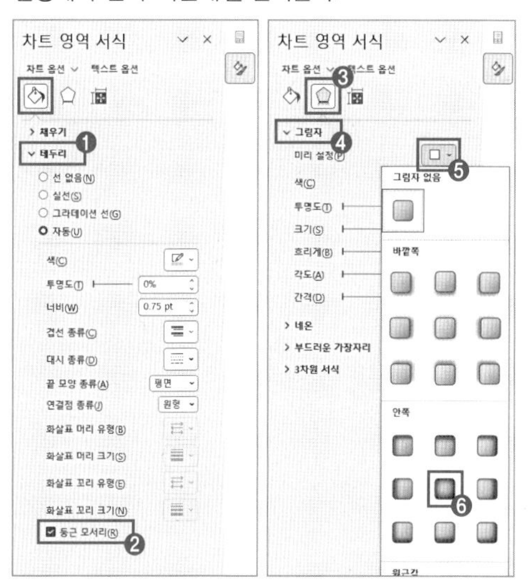

2. '기타 작업-2' 매크로 정답

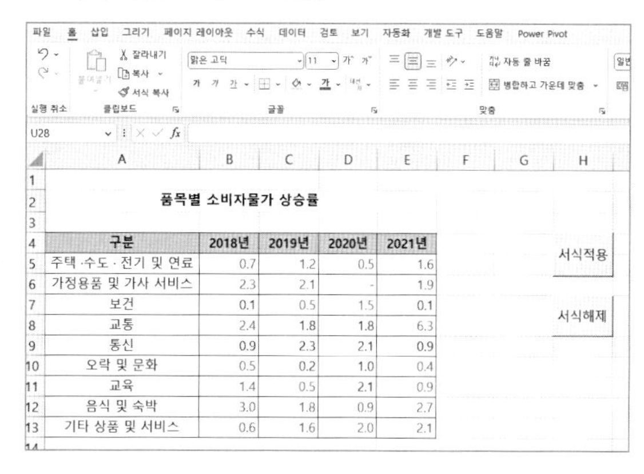

품목별 소비자물가 상승률

구분	2018년	2019년	2020년	2021년
주택·수도·전기 및 연료	0.7	1.2	0.5	1.6
가정용품 및 가사 서비스	2.3	2.1	-	1.9
보건	0.1	0.5	1.5	0.1
교통	2.4	1.8	1.8	6.3
통신	0.9	2.3	2.1	0.9
오락 및 문화	0.5	0.2	1.0	0.4
교육	1.4	0.5	2.1	0.9
음식 및 숙박	3.0	1.8	0.9	2.7
기타 상품 및 서비스	0.6	1.6	2.0	2.1

① 서식적용 매크로

1) 표 밖의 임의의 셀을 선택한 후 [개발 도구] → [코드] → [매크로 기록]을 선택한다. [매크로 기록] 대화 상자에서 매크로 이름을 **서식적용**으로 입력한 후 확인을 클릭한다.

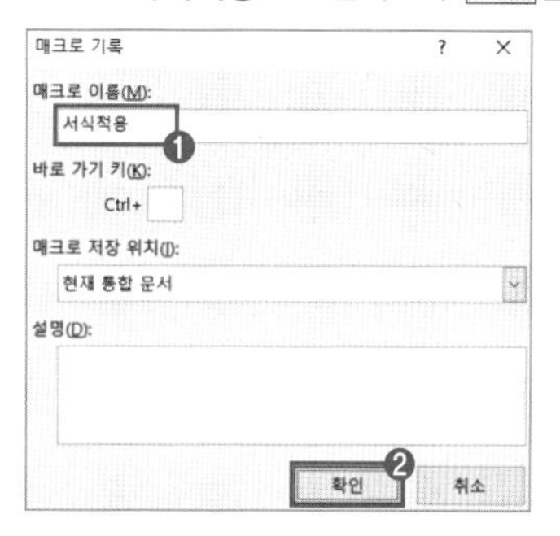

2) [B5:E13]을 선택한 후 Ctrl + 1을 눌러 [셀 서식] 대화 상자를 연다. [표시 형식] → '사용자 지정' 범주를 선택한 후 형식에 **[빨강]0.0;[파랑]0.0;-**을 입력하고 확인을 클릭한다. [개발 도구] → [코드] → [기록 중지]를 선택한다.

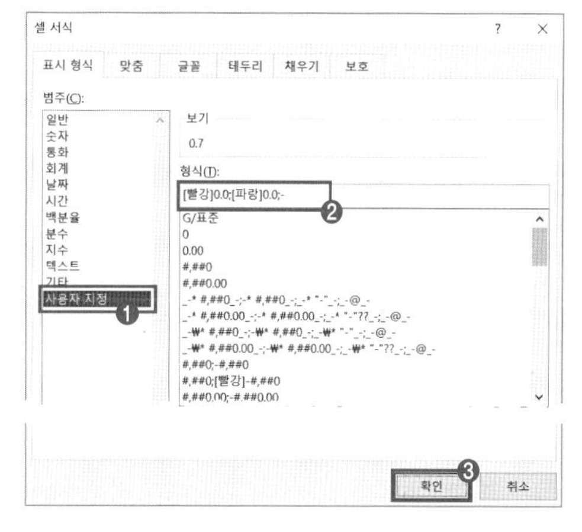

3) [개발 도구] → [컨트롤] → [삽입] → [단추(양식 컨트롤) ▭]를 선택한 후 Alt를 누른 채 **[H4:H5]**에 삽입한다.

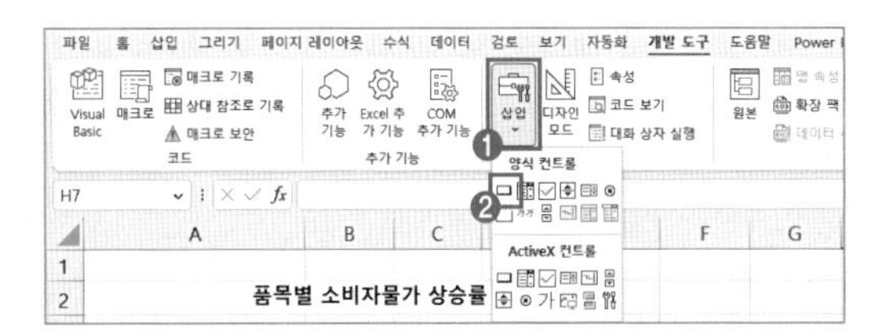

4) [매크로 지정] 대화 상자에서 '서식적용' 매크로를 선택하고 [확인]을 클릭한 후 단추의 텍스트를 **서식적용**으로 수정하고 빈 셀을 선택한다.

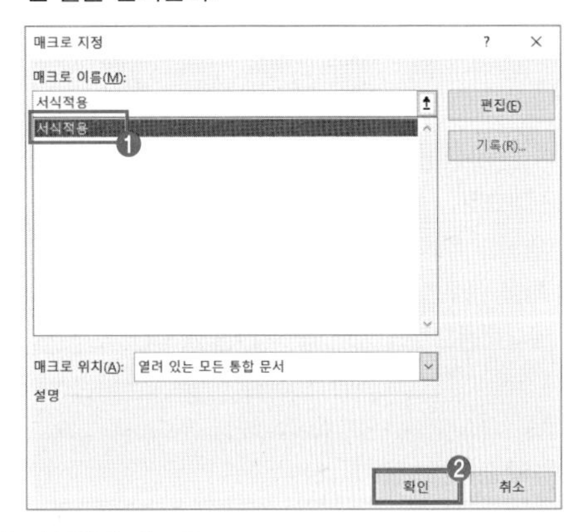

② 서식해제 매크로

1) 표 밖의 임의의 셀을 선택한 후 [개발 도구] → [코드] → [매크로 기록]을 선택한 후 [매크로 기록] 대화 상자에서 매크로 이름을 **서식해제**로 입력한 후 [확인]을 클릭한다.

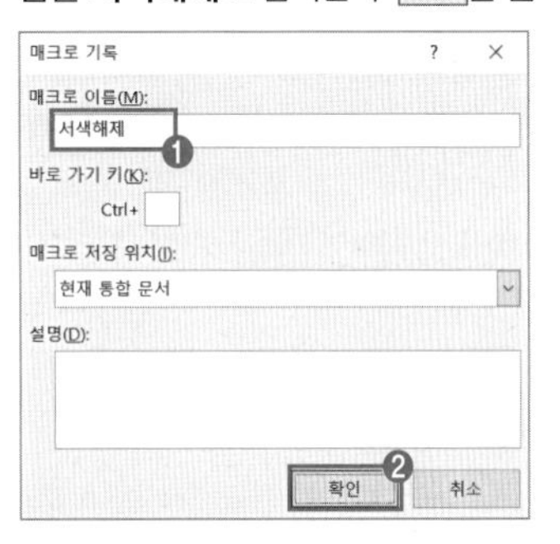

2) [B5:E13]을 선택한 후 [Ctrl] + [1]을 눌러 [셀 서식] 대화 상자를 연다. [표시 형식] → '일반' 범주를 선택한 후 [확인]을 클릭한다. [개발 도구] → [코드] → [기록 중지]를 선택한다.

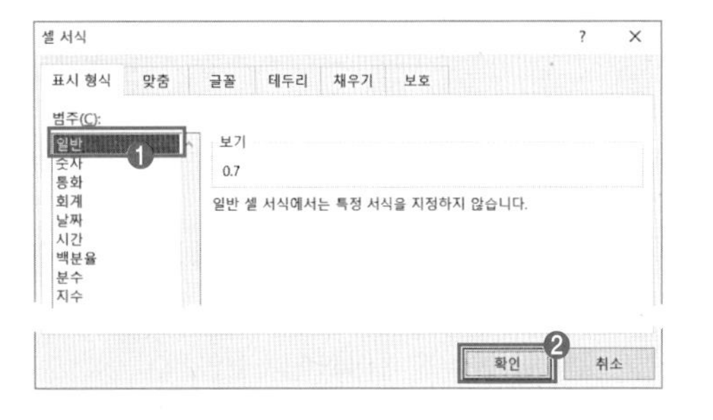

3) [개발 도구] → [컨트롤] → [삽입] → [단추(양식 컨트롤) ▭]를 선택한 후 [Alt]를 누른 채 [H7:H8]에 삽입한다. [매크로 지정] 대화 상자에서 '서식해제' 매크로를 선택하고 [확인]을 클릭한 후 단추의 텍스트를 **서식해제**로 수정하고 빈 셀을 선택한다.

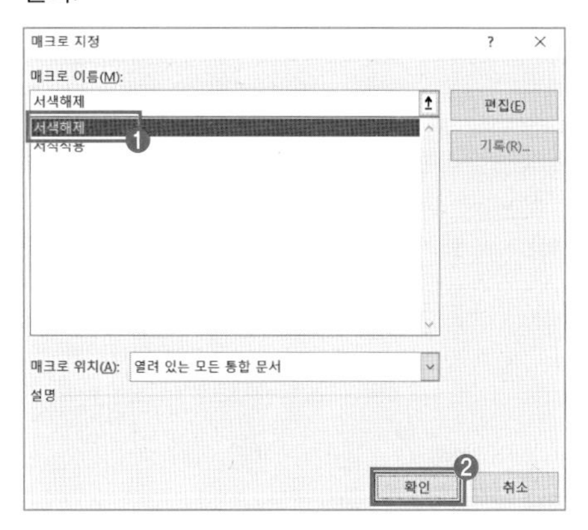

3. '기타 작업-3' 프로시저 정답

① 정답

1) [개발 도구] → [컨트롤] → [디자인 모드]를 선택한 후 '입력' 단추를 더블클릭해 VBE 창을 실행한다.

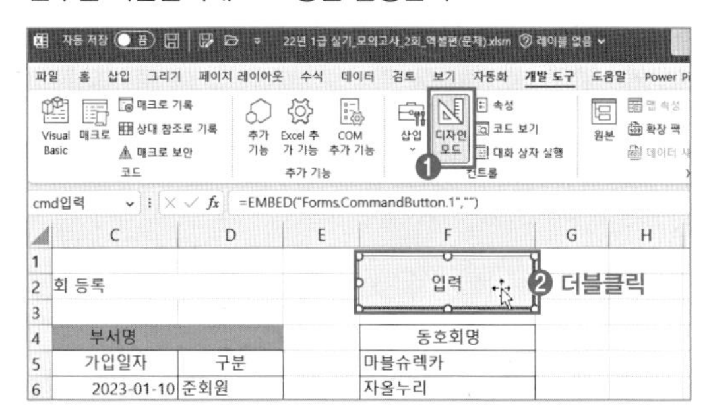

2) 'Private Sub cmd입력_Click()' 아래에 다음 코드를 입력한 후 [Alt] + [F11]을 눌러 엑셀 창으로 전환한다.

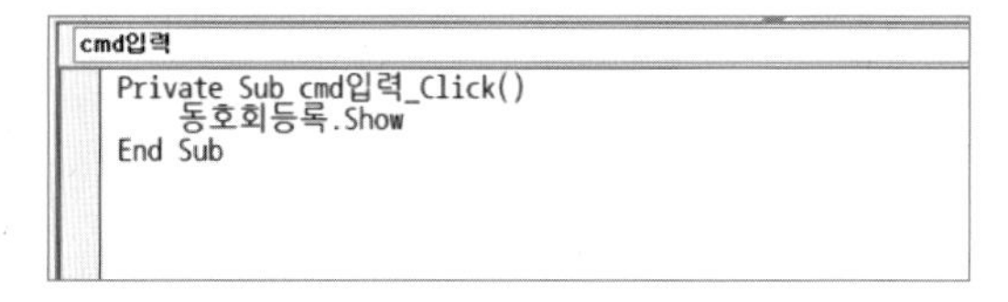

```
Private Sub cmd입력_Click()
    동호회등록.Show
End Sub
```

[풀이]

❶ 'cmd입력'을 클릭하면 실행하는 프로시저이다.
❷ '동호회등록' 폼을 표시한다.
❸ 프로시저를 종료한다.

3) [디자인 모드]를 해제한 후 '성적입력' 단추를 클릭해 '승진시험등록' 폼이 열리는지 확인하고 폼을 닫는다.

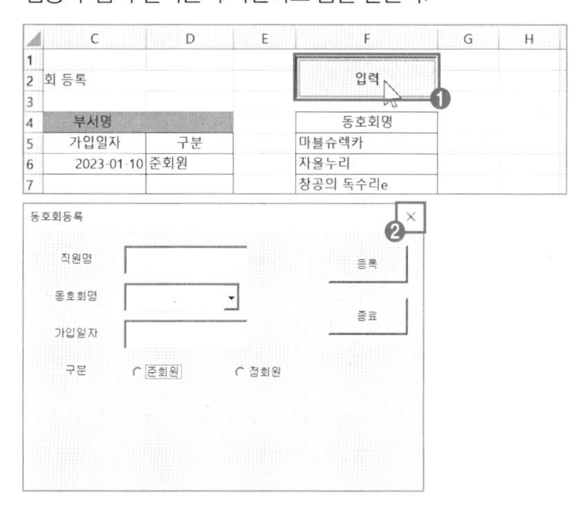

4) Alt + F11을 눌러 VBE 창으로 전환한 후 프로젝트 탐색기에서 '동호회등록' 폼을 선택하고 마우스 오른쪽을 클릭해 [코드 보기]를 선택한다.

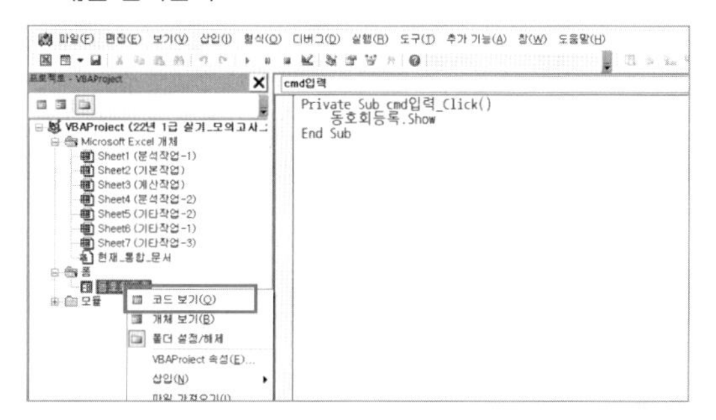

5) 코드 창의 개체 목록에서 'UserForm'을 선택한 후 프로시저 목록에서 'Initialize'를 선택한다.

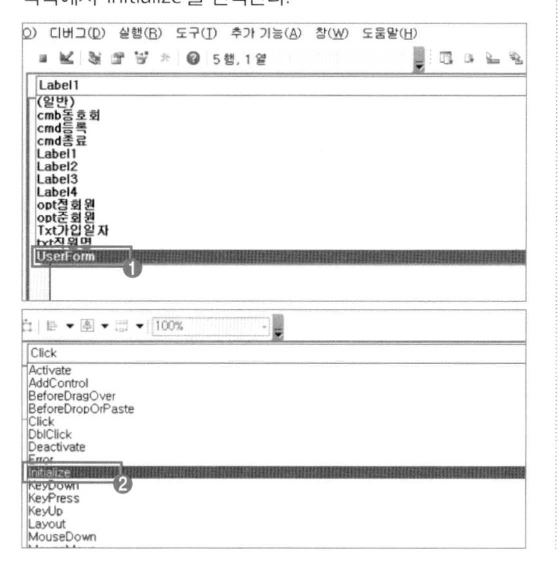

6) 'Private Sub UserForm_Initialize()' 아래에 다음 코드를 입력한다.

```
UserForm
Private Sub UserForm_Initialize()
    cmb동호회.RowSource = "F5:F9"
End Sub
```

[풀이]

❶ 폼을 초기화하는 프로시저이다.

❷ 'cmb동호회' 컨트롤의 행 원본을 [F5:F9]으로 지정한다.

❸ 프로시저를 종료한다.

7) 엑셀 창으로 전환한 후 '입력' 단추를 클릭해 '동호회등록' 폼을 실행한다. 동호회 콤보 상자의 원본으로 [F5:F9] 영역의 동호회명이 표시되는지 확인한다.

② 정답

1) VBE 창으로 전환한 후 프로젝트 탐색기에서 '동호회등록' 폼을 더블클릭해 폼을 표시하고 '등록' 단추를 더블클릭한다.

2) 'Private Sub cmd등록_Click()' 아래에 다음 코드를 입력한다.

```
UserForm
Private Sub cmd등록_Click()
i = [A4].CurrentRegion.Rows.Count + 4
    Cells(i, 1) = txt직원명.Value
    Cells(i, 2) = cmb동호회.Value
    Cells(i, 3) = txt가입일자.Value
If opt정회원.Value = True Then
    Cells(i, 4) = "정회원"
Else
    Cells(i, 4) = "준회원"
End If
End Sub
```

[풀이]

❶ 'cmd등록'을 클릭하면 실행되는 프로시저이다.

❷ [A4] 셀과 인접한 행의 개수에 4를 더해 i 변수에 저장한다.

❸ i행 1열에 'txt직원명' 컨트롤에 입력한 값을 표시한다.

❹ i행 2열에 'cmb동호회' 컨트롤에서 선택한 동호회명을 표시한다.

❺ i행 3열에 'txt가입일자' 컨트롤에 입력한 값을 표시한다.

❻ 'opt정회원' 컨트롤을 선택하면 i행 4열에 '정회원'을 표시하고

❼ 그렇지 않으면 i행 4열에 '준회원'을 표시한다.

❽ If 문을 종료한다.

❾ 프로시저를 종료한다.

3) 엑셀 창으로 전환한 후 '입력' 단추를 클릭해 '동호회등록'폼을 실행한다. 각 컨트롤에 데이터를 입력하고 '등록' 단추를 클릭한다. 워크시트에 데이터가 입력되는지 확인한 후 동호회등록' 폼을 닫는다.

③ 정답

1) VBE 창으로 전환한 후 프로젝트 탐색기에서 '동호회등록' 폼을 더블클릭하고 '동호회등록' 폼에서 '종료' 단추를 더블클릭한다.

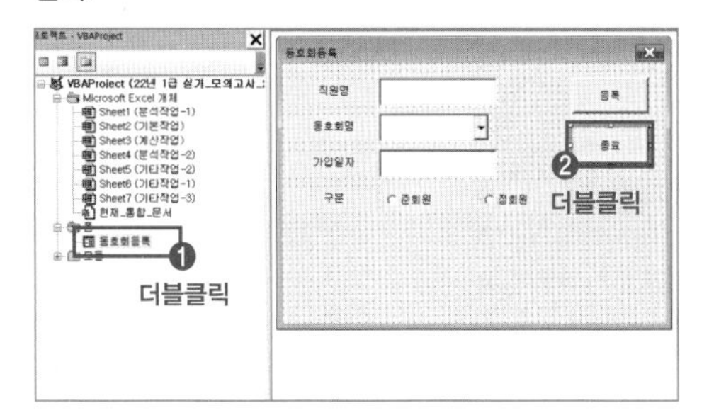

2) 'Private Sub cmd종료_Click()' 아래 다음 코드를 입력한다.

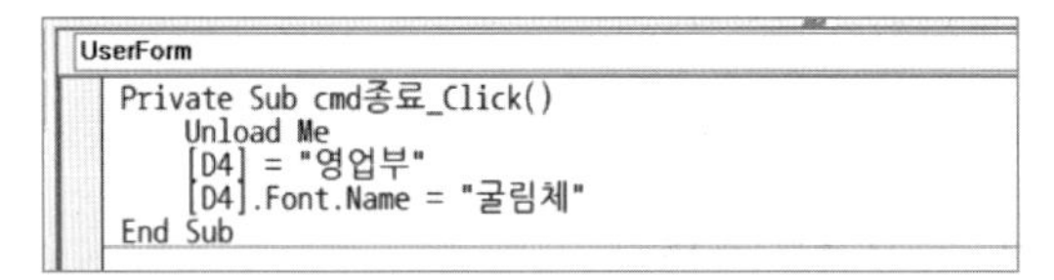

```
UserForm
Private Sub cmd종료_Click()
    Unload Me
    [D4] = "영업부"
    [D4].Font.Name = "굴림체"
End Sub
```

[풀이]

❶ 'cmd종료'를 클릭하면 실행되는 프로시저이다.

❷ '동호회등록' 폼을 종료한다.

❸ [D4] 셀에 영업부가 입력되고 글꼴을 '굴림체'로 지정한다.

❹ 프로시저를 종료한다.

3) VBE 창을 종료한 후 엑셀 창에서 '입력' 단추를 클릭하고 '종료' 단추를 클릭한다. 동호회등록 폼이 종료되고 [D4] 셀에 영업부가 입력된 후 글꼴이 '굴림체'로 적용된다.

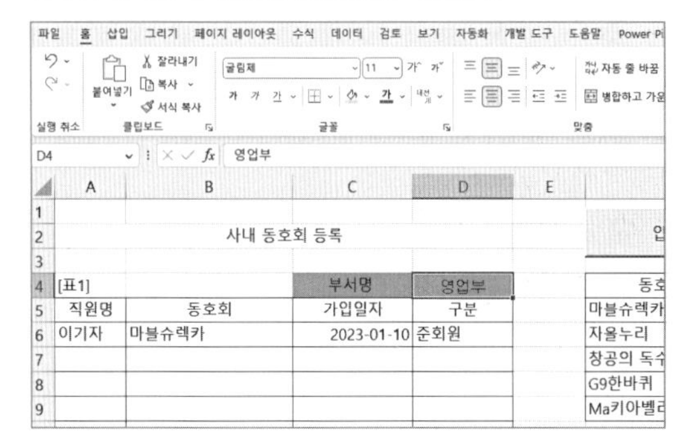

NOTE

이제 컴퓨터활용능력은 EBS에서 한.번.만.

- **Core** 핵심만 담은 이론, 기출문제 풀이
- **Slim&Light** 언제, 어디서나 볼 수 있는 콘텐츠! 책과 모바일 동시 사용
- **Real** 실전 대비 모의고사 제공

컴.활. 합격생들에게 들었습니다!

책이 얇아서 들고 다니기도 편하고, 핵심 내용만 있어서
시험 준비하는 데 압박감이 없었어요.

컴퓨터활용능력 배경지식이 전혀 없었는데, 함축적이고 체계적인 강의를 들으면서
기출문제를 여러 번 반복하니 합격에 도움이 되었습니다.

암기해야 할 부분과 자주 출제되는 문제를 여러 번 강조해 주니
자연스럽게 이해가 되었어요.

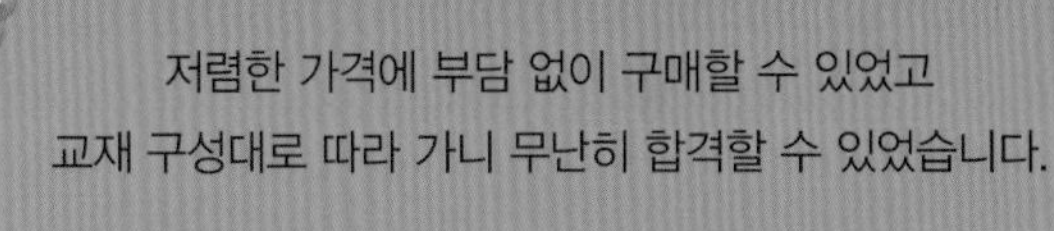

저렴한 가격에 부담 없이 구매할 수 있었고
교재 구성대로 따라 가니 무난히 합격할 수 있었습니다.

정가 26,000원

ISBN 978-89-547-8150-3

교재 구입 문의 | 전화 1588 -1580(www.ebs.co.kr/compass에서 구입 가능합니다.)
교재 내용 문의 및 정오표 확인 | EBS 홈페이지 내 컴퓨터활용능력 게시판을 이용하시기 바랍니다.

*인쇄 과정 중 잘못된 교재는 구입하신 서점에서 교환해 드립니다.

이론, 기출, 동영상 강의 | www.ebs.co.kr
방송 | EBS Plus2 (홈페이지 방송 편성표 참고)

한 번에 핵심만 담은

컴퓨터 활용능력

1급 실기

액세스

교재에서 모바일까지

최신 **개정판**
Windows 10, MS Office 2021

간결한 교재 + 명쾌한 강의 + 편리한 모바일 + 최신 기출문제

최신 출제 기준 완벽 대비
EBS 자체 제작 모의고사

EBS 컴퓨터활용능력 1급 실기 | 액세스

초판 1쇄 발행 2023년 11월 22일
펴낸이 EBS(한국교육방송공사), 신면철 **신고번호** 제2017-000193호 **주소** (10393) 경기도 고양시 일산동구 한류월드로 281
대표전화 1588-1580 **홈페이지** https://www.ebs.co.kr **검수** 한정희 **표지내지 디자인 편집** 디자인이음

한 번에 핵심만 담은

컴퓨터 활용 능력

기초에서
실전까지

1급 실기

액세스

이 책의 구성

1

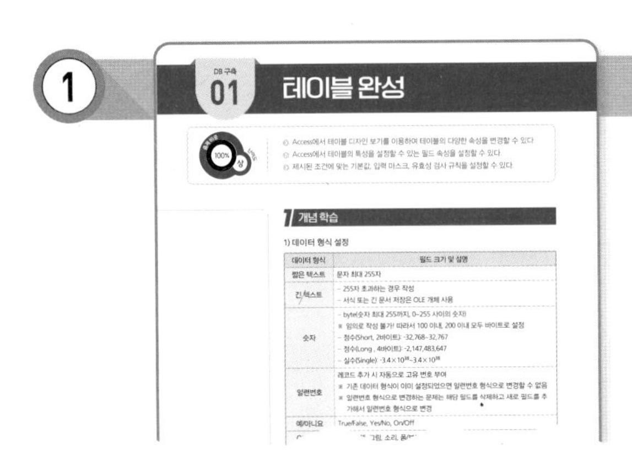

한.번.에. 이론

단원별로 정리된 컴퓨터활용능력 실기 작업 유형을 학습합니다. 먼저 작업별로 시험 정보와 개념을 파악하고 '출제 유형 이해', '실전 문제 마스터'를 단계별로 따라 하며 조작 방법을 익힙니다.
여러 유형의 문제를 익히며 컴퓨터활용능력 실기 마스터로 거듭납니다.

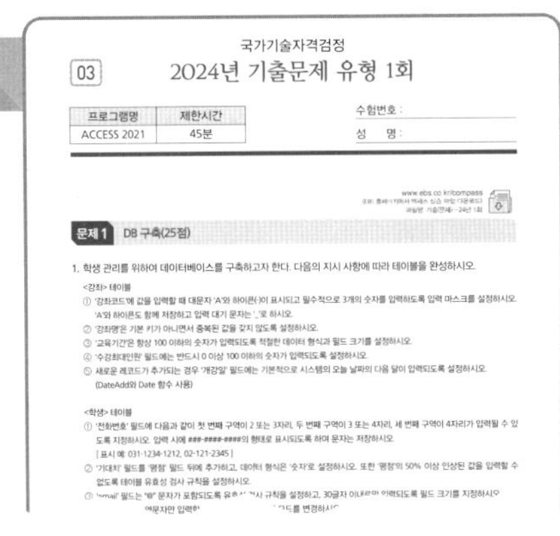

한.번.더. 최신 기출문제 4회

컴퓨터활용능력 기출문제와 비슷한 유형의 문제를 풀어 봅니다. 실제 시험에 임하는 자세로 실습 파일을 이용해 문제를 풀어 본 다음, 정답을 참고해 결과가 나오는 과정을 파악합니다.

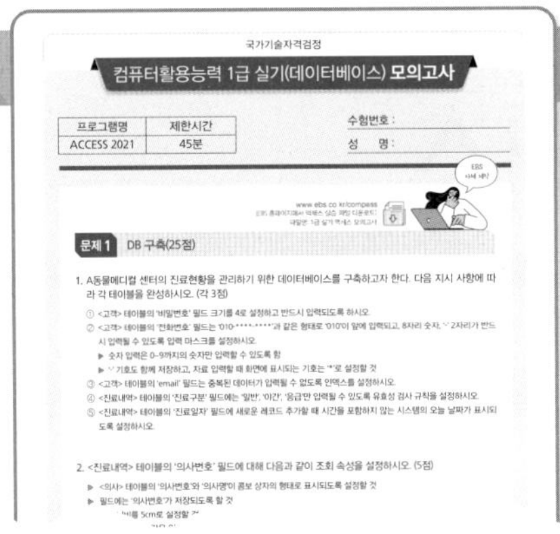

한.번.만. 모의고사

EBS에서 컴퓨터활용능력 출제 경향을 분석해 제작한 모의고사로 실제 시험을 대비합니다.

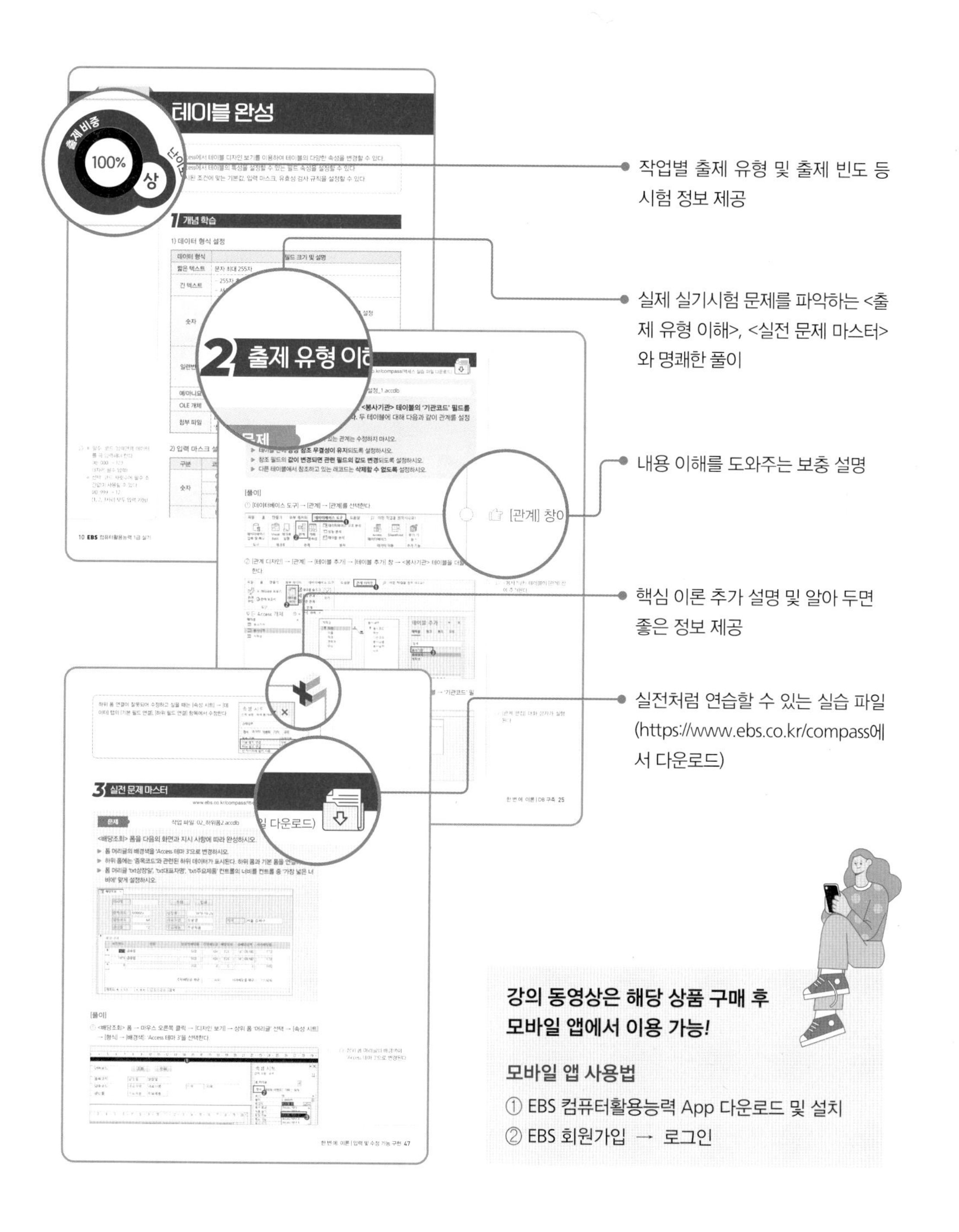

강의 동영상은 해당 상품 구매 후 모바일 앱에서 이용 가능!

모바일 앱 사용법

① EBS 컴퓨터활용능력 App 다운로드 및 설치
② EBS 회원가입 → 로그인

컴퓨터활용능력, 어떻게 준비할까요?

시험 접수에서 자격증 발급까지

시험 출제 정보

		출제 형태	시험 시간
1급	필기	객관식 60문항	60분
	실기	컴퓨터 작업형 10문항 이내	90분 (과목별 45분)
2급	필기	객관식 40문항	40분
	실기	컴퓨터 작업형 5문항 이내	40분

검정 수수료

필기	실기
19,000원	22,500원

※1급·2급 응시료 동일

※인터넷 접수 수수료 1,200원 별도

1 시험 접수

개설일부터 시험일 4일 전까지 접수 가능

홈페이지 접수
대한상공회의소 자격평가사업단
(https://license.korcham.net)
※ 본인 확인용 **사진 파일** 준비!

모바일 접수
코참패스(Korcham Pass)

상공회의소 방문 접수
접수 절차는 인터넷 접수와 동일
(수수료 면제)

2 시험 당일

신분증·수험표
준비물 잊지 말기!

수험표는 시험 당일까지
출력 가능하고 모바일 앱으로도
확인 가능(단, 신분증 별도 지참)

시험 시작 **10분 전**까지
시험장 **도착**

시험은 상공회의소에서 제공하는
컴퓨터로 응시

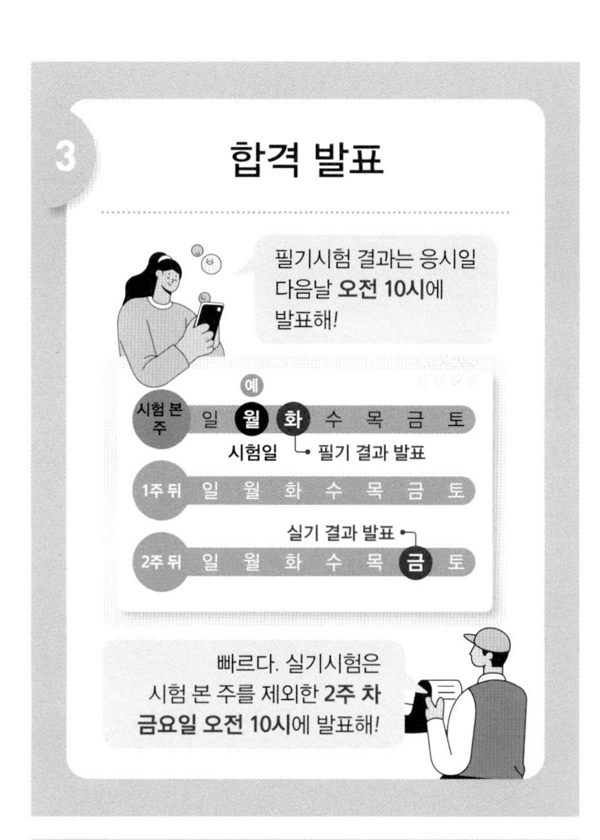

등급	시험 방법	시험 과목	합격 기준
1급	필기	컴퓨터 일반	과목당 40점 이상, 평균 60점 이상
		스프레드시트 일반	
		데이터베이스 일반	
	실기	스프레드시트 실무	과목 모두 70점 이상
		데이터베이스 실무	
2급	필기	컴퓨터 일반	과목당 40점 이상, 평균 60점 이상
		스프레드시트 일반	
	실기	스프레드시트 실무	70점 이상

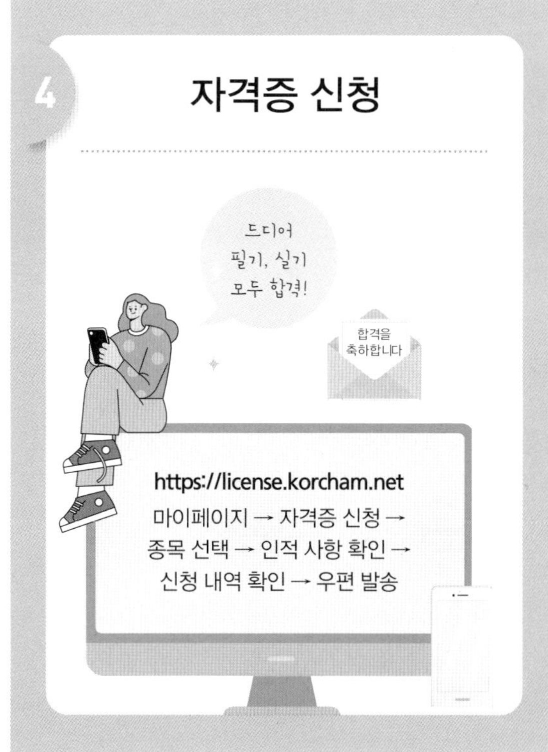

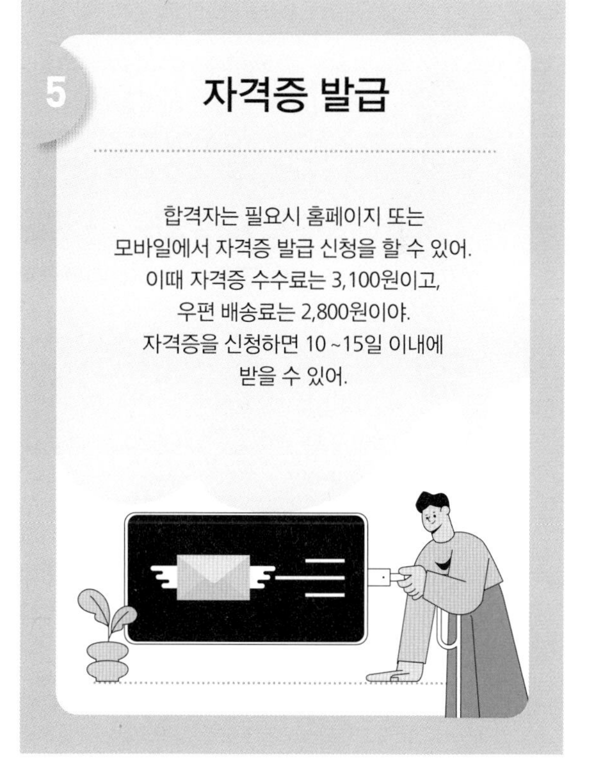

Q1 **컴퓨터활용능력 1급 필기시험에 합격했는데, 합격 유효 기간이 궁금해요?**

컴퓨터활용능력 1급 필기 합격자는 합격일 기준 2년간 실기시험에 응시할 수 있습니다.

Q2 **컴퓨터활용능력 1급 실기시험 응시 버전이 궁금해요?**

2024년부터 실기 프로그램은 MS Office LTSC Professional Plus 2021로 진행됩니다. MS Office 2019, MS Office 365로도 시험 준비를 할 수 있습니다. 하지만 실제 시험 응시는 MS Office 2021로 치루며, 일부 메뉴 위치나 기능의 차이가 있어서 버전 차이에 관한 부분은 고려하셔야 합니다.

Q3 **필기 시험장과 실기 시험장을 다르게 선택해도 되나요?**

필기시험 합격 후 실기시험 접수는 국내 모든 시험장에서 할 수 있습니다.

Q4 **실기시험 합격자 발표 전 중복 접수가 가능한가요?**

시험 응시 후 불합격했다고 생각된다면 합격자 발표 전에 추가 접수가 가능합니다.

Q5 **컴퓨터활용능력 1급 필기시험에 합격했지만 1급 실기시험이 너무 어려워서 2급 실기시험을 보고 싶은데 가능할까요?**

컴퓨터활용능력 1급 필기 합격자의 경우 합격 유효 기간 2년 동안 1급과 2급 실기시험을 모두 응시할 수 있습니다.

Q6 **시험을 하루 여러 번 접수할 수 있나요?**

같은 급수의 경우 하루 1회만 응시할 수 있습니다. 다른 급수의 경우는 같은 날 시간을 달리하여 시험에 접수할 수 있습니다.

차 례

이 책의 구성 2
컴퓨터활용능력, 어떻게 준비할까요? 4
컴퓨터활용능력 Q&A 6
차례 7
컴활, 알아 두면 좋은 TIPS! 7

한.번.에. 이론

DB 구축
01 테이블 완성 10
02 외부 데이터 가져오기 19
03 관계 설정 24
04 필드 조회 속성 27

입력 및 수정 기능 구현
01 폼 완성 32
02 조건부 서식 40
03 하위 폼 43
04 Access 함수 49
05 폼 매크로 57
06 폼 조회 속성 65

조회 및 출력 기능 구현
01 보고서 완성 70
02 프로시저-조회 80
03 프로시저-메시지 상자 89
04 프로시저-개체 열기 93
05 프로시저-기타 프로시저 98

처리 기능 구현
01 선택 쿼리 104
02 크로스탭 쿼리 107
03 매개 변수, 테이블 만들기 쿼리 111
04 요약 쿼리 115
05 중복, 불일치 검색 쿼리 119
06 실행 쿼리 125

한.번.더. 최신 기출문제

01 2024년 상공회의소 샘플 A형 130
02 2024년 상공회의소 샘플 B형 141
03 2024년 기출문제 유형 1회 151
04 2024년 기출문제 유형 2회 166

한.번.만. 모의고사 180

컴활, 알아 두면 좋은 TIPS!

컴퓨터활용능력 자격증 취득 장점

일부 공무원 시험 및 300여개 공공기관, 민간기관에서 승진 및 취업 시 가산점을 받을 수 있고, 엑셀의 기본적인 활용을 익혀 효율적으로 업무를 처리할 수 있도록 도움을 줍니다.

EBS 컴퓨터활용능력의 강점

- 컴퓨터 공부에 두려움이 많은 분들, 비전공자분들도 어렵지 않게 풀 수 있도록 깔끔하고 꼼꼼한 개념 정리와 최신 기출문제 풀이 함께 진행
- 학습 중 궁금한 사항은 강사가 직접 Q&A 피드백 진행
- 시간 · 장소에 구애받지 않는 학습 환경 속에서 집중력 향상

효율적인 실기 학습법

- 개념을 확실하게 이해해야 기출문제를 풀 때도 시험의 패턴이 잘 보이고 더욱 효율적인 시험 준비가 가능합니다.
- 아는 문제부터 풀어 보고 모르는 문제는 체크한 후 마지막에 풉니다. 주어진 시간 내에 풀 수 있도록 연습하는 것이 중요합니다.
- 기출문제를 풀 때 타이머를 맞춰 놓고 실전처럼 시험 시간(2급 40분, 1급 과목별 45분) 내에 푸는 연습을 반복하면 실제 시험장에서 조급함 없이 시간 관리를 할 수 있습니다.
- 강의 후 반드시 당일 복습해 조작법을 손에 익히도록 합니다.
- 틀린 문제는 오답 정리로 확실하게 짚고 넘어가도록 합니다.

이론에서 실전까지
기초에서 심화까지
교재에서 모바일까지

한 번에 **만**나는 컴퓨터활용능력 수험서

EBS 컴퓨터활용능력 **1급 실기**

한.번.에. 이론

DB 구축

시험 출제 정보

- 출제 문항 수: 테이블 작성 5문제(각 3점), 기타 2문제(각 5점)
- 출제 배점: 25점

	세부 기능	출제 경향
1	테이블 완성	기본 키, 유효성 검사 규칙, 기본값, 입력 마스크, 빈 문자열, 인덱스 설정 등 테이블 내의 필드 속성 변경 작업
2	외부 데이터 가져오기	외부 데이터 가져오기를 활용하여 XLSX 파일을 테이블로 가져오거나 기존 테이블에 추가하는 작업
3	관계 설정	2개 이상의 테이블을 조인하고, 참조 무결성, 레코드 삭제, 관련 필드 변경 등 옵션을 편집하는 작업
4	필드 조회 속성	테이블의 특정 필드에 다른 테이블의 필드를 조회 속성으로 적용하는 작업

DB 구축

01

테이블 완성

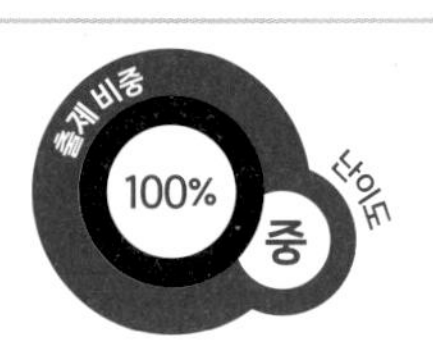

- Access에서 테이블 디자인 보기를 이용하여 테이블의 다양한 속성을 변경할 수 있다.
- Access에서 테이블의 특성을 설정할 수 있는 필드 속성을 설정할 수 있다.
- 제시된 조건에 맞는 기본값, 입력 마스크, 유효성 검사 규칙을 설정할 수 있다.

1 개념 학습

1) 데이터 형식 설정

데이터 형식	필드 크기 및 설명
짧은 텍스트	문자 최대 255자
긴 텍스트	– 255자 초과하는 경우 작성 – 서식 또는 긴 문서 저장은 OLE 개체 사용
숫자	– byte(숫자 최대 255까지, 0~255 사이의 숫자) ※ 임의로 작성 불가! 따라서 100 이내, 200 이내 모두 바이트로 설정 – 정수(Short, 2바이트): -32,768~32,767 – 정수(Long , 4바이트): -2,147,483,647 – 실수(Single): -3.4×10^{38}~3.4×10^{38}
일련번호	레코드 추가 시 자동으로 고유 번호 부여 ※ 기존 데이터 형식이 이미 설정되었으면 일련번호 형식으로 변경할 수 없음 ※ 일련번호 형식으로 변경하는 문제는 해당 필드를 삭제하고 새로 필드를 추가해서 일련번호 형식으로 변경
예/아니요	True/False, Yes/No, On/Off
OLE 개체	워드, 엑셀, 그림, 소리, 폼/보고서에서 컨트롤 이용
첨부 파일	파일을 첨부할 수 있는 기능 '첨부'라는 단어가 들어가면 무조건 '첨부 파일' 형식 선택

2) 입력 마스크 설정

구분	코드	기능
숫자	0	(필수) 0~9까지 숫자, 연산 기호 사용 불가
	9	(선택) 0~9까지 숫자, 공백 입력, 연산 기호 사용 불가
	#	(선택) 0~9까지 숫자, 공백 입력, 연산 기호 사용 가능
	L	(필수) 문자 (한글/영문)

- 필수: 코드 입력만큼 데이터를 꼭 입력해야 한다.
  예) 000 → 123
  (3자리 필수 입력)
- 선택: 코드 자릿수에 필수 조건없이 사용할 수 있다.
  예) 999 → 12
  (1, 2, 3자리 모두 입력 가능)

구분	기호	설명
문자 숫자 공백	?	(선택) 문자 (한글/영문)
	A	(필수) 문자, 숫자 입력
	a	(선택) 문자, 숫자 입력
	&	(필수) 모든 문자나 공백 입력
	C	(선택) 모든 문자나 공백 입력
	<	모든 영문자를 소문자로
	>	모든 영문자를 대문자로
	\(₩)	뒤에 나오는 한 문자가 표시됨
기타	. , : ; - /	소수 자릿수, 천 단위 구분 기호, 날짜, 시간
	!	입력 문자가 오른쪽부터 채워짐, 느낌표(!)는 입력 마스크 아무 곳에나 포함 가능
	Password	입력한 문자는 문자로 정의되고 화면에서 '*' 표시됨

*: 애스터리스크(asterisk)

2 출제 유형 이해

www.ebs.co.kr/compass(액세스 실습 파일 다운로드)

문제 작업 파일: 01_테이블완성_1.accdb

학생들의 봉사활동 내역을 관리하기 위한 데이터베이스를 구축하고자 한다. 다음의 지시 사항에 따라 각 테이블을 완성하시오.

1. <봉사기관> 테이블의 '기관코드' 필드는 'S-00'과 같은 형태로 **영문 대문자 1개, '-' 기호 1개와 숫자 2개가 반드시 포함되어 입력되도록 입력 마스크**를 설정하시오.
   - ▶ 영문자 입력은 영어와 한글만 입력할 수 있도록 설정할 것
   - ▶ 숫자 입력은 0~9까지의 숫자만 입력할 수 있도록 설정할 것
   - ▶ '-' 문자도 테이블에 저장되도록 설정할 것
2. <재학생> 테이블의 **'주소' 필드 값을 *로 표시**하여 데이터를 숨기는 입력 마스크를 설정하시오.
3. <재학생> 테이블의 '이름' 필드에 포커스가 이동되면 **입력기가 한글이 되도록** 설정하고 빈 문자열은 허용하지 않도록 **유효성 검사 규칙**을 설정하시오. (InStr 사용)
4. <봉사내역> 테이블의 '시수' 필드에는 **1~8까지의 정수**가 입력되도록 **유효성 검사 규칙**을 설정하시오.
5. '봉사날짜' 필드에는 **2019년 1월 1일 이후의 날짜**만 입력되도록 **유효성 검사 규칙**을 설정하시오.
6. <봉사내역> 테이블의 '봉사날짜' 필드는 새로운 레코드가 추가되는 경우 시간을 포함하지 않는 시스템의 **오늘 날짜가 기본으로 입력**되도록 설정하시오.
7. <재학생> 테이블의 '학과' 필드는 **중복 가능한 인덱스**를 설정하시오.
8. <재학생> 테이블의 '연락처' 필드는 **빈 문자열이 허용**되도록 설정하시오.

기출문제는 5개 항목으로 구성된다. EBS 컴퓨터활용능력에서는 다양한 조건을 소개하기 위해 문항 수를 늘렸다.

[풀이]

입력 마스크
1. <봉사기관> 테이블의 '기관코드' 필드는 'S-00'와 같은 형태로 영문 대문자 1개, '-' 기호 1개와 숫자 2개가 반드시 포함되어 입력되도록 입력 마스크를 설정하시오. ▶ 영문자 입력은 영어와 한글만 입력할 수 있도록 설정할 것 ▶ 숫자 입력은 0~9까지의 숫자만 입력할 수 있도록 설정할 것 ▶ '-' 문자도 테이블에 저장되도록 설정할 것 **2.** <재학생> 테이블의 '주소' 필드 값을 *로 표시하여 데이터를 숨기는 입력 마스크를 설정하시오.

☞ <봉사기관> 테이블이 '디자인 보기'로 실행된다.

① [Access 개체] → <봉사기관> 테이블 → 마우스 오른쪽 클릭 → [디자인 보기]를 선택한다.

☞ ● 입력 마스크 구조
입력 마스크 ; 기호 저장 여부 ; 입력 대기 문자
● 기호 저장 여부
– 0: 저장
– 1: 저장 안 함
● >L-00;0
– >: 대문자로 변환
– L: 문자 할당 (필수)
– -: 기호
– 0: 숫자 할당 (필수)

② '기관코드' 필드 → [일반] 탭 → [입력 마스크]: **>L-00;0**을 입력한다.

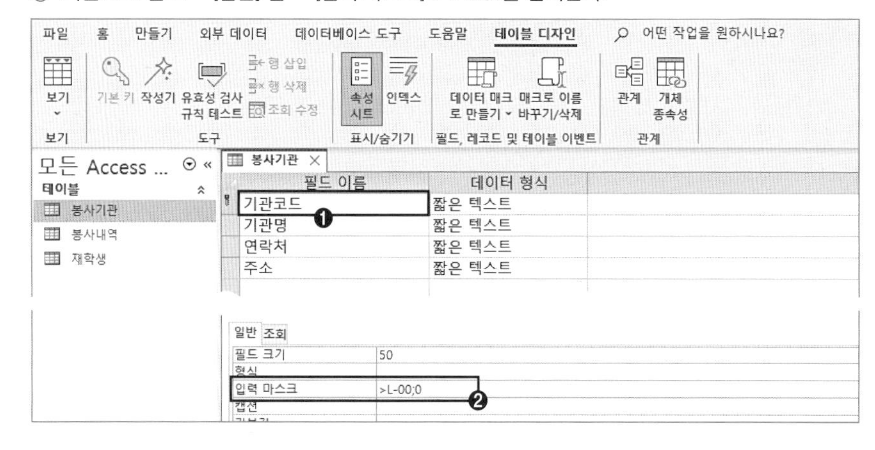

☞ Password는 필드의 레코드를 *로 표시하여 중요 정보를 숨기는 입력 마스크이다.

③ <재학생> 테이블 → 마우스 오른쪽 클릭 → [디자인 보기] 클릭 → '주소' 필드 선택 → [일반] → [입력 마스크]: **Password**를 입력한다.

유효성 검사 규칙
3. <재학생> 테이블의 '이름' 필드에 포커스가 이동되면 입력기가 한글이 되도록 설정하고, 빈 문자열은 허용하지 않도록 유효성 검사 규칙을 설정하시오. (InStr 사용) **4.** <봉사내역> 테이블의 '시수' 필드에는 1~8까지의 정수가 입력되도록 유효성 검사 규칙을 설정하시오. **5.** '봉사날짜' 필드에는 2019년 1월 1일 이후의 날짜만 입력되도록 유효성 검사 규칙을 설정하시오.

① <재학생> 테이블 → 마우스 오른쪽 클릭 → [디자인 보기] 선택 → '이름' 필드 선택 → [유효성 검사 규칙]: **InStr([이름]," ")=0** 입력 → [IME 모드]: '한글'로 변경한다.

InStr([이름]," ")=0: '이름' 필드에서 공백(" ") 위치를 계산하고 0과 비교한다.

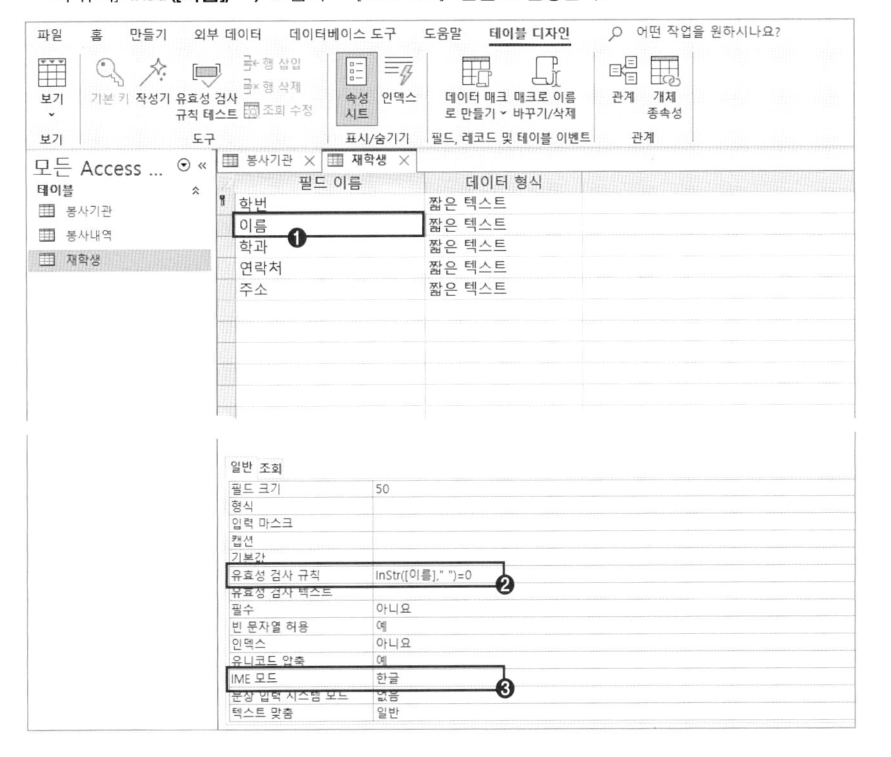

② <봉사내역> 테이블 → 마우스 오른쪽 클릭 → [디자인 보기] 선택 → '시수' 필드 선택 → [일반] → [유효성 검사 규칙]: **Between 1 And 8**을 입력한다.

Between 1 And 10: 1~10까지 범위 값만 허용

봉사내역

필드 이름	데이터 형식
시수	숫자

일반 / 조회

기본값	
유효성 검사 규칙	Between 1 And 8
유효성 검사 텍스트	
필수	

③ '봉사날짜' 필드 → [일반] → [유효성 검사 규칙]: **>=#2019-01-01#**를 입력한다.

>=2019-01-01을 입력하면 날짜 필드의 경우 자동으로 날짜 형식을 인식하여 >=#2019-01-01#처럼 날짜 앞뒤에 '#'이 붙는다.

봉사내역

필드 이름	데이터 형식
봉사날짜	날짜/시간

일반 / 조회

캡션	
기본값	
유효성 검사 규칙	>=#2019-01-01#
유효성 검사 텍스트	
필수	

기본값
6. <봉사내역> 테이블의 '봉사날짜' 필드는 새로운 레코드가 추가되는 경우 시간을 포함하지 않는 시스템의 오늘 날짜가 기본으로 입력되도록 설정하시오.

☞ 기본값에 함수 입력 시 '='을 생략할 수 있다.
- =date()
- date()

① '봉사날짜' 필드 선택 → [일반] → [기본값]: **date()**를 입력한다.

봉사내역

필드 이름	데이터 형식
봉사날짜	날짜/시간

일반 조회

캡션	
기본값	**Date()**
유효성 검사 규칙	>=#2019-01-01#
유효성 검사 텍스트	
필수	

인덱스 설정
7. <재학생> 테이블의 '학과' 필드는 중복 가능한 인덱스를 설정하시오.

☞ 인덱스는 테이블을 검색할 때 검색 효율을 높이기 위해서 설정한다.

① <재학생> 테이블 탭 선택 → '학과' 필드 → [일반] → [인덱스]: '예(중복 가능)'를 선택한다.

재학생

필드 이름	데이터 형식
학과	짧은 텍스트

일반 조회

필드 크기	50
필수	
빈 문자열 허용	
인덱스	예(중복 가능)
IME 모드	
문장 입력 시스템 모드	

빈 문자열
8. <재학생> 테이블의 '연락처' 필드는 빈 문자열이 허용되도록 설정하시오.

① '연락처' 필드 선택 → [일반] → [빈 문자열 허용]: '예'를 선택한다.

재학생

필드 이름	데이터 형식
연락처	짧은 텍스트

일반 조회

필드 크기	50
유효성 검사 텍스트	
필수	
빈 문자열 허용	예
인덱스	

☞ 여러 개 테이블을 한 번에 닫을 수 있다. 임의의 테이블 탭을 선택해도 된다.

② '봉사내역' 탭 → 마우스 오른쪽 클릭 → [모두 닫기]를 선택한다.

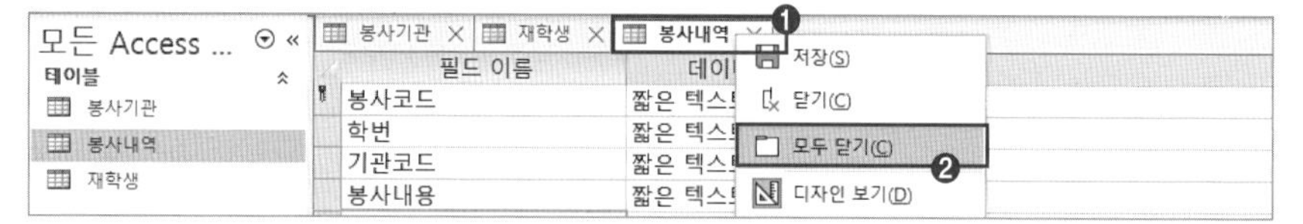

☞ 테이블 3개를 모두 닫았으므로 경고창은 총 5번 표시된다.

③ 저장 및 경고 메시지 대화 상자가 표시되면 모두 '예'를 클릭하여 테이블 변경 내용을 모두 저장한다.

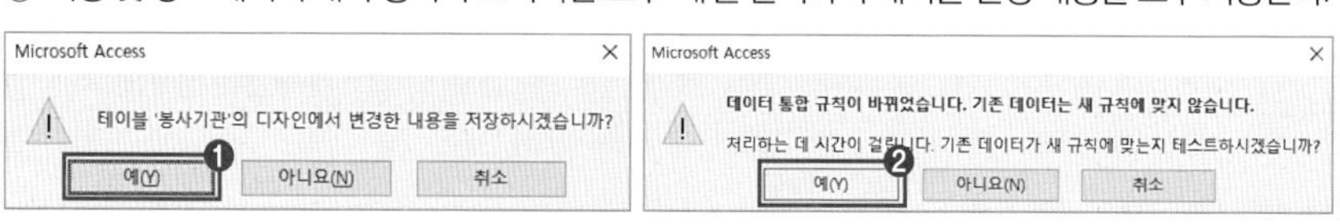

3 실전 문제 마스터

www.ebs.co.kr/compass(액세스 실습 파일 다운로드) 

문제 작업 파일: 02_테이블완성_2.accdb

씨앗을 판매하는 업무를 수행하기 위한 데이터베이스를 구축하고자 한다. 다음의 지시 사항에 따라 각 테이블을 완성하시오.

1. <씨앗> 테이블의 '씨앗코드' 필드는 'A0000'과 같은 형태로 **영문 대문자 1개와 숫자 4개가 반드시 입력되도록 입력 마스크**를 설정하시오.
   ▶ 영문자 입력은 영어와 한글만 입력할 수 있도록 설정할 것
   ▶ 숫자 입력은 0~9까지의 숫자만 입력할 수 있도록 설정할 것
2. <회원> 테이블의 '전화번호' 필드에는 **'01*-****-****' 형식**으로 입력되도록 **입력 마스크**를 설정하시오.
   ▶ 반드시 11자리의 숫자가 입력되도록 설정하시오.
   ▶ 데이터를 입력할 때 데이터 입력 자리에 '*'로 표시하고, 테이블에 '-'도 저장되도록 설정하시오.
3. <씨앗> 테이블의 '씨앗명' 필드는 **필드 크기를 10으로 설정**하고, **반드시 입력**되도록 설정하시오.
4. <회원> 테이블의 '전화번호' 필드에는 **중복된 값이 입력될 수 없도록 인덱스**를 설정하시오.
5. <회원> 테이블의 'E-Mail' 필드에는 **'@' 문자가 반드시 포함되도록 유효성 검사 규칙**을 설정하시오.
6. '이름' 필드는 **3글자만 입력할 수 있도록 유효성 검사 규칙**을 설정하시오. (Len 사용)
7. <씨앗입고> 테이블의 '입고수량' 필드는 새로운 레코드를 추가하면 **'20'이 기본적으로 입력**되도록 설정하시오.
8. <씨앗입고> 테이블의 '입고일자' 필드는 새로운 레코드가 추가되는 경우 **시간을 포함하는 시스템의 오늘 날짜가 기본으로 입력**되도록 설정하시오.
9. '비고' 필드를 삭제하고, 마지막 필드에 **'첨부' 필드를 추가한 후 사진과 이력서를 첨부**할 수 있도록 데이터 형식을 변경하시오.

[풀이]

입력 마스크
1. <씨앗> 테이블의 '씨앗코드' 필드는 'A0000'과 같은 형태로 영문 대문자 1개와 숫자 4개가 반드시 입력되도록 입력 마스크를 설정하시오. ▶ 영문자 입력은 영어와 한글만 입력할 수 있도록 설정할 것 ▶ 숫자 입력은 0~9까지의 숫자만 입력할 수 있도록 설정할 것 2. <회원> 테이블의 '전화번호' 필드에는 '01*-****-****' 형식으로 입력되도록 입력 마스크를 설정하시오. ▶ 반드시 11자리의 숫자가 입력되도록 설정하시오. ▶ 데이터를 입력할 때 데이터 입력 자리에 '*' 로 표시하고, 테이블에 '-' 도 저장되도록 설정하시오.

① [모든 Access 개체] → <씨앗> 테이블 → 마우스 오른쪽 클릭 → [디자인 보기]를 선택한다.

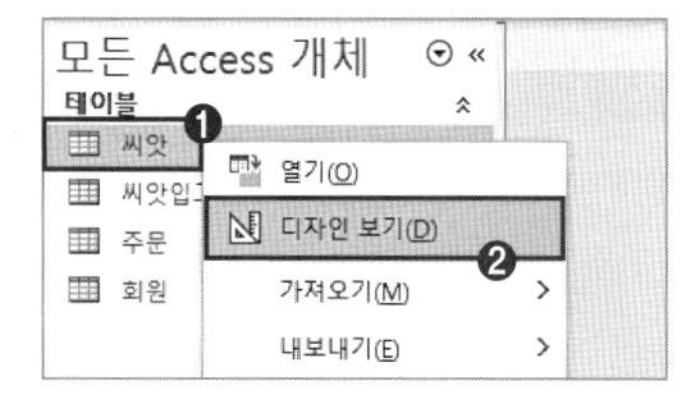

☞ <씨앗> 테이블이 디자인 보기로 실행된다.

② '씨앗코드' 필드 → [일반] → [입력 마스크]: **>L0000**을 입력한다.

씨앗

필드 이름	데이터 형식
씨앗코드	짧은 텍스트

일반	조회
필드 크기	10
형식	
입력 마스크	>L0000
캡션	

☞ ● >: 대문자 변환
● L: 문자 1글자 (필수)
● 0: 숫자 1자리 (필수)

③ <회원> 테이블 → 마우스 오른쪽 클릭 → [디자인 보기] → '전화번호' 필드 선택 → [입력 마스크] : **"01"0-0000-0000;0;***를 입력한다.

회원

필드 이름	데이터 형식
전화번호	짧은 텍스트

일반	조회
필드 크기	15
형식	
입력 마스크	"01"0₩-0000₩-0000;0;*
캡션	

☞ ● "01"0-0000-0000;0;*을 입력하면 자동으로 기호 앞에 ₩가 붙는다.
→ "01"0₩-0000₩-0000;0;*
● "01": 문자 상수 (고정되는 문자열, 입력 마스크 문자가 아니다.)

필수 입력
3. <씨앗> 테이블의 '씨앗명' 필드는 필드 크기를 10으로 설정하고, 반드시 입력되도록 설정하시오.

① <씨앗> 테이블 → '씨앗명' 필드 선택 → [필드 크기]: **10** 입력 → [필수]: '예'를 선택한다.

씨앗

필드 이름	데이터 형식
씨앗명	짧은 텍스트

일반	조회
필드 크기	10
형식	
유효성 검사 텍스트	
필수	예
빈 문자열 허용	

☞ '씨앗명' 필드는 필드 크기가 10으로 제한되고 필수로 입력해야 한다.

인덱스
4. <회원> 테이블의 '전화번호' 필드에는 중복된 값이 입력될 수 없도록 인덱스를 설정하시오.

① <회원> 테이블 → '전화번호' 필드 선택 → [인덱스]: '예(중복 불가능)'를 선택한다.

회원

필드 이름	데이터 형식
전화번호	짧은 텍스트

일반	조회
빈 문자열 허용	
인덱스	예(중복 불가능)
IME 모드	
문장 입력 시스템 모드	

☞ '전화번호' 필드는 인덱스로 설정되고 중복이 허용되지 않는다.

유효성 검사 규칙
5. <회원> 테이블의 'E-Mail' 필드에는 '@' 문자가 반드시 포함되도록 유효성 검사 규칙을 설정하시오.

6. '이름' 필드는 3글자만 입력할 수 있도록 유효성 검사 규칙을 설정하시오. (Len 사용)

① <회원> 테이블 → 'E-Mail' 필드 → [유효성 검사 규칙]: **Like "*@*"**를 입력한다.

회원

필드 이름	데이터 형식
E-Mail	짧은 텍스트

일반 | 조회

캡션	
기본값	
유효성 검사 규칙	Like "*@*"
유효성 검사 텍스트	

- *@*: 데이터 안에 @가 필수로 포함되어야 한다.
- Like: 문자열 비교 함수로 숫자로 보면 '='과 비슷한 의미가 있다. InStr([E-Mail],"@")>=2 사용 가능

② '이름' 필드 → [유효성 검사 규칙]: **Len([이름])=3**을 입력한다.

회원

필드 이름	데이터 형식
이름	짧은 텍스트

일반 | 조회

캡션	
기본값	
유효성 검사 규칙	Len([이름])=3
유효성 검사 텍스트	

Len([이름]): 이름 필드의 길이를 계산한다.
Len("가나다라") → 4

기본값

7. <씨앗입고> 테이블의 '입고수량' 필드는 새로운 레코드를 추가하면 '20'이 기본적으로 입력되도록 설정하시오.

8. <씨앗입고> 테이블의 '입고일자' 필드는 새로운 레코드가 추가되는 경우 시간을 포함하는 시스템의 오늘 날짜가 기본으로 입력되도록 설정하시오.

① <씨앗입고> 테이블 → 마우스 오른쪽 클릭 → [디자인 보기] → '입고수량' 필드 → [기본값]: **20**을 입력한다.

씨앗입고

필드 이름	데이터 형식
입고수량	숫자

일반 | 조회

캡션	
기본값	20
유효성 검사 규칙	

새로운 레코드가 추가되면 '입고수량' 필드에 20이 기본적으로 입력된다.

② <씨앗입고> 테이블 → '입고일자' 필드 → [기본값]: **Now()**를 입력한다.

씨앗입고

필드 이름	데이터 형식
입고일자	날짜/시간

일반 | 조회

캡션	
기본값	Now()
유효성 검사 규칙	

- Date(): 날짜
- Time(): 시간
- Now(): 날짜 + 시간

필드 삭제 및 추가

9. '비고' 필드를 삭제하고, 마지막 필드에 '첨부' 필드를 추가한 후 사진과 이력서를 첨부할 수 있도록 데이터 형식을 변경하시오.

① <씨앗입고> 테이블 → '비고' 필드 → 머리글 마우스 오른쪽 클릭 → [행 삭제] 클릭 → 마지막 필드에 **첨부** 입력 → [데이터 형식]: 첨부 파일을 선택한다.

저장 경고창에서 모두 '예'를 클릭한다.

② '씨앗입고' 탭 → 마우스 오른쪽 클릭 → [모두 닫기]를 선택해 모든 테이블의 변경 내용을 저장한다.

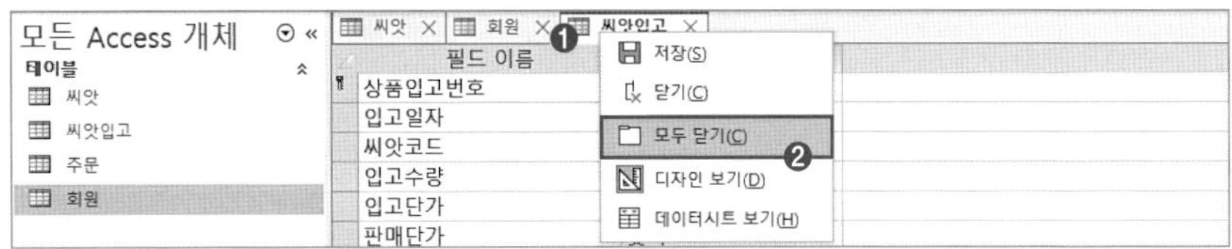

유효성 검사 규칙 출제 유형 정리

유효성 검사 규칙	설명
<>100 Not 100	100이 아닌 값
>= 100	100 이상인 값
0 Or >100	0 또는 100 초과 값
>=1 And <=10 Between 1 and 10	1~10 범위의 값
>=#2025-06-06#	2025-06-06 이후의 날짜
>=#2025-06-06# And >=#2025-06-30# Between #2025-06-06# And #2025-06-30#	2025-06-06~2025-06-30 범위 날짜
StrComp(LCase([판매코드]),[판매코드],0)=0	판매코드가 소문자로 입력되었는지 검사 – StrComp(문자열1, 문자열2) 같으면 0 다르면 -1을 반환한다. – LCase: 소문자 – UCase: 대문자
In("A","B","C") "A" Or "B" Or "C"	"A","B","C" 만 입력
Like "*@*"	@ 포함한 문자만
Len([필드명])=5	필드명이 5자인 것만
Like "[A-Z]*@[A-Z]*.com" Or "[A-Z]*@[A-Z]*.net" Or "[A-Z]*@[A-Z]*.kr"	@을 포함하고 .com, .net, .kr의 이메일 주소
[주문일] <= [출고일] + 3	주문일은 출고일 3일 이내 날짜
[주문일] >= [입고일]	주문일은 입고일 이후
>=Date()	현재 날짜 이후
>=Now()	현재 시간 이후

DB 구축 02

외부 데이터 가져오기

- Excel 파일을 Access의 테이블로 가져와서 활용할 수 있다.
- xlsx, txt 형식의 파일을 외부 데이터 가져오기를 할 수 있다.
- 외부 데이터 가져오기 기능을 활용하여 새로운 테이블을 만들 수 있다.
- 외부 데이터 가져오기 기능을 활용하여 기존 테이블에 레코드를 추가할 수 있다.

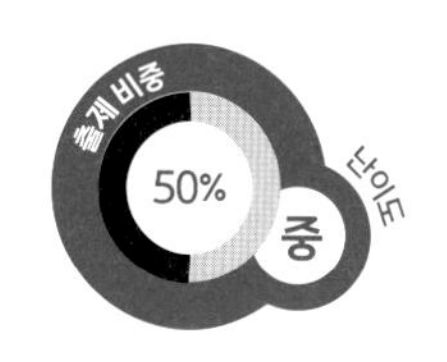

1 개념 학습

[외부 데이터 가져오기 기초 이론]

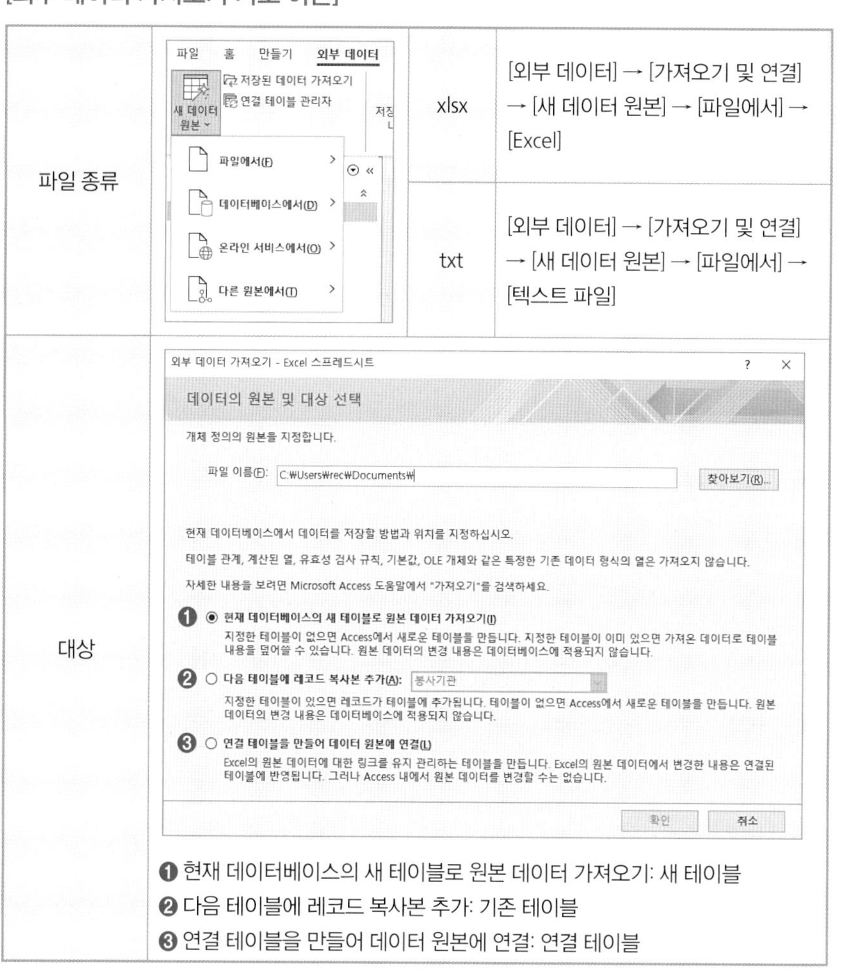

파일 종류		xlsx	[외부 데이터] → [가져오기 및 연결] → [새 데이터 원본] → [파일에서] → [Excel]
		txt	[외부 데이터] → [가져오기 및 연결] → [새 데이터 원본] → [파일에서] → [텍스트 파일]
대상	❶ 현재 데이터베이스의 새 테이블로 원본 데이터 가져오기: 새 테이블 ❷ 다음 테이블에 레코드 복사본 추가: 기존 테이블 ❸ 연결 테이블을 만들어 데이터 원본에 연결: 연결 테이블		

2 출제 유형 이해

www.ebs.co.kr/compass(액세스 실습 파일 다운로드)

문제 작업 파일: 02_외부데이터_1.accdb

외부 데이터 가져오기 기능을 이용하여 **<추가기관.xlsx>에서 범위의 정의된 이름 '추가기관'의 내용을 가져와 <봉사기관추가> 테이블을 생성**하시오.

▶ 첫 번째 행은 열 머리글임

▶ 기본 키는 없음으로 설정

[풀이]

① [외부 데이터] → [새 데이터 원본] → [파일에서] → [Excel] → [파일 열기] 대화 상자 → '추가기관.xlsx' 선택 → 열기를 클릭한다.

☞ [외부 데이터 가져오기] 대화 상자가 실행된다.
EBS 컴퓨터활용능력 1급 실기 작업 소스는 'C:₩액세스실습파일₩1과목_DB구축_소스₩02_DB구축_외부 데이터₩'에 위치한다.
수험생의 편의에 따라 다른 위치에 소스 압축을 해제하고 사용해도 된다.
시험장에서 외부 데이터 소스 위치는 'C:₩DB₩' 폴더이다.

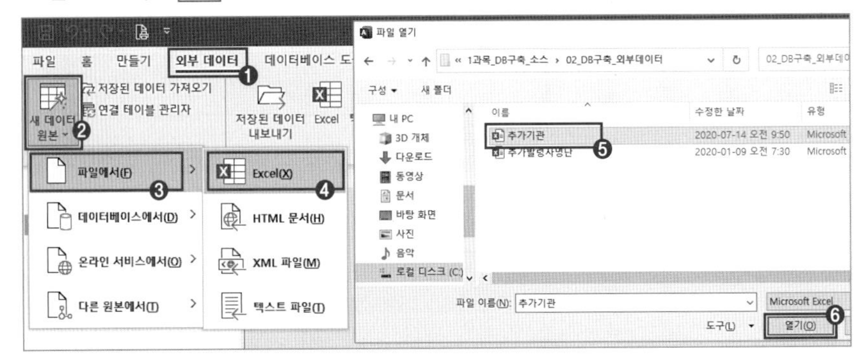

② [외부 데이터 가져오기] 대화 상자 → [현재 데이터베이스의 새 테이블로 원본 데이터 가져오기] 선택 → 확인을 클릭한다.

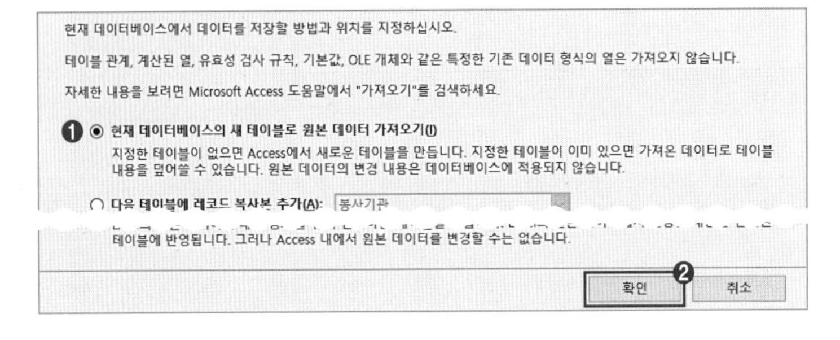

③ [스프레드시트 가져오기 마법사] → [이름이 있는 범위 표시]: '추가기관' 선택 → 다음을 클릭한다.

☞ [스프레드시트 가져오기 마법사]가 실행된다.

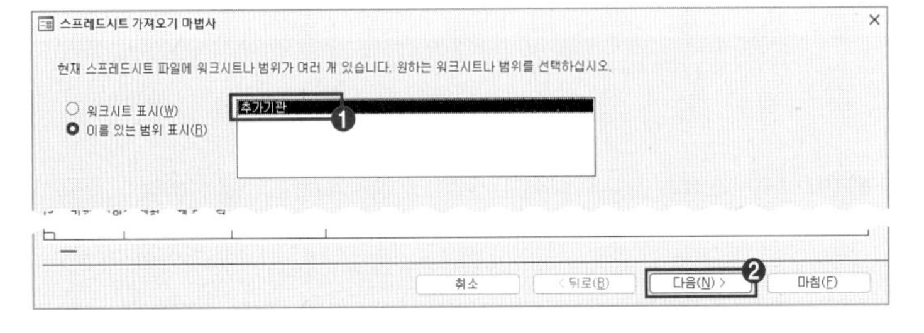

④ [첫 행에 열 머리글이 있음] 선택 → 다음 을 클릭한다.

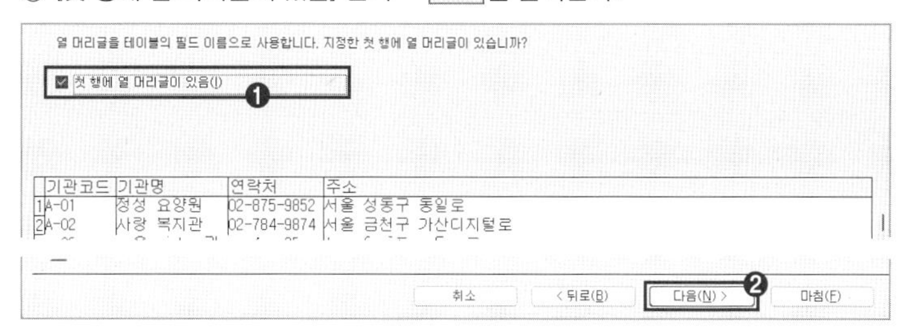

⑤ 다음 을 클릭한다.

가져오는 각 필드에 대한 정보를 지정할 수 있습니다. 아래 영역에서 필드를 선택한 다음 '필드 옵션' 영역에서 필드 정보를 수정할 수 있습니다.

필드 옵션
필드 이름(M): 기관코드 데이터 형식(T): 짧은 텍스트
인덱스(I): 아니요 필드 포함 안 함(S)

기관코드 기관명 연락처 주소
1 A-01 정성 요양원 02-875-9852 서울 성동구 동일로
2 A-02 사랑 복지관 02-784-9874 서울 금천구 가산디지털로

취소 < 뒤로(B) 다음(N) > 마침(F)

☞ '필드 이름', '데이터 형식', '인덱스', 필드 제외 등의 기능을 수행할 수 있다.
이 문제에서는 해당 지시가 없으므로 다음 을 클릭한다.

⑥ [기본 키 없음] 선택 → 다음 을 클릭한다.

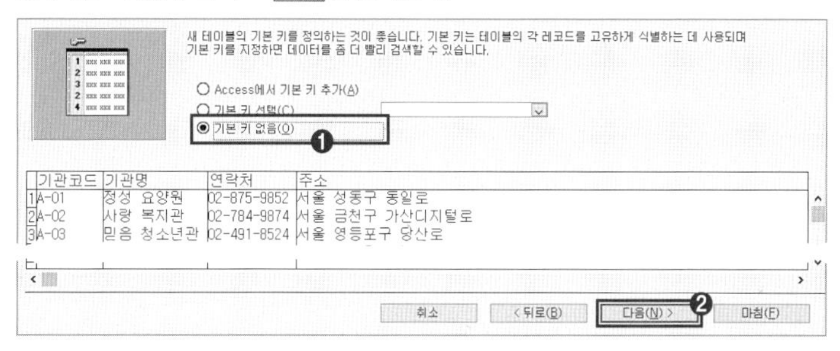

☞ 문제에 기본 키가 지정되어 있으면 이 단계에서 기본 키를 선택한다.

⑦ [테이블로 가져오기]: **봉사기관추가** 입력 → 마침 을 클릭한다.

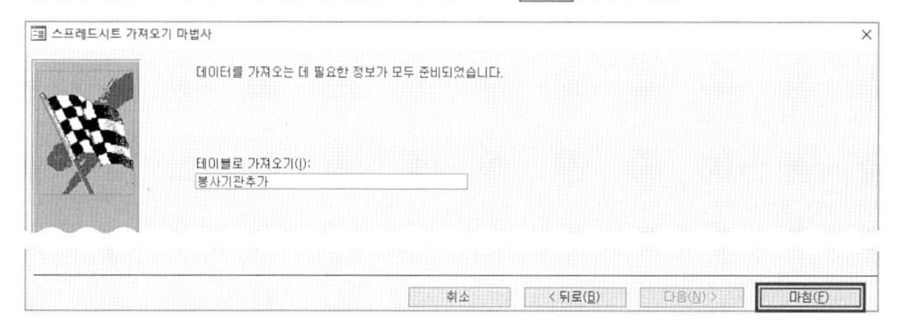

⑧ 닫기 를 클릭한다.

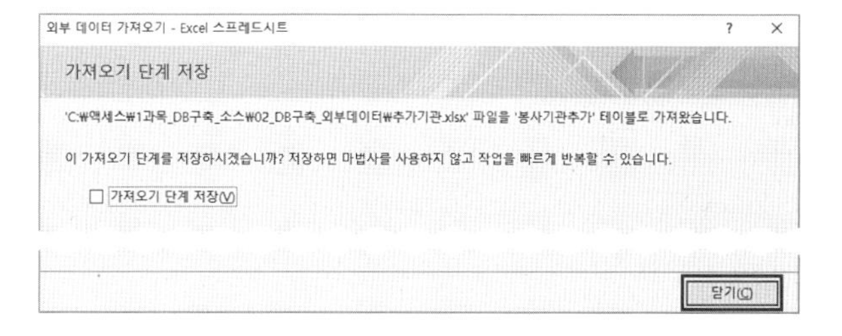

☞ [Access 개체] 창 → <봉사기관추가> 테이블이 추가된다.
[가져오기 단계 저장]은 선택하지 않는다.

[결과]

[Access 개체] 창 → <봉사기관추가> 테이블을 더블클릭하여 결과를 확인한다.

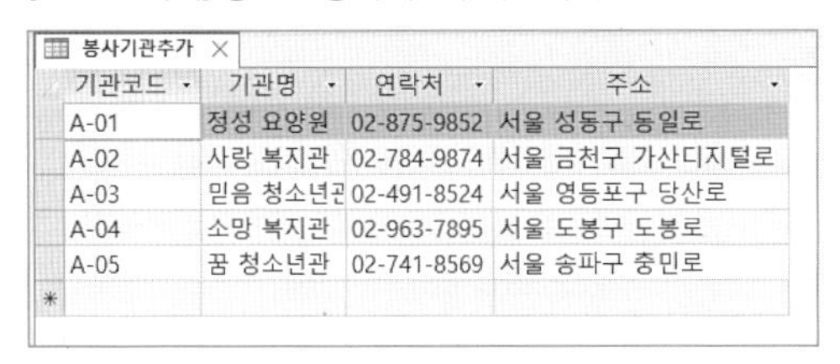

봉사기관추가

기관코드	기관명	연락처	주소
A-01	정성 요양원	02-875-9852	서울 성동구 동일로
A-02	사랑 복지관	02-784-9874	서울 금천구 가산디지털로
A-03	믿음 청소년곤	02-491-8524	서울 영등포구 당산로
A-04	소망 복지관	02-963-7895	서울 도봉구 도봉로
A-05	꿈 청소년관	02-741-8569	서울 송파구 중민로

3 실전 문제 마스터

www.ebs.co.kr/compass(액세스 실습 파일 다운로드)

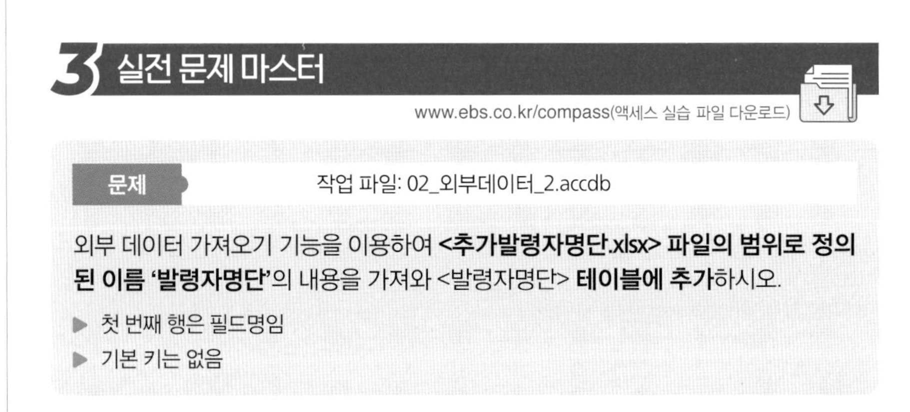

문제 작업 파일: 02_외부데이터_2.accdb

외부 데이터 가져오기 기능을 이용하여 **<추가발령자명단.xlsx> 파일의 범위로 정의된 이름 '발령자명단'**의 내용을 가져와 <발령자명단> **테이블에 추가**하시오.

- 첫 번째 행은 필드명임
- 기본 키는 없음

[풀이]

① [외부 데이터] → [새 데이터 원본] → [파일에서] → [Excel] → [파일 열기] 대화 상자 → '추가발령자명단.xlsx' 선택 → [열기]를 선택한다.

② [외부 데이터 가져오기] 대화 상자 → [다음 테이블에 레코드 복사본 추가]: '발령자명단' 선택 → 확인을 클릭한다.

[다음 테이블에 레코드 복사본 추가]: '발령자명단'을 선택하면 외부 데이터가 '발령자명단'에 추가된다.

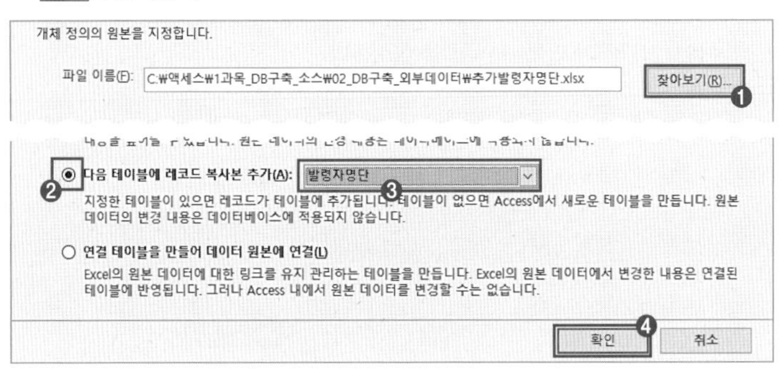

③ [스프레드시트 가져오기 마법사] → [이름 있는 범위 표시] : '발령자명단' 선택 → 다음을 클릭한다.

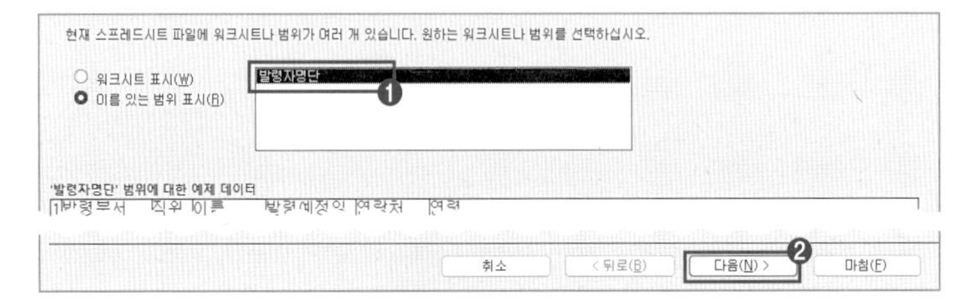

④ [다음]을 클릭한다.

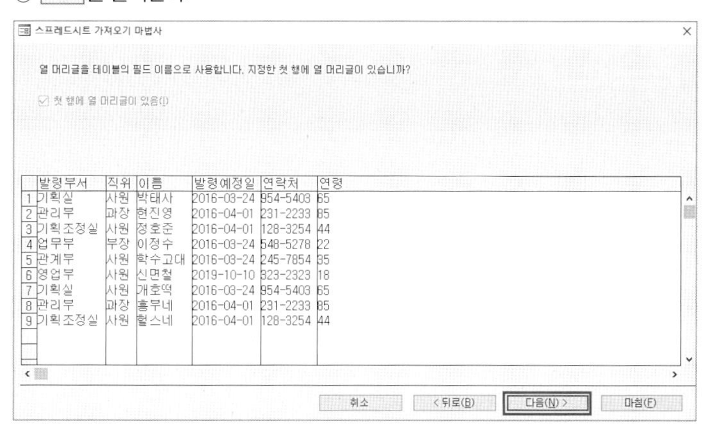

> ☞ 기존 <발령자명단> 테이블에 레코드만 추가되므로, '첫 행에 열 머리글 있음' 옵션은 비활성화된다.

⑤ [마침]을 클릭한다.

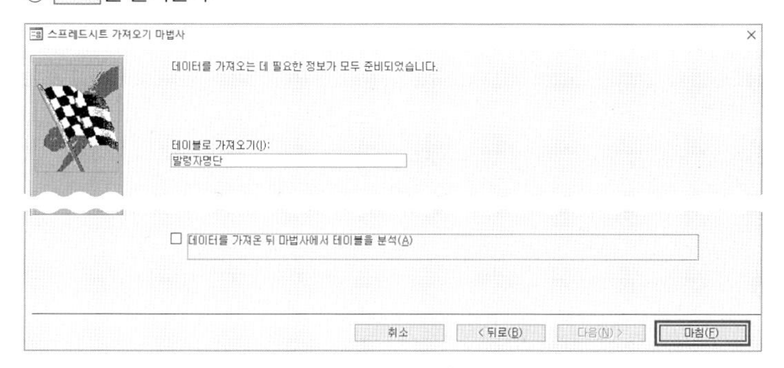

> ☞ <발령자명단> 테이블에 추가되는 것이므로 바로 [마침]을 클릭한다.

⑥ [닫기]를 클릭한다.

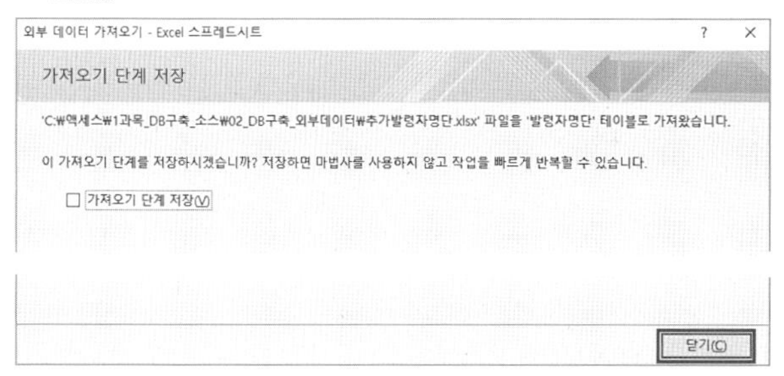

[결과]

발령자명단

발령부서	직위	이름	발령예정일	연락처	연령
관리부	과장	신회장	01-Apr-16	128-4586	35
총무부	부장	이회장	01-Apr-16	234-0988	25
기획조정실	대리	홍대리	24-Mar-16	887-9928	36
기획부	사원	박기사	24-Mar-16	954-5403	56
관리부	과장	현과장	01-Apr-16	231-2233	58
기획실	사원	박태사	24-Mar-16	954-5403	65
관리부	과장	현진영	01-Apr-16	231-2233	85
기획조정실	사원	정호준	01-Apr-16	128-3254	44
업무부	부장	이정수	24-Mar-16	548-5278	22
관계부	사원	학수고대	24-Mar-16	245-7854	35
영업부	사원	신면철	10-Oct-19	323-2323	18
기획실	사원	개호떡	24-Mar-16	954-5403	65

> ☞ <발령자명단> 테이블에 외부 데이터 레코드가 추가되었는지 확인한다.

DB 구축

03 관계 설정

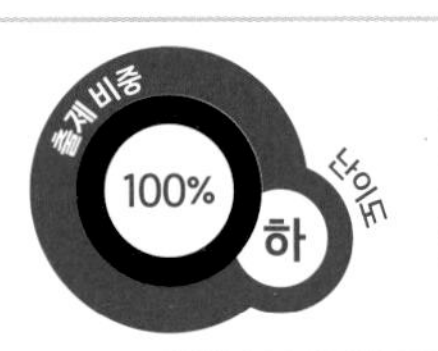

- 관계 설정을 활용하여 2개 이상의 테이블을 조인할 수 있다.
- [관계 편집] 대화 상자를 활용하여 '항상 참조 무결성 유지', '관련 필드 모두 업데이트', '관련 레코드 모두 삭제' 옵션을 적용할 수 있다.

1 개념 학습

[관계 설정 기초 이론]

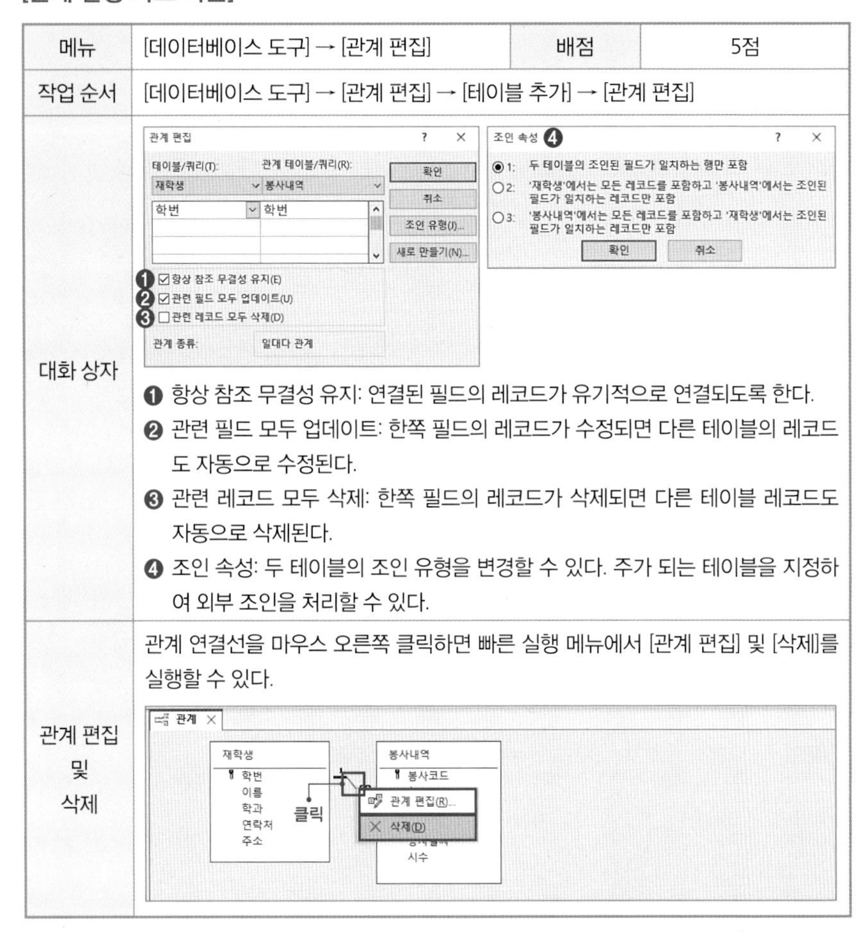

메뉴	[데이터베이스 도구] → [관계 편집]	배점	5점
작업 순서	[데이터베이스 도구] → [관계 편집] → [테이블 추가] → [관계 편집]		
대화 상자	❶ 항상 참조 무결성 유지: 연결된 필드의 레코드가 유기적으로 연결되도록 한다. ❷ 관련 필드 모두 업데이트: 한쪽 필드의 레코드가 수정되면 다른 테이블의 레코드도 자동으로 수정된다. ❸ 관련 레코드 모두 삭제: 한쪽 필드의 레코드가 삭제되면 다른 테이블 레코드도 자동으로 삭제된다. ❹ 조인 속성: 두 테이블의 조인 유형을 변경할 수 있다. 주가 되는 테이블을 지정하여 외부 조인을 처리할 수 있다.		
관계 편집 및 삭제	관계 연결선을 마우스 오른쪽 클릭하면 빠른 실행 메뉴에서 [관계 편집] 및 [삭제]를 실행할 수 있다.		

2 출제 유형 이해

www.ebs.co.kr/compass(액세스 실습 파일 다운로드)

문제 작업 파일: 03_관계설정_1.accdb

<봉사내역> 테이블의 '기관코드' 필드는 <봉사기관> 테이블의 '기관코드' 필드를 참조하고 테이블 간의 관계는 1:M이다. 두 테이블에 대해 다음과 같이 관계를 설정하시오. (5점)

※ 액세스 파일에 이미 설정되어 있는 관계는 수정하지 마시오.

▶ 테이블 간에 **항상 참조 무결성이 유지**되도록 설정하시오.

▶ 참조 필드의 **값이 변경되면 관련 필드의 값도 변경**되도록 설정하시오.

▶ 다른 테이블에서 참조하고 있는 레코드는 **삭제할 수 없도록** 설정하시오.

[풀이]

① [데이터베이스 도구] → [관계] → [관계]를 선택한다.

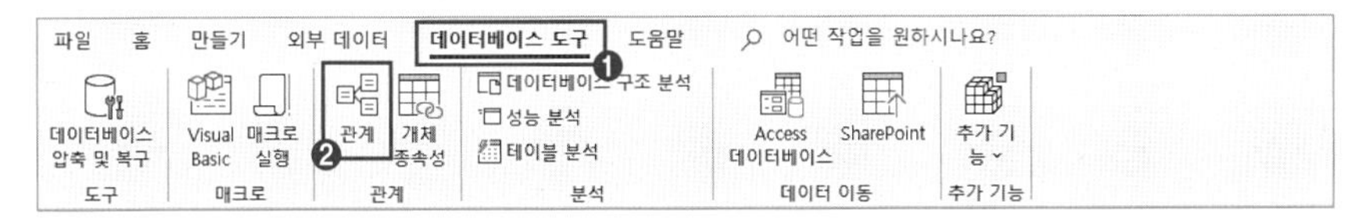

☞ [관계] 창이 실행된다.

② [관계 디자인] → [관계] → [테이블 추가] → [테이블 추가] 창 → <봉사기관> 테이블을 더블클릭한다.

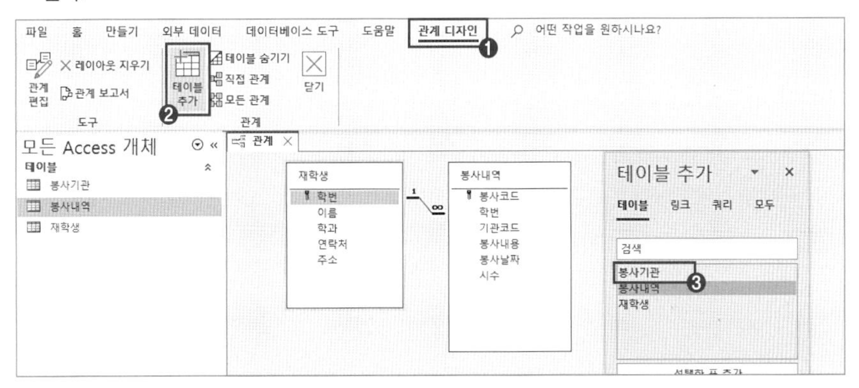

☞ <봉사기관> 테이블이 [관계] 창에 추가된다.

③ <봉사내역> 테이블 → '기관코드' 필드 → 마우스 드래그 → <봉사기관> 테이블 → '기관코드' 필드 위에 놓는다.

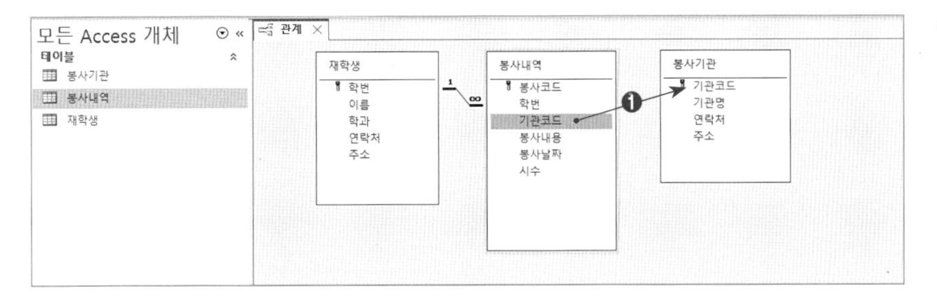

☞ [관계 편집] 대화 상자가 실행된다.

☞ <봉사내역> 테이블과 <봉사기관> 테이블이 기관코드 필드를 기준으로 관계가 설정된다.

④ [관계 편집] 대화 상자 → [항상 참조 무결성 유지] 선택 → [관련 필드 모두 업데이트] 선택 → [만들기]를 클릭한다.

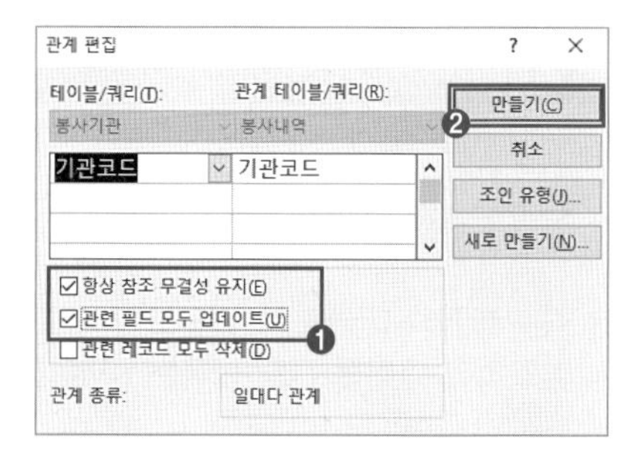

☞ 설정한 관계가 저장된다.

⑤ [관계 디자인] → [관계] → 닫기(X) → 저장 및 경고 메시지 대화 상자가 표시되면 모두 '예'를 클릭한다.

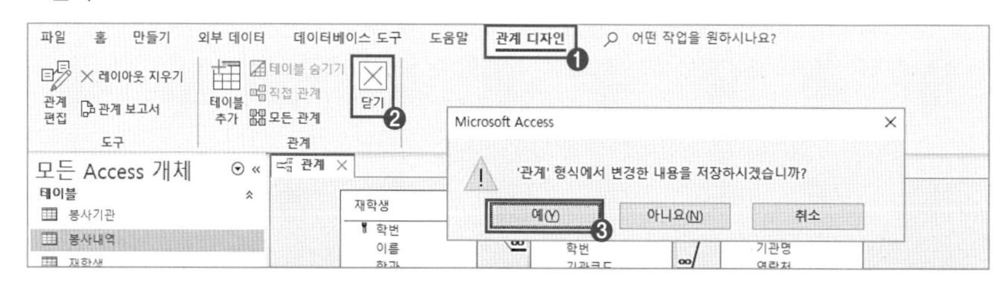

3 실전 문제 마스터

www.ebs.co.kr/compass(액세스 실습 파일 다운로드)

문제 작업 파일: 03_관계설정_2.accdb

<주문> 테이블의 '고객ID' 필드는 <회원> 테이블의 '고객ID' 필드를 참조하며 테이블 간의 관계는 M:1이다. 다음과 같이 테이블 간의 관계를 설정하시오. (5점)

※ 액세스 파일에 이미 설정되어 있는 관계는 수정하지 마시오.

▶ 테이블 간에 항상 참조 무결성이 유지되도록 설정하시오.
▶ 참조 필드의 값이 변경되면 관련 필드의 값도 변경되도록 설정하시오.
▶ 다른 테이블에서 참조하고 있는 레코드는 삭제할 수 없도록 설정하시오.

[풀이]

① [데이터베이스 도구] → [관계] → [관계]를 선택한다.

☞ <회원> 테이블 [관계 편집] 창이 추가된다.

② [관계 디자인] → [관계] → [테이블 추가] → [테이블 추가] 시트 → <회원> 테이블을 더블클릭한다.

③ <주문> 테이블 → '고객ID' 필드 → 드래그 → <회원> 테이블 → '고객ID' 필드 위에 놓는다.

☞ <주문> 테이블의 '고객ID'와 <회원> 테이블 '고객ID' 필드의 관계가 설정된다.

④ [관계 편집] 대화 상자 → [항상 참조 무결성 유지] 선택 → [관련 필드 모두 업데이트] 선택 → [만들기]를 클릭한다.

⑤ [관계 디자인] → [관계] → 닫기(X) → 저장 및 경고 메시지 대화 상자가 표시되면 모두 '예'를 클릭한다.

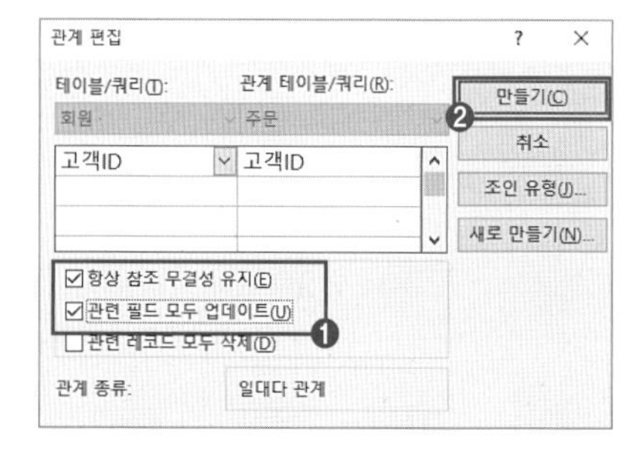

DB 구축 04

필드 조회 속성

- 필드 조회 속성을 활용하여 특정 필드에 조회 속성을 설정할 수 있다.
- 조회 속성의 바운드 열, 열 개수, 열 너비 등을 변경할 수 있다.

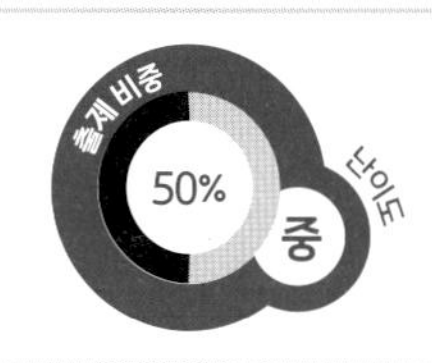

1 개념 학습

[필드 조회 속성 기초 이론]

방법	설명
봉사내역 필드 이름 / 데이터 형식 봉사코드 / 짧은 텍스트 학번 / 짧은 텍스트 기관코드 / 짧은 텍스트 봉사내용 / 짧은 텍스트 봉사날짜 / 날짜/시간 일반 조회 ❶컨트롤 표시 / 콤보 상자 ❷행 원본 유형 / 테이블/쿼리 ❸행 원본 ❹바운드 열 / 1 ❺열 개수 / 1 ❻열 이름 / 아니요 ❼열 너비 행 수 / 16 목록 너비 / 자동 목록 값만 허용 / 아니요	❶ 컨트롤 표시: 콤보 상자, 목록 상자, 텍스트 상자 중에서 선택할 수 있다. 실기시험에서는 콤보 상자로 변경한다. ❷ 행 원본 유형: 목록에 표시할 데이터 원본 형태를 선택한다. 실기시험에서는 테이블/쿼리를 선택한다. ❸ 행 원본: 우측 [...]을 선택해 행 원본을 편집할 수 있다. ❹ 바운드 열: 추가한 필드 중에서 실제 테이블에 연결할 필드 번호를 입력한다. ❺ 열 개수: 추가한 열 개수를 입력한다. ❻ 열 이름: 목록에 열 이름을 표시할지 선택한다. ❼ 열 너비: 목록에 표시할 각 열의 너비를 세미콜론(;)으로 구분해 입력한다.

2 출제 유형 이해

www.ebs.co.kr/compass(액세스 실습 파일 다운로드) 

문제 작업 파일: 04_필드조회_1.accdb

<개설과목> 테이블에 '과목코드' 필드에 아래와 같이 조회 속성을 지정하시오.

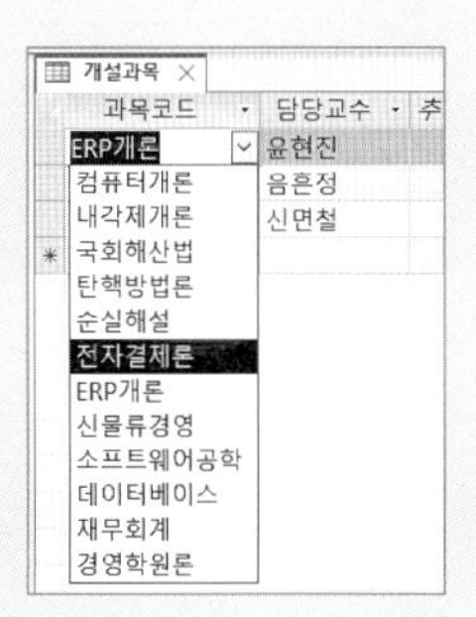

- **'과목코드'를 콤보상자 형태**로 변환하고 <과목> 테이블의 '과목코드'와 '과목명'이 표시되도록 하며, **동일한 레코드가 존재하는 경우 한 번만 표시**되도록 설정하시오.
- **목록 너비는 2cm로 설정**하고 그 외 내용은 그림과 같이 표시되도록 설정하시오.
- **'과목코드' 필드가 저장되도록 바운드 열**을 설정하시오.

[풀이]

☞ <개설과목> 테이블 디자인 보기가 실행된다.

① [Access 개체] 창 → <개설과목> 테이블 → 마우스 오른쪽 클릭 → [디자인 보기]를 선택한다.

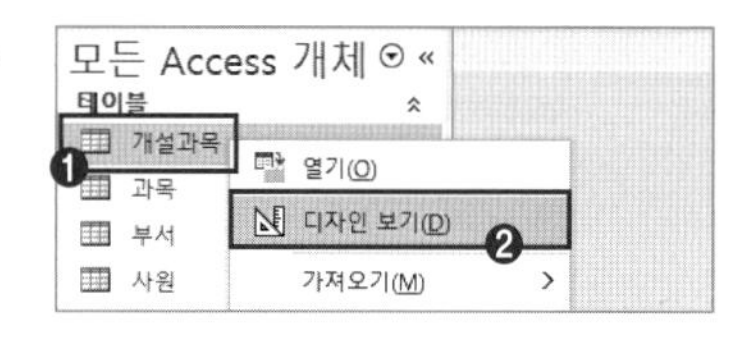

☞ '과목코드' 필드의 컨트롤 종류가 텍스트 상자에서 콤보 상자로 변경된다.

② '과목코드' 필드 → [조회] → [컨트롤 표시]: '콤보 상자'를 선택한다.

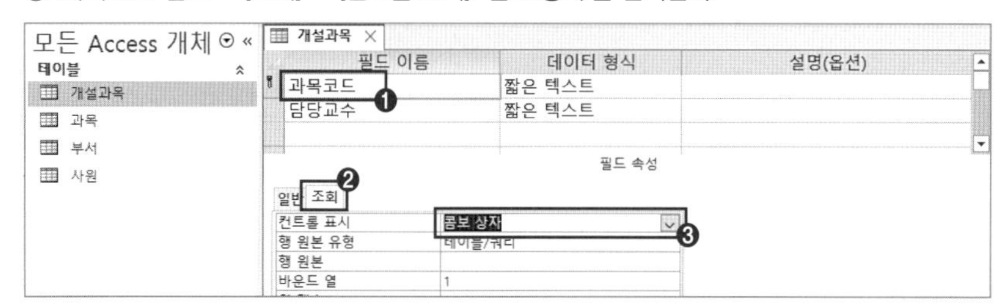

☞ 쿼리 작성기가 실행된다.

☞ 행 원본은 콤보 상자에 표시될 레코드(행)를 설정한다.

③ [행 원본]: 자세히 보기 [...]를 클릭한다.

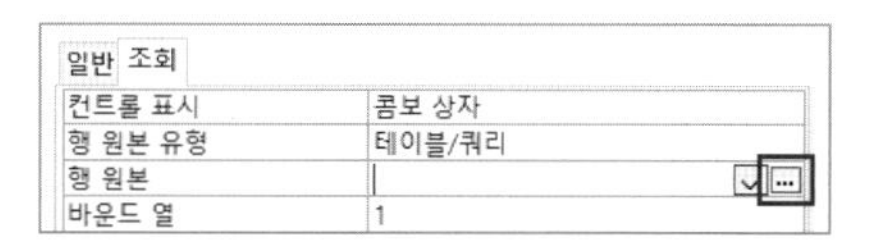

☞ 고유 값: '과목코드', '과목명'에 중복 레코드가 있을 경우 한 번만 표시한다.

④ [쿼리 디자인] → [쿼리 설정] → [테이블 추가] → [테이블 추가] 창 → <과목> 더블클릭 → <과목> 테이블의 '과목코드', '과목명' 각각 더블클릭하여 [디자인 눈금] 영역에 추가 → 관계 설정 영역 클릭 → [속성 시트] → [고유 값]: '예' 선택 → 닫기(X)를 클릭한다.

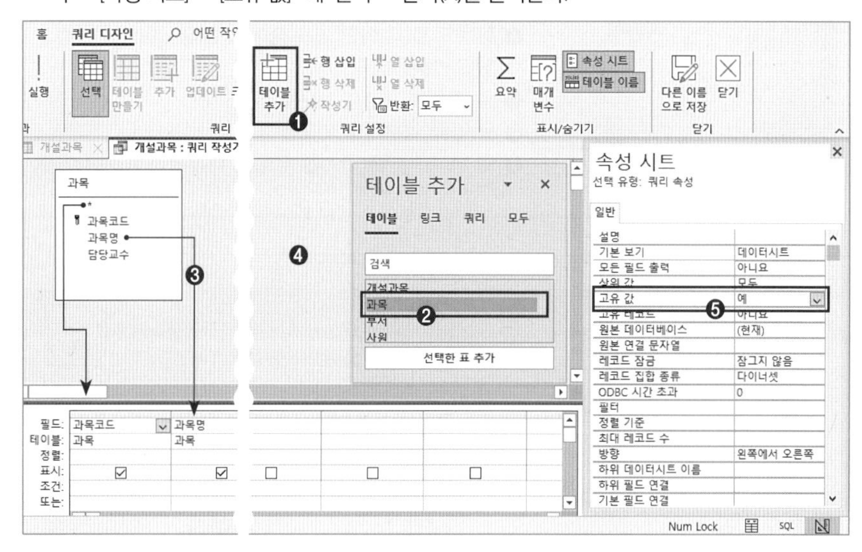

⑤ 쿼리 저장 및 경고 메시지 대화 상자가 표시되면 모두 '예'를 클릭한다.

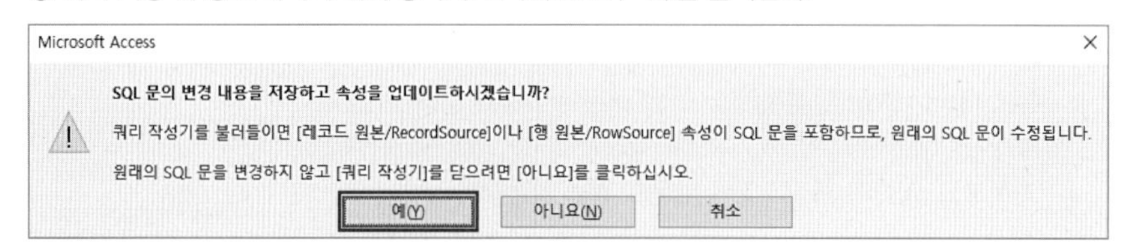

⑥ [바운드 열]: **1** → [열 개수]: **2** → [열 너비]: **0cm;2cm** 입력 → [목록 너비]: **2cm** → [개설과목] 탭 → (X) 클릭 → 저장 및 경고 메시지 대화 상자가 표시되면 모두 '예'를 클릭한다.

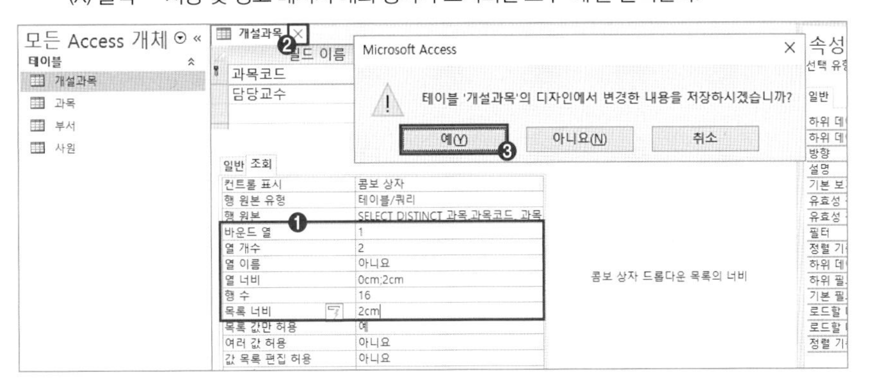

☞ <개설과목> 테이블의 과목코드에 설정한 조회 속성이 저장된다.

☞ 바운드 열: 콤보 상자에서 선택한 행의 1번 열(과목코드)이 필드에 실제 저장된다.

☞ 목록 너비가 2cm이고 열 너비가 0cm;2cm로 설정되면 첫 번째 열(과목코드)은 콤보 상자에서 숨겨진다.
즉, 과목코드 필드는 콤보 상자에 표시되지 않지만 과목코드 필드가 실제로 저장된다.

[결과]

<개설과목> 테이블 더블클릭 → 콤보 상자 클릭

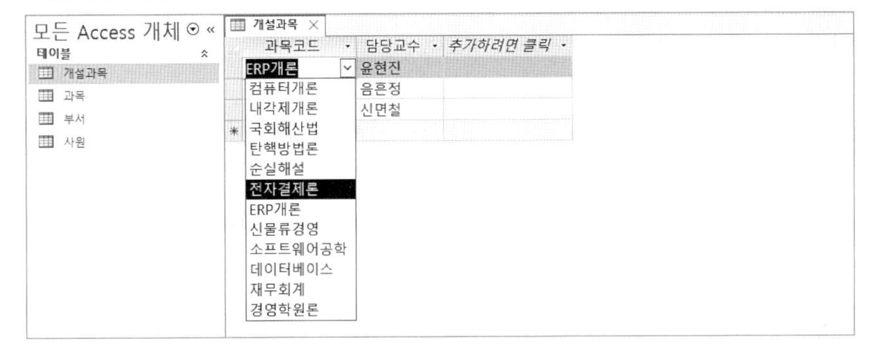

☞ • 바운드 열
- 바운드 열에 작성한 필드 번호가 실제 테이블에 저장되는 필드가 된다.
- 위 문제에서 1번 필드가 숨겨져 있지만, 내부적으로 1번 필드가 저장된다.

• 열 너비
- 0;2 입력 후 Enter를 누르면 자동으로 0cm;2cm처럼 입력된다.
- 첫 번째 열의 열 너비를 0으로 설정하면 화면에서 숨겨진다.
- 콤보 상자의 전체 폭(목록 너비) 2 = 0(과목코드) + 2(과목)

3 실전 문제 마스터

www.ebs.co.kr/compass(액세스 실습 파일 다운로드)

문제 작업 파일: 04_필드조회_2.accdb

<대리점판매내역> 테이블의 '대리점코드' 필드에 대해서 다음과 같이 조회 속성을 설정하시오.

▶ <대리점> 테이블의 **'대리점코드', '대리점명'을 콤보 상자** 형태로 표시할 것
▶ 필드에는 **'대리점코드'가 저장**되도록 설정할 것
▶ **목록 값만 입력**할 수 있도록 설정할 것
▶ 열 너비를 **'대리점코드' 1.5cm, '대리점명' 3cm로, 목록 너비를 4.5cm로** 설정할 것

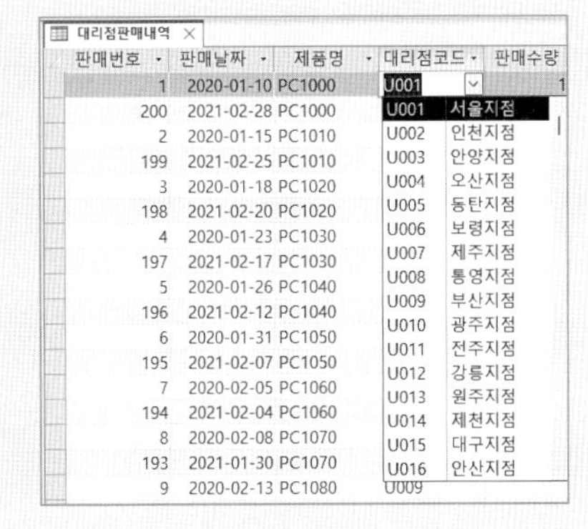

[풀이]

① [Access 개체] → <대리점판매내역> 테이블 → 마우스 오른쪽 클릭 → [디자인 보기]를 선택한다.

② '대리점코드' 필드 → [조회] → [컨트롤 표시]: '콤보 상자'를 선택한다.

③ [행 원본]: 자세히 보기 [...]를 클릭한다.

④ [쿼리 디자인] → [쿼리 설정] → [테이블 추가] → [테이블 추가] 창 → <대리점> 테이블 더블클릭 → <대리점> 테이블의 '대리점코드', '대리점명' 각각 더블클릭하여 디자인 눈금 영역에 구성하고 닫기(X)를 클릭한다.

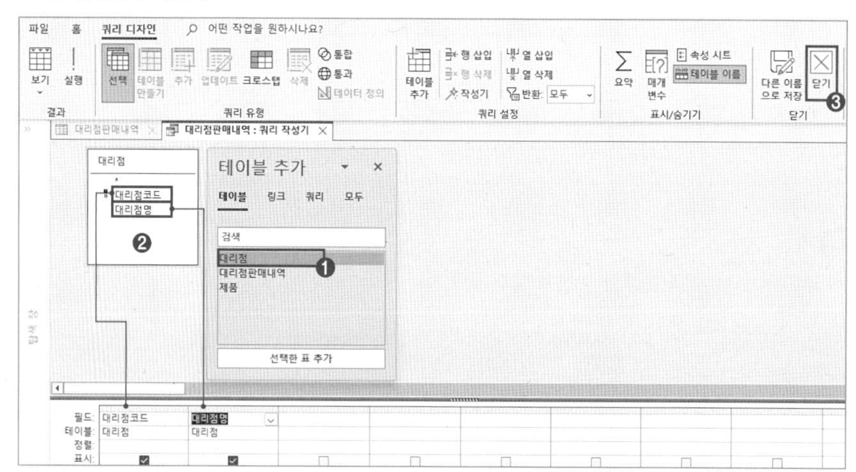

⑤ 쿼리 저장 및 경고 메시지 대화 상자가 표시되면 모두 '예'를 클릭한다.

⑥ [바운드 열]: **1** → [열 개수]: **2** → [열 너비]: **1.5cm;3cm** → [목록 너비]: **4.5cm** 입력 → [목록 값만 허용]: '예' → [대리점] 탭 → 닫기(X) 클릭 → 저장 및 경고 메시지 대화 상자가 표시되면 모두 '예'를 클릭한다.

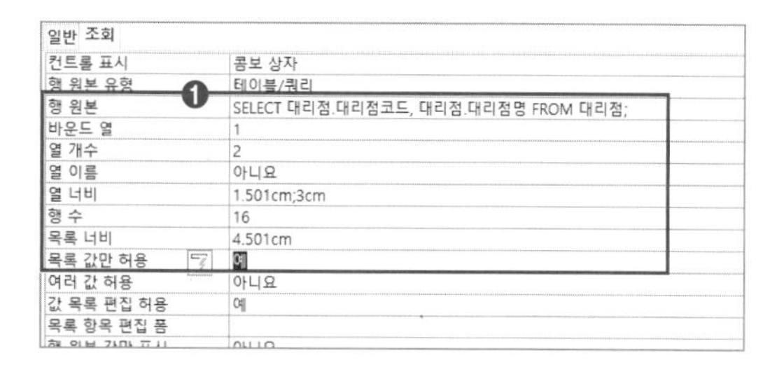

- 1.5를 입력하고 Enter를 누르면 1.501cm로 변경된다. 4.5는 4.501cm로 변경된다.
- 목록 값만 허용
  목록에 존재하지 않는 새로운 레코드는 입력할 수 없다.

[결과]

<대리점판매내역> 테이블 더블클릭 → 콤보 상자 클릭

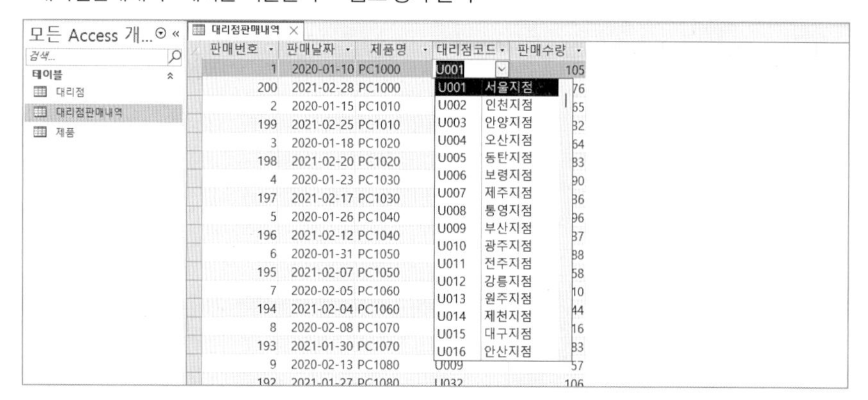

한.번.에. 이론

입력 및 수정 기능 구현

시험 출제 정보

- 출제 문항 수: 폼 3문제(각 3점), 기타 2문제(각 5~6점)
- 출제 배점: 20점

세부 기능		출제 경향
1	**폼 완성**	폼 디자인 상태에서 [속성 시트]를 활용하여 다양한 기능 수행을 요구하는 작업
2	**조건부 서식**	폼 본문의 전체 컨트롤, 개별 컨트롤에 조건에 따른 서식을 변경하는 기능 수행을 요구하는 작업
3	하위 폼	하위 폼 연결 필드 설정 및 기타 폼 관련 기능 수행을 요구하는 작업
4	Access 함수	폼 작성 시 사용할 수 있는 다양한 함수의 실제 적용을 요구하는 작업
5	**폼 매크로**	Access에 간단하게 매크로를 작성하는 기능 수행을 요구하는 작업
6	조회 속성	텍스트 상자를 콤보 상자로 변경하고 조회 속성 적용을 요구하는 작업

입력 및 수정 기능 구현

01 폼 완성

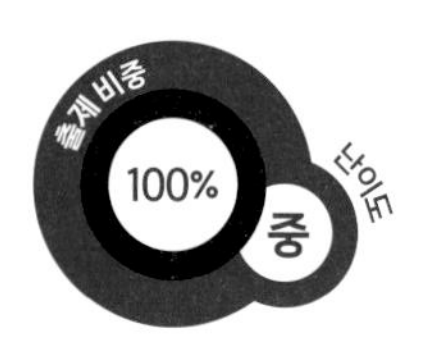

- Access 폼 객체 각 요소의 명칭을 알고 속성 시트에서 설정할 수 있다.
- 폼의 기본 보기 속성, 레코드 선택기, 탐색 단추 등을 활성화하거나 해제할 수 있다.
- 폼 바닥글에 함수식을 활용하여 형식이 적용된 합계, 평균 등의 간단한 연산식을 작성할 수 있다.

1 개념 학습

1) 폼 위치

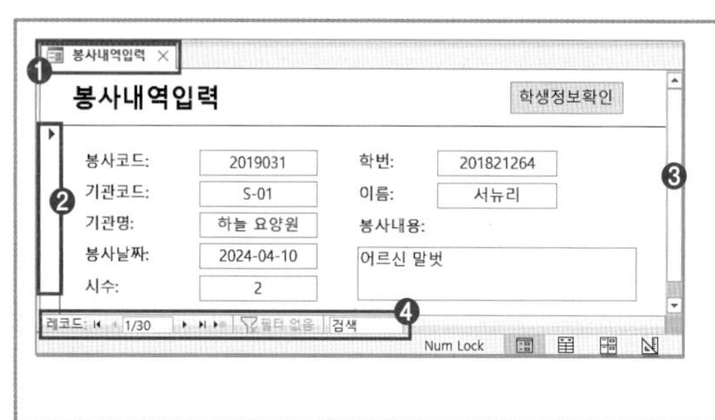

❶ 캡션: 폼 제목 표시줄에 표시될 텍스트 설정

❷ 레코드 선택기: 레코드 선택기의 표시 여부 설정

❸ 스크롤 막대: 스크롤 막대의 표시 여부 설정

❹ 탐색 단추: 탐색 단추의 표시 여부 설정

2) 폼 종류

- 단일 폼
- 연속 폼

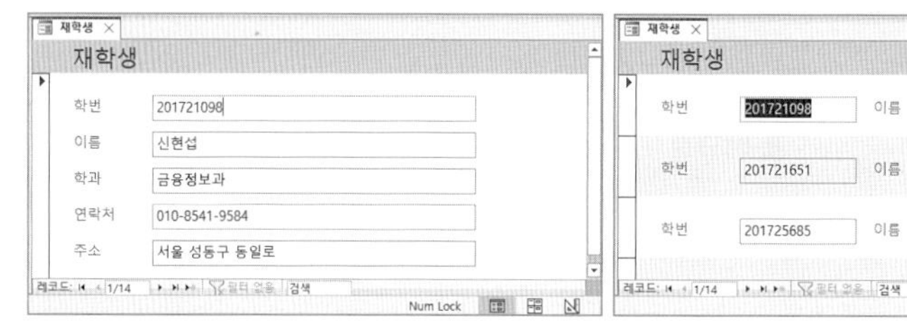

- 데이터시트

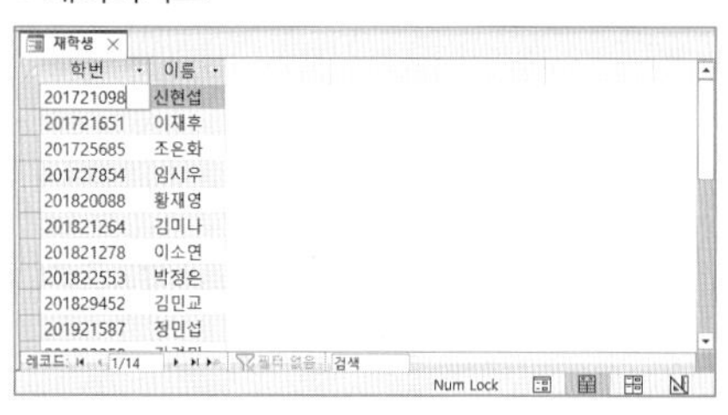

- 단일 폼: 레코드가 하나의 폼 화면에 표시된다. (탐색 단추를 이용하여 다음 레코드 조회)
- 연속 폼: 여러 레코드가 폼 화면에 표시된다. (스크롤 막대를 이용하여 레코드 조회)
- 데이터시트: 테이블, 쿼리 형태로 폼 화면에 표시된다.

2 출제 유형 이해

www.ebs.co.kr/compass(액세스 실습 파일 다운로드)

문제 작업 파일: 01_폼완성_1.accdb

<봉사내역입력> 폼을 다음의 화면과 지시 사항에 따라 완성하시오.

봉사내역입력

봉사내역입력 | 학생정보확인

봉사코드: 2019060 | 학번: 201829452
기관코드: S-05 | 이름: 김민교
기관명: 반석 복지관 | 봉사내용:
봉사날짜: 2019-12-25 | 수학 멘토
시수: 2

레코드: 1/30 | 필터 없음 | 검색

Num Lock

[풀이]

1. <봉사현황> 쿼리를 레코드 원본으로 설정하고, '기본 보기' 속성을 <그림>과 같이 설정하시오.

① <봉사내역입력> 폼 → 마우스 오른쪽 클릭 → [디자인 보기] → [폼 속성] 도구 더블클릭 → [속성 시트] → [데이터] 탭 → [레코드 원본]: '봉사현황'을 선택한다.

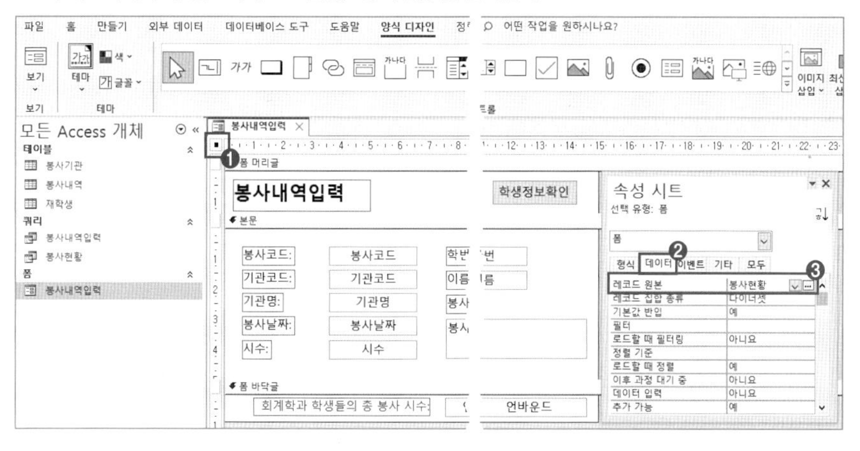

② [속성 시트] → [형식] → [기본 보기] : '단일 폼'을 선택한다.

폼 보기 방식이 '단일 폼'으로 변경된다.

2. 폼의 '레코드 선택기'와 '탐색 단추'가 표시되도록 관련 속성을 설정하시오.

☞ ❶ 레코드 선택기, ❷ 탐색 단추가 표시된다.

① [속성 시트] → [형식] 탭 → [레코드 선택기]: '예', [탐색 단추]: '예'를 선택한다.

3. 현재 폼에서 새로운 레코드의 추가나 레코드 삭제가 가능하도록 관련 속성을 설정하시오.

① [속성 시트] → [데이터] 탭 → [추가 가능]: '예', [삭제 가능]: '예'를 선택한다.

4. 폼의 크기를 수정할 수 없도록 테두리 스타일을 '가늘게'로 설정하시오.

① [속성 시트] → [형식] 탭 → [테두리 스타일]: '가늘게'를 선택한다.

5. 폼 머리글의 배경색을 '밝은 텍스트', 폼 머리글의 높이를 1.5cm로 설정하시오.

☞ 폼 머리글 영역의 배경색이 '밝은 텍스트'로 변경된다.

① [폼 머리글] 영역 선택 → [속성 시트] → [형식] 탭 → [배경색]: '밝은 텍스트' 선택 → [높이]: **1.5**를 입력한다.

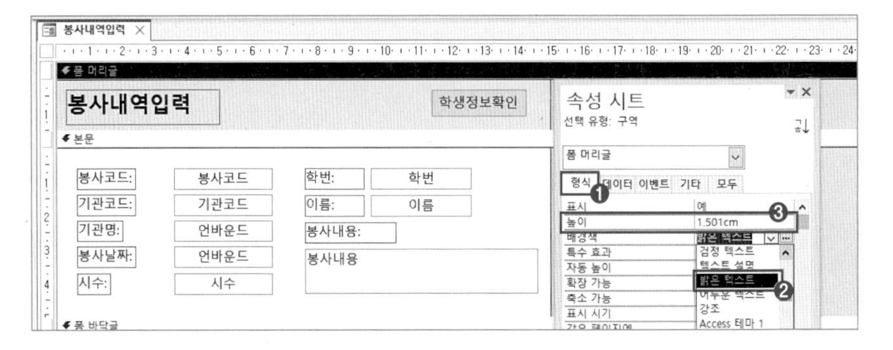

6. 폼이 로드될 때, '봉사날짜' 필드를 기준으로 내림차순 정렬되도록 설정하시오.

① [폼 속성] 도구 → [속성 시트] → [데이터] 탭 → [정렬 기준]: **[봉사날짜] DESC**를 입력한다.

- [봉사날짜] DESC: 봉사날짜 기준으로 내림차순 정렬
- [봉사날짜] ASC: 봉사날짜 기준으로 오름차순 정렬 또는
- [봉사날짜]: 봉사날짜 (기준으로 오름차순 정렬)

7. 본문 영역의 'txt기관명'과 'txt봉사날짜' 컨트롤에는 '기관명'과 '봉사날짜' 필드를 바운드시키시오.

① 'txt기관명' 선택 → [속성 시트] → [데이터] 탭 → [컨트롤 원본]: '기관명'을 선택한다.
② 'txt봉사날짜' 선택 → [속성 시트] → [데이터] 탭 → [컨트롤 원본]: '봉사날짜'를 선택한다.

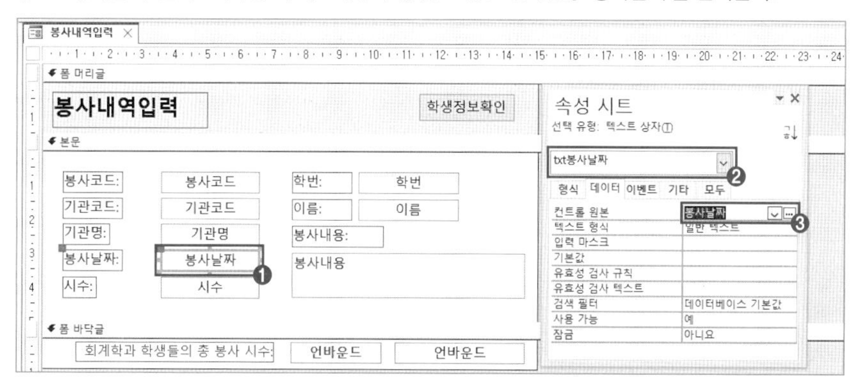

'txt기관명', 'txt봉사날짜' 컨트롤에 기관명, 봉사날짜 필드가 연결된다.

8. 폼 바닥글 영역을 숨기시오.

① [폼 바닥글] 영역 선택 → [속성 시트] → [형식] 탭 → [표시]: '아니요'를 선택한다.

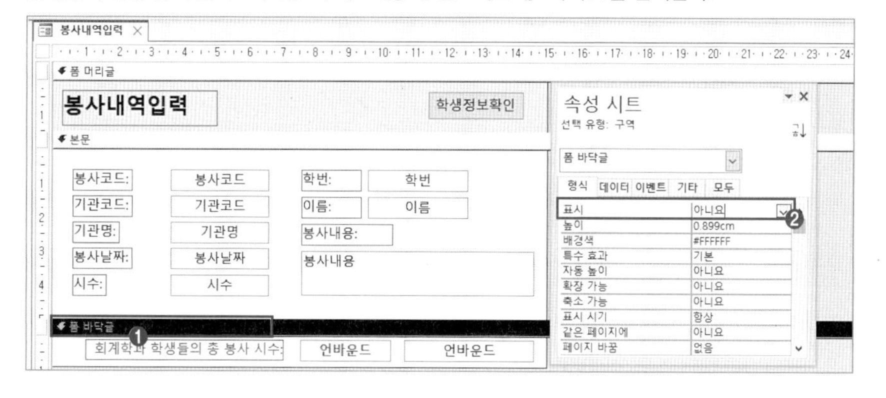

폼 바닥글이 숨겨진다.

② 닫기(X)를 클릭해 변경 내용을 저장한다.

3 실전 문제 마스터

www.ebs.co.kr/compass(액세스 실습 파일 다운로드)

문제 작업 파일: 02_폼완성_2.accdb

<씨앗입고현황> 폼을 다음의 화면과 지시 사항에 따라 완성하시오.

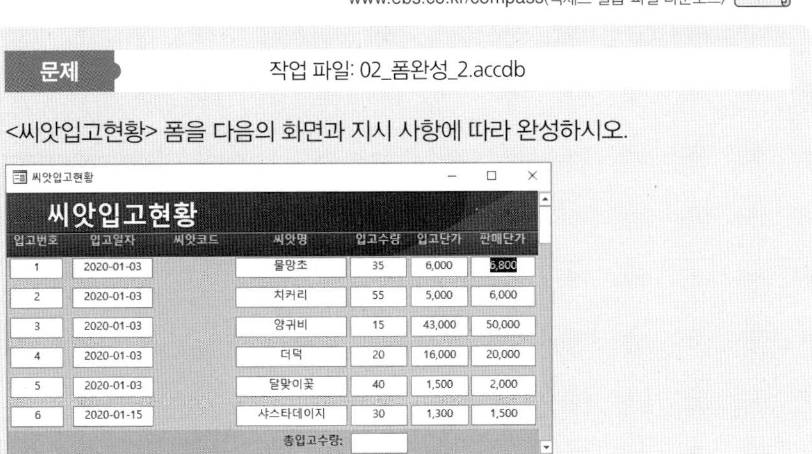

[풀이]

1. 폼의 '기본 보기' 속성을 <그림>과 같이 설정하시오.

① <씨앗입고현황> 폼 → 마우스 오른쪽 클릭 → [디자인 보기] → [폼 속성] 도구 더블클릭 → [속성 시트] → [형식] 탭 → [기본 보기]: '연속 폼'을 선택한다.

☞ <씨앗입고현황> 폼의 폼 보기 방식이 '연속 폼'으로 변경된다.

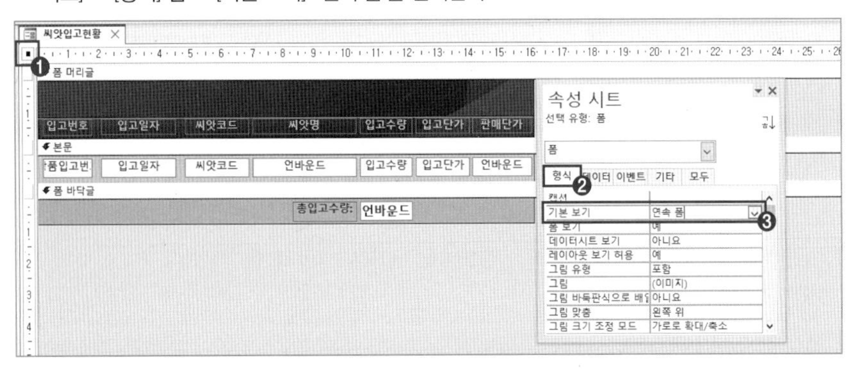

2. 폼 머리글에 '씨앗입고현황'이란 제목이 표시되도록 레이블 컨트롤을 추가하시오.

▶ 글꼴 맑은 고딕, 크기 22, 글꼴 스타일 굵게, 글꼴색 배경 1

▶ 텍스트 맞춤: 가운데 정렬

▶ 컨트롤 이름을 Labl제목으로 수정하시오.

① [양식 디자인] 탭 → [레이블] 컨트롤 → [폼 머리글]에 드래그하여 폼 머리글에 레이블을 추가한다.

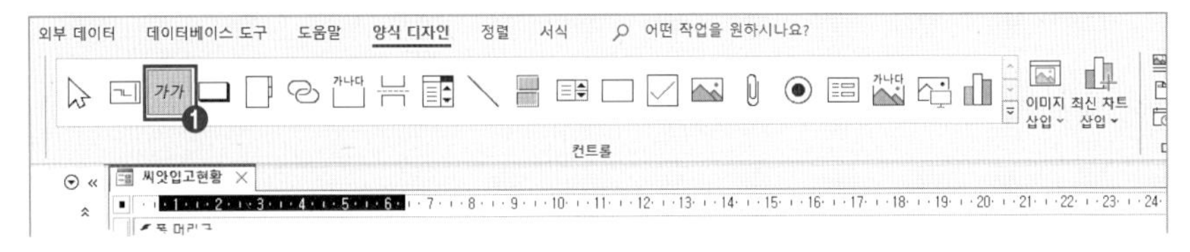

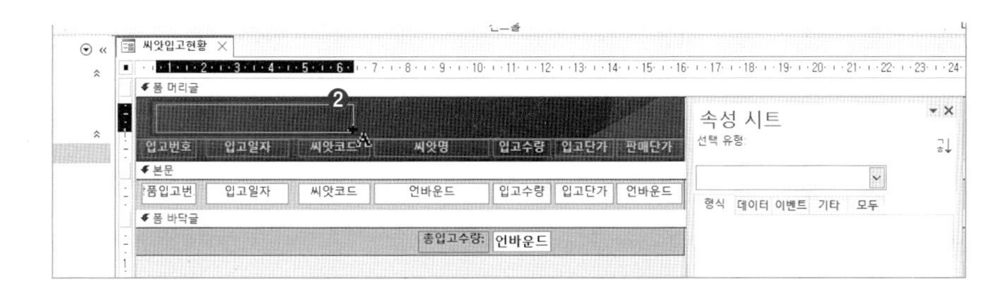

② **씨앗입고현황** 입력 → 레이블 테두리 선택 → [속성 시트] → [형식] 탭 → [글꼴 이름]: '맑은 고딕' → [글꼴 크기]: '22' → [글꼴 두께]: '굵게' → [문자색] [···] 클릭 → '배경 1'을 선택한다.

리본 메뉴의 [홈] 탭에서 설정해도 된다.

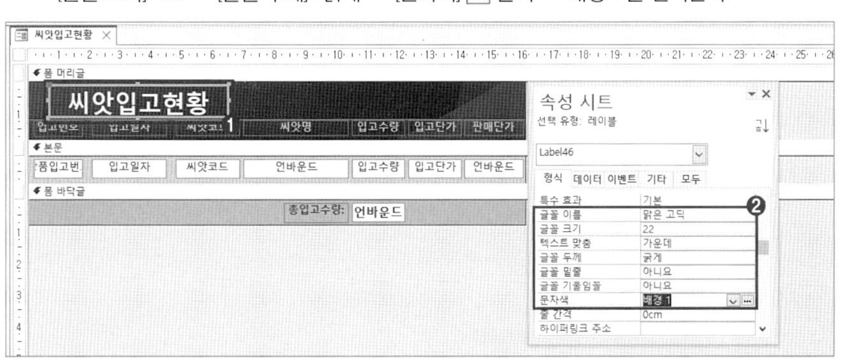

③ 레이블 테두리 선택 → [속성 시트] → [모두] → [이름]: **Labl제목**을 입력한다.

새로 추가한 레이블의 이름이 'Labl제목'으로 변경된다.

3. 본문 영역의 'txt씨앗명'과 'txt판매단가' 컨트롤에 각각 '씨앗명'과 '판매단가' 필드를 바운드시키시오.

① 'txt씨앗명' 선택 → [속성 시트] → [컨트롤 원본]: '씨앗명' 선택 → 'txt판매단가' 선택 → [속성 시트] → [컨트롤 원본]: '판매단가'를 선택한다.

'txt씨앗명'과 'txt판매단가' 컨트롤에 각각 '씨앗명'과 '판매단가' 필드가 연결된다.

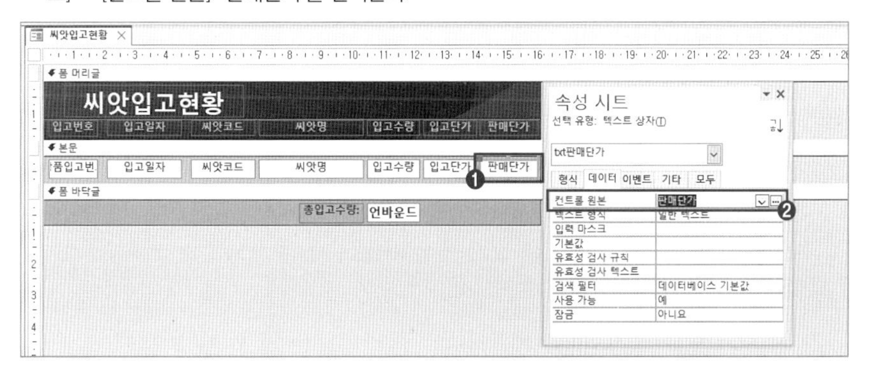

4. 본문 영역에서 탭이 다음의 순서대로 정지하도록 관련 속성을 설정하시오.

▶ txt판매단가, txt입고단가, txt입고수량, txt씨앗명, txt씨앗코드, txt입고일자, txt상품입고번호

탭 순서는 Tab을 눌렀을 때 포커스가 이동하는 순서를 의미한다.

① '본문 구분 막대' 마우스 오른쪽 클릭 → [탭 순서]를 선택한다.

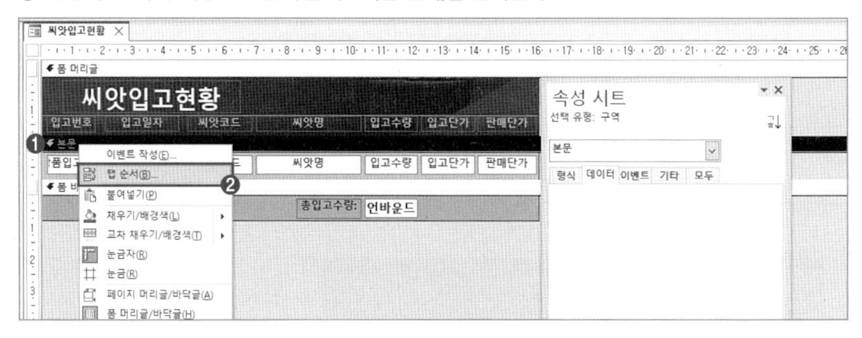

'컨트롤 머리글'

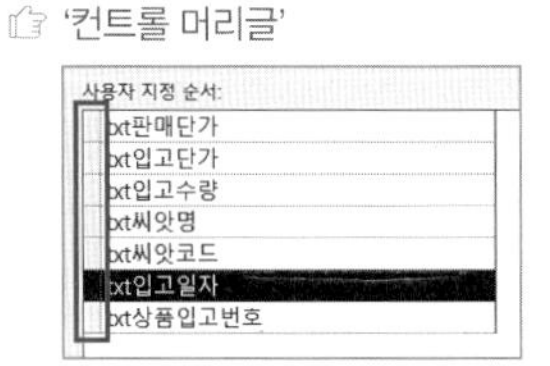

② [탭 순서] 대화 상자에서 '컨트롤 머리글'을 마우스 드래그하여 순서 변경 → 확인 을 클릭한다.

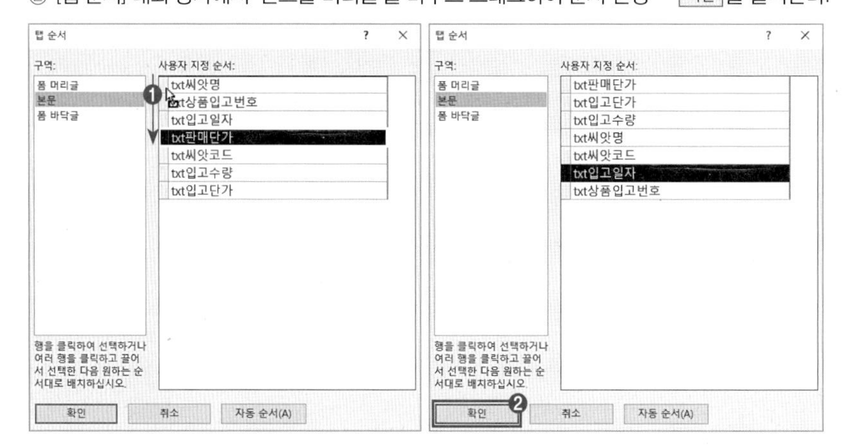

5. 폼의 '구분 선'과 '레코드 선택기'가 표시되지 않도록 하고, 세로 스크롤 막대만 표시되도록 설정하시오.

① [폼 속성] 도구 → [속성 시트] → [형식] 탭 → [레코드 선택기]: '아니요' → [구분 선]: '아니요' → [스크롤 막대]: '세로만'을 선택한다.

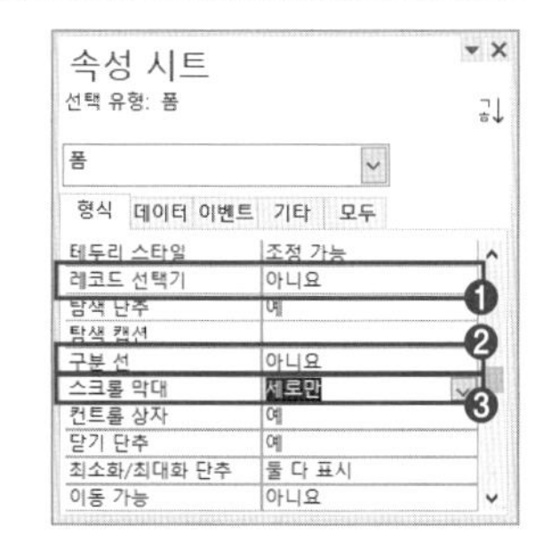

6. 본문의 'txt씨앗코드' 컨트롤이 <폼 보기> 상태에서는 표시되지 않도록 '표시' 속성을 설정하시오.

① 'txt씨앗코드' 텍스트 상자 선택 → [속성 시트] → [형식] 탭 → [표시]: '아니요'를 선택한다.

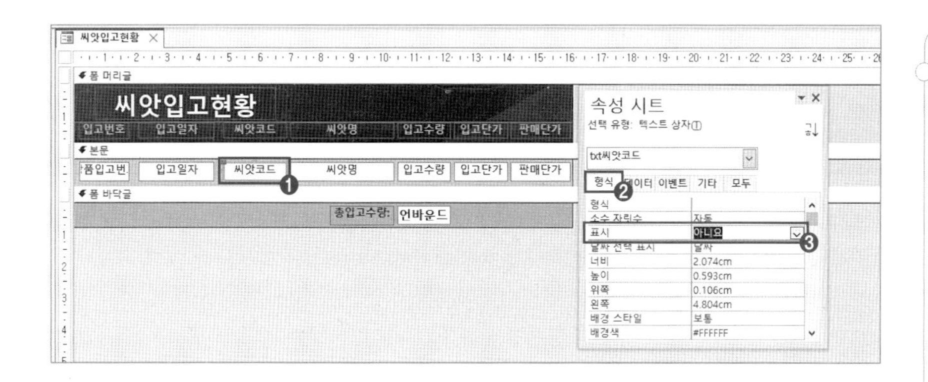

'txt씨앗코드' 텍스트 상자가 폼이 실행되면 표시되지 않는다.

7. 폼이 팝업 폼으로 열리도록 설정하고, 폼이 열려있을 경우 다른 작업을 수행할 수 없도록 설정하시오.

① [폼 속성] 도구 → [속성 시트] → [기타] 탭 → [팝업]: '예' → [모달]: '예'로 설정한다.

- 팝업: 폼 창이 팝업 형태로 실행된다.
- 모달: 창이 열리면 열린 폼 외에 다른 작업을 할 수 없다.

② 닫기(X)를 클릭해 변경 내용을 저장한다.

입력 및 수정 기능 구현

02 조건부 서식

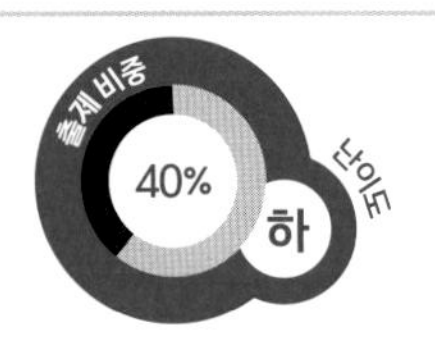

- Access 폼의 텍스트 상자 컨트롤에서 조건에 맞는 조건부 서식을 적용할 수 있다.
- 조건부 서식 규칙 대화 상자에서 조건식을 작성할 수 있다.
- 조건부 서식 규칙에 간단한 함수를 활용하여 조건식을 작성할 수 있다.

1 개념 학습

[작업 순서]

메뉴	[서식] → [조건부 서식]	배점	5~6점
작업 순서	본문 컨트롤 선택 → [서식] → [조건부 서식] → [새 규칙]		
[조건부 서식] 대화 상자	식 항목에 함수식을 작성한다. 새 서식 규칙 규칙 유형 선택(S): 현재 레코드의 값 확인 또는 식 사용 다른 레코드와 비교 규칙 설명 편집: 다음과 같은 셀만 서식 설정(O): 식이 미리 보기: 설정된 서식 없음 확인 취소		

2 출제 유형 이해

www.ebs.co.kr/compass(액세스 실습 파일 다운로드)

문제 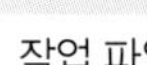 작업 파일: 02_조건부서식_1.accdb

<씨앗입고현황> 폼의 본문 영역에 다음과 같이 조건부 서식을 설정하시오.

- ‘입고수량’이 200 이상인 경우 본문 영역의 모든 컨트롤에 ‘굵게’와 ‘밑줄’ 서식을 설정하시오.
- 단, 하나의 규칙으로 작성하시오.

[풀이]

① <씨앗입고현황> 폼 → 마우스 오른쪽 클릭 → [디자인 보기] → 본문 영역 세로 줄자 부분 선택 → [서식] → [조건부 서식]을 클릭한다.

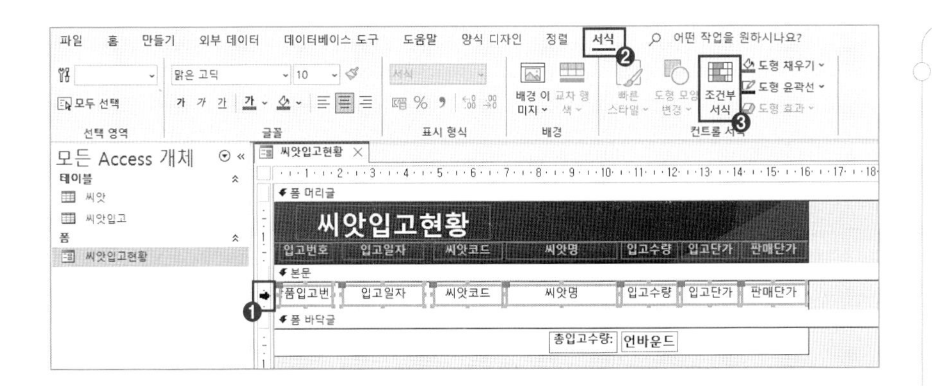

폼 디자인 상태에서 세로 줄자 항목 위치를 선택하면 선택한 위치의 모든 컨트롤을 선택할 수 있다.

② [조건부 서식 규칙 관리자] 대화 상자 → [새 규칙] → [다음과 같은 셀만 서식 설정]: '식이' → **[입고수량]>=200** 입력 → '굵게', '밑줄' 선택 → 확인 을 클릭한다.

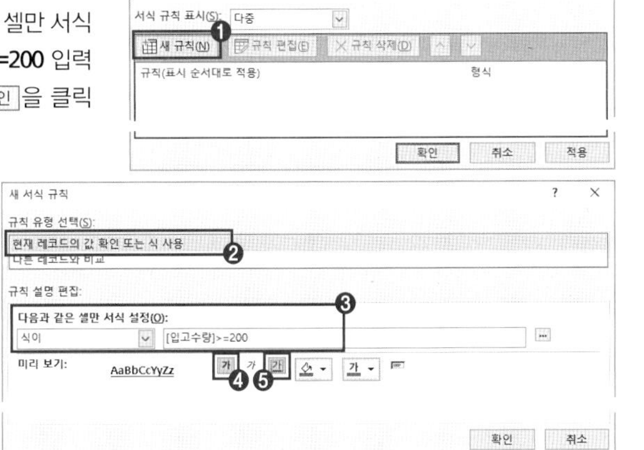

'현재 레코드의 값 확인 또는 식 사용'
- 필드 값이: 필드 값에 따라 조건부 서식을 설정할 수 있다. (다음 값의 사이에 있음, 다음 값의 사이에 있지 않음, 다음 값과 같음, 같지 않음, 다음 값보다 큼 등)
- 식이: 식 조건에 만족하는 레코드에 조건부 서식이 적용된다. (전체 컨트롤을 선택하면 전체 컨트롤에 조건부 서식이 적용된다.)
- 필드에 포커스가 있음: 필드에 포커스가 이동했을 때 서식을 설정할 수 있다.

③ [씨앗입고현황] 탭 → 닫기(X) → 저장 및 경고 메시지 대화 상자가 표시되면 모두 '예'를 클릭한다.

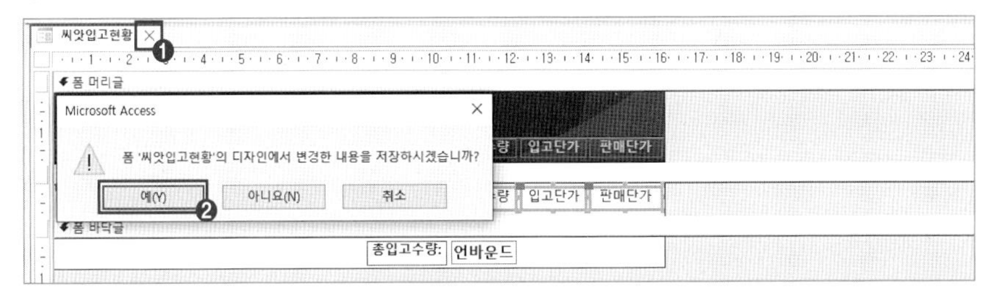

[조건부 서식 규칙 관리자] 대화 상자로 돌아와 확인 을 클릭한다.

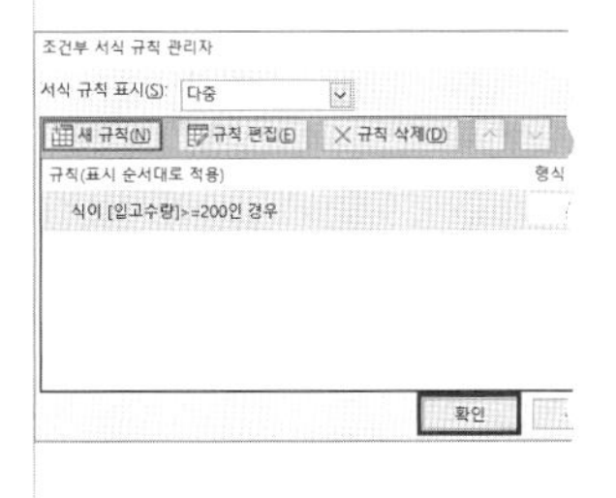

[결과]

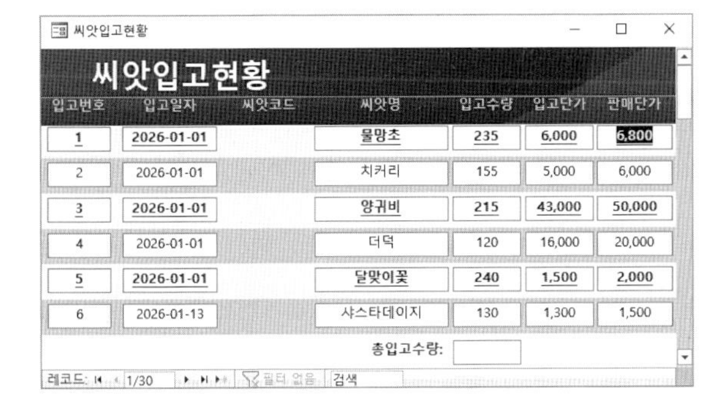

조건부 서식 설정이 폼에 적용된다.

3 실전 문제 마스터

www.ebs.co.kr/compass(액세스 실습 파일 다운로드)

문제 작업 파일: 02_조건부서식_2.accdb

<회원보기> 폼의 본문 영역에 다음과 같이 조건부 서식을 설정하시오.

▶ **이름에 포커스가 있는 경우 이름** 컨트롤에 대해 글꼴을 '굵게', '기울임꼴', 배경색 '노랑'으로 지정하는 조건부 서식을 설정하시오.

▶ 단, 하나의 규칙으로 작성하시오.

[풀이]

① <회원보기> 폼 → 마우스 오른쪽 클릭 → [디자인 보기] → 본문 영역 'txt이름' 컨트롤 선택 → [서식] → [조건부 서식]을 클릭한다.

② [조건부 서식 규칙 관리자] 대화 상자 → [새 규칙] → [다음과 같은 셀만 서식 설정]: 필드에 포커스가 있음 → '굵게', '기울임꼴' 선택 → 배경색: '노랑' 선택 → 확인을 클릭한다.

☞ 필드에 포커스가 있음: 해당 필드를 마우스로 클릭하거나 Tab으로 이동하여 커서가 위치한 상태를 의미한다.

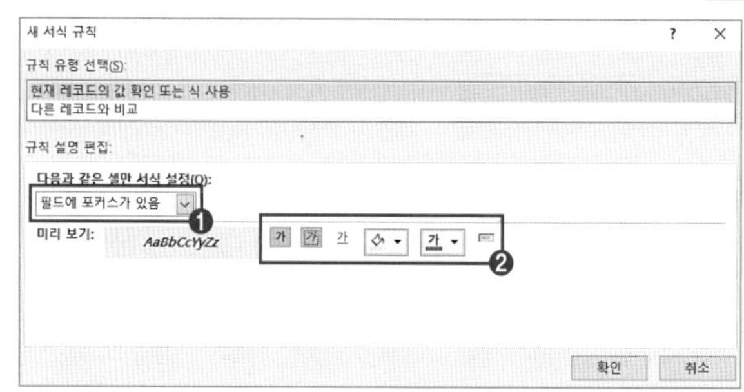

③ [조건부 서식 규칙 관리자] 대화 상자로 돌아와 확인을 클릭한다.

④ [회원보기] 탭 → 닫기(X) → 저장 및 경고 메시지 대화 상자가 표시되면 모두 '예'를 클릭한다.

[결과]

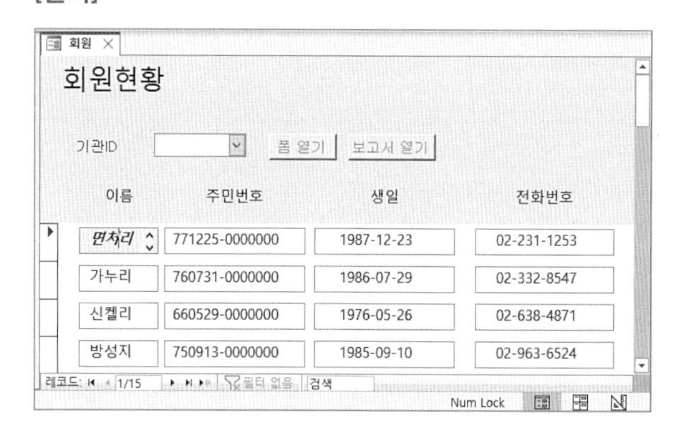

하위 폼

입력 및 수정 기능 구현 03

- Access 폼 본문에 하위 폼 컨트롤을 삽입할 수 있다.
- 상위 폼과 하위 폼 연결 필드를 설정할 수 있다.
- 폼 컨트롤을 같은 너비로 배치하거나 위아래를 기준으로 맞춤할 수 있다.

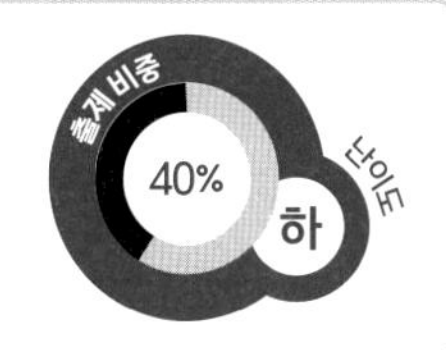

1 개념 학습

[하위 폼 기초 이론]

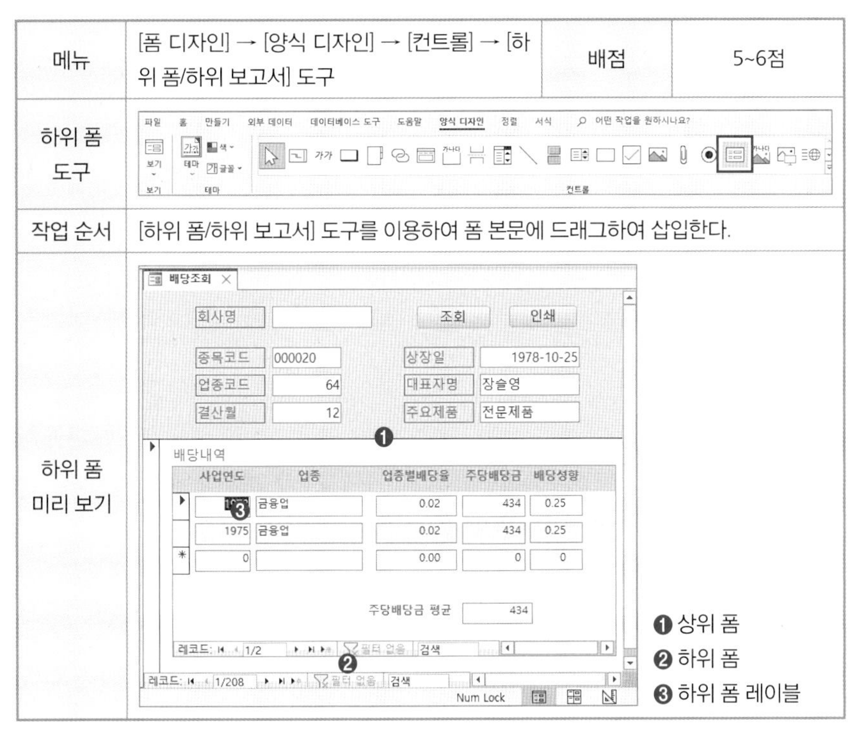

메뉴	[폼 디자인] → [양식 디자인] → [컨트롤] → [하위 폼/하위 보고서] 도구	배점	5~6점
하위 폼 도구			
작업 순서	[하위 폼/하위 보고서] 도구를 이용하여 폼 본문에 드래그하여 삽입한다.		
하위 폼 미리 보기	❶ 상위 폼 ❷ 하위 폼 ❸ 하위 폼 레이블		

2 출제 유형 이해

www.ebs.co.kr/compass(액세스 실습 파일 다운로드)

문제 작업 파일: 02_하위폼_1.accdb

<사원별 근태정보> 폼의 본문 영역에 <근태입력> 폼을 하위 폼으로 추가하시오.

- 하위 폼/하위 보고서 **컨트롤의 이름은 '근태정보'**로 설정하시오.
- 하위 폼에는 **사번과 관련된 하위 데이터가 표시**된다. 하위 폼과 기본 폼을 연결하시오.
- 하위 폼 추가시 생성된 **레이블은 삭제**하시오.
- 하위 폼 본문의 모든 컨트롤에 대해 **특수 효과를 '오목'**으로 설정하시오.
- 하위 폼에는 **포커스가 이동되지 않도록 설정**하시오.
- 하위 폼의 본문에 있는 모든 컨트롤이 **위쪽을 기준으로 같은 지점에 위치되도록** 설정하시오.

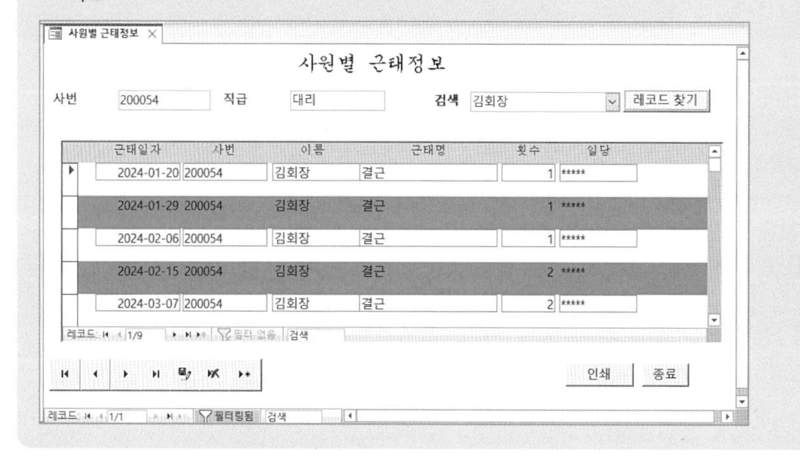

[풀이]

① <사원별 근태정보> 폼 → 마우스 오른쪽 클릭 → [디자인 보기] → [양식 디자인] → [컨트롤] → [하위 폼/하위 보고서] 도구 선택 → 폼 본문 하단에 마우스를 드래그하여 하위 폼을 삽입한다.

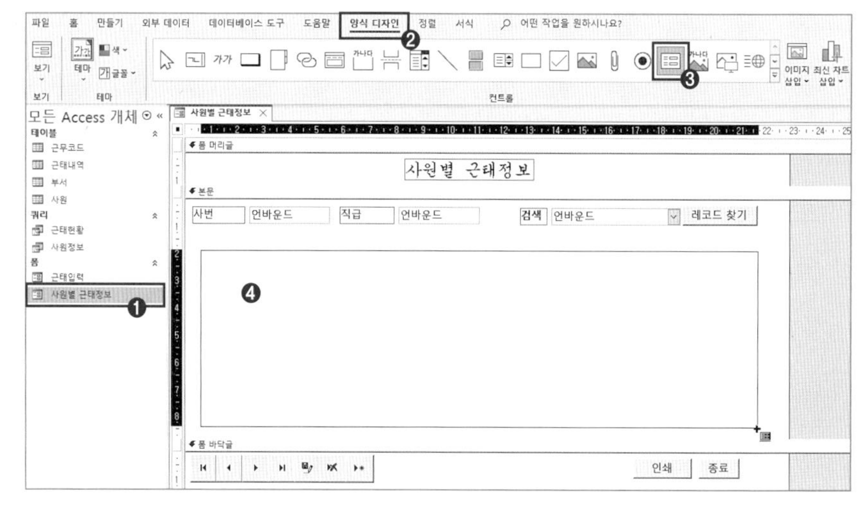

② [하위 폼 마법사] → [기존 폼 사용] 선택 → 하위 폼에 사용할 '근태내역' 폼을 선택 → 다음 을 클릭한다.

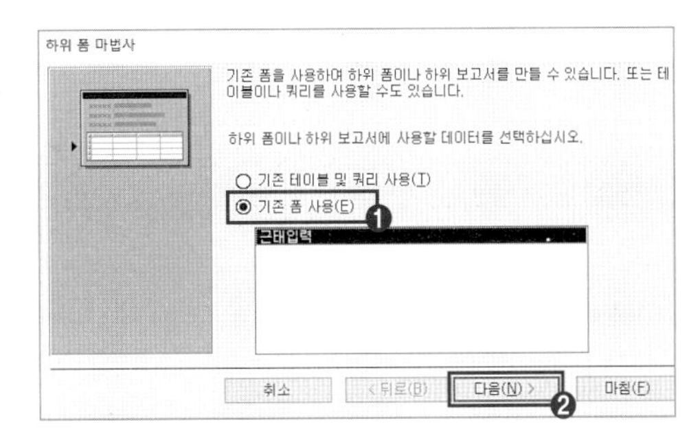

③ [목록에서 선택] 선택 상태에서 '사번을(를) 사용하여 사원의 각 레코드에 대해 사원정보을(를) 표시합니다.' 선택 → 다음 을 클릭한다.

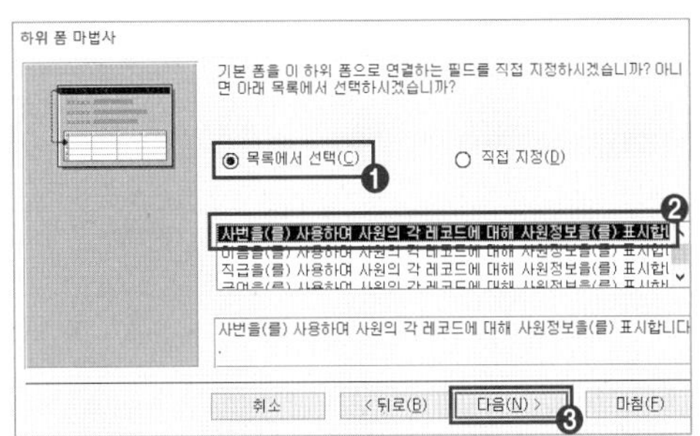

④ 마침 을 클릭한다.

☞ 이 문제에서는 '사번'을 기준으로 연결하라는 지시가 있으니 '사번'을 기준으로 연결한다. 만약 연결 필드명이 제시되지 않는다면 상위 폼 레코드 원본의 기본 키가 연결 필드가 된다.

☞ [직접 지정] 탭을 선택하면 그림과 같이 직접 필드를 선택하여 연결할 수 있다.

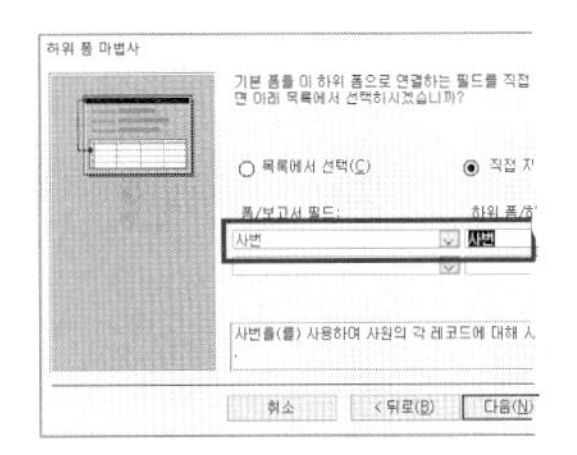

☞ <근태입력> 폼이 하위 폼으로 추가된다.

⑤ 하위 폼의 '근태입력' 레이블 선택 → Delete를 눌러 레이블을 삭제한다.

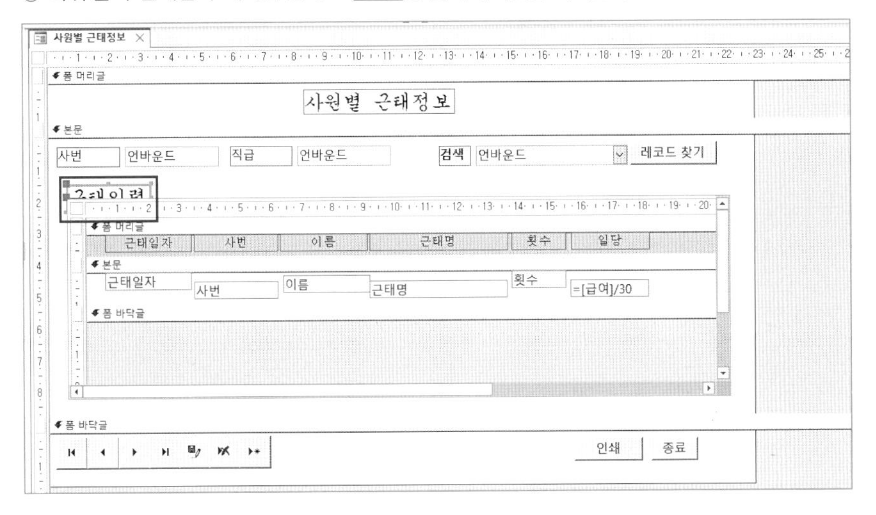

⑥ 하위 폼 테두리 선택 → [속성 시트] → [형식] → [특수 효과]: '오목'을 선택한다.

☞ 하위 폼 테두리에 특수 효과 '오목'이 적용된다.
하위 폼 테두리를 더블클릭하면 '속성 시트'가 표시된다.

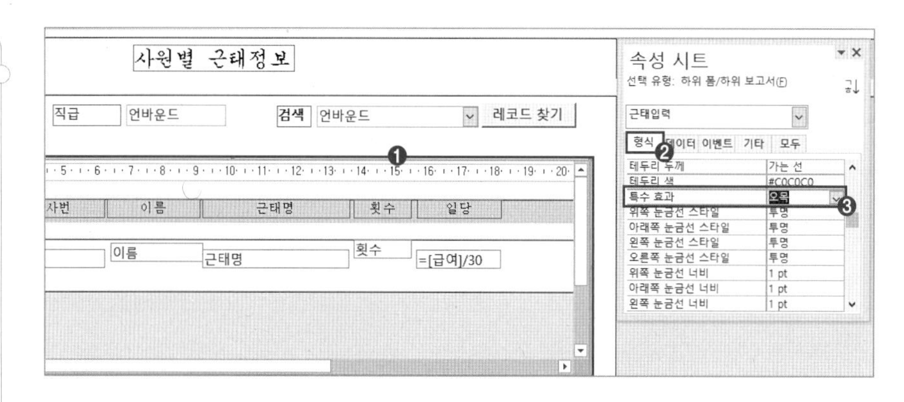

⑦ 하위 폼 테두리 선택 → [속성 시트] → [기타] → [탭 정지]: '아니요'를 선택한다.

☞ [탭 정지]: '아니요'로 설정하면 Tab을 눌러 컨트롤 이동 시 하위 폼에 마우스 커서가 이동하지 않는다.

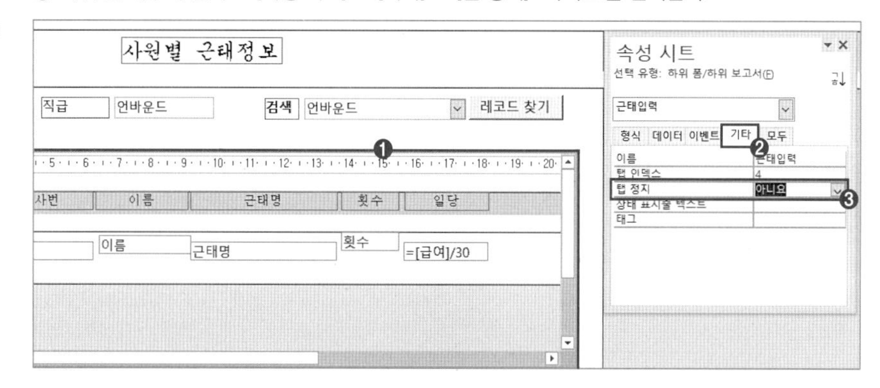

⑧ 하위 폼 본문 영역의 모든 컨트롤 드래그 선택 → [정렬] → [크기 및 순서 조정] → [맞춤] → [위쪽]을 클릭한다.

☞ 높이가 모두 다른 하위 폼의 컨트롤이 맨 위 컨트롤 기준으로 정렬된다.
정렬할 컨트롤 선택 후 마우스 오른쪽 클릭 → 바로 가기 메뉴 → [맞춤]으로 설정할 수 있다.

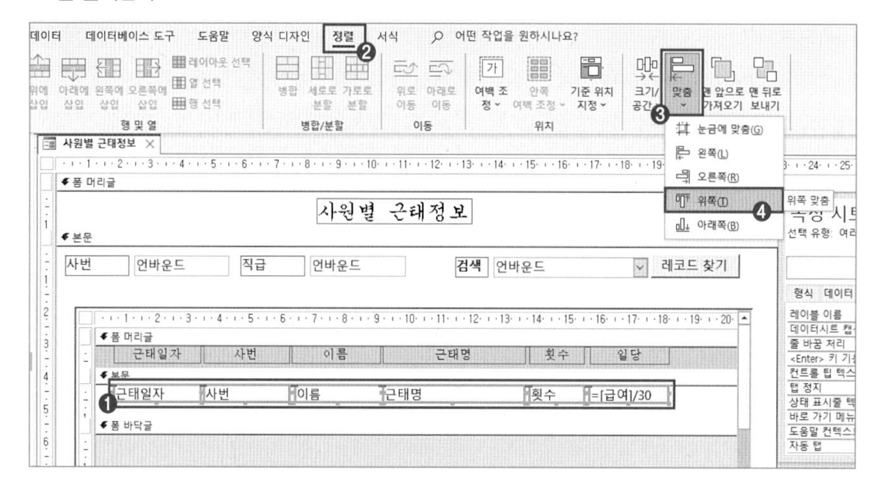

⑨ 폼 디자인 닫기(X)를 클릭해 변경 내용을 저장한다.

하위 폼 연결이 잘못되어 수정하고 싶을 때는 [속성 시트] → [데이터] 탭의 [기본 필드 연결], [하위 필드 연결] 항목에서 수정한다.

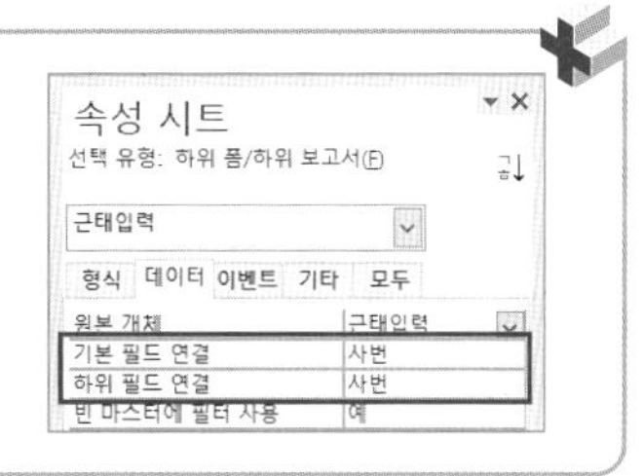

3 실전 문제 마스터

www.ebs.co.kr/compass(액세스 실습 파일 다운로드)

문제 작업 파일: 02_하위폼2.accdb

<배당조회> 폼을 다음의 화면과 지시 사항에 따라 완성하시오.

- ▶ 폼 머리글의 배경색을 'Access 테마 3'으로 변경하시오.
- ▶ 하위 폼에는 '종목코드'와 관련된 하위 데이터가 표시된다. 하위 폼과 기본 폼을 연결하시오.
- ▶ 폼 머리글 'txt상장일', 'txt대표자명', 'txt주요제품' 컨트롤의 너비를 컨트롤 중 '가장 넓은 너비에' 맞게 설정하시오.

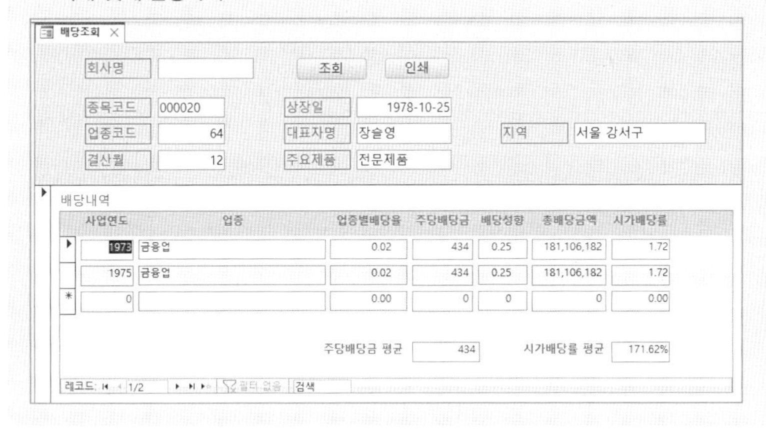

[풀이]

① <배당조회> 폼 → 마우스 오른쪽 클릭 → [디자인 보기] → 상위 폼 '머리글' 선택 → [속성 시트] → [형식] → [배경색]: 'Access 테마 3'을 선택한다.

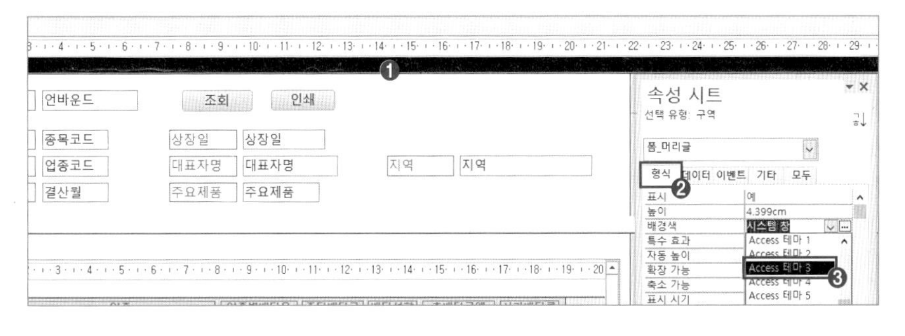

☞ 상위 폼 머리글의 배경색이 'Access 테마 3'으로 변경된다.

② 하위 폼 테두리 선택 → [속성 시트] → [데이터] → [기본 필드 연결] [...] 선택 → [하위 폼 필드 연결기] 대화 상자 → 기본 필드: '종목코드' 선택, 하위 필드: '종목코드' 선택, → [확인]을 클릭한다.

☞ • 상위 폼과 하위 폼이 '종목코드' 필드 기준으로 연결된다.
• Access 관계 설정에 이미 두 폼의 레코드 원본에 해당하는 필드가 연결되어 있을 경우, 관계 설정을 인식하여 조인 필드를 미리 표시해 준다.

• 본 문제의 폼 레코드 원본
– 상위 폼: <종목> 테이블
– 하위 폼: <배당정보> 테이블

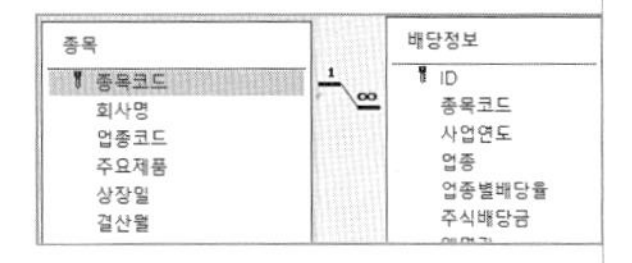

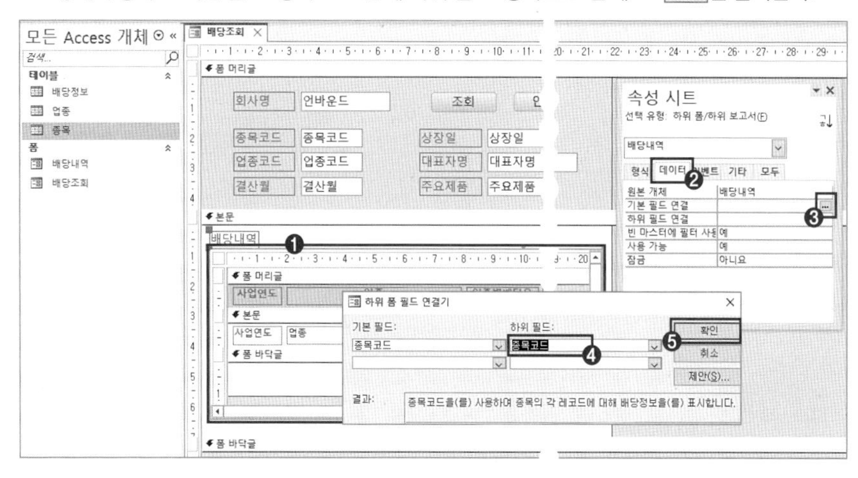

③ '폼 머리글' 영역의 'txt상장일', 'txt대표자명', 'txt주요제품' 컨트롤 선택 → [정렬] → [크기 및 순서 조정] → [크기/공간] → [가장 넓은 너비에]를 선택한다.

☞ 선택한 컨트롤에서 너비가 가장 넓은 것을 기준으로 변경된다.

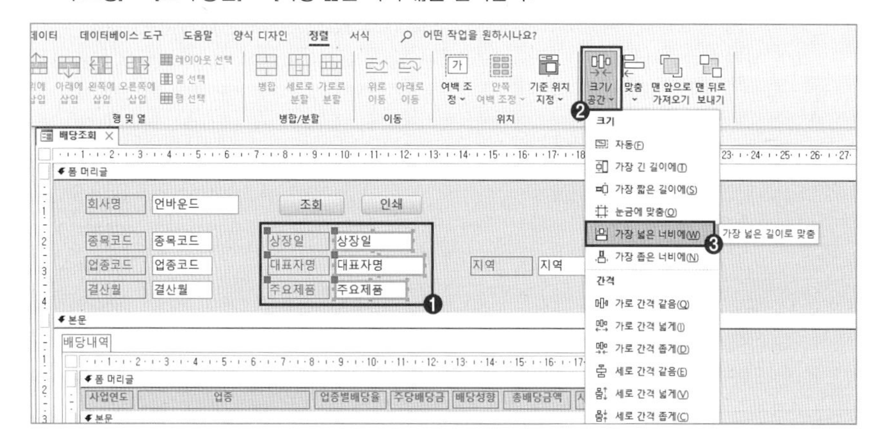

④ 폼 디자인 닫기(X)를 클릭해 변경 내용을 저장한다.

Access 함수

입력 및 수정 기능 구현 04

- Access에서 사용하는 함수를 활용할 수 있다.
- Access에서 사용하는 함수와 Excel 함수의 사용법 차이를 알 수 있다.

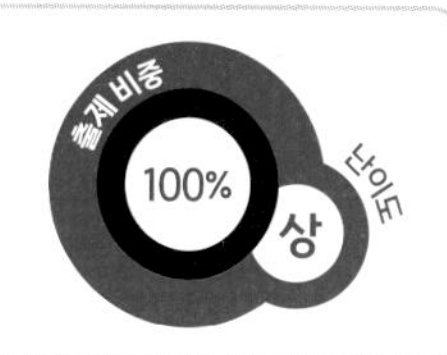

1 개념 학습

1) 논리/비교 연산자

(인수1 And 인수2 And, …)	제시된 인수가 모두 참일 경우만 참 (성별="남" And 성적>=80) 성별이 남이면서 성적이 80점 이상이면 참
(인수1 Or 인수2 Or, …)	제시된 인수 중 하나만 참이어도 참 (성별="남" Or 전공="컴퓨터") 성별이 남이거나 전공이 컴퓨터이면 참
Not(인수)	인수의 반대 논리값 표시 (True → False)
Like	문자열 조건에서 만능 문자(*, ?)를 사용할 때 =과 같은 기능 수행
Is	주어진 개체가 같은지 비교
=, <, >, >=, <=, <>	같다, 작다, 크다, 이상, 이하, 다르다

- Excel의 논리 함수 AND(조건1, 조건2)
- Access의 논리 함수 (조건1 AND 조건2)

- Like A*: A로 시작하는
- Like *A: A로 끝나는
- Like *A*: A를 포함하는

2) 날짜/시간 함수

Now(), Date(), Time()	현재 날짜와 시간, 현재 날짜, 현재 시간 표시
Year(날짜) Month(날짜) Day(날짜)	– 날짜 중 연도만 표시 – 날짜 중 월만 표시 – 날짜 중 일만 표시
Hour(시간) Minute(시간) Second(시간)	– 시간 중 시만 표시 – 시간 중 분만 표시 – 시간 중 초만 표시
Weekday(날짜)	날짜에 대한 요일을 고유 숫자 1~7로 표시 (일요일=1, 월요일=2, …)
DateDiff("단위", 시작, 종료)	시작일과 종료일 사이 경과 기간을 지정한 단위로 표시 DateDiff("D", [입학일], Date()) → 입학일부터 오늘까지 경과일
DateAdd("단위", 숫자, 날짜)	날짜에서 지정 단위 기간을 더한 날짜를 표시
DatePart("단위", 날짜)	날짜를 지정한 단위로 표시
DateValue(형식 문자)	텍스트 형식의 날짜를 날짜 형식으로 변환 DateValue("2025-8-15") → 2025-8-15

DateSerial(년, 월, 일)	년, 월, 일 인수를 이용해 날짜 형식으로 변환 엑셀의 Date 함수와 동일

3) DateAdd, DateDiff, DatePart 인수 종류

YYYY	년	W	요일
Q	분기	WW	주(1년 기준)
M	월	H	시
D	일	N	분
Y	일(1년 기준)	S	초

4) 문자 처리 함수

Left(문자, 문자 수) Right(문자, 문자 수) Mid(문자, 시작, 문자 수)	– 문자열의 왼쪽부터 지정한 문자 수만큼 구함 – 문자열의 오른쪽부터 지정한 문자 수만큼 구함 – 문자열의 시작 위치부터 지정한 문자 수만큼 구함
Len(문자) LenB(문자)	– 문자의 글자 수 인출 – 문자의 글자 수를 바이트로 인출
LCase(영문자) UCase(영문자)	– 영문자를 모두 소문자로 표시 – 영문자를 모두 대문자로 표시
InStr(문자열, 찾을 문자)	문자열에서 찾을 문자의 위치를 정수로 표시 =InStr("가나다라마바","") → 4
Trim(문자) RTrim(문자) LTrim(문자)	– 앞뒤 공백을 제거 – 오른쪽 공백을 제거 – 왼쪽 공백을 제거
Space(개수)	지정한 개수만큼 공백을 표시
String(개수, 문자)	개수만큼 문자를 반복해 표시 (엑셀의 Rept 함수)
Replace(문장, 문자1, 문자2)	문장에서 문자1을 찾아 문자2로 치환
StrComp(문장1, 문장2)	문장1과 문장2를 비교해 같으면 0, 아니면 1 또는 -1을 인출

5) Format

Format(값, "형식")	=Format(90, "##점") → 90점 (0점일 경우: 점) =Format(90, "#0점") → 90점 (0점일 경우: 0점) =Format("2025-11-09", "yy년 mm월 dd일") → 25년 11월 09일 =Format(Avg([금액]), "통화") → ₩12,345 =Format(Avg([금액]), "₩₩#,##0") → ₩12,345 =Format(Sum[구매가격], "총 #,##0원입니다.") → 총 1,500원입니다.

※ =Format(Sum[구매가격], "총 : #,##0원입니다.") 형식 중간에 콜론(:)이 있는 경우 작업 순서

① =Format(Sum[구매가격], "총 #,##0원입니다.") → ':' 제외하고 입력 후 Enter 클릭

② =Format([재고수량], """총 : ""#,##0""개입니다""".") → 식 완성 후 ':'을 입력

6) 통계 함수

Count([필드명])	=Count([필드명]) → 해당 필드에서 Null을 제외한 모든 레코드 수 계산 =Count(*) → 폼, 보고서의 전체 레코드 수 계산
Sum([필드명])	Sum([필드명]) → 필드명에 해당하는 합계 계산
Avg([필드명])	Avg([필드명]) → 필드명에 해당하는 평균 계산
Max([필드명])	Max([필드명]) → 필드명에 해당하는 최댓값 계산
Min([필드명])	Min([필드명]) → 필드명에 해당하는 최솟값 계산

7) 자료 형식 변환 함수

CDate(문자)	날짜 형식 문자를 날짜로 변환
CStr(인수)	숫자를 문자로 변환
Val(문자)	숫자형 문자를 숫자로 변환
Str(인수)	숫자 형식의 데이터를 문자열 형식의 데이터로 변환
CLng(인수) CInt(인수)	인수를 4byte 정수로 변환 인수를 2byte 정수로 변환
CBool(인수)	인수를 논리값 True/False로 변환

8) 자료 형식 평가 함수

IsDate(인수)	인수가 날짜인지 확인
IsNumeric(인수)	인수가 숫자인지 확인
IsNull(인수)	인수가 Null인지 확인
IsObject(인수)	인수가 개체인지 확인
IsError(인수)	인수가 오류인지 확인

9) 선택 함수

IIf(조건, 참, 거짓)	조건에 대한 분기, 조건이 참이면 참 값, 거짓이면 거짓 값 표시
Choose(인수, 값1, 값2, …)	인수에 따라 뒤에 나열된 값을 순서대로 표시
Switch(조건1, 인수1, 조건2, 인수2, …)	조건1을 만족하면 인수1 출력, 조건2 만족하면 인수2 출력 Switch([점수]>=90, "수", [점수]>=80, "우", [점수]<80, "")

10) 도메인 함수

DAvg(필드, 테이블, 조건)	테이블(도메인)에서 조건에 맞는 필드의 평균 계산 DAvg("[점수]", "중간고사", "txt과목='영어'")
DSum(필드, 테이블, 조건)	테이블(도메인)에서 조건에 맞는 필드의 합계 계산 DSum("[점수]", "중간고사", "txt과목='영어'")

DMax(필드, 테이블, 조건) DMin(필드, 테이블, 조건)	– 테이블(도메인)에서 조건에 맞는 필드의 최댓값 계산 – 테이블(도메인)에서 조건에 맞는 필드의 최솟값 계산 DMin("[점수]", "중간고사", "txt과목='영어'")
DCount(필드, 테이블, 조건)	테이블(도메인)에서 조건에 맞는 필드의 개수 계산 DCount("[점수]", "중간고사", "txt점수>=90")
DLookup(필드, 테이블, 조건)	테이블(도메인)에서 조건에 맞는 필드의 첫 번째 레코드 표시 DLookup("[이름]", "중간고사", "txt점수>=90")

※ 도메인 함수 인수는 큰따옴표(" ")로 묶는다.

※ 조건항 형태에 따른 구분
- 컨트롤을 대상으로 할 때: "컨트롤 이름 = 조건"
- 필드를 대상으로 할 때: "[필드명] = 조건"

※ 조건항 데이터형:
문자열 조건의 경우 작은따옴표(' '), 필드명의 경우 대괄호([ ])로 묶는다.

2 출제 유형 이해

www.ebs.co.kr/compass(액세스 실습 파일 다운로드)

문제 작업 파일: 01_폼완성_1.accdb

<봉사내역입력> 폼을 다음의 화면과 지시 사항에 따라 완성하시오.

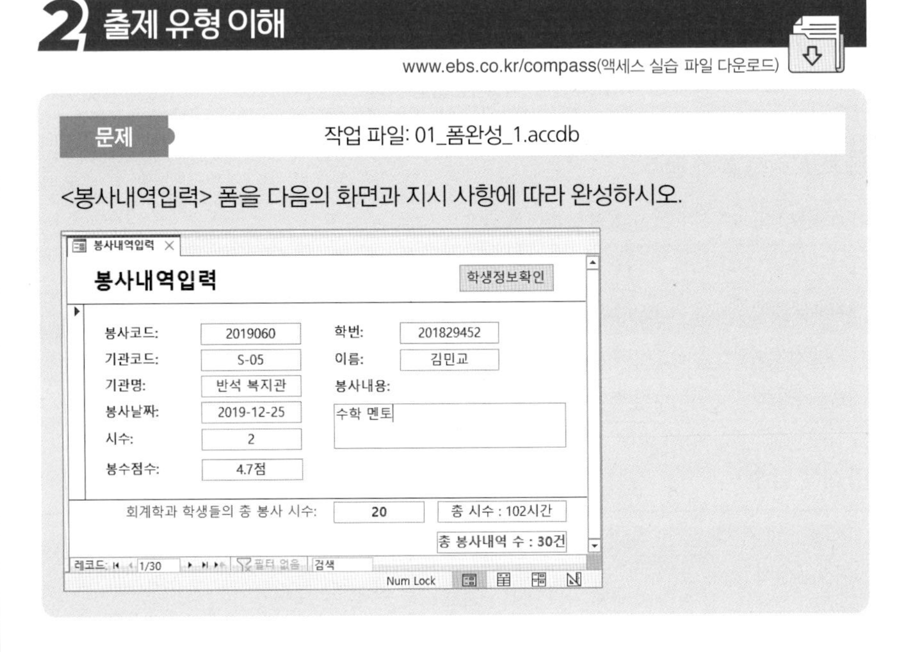

[풀이]

1. 폼 바닥글 영역의 'txt총시수' 컨트롤에는 시수의 총합이 표시되도록 '컨트롤 원본' 속성을 설정하시오.
   ▶ 표시 예: 15 → 총 시수 : 15시간

① <봉사내역입력> 폼 → 마우스 오른쪽 클릭 → [디자인 보기] → 폼 바닥글의 'txt총시수' 컨트롤 선택 → [속성 시트] → [데이터] 탭 → [컨트롤 원본] → 마우스 오른쪽 클릭 → [확대/축소]를 클릭한다.

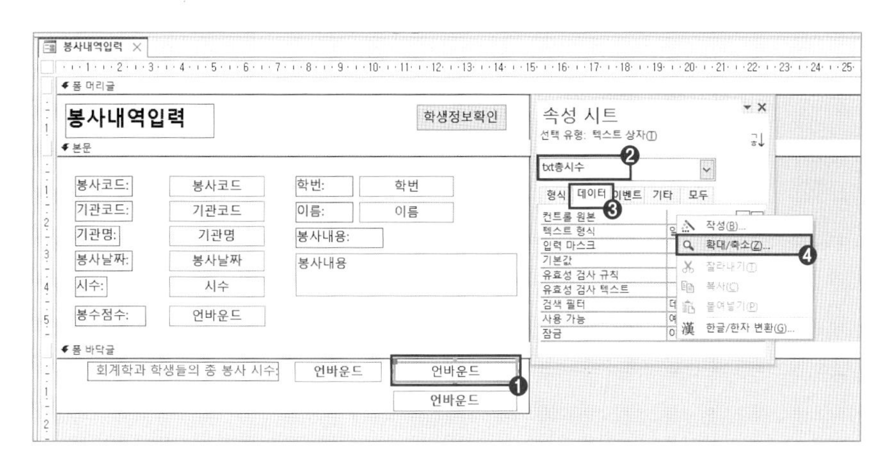

② [확대/축소] 대화 상자에 **="총 시수 : " & Sum([시수]) & "시간"** 입력 → 확인을 클릭한다.

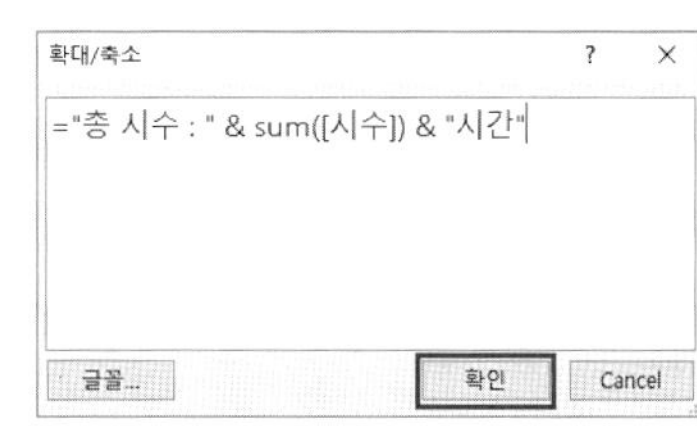

'txt총시수' 컨트롤에 식이 입력된다.

- 텍스트 상자 식 작성하기
  =(수식)
- 텍스트 상자 문자열 연결하기
  ="문자열1" & "문자열2"
- 필드 합계 계산하기
  =Sum([필드명])

2. 폼 본문 영역에서 'txt봉사점수' 컨트롤에는 시수 * 2.3533으로 계산된 값이 표시되도록 '컨트롤 원본' 속성을 설정하시오.

▶ 표시 예: 4.7점

① 폼 본문 'txt봉사점수' 선택 → [속성 시트] → [데이터] 탭 → [컨트롤 원본]: **=[시수]*2.3533** 입력 → [형식] 탭 → [형식]: **0.0점**을 입력한다.

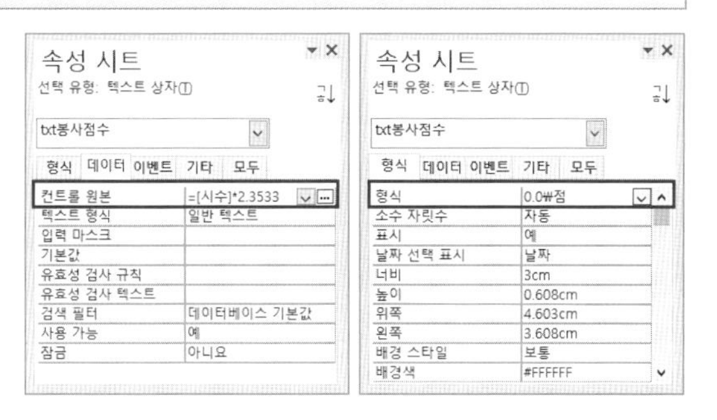

[형식]에 '0.0점'을 입력하면 '0.0₩점'으로 변경된다. ₩는 뒤에 문자열 앞에 사용하는 액세스 특수 문자이다.

- 텍스트 상자에 긴 식을 작성할 때: [확대/축소]

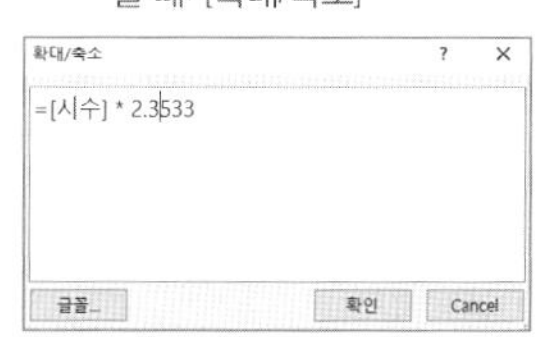

- 텍스트 상자에 짧은 식을 작성할 때: [속성 시트]나 텍스트 상자에 식을 바로 입력해도 된다.

3. 폼 바닥글 영역에서 'txt봉사시수합계' 컨트롤에는 학과가 '회계학과'인 학생들의 봉사시수 합계가 표시되도록 설정하시오.

▶ <봉사내역입력> 쿼리와 DSum 함수 사용

① 폼 바닥글 'txt봉사시수합계' 컨트롤 선택 → [속성 시트] → [데이터] 탭 → [컨트롤 원본] ▸ 마우스 오른쪽 클릭 → [확대/축소]를 클릭한다.

② [확대/축소] 대화 상자에 **=DSum("시수","봉사내역입력","학과='회계학과'")** 입력 → 확인을 클릭한다.

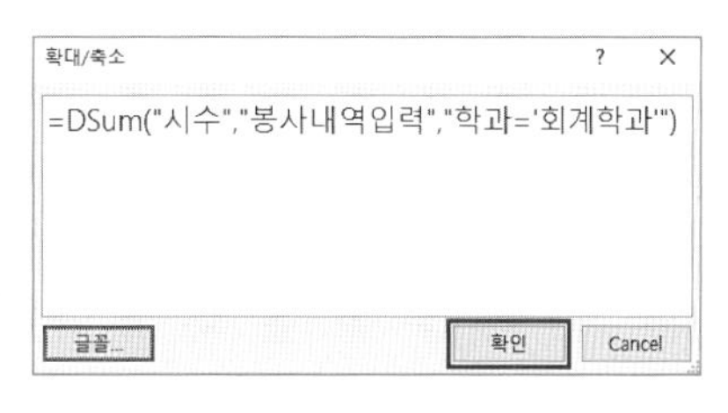

☞ 'txt봉사시수합계' 컨트롤에 'DSum("시수","봉사내역입력", "학과='회계학과'")' 식이 입력된다.

도메인 함수 작성 공식

=DSum("계산 필드", "원본 테이블/쿼리", "조건식")

=DSum("계산 필드", "원본 테이블/쿼리", "필드명 = 컨트롤명")

=DSum("시수", "봉사내역입력", "학과='회계학과'")

<봉사내역입력> 쿼리에서 '학과'가 '회계학과'인 학생의 '시수'의 합계를 계산한다.

4. 폼 바닥글 영역에서 'txt총봉사내역수' 컨트롤에는 전체 봉사코드의 개수가 표시되도록 '컨트롤 원본' 속성을 설정하시오.

▶ 표시 예: 총 봉사내역 수 : 30건

① 폼 바닥글 'txt총봉사내역수' 컨트롤 선택 → [속성 시트] → [데이터] 탭 → [컨트롤 원본] → [식 작성기] [...]를 선택한다.

☞ [식 작성기]가 실행된다. [확대/축소] 도구, [식 작성기], 텍스트 상자에 직접 입력 등 식을 작성할 수 있는 다양한 방법이 있다. 편한 방식을 사용하면 된다.

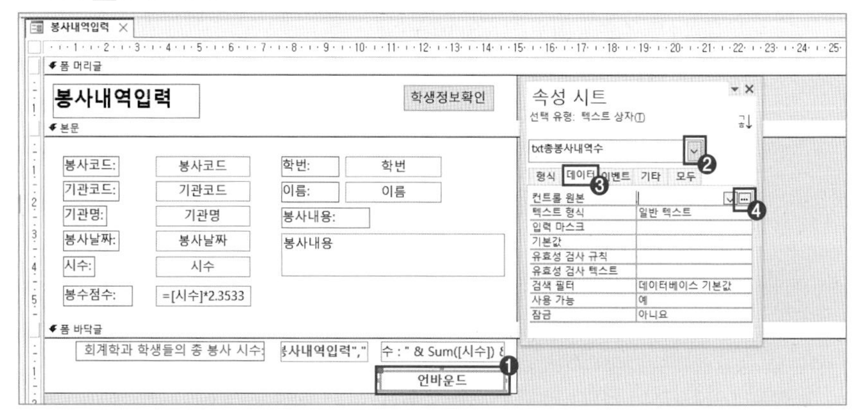

② [식 작성기]에 **="총 봉사내역 수 : " & Count(*) & "건"** 입력 → [확인]을 클릭한다.

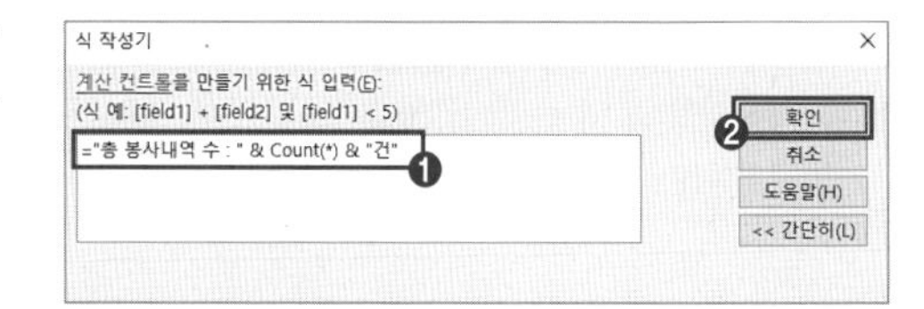

- Count 함수와 '*'
  =Count([필드명]): [필드명]에 해당하는 레코드의 수를 계산한다.
  *: 전체 레코드를 표현하는 만능 문자이다.
  =Count(*): 해당 범위의 총 레코드 수를 계산한다.
- =Count([봉사코드]) vs =Count(*)
  본 문제에서 기본 키에 해당하는 봉사코드 필드의 레코드 수는 전체 레코드 수와 같으므로 둘 중 어떤 식을 사용해도 된다.

3 실전 문제 마스터

www.ebs.co.kr/compass(액세스 실습 파일 다운로드)

문제 작업 파일: 04_폼함수_2.accdb

<씨앗입고현황> 폼을 다음의 화면과 지시 사항에 따라 완성하시오.

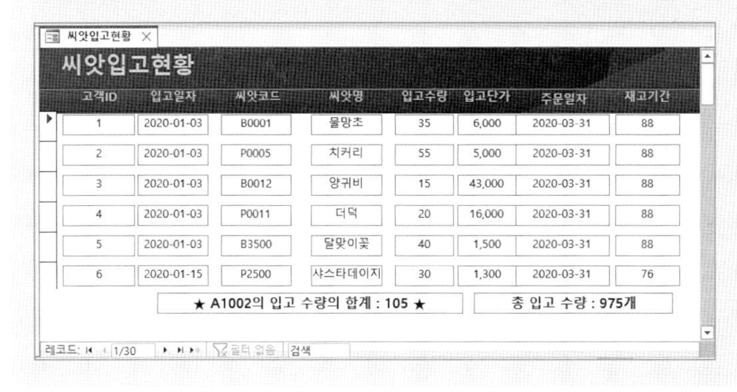

[풀이]

1. 폼 바닥글 영역의 'txt총입고수량' 컨트롤에는 입고수량의 합계가 표시되도록 컨트롤 원본 속성을 설정하시오.

▶ Format(), Sum() 함수 사용

▶ 표시 예: 총 입고 수량 : 300개

① <씨앗입고현황> 폼 → 마우스 오른쪽 클릭 → [디자인 보기] → 폼 바닥글의 'txt총입고수량' 컨트롤 선택 → [속성 시트] → [데이터] 탭 → [컨트롤 원본] → 마우스 오른쪽 클릭 → [확대/축소] → [확대/축소] 대화 상자에 **=Format(Sum([입고수량]),"총 입고 수량 0개")** 입력 → 확인을 클릭한다.

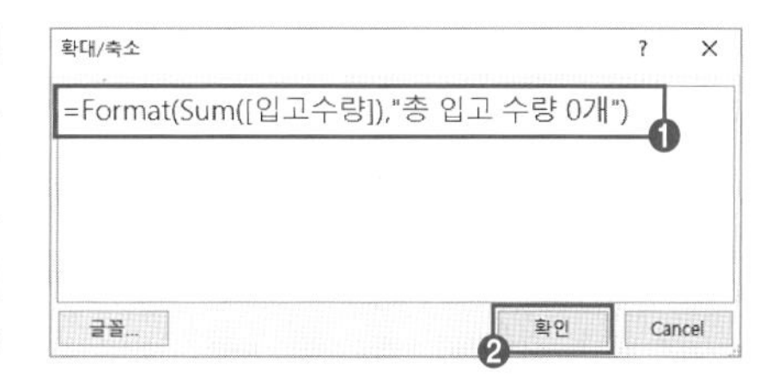

☞ [컨트롤 원본]의 식이 =Format(Sum([입고수량]),"""총 입고 수량 : ""0₩개")로 변경된다.

- Format문
  - Format(값, "형식 문자")
- Format문 형식 내에 ':' 입력
  - Access에서 ':'은 Excel의 '='과 같은 기능을 한다.
  - Format문 식에 바로 입력해도 되지만 "" 입력이 혼란스러워지므로 ':'를 제외하고 입력한 뒤 ':'를 추가로 입력한다.
  - "" 구성을 암기해도 좋지만, 이 부분이 이해가 어렵다면 이와 같은 절차로 작업한다.

② 결과에 :를 입력하기 위해 [확대/축소] 도구 실행 → [확대/축소] 대화 상자에 표시된 식에 :을 입력 → 확인을 클릭한다.

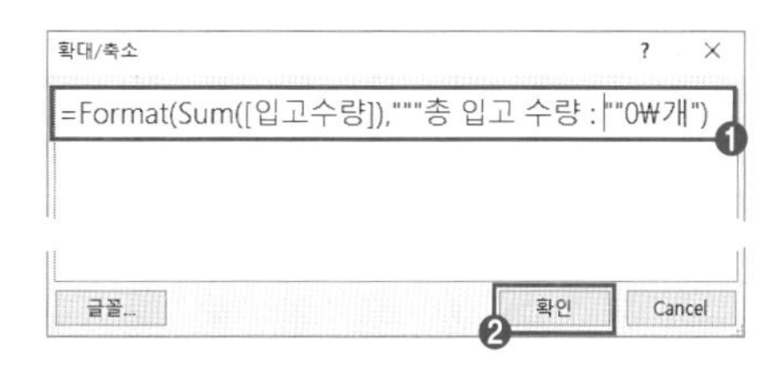

☞ 입력한 식에 :(콜론)이 포함된다.

2. 폼 본문 영역의 'txt재고기간' 컨트롤에는 입고일자와 주문일자 차이가 일 단위로 표시되도록 컨트롤 원본 속성을 설정하시오.
▶ DateDiff 함수 사용

① 'txt재고기간' 컨트롤 선택 → [속성 시트] → [데이터] 탭 → [컨트롤 원본] → 마우스 오른쪽 클릭 → [확대/축소] → [확대/축소] 대화 상자에 **=DateDiff("d",[입고일자],[주문일자])** 입력 → 확인을 클릭한다.

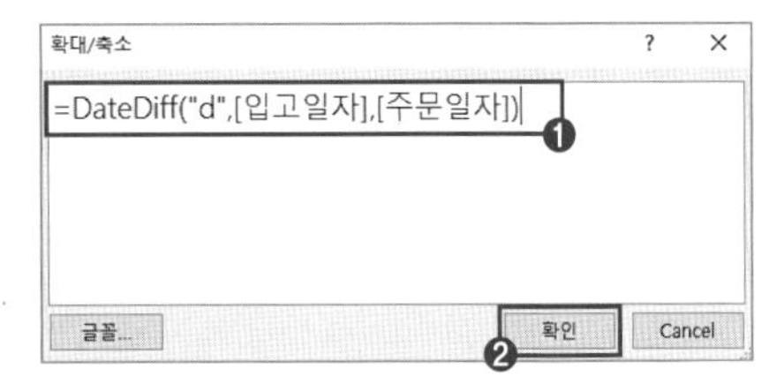

날짜 함수에서 단위 인수
- YYYY: 년
- M: 월
- D: 일

3. 폼 본문에 있는 'txt씨앗명' 컨트롤에 씨앗명이 표시되도록 컨트롤 원본을 설정하시오.
▶ DLookUp 함수와 <씨앗> 테이블 사용

① 'txt씨앗명' 컨트롤의 컨트롤 원본 [확대/축소] 대화 상자에 **=DLookUp("씨앗명","씨앗","txt씨앗코드=씨앗코드")** 입력 → 확인을 클릭한다.

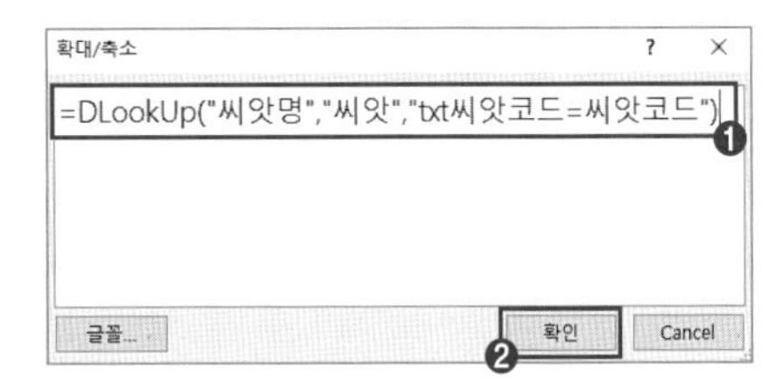

4. 폼 바닥글 영역의 'txtA1002입고수량' 컨트롤에 씨앗코드가 'A1002'인 입고 수량의 합계가 표시되도록 설정하시오.
▶ Format(), DSum() 함수 사용
▶ 표시 예: ★ A1002의 입고 수량의 합계 : 105 ★

① 'txtA1002입고수량' 컨트롤 선택 → [확대/축소] 대화 상자에 **=format(DSum("입고수량","씨앗입고","씨앗코드='A1002'"), "★ A1002의 입고 수량의 합계 0 ★")** 입력 → 확인을 클릭한다.

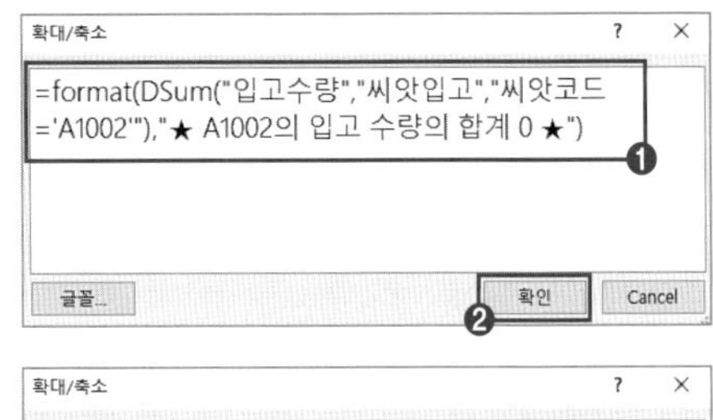

② 다시 [확대/축소] 도구 실행 → :을 입력 → 불필요한 ""를 정리 → 확인을 클릭한다.

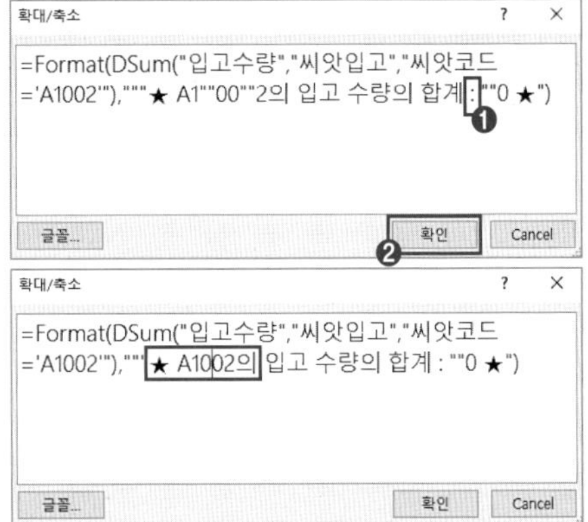

③ 닫기(X)를 클릭해 수정 내용을 저장한다.

입력 및 수정 기능 구현

05

폼 매크로

- Access에서 다양한 이벤트 매크로를 생성할 수 있다.
- 매크로 조건식을 작성할 수 있다.
- 매크로 조건식을 작성할 때 식 작성기를 활용할 수 있다.
- 제시된 조건에 맞는 매크로 이벤트를 선택할 수 있다.

1 개념 학습

1) 주요 이벤트

대상	이벤트	이벤트 실행
마우스	On Click	컨트롤을 마우스로 한 번 클릭할 때 이벤트 실행
	On Dbl Click	컨트롤을 마우스로 두 번 클릭할 때 이벤트 실행
	On Mouse Down	포인터가 폼이나 컨트롤에 있는 동안 마우스 단추를 누를 때 이벤트 실행
데이터	BeforeUpdate	컨트롤이나 레코드의 데이터가 업데이트되기 전에 이벤트 실행
	AfterUpdate	컨트롤이나 레코드의 데이터가 업데이트된 후에 이벤트 실행
	BeforeInsert	새 레코드에 첫 문자열을 입력할 때 실행 (레코드가 만들어지기 전)
	AfterInsert	새 레코드가 추가된 후에 이벤트 실행
포커스	On Got Focus	컨트롤이나 폼에 포커스가 옮겨 갈 때 이벤트 실행

2) 컨트롤 출제 유형

유형	창	설명
개체 닫기	매크로1 CloseWindow ❶ 개체 유형 ❷ 개체 이름 ❸ 저장 확인	❶ 폼, 보고서 구분 선택 ❷ 개체 이름 선택 ❸ 저장 여부 선택
폼 열기	매크로1 OpenForm ❶ 폼 이름 ❷ 보기 형식 폼 필터 이름 ❸ Where 조건문 = 데이터 모드 ❹ 창 모드 기본	❶ 대상 폼 이름 선택 ❷ 보기 형태 (폼, 디자인, 인쇄 미리 보기) ❸ Where 조건문 (조건식 입력) ❹ 창 모드 (기본, 숨김, 대화 상자)

보고서 열기	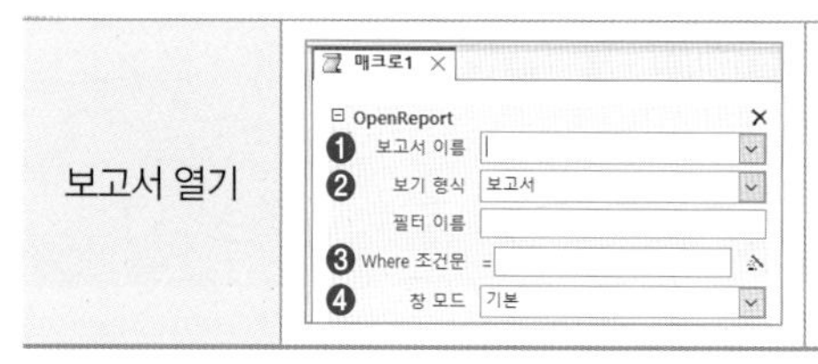	❶ 대상 보고서 이름 선택 ❷ 보기 형식 (보고서, 인쇄 미리 보기) ❸ Where 조건문 (조건식 입력) ❹ 창 모드 (기본, 숨김, 대화 상자)

3) 매크로 생성

유형	방법
이름 제시	폼 디자인 상태에서 [만들기] – [매크로 및 코드] – [매크로]를 이용해 매크로 작성
이름 제시 X	폼 디자인 상태에서 [속성 시트] – [이벤트]에서 바로 매크로 작성

4) 매크로 Where 조건문

유형	방법
조건식 구조	[필드명] = 조건
전체 문자열	[부서명] = [Forms]![부서]![txt부서명]
일부 문자열	[제품명] Like "*" & [Forms]![부서]![txt조회] & "*"

5) 매크로 식 작성 시 컨트롤 경로 표현

유형	방법
현재 폼	[컨트롤명]
외부 폼	[Forms]![외부폼명]![컨트롤명]
하위 폼	[하위폼명].Form![컨트롤명]

2 출제 유형 이해

www.ebs.co.kr/compass(액세스 실습 파일 다운로드) 

문제 작업 파일: 05_폼매크로_1.accdb

1. <봉사내역입력> 폼의 '학생정보확인'(cmd보기) 단추를 클릭하면 <재학생관리> 폼을 '폼 보기' 형식으로 여는 <재학생보기> 매크로를 생성하여 지정하시오.
   - ▶ 매크로 조건: '학번' 필드의 값이 'txt학번'에 해당하는 재학생의 정보만 표시

2. 폼 머리글 영역에 다음의 지시 사항에 따라 '단추' 컨트롤을 생성하시오.
   - ▶ 단추를 클릭하면 현재 폼을 닫도록 <닫기> 매크로를 생성하여 지정하시오.
   - ▶ 컨트롤의 이름은 'cmd닫기', 캡션은 '닫기'로 설정하시오.
   - ▶ 글꼴 종류 '맑은 고딕', 글꼴 크기 '11'로 설정하시오.

▶ 폼이 닫히면서 변경 내용이 있으면 저장 여부를 확인하도록 설정하시오.

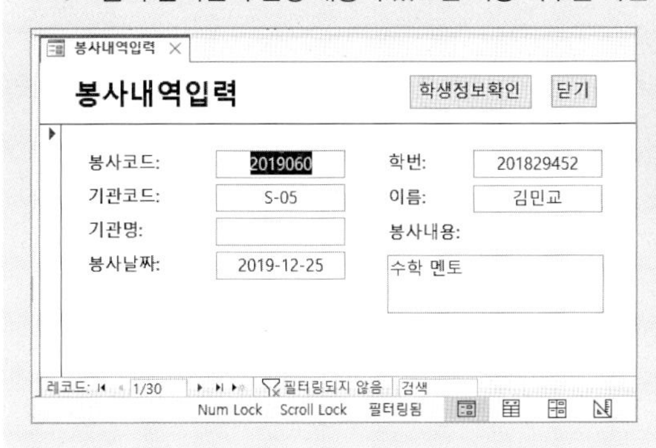

[풀이]

① <봉사내역입력> 폼 → 마우스 오른쪽 클릭 → [디자인 보기] → [만들기] → [매크로 및 코드] → [매크로]를 클릭한다.

☞ [매크로 편집] 창이 실행된다.

② 매크로 함수 추가 → ‘OpenForm’를 선택한다.

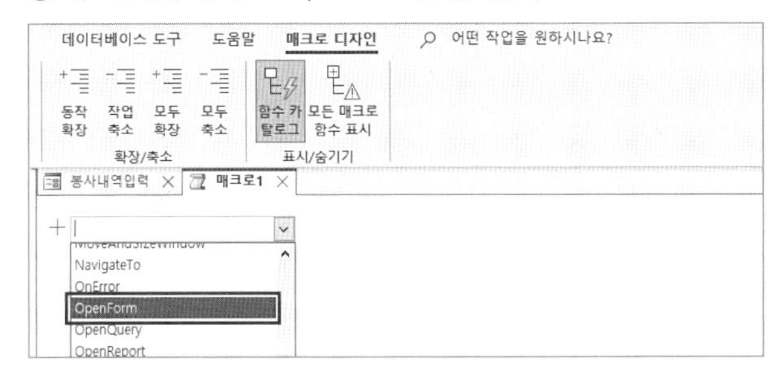

③ 폼 이름은 ‘재학생관리’ 선택 → 보기 형식은 ‘폼’ → [Where 조건문] 마법사(⚝)를 클릭한다.

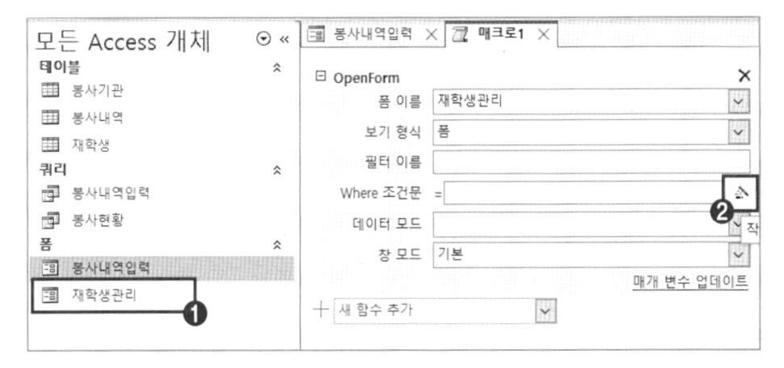

☞ [식 작성기]에서 작성한 식이 매크로 편집 창의 조건(Where) 항목에 추가된다.
식을 모두 직접 입력해도 되지만 기준 필드명만 입력하고 나머지 컨트롤 이름들은 [식 요소] 창에서 선택하여 추가한다.

[식 작성기] 자세히 보기가 안 보이면 자세히 도구를 누른다.

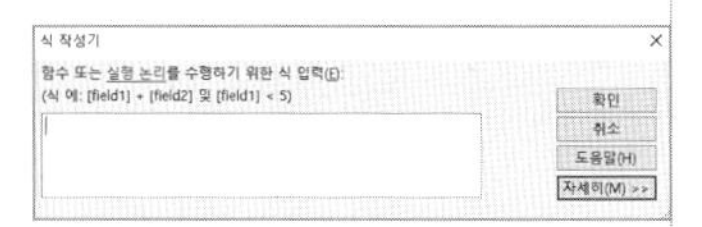

④ [식 작성기]에 **[학번] =** 입력 → [식 요소] → [로드된 폼]: '봉사내역입력' 선택 → [식 범주]: 'txt학번'을 더블클릭 → 확인 을 클릭한다.

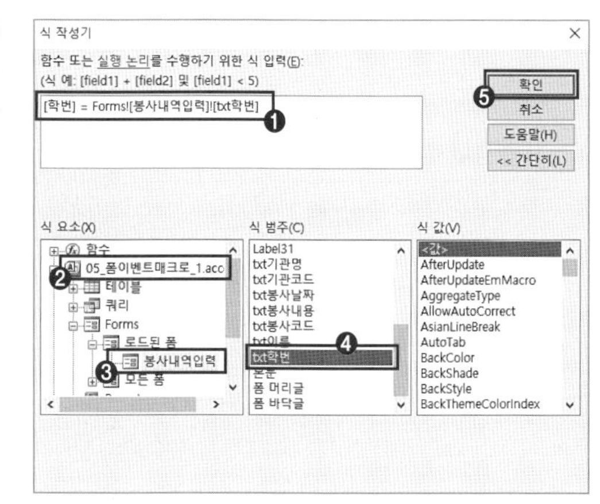

⑤ 매크로 닫기(X) → 매크로 저장 대화 상자 → '예' → [다른 이름으로 저장] → 매크로 이름은 **재학생보기**로 입력 → 확인 을 클릭한다.

☞ '재학생보기' 매크로가 저장된다.

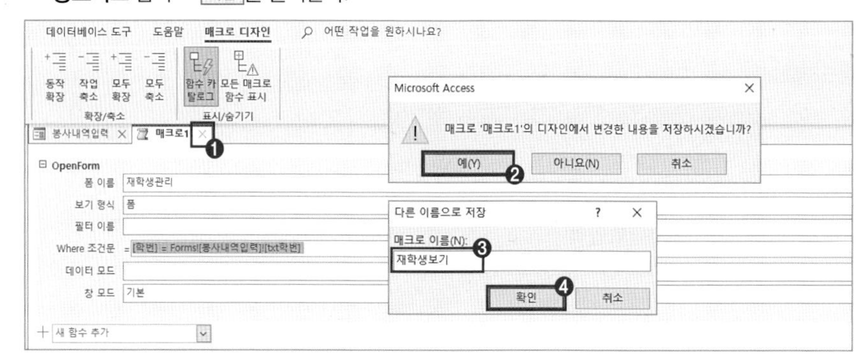

⑥ 'cmd보기' 컨트롤 선택 → [속성 시트] → [이벤트] 탭 → On Click에서 '재학생보기'를 선택한다.

☞ 'cmd보기' 컨트롤에 '재학생보기' 매크로가 연결된다.

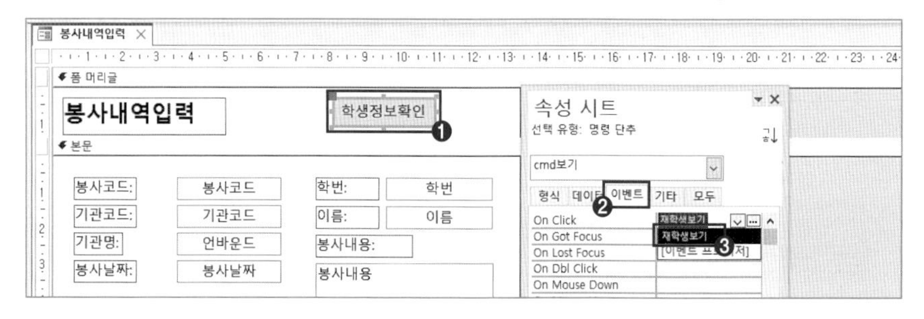

⑦ [양식 디자인] → '단추' 도구 선택 → 폼 머리글에 적당한 크기로 드래그한다.

☞ [명령 단추 마법사] 대화 상자가 실행된다.

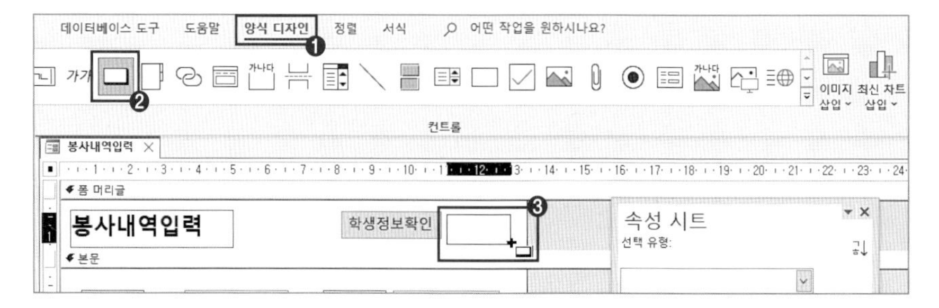

⑧ [명령 단추 마법사] → [종류]: '폼 작업' → [매크로 함수]: '폼 닫기' → 다음 을 클릭한다.

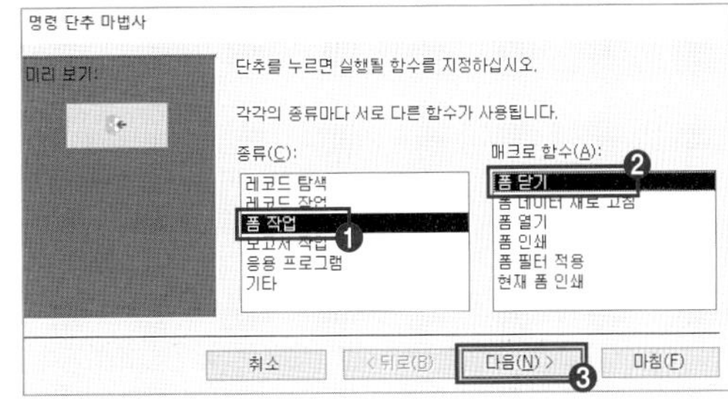

⑨ [텍스트]: **닫기** 입력 → 다음 을 클릭한다.

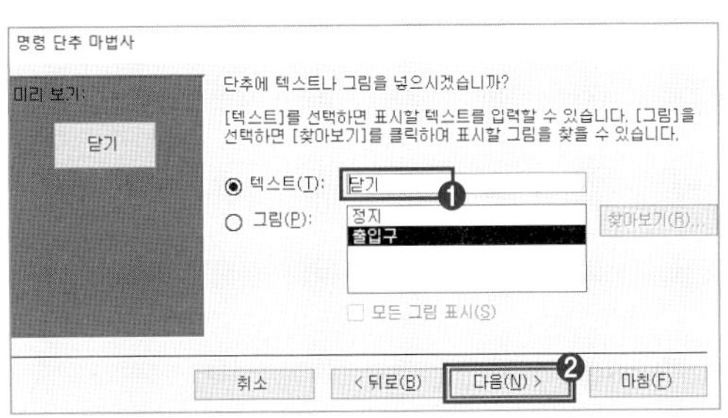

☞ 단추의 캡션이 '닫기'로 설정된다.
닫기(X) 단추에 그림 표시하기

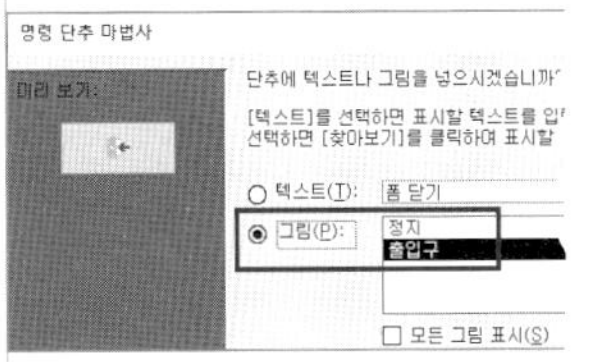

⑩ 단추 이름: **cmd닫기** 입력 → 마침 을 클릭한다.

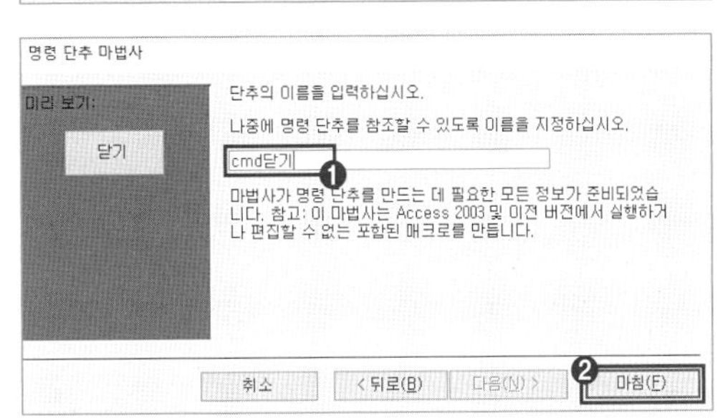

☞ 단추에 'cmd닫기' 컨트롤 이름이 지정되고 폼 닫기 매크로가 연결된다.

⑪ 글꼴 종류 맑은 고딕, 글꼴 크기 11, 폼 닫을 때 변경 내용이 있을 경우 저장 여부를 확인하는 것은 기본값이므로 따로 설정할 필요가 없다.

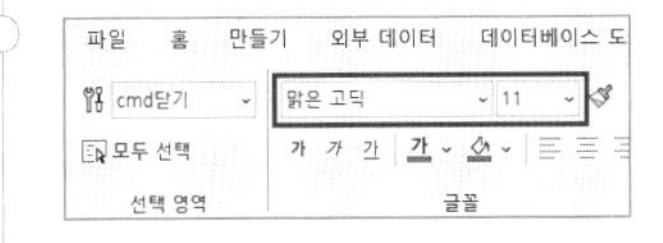

- 매크로 편집하기
  [속성 시트] → [이벤트] 탭 → [On Click] → 매크로 편집 ··· 단추를 클릭하면 매크로 편집 창이 실행된다.
- 폼 종료 옵션
  - 확인: 폼 변경 사항 확인 후 닫기
  - 예: 폼 변경 사항 저장하기
  - 아니요: 폼 변경 사항 저장하지 않기

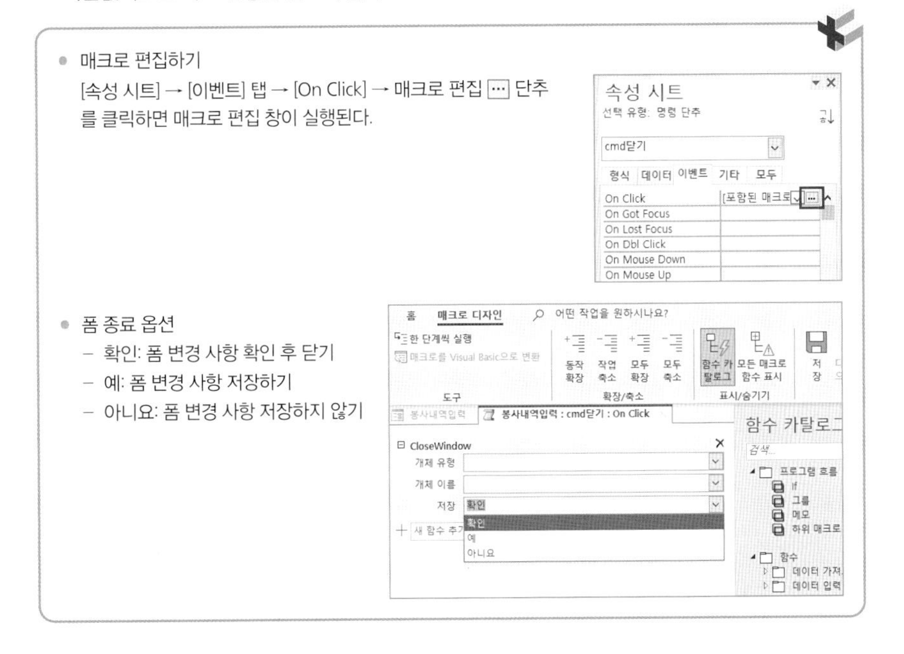

3 실전 문제 마스터

www.ebs.co.kr/compass(액세스 실습 파일 다운로드) 

문제 작업 파일: 05_폼매크로_2.accdb

1. <씨앗정보찾기> 폼의 '보고서'(cmd보고서) 단추를 클릭하면 <씨앗코드별주문현황> 보고서를 **'인쇄 미리 보기'의 형태로 여는 <보고서출력> 매크로**를 생성하여 지정하시오.
   - ▶ 매크로 조건: **'씨앗코드' 필드의 값이 'txt씨앗코드'에 해당하는 씨앗 정보**만 표시
   - ▶ 본문 영역에 단추 컨트롤을 추가하고 **컨트롤의 이름은 'cmd출력', 캡션은 '보고서출력'**으로 설정하시오.

2. 폼 본문의 'txt찾기' 컨트롤에 '씨앗명'의 일부를 입력하고 Enter를 누르면 입력된 **'씨앗명'의 일부를 포함하는 씨앗의 정보를 표시하는 <조회> 매크로를 생성**한 후 지정하시오.
   - ▶ 'txt찾기' 컨트롤의 <After Update> 이벤트에 지정하시오.
   - ▶ ApplyFilter 함수를 사용하시오.

씨앗정보찾기
씨앗이름 : 코스
보고서출력
씨앗코드 A1002
씨앗명 코스모스
원산지 중국
성장주기 일년생
높이 1~2m
파종시기 4~6
개화시기 7~10
레코드: 1/1 필터링됨 검색

[1. 풀이]

① <씨앗정보찾기> 폼 → 마우스 오른쪽 클릭 → [디자인 보기] → [양식 디자인] → '단추' → 폼 본문에 드래그한다.

☞ [명령 단추 마법사]가 실행된다.

② [명령 단추 마법사] → 취소 를 클릭한다.

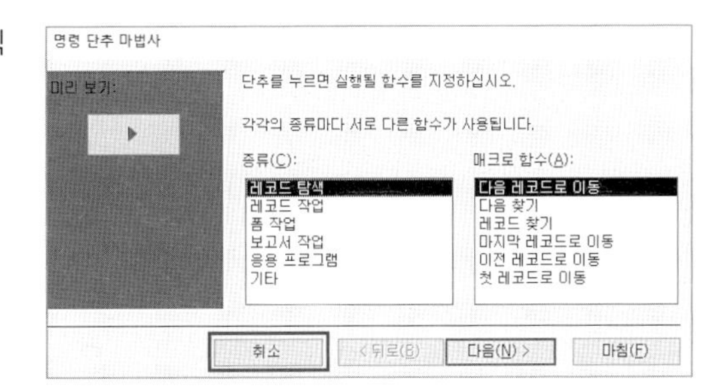

[명령 단추 마법사]가 취소된다. 문제에 매크로 이름이 있으므로 단추만 추가하고 [만들기] → [매크로] 도구를 사용한다.

컨트롤 마법사 사용

- [양식 디자인] → [컨트롤] → [자세히]를 누르면 그림과 같이 [컨트롤 마법사 사용] 선택 메뉴가 표시된다.
- [컨트롤 마법사 사용] 선택: 컨트롤 추가 시 마법사 실행
- [컨트롤 마법사 사용] 선택 해제: 컨트롤 추가 시 마법사 실행 안 됨

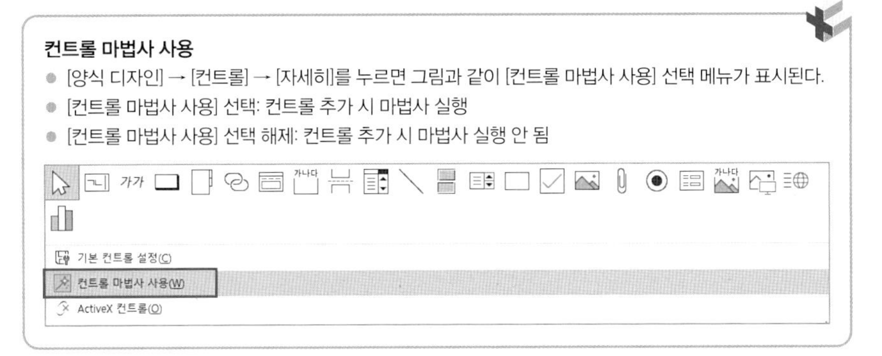

③ 단추 선택 → [속성 시트] → [모두] 탭 → [이름]: **cmd출력** 입력 → [캡션]: **보고서출력**을 입력한다.

추가된 단추의 이름은 'cmd출력', 캡션은 '보고서출력'으로 변경된다.

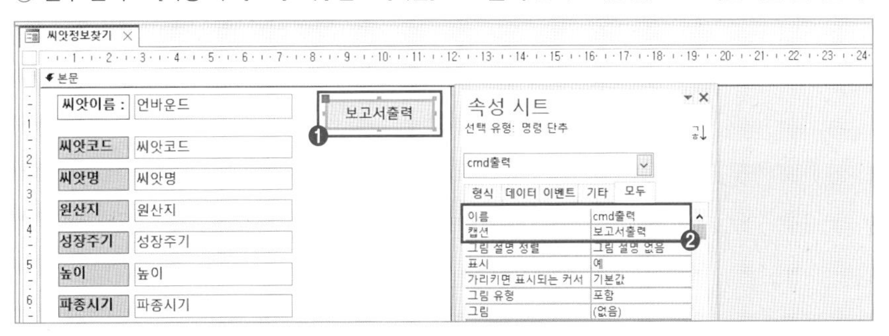

④ [만들기] 탭 → [매크로 및 코드] 그룹 → [매크로]를 클릭한다.

매크로 이름이 제시된 경우 [만들기] 탭에서 [매크로] 도구를 이용하여 매크로를 작성한다.

⑤ [매크로 편집기] → [새 함수 추가] → OpenReport 선택 → [보고서 이름]: '씨앗코드별주문현황' 선택 → [보기 형식]: '인쇄 미리 보기' → [Where 조건문] 마법사( )를 선택한다.

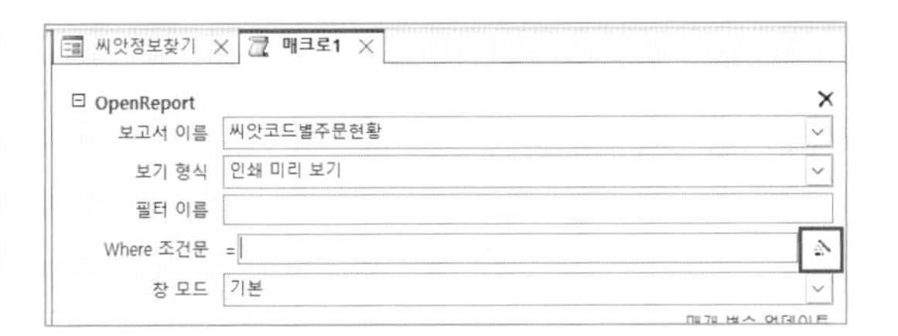

⑥ [식 작성기]를 이용하여 다음과 같이 조건식을 입력하고 확인 을 클릭한다.
[씨앗코드]=[Forms]![씨앗정보찾기]![txt씨앗코드]

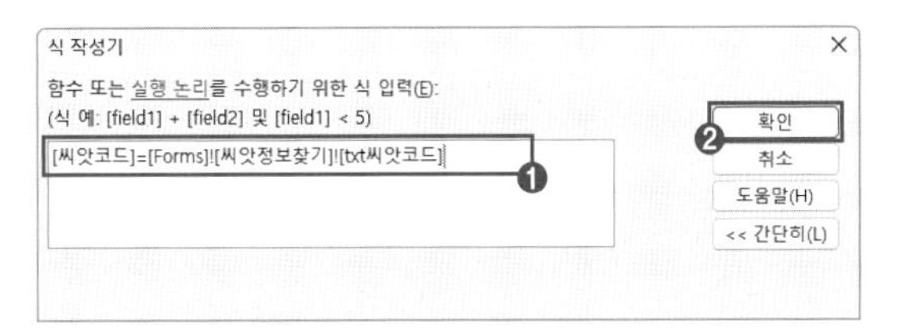

[식 범주]에서 컨트롤을 더블클릭하면 식 입력 창에 컨트롤이 자동으로 입력된다.
[테이블명]![필드명]

⑦ 매크로 닫기(×) → 매크로 저장 대화 상자 → '예' → [다른 이름으로 저장] 대화 상자에 **보고서출력**으로 입력 → [확인]을 클릭한다.

⑧ 폼 디자인으로 돌아와서 'cmd출력' 컨트롤 선택 → [이벤트] 탭 → [On Click]: 보고서출력 매크로를 선택한다.

[2. 풀이]

① [만들기] → [매크로 및 코드] → [매크로]를 클릭한다.

② [새 함수 추가] → ApplyFilter 선택 → [Where 조건문] 마법사 선택 → [식 작성기]를 이용하여 다음과 같이 조건식을 입력하고 [확인]을 클릭한다.

[씨앗]![씨앗명] Like "*" & [Forms]![씨앗정보찾기]![txt찾기] & "*"

☞ 식 작성기 활용하기
- 식 작성기의 [식 요소] 도구에서 각 컨트롤을 더블클릭하고 'Like' 명령어는 직접 입력하여 아래와 같이 식을 완성한다.

① [씨앗]![씨앗명]: 더블클릭
② [씨앗]![씨앗명] Like: 입력
③ [씨앗]![씨앗명] Like [Forms]![씨앗정보찾기]![txt찾기]: 더블클릭
④ [씨앗]![씨앗명] Like "*" & [Forms]![씨앗정보찾기]![txt찾기] & "*": "*" 입력

- &: 문자열 연결 연산자

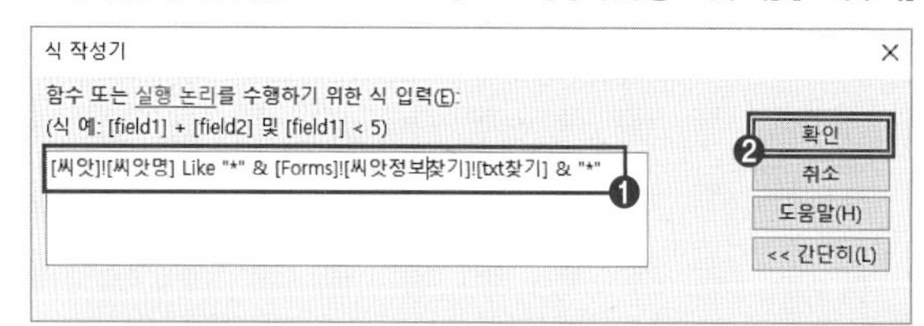

③ 매크로 닫기(×) → 매크로 저장 대화 상자 → '예' → [다른 이름으로 저장] 대화 상자에 **조회**로 입력 → [확인]을 클릭한다.

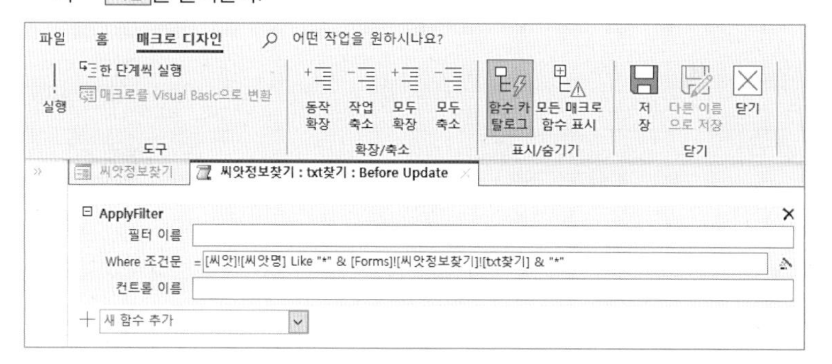

④ 폼 디자인으로 돌아와서 'txt찾기' 단추 → [속성 시트] → [이벤트] 탭 → [After Update]: '조회'를 선택한다.

☞ 'txt찾기' 단추 After Update 이벤트에 <조회> 매크로가 연결된다.

☞ 매크로 이벤트
- After Update: 컨트롤이나 레코드가 변경된 후 발생
- Before Update: 컨트롤이나 레코드가 변경되기 전 발생
- On Click: 컨트롤을 클릭하면 발생
- On Change: 텍스트 상자 컨트롤, 콤보 상자의 텍스트가 바뀔 때, 다른 페이지로 이동할 때 발생

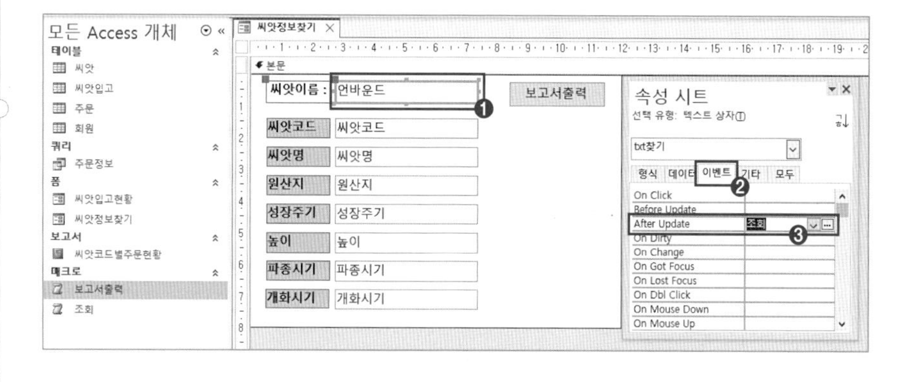

폼 조회 속성

- Access 폼 디자인에서 텍스트 상자 컨트롤을 콤보 상자 컨트롤로 변경할 수 있다.
- 콤보 상자에 제시된 조건에 따라 조회 속성을 적용할 수 있다.
- 조회 속성의 바운드 열, 열 너비 등을 설정할 수 있다.

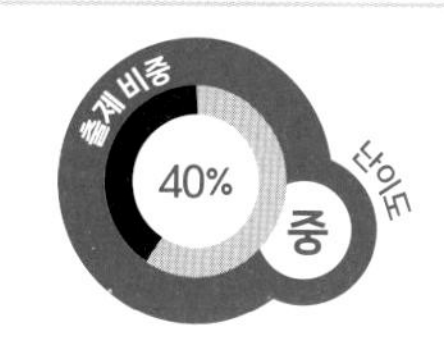

1 개념 학습

[폼 조회 속성 기초 이론]

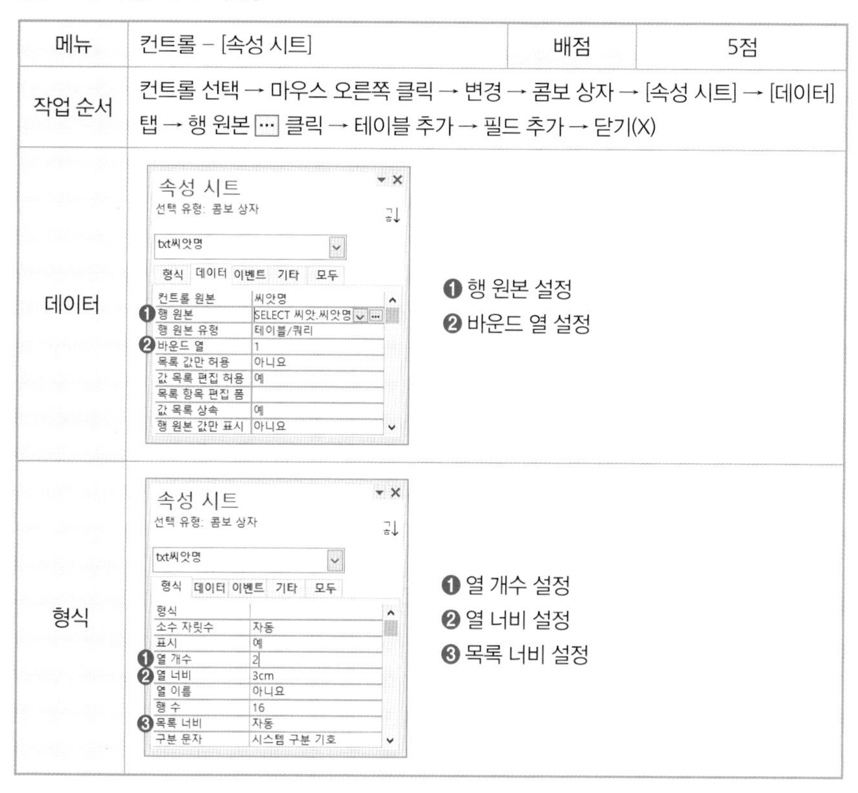

메뉴	컨트롤 – [속성 시트]	배점	5점
작업 순서	컨트롤 선택 → 마우스 오른쪽 클릭 → 변경 → 콤보 상자 → [속성 시트] → [데이터] 탭 → 행 원본 [...] 클릭 → 테이블 추가 → 필드 추가 → 닫기(X)		
데이터	❶ 행 원본 설정 ❷ 바운드 열 설정		
형식	❶ 열 개수 설정 ❷ 열 너비 설정 ❸ 목록 너비 설정		

2 출제 유형 이해

www.ebs.co.kr/compass(액세스 실습 파일 다운로드)

문제 작업 파일: 06_조회속성_1.accdb

<봉사내역> 폼의 기관코드(cmb기관코드) 컨트롤에 대해서 다음과 같이 조회 속성을 설정하시오.

▶ **콤보 상자로 변경한 후 <봉사기관> 테이블의 기관코드, 기관명 필드**를 표시하시오.

▶ 컨트롤에는 **'기관코드'가 저장**되도록 설정하시오.

▶ **열 너비는 각각 1cm, 5cm, 목록 너비는 6cm**로 지정하시오.

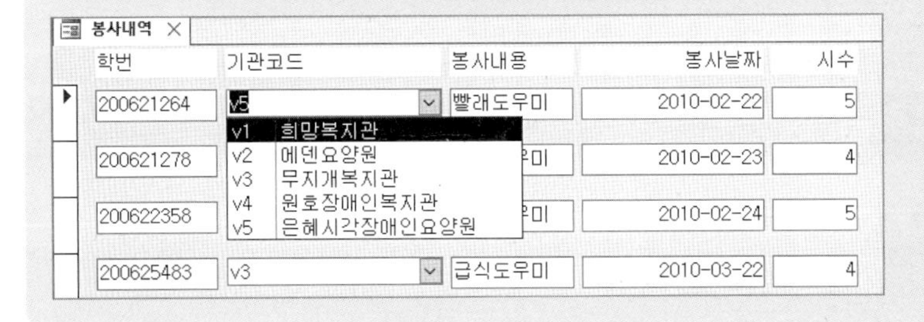

[풀이]

① <봉사내역> 폼 → 마우스 오른쪽 클릭 → [디자인 보기] → 'cmb기관코드' 컨트롤 → 마우스 오른쪽 클릭 → [변경] → [콤보 상자]를 선택한다.

☞ 'cmb기관코드' 컨트롤이 텍스트 상자에서 콤보 상자로 변경된다.

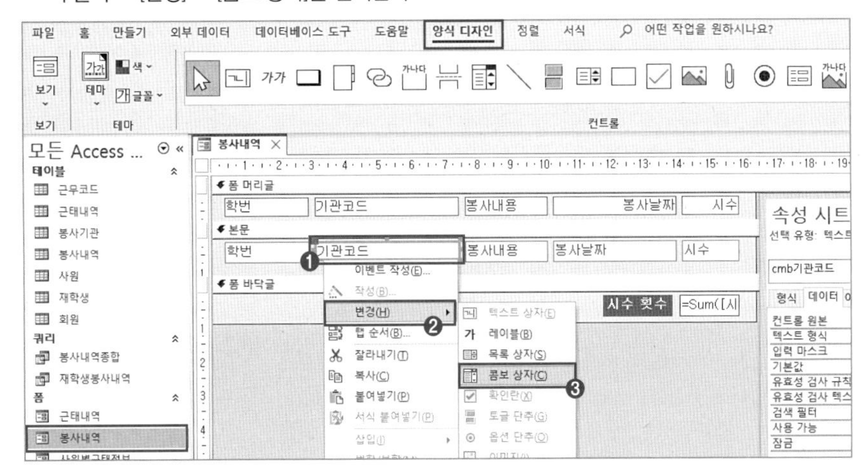

② 'cmb기관코드' 컨트롤 선택 → [속성 시트] → [데이터] 탭 → [행 원본] → 쿼리 작성기 [...]를 클릭한다.

☞ '봉사내역: 쿼리 작성기'가 실행된다.

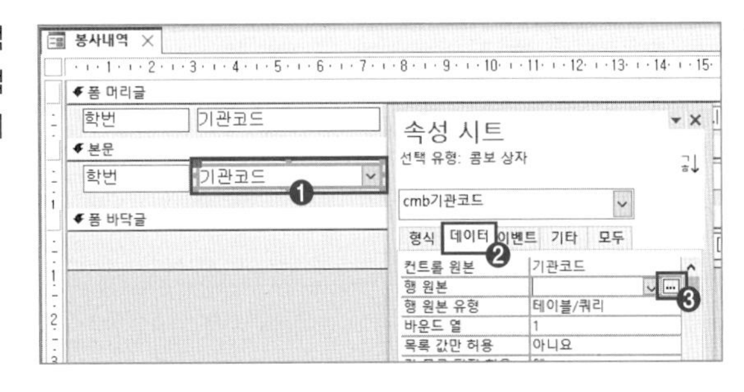

③ [테이블 추가] 시트 → <봉사기관> 테이블 더블클릭 → '기관코드', '기관명' 더블클릭하여 필드 구성 → '봉사내역 : 쿼리 작성기' 닫기(X)를 클릭한다.

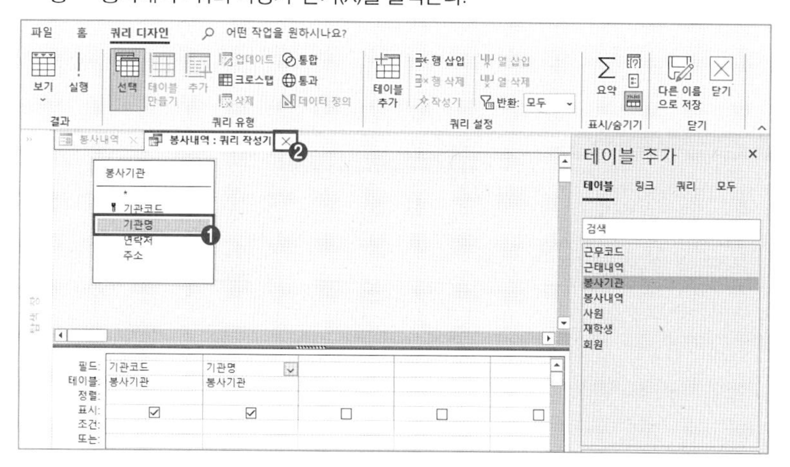

'봉사내역 : 쿼리 작성기' 닫기 및 경고 메시지 대화 상자가 실행된다.

[테이블 추가] 창 표시하기
[쿼리 디자인] → [쿼리 설정] → [테이블 추가]

④ 속성 업데이트 경고 메시지 대화 상자가 나타나면 '예'를 클릭한다.

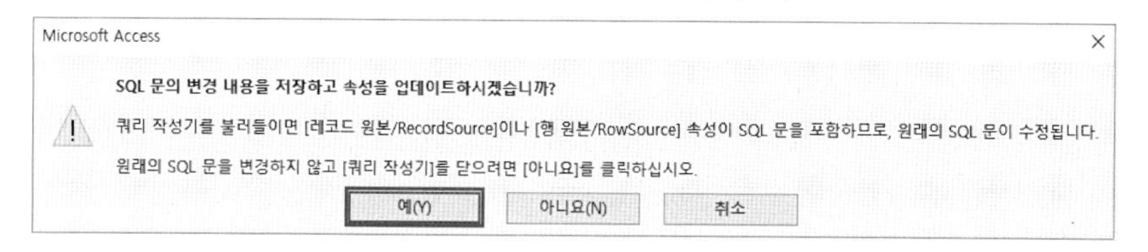

'봉사내역 : 쿼리 작성기'가 저장된다.

⑤ 'cmb기관코드' 컨트롤 선택 → [속성 시트] → [데이터] 탭 → [바운드 열]: **1** → [형식] 탭 → [열 개수]: **2**, [열 너비]: **1;5**, [목록 너비]: **6**을 입력한다.

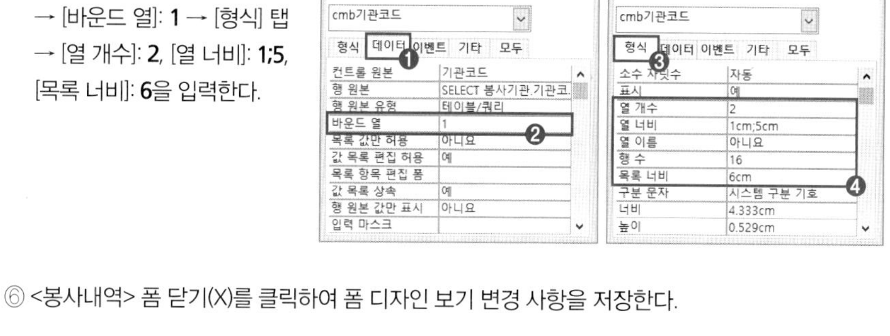
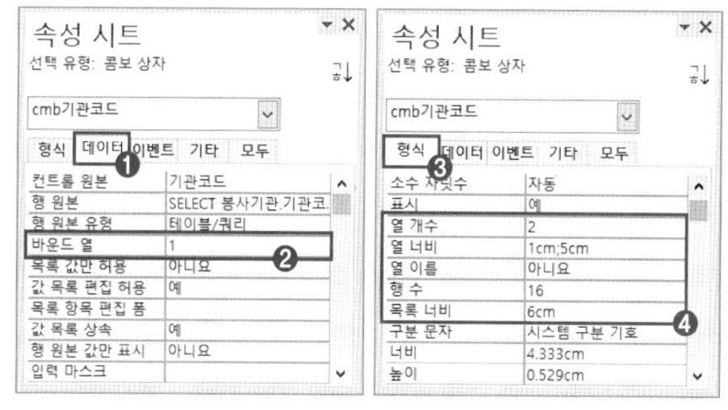

첫 번째 열인 기관코드가 컨트롤에 연결되고, 열 너비가 1cm;5cm로 변경된다. 1;5 Enter를 누르면 자동으로 1cm;5cm처럼 cm 단위가 붙는다.

⑥ <봉사내역> 폼 닫기(X)를 클릭하여 폼 디자인 보기 변경 사항을 저장한다.

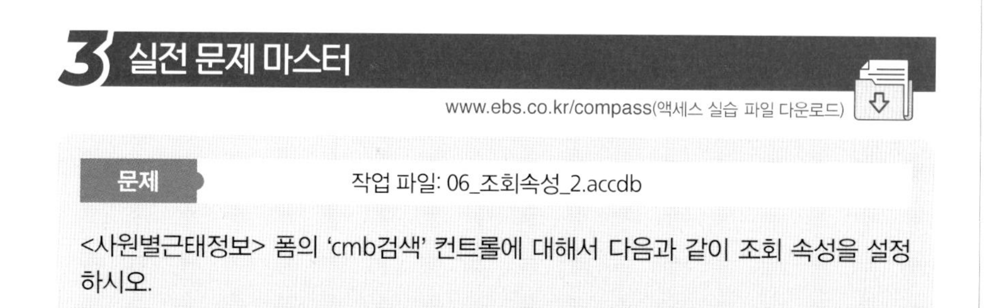

3 실전 문제 마스터

www.ebs.co.kr/compass(액세스 실습 파일 다운로드)

문제 작업 파일: 06_조회속성_2.accdb

<사원별근태정보> 폼의 'cmb검색' 컨트롤에 대해서 다음과 같이 조회 속성을 설정하시오.

▶ 콤보 상자 형태로 변경하고, 컨트롤에는 '이름'이 저장되도록 설정하시오.

▶ <사원> 테이블의 '이름', '사번', '직급'을 행 원본으로 설정하시오.

▶ '사번'은 표시되지 않도록 열 너비를 조절하고 목록 너비를 6cm로 설정하시오.

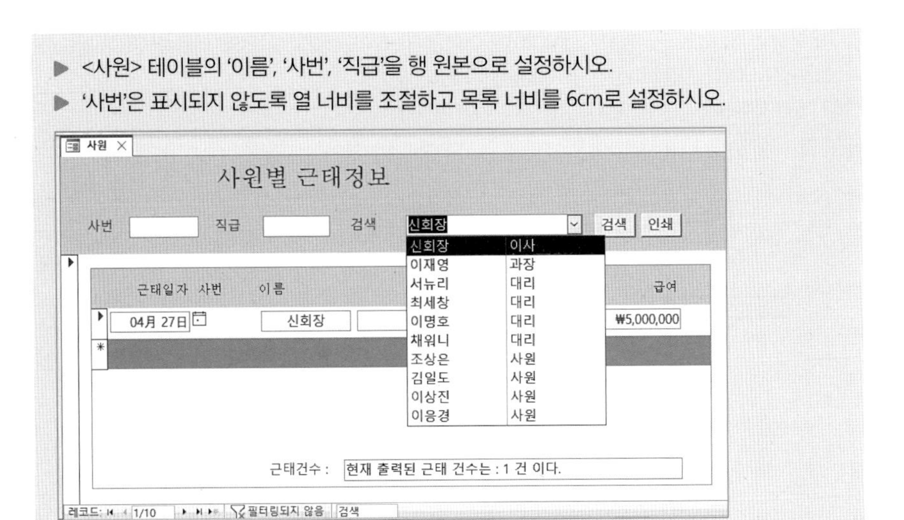

[풀이]

① <사원별근태정보> 폼 → 마우스 오른쪽 클릭 → [디자인 보기] → 'cmb검색' 컨트롤 → 마우스 오른쪽 클릭 → [변경] → [콤보 상자]를 선택한다.

② 'cmb검색' 컨트롤 선택 → [속성 시트] → [데이터] 탭 → [행 원본] → 쿼리 작성기 ...를 클릭한다.

③ '사원별근태정보 : 쿼리 작성기' → [테이블 추가] → <사원> 테이블 더블클릭 → '이름', '사번', '직급' 필드를 더블클릭하여 필드 구성 → '사원별근태정보 : 쿼리 작성기' 닫기(X)를 클릭한다.

속성 업데이트 경고창 → '예'를 클릭하여 변경 사항을 저장한다.

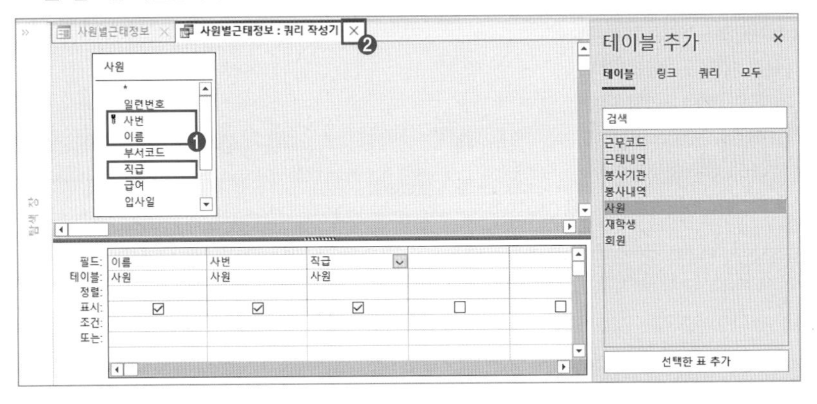

④ 'cmb검색' 컨트롤 선택 → [속성 시트] → [데이터] 탭 → [바운드 열]: **1** → [형식] 탭 → [열 개수]: **3**, [열 너비]: **3;0;3**, [목록 너비]: **6**을 입력한다.

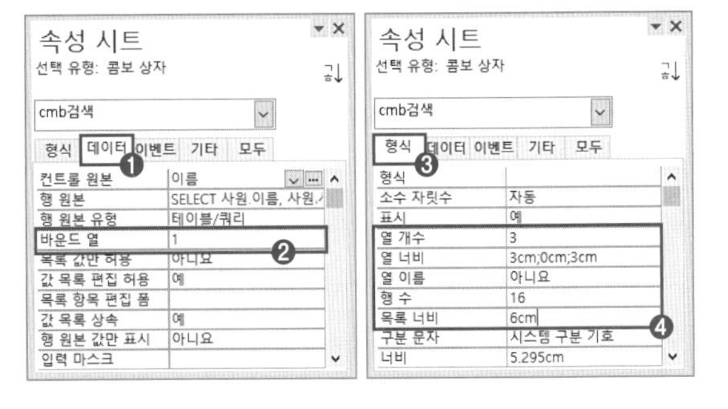

⑤ <사원별근태정보> 폼 닫기(X)를 클릭하여 폼 디자인 보기 변경 사항을 저장한다.

- 바운드 열
  - 컨트롤에 저장될 필드 번호를 설정한다.
  - '이름' 필드가 첫 번째로 추가되었으므로 바운드 열은 1이 된다.
- 특정 열 숨기기
  - 목록 너비: 6cm
  - 열 너비: 3cm;0cm;3cm
  - 위 설정에서 두 번째 필드 0cm이므로 '사번' 필드가 숨겨진다.

조회 및 출력 기능 구현

시험 출제 정보

- 출제 문항 수: 2문제(보고서 1문제, 출력 및 프로시저 1문제)
- 출제 배점: 20점

	세부 기능	출제 경향
1	**보고서 완성**	– 각 3점씩 5문제, 배점 15점 – 보고서 구성 요소 편집
2	**매크로, 프로시저**	– 1문제, 배점 5점 – 이벤트 발생할 때 메시지 상자, 보고서 출력 등 다양한 매크로 및 프로시저 작업

조회 및 출력 기능 구현

01

보고서 완성

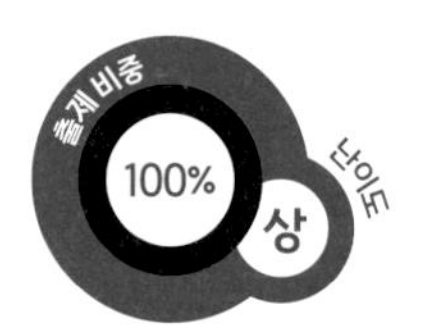

- Access 보고서 디자인 보기를 활용하여 보고서의 다양한 속성을 변경할 수 있다.
- 보고서의 그룹 기준과 정렬을 추가, 변경할 수 있다.
- 보고서 페이지 바닥글, 그룹 바닥글에 페이지 번호를 표시하는 식을 작성할 수 있다.
- 보고서에 컨트롤 속성 변경을 통해 날짜를 표시하고 Format문을 활용할 수 있다.

1 개념 학습

1) 보고서 완성의 기능

기능	실행 방법
보고서 정렬	보고서 속성 → 마우스 오른쪽 클릭 → 정렬 및 그룹화
형식 설정	날짜 형식 설정, Format문
반복 실행 구역	그룹 머리글을 페이지마다 반복 실행
중복 내용 숨기기	특정 필드에 동일 레코드가 반복되면 한 번만 표시
페이지 번호 작성	현재 페이지: [page]/전체 페이지: [pages]
페이지 바꿈	구역 전, 구역 후, 구역 전/후
배경색 변경	[속성 시트] → [형식] 탭 → [배경색]
그룹별 일련번호 표시	컨트롤에 =1 입력 → [속성 시트] → [데이터] 탭 → [누적 합계] → 그룹
그룹 머리글/바닥글 표시	[그룹 및 정렬] 자세히 ▶ 클릭 후 "구역 표시"
제목 삽입 및 수정	제목 레이블 추가 및 속성 설정
텍스트 상자 연산	두 필드를 연결하여 표시: =[학번] & "-" & [이름]
전체 레코드 수 구하기	=Count(*) & "건" (대부분 & 제시)
요소 높이 설정	요소 상단 바 선택 → [속성 시트] → [형식] 탭 → [높이]
조건부 서식	본문 선택 → 서식 → 조건부 서식

2) 보고서 디자인의 각 구역

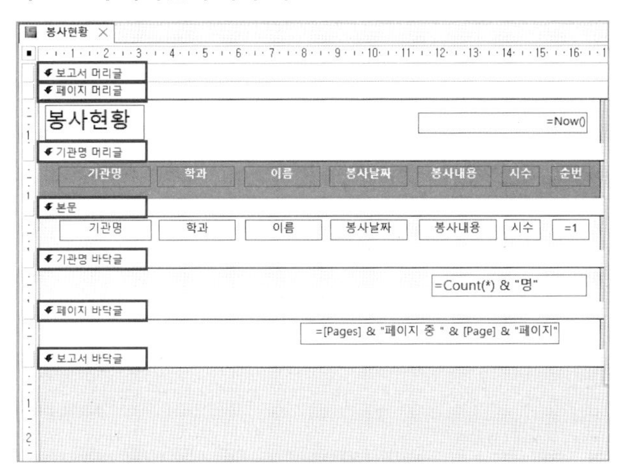

2 출제 유형 이해

www.ebs.co.kr/compass(액세스 실습 파일 다운로드)

문제 작업 파일: 01_보고서완성_1.accdb

다음의 지시 사항 및 화면을 참조하여 <봉사현황> 보고서를 완성하시오.

봉사현황 2023년 7월

기관명	학과	이름	봉사날짜	봉사내용	시수	순번
맨솔 복지관	K컬처학과	현경이	2025-03-02	김장	3	1
	연극영화	면처리	2024-12-08	청소도우미	3	2
	연극영화	면처리	2024-12-15	목욕도우미	2	3
	금융정보과	형주니	2025-01-06	스마트폰 활용	3	4
	글로벌학과	민중이	2025-02-02	제과	4	5
	글로벌학과	예쁘니	2024-12-01	스마트폰 활용	4	6
	글로벌학과	민중이	2025-04-06	영어 멘토	2	7
						7명

기관명	학과	이름	봉사날짜	봉사내용	시수	순번
반석 복지관	K컬처학과	최은화	2025-06-15	영어 멘토	3	1
	K컬처학과	현경이	2025-06-08	수학 멘토	2	2
	IT융합	신거리	2026-03-05	제과	7	3
	회계학과	거리고	2026-05-06	김장	5	4
	연극영화	면처리	2025-06-16	수학 멘토	2	5

4페이지 중 1페이지

[풀이]

1. 동일한 '기관명' 내에서는 '학과' 필드를 기준으로 내림차순 정렬되어 표시되도록 정렬을 추가하시오.

① <봉사현황> 보고서 → 마우스 오른쪽 클릭 → [디자인 보기] → '보고서 속성 도구' 클릭 → [정렬 및 그룹화]를 클릭한다.

☞ 보고서 디자인 보기 화면 하단에 '그룹, 정렬 및 요약' 도구가 활성화된다.

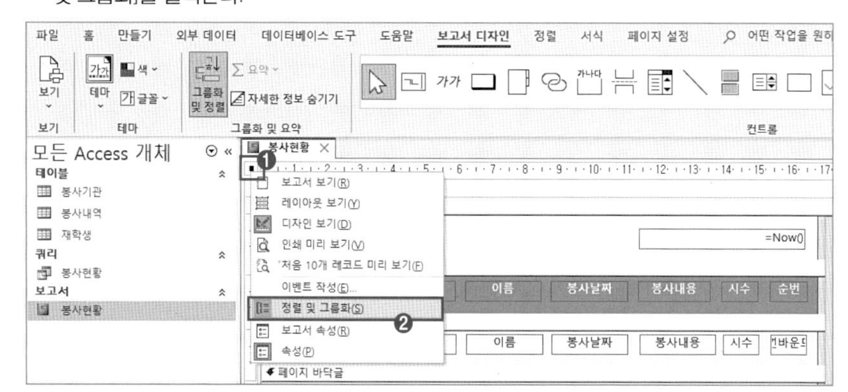

☞ 보고서 정렬 기준이 학과의 내림차순으로 변경된다.

② [정렬 추가] → [정렬 기준]: 학과 → [정렬 기준]: 내림차순으로 변경한다.

☞ 정렬 기준 삭제하기
'그룹, 정렬 및 요약' 도구 오른쪽 끝의 '삭제(X)' 도구를 클릭한다.

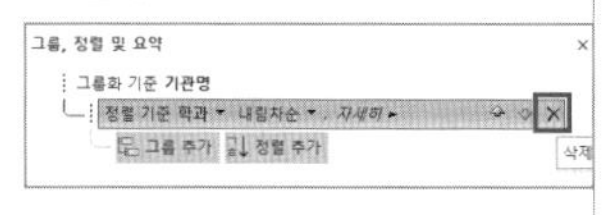

2. 페이지 머리글 영역의 'txt날짜' 컨트롤에는 [표시 예]와 같이 표시되도록 '형식' 속성을 설정하시오.

▶ 표시 예: 2025-02-03 → 2025년 2월

☞ 'txt날짜' 컨트롤의 날짜 형식이 'yyyy"년 "m₩월'로 변경된다.

① '페이지 머리글' 영역의 → 'txt날짜' 컨트롤 선택 → [속성 시트] → [형식] 탭 → [형식]에 **yyyy년 m월**을 입력한다.

3. 기관명 머리글 영역에서 머리글 내용이 페이지마다 반복적으로 표시되도록 설정하시오.

☞ '그룹 머리글'이 매 페이지 상단에 반복 실행된다.

① '기관명 머리글' 선택 → [속성 시트] → [형식] 탭 → [반복 실행 구역]: '예'를 선택한다.

4. 본문 영역의 'txt기관명' 컨트롤의 값이 이전 레코드와 같은 경우에는 표시되지 않도록 설정하시오.

① '본문' 영역의 'txt기관명' 컨트롤 선택 → [속성 시트] → [형식] 탭 → [중복 내용 숨기기]: '예'를 선택한다.

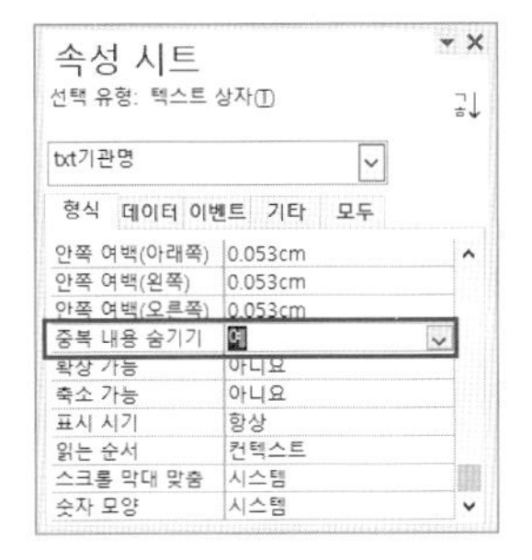

☞ 'txt기관명' 컨트롤에 중복 내용 숨기기가 적용된다.

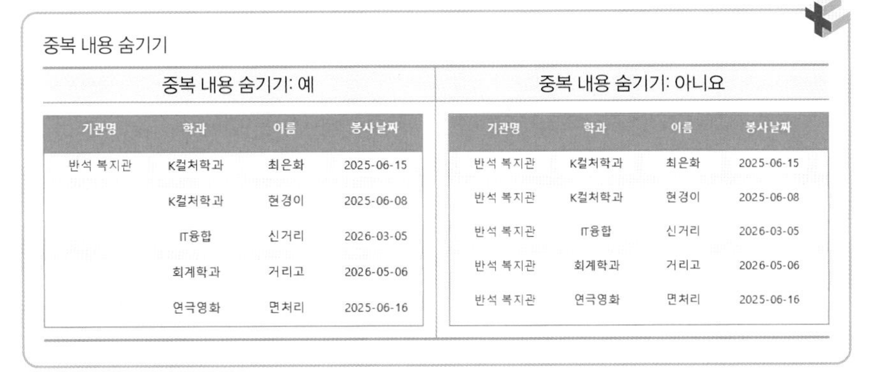

중복 내용 숨기기

중복 내용 숨기기: 예

기관명	학과	이름	봉사날짜
반석 복지관	K컬처학과	최은화	2025-06-15
	K컬처학과	현경이	2025-06-08
	IT융합	신거리	2026-03-05
	회계학과	거리고	2026-05-06
	연극영화	면처리	2025-06-16

중복 내용 숨기기: 아니요

기관명	학과	이름	봉사날짜
반석 복지관	K컬처학과	최은화	2025-06-15
반석 복지관	K컬처학과	현경이	2025-06-08
반석 복지관	IT융합	신거리	2026-03-05
반석 복지관	회계학과	거리고	2026-05-06
반석 복지관	연극영화	면처리	2025-06-16

5. 페이지 바닥글 영역의 'txt페이지' 컨트롤에는 페이지가 다음과 같이 표시되도록 설정하시오.

▶ 표시 예: 5페이지 중 2페이지

① '페이지 바닥글' 영역의 'txt페이지' 컨트롤 선택 → [속성 시트] → [데이터] 탭 → [컨트롤 원본] → 마우스 오른쪽 클릭 → [확대/축소] → [확대/축소] 대화 상자에 **=[Pages] & "페이지 중 " & [Page] & "페이지"** 입력 → [확인]을 클릭한다.

☞ '페이지 바닥글' 영역 'txt페이지' 컨트롤에 직접 입력해도 된다.

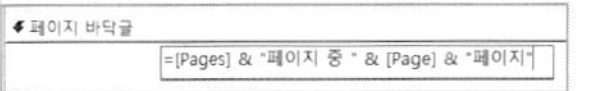

6. 본문 영역의 배경색을 '교차 행'으로 변경하시오.

① '본문' 영역 선택 → [속성 시트] → [형식] 탭 → [배경색]: '교차 행'을 선택한다.

☞ 본문 영역의 배경색이 '교차 행'으로 변경된다.

7. 'txt순번' 컨트롤에는 그룹별로 일련번호가 표시되도록 설정하시오.

① '본문' 영역 'txt순번' 컨트롤 선택 → [속성 시트] → [데이터] 탭 → [컨트롤 원본]: **=1** 입력 → [누적 합계]: '그룹'을 선택한다.

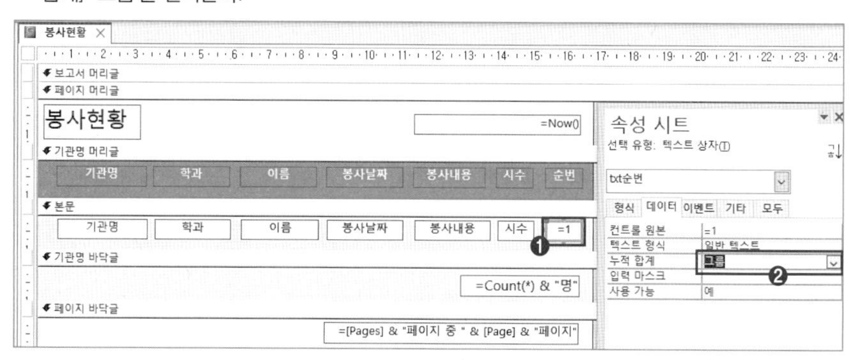

8. 그룹 바닥글을 표시하고 높이를 1cm로 설정하시오. "txt인원수" 컨트롤을 생성해서 기관별 전체 레코드 수가 표시되도록 컨트롤 원본 속성을 설정하시오.

▶ 표시 예: 5명

▶ & 연산자 이용

① '그룹, 정렬 및 요약' → 자세히(▶)를 클릭한다.

☞ '그룹, 정렬 및 요약'이 펼쳐진다.

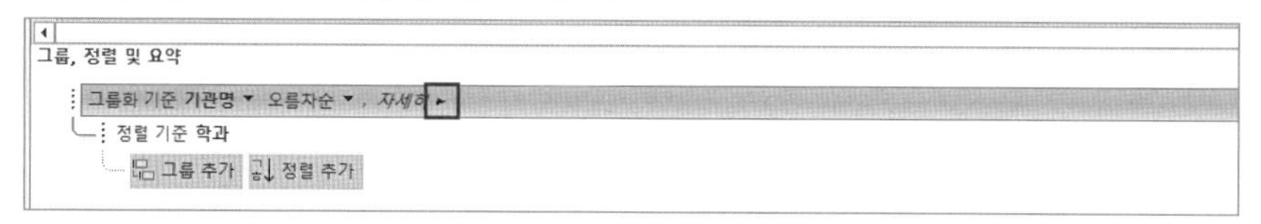

② [바닥글 구역]: '바닥글 구역 표시'를 선택한다.

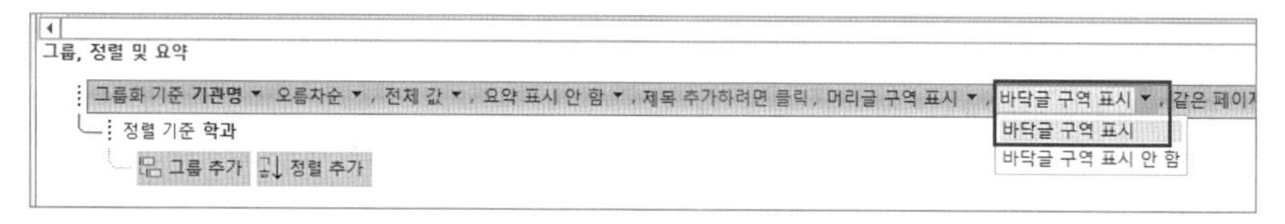

③ '기관명 바닥글' 선택 → [속성 시트] → [형식] 탭 → [높이]: **1**을 입력한다.

☞ '기관명 바닥글'의 높이가 1cm로 변경된다. 1만 입력하면 자동으로 1cm로 변경된다.

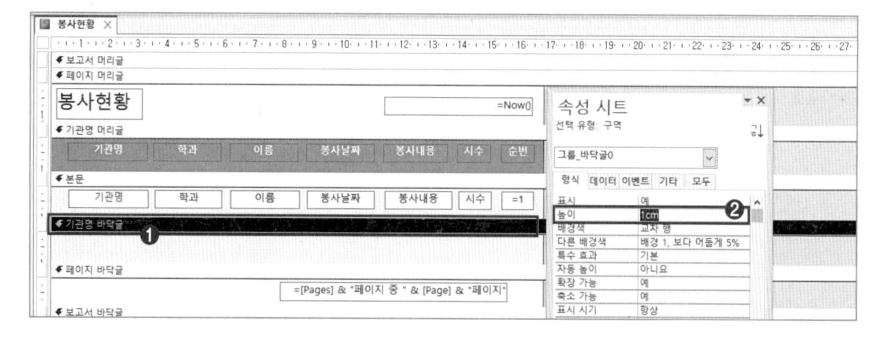

④ [보고서 디자인] → [컨트롤] → [텍스트 상자] 선택 → '기관명 바닥글' 영역에 드래그한다.

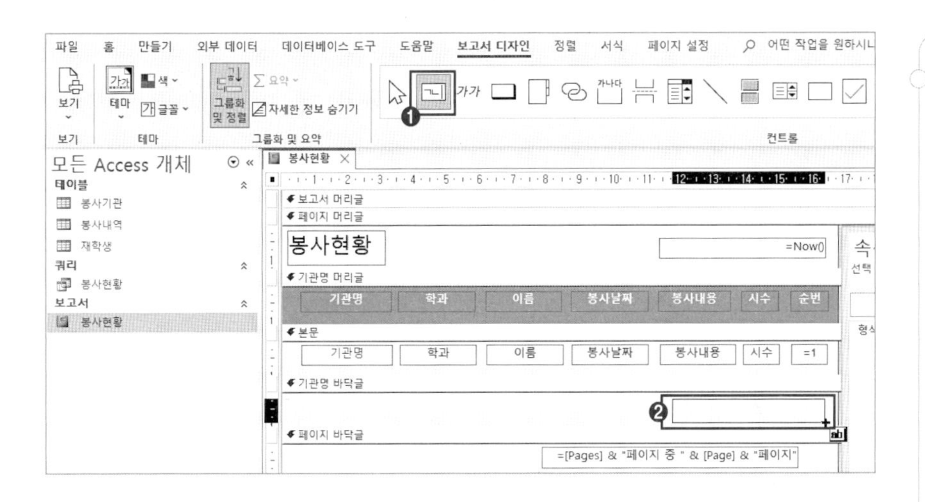

> ☞ '기관명 바닥글'에 텍스트 상자가 삽입된다.

⑤ 삽입된 텍스트 상자의 레이블 컨트롤 왼쪽 상단 이동 도구 선택 → Delete를 눌러 삭제한다.

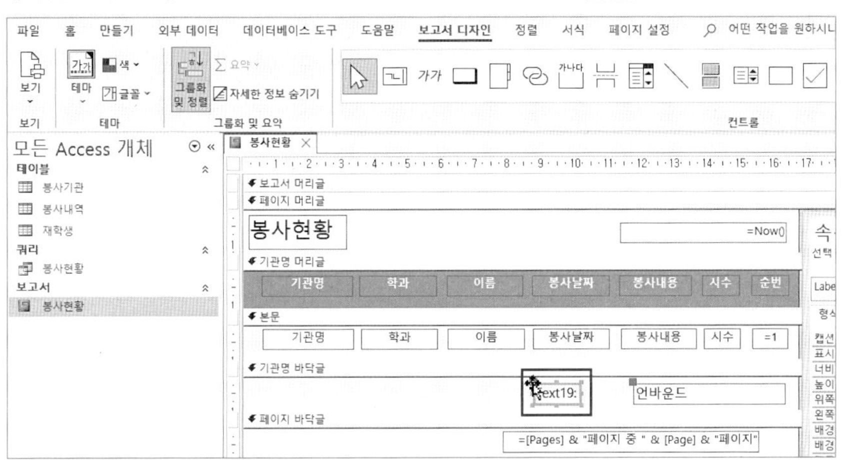

> ☞ 텍스트 상자 컨트롤을 삽입하면 레이블이 함께 삽입된다. 레이블이 필요없는 경우 삭제한다.

⑥ 삽입된 텍스트 상자 컨트롤 선택 → [속성 시트] → [모두] 탭 → [이름]: **txt인원수** → [컨트롤 원본]: **=Count(*) & "명"**을 입력한다.

> ☞ [모두] 탭에서 한 번에 컨트롤 이름, 컨트롤 원본 속성을 변경할 수 있다.

⑦ <봉사현황> 보고서 디자인 보기 닫기(X)를 클릭해 변경 내용을 저장한다.

3 실전 문제 마스터

www.ebs.co.kr/compass(액세스 실습 파일 다운로드)

문제 작업 파일: 01_보고서완성_2.accdb

다음의 지시 사항 및 화면을 참조하여 <부서별평가현황> 보고서를 완성하시오.

부서: 생산기술팀(AU11) 평가년도: 2023

부서명	사번	이름	직무역량	행동역량	누계	직무등급	순번
생산기술팀	EB_1004	이슬리	80	60	140	B	1
경영기획팀	EB_1005	면처리	85	80	305	B	2
경영기획팀	EB_1019	이선율	50	50	405	C	3
경영기획팀	EB_1020	옥채원	45	85	535	C	4
파견사업팀	EB_1024	희영이	80	65	680	B	5
파견사업팀	EB_1029	강원일	90	80	850	A	6
파견사업팀	EB_1038	서승남	70	70	990	C	7
품질경영팀	EB_1022	정두루	55	85	1130	C	8
품질경영팀	EB_1042	선사장	95	70	1295	A	9
신규사업팀	EB_1053	윤태징	70	80	1445	C	10

인원수 평균

2026年 6月 21日 14時 총 6 페이지 중 현재 2 페이지입니다

[풀이]

1. <부서별평가현황> 보고서의 레코드 원본을 <직무평가정보> 쿼리로 설정하시오.

① <부서별평가현황> 보고서 → 마우스 오른쪽 클릭 → [디자인 보기] → '보고서 속성' 도구 클릭 → [속성 시트] → [데이터] 탭 → [레코드 원본]: '직무평가정보' 쿼리를 선택한다.

☞ <부서별평가현황> 보고서의 레코드 원본이 <직무평가정보> 쿼리로 변경된다.

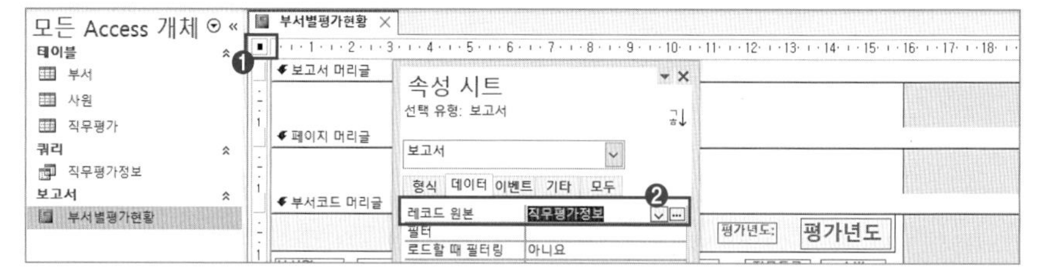

2. 보고서 제목 '부서별 평가 현황'을 보고서 머리글 영역에 입력하고, 컨트롤 이름은 'Lbl제목', 글꼴 굴림체, 크기 20, 텍스트 가운데 맞춤 설정하시오.

① [보고서 디자인] → [컨트롤] → '레이블' 도구 클릭 → '보고서 머리글'에 드래그하여 레이블을 삽입한다.

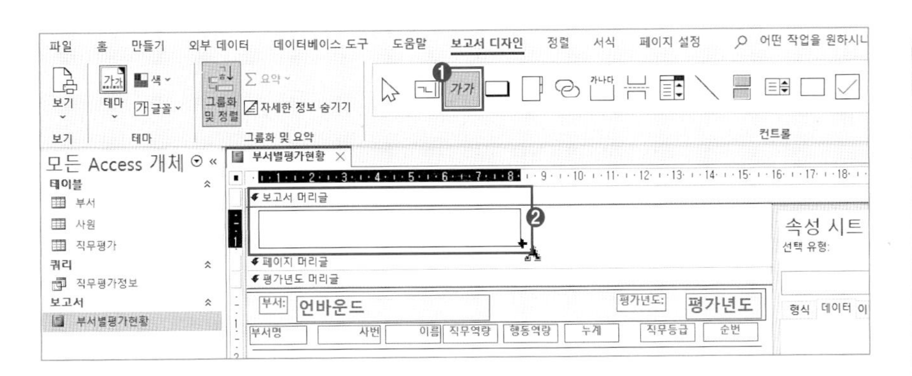

② 앞 단계에서 삽입한 '레이블' 컨트롤 선택 → [속성 시트] → [모두] 탭 → [이름]: **Lbl제목**을 입력한다.

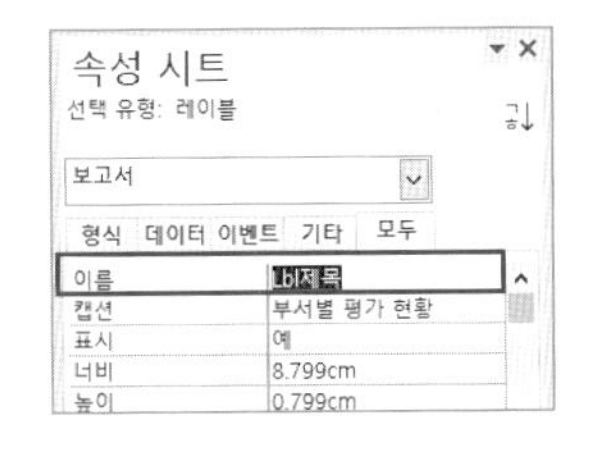

삽입된 레이블의 이름이 'Lbl제목'으로 변경된다.

③ 'Lbl제목' 레이블 컨트롤 → **부서별 평가 현황** 입력 → 'Lbl제목' 레이블 컨트롤 테두리 선택 → [속성 시트] → [형식] 탭 → [글꼴 이름]: **굴림체**, [글꼴 크기]: **20**, [텍스트 맞춤]: **가운데**로 설정한다.

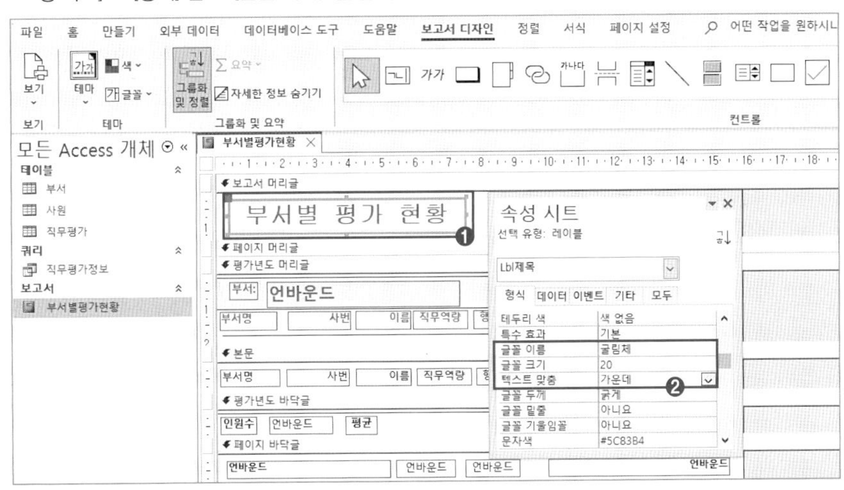

'Lbl제목' 레이블의 글꼴 스타일이 변경된다.

3. '부서코드 머리글' 영역이 매 페이지마다 반복하여 출력되도록 설정하고, '부서코드 머리글' 영역이 시작되기 전에 페이지를 바꾸도록 '페이지 바꿈' 속성을 설정하시오.

① '부서코드 머리글' 머리글 선택 → [속성 시트] → [형식] 탭 → [반복 실행 구역]: '예' → [페이지 바꿈]: '구역 전'을 선택한다.

- 구역 전: 구역(그룹)이 시작되기 전 페이지 바꿈
- 구역 후: 구역(그룹)이 끝나고 페이지 바꿈

4. '평가년도 머리글' 영역이 매 페이지마다 반복하여 출력되도록 설정하고, '부서코드 머리글' 영역이 시작되기 전에 페이지를 바꾸도록 '페이지 바꿈' 속성을 설정하시오.

☞ 보고서의 그룹 기준이 '평가년도' 필드로 변경되고, 같은 '평가년도' 내에서는 '부서코드' 오름차순으로 정렬된다.
그룹 설정된 필드는 기본값이 '오름차순' 정렬이다.

① '평가년도 머리글' 선택 → [반복 실행 구역]: '예' → [페이지 바꿈]: '구역 전'을 선택한다.

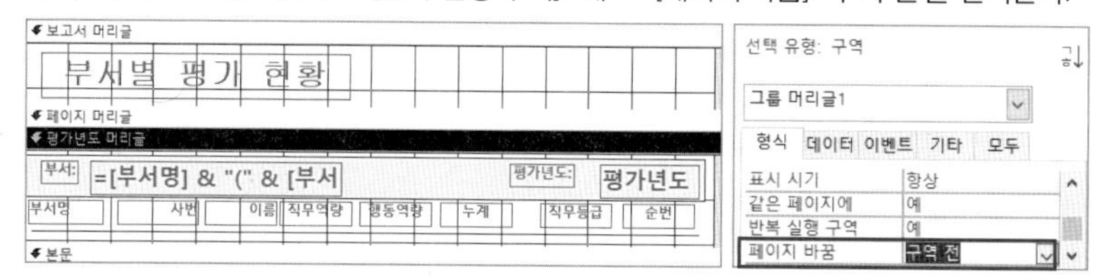

5. '페이지 바닥글' 영역의 'txt날짜' 컨트롤에는 오늘의 날짜가 표시되도록 설정하시오.

▶ Format, Now 함수 이용

▶ 표시 예: 2024年 8月 10日 14時

☞ [컨트롤 원본]에 작성하기 어렵다면 [확대/축소] 대화 상자를 활용한다.

① '페이지 바닥글' 영역의 'txt날짜' 컨트롤 → [속성 시트] → [데이터] 탭 → [컨트롤 원본]: **=Format(Now(),"yyyy年 m月 d日 h時")** 입력 → 확인을 클릭한다.

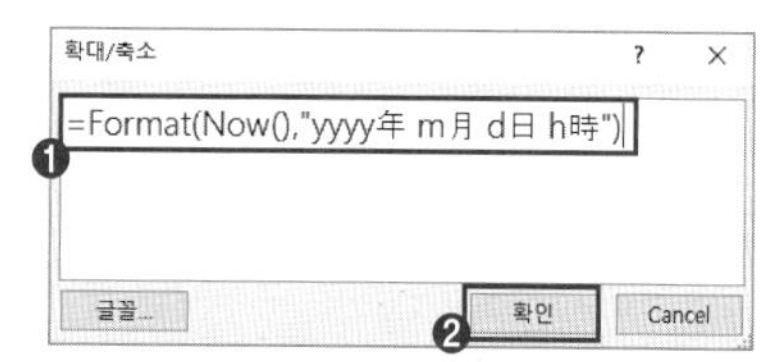

6. '본문' 영역의 'txt직무등급' 컨트롤에는 '직무역량'이 90점 이상 100점 이하이면 'A', 80점 이상 90점 미만이면 'B', 그 외 점수는 'C'로 표시하시오.

▶ IIF 함수 사용

☞ 다음과 같이 분기 열을 분석해 본다.

=IIf([직무역량]>=90,"A",
IIf([직무역량]>=80,"B",
"C"))

① '본문' 영역의 'txt직무등급' 컨트롤 선택 → [속성 시트] → [데이터] 탭 → [컨트롤 원본]: **=IIf([직무역량]>=90,"A",IIf([직무역량]>=80,"B","C"))** 입력 → 확인을 클릭한다.

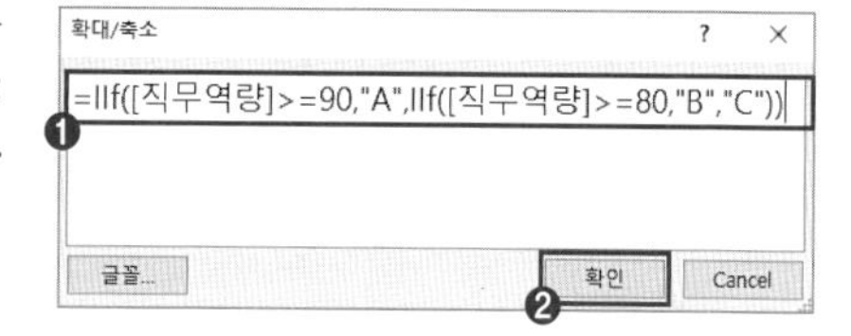

7. '페이지 바닥글' 영역의 'txt페이지' 컨트롤에는 페이지가 다음과 같이 표시되도록 설정하시오.

▶ 전체 페이지 수가 5, 현재 페이지 2: "총 5페이지 중 현재 2페이지입니다"

☞ 작성 순서
① ="총 " & [Pages] [Page]
② ="총 " & [Pages] & " 페이지 중 현재 " & [Page]
③ ="총 " & [Pages] & " 페이지 중 현재 " & [Page] & "페이지입니다"

① '페이지 바닥글' 영역의 'txt페이지' 컨트롤 선택 → [속성 시트] → [데이터] 탭 → [컨트롤 원본]: **="총 " & [Pages] & "페이지 중 현재 " & [Page] & "페이지입니다"** 입력 → 확인을 클릭한다.

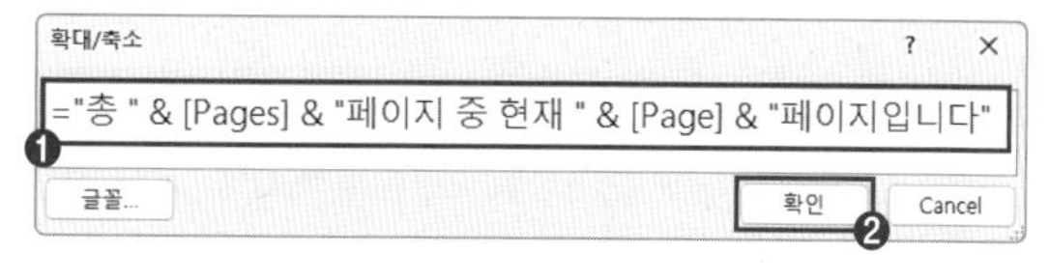

8. 용지를 가로 방향으로 인쇄되도록 설정하고, 아래와 같이 페이지 여백을 변경하시오.

▶ 위쪽: 25mm, 아래쪽: 25mm, 왼쪽: 50mm, 오른쪽: 50mm

① [페이지 설정] → [페이지 레이아웃] → [페이지 설정]을 클릭한다.

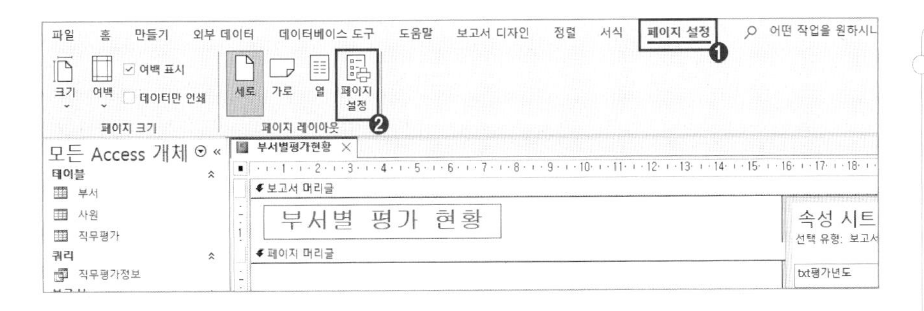

☞ [페이지 설정] 대화 상자가 실행된다.

② [페이지 설정] 대화 상자 → [페이지] 탭 → [용지 방향]: 가로 → [인쇄 옵션] 탭 → [위쪽]: **25**, [아래쪽]: **25**, [왼쪽]: **50**, [오른쪽]: **50** 입력 → 확인 을 클릭한다.

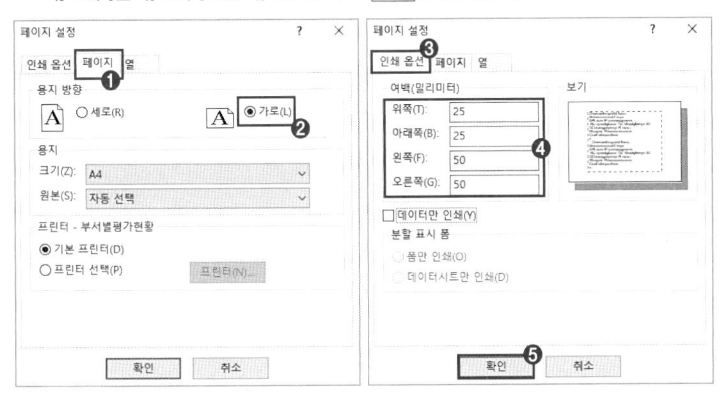

9. 페이지 머리글의 높이를 0으로 지정하여 표시되지 않도록 설정하시오.

① '페이지 머리글' 구분 머리글 선택 → [속성 시트] → [형식] 탭 → [높이]: **0**을 입력한다.

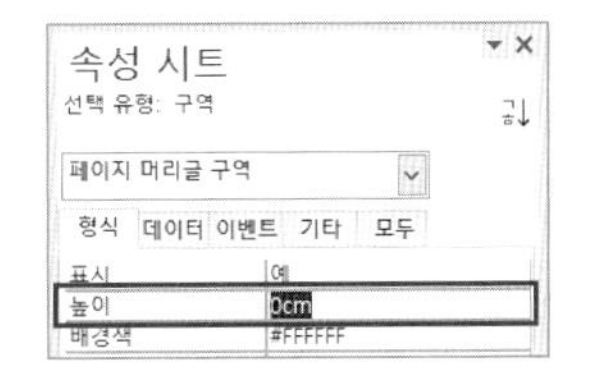

☞ '페이지 머리글' 머리글의 높이가 0cm로 변경된다.

10. '그룹 머리글'의 'txt부서' 컨트롤에는 그림과 같이 부서명과 부서코드를 표시하도록 컨트롤 원본 속성을 설정하시오.

▶ 표시 예: 경영지원팀(BU1)

① '그룹 머리글' 'txt부서' 컨트롤 선택 → [속성 시트] → [데이터] 탭 → [컨트롤 원본]: **=[부서명] & "(" & [부서코드] & ")"** 입력 → 확인 을 클릭한다.

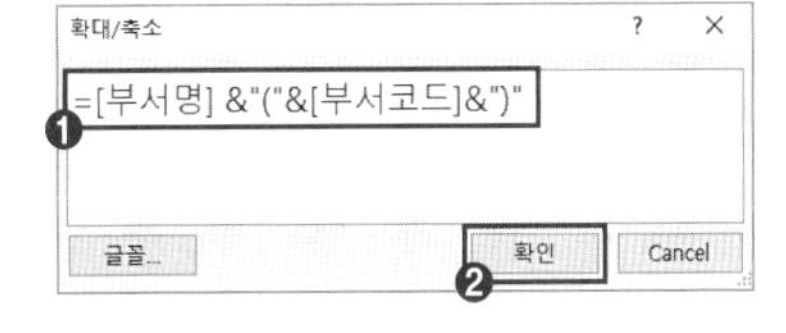

② <부서별평가현황> 보고서 디자인 보기 닫기(X)를 클릭해 변경 내용을 저장한다.

③ '모든 Access 개체' 창 → <부서별평가현황> 보고서를 더블클릭하여 결과를 확인한다. 페이지 바꿈 설정이 '구역 전'이므로 첫 페이지에는 본문 영역이 표시되지 않는다.

④ 2페이지로 넘겨 보면 보고서 내용이 표시된다.

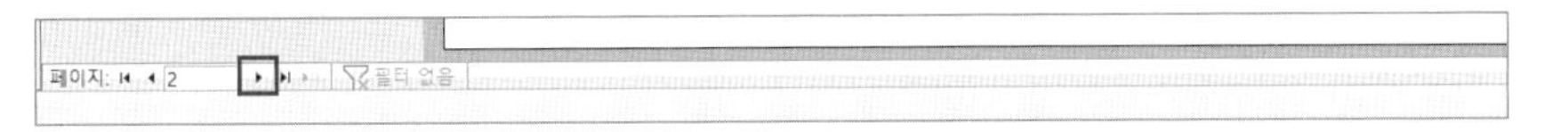

☞ 식 작성 순서
① =[부서명] [부서코드]
② =[부서명] & "(" & [부서코드]
③ =[부서명] & "(" & [부서코드] & ")"

조회 및 출력 기능 구현 02

프로시저-조회

- Access 코드 작성기를 활용하여 프로시저를 작성할 수 있다.
- 문제에서 제시한 명령어를 이용하여 다양한 조회 기능을 수행할 수 있다.
- 프로시저의 조건식 작성 규칙을 이해하고 조건식을 작성할 수 있다.
- 프로시저의 조건식에 큰따옴표(“ ”), 작은따옴표(‘ ’), & 연산자의 사용 규칙을 이해하고 활용할 수 있다.

1 개념 학습

1) Filter

조건에 맞는 레코드만 검색한다.

문법	객체 이름.Filter = “조건” 객체 이름.FilterOn = True

2) 컨트롤의 데이터 형 분류

☞ 조건식 내에 문자열이 있으면 ‘ ’로 묶는다.

구분	표현	예제
숫자	생략	Me.Filter = “학번 =” & txt주소
문자형 컨트롤	‘ ’	Me.Filter = “이름 =‘” & txt주소 &“’”
문자	“ ”	Me.Filter = “주소 like ‘*” & txt주소 &“*’”
날짜	# #	Me.Filter = “날짜 = #” & txt주소 &“#”

3) 숫자형 조건식 작성

① 기본 조건식 구조: **Me.Filter = “나이 >= 20”**

② 컨트롤을 사용할 경우 조건식과 컨트롤을 &로 연결한다. **Me.Filter = “나이 >=” & txt나이**

4) 문자형 조건식 작성

① 기본 조건식 구조: **Me.Filter = “이름 = ‘펭수’”**

② 컨트롤을 사용할 경우 조건식과 컨트롤을 &로 연결한다.
Me.Filter = “이름 =” & txt이름

③ 컨트롤이 문자형이면 ‘ ’로 묶는다. **Me.Filter = “이름 =” & ‘ txt이름 ’**

④ 조건식 내에서 ‘ ’도 문자로 인식하므로 “”로 묶고 &로 연결한다.
Me.Filter = “이름 =” & “‘” & txt이름 & “’”

⑤ ” & “는 문자열 연결 시 중복되므로 생략할 수 있다.
Me.Filter = “이름 =” & “‘” & txt이름 & “’”

Me.Filter = “이름 =‘” & txt이름 & “’”

5) 날짜형 조건식 작성

① 기본 조건식 구조: **Me.Filter = “생일 = #2025-12-31#”**
② 컨트롤을 사용할 경우 &로 연결한다. **Me.Filter = “생일 =” & txt생일**
③ 날짜 형식 컨트롤을 ##으로 묶는다. **Me.Filter = “생일 =” & # txt생일 #**
④ 조건식 내의 #도 문자로 인식하므로 “”로 묶고 &로 연결한다.
Me.Filter = “생일 =” & “#” & txt생일 & “#”
⑤ ” & “는 문자열 연결 시 중복되므로 생략할 수 있다.
Me.Filter = “생일 =” & “#” & txt생일 & “#”
Me.Filter = “생일 =#” & txt생일 & “#”

6) 만능 문자 사용하는 문자식 연결 방법

① 만능 문자는 정확한 값을 찾는 것이 아니므로 = 대신 Like를 사용한다.
기본 조건식 구조: **Me.Filter = “주소 Like *서초*”**
② 컨트롤을 사용할 경우 조건식과 컨트롤을 &로 연결한다.
Me.Filter = “주소 Like” & * txt주소 *
③ 만능 문자는 문자이므로 ‘ ’로 컨트롤을 묶는다. (* 바깥을 묶는다.)
Me.Filter = “주소 Like” & ‘* txt주소 *’
④ ‘ *는 조건식에서는 문자로 인식하므로 “”로 묶고 &로 연결한다.
Me.Filter = “주소 Like” & “‘*” & txt주소 & “*’”
⑤ ” & “는 문자열 연결 시 중복되므로 생략할 수 있다. (Like와 기호는 띄어쓰기를 주의한다.)
Me.Filter = “주소 Like” & “‘*” & txt주소 & “*’”
Me.Filter = “주소 Like ‘*” & txt주소 & “*’”

7) 숫자형 다중 조건의 and 조건식 작성법

입사일의 년과 월을 각각 입력하고 두 조건 모두 만족하는 레코드를 필터링하시오.

① 기본 조건식 구조: **Me.Filter = “year(입사일) = 2025 and month(입사일) = 12”**
② 컨트롤을 사용할 경우 조건식과 컨트롤을 &로 연결한다.
Me.Filter = “year(입사일) =” & txt년
and
“month(입사일) =” & txt월
③ and는 조건식 내에서는 문자로 인식하므로 “”로 묶고 &로 연결한다.
Me.Filter = “year(입사일) =” & txt년
& “ and ” &
“month(입사일) =” & txt월
④ ” & “는 문자열 연결 시 중복되므로 생략할 수 있다.
Me.Filter = “year(입사일) =” & txt년 & “ and ” & “ month(입사일) =” & txt월
Me.Filter = “year(입사일) =” & txt년 & “ and month(입사일) =” & txt월

8) 문자형 만능 문자 사용 시 다중 조건 and 조건식 작성법

입사일의 년을 입력하고 이름의 일부를 입력한 뒤 두 조건 모두를 만족하는 레코드를 필터링하시오.

① 기본 조건식 구조: **Me.Filter = "year(입사일) = 2023 and 이름 Like *김*"**

② 컨트롤을 사용할 경우 조건식과 컨트롤을 &로 연결하고, 문자형 컨트롤은 ''로 묶는다.

Me.Filter = "year(입사일) =" & txt년

and

"이름 Like" & '* txt이름 *'

③ 조건식 내의 and, ', *는 문자열로 인식하므로 ""로 묶고 &로 연결한다.

Me.Filter = "year(입사일) =" & txt년

& " and " &

"이름 Like " & "'*" & txt이름 & "*'"

④ " & "는 문자열 연결 시 중복되므로 생략할 수 있다.

Me.Filter = "year(입사일) =" & txt년 & " and " & "이름 Like " & "'*" & txt이름 & "*'"

Me.Filter = "year(입사일) =" & txt년 & " and 이름 Like '*" & txt이름 & "*'"

예제

<학생조회> 폼의 조회(cmd조회) 버튼을 클릭할 때 다음과 같은 기능이 수행되도록 하시오.

▶ 주소 필드의 일부가 'txt주소'에 입력된 글자와 동일한 레코드를 표시하시오.

▶ 전화번호 필드를 기준으로 내림차순 정렬하시오.

예) '양재'를 검색하는 경우 서울시 양재동, 경남 양재군 등이 검색되도록

▶ 필터(Filter) 기능을 이용하여 작성하시오.

Filter와 FilterOn 속성을 이용하여 이벤트 프로시저를 작성할 것

Orderby와 OrderbyOn 속성을 이용하여 이벤트 프로시저를 작성할 것

```
Private sub cmd조회_Click()
    Me.Filter = "주소 like '*" & txt주소 &"*'"
    Me.FilterOn = True
    Me.Orderby = "전화번호" Desc
    Me.OrderbyOn = True
end sub
```

9) ApplyFilter

매크로 함수이며 폼 내 필터를 적용한다.

문법

```
DoCmd.ApplyFilter, "조건식"
```

예제

<주문관리> 폼의 조회할 'txt주문년도' 컨트롤에 주문연도를 입력하고 조회(cmd조회)를 클릭하면 다음과 같이 처리되도록 구현하시오.

▶ 'txt주문년도' 컨트롤에 입력된 연도의 데이터만을 표시하도록 할 것

▶ ApplyFilter를 이용하여 이벤트 프로시저로 작성할 것

```
Private sub cmd조회_Click()
    DoCmd.ApplyFilter, "year(주문일) =" & txt주문연도
end sub
```

10) RecordSource

폼의 레코드 원본을 설정한다.

문법

개체 이름.RecordSource = "Select 필드명 from 테이블 where 조건식"

예제

<주문관리> 폼의 'txt주문번호' 컨트롤에 주문번호를 입력하고 조회(cmd조회)를 클릭하면 다음과 같이 처리되도록 구현하시오. (원 테이블은 주문관리)

- 해당 주문번호에 대한 모든 사항(주문번호, 상품명, 매출액)을 검색 (주문번호는 숫자임)
- 해당 폼의 RecordSource 속성을 이용하여 작성하시오.

주문번호가 숫자일 때

```
Private sub cmd조회_Click()
    me.recordSource = "select * from 주문관리 where 주문번호 =" & txt주문번호
end sub
```

주문번호가 문자일 때

```
Private sub cmd조회_Click()
    me.recordSource = "select * from 주문관리 where 주문번호 ='" & txt주문번호 &"'"
end sub
```

11) SQL 조건식 작성법

① 기본 조건식 구조

Me.RecordSource = "select * from 주문관리 where 주문번호 = A001"

② 컨트롤을 사용할 경우 조건식과 컨트롤을 &로 연결한다. (주문번호가 숫자형이라면 여기까지)

Me.RecordSource = "select * from 주문관리 where 주문번호 =" & txt주문번호

③ 컨트롤이 문자형이면 ''로 묶는다. (만능 문자라면 *도 추가한다.)

Me.RecordSource = "select * from 주문관리 where 주문번호 =" & ' txt주문번호 '

Me.RecordSource = "select * from 주문관리 where 주문번호 Like " & '* txt주문번호 *'

④ ' *은 조건식에서는 문자로 인식하므로 ""로 묶고 &로 연결한다.

Me.RecordSource = "select * from 주문관리 where 주문번호 =" & "'" & txt주문번호 &"'"

Me.RecordSource = "select * from 주문관리 where 주문번호 Like " & "'*" & txt주문번호 &"*'"

⑤ " & "는 문자열 연결 시 중복되므로 생략한다. (Like와 기호는 띄어쓰기에 주의한다.)

Me.RecordSource = "select * from 주문관리 where 주문번호 =" & "'" & txt주문번호 &"'"

Me.RecordSource = "select * from 주문관리 where 주문번호 ='" & txt주문번호 &"'"

Me.RecordSource = "select * from 주문관리 where 주문번호 Like " & "'*" & txt주문번호 &"*'"

Me.RecordSource = "select * from 주문관리 where 주문번호 Like '*" & txt주문번호 &"*'"

12) FindFirst, Bookmark

FindFirst, Bookmark 속성은 조건에 맞는 첫 번째 레코드로 포커스를 이동한다.

문법

개체 이름.RecordsetClone.FindFirst "조건식"
개체 이름.Bookmark = 개체 이름.RecordsetClone.Bookmark
– RecordsetClone: 개체의 레코드 원본을 복사한 개체
– FindFirst: 조건식에 해당하는 첫 번째 레코드를 찾아 이동
– Bookmark: 특정 레코드 위치 지정

예제

<제품별조회> 폼의 코드(txt코드)에 제품코드를 입력하고, 찾기(cmd찾기)를 클릭하면 입력한 제품코드인 제품내역들을 찾아 표시하시오.

```
Private sub cmd찾기_Click()
    me.Recordsetclone.FindFirst "제품코드 = '" & txt조회 & "'"
    me.Bookmark = me.RecordsetClone.Bookmark
end sub
```

2 출제 유형 이해

www.ebs.co.kr/compass(액세스 실습 파일 다운로드)

문제 작업 파일: 01_조회.accdb

<사원별평가현황> 폼의 '조회'(cmb입사일) 컨트롤이 업데이트(After Update)되면 다음과 같은 기능을 수행하도록 구현하시오.

▶ 'cmb입사일' 컨트롤에 입력된 입사일 평가만을 표시하도록 할 것
▶ Filter와 FilterOn 속성을 이용하여 이벤트 프로시저를 작성할 것

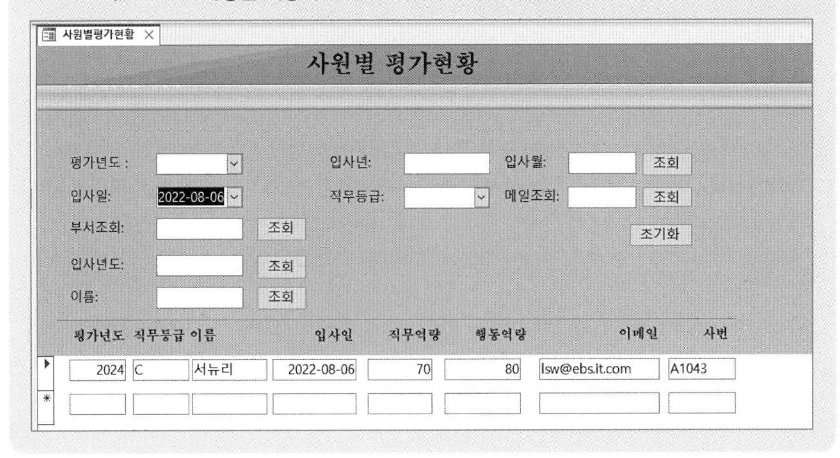

[풀이]

① <사원별평가현황> 폼 → 마우스 오른쪽 클릭 → [디자인 보기] → 'cmb입사일' 컨트롤 선택 → [속성 시트] → [이벤트] 탭 → [After Update] 작성기 선택 [...] 클릭 → [작성기 선택] → '코드 작성기' 선택 → [확인]을 클릭한다.

☞ Microsoft Visual Basic For Application 도구가 실행된다.

② VBA 코드 작성기에 다음과 같이 입력한다.

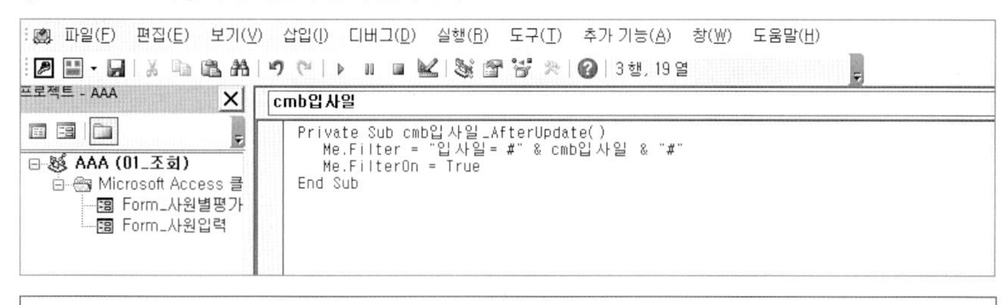

```
Private Sub cmb입사일_AfterUpdate()
    Me.Filter = "입사일= #" & cmb입사일 & "#"
    Me.FilterOn = True
End Sub
```

- Private Sub cmb입사일_AfterUpdate()
  - 'cmb입사일' 콤보 상자가 변경되면 내용을 갱신한다.
  - 즉 입사일을 변경하면 입사일에 해당하는 내역이 조회된다.
- Me.Filter = "입사일= #" & cmb입사일 & "#"
  - 'cmb입사일'의 값은 날짜 형식이므로 앞 뒤에 날짜형 예약어 '#'을 붙인다.
  - VBA 에서는 #, * 등의 예약어도 문자열로 인식하므로 "#"을 묶어 표현한다.

☞ 폼 디자인 보기 상태로 전환되고, [속성 시트] → [이벤트] 탭 → [After Update] 항목에 [이벤트 프로시저]가 연결된다.

③ [Alt] + [Q]를 눌러 VBA 편집기를 종료한다.

④ <사원별평가현황> 폼의 디자인 보기 닫기(X)를 클릭해 변경 내용을 저장한다.

3 실전 문제 마스터

www.ebs.co.kr/compass(액세스 실습 파일 다운로드)

문제 1 작업 파일: 01_조회.accdb

<사원별평가현황> 폼의 '조회(cmd입사년도)' 버튼을 클릭할 때 다음과 같은 기능을 수행하도록 구현하시오.

▶ 'txt입사년도' 컨트롤에 입력된 연도와 입사일의 연도를 이용하여 해당년도의 데이터만을 표시하도록 할 것

▶ ApplyFilter를 이용하여 이벤트 프로시저로 작성할 것

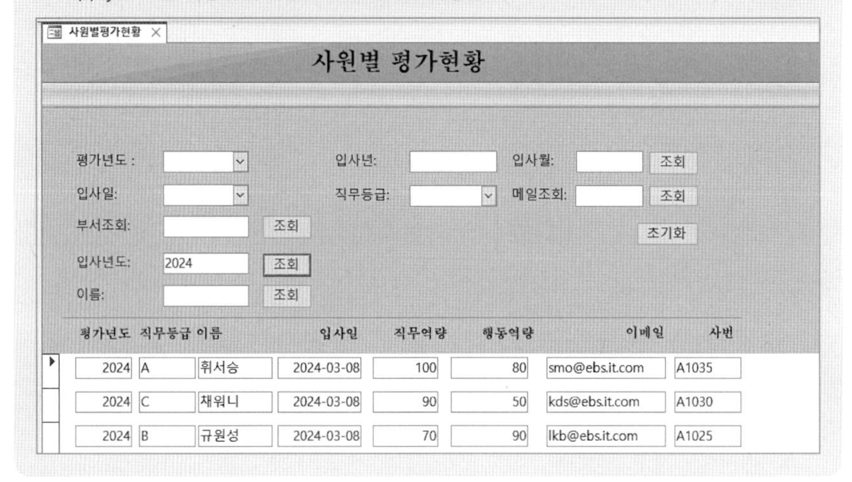

[풀이]

① <사원별평가현황> 폼 → 마우스 오른쪽 클릭 → [디자인 보기] → 'cmd입사년도' 선택 → [속성 시트] → [이벤트] 탭 → [On Click] 작성기 선택 [...] 클릭 → [작성기 선택] → '코드 작성기' 선택 → [확인]을 클릭한다.

② VBA 코드 작성기에 다음과 같이 입력한다.

```
Private Sub cmd입사년도_Click()
   DoCmd.ApplyFilter , "Year(입사일) =" & txt입사년도
End Sub
```

코드 작성기 자동 완성 사용하기

①'docmd.'를 입력하면 사용 가능한 매크로 함수가 표시된다.

② 방향키로 사용 함수를 선택하고, [Tab]을 눌러 식을 간단히 완성할 수 있다.

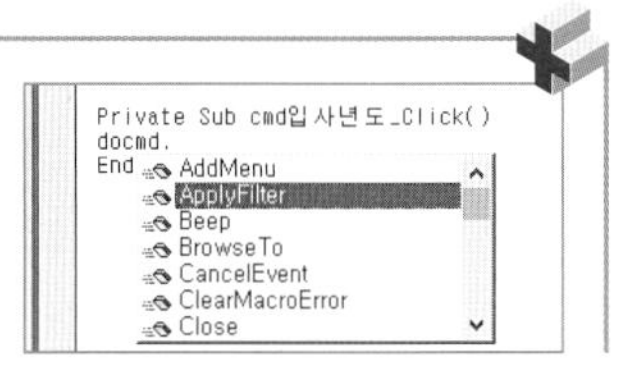

③ 다음 인수를 입력하기 위해 ,를 입력하면 엑셀의 함수 Tip과 같이 식의 구조가 Tip으로 안내되어 Tip을 참고해 코드를 입력하면 된다.

```
Private Sub cmd입사년도_Click()
docmd.ApplyFilter,|
End Su ApplyFilter([FilterName], [WhereCondition], [ControlName])
```

- Private Sub cmd입사년도_Click()
  - 'cmd입사년도' 컨트롤을 클릭하면 이벤트가 실행된다.
- DoCmd.ApplyFilter, "Year(입사일) =" & txt입사년도
  - DoCmd: 함수 실행 객체
  - ApplyFilter: 조건에 해당하는 필터링을 수행하는 메서드 (매크로 함수)
- "Year(입사일) =" & txt입사년도
  - 조건식에 컨트롤은 &로 연결하고 숫자형 컨트롤은 ""로 묶지 않는다.
  - Year(입사일) = txt입사년도
  - Year(입사일) = & txt입사년도
  - "Year(입사일) =" & txt입사년도

③ Alt + Q를 눌러 VBA 편집기를 종료한다.

폼 디자인 보기 상태로 전환된다.

④ <사원별평가현황> 폼의 디자인 보기 닫기(X)를 클릭해 변경 내용을 저장한다.

문제 2 작업 파일: 01_조회.accdb

<사원별평가현황> 폼의 'txt이메일' 컨트롤에 담당자 이메일의 일부를 입력하고 'cmd이메일조회'를 클릭하면 다음과 같은 기능이 수행되도록 구현하시오.

▶ 담당자 이메일 주소가 'txt이메일'에 입력된 글자를 포함하는 사원의 정보를 찾아 표시하시오.
▶ 현재 폼의 'RecordSource' 속성을 이용하여 이벤트 프로시저로 작성하시오.

[풀이]

① <사원별평가현황> 폼 → 마우스 오른쪽 클릭 → [디자인 보기] → 'cmd이메일조회' 선택 → [속성

시트] → [이벤트] 탭 → [On Click] 작성기 선택 [...] 클릭 → [작성기 선택] → '코드 작성기' 선택 → [확인]을 클릭한다.

② VBA 코드 작성기에 다음과 같이 입력한다.

```
Private Sub cmd이메일조회_Click()
  Me.RecordSource = "select * from 직무평가정보 where 이메일 like '*" & txt이메일 & "*'"
End Sub
```

- Me.RecordSource
  - 현재 폼의 레코드 원본을 설정한다.
- "select * from 직무평가정보 where 이메일 like '*" & txt이메일 & "*'"

SELECT문의 기본 구조	
SELECT *	테이블의 모든 필드를 조회한다.
FROM 직무평가정보	직무평가정보 테이블에서 가져온다.
WHERE 이메일 like '*" & txt이메일 & "*'"	이메일 필드에서 'txt이메일' 컨트롤에 입력된 일부 문자를 검색한다.

- 식 작성 순서
  - select * from 직무평가정보 where 이메일 like txt이메일 → SQL문 작성
  - select * from 직무평가정보 where 이메일 like & txt이메일 → txt이메일 컨트롤 연결
  - select * from 직무평가정보 where 이메일 like * & txt이메일 & * → 만능 문자 * 입력
  - select * from 직무평가정보 where 이메일 like '* & txt이메일 & *' → 문자열 컨트롤 ' ' 묶기
  - "select * from 직무평가정보 where 이메일 like" & "'*" & txt이메일 & "*'" → 문자열 " " 묶기
  - "select * from 직무평가정보 where 이메일 like" & "'*" & txt이메일 & "*'" → "&" 생략
  - **"select * from 직무평가정보 where 이메일 like '*" & txt이메일 & "*'"**

③ [Alt] + [Q]를 눌러 VBA 편집기를 종료한다.

☞ 폼 디자인 보기 상태로 전환된다.

④ <사원별평가현황> 폼의 디자인 보기 닫기(X)를 클릭해 변경 내용을 저장한다.

조회 및 출력 기능 구현 03

프로시저-메시지 상자

- 프로시저를 활용하여 메시지 상자에 다양한 정보를 출력할 수 있다.
- 메시지 상자의 '예', '아니오' 버튼을 누를 때 다른 결과를 구현할 수 있다.
- 메시지 상자의 아이콘, 버튼, 메시지, 타이틀을 적절하게 분석하고 입력할 수 있다.
- 메시지 상자에 간단한 함수의 결과를 표현할 수 있다.

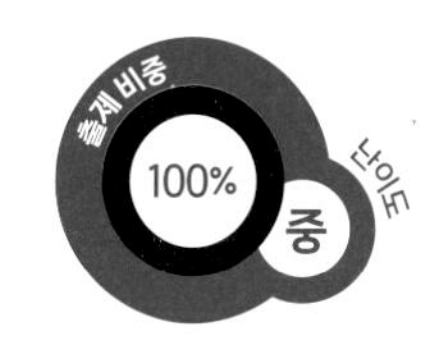

1 개념 학습

1) 단순 메시지 상자만 표시할 경우

```
MsgBox "오! 신기한데", vbOKOnly, "두목"
```

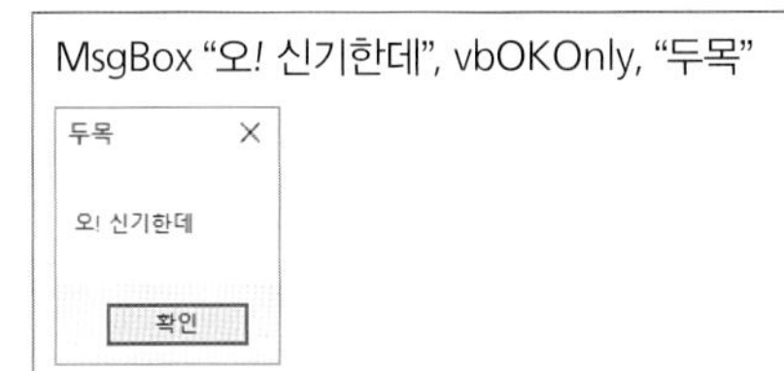

2) 메시지 상자에서 버튼별로 분기할 경우

```
if
 MsgBox ("신기한데?", vbYesNo + vbDefaultButton2, "두목") = vbYes then
 ~~
end if
```

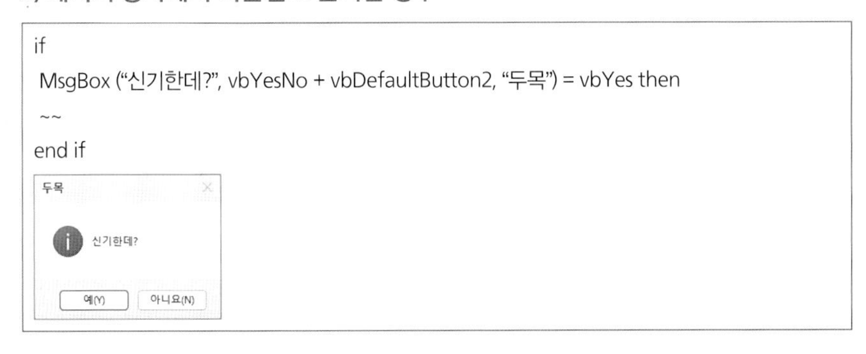

☞ If문으로 메시지 상자에서 버튼별로 메시지를 분기할 경우 MsgBox("표시할 문자열", 버튼 종류, "메시지 상자 제목 문자열")처럼 인수를 괄호( )로 묶어 표시한다.
- vbYes: 예(Y)를 누르면
- vbNo: 아니요(N)을 누르면

3) 버튼 종류와 인수값

상수	버튼 종류	고유값
vbOKOnly	확인	0
vbOKCancel	확인/취소	1
vbAbortRetryIgnore	중단/재시도/무시	2
vbYesNoCancel	예/아니요/취소	3
vbYesNo	예/아니요	4
vbRetryCancel	재시도/취소	5

2 출제 유형 이해

www.ebs.co.kr/compass(액세스 실습 파일 다운로드)

문제 작업 파일: 02_Msgbox_1.accdb

<주문현황> 폼에서 'txt수량' 컨트롤에 포커스가 이동하면(GotFocus) <그림>과 같은 메시지 상자를 출력하는 이벤트 프로시저를 구현하시오.

- 'txt수량' 컨트롤에 표시된 값이 10 이상이면 '인기품종', 10 미만 6 이상이면 '보통품종', 그 외에는 '비인기품종'으로 표시하시오.
- If ~ ElseIf문 사용

주문현황

이름	전화번호	주문일자	씨앗코드	수량
채워니	010-7845-9632		P0005	6
희영이	010-2983-3635		B0001	2
박재인	010-9955-2576		P2500	9
선사장	010-8965-6542		B0012	4
갈고리	010-9547-7411	2020-03-31	P0011	7
선사장	010-8965-6542	2020-03-31	B0012	8
이시경	010-7411-8411	2020-04-03	P0005	11
종수리	010-7476-0107	2020-04-03	P3170	6

[풀이]

☞ VBA 코드 작성기가 실행된다.

① <주문현황> 폼 → 마우스 오른쪽 클릭 → [디자인 보기] → 'txt수량' 선택 → [속성 시트] → [이벤트] 탭 → [On Got Focus] 작성기 선택 [...] 클릭 → [작성기 선택] → '코드 작성기' 선택 → [확인]을 클릭한다.

② VBA 코드 작성기에 다음과 같이 입력한다.

```
Private Sub txt수량_GotFocus()
  If txt수량 >= 10 Then
    MsgBox "인기품종", , "인기도분석"
  ElseIf txt수량 >= 6 Then
    MsgBox "보통품종", , "인기도분석"
  Else
    MsgBox "비인기품종", , "인기도분석"
  End If
End Sub
```

- Private Sub txt수량_GotFocus()
  – 'txt수량' 컨트롤에 포커스(클릭, 탭)가 이동하면 코드가 실행된다.

If문의 기본 구조

If 조건1 then
  조건1 실행 코드
ElseIf 조건2 then
  조건2 실행 코드
Else
  조건1, 조건2가 아닌 조건 코드 실행
End if

MsgBox문의 기본 구조
MsgBox "프롬프트", 버튼 종류, "타이틀"

- If문

If txt수량 >= 10 Then	txt수량이 10 이상이면
MsgBox "인기", , "인기도분석"	"인기"
ElseIf txt수량 >= 6 Then	txt수량이 6 이상이면
MsgBox "보통", , "인기도분석"	"보통"
Else	그 외에는
MsgBox "비인기", , "인기도분석"	"비인기"
End If	끝

③ Alt + Q를 눌러 VBA 편집기를 종료한다.

폼 디자인 보기 상태로 전환된다.

④ <주문현황> 폼의 디자인 보기 닫기(X)를 클릭해 변경 내용을 저장한다.

3 실전 문제 마스터

www.ebs.co.kr/compass(액세스 실습 파일 다운로드)

작업 파일: 02_Msgbox_2.accdb

<납품내역> 폼의 'txt제품명' 컨트롤을 더블클릭하여 납품단가가 200 이상인 제품에 대하여 고급제품, 나머지는 일반제품을 표시하는 이벤트 프로시저를 구현하시오.

▶ MsgBox, Switch문 이용

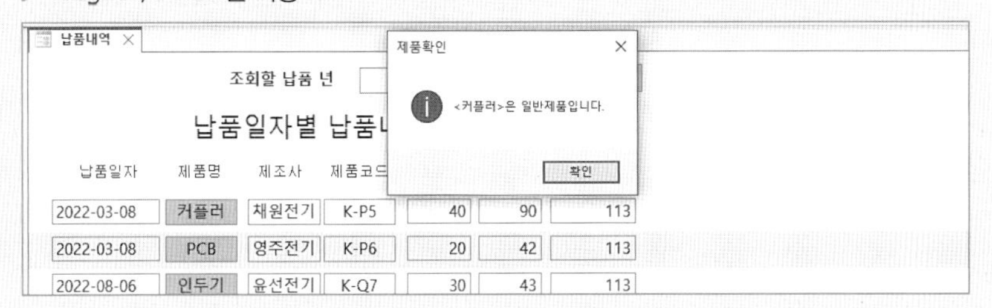

[풀이]

☞ VBA 코드 작성기가 실행된다.

① <납품내역> 폼 → 마우스 오른쪽 클릭 → [디자인 보기] → 'txt제품명' 선택 → [속성 시트] → [이벤트] 탭 → [On Dbl Click] 작성기 선택 [...] 클릭 → [작성기 선택] → '코드 작성기' 선택 → [확인]을 클릭한다.

② VBA 코드 작성기에 다음과 같이 입력한다.

☞ 변수 a
- Switch문의 결과를 받는 변수로 "고급제품", "일반제품"을 받는다.
- Msgbox 메시지에 직접 작성해도 되지만 코드가 길어지면 복잡해서 별도로 분리하였다.

```
Private Sub txt제품명_DblClick(Cancel As Integer)
    a = Switch([납품단가] >= 200, "고급제품", [납품단가] < 200, "일반제품")
    MsgBox "<" & [제품명] & ">은 " & a & "입니다.", vbOKOnly + vbInformation, "제품확인"
End Sub
```

- a = Switch([납품단가] >= 200, "고급제품", [납품단가] < 200, "일반제품")
  - Switch(조건1, 출력1, 조건2, 출력2)
- MsgBox "<" & [제품명] & ">은 " & a & "입니다.", vbOKOnly + vbInformation, "제품확인"

명령어	메시지	버튼+아이콘	Title
MsgBox	"<" & [제품명] & ">은 " & a & "입니다."	vbOKOnly + vbInformation	"제품확인"

☞ 폼 디자인 보기 상태로 전환된다.

③ [Alt] + [Q]를 눌러 VBA 편집기를 종료한다.

④ <납품내역> 폼의 디자인 보기 닫기(X)를 클릭해 변경 내용을 저장한다.

프로시저-개체 열기

조회 및 출력 기능 구현
04

- DoCmd 객체를 활용하여 폼, 보고서 등을 원하는 조건에 따라 실행할 수 있다.
- OpenForm 이벤트의 폼 보기 방식, 폼 열기 상태에 관한 문제를 분석하여 알맞게 적용할 수 있다.

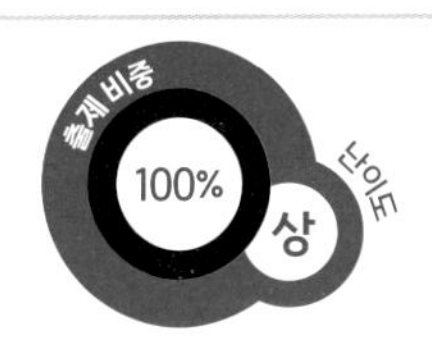

1 개념 학습

1) 폼 보기

문법

DoCmd.OpenForm "폼 이름", 폼 보기 방식, 필터 이름(생략), 조건, 상태

[폼 보기 방식]

– acNomal: 폼 보기 상태
– acDesign: 폼 디자인 상태
– acFormDS: 폼 데이터시트 상태

[상태 구분]

acFormAdd	새 레코드를 추가할 수 있지만 기존 레코드를 편집할 수 없다.
acFormEdit	기존 레코드를 편집하고 새 레코드를 추가할 수 있다.
acFormPropertySettings	폼의 속성만 변경할 수 있다.
acFormReadOnly	레코드를 볼 수만 있다. (편집, 추가, 삭제 불가능)

예제1

<분류출력> 폼의 'cmd폼출력' 컨트롤을 클릭하면 <분류참조> 폼이 열리게 하시오.

```
Private Sub cmd폼출력_Click()
    DoCmd.OpenForm "분류참조"
End Sub
```

예제2

<제품조회> 폼의 거래처보기(cmd폼출력) 버튼을 클릭하면 다음과 같은 기능을 수행하도록 하시오.

▶ <주문내역> 폼을 표시하시오.
▶ <주문내역> 폼은 <제품조회> 폼의 거래처코드(txt거래처코드)와 동일한 값을 갖는 거래처만 표시하시오.

```
거래처코드가 문자형일 때
Private Sub cmd폼출력_Click()
    DoCmd.OpenForm "주문내역", acNormal, ,"거래처코드='" & txt거래처코드 &"'"
End Sub
```

2) 개체(보고서, 테이블, 쿼리) 열기

문법

DoCmd.OpenReport "보고서 이름", 보고서 보기 방식, , 조건

[보고서 보기 방식]

- acViewPreview: 보고서 미리 보기
- acViewNormal: 보고서 즉시 인쇄
- acViewDesign: 디자인 보기

예제1

<분류출력> 폼의 'cmd출력' 컨트롤을 클릭하면 <분류참조> 보고서를 인쇄 미리 보기 형태로 표시되게 하시오.

```
Private sub cmd출력_Click()
    DoCmd.OpenReport "분류참조", acViewPreview
End Sub
```

예제2

<제품조회> 폼의 거래처보기(cmd출력) 버튼을 클릭하면 다음과 같은 기능을 수행하도록 하시오.

▶ <주문내역> 보고서를 인쇄 미리 보기 형태로 출력하시오.

▶ <주문내역> 보고서는 <제품조회> 폼의 거래처코드(txt거래처코드)와 동일한 값을 갖는 거래처만 표시되도록 하시오.

```
Private Sub cmd폼출력_Click()
    DoCmd.OpenReport "주문내역", acViewPreview,,"거래처코드='" & txt거래처코드 &"'"
end sub
```

3) 개체 닫기

문법

DoCmd.Close [개체 타입, "개체 이름", 저장 여부]

개체 타입	저장 여부
– acDefault: 현재 활성 개체 – acForm: 폼 – acReport: 보고서 – acTable: 테이블	– acSaveYes: 저장 – acSaveNo: 저장하지 않음 – acSavePrompt: 저장 여부 대화 상자 표시

예제1

<분류출력> 폼의 ‘cmd종료’ 컨트롤을 클릭하면 현재 활성 폼이 종료되게 하시오.

```
Private Sub cmd종료_Click()
    DoCmd.Close
End Sub
```

예제2

<분류출력> 폼의 ‘cmd종료’ 컨트롤을 클릭하면 다음과 같은 기능을 수행하도록 구현하시오.

▶ 메시지 대화 상자를 표시한 후 ‘예’를 클릭할 때만 현재 폼이 닫히도록 작성하시오. (MsgBox 사용)

```
Private Sub cmd종료_Click()
  If MsgBox(“폼을 닫으시겠습니까?, vbQuestion + vbYesNoCancel, ”닫기“) = vbYes Then
    DoCmd.Close
  End If
End Sub
```

2 출제 유형 이해

www.ebs.co.kr/compass(액세스 실습 파일 다운로드)

문제 작업 파일: 03_개체열기.accdb

<수강신청현황> 폼의 ‘인쇄’ 단추(Cmd인쇄)를 클릭할 때 다음과 같은 기능을 수행하도록 구현하시오.

▶ <수강신청현황> 보고서가 ‘인쇄 미리 보기’의 형태로 열리면서 <수강신청현황> 폼이 닫히도록 하시오.

▶ ‘Combo학번’ 컨트롤에 선택된 학번의 학생 성명과 일치하는 자료만이 열리도록 프로시저로 구현하시오.

▶ 인쇄(‘Cmd인쇄’)에 마우스를 올리면 “학번을 선택한 후 클릭하세요.” 메시지가 표시되도록 ControlTipText를 이용하여 프로시저를 작성하시오.

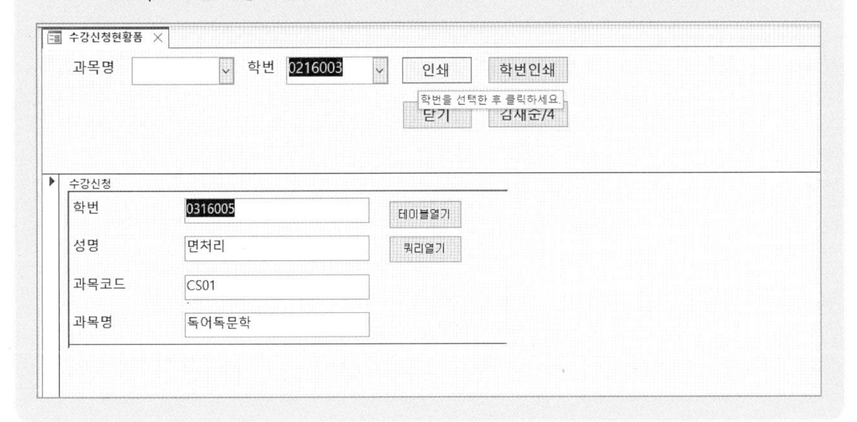

[풀이]

VBA 코드 작성기가 실행된다.

① <수강신청현황> 폼 → 마우스 오른쪽 클릭 → [디자인 보기] → 'Cmd인쇄' 선택 → [속성 시트] → [이벤트] 탭 → [On Click] 작성기 선택 [...] 클릭 → [작성기 선택] → '코드 작성기' 선택 → [확인]을 클릭한다.

② VBA 코드 작성기에 다음과 같이 입력한다.

```
Private Sub Cmd인쇄_Click()
    DoCmd.OpenReport "수강신청현황", acViewPreview, , "성명='" & Combo학번.Column(1) & "'"
    DoCmd.Close acForm, "수강신청현황"
End Sub
```

- DoCmd.OpenReport
  - 보고서 열기 메서드이다.
  - OpenReport "보고서 이름", 열기 방법, 조건
- DoCmd.Close
  - 객체 닫기 메서드이다.
  - Close 객체 종류, "객체 이름"
- 조건식 작성 순서
  - 성명 = & Combo학번.Column(1) → 컨트롤 & 연결
  - 성명 = & ' Combo학번.Column(1) ' → 컨트롤이 문자형이므로 ''로 묶는다.
  - "성명 =" & "'" & Combo학번.Column(1) & "'" → 문자열은 ""로 묶는다.
  - "성명 ='" & Combo학번.Column(1) & "'" → " & " 삭제

On Mouse Move
컨트롤 위에 마우스를 움직이면 Tip이 표시된다. 마우스를 컨트롤 위에 올리고 잠시 기다리면 실행된다.

③ 'Cmd인쇄' 선택 → [속성 시트] → [이벤트] 탭 → [On Mouse Move] 작성기 선택 [...] 클릭 → [작성기 선택] → '코드 작성기' 선택 → [확인]을 클릭한다.

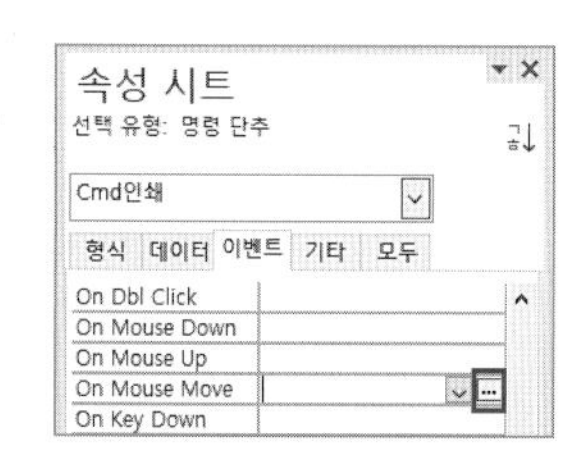

④ VBA 코드 작성기에 다음과 같이 입력한다.

```
Private Sub Cmd인쇄_MouseMove(Button As Integer, Shift As Integer, X As Single, Y As Single)
    Cmd인쇄.ControlTipText = "학번을 선택한 후 클릭하세요."
End Sub
```

폼 디자인 보기 상태로 전환된다.

⑤ [Alt] + [Q]를 눌러 VBA 편집기를 종료한다.

⑥ <수강신청현황> 폼의 디자인 보기 닫기(X)를 클릭해 변경 내용을 저장한다.

3 실전 문제 마스터

www.ebs.co.kr/compass(액세스 실습 파일 다운로드) 

문제 작업 파일: 03_개체열기.accdb

<수강신청> 폼에서 'cmd테이블열기' 버튼을 클릭하면 다음과 같은 처리가 되도록 프로시저를 제작하시오.

① '테이블열기' 버튼을 클릭하면 다음과 같은 메시지 상자가 표시되도록 하시오.

▶ '예'를 클릭하면 '수강신청' 테이블이 열리도록 설정하고, '아니요'를 클릭하면 메시지 상자가 닫히도록 설정하시오. (Docmd.OpenTable 사용)

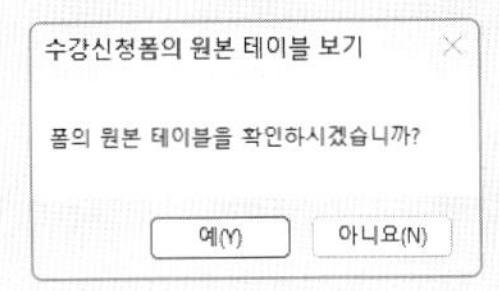

▶ 메시지 상자 캡션 부분의 폼 이름 출력은 폼의 속성을 이용하시오.

[풀이]

① <수강신청> 폼 → 마우스 오른쪽 클릭 → [디자인 보기] → 'cmd테이블열기' 선택 → [속성 시트] → [이벤트] 탭 → [On Click] 작성기 선택 [...] 클릭 → [작성기 선택] → '코드 작성기' 선택 → [확인]을 클릭한다.

VBA 코드 작성기가 실행된다.

② VBA 코드 작성기에 다음과 같이 입력한다.

```
Private Sub cmd테이블열기_Click()
  aa = MsgBox("폼의 원본 테이블을 확인하시겠습니까?", vbYesNo, Form.Name & "폼의
  원본 테이블 보기")
  If aa = vbYes Then
    DoCmd.OpenTable "수강신청"
  End If
End Sub
```

aa 변수를 사용하지 않고 If MsgBox("폼의 원본 테이블을 확인하시겠습니까?", vbYesNo, Form.Name & "폼의 원본 테이블 보기") = vbYes Then으로 작성해도 된다.

③ [Alt] + [Q]를 눌러 VBA 편집기를 종료한다.

폼 디자인 보기 상태로 전환된다.

④ <수강신청> 폼의 디자인 보기 닫기(X)를 클릭해 변경 내용을 저장한다.

조회 및 출력 기능 구현 05

프로시저-기타 프로시저

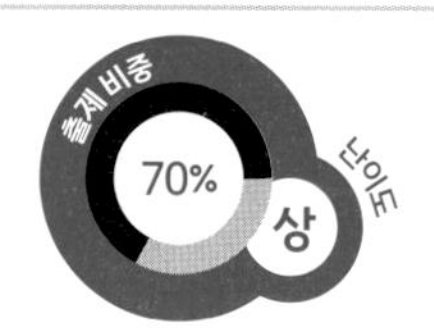

Access 프로시저의 레코드 원본으로 SQL을 활용할 수 있다.

1 개념 학습

[GotoRecord에서 현재 폼과 다른 폼에 따른 처리 방식 차이]

1) 현재 폼에서 다른 폼을 처리: 폼 이름을 명시해 주어야 한다.
   DoCmd.GoToRecord acDataForm, "폼이름", acNewRec
2) 현재 폼에서 바로 처리: 폼 이름은 생략이 가능하다.
   DoCmd.GoToRecord , , acNewRec

2 출제 유형 이해

www.ebs.co.kr/compass(액세스 실습 파일 다운로드)

문제 작업 파일: 04_기타.accdb

<판매관리> 폼의 'txt할인율' 컨트롤을 더블클릭하면 할인율을 표시하는 이벤트 프로시저를 작성하시오.

▶ '수량이' 1~49이면 0%, 50~99이면 3%, 100~149이면 5%, 150 이상이면 10%로 표시할 것
▶ Select ~ Case 함수 사용

[풀이]

① <판매관리> 폼 → 마우스 오른쪽 클릭 → [디자인 보기] → 'txt할인율' 선택 → [속성 시트] → [이벤트] 탭 → [On Dbl Click] 작성기 선택 [...] 클릭 → [작성기 선택] → '코드 작성기' 선택 → [확인]을 클릭한다.

VBA 코드 작성기가 실행된다.

속성 시트
선택 유형: 텍스트 상자(T)
txt할인율
형식 | 데이터 | 이벤트 | 기타 | 모두
On Lost Focus
On Dbl Click
On Mouse Down
On Mouse Up
On Mouse Move
On Key Down
On Key Up
On Key Press
On Enter

② VBA 코드 작성기에 다음과 같이 입력한다.

```
Private Sub txt할인율_DblClick(Cancel As Integer)
  Select Case 수량
    Case Is >= 150
      txt할인율 = "10%"
    Case Is >= 100
      txt할인율 = "5%"
    Case Is >= 50
      txt할인율 = "3%"
    Case Is >= 1
      txt할인율 = "0%"
  End Select
End Sub
```

Select Case문

```
Select Case 변수
  Case 조건1
    ' 조건1에 해당하는 경우 실행할 코드
  Case 조건2
    ' 조건2에 해당하는 경우 실행할 코드
  Case Else
    ' 모든 조건에 해당하지 않는 경우 실행할 코드
End Select
```

③ Alt + Q 를 눌러 VBA 편집기를 종료한다.

폼 디자인 보기 상태로 전환된다.

④ <판매관리> 폼의 디자인 보기 닫기(X)를 클릭해 변경 내용을 저장한다.

3 실전 문제 마스터

www.ebs.co.kr/compass(액세스 실습 파일 다운로드)

문제 1 작업 파일: 04_기타.accdb

<프로그램신규등록> 폼의 '신규과목등록(Cmd등록)' 버튼을 클릭하면 다음과 같이 수행하는 이벤트 프로시저를 작성하시오.

- 신규프로그램을 등록할 수 있는 빈 레코드가 추가되도록 설정하시오.
- 'Cmb학과명' 컨트롤에 포커스가 위치하도록 하시오.
- DoCmd 개체와 GoToRecord, SetFocus 메서드를 이용하시오.

[풀이]

① <프로그램신규등록> 폼 → 마우스 오른쪽 클릭 → [디자인 보기] → 'Cmd등록' 선택 → [속성 시

VBA 코드 작성기가 실행된다.

트] → [이벤트] 탭 → [On Click] 작성기 선택 [...] 클릭 → [작성기 선택] → '코드 작성기' 선택 → [확인]을 클릭한다.

② VBA 코드 작성기에 다음과 같이 입력한다.

```
Private Sub Cmd등록_Click()
   DoCmd.GoToRecord acDataForm, "프로그램신규등록", acNewRec
   Cmb학과명.SetFocus
End Sub
```

- DoCmd.GoToRecord acDataForm, "프로그램신규등록", acNewRec
  - Cmd등록을 클릭하면 <프로그램신규등록> 폼을 새로운 레코드 입력 상태로 연다.
- Cmb학과명.SetFocus
  - Cmb학과명에 포커스가 지정된다.

폼 디자인 보기 상태로 전환된다.

③ [Alt] + [Q]를 눌러 VBA 편집기를 종료한다.

④ <프로그램신규등록> 폼의 디자인 보기 닫기(X)를 클릭해 변경 내용을 저장한다.

문제 2 작업 파일: 04_기타.accdb

<판매관리> 폼의 '이름'(txt이름)을 더블클릭하면 그림과 같이 메시지 상자가 표시되도록 하고 예(Y)를 누르면 해당 이름에 해당하는 레코드가 삭제되는 이벤트 프로시저를 작성하시오.

▶ DoCmd, Requery 이용

▶ 아니요(N)를 누르면 작업이 취소되도록 한다.

경고
⊗ 선택한 레코드가 삭제됩니다.
[예(Y)] [아니요(N)] [취소]

[풀이]

VBA 코드 작성기가 실행된다.

① <판매관리> 폼 → 마우스 오른쪽 클릭 → [디자인 보기] → 'txt이름' 컨트롤 선택 → [속성 시트] → [이벤트] 탭 → [On Dbl Click] 작성기 선택 [...] 클릭 → [작성기 선택] → '코드 작성기' 선택 → [확인]을 클릭한다.

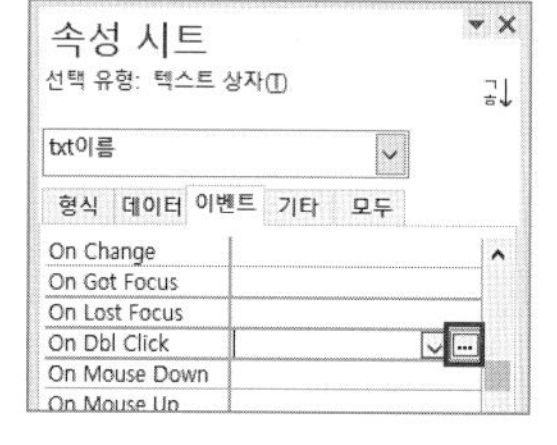

② VBA 코드 작성기에 다음과 같이 입력한다.

```
Private Sub txt이름_DblClick(Cancel As Integer)
  If MsgBox("선택한 레코드가 삭제됩니다.", vbCritical + vbYesNoCancel, "경고") = vbYes
  Then
    DoCmd.RunSQL "delete * from 판매현황 where 이름='" & txt이름 & "'"
    DoCmd.Requery
  End If
End Sub
```

- DoCmd.RunSQL
  - SQL을 실행한다.
- DELETE문 기본 구조

```
DELETE FROM 테이블명
WHERE 조건;
```

- SQL문 작성 순서
  - delete * from 판매현황 where 이름 = txt이름
  - delete * from 판매현황 where 이름 = & txt이름
  - delete * from 판매현황 where 이름 = & ' & txt이름 & '
  - "delete * from 판매현황 where 이름 =" & "'" & txt이름 & "'"
  - "delete * from 판매현황 where 이름 =" & "'" & txt이름 & "'"
  - "delete * from 판매현황 where 이름 ='" & txt이름 & "'"
- DoCmd.Requery
  - 현재 객체의 데이터를 새로 고침 한다.

③ Alt + Q 를 눌러 VBA 편집기를 종료한다.

폼 디자인 보기 상태로 전환된다.

④ <판매관리> 폼의 디자인 보기 닫기(X)를 클릭해 변경 내용을 저장한다.

문제 3 작업 파일: 04_기타.accdb

<상품등록> 폼의 '상품갱신(cmd갱신)' 컨트롤을 클릭하면 다음과 같은 기능을 수행하는 이벤트 프로시저를 구현하시오.

- ▶ <상품종합> 테이블의 '브랜드명' 값이 '필립스'인 레코드를 '필립스세코'로 변경하시오.
- ▶ DoCmd, RunSQL을 사용하시오.
- ▶ Requery 메서드를 호출하여 폼의 데이터를 다시 불러오시오.

[풀이]

① <상품등록> 폼 → 마우스 오른쪽 클릭 → [디자인 보기] → 'cmd갱신' 컨트롤 선택 → [속성 시트] → [이벤트] 탭 → [On Click] 작성기 선택 ⋯ 클릭 → [작성기 선택] → '코드 작성기' 선택 → 확인 을 클릭한다.

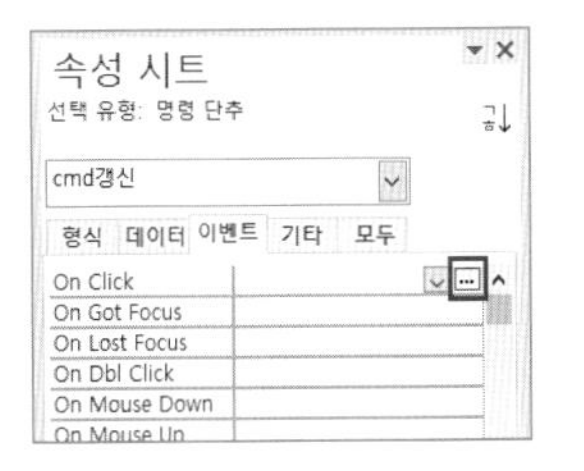

VBA 코드 작성기가 실행된다.

② VBA 코드 작성기에 다음과 같이 입력한다.

```
Private Sub cmd갱신_Click()
  DoCmd.RunSQL "update 상품종합 set 브랜드명='필립스세코' where 브랜드명='필립스'"
  DoCmd.Requery
End Sub
```

UPDATE문 기본 구조

```
UPDATE 테이블명
SET 열1 = 값1, 열2 = 값2, …
WHERE 조건;
```

③ Alt + Q를 눌러 VBA 편집기를 종료한다.

④ <상품등록> 폼의 디자인 보기 닫기(X)를 클릭해 변경 내용을 저장한다.

처리 기능 구현

시험 출제 정보

- 출제 문항 수: 5문제, 각 7점
- 출제 배점: 35점

	세부 기능	출제 경향
1	**선택 쿼리**	조건식, 하위 쿼리, Access 함수를 활용한 쿼리 작성
2	**크로스탭 쿼리**	필수 출제 제시된 그림을 분석하여 크로스탭 항목 설정하고 필드 형식 변경 등 작업
3	**매개 변수/ 테이블 만들기 쿼리**	필수 출제 매개 변수 값 입력 후 조회, 조회 결과 테이블 만들기 쿼리 작업
4	**요약 쿼리**	요약 도구를 활용한 간단한 요약 쿼리 작성
5	**실행 쿼리**	– 삭제, 업데이트 쿼리 작성 – 특정 조건에 해당하는 레코드 삭제, 업데이트
6	중복 불일치 쿼리	2개의 테이블에서 서로 일치하지 않는 레코드를 검색하는 쿼리

처리 기능 구현 01

선택 쿼리

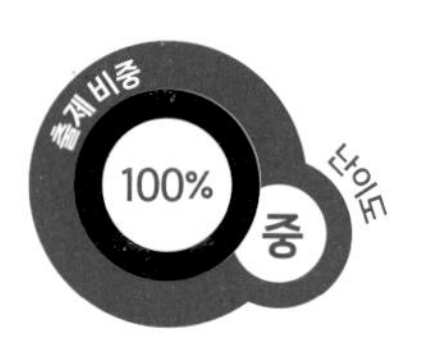

- Access에서 제시된 문제에 맞는 쿼리 종류를 분석하고 알맞은 쿼리를 작성할 수 있다.
- 쿼리 디자인을 활용하여 선택 쿼리를 작성할 수 있다.
- 문제에 제시된 조건을 쿼리 디자인 조건항에 입력할 수 있다.
- 요약 도구를 활용하여 간단한 요약 연산을 수행할 수 있다.

1 개념 학습

[쿼리 만들기]

메뉴	[만들기] → [쿼리 디자인]	배점	4~7점
작업 순서	[만들기] → [쿼리 디자인] → [테이블 추가] → [필드 추가]		
메뉴	① 선택: [쿼리 디자인]을 실행하면 기본 선택된다. ② 요약: 각 필드에 합계, 개수, 최대, 최소 등 간단한 계산 요약을 제공한다.		

2 출제 유형 이해

www.ebs.co.kr/compass(액세스 실습 파일 다운로드)

문제 작업 파일: 01_선택쿼리_1.accdb

<봉사내역>과 <봉사기관> 테이블을 이용하여 기관명에 '맨솔'을 포함하고, 봉사날짜가 '2024'년인 봉사내역을 조회하는 <2024맨솔> 쿼리를 작성하시오.

- ▶ 봉사내용을 기준으로 오름차순 정렬하여 표시하시오.
- ▶ 쿼리 실행 결과 표시되는 필드와 필드명은 <그림>과 같이 표시되도록 설정하시오.

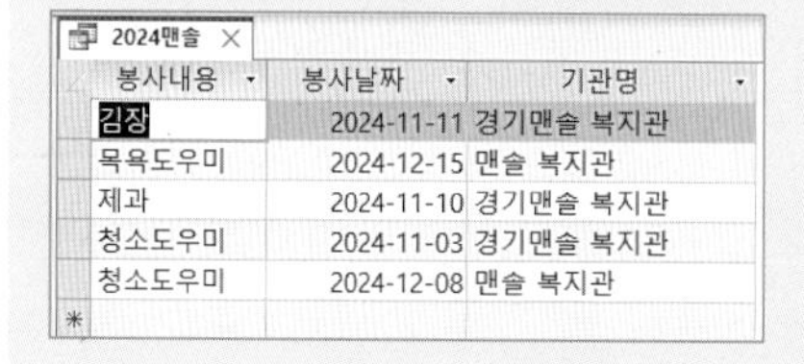

2024맨솔

봉사내용	봉사날짜	기관명
김장	2024-11-11	경기맨솔 복지관
목욕도우미	2024-12-15	맨솔 복지관
제과	2024-11-10	경기맨솔 복지관
청소도우미	2024-11-03	경기맨솔 복지관
청소도우미	2024-12-08	맨솔 복지관

[풀이]

① [만들기] → [쿼리] → [쿼리 디자인]을 클릭한다.

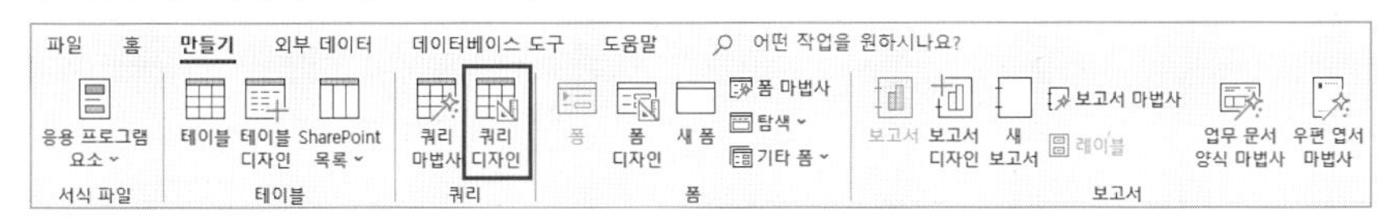

② '쿼리1' 디자인 보기 → [테이블 추가] 시트 → [테이블] 탭 → <봉사내역>, <봉사기관> 테이블 각각 더블클릭 → '봉사내용', '봉사날짜', '기관명' 필드를 더블클릭하여 [디자인 눈금] 영역을 구성하고 다음과 같이 조건을 설정한다.

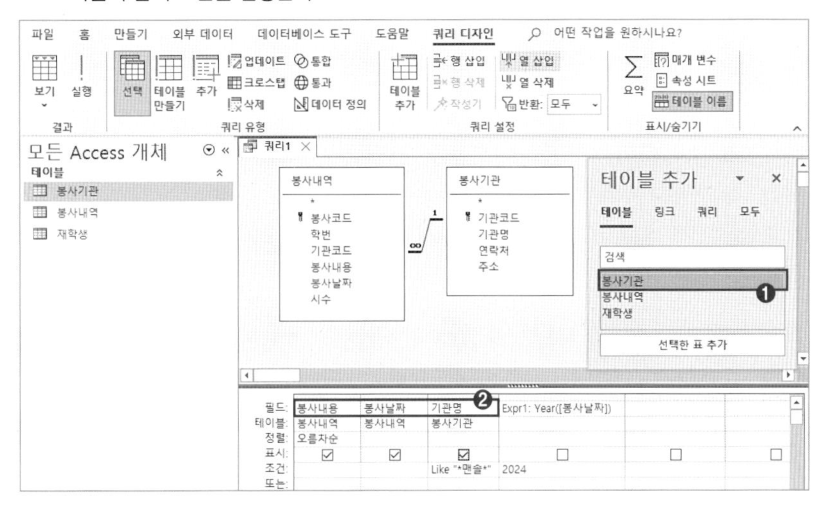

필드	봉사내용	봉사날짜	기관명	Year([봉사날짜])
테이블	봉사내역	봉사내역	봉사내역	
정렬	오름차순			
표시	✓	✓	✓	☐
조건			Like "*맨솔*"	2024
또는				

③ '쿼리1' 닫기(X) → 쿼리 저장 메시지 대화 상자 → '예' 클릭 → [다른 이름으로 저장] 대화 상자에 **2024맨솔** 입력 → 확인을 클릭한다.

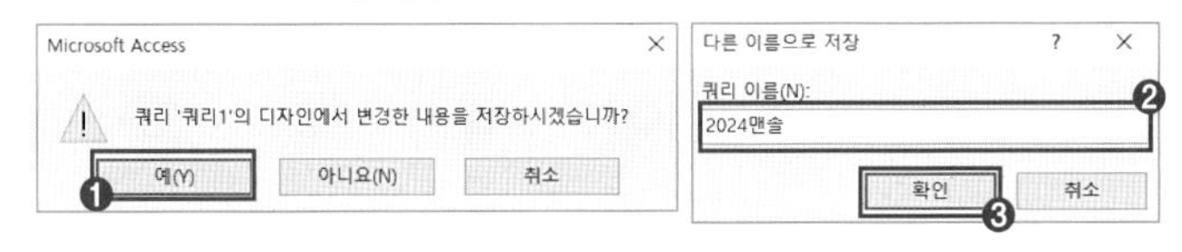

④ <2024맨솔> 쿼리를 실행하여 결과를 확인한다.

- 쿼리 디자인 보기 상태에서 결과 미리 확인하기
  '쿼리1' 탭 → 마우스 오른쪽 클릭 → [데이터시트 보기] 선택

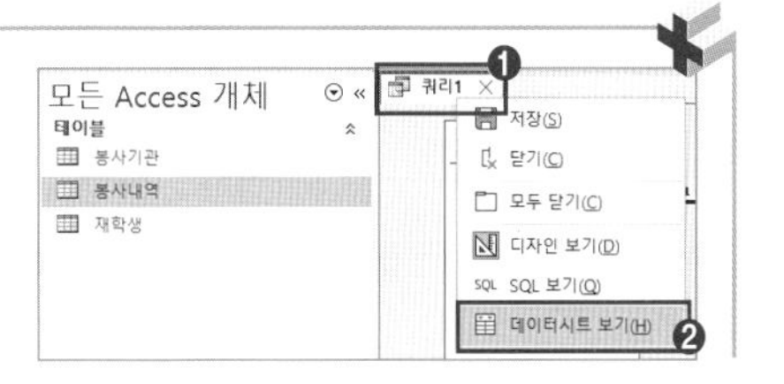

☞ [테이블 추가] 시트 활성화하기
[쿼리 디자인] → [테이블 추가] 클릭

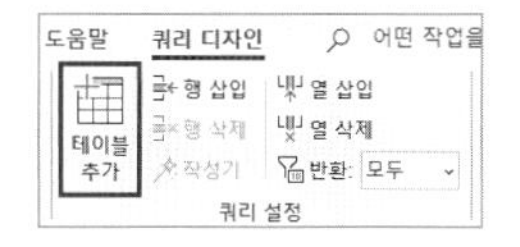

☞
- 쿼리 디자인 필드 항에 식 작성하기
  - 기본 식 형식: 생성될 필드명 → 식 또는 함수식
  - 봉사년도: Year([봉사날짜])
- Expr1: Year([봉사날짜])
  - Expr1은 Expression의 약자로 필드명을 지정하지 않으면 자동으로 생성된다.

※ 표시에 체크하지 않으면 결과에 나타나지 않는다.

☞ 기관명 필드에 *맨솔*만 입력해도 Like가 자동으로 앞에 붙어 입력된다.
- A*: A로 시작하는
- *A: A로 끝나는
- *A*: A를 포함하는

☞ Year([봉사날짜]): 봉사날짜 필드에서 연도를 계산하고 그 결과를 조건항의 2024로 필터링한다.

☞ <2024맨솔> 쿼리가 생성된다.

- 쿼리 디자인 보기로 돌아오기
  '쿼리1' 탭 → 마우스 오른쪽 클릭 → [디자인 보기] 선택

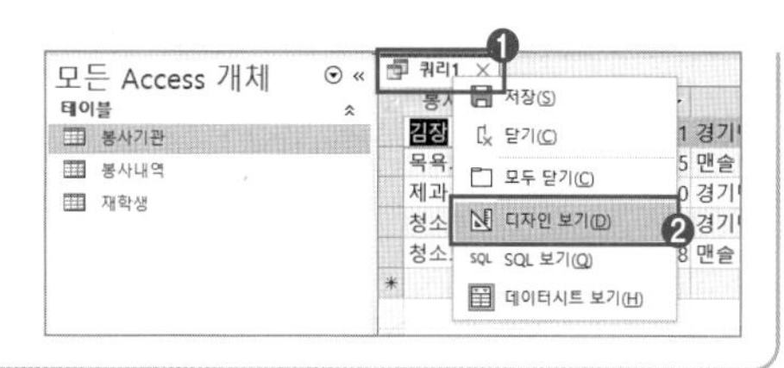

3 실전 문제 마스터

www.ebs.co.kr/compass(액세스 실습 파일 다운로드)

문제 작업 파일: 01_선택쿼리_2.accdb

<주문정보> 쿼리를 이용하여 '치커리' 씨앗 중 '2027년 6월 7일' 이후 주문현황을 조회하는 <치커리조회> 쿼리를 작성하시오.

- 이름을 기준으로 오름차순 정렬하여 표시하시오.
- 쿼리 실행 결과 표시되는 필드와 필드명은 <그림>과 같이 표시되도록 설정하시오.

치커리조회

이름	주문일자	수량	씨앗명
박준공	2027-06-07	11	치커리
옥채원	2027-06-07	13	치커리
이혼자	2027-06-07	12	치커리

[풀이]

① [만들기] → [쿼리] → [쿼리 디자인]을 클릭한다.

② '쿼리1' 디자인 보기 → [테이블 추가] 시트 → [쿼리] 탭 → <주문정보> 쿼리 더블클릭 → '이름', '주문일자', '수량', '씨앗명' 필드를 더블클릭하여 [디자인 눈금] 영역을 구성하고 다음과 같이 조건을 설정한다.

☞ 조건 입력 필드의 '필드 형식'이 '날짜/시간'이면 >=2027-06-07만 입력해도 형식을 인식하여 날짜 구분 기호 '#'이 앞뒤에 자동으로 입력된다.

필드	이름	수량	씨앗명	주문일자
테이블	주문정보	주문정보	주문정보	주문정보
정렬	오름차순			
표시	☐	✓	✓	✓
조건			"치커리"	>=#2027-06-07#
또는				

③ '쿼리1' 닫기(X) → 쿼리 저장 메시지 대화 상자 → '예' 클릭 → [다른 이름으로 저장] 대화 상자에 **치커리조회** 입력 → [확인]을 클릭한다.

☞ <치커리조회> 쿼리가 생성된다.

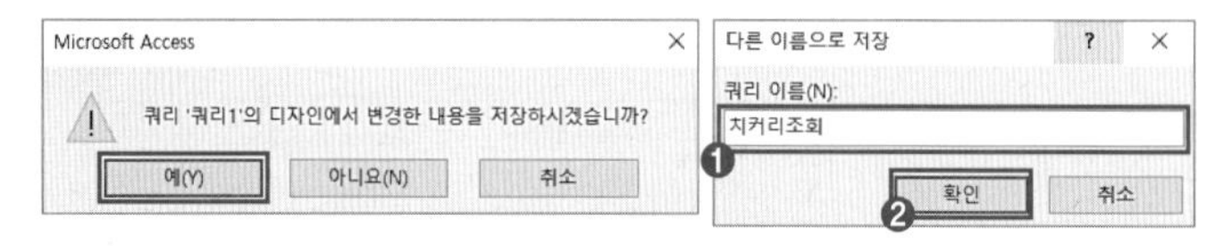

④ <치커리조회> 쿼리를 실행하여 결과를 확인한다.

크로스탭 쿼리

처리 기능 구현
02

- 쿼리 디자인을 활용하여 크로스탭 쿼리를 작성할 수 있다.
- 문제에 제시된 결과 그림을 분석하여 크로스탭 항목인 '행 머리글', '열 머리글', '계산' 필드를 선택할 수 있다.
- 조건항에 만능 문자를 활용하여 조건식을 작성할 수 있다.

1 개념 학습

[쿼리 만들기]

<table>
<tr><td>메뉴</td><td>[만들기] → [쿼리 디자인]</td><td>배점</td><td>4~7점</td></tr>
<tr><td>작업 순서</td><td colspan="3">[만들기] → [쿼리 디자인] → [크로스탭] → [테이블 추가] → [필드 추가]</td></tr>
<tr><td>메뉴</td><td colspan="3">[크로스탭]을 선택하면 크로스탭 모드로 전환된다.</td></tr>
<tr><td>크로스탭</td><td colspan="3">❶ 행 머리글: 1개 이상의 필드를 추가할 수 있다.
❷ 열 머리글: 1개 필드만 추가할 수 있다.
❸ 값: 반드시 요약 연산을 선택해야 한다.
주문횟수조회
<table>
<tr><th>씨앗명</th><th>주문횟수</th><th>미국</th><th>중국</th><th>한국</th></tr>
<tr><td>자운영</td><td>38.5</td><td>38.5</td><td></td><td></td></tr>
<tr><td>샤스타데이지</td><td>23.4</td><td></td><td>23.4</td><td></td></tr>
<tr><td>리시안셔스</td><td>19.0</td><td>19.0</td><td></td><td></td></tr>
<tr><td>라넌큘러스</td><td>22.6</td><td>25.0</td><td></td><td>21.6</td></tr>
<tr><td>더덕</td><td>25.0</td><td>31.7</td><td></td><td>5.0</td></tr>
<tr><td>끈끈이대나물</td><td>22.3</td><td></td><td>22.3</td><td></td></tr>
</table></td></tr>
</table>

☞ 열 머리글은 추가한 필드의 레코드가 표시되지만, 행 머리글은 필드명이 표시된다.

2 출제 유형 이해

www.ebs.co.kr/compass(액세스 실습 파일 다운로드)

문제 작업 파일: 02_크로스탭_1.accdb

기관별, 학과별로 봉사 횟수를 조회하는 <봉사횟수조회> 크로스탭 쿼리를 작성하시오.

▶ <봉사기관>, <봉사내역>, <재학생> 테이블을 이용하시오.

▶ 봉사횟수는 '봉사코드' 필드를 이용하시오.

▶ 기관명에 '맨솔'이 포함된 기관은 제외하시오.

▶ 쿼리 실행 결과 표시되는 필드와 필드명은 <그림>과 같이 표시되도록 설정하시오.

봉사횟수조회

기관명	총횟수	국제통상과	금융정보과	연극영화	회계학과	IT융합	K컬처학과
반석 복지관	8건	2건	1건	1건	1건	1건	2건
ABC 청소년관	3건			1건		1건	1건
EBS 조합	5건	2건				1건	2건
EXTUDY	5건	2건	1건	2건			

[풀이]

① [만들기] → [쿼리] → [쿼리 디자인]을 클릭한다.

② [쿼리 디자인] → [쿼리 유형] → [크로스탭]을 클릭한다.

③ [테이블 추가] 시트 → <봉사기관>, <봉사내역>, <재학생> 테이블을 더블클릭하여 [디자인 눈금] 영역을 구성한다.

④ 아래와 같이 필드, 요약, 크로스탭을 설정한다.

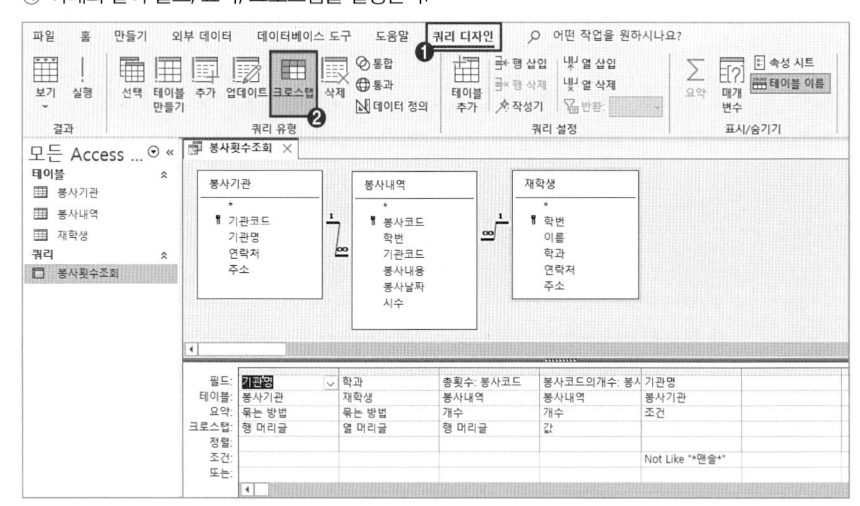

필드	기관명	총횟수: 봉사코드	학과	봉사코드
테이블	봉사기관	봉사내역	재학생	봉사내역
요약		개수		**개수**
크로스탭	**행 머리글**	**행 머리글**	**열 머리글**	**값**
정렬				
조건	Not Like "***맨솔***"			
또는				
형식		#건		#건

☞ 특정 문자열 제외하기
not Like "*맨솔*": 기관명에 '맨솔'이 포함된 레코드 제외

크로스탭 항목 분석하기

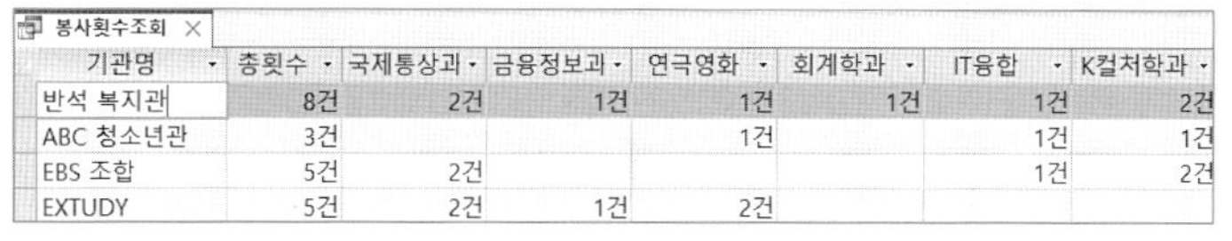

기관명	총횟수	국제통상과	금융정보과	연극영화	회계학과	IT융합	K컬처학과
반석 복지관	8건	2건	1건	1건	1건	1건	2건
ABC 청소년관	3건			1건		1건	1건
EBS 조합	5건	2건				1건	2건
EXTUDY	5건	2건	1건	2건			

① 열 머리글: 각 열에 레코드값이 표시된다. (1개만 가능)
② 행 머리글: 각 행에 레코드값이 표시된다. (여러 개 가능)
③ 값: 행/열에 크로스되는 연산 결과가 표시된다. (1개만 가능)

● 행 머리글 구분하기
행 머리글은 표시되는 값이 세로 레코드로 표시되거나 연산 결과가 표시된다.

⑤ '총횟수: 봉사코드' 선택 → [속성 시트] → [형식]: **#건** 입력 → '봉사코드' 선택 → [속성 시트] → [형식]: **#건**을 입력한다.

형식을 지정한 필드는 숫자 뒤에 '건'이 붙어 표시된다.

⑥ '쿼리1' 닫기(X) → 쿼리 저장 메시지 대화 상자 → '예' 클릭 → [다른 이름으로 저장] 대화 상자에 **봉사횟수조회** 입력 → 확인 을 클릭하여 쿼리를 저장한다.

3 실전 문제 마스터

www.ebs.co.kr/compass(액세스 실습 파일 다운로드)

문제 작업 파일: 02_크로스탭_2.accdb

<학생> 테이블을 이용하여 <ABC반점수의평균> 크로스탭 쿼리를 작성하시오.

- A반, B반, C반이면서, 점수 필드의 값이 0보다 크고, 상태 필드의 값이 '재학'인 레코드만을 대상으로 하시오.
- 연령대는 나이 필드를 이용하여 계산하시오. 나이가 10 이상 20 미만이면 연령대는 10대, 20 이상 30 미만이면 20대로 표시하시오. 연령대를 기준으로 내림차순 정렬하시오.
- 조회 결과 표시되는 필드 및 필드명, 표시 형식은 그림과 같이 설정하시오.

ABC반점수의평균

연령대	나이의평균	A반	B반	C반
40대	42	87	50	
30대	32			93
20대	25	74	70	60
10대	18	86	71	86

[풀이]

① [만들기] → [쿼리] → [쿼리 디자인]을 클릭한다.
② [쿼리 디자인] → [쿼리 유형] → [크로스탭]을 클릭한다.
③ [테이블 추가] 시트 → <학생> 테이블을 더블클릭하여 [디자인 눈금] 영역을 구성한다.

④ 아래와 같이 필드, 요약, 크로스탭을 설정한다.

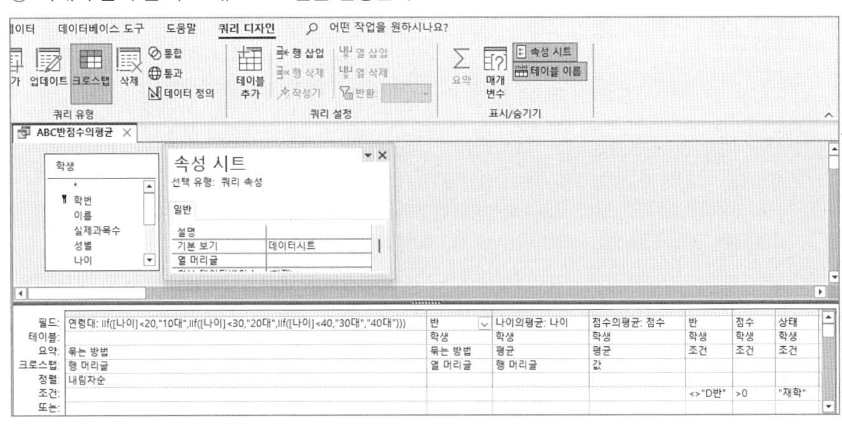

필드	요약	크로스탭	정렬	조건
연령대: IIf([나이]<20,"10대", IIf([나이]<30,"20대", IIf([나이]<40,"30대","40대")))		**행 머리글**	**내림차순**	
나이의평균: 나이	평균	행 머리글		
반		열 머리글		
점수의평균: 점수	평균	값		
반	조건			Not "D반"
점수	조건			>0
상태	조건			"재학"

☞ 조건항에 "A반" Or "B반" Or "C반" 입력하면 "A반", "B반", "C반"만 표시할 수 있다.
반이 A, B, C, D까지 있으므로, not "D반"으로 조건을 지정해도 된다.

- "A반" Or "B반" Or "C반"
- <>"D반"
- not "D반"
- not in ("D반")

⑤ '나이의평균', '점수의평균', '점수' 필드 각각 선택 → [속성 시트] → [형식]: 고정, [소수 자릿수]: 0으로 설정한다.

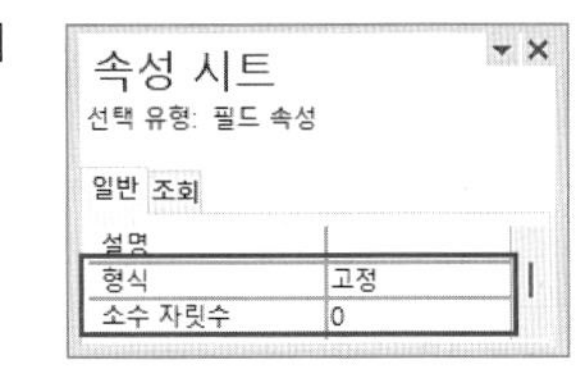

☞ [소수 자릿수] 항목이 표시가 안 된다면 [형식]: 0.0으로 표시 형식 코드를 직접 입력한다.

계산식으로 구성된 필드(사용 필드의 형식을 인식 못 함)의 경우 [소수 자릿수] 항목이 표시가 되지 않을 수 있다.

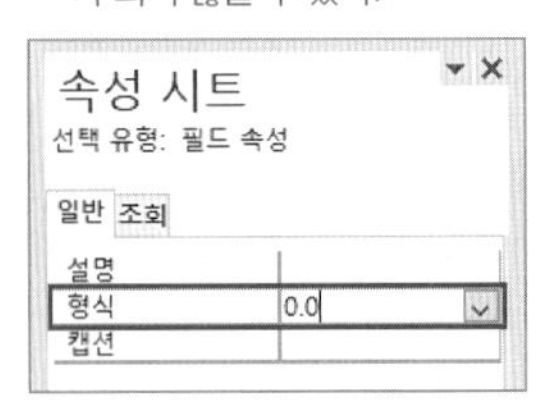

⑥ '쿼리1' 닫기(X) → 쿼리 저장 메시지 대화 상자 → '예' 클릭 → [다른 이름으로 저장] 대화 상자에 **ABC반점수의평균** 입력 → 확인 을 클릭하여 쿼리를 저장한다.

매개 변수, 테이블 만들기 쿼리

- 매개 변수 메시지 상자에 입력한 값을 매개 변수로 하는 쿼리를 만들 수 있다.
- 대괄호([ ])를 활용하여 매개 변수 입력 값 조건식을 작성할 수 있다.
- 매개 변수 쿼리 결과를 테이블 만들기 쿼리를 활용하여 테이블로 추가할 수 있다.

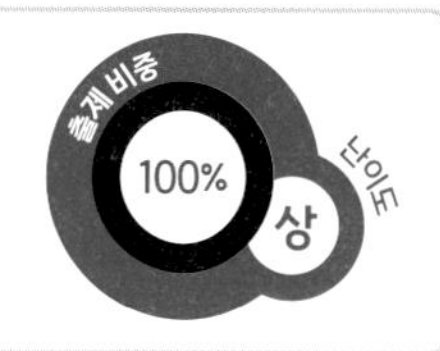

1 개념 학습

[쿼리 만들기]

메뉴	[만들기] → [쿼리 디자인]	배점	4~7점
작업 순서	[만들기] → [쿼리 디자인] → [선택 쿼리] → 조건항에 [ ]를 이용하여 조건을 입력		
매개 변수 표현	• 문자열 검색하기 → [이름을 입력하세요] • ~ 이상 값 검색하기 → >=[이상 값을 입력하세요] • 김씨 검색하기 → Like [성을 입력하세요] &"*" • 서울을 포함한 문자열 검색하기 → Like "*" & [검색어를 입력하세요] &"*" • 2024-1-1일 이후 검색하기 → >=[날짜를 입력하세요]		

2 출제 유형 이해

www.ebs.co.kr/compass(액세스 실습 파일 다운로드)

문제 작업 파일: 03_매개변수_1.accdb

<씨앗>과 <씨앗입고> 테이블을 이용하여 검색할 씨앗명의 일부를 매개 변수로 입력받아 해당 제품의 입고정보를 조회하는 <씨앗입고조회> 매개 변수 쿼리를 작성하시오.

- '부가세' 필드는 '입고단가'가 30000 이하이면 '판매단가'의 10%로, 그 외는 '판매단가'의 20%로 계산하시오. (IIf 함수 사용)
- '입고일자' 필드를 기준으로 내림차순 정렬하여 표시하시오.
- 쿼리 결과 표시되는 필드와 필드명, 필드의 형식은 <그림>과 같이 표시되도록 설정하시오.

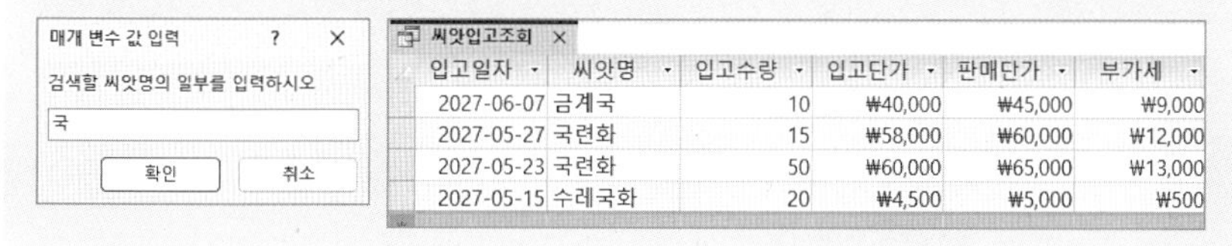

입고일자	씨앗명	입고수량	입고단가	판매단가	부가세
2027-06-07	금계국	10	₩40,000	₩45,000	₩9,000
2027-05-27	국련화	15	₩58,000	₩60,000	₩12,000
2027-05-23	국련화	50	₩60,000	₩65,000	₩13,000
2027-05-15	수레국화	20	₩4,500	₩5,000	₩500

[풀이]

① [만들기] → [쿼리] → [쿼리 디자인]을 클릭한다.

② [쿼리 디자인] → [쿼리 유형] → [선택] → [테이블 추가] 시트 → <씨앗입고>, <씨앗> 테이블을 더블클릭하여 [디자인 눈금] 영역을 구성한다.

③ 그림과 같이 필드를 구성한다. '입고단가', '판매단가', '부가세' 필드 순서대로 [속성 시트] → [형식]: 통화로 설정한다.

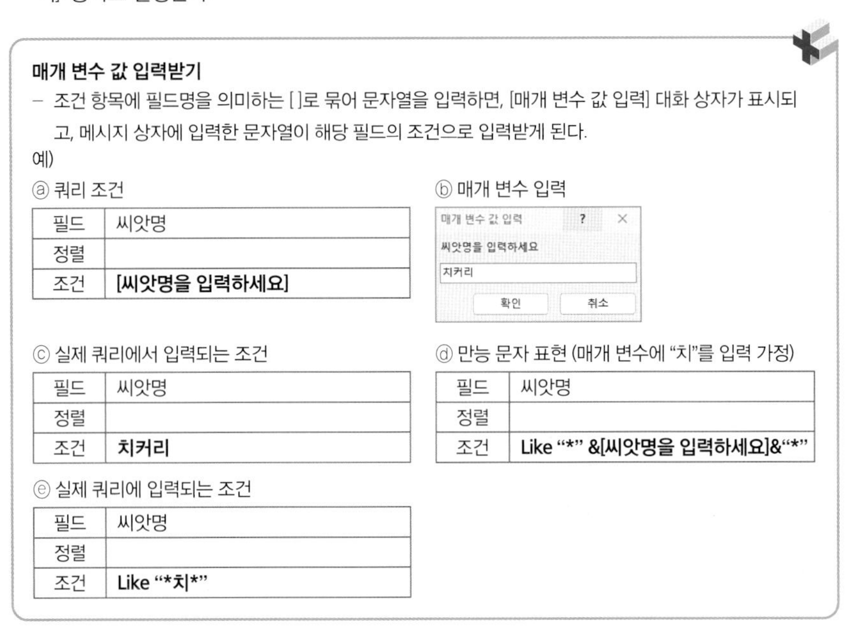

매개 변수 값 입력받기

– 조건 항목에 필드명을 의미하는 [ ]로 묶어 문자열을 입력하면, [매개 변수 값 입력] 대화 상자가 표시되고, 메시지 상자에 입력한 문자열이 해당 필드의 조건으로 입력받게 된다.

예)

ⓐ 쿼리 조건

필드	씨앗명
정렬	
조건	**[씨앗명을 입력하세요]**

ⓑ 매개 변수 입력

ⓒ 실제 쿼리에서 입력되는 조건

필드	씨앗명
정렬	
조건	**치커리**

ⓓ 만능 문자 표현 (매개 변수에 "치"를 입력 가정)

필드	씨앗명
정렬	
조건	**Like "*" &[씨앗명을 입력하세요]&"*"**

ⓔ 실제 쿼리에 입력되는 조건

필드	씨앗명
정렬	
조건	**Like "*치*"**

부가세 필드처럼 계산식으로 구성된 필드의 표시 형식(통화)이 적용되지 않는 경우 형식 문자를 직접 입력한다.
₩₩#,##0: 첫 번째 '₩'은 바로 뒤에 기호를 입력하겠다는 선언이고 두 번째 '₩'은 표시할 통화 기호이다. '₩'은 기호 입력 앞에 사용하는 예약 기호이다.

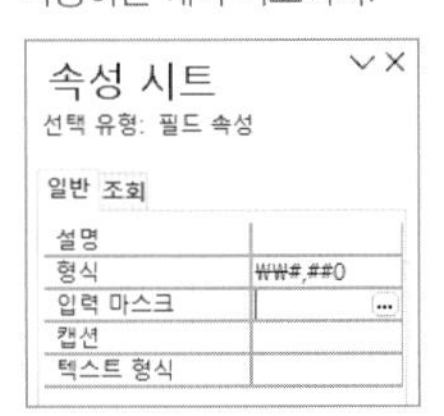

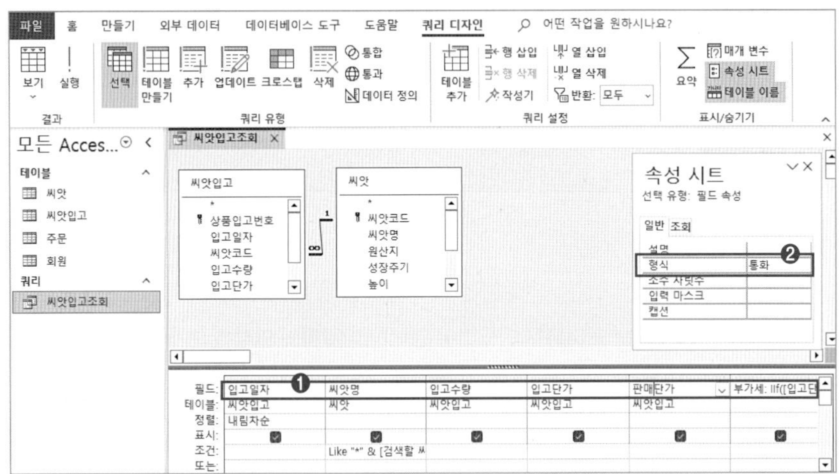

필드	입고일자	씨앗명	입고수량	입고단가	판매단가	부가세 : IIf([입고단가]<=30000,[판매단가]*0.1,[판매단가]*0.2)
테이블	씨앗입고	씨앗	씨앗입고	씨앗입고	씨앗입고	
정렬	내림차순					
조건		**Like "*" & [검색할 씨앗명의 일부를 입력하시오] & "*"**				

만능 문자가 포함된 매개 변수를 입력하는 순서
① [검색할 씨앗명의 일부를 입력하시오]
② Like [검색할 씨앗명의 일부를 입력하시오]
③ Like "*" & [검색할 씨앗명의 일부를 입력하시오]
④ Like "*" & [검색할 씨앗명의 일부를 입력하시오] & "*"

④ '쿼리1' 닫기(X) → 쿼리 저장 메시지 대화 상자 → '예' 클릭 → [다른 이름으로 저장] 대화 상자에 **씨앗입고조회** 입력 → 확인을 클릭해 쿼리를 저장한다.
⑤ <씨앗입고조회> 쿼리 실행 → [매개 변수 값 입력] 대화 상자에 **국** 입력 → 확인을 클릭해 결과를 확인한다.

3 실전 문제 마스터

www.ebs.co.kr/compass(액세스 실습 파일 다운로드) 

문제 작업 파일: 03_매개변수_2.accdb

<봉사현황> 쿼리를 이용하여 학과명의 일부를 매개 변수로 입력받고, 해당 학과의 봉사현황을 조회하여 새 테이블로 생성하는 <학과현황생성> 쿼리를 작성하고 실행하시오.

▶ 쿼리 실행 후 생성되는 테이블의 이름은 <정보학과봉사현황>으로 설정하시오.
▶ 쿼리 실행 결과 생성되는 테이블의 필드는 그림을 참고하여 수험자가 판단하여 설정하시오.

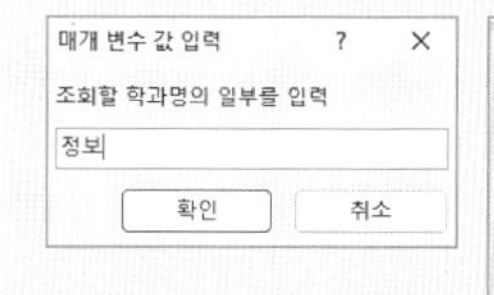

정보학과봉사현황

봉사날짜	기관명	시수	학번	이름	봉사내용
2024-09-29	EXTUDY	2	201721098	신현길	제과
2025-06-11	반석 복지관	4	201721098	신현길	영어 멘토
2025-01-06	맨솔 복지관	3	201822553	박정은	스마트폰 활
2026-03-05	반석 복지관	7	202065456	신거리	제과
2026-05-06	반석 복지관	5	202356465	거리고	김장
2023-06-22	EBS 조합	6	202565652	이나현	수학 멘토

※ <학과현황생성> 쿼리의 매개 변수값으로 '정보'를 입력하여 실행한 후의 <정보학과봉사현황> 테이블

[풀이]

① [만들기] → [쿼리] → [쿼리 디자인]을 클릭한다.
② [쿼리 디자인] → [쿼리 유형] → [선택] → [테이블 추가] 시트 → [쿼리] 탭 → <봉사현황> 쿼리를 더블클릭하여 [디자인 눈금] 영역을 구성한다.
③ 그림과 같이 필드 구성 → 쿼리1 닫기(X) → 마우스 오른쪽 클릭 → [데이터시트 보기] → [매개 변수 값 입력] 대화 상자에 **정보** 입력 → 확인을 클릭한다.

☞ 쿼리 저장 전 결과를 확인하기 위해 [데이터시트 보기] 기능을 사용할 수 있다. 쿼리를 저장하고 실행해 본 뒤 다시 쿼리 디자인 상태로 전환해도 된다.

학과	Like “*”& [조회할 학과명의 일부를 입력] &“*”

④ 매개 변수 쿼리 결과를 확인하고 → '쿼리1' 닫기(X) → 마우스 오른쪽 클릭 → [디자인 보기]를 클릭한다.

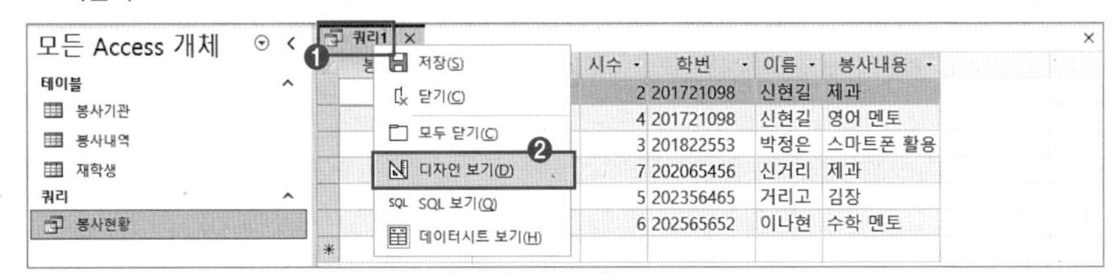

⑤ [쿼리 디자인] → [쿼리 유형] → [테이블 만들기] 선택 → [테이블 만들기] 대화 상자 → [테이블 이름]: **정보학과봉사현황** 입력 → 확인 을 클릭한다.

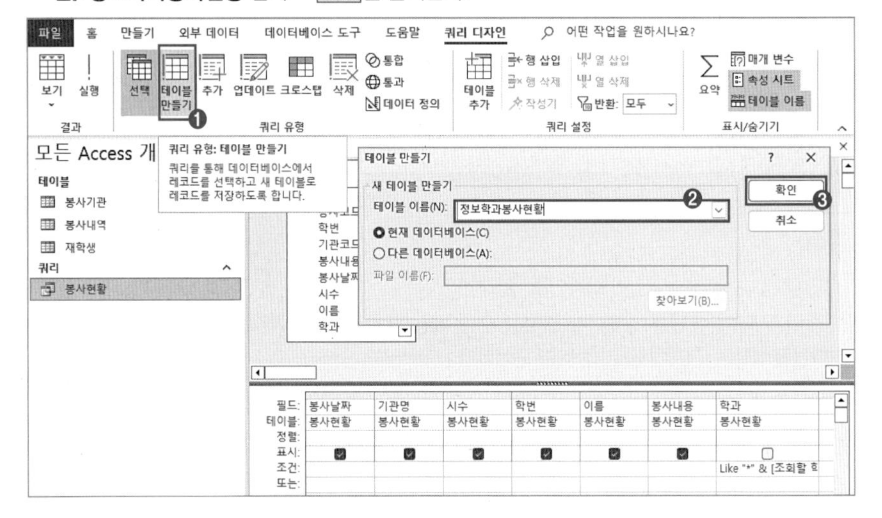

⑥ '쿼리1' 닫기(X) → 쿼리 저장 메시지 대화 상자 → '예' 클릭 → [다른 이름으로 저장] 대화 상자에 **학과현황생성** 입력 → 확인 을 클릭하여 쿼리를 저장한다.

⑦ <학과현황생성> 쿼리 실행 → 테이블 만들기 경고 대화 상자 → '예' 클릭 → [매개 변수 값 입력] 대화 상자에 **정보** 입력 → 확인 을 클릭한다.

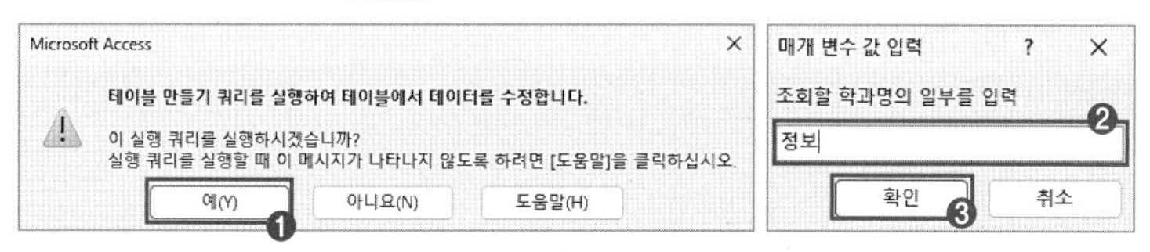

⑧ 테이블 만들기 쿼리 실행 경고창이 실행되면 '예'를 클릭한다.

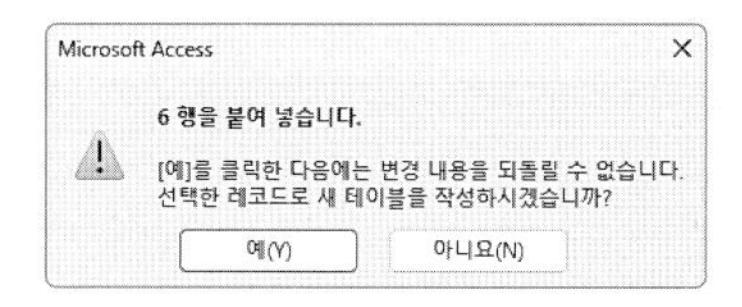

⑨ <정보학과봉사현황> 테이블을 실행하여 결과를 확인한다.

<정보학과봉사현황> 테이블이 추가되고 매개 변수 결과 6개 레코드가 추가된다.

처리 기능 구현 04

요약 쿼리

- Access에서 요약 도구를 활성화하여 제시된 문제를 해결할 수 있는 요약 연산을 적용할 수 있다.
- 쿼리 결과 레코드에 사용자 지정 형식 코드를 활용하여 표시 형식을 적용할 수 있다.

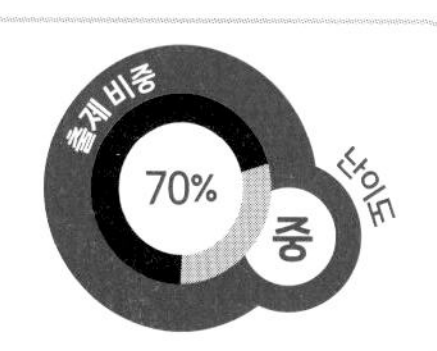

1 개념 학습

[쿼리 만들기]

메뉴	[만들기] → [쿼리 디자인]	배점	4~7점
작업 순서	[만들기] → [쿼리 디자인] → [선택 쿼리] → [요약]		
메뉴	– [요약] 도구를 선택하면 [디자인 눈금] 영역에 요약이 활성화된다. – [요약] 도구를 활용하면 다양한 필드 통계 연산이 가능하다.		

2 출제 유형 이해

www.ebs.co.kr/compass(액세스 실습 파일 다운로드) 

문제 작업 파일: 04_요약쿼리_1.accdb

학과별로 봉사활동을 한 학생들의 총 인원수와 총 시수를 조회하는 <학과별봉사현황> 쿼리를 작성하시오.

- <봉사내역>과 <재학생> 테이블을 이용하시오.
- 봉사학생수는 '학번' 필드를 이용하시오.
- 쿼리 실행 결과 표시되는 필드와 필드명은 <그림>과 같이 표시되도록 설정하시오.

학과별봉사현황

학과	봉사학생수	총시수
국제통상과	10명	38시간
금융정보과	3명	9시간
연극영화	6명	20시간
회계학과	1명	5시간
IT융합	5명	23시간
K컬처학과	8명	25시간

[풀이]

① [만들기] → [쿼리] → [쿼리 디자인]을 클릭한다.

② [쿼리 디자인] → [쿼리 유형] → [선택] → [표시/숨기기] → [요약] 선택 → [테이블 추가] 시트 → <봉사내역>, <재학생> 테이블을 더블클릭하여 [디자인 눈금] 영역을 구성한다.

③ '학과' 필드 더블클릭 → **봉사학생수 : [학번]** 입력 → **총시수 : [시수]**를 입력하여 필드를 그림과 같이 구성한다.

④ [요약] 항목도 그림과 같이 구성한다.

⑤ 총시수: [시수] 필드 선택 → [속성 시트] → 형식: **#"시간"**을 입력한다.

요약 쿼리는 [쿼리 디자인] 요약 도구를 클릭하여 필드 편집 구역에 요약을 활성화해야 한다. 필드 구성식에 필드명은 [ ]로 묶는 것이 원칙이지만 생략할 수 있다.

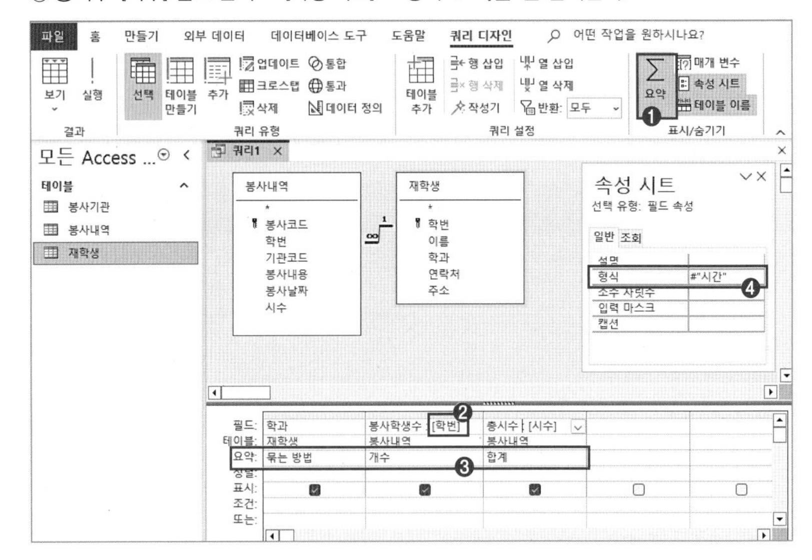

필드	학과	봉사학생수 : [학번]	총시수 : [시수]
테이블	재학생	봉사내역	봉사내역
요약		**개수**	**합계**
정렬			
표시	✓	✓	✓
조건			
또는			
형식		**#명**	**#시간**

☞ 단위는 [속성 시트]의 형식 항목에 작성한다.

속성 시트
선택 유형: 필드 속성
일반 조회
설명
형식 #"시간"
소수 자릿수
입력 마스크
캡션

#명, #시간이 적용되지 않을 때

- <학과별봉사현황> 쿼리 디자인 모드 [속성 시트] → [형식] 탭에 다시 형식을 적용한다.
- 요약 쿼리처럼 필드에 연산이 일어나는 경우 형식이 한 번에 적용이 되지 않을 수 있다.

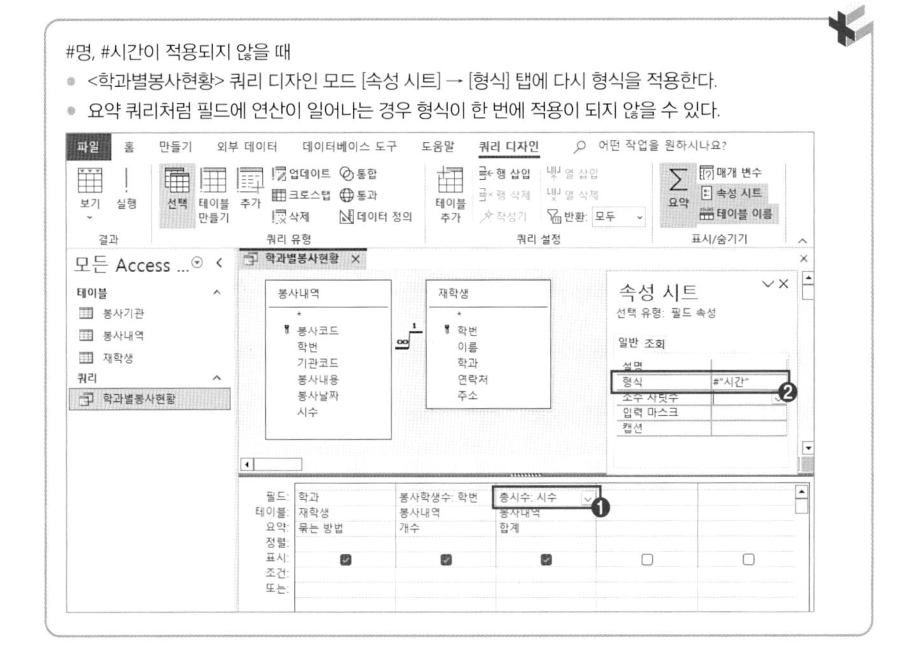

⑥ '쿼리1' 닫기(X) → 쿼리 저장 메시지 대화 상자 → '예' 클릭 → [다른 이름으로 저장] 대화 상자에 **학과별봉사현황** 입력 → [확인]을 클릭하여 쿼리를 저장한다.

3 실전 문제 마스터

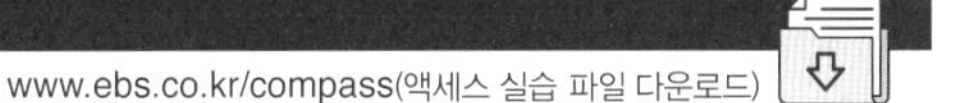

문제 작업 파일: 04_요약쿼리_2.accdb

<씨앗입고>, <씨앗>, <주문> 테이블을 이용하여 씨앗명별 최근입고일자, 총입고량, 총주문량을 조회하는 <재고현황> 쿼리를 작성하시오.

- ▶ '최근입고일자'는 '입고일자'의 최대값, '총입고량'은 '입고수량'의 합계, '총주문량'은 <주문> 테이블 '수량' 필드의 합계로 처리하시오.
- ▶ '총주문량' 기준으로 내림차순 정렬하시오.
- ▶ 쿼리 결과 표시되는 필드와 필드명은 <그림>과 같이 표시되도록 설정하시오.

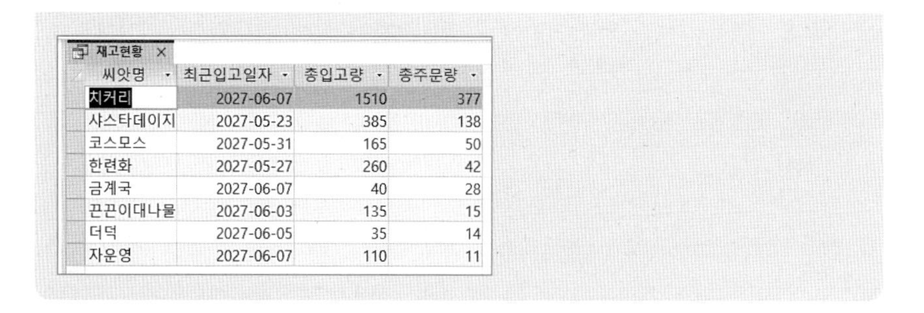

재고현황

씨앗명	최근입고일자	총입고량	총주문량
치커리	2027-06-07	1510	377
샤스타데이지	2027-05-23	385	138
코스모스	2027-05-31	165	50
한련화	2027-05-27	260	42
금계국	2027-06-07	40	28
끈끈이대나물	2027-06-03	135	15
더덕	2027-06-05	35	14
자운영	2027-06-07	110	11

[풀이]

① [만들기] → [쿼리] → [쿼리 디자인]을 클릭한다.

② [쿼리 디자인] → [쿼리 유형] → [선택] → [표시/숨기기] → [요약] 선택 → [테이블 추가] 시트 → <씨앗입고>, <씨앗>, <주문> 테이블을 더블클릭하여 [디자인 눈금] 영역을 구성한다.

③ [필드]와 [요약] 구성을 다음과 같이 설정한다.

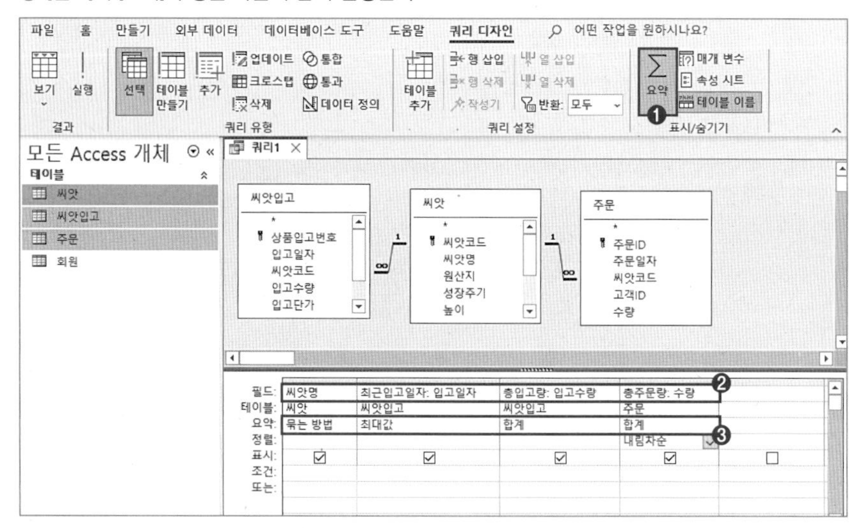

필드	씨앗명	최근입고일자: 입고일자	총입고량: 입고수량	총주문량: 수량
테이블	씨앗	씨앗입고	씨앗입고	주문
요약		**최대값**	**합계**	**합계**
정렬				**내림차순**
표시	✓	✓	✓	✓
조건				
또는				

④ '쿼리1' 닫기(X) → 쿼리 저장 메시지 대화 상자 → '예' 클릭 → [다른 이름으로 저장] 대화 상자에 **재고현황** 입력 → 확인 을 클릭하여 쿼리를 저장한다.

처리 기능 구현 05

중복, 불일치 검색 쿼리

- 중복 쿼리 마법사를 활용하여 중복 레코드를 검색할 수 있다.
- 불일치 검색 쿼리 마법사를 활용하여 2개 테이블에서 서로 일치하지 않는 레코드를 검색할 수 있다.
- SQL문인 Select문의 기본 작성 방법을 알고 이를 활용하여 불일치 검색 쿼리를 작성할 수 있다.

1 개념 학습

1) 쿼리 만들기

메뉴	[만들기] → [쿼리 마법사]	배점	7점
작업 순서	• 중복 데이터 검색: [만들기] → [쿼리 마법사] → [중복 데이터 검색 쿼리 마법사] • 불일치 검색: [만들기] → [쿼리 마법사] → [불일치 검색 쿼리 마법사]		
새 쿼리 마법사 대화 상자	새 쿼리 ? × 단순 쿼리 마법사 크로스탭 쿼리 마법사 중복 데이터 검색 쿼리 마법사 불일치 검색 쿼리 마법사 한 테이블이나 쿼리에서 중복된 필드 값이 있는 레코드를 찾는 쿼리를 만듭니다. 확인 취소		
작업 방법	• 쿼리 마법사를 이용하는 방법 • Not In 예약어와 Select문을 이용하는 방법		

☞ 중복 데이터 검색 쿼리로 테이블에 중복된 레코드를 쉽게 찾을 수 있다.

☞ 중복 데이터를 단순하게 찾거나, 기본 키의 경우 중복 데이터를 허용하지 않으므로 기본 키 설정, 관계 설정할 때 오류를 해결하기 위해 사용된다.

2) Not In 예약어를 이용한 불일치 검색하기 SQL

<제품>

제품코드	제품명	재고량
A1	가래떡	100
A2	인절미	100
A3	흑미떡	100
A4	꿀떡	100

<판매>

제품코드	제품명	수량
A1	가래떡	2
A2	인절미	3
A1	가래떡	4
A2	인절미	5

예) <제품> 테이블에서 판매된 내역이 없는 항목을 검색하시오.

[풀이]

① 제품 테이블의 제품코드에 아래와 같이 조건을 넣는다.

> A1, A2가 2번씩 조회되었지만 같은 레코드이므로 1번씩으로 인식한다.

<제품>

	제품코드	제품명	재고량
조건	**Not In(Select 판매.제품코드 From 판매)**		

② Select문으로 가져온 값은 <판매> 테이블의 '제품코드' 필드이므로 A1, A2, A1, A2가 된다.

> Not In (A1, A2): 검색된 A1, A2가 아닌 레코드가 검색 대상이 된다.

<제품>

	제품코드	제품명	재고량
조건	Not In (A1, A2)		

[결과]

<제품>

제품코드	제품명	재고량
A3	흑미떡	100
A4	꿀떡	100

2 출제 유형 이해

www.ebs.co.kr/compass(액세스 실습 파일 다운로드) 

문제 1 작업 파일: 05_중복_1.accdb

<재학생> 테이블에서 연락처가 중복 등록된 재학생을 조회하는 <연락처중복> 쿼리를 작성하시오.

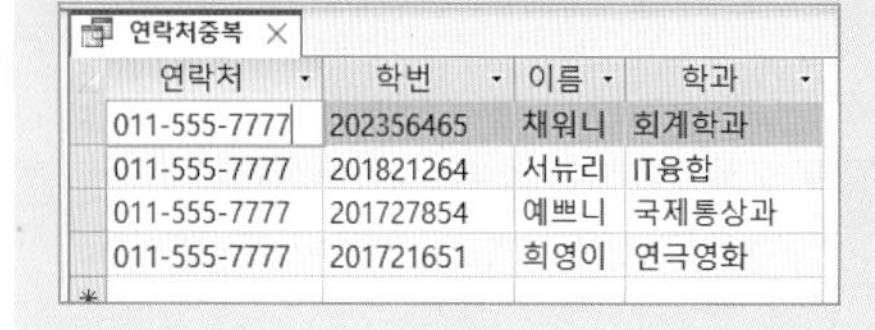

연락처중복

연락처	학번	이름	학과
011-555-7777	202356465	채워니	회계학과
011-555-7777	201821264	서뉴리	IT융합
011-555-7777	201727854	예쁘니	국제통상과
011-555-7777	201721651	희영이	연극영화

[풀이]

① [만들기] → [쿼리] → [쿼리 마법사]를 클릭한다.

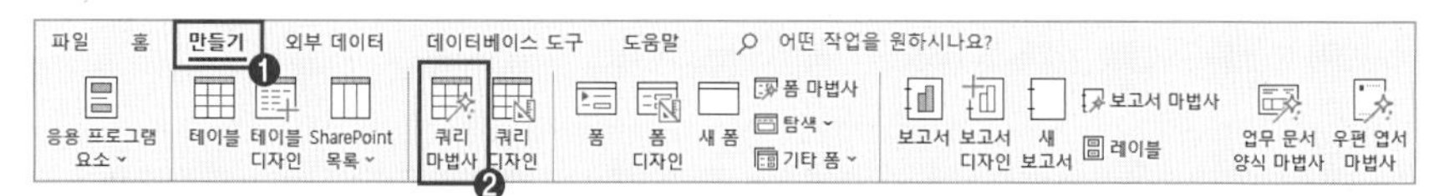

② [새 쿼리] 대화 상자 → [중복 데이터 검색 쿼리 마법사] 선택 → 확인 을 클릭한다.

> 중복 데이터 검색 쿼리 마법사가 실행된다.

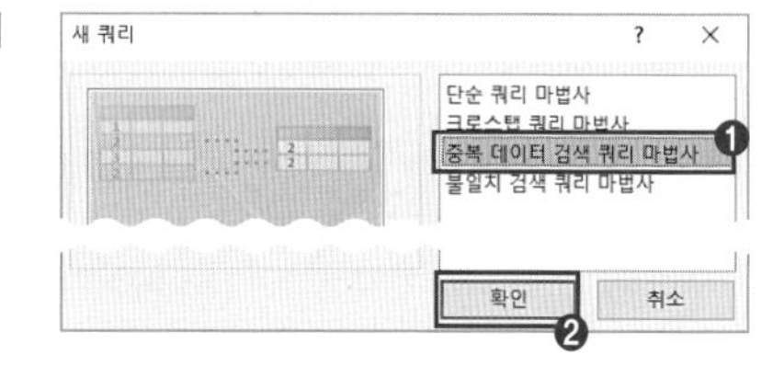

③ [중복 데이터 검색 쿼리 마법사] → [테이블] 선택 → '테이블: 재학생' 선택 → [다음] → '연락처' 필드 더블클릭 → [다음]을 클릭한다.

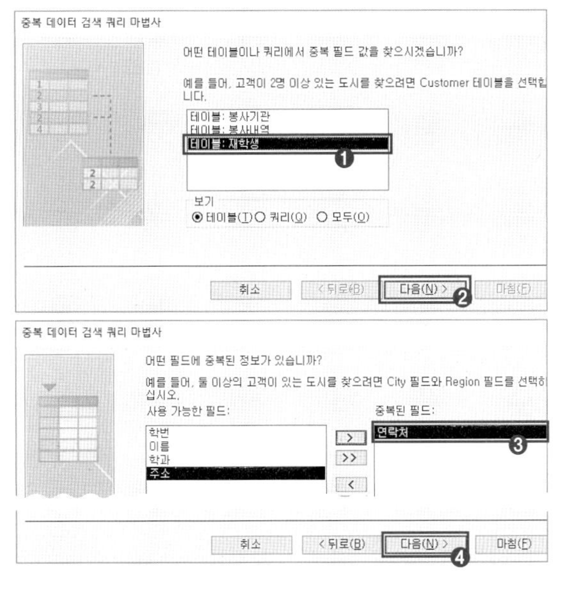

중복 데이터를 검색할 '연락처' 필드가 중복된 필드 항목으로 이동된다.

④ [사용 가능한 필드] → '학번', '이름', '학과' 필드 더블클릭 → [다음] → 쿼리 이름: **연락처중복** 입력 → [마침]을 클릭한다.

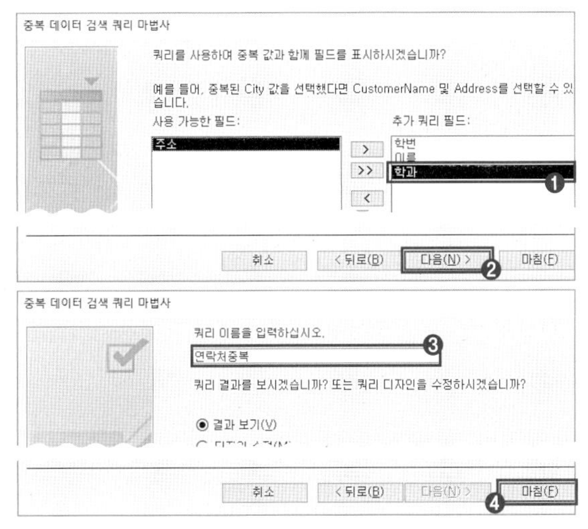

쿼리에 표시할 필드를 추가한다.

연락처가 중복된 레코드가 <연락처중복> 쿼리로 생성된다.

문제 2 작업 파일: 05_불일치_1.accdb

다음과 같은 기능을 수행하는 <주문안된제품> 쿼리를 작성하시오.

- <씨앗입고>와 <주문> 테이블을 이용할 것
- <주문> 테이블에 존재하지 않는 <씨앗입고> 테이블의 '제품번호'는 판매가 이루어지지 않은 것으로 가정할 것

주문안된제품

씨앗코드	입고수량	주문일자
A1002	30	2027-06-06
P6001	45	2027-06-16
A1002	35	2027-06-16
A1002	40	2027-06-27
B1355	20	2027-06-04
C9901	60	2027-06-22

[풀이]

불일치 검색 쿼리 마법사가 실행된다.

① [만들기] → [쿼리] → [쿼리 마법사] → [새 쿼리] → '불일치 검색 쿼리 마법사' 선택 → 확인을 클릭한다.

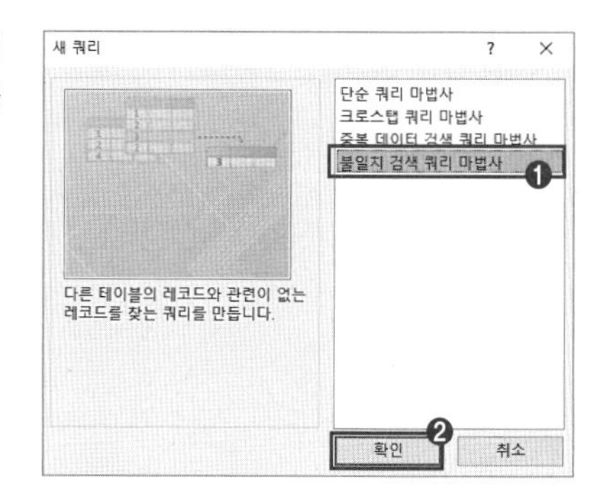

"어떤 테이블이나 쿼리의 레코드를 쿼리 결과에 넣으시겠습니까?"

<주문> 테이블에 존재하지 않는 <씨앗입고> 테이블의 '제품번호'는 판매가 이루어지지 않은 부분을 분석한다.

- 이 문제에서 요구하는 것은 창고에 '씨앗'이 입고되었지만 '주문'이 없어서 판매 실적이 없는 '씨앗'을 검색하는 것이다.
- 즉 <씨앗입고>에 있는 씨앗 중 <주문> 없는 레코드를 찾게 된다.
- 다시 말해 <씨앗입고> 테이블의 레코드를 결과에 넣어야 한다.

② '테이블' 선택 → '테이블: 씨앗입고' 선택 → 다음 → '테이블: 주문' 선택 → 다음을 클릭한다.

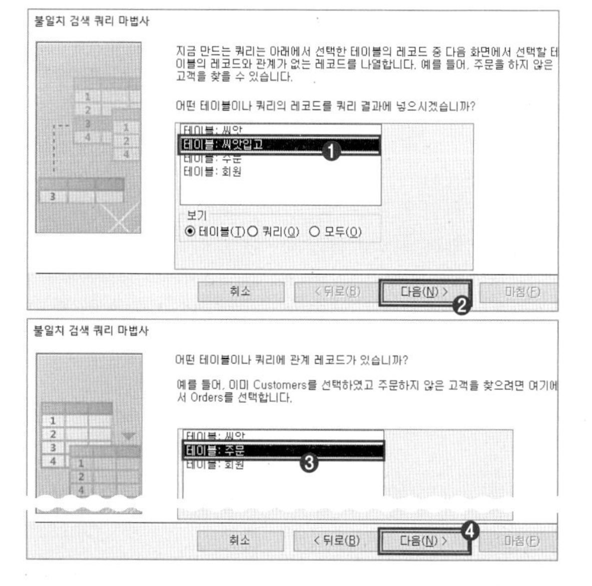

③ 서로 비교할 '씨앗코드' 필드를 각각 선택 → '<=>' 클릭 → 다음 → 쿼리에 출력할 필드 '씨앗코드', '입고수량', '주문일자' 더블클릭 → 다음을 클릭한다.

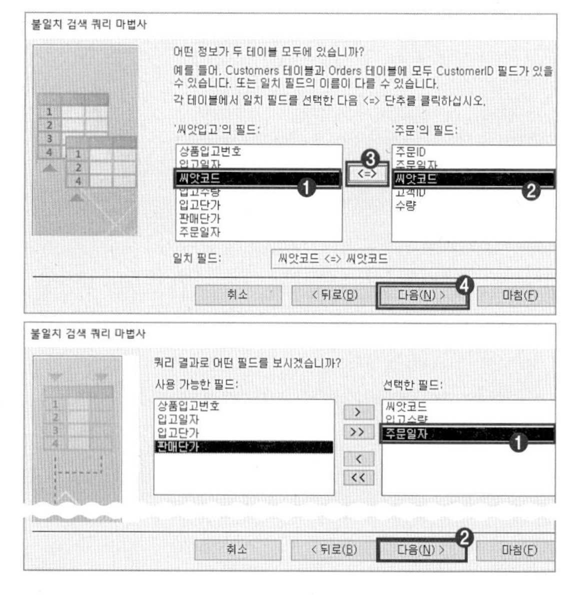

④ **주문안된제품** 입력 → '결과 보기' 선택 → [마침]을 클릭한다.

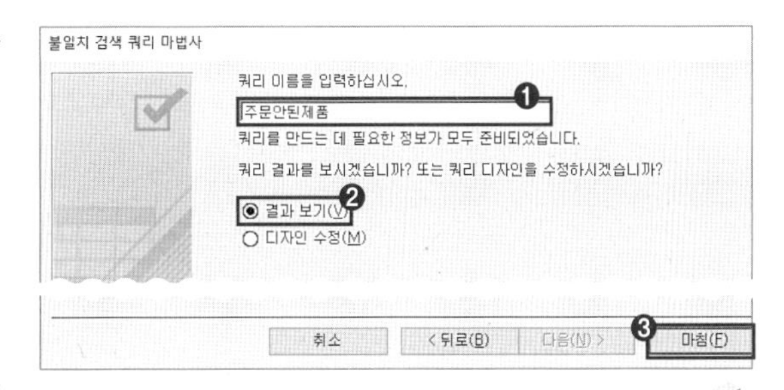

☞ <주문안된제품> 쿼리가 생성된다.

조인 속성을 이용한 불일치 검색 쿼리

- <씨앗입고> 테이블과 <주문> 테이블의 <조인 속성>을 분석한다.
- '씨앗입고'에서는 모든 레코드를 포함하고 '주문'에서는 조인된 필드가 일치하는 레코드만 포함이 선택된 것을 확인할 수 있다.
- Left Outer Join이 설정된 것을 알 수 있다.
  (왼쪽 테이블은 모두 출력하고, 오른쪽 테이블에서는 동일한 레코드만 출력한다.)
- Is Null: <주문> 테이블에 존재하지 않는 레코드를 검색한다.

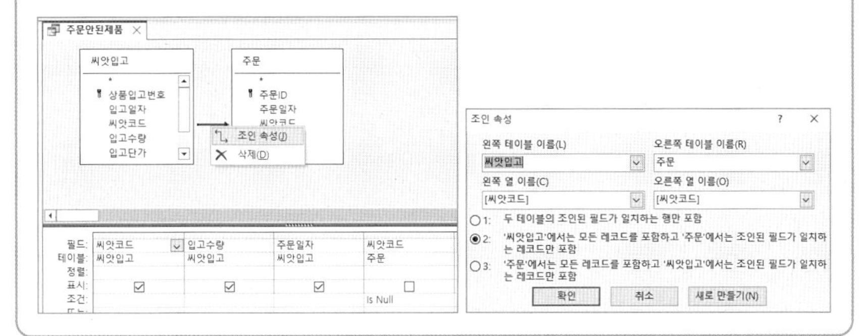

3 실전 문제 마스터

www.ebs.co.kr/compass(액세스 실습 파일 다운로드)

문제 작업 파일: 05_불일치_2.accdb

다음과 같은 기능을 수행하는 <판매안된제품> 쿼리를 작성하시오.

▶ <보유제품>과 <주문제품> 테이블을 이용할 것
▶ <주문제품> 테이블에 존재하지 않는 <보유제품> 테이블의 '제품번호'는 판매가 이루어지지 않은 것으로 가정할 것
▶ Not In 예약어와 Select문 사용

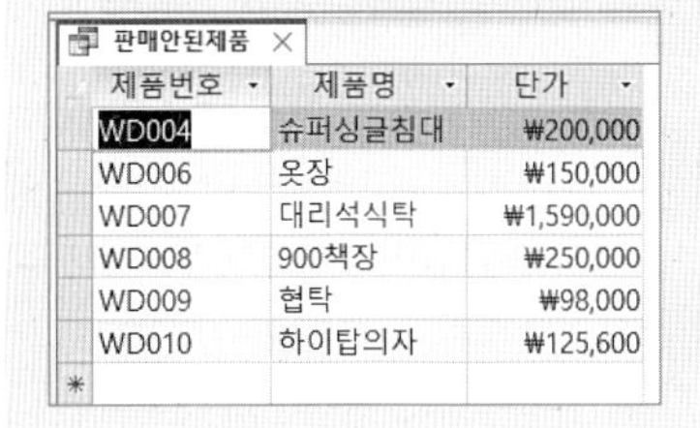

판매안된제품

제품번호	제품명	단가
WD004	슈퍼싱글침대	₩200,000
WD006	옷장	₩150,000
WD007	대리석식탁	₩1,590,000
WD008	900책장	₩250,000
WD009	협탁	₩98,000
WD010	하이탑의자	₩125,600
*		

[풀이]

☞ <판매안된제품> 쿼리에 추가할 필드를 추가한다.

Not In 예약어와 Select문 사용 조건이 제시되면 '불일치 검색 쿼리 마법사'를 사용하지 않고 [쿼리 디자인]으로 작성한다.

① [만들기] → [쿼리 디자인] → [테이블 추가] 시트 → <보유제품> 테이블 더블클릭 → '제품번호', '제품명', '단가' 더블클릭 → [디자인 눈금] 영역→ '제품번호' 필드 조건: **Not In (select 주문제품.제품번호 from 주문제품)**을 입력한다.

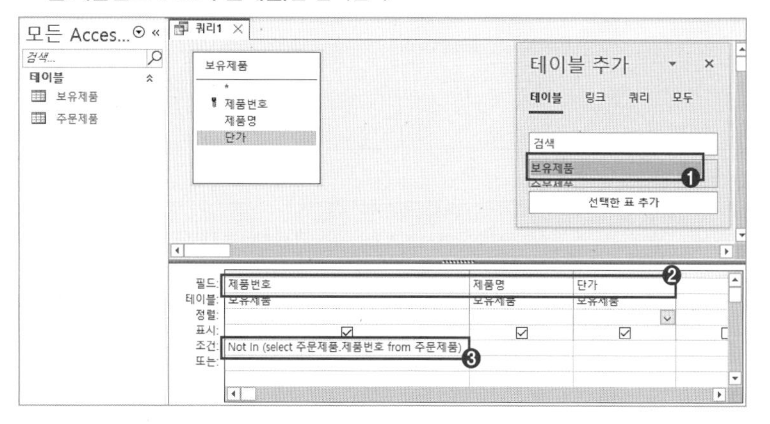

- **select 주문제품.제품번호 from 주문제품**
  - <주문제품> 테이블에서 '제품번호'를 검색한다.
  - 검색 결과: WD001, WD002, WD003, WD004, WD005, WD006, WD007, WD008, WD009, WD010
- **Not In**
  - In ('WD001', 'WD002'): '제품번호' 필드에서 'WD001', 'WD002'를 검색한다.
  - Not In('WD001', 'WD002'): '제품번호' 필드에서 'WD001', 'WD002'가 아닌 레코드를 검색한다.
- **Not In (select 주문제품.제품번호 from 주문제품)**
  - <주문제품> 테이블에 존재하는 제품번호를 제외한다.
  - 즉, <보유제품> 테이블에서 <주문제품> 테이블의 제품번호에 없는 레코드만 검색한다.

☞ <판매안된제품> 쿼리가 생성된다.

② '쿼리1' 닫기(X) 클릭 → 쿼리 이름: **판매안된제품** 입력 → [확인]을 클릭한다.

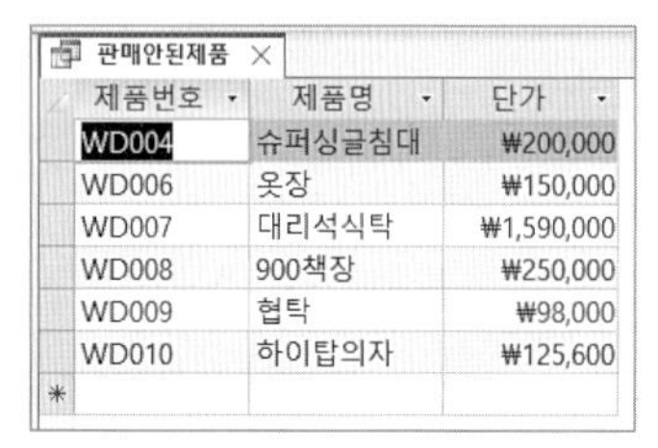

판매안된제품

제품번호	제품명	단가
WD004	슈퍼싱글침대	₩200,000
WD006	옷장	₩150,000
WD007	대리석식탁	₩1,590,000
WD008	900책장	₩250,000
WD009	협탁	₩98,000
WD010	하이탑의자	₩125,600

처리 기능 구현 06

실행 쿼리

- Access 쿼리 디자인을 활용하여 추가, 삭제, 업데이트 쿼리를 작성할 수 있다.
- 실행 쿼리에서 Select문을 활용하여 외부 테이블의 조건 결과를 쿼리의 조건으로 활용할 수 있다.

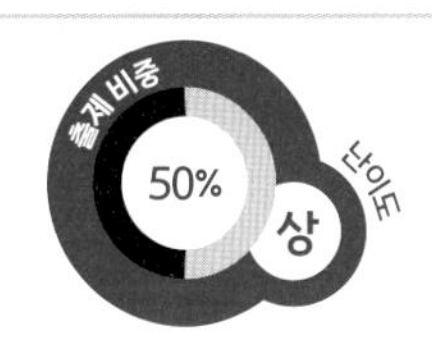

1 개념 학습

[쿼리 만들기]

메뉴	[만들기] → [쿼리 디자인] → [쿼리 유형]	배점	4~7점
메뉴	파일 홈 만들기 외부 데이터 데이터베이스 도구 도움말 쿼리 디자인 어떤 작업을 원하시나요? / 보기 실행 (결과) / 선택 테이블 만들기 추가 업데이트 크로스탭 삭제 통합 통과 데이터 정의 (쿼리 유형) / 테이블 추가 행 삽입 행 삭제 작성기 열 삽입 열 삭제 반환: 모두 (쿼리 설정) / 요약 매개 변수 속성 시트 테이블 이름 (표시/숨기기)		
작업 순서	• 추가: [만들기] → [쿼리 디자인] → [쿼리 유형] → [추가] • 업데이트: [만들기] → [쿼리 디자인] → [쿼리 유형] → [업데이트] • 삭제: [만들기] → [쿼리 디자인] → [쿼리 유형] → [삭제]		
추가	기존 테이블에 조회된 레코드를 추가한다.		
업데이트	테이블에서 조회된 레코드를 갱신한다.		
삭제	테이블에서 조회된 레코드를 삭제한다.		

2 출제 유형 이해

www.ebs.co.kr/compass(액세스 실습 파일 다운로드)

문제 작업 파일: 06_실행쿼리_1.accdb

<보유제품> 테이블의 '제품번호'가 'WD001'인 제품의 제품명을 '900서랍장'으로 변경하는 <제품변경> 업데이트 쿼리를 작성하시오.

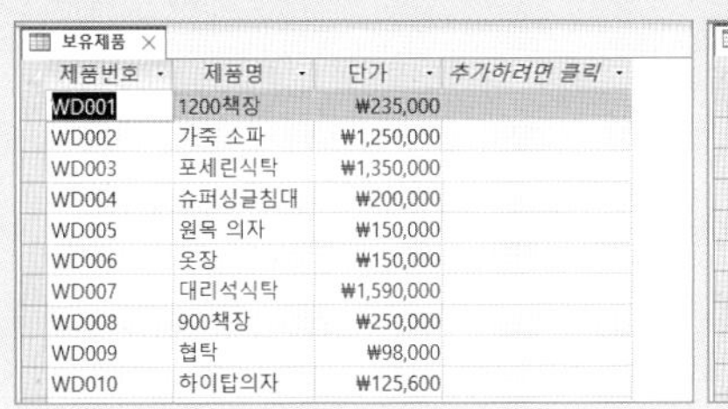

보유제품

제품번호	제품명	단가	추가하려면 클릭
WD001	1200책장	₩235,000	
WD002	가죽 소파	₩1,250,000	
WD003	포세린식탁	₩1,350,000	
WD004	슈퍼싱글침대	₩200,000	
WD005	원목 의자	₩150,000	
WD006	옷장	₩150,000	
WD007	대리석식탁	₩1,590,000	
WD008	900책장	₩250,000	
WD009	협탁	₩98,000	
WD010	하이탑의자	₩125,600	

보유제품

제품번호	제품명	단가	추가하려면 클릭
WD001	900서랍장	₩235,000	
WD002	가죽 소파	₩1,250,000	
WD003	포세린식탁	₩1,350,000	
WD004	슈퍼싱글침대	₩200,000	
WD005	원목 의자	₩150,000	
WD006	옷장	₩150,000	
WD007	대리석식탁	₩1,590,000	
WD008	900책장	₩250,000	
WD009	협탁	₩98,000	
WD010	하이탑의자	₩125,600	

[풀이]

① [만들기] → [쿼리 디자인] → [업데이트] 선택 → [테이블 추가] 시트 → <보유제품> 테이블 더블클릭 → '제품번호', '제품명' 필드 더블클릭 → [디자인 눈금] 영역 → '제품번호' 필드 조건: **WD001** 입력 → '제품명' 필드 업데이트: **900서랍장**을 입력한다.

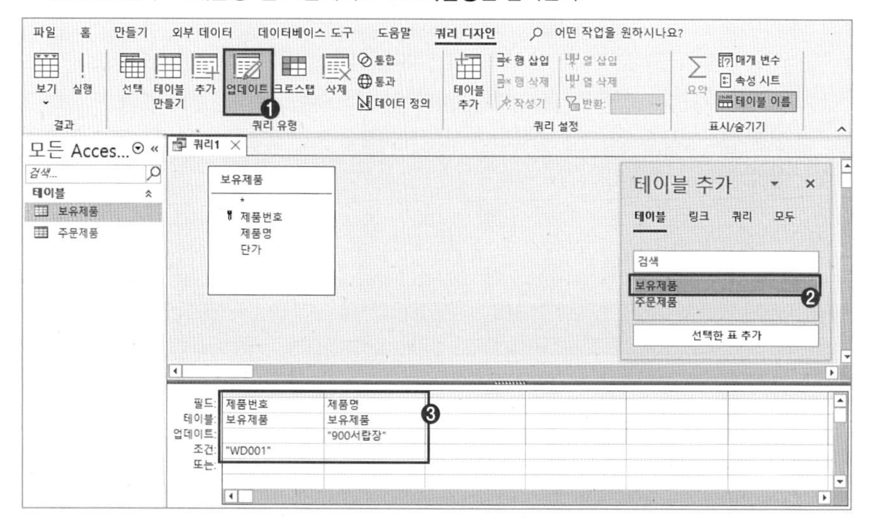

② '쿼리1' 닫기(X) → '예' 클릭 → 쿼리 이름: **제품변경** 입력 → [확인]을 클릭한다.

'제품번호'가 'WD001'인 제품의 제품명이 '900서랍장'으로 업데이트된다.

③ <제품변경> 쿼리 실행 → 업데이트 쿼리 실행 경고 메시지 대화 상자 → '예' 클릭 → 새로 고침 대화 상자 → '예'를 클릭한다.

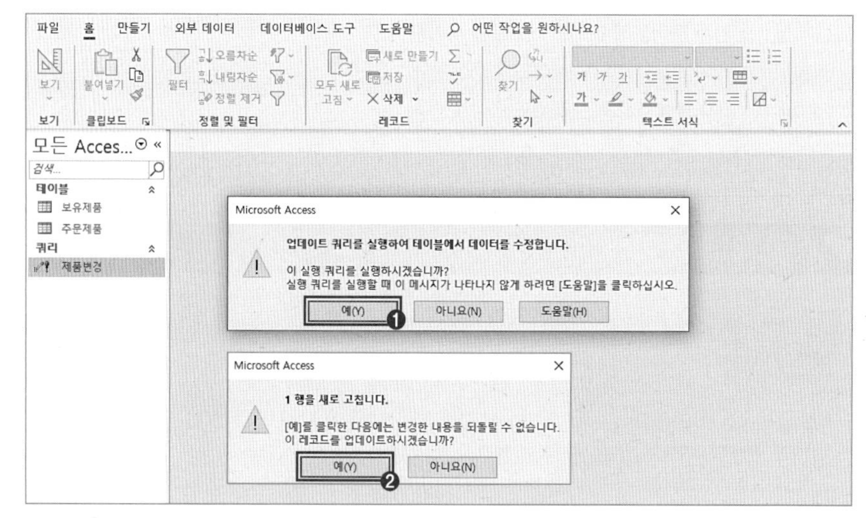

3 실전 문제 마스터

www.ebs.co.kr/compass(액세스 실습 파일 다운로드)

문제 작업 파일: 06_실행쿼리_2.accdb

<핵심고객> 테이블에서 도서 대여 이력이 없는 고객정보를 삭제하는 <미대여고객삭제> 쿼리를 작성하시오.

- <핵심고객>, <대여도서> 테이블을 이용하시오.
- Not In 명령어와 SQL문으로 작성하시오.

[풀이]

① [만들기] → [쿼리 디자인] → [삭제] 선택 → [테이블 추가] 시트 → <핵심고객> 테이블 더블클릭 → '고객번호', '고객명', '주소', '휴대전화', '전자우편' 필드 더블클릭 → [디자인 눈금] 영역 → '고객번호' 필드 조건: **Not In (select 대여도서.고객번호 from 대여도서)**를 입력한다.

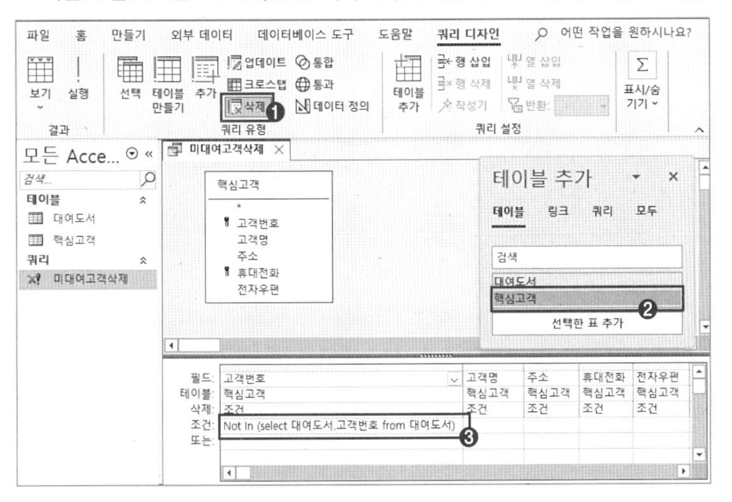

② '쿼리1' 닫기(X) → '예' 클릭 → 쿼리 이름: **미대여고객삭제** 입력 → [확인]을 클릭한다.

③ <미대여고객삭제> 쿼리 실행 → 삭제 쿼리 실행 경고 메시지 대화 상자 → '예'를 클릭한다.

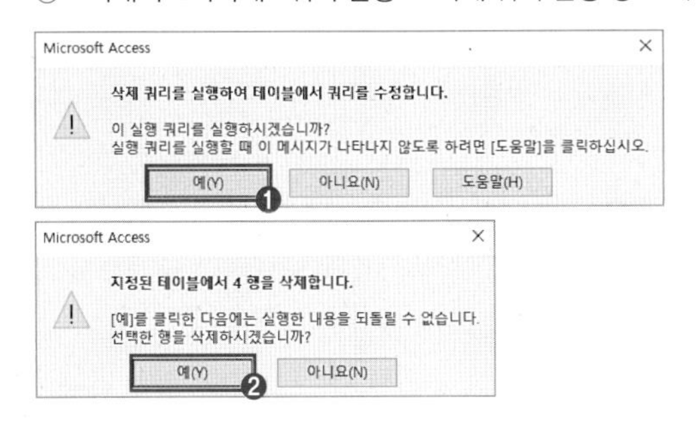

☞ Not In (select 대여도서.고객번호 from 대여도서): <대여도서> 테이블에 존재하는 고객번호를 제외한 나머지 레코드가 조회된다. 즉, 대여도서 내역이 없는 고객번호가 <핵심고객> 테이블에서 삭제된다.

☞ <미대여고객삭제> 쿼리가 생성된다.

☞ <핵심고객> 테이블에서 미대여고객이 삭제된다.

☞ 실행 쿼리 대상 미리 확인하기: '쿼리1' 탭 마우스 오른쪽 클릭 → [데이터시트 보기]를 클릭하면 삭제 대상 레코드를 확인할 수 있다.

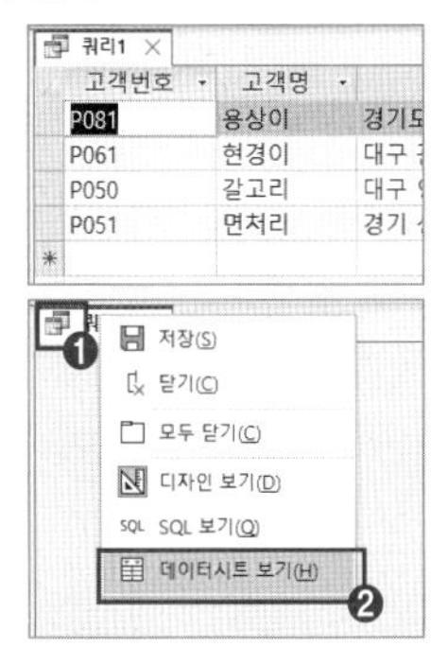

이론에서 실전까지
기초에서 심화까지
교재에서 모바일까지

한 번에 **만**나는 컴퓨터활용능력 수험서

EBS 컴퓨터활용능력 **1급 실기**

한.번.더. 최신 기출문제

기출문제

01 2024년 상공회의소 샘플 A형

02 2024년 상공회의소 샘플 B형

03 2024년 기출문제 유형 1회

04 2024년 기출문제 유형 2회

한.번.만. 모의고사

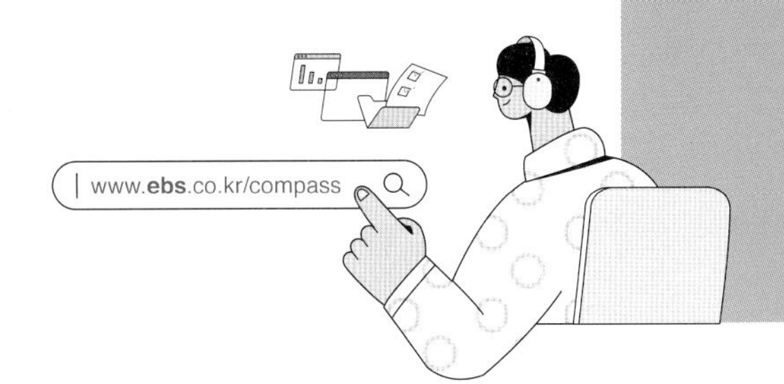

국가기술자격검정

01 2024년 상공회의소 샘플 A형

프로그램명	제한시간
ACCESS 2021	45분

수험번호 :

성　　명 :

1급	A형

< 유 의 사 항 >

■ 인적 사항 누락 및 잘못 작성으로 인한 불이익은 수험자 책임으로 합니다.

■ 화면에 암호 입력창이 나타나면 아래의 암호를 입력하여야 합니다.
　○ **암호: 8156%2**

■ 작성된 답안은 주어진 경로 및 파일명을 변경하지 마시고 그대로 저장해야 합니다.
이를 준수하지 않으면 실격처리 됩니다.
　○ **답안 파일명의 예: C:₩DB₩수험번호8자리.accdb**

■ **외부데이터 위치 : C:₩DB₩파일명**

■ 별도의 지시 사항이 없는 경우, 다음과 같이 처리하면 실격 처리됩니다.
　○ 제시된 개체의 이름을 임의로 변경한 경우
　○ 제시된 개체의 속성을 임의로 변경한 경우
　○ 제시된 개체를 임의로 삭제하거나 추가한 경우

■ 별도의 지시 사항이 없는 경우, 기능의 구현은 모듈이나 매크로 등을 이용하며, 예외적인 상황에 대해서는 고려하지 않아도 됩니다.

■ 제시된 함수가 있을 경우 제시된 함수만을 사용하여야 하며,그 외 함수 사용 시 채점 대상에서 제외됩니다.

■ 별도의 지시 사항이 없는 경우, 주어진 각 개체의 속성은 설정값 또는 기본 설정값(Default)으로 처리하십시오.

■ 제시된 화면은 예시이며 나타난 값은 실제와 다를 수 있습니다.

■ 저장 시간은 별도로 주어지지 아니하므로 제한된 시간 내에 저장을 완료해야 합니다.

■ 본 문제의 용어는 MS Office LTSC Professional Plus 2021 기준으로 작성되었습니다.

www.ebs.co.kr/compass
(EBS 홈페이지에서 액세스 실습 파일 다운로드)
파일명: 기출(문제) – 24년 A형

문제 1 DB 구축(25점)

1. 학생들의 봉사활동 내역을 관리하기 위한 데이터베이스를 구축하고자 한다. 다음의 지시 사항에 따라 각 테이블을 완성하시오. (각 3점)

① <봉사기관> 테이블의 '기관코드' 필드는 'S-00'과 같은 형태로 영문 대문자 1개, '-' 기호 1개와 숫자 2개가 반드시 포함되어 입력되도록 입력 마스크를 설정하시오.
- ▶ 영문자 입력은 영어와 한글만 입력할 수 있도록 설정할 것
- ▶ 숫자 입력은 0~9까지의 숫자만 입력할 수 있도록 설정할 것
- ▶ '-' 문자도 테이블에 저장되도록 설정할 것

② <봉사내역> 테이블의 '시수' 필드에는 1~8까지의 정수가 입력되도록 유효성 검사 규칙을 설정하시오.

③ <봉사내역> 테이블의 '봉사날짜' 필드는 새로운 레코드가 추가되는 경우 시간을 포함하지 않는 시스템의 오늘 날짜가 기본으로 입력되도록 설정하시오.

④ <재학생> 테이블의 '학과' 필드는 중복 가능한 인덱스를 설정하시오.

⑤ <재학생> 테이블의 '연락처' 필드는 빈 문자열이 허용되도록 설정하시오.

2. 외부 데이터 가져오기 기능을 이용하여 <추가기관.xlsx>에서 범위의 정의된 이름 '추가기관'의 내용을 가져와 <봉사기관추가> 테이블을 생성하시오. (5점)
- ▶ 첫 번째 행은 열 머리글임
- ▶ 기본 키는 없음으로 설정

3. <봉사내역> 테이블의 '기관코드' 필드는 <봉사기관> 테이블의 '기관코드' 필드를 참조하고 테이블 간의 관계는 1:M이다. 두 테이블에 대해 다음과 같이 관계를 설정하시오. (5점)

※ [Access] 파일에 이미 설정되어 있는 관계는 수정하지 마시오.
- ▶ 테이블 간에 항상 참조 무결성이 유지되도록 설정하시오.
- ▶ 참조 필드의 값이 변경되면 관련 필드의 값도 변경되도록 설정하시오.
- ▶ 다른 테이블에서 참조하고 있는 레코드는 삭제할 수 없도록 설정하시오.

문제 2 입력 및 수정 기능 구현(20점)

1. <봉사내역입력> 폼을 다음의 화면과 지시 사항에 따라 완성하시오. (각 3점)

① 폼의 '기본 보기' 속성을 <그림>과 같이 설정하시오.

② 폼의 '레코드 선택기'와 '탐색 단추'가 표시되도록 관련 속성을 설정하시오.

③ 폼 바닥글 영역의 'txt총시수' 컨트롤에는 시수의 총합이 표시되도록 '컨트롤 원본' 속성을 설정하시오.
- ▶ [표시 예: 15 → 총 시수: 15]

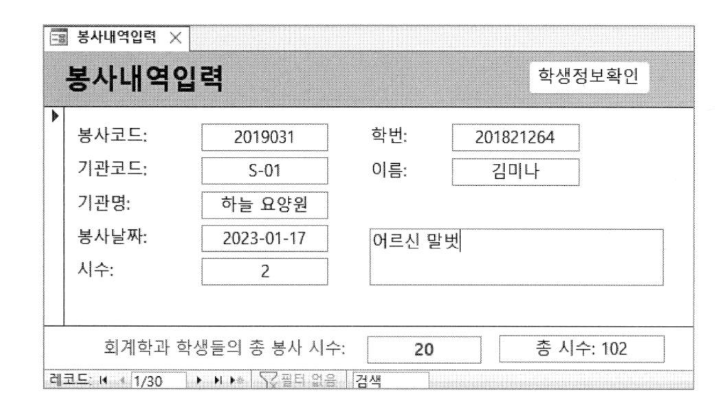

2. <봉사내역입력> 폼의 폼 바닥글 영역에서 'txt봉사시수합계' 컨트롤에는 학과가 '회계학과'인 학생들의 시수 합계가 표시되도록 설정하시오. (6점)

▶ <봉사내역입력> 쿼리와 DSUM 함수 사용

3. <재학생관리> 폼을 '폼 보기' 형식으로 여는 <재학생보기> 매크로를 생성하고, <봉사내역입력> 폼의 '학생정보확인'(cmd보기) 단추를 클릭하면 <재학생보기> 매크로가 실행되도록 지정하시오. (5점)

▶ 매크로 조건: '학번' 필드의 값이 'txt학번'에 해당하는 재학생의 정보만 표시

문제 3 조회 및 출력 기능 구현(20점)

1. 다음의 지시 사항 및 화면을 참조하여 <봉사현황> 보고서를 완성하시오. (각 3점)

① 동일한 '기관명' 내에서는 '학과' 필드를 기준으로 내림차순 정렬되어 표시되도록 정렬을 추가하시오.
② 페이지 머리글 영역의 'txt날짜' 컨트롤에는 [표시 예]와 같이 표시되도록 '형식' 속성을 설정하시오.
   ▶ [표시 예: 2023-01-03 → 2023년 1월]
③ 기관명 머리글 영역에서 머리글 내용이 페이지마다 반복적으로 표시되도록 설정하시오.
④ 본문 영역의 'txt기관명' 컨트롤의 값이 이전 레코드와 같은 경우에는 표시되지 않도록 설정하시오.
⑤ 페이지 바닥글 영역의 'txt페이지' 컨트롤에는 페이지가 다음과 같이 표시되도록 설정하시오.
   ▶ [표시 예: 5페이지 중 2페이지]

2. <봉사내역관리> 폼의 오름(cmd오름) 단추와 내림(cmd내림) 단추를 클릭(On Click)하면 시수를 기준으로 정렬을 수행하는 이벤트 프로시저를 구현하시오. (5점)

▶ '오름' 단추를 클릭하면 오름차순 정렬, '내림' 단추를 클릭하면 내림차순으로 정렬
▶ 폼의 OrderBy, OrderByOn 속성 사용

봉사현황 2023년 7월

기관명	학과	이름	봉사날짜	봉사내용	시수
꿈나래 복지관	회계학과	김민교	2023-06-25	목욕도우미	2
	회계학과	김민교	2023-06-18	청소도우미	3
	회계학과	이재후	2023-07-16	빨래도우미	4
	금융정보과	박정은	2023-07-17	스마트폰 활용	3
	국제통상과	임시우	2023-06-11	스마트폰 활용	4
	국제통상과	강경민	2023-08-13	악기 연주	4
	국제통상과	정민섭	2023-07-09	스마트폰 활용	5
	관광경영과	이소연	2023-09-10	급식도우미	3
기관명	학과	이름	봉사날짜	봉사내용	시수
믿음 청소년관	회계학과	김민교	2023-11-12	수학 멘토	5
	금융정보과	김미나	2023-10-29	수학 멘토	3
	국제통상과	강경민	2023-10-15	영어 멘토	2
	관광경영과	민철호	2023-10-22	영어 멘토	4
기관명	학과	이름	봉사날짜	봉사내용	시수
반석 복지관	회계학과	김민교	2023-12-25	수학 멘토	2
	금융정보과	신현섭	2023-12-20	영어 멘토	4

3페이지 중 1페이지

<봉사현황> 보고서

문제 4 처리 기능 구현(35점)

1. <재학생>, <봉사내역> 테이블을 이용하여 시수의 합계가 10 이상인 학생의 '비고' 필드의 값을 '우수 봉사 학생'으로 변경하는 <우수봉사학생처리> 업데이트 쿼리를 작성한 후 실행하시오. (7점)

▶ In 연산자와 하위 쿼리 사용

재학생

학번	이름	학과	연락처	주소	비고
201721098	신현섭	금융정보과	010-8541-9584	서울 성동구 동일로	
201721651	이재후	회계학과	010-8547-8563	서울 양천구 신월로	
201725685	조은화	관광경영과	010-8567-9463	서울 관악구 쑥고개로	
201727854	임시우	국제통상과	010-8569-7452	서울 금천구 가산디지털로	
201820088	황재영	회계학과	010-3697-1474	서울 용산구 원효로길	
201821264	김미나	금융정보과	010-7414-5254	서울 강서구 강서로	우수 봉사 학생
201821278	이소연	관광경영과	010-9874-3654	서울 송파구 중민로	우수 봉사 학생
201822553	박정은	금융정보과	010-7458-9437	서울 구로구 디지털로	
201829452	김민교	회계학과	010-7451-8746	경기 안양시 동안구 관악대로	우수 봉사 학생
201921587	정민섭	국제통상과	010-7894-3214	서울 강서구 공항대로	우수 봉사 학생
201922358	강경민	국제통상과	010-7452-9856	서울 도봉구 도봉로	우수 봉사 학생
201925483	민철호	관광경영과	010-1785-8745	서울 영등포구 당산로	
201926548	박준희	금융정보과	010-6457-5368	경기 성남시 분당구 정자일로	
201928458	전가은	회계학과	010-2147-8567	서울 관악구 승방길	

※ <우수봉사학생처리> 쿼리를 실행한 후의 <재학생> 테이블

2. 기관별, 학과별로 봉사 횟수를 조회하는 <봉사횟수조회> 크로스탭 쿼리를 작성하시오. (7점)

▶ <봉사기관>, <봉사내역>, <재학생> 테이블을 이용하시오.

▶ 봉사횟수는 '봉사코드' 필드를 이용하시오.

▶ 봉사날짜는 2023년 7월 1일부터 2023년 12월 31일까지만 조회 대상으로 하시오.
▶ Between 연산자 사용
▶ 쿼리 실행 결과 표시되는 필드와 필드명은 <그림>과 같이 표시되도록 설정하시오.

봉사횟수조회

기관명	총횟수	관광경영과	국제통상과	금융정보과	회계학과
꿈나래 복지관	5	1	2	1	1
믿음 청소년관	4	1	1	1	1
반석 복지관	6	2	2	1	1

3. 학과별로 봉사활동을 한 학생들의 총 인원수와 총 시수를 조회하는 <학과별봉사현황> 쿼리를 작성하시오. (7점)

▶ <봉사내역>과 <재학생> 테이블을 이용하시오.
▶ 봉사학생수는 '학번' 필드를 이용하시오.
▶ 총시수는 내림차순 정렬하시오.
▶ 학생당봉사시수 = 총시수 / 봉사학생수
▶ 학생당봉사시수는 [표시 예]와 같이 표시되도록 '형식' 속성을 설정하시오. [표시 예: 0 → 0.0, 1.234 → 1.2]
▶ 쿼리 실행 결과 표시되는 필드와 필드명은 <그림>과 같이 표시되도록 설정하시오.

학과별봉사현황

학과	봉사학생수	총시수	학생당봉사시수
국제통상과	10	38	3.8
관광경영과	8	25	3.1
회계학과	6	20	3.3
금융정보과	6	19	3.2

4. <봉사현황> 쿼리를 이용하여 학과명의 일부를 매개 변수로 입력받고, 해당 학과의 봉사현황을 조회하여 새 테이블로 생성하는 <학과현황생성> 쿼리를 작성하고 실행하시오. (7점)

▶ 쿼리 실행 후 생성되는 테이블의 이름은 [조회학과봉사현황]으로 설정하시오.
▶ 쿼리 실행 결과 생성되는 테이블의 필드는 <그림>을 참고하여 수험자가 판단하여 설정하시오.

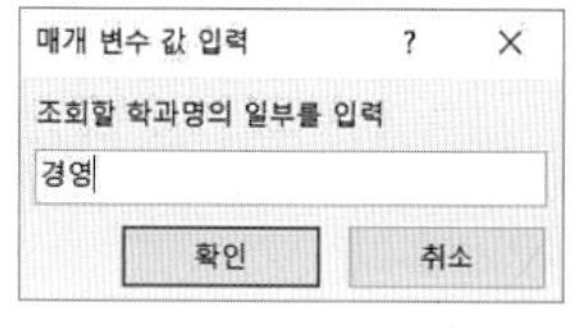

조회학과봉사현황

봉사날짜	기관명	시수	학번	이름	봉사내용
2023-12-24	반석 복지관	3	201725685	조은화	영어 멘토
2023-01-21	하늘 요양원	5	201821278	이소연	어르신 말벗
2023-05-14	희망 복지관	3	201821278	이소연	청소도우미
2023-05-21	희망 복지관	2	201821278	이소연	악기 연주
2023-09-10	꿈나래 복지관	3	201821278	이소연	급식도우미
2023-12-17	반석 복지관	2	201821278	이소연	수학 멘토
2023-03-12	하늘 요양원	3	201925483	민철호	어르신 말벗
2023-10-22	믿음 청소년관	4	201925483	민철호	영어 멘토

※ <학과현황생성> 쿼리의 매개 변수 값으로 '경영'을 입력하여 실행한 후의 <조회학과봉사현황> 테이블

5. <봉사내역> 테이블을 이용하여 도우미구분별 봉사건수와 시수의 합계를 조회하는 <도우미구분별현황> 쿼리를 작성하시오. (7점)

▶ 봉사건수는 '봉사코드' 필드를, 봉사시수는 '시수' 필드를 이용하시오.
▶ 도우미구분은 봉사내용의 마지막 2개의 문자가 '멘토'인 경우 '청소년도우미', 그 외는 '어르신도우미'로 설정하시오.
▶ IIf, Right 함수 사용
▶ 쿼리 실행 결과 표시되는 필드와 필드명은 <그림>과 같이 표시되도록 설정하시오.

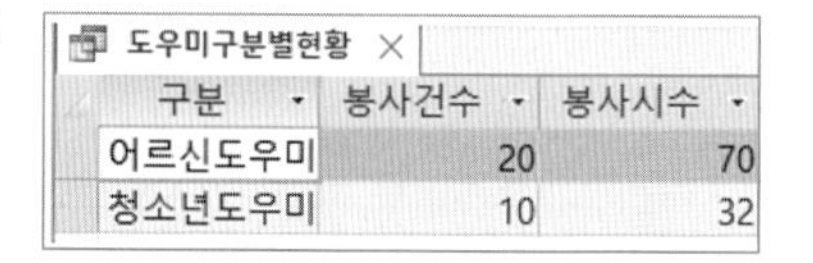
도우미구분별현황

구분	봉사건수	봉사시수
어르신도우미	20	70
청소년도우미	10	32

문제 1 DB 구축

1. 정답

〈문제① 정답〉

1) <봉사기관> 테이블을 디자인 보기 상태로 전환한다.
2) '기관코드' 필드 → [입력 마스크]: **>L-00;0**을 입력한다.

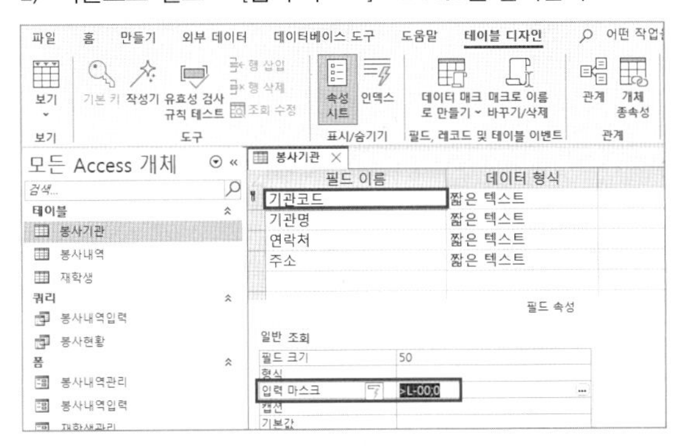

〈문제② 정답〉

1) <봉사내역> 테이블을 디자인 보기 상태로 전환한다.
2) '시수' 필드 → [유효성 검사 규칙]: **Between 1 And 8**을 입력한다.

봉사내역

필드 이름	데이터 형식
시수	숫자

일반 조회

기본값	
유효성 검사 규칙	Between 1 And 8
유효성 검사 텍스트	
필수	

〈문제③ 정답〉

'봉사날짜' 필드 → [기본값]: **Date()**를 입력한다.

봉사날짜

필드 이름	데이터 형식
봉사날짜	날짜/시간

일반 조회

기본값	Date()
유효성 검사 규칙	
유효성 검사 텍스트	
필수	

〈문제④ 정답〉

1) <재학생> 테이블을 디자인 보기 상태로 전환한다.
2) '학과' 필드 → [인덱스]: '예(중복 가능)'를 선택한다.

재학생

필드 이름	데이터 형식
학과	짧은 텍스트

일반 조회

유효성 검사 텍스트	
필수	
빈 문자열 허용	
인덱스	**예(중복 가능)**

〈문제⑤ 정답〉

1) '연락처' 필드 → [빈 문자열 허용]: '예'를 선택한다.

재학생

필드 이름	데이터 형식
연락처	짧은 텍스트

일반 조회

유효성 검사 텍스트	
필수	
빈 문자열 허용	**예**
인덱스	

2) '테이블' 탭 마우스 오른쪽 클릭 → [모두 닫기] → '예'를 클릭해 변경 내용을 저장한다.

2. 정답

1) [외부 데이터] → [새 데이터 원본] → [파일에서] → [Excel]을 선택한다.

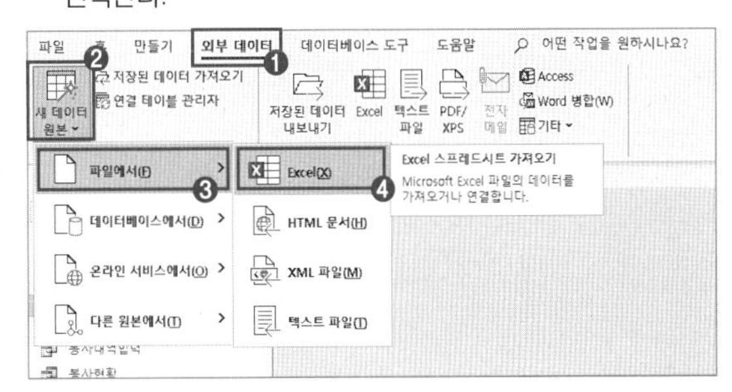

2) [파일 열기] 대화 상자 → 'C:₩액세스실습파일₩기출_샘플A형₩추가기관.xlsx' 선택 → [열기]를 클릭한다.

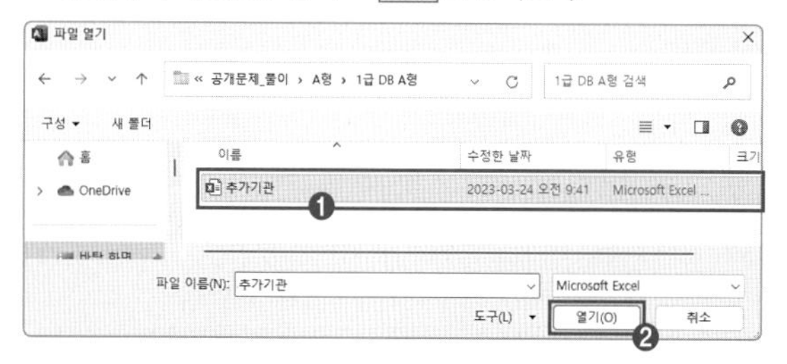

3) [외부 데이터 가져오기] → '현재 데이터베이스의 새 테이블로 원본 데이터 가져오기' 선택 → [확인]을 클릭한다.

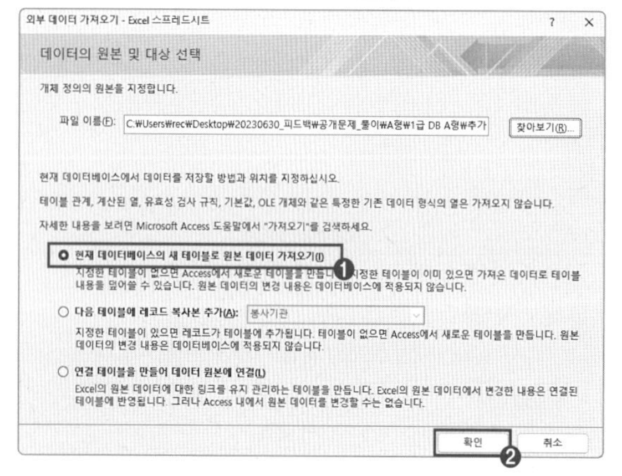

4) '이름 있는 범위 표시' 선택 → '추가기관' 선택 → [다음]을 클릭한다.

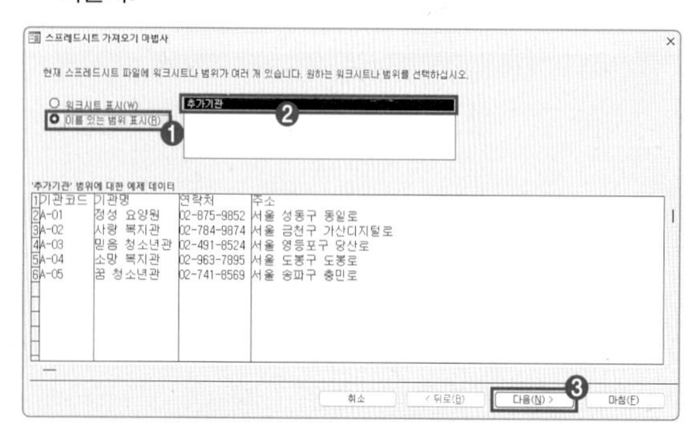

5) '첫 행에 열 머리글이 있음' 선택 → [다음]을 클릭한다.

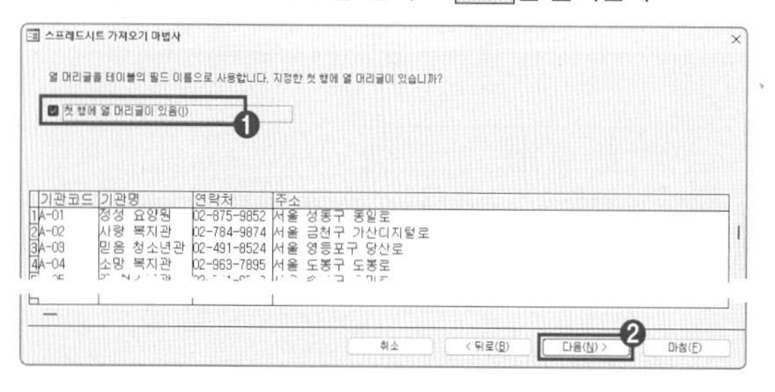

6) [다음]을 클릭한 후 '기본 키 없음' 선택 → [다음]을 클릭한다.

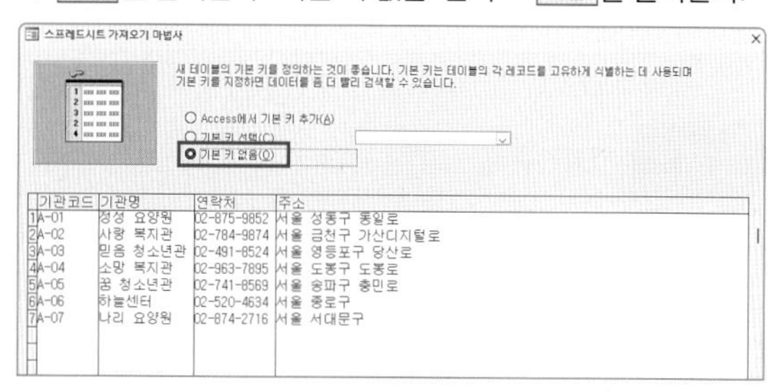

7) [테이블로 가져오기]: **봉사기관추가** 테이블 이름 입력 → [마침]을 선택한 후 [닫기]를 클릭한다.

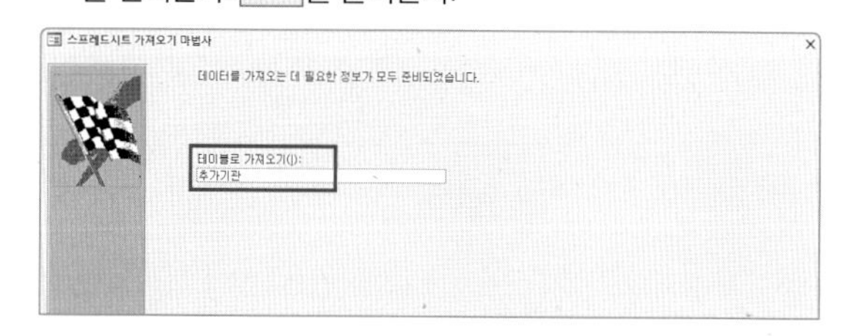

3. 정답

1) [데이터베이스 도구] → [관계] → [관계]를 선택한다.

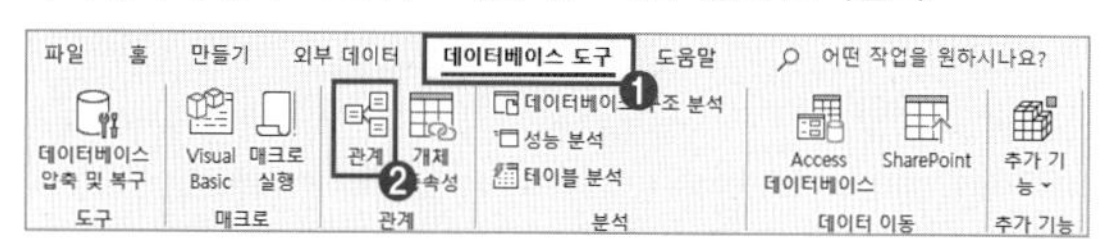

2) [관계 디자인] → [관계] → [테이블 추가] → <봉사기관> 테이블 더블클릭 → <봉사내역> 테이블 '기관코드' 드래그 → <봉사기관> 테이블 '기관코드' 필드 위에 놓는다.

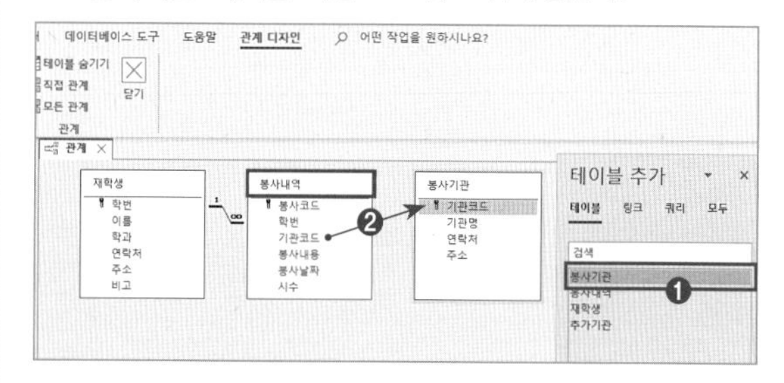

3) [관계 편집] 대화 상자 → '항상 참조 무결성 유지' 체크 → '관련 필드 모두 업데이트' 체크 → [만들기]를 클릭한다.

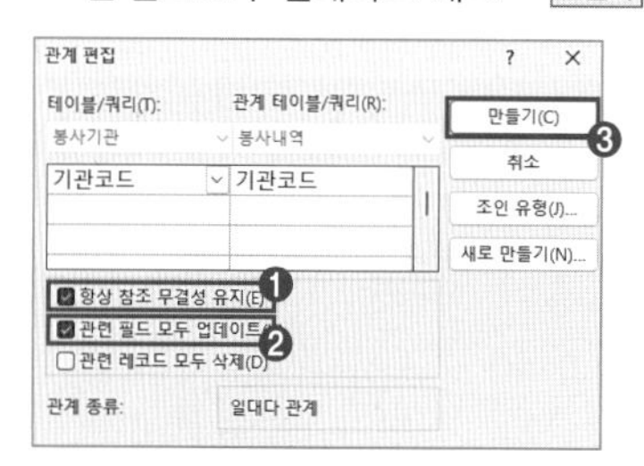

4) [관계 디자인] → [관계] → 닫기(X)를 클릭해 관계 설정을 저장한다.

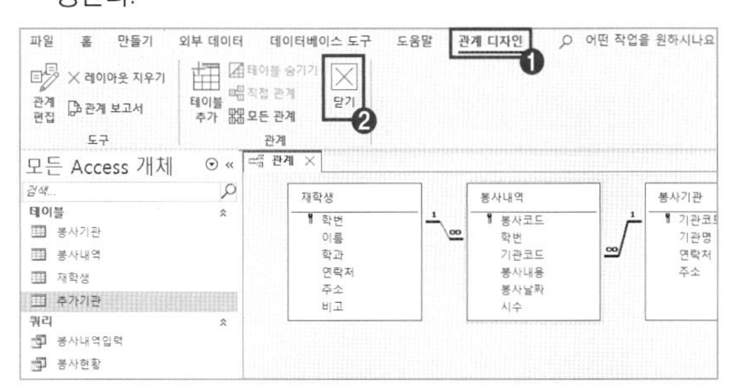

문제 2 입력 및 수정 기능 구현

1. 정답

〈문제① 정답〉

1) <봉사내역입력> 폼 → [디자인 보기] → [폼 속성] 도구 ■ 더블클릭 → [속성 시트] → [형식] 탭 → [기본 보기]: '단일 폼'을 선택한다.

2) [레코드 선택기]: '예', [탐색 단추]: '예'를 선택한다.

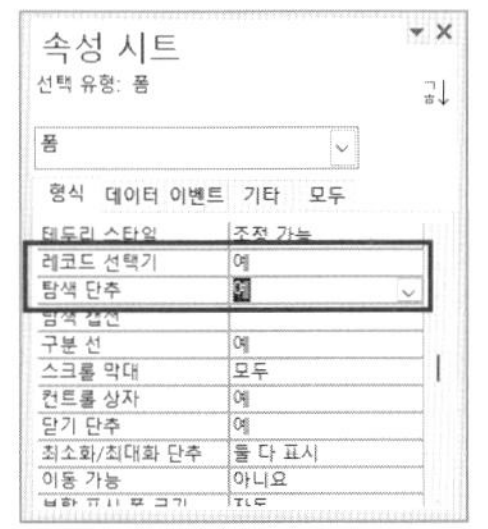

3) [폼 바닥글] 영역 'txt총시수' 텍스트 상자에 **="총 시수: " & Sum([시수])**를 입력한다.

〈문제② 정답〉

'txt봉사시수합계' 컨트롤 선택 → [속성 시트] → [데이터] 탭 → [컨트롤 원본] → 마우스 오른쪽 클릭 → [확대/축소] 선택 → [확대/축소] 대화 상자에서 **=DSum("시수","봉사내역입력","학과='회계학과'")**를 입력한다.

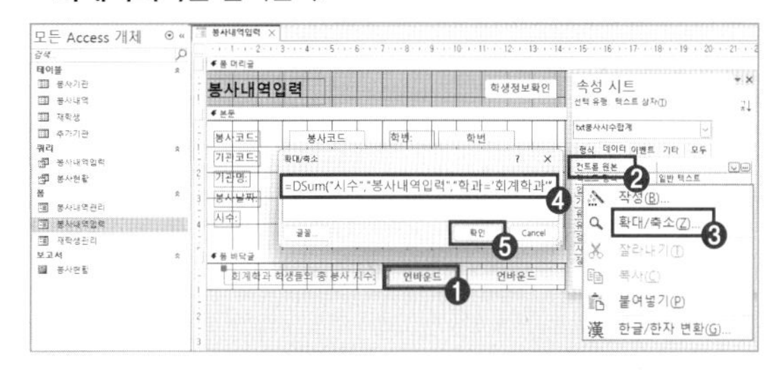

〈문제③ 정답〉

1) [만들기] → [매크로 및 코드] → [매크로]를 선택한다.

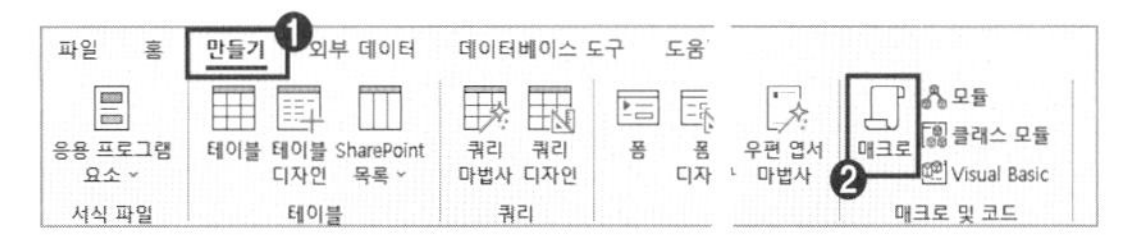

2) [새 함수 추가] → 'OpenForm' 선택 → [폼 이름]: '재학생관리' 선택 → [Where 조건문] → [식 작성기] → **[학번]=[Forms]![봉사내역입력]![txt학번]** 입력 → 확인을 클릭한다.

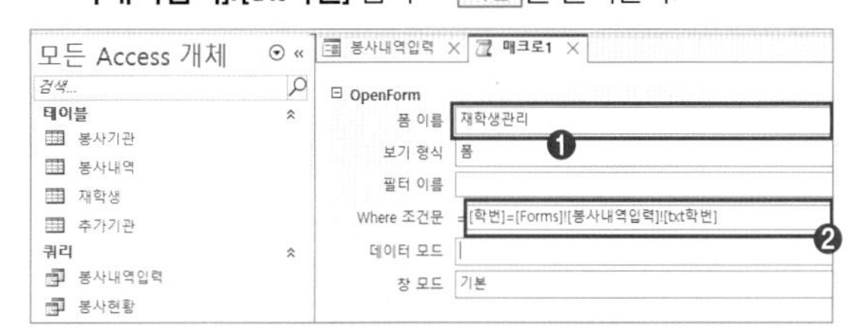

3) '매크로1' 닫기(X) 선택 → 매크로 저장 메시지 대화 상자 → '예' → [다른 이름으로 저장] 대화 상자에 **재학생보기** 입력 → 확인을 클릭한다.

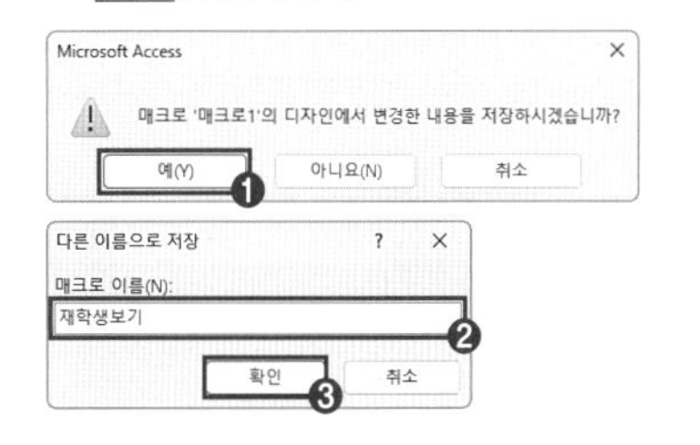

4) 'cmd보기' 컨트롤 선택 → [속성 시트] → [이벤트] 탭 → [On Click] ··· 선택 '재학생보기' 매크로를 선택한다.

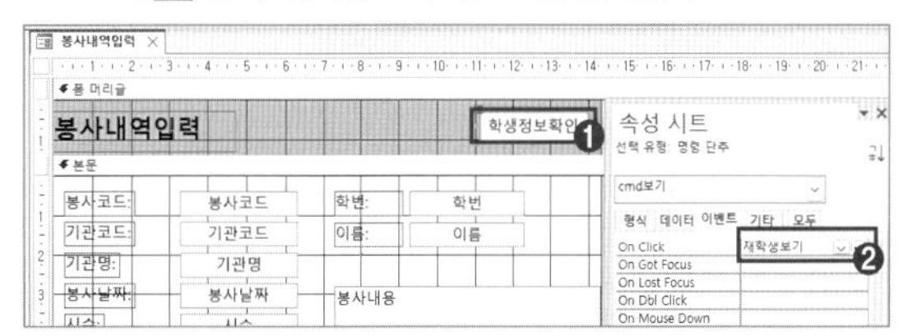

5) '봉사내역입력' 닫기(X)를 클릭해 변경 내용을 저장한다.

문제 3 조회 및 출력 기능 구현

1. 정답

〈문제① 정답〉

<봉사현황> 보고서 디자인 보기 → [보고서 디자인] → [그룹화 및 요약] → [그룹화 및 정렬] 선택 → [그룹, 정렬 및 요약] 도구 → '정렬 추가' → [정렬 기준]: '학과', '내림차순'을 선택한다.

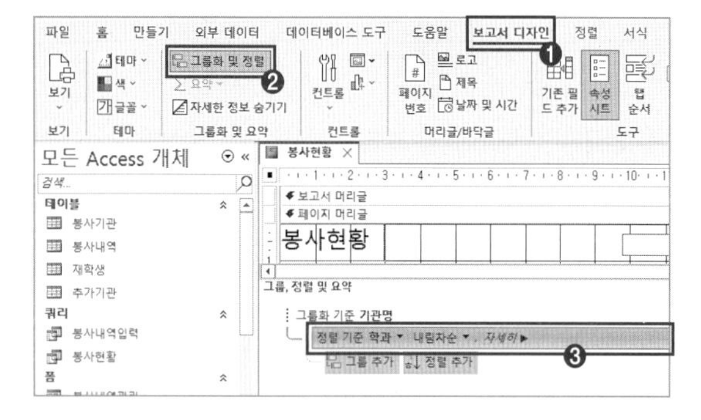

〈문제② 정답〉

'txt날짜' 선택 → [속성 시트] → [형식] 탭 → [형식]: **yyyy년 m월**을 입력한다.

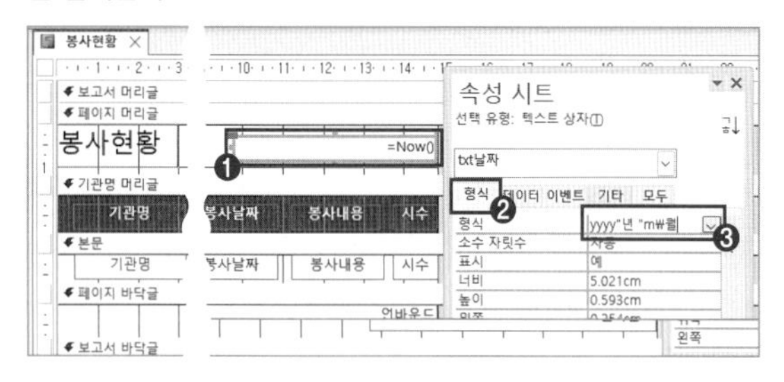

〈문제③ 정답〉

'기관명 머리글' 선택 → [속성 시트] → [형식] 탭 → [반복 실행 구역]: '예'를 선택한다.

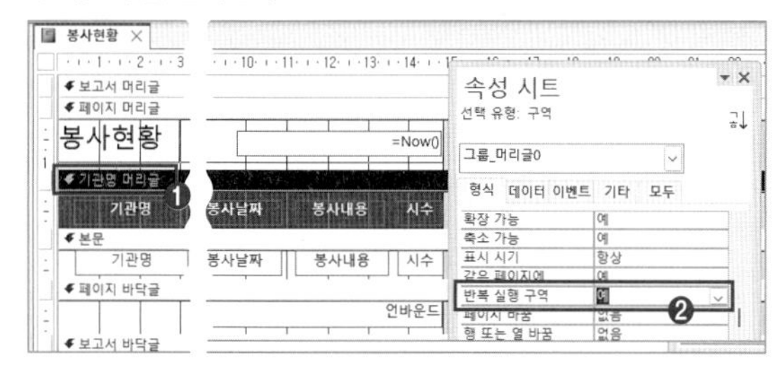

〈문제④ 정답〉

'txt기관명' 컨트롤 선택 → [속성 시트] → [형식] 탭 → [중복 내용 숨기기]: '예'를 선택한다.

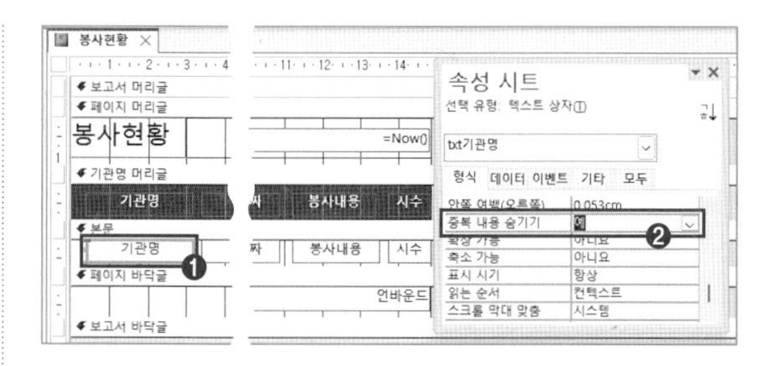

〈문제⑤ 정답〉

1) 'txt페이지' 컨트롤 선택 → [속성 시트] → [데이터] 탭 → [컨트롤 원본]: **=[Pages] & "페이지 중 " & [Page] & "페이지"**를 입력한다.

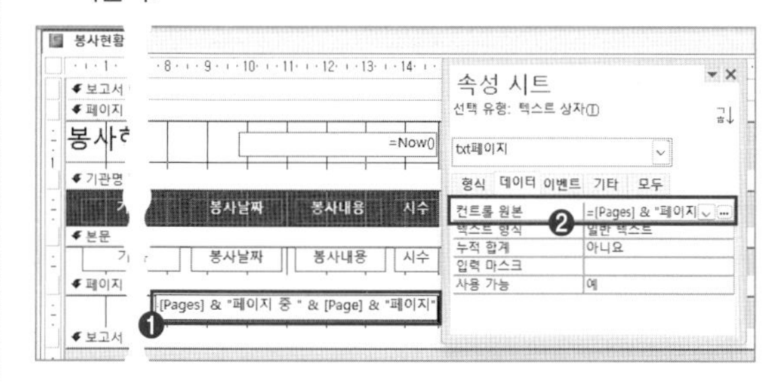

2) '봉사현황' 닫기(X)를 클릭해 변경 내용을 저장한다.

2. 정답

1) <봉사내역관리> 폼 디자인 보기 → 'cmd오름' 컨트롤 선택 → [속성 시트] → [이벤트] 탭 → [On Click] [...] 선택 → [작성기 선택] → '코드 작성기' → [확인]을 클릭한다.

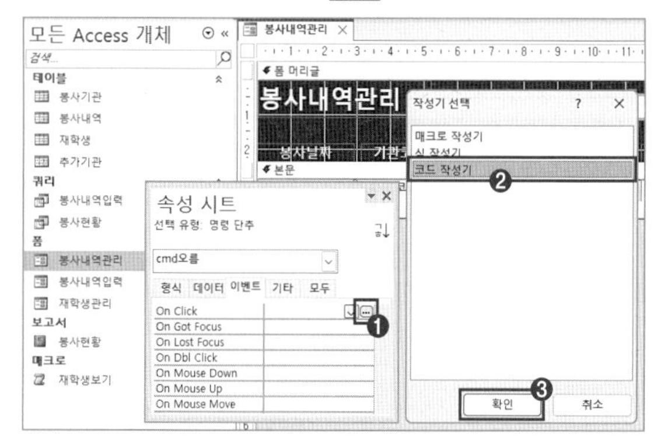

2) [코드 작성기] → 'cmd오름_Click()' 프로시저 블록에 다음 코드를 입력한다.

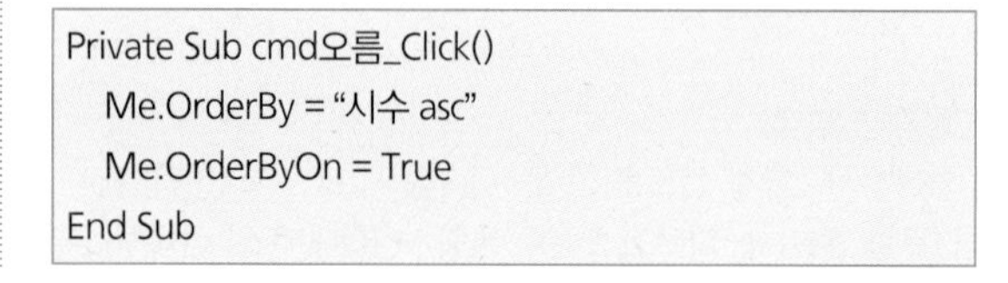

```
Private Sub cmd오름_Click()
    Me.OrderBy = "시수 asc"
    Me.OrderByOn = True
End Sub
```

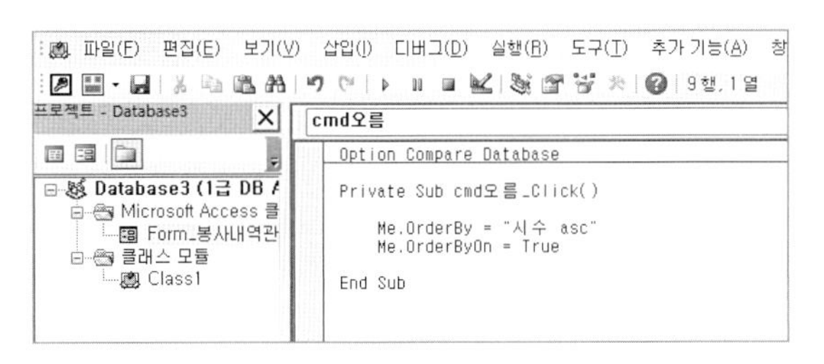

3) Alt + Q → 'cmd내림' 컨트롤 선택 → [속성 시트] → [이벤트] 탭 → [On Click] ⋯ 선택 → [작성기 선택] → '코드 작성기' → 확인을 클릭한다.

4) [코드 작성기] → 'cmd내림_Click()' 프로시저 블록에 다음 코드를 입력한다.

```
Private Sub cmd내림_Click()
    Me.OrderBy = "시수 desc"
    Me.OrderByOn = True
End Sub
```

5) Alt + Q → '봉사내역관리' 닫기(X)를 클릭해 변경 내용을 저장한다.

문제 4 처리 기능 구현

1. 정답

1) [만들기] → [쿼리] → [쿼리 디자인] → [쿼리 유형] → [업데이트] 선택 → [테이블 추가] → <재학생>, <봉사내역> 테이블 더블클릭하여 추가 → '비고', '학번' 필드를 더블클릭하여 추가 → '비고' 필드 조건: **우수 봉사 학생** 입력 → '학번' 필드 조건: **In (select 학번 from 봉사내역 group by 학번 having sum(시수) >=10)**을 입력한다.

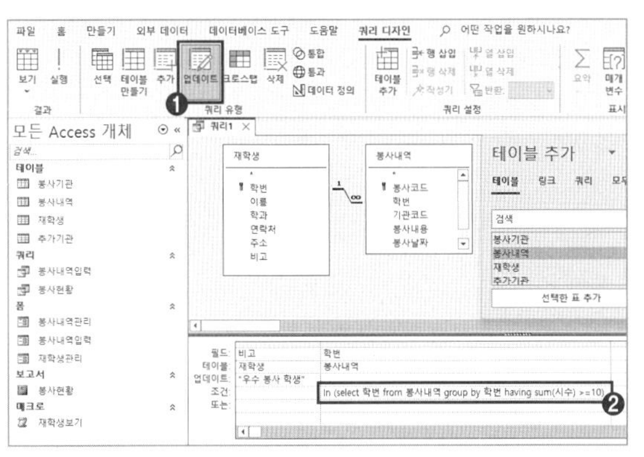

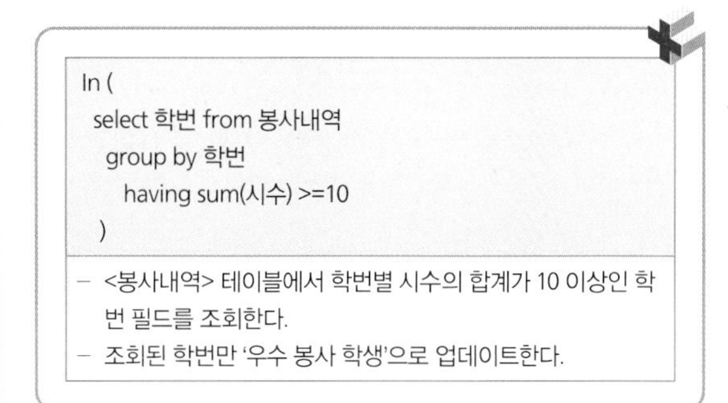

```
In (
  select 학번 from 봉사내역
   group by 학번
     having sum(시수) >=10
  )
```

- <봉사내역> 테이블에서 학번별 시수의 합계가 10 이상인 학번 필드를 조회한다.
- 조회된 학번만 '우수 봉사 학생'으로 업데이트한다.

2) '쿼리1' 닫기(X)를 클릭해 **우수봉사학생처리**를 입력한 후 저장한다.

3) <우수봉사학생처리> 쿼리를 실행하여 <재학생> 테이블을 업데이트한다.

2. 정답

1) [만들기] → [쿼리] → [쿼리 디자인] → [쿼리 유형] → [크로스탭] → [테이블 추가] → <봉사기관>, <봉사내역>, <재학생> 테이블 더블클릭하여 추가 → '디자인 눈금 영역'을 다음과 같이 설정한다.

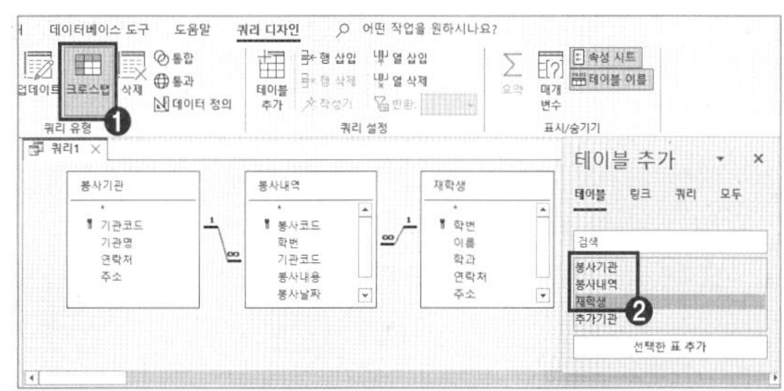

필드	요약	크로스탭	조건
기관명		행 머리글	
학과		열 머리글	
봉사코드의개수 : 봉사코드	개수	값	
총횟수 : 봉사코드	개수	행 머리글	
봉사날짜	조건		Between #2023-07-01# And #2023-12-31#

2) '쿼리1' 닫기(X)를 클릭해 **봉사횟수조회**를 입력한 후 저장한다.

3. 정답

1) [만들기] → [쿼리] → [쿼리 디자인] → [표시/숨기기] → [요약] 선택 → [테이블 추가] → <봉사내역>, <재학생> 테이블 더블클릭하여 추가 → '디자인 눈금 영역'을 다음과 같이 설정한다.

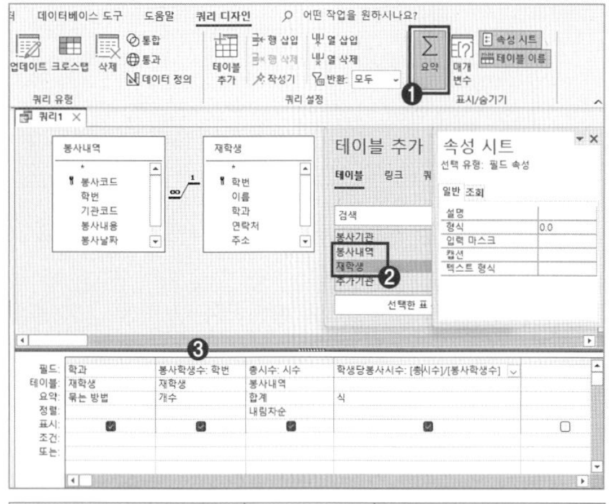

필드	요약	정렬
학과		
봉사학생수: 학번	개수	
총시수: 시수	합계	내림차순
학생당봉사시수: [총시수]/[봉사학생수]	식	

2) '학생당봉사시수: [총시수]/[봉사학생수]' 필드 선택 → [속성 시트] → [형식]: **0.0**을 입력한다.
3) '쿼리1' 닫기(X)를 클릭해 **학과별봉사현황**를 입력한 후 저장한다.

4. 정답

1) [만들기] → [쿼리] → [쿼리 디자인] → [테이블 추가] → <봉사현황> 쿼리 더블클릭해 추가 → '봉사날짜', '기관명', '시수', '학번', '이름', '봉사내용', '학과' 필드 순서대로 '디자인 눈금 영역'에 추가하고 학과 필드는 표시 체크를 해제한다.

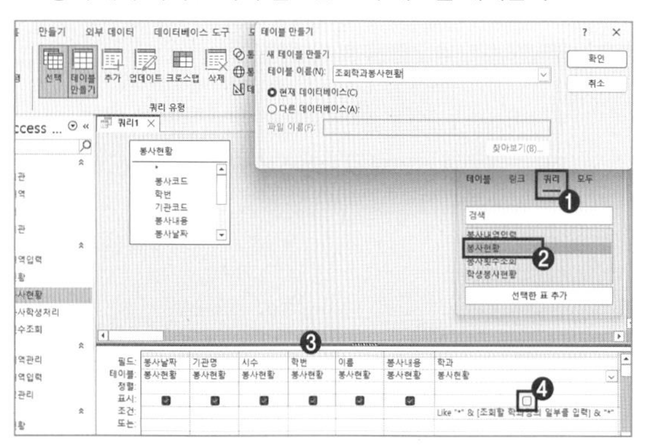

학과 필드 조건
Like "*" & [조회할 학과명의 일부를 입력] & "*"

2) [쿼리 디자인] → [쿼리 유형] → [테이블 만들기] 선택 → [테이블 만들기] 대화 상자 → [테이블 이름]: **조회학과봉사현황** 입력 → 확인 을 클릭한다.
3) '쿼리1' 닫기(X)를 클릭해 **학과현황생성**을 입력한 후 저장한다.
4) 쿼리를 실행하고 [매개 변수 값 입력] 대화 상자에 **경영**을 입력한다.

5. 정답

1) [만들기] → [쿼리] → [쿼리 디자인] → [표시/숨기기] → [요약] 선택 → [테이블 추가] → <봉사내역> 테이블 더블클릭하여 추가 → '디자인 눈금 영역'을 다음과 같이 설정한다.

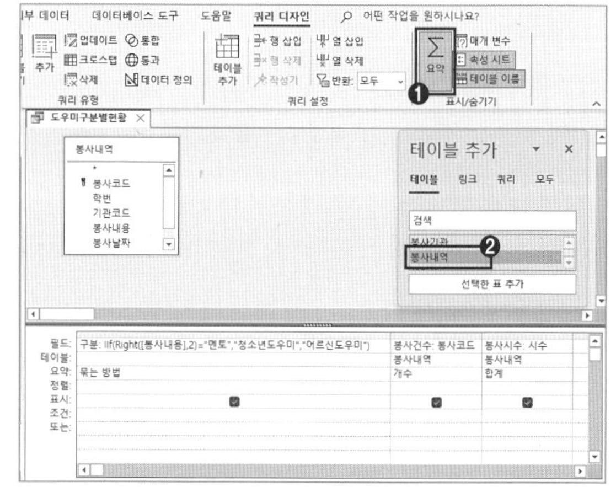

필드	요약
구분: IIf(Right([봉사내용],2)="멘토","청소년도우미","어르신도우미")	
봉사건수: 봉사코드	개수
봉사시수: 시수	합계

2) '쿼리1' 닫기(X)를 클릭해 **도우미구분별현황**을 입력하고 저장한다.

국가기술자격검정

02 2024년 상공회의소 샘플 B형

프로그램명	제한시간
ACCESS 2021	45분

수험번호 :

성 명 :

www.ebs.co.kr/compass
(EBS 홈페이지에서 액세스 실습 파일 다운로드)
파일명: 기출(문제) – 24년 B형

문제 1 DB 구축(25점)

1. 씨앗을 판매하는 업무를 수행하기 위한 데이터베이스를 구축하고자 한다. 다음의 지시 사항에 따라 각 테이블을 완성하시오. (각 3점)

① <씨앗> 테이블의 '씨앗코드' 필드는 'A0000'과 같은 형태로 영문 대문자 1개와 숫자 4개가 반드시 입력되도록 입력 마스크를 설정하시오.
- ▶ 영문자 입력은 영어와 한글만 입력할 수 있도록 설정할 것
- ▶ 숫자 입력은 0~9까지의 숫자만 입력할 수 있도록 설정할 것

② <씨앗> 테이블의 '씨앗명' 필드는 필드 크기를 10으로 설정하고, 반드시 입력되도록 설정하시오.

③ <회원> 테이블의 '전화번호' 필드에는 중복된 값이 입력될 수 없도록 인덱스를 설정하시오.

④ <회원> 테이블의 'E-Mail' 필드에는 "@" 문자가 반드시 포함되도록 유효성 검사 규칙을 설정하시오.

⑤ <씨앗입고> 테이블의 '입고수량' 필드는 새로운 레코드를 추가하면 '20'이 기본적으로 입력되도록 설정하시오.

2. 외부 데이터 가져오기 기능을 이용하여 <B2B납품.xlsx> 파일의 내용을 가져와 <B2B납품> 테이블을 생성하시오. (5점)
- ▶ 첫 번째 행은 열 머리글임
- ▶ 기본 키는 없음으로 설정

3. <주문> 테이블의 '고객ID' 필드는 <회원> 테이블의 '고객ID' 필드를, <주문> 테이블의 '씨앗코드' 필드는 <씨앗> 테이블의 '씨앗코드' 필드를 참조하며, 각 테이블 간의 관계는 M:1이다. 다음과 같이 테이블 간의 관계를 설정하시오. (5점)

※ [Access] 파일에 이미 설정되어 있는 관계는 수정하지 마시오.
- ▶ 각 테이블 간에 항상 참조 무결성이 유지되도록 설정하시오.
- ▶ 참조 필드의 값이 변경되면 관련 필드의 값도 변경되도록 설정하시오.
- ▶ 다른 테이블에서 참조하고 있는 레코드는 삭제할 수 없도록 설정하시오.

문제 2 입력 및 수정 기능 구현(20점)

1. <씨앗입고현황> 폼을 다음의 화면과 지시 사항에 따라 완성하시오. (각 3점)

① 폼의 '기본 보기' 속성을 <그림>과 같이 설정하시오.

② 본문 영역에서 탭이 다음의 순서대로 정지하도록 관련 속성을 설정하시오.

▶ txt판매단가, txt입고단가, txt입고수량, txt씨앗명, txt씨앗코드, txt입고일자, txt상품입고번호

③ 폼 바닥글 영역의 'txt총입고수량' 컨트롤에는 입고수량의 합계가 표시되도록 컨트롤 원본 속성을 설정하시오.

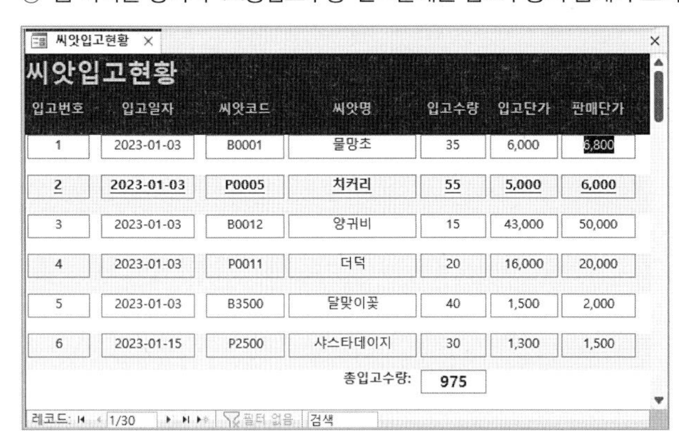

2. <씨앗입고현황> 폼에 다음의 지시사항과 같이 조건부 서식을 순서대로 설정하시오. (6점)

▶ '씨앗코드'가 'A'로 시작하면서 '입고단가'가 10,000원 이상인 경우 본문 영역의 모든 컨트롤에 대해 배경색은 '표준 색–노랑', 글꼴 스타일은 '기울임꼴'로 설정

▶ '씨앗코드'가 'B'로 시작하면서 '입고단가'가 10,000원 이상인 경우 본문 영역의 모든 컨트롤에 대해 배경색은 '표준 색–주황', 글꼴 스타일은 '기울임꼴'로 설정

▶ And와 Left 함수 사용

3. <씨앗코드별주문현황> 보고서를 '인쇄 미리 보기'의 형식으로 연 후 <씨앗정보찾기> 폼을 닫는 <보고서출력> 매크로를 생성하고, <씨앗정보찾기> 폼의 '보고서'(cmd보고서) 단추를 클릭하면 <보고서출력> 매크로가 실행되도록 지정하시오. (5점)

▶ 매크로 조건: '씨앗코드' 필드의 값이 'txt씨앗코드'에 해당하는 씨앗 정보만 표시

문제 3 조회 및 출력 기능 구현(20점)

1. 다음의 지시 사항 및 화면을 참조하여 <씨앗코드별주문현황> 보고서를 완성하시오. (각 3점)

① 씨앗코드 머리글 영역에서 머리글의 내용이 페이지마다 반복적으로 표시되도록 설정하고, '씨앗코드'가 변경되면 매 구역 전에 페이지도 변경되도록 설정하시오.

② 동일한 '씨앗코드' 내에서는 '주문일자'를 기준으로 오름차순 정렬되어 표시되도록 정렬을 추가하시오.

③ 본문 영역에서 '씨앗코드' 필드의 값이 이전 레코드와 동일한 경우에는 표시되지 않도록 설정하시오.
④ 본문 영역의 배경색을 '교차 행'으로 변경하시오.
⑤ 씨앗코드 바닥글 영역의 'txt주문횟수' 컨트롤에는 씨앗코드별 전체 레코드 수가 표시되도록 컨트롤 원본 속성을 설정하시오.
▶ [표시 예: 5회]
▶ & 연산자 이용

주문현황 2023-09-15

씨앗코드	주문일자	이름	전화번호	수량
A0077	2023-04-14	최다희	010-9984-2585	8
	2023-04-17	노현수	010-1477-7414	1
	2023-04-21	노현수	010-1477-7414	10
	2023-04-23	이창수	010-0003-2576	9
			주문횟수 :	4회

1/12페이지

2. <주문현황> 폼에서 'txt수량' 컨트롤에 포커스가 이동하면(GotFocus) <그림>과 같은 메시지 상자를 출력하는 이벤트 프로시저를 구현하시오. (5점)

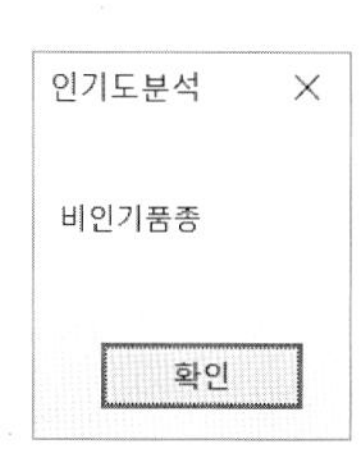

▶ 'txt수량' 컨트롤에 표시된 값이 10 이상이면 '인기품종', 10 미만 6 이상이면 '보통품종', 그 외에는 '비인기품종'으로 표시하시오.
▶ If ~ ElseIf문 사용

문제 4 처리 기능 구현(35점)

1. <회원>, <주문> 테이블을 이용하여 최근 주문이 없는 고객에 대해 <회원> 테이블의 '비고' 필드의 값을 '★ 관리대상회원'으로 변경하는 <관리대상회원처리> 업데이트 쿼리를 작성한 후 실행하시오. (7점)

▶ 최근 주문이 없는 고객이란 주문일자가 2023년 4월 10일부터 2023년 4월 30일까지 중에서 <회원> 테이블에는 '고객ID'가 있으나 <주문> 테이블에는 '고객ID'가 없는 고객임
▶ Not In과 하위 쿼리 사용

회원

고객ID	이름	전화번호	우편번호	주소	E-Mail	비고
20170729	최다영	010-2000-3635	136-802	서울특별시 성북구 길음로	cdy@ho.net	★ 관리대상회원
20171010	김철수	010-1542-3658	712-862	경상북도 경산시 남산면 갈지로	kcs@nm.com	
20171120	이찬영	010-9654-3695	132-820	서울특별시 도봉구 도담로	lcy@jo.com	
20171214	박삼수	010-8888-3252	368-905	충청북도 증평군 증평읍 중앙로	pss@gol.com	
20171220	조성민	010-6547-6542	480-841	경기도 의정부시 평화로	jsm@go.co.kı	
20190131	이지영	010-9874-1245	367-893	충청북도 괴산군 감물면 감물로	lgy@aol.com	
20190227	박지수	010-6321-8411	417-802	인천광역시 강화군 강화읍 갑룡길	pjs@niver.coı	
20190411	김혜원	010-7878-0107	506-358	광주광역시 광산구 고봉로	khw@dim.co	
20190428	김민철	010-9696-9632	151-801	서울특별시 관악구 과천대로	kmc@sangor	
20190808	정찬수	010-7474-2145	306-160	대전광역시 대덕구 대청호수로	jcs@do.co.kr	
20190930	노현수	010-1477-7414	143-803	서울특별시 광진구 광나루로	nhs@chul.ne	
20191124	김민규	010-0012-7411	680-130	울산광역시 남구 용잠로	kmk@gol.coı	★ 관리대상회원
20200702	최다희	010-9984-2585	477-803	경기도 가평군 가평읍 가랫골길	cdh@korea.c	
20200711	이창수	010-0003-2576	158-811	서울특별시 양천구 공항대로	lcs@mu.net	

※ <관리대상회원처리> 쿼리를 실행한 후의 <회원> 테이블

2. 입고월별 생산지별로 입고수량의 합계를 조회하는 <입고현황> 크로스탭 쿼리를 작성하시오. (7점)

▶ <씨앗>, <씨앗입고> 테이블을 이용하시오.
▶ 입고품종수는 '씨앗코드' 필드를 이용하시오.
▶ 입고월은 입고일자의 월로 설정하시오.
▶ 생산지는 원산지가 한국이면 '국내산', 그 외는 '수입산'으로 설정하시오.
▶ IIf, Month 함수 사용
▶ 쿼리 결과 표시되는 필드와 필드명은 <그림>과 같이 표시되도록 설정하시오.

입고현황

입고월	입고품종수	국내산	수입산
1월	10	65	245
2월	15	150	375
3월	5	15	125

3. <씨앗>과 <씨앗입고> 테이블을 이용하여 검색할 씨앗명의 일부를 매개 변수로 입력받아 해당 제품의 입고정보를 조회하는 <씨앗입고조회> 매개 변수 쿼리를 작성하시오. (7점)

▶ '부가세' 필드는 '입고단가'가 10000 이하이면 '판매단가'의 10%로, 10000 초과 50000 이하이면 '판매단가'의 20%로, 50000 초과이면 '판매단가'의 30%로 계산하시오.
▶ '입고일자' 필드를 기준으로 내림차순 정렬하여 표시하시오.
▶ Switch 함수 사용
▶ 쿼리 결과 표시되는 필드와 필드명, 필드의 형식은 <그림>과 같이 표시되도록 설정하시오.

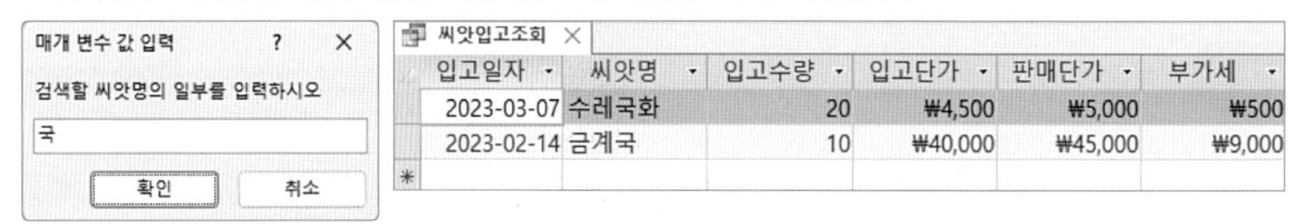

씨앗입고조회

입고일자	씨앗명	입고수량	입고단가	판매단가	부가세
2023-03-07	수레국화	20	₩4,500	₩5,000	₩500
2023-02-14	금계국	10	₩40,000	₩45,000	₩9,000

4. <씨앗입고>, <씨앗>, <주문> 테이블을 이용하여 씨앗명별 최근입고일자, 총입고량, 총주문량을 조회하는 <재고현황> 쿼리를 작성하시오. (7점)

▶ '최근입고일자'는 '입고일자'의 최대값, '총입고량'은 '입고수량'의 합계, '총주문량'은 <주문> 테이블의 '수량' 필드의 합계로 처리하시오.
▶ 씨앗코드가 A부터 B까지의 문자 중 하나로 시작하는 것만 조회 대상으로 하시오.
▶ 재고비율 = 총주문량 / 총입고량
▶ 재고비율은 [표시 예]와 같이 표시되도록 '형식' 속성을 설정하시오. [표시 예: 0 → 0.0%, 0.34523 → 34.5%]
▶ Like 연산자 사용
▶ 쿼리 결과 표시되는 필드와 필드명은 <그림>과 같이 표시되도록 설정하시오.

재고현황

씨앗명	최근입고일자	총입고량	총주문량	재고비율
금계국	2023-02-14	40	28	70.0%
끈끈이대나물	2023-02-07	135	15	11.1%
나팔꽃	2023-02-07	165	50	30.3%
메밀꽃	2023-02-07	220	48	21.8%
물망초	2023-02-07	195	54	27.7%
양귀비	2023-02-14	510	138	27.1%
자운영	2023-02-14	110	11	10.0%
한련화	2023-03-07	260	42	16.2%

5. <씨앗>, <씨앗입고> 쿼리를 이용하여 다음 씨앗 입고일을 조회하여 새 테이블로 생성하는 <다음입고일생성> 쿼리를 작성하고 실행하시오. (7점)

- ▶ 판매단가가 10000 이하인 경우만 조회 대상으로 설정하시오.
- ▶ 다음입고일자는 입고일자로부터 15일 후로 계산하시오.
- ▶ 필요수량은 입고수량의 2배로 계산하시오.
- ▶ 쿼리 실행 후 생성되는 테이블의 이름은 <다음씨앗입고관리>로 설정하시오.
- ▶ DateAdd 함수 사용
- ▶ 쿼리 실행 결과 생성되는 테이블의 필드는 그림을 참고하여 수험자가 판단하여 설정하시오.

다음씨앗입고관리

씨앗코드	씨앗명	다음입고일자	필요수량
B0001	물망초	2023-01-18	70
P0005	치커리	2023-01-18	110
B3500	달맞이꽃	2023-01-18	80
P2500	샤스타데이지	2023-01-30	60
P6001	벌노랑이	2023-02-22	90
A3200	나팔꽃	2023-02-22	110
B0001	물망초	2023-02-22	60
P3170	쑥부쟁이	2023-02-22	60
B6211	끈끈이대나물	2023-02-22	90
B3500	달맞이꽃	2023-02-22	30
P0005	치커리	2023-03-01	30
B1355	수레국화	2023-03-22	40
P2500	샤스타데이지	2023-03-22	50

※ <다음입고일생성> 쿼리를 실행한 후의 <다음씨앗입고관리> 테이블

2024년 상공회의소 샘플 B형 **정답 및 해설**

컴퓨터활용능력 1급

문제 1 DB 구축

1. 정답

〈문제① 정답〉

<씨앗> 테이블 → [디자인 보기] → ‘씨앗코드’ 필드 → [입력 마스크]: **>L0000**를 입력한다.

씨앗	
필드 이름	데이터 형식
씨앗코드	짧은 텍스트

일반	조회
입력 마스크	**>L0000**
캡션	
기본값	
유효성 검사 규칙	

〈문제② 정답〉

‘씨앗명’ 필드 → [필드 크기]: **10**을 입력하고, [필수]: ‘예’를 선택한다.

씨앗	
필드 이름	데이터 형식
씨앗명	짧은 텍스트

일반	조회
필드 크기	**10**
형식	
캡션	
필수	예

〈문제③ 정답〉

<회원> 테이블 → [디자인 보기] → ‘전화번호’ 필드 선택 → [인덱스]: ‘예(중복 불가능)’를 선택한다.

회원	
필드 이름	데이터 형식
전화번호	짧은 텍스트

일반	조회
인덱스	예(중복 불가능)
유니코드 압축	
IME 모드	
문장 입력 시스템 모드	

〈문제④ 정답〉

‘E-Mail’ 필드 → [유효성 검사 규칙]: **Like “*@*”**를 입력한다.

회원	
필드 이름	데이터 형식
E-Mail	짧은 텍스트

일반	조회
입력 마스크	
캡션	
기본값	
유효성 검사 규칙	**Like “*@*”**

〈문제⑤ 정답〉

1) <씨앗입고> 테이블 → [디자인 보기] → ‘입고수량’ 필드 → [기본값]: **20**을 입력한다.

씨앗입고	
필드 이름	데이터 형식
입고수량	숫자

일반	조회
입력 마스크	
캡션	
기본값	**20**
유효성 검사 규칙	

2) ‘씨앗’ 닫기(X) → 마우스 오른쪽 클릭 → [모두 닫기]를 클릭해 테이블의 변경 내용을 적용한다.

2. 정답

B2B납품

납품일자	납품처	제품코드	납품수량
2023-01-03	서울종묘	PR-01	501
2023-01-12	미래종묘	LW-02	251
2023-01-14	갑을종묘	LW-02	102
2023-01-16	사랑종묘	PQ-01	321
2023-01-16	환경종묘	AA-04	410
2023-01-27	쑥쑥종묘	PR-01	201
2023-02-11	서울종묘	LS-02	247
2023-02-14	미래종묘	PQ-01	125

[외부 데이터] → [가져오기 및 연결] → [새 데이터 원본] → [파일에서] → [Excel] 선택 → [외부 데이터 가져오기] 대화 상자 → [찾아보기] → ‘C:₩액세스실습파일₩기출_샘플_B형₩B2B납품.xlsx’ 선택 → [열기] → ‘현재 데이터베이스의 새 테이블로 원본 데이터 가져오기’ 선택 → 확인 → 다음 → ‘첫 행에 열 머리글이 있음’ 선택 → 다음 → 다음 → ‘기본 키 없음’ 선택 → 다음 → [테이블로 가져오기]: **B2B납품** 입력 → 마침을 선택한다.

3. 정답

1) [데이터베이스 도구] → [관계] → [관계] 선택 → [테이블 추가] → [테이블 추가] 창 → <주문>, <회원> 테이블 더블클릭하여 관계 설정 영역에 추가 → <주문> 테이블 '고객ID' 필드 드래그 → <회원> 테이블 '고객ID' 필드 위에 올려 관계 설정 → [관계 편집] 대화 상자 → '항상 참조 무결성 유지', '관련 필드 모두 업데이트' 체크 → 만들기를 클릭한다.

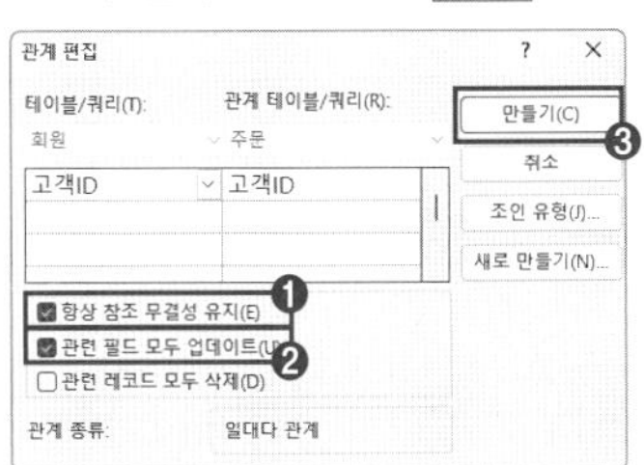

2) <주문> 테이블 '씨앗코드' 필드 마우스로 드래그 → <씨앗> 테이블 '씨앗코드' 필드 위에 올려 관계 설정 → [관계 편집] → '항상 참조 무결성 유지', '관련 필드 모두 업데이트' 체크 → 만들기를 클릭한다.

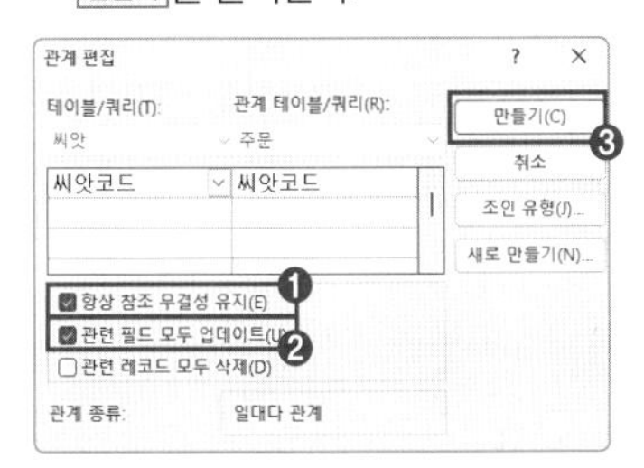

3) [관계 디자인] → [관계] → 닫기(X)를 클릭해 관계 설정을 저장한다.

문제 2 입력 및 수정 기능 구현

1. 정답

〈문제① 정답〉

<씨앗입고현황> 폼 → [디자인 보기] → 폼 속성 도구(■) 더블클릭 → [속성 시트] → [형식] 탭 → [기본 보기]: '연속 폼'을 선택한다.

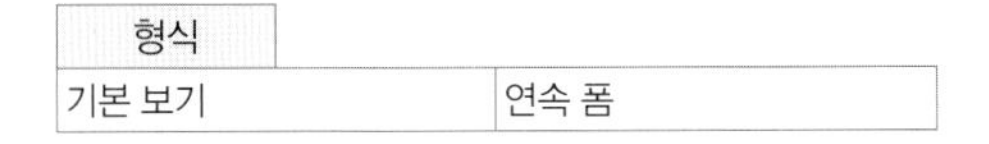

형식	
기본 보기	연속 폼

〈문제② 정답〉

본문 구분 막대 마우스 오른쪽 클릭 → [탭 순서] → [탭 순서] 대화 상자 → '사용자 지정 순서' → 머리글을 마우스로 드래그하여 탭 순서를 다음과 같이 변경하고 확인을 클릭한다.

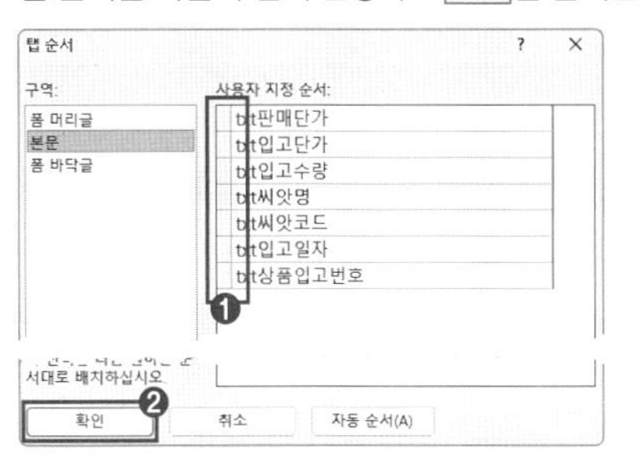

〈문제③ 정답〉

'txt총입고수량' 컨트롤 선택 → [속성 시트] → [데이터] 탭 → [컨트롤 원본]: **=Sum([입고수량])**을 입력한다.

형식	데이터
컨트롤 원본	=Sum([입고수량])
텍스트 형식	

2. 정답

1) 세로 눈금자 본문 영역 선택 → [서식] → [컨트롤 서식] → [조건부 서식]을 선택한다.

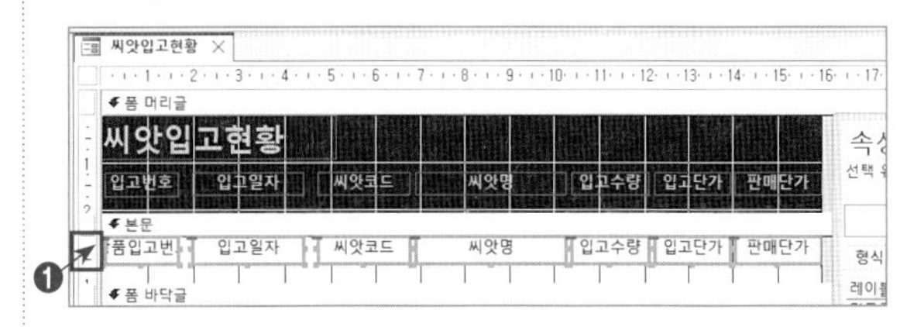

2) [조건부 서식 규칙관리자] → [새 규칙] → [새 규칙 편집] 대화 상자 → '현재 레코드의 값 확인 또는 식 사용' 선택 → '다음과 같은 셀만 서식 설정': '식이' 선택 → **Left([txt씨앗코드],1)="A" And [txt입고단가]>=10000** 입력 → 표준 색 – '노랑' 선택 → 글꼴 스타일 '기울임꼴' 선택 → 확인을 클릭한다.

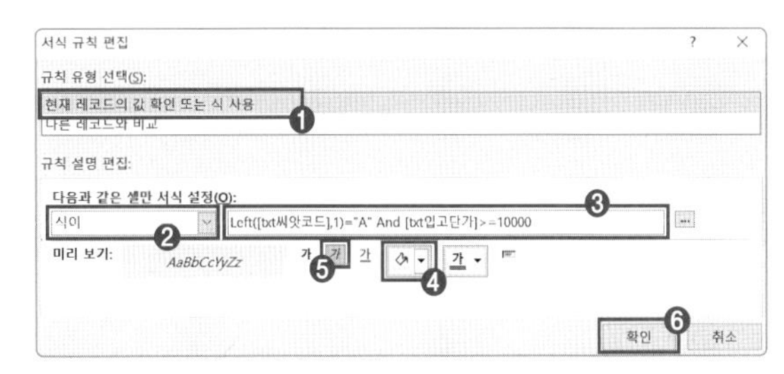

3) '[조건부 서식 규칙 관리자] → [새 규칙] → [새 규칙 편집] 대화 상자 → '현재 레코드의 값 확인 또는 식 사용' 선택 → '다음과 같은 셀만 서식 설정': '식이' 선택 → **Left([txt씨앗코드],1)="B" And [txt입고단가]>=10000** 입력 → 표준 색

– '주황' 선택 → 글꼴 스타일 '기울임꼴' 선택 → 확인 → 확인을 클릭한다.

4) '씨앗입고현황' 닫기(X)를 클릭해 <씨앗입고현황> 변경 내용을 저장한다.

3. 정답

1) <씨앗정보찾기> 폼 → [디자인 보기] → [만들기] → [매크로 및 코드] → [매크로]를 선택한다.
2) [새 함수 추가] → 'OpenReport' 선택 → [보고서 이름]: '씨앗코드별주문현황' 선택 → [보기 형식]: 인쇄 미리 보기 선택 → [Where 조건문]: 식 작성기( ) → **[씨앗코드]=[Forms]![씨앗정보찾기]![txt씨앗코드]** 식 작성기를 활용하여 식 완성 → 확인을 클릭한다.

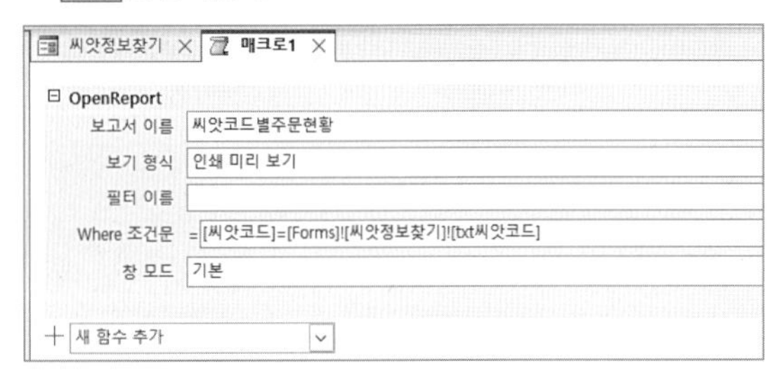

3) [새 함수 추가] → 'CloseWindow' 선택 → [개체 유형]: 폼 선택 → [개체 이름]: 씨앗정보찾기 선택 → [저장]: 확인을 클릭한다.
4) '매크로1' 닫기(X)를 선택 → '예' → [매크로 이름]: **보고서출력** 입력 → 확인을 클릭한다.
5) 'cmd보고서' 선택 → [속성 시트] → [이벤트] 탭 → [On Click]: '보고서출력'을 선택한다.

형식	데이터	이벤트
On Click		보고서출력
On Got Focus		연속 폼

6) '씨앗정보찾기' 닫기(X)를 클릭해 <씨앗정보찾기> 폼의 변경 내용을 저장한다.

문제 3 조회 및 출력 기능 구현

1. 정답

〈문제① 정답〉

<씨앗코드별주문현황> 보고서 → [디자인 보기] → '씨앗 코드 머리글' 구분 막대 선택 → [속성 시트] → [형식] 탭 → [반복 실행 구역]: '예' 선택 → [페이지 바꿈]: '구역 전'을 선택한다.

형식	
반복 실행 구역	예
페이지 바꿈	구역 전

〈문제② 정답〉

[보고서 디자인] → [그룹화 및 요약] → [그룹화 및 정렬] 선택 → [정렬 추가] → [정렬 기준]: '주문일자', '오름차순'을 선택한다.

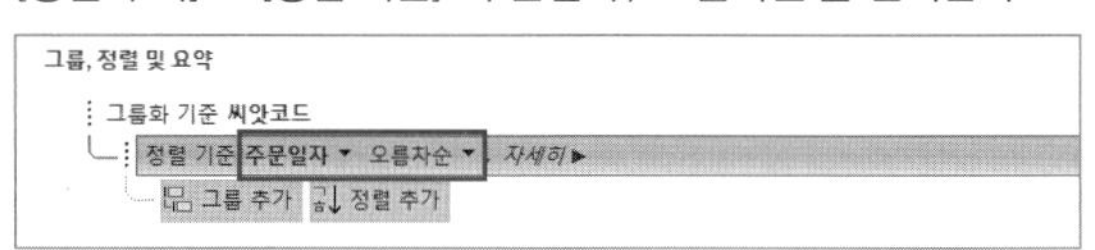

〈문제③ 정답〉

'txt씨앗코드' 컨트롤 선택 → [속성 시트] → [형식] 탭 → [중복 내용 숨기기]: '예'를 선택한다.

형식	
중복 내용 숨기기	예
확장 가능	아니요

〈문제④ 정답〉

'본문' 구분 막대 선택 → [속성 시트] → [형식] 탭 → [배경색]: '교차 행'을 선택한다.

형식	
높이	0.899cm
배경색	교차 행

〈문제⑤ 정답〉

1) 'txt주문횟수' 컨트롤 선택 → [속성 시트] → [데이터] 탭 → [컨트롤 원본]: **=Count(*) & "회"**를 입력한다.

형식	데이터
컨트롤 원본	**=Count(*) & "회"**
텍스트 형식	일반 텍스트

2) '씨앗코드별주문현황' 닫기(X)를 클릭해 <씨앗코드별주문현황> 보고서의 변경 내용을 저장한다.

2. 정답

1) <주문현황> 폼 → [디자인 보기] → 'txt수량' 컨트롤 선택 → [속성 시트] → [이벤트] 탭 → [On Got Focus] ⋯ 선택 → [작성기 선택] → '코드 작성기' → 확인을 클릭한다.

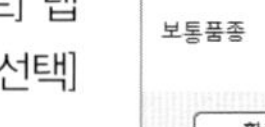

2) 코드 작성기 'txt수량_GotFocus()' 프로시저에 다음 코드를 입력한다.

```
Private Sub txt수량_GotFocus()
   If txt수량 >= 10 Then
      MsgBox "인기품종", , "인기도분석"
   ElseIf txt수량 >= 6 Then
      MsgBox "보통품종", , "인기도분석"
   Else
      MsgBox "비인기품종", , "인기도분석"
   End If
End Sub
```

MsgBox "표시할 문자열", 버튼 종류, "메시지 상자 제목"

3) Alt + Q를 눌러 코드 작성기를 닫는다.
4) '주문현황' 닫기(X)를 클릭해 <주문현황> 폼의 변경 내용을 저장한다.

문제 4 처리 기능 구현

1. 정답

회원

고객ID	이름	전화번호	우편번호	주소	E-Mail	비고
20170729	최다영	010-2000-3635	136-802	서울특별시 성북구 길음로	cdy@ho.net	★ 관리대상회원
20171010	김철수	010-1542-3658	712-862	경상북도 경산시 남산면 갈지로	kcs@nm.com	
20171120	이찬영	010-9654-3695	132-820	서울특별시 도봉구 도담로	lcy@jo.com	
20171214	박삼수	010-8888-3252	368-905	충청북도 증평군 증평읍 중앙로	pss@gol.com	
20171220	조성민	010-6547-6542	480-841	경기도 의정부시 평화로	jsm@go.co.kı	
20190131	이지영	010-9874-1245	367-893	충청북도 괴산군 감물면 감물로	lgy@aol.com	
20190227	박지수	010-6321-8411	417-802	인천광역시 강화군 강화읍 갑룡길	pjs@niver.coı	
20190411	김혜원	010-7878-0107	506-358	광주광역시 광산구 고봉로	khw@dim.co	
20190428	김민철	010-9696-9632	151-801	서울특별시 관악구 과천대로	kmc@sangor	
20190808	정찬수	010-7474-2145	306-160	대전광역시 대덕구 대청호수로	jcs@do.co.kr	
20190930	노현수	010-1477-7414	143-803	서울특별시 광진구 광나루로	nhs@chul.ne	
20191124	김민규	010-0012-7411	680-130	울산광역시 남구 용잠로	kmk@gol.coı	★ 관리대상회원
20200702	최다희	010-9984-2585	477-803	경기도 가평군 가평읍 가랫골길	cdh@korea.c	
20200711	이창수	010-0003-2576	158-811	서울특별시 양천구 공항대로	lcs@mu.net	

1) [만들기] → [쿼리] → [쿼리 디자인] → [쿼리 유형] → [업데이트] 선택 → [테이블 추가] → <회원> 테이블 추가 → '비고', '고객ID' 필드 더블클릭하여 [디자인 눈금] 영역에 추가한다.

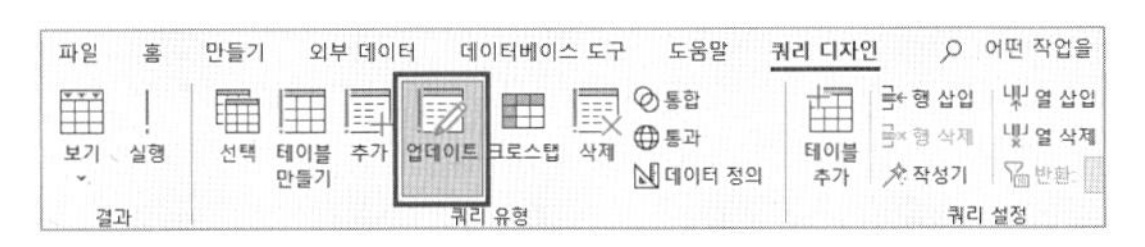

2) '업데이트', '조건' 항목을 다음과 같이 입력한다.

필드	업데이트	조건
비고	"★ 관리대상회원"	
고객ID		Not In (select 고객ID from 주문 where 주문일자 between #2023-04-10# and #2023-04-30#)

– <주문> 테이블에서 '주문일자' 필드가 2023-04-10~2023-04-30 범위에 해당하는 '고객ID' 필드를 조회한다.
– 조회한 고객ID를 제외한 나머지 레코드의 값을 "★ 관리대상회원"으로 업데이트한다.

3) '쿼리1' 닫기(X)를 클릭해 **관리대상회원처리**를 입력한 후 저장한다.
4) <관리대상회원처리> 쿼리를 실행하여 <회원> 테이블을 업데이트한다.

2. 정답

입고현황

입고월	입고품종수	국내산	수입산
1월	10	65	245
2월	15	150	375
3월	5	15	125

1) [만들기] → [쿼리] → [쿼리 디자인] → [쿼리 유형] → [크로스탭] 선택 → [테이블 추가] → <씨앗>, <씨앗입고> 테이블을 추가한다.

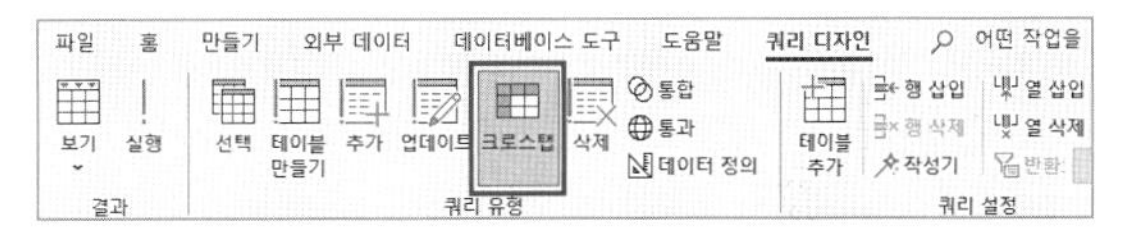

2) '디자인 눈금 영역'에 다음과 같이 입력 및 선택한다.

필드	테이블	요약	크로스탭
생산지: IIf([원산지]="한국","국내산","수입산") ❶			열 머리글
입고월: Month([입고일자]) & "월" ❷			행 머리글
입고품종수: 씨앗코드 ❸	씨앗입고	개수	행 머리글
입고수량	씨앗입고	합계	값

❶ '생산지' 필드는 '원산지' 필드가 "한국"이면 "국내산", 그 외는 "수입산"을 출력한다.
❷ '입고월' 필드는 '입고일자' 필드 날짜 중 월을 출력하고 뒤에 '월'을 연결한다.
❸ <별칭: 원래 필드명>: 원래 필드명을 별칭으로 설정한다.

3) '쿼리1' 닫기(X)를 클릭해 **입고현황**을 입력한 후 저장한다.

3. 정답

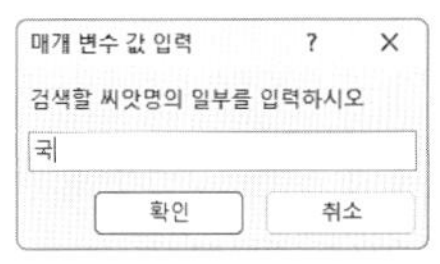

씨앗입고조회

입고일자	씨앗명	입고수량	입고단가	판매단가	부가세
2023-03-07	레국화	20	₩4,500	₩5,000	₩500
2023-02-14	금계국	10	₩40,000	₩45,000	₩9,000

1) [만들기] → [쿼리] → [쿼리 디자인] → [테이블 추가] → <씨앗>, <씨앗입고> 테이블을 추가한다.

2) '디자인 눈금 영역'에 다음과 같이 입력 및 선택한다.

필드	정렬	조건
입고일자	내림차순	
씨앗명		Like "*" & [검색할 씨앗명의 일부를 입력하시오] & "*" ❷
입고수량		
입고단가		
판매단가		
부가세: Switch([입고단가]<=10000,[판매단가]*0.1,[입고단가]<=50000,[판매단가]*0.2,[입고단가]>50000,[판매단가]*0.3) ❶		

❶ '부가세' 필드는 '입고단가' 필드 값이 10000 이하이면 '판매단가'*0.1로, '입고단가' 필드 값이 50000 이하이면 '판매단가'*0.2로, '입고단가' 필드 값이 50000 초과이면 '판매단가'*0.3으로 계산하여 출력한다.

❷ '씨앗명' 필드에 '검색할 씨앗명의 일부를 입력하시오' [매개 변수 값 입력] 대화 상자를 실행하고 씨앗명 일부를 입력하면 해당 레코드만 조회된다.

3) '입고단가' 선택 → [속성 시트] → [형식]: 통화 선택 → '판매단가', '부가세' 필드도 같은 방식으로 [형식]: 통화로 변경한다.

4) '쿼리1' 닫기(X)를 클릭해 **씨앗입고조회**를 입력한 후 저장한다.

4. 정답

재고현황

씨앗명	최근입고일자	총입고량	총주문량	재고비율
금계국	2023-02-14	40	28	70.0%
끈끈이대나물	2023-02-07	135	15	11.1%
나팔꽃	2023-02-07	165	50	30.3%
메밀꽃	2023-02-07	220	48	21.8%
물망초	2023-02-07	195	54	27.7%
양귀비	2023-02-14	510	138	27.1%
자운영	2023-02-14	110	11	10.0%
한련화	2023-03-07	260	42	16.2%

1) [만들기] → [쿼리] → [쿼리 디자인] → [표시/숨기기] → [요약] 선택 → [테이블 추가] → <씨앗>, <씨앗입고>, <주문> 테이블을 추가한다.

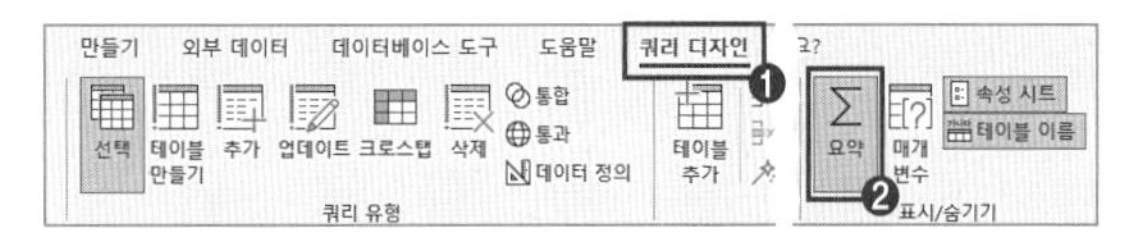

2) '디자인 눈금 영역'에 다음과 같이 입력 및 선택 → '재고비율' 필드 선택 → [속성 시트] → [형식]: **0.0%**를 입력한다.

필드	테이블	요약	조건	표시	형식
씨앗명	씨앗			✓	
최근입고일자: 입고일자	씨앗입고	최대값		✓	
총입고량: 입고수량	씨앗입고	합계		✓	
총주문량: 수량	주문	합계		✓	
재고비율: [총주문량]/[총입고량]		식		✓	0.0%
씨앗코드	씨앗		Like "[A-B]*"	☐	

3) '쿼리1' 닫기(X)를 클릭해 **재고현황**을 입력한 후 저장한다.

5. 정답

다음씨앗입고관리

씨앗코드	씨앗명	다음입고일	필요수량
B0001	물망초	2023-01-18	70
P0005	치커리	2023-01-18	110
B3500	달맞이꽃	2023-01-18	80
P2500	샤스타데이지	2023-01-30	60
P6001	벌노랑이	2023-02-22	90
A3200	나팔꽃	2023-02-22	110
B0001	물망초	2023-02-22	60
P3170	쑥부쟁이	2023-02-22	60
B6211	끈끈이대나물	2023-02-22	90
B3500	달맞이꽃	2023-02-22	30
P0005	치커리	2023-03-01	30
B1355	수레국화	2023-03-22	40
P2500	샤스타데이지	2023-03-22	50

1) [만들기] → [쿼리] → [쿼리 디자인] → [쿼리 유형] → [테이블 만들기] 선택 → [테이블 만들기] 대화 상자 → [테이블 이름]: **다음씨앗입고관리** 입력 → [테이블 추가] → <씨앗>, <씨앗입고> 테이블을 추가한다.

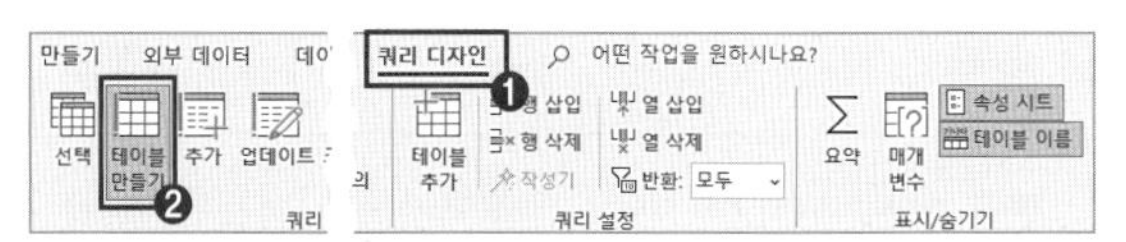

2) '디자인 눈금 영역'에 다음과 같이 입력 및 선택한다.

필드	조건	표시
씨앗코드		✓
씨앗명		✓
다음입고일자: DateAdd("d",15,[입고일자])		✓
필요수량: [입고수량]*2		✓
판매단가	<=10000	☐

다음입고일자: DateAdd("d",15,[입고일자])
– 다음입고일자는 '입고일자' 필드 값에서 15일 이후의 날짜를 입력한다.

DateAdd("형식",기간,기준일)
– 기준일에서 기간 후의 날짜를 계산한다.
– 형식: d(일), m(월), yyyy(년), q(분기)

3) '쿼리1' 닫기(X)를 클릭해 **다음입고일생성**을 입력한 후 저장한다.

국가기술자격검정

03 2024년 기출문제 유형 1회

프로그램명	제한시간
ACCESS 2021	45분

수험번호 :

성　　명 :

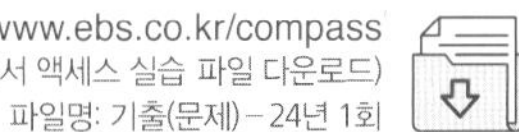

문제 1 DB 구축(25점)

1. 학생 관리를 위하여 데이터베이스를 구축하고자 한다. 다음의 지시 사항에 따라 테이블을 완성하시오.

<강좌> 테이블

① '강좌코드'에 값을 입력할 때 대문자 'A'와 하이픈(-)이 표시되고 필수적으로 3개의 숫자를 입력하도록 입력 마스크를 설정하시오. 'A'와 하이픈도 함께 저장하고 입력 대기 문자는 '_'로 하시오.

② '강좌명'은 기본 키가 아니면서 중복된 값을 갖지 않도록 설정하시오.

③ '교육기간'은 항상 100 이하의 숫자가 입력되도록 적절한 데이터 형식과 필드 크기를 설정하시오.

④ '수강최대인원' 필드에는 반드시 0 이상 100 이하의 숫자가 입력되도록 설정하시오.

⑤ 새로운 레코드가 추가되는 경우 '개강일' 필드에는 기본적으로 시스템의 오늘 날짜의 다음 달이 입력되도록 설정하시오. (DateAdd와 Date 함수 사용)

<학생> 테이블

① '전화번호' 필드에 다음과 같이 첫 번째 구역이 2 또는 3자리, 두 번째 구역이 3 또는 4자리, 세 번째 구역이 4자리가 입력될 수 있도록 지정하시오. 입력 시에 ###-####-####의 형태로 표시되도록 하며 문자는 저장하시오.
[표시 예: 031-1234-1212, 02-121-2345]

② '기대치' 필드를 '평점' 필드 뒤에 추가하고, 데이터 형식은 '숫자'로 설정하시오. 또한 '평점'의 50% 이상 인상된 값을 입력할 수 없도록 테이블 유효성 검사 규칙을 설정하시오.

③ 'email' 필드는 "@" 문자가 포함되도록 유효성 검사 규칙을 설정하고, 30글자 이내로만 입력되도록 필드 크기를 지정하시오.

④ 'email' 필드는 영문자만 입력할 수 있도록 입력 시스템 모드를 변경하시오.

⑤ '주소' 필드는 2글자만 입력할 수 있도록 유효성 검사 규칙을 설정하고 유효성 규칙을 위반할 경우 아래와 같은 유효성 검사 텍스트가 표시되도록 하시오.

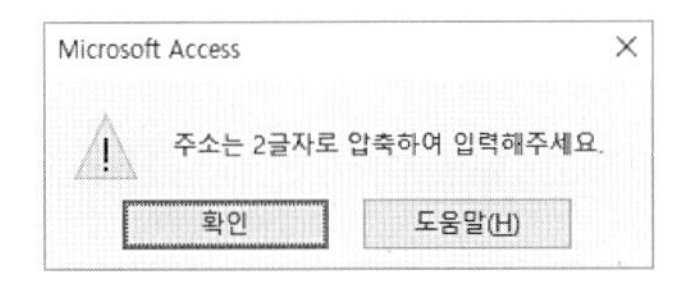

⑥ '생년월일' 필드에 형식이 [표시 예]의 형태로 나오도록 지정하시오. [표시 예: 09.25(일)]

⑦ '신청완료' 필드를 마지막에 추가하고 신청이 완료된 레코드의 경우 확인란이 체크되는 형태로 데이터 형식을 설정하시오.

2. <개설과목> 테이블의 '과목코드' 필드에 아래와 같이 조회 속성을 지정하시오.

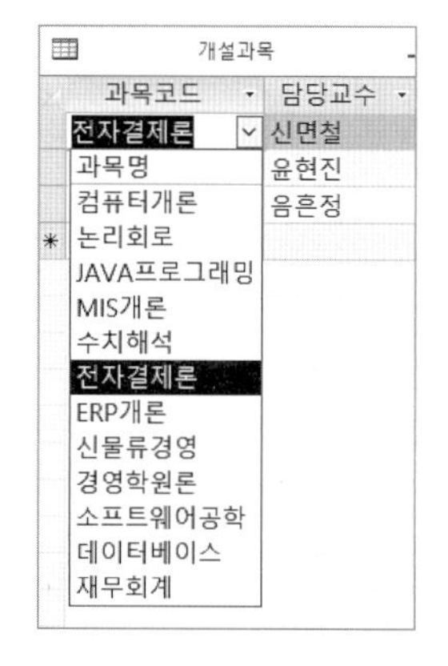

- ▶ '과목코드'를 콤보 상자 형태로 변환하고 <과목> 테이블의 '과목코드'와 '과목명'이 동일한 레코드가 존재하는 경우 한 번만 표시되도록 설정하시오.
- ▶ 열 너비는 2cm로 설정하고 그 외 내용은 <그림>과 같이 표시되도록 설정하시오.
- ▶ '과목코드' 필드가 저장되도록 바운드 열을 설정하시오.

3. <안경정보> 테이블의 '제품번호' 필드는 <안경매출> 테이블의 '제품번호' 필드와 일대다(1:M)의 관계를 갖는다. 두 테이블에 대해서 다음과 같이 관계를 설정하시오.

- ▶ 두 테이블 간에 항상 참조 무결성이 유지되도록 설정하시오.
- ▶ <그림>과 같은 오류 메시지를 적절히 해결하시오.
- ▶ 기존 관계 설정은 그대로 유지하도록 하시오.

문제 2 입력 및 수정 기능 구현(20점)

1. <주문내역입력> 폼을 다음의 화면과 지시 사항에 따라 완성하시오.

① 탐색 단추와 폼의 구분 선, 레코드 선택기가 표시되지 않도록 설정하시오.

② 폼을 실행하면 다른 작업을 할 수 없도록 설정하시오.

③ 폼에서 레코드를 삭제할 수 없도록 설정하고 해당 폼의 캡션을 '주문내역 입력 폼'으로 설정하시오.

④ 폼 바닥글의 'txt금액합계' 컨트롤에는 금액 필드의 합계를 계산하고 형식을 이용하여 [표시 예]와 같이 표시하시오.

▶ [표시 예: "금액합계 : 4,786,500원"]

⑤ 'txt정가' 컨트롤에는 <제품> 테이블을 참고해서 'cmb제품코드'에 선택된 제품명과 동일한 정가가 표시되도록 설정하시오. (DLookUp 함수 사용)

⑥ 본문 영역의 컨트롤에 커서가 있을 때 그 컨트롤의 배경색 빨강, 글꼴 색 흰색으로 설정하시오.

2. <주문내역입력> 폼의 폼 바닥글에 다음의 지시 사항에 따라 명령 단추(cmd닫기)를 추가하시오.

- ▶ 컨트롤의 이름은 'cmd닫기'로, 캡션은 '닫기'로 설정하시오.
- ▶ 단추를 클릭하면 현재 폼을 닫도록 프로시저를 제작하고 종료될 때 자동으로 폼의 변경 내용이 저장되도록 설계하시오.

3. <학생조회> 폼에서 'cmd테이블열기' 단추를 클릭하면 다음과 같은 처리가 되도록 프로시저를 제작하시오.

① '테이블열기' 단추를 클릭하면 다음과 같은 메시지 상자가 표시되도록 하시오.

▶ '예'를 클릭하면 '학생' 테이블이 열리도록 설정하고, '아니요'를 클릭하면 메시지 상자가 닫히도록 설정하시오. (DoCmd.OpenTable 사용)

▶ 메시지 상자 캡션 부분의 폼 이름 출력은 폼의 속성을 이용하시오.

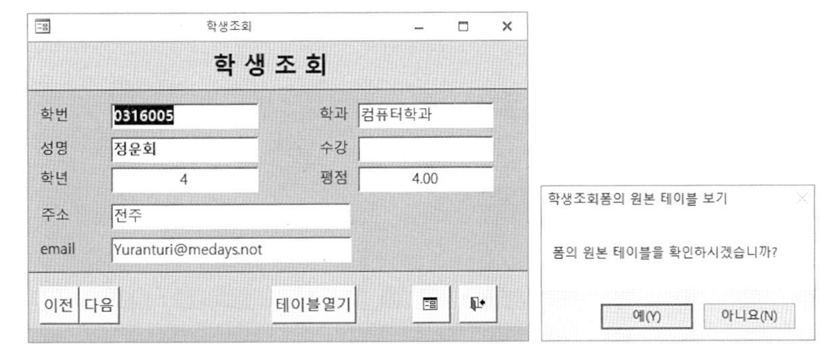

4. <학생조회> 폼 바닥글의 'Cmd폼열기'와 'Cmd종료' 컨트롤을 클릭하면 다음과 같은 작업이 수행되도록 프로시저를 작성하시오.

▶ 'Cmd폼열기'를 클릭하면 <학과별정보> 폼이 <학생조회> 폼의 현재 선택된 레코드의 학과와 동일한 레코드만 조회하며 <학과별정보> 폼은 새 레코드를 추가할 수 있지만 기존 레코드를 편집할 수 없도록 설정하시오.

▶ 'Cmd종료' 컨트롤을 클릭하면 폼이 종료되도록 설정하고, 단추의 그림을 속성 시트의 옵션을 이용하여 <그림>과 같이 설정하시오.

5. <학생조회> 폼의 'txt학년'을 더블클릭하면 다음과 같은 작업이 수행되도록 프로시저를 작성하시오.

▶ <학과별정보> 폼이 열리면서 'txt학년'에 입력된 학년의 레코드만 출력되도록 설정하시오.

▶ 열리는 <학과별정보> 폼은 읽기 전용 모드로 열리도록 지정하시오.

▶ 또한 GoToControl 명령을 이용해서 <학과별정보> 폼의 '학년'에 포커스가 위치하도록 지정하시오.

6. 다음 지시 사항에 따라 그림과 같이 <수강신청등록> 폼을 완성하시오.

① 폼 머리글에 '수강신청등록' 제목을 삽입하시오.

▶ 컨트롤의 이름은 'LBL제목', 글꼴의 크기는 '22', 글꼴 종류는 '궁서체'로 적용하시오.

② 폼이 열릴 때 폼 머리글의 'txt수강신청ID' 컨트롤에 포커스가 위치하도록 관련 속성을 설정하시오.

③ 본문 영역의 'txt주민번호' 컨트롤은 왼쪽부터 6개의 문자만 ******처럼 표시되도록 컨트롤 원본을 수정하시오.

④ 하위 폼 본문의 모든 컨트롤의 가로 간격을 동일하게 하고, 위쪽을 기준으로 동일한 위치에 맞추시오.

⑤ 하위 폼의 바닥글 영역에 '월수강료'의 합계를 표시하는 'txt합계' 텍스트 상자 컨트롤을 생성하고 텍스트가 가운데 위치하도록 설정하시오.

▶ 컨트롤 원본 속성, Format 함수 사용

▶ 금액이 0일 경우 0으로 표시 [표시 예: 월 수강료의 합계는 200,000원입니다.]

⑥ 상위 폼과 하위 폼을 연결하시오.

문제 3 조회 및 출력 기능 구현(20점)

1. 다음의 지시 사항 및 화면을 참조하여 <수강신청현황> 보고서를 완성하시오.

① '학번'을 기준으로 '오름차순'으로 정렬하고 학번이 같다면 '과목명'을 기준으로 내림차순 정렬하시오.

② 보고서 그룹 설정을 이용하여 전체 그룹을 같은 페이지에 표시하도록 설정하시오.

③ 본문 영역의 그룹은 중복 내용이 나타나지 않도록 설정하시오.

④ 'txt담당교수' 컨트롤에 '근'자가 포함되는 행 전체의 글꼴을 굵게, 기울임꼴 빨강색으로 지정하는 조건부 서식을 적용하시오.

▶ InStr 함수 사용

⑤ 'txt수강과목수' 컨트롤에 '학번'에 따른 '수강과목수'를 <그림>을 참고하여 설정하시오.

⑥ 페이지 바닥글 'txt페이지정보' 컨트롤에 페이지를 다음과 같은 형태로 홀수 페이지에만 표시되도록 설정하시오.

▶ 전체 페이지 수가 3이고 현재 페이지가 1이면 "현재 1페이지 / 총 3페이지"

⑦ 보고서 머리글에 그림과 같이 날짜를 표시하는 텍스트 상자를 추가하고 컨트롤의 이름은 'txt날짜'로 설정하시오.

▶ 텍스트 상자의 너비가 3cm가 되도록 설정하시오.

▶ 문자색: 배경 폼, 배경색: 배경 어두운 머리글

23-08-18(금)

수강신청 현황

학 번	성 명	성별	학년	전공	수 강 과 목	담당교수
0216002	윤선율	여	2	종교	운영체제	전산철
					수치해석	정운회
					수강과목수	2건
0216003	*홍그리미*	*남*	*3*	*인공지능*	*MIS개론*	*강현근*
					회계관리	이승기
					수치해석	김종인
					경영학개론	신학정
					수강과목수	4건
0216004	궁예석	여	4	지질학	컴퓨터개론	김영사
					운영체제	*윤근석*
					수치해석	유지관
					수강과목수	3건

현재 1페이지 / 총 5페이지

2. <학과별정보> 폼이 활성화(Activate)되면 다음과 같이 처리하시오.

▶ '학과' 필드를 기준으로 내림차순 정렬하고 'txt학번'에 포커스가 위치하도록 설정하시오.

▶ 'txt성명' 컨트롤의 글꼴을 궁서, 굵게, 크기 13으로 변경하는 프로시저를 작성하시오.

▶ OrderBy, OrderByOn 속성을 사용하시오.

3. 학생의 성적을 관리하는 <성적관리> 폼에 대해 다음의 작업을 수행하시오.

① 'cmd조회'를 클릭하면 'cmb조회'의 내용이 검색되도록 설정하시오.

▶ Filter 및 FilterOn 속성을 사용하여 작성하시오.

▶ OrderBy, OrderByOn 속성을 사용하여 조회 결과를 성명을 기준으로 오름차순으로 정렬하시오.

② '학점계산'(cmd학점계산) 단추를 클릭하는 경우 다음과 같은 기능을 차례대로 수행하도록 이벤트 프로시저를 구현하시오.

▶ DoCmd 객체의 메서드를 이용하여 <성적관리> 테이블의 '학점' 필드 값을 '점수' 필드 값이 90 이상이면 "A", 80 이상이면 "B", 70 이상이면 "C", 60 이상이면 "D", 그 외 "F"로 업데이트하시오.

▶ 현재 폼의 Refresh 메서드를 실행하시오.

③ 폼 제목(LBL제목)을 더블클릭하면 현재 폼의 모든 레코드가 표시된 후 포커스가 'cmb조회' 컨트롤로 이동하도록 하고 'cmb조회' 컨트롤에 아무 것도 나타나지 않도록 하시오. (ShowAllRecords 이용)

4. <수강신청현황> 폼의 '인쇄'(Cmd인쇄) 단추를 클릭할 때 다음과 같은 기능을 수행하도록 구현하시오.

▶ <수강신청현황> 보고서가 '인쇄 미리 보기'의 형태로 열리면서 <수강신청현황> 폼이 닫히도록 하시오.

▶ 'Combo학번' 컨트롤에 선택된 학번의 학생 성명과 일치하는 자료만 열리도록 프로시저로 구현하시오.

▶ '인쇄'(Cmd인쇄)에 마우스를 올리면 "학번을 선택한 후 클릭하세요."라는 메시지가 표시되도록 ControlTipText를 이용하여 프로시저를 작성하시오.

5. <주문내역입력> 폼에서 다음과 같은 기능을 수행하도록 이벤트 프로시저를 작성하시오.

▶ 주문일('txt주문일')을 클릭하면 아래와 같은 메시지 박스가 나오도록 하시오.

▶ 주문일부터 오늘까지의 개월 수를 아래 그림처럼 나타내시오. (Date, DateDiff 함수 사용)

▶ 메시지 박스 앞부분의 제품코드는 클릭한 레코드의 값이 표시되도록 설정하시오.

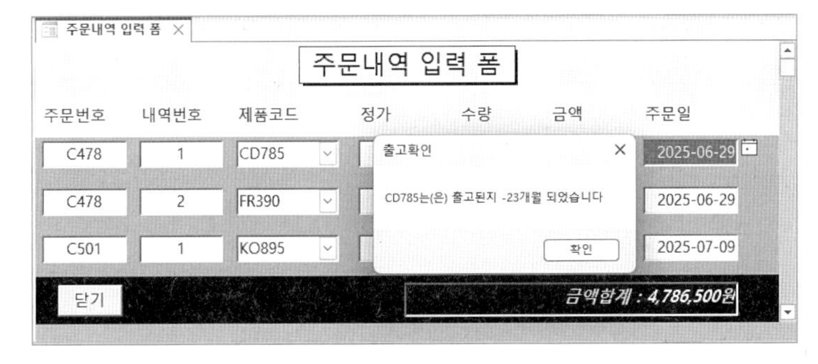

문제 4 처리 기능 구현(35점)

1. <과목>과 <수강신청> 테이블을 이용하여 <수강신청없는과목> 쿼리를 아래와 같이 작성하시오.

▶ <수강신청> 테이블에 존재하지 않는 <과목> 테이블의 자료 중 '과목코드', '과목명', '담당교수' 필드를 조회하는 쿼리를 작성하시오.

▶ 결과로 추출된 레코드는 '수강신청없는과목테이블'에 입력하도록 설정하시오.

▶ 쿼리 실행 결과 생성되는 테이블의 필드는 <그림>을 참고하여 수험자가 판단하여 설정하시오.

수강신청없는과목테이블

과목코드	과목명	담당교수
CS02	세법	인유경
KU01	전자결제론	진선윤
KU02	ERP개론	최영진
KU03	신물류경영	이성근

2. 다음 지시 사항에 따라 <안경매출> 테이블을 이용하여 <안경판매금액> 쿼리를 작성하시오.

- ▶ 조회 조건은 '매출일' 필드를 이용하여 '2025년 3월 31일'을 기준으로 1년 전 날짜 이후 자료들만 검색되도록 설정하시오.
- ▶ 상위 5개의 레코드만이 검색되도록 설정하시오.
- ▶ 쿼리 실행 결과 생성되는 테이블의 필드는 <그림>을 참고하여 수험자가 판단하여 설정하시오.

안경판매금액

매출번호	매출일	단가	수량
1	2025-07-05	₩25,000	1
2	2025-07-05	₩40,000	2
3	2025-07-05	₩30,000	1
4	2025-07-05	₩15,000	1
5	2025-07-05	₩20,000	1

3. <수강인원관리> 테이블을 이용해서 <수강통계> 쿼리를 아래와 같이 작성하시오.

- ▶ 아래 그림처럼 월별로 요약된 값이 나오도록 설계하시오.
- ▶ '총합계'는 '인원합계*평균수강료'로 계산하고 계산 결과를 Format 함수를 이용하여 통화 형식으로 표시하시오.
- ▶ '평균수강료'와 '총합계' 필드는 그림과 같이 천 단위 기호 표시를 제외한 금액으로 표시하시오.
- ▶ '수강일' 필드 기준으로 상위 50%인 항목만 표시하시오.
- ▶ 쿼리 실행 결과 생성되는 테이블의 필드는 <그림>을 참고하여 수험자가 판단하여 설정하시오.

수강통계

수강일	인원합계	평균수강료	총합계
2월	83명	₩200	₩16,600
6월	58명	₩195	₩11,310
7월	23명	₩260	₩5,980

4. <과목>, <수강신청> 테이블을 이용하여 <코드검색> 매개 변수 쿼리를 작성하시오.

- ▶ '과목코드'가 두 테이블에 모두 존재하는 자료만 검색되도록 하시오.
- ▶ '수강번호'가 14 이상 20 미만의 자료만 검색되도록 설정하시오. (Between 함수 사용)
- ▶ '과목코드' 마지막 글자의 정수를 입력받아 입력된 값 이상의 레코드만 검색하는 매개 변수 쿼리를 작성하시오.
- ▶ <그림>과 같이 숫자를 매개 변수로 받은 만큼 '평점' 필드에 '☆' 표시하시오. (String 함수 사용)
- ▶ 쿼리 실행 결과 생성되는 테이블의 필드는 <그림>을 참고하여 수험자가 판단하여 설정하시오.

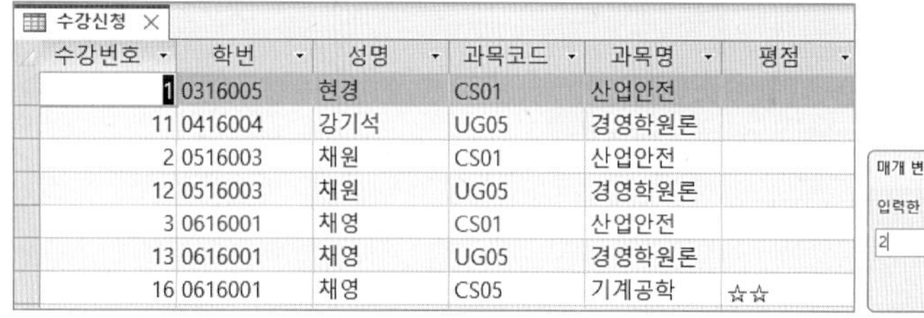
수강신청

수강번호	학번	성명	과목코드	과목명	평점
1	0316005	현경	CS01	산업안전	
11	0416004	강기석	UG05	경영학원론	
2	0516003	채원	CS01	산업안전	
12	0516003	채원	UG05	경영학원론	
3	0616001	채영	CS01	산업안전	
13	0616001	채영	UG05	경영학원론	
16	0616001	채영	CS05	기계공학	☆☆

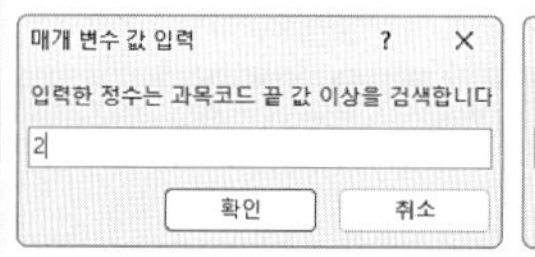

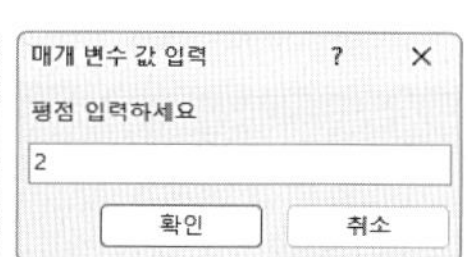

5. 이름별 상반기, 하반기의 재고량 합계를 조회하는 <상_하반기매출내역> 크로스탭 쿼리를 작성하시오.

- ▶ <고객>, <매출>, <안경제품> 테이블을 이용하시오.
- ▶ 주문횟수는 '고객번호' 필드를 이용하시오.
- ▶ 상반기는 1~6월, 하반기는 7~12월에 해당한다.
- ▶ 쿼리 실행 결과 생성되는 테이블의 필드는 <그림>을 참고하여 수험자가 판단하여 설정하시오.

상_하반기매출내역

이름	주문횟수	상반기	하반기
강희영	2건	61	46
고려선	1건		20
노주핵	1건	22	
만수려	1건		50
망중수	1건		33
박선혜	1건		67
서뉴리	2건	20	46
성은옥	1건		55
신태리	2건	37	
신현정	1건	27	

2024년 기출문제 유형 1회 **정답 및 해설**

컴퓨터활용능력 1급

문제 1 DB 구축

1. 정답

〈강좌〉 테이블 정답

1) <강좌> 테이블 → [디자인 보기] → '강좌코드' 필드 → [입력 마스크]: **₩A-000;0;_**를 입력한다.

강좌

필드 이름	데이터 형식
강좌코드	짧은 텍스트

일반	조회
형식	
입력 마스크	₩A-000;0;_
캡션	

2) '강좌명' 필드 → [인덱스]: '예(중복 불가능)'를 선택한다.

강좌

필드 이름	데이터 형식
강좌명	짧은 텍스트

일반	조회
빈 문자열 허용	
인덱스	예(중복 불가능)
유니코드 압축	

3) '교육기간' 필드 → [필드 크기]: '바이트'를 선택한다.

강좌

필드 이름	데이터 형식
교육기간	숫자

일반	조회
필드 크기	바이트
형식	

필드 크기 : 바이트
- 1바이트 = 8bit = 2^8 = 256
- 256 이하의 정수를 입력할 때 바이트를 선택한다.

4) '수강최대인원' 필드 → [유효성 검사 규칙]: **Between 0 And 100**을 입력한다.

강좌

필드 이름	데이터 형식
수강최대인원	숫자

일반	조회
유효성 검사 규칙	Between 0 And 100
유효성 검사 텍스트	

5) '개강일' 필드 선택 → [기본값]: **DateAdd("m",1,Date())**를 입력한다.

강좌

필드 이름	데이터 형식
개강일	날짜/시간

일반	조회
기본값	DateAdd("m",1,Date())
유효성 검사 규칙	

DateAdd("m",1,Date())
- DateAdd("형식", 기간, 기준일)
- 기준일부터 형식 기간 후의 날짜를 계산한다.
- yyyy: 년, m: 월, d: 일

〈학생〉 테이블 정답

1) <학생> 테이블 → [디자인 보기] → '전화번호' 필드 → [입력 마스크]: **009-0009-0000;0;#**을 입력한다.

학생

필드 이름	데이터 형식
전화번호	짧은 텍스트

일반	조회
입력 마스크	009-0009-0000;0;#
캡션	

2) 평점 필드 아래에 '기대치' 필드 추가 → '데이터 형식': 숫자 선택 → [테이블 디자인] 탭 → [표시/숨기기] → [속성 시트] → [유효성 검사 규칙]: **[기대치]<[평점]*1.5**를 입력한다.

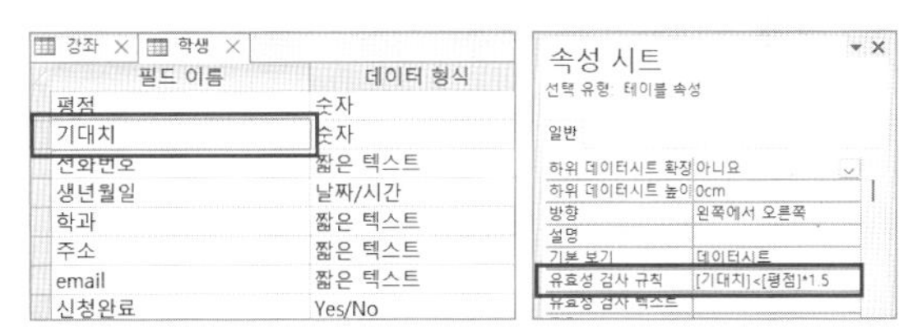

3) 'email' 필드 → [유효성 검사 규칙]: **Like "*@*"** 입력 → [필드 크기]: **30** → [IME 모드]: '영숫자 반자'를 선택한다.

학생

필드 이름	데이터 형식
email	짧은 텍스트

일반	조회
기본값	
유효성 검사 규칙	Like "*@*"
IME 모드	영숫자 반자

4) '주소' 필드 → [유효성 검사 규칙]: **Len([주소])=2** → [유효성 검사 텍스트]: **주소는 2글자로 압축하여 입력해주세요.**를 입력한다.

학생	
필드 이름	데이터 형식
주소	짧은 텍스트

일반	조회
기본값	
유효성 검사 규칙	**Len([주소])=2**
유효성 검사 텍스트	**주소는 2글자로 압축하여 입력해주세요.**

5) '생년월일' 필드 → [형식]: **mm₩.dd(aaa)**를 입력한다.

학생	
필드 이름	데이터 형식
생년월일	날짜/시간

일반	조회
형식	**mm₩.dd(aaa)**
입력 마스크	

6) 'email' 필드 아래 '신청완료' 필드 이름 입력 → [데이터 형식]: 'Yes/No' → [형식]: 'On/Off'를 선택한다.

학생	
필드 이름	데이터 형식
신청완료	Yes/No

일반	조회
형식	On/Off
입력 마스크	

7) '테이블' 탭 마우스 오른쪽 클릭 → [모두 닫기] → '예'를 클릭한다.

2. 정답

1) <개설과목> 테이블 → [디자인 보기] → '과목코드' 필드 → [조회] 탭 → [컨트롤 표시]: 콤보 상자 → [행 원본]: 쿼리 작성기 [...] 선택 → [쿼리 작성기] → [쿼리 설정] 그룹 → [테이블 추가] → <과목> 테이블 더블클릭하여 추가 → '과목코드', '과목명' 필드 더블클릭하여 [디자인 눈금 영역]에 추가 → [관계 설정 영역] 선택 → [속성 시트] → [고유 값]: '예' 선택 → '개설과목 : 쿼리 작성기' 닫기(X) 선택 → '예'를 클릭한다.

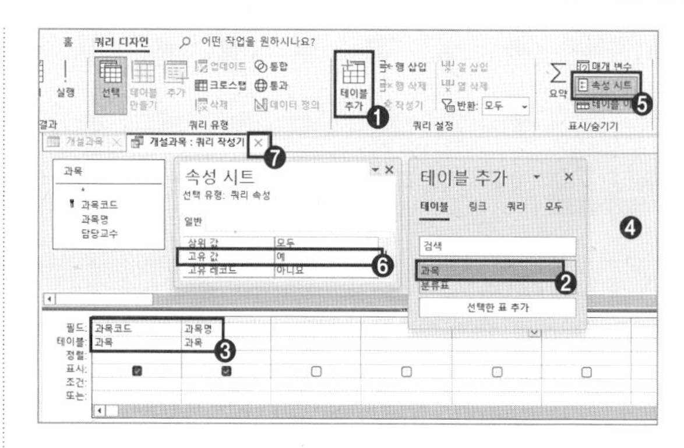

2) [바운드 열]: **1**, [열 개수]: **2**, [열 너비]: **0cm;2cm** 입력 → '개설과목' 닫기(X) → '예'를 클릭한다.

개설과목	
필드 이름	데이터 형식
과목코드	짧은 텍스트

일반	조회
컨트롤 표시	콤보 상자
행 원본 유형	테이블/쿼리
행 원본	SELECT DISTINCT 과목.과목코드, 과목.과목명 FROM 과목; ...
바운드 열	1
열 개수	2
열 너비	**0cm;2cm**

3. 정답

1) <안경매출>, <안경정보> 테이블 → [디자인 보기] → <안경정보> 테이블의 '제품번호' 필드의 데이터 형식은 '일련번호'이고, <안경매출> 테이블의 '제품번호' 필드는 '짧은 텍스트'이다. 관계 설정을 위해 두 테이블의 형식을 동일하게 설정한다. 한 테이블 내에 일련번호 형식을 2개 설정할 수 없으므로 <안경매출> 테이블의 '제품번호' 필드를 일련번호로 변경할 수 없고 → <안경정보> 테이블 '제품번호' 필드 [데이터 형식] '일련번호'에서 '짧은 텍스트'로 변경 → <안경정보> 테이블 탭 → 마우스 오른쪽 클릭 → [모두 닫기] → '예'를 클릭한다.

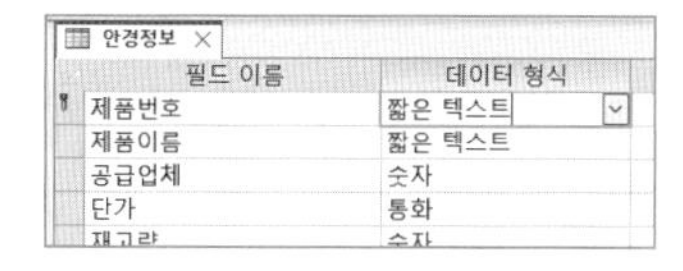

필드 이름	데이터 형식
제품번호	짧은 텍스트
제품이름	짧은 텍스트
공급업체	숫자
단가	통화
재고량	숫자

2) [데이터베이스 도구] → [관계] → [관계] → [테이블 추가] → <안경매출>, <안경정보> 테이블 더블클릭 → <안경정보> 테이블 '제품번호' 필드를 <안경매출> '제품번호' 필드 위에 드래그 → [관계 편집] 대화 상자 → '항상 참조 무결성' 체크 → [확인] → [닫기] → [확인]을 클릭한다.

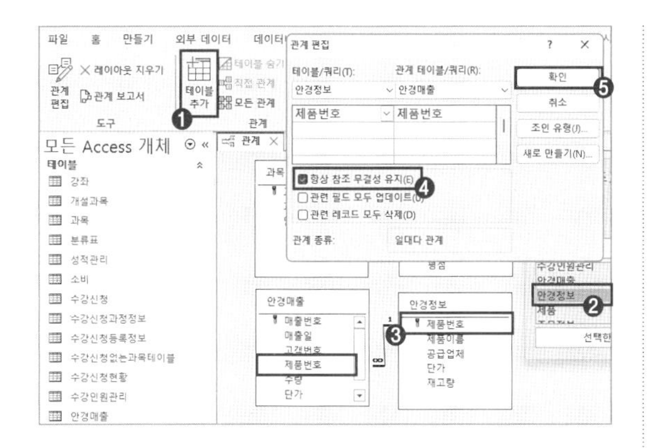

문제 2 입력 및 수정 기능 구현

1. 정답

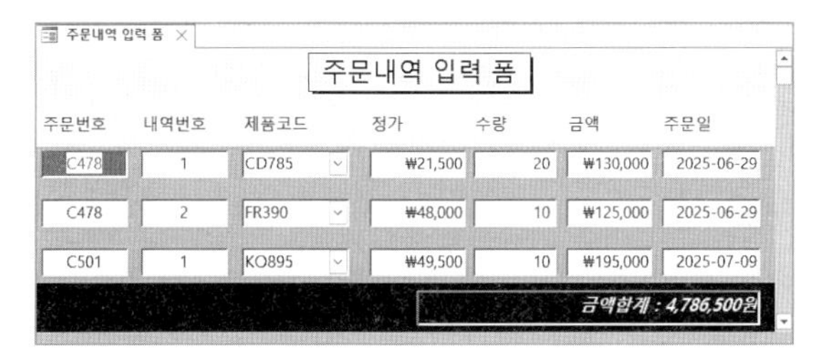

〈문제① 정답〉

<주문내역입력> 폼 → [디자인 보기] → 폼 속성(■) 더블클릭 → [속성 시트] → [형식] → [레코드 선택기], [구분 선]: '아니요'를 선택한다.

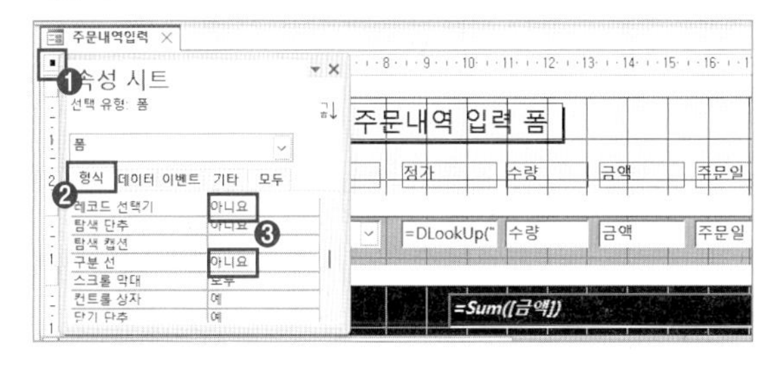

〈문제② 정답〉

[기타] 탭 → [모달]: '예'를 선택한다.

〈문제③ 정답〉

[속성 시트] → [형식] → [데이터] 탭 → [삭제 가능]: '아니요' 선택 → [모두] 탭 → [캡션]: **주문내역 입력 폼**을 입력한다.

〈문제④ 정답〉

'txt금액합계' 컨트롤 선택 → [모두] 탭 → [컨트롤 원본]: **=Sum([금액])** 입력 → [형식]: **"금액합계 : "#,###₩원**을 입력한다.

〈문제⑤ 정답〉

'txt정가' 컨트롤 선택 → [속성 시트] → [데이터] 탭 → [컨트롤 원본]: **=DLookUp("정가","제품","제품명 = '" & [cmb제품코드].[Column](1) & "'")**를 입력한다.

> ⓐ =DLookUp("정가","제품","제품명 = '" & [cmb제품코드].[Column](1) & "'")
> – DLookUp("가져올 필드명","원본 테이블명","조건")
> ⓑ "제품명 = '" & [cmb제품코드].[Column](1) & "'"
> – 'cmb제품코드' 콤보 상자의 두 번째 필드인 제품명과 <제품> 테이블의 제품명이 같은 경우의 정가를 조회한다.

〈문제⑥ 정답〉

1) 세로 눈금자 본문 영역 선택 → [서식] → [컨트롤 서식] → [조건부 서식] → [조건부 서식 규칙 관리자] → [새 규칙] → '규칙 유형 선택': '현재 레코드의 값 확인 또는 식 사용' 선택 → '다음과 같은 셀만 서식 설정': '필드에 포커스가 있음' 선택 → '배경색'( ): '빨강' → '글꼴 색'(가): '흰색' → 확인을 클릭한다.
2) '주문내역입력' 닫기(X) → '예'를 클릭한다.

2. 정답

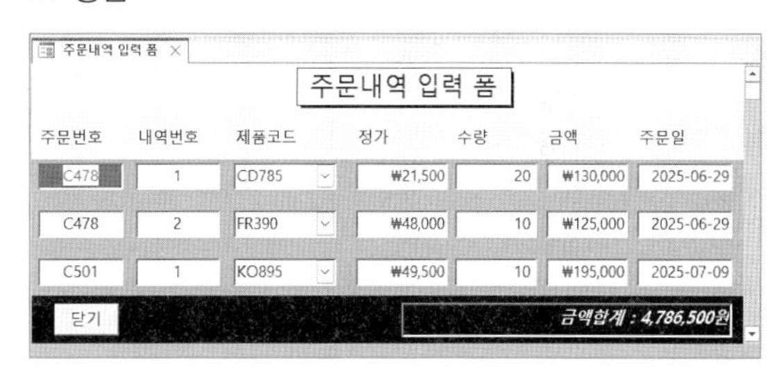

1) <주문내역입력> 폼 → [디자인 보기] → [양식 디자인] → [컨트롤] → '단추' 선택 → '폼 바닥글'에 드래그 삽입 → [명령 단추 마법사] 대화 상자 → [종류]: 폼 작업 → [매크로 함수] → '폼 닫기' 선택 → 다음 → [텍스트]: **닫기** 입력 → 다음 → [단추 이름]: **cmd닫기** 입력 → 마침 → '단추' 선택 → [속성 시트] → [이벤트] 탭 → [OnClick] ⋯ 선택 → '주문내역입력: cmd닫기: 'On Click' 매크로 편집 창 → [저장]: '예' → [닫기] → '예'를 클릭한다.

2) '주문내역입력' 닫기(X) → '예'를 클릭한다.

3. 정답

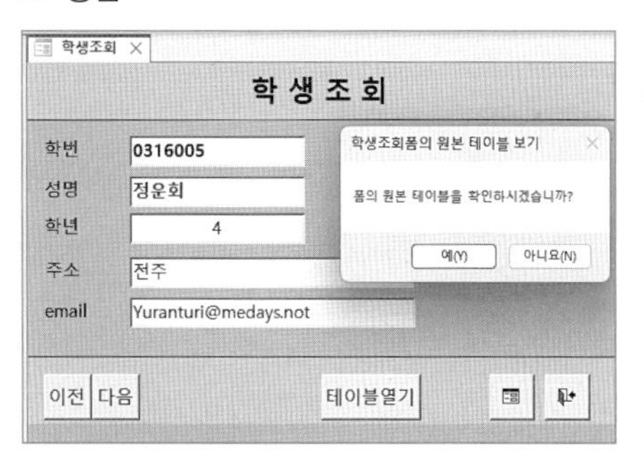

1) <학생조회> 폼 → [디자인 보기] → 'cmd테이블보기' 단추 선택 → [속성 시트] → [이벤트] 탭 → [OnClick] [...] 선택 → [작성기 선택] → '코드 작성기' → [확인] → cmd테이블보기_Click() 프로시저 블록에 다음 코드를 입력한다.

```
Private Sub cmd테이블보기_Click()
    aa = MsgBox("폼의 원본 테이블을 확인하시겠습니까?",
vbYesNo, Form.Name & "폼의 원본 테이블 보기")

    If aa = vbYes Then
        DoCmd.OpenTable "학생"
    End If
End Sub
```

다른 코드: aa 변수를 생략할 수 있다. 코드 가독성을 높이기 위해 위 코드는 메시지 상자를 실행한 결과 값을 변수로 aa를 활용하였다.

2) [Alt] + [Q]를 누른다.

4. 정답

1) 'Cmd폼열기' 컨트롤 선택 → [속성 시트] → [이벤트] 탭 → [OnClick] [...] 선택 → [작성기 선택] → '코드 작성기' → [확인] → 'Cmd폼열기_Click()' 프로시저 블록에 다음 코드를 입력한다.

```
Private Sub Cmd폼열기_Click()
    DoCmd.OpenForm "학과별정보", , , "학과='" & txt학과 &
    "'", acFormAdd
End Sub
```

① DoCmd.OpenForm: "폼이름", , , "조건", 폼 열기 데이터 모드

② 데이터 모드
- acFormPropertySettings: 기본 모드이며, 폼이 가진 속성대로 사용되는 모드
- acFormAdd: 새 레코드 추가 가능, 기존 레코드 편집 불가 모드
- acFormEdit: 새 레코드 추가 가능, 기존 레코드 편집 가능
- acFormReadOnly: 읽기 전용 모드

2) [Alt] + [Q]를 누른다.

3) 'Cmd종료' 컨트롤 선택 → [속성 시트] → [이벤트] 탭 → [OnClick] [...] 선택 → [작성기 선택] → '코드 작성기' → [확인] → 'CloseWindows' 매크로 추가 → [개체 유형]: 폼 → [개체 이름]: 학생조회 → [저장]: 확인 → '학생조회 : Cmd종료 : On Click' 닫기(X) → '예'를 클릭한다.

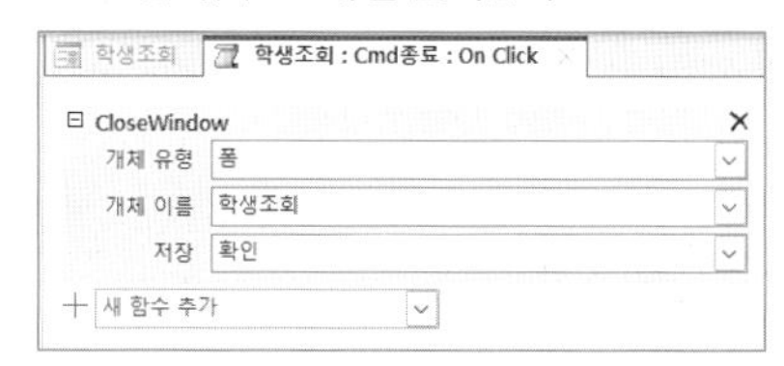

4) 'Cmd종료' 단추 선택 → [속성 시트] → [모두]: 그림 [...] 선택 → [그림 작성기] → '출입구' 선택 → [확인]을 클릭한다.

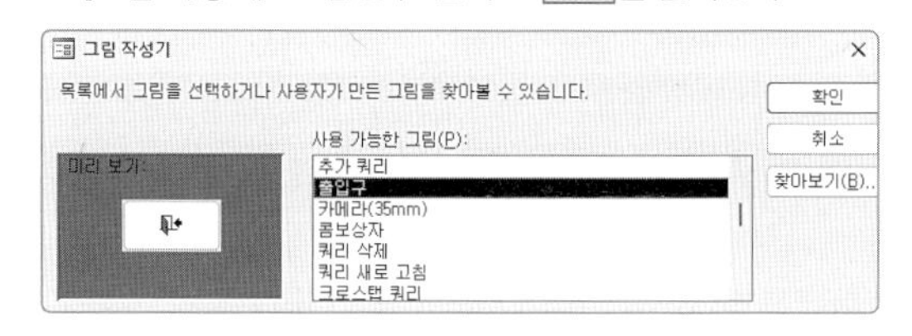

5. 정답

1) 'txt학년' 컨트롤 선택 → [속성 시트] → [이벤트] 탭 → [On Dbl Click] [...] 선택 → [작성기 선택] → '코드 작성기' → [확인] → 'txt학년_DblClick' 프로시저 블록에 다음 코드를 입력한다.

```
Private Sub txt학년_DblClick(Cancel As Integer)
    DoCmd.OpenForm "학과별정보", acNormal, , "학년=" &
txt학년, acFormReadOnly
    DoCmd.GoToControl "학년"
End Sub
```

① 현재 폼이 아닌 다른 폼을 열 때 표현 형식: Forms!학과별정보!학년.SetFocus

② DoCmd.GoToControl "필드명"

2) [Alt] + [Q] → '학생조회' 닫기(X) → '예'를 클릭한다.

6. 정답

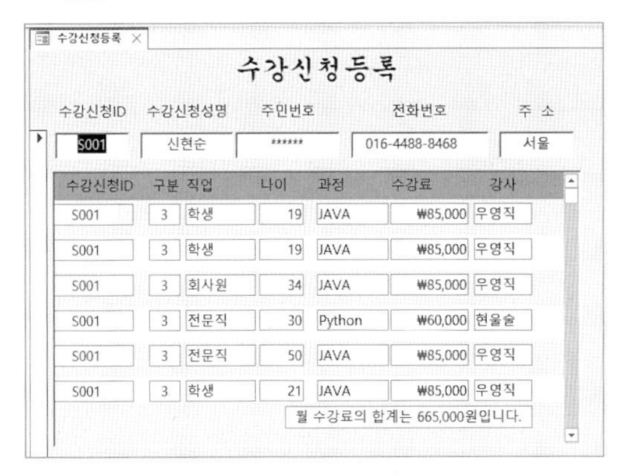

1) <수강신청등록> 폼 → [디자인 보기] → [양식 디자인] → [컨트롤] → '레이블'() 선택 → '폼 머리글' 영역 중앙 부분에 삽입 → **수강신청등록** 입력 → [홈] → [텍스트 서식] → '글꼴': **궁서체**, '글꼴 크기': **22**로 변경 → [속성 시트] → [모두] 탭 → '이름': **LBL제목**을 입력한다.
2) '폼 속성'(■) 선택 → [이벤트] 탭 → [On Open] [···] 선택 → [작성기 선택] → '코드 작성기' → [확인] → 'Form_Open' 프로시저 블록에 다음 코드를 입력한다.

```
Private Sub Form_Open(Cancel As Integer)
    txt수강신청ID.SetFocus
End Sub
```

3) [Alt] + [Q]를 누른다.
4) 'txt주민번호' 컨트롤 선택 → [속성 시트] → [데이터] 탭 → [컨트롤 원본]: **=Left([주민번호],6)** 입력 → [입력 마스크]: **Password**를 입력한다.
5) '하위 폼' 세로 눈금자 본문 영역 선택 → [정렬] → [크기 및 순서 조정] → [크기/공간] → '가로 간격 같음' → [맞춤] → '위쪽'을 선택한다.
6) [양식 디자인] → [컨트롤] → '텍스트 상자'(ab|) 선택 → '폼 바닥글' 오른쪽 영역에 드래그하여 삽입한다.
7) 삽입한 컨트롤 선택 → [속성 시트] → [모두] 탭 → [이름]: **txt합계** 입력 → [데이터] 탭 → [컨트롤 원본]: **=Format(Sum([수강료]),"""월 수강료의 합계는 ""#,##0""원입니다.""")** 입력 → [홈] → [텍스트 서식] → '가운데 맞춤'을 선택 → '텍스트 상자' 컨트롤을 삽입하면서 같이 삽입된 레이블 컨트롤의 왼쪽 상단 모서리 선택 → [Delete]를 눌러 삭제한다.

> 문제 조건에 Fomat문이 없고 '컨트롤 원본 사용' 조건이 있는 경우
> – "월 수강료의 합계는 "#,###"원입니다".

8) '하위 폼' 테두리 선택 → [속성 시트] → [데이터] 탭 → [기본 필드 연결] [···] 선택 → [하위 폼 필드 연결기] → '기본 필드': 수강신청ID', '하위 필드': 수강신청ID → [확인]을 클릭한다.
9) '수강신청등록' 닫기(X) → '예'를 클릭한다.

문제 3 조회 및 출력 기능 구현

1. 정답

1) <수강신청현황> 보고서 → [디자인 보기] → [보고서 디자인] → [그룹화 및 요약] → [그룹화 및 정렬] → [그룹, 정렬 및 요약] → '그룹화 기준': 학번 → '오름차순' 변경 → '정렬 추가' → '정렬 기준': 과목명 → 내림차순으로 변경한다.

2) '학번 머리글' 구분 막대 선택 → [속성 시트] → [형식] 탭 → [같은 페이지에]: '예'로 변경한다.
3) 세로 눈금자 본문 영역 선택 → [속성 시트] → [형식] 탭 → [중복 내용 숨기기]: '예'로 변경한다.

4) ‘txt담당교수’ 컨트롤 선택 → [서식] → [컨트롤 서식] → [조건부 서식] → [조건부 서식 규칙 관리자] → [새 규칙] → ‘규칙 유형 선택’: ‘현재 레코드의 값 확인 또는 식 사용’ 선택 → ‘다음과 같은 셀만 서식 설정’: ‘식이’ → **InStr([담당교수],“근”)>=1** 입력 → ‘굵게’, ‘기울임꼴’, 글꼴 색 ‘빨강’ → [확인] → [확인]을 클릭한다.

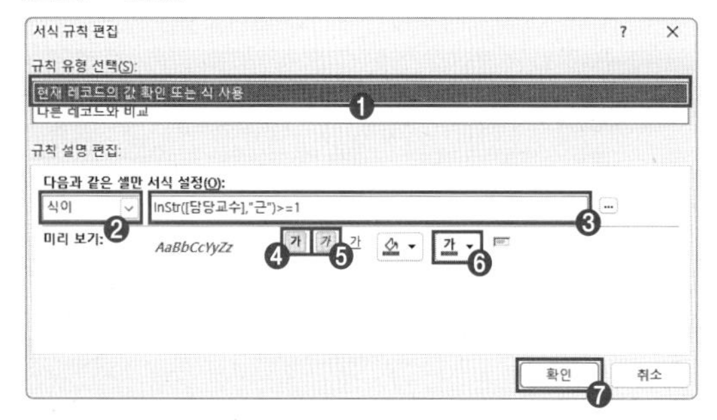

5) ‘txt수강과목수’ 컨트롤 선택 → [속성 시트] → [데이터] 탭 → [컨트롤 원본]: **=Count(*) & “건”**을 입력한다.

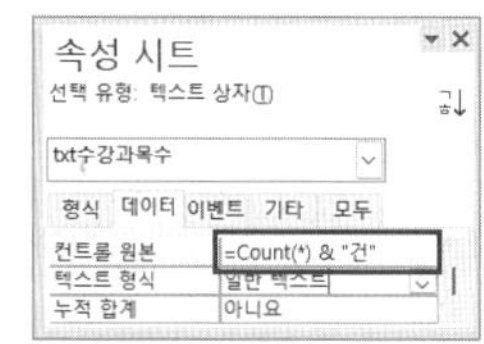

6) 페이지 바닥글 ‘txt페이지정보’ 컨트롤 선택 → [속성 시트] → [데이터] 탭 → [컨트롤 원본] → 마우스 오른쪽 클릭 → [확대/축소] 대화 상자에 **=IIf([Page] Mod 2=1,“현재 ” & [Page] & “페이지 / 총 ” & [Pages] & “페이지”)** 입력 → [확인]을 클릭한다.

7) [보고서 디자인] 탭 → [컨트롤] 그룹 → ‘텍스트 상자’(ㄱㄴ) 선택 → ‘페이지 머리글’ 왼쪽 상단 영역에 드래그하여 삽입 → [속성 시트] → [모두] 탭 → [이름]: **txt날짜** → [컨트롤 원본]: **=Now()** → [형식]: **yy-mm-dd(aaa)** → [너비]: **3cm** → [배경색]: 배경 어두운 머리글 → [문자색]: 배경 폼으로 변경한다.

8) ‘수강신청현황’ 닫기(X) → ‘예’를 클릭한다.

2. 정답

1) <학과별정보> 폼 → [디자인 보기] → ‘폼 속성’(■) 선택 → [속성 시트] → [이벤트] 탭 → [On Activate] [...] 선택 → [작성기 선택] → ‘코드 작성기’ → ‘Form_Activate()’ 프로시저 블록에 다음 코드를 입력한다. [Alt] + [Q]를 누른다.

```
Private Sub Form_Activate()
    Me.OrderBy = “학과 desc”
    Me.OrderByOn = True

    txt성명.SetFocus
    txt성명.FontBold = True
    txt성명.FontName = “궁서체”
    txt성명.FontSize = 13
End Sub
```

2) ‘학과별정보’ 닫기(X) → ‘예’를 클릭한다.

3. 정답

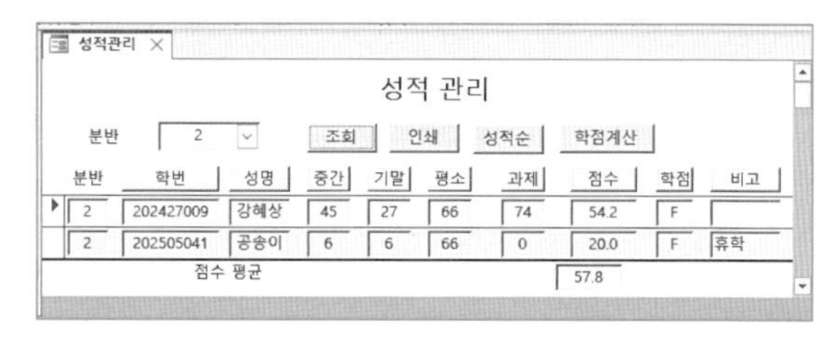

1) <성적관리> 폼 → [디자인 보기] → ‘cmd조회’ 컨트롤 선택 → [속성 시트] → [이벤트] 탭 → [On Click] [...] 선택 → [작성기 선택] → ‘코드 작성기’ → ‘cmd조회_Click()’ 프로시저 블록에 다음 코드를 입력한다. [Alt] + [Q]를 누른다.

```
Private Sub cmd조회_Click()
    Me.Filter = “분반=” & cmb조회
    Me.FilterOn = True
    Me.OrderBy = “성명 asc”
    Me.OrderByOn = True
End Sub
```

2) 'cmd학점계산' 컨트롤 선택 → [속성 시트] → [이벤트] 탭 → [On Click] [...] 선택 → [작성기 선택] → '코드 작성기' → 'cmd학점계산_Click()' 프로시저 블록에 다음 코드를 입력한다. Alt + Q를 누른다.

```
Private Sub cmd학점계산_Click()
    DoCmd.RunSQL "UPDATE 성적관리 SET 학점= IIf([점수]>=90,'A', IIf([점수]>=80, 'B', IIf([점수]>=70,'C',IIf([점수]>=60,'D','F'))))"
    Me.Refresh
End Sub
```

UPDATE 테이블명 SET 필드명 = 업데이트 값

3) 'LBL제목' 컨트롤 선택 → [속성 시트] → [이벤트] 탭 → [On Dbl Click] [...] 선택 → [작성기 선택] → '코드 작성기' → 'LBL제목_DblClick' 프로시저 블록에 다음 코드를 입력한다. Alt + Q를 누른다.

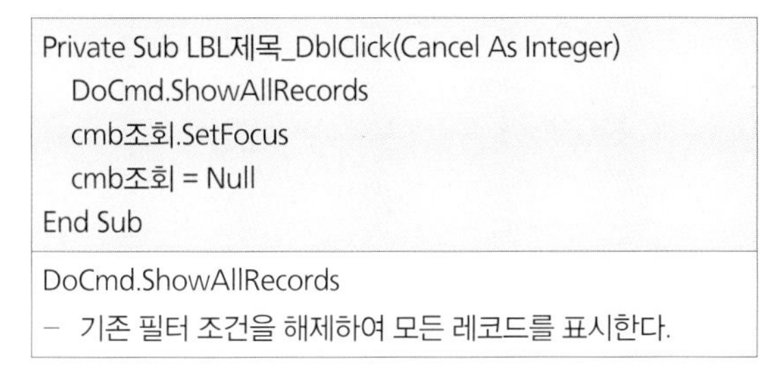

```
Private Sub LBL제목_DblClick(Cancel As Integer)
    DoCmd.ShowAllRecords
    cmb조회.SetFocus
    cmb조회 = Null
End Sub
```

DoCmd.ShowAllRecords
– 기존 필터 조건을 해제하여 모든 레코드를 표시한다.

4) '성적관리' 닫기(X) → '예'를 클릭한다.

4. 정답

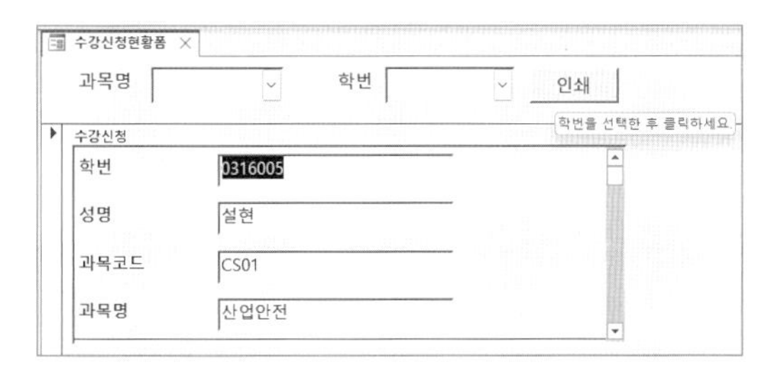

1) <수강신청현황> 폼 → [디자인 보기] → 'Cmd인쇄' 컨트롤 선택 → [속성 시트] → [이벤트] 탭 → [On Click] [...] 선택 → [작성기 선택] → '코드 작성기' → 'Cmd인쇄_Click()' 프로시저 블록에 다음 코드를 입력한다. Alt + Q를 누른다.

```
Private Sub Cmd인쇄_Click()
    DoCmd.OpenReport "수강신청현황", acViewPreview, , "성명='" & combo학번.Column(1) & "'"
    DoCmd.Close acForm, "수강신청현황"
End Sub
```

2) 'Cmd인쇄' 컨트롤 선택 → [속성 시트] → [이벤트] 탭 → [On Mouse Move] [...] 선택 → [작성기 선택] → '코드 작성기' → 'Cmd인쇄_MouseMove' 프로시저 블록에 다음 코드를 입력한다. Alt + Q를 누른다.

```
Private Sub Cmd인쇄_MouseMove(Button As Integer, Shift As Integer, X As Single, Y As Single)
    Cmd인쇄.ControlTipText = "학번을 선택한 후 클릭하세요."
End Sub
```

3) '수강신청현황' 닫기(X) → '예'를 클릭한다.

5. 정답

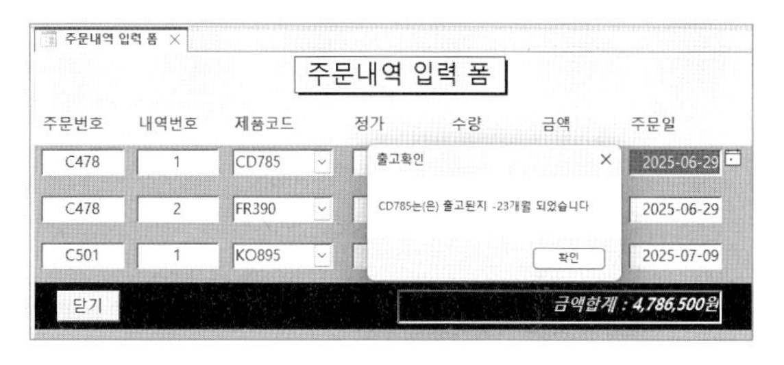

1) <주문내역입력> 폼 → [디자인 보기] → 'txt주문일' 컨트롤 선택 → [속성 시트] → [이벤트] 탭 → [On Click] [...] 선택 → [작성기 선택] → '코드 작성기' → 'txt주문일_Click()' 프로시저 블록에 다음 코드를 입력한다. Alt + Q를 누른다.

```
Private Sub txt주문일_Click()
    월수 = DateDiff("m", txt주문일, Date)
    MsgBox cmb제품코드 & "는(은) 출고된지 " & 월수 & "개월 되었습니다.", , "출고확인"
End Sub
```

2) '주문내역입력' 닫기(X) → '예'를 클릭한다.

문제 4 처리 기능 구현

1. 정답

수강신청없는과목테이블

과목코드	과목명	담당교수
CS02	세법	인유경
KU01	전자결제론	진선윤
KU02	ERP개론	최영진
KU03	신물류경영	이성근

1) [만들기] → [쿼리 마법사] → '불일치 검색 쿼리 마법사' → 확인 → '어떤 테이블이나 쿼리의 레코드를 쿼리 결과에 넣으시겠습니까?: <과목> 테이블 → 다음 → '어떤 테이블이나 쿼리에 관계 레코드가 있습니까?' → <수강신청> 테이블 → 다음 → '어떤 정보가 두 테이블 모두에 있습니까?' → '과목'의 필드: 과목코드 → '수강신청'의 필드: 과목코드 → <=>(연결) 선택 → 다음 → '과목코드', '과목명', '담당교수' 필드 더블클릭 → '쿼리 이름': **수강신청없는과목** 입력 → 마침을 클릭한다.

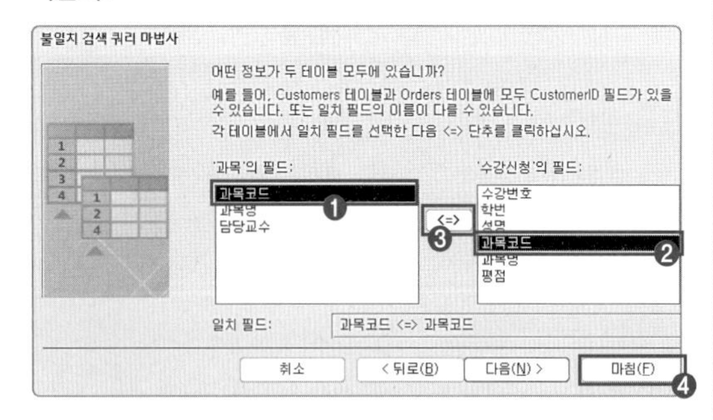

2) <수강신청없는과목> 쿼리 → [디자인 보기] → [쿼리 디자인] → [쿼리 유형] → [테이블 만들기] → '테이블 이름': **수강신청없는과목테이블** 입력 → 확인 → 쿼리 실행 → '수강신청없는과목' 닫기(X) → '예'를 클릭한다.

2. 정답

안경판매금액

매출번호	매출일	단가	수량
1	2025-07-05	₩25,000	1
2	2025-07-05	₩40,000	2
3	2025-07-05	₩30,000	1
4	2025-07-05	₩15,000	1
5	2025-07-05	₩20,000	1

1) [만들기] → [쿼리 디자인] → 'Access 개체' → <안경매출> 테이블을 '테이블 관계 설정 영역'에 드래그 → [디자인 눈금] 영역을 다음과 같이 구성한다.

필드	조건
매출번호	
매출일	>=#2025-03-31#-365
단가	
수량	

[쿼리 디자인] → [테이블 추가] → [테이블 추가] 창에서 <안경매출> 테이블을 '테이블 관계 설정 영역'에 드래그하거나 더블클릭해도 된다.

2) '테이블 관계 설정 영역' 빈 공간 선택 → [쿼리 디자인] → [쿼리 설정] → '반환': **5**를 입력한다.

'테이블 관계 설정 영역' 빈 공간 선택 → [속성 시트] → '상위 값': 5를 입력해도 된다.

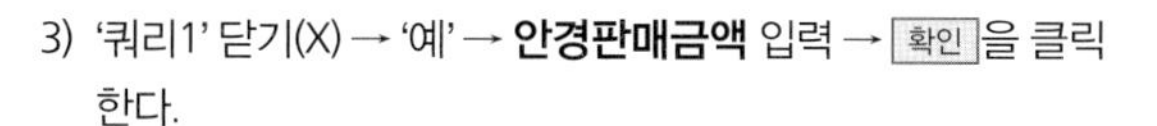

3) '쿼리1' 닫기(X) → '예' → **안경판매금액** 입력 → 확인을 클릭한다.

3. 정답

수강통계

수강일	인원합계	평균수강료	총합계
2월	83명	₩200	₩16,600
6월	58명	₩195	₩11,310
7월	23명	₩260	₩5,980

1) [만들기] → [쿼리 디자인] → [요약] 선택 → 'Access 개체' → <수강인원관리> 테이블을 '테이블 관계 설정 영역'에 드래그 → [디자인 눈금] 영역을 다음과 같이 설정한다.

필드	요약	형식
수강일: Month([수강인원관리].[수강일]) & "월"		
인원합계: Sum([수강인원]) & "명"	식	
평균수강료: 수강료	평균	₩₩#,##0,
총합계: Format(Sum([수강인원])*[평균수강료], "₩₩#,##0,")	식	

2) [쿼리 디자인] → [쿼리 설정] → '반환': **50%**를 입력한다.

3) '쿼리1' 닫기(X) → '예' → **수강통계** 입력 → 확인을 클릭한다.

4. 정답

수강신청

수강번호	학번	성명	과목코드	과목명	평점
1	0316005	현경	CS01	산업안전	
11	0416004	강기석	UG05	경영학원론	
2	0516003	채원	CS01	산업안전	
12	0516003	채원	UG05	경영학원론	
3	0616001	채영	CS01	산업안전	
13	0616001	채영	UG05	경영학원론	
16	0616001	채영	CS05	기계공학	☆☆

1) [만들기] → [쿼리 디자인] → [업데이트] → 'Access 개체' → <과목>, <수강신청> 테이블을 '테이블 관계 설정 영역'에 드래그 → [디자인 눈금] 영역을 다음과 같이 설정한다.

필드	업데이트	조건
평점	**String([평점 입력하세요],"☆")**	
수강번호		**Between 14 And 19**
Val(Right([과목].[과목코드], 1))		**>=[입력한 정수는 과목코드 끝 값 이상을 검색합니다]**

2) '쿼리1' 닫기(X) → '예' → **코드검색** 입력 → 확인을 클릭한다.

5. 정답

상_하반기매출내역

이름	주문횟수	상반기	하반기
강희영	2건	61	46
고려선	1건		20
노주핵	1건	22	
만수려	1건		50
망중수	1건		33
박선혜	1건		67
서뉴리	2건	20	46
성은옥	1건		55
신태리	2건	37	
신현정	1건	27	

1) [만들기] → [쿼리 디자인] → [크로스탭] → 'Access 개체' → <고객>, <매출>, <안경제품> 테이블을 '테이블 관계 설정 영역'에 드래그 → [디자인 눈금] 영역과 [속성 시트] 형식을 다음과 같이 설정한다.

필드	묶는방법	크로스탭	형식
이름		행 머리글	
IIf(Month([매출일])<=6,"상반기","하반기")		열 머리글	
재고량의합계: 재고량	합계	값	
주문횟수: 고객번호	개수	행 머리글	#건

2) '쿼리1' 닫기(X) → '예' → **상_하반기매출내역** 입력 → [확인]을 클릭한다.

NOTE

국가기술자격검정

04 2024년 기출문제 유형 2회

프로그램명	제한시간
ACCESS 2021	45분

수험번호 :

성 명 :

www.ebs.co.kr/compass
(EBS 홈페이지에서 액세스 실습 파일 다운로드)
파일명: 기출(문제) – 24년 2회

문제 1 DB 구축(25점)

1. 교인을 관리하는 업무를 수행하기 위한 데이터베이스를 구축하였다. 다음의 지시 사항에 따라 <교인명단>, <상품정보> 테이블을 작성하시오.

<교인명단> 테이블

① 테이블이 로드될 때 '이름' 필드 기준으로 내림차순 정렬되도록 설정하시오.

② '교번' 필드의 필드 크기는 7로 설정하고, '98-****'처럼 앞의 2자리의 숫자가 반드시 입력되어야 하며, '-'도 테이블에 저장되도록 설계하고, 뒤의 4글자는 ****로 나오도록 입력 마스크를 설정하시오.

③ '이름' 필드에는 반드시 값이 입력되도록 하고, 빈 문자열이 입력되지 않도록 설정하시오.

④ '주민등록번호' 필드는 7번째 자리에 '-'가 반드시 오게 하고, '-' 뒤에는 7자리 문자 혹은 숫자가 필수적으로 오도록 유효성 검사 규칙을 설정하시오. (Len, InStr, And 함수 사용)

⑤ '주민등록번호' 필드에 대해서 기본 키가 아니면서도 중복된 값이 입력되지 않도록 설정하시오.

<상품정보> 테이블

① '수량' 필드는 0~255까지의 숫자가 입력되도록 필드 크기를 설정하시오.

② '수량' * '가격'이 '합계' 필드보다 큰 값으로 입력되도록 테이블 유효성 검사 규칙을 설정하시오.

③ '항목명' 필드는 입력할 때 한글로 입력할 수 있도록 IME 모드를 설정하고 빈 문자열은 허용하지 않도록 설정하시오.

④ '합계' 필드의 값이 0~32,767까지 입력할 수 있도록 데이터 형식과 필드 크기를 설정하고, 사용자 서식을 이용하여 소수 두 자리와 값은 0, 음수는 "*"로 표시하시오.

⑤ '상품정보' 필드를 추가하고 상품 사진을 등록할 수 있도록 데이터 형식을 설정하시오.

2. 다음 지시 사항에 따라 '기쁜거래처내역.xlsx' 파일을 연결 테이블로 생성하시오.

▶ 첫 번째 행은 열 머리글임

▶ 연결 테이블의 이름은 '기쁜거래처내역'으로 지정

3. <거래내역> 테이블의 '거래처코드' 필드는 <거래처> 테이블의 '거래처코드' 필드를 참조하고 테이블 간의 관계는 M:1이다. 두 테이블에 대해 다음과 같이 관계를 설정하시오.

▶ <거래처> 테이블의 고유 인덱스가 없어 <거래내역> 테이블과 관계를 설정할 때 다음과 같은 오류 메시지가 발생한다. <거래처> 테이블에 중복 데이터가 있어 중복 데이터를 제거해야 한다.

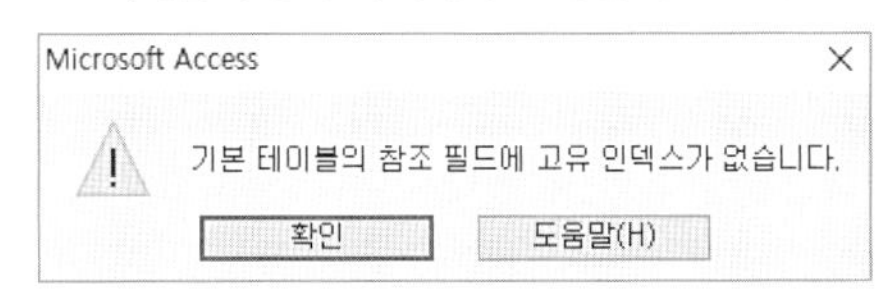

▶ 중복 데이터 검색 쿼리를 사용하여 <거래처> 테이블의 중복 데이터를 검색하고 '사랑기업'의 거래처코드를 'A105'로, '우리수산'의 거래처코드를 'A106'으로 변경한 후 '거래처코드'를 기본 키로 설정하시오.

▶ 중복 데이터 검색 쿼리의 이름은 '거래처중복'으로 하시오.

▶ 각 테이블 간에 항상 참조 무결성이 유지되도록 설정하시오.

▶ 참조 필드의 값이 변경되면 관련 필드의 값도 변경되도록 설정하시오.

▶ 다른 테이블에서 참조하고 있는 레코드는 삭제할 수 없도록 설정하시오.

문제 2 입력 및 수정 기능 구현(20점)

1. <사원정보> 폼을 다음의 <화면>과 지시 사항에 따라 완성하시오.

① 하위 폼의 레코드 원본을 <구매> 테이블로 설정하고, 연속 폼의 형태로 나오도록 하시오.

② 기본 폼과 하위 폼의 레코드 원본 및 관계를 참조하여 적절한 필드를 기준으로 두 폼을 연결하시오.

③ '성명'(lbl성명) 컨트롤은 화면에 표시되지 않도록 속성을 설정하시오.

④ 하위 폼의 'txt총구매금액'에는 '구매수량' x '단가'의 총합이 나오도록 하고, 속성 시트의 형식을 이용하여 [표시 예]처럼 표시하시오.

▶ [표시 예: 총합계는 3,456원입니다.]

⑤ 하위 폼의 제품번호(cmb제품번호) 콤보 상자에 대해 다음과 같이 설정하시오.

▶ <제품> 테이블의 '제품번호'를 표시하시오.

▶ 목록 중에 중복되는 값이 보이지 않도록 설정하시오.

⑥ 작성일(txt작성일) 컨트롤에 오늘 날짜를 "2023년 07월 19일 목요일"처럼 표시하시오. (Format 함수 사용)

⑦ 'txt전화번호' 컨트롤의 연락처 맨 뒤 숫자 네 글자는 *로 표시하시오.

▶ [표시 예: 010-7027-****]

▶ Left, Len 함수 사용

⑧ 'txt조회' 컨트롤의 기본값으로 '99024004'가 표시되도록 설정하시오.

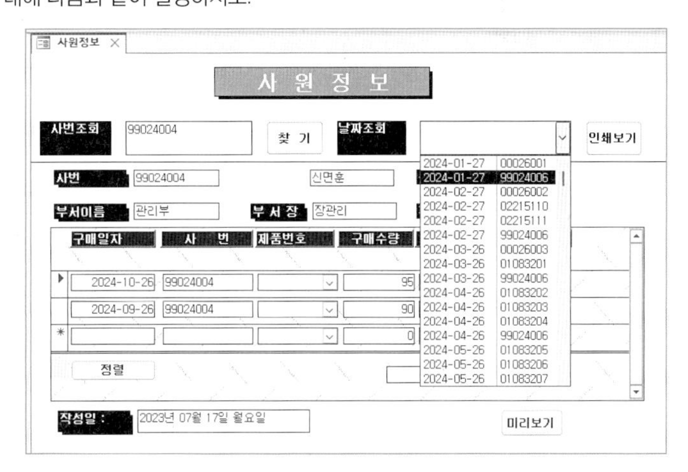

2. <사원정보> 폼 머리글의 찾기(cmd찾기)를 클릭하면 다음과 같은 기능이 구현되도록 설정하시오.

▶ 'txt조회' 컨트롤에 사번을 입력하고 찾기(cmd찾기)를 클릭하면 입력된 사번과 일치하는 레코드 정보를 보여 주는 이벤트 프로시저를 작성하시오.

▶ 현재 폼의 RecordsetClone 객체의 FindFirst 메서드와 Bookmark 속성을 이용하시오.

3. <사원정보> 폼 머리글의 날짜(txt날짜) 컨트롤을 콤보 상자로 변경하고 다음 지시 사항대로 설정하시오.

▶ 컨트롤의 이름은 'cmb날짜'로 변경하시오.

▶ 목록에는 <구매> 테이블의 '구매일자', '사번' 필드 값이 중복되지 않는 형태로 나타나도록 하고 '구매일자' 필드가 컨트롤에 저장되도록 설정하시오.

4. <구매정보입력> 폼에 있는 'txt사번' 컨트롤을 다음과 같이 설정하시오.

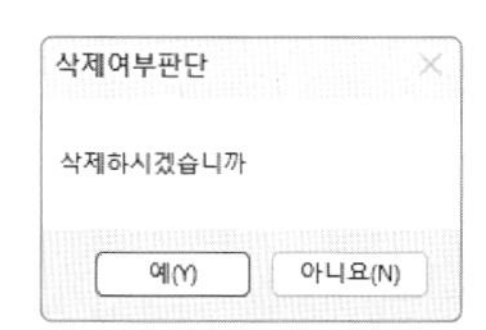

▶ 특정 사번을 클릭하면 아래와 같은 메시지 상자가 나오고, 여기서 '예'를 누르면 해당 사번의 레코드가 삭제되도록 설정하시오. (DoCmd, Requery 명령 이용)

▶ '아니요'를 누른 경우엔 삭제되지 않고 그냥 메시지 상자가 닫히도록 하시오.

▶ 작업을 완료한 뒤 사번 레코드가 삭제되지 않도록 작업을 실행하지 마시오.

5. <구매정보입력> 폼의 'txt평가' 컨트롤에 대해 다음과 같이 계산하여 표시하시오.

▶ 구매금액이 0~100,000원이면 '저조', 100,001~500,000원이면 '보통', 500,001~1,500,000원이면 '최고', 그 외에는 '초과'로 처리하시오.

▶ Switch 함수 사용

문제 3 조회 및 출력 기능 구현(20점)

1. 다음의 지시 사항 및 화면을 참조하여 <구매금액 보고서> 보고서를 완성하시오.

① 보고서 머리글의 'lbl제목' 컨트롤을 매 페이지마다 <그림>과 같이 표시되도록 컨트롤의 위치를 이동하고, 보고서 제목의 문자색 속성을 '밝은 텍스트'로 변경하시오. 또한 보고서 머리글의 높이를 '0'으로 조정하시오.

② 그룹 머리글의 'txt분기'는 매 페이지에 표시되도록 하고 '전체 그룹을 같은 페이지에 표시'되도록 그룹 속성을 변경하시오.

③ 페이지 바닥글의 'txt날짜'에는 아래와 같이 오늘 날짜, 시간을 표시하시오.

▶ [표시 예: 2019-5-2(목) 오후 1시 30분 20초 (Now, Format 이용)]

④ 보고서 바닥글의 'txt구매수량평균'에는 [표시 예]와 같이 구매수량의 총평균이 나오도록 하시오.

▶ [표시 예: 총 평균은 2,345입니다. (값이 0인 경우에도 0이 나오도록 하시오.)]

⑤ 본문 영역의 'txt판매기간' 컨트롤의 값을 다음과 같이 표시하시오.

▶ 'txt구매일자'에 날짜가 없으면 '주문없음'으로 표시하고 그렇지 않으면 'txt입고일자'에서 'txt주문일자'까지 지난 일수를 표시

▶ [표시 예: 입고날짜가 2024-3-1이고 주문날짜가 2024-3-15이면 → 14일]

▶ IIf, IsNull, DateDiff 함수 사용

⑥ '구매일자' 바닥글 영역의 'txt페이지' 컨트롤에는 페이지 번호가 다음과 같이 표시되도록 설정하시오.

▶ 2의 배수 페이지만 표시되도록 할 것

▶ [표시 예: 현재 페이지(2)/전체 페이지(4)]

▶ IIf, Mod 함수 사용

구매금액 보고서

구매일자	제품명	성명	판매기간	구매금액
2사분기				
2024-05-26	다이오드	신면철	25일	2,700,000
2024-05-26	다이오드	공수척	28일	2,400,000
2024-04-26	*통신IC*	*김동수*	*5일*	*40,000*
2024-05-26	파워반도체	신채원	1일	1,275,000
2024-05-26	파워반도체	공수척	3일	1,425,000
2024-04-26	파워반도체	김윤숙	12일	1,350,000
2024-06-26	파워반도체	신면철	10일	1,425,000

현재 페이지(2)/전체 페이지(4)

2023-7-17(월) 오후 12시 48분 37초

⑦ 구매일자를 기준으로 3개월 단위로 그룹화하여 오름차순 정렬하고, 이차적으로 제품명을 기준으로 오름차순 정렬하시오.

⑧ 본문의 제품명에 'IC'를 포함하는 행 전체에 글꼴-기울임꼴, 글꼴 색-빨강을 적용하는 조건부 서식을 적용하시오. (InStr 함수 사용)

2. <사원정보> 폼에서 폼 머리글의 'cmb날짜' 컨트롤에 날짜를 선택하고, '인쇄보기(cmd보기)'를 클릭하면 아래와 같은 기능이 수행되도록 이벤트 프로시저를 작성하시오.

▶ <구매금액 보고서>가 인쇄 미리 보기 형태로 실행되도록 하시오.

▶ 'cmb날짜조회' 컨트롤에 선택한 구매일자의 연도와 월이 일치하는 자료만 나타나도록 하시오.

3. <사원정보> 폼 본문의 '미리보기'(cmd미리보기)를 클릭할 때 다음과 같은 기능을 수행되도록 구현하시오.

▶ 미리 보기 버튼을 누르면 <그림>과 같은 입력 상자가 나오고 해당 상자에 날짜를 입력하면 그 날짜('구매일자' 필드)에 해당하는 자료만이 <구매금액 보고서>로 '미리 보기'의 형태로 나타나게 할 것

▶ 보고서가 열리면서 <사원정보> 폼은 닫히도록 구현하시오.

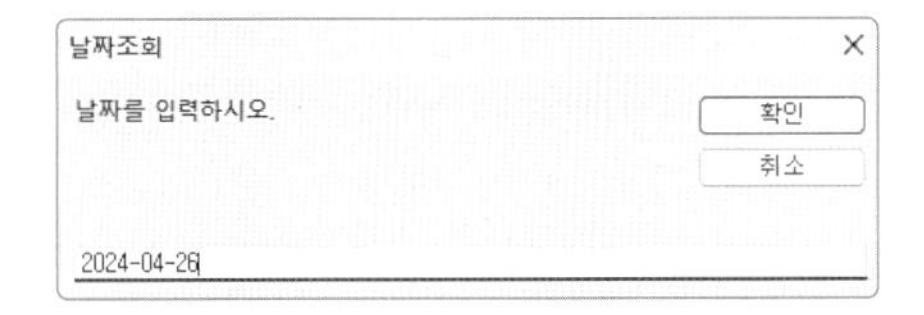

4. <고객명단> 폼을 이용하여 다음과 같은 기능이 구현되도록 매크로를 작성하시오.

▶ 'txt요금제' 컨트롤을 더블클릭하면 요금이 5만원 이상일 경우 <그림>과 같은 메시지 상자가 표시되도록 작성하시오.

▶ 매크로 이름을 '요금제'로 설정하여 저장하시오.

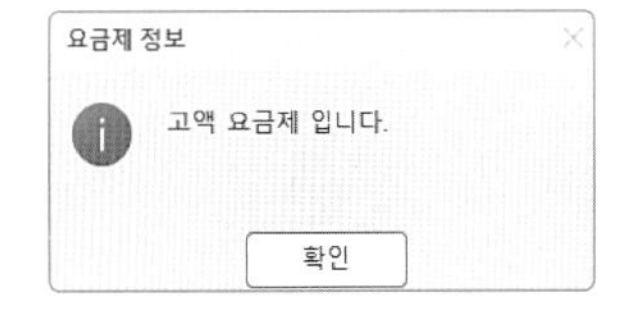

5. <교인명단> 폼의 'txt주민번호' 컨트롤을 더블클릭(DblClick)하면 해당 교인의 나이 정보를 그림과 같은 메시지 상자로 표시하는 이벤트 프로시저를 작성하시오.

▶ 주민등록번호 앞 2자리와 오늘 날짜를 이용하여 나이를 계산하시오. (Left 함수 사용)
▶ 나이가 30~49세이면 "청년층", 50세 이상이면 "장년층", 그 외에는 "교인"으로 표시하시오.

6. <강도리 조회> 폼이 가동(Load)되면 <예약내역정보> 테이블이 레코드 원본으로 설정되는 프로시저를 작성하시오. (RecordSource 사용)

▶ 'txt검색'에 선택된 문자와 동일한 강도리만을 대상으로 하시오.

7. <강도리 조회> 폼의 '보기'(cmd보기) 단추를 클릭할 경우 다음과 같은 기능을 수행하도록 매크로를 구현하시오.

▶ <강도리별 납품 현황> 보고서를 인쇄 미리 보기 형태로 표시하시오.
▶ <강도리 조회> 폼의 'txt제품명'과 '제품명' 필드를 비교해서 동일한 내용 중 직원이 '강도리'인 레코드만 <강도리별 납품현황> 보고서에 나타나도록 하시오.
▶ 보고서가 열리면서 <강도리 조회> 폼은 변경 내용이 저장되고, 닫히도록 구현하시오.
▶ 매크로 이름은 지정하지 않음

8. <고객명단> 폼의 '레코드추가'(cmd추가) 단추를 클릭할 때 다음과 같은 기능을 수행하는 이벤트 프로시저를 구현하시오. (DoCmd와 RunSQL 사용)

▶ <고객명단> 테이블의 새로운 레코드('0951',2025-11-04,35000,'윤수기')를 추가하시오.

문제 4 처리 기능 구현(35점)

1. <거래내역>과 <거래처> 테이블을 이용하여 '배송주소' 필드의 일부 값을 매개 변수로 입력받아 해당 부서에 속하는 배송지 정보를 조회하는 <배송대리점> 쿼리를 작성하시오.

▶ 매개 변수 메시지는 '주소를 입력해 주세요'이며, 입력한 매개 변수의 일부라도 일치하는 자료가 모두 검색되도록 설정하시오.
▶ 쿼리의 실행 결과 및 필드명은 <그림>과 같이 설정하시오.
▶ '배송위치' 필드는 '배송주소' 필드에 공백이 없으면 '배송주소' 전체를 나타내고, 공백이 있으면 공백 전까지의 '배송주소'를 나타내시오. (InStr, Left, IIf 함수 사용)

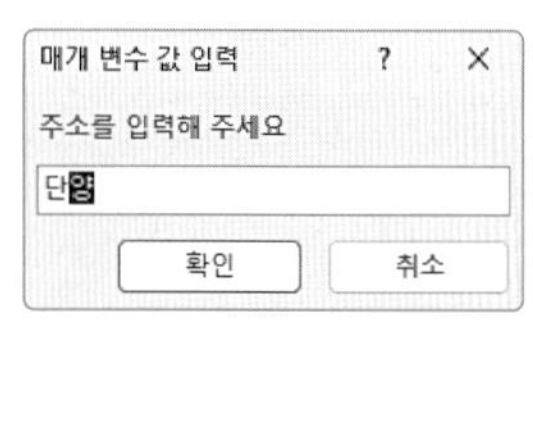

배송대리점

거래처코드	거래처명	배송위치	배송주소	단가
B711	CD860	단양서구	단양서구 연희동	2500
C478	CD785	단양서구	단양서구 연희동	2500
C501	KO899	단양	단양 서구 연희동	7000
A567	GE955	단양계양구	단양계양구 작전동	9000
B900	FR440	단양	단양 계양구 작전동	1500
B900	GE955	단양	단양 계양구 작전동	1500
A567	GE930	단양연수구	단양연수구 청학동	9000
B860	GL543	단양산양구	단양산양구 동동구	5000

2. 다음과 같은 기능을 수행하는 <4월대전주문량> 쿼리를 작성하시오.

- <거래내역>, <주문내역> 테이블을 사용하시오.
- '거래처코드' 필드의 첫 글자가 A부터 C로 시작하는 레코드를 조회하시오.
- '거래일' 필드가 '2022-04-01'부터 '2022-04-31'까지이며 '배송주소'가 대전으로 시작하는 레코드를 조회하시오.
- '주소' 필드는 <회원> 테이블의 '주소' 필드를 이용하여 나타내시오. (REPLACE 함수 사용
  [표시 예: 대전 → 대전시]
- 쿼리 실행 결과 표시되는 필드와 필드명은 <그림>과 같이 표시되도록 설정하시오.

4월대전주문수량

거래처코드	주소	거래일	수량 합계
A567	대전시 남양동 서초동	2022-04-05	16
B690	대전시 동작구 사당동	2022-04-15	5
B711	대전시 용산구 동부이천동	2022-04-25	18
B900	대전시 용산구 동부이천동	2022-04-15	61
C478	대전시 동작구 사당동	2022-04-25	11

3. <제품>과 <판매> 테이블을 이용하여 제품명별, 대리점코드별 수량의 합을 조회하는 <제품별대리점별수량합> 크로스탭 쿼리를 작성하시오.

- '대리점코드' 필드의 마지막 문자가 2와 4인 경우만 표시할 것
- Right, Or, Nz, Sum 함수 사용
- 조회 결과 표시되는 필드 및 필드명은 <그림>과 같이 표시되도록 설정하고, 빈 값의 경우 0으로 설정할 것

제품별대리점별수량합

제품명	D002	D004
깔창	11	8
내복	0	9
머리핀	15	10
브라	1	2
손목밴드	0	4
스타킹	4	5
양말	10	0
팬티	20	0

4. 제품코드별 주문횟수를 조회하는 <5위주문횟수> 쿼리를 작성하시오.

- <주문내역> 테이블을 이용하시오.
- 주문횟수는 '주문번호' 필드를 이용하시오.
- '제품코드' 필드 값이 없는 레코드는 제외하시오.
- 금액 합계의 상위 5위인 항목만 조회하시오.
- 주문번호의 개수만큼 '☆'로 표시하시오. (String, Count 함수 사용)
- 결과로 추출된 레코드는 '5위주문횟수테이블'에 입력하도록 설정하시오.
- 쿼리 실행 결과 표시되는 필드와 필드명은 <그림>과 같이 표시되도록 설정하시오.

5위주문횟수

제품코드	주문횟수	수량의최대	금액의합계
CD660	☆	5 개	₩100,000
CD785	☆☆☆	20 개	₩67,500
CD860	☆☆☆	15 개	₩77,500
FR440	☆☆	5 개	₩140,000
FR640	☆☆	1 개	₩114,000

5. <구매> 테이블을 이용하여 입고월을 매개 변수로 입력받아 해당 제품의 재고기간을 조회하는 <입고월조회> 쿼리를 작성하고 실행하시오.

- ▶ 재고기간: 구매일자에서 입고일자를 뺀 일수 (DateDiff 함수 사용)
- ▶ 배송예정일: 구매일자에 2일을 더한 날짜 (DateAdd 함수 사용)
- ▶ 쿼리 실행 결과 표시되는 필드는 <그림>을 참고하여 수험자가 판단하여 설정하시오.

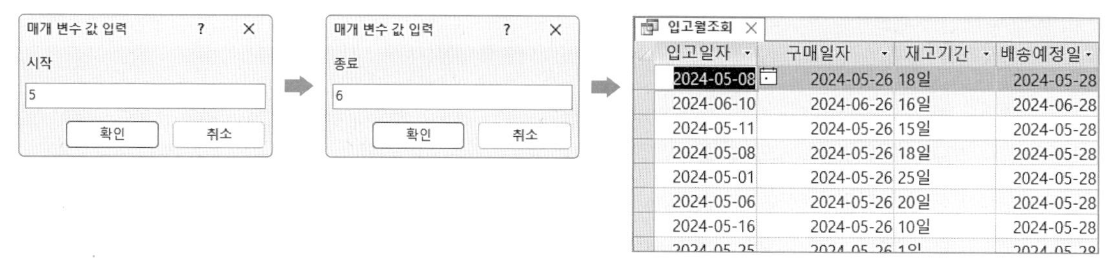

입고일자	구매일자	재고기간	배송예정일
2024-05-08	2024-05-26	18일	2024-05-28
2024-06-10	2024-06-26	16일	2024-06-28
2024-05-11	2024-05-26	15일	2024-05-28
2024-05-08	2024-05-26	18일	2024-05-28
2024-05-01	2024-05-26	25일	2024-05-28
2024-05-06	2024-05-26	20일	2024-05-28
2024-05-16	2024-05-26	10일	2024-05-28

6. 월별 인기품종의 개수를 조회하는 <월별주문횟수> 크로스탭 쿼리를 작성하시오.

- ▶ <주문>, <회원> 테이블을 이용하시오.
- ▶ 주문횟수는 '고객ID' 필드를 이용하시오.
- ▶ 수량이 20 이상이면 '인기품종', 10 이상이면 '보통품종', 나머지는 '비인기품종'으로 하시오. (IIf 함수 사용)
- ▶ 주문일자의 월 표시 (DatePart 함수 사용)
- ▶ 쿼리 실행 결과 표시되는 필드와 필드명은 <그림>과 같이 표시되도록 설정하시오.

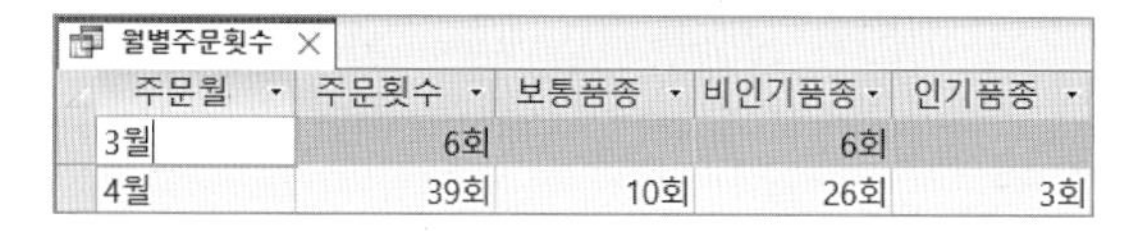

주문월	주문횟수	보통품종	비인기품종	인기품종
3월	6회		6회	
4월	39회	10회	26회	3회

문제 1 DB 구축

1. 정답

〈교인명단〉 테이블 정답

1) <교인명단> 테이블 → [디자인 보기] → [표시/숨기기] → [속성 시트] → [정렬 기준]: **이름 DESC**를 입력한다.

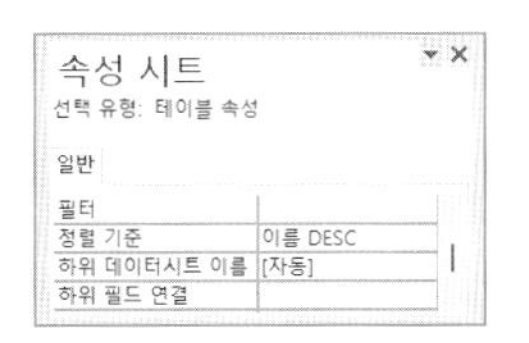

2) '교번' 필드 → [필드 크기]: **7** → [입력 마스크]: **00-"****";0**을 입력한다.

교인명단

필드 이름	데이터 형식
교번	짧은 텍스트

일반 조회

필드 크기	7
형식	
입력 마스크	00-"****";0

3) '이름' 필드 → [필수]: '예' → [빈 문자열 허용]: '아니요'를 선택한다.

교인명단

필드 이름	데이터 형식
이름	짧은 텍스트

일반 조회

필수	예
빈 문자열 허용	아니요

4) '주민등록번호' 필드 → [유효성 검사 규칙]: **Len([주민등록번호])=14 And InStr([주민등록번호],"-")=7** 입력 → [인덱스]: '예(중복 불가능)'를 선택한다.

교인명단

필드 이름	데이터 형식
주민등록번호	짧은 텍스트

일반 조회

기본값	
유효성 검사 규칙	Len([주민등록번호])=14 And InStr([주민등록번호], "-")=7
인덱스	예(중복 불가능)

〈상품정보〉 테이블 정답

1) <상품정보> 테이블 → [디자인 보기] → '수량' 필드 → [필드 크기]: 바이트를 선택한다.
2) [표시/숨기기] → [속성 시트] → [유효성 검사 규칙] → **[수량]*[가격]>[합계]**를 입력한다.

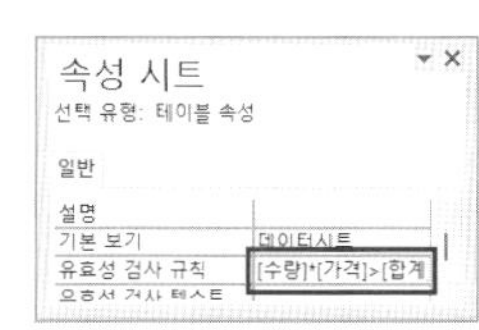

3) '항목명' 필드 → [IME 모드]: 한글 → [빈 문자열 허용]: '아니요'를 선택한다.
4) '합계' 필드 → [필드 크기]: 정수 → [형식]: **#,##0.00; ₩*;₩***를 입력한다.

5) '합계' 필드 아래 **상품정보** 입력 → [데이터 형식]: OLE 개체를 선택한다. '테이블' 탭 마우스 오른쪽 클릭 → [모두 닫기] → '예' → '예'를 클릭해 변경 내용을 저장한다.

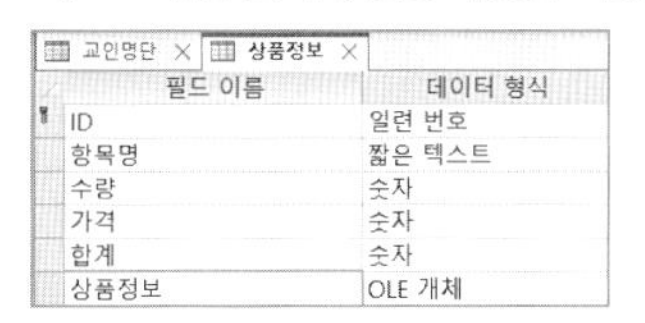

2. 정답

1) [외부 데이터] → [가져오기 및 연결] → [새 데이터 원본] → [파일에서] → [Excel] → [찾아보기] → 'C:₩액세스실습파일₩기출문제2회₩기쁜거래처내역.xlsx' 선택 → '연결 테이블을 만들어 데이터 원본에 연결' 선택 → 확인을 클릭한다.

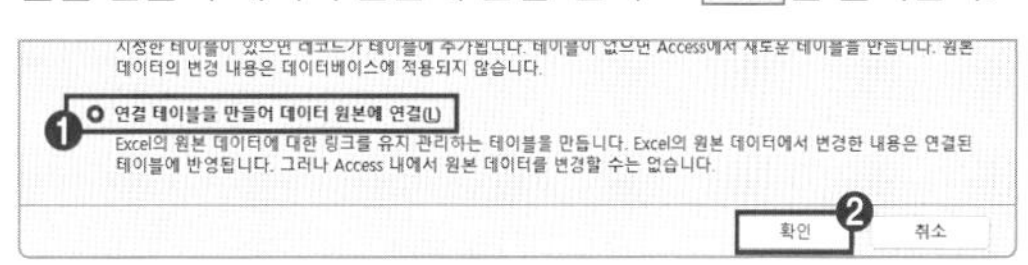

2) [스프레드시트 연결 마법사] 대화 상자 → '첫 행에 열 머리글 있음' 선택 → 다음 → '연결 테이블 이름: **기쁜거래처내역** 입력 → 마침을 클릭한다.

스프레드시트 연결 마법사

열 머리글을 테이블의 필드 이름으로 사용합니다. 지정한 첫 행에 열 머리글이 있습니까?

☑ 첫 행에 열 머리글이 있음(I)

3. 정답

1) [만들기] → [쿼리] → [쿼리 마법사] → '중복 데이터 검색 쿼리 마법사' 선택 → 확인 → '테이블 : 거래처' 선택 → 다음 → '거래처코드' 더블클릭 → 다음 → '모두 추가'(>>) → 다음 → 쿼리 이름: **거래처중복** 입력 → '결과 보기' 선택 → 마침을 클릭한다.
2) <거래처중복> 쿼리 → 거래처명: 사랑기업의 거래처코드: A130을 **A105**로 변경 → 우리수산의 거래처 코드: A130을 **A106**으로 변경 → '거래처중복' 닫기(X) → '예'를 클릭한다.

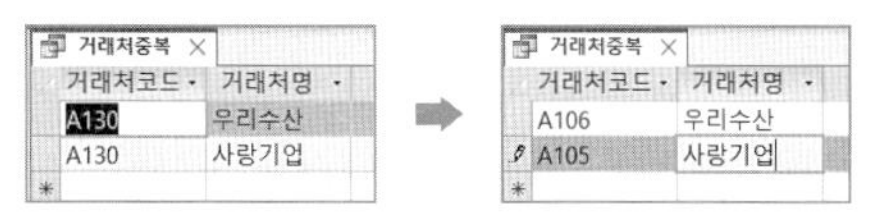

3) <거래처> 테이블 → [디자인 보기] → '거래처코드' 필드 선택 → [도구] → [기본 키] 선택 → '테이블' 닫기(X) → '예'를 선택한다.
4) [데이터베이스 도구] → [관계] → '모든 Access 개체' → <거래내역>, <거래처> 테이블을 관계 설정 영역에 드래그 → <거래처> 테이블 '거래처코드' 필드를 <거래내역> 테이블 '거래처코드' 필드 위에 드래그 → [관계 편집] 대화 상자 → '항상 참조 무결성 유지' 선택 → '관련 필드 모두 업데이트' 선택 → [만들기] → [관계 디자인] → 닫기(X) → '예'를 클릭한다.

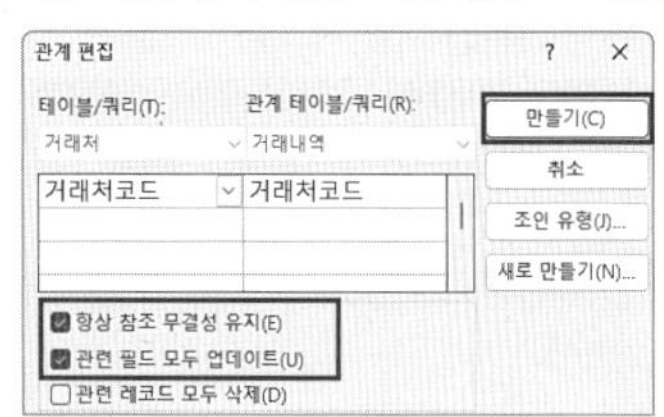

문제 2 입력 및 수정 기능 구현

1. 정답

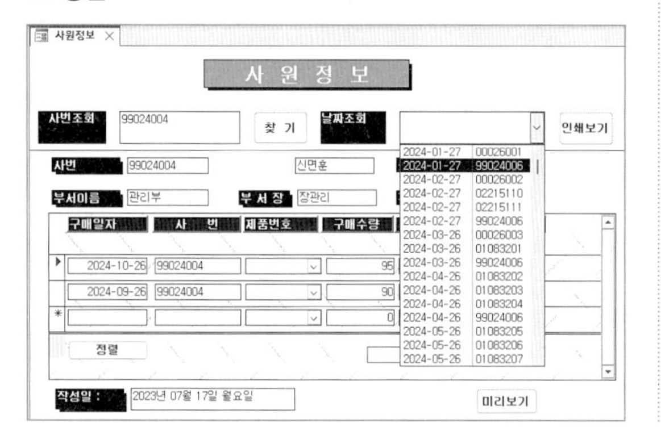

〈문제① 정답〉
<사원정보> 폼 디자인 보기 → 하위 폼 속성(■) 선택 → [속성 시트] → [모두] 탭 → [레코드 원본]: '구매' → [형식] 탭 → [기본 보기]: '연속 폼'을 선택한다.

〈문제② 정답〉
'하위 폼' 테두리 선택 → [속성 시트] → [데이터] 탭 → [기본 필드 연결] ⋯ 선택 → [하위 폼 필드 연결기] → '기본 필드': '사번' → '하위 필드': 사번 → 확인을 클릭한다.

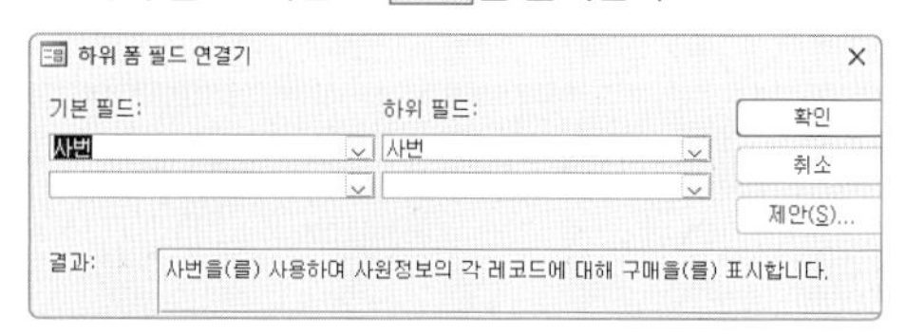

〈문제③ 정답〉
본문 구역 '성명'(lbl성명) 선택 → [속성 시트] → [형식] 탭 → [표시]: '아니요'를 클릭한다.

〈문제④ 정답〉
하위 폼의 폼 바닥글 구역 'txt총구매금액' 컨트롤 선택 → [속성 시트] → [모두] 탭 → [컨트롤 원본]: **=Sum([구매수량]*[단가])** 입력 → [형식] 탭 → [형식]: **"총합계는 "#,##0"원입니다."**를 입력한다.

〈문제⑤ 정답〉
하위 폼의 본문 구역 'cmb제품번호' 컨트롤 선택 → [속성 시트] → [데이터] 탭 → [행 원본] ⋯ 선택 → [쿼리 설정] → [테이블 추가] → <제품> 테이블 → '관계 편집 영역'에 추가 → '제품번호' 필드 더블클릭 → '디자인 눈금' 영역에 추가 → '관계 편집 영역' 빈 공간 선택 → [속성 시트] → [고유 값]: '예' 선택 → '구매정보 입력 : 쿼리 작성기' 닫기(X) → '예'를 클릭한다.

〈문제⑥ 정답〉
본문 구역 하단의 'txt작성일' 컨트롤 선택 → [속성 시트] → [데이터] 탭 → [컨트롤 원본]: **=Format(Date(),"yyyy""년 ""mm""월""dd""일 ""aaaa")**를 입력한다.

〈문제⑦ 정답〉
본문 구역 'txt전화번호' 컨트롤 선택 → [속성 시트] → [데이터] 탭 → [컨트롤 원본]: **=Left([전화번호],Len([전화번호])-4) & "****"**를 입력한다.

〈문제⑧ 정답〉

폼 머리글 구역 'txt조회' 컨트롤 선택 → [속성 시트] → [데이터] 탭 → [기본값]: **99024004**를 입력한다.

2. 정답

폼 머리글 구역 'cmd찾기' 컨트롤 선택 → [속성 시트] → [이벤트] 탭 → [On Click] [···] 선택 → [작성기 선택] → '코드 작성기' → 'cmd찾기_Click()' 프로시저 블록에 다음 코드를 입력한다. Alt + Q를 누른다.

```
Private Sub cmd찾기_Click()
  Me.RecordsetClone.FindFirst "사번='" & txt조회 & "'" ❶
  Me.Bookmark = Me.RecordsetClone.Bookmark ❷
End Sub
```

❶ Me: 현재 객체, Recordset: 레코드 원본, RecordsetClone: 레코드 원본 복사, FindFirst: 첫 번째 레코드를 찾는다.
– 현재 폼의 작업 대상 레코드 셋을 복사한 뒤, 복사된 객체를 대상으로 조건에 맞는 첫 번째 레코드로 이동한다.

❷ Bookmark: 책갈피
– 현재 폼의 책갈피 속성에서 복사한 위치의 레코드로 이동한다.

3. 정답

1) 'txt날짜' 컨트롤 선택 → 마우스 오른쪽 클릭 → [변경] → [콤보 상자] 선택 → [속성 시트] → [기타] 탭 → [이름]: **cmb날짜** 입력 → [데이터] 탭 → [행 원본] [···] 선택 → [테이블 추가] → <구매> 테이블을 '관계 편집 영역'에 추가 → '구매일자', '사번' 필드 더블클릭 → '디자인 눈금 영역'에 추가 → '관계 편집 영역' 빈 공간 클릭 → [속성 시트] → [고유 값]: '예' 선택 → '사원정보 : 쿼리 작성기' 닫기(X) 선택 → '예'를 클릭한다.

속성 시트
선택 유형: 쿼리 속성
일반

상위 값	모두
고유 값	예
고유 레코드	아니요

2) '사원정보' 닫기(X) → '예'를 클릭한다.

4. 정답

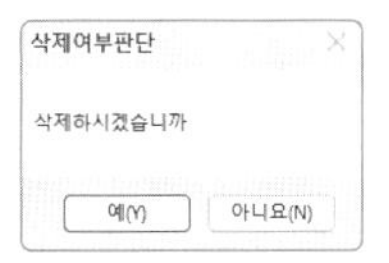

<구매정보입력> 폼 → [디자인 보기] → 'txt사번' 컨트롤 선택 → [속성 시트] → [이벤트] 탭 → [On Click] [···] 선택 → [작성기 선택] → '코드 작성기' → 'txt사번_Click()' 프로시저 블록에 다음 코드를 입력를 입력한다. Alt + Q를 누른다.

```
Private Sub txt사번_Click()
  If MsgBox("삭제하시겠습니까", vbYesNo, "삭제여부판단")
= vbYes Then
     DoCmd.RunSQL "delete * from 구매 where 사번=" &
txt사번
     Me.Requery
  End If
End Sub
```

5. 정답

구매정보입력

구매일자	사번	제품번호	구매수량	단가	평가
2024-05-26	01083205		95	15000	최고
2024-07-26	02215101		95	25000	초과

정렬　　총합계는 86,956,750원입니다.

1) 'txt평가' 컨트롤 선택 → [속성 시트] → [데이터] 탭 → [컨트롤 원본] → 마우스 오른쪽 클릭 → [확대/축소] → [확대/축소] 대화 상자에 다음 함수식을 입력한다.

```
=Switch([구매금액]>1500000,"초과",[구매금액]>500000,"최고",[구매금액]>100000,"보통",[구매금액]>=0,"저조")
```

```
=Switch(조건1, 결과1, 조건2, 결과2, …)
```

2) '구매정보입력' 닫기(X) → '예'를 클릭한다.

문제 3 조회 및 출력 기능 구현

1. 정답

구매금액 보고서

구매일자	제품명	성명	판매기간	구매금액
2사분기				
2024-05-26	다이오드	신면철	25일	2,700,000
2024-05-26	다이오드	공수철	28일	2,400,000
2024-04-26	롱신IC	김동수	5일	40,000
2024-05-26	파워반도체	신채원	1일	1,275,000
2024-05-26	파워반도체	공수철	3일	1,425,000
2024-04-26	파워반도체	김윤숙	12일	1,350,000
2024-06-26	파워반도체	신면철	10일	1,425,000

현재 페이지(2)/전체 페이지(4)

2023-7-17(월) 오후 12시 48분 37초

1) <구매금액> 보고서 → [디자인 보기] → 보고서 머리글 구역 'lbl제목' 선택 → 페이지 머리글 구역으로 드래그 '모서리' 닫기(X) → 보고서 머리글 구분 막대 선택 → [속성 시트] → [형식] 탭 → [높이]: **0** 입력 → 'lbl제목' 컨트롤 선택 → [속성 시트] → [형식] 탭 → [문자색]: '밝은 텍스트'를 선택한다.
2) 구매일자 머리글 구분 막대 선택 → [속성 시트] → [형식] 탭 → [반복 실행 구역]: '예' → [같은 페이지에]: '예'를 선택한다.
3) 'txt날짜' 컨트롤 선택 → [속성 시트] → [데이터] 탭 → [컨트롤 원본] → 마우스 오른쪽 클릭 → [확대/축소] → [확대/축소] 대화 상자에 **=Format(Now(),"yyyy-m-d(aaa) ampm h""시 ""n""분 ""s₩초")**를 입력한다.

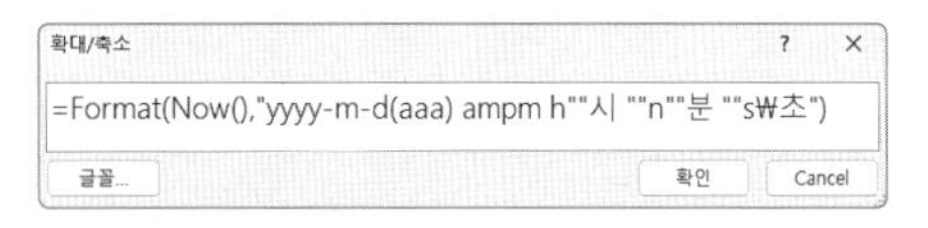
확대/축소
=Format(Now(),"yyyy-m-d(aaa) ampm h""시 ""n""분 ""s₩초")
글꼴... 확인 Cancel

4) 'txt구매수량평균' 컨트롤 선택 → [속성 시트] → [데이터] 탭 → [컨트롤 원본] → 마우스 오른쪽 클릭 → [확대/축소] → [확대/축소] 대화 상자에 **="총 평균은 " & Format(Avg([구매수량]),"#,##0") & "입니다."**를 입력한다.

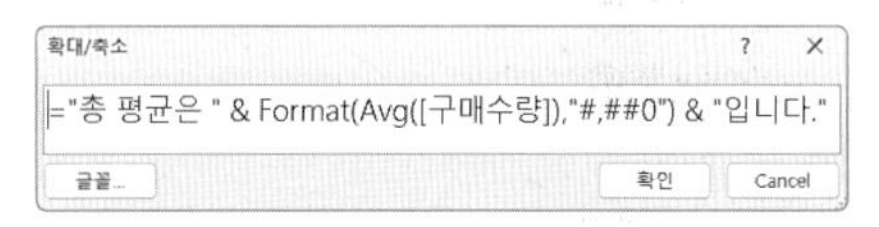
확대/축소
="총 평균은 " & Format(Avg([구매수량]),"#,##0") & "입니다."
글꼴... 확인 Cancel

5) 'txt판매기간' 컨트롤 선택 → [속성 시트] → [데이터] 탭 → [컨트롤 원본] → 다음 함수식을 입력한다.

```
=IIf(IsNull([구매일자]),"주문없음",DateDiff("d",[입고일자],[구매일자]) & "일")
```

6) 'txt페이지' 컨트롤 선택 → [속성 시트] → [데이터] 탭 → [컨트롤 원본] → 다음 함수식을 입력한다.

```
=IIf([Page] Mod 2=0,"현재 페이지" & "(" & [Page] & ")/전체페이지(" & [Pages] & ")","")
```

7) [보고서 디자인] → [그룹화 및 요약] → [그룹화 및 정렬] → [그룹화 기준]: 구매일자 → '자세히 ▶' 선택 → '월': '분기'로 변경 → '오름차순'으로 변경 → [정렬 추가] → '제품명' → '오름차순'을 선택한다.

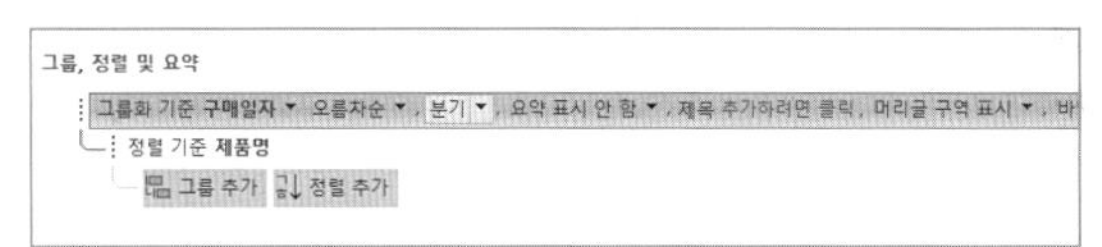

8) 세로 눈금자 본문 영역 선택 → [서식] → [컨트롤 서식] → [조건부 서식] → [조건부 서식 규칙 관리자] → [새 규칙] → [서식 규칙 편집] 대화 상자 → '현재 레코드의 값 확인 또는 식 사용' → '다음과 같은 셀만 서식 설정': '식이' 선택 → **InStr([제품명],"IC")** 입력 → 기울임꼴(가) 선택 → 글꼴 색(가): 빨강으로 변경 → 확인 → 확인을 클릭한다. '구매금액 보고서' 닫기(X) → '예'를 클릭한다.

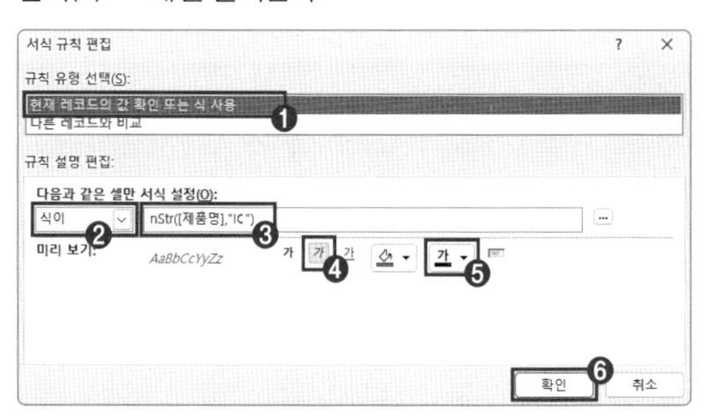

2. 정답

<사원정보> 폼 → [디자인 보기] → 'Cmd보기' 컨트롤 선택 → [속성 시트] → [이벤트] 탭 → [On Click] ··· 선택 → [작성기 선택] → '코드 작성기' → 'Cmd보기_Click()' 프로시저 블록에 다음 코드를 입력한다. → Alt + Q를 누른다.

```
Private Sub Cmd보기_Click()
    DoCmd.OpenReport "구매금액 보고서", acViewPreview, 
"Year(구매일자)=" & Year(cmb날짜) & " and month(구매일자)=" & Month(cmb날짜)
End Sub
```

3. 정답

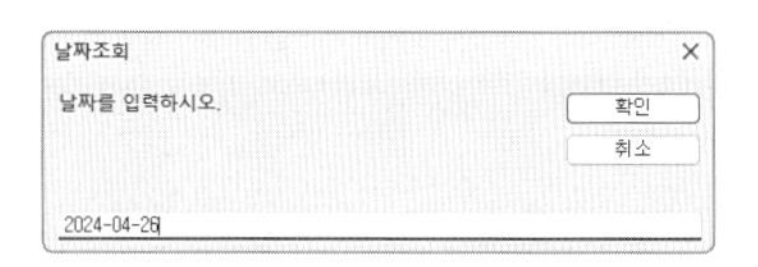

1) <사원정보> 폼 → [디자인 보기] → 'cmd미리보기' 컨트롤 선택 → [속성 시트] → [이벤트] 탭 → [On Click] ··· 선택 → [작성기 선택] → '코드 작성기' → 'cmd미리보기_Click()' 프로시저 블록에 다음 코드를 입력한다. → Alt + Q를 누른다.

```
Private Sub cmd미리보기_Click()
    입력 = InputBox("날짜를 입력하시오.", "날짜조회")

    DoCmd.OpenReport "구매금액 보고서", acViewPreview,
, "구매일자=#" & 입력 & "#"
    DoCmd.Close acForm, "사원정보"
End Sub
```

2) '사원정보' 닫기(X) → '예'를 클릭한다.

4. 정답

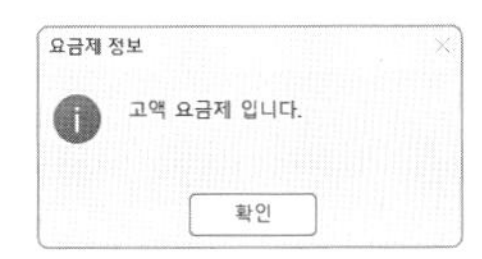

<고객명단> 폼 → [디자인 보기] → [만들기] → [매크로 및 코드] → [매크로] → [새 함수 추가] → 'If' 선택 → 조건 : **txt요금제 >= 50000** 입력 → If 내의 [새 함수 추가] → 'MessageBox' 선택 → '메시지': **고액 요금제 입니다.** 입력 → '종류' : '정보' 선택 → '제목': **요금제 정보** 입력 → '매크로1' 닫기(X) → '예' → [매크로 이름]: **요금제** 입력 → 'txt요금제' 컨트롤 선택 → [속성 시트] → [이벤트] 탭 → [On Dbl Click]: '요금제' 선택 → '고객명단' 닫기(X) → '예'를 클릭한다.

```
⊟ If [txt요금제]>=50000 Then
  ⊟ MessageBox
      메시지 고액 요금제 입니다.
      경고음 예
      종류 정보
      제목 요금제 정보
  + 새 함수 추가
```

5. 정답

1) <교인명단> 폼 → [디자인 보기] → 'txt주민번호' 컨트롤 선택 → [속성 시트] → [이벤트] 탭 → [On Dbl Click] [⋯] 선택 → [작성기 선택] → '코드 작성기' → 'txt주민번호_DblClick' 프로시저 블록에 다음 코드를 입력한다. → [Alt] + [Q]를 누른다.

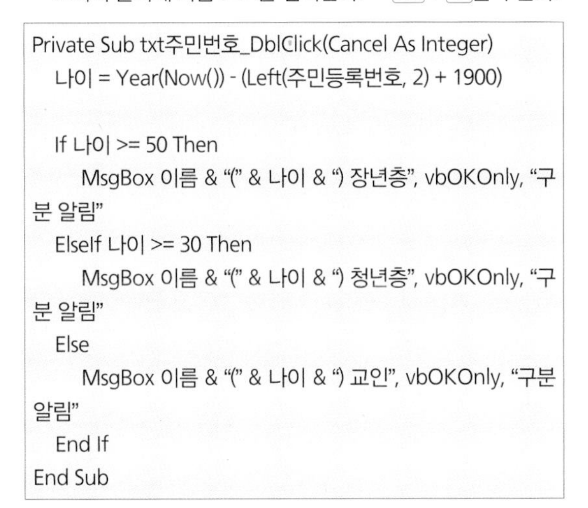

```
Private Sub txt주민번호_DblClick(Cancel As Integer)
    나이 = Year(Now()) - (Left(주민등록번호, 2) + 1900)

    If 나이 >= 50 Then
        MsgBox 이름 & "(" & 나이 & ") 장년층", vbOKOnly, "구분 알림"
    ElseIf 나이 >= 30 Then
        MsgBox 이름 & "(" & 나이 & ") 청년층", vbOKOnly, "구분 알림"
    Else
        MsgBox 이름 & "(" & 나이 & ") 교인", vbOKOnly, "구분 알림"
    End If
End Sub
```

2) '교인명단' 닫기(X) → '예'를 클릭한다.

6. 정답

예약번호	예식관	제품명	직원이름	연락처	계약금	예식일	시작시간
001-A	1	루비	강도리	(010)3415-9183	90	2024-01-27	오전 11:00:00
002-E	5	사파이어	강도리	(010)7415-9828	80	2024-01-27	오후 1:00:00
004-A	1	루비	강도리	(010)3411-9848	50	2024-02-27	오후 5:00:00
004-F	6	진주	강도리	(010)3475-1987	200	2024-02-27	오후 5:00:00

<강도리 조회> 폼 → [디자인 보기] → 폼 속성(■) → [속성 시트] → [이벤트] 탭 → [On Load] [⋯] 선택 → [작성기 선택] → '코드 작성기' → 'Form_Load()' 프로시저 블록에 다음 코드를 입력한다. → [Alt] + [Q]를 누른다.

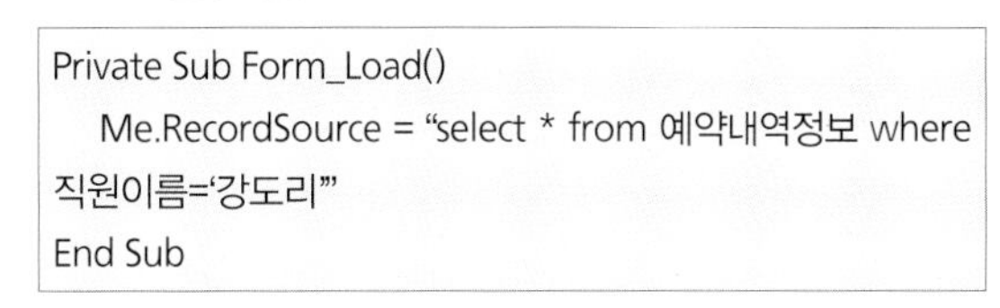

```
Private Sub Form_Load()
    Me.RecordSource = "select * from 예약내역정보 where 직원이름='강도리'"
End Sub
```

7. 정답

예식관	예약번호	예약자 정보	예식일	시작시간	직원이름
루비 450					
	001-A	엄준리(010)3415-9183	2024-01-27	11:00	강도리
	004-A	서영철(010)3411-9848	2024-02-27	17:00	강도리
		계약금액:	140		

1) 'cmd보기' 컨트롤 선택 → [속성 시트] → [이벤트] 탭 → [On Click] [⋯] 선택 → [작성기 선택] → [매크로 작성기] → [새 함수 추가] → 'OpenReport' 선택 → [보고서 이름]: 강도리별 납품현황 선택 → [보기 형식]: 인쇄 미리 보기 선택 → [Where 조건문] 식 작성기를 이용하여 **Forms![강도리 조회]!txt제품명=[제품명] And [직원이름]='강도리'** 입력 → [새 함수 추가] → 'CloseWindows' 선택 → [개체 유형]: 폼 → [개체 이름]: 강도리 조회 → [저장]: '예' → '강도리 조회 : cmd보기 : On Click' 닫기(X) → '예'를 클릭한다.

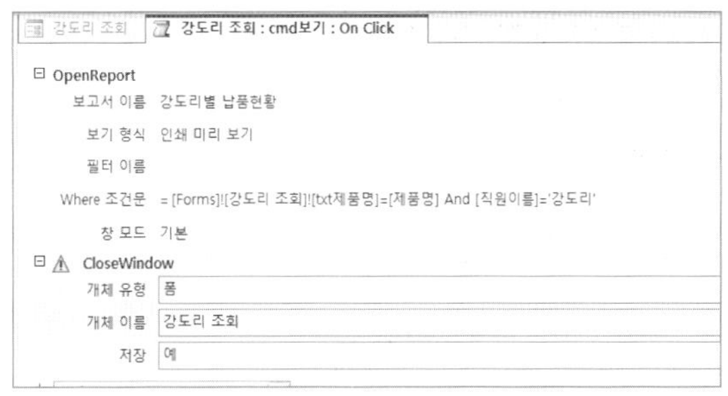

2) '강도리 조회' 닫기(X) → '예'를 클릭한다.

8. 정답

1) <고객명단> 폼 → [디자인 보기] → 'cmd추가' 컨트롤 선택 → [속성 시트] → [이벤트] 탭 → [On Click] [...] 선택 → [작성기 선택] → '코드 작성기' → 'cmd추가_Click()' 프로시저 블록에 다음 코드를 입력한다. → Alt + Q 를 누른다.

```
Private Sub cmd추가_Click()
   DoCmd.RunSQL "insert into 고객명단 values
('0951',#2025-11-04#,35000,'윤수기')"
End Sub
```

2) '고객명단' 닫기(X) → '예'를 클릭한다.

문제 4 처리 기능 구현

1. 정답

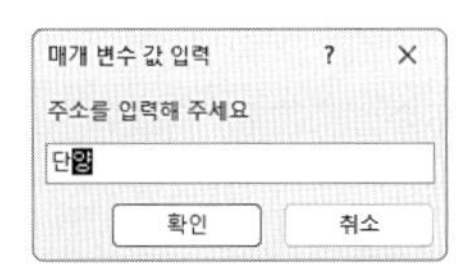

배송대리점

거래처코드	거래처명	배송위치	배송주소	단가
B711	CD860	단양서구	단양서구 연희동	2500
C478	CD785	단양서구	단양서구 연희동	2500
C501	KO899	단양	단양 서구 연희동	7000
A567	GE955	단양계양구	단양계양구 작전동	9000
B900	FR440	단양	단양 계양구 작전동	1500
B900	GE955	단양	단양 계양구 작전동	1500
A567	GE930	단양연수구	단양연수구 청학동	9000
B860	GL543	단양산양구	단양산양구 동동구	5000

1) [만들기] → [쿼리] → [쿼리 디자인] → [모든 Access] 개체 창에서 드래그하여 <거래내역>, <거래처> 테이블을 테이블 관계 설정 영역에 추가 → [디자인 눈금] 영역을 다음과 같이 설정한다.

필드	조건
거래처코드	
거래처명	
배송위치: IIf(InStr([배송주소]," ")=0,[배송주소],Left([배송주소],InStr([배송주소]," ")-1))	
배송주소	**Like "*" & [주소를 입력해 주세요] & "*"**
단가	

2) '쿼리1' 닫기(X) → '예' → **배송대리점** → 확인 을 클릭한다.

2. 정답

4월대전주문수량

거래처코드	주소	거래일	수량 합계
A567	대전시 남양동 서초동	2022-04-05	16
B690	대전시 동작구 사당동	2022-04-15	5
B711	대전시 용산구 동부이천동	2022-04-25	18
B900	대전시 용산구 동부이천동	2022-04-15	61
C478	대전시 동작구 사당동	2022-04-25	11

1) [만들기] → [쿼리] → [쿼리 디자인] → [표시/숨기기] → [요약] 선택 → <거래내역>, <주문내역> 테이블을 테이블 관계 설정 영역에 추가 → [디자인 눈금] 영역을 다음과 같이 설정한다.

필드	요약	조건	표시
거래처코드		Like "[A-C]*"	✓
주소: Replace([배송주소],"대전","대전시")			✓
거래일		**Between #2022-04-01# And #2022-04-30#**	✓
수량 합계: 수량	합계		✓
배송주소		Like "대전*"	☐

2) '쿼리1' 닫기(X) → '예' → **4월대전주문수량** 입력 → 확인 을 클릭한다.

3. 정답

제품별대리점별수량합

제품명	D002	D004
깔창	11	8
내복	0	9
머리핀	15	10
브라	1	2
손목밴드	0	4
스타킹	4	5
양말	10	0
팬티	20	0

1) [만들기] → [쿼리] → [쿼리 디자인] → [쿼리 유형] → [크로스탭] → <상품>, <판매> 테이블을 테이블 관계 설정 영역에 추가 → [디자인 눈금] 영역을 다음과 같이 설정한다.

필드	요약	크로스탭	조건
제품명		행 머리글	
대리점코드		열 머리글	
Nz(Sum([수량]),0)	식	값	
Right([대리점코드],1)	조건		2 Or 4

> Nz(Sum([수량]),0)
> – Nz(값, 표현값): 값이 Null 값일 때 0으로 표현한다.

2) '쿼리1' 닫기(X) → '예' → **제품별대리점별수량** 입력 → 확인 을 클릭한다.

4. 정답

5위주문횟수

제품코드	주문횟수	수량의최대	금액의합계
CD660	☆	5 개	₩100,000
CD785	☆☆☆	20 개	₩67,500
CD860	☆☆☆	15 개	₩77,500
FR440	☆☆	5 개	₩140,000
FR640	☆☆	1 개	₩114,000

1) [만들기] → [쿼리] → [쿼리 디자인] → [쿼리 유형] → [테이블 만들기] → [테이블 이름]: **5위주문횟수테이블** 입력 → [확인] → [표시/숨기기] → [요약] 선택 → <주문내역> 테이블을 테이블 관계 설정 영역에 추가 → [디자인 눈금] 영역을 다음과 같이 설정한다.

필드	요약	조건	형식
제품코드		Is Not Null	
주문횟수 :String(Count([주문번호]),"☆")	식		
수량의최대값: 수량	최대값		# 개
금액의합계: 금액	합계		통화

2) [쿼리 설정] → [반환]: **5** 입력 → '쿼리1' 닫기(X) → '예' → **5위주문횟수** 입력 → [확인]을 클릭한다.

5. 정답

입고월조회

입고일자	구매일자	재고기간	배송예정일
2024-05-08	2024-05-26	18일	2024-05-28
2024-06-10	2024-06-26	16일	2024-06-28
2024-05-11	2024-05-26	15일	2024-05-28
2024-05-08	2024-05-26	18일	2024-05-28
2024-05-01	2024-05-26	25일	2024-05-28
2024-05-06	2024-05-26	20일	2024-05-28
2024-05-16	2024-05-26	10일	2024-05-28
2024-05-25	2024-05-26	1일	2024-05-28
2024-05-30	2024-06-26	27일	2024-06-28
2024-06-29	2024-07-26	27일	2024-07-28
2024-06-29	2024-07-26	27일	2024-07-28
2024-05-21	2024-05-26	5일	2024-05-28
2024-06-11	2024-06-26	15일	2024-06-28
2024-05-23	2024-05-26	3일	2024-05-28
2024-05-23	2024-05-26	3일	2024-05-28
2024-05-25	2024-05-26	1일	2024-05-28
2024-06-29	2024-07-26	27일	2024-07-28

1) [만들기] → [쿼리] → [쿼리 디자인] → <구매> 테이블을 테이블 관계 설정 영역에 추가 → [디자인 눈금] 영역을 다음과 같이 설정한다.

필드	조건	표시
입고일자		✓
구매일자		✓
재고기간: DateDiff("d",[입고일자],[구매일자]) & "일"		✓
배송예정일: DateAdd("d",2,[구매일자])		✓
Month([입고일자])	Between [시작] And [종료]	☐

2) '쿼리1' 닫기(X) → '예' → **입고월조회** 입력 → [확인]을 클릭한다.

6. 정답

월별주문횟수

주문월	주문횟수	보통품종	비인기품종	인기품종
3월	6회		6회	
4월	39회	10회	26회	3회

1) [만들기] → [쿼리] → [쿼리 디자인] → [쿼리 유형] → [크로스탭] → <주문>, <회원> 테이블을 테이블 관계 설정 영역에 추가 → [디자인 눈금] 영역을 다음과 같이 설정한다.

필드	요약	크로스탭	형식
주문월: DatePart("m",[주문일자]) & "월"		행 머리글	
Expr1: IIf([수량]>=20,"인기품종",IIf([수량]>=10,"보통품종","비인기품종"))		열 머리글	
주문횟수: 고객ID	개수	행 머리글	#회
고객ID의개수: 고객ID	개수	값	#회

2) '쿼리1' 닫기(X) → '예' → **월별주문횟수** 입력 → [확인]을 클릭한다.

컴퓨터활용능력 1급 실기(액세스) 모의고사

프로그램명	제한시간
ACCESS 2021	45분

수험번호 :

성　　명 :

www.ebs.co.kr/compass
(EBS 홈페이지에서 액세스 실습 파일 다운로드)
파일명: 1급 실기 액세스 모의고사

문제 1　DB 구축(25점)

1. A동물메디컬 센터의 진료현황을 관리하기 위한 데이터베이스를 구축하고자 한다. 다음 지시 사항에 따라 각 테이블을 완성하시오. (각 3점)

① <고객> 테이블의 '비밀번호' 필드 크기를 4로 설정하고 반드시 입력되도록 하시오.

② <고객> 테이블의 '전화번호' 필드는 '010-****-****'과 같은 형태로 '010'이 앞에 입력되고, 8자리 숫자, '-' 2자리가 반드시 입력될 수 있도록 입력 마스크를 설정하시오.

▶ 숫자 입력은 0~9까지의 숫자만 입력할 수 있도록 함

▶ '-' 기호도 함께 저장하고, 자료 입력할 때 화면에 표시되는 기호는 '*'로 설정할 것

③ <고객> 테이블의 'email' 필드는 중복된 데이터가 입력될 수 없도록 인덱스를 설정하시오.

④ <진료내역> 테이블의 '진료구분' 필드에는 '일반', '야간', '응급'만 입력될 수 있도록 유효성 검사 규칙을 설정하시오.

⑤ <진료내역> 테이블의 '진료일자' 필드에 새로운 레코드 추가할 때 시간을 포함하지 않는 시스템의 오늘 날짜가 표시되도록 설정하시오.

2. <진료내역> 테이블의 '의사번호' 필드에 대해 다음과 같이 조회 속성을 설정하시오. (5점)

▶ <의사> 테이블의 '의사번호'와 '의사명'이 콤보 상자의 형태로 표시되도록 설정할 것

▶ 필드에는 '의사번호'가 저장되도록 할 것

▶ 목록 너비를 5cm로 설정할 것

▶ 목록 값 이외의 값은 입력할 수 없도록 설정할 것

진료내역

진료번호	진료구분	동물번호	진료일자	체중	병명	처치내역	진료비	의사번호	추가하려면 클릭
n000001	일반	a000002	2023-04-11	6.1	예방접종	항체검사	40,000	d001	
n000002	일반	a000007	2023-04-17	3.4	귓병	소독치료,약처	55,000	d001	고민재
n000003	야간	a000011	2023-04-18	8.5	구토	이물질제거	25,000	d002	한여름
n000004	야간	a000016	2023-04-22	11	예방접종	심장사상충	200,000	d003	노연우
n000005	응급	a000013	2023-04-23	17	구토	이물질삼킴	28,000	d004	오예슬
n000006	응급	a000014	2023-04-25	3.5	예방접종	범백예방	40,000	d005	박지완
p000001	일반	a000006	2023-04-14	9	식욕부진	X레이,초음파?	250,000	d001	

3. <진료내역> 테이블의 '동물번호' 필드는 <동물정보> 테이블의 '동물번호' 필드를 참조하며, 테이블 간의 관계는 M:1이다. 다음과 같이 테이블 간의 관계를 설정하시오. (5점)

   ※ 액세스 파일에 이미 설정되어 있는 관계는 수정하지 마시오.

   ▶ 각 테이블 간에 항상 참조 무결성을 유지하도록 설정할 것
   ▶ 참조 필드의 값이 변경되면 관련 필드의 값도 변경되도록 설정할 것
   ▶ 다른 테이블에서 참조하고 있는 레코드는 삭제할 수 없도록 설정할 것

문제 2 입력 및 수정 기능 구현(20점)

1. <진료내역조회> 폼을 다음 화면과 지시 사항에 따라 완성하시오. (각 2점)

   ① 폼 머리글에 "진료내역조회"의 제목이 표시되도록 레이블 컨트롤을 추가하시오.
      ▶ 이름: LBL제목
      ▶ 글꼴 이름: 굴림체, 글꼴 크기: 18

   ② 폼의 '기본 보기' 속성을 <그림>과 같이 설정하시오.

   ③ 본문의 'txt처치내역', 'txt진료비' 컨트롤에 '처치내역', '진료비' 필드의 내용이 각각 표시되도록 컨트롤 원본 속성을 설정하시오.

   ④ 본문의 모든 컨트롤 간의 간격을 '가로 간격 같음'으로 설정하시오.

   ⑤ 폼 바닥글의 'txt총계' 컨트롤에는 전체 진료비의 합계가 표시되도록 컨트롤 원본 속성을 설정하시오.
      ▶ [표시 예: 4245000 → 4,245,000]

2. <진료내역조회> 폼의 본문 영역에 아래와 같은 조건부 서식을 설정하시오. (5점)

▶ '병명' 필드의 값이 '정기검진'인 경우 본문 영역의 모든 텍스트 상자의 글꼴 색을 '표준 색 – 파랑', 글꼴 스타일을 '굵게'로 설정하시오. (하나의 규칙으로 작성할 것)

3. <진료내역조회> 폼 머리글의 'txt조회번호' 컨트롤에 '의사번호'를 입력하고, '조회'(cmd조회) 단추를 클릭하면 <의사별진료내역> 보고서를 '인쇄 미리 보기' 형태의 '대화 상자'로 여는 '보고서출력' 매크로를 생성하여 지정하시오. (5점)

▶ 단, 매크로 조건은 'txt조회번호' 컨트롤에 입력한 값과 '의사번호' 필드의 값이 일치하는 정보만 표시

문제 3 조회 및 출력 기능 구현(20점)

1. 다음의 지시 사항 및 화면을 참조하여 <진료현황> 보고서를 작성하시오. (각 3점)

① 동일한 '진료구분' 내에서 '진료일자'를 기준으로 내림차순 정렬되도록 설정하시오.

② '진료구분' 머리글 영역이 매 페이지마다 반복적으로 출력될 수 있도록 설정하시오.

③ 본문 영역의 'txt일련번호' 컨트롤에는 그룹별로 일련번호가 표시되도록 설정하시오.

④ 본문 영역의 'txt진료일자' 컨트롤의 값이 이전 레코드와 동일한 경우에는 표시되지 않도록 설정하시오.

⑤ 페이지 바닥글 영역의 'txt페이지' 컨트롤에 페이지가 아래와 같이 표시되도록 컨트롤 원본 속성을 설정하시오.

▶ 현재 페이지가 1 페이지이고 전체 페이지가 2 페이지일 때: 1쪽 / 2쪽

※ 작업 완성된 그림이며 부분 점수 없음

진료현황

2023년 4월 16일 일요일

진료구분 야간

일련번호	진료일자	의사번호	동물이름	병명	진료비
1	2023-08-23	d001	쎄미	이물질삼킴	90,000
2	2023-06-20	d003	꽁지	수술-혈액검사	255,000
3		d003	미남	구토,식욕부진	180,000
4	2023-06-19	d001	모니	정기검진	174,000
5		d001	도니	정기검진	130,000
6	2023-06-11	d003	삼식	소화기	85,000
7	2023-04-22	d002	삼식	예방접종	200,000
8	2023-04-18	d001	삼식	구토	25,000

진료구분 응급

일련번호	진료일자	의사번호	동물이름	병명	진료비
1	2023-08-20	d002	미우	구토	198,000
2	2023-06-16	d003	삼식	구토설사	113,000
3	2023-06-12	d002	순돌	외상	280,000
4	2023-04-25	d002	미남	예방접종	40,000
5	2023-04-23	d003	뽀삐	구토	28,000

진료구분 일반

일련번호	진료일자	의사번호	동물이름	병명	진료비
1	2023-08-25	d002	삼식	귓병치료	35,000
2	2023-08-23	d001	용심	감기	40,000
3	2023-08-20	d002	삼식	귓병	38,000
4		d002	요미	예방접종1차	35,000
5	2023-06-27	d002	뿌요	이물질삼킴	90,000
6	2023-06-20	d003	슈슈	귓병	39,000
7	2023-06-19	d003	삼식	퇴원	330,000
8	2023-06-18	d002	순돌	외상치료	55,000
9		d001	뽀삐	퇴원	285,000
10		d003	삼식	귓병	38,000
11	2023-06-14	d003	삼식	귓병	38,000
12		d002	지우	정기검진	331,000
13		d001	뽀삐	슬개골탈구	350,000
14		d002	미우	정기검진	335,000
15	2023-06-13	d002	대박	감기	33,000
16		d001	용심	예방접종	30,000

1쪽 / 2쪽

2. <진료내역조회> 폼의 본문 영역에서 'txt진료비'를 더블클릭하면 메시지 상자를 표시하는 이벤트 프로시저를 구현하시오. (5점)

▶ 아래와 같이 시스템의 현재 연도가 표시될 수 있도록 설정할 것

▶ YEAR, DATE 함수 사용

문제 4 처리 기능 구현(35점)

1. <진료내역> 테이블을 이용하여 '진료일자'가 4월이고 '진료구분'이 "야간" 또는 "응급"인 데이터를 조회하는 <4월야간응급진료조회> 쿼리를 작성하시오. (9점)

▶ '진료일자' 기준으로 내림차순 정렬하시오.

▶ 쿼리 결과로 표시되는 필드와 필드명은 <그림>과 같이 표시되도록 설정하시오.

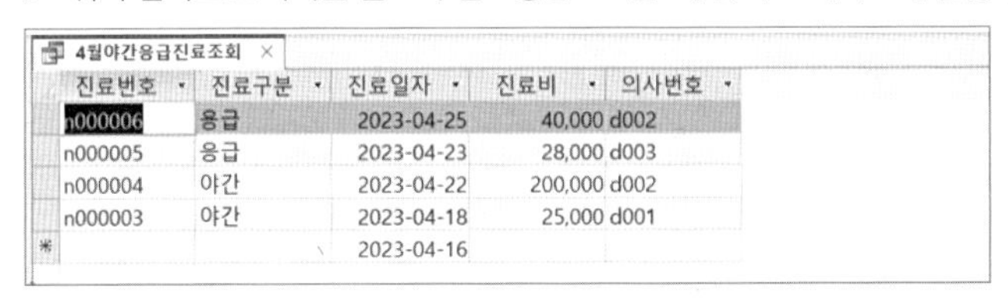

4월야간응급진료조회

진료번호	진료구분	진료일자	진료비	의사번호
n000006	응급	2023-04-25	40,000	d002
n000005	응급	2023-04-23	28,000	d003
n000004	야간	2023-04-22	200,000	d002
n000003	야간	2023-04-18	25,000	d001
*		2023-04-16		

2. 품종별, 진료구분별 진료비 합계를 조회하는 <품종별진료비합계> 크로스탭 쿼리를 작성하시오. (9점)

▶ <진료리스트> 쿼리를 이용하시오.

▶ '진료비' 필드를 이용하여 합계를 계산하며, 합계가 없는 빈 셀에 대해서는 "*"를 표시하시오.
(IIf, IsNull, Sum 함수 사용)

▶ 쿼리 결과로 표시되는 필드와 필드명은 <그림>과 같이 표시되도록 설정하시오.

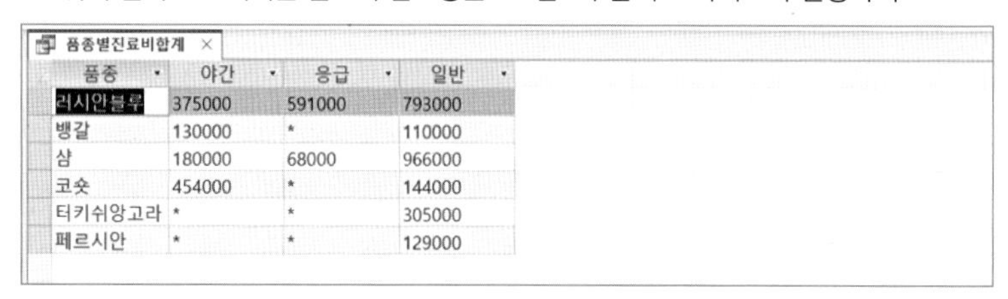

품종별진료비합계

품종	야간	응급	일반
러시안블루	375000	591000	793000
뱅갈	130000	*	110000
샴	180000	68000	966000
코숏	454000	*	144000
터키쉬앙고라	*	*	305000
페르시안	*	*	129000

3. <진료처치목록> 쿼리를 이용해 '처치내역'의 일부를 매개 변수로 입력받아 해당 진료 목록을 새 테이블로 생성하는 <진료처치목록조회> 쿼리를 작성하고 실행하시오. (9점)

▶ 쿼리 실행 후 생성되는 테이블의 이름은 <진료처치정보>로 설정하시오.

▶ 쿼리 결과로 표시되는 필드와 필드명은 <그림>과 같이 표시되도록 설정하시오.

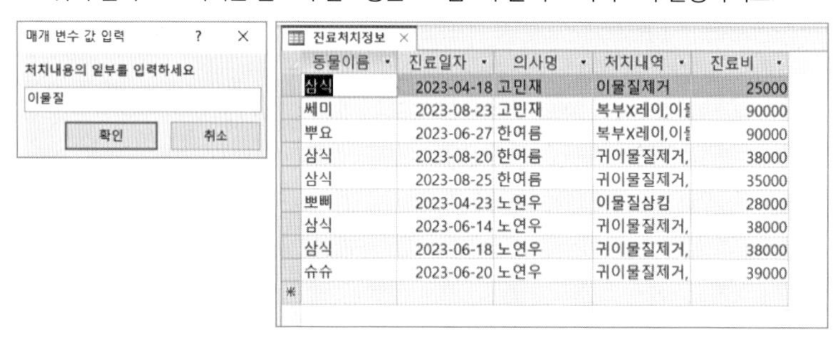

진료처치정보

동물이름	진료일자	의사명	처치내역	진료비
삼식	2023-04-18	고민재	이물질제거	25000
쎄미	2023-08-23	고민재	복부X레이,이	90000
뿌요	2023-06-27	한여름	복부X레이,이	90000
삼식	2023-08-20	한여름	귀이물질제거,	38000
삼식	2023-08-25	한여름	귀이물질제거,	35000
뽀삐	2023-04-23	노연우	이물질삼킴	28000
삼식	2023-06-14	노연우	귀이물질제거,	38000
삼식	2023-06-18	노연우	귀이물질제거,	38000
슈슈	2023-06-20	노연우	귀이물질제거,	39000

※ 쿼리 <진료처치목록조회>의 매개 변수에 '이물질'을 입력하고 실행했을 때 생성된 테이블 <진료처치정보>의 결과

4. <진료내역>과 <의사> 테이블을 이용하여 한 번도 진료를 행하지 않은 의사 목록을 표시하는 <미진료의사목록> 쿼리를 작성하시오. (8점)

▶ <진료내역> 테이블의 '의사번호'가 비어 있는 <의사> 테이블 목록을 대상으로 할 것 (Is Null 사용)

▶ 쿼리 결과로 표시되는 필드와 필드명은 <그림>과 같이 표시되도록 설정하시오.

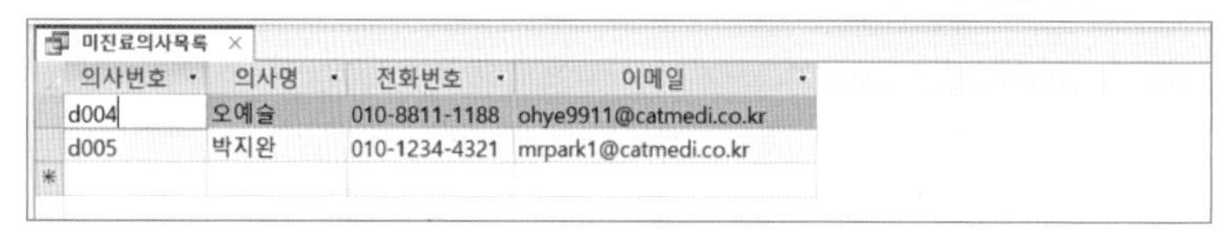

미진료의사목록

의사번호	의사명	전화번호	이메일
d004	오예슬	010-8811-1188	ohye9911@catmedi.co.kr
d005	박지완	010-1234-4321	mrpark1@catmedi.co.kr

정답 및 풀이

문제 1 DB 구축

1. 테이블 완성 정답

<문제① 정답>

1) <고객> 테이블 바로 가기 메뉴에서 '디자인 보기'를 선택한다.
2) '비밀번호' 필드를 선택한 상태에서 '필드 크기'는 **4**로 입력하고, '필수'는 예로 선택한다.

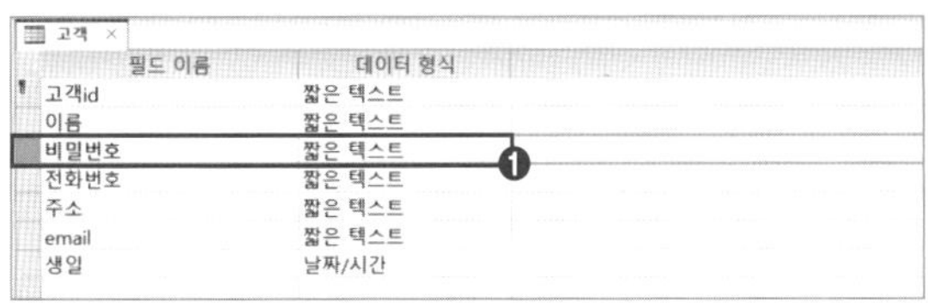

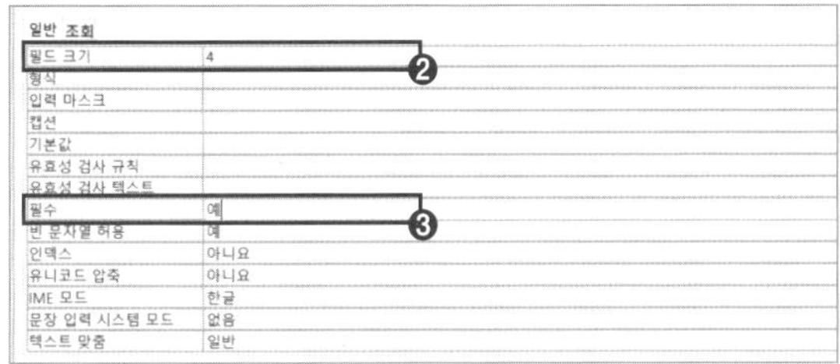

<문제② 정답>

1) '전화번호' 필드를 선택한 상태에서 '입력 마스크'에 **"010"-0000-0000;0;***를 입력한다.

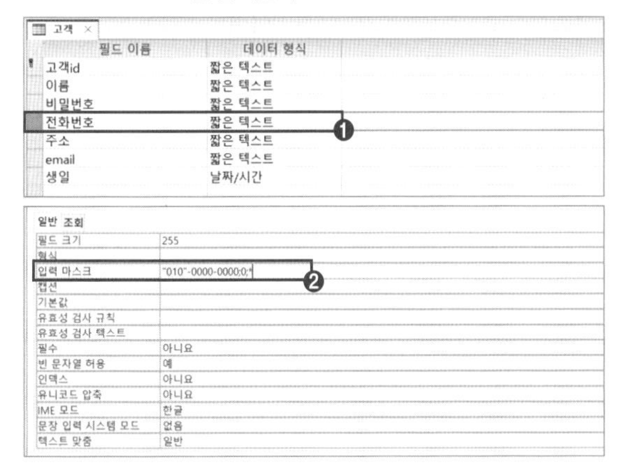

<문제③ 정답>

1) 'email' 필드를 선택하고 '인덱스'에서 예(중복 불가능)을 선택한다.

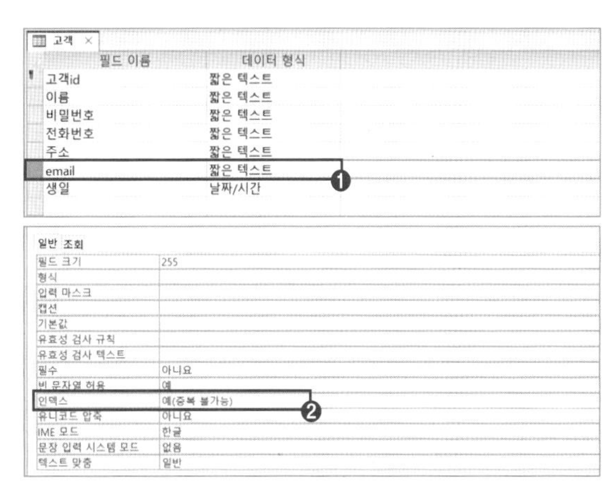

2) Ctrl + S를 눌러 저장하고 <고객> 테이블 제목의 바로 가기 메뉴에서 '닫기'를 선택하고 테이블을 닫는다. 저장할 때 경고 메시지가 나타나면 기본인 예를 클릭한다.

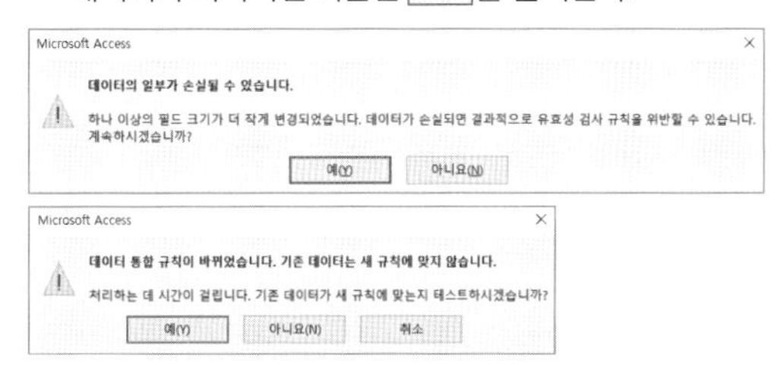

<문제④ 정답>

1) <진료내역> 테이블 바로 가기 메뉴에서 '디자인 보기'를 선택한다.
2) '진료구분' 필드를 선택한 상태에서 '유효성 검사 규칙'에 **In ("일반","야간","응급")**을 입력한다.

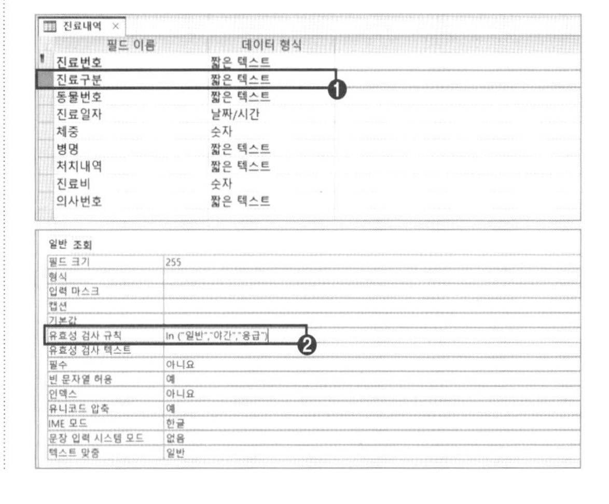

※ 유효성 검사 규칙 또 다른 방법
"일반" Or "야간" Or "응급"

<문제⑤ 정답>

1) '진료일자' 필드를 선택한 상태에서 '기본값'에 **Date()**를 입력한다.

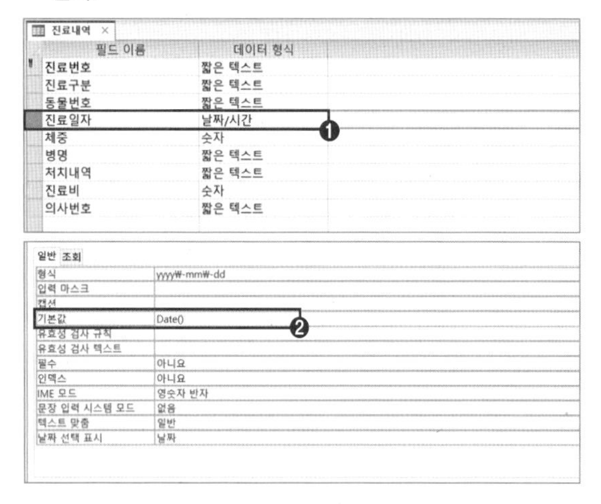

2. 조회 속성 정답

1) '의사번호' 필드를 선택한 상태에서 '조회' 탭 '컨트롤 표시'에서 '콤보 상자'를 선택한다.

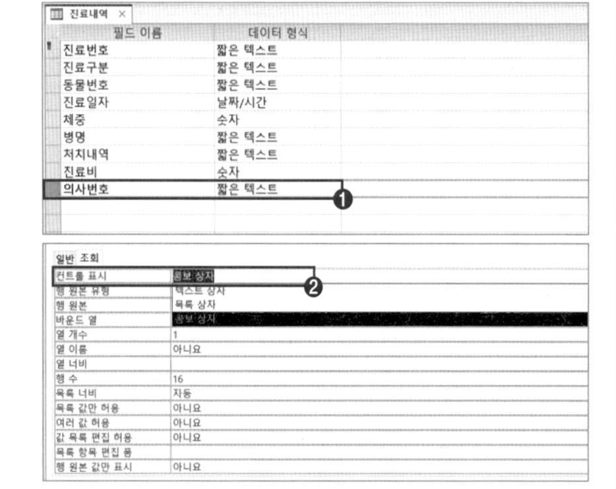

2) '행 원본 유형'에서 '테이블/쿼리'가 선택되어 있는지 확인하고 '행 원본'에서 확장 '[...]'을 클릭한다.
3) [테이블 추가]에서 <의사> 테이블을 더블클릭한다.
4) '의사번호', '의사명' 필드를 순서대로 더블클릭하고 Ctrl + S 를 눌러 저장하고 제목의 바로가기 메뉴에서 '닫기'를 선택한다. 경고창이 나타나면 기본인 [예]를 클릭한다.

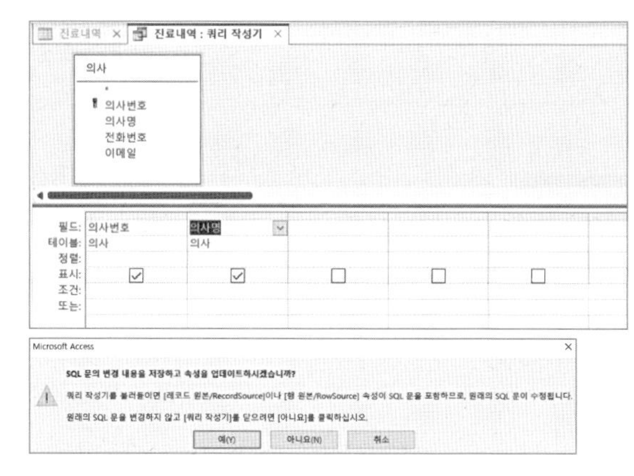

5) '조회' 탭 '바운드' 열은 **1**, '열 개수'는 **2**, '목록 너비'는 **5**를 입력하고, '목록 값만 허용'은 예를 클릭한다.

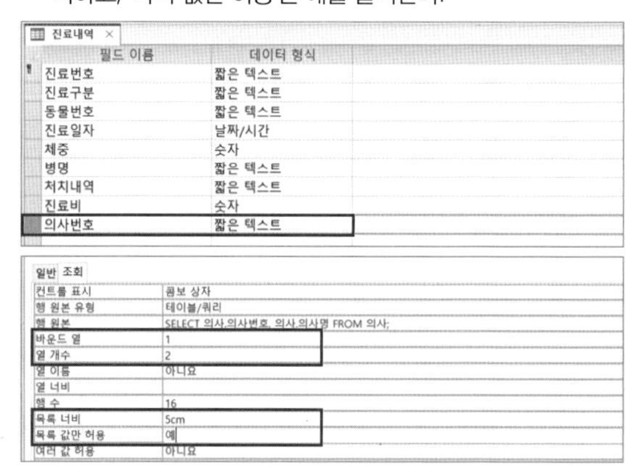

6) Ctrl + S 를 눌러 저장한 후 테이블 제목의 바로 가기 메뉴에서 '닫기'를 선택하고 <진료내역> 테이블을 닫는다. 경고창이 나타나면 기본인 [예]를 클릭한다.

3. 관계 설정 정답

1) [데이터베이스 도구] → [관계]를 클릭해 '관계' 창을 연다.

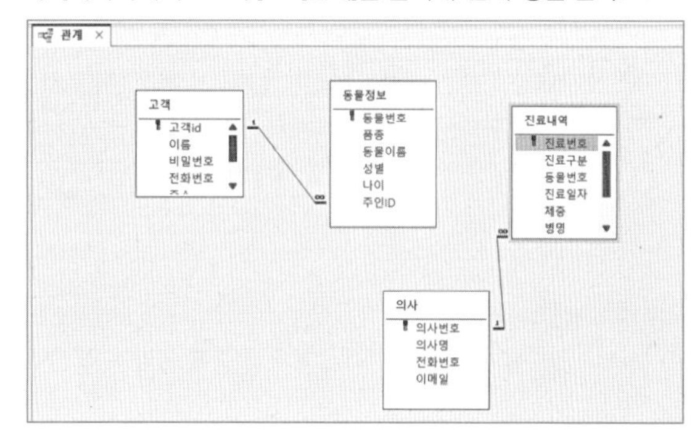

2) <진료내역> 테이블 '동물번호' 필드를 선택하고 드래그하여 <동물정보> 테이블 '동물번호' 필드 위에 놓는다.
3) [관계 편집] 대화 상자에서 '항상 참조 무결성 유지', '관련 필드 모두 업데이트'에 체크하고 [만들기]를 클릭한다.

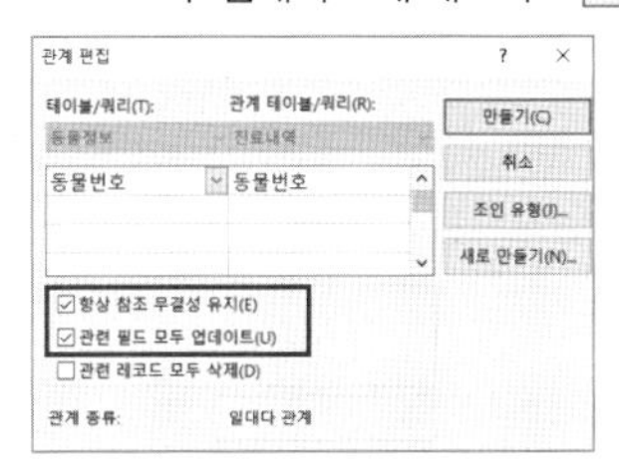

4) Ctrl + S 를 눌러 저장하고 '관계' 창 제목의 바로 가기 메뉴에서 '닫기'를 선택하고 창을 닫는다.

문제 2 입력 및 수정 기능 구현

1. 폼 완성 정답

<문제① 정답>

1) <진료내역조회> 폼 바로 가기 메뉴에서 '디자인 보기'를 선택한다.
2) [양식 디자인] → [컨트롤]에서 (레이블 컨트롤)을 선택하고 폼 머리글에 드래그한 후 **진료내역조회**를 입력한다.

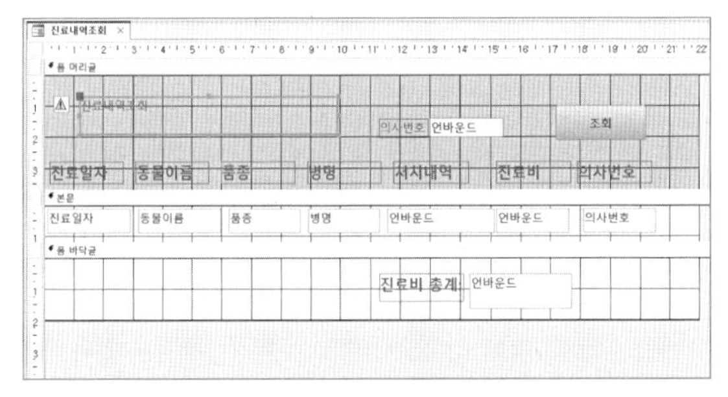

3) 레이블 컨트롤을 선택한 상태에서 '속성 시트'의 [기타] 탭 → '이름'에 **LBL제목**을 입력한다.

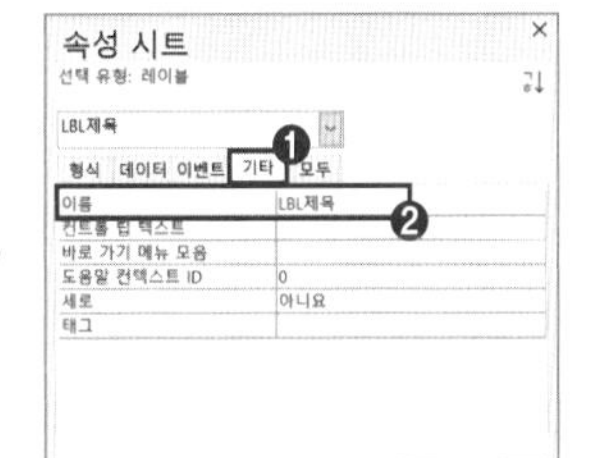

4) 레이블 컨트롤을 선택한 상태에서 '속성 시트'의 [형식] 탭에서 '글꼴 이름': 굴림체, '글꼴 크기': 18로 바꾼다.

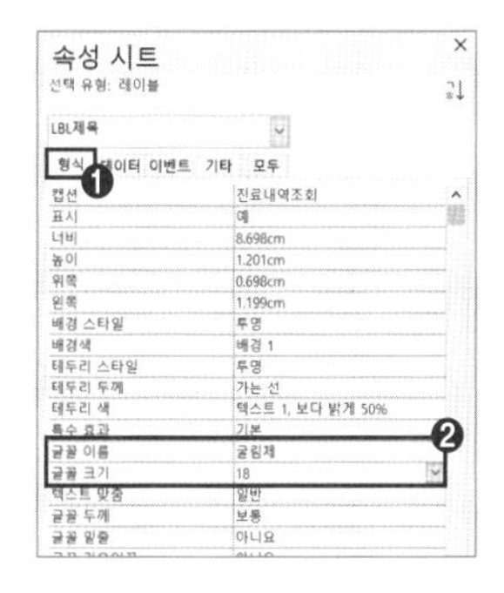

<문제② 정답>

1) 폼을 선택하고 '속성 시트'의 [형식] 탭에서 '기본 보기'를 연속 폼으로 바꾼다.

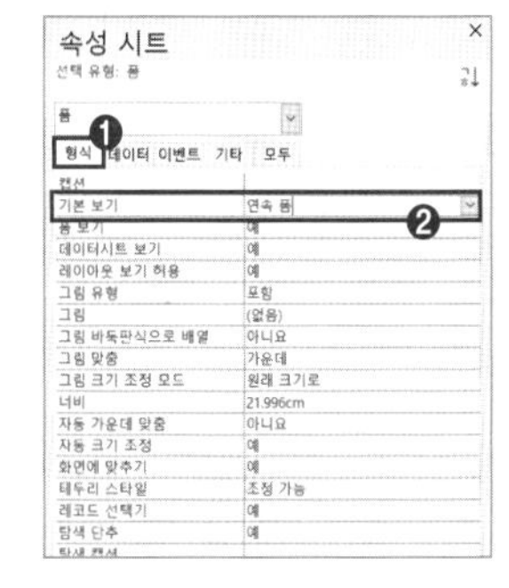

<문제③ 정답>

1) 'txt처치내역' 컨트롤을 선택한 후 '속성 시트'의 [데이터] 탭 → '컨트롤 원본'에 처치내역을 선택한다.

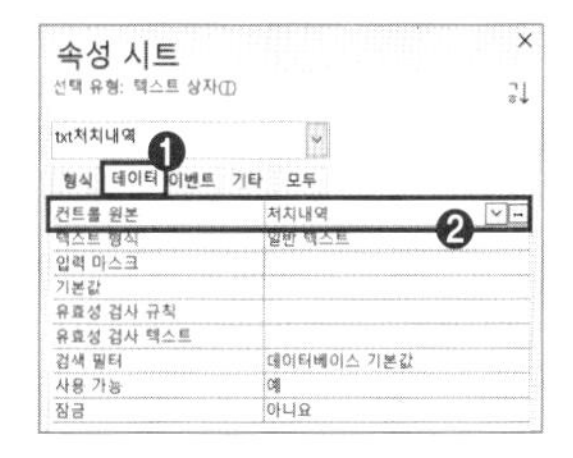

2) 'txt진료비' 컨트롤을 선택한 후 '속성 시트'의 [데이터] 탭 → '컨트롤 원본'에 진료비를 선택한다.

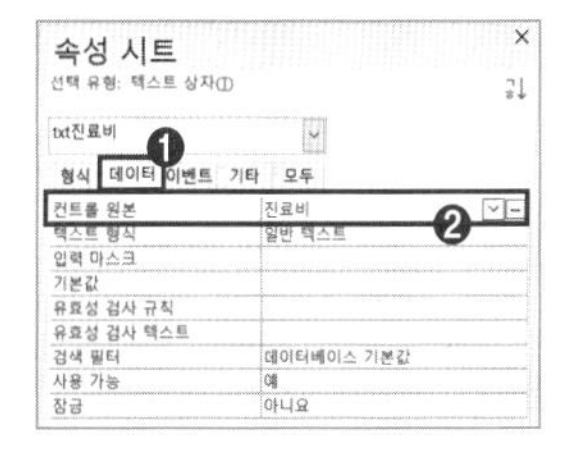

<문제④ 정답>

1) 본문 왼쪽의 눈금자를 클릭해 본문의 모든 컨트롤을 선택한다.

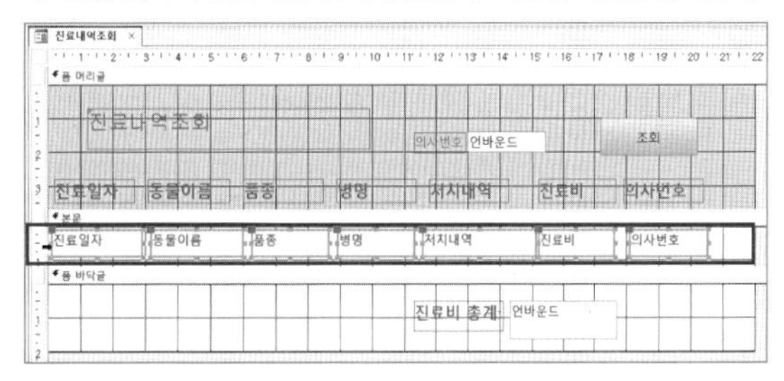

2) [정렬] → [크기 및 순서 조정] → [크기/공간]에서 가로 간격 같음을 선택한다.

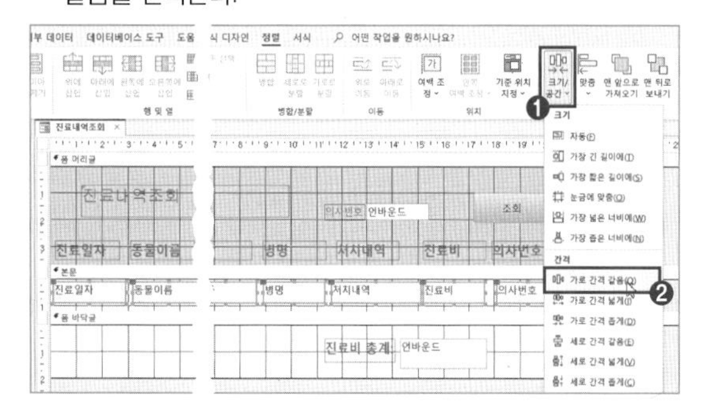

<문제⑤ 정답>

1) 폼 바닥글 영역의 'txt총계' 컨트롤을 선택하고 '속성 시트'의 [데이터] 탭 → '컨트롤 원본'에 **=Format(Sum([진료비]),"#,##0")**을 입력한다.

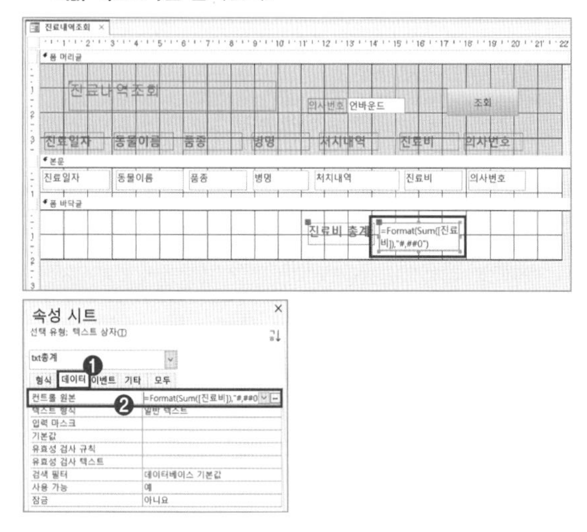

2. 조건부 서식 정답

1) 본문 왼쪽의 눈금자를 클릭해 본문의 모든 컨트롤을 선택한다.

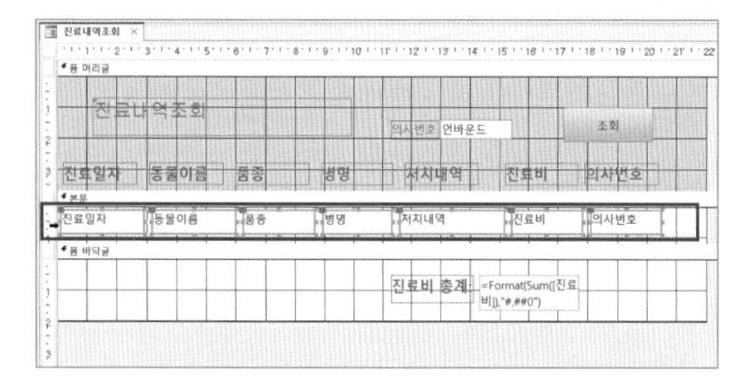

2) [서식] → [컨트롤 서식] → [조건부 서식] 새규칙을 클릭한다.

3) [콤보 상자]에서 '식이'를 선택하고 오른쪽에 **[병명]="정기검진"**을 입력한다.

4) 글꼴 색 '표준 색 – 파랑', 글꼴 스타일 '굵게'를 설정하고 확인을 클릭한다.

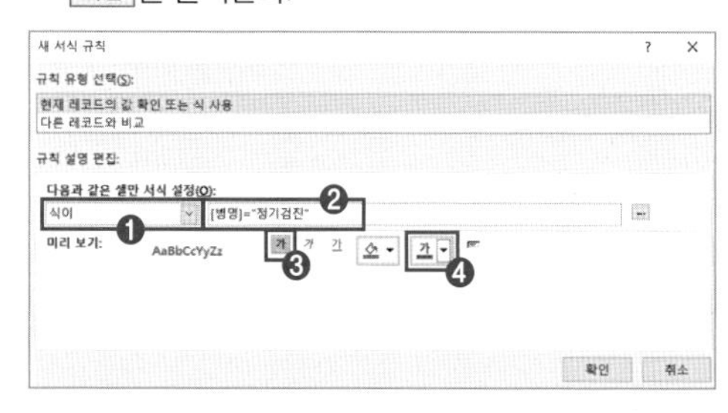

3. 보고서 출력 매크로 작성 정답

1) [만들기] → [매크로 및 코드] → [매크로]를 선택한다.

2) 콤보 상자에서 OpenReport를 선택하고, 보고서 이름에 의사별진료내역 선택, 보기 형식에 인쇄 미리 보기 선택, Where 조건문에 =[의사번호] =[Forms]![진료내역조회]![txt조회번호] 입력, 창 모드에 대화 상자를 선택한다.

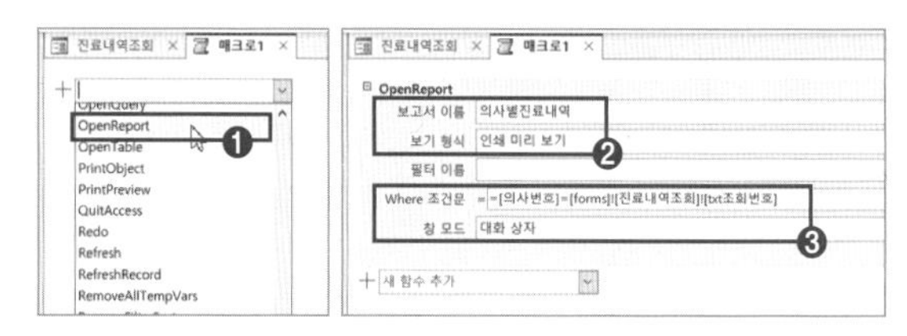

3) Ctrl + S를 눌러 매크로 이름을 **보고서출력**으로 입력하고 확인을 클릭한 후 매크로 제목의 바로 가기 메뉴에서 '닫기'를 선택해 매크로를 닫는다.

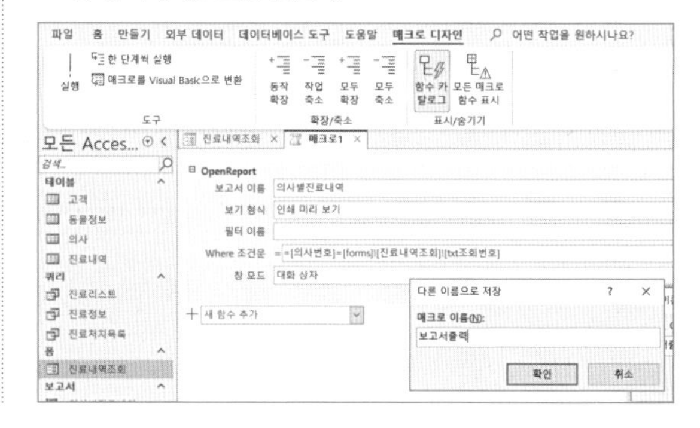

4) 폼 머리글 영역 'cmd조회' 컨트롤을 선택하고, '속성 시트'의 [이벤트] 탭 → 'On Click'에 보고서출력을 선택한다.

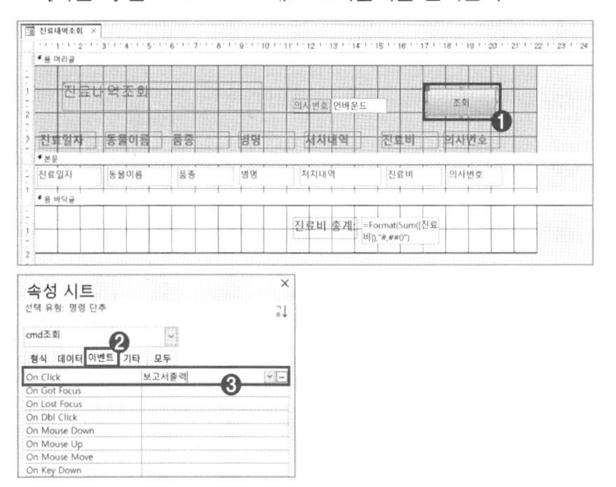

5) Ctrl + S 를 눌러 저장하고 <진료내역조회> 폼 제목의 바로 가기 메뉴에서 '닫기'를 선택해 폼을 닫는다.

문제 3 조회 및 출력 기능 구현

1. 보고서 완성 정답

<문제① 정답>

1) <진료현황> 보고서의 바로 가기 메뉴에서 '디자인 보기'를 선택한다.
2) [보고서 디자인] → [그룹화 및 요약] → [그룹화 및 정렬]을 선택한다.
3) '그룹, 정렬 및 요약'에서 '정렬 추가'를 클릭하고 진료일자 필드, 내림차순을 선택한다.

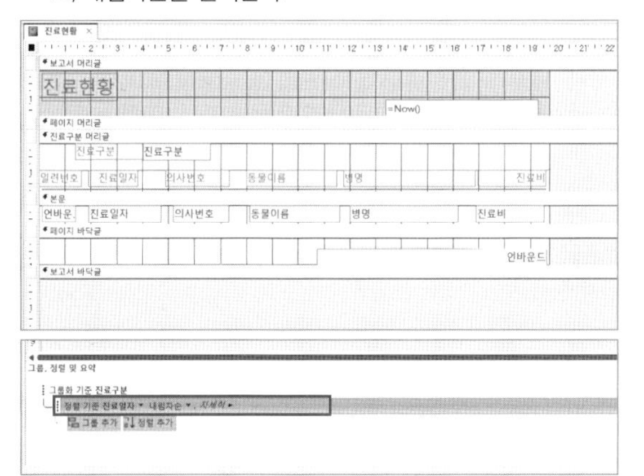

<문제② 정답>

1) 진료구분 머리글을 선택하고 '속성 시트'의 [형식] → '반복 실행 구역'에 예를 선택한다.

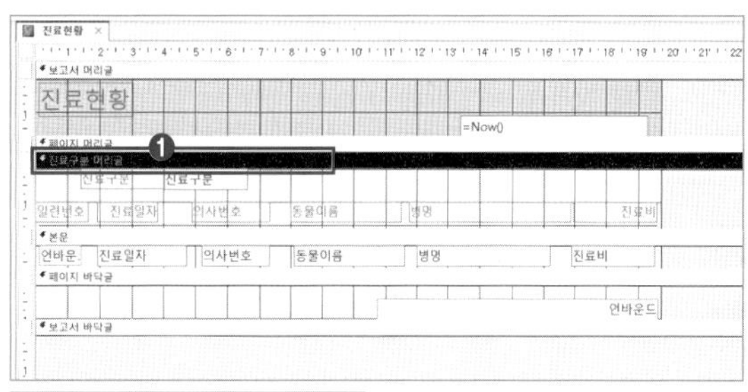

<문제③ 정답>

1) 본문 영역의 'txt일련번호' 컨트롤을 선택한 후 '속성 시트'의 [데이터] → '컨트롤 원본'에 **=1**를 입력하고, '누적 합계'에서 그룹을 선택한다.

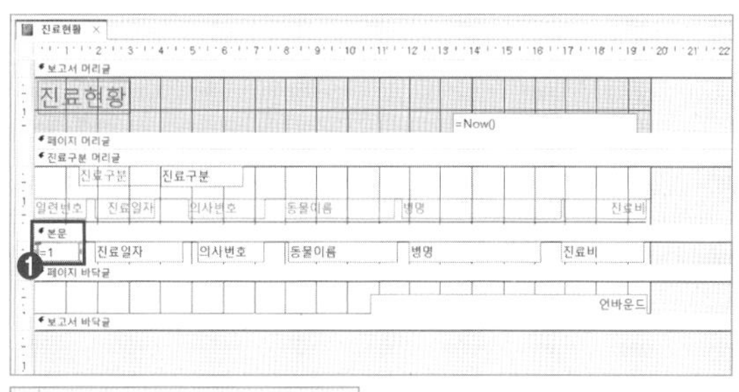

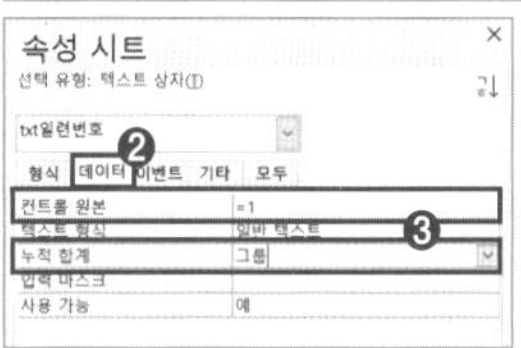

<문제④ 정답>

1) 'txt진료일자' 컨트롤을 선택한 후 '속성 시트'의 [형식] 탭 → '중복 내용 숨기기'에서 예를 선택한다.

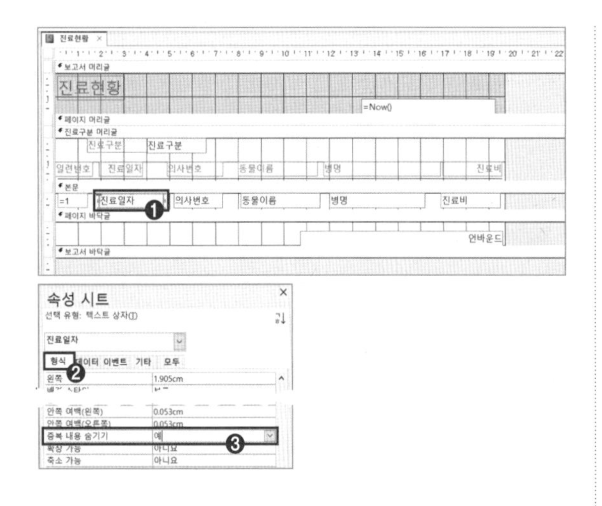

<문제⑤ 정답>

1) 페이지 바닥글 영역의 'txt페이지' 컨트롤을 선택한 후 '속성 시트'의 [데이터] 탭 → '컨트롤 원본'에 **=[Page] & "쪽 / " & [Pages] & "쪽"**을 입력한다.

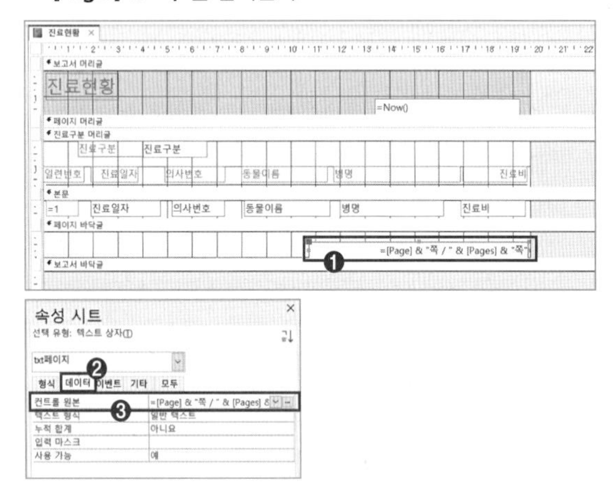

2) Ctrl + S를 눌러 저장하고 <진료현황> 보고서 제목의 바로 가기 메뉴에서 닫기(X)를 선택해 보고서를 닫는다.

2. 이벤트 프로시저 구현 정답

1) <진료내역조회> 폼 바로 가기 메뉴에서 '디자인 보기'를 선택한다.
2) 'txt진료비' 컨트롤을 선택하고 '속성 시트'의 [이벤트] → 'On Dbl Click' → 확장 '[…]'클릭한 후 '코드 작성기'를 선택한다.

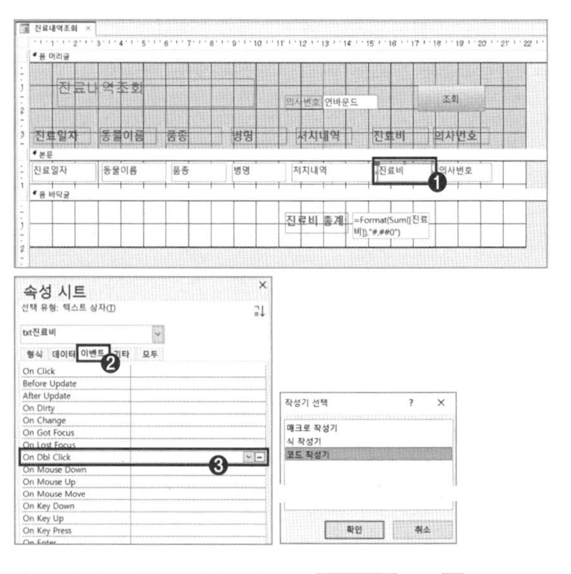

3) 아래 데이터를 입력하고 창 조절 [－ □ ×]에서 [×]을 클릭해서 프로시저를 닫는다.

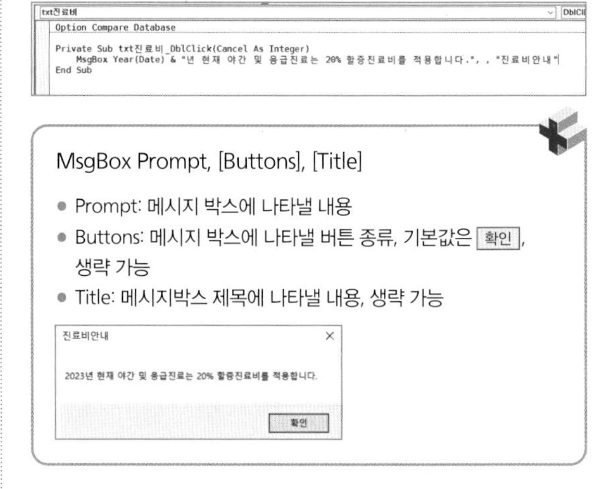

```
Option Compare Database

Private Sub txt진료비_DblClick(Cancel As Integer)
    MsgBox Year(Date) & "년 현재 야간 및 응급진료는 20% 할증진료비를 적용합니다.", , "진료비안내"
End Sub
```

MsgBox Prompt, [Buttons], [Title]

- Prompt: 메시지 박스에 나타낼 내용
- Buttons: 메시지 박스에 나타낼 버튼 종류, 기본값은 [확인], 생략 가능
- Title: 메시지박스 제목에 나타낼 내용, 생략 가능

진료비안내

2023년 현재 야간 및 응급진료는 20% 할증진료비를 적용합니다.

확인

4) Ctrl + S를 눌러 저장하고 <진료내역조회> 폼 제목의 바로 가기 메뉴에서 닫기(X)를 선택해서 폼을 닫는다.

문제 4 처리 기능 구현

1. 선택 쿼리 정답

1) 리본 메뉴 [만들기] → [쿼리] → [쿼리 디자인]을 선택한다.
2) '테이블 추가' 창에서 <진료내역> 테이블을 더블클릭해 쿼리 창에 추가한다.

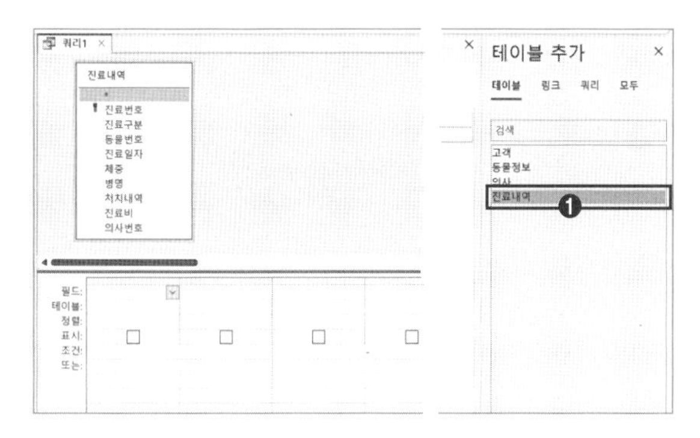

3) '진료번호', '진료구분', '진료일자', '진료비', '의사번호' 필드를 순서대로 더블클릭해 필드 행에 추가한다.
4) '진료일자' 필드는 정렬을 내림차순 선택하고, '진료구분' 필드 조건란에 **"야간" Or "응급"**을 입력한다.

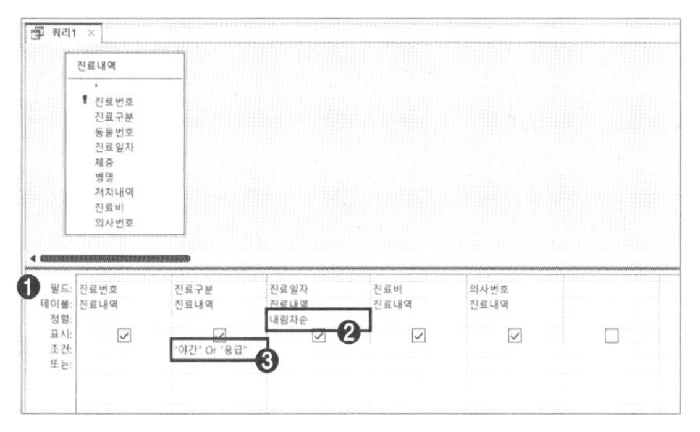

5) '의사번호' 옆 빈 열의 필드에 **Month([진료일자])**를 입력하고, 조건란에 **4**를 입력한 후 '표시' 체크를 해제한다.
6) [쿼리 디자인] → [결과] → [실행]을 클릭해서 쿼리를 실행한 후 정답과 같은지 확인한다.
7) Ctrl + S를 눌러 저장한 후 쿼리 이름을 **4월야간응급진료조회**로 입력하고 확인, 닫기(X)를 선택한다.

2. 크로스탭 쿼리 정답

1) 리본 메뉴 [만들기] → [쿼리] → [쿼리 디자인]을 선택한다.
2) '테이블 추가' 창에서 <진료리스트> 쿼리를 더블클릭하여 쿼리 창에 추가한다.

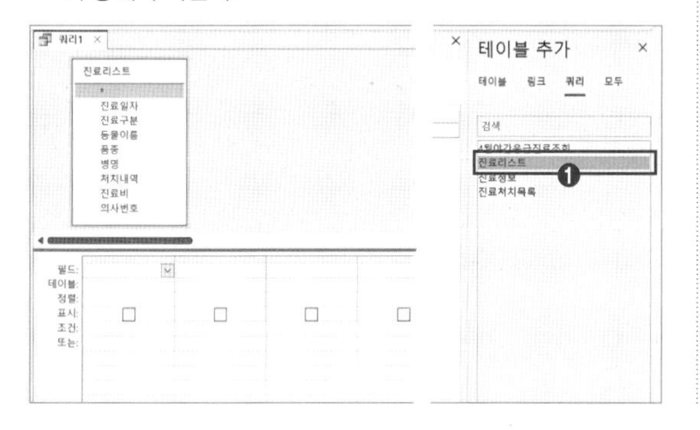

3) [쿼리 디자인] → [쿼리 유형] → [크로스탭]을 선택한다.
4) '품종' 필드를 더블클릭해 필드 행에 추가하고 크로스탭은 행 머리글을 선택한다.
5) '진료구분' 필드를 더블클릭해 필드 행에 추가하고 크로스탭은 열 머리글을 선택한다.
6) 세 번째 필드에 **IIf(IsNull(Sum([진료비])),"*",Sum([진료비]))**를 입력하고 요약은 식, 크로스탭은 값을 선택한다.

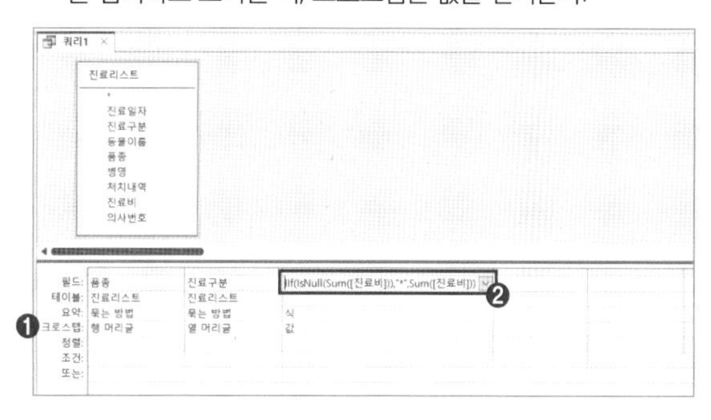

7) [쿼리 디자인] → [결과] → [실행]을 클릭해서 쿼리를 실행한 후 정답과 같은지 확인한다.
8) Ctrl + S를 눌러 저장하고 쿼리 이름을 **품종별진료비합계**로 입력하고 확인, '닫기'를 선택한다.

3. 테이블 만들기 쿼리 정답

1) 리본 메뉴 [만들기] → [쿼리] → [쿼리 디자인]을 선택한다.
2) '테이블 추가' 창에서 <진료처치목록> 쿼리를 더블클릭해 쿼리 창에 추가한다.
3) '동물이름', '진료일자', '의사명', '처치내역', '진료비' 필드를 순서대로 더블클릭해 필드 행에 추가한다.
4) '처치내역' 필드 조건란에 **Like "*" & [처치내용의 일부를 입력하세요] & "*"**를 입력한다.

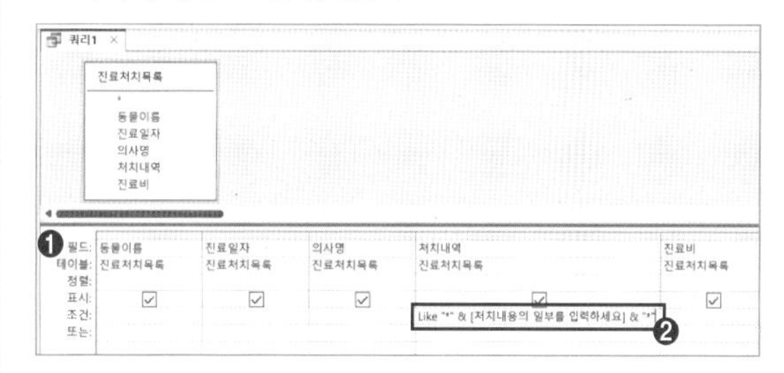

5) [쿼리 디자인] → [쿼리 유형] → [테이블 만들기]를 선택한다.
6) 테이블 만들기 대화 상자에서 테이블 이름에 **진료처치정보**를 입력하고 확인을 클릭한다.

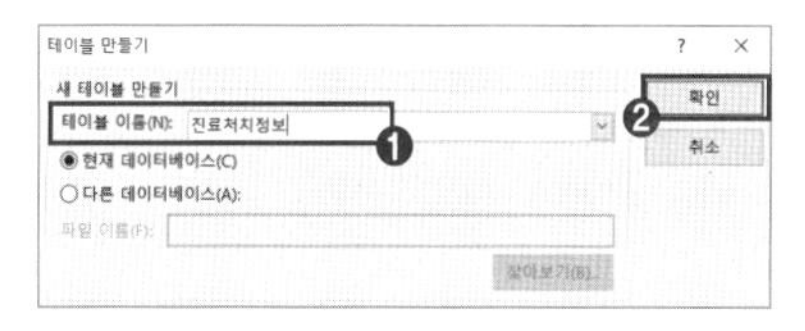

7) [쿼리 디자인] → [결과] → [실행]을 클릭해서 쿼리를 실행한 후 매개 변수 값 입력 대화 상자에 **이물질**을 입력하고 [확인]을 클릭한다.

8) 실행 결과를 새로운 테이블에 붙여넣는 메시지가 뜨면 [예]를 클릭하고 <진료처치정보> 테이블이 생성된 것을 확인한다.

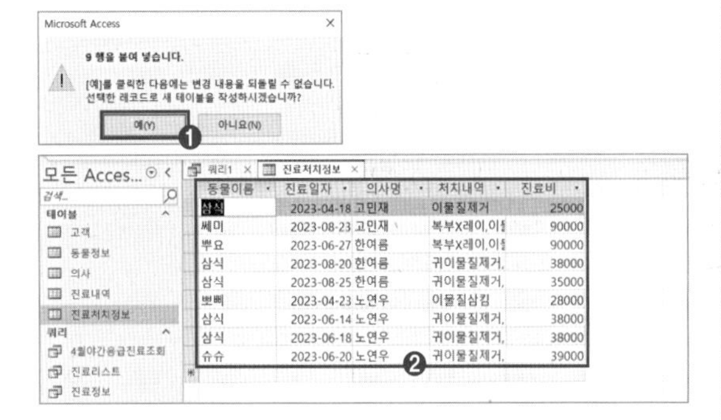

동물이름	진료일자	의사명	처치내역	진료비
삼식	2023-04-18	고민재	이물질제거	25000
쎄미	2023-08-23	고민재	복부X레이,이물	90000
뿌요	2023-06-27	한여름	복부X레이,이물	90000
삼식	2023-08-20	한여름	귀이물질제거,	38000
삼식	2023-08-25	한여름	귀이물질제거,	35000
뽀삐	2023-04-23	노연우	이물질삼킴	28000
삼식	2023-06-14	노연우	귀이물질제거,	38000
삼식	2023-06-18	노연우	귀이물질제거,	38000
슈슈	2023-06-20	노연우	귀이물질제거,	39000

9) [Ctrl] + [S]를 눌러 저장하고 쿼리 이름을 **진료처치목록조회**로 입력하고 [확인], 닫기(X)를 선택한다.

4. 불일치 쿼리 정답

1) 리본 메뉴 [만들기] → [쿼리] → [쿼리 마법사]를 선택한다. [새 쿼리] 대화 상자에서 [불일치 검색 쿼리 마법사]를 선택한 후 [확인]을 클릭한다.

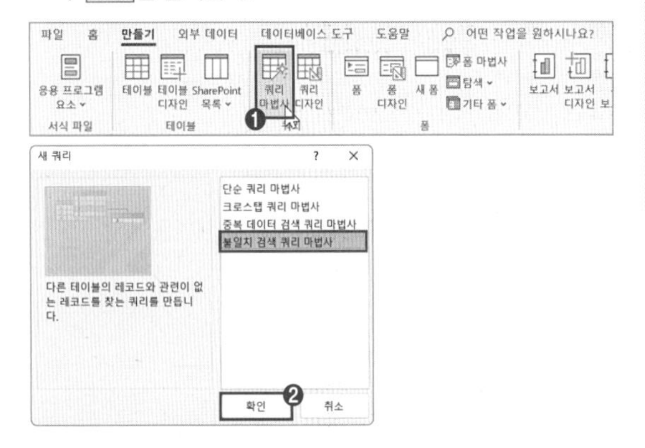

2) 마법사 1단계: 자료를 조회할 테이블을 선택한다. <의사> 테이블을 선택한 후 [다음]을 클릭한다.

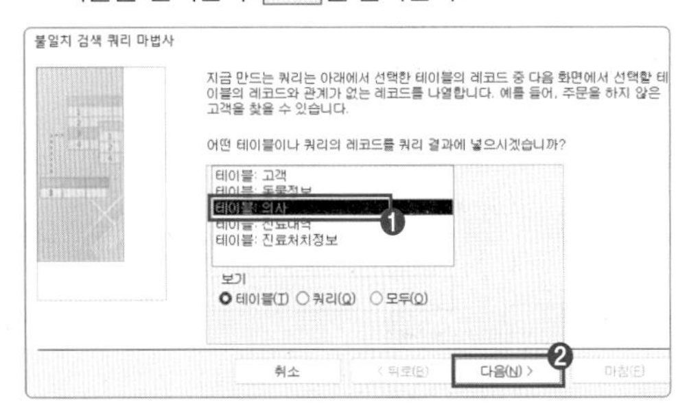

마법사 2단계: 의사번호가 존재하지 않을 테이블을 선택한다. <진료내역> 테이블을 선택한 후 [다음]을 클릭한다.

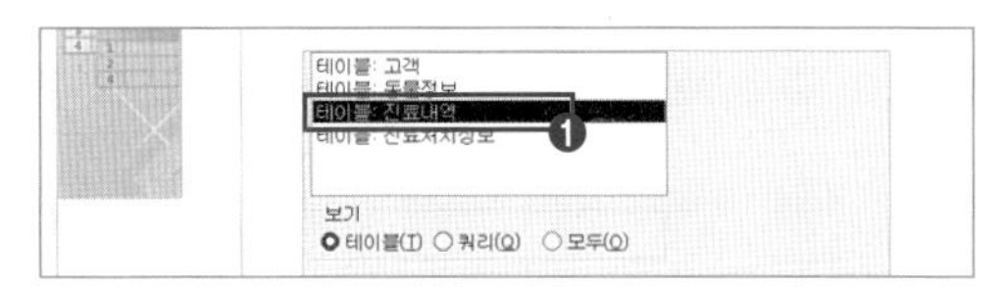

마법사 3단계: 두 테이블이 서로 일치하는 필드를 선택한다. '의사번호' 필드가 해당하므로 <의사> 테이블에서 '의사번호'를, <진료내역> 테이블에서 '의사번호'를 선택한 후 [다음]을 클릭한다.

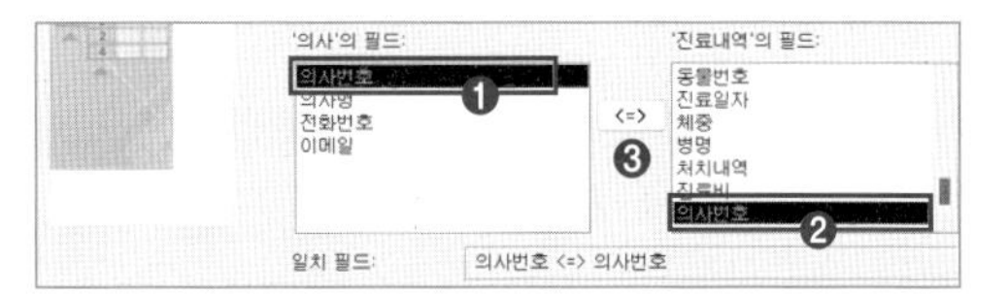

마법사 4단계: 조회할 필드를 선택한다. '의사번호', '의사명', '전화번호', '이메일' 필드를 순서대로 추가하고 [다음]을 클릭한다.

마법사 5단계: 생성될 쿼리 이름으로 **미진료의사목록**을 입력하고 '디자인 수정'을 선택한 뒤 [마침]을 클릭한다.

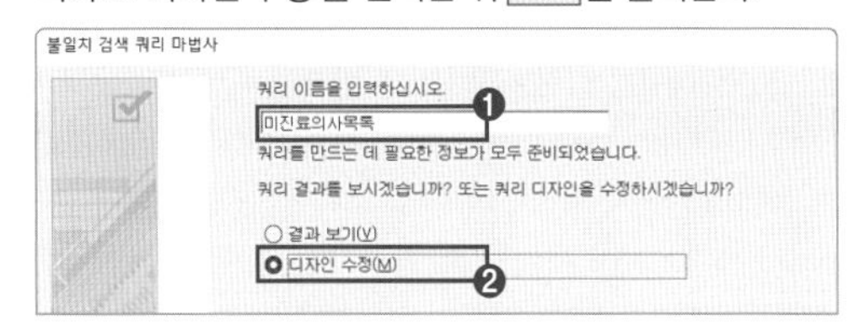

3) [쿼리 디자인] → [결과] → [실행]을 클릭해서 쿼리를 실행한 후 정답과 같은지 확인한다.

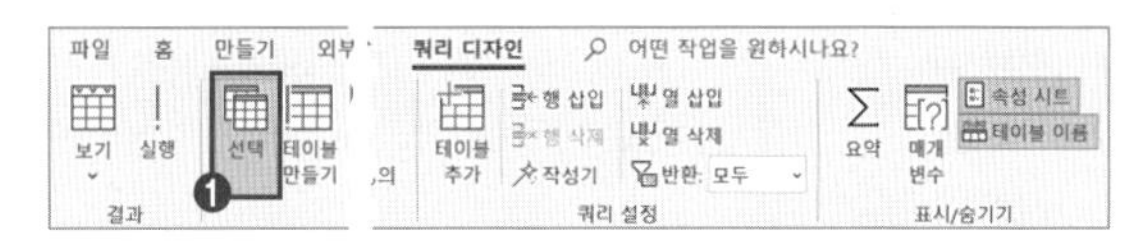

4) 쿼리 제목의 바로 가기 메뉴에서 닫기(X)를 선택한다.

이제 컴퓨터활용능력은 EBS에서 한.번.만.

- **Core** 핵심만 담은 이론, 기출문제 풀이
- **Slim&Light** 언제, 어디서나 볼 수 있는 콘텐츠! 책과 모바일 동시 사용
- **Real** 실전 대비 모의고사 제공

컴.활. 합격생들에게 들었습니다!

책이 얇아서 들고 다니기도 편하고, 핵심 내용만 있어서
시험 준비하는 데 압박감이 없었어요.

컴퓨터활용능력 배경지식이 전혀 없었는데, 함축적이고 체계적인 강의를 들으면서
기출문제를 여러 번 반복하니 합격에 도움이 되었습니다.

암기해야 할 부분과 자주 출제되는 문제를 여러 번 강조해 주니
자연스럽게 이해가 되었어요.

저렴한 가격에 부담 없이 구매할 수 있었고
교재 구성대로 따라 가니 무난히 합격할 수 있었습니다.

정가 26,000원

ISBN 978-89-547-8150-3

교재 구입 문의 | 전화 1588-1580(www.ebs.co.kr/compass에서 구입 가능합니다.)
교재 내용 문의 및 정오표 확인 | EBS 홈페이지 내 컴퓨터활용능력 게시판을 이용하시기 바랍니다.

*인쇄 과정 중 잘못된 교재는 구입하신 서점에서 교환해 드립니다.